Heinz Haferkorn
Optik
Physikalisch-technische Grundlagen und Anwendungen

Heinz Haferkorn

Optik

Physikalisch-technische Grundlagen und Anwendungen

4., bearbeitete und erweiterte Auflage

Autor:
Prof. Dr. Heinz Haferkorn, em.
Technische Universität Ilmenau

Das vorliegende Werk wurde sorgfältig erarbeitet. Dennoch übernehmen Autor und Verlag für die Richtigkeit von Angaben, Hinweisen und Ratschlägen sowie für eventuelle Druckfehler keine Haftung.

Das Titelbild wurde uns mit freundlicher Genehmigung des Laser Zentrums Hannover e. V. zur Verfügung gestellt.

Bibliografische Information Der Deutschen Bibliothek
Die Deutsche Bibliothek verzeichnet diese Publikation in der Deutschen Nationalbibliografie; detaillierte bibliografische Daten sind im Internet über <http://dnb.ddb.de> abrufbar.

ISBN 3-527-40372-8

© 2003 WILEY-VCH Verlag GmbH & Co. KGaA, Weinheim
Gedruckt auf säurefreiem Papier.

Alle Rechte, insbesondere die der Übersetzung in andere Sprachen, vorbehalten. Kein Teil dieses Buches darf ohne schriftliche Genehmigung des Verlages in irgendeiner Form – durch Photokopie, Mikroverfilmung oder irgendein anderes Verfahren – reproduziert oder in eine von Maschinen, insbesondere von Datenverarbeitungsmaschinen, verwendbare Sprache übertragen oder übersetzt werden. Die Wiedergabe von Warenbezeichnungen, Handelsnamen oder sonstigen Kennzeichen in diesem Buch berechtigt nicht zu der Annahme, daß diese von jedermann frei benutzt werden dürfen. Vielmehr kann es sich auch dann um eingetragene Warenzeichen oder sonstige gesetzlich geschützte Kennzeichen handeln, wenn sie nicht eigens als solche markiert sind.
All rights reserved (including those of translation into other languages). No part of this book may be reproduced in any form – by photoprinting, microfilm, or any other means – nor transmitted or translated into a machine language without written permission from the publishers. Registered names, trademarks, etc. used in this book, even when not specifically marked as such, are not to be considered unprotected by law.

Satz: Manuela Treindl, Laaber (ab Kapitel 7)
Druck: Druckerei Lokay, Reinheim
Bindung: Litges & Dopf GmbH, Heppenheim

Vorwort zur 4. Auflage

Nachdem die 3. Auflage des Bandes Optik vergriffen ist und umfangreiche Recherchen sowie Nachfragen von Fachkollegen einen weiteren Bedarf erwarten lassen, hat sich der Verlag zur Herausgabe einer weiteren Auflage entschlossen. Der Inhalt der 3. Auflage stellt auch heute noch ein solides Fundament für die Beschäftigung mit der Optik dar, wenn auch an einigen wenigen Stellen manuelle oder grafische Methoden behandelt werden, die durch den Einsatz des Computers an Bedeutung verloren haben (z. B. bei der Prismendimensionierung).

Deshalb war es naheliegend, den bisherigen Inhalt beizubehalten und durch einige weiterführende oder aktuelle Abschnitte zu ergänzen (Kapitel 7). Dabei mußte aus Platzgründen teilweise die umfassende theoretische Darstellung gegenüber verbalen Aussagen zurückstehen. Für geringfügige Überschneidungen zwischen dem bisherigen Text und dem Text des Kapitels 7 bittet der Autor um Entschuldigung.

Zu besonderem Dank ist der Autor dem Verlagsleiter Physik des Wiley-VCH, Dr. Alexander Grossmann, verpflichtet. Seine positive Einschätzung des Buches und sein Optimismus für eine erfolgreiche Weiterführung haben diese Auflage ermöglicht. Der Autor bedankt sich ebenfalls bei den Mitarbeitern des Verlages, die zum Gelingen des Vorhabens beigetragen haben. In diesen Dank sollen auch die Mitarbeiter der Verlage einbezogen werden, die die vorangegangenen Auflagen bearbeitet haben.

Hinweise zur Verbesserung des Buches oder zu vielleicht noch vorhandenen Fehlern nimmt der Autor stets gern entgegen.

Ilmenau, im Juli 2002   Heinz Haferkorn

Vorwort zur 3. Auflage

Die erste Auflage des Buches „Optik" beruhte auf den langjährigen Lehr- und Forschungserfahrungen am Lehrstuhl für Technische Optik der Technischen Hochschule Ilmenau und löste die von mir zum internen Gebrauch herausgegebenen Lehrbriefe ab. Aufgrund des erfreulichen Interesses, das meinem Buch entgegengebracht wurde, machte sich nach kurzer zeit eine zweite Auflage notwendig. Die vorliegende dritte Auflage wurde gründlich überarbeitet und wesentlich erweitert.

Die Aufgabe dieses Buches soll darin bestehen, das spezifische physikalische Grundlagenwissen aufzufrischen und zu ergänzen, die Voraussetzungen für die Beschäftigung mit den Spezialgebieten zu schaffen sowie Unterstützung bei der praktischen Anwendung der Optik zu geben. Deshalb galt es, bei einem vertretbaren Umfang des Buches die Funktion eines Lehrbuches mit der eines Nachschlagewerkes zu vereinen, d. h. ein ausgewogenes Verhältnis von methodischem Rüstzeug und praktisch notwendigen Kenntnissen über grundlegende optische Elemente zu finden sowie die Wechselbeziehungen zwischen den physikalischen und den technischen Aspekten zu erfassen. Daraus ergibt sich auch, daß kein Platz für Übungsaufgaben und Angaben über kommerzielle Geräte vorhanden ist. Während in einigen Abschnitten über den Stoff der Grundlagenvorlesung hinausgegangen wird, mußte auf Teilgebiete der Spezialausbildung in Technischer Optik bzw. Physik verzichtet werden. So wurden vor allem die systematische Theorie der optischen Abbildung einschließlich der Bewertung und Synthese optischer Systeme, die optische Meßtechnik, die Spektroskopie, die Holographie, die integrierte Optik und die Laserphysik nur eingeschränkt dargeboten. Es sind aber in der dritten Auflage Teilgebiete umfassender als in der ersten Auflage sowie zahlreiche neuere Entwicklungen enthalten. Das betrifft vorrangig die Strahlungsphysik, Strahlungsquellen und -empfänger, die Laserbündel-Transformation, die Abbildung mit inhomogenen Elementen, die dünnen Schichten, die nichtlineare Optik, die adaptive Optik sowie die optischen Systeme. Das Literaturverzeichnis wurde erweitert, und einige farbige Abbildungen konnten eingefügt werden.

Besonders ausführlich wurden solche Gebiete behandelt, die erfahrungsgemäß in der Ausbildung größere Schwierigkeiten bereiten. Wert gelegt wird auf exakte Definitionen und auf eine solide Darstellung der klassischen technischen Optik, die in manchen Lehrbüchern in den Hintergrund gedrängt wird. Der Autor vertritt die Meinung, daß es auch für das Verständnis und die Weiterentwicklung der vielfältig vorliegenden Computer-Software notwendig ist, die optischen Grundlagen zu beherrschen. Es kann nicht die Aufgabe von Hochschulabsolventen sein, nur vorgegebene Gleichungen rezeptmäßig abzuarbeiten. Deshalb wird großer Wert auf die Ableitung der Zusammenhänge gelegt.

Die Darstellungsweise ist vorwiegend dem Lehrbuchcharakter angepaßt. Ein Teil der Ableitungen von Gleichungen ist aus dem Text herausgelöst und in Tabellen zusammengefaßt worden, meistens in Form von Flußbildern. Dadurch soll die Übersichtlichkeit beim Nachschlagen erhöht werden. Grundlagenkenntnisse in Mathematik und Physik werden vorausgesetzt.

Die Formelzeichen und Vorzeichenregeln der Technischen Optik werden konsequent nach den in Abschnitt 1.2 angegebenen Grundsätzen benutzt. Da Buchstaben mehrfach verwendet werden müssen, wird die Bedeutung jeweils in den einzelnen Abschnitten erklärt.

An der Erarbeitung und Lehrerprobung des Stoffes über viele Jahre hinweg haben die Mitarbeiter des Lehrstuhls für Technische Optik der Technischen Hochschule Ilmenau Anteil. Ihnen gilt deshalb an dieser Stelle besonderer Dank. Für wertvolle Hinweise bedanke ich mich bei den Herren Professoren J. Klebe (Potsdam), B. Wilhelmi (Jena) und J. R. Meyer-Arendt (Oregon, USA).

Dem Verlag bin ich sehr dankbar für die Möglichkeit, nach vielen zeitbedingten Problemen die dritte Auflage auf den Markt bringen zu können. Schließlich habe ich den Lektorinnen Frau Erika Arndt und Frau Brigitte Mai für die Unterstützung bei der Realisierung und die gute Zusammenarbeit zu danken. Eingeschlossen in diesen Dank sind alle, die an der technischen Herstellung Anteil haben, insbesondere Herr und Frau Ritter (Berlin) für die ausgezeichnete Umsetzung des Manuskripts in die Reprovorlage.

Zum Schluß möchte ich die Hoffnung ausdrücken, daß möglichst viele Studierende und Fachkollegen das Buch positiv aufnehmen mögen und daraus Nutzen ziehen können. Hinweise zur Verbesserung nimmt der Autor jederzeit dankbar entgegen.

Ilmenau, im Februar 1994   Heinz Haferkorn

Inhalt

1	**Einleitung**	11
1.1	Arbeitsgebiet Optik	11
1.1.1	Sichtbares Licht	11
1.1.2	Das elektromagnetische Spektrum	13
1.1.3	Lichtquanten	14
1.1.4	Gliederung und Entwicklung des Arbeitsgebietes	16
1.2	Bezeichnungsgrundsätze	18
1.2.1	Formelzeichen	18
1.2.2	Vorzeichenregeln	20
2	**Physikalische Grundlagen**	23
2.1	Lichtwellen und -strahlen	23
2.1.1	Elektromagnetische Wellen	23
2.1.2	Polarisationsarten	29
2.1.3	Huygenssches Prinzip	34
2.1.4	Lichtstrahlen	35
2.1.5	Fermatsches Prinzip	37
2.2	Reflexion und Brechung	39
2.2.1	Brechungsgesetz	39
2.2.2	Reflexionsgesetz	44
2.2.3	Polarisation durch Reflexion und Brechung	46
2.2.4	Totalreflexion	53
2.2.5	Doppelbrechung	57
2.3	Dispersion und Absorption	64
2.3.1	Absorption	64
2.3.2	Dispersion	72
2.3.3	Werkstoffe	75
2.4	Kohärenz	84
2.4.1	Spontane und induzierte Emission	84
2.4.2	Interferenzanteile der Intensität	87
2.4.3	Zeitliche Kohärenz bei spontaner Emission	93
2.4.4	Räumliche Kohärenz bei spontaner Emission	102
2.4.5	Kohärenz bei induzierter Emission	108
2.5	Interferenz	118
2.5.1	Amplituden und Phasendifferenzen an der planparallelen Platte	118
2.5.2	Intensitäten an der planparallelen Platte	121
2.5.3	Interferenzerscheinungen an planparallelen Platten	125
2.5.4	Interferenzerscheinungen an keilförmigen Platten	129
2.5.5	Weitere Interferenzerscheinungen	132
2.6	Beugung	134
2.6.1	Mathematische Fassung des Huygensschen Prinzips	134
2.6.2	Fraunhofersche Beugung am Rechteck	138
2.6.3	Fraunhofersche Beugung am Kreis	143
2.6.4	Beugung am Liniengitter	146
2.6.5	Fresnelsche Beugung an der Kante	153
2.7	Abbildung	156
2.7.1	Optische Abbildung	156
2.7.2	Ideale geometrisch-optische Abbildung	159
2.7.3	Geometrisch-optische Abbildung	161
2.7.4	Wellenoptische Abbildung	162
3	**Strahlungsphysik und Lichttechnik**	164
3.1	Strahlungsphysikalische Größen	164
3.1.1	Strahlungsfluß	164
3.1.2	Strahlstärke	168

3.1.3	Strahldichte	169
3.1.4	Bestrahlungsstärke	170
3.2	Lichttechnische Größen	172
3.2.1	Lichtstrom	172
3.2.2	Lichtstärke	173
3.2.3	Leuchtdichte	175
3.2.4	Beleuchtungsstärke	175
3.2.5	Fotometrisches Entfernungsgesetz	176
4	**Abbildende optische Funktionselemente**	**179**
4.1	Geometrisch-optisch abbildende Funktionselemente	179
4.1.1	Funktionselemente	179
4.1.2	Brechende Rotationsflächen	180
4.1.3	Beziehungen für das paraxiale Gebiet	184
4.1.4	Flächenfolgen	193
4.1.5	Zentrierte Linsen	206
4.1.6	Reflektierende Rotationsflächen	218
4.1.7	Windschiefe Strahlen	226
4.1.8	Matrixdarstellung im paraxialen Gebiet	235
4.1.9	Spezielle rotationssymmetrische Funktionselemente	238
4.1.10	Spezielle nichtrotationssymmetrische Funktionselemente	250
4.1.11	Inhomogene und anisotrope Funktionselemente	254
4.1.12	Funktionselemente zur Laserbündel-Transformation	263
4.2	Bündelbegrenzende optische Funktionselemente	266
4.2.1	Begrenzung der Öffnung	266
4.2.2	Scharfe Feldbegrenzung	274
4.2.3	Randabschattung	276
4.2.4	Begrenzung des Zerstreuungskreises	283
4.2.5	Begrenzung des Lichtstroms	295
4.3	Abbildungsfehler	300
4.3.1	Klassifikation der Abbildungsfehler	300
4.3.2	Abbildungsfehler im paraxialen Gebiet	306
4.3.3	Öffnungsfehler	310
4.3.4	Koma. Bildfeldwölbung. Astigmatismus	315
4.3.5	Verzeichnung	323
4.4	Wellenoptisch abbildende Funktionselemente	327
4.4.1	Intensität in der Bildebene	327
4.4.2	Intensität in Achsenpunkten	331
4.4.3	Wellenaberrationen	336
4.4.4	Punktbildfunktion. Definitionshelligkeit	341
4.4.5	Modulationsübertragungsfunktion	350
4.4.6	Inkohärente Ortsfrequenzfilterung	357
4.4.7	Zonenplatte	362
4.4.8	Hologramme	366
5	**Nichtabbildende optische Funktionselemente**	**374**
5.1	Lichtleitende Funktionselemente	374
5.1.1	Linsenfolgen	374
5.1.2	Licht- und Bildleitkabel	379
5.2	Dispergierende Funktinoselemente	382
5.2.1	Dispersionsprismen	382
5.2.2	Beugungsgitter	392
5.2.3	Etalons	399
5.2.4	Auflösungsvermögen. Dispersionsgebiet	400
5.3	Filternde Funktionselemente	407
5.3.1	Absorptionsfilter	407
5.3.2	Interferenzfilter mit Absorption	409
5.3.3	Dielektrische Mehrfachschichten	415
5.3.4	Reflexionsänderung	423
5.4	Polarisierende Funktionselemente	431
5.4.1	Polarisationsprismen	431
5.4.2	Flächenpolarisatoren	436
5.4.3	Phasenplatten	439
5.4.4	Halbschattenpolarisatoren	442
5.4.5	Interferenzpolarisatoren	445
5.4.6	Matrizenbeschreibung	448
5.5	Ablenkende Funktionselemente	453
5.5.1	Planspiegel	453
5.5.2	Planparallele Platten	460
5.5.3	Planspiegelplatten	464
5.5.4	Reflexionsprismen	464
5.5.5	Keile. Kristallplatten und -prismen	487

Inhalt

5.6	Apertur- und lichtstromändernde Funktionselemente	492
5.6.1	Neutralfilter	492
5.6.2	Bündelteilung	493
5.6.3	Mattscheiben. Bildschirme	497
5.7	Energiewandelnde Funktionselemente	499
5.7.1	Strahlungsquellen	499
5.7.2	Kenngrößen von Strahlungsempfängern	506
5.7.3	Strahlungsempfänger	508
5.8	Nichtlineare Funktionselemente	510
5.8.1	Grundzüge der nichtlinearen Optik	510
5.8.2	Funktionselemente	514
6	**Optische Instrumente und Systeme**	**521**
6.1	Grundbegriffe	521
6.1.1	Auge	521
6.1.2	Grundzüge der Brillenoptik	527
6.1.3	Vergrößerung	529
6.1.4	Abbildungsmaßstab	535
6.1.5	Optische Instrumente und Geräte	537
6.2	Lupe und Mikroskop	539
6.2.1	Lupe	539
6.2.2	Optikschema des zusammengesetzten Mikroskops	543
6.2.3	Vergrößerung und Auflösungsvermögen	547
6.2.4	Schärfentiefe	555
6.2.5	Beleuchtung	559
6.2.6	Fourier-Theorie der kohärenten Abbildung	566
6.2.7	Mikroskopische Abbildung von Liniengittern	570
6.2.8	Partiell-kohärente Abbildung	580
6.3	Fernrohr	583
6.3.1	Afokale Systeme	583
6.3.2	Vergrößerung und Auflösungsvermögen	587
6.6.3	Fernrohrleistung	596
6.3.4	Spezielle Fernrohre	598
6.4	Fotografie	602
6.4.1	Abbildungsarten	602
6.4.2	Bündelbegrenzung	603
6.4.3	Perspektive und Schärfentiefe	608
6.4.4	Fotometrie	616
6.5	Optische Systeme	618
6.5.1	Beleuchtungssysteme	618
6.5.2	Achromatische Fotoobjektive	628
6.5.3	Aplanatische Fotoobjektivd	634
6.5.4	Anastigmatische Fotoobjekive	634
6.5.5	Objektive mit veränderlicher Brennweite	642
6.5.6	Spiegelobjektive	650
6.5.7	Fernrohrobjektive	653
6.5.8	Mikroobjektive	656
6.5.9	Okulare	662
6.5.10	Spezielle optische Systeme	665
7	**Weiterführende und aktuelle Ergänzungen**	**673**
7.1	Einleitung	673
7.1.1	Vorbemerkungen	673
7.1.2	Aspekte der Entwicklung des Arbeitsgebietes	674
7.2	Physikalische Grundlagen	677
7.2.1	Dipolstrahlung	677
7.2.2	Interferometer	679
7.2.3	Beugung an Raumgittern	686
7.2.4	Streuung	690
7.3	Strahlungsphysik und Lichttechnik	695
7.3.1	Licht- und Beleuchtungstechnik	695
7.4	Abbildende optische Funktionselemente	700
7.4.1	Inhomogene Funktionselemente	700
7.4.2	Hologramm-Typen	703
7.4.3	Anwendungen der Holografie	710
7.4.4	Kohärente Bildverarbeitung	715
7.5	Nichtabbildende Funktionselemente	717
7.5.1	Integrierte Optik	717
7.5.2	Modulatoren. Schalter. Speicher	722
7.5.3	Strahlungsquellen	732
7.5.4	Anwendungen der Laser	743
7.6	Optische Instrumente und Systeme	748
7.6.1	Mikroskopierverfahren	748
7.6.2	Astronomische Fernrohre	760
7.6.3	Optische Systeme	764

7.6.4	Ansatz optischer Systeme	764	**Literatur und Quellen**	779
7.6.5	Korrektion optischer Systeme	770		
7.6.6	Bewertung optischer Systeme	772	**Namen- und Sachverzeichnis**	787

1 Einleitung

1.1 Arbeitsgebiet Optik

1.1.1 Sichtbares Licht

Die Optik ist die Disziplin der Physik, in der die Eigenschaften des Lichtes untersucht werden. Das Licht stellt eine Erscheinung der materiellen Welt dar, deren Wesen erst nach einem gründlichen Studium ihrer Wirkungen erfaßt werden kann.

Zunächst werden wir das Licht als Strahlung ansehen, die von den Lichtquellen ausgeht oder von den Gegenständen reflektiert wird und auf die das menschliche Auge anspricht. Das Bestreben, Weiteres über das Licht zu erfahren, führt zur experimentellen Untersuchung seiner Ausbreitungseigenschaften.

Die Beobachtung der Lichtausbreitung im Vakuum — oder auch in der Luft bei nicht zu großen Strecken — legt das Modell des Lichtstrahls nahe (Abb. 1.1). Wir kommen so zur rein geometrischen Behandlung des Lichtweges. Einem einzelnen Lichtstrahl kann jedoch keine physikalische Realität zukommen. Allein die Tatsache, daß Licht eine Energieform darstellt, schließt die Konzentration längs irgendwelcher Strecken aus. Das Strahlenmodell kann deshalb über das reale Wesen des Lichtes nichts aussagen und hat nur eng begrenzte Gültigkeit.

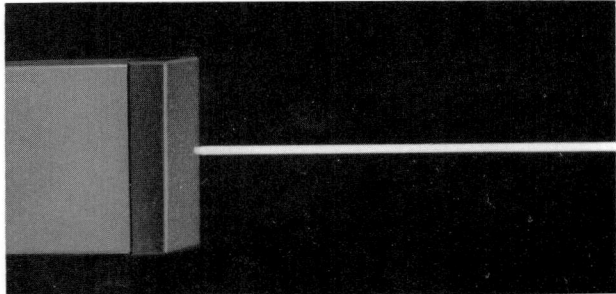

Abb. 1.1 Lichtstreuung an Staubteilchen. Eindruck eines Lichtstrahls

Unter geeigneten Versuchsbedingungen werden Interferenz (Abb. 1.2), Beugung (Abb. 1.3) und Polarisation (Abb. 1.4) des Lichtes beobachtet. Interferenzerscheinungen lassen sich nur mit einem Wellenmodell beschreiben. Eine wesentliche Seite des Lichtes muß also sein Wellencharakter sein. Die Polarisierbarkeit des Lichtes beweist, daß die Lichtwellen transversal sind.

Weitere Experimente, wie z. B. der Faraday-Effekt (Abb. 1.5) und der Kerr-Effekt, zeigen, daß es sich bei Licht um elektromagnetische Wellen handelt, also um elektromagnetische Feldenergie.

Bei der Ablenkung des Lichtes durch ein Dispersionsprisma wird weißes Licht in die Spektralfarben zerlegt. Jeder Farbe kann ein kleines Frequenzintervall bzw. im homogenen

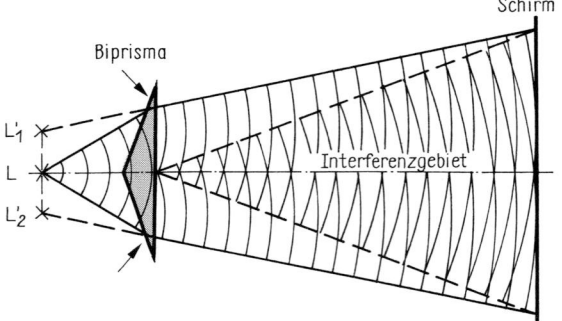

Abb. 1.2 Interferenz des Lichtes am Fresnelschen Biprisma

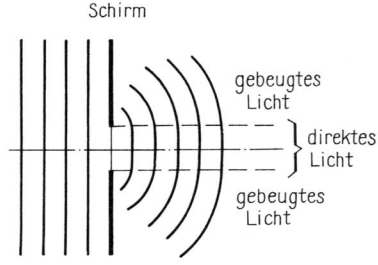

Abb. 1.3 Beugung des Lichtes am Spalt

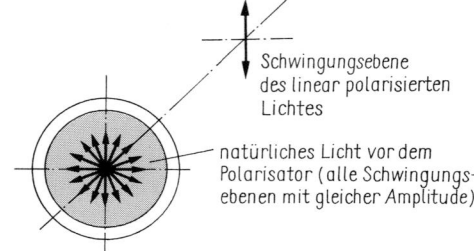

Abb. 1.4 Polarisation des Lichtes durch ein Filter

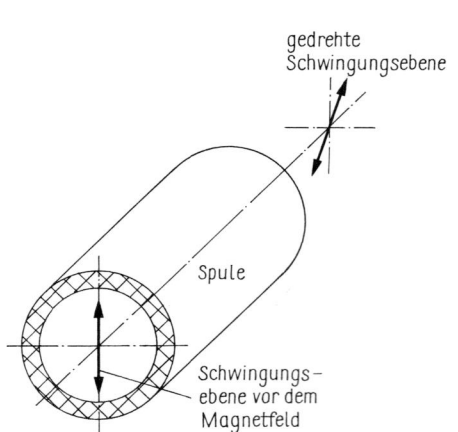

Abb. 1.5 Faraday-Effekt (schematisch)

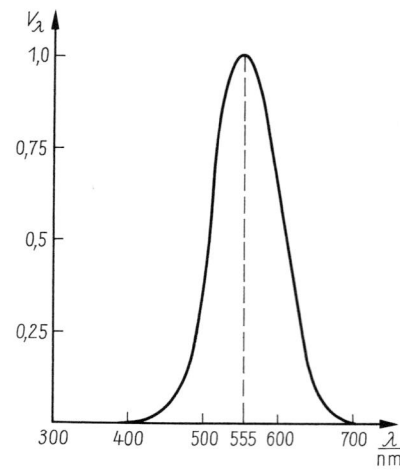

Abb. 1.6 Spektraler Hellempfindlichkeitsgrad des Auges

1.1 Arbeitsgebiet Optik

Stoff ein Wellenlängenintervall zugeordnet werden. Das menschliche Auge spricht auf Licht unterschiedlicher Wellenlänge verschieden stark an. Nach zahlreichen Messungen ist man übereingekommen, als Grundlage für fotometrische Messungen eine Konvention über die relative spektrale Hellempfindlichkeit des Auges einzuführen. Die größte Hellempfindlichkeit liegt im Gelbgrünen bei der Wellenlänge $\lambda = 555$ nm. Sie ist gleich 1 gesetzt. Den spektralen Hellempfindlichkeitsgrad V_λ als Funktion von λ zeigt Abb. 1.6. Unser Auge nimmt den Bereich von $\lambda = 380$ nm bis $\lambda = 780$ nm wahr. (In Abb. 1.6 kommt der Anteil oberhalb $\lambda = 700$ nm nicht zum Ausdruck, weil die relative spektrale Hellempfindlichkeit zu klein ist.)

Nun sind wir in der Lage, für die Naturerscheinung Licht im engsten Sinne, nämlich als auf unser Auge einwirkende Strahlung, den physikalischen Charakter anzugeben, der wesentliche Ausbreitungseigenschaften erfaßt.

> Eine wesentliche Seite des Lichtes ist seine Erscheinungsform als elektromagnetische Welle. Die Wellenlängen liegen für sichtbares Licht zwischen $\lambda = 380$ nm und $\lambda = 780$ nm. Die Energieverteilung auf die einzelnen Frequenzintervalle bestimmt die Farbzusammensetzung und damit den Farbeindruck.

1.1.2 Das elektromagnetische Spektrum

Die Wellenlängen des sichtbaren Lichtes stellen nur einen schmalen Ausschnitt aus dem gesamten Wellenlängenbereich dar, den die elektromagnetischen Wellen umfassen. An das rote Ende des sichtbaren Teils des Spektrums schließt sich der infrarote, an das violette Ende der ultraviolette Bereich an. Noch größere Wellenlängen als das Infrarot haben die schlechthin als elektrische Wellen bezeichneten Erscheinungen der drahtlosen Nachrichtentechnik. In Richtung kürzerer Wellenlängen folgen auf Ultraviolett die Röntgenstrahlung, die Gammastrahlung und die Höhenstrahlung. Einen Überblick über die Verteilung der einzelnen Bereiche vermittelt die logarithmische Wellenlängenskala der Abb. 1.7.

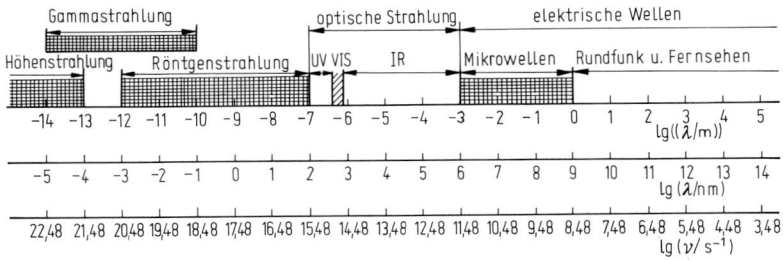

Abb. 1.7 Elektromagnetisches Spektrum

Die genannte Einteilung des elektromagnetischen Spektrums ist relativ willkürlich vorgenommen worden. Die einzelnen Bereiche überschneiden sich außerdem teilweise. Der wesentliche Gesichtspunkt der Gliederung sind die unterschiedlichen Methoden, mit denen die Wellen erzeugt werden, d.h. die verschiedenen Prinzipien der Strahlungsquellen.

Es erhebt sich nun die Frage, wodurch sich die Wellenlängenbereiche vom physikalischen Gesichtspunkt aus voneinander unterscheiden. Außerdem erscheint es angebracht, das Gebiet "Optik" von einer speziellen Bindung an die relative spektrale Hellempfindlichkeit des Auges zu befreien. Wie weit sollen wir aber dabei gehen? Diese Frage läßt sich nur beantworten, wenn die zweite wesentliche Seite des Lichtes, sein Quantencharakter, in die Betrachtung einbezogen wird.

1.1.3 Lichtquanten

Bei der theoretischen Behandlung von Experimenten, bei denen das Licht in Wechselwirkung mit Stoff tritt, mit dem Wellenmodell ergeben sich Widersprüche grundsätzlicher Natur. Deutlich tritt das Versagen des Wellenmodells bei der Deutung des äußeren lichtelektrischen Effektes hervor. Wir erläutern kurz den experimentellen Befund (Abb. 1.8).

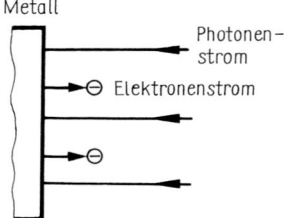

Abb. 1.8 Äußerer lichtelektrischer Effekt (schematisch)

Bei der Bestrahlung einer Metalloberfläche mit Licht können Elektronen ausgelöst werden. Die Messungen ergeben:

– Die Anzahl der austretenden Elektronen ist proportional der Lichtintensität.
– Die kinetische Energie der Elektronen ist proportional der Frequenz des Lichtes.

Die kinetische Energie der Elektronen hängt also nicht von der Lichtintensität ab, wie es mit dem Wellenmodell zu erwarten wäre.

Einstein erkannte 1905, daß die experimentiellen Befunde des äußeren lichtelektrischen Effektes mit der Annahme von Lichtquanten der Energie

$$W = h\nu$$

zwanglos erklärt werden können. Es gilt:

– Jedes Quant kann ein Elektron auslösen, so daß die Anzahl der Elektronen von der Anzahl der Lichtquanten abhängt.
  Diese ist durch die Lichtintensität bestimmt.
– Die kinetische Energie der ausgelösten Elektronen muß gleich der um die Austrittsarbeit W_0 verminderten Energie eines Lichtquants sein. Es ist also

$$\frac{mv^2}{2} = h\nu - W_0.$$

1.1 Arbeitsgebiet Optik

Damit ist experimentell eindeutig nachgewiesen:

⬛ Eine wesentliche Seite des Lichtes ist sein Quantencharakter.

Wir sind auf einen echten dialektischen Widerspruch geführt worden. Das Licht, als eine Erscheinung der materiellen Welt, hat zwei wesentliche Seiten, die im klassischen Sinne unvereinbar sind, den Wellen- und den Quantencharakter. Deshalb wenden wir oftmals zur Beschreibung der Eigenschaften des Lichtes zwei Modelle an, von denen jedes für sich nur eine wesentliche Seite widerspiegelt.

Die Erscheinungsform als elektromagnetische Welle wird mit dem Wellenmodell beschrieben, das sich besonders eignet, wenn die Ausbreitung des Lichtes zu behandeln ist.

Die Erscheinungsform als Gesamtheit von Lichtquanten wird mit dem Quantenmodell beschrieben, das sich besonders bei der Behandlung der Wechselwirkung des Lichtes mit Stoff bewährt.

Die elektromagnetische Theorie des Lichtes hat von den Maxwellschen Gleichungen auszugehen. Die Eigenschaften der Stoffe werden modellmäßig einbezogen. Die Modelle können rein klassisch angesetzt werden, oder sie werden quantentheoretisch begründet. Eine relativ umfassende Gültigkeit hat die Vorgehensweise der Wellenmechanik, bei der die Stoffe quantentheoretisch, die Felder klassisch dargestellt werden (semiklassische Theorie). Aber auch in dieser nichtrelativistischen Quantentheorie existieren Wellen- und Quantenmodell nebeneinander.

Das Lichtquant wird auch Photon genannt. Die Photonen stellen Elementarteilchen mit dem Spin 1, der Ruhemasse 0, der Energie $W = h\nu$, der Masse $m = (h\nu)/c^2$ und dem Impuls $p = (h\nu)/c$ dar. Bereits wegen der verschwindenden Ruhemasse muß eine konsequente Theorie der Photonen eine relativistische Theorie sein.

Eine formale Vereinigung von Wellen- und Quantenmodell wird in der Quantenelektrodynamik vorgenommen. Diese ist ein Spezialfall der Quantenfeldtheorie, in der grundsätzlich die Elementarteilchen aus einer Quantelung der zugeordneten Wellenfelder hervorgehen.

Die Anzahl der Lichtquanten, die auf die Energieeinheit entfallen, beträgt

$$z = \frac{1}{h\nu} = \frac{\lambda}{hc}.$$

Mit $h = 6{,}6262 \cdot 10^{-34}$ W·s² und $c = 2{,}99792 \cdot 10^8$ m·s⁻¹ erhalten wir die Quantenanzahl je Wattsekunde, die der Abb. 1.9 zu entnehmen ist.

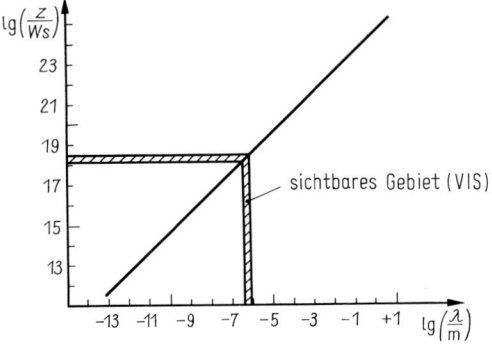

Abb. 1.9 Quantenanzahl z je Wattsekunde im elektromagnetischen Spektrum

Mit abnehmender Quantenanzahl je Energieeinheit oder je Volumeneinheit tritt der Quantencharakter gegenüber dem Wellencharakter stärker in den Vordergrund. Im elektromagnetischen Spektrum liegt das sichtbare Licht bei mittleren Quantenanzahlen je Energieeinheit. Quanten- und Wellencharakter kommen also weitgehend zur Geltung. Wir stellen fest:

> Die optische Strahlung umfaßt den Teil des elektromagnetischen Spektrums, in dem Wellen- und Quantencharakter gleichrangig zu berücksichtigen sind.

Scharfe Grenzen können nicht gezogen werden. Die eine Grenze liegt innerhalb des infraroten Bereichs, die andere im Gebiet der Röntgenstrahlung. Die Mittelstellung des Lichtes im elektromagnetischen Spektrum bedingt die Vielfalt an Erscheinungen und Methoden der Optik.

Tabelle 1.1 Untergliederung der optischen Strahlung

Gebiet	Wellenlänge in nm
IR - C	1000000 ... 3000
IR - B	3000 ... 1400
IR - A	1400 ... 780
VIS	780 ... 380
UV - A	380 ... 315
UV - B	315 ... 280
UV - C	280 ... 100

Im Sinne der Lichttechnik wird nur für den sichtbaren Teil des elektromagnetischen Spektrums der Begriff "Licht" verwendet. Die Anteile vom Ultravioletten (UV, $\lambda = 100$ nm ... 380 nm) über das Licht (VIS, von eng. *visible* = sichtbar) bis zum Infraroten (IR, $\lambda = 780$ nm ... 1000 µm,) werden optische Strahlung genannt. Tab. 1.1 enthält die weitere Unterteilung der optischen Strahlung.

1.1.4 Gliederung und Entwicklung des Arbeitsgebietes

Optik als physikalische Disziplin. Eine Gliederung der Optik vom physikalischen Standpunkt aus ist durch die Modelle gegeben, mit denen die Eigenschaften des Lichtes behandelt werden können. Wir unterscheiden:

- Geometrische Optik (Strahlenmodell)
- Wellenoptik (Wellenmodell)
- Quantenoptik (Quantenmodell).

Die Mittelstellung des Lichtes innerhalb des elektromagnetischen Spektrums bringt enge Beziehungen zu anderen physikalischen Disziplinen mit sich. Im langwelligen Bereich überschneiden sich die Arbeitsgebiete Optik und Mikrowellenphysik, im kurzwelligen Bereich ist der Übergang zur Röntgenphysik fließend.

Das Wellenmodell bewährt sich auch in der Elektrophysik. Das Quantenmodell erfaßt die direkte Verbindung zur Molekül-, Atom-, Festkörper- und Elementarteilchenphysik.

1.1 Arbeitsgebiet Optik

Die Beschäftigung mit der Optik als physikalischer Disziplin dient vorwiegend der Erkenntnis und der Bereitstellung von neuen Prinzipien für die technische Anwendung.

Optik als technische Disziplin. In bestimmten technischen Systemen werden die optischen Gesetze und Erscheinungen, also optische Wirkprinzipien, genutzt. Diese technisch-optischen Systeme lösen im wesentlichen zwei Aufgabenkomplexe:

– Aufgaben der Informationstechnik
– Aufgaben der Energietechnik.

Den weitaus umfassendsten Einsatzbereich stellen die Aufgaben der Informationstechnik dar, also die Aufgaben Informationserfassung, -übertragung, -wandlung, -speicherung und -auswertung.

Die Informationstechnik befaßt sich mit Informationen über

– Erscheinungen, Prozesse und Systeme in der materiellen Welt, deren gesetzmäßige Zusammenhänge und mathematische Beschreibung im Rahmen der Einzelwissenschaften zum Zweck der Erkenntnis
– technische Prozesse und Systeme zum Zweck ihrer Weiterentwicklung, ihrer meßtechnischen Erfassung, ihrer Regelung und Steuerung
– gesellschaftliche, natürliche und technische Prozesse und Systeme zum Zweck der Nachrichtenübertragung.

Technische Systeme zur Lösung der genannten Aufgaben werden Geräte genannt.

> Die Gerätetechnik ist die technische Disziplin, deren Gegenstand die Vorstufen der Produktion, die Produktion und die Konsumtion von Geräten ist.

Die Technische Optik ist damit vorwiegend mit der Gerätetechnik verbunden.

Aufgaben der Energietechnik, also Aufgaben der Energieübertragung, -wandlung, -speicherung, -regelung und -steuerung, werden zum gegenwärtigen Zeitpunkt nur in geringem Umfang mit technisch-optischen Systemen gelöst. Beispiele sind die Beleuchtungstechnik, die Energieübertragung mittels Laser zur Materialbearbeitung und die Energieerzeugung über die gesteuerte Kernfusion, bei denen das Plasma mit fokussierten Laserbündeln erhitzt wird.

Entwicklungstendenzen. In der Entwicklung der optischen Geräte zeichnen sich folgende prinzipielle Tendenzen ab:

– Im Zuge der Rationalisierung von Konstruktion und Fertigung sowie zur Verbesserung des Kundenservices werden optische Geräte mit gleicher Grundfunktion oder mit ihrer Peripherie zu Gerätesystemen zusammengefaßt.
– Die optischen Geräte werden aus optimierten Baugruppen gebildet und damit selbst optimiert. Die geringere Komplexität der Baugruppen wird in vielen Fällen die mathematische Modellierung der Funktion und ihrer Analyse ermöglichen, so daß die Optimierung der Baugruppen quantitativ erfaßbar wird. Optimierte Baugruppen können zu Einheitssystemen zusammengefaßt werden.
– Die Kopplung von Optik und Elektronik wird weiterhin wachsende Tendenz zeigen. Elektronische Baugruppen erweitern und ergänzen die Leistungsfähigkeit der technisch-optischen Systeme, indem sie das optische Signal wandeln, registrieren und auswerten. Die

klassische Kombination Feinmechanik — Optik ist verstärkt übergegangen in die Kombination Feinmechanik — Optik — Elektronik. Dazu haben besonders die Mikromechanik, die Optoelektronik und die Mikroelektronik beigetragen. Durch den Einsatz von Mikrorechnern ist es möglich, auch in optischen Systemen Regel- und Steuerprozesse in größerem Umfang zu realisieren.

– In den Bauelementen können neue optische Wirkprinzipien und neue optische Werkstoffe eingesetzt sein. In wachsendem Umfang werden die Ergebnisse der Laserphysik, der nichtlinearen Optik, der Kohärenzoptik und der Optik der Wellenleiter, z. B. in Form der integrierten Optik, in die technische Anwendung übergeführt.

1.2 Bezeichnungsgrundsätze

1.2.1 Formelzeichen

Für die geometrische Optik sind die Bezeichnungsrichtlinien und die Formelzeichen unabhängig von den anderen Gebieten der Optik festgelegt worden. Dasselbe gilt für einige weitere Teilgebiete der Optik, z. B. für die Lichttechnik oder die lineare Übertragungstheorie. Bei einer umfassenden Darstellung der Optik entstehen auch zahlreiche Berührungspunkte zu anderen Teilgebieten von Physik und Technik (Elektrophysik und -technik, Optoelektronik, Quantentheorie, Thermodynamik u.a.). Dadurch läßt sich nicht vermeiden, daß Formelzeichen mehrfach verwendet werden. Die spezielle Bedeutung wird deshalb in den einzelnen Kapiteln erklärt.

Grundsätzlich geht das Bestreben in diesem Buch dahin, die genormten oder in internationalen Richtlinien empfohlenen Bezeichnungsgrundsätze anzuwenden. Neben den einschlägigen Standards werden die Empfehlungen der IUPAP (SYMBOLS, UNITS AND NOMENCLATURE IN PHYSICS, Document U.I.P. 20 von 1978) und die Festlegungen der 11. Generalkonferenz für Maß und Gewicht (1960) zum Internationalen Einheitensystem (SI) weitgehend berücksichtigt.

In Einzelfällen werden aus methodischen Gesichtspunkten oder wegen der Überschneidung der Gebiete abweichende Festlegungen getroffen.

In Tab. 1.2 sind die in diesem Buch umgesetzten Grundsätze für die Auswahl der Formelzeichen enthalten. Tab. 1.3 enthält ausgewählte Formelzeichen. Besonders hingewiesen sei auf folgende Abweichungen (in Klammern nach DIN):

Knotenpunkt N (H), Objektpunkt A (O), Scheitelpunkt V (S), Pfeilhöhe g (p).

Das Überstreichen objektseitiger nichtkonjugierter Größen wenden wir nur an, wenn dadurch Mißverständnisse vermieden werden. Es ist nicht einzusehen, daß die Brennweite f nur dann vom Leser als nichtkonjugiert zu f' erkannt werden soll, wenn das Formelzeichen überstrichen ist ($\bar{f}$), dagegen aber die Brennweite f' ohne Überstreichen als nichtkonjugiert zu f erkannt werden muß. (Im übrigen wird der Querstrich oft auch dann nicht angewendet, wenn es sich um die Sehwinkel handelt, die manchmal konjugiert, aber manchmal nichtkonjugiert sind.)

1.2 Bezeichnungsgrundsätze

Tabelle 1.2 Grundsätze für die Auswahl von Formelzeichen

Element	Darstellung	Beispiel
Punkte	lateinische Großbuchstaben	Objektpunkt A
Strecken	lateinische Kleinbuchstaben	Objektgröße y
Winkel	griechische Kleinbuchstaben	Zentriwinkel φ
Größen des Bildraumes	gestrichen	Bildgröße y'
nichtkonjugierte Größen	überstrichen (bei Bedarf)	Brennpunkt $\overline{F}$
dimensionslose Größen	griechische Buchstaben	Abbildungsmaßstab $\beta' = \dfrac{y'}{y}$
Pupillengrößen	mit Index p	Zentriwinkel φ_p für den Hauptstrahl

Tabelle 1.3 Ausgewählte Formelzeichen

Punkte	
Objektpunkt	A
Krümmungsmittelpunkt	C
Brennpunkt	F
Hauptpunkt	H
Knotenpunkt (Nodus)	N
Knotenpunkt, nach DIN	K
Achsenpunkt der Pupille	P
Scheitelpunkt (Vertex)	V
Scheitelpunkt, nach DIN	S

Strecken	
Entfernung Hauptpunkt — axialer Objektpunkt (Objektweite)	a
Entfernung axialer Objektpunkt — beliebiger Achsenpunkt	b
Entfernung Krümmungsmittelpunkt — axialer Objektpunkt	c
Linsendicke	d
Abstand zweier benachbarter Flächenscheitel	e
Brennweite	f
Pfeilhöhe	g
Durchstoßhöhe eines Strahls	h
Hauptpunktspanne	i
Strahllänge	l
Entfernung axialer Pupillenpunkt — axialer Objektpunkt	p
Krümmungsradius	r
Schnittweite	s
Optisches Intervall	t

Tabelle 1.3 Fortsetzung

Strecken	
Querkoordinaten eines Objektpunktes	x, y
Entfernung Brennpunkt — axialer Objektpunkt	z

Winkel	
Ablenkung eines Lichtstrahls	δ
Winkel zwischen Lichtstrahl und Einfallslot (Einfallswinkel)	ε
Winkel zwischen Flächennormale und optischer Achse (Zentriwinkel)	φ
Winkel zwischen Lichtstrahl und optischer Achse (Schnittwinkel)	σ
Azimut	ψ

Dimensionslose Größen	
Tiefenmaßstab	α'
Abbildungsmaßstab	β'
Winkelverhältnis	γ'
Relative Teildispersion	P
Abbesche Zahl	ν
Höhenverhältnis	ω
Numerische Apertur	A
Vergrößerung	Γ'

Von den Grundsätzen abweichende Bezeichnungen	
Brechzahl	n
Öffnungszahl (Blendenzahl)	k
Öffnungsverhältnis	K
Halber Öffnungswinkel	u
Halber Feldwinkel	w
Sehwinkel	w_s

1.2.2 Vorzeichenregeln

Bei der Anwendung von Beziehungen der geometrischen Optik in der Optik-Konstruktion werden Strecken und Winkel nach bestimmten Grundsätzen mit Vorzeichen versehen. Vorausgesetzt wird der Normalfall rotationssymmetrischer optischer Systeme.

Ein rotationssymmetrisches optisches System hat eine Symmetrieachse, die optische Achse genannt wird.

Die Funktion der optischen Systeme ist die optische Abbildung. Die optische Abbildung transformiert Größen des Objektraums in Größen des Bildraums.

Die Punkte des Objekt- und des Bildraums sind durch die Koordinaten festgelegt. Im allgemeinen verwendet man rechtshändige kartesische Koordinatensysteme.

1.2 Bezeichnungsgrundsätze

Vereinbarungen: Die kartesischen Koordinaten des Objektraums werden mit x, y, z, die des Bildraums werden mit x', y', z' bezeichnet. Die z-Achse und die z'-Achse stimmen mit der optischen Achse überein. Die objektseitige Lichtrichtung wird in Zeichnungen im allgemeinen von links nach rechts angenommen (Abb. 1.10).

Definition (Abb. 1.11). Ein außeraxialer Objektpunkt und die optische Achse spannen die Meridionalebene auf. Eine Sagittalebene steht senkrecht auf der Meridionalebene und enthält einen als Bezugsstrahl ausgewählten Lichtstrahl.

Vereinbarung: Die Meridionalebene wird im allgemeinen in die Zeichenebene gelegt und als y-z-Ebene verwendet.

Vorzeichenvereinbarungen: Eine Strecke ist positiv, wenn der für die Vorzeichenfestlegung ausgewählte Bezugspunkt am linken Ende der Strecke liegt.

Abb. 1.10 Koordinatensysteme bei einer zentrierten optischen Abbildung

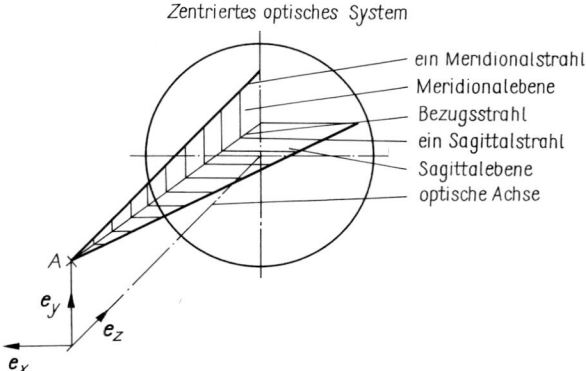

Abb. 1.11 Meridional- und Sagittalebene (A Objektpunkt)

Zur Bestimmung des Vorzeichens eines Winkels zwischen einem Lichtstrahl und einer Bezugsgeraden dreht man in Gedanken den Lichtstrahl auf dem kürzesten Weg in den Bezugsschenkel. Bei Drehung im mathematisch positiven Sinn (entgegen dem Uhrzeigersinn) ist der Winkel positiv.

Das Vorzeichen von Strecken und Winkeln wird in die Zeichnungen mit eingetragen. Der Drehsinn zur Bestimmung des Vorzeichens von Winkeln kann in Zeichnungen durch Anbringen von nur einem Maßpfeil gekennzeichnet werden.

Beispiele für die brechende Fläche (Abb. 1.12) enthält Tab. 1.4.

Anmerkung: Auf zwei Unterschiede in diesem Buch gegenüber den DIN-Vorschriften ist hinzuweisen. Sie haben sich in der Lehre bewährt und hängen auch mit der zeitlichen Erarbeitung des Manuskripts zusammen.

1. Für den Einfalls-, Brechungs- und Reflexionswinkel wird in DIN der Strahl als Bezugsschenkel verwendet. Dadurch erhalten diese Winkel das entgegengesetzte Vorzeichen. Es ist aber inkonsequent, zur Bestimmung des Vorzeichens bei $\hat{\sigma}$ "den Strahl in die Achse", bei ε "das Einfallslot in den Strahl" zu drehen. In den entsprechenden Gleichungen ist der Übergang zu DIN durch Vorzeichenwechsel bei den Einfalls-, Reflexions- und Brechungswinkeln leicht vollziehbar.

2. Weiter wird festgelegt, daß die Vorzeichen der Strecken und Winkel in Zeichnungen einzuklammern sind. Davon wird hier abgewichen. Auf die Polemik, ob dies falsch ist, wollen wir nicht weiter eingehen. Es sei jedoch darauf hingewiesen, daß bei der Ableitung von Formeln anhand von Skizzen das Vorzeichen ohnehin zu berücksichtigen ist. So ergibt sich z.B. nach Abb. 1.12 die vorzeichenbehaftete Strecke $\overline{AC}$ aus $-\hat{s}+r$ und nicht aus $(-)\hat{s}+r$ oder gar $\hat{s}+r$. Mit dem zahlenmäßigen Beispiel $\hat{s} = -100$ und $r = 50$ erhält man $-\hat{s}+r = 100+50 = 150$, also den richtigen Wert. Natürlich darf man in die Skizzen nicht die vorzeichenbehafteten Zahlenwerte einsetzen und dann Strecken zahlenmäßig addieren.

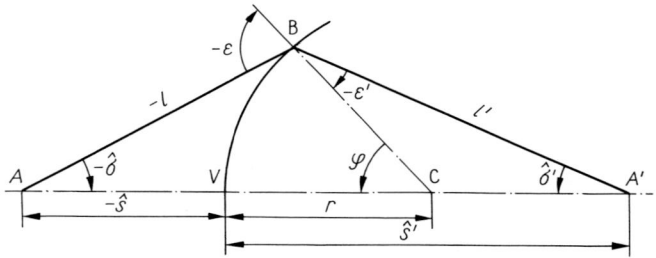

Abb. 1.12 Größen an der brechenden Kugelfläche

Tabelle 1.4 Bezugsgrößen für die Vorzeichenfestlegung

Element	Formelzeichen	Bezugspunkt bzw. Schenkel
Schnittweite	s	Flächenscheitel V
Flächenradius	r	Flächenscheitel V
Strahllänge	l	Flächendurchstoßpunkt B
Schnittwinkel	σ	Optische Achse
Zentriwinkel	φ	Optische Achse
Einfallswinkel	ε	Einfallslot (Normale)
Reflexionswinkel	ε'	Einfallslot (Normale)
Brechungswinkel	ε' bzw. ε''	Einfallslot (Normale)
Ablenkung	δ	Verlängerung des einfallenden Strahls

2 Physikalische Grundlagen

2.1 Lichtwellen und -strahlen

2.1.1 Elektromagnetische Wellen

Das Modell der ebenen Welle. In 1.1.1 haben wir erläutert, daß eine wesentliche Seite des Lichtes seine Erscheinungsform als elektromagnetische Welle ist. In einer elektromagnetischen Welle sind die elektrische Feldstärke E und die magnetische Feldstärke H gesetzmäßig zeitlich und örtlich veränderlich. Die elektromagnetische Welle transportiert elektrische und magnetische Feldenergie.

> Die elektromagnetische Welle ist die Ausbreitungsform der elektromagnetischen Feldenergie.

Für theoretische Untersuchungen über die Eigenschaften der Lichtwelle wird in vielen Fällen das Modell der ebenen periodischen elektromagnetischen Welle verwendet. Bei einer ebenen Welle ist die Schwingungsphase auf zueinander parallelen Ebenen, den Wellenflächen, konstant. In einer periodischen elektromagnetischen Welle sind die elektrische und magnetische Feldstärke zeitlich und örtlich periodisch. Es gilt:

> In einer ebenen elektromagnetischen Welle schwingen die elektrische und die magnetische Feldstärke in je einer Ebene zeitlich und örtlich periodisch. Die elektrische Feldstärke E, die magnetische Feldstärke H und der Einheitsvektor in Ausbreitungsrichtung s bilden ein Rechtssystem. Die Wellenflächen sind eben (Abb. 2.1).

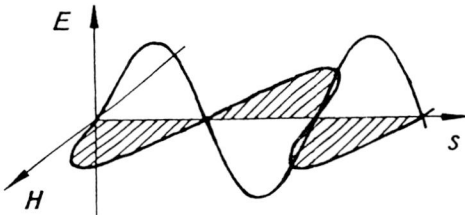

Abb. 2.1 Darstellung der Feldstärken in einer elektromagnetischen Welle

Die optischen Wirkungen der elektromagnetischen Welle werden vorwiegend durch den elektrischen Anteil bestimmt. Wir beschränken deshalb die weiteren Beziehungen zunächst auf die elektrische Feldstärke.

Die reelle Darstellung der ebenen Welle. Die Beschreibung der Welle zu einer bestimmten Zeit t = const ergibt eine periodische Funktion des Weges l. Wir nehmen an, daß diese Funktion sinusförmig ist (Abb. 2.2a). Auch die Darstellung der Schwingung der elektrischen Feldstärke an einem festen Ort l = const ergibt dann eine sinusförmige Kurve (Abb. 2.2b).

Tabelle 2.1 Größen zur Beschreibung einer Welle

Räumliche Periodizität		Verknüpfung	Zeitliche Periodizität	
Länge einer Periode	Wellenlänge λ	$c = \dfrac{\lambda}{T}$	Dauer einer Periode	Schwingungsdauer T
Anzahl der Perioden je Längeneinheit	Wellenzahl $k = \dfrac{1}{\lambda}$	$c = \dfrac{\nu}{k}$	Anzahl der Perioden je Zeiteinheit	Frequenz $\nu = \dfrac{1}{T}$
Anzahl der Perioden auf 2π Längeneinheiten	Kreiswellenzahl $w = 2\pi k$	$c = \nu\lambda$	Anzahl der Perioden in 2π Zeiteinheiten	Kreisfrequenz $\omega = 2\pi\nu$

Anfangsphase δ

Amplitude A

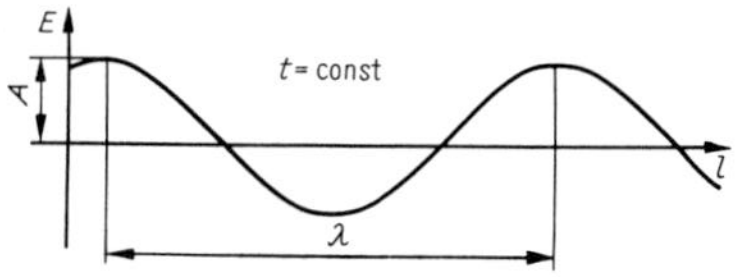

$E = A\cos(wl - \omega t + \delta)$

$E = A\cos[2\pi(kl - \nu t) + \delta]$

$E = A\cos\left[2\pi\nu\left(\dfrac{l}{c} - t\right) + \delta\right]$

$E = A\cos\left[\dfrac{2\pi}{\lambda}(l - ct) + \delta\right]$

Abb. 2.2a Darstellung der sinusförmigen Welle bei $t = $ const

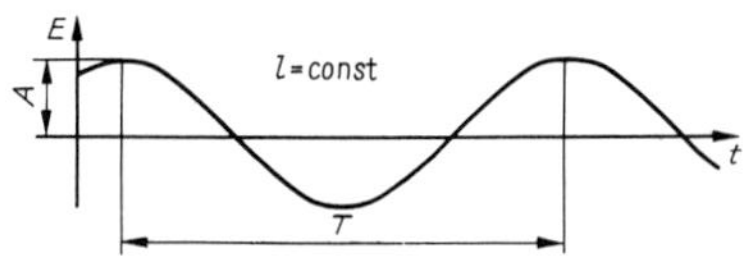

Abb. 2.2b Darstellung der sinusförmigen Welle bei $l = $ const

2.1 Lichtwellen und -strahlen

Räumliche und zeitliche Periodizität werden mit den Größen beschrieben, die in Tab. 2.1 zusammengestellt sind. Die Anfangsphase δ ist die Schwingungsphase, die den Zustand der Welle zur Zeit $t = 0$ am Ort $l = 0$ bestimmt. Die Geschwindigkeit, mit der sich die Schwingungsphasen ausbreiten, nennen wir Phasengeschwindigkeit c. Nach Tab. 2.1 gilt

$$c = \nu\lambda. \tag{2.1}$$

Die sinusförmige Welle kann mit einer Sinus- oder einer Kosinusfunktion mathematisch beschrieben werden. Weil die genannten Winkelfunktionen die Periode 2π haben, ist

$$E = A\sin(wl - \omega t + \delta) \quad \text{oder} \quad E = A\cos(wl - \omega t + \delta) \tag{2.2a, b}$$

zu setzen. (In Tab. 2.1 wurden am Beispiel der Kosinusfunktion weitere Schreibweisen eingetragen, die durch das Umrechnen der Schwingungsgrößen entstehen.)

Die Vorzeichen von wl und ωt müssen entgegengesetzt gewählt werden, wenn die Gleichungen (2.2a, b) eine Welle beschreiben sollen, die sich in positiver l-Richtung ausbreitet.

Oftmals ist das Verhalten mehrerer Wellen unterschiedlicher Ausbreitungsrichtung zu untersuchen. Dazu ist es notwendig, die Ausbreitungsrichtung durch den Einheitsvektor s und einen beliebigen Punkt des Wellenfeldes durch den Ortsvektor r anzugeben. Für den vom Ursprung aus durch die Welle zurückgelegten Weg gilt nach Abb. 2.3 die Beziehung $l = r \cdot s$. (Das Skalarprodukt der Vektoren r und s gibt die Länge der Projektion des Vektors r auf die Richtung des Vektors s an.)

Damit gehen Gl. (2.2a) und Gl. (2.2b) über in

$$E = A\sin[w(rs) - \omega t + \delta] \quad \text{und} \quad E = A\cos[w(rs) - \omega t + \delta]. \tag{2.3a, b}$$

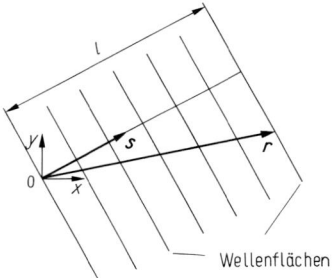

Abb. 2.3 Zur Ableitung der Gl. (2.3)

Komplexe Darstellung der ebenen Welle. Die elektrische Feldstärke als eine beobachtbare Größe muß durch reelle Funktionen dargestellt werden. Gl. (2.3a) und Gl. (2.3b) beschreiben also den physikalischen Sachverhalt unseres Modells der ebenen Welle. Zur rechnerischen Vereinfachung theoretischer Ableitungen ist manchmal die komplexe Schreibweise der elektrischen Feldstärke formal anwendbar. Es gilt zunächst

$$E = A\,\text{Im}\left\{e^{j[w(rs) - \omega t + \delta]}\right\} \quad \text{und} \quad E = A\,\text{Re}\left\{e^{j[w(rs) - \omega t + \delta]}\right\}.$$

Beide Gleichungen lassen sich zusammenfassen zu

$$E = A\,e^{j[w(rs) - \omega t + \delta]}. \tag{2.4}$$

Von den unter Anwendung von Gl. (2.4) erhaltenen Ergebnissen hat dann nur der Realteil oder der Imaginärteil physikalische Bedeutung.

Die komplexe Amplitude. Mit der Anfangsphase δ und dem Betrag der Amplitude A kann die komplexe Amplitude

$$a = A\,e^{j\delta} \tag{2.5}$$

gebildet werden. Setzen wir noch

$$w = \frac{2\pi}{\lambda} \quad \text{und} \quad \omega = \frac{2\pi c}{\lambda}$$

ein, dann erhalten wir aus Gl. (2.4) mit Gl. (2.5)

$$\boldsymbol{E} = \boldsymbol{a}\,e^{\frac{2\pi j}{\lambda}(rs-ct)}. \tag{2.6}$$

Die komplexe Amplitude a stellt die formale Zusammenfassung des Betrags der Amplitude A und der Anfangsphase δ der Welle dar.

Wellengleichung. Die Gl. (2.6) für die ebene periodische Welle ist eine Lösung der aus den Maxwellschen Gleichungen für homogene isotrope Nichtleiter

$$\dot{\boldsymbol{B}} + \operatorname{rot} \boldsymbol{E} = 0, \quad -\dot{\boldsymbol{D}} + \operatorname{rot} \boldsymbol{H} = 0 \tag{2.7a, b}$$

folgenden Wellengleichung ($\boldsymbol{B}$ magnetische Induktion, $\boldsymbol{H}$ magnetische Feldstärke, $\boldsymbol{D}$ elektrische Verschiebung, $\boldsymbol{E}$ elektrische Feldstärke). In isotropen Stoffen gilt außerdem

$$\boldsymbol{D} = \varepsilon_r \varepsilon_0 \boldsymbol{E}, \quad \boldsymbol{H} = \frac{1}{\mu_r \mu_0} \boldsymbol{B}. \tag{2.8a, b}$$

Darin sind ε_0 und μ_0 die elektrische bzw. magnetische Feldkonstante, ε_r die relative Dielektrizitätskonstante, μ_r die relative Permeabilität; ε_r und μ_r sollen orts- und zeitunabhängig sein. Aus Gl. (2.7b) geht mit Gl. (2.8a, b)

$$-\varepsilon_r \varepsilon_0 \dot{\boldsymbol{E}} + \frac{1}{\mu_r \mu_0} \operatorname{rot} \boldsymbol{B} = 0$$

hervor. Wir differenzieren nach der Zeit und setzen $\dot{\boldsymbol{B}}$ aus Gl. (2.7a) ein. Wir erhalten

$$\varepsilon_r \varepsilon_0 \ddot{\boldsymbol{E}} + \frac{1}{\mu_r \mu_0} \operatorname{rot} \operatorname{rot} \boldsymbol{E} = 0. \tag{2.7c}$$

Es ist

$$\operatorname{rot} \operatorname{rot} \boldsymbol{E} = \operatorname{grad} \operatorname{div} \boldsymbol{E} - \triangle \boldsymbol{E}$$

mit

$$\triangle \boldsymbol{E} = \operatorname{div} \operatorname{grad} E_x \cdot \boldsymbol{e}_x + \operatorname{div} \operatorname{grad} E_y \cdot \boldsymbol{e}_y + \operatorname{div} \operatorname{grad} E_z \cdot \boldsymbol{e}_z,$$

$$\triangle = \frac{\partial^2}{\partial x^2} + \frac{\partial^2}{\partial y^2} + \frac{\partial^2}{\partial z^2} \quad \text{und} \quad \operatorname{div} \boldsymbol{E} = 0.$$

Damit geht aus Gl. (2.7c)

$$\varepsilon_r \varepsilon_0 \ddot{\boldsymbol{E}} = \frac{1}{\mu_r \mu_0} \triangle \boldsymbol{E}$$

hervor. Wir führen die Abkürzung

$$\varepsilon_r \varepsilon_0 \mu_r \mu_0 = \frac{1}{c^2}$$

ein und erhalten

$$\triangle E = \frac{1}{c^2} \ddot{E}. \tag{2.9}$$

Gl. (2.9) ist die partielle Differentialgleichung zur Bestimmung der elektrischen Feldstärke im homogenen isotropen Nichtleiter, in dem keine Überschußladungen enthalten sind. Sie wird Wellengleichung genannt.

Für das Vakuum ist $\varepsilon_r = \mu_r = 1$. Die absolute Brechzahl des Nichtleiters, die durch $n = c_0/c$ definiert ist, ist also mittels

$$n = \sqrt{\varepsilon_r \mu_r} \tag{2.10}$$

auf elektromagnetische Stoffgrößen zurückzuführen. Im allgemeinen sind die Stoffe, die das Licht nicht absorbieren, nicht ferromagnetisch, so daß mit guter Näherung $\mu_r = 1$ ist und $n = \sqrt{\varepsilon_r}$ gilt.

Für die ebene periodische Welle nach Gl. (2.6) ist

$$\text{grad } E_x = \frac{2\pi j}{\lambda} E_x \cdot s \quad \text{und} \quad \text{div grad } E_x = -\frac{4\pi^2}{\lambda^2} E_x,$$

also

$$\triangle E = -\frac{4\pi^2}{\lambda^2} E.$$

Da auch

$$\frac{1}{c^2} \ddot{E} = -\frac{4\pi^2}{\lambda^2} E$$

gilt, erfüllt die Gl. (2.6) die Wellengleichung. Es gibt aber noch eine Vielzahl weiterer Lösungen der Wellengleichung, u.a. auch die der Kugelwelle.

Intensität der ebenen Welle. Die magnetische Feldstärke der ebenen Welle läßt sich aus der elektrischen Feldstärke mit der Gl. (2.7a) unter Berücksichtigung von Gl. (2.8b) berechnen. Mit Gl. (2.6) erhalten wir wegen rot $u\boldsymbol{v} = u$ rot $\boldsymbol{v}$ + grad $u \times \boldsymbol{v}$

$$\text{rot}\left\{ \boldsymbol{a} \cdot e^{\frac{2\pi j}{\lambda}(rs - ct)} \right\} = e^{\frac{2\pi j}{\lambda}(rs - ct)} \text{rot } \boldsymbol{a} + \left[\text{grad } e^{\frac{2\pi j}{\lambda}(rs - ct)} \right] \times \boldsymbol{a}.$$

Bei der ebenen Welle ist rot $\boldsymbol{a} = 0$, so daß nach Ausrechnen des Gradienten

$$\text{rot } \boldsymbol{E} = \frac{2\pi j}{\lambda} (\boldsymbol{s} \times \boldsymbol{E})$$

wird. Integration von Gl. (2.7a) nach der Zeit ergibt für die periodische Welle

$$\boldsymbol{H} = -\frac{1}{\mu_r \mu_0} \int \text{rot } \boldsymbol{E} \cdot dt = \frac{1}{\mu_r \mu_0 c} (\boldsymbol{s} \times \boldsymbol{E})$$

bzw.

$$H = \sqrt{\frac{\varepsilon_r \varepsilon_0}{\mu_r \mu_0}} (s \times E). \tag{2.11}$$

Die Energiestromdichte, also die je Sekunde durch eine senkrecht zur Ausbreitungsrichtung stehende Flächeneinheit hindurchgehende Feldenergie, folgt aus

$$S = E \times H. \tag{2.12}$$

S ist der Poyntingvektor.

Für die ebene Welle gilt mit Gl. (2.11)

$$S = \sqrt{\frac{\varepsilon_r \varepsilon_0}{\mu_r \mu_0}} \left[E \times (s \times E) \right].$$

Nach dem Entwicklungssatz für doppelte Vektorprodukte und mit $E \cdot s = 0$ (E steht senkrecht auf s) ergibt sich

$$S = \sqrt{\frac{\varepsilon_r \varepsilon_0}{\mu_r \mu_0}} E^2 s. \tag{2.13}$$

Wir haben bereits betont, daß nur der Realteil oder der Imaginärteil der komplexen Feldstärke physikalisch sinnvoll ist. Diese Aussage wird bei der Produktbildung wesentlich. Für die Summe zweier komplexer Zahlen gilt:

Realteil der Summe = Summe der Realteile beider Summanden,

Deshalb dürfen komplexe Feldstärken addiert werden. Für das Produkt zweier komplexer Zahlen gilt aber:

Realteil des Produkts ≠ Produkt aus den Realteilen der Faktoren.

Der Realteil des Produkts zweier komplexer Zahlen beschreibt demnach nicht den physikalischen Vorgang, der durch das Produkt aus den Realteilen der Faktoren gegeben ist. Wir können trotzdem die komplexe Schreibweise verwenden, wenn wir statt E^2 den Ausdruck

$$\left[\frac{1}{2}(E + E^*) \right]^2$$

einsetzen (E^* ist zu E konjugiert komplex). Wegen $E + E^* = 2\,\text{Re}(E)$ ist gesichert, daß nur die physikalisch sinnvollen Realteile multipliziert werden. Damit erhalten wir

$$S = \frac{1}{4} \sqrt{\frac{\varepsilon_r \varepsilon_0}{\mu_r \mu_0}} (E + E^*)^2 s$$

Durch die Periodizität der elektrischen Feldstärke schwankt auch die Energiestromdichte zeitlich und räumlich. Die Lichtdetektoren registrieren jedoch den Mittelwert über eine größere Anzahl an Perioden. Diesen Mittelwert berechnen wir aus

$$S = \frac{1}{4} \sqrt{\frac{\varepsilon_r \varepsilon_0}{\mu_r \mu_0}} \left\{ a^2 \cdot e^{\frac{4\pi j}{\lambda}(rs - ct)} + a^{*2} \cdot e^{-\frac{4\pi j}{\lambda}(rs - ct)} + 2aa^* \right\} s.$$

Die ersten beiden Summanden sind periodische Funktionen, deren Mittelwert über eine Periode verschwindet. Der dritte Summand ist zeitlich konstant, so daß

$$\langle S \rangle = \frac{1}{2} \sqrt{\frac{\varepsilon_r \varepsilon_0}{\mu_r \mu_0}} a a^* s \tag{2.14}$$

2.1 Lichtwellen und -strahlen

gilt. Der Betrag des Zeitmittelwertes des Poyntingvektors, $|\langle S \rangle|$, wird Intensität der Welle genannt. Mit $\varepsilon_r \varepsilon_0 \mu_r \mu_0 = 1/c^2$ ergibt sich für die Intensität I

$$I = \frac{\varepsilon_r \varepsilon_0 c}{2} a a^*, \quad [I] = \text{W} \cdot \text{m}^{-2}. \tag{2.15}$$

2.1.2 Polarisationsarten

Die Lichtwelle ist eine transversale Welle, so daß sie polarisiert werden kann. In einer polarisierten Welle beschreibt der Vektor der elektrischen Feldstärke in jeder zur Ausbreitungsrichtung senkrechten Ebene eine bestimmte Bahn. Diese ist, wie wir noch beweisen werden, eine gerade Strecke, ein Kreis oder eine Ellipse. Dementsprechend unterscheidet man verschiedene Polarisationsarten.

| Die Lichtwelle kann linear, zirkular oder elliptisch polarisiert werden.

Die linear polarisierte Welle hat eine raumfeste Ebene, in der die elektrische Feldstärke schwingt. In der senkrecht dazu liegenden Ebene muß dann die magnetische Feldstärke schwingen. Historisch hat sich folgende Bezeichnungsweise eingebürgert:

| Die elektrische Feldstärke schwingt in der Schwingungsebene; die magnetische Feldstärke schwingt in der Polarisationsebene.

Es ist auch möglich, daß sich linear polarisierte Wellen gleicher Phase, aber verschiedener Schwingungsrichtung in der gleichen Richtung ausbreiten. In solchem Licht, das partiell polarisiert heißt, ist eine Schwingungsrichtung bevorzugt enthalten. Im theoretischen Grenzfall, bei dem alle Schwingungsrichtungen vorkommen und alle Amplituden gleich sind, wird von natürlichem Licht gesprochen.

Eine linear polarisierte Welle, die sich in z-Richtung ausbreitet, wird nach Gl. (2.2a) in reeller Form durch

$$E = A \sin(wz - \omega t + \delta)$$

beschrieben. Wir erhalten experimentell linear, zirkular oder elliptisch polarisiertes Licht, wenn wir zwei phasenverschobene, senkrecht zueinander schwingende Wellen gleicher Frequenz überlagern. Diesen Vorgang wollen wir theoretisch behandeln.

Wir nehmen die x- bzw. die y-Richtung als Schwingungsrichtung an. Die elektrischen Feldstärken der Wellen lauten

$$E_x = A_x \sin(wz - \omega t + \delta_x) \quad \text{und} \quad E_y = A_y \sin(wz - \omega t + \delta_y).$$

Wir untersuchen die resultierende Feldstärke und deren Schwingung am festen Ort $z = z_0$. Die Anteile wz_0 in den Argumenten der Sinusfunktionen gehen dann in die Anfangsphase am Ort $z = z_0$ ein. Wir setzen

$$wz_0 + \delta_x = \delta'_x, \quad wz_0 + \delta_y = \delta'_y$$

und erhalten

$$E_x = A_x \sin(-\omega t + \delta'_x), \quad E_y = A_y \sin(-\omega t + \delta'_y).$$

Die Phasendifferenz zwischen den Wellen beträgt

$$\delta = \delta'_y - \delta'_x. \tag{2.16}$$

Abb. 2.4 demonstriert das Entstehen einer zirkular polarisierten Schwingung für den Spezialfall

$$A_x = A_y, \quad \delta'_x = -90°, \quad \delta'_y = 0°, \quad \delta = 90°.$$

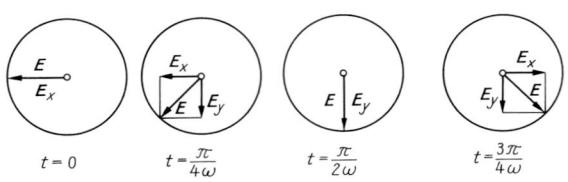

Abb. 2.4 Entstehung der zirkular polarisierten Welle

Tabelle 2.2 Ableitung der Gleichung für die Schwingungsellipse

Komponenten der elektrischen Feldstärke
$$E_x = A_x \sin(-\omega t + \delta'_x), \quad E_y = A_y \sin(-\omega t + \delta'_y)$$

Auflösen nach $-\omega t$
$$-\omega t = \arcsin \frac{E_x}{A_x} - \delta'_x, \quad -\omega t = \arcsin \frac{E_y}{A_y} - \delta'_y$$

Gleichsetzen der rechten Seiten
$$\arcsin \frac{E_y}{E_y} = \arcsin \frac{E_x}{E_x} + \delta'_y - \delta'_x$$

Einführen der Phasendifferenz $\delta = \delta'_y - \delta'_x$ und Umformen
$$\frac{E_y}{A_y} = \sin\left(\arcsin \frac{E_x}{A_x} + \delta\right)$$

Anwenden der Additionstheoreme
$$\frac{E_y}{A_y} = \frac{E_x}{A_x} \cos\delta + \cos\left(\arcsin \frac{E_x}{A_x}\right) \cdot \sin\delta$$

Anwenden von $\cos\alpha = \sqrt{1 - \sin^2\alpha}$
$$\frac{E_y}{A_y} = \frac{E_x}{A_x} \cos\delta + \sqrt{1 - \left(\frac{E_x}{A_x}\right)^2} \sin\delta$$

Umformen
$$\left(\frac{E_x}{A_x}\right)^2 + \left(\frac{E_y}{A_y}\right)^2 - \frac{2 E_x E_y}{A_x A_y} \cos\delta = \sin^2\delta$$

2.1 Lichtwellen und -strahlen

Für den allgemeinen Fall ist in Tab. 2.2 die Kurvengleichung

$$\left(\frac{E_x}{A_x}\right)^2 + \left(\frac{E_y}{A_y}\right)^2 - \frac{2E_x E_y}{A_x A_y} \cos \delta = \sin^2 \delta \qquad (2.17)$$

abgeleitet worden.

Die quadratische Gleichung (2.17) stellt einen Kegelschnitt dar (Abb. 2.5). Weil die Bahnkurve des Feldstärkevektors innerhalb des durch $2A_x$ und $2A_y$ aufgespannten Rechtecks bleiben muß, kann es nur ein Kreis, eine Ellipse oder eine gerade Linie sein.

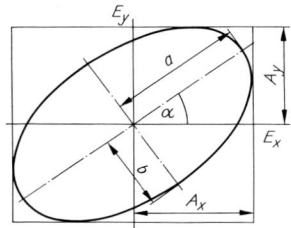

Abb. 2.5 Schwingungsellipse

In Tab. 2.3a und Tab. 2.3b sind außerdem die Beziehungen enthalten, mit denen die Lage der Bahnkurven und das Achsenverhältnis der Ellipsen bestimmt werden können. Es gilt für die Lage (Abb. 2.5)

$$\tan 2\alpha = \tan 2\psi \cdot \cos \delta, \quad \tan \psi = \frac{A_y}{A_x}; \qquad (2.18a, b)$$

für das Hauptachsenverhältnis (Abb. 2.5)

$$\sin 2\gamma = \pm \sin 2\psi \cdot \sin \delta, \quad \tan \gamma = \frac{b}{a}. \qquad (2.19a, b)$$

Tabelle 2.3a Ableitung der Gleichung zur Berechnung der Achsenlage der Ellipse

Hauptachsentransformation der Kurvengleichung

$$\tan 2\alpha = -\frac{2 \cos \delta}{\frac{A_y}{A_x} - \frac{A_x}{A_y}}$$

Einführung der Abkürzung

$$\tan \psi = \frac{A_y}{A_x}$$

Einsetzen und Anwenden eines Additionstheorems

$$\tan 2\alpha = -\frac{2 \cos \delta}{\tan \psi - \frac{1}{\tan \psi}} = \cos \delta \cdot \tan 2\psi$$

Tabelle 2.3b Ableitung der Gleichung zur Berechnung des Hauptachsenverhältnisses der Ellipse

Parameterdarstellung der Ellipsenfläche
$$F = \frac{1}{2}\oint(E_x\dot{E}_y - E_y\dot{E}_x)\,dt$$

Differentiation der Komponenten der elektrischen Feldstärke
$$\dot{E}_x = -\omega A_x \cos(-\omega t + \delta'_x), \quad \dot{E}_y = -\omega A_y \cos(-\omega t + \delta'_y)$$

Einsetzen in die Flächengleichung, Anwenden von Additionstheoremen
$$F = -\frac{1}{2}\omega A_x A_y \sin(\delta'_x - \delta'_y) \int_0^{(2\pi)/\omega} dt$$

Einführen von $\delta = \delta'_y - \delta'_x$ und Integrieren
$$F = \pi A_x A_y \sin\delta$$

Ausdrücken der Ellipsenfläche mit den Halbachsen
$$F = \pi ab$$

Gleichsetzen der Flächengleichungen und Beachten, daß A_x, A_y, a, b positiv sind
$$ab = \pm A_x A_y \sin\delta$$

Intensität der ebenen Wellen (Amplituden A_x und A_y)
$$I = \frac{\varepsilon_r \varepsilon_0 c}{2}(A_x^2 + A_y^2)$$

Intensität der ebenen Wellen (Amplituden a und b)
$$I = \frac{\varepsilon_r \varepsilon_0 c}{2}(a^2 + b^2)$$

Gleichsetzen der Intensitäten
$$a^2 + b^2 = A_x^2 + A_y^2$$

Division durch ab
$$\frac{a}{b} + \frac{b}{a} = \pm\left(\frac{A_y}{A_x} - \frac{A_x}{A_y}\right)\frac{1}{\sin\delta}$$

Abkürzungen
$$\tan\gamma = \frac{b}{a}, \quad \tan\psi = \frac{A_y}{A_x}$$

Einsetzen
$$\left(\frac{1}{\tan\gamma} + \tan\gamma\right)\sin\delta = \pm\left(\tan\psi + \frac{1}{\tan\psi}\right)$$

Anwenden von
$$\frac{\tan^2\gamma + 1}{\tan\gamma} = \frac{2}{\sin 2\gamma}$$

Einsetzen
$$\sin 2\gamma = \pm\sin 2\psi \cdot \sin\delta$$

2.1 Lichtwellen und -strahlen

Tab. 2.4 faßt die Schwingungsformen bei verschiedenen Werten der Phasendifferenz zusammen. Abb. 2.6 veranschaulicht den räumlichen Zustand einer elliptisch polarisierten Welle zu einer festen Zeit.

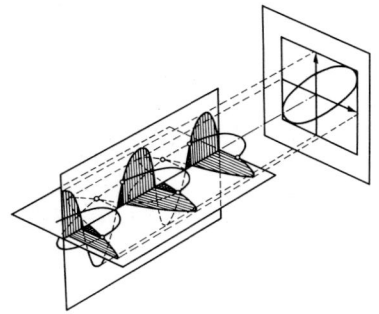

Abb. 2.6 Elliptisch polarisierte Welle in einem Zeitmoment

Tabelle 2.4 Polarisationsarten (Schwingungsformen in Abhängigkeit von der Phasendifferenz, Umlaufsinn entgegen der Lichtrichtung gesehen)

Phasen-differenz	Kurvengleichung	Schwingungsform $A_x \neq A_y$	Bezeichnung	Schwingungsform $A_x = A_y$	Bezeichnung
$\delta = 0°$	$E_y = \dfrac{A_y}{A_x} E_x$	╱	linear polarisiert	╱	linear polarisiert
$0° < \delta < 90°$	$\left(\dfrac{E_x}{A_x}\right)^2 + \left(\dfrac{E_y}{A_y}\right)^2 - \dfrac{2E_x E_y}{A_x A_y}\cos\delta = \sin^2\delta$	⬭	links-elliptisch polarisiert	◯	links-elliptisch polarisiert
$\delta = 90°$	$\left(\dfrac{E_x}{A_x}\right)^2 + \left(\dfrac{E_y}{A_y}\right)^2 = 1$	⬭	links-elliptisch polarisiert	◯	links-zirkular polarisiert
$90° < \delta < 180°$	$\left(\dfrac{E_x}{A_x}\right)^2 + \left(\dfrac{E_y}{A_y}\right)^2 + \dfrac{2E_x E_y}{A_x A_y}\|\cos\delta\| = \sin^2\delta$	⬭	links-elliptisch polarisiert	◯	links-elliptisch polarisiert
$\delta = 180°$	$E_y = -\dfrac{A_y}{A_x} E_x$	╲	linear polarisiert	╲	linear polarisiert
$180° < \delta < 270°$	$\left(\dfrac{E_x}{A_x}\right)^2 + \left(\dfrac{E_y}{A_y}\right)^2 + \dfrac{2E_x E_y}{A_x A_y}\|\cos\delta\| = \sin^2\delta$	⬭	rechts-elliptisch polarisiert	◯	rechts-elliptisch polarisiert
$\delta = 270°$	$\left(\dfrac{E_x}{A_x}\right)^2 + \left(\dfrac{E_y}{A_y}\right)^2 = 1$	⬭	rechts-elliptisch polarisiert	◯	rechts-zirkular polarisiert
$270° < \delta < 360°$	$\left(\dfrac{E_x}{A_x}\right)^2 + \left(\dfrac{E_y}{A_y}\right)^2 - \dfrac{2E_x E_y}{A_x A_y}\cos\delta = \sin^2\delta$	⬭	rechts-elliptisch polarisiert	◯	rechts-elliptisch polarisiert

2.1.3 Huygenssches Prinzip

Die Ausbreitung des Lichtes kann als Überlagerung von Lichtwellen gedeutet werden. Wir erläutern diese Aussage am Beispiel einer Lichtwelle, die von einer punktförmigen Lichtquelle ausgesendet wird.

Die Lichtquelle ist dadurch ausgezeichnet, daß an ihrem Ort primär eine elektromagnetische Schwingung eingeleitet wird. Die Schwingung überträgt sich durch die radiale Ausbreitung des elektromagnetischen Feldes von Volumenelement zu Volumenelement. In der Umgebung der Lichtquelle beobachten wir die zeitlich und räumlich veränderliche elektromagnetische Feldenergie als elektromagnetische Welle. Das Huygenssche Prinzip stellt eine Möglichkeit dar, die Ausbreitung dieser Welle allgemein zu verstehen.

In Abb. 2.7 ist eine Kugelwelle durch die Wellenflächen veranschaulicht. Die Wellenfront ist verstärkt eingezeichnet. In einem Punkt P′, der auf der Wellenfront liegt, beginnt gerade die Schwingung. Für das übrige Gebiet hat der Punkt P′ also mit der Lichtquelle gemeinsam, daß eine Schwingung eingeleitet wird. Der Unterschied zwischen der Lichtquelle P und dem Punkt P′ besteht darin, daß am Ort der Lichtquelle Energie, z. B. Wärmeenergie, in elektromagnetische Feldenergie umgewandelt wird, während die Schwingungsenergie im Punkt P′ aus der Welle selbst stammt. Die Schwingung sollte sich nun vom Punkt P′ aus ebenfalls radial ausbreiten und der Punkt P′ damit zum Zentrum einer Kugelwelle werden. Da der Punkt P′ beliebig ausgewählt ist, gilt dieselbe Überlegung für jeden Punkt des Wellenfeldes. Diese theoretische Erwartung wird im ersten Teil des Huygensschen Prinzips postuliert.

> Jeder Punkt eines Wellenfeldes ist Erregungszentrum einer Kugelwelle, die Elementarwelle genannt wird.

Wir beobachten jedoch keine Elementarwellen, sondern eine Kugelwelle, die von der Lichtquelle P ausgeht. Diese Tatsache wird durch die Überlagerung der Elementarwellen erklärt. In Richtung der Normalen zu den Gesamtwellenflächen können sich die Elementarwellen ungestört ausbreiten. In allen anderen Richtungen heben sie sich durch Interferenz gegenseitig auf. Daraus ergibt sich eine radiale Verschiebung der Wellenfront, die als Einhüllende der Elementarwellen erscheint. (In Abb. 2.7 ist ein Teil der neuen Wellenfront gebrochen eingezeichnet.)

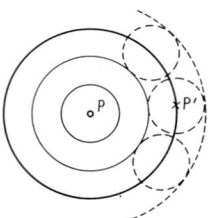

Abb. 2.7 Zum Huygensschen Prinzip

Zum Verständnis dieses Vorgangs sei noch darauf hingewiesen, daß die Erregungszentren infinitesimal benachbart sind und die Elementarwellen in kleinsten Bereichen interferieren. In Abb. 2.7 mußten der Abstand der Zentren und die Elementarwellen stark vergrößert dargestellt werden. Wir formulieren den zweiten Teil des Huygensschen Prinzips:

2.1 Lichtwellen und -strahlen

> Die Elementarwellen überlagern sich so, daß nur ihre Einhüllende, die Wellenfront, beobachtet werden kann. Parallel zur Wellenfront verlaufen die Flächen gleicher Phase, die Wellenflächen.

Das Huygenssche Prinzip, also die Beschreibung der Wellenausbreitung mit Hilfe der Überlagerung von Elementarwellen, bewährt sich bei der Deutung sämtlicher Ausbreitungseigenschaften der Lichtwellen.

2.1.4 Lichtstrahlen

In der geometrischen Optik werden die Ausbreitungseigenschaften des Lichtes mittels der Lichtstrahlen beschrieben. Der Verlauf der Lichtstrahlen wird mit mathematischen Methoden untersucht. Es gilt also:

> Die geometrische Optik bedient sich des Strahlenmodells des Lichtes.

Die Beschreibung der Ausbreitung von Lichtwellen geht im allgemeinen in die Beschreibung des Lichtweges mit Lichtstrahlen über, wenn die Wellenlänge des Lichtes gegen 0 geht. Die geometrische Optik versagt aber auch im Grenzfall $\lambda \to 0$, wenn die Verhältnisse in der Umgebung der Schattengrenze und an Orten hoher Energiedichte untersucht werden sollen. Trotzdem wenden wir die geometrische Optik an, um die Begrenzung von Strahlenbündeln und die Konzentration von Lichtstrahlen in einem Punkt oder dessen unmittelbarer Umgebung zu behandeln. Wir müssen uns aber darüber klar sein, daß wir dann im Rahmen der geometrischen Optik selbst für kleine Wellenlängen nur Näherungsaussagen erhalten. Die feineren Einzelheiten, die mit der Bündelbegrenzung und der Vereinigung von Licht in der Umgebung von Bildpunkten verbunden sind, gehen dabei verloren. Wir fassen zusammen:

> Das Strahlenmodell beschreibt den Lichtweg, wie er im Grenzfall verschwindender Wellenlänge außerhalb von Stellen hoher Energiedichte und in einer gewissen Entfernung von der Schattengrenze vorhanden wäre. Von sämtlichen weiteren Eigenschaften des Lichtes wird abstrahiert.

Bestimmte Eigenschaften der Lichtwelle können dem Lichtstrahl formal – ohne physikalische Begründung – zugeordnet werden, damit einige zusätzliche wellenoptische Aspekte in die geometrisch-optische Beschreibung einbezogen sind (z. B. Zuordnung einer Wellenlänge).

Die Anwendung des Strahlenmodells auf Fälle, die nicht den theoretischen Voraussetzungen entsprechen (z. B. die Anwendung für $\lambda \gg 0$), führt zu Näherungsaussagen.

Das Strahlenmodell des Lichtes wirft noch eine weitere Frage auf, die seine Anwendbarkeit auf praktische Probleme betrifft. Ein einzelner Lichtstrahl und sein Verlauf lassen sich mathematisch abstrakt behandeln. Experimentell ist ein einzelner Lichtstrahl nicht zu realisieren. Wir erläutern den Prozeß des Ausblendens eines Lichtbündels abnehmenden Durchmessers am Beispiel einer kreisförmigen Lochblende.

Wir erzeugen ein Parallelbündel, das wir senkrecht auf einen undurchsichtigen Schirm mit einer kreisförmigen Öffnung treffen lassen. Geometrisch-optisch ergibt sich hinter dem Schirm ein Parallelbündel mit dem Lochdurchmesser und damit einer scharfen Schattengrenze. Verringern wir den Lochdurchmesser stetig, dann sollte sich das Bündel schließlich auf einen Lichtstrahl zusammenziehen. Praktisch wird dieser Prozeß durch den Wellencharakter des

Lichtes begrenzt. Mit kleiner werdender Lochblende tritt die Beugung stärker in den Vordergrund. Im Bündel liegt eine Intensitätsverteilung nach Abb. 2.8 vor. Im Innern der ersten Nullstelle befindet sich der Hauptanteil der Intensität (ca. 84%).

Abb. 2.9 enthält den auf die Brennweite f' einer abbildenden Linse bezogenen Radius r' des ersten dunklen Ringes und den halben Öffnungswinkel u' des Bündels. Die in Abb. 2.8 eingezeichnete Strahlenvereinigung im Brennpunkt der Linse ist also nicht geeignet, das Verhalten des Lichtes bei enger Blende richtig zu beschreiben.

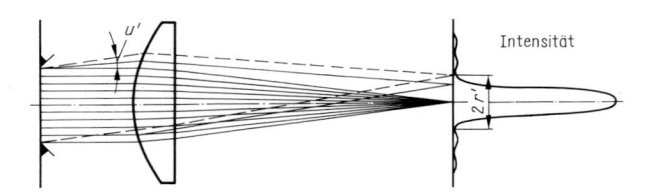

Abb. 2.8 Intensitätsverteilung durch Beugung an der kreisförmigen Öffnung

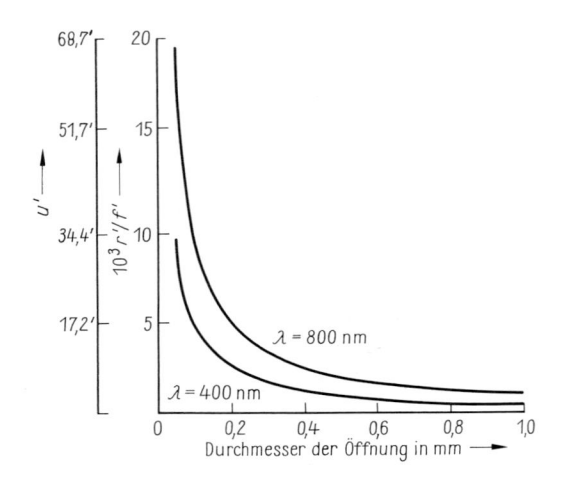

Abb. 2.9 Radius der ersten Nullstelle bei der Beugung an der kreisförmigen Öffnung

Bei $\lambda = 500$ nm und 0,1 mm Lochdurchmesser ist $r'/f' = 6,1 \cdot 10^{-3}$ und $u' = 21'$.

In der Brennebene einer Sammellinse mit der Brennweite $f' = 50$ mm beträgt also der Durchmesser des hellen Zentrums $2r' = 0,61$ mm. Wir halten fest:

> Ein einzelner Lichtstrahl ist eine mathematische Abstraktion. In der Praxis müssen wir stets das Verhalten von Lichtbündeln untersuchen.

Axiome der geometrischen Optik. Es gibt verschiedene Möglichkeiten, zu den Gesetzen der geometrischen Optik zu gelangen. Wir werden zwar einige wellenoptische Aspekte zur Veranschaulichung und Begründung der grundlegenden Gesetze heranziehen, grundsätzlich wollen wir sie jedoch axiomatisch an die Spitze stellen.

2.1 Lichtwellen und -strahlen

Axiome sind Sätze, die im Rahmen der dargestellten Theorie nicht beweisbar sind. Sie folgen aus der Erfahrung, indem sie empirisch festgestellte Zusammenhänge verallgemeinern. Auf die Axiome wird das Gebäude der Folgerungen und theoretischen Aussagen aufgebaut. Das Brechungsgesetz z. B. soll ursprünglich von Snellius durch Messungen gefunden worden sein. Die Meßfehler gestatten natürlich nicht, das Gesetz in aller Strenge experimentell zu bestätigen. Die Abstraktion liegt in der mathematischen Fassung, die exakt für sämtliche im Rahmen der Voraussetzungen liegende Fälle gelten soll.

Wir formulieren die Axiome der geometrischen Optik.

1. Axiom: Im homogenen Stoff sind die Lichtstrahlen gerade.
2. Axiom: An der Grenzfläche zweier homogener isotroper Nichtleiter wird das Licht im allgemeinen nach dem Reflexionsgesetz reflektiert und nach dem Brechungsgesetz gebrochen.
3. Axiom: Der Strahlengang ist umkehrbar, d. h., die Lichtrichtung auf einem Lichtstrahl ist belanglos.
4. Axiom: Lichtbündel durchkreuzen einander, ohne sich gegenseitig zu beeinflussen.

Die Axiome 1, 3 und 4 sind für sich verständlich. Der Inhalt des 2. Axioms wird Gegenstand des nächsten Abschnitts sein. Zunächst definieren wir noch einige Begriffe, die im Zusammenhang mit Gesamtheiten von Lichtstrahlen auftreten.

> Jede räumliche Gesamtheit von Lichtstrahlen nennen wir ein Strahlenbündel; jede in einer Ebene liegende Gesamtheit von Lichtstrahlen nennen wir ein Strahlenbüschel.

In der geometrischen Optik kommen nicht beliebige Strahlenbündel vor. Die Lichtstrahlen müssen vom wellenoptischen Standpunkt aus senkrecht zu den Wellenflächen stehen.

> Ein Bündel, dessen Strahlen Normalen zu einem Flächensystem darstellen, heißt orthotom.

In der geometrischen Optik werden also orthotome Strahlenbündel untersucht.

Da längs des gesamten Lichtweges die Wellenflächen senkrecht zu den Strahlen verlaufen, gilt der *Satz von Malus*:

> Durch Reflexionen und Brechungen des Lichtes geht die Orthotomie der Strahlenbündel nicht verloren.

Der Satz von Malus ist wellenoptisch evident. Wir verzichten deshalb auf den umständlichen Beweis mit rein geometrisch-optischen Mitteln.

2.1.5 Fermatsches Prinzip

Das Huygenssche Prinzip erklärt die Lichtausbreitung mittels der Überlagerung von Elementarwellen. Seine Basis ist das Wellenmodell des Lichtes. Das Fermatsche Prinzip ist eine weitere Grundlage für die Ausbreitung des Lichtes. Es führt auf die dem Strahlenmodell des Lichtes zugeordneten Axiome, die wir in 2.1.4 angegeben haben. Der *Satz von Fermat* läßt sich damit als allgemeines Prinzip für den Zugang zur geometrischen Optik verwenden. Er lautet:

> Ein Lichtstrahl verbindet zwei Punkte des Raumes auf einem Weg, dessen optische Länge, verglichen mit der Länge von Nachbarwegen, einen Extremwert darstellt. Im allgemeinen handelt es sich um einen minimalen Weg.

Das Fermatsche Prinzip gilt demnach für die optische Weglänge L, die auch kurz Lichtweg genannt wird. Dieser ist gegeben durch

$$L = nl. \qquad (2.20)$$

Verglichen werden dürfen nur der wirkliche Lichtweg und mögliche Nachbarwege.

Abb. 2.10a zeigt, daß beim ebenen Spiegel der wirkliche Lichtweg zwischen A und A′ kürzer ist als der gestrichelte Nachbarweg. Der direkte Weg zwischen A und A′ ist zwar kürzer, er stellt aber keinen Nachbarweg dar.

Abb. 2.10b enthält ein Beispiel dafür, daß der wirkliche Lichtweg zwischen A und A′ länger ist als der gestrichelte Nachbarweg. Das geht daraus hervor, daß der Lichtweg über den zum Vergleich eingezeichneten Ellipsenspiegel mit den Brennpunkten A und A′ unabhängig vom Auftreffpunkt des Strahls konstant ist.

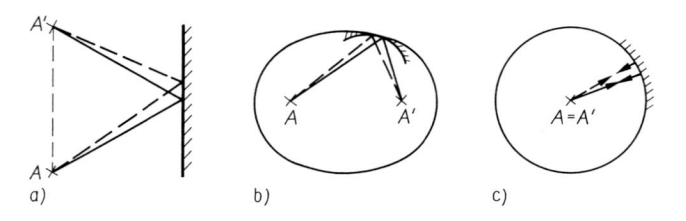

Abb. 2.10 Fermatsches Prinzip, wirklicher Lichtweg ist ein Minimum (a) bzw. Maximum (b) bzw. gehört zu einem Wendepunkt (c)

Abb. 2.10c demonstriert den Spezialfall gleicher Länge aller Lichtwege zwischen A und A′, wie er beim Kugelspiel möglich ist. (A und A′ stimmen mit dem Krümmungsmittelpunkt überein.)

Bei stückweise konstanter Brechzahl (Abb. 2.11), dem praktisch wichtigsten Fall, lautet die mathematische Fassung des Fermatschen Prinzips

$$\sum_k n_k l_k = \text{Extremum}. \qquad (2.21)$$

Die absolute Brechzahl n_k des Stoffes k ist durch

$$n_k = \frac{c_0}{c_k}$$

gegeben; c_0 bzw. c_k sind die Lichtgeschwindigkeiten im Vakuum bzw. im Stoff k. Damit gilt nach Gl. (2.21)

$$c_0 \sum_k \frac{l_k}{c_k} = \text{Extremum}.$$

c_0 ist eine Konstante, und $T_k = l_k/c_k$ ist die Zeit, in der das Licht die Strecke l_k zurücklegt. Eine mit Gl. (2.21) gleichwertige Formulierung lautet also

$$\sum_k T_k = \text{Extremum}. \qquad (2.22)$$

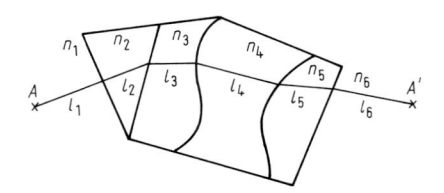

Abb. 2.11 Lichtweg bei stückweise konstanter Brechzahl

In Worten:

| Das Licht legt zwischen zwei Punkten denjenigen Lichtweg zurück, der gegenüber Nachbarwegen eine extremale Zeit erfordert.

In den sogenannten inhomogenen Stoffen ist die Brechzahl eine stetige Funktion des Ortes. Der Lichtweg zwischen den Punkten A und A′ ist aus

$$L = \int_A^{A'} n\, \mathrm{d}l \tag{2.23}$$

zu berechnen. Das Fermatsche Prinzip ist in die Form

$$\int_A^{A'} n\, \mathrm{d}l = \text{Extremum} \tag{2.24}$$

zu bringen.
Die Berechnung des Verlaufs der Lichtstrahlen mit Gl. (2.24) ist eine Aufgabe der Variationsrechnung, denn Gl. (2.24) ist gleichwertig mit

$$\delta \int_A^{A'} n\, \mathrm{d}l = 0. \tag{2.25}$$

Die auf Gl. (2.25) bezogene Formulierung des Fermatschen Prinzips lautet:

| Die erste Variation des Lichtweges verschwindet.

Das Problem läßt sich auf die Lösung von Differentialgleichungen, den Eulerschen Gleichungen der Variationsrechnung, zurückführen.

2.2 Reflexion und Brechung

2.2.1 Brechungsgesetz

Wellenoptische Begründung des Brechungsgesetzes. Wir untersuchen das Verhalten des Lichtes an einer unendlich ausgedehnten, ebenen Grenzfläche, die zwei homogene, isotrope und nichtabsorbierende Stoffe voneinander trennt.

An dieser Stelle nennen wir einen Stoff "homogen", wenn die Phasengeschwindigkeit des Lichtes an jeder Stelle den gleichen Betrag hat; wir nennen ihn "isotrop", wenn die Phasengeschwindigkeit des Lichtes unabhängig von der Ausbreitungsrichtung ist.

Eine ebene Lichtwelle treffe unter dem Einfallswinkel ε auf die Grenzfläche auf. Der hindurchgehende Anteil wird gebrochen und verläßt die Grenzfläche unter dem Brechungswinkel ε'. Die Brechung des Lichtes ist eine Folge des Huygensschen Prinzips, nach dem die Ausbreitung der Wellenfront als Ausbreitung der Einhüllenden von Elementarwellen erklärt wird (Abb. 2.12).

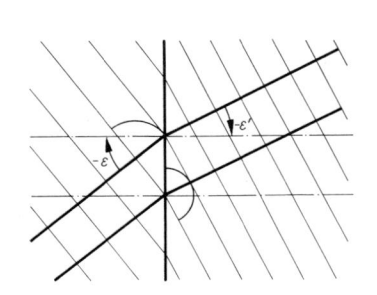

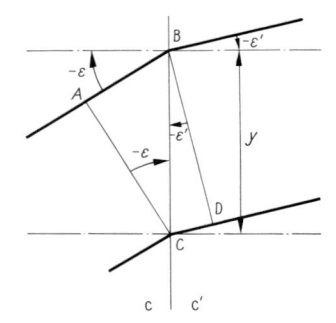

Abb. 2.12 Brechung an einer Grenzfläche

Abb. 2.13 Zur Ableitung des Brechungsgesetzes mit dem Huygensschen Prinzip

In Abb. 2.13 stellt die Ebene AC eine Wellenfläche dar. In der Zeit, in der die Wellenfront im Stoff 1 vom Punkt A aus bis zur Grenzfläche (Punkt B) gelangt, breitet sich die Wellenfront im Stoff 2 vom Punkt C bis zum Punkt D aus. Die Ebene BD ist ebenfalls eine Wellenfläche.

Für die Ausbreitungszeit gilt (c und c' sind die Phasengeschwindigkeiten des Lichtes)

$$t = -\frac{y \sin \varepsilon}{c} \quad \text{und} \quad t = -\frac{y \sin \varepsilon'}{c'}. \tag{2.26}$$

Gleichsetzen der rechten Seiten und Umformen ergibt

$$\frac{\sin \varepsilon'}{\sin \varepsilon} = \frac{c'}{c}. \tag{2.27}$$

Für $\genfrac{}{}{0pt}{}{c' < c}{c' > c}$ wird das Licht $\genfrac{}{}{0pt}{}{\text{zum}}{\text{vom}}$ Einfallslot $\genfrac{}{}{0pt}{}{\text{hin}}{\text{weg}}$ gebrochen.

Die Richtung der Wellennormalen gibt im isotropen Stoff zugleich die Richtung der Lichtstrahlen an, so daß auch in der geometrischen Optik das Brechungsgesetz (2.27) gilt. Theoretisch exakt ist diese Aussage jedoch nur für die unendlich ausgedehnte Grenzfläche. An einer durch Kanten begrenzten Fläche eines Körpers tritt Beugung auf. In vielen praktischen Fällen kann jedoch davon abgesehen werden.

Auch bei nichtebenen Wellenflächen wenden wir das Brechungsgesetz (2.27) an. Gebrochen wird die Wellennormale, also der Strahl.

2.2 Reflexion und Brechung

Absolute und relative Brechzahl. Für den Übergang des Lichtes aus dem Vakuum in einen Stoff gilt das Brechungsgesetz (2.27) in der Form

$$\frac{\sin \varepsilon}{\sin \varepsilon'} = \frac{c_0}{c} = n. \tag{2.28}$$

Das Verhältnis aus der Phasengeschwindigkeit des Lichtes im Vakuum c_0 und der Phasengeschwindigkeit des Lichtes in einem Stoff c ist dessen absolute Brechzahl n.

Für zwei verschiedene Stoffe ist

$$n = \frac{c_0}{c} \quad \text{und} \quad n' = \frac{c_0}{c'}, \tag{2.29}$$

so daß

$$\frac{c}{c'} = \frac{n'}{n} \tag{2.30}$$

gilt.

Das Brechungsgesetz (2.27) läßt sich mit (2.30) als

$$\frac{\sin \varepsilon}{\sin \varepsilon'} = \frac{n'}{n}$$

oder

$$n \sin \varepsilon = n' \sin \varepsilon' \tag{2.31}$$

schreiben. Das Produkt $n \sin \varepsilon$ kann also mit den vor der Fläche gültigen Größen oder mit den hinter der Fläche gültigen Größen gebildet werden. Es ergibt sich beide Male der gleiche Wert.

Das Produkt $n \sin \varepsilon$ ist eine Invariante der Brechung.

In der technischen Optik wird zur Kennzeichnung des Stoffes im allgemeinen die Brechzahl n_L gegenüber Luft verwendet. Weil aus Gl. (2.30) nach Erweitern

$$\frac{c'}{c} = \frac{n}{n_{\text{Luft}}} \cdot \frac{n_{\text{Luft}}}{n'} = \frac{n_L}{n'_L} \quad \text{mit} \quad \frac{n}{n_{\text{Luft}}} = n_L \quad \text{und} \quad \frac{n'}{n_{\text{Luft}}} = n'_L$$

folgt, gilt Gl. (2.31) auch dann, wenn die Brechzahlen n und n' auf Luft bezogen sind.

Zusammengefaßt ergibt sich als Inhalt des Brechungsgesetzes für die Brechung an der Grenzfläche zwischen zwei homogenen, isotropen und nichtabsorbierenden Stoffen:

Der Lichtstrahl bleibt in der Einfallsebene.
Einfalls– und Brechungswinkel sind verknüpft durch

$$n \sin \varepsilon = n' \sin \varepsilon'.$$

Zeichnerische Ermittlung der Richtung des gebrochenen Strahls. Die Richtung des gebrochenen Strahls läßt sich mit einem einfachen zeichnerischen Verfahren bestimmen. Wir geben zunächst die Zeichenvorschrift an und beweisen anschließend deren Richtigkeit.

1. Zeichne zwei konzentrische Kreise, deren Radien sich wie die Brechzahlen beiderseits der Grenzfläche verhalten!
2. Zeichne durch den Mittelpunkt der Kreise eine Parallele zur Strahlrichtung vor der Grenzfläche! Diese schneide den Kreis, dessen Radius der Brechzahl vor der Grenzfläche proportional ist, im Punkt A.

3. Zeichne durch den Punkt A eine Parallele zum Einfallslot! Diese schneide den Kreis, dessen Radius der Brechzahl hinter der Grenzfläche proportional ist, im Punkt B.
4. Verbinde den Mittelpunkt der Kreise mit dem Punkt B! Diese Verbindungslinie ist der Strahlrichtung hinter der brechenden Fläche parallel.

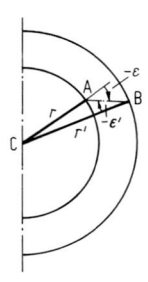

Abb. 2.14 Zur Konstruktion der Richtung des gebrochenen Strahls

Beweis (Abb. 2.14). Anwenden des Sinussatzes im Dreieck ABC:

$$\frac{\sin(-\varepsilon')}{\sin(180°+\varepsilon)} = \frac{r}{r'}.$$

Anwenden von $\sin(-\varepsilon') = -\sin\varepsilon'$, $\sin(180°+\varepsilon) = -\sin\varepsilon$ und Vergleich mit dem Brechungsgesetz ergibt

$$\frac{r}{r'} = \frac{n}{n'},$$

also das vorausgesetzte Radienverhältnis.

Die Hilfskonstruktion wird zweckmäßig außerhalb des eigentlichen Strahlenverlaufs und in einem vergrößerten Maßstab ausgeführt. Das Verfahren ist nicht nur bei Planflächen anwendbar.

Vektorielles Brechungsgesetz. Sowohl das Brechungsgesetz (2.31) als auch die zeichnerische Konstruktion der Richtung des gebrochenen Lichtes sind einfach anwendbar, wenn die Strahlen in einer Ebene bleiben. Bei der Brechung an mehreren Flächen bleibt ein Lichtstrahl zwar an jeder Einzelfläche in der Einfallsebene; die Einfallsebenen verschiedener Flächen stimmen im allgemeinen jedoch nicht überein. Es ist dann der Strahlenverlauf im Raum zu untersuchen. Dabei sind oft komplizierte räumliche Winkelbeziehungen zu betrachten.

Ein räumlicher Strahlenverlauf läßt sich rationell behandeln, wenn die Flächenlagen und die Strahlrichtungen durch Vektoren beschrieben werden.

Die Richtung des Lichtstrahls vor bzw. nach der Brechung ist durch den Einheitsvektor *s* bzw. *s'* gegeben (Abb. 2.15).

Die Lage der Fläche bezüglich des einfallenden Lichtstrahls ist durch die Richtung der Flächennormalen im Auftreffpunkt charakterisiert. Wir verwenden dazu den Normaleneinheitsvektor *n*.

2.2 Reflexion und Brechung

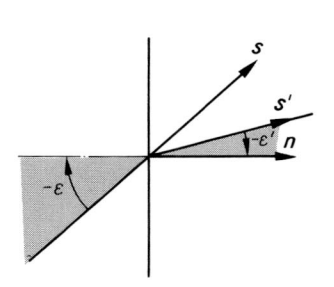

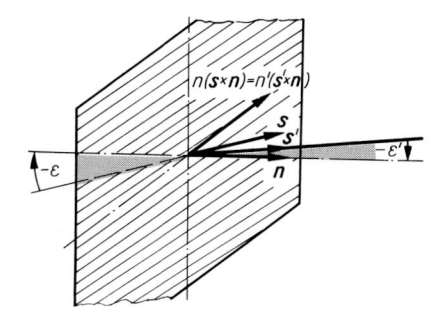

Abb. 2.15 Einheitsvektoren für das vektorielle Brechungsgesetz

Abb. 2.16 Vektorielles Brechungsgesetz

Das vektorielle Brechungsgesetz hat die Vektoren s, s' und n so miteinander zu verknüpfen, daß $n \sin \varepsilon = n' \sin \varepsilon'$ gilt. Es liegt nahe, die Sinusfunktionen durch die Beträge von Vektorprodukten zu ersetzen. Es gilt (Abb. 2.15)

$$\sin \varepsilon = |s \times n| \quad \text{und} \quad \sin \varepsilon' = |s' \times n|. \tag{2.32}$$

Weil der Lichtstrahl bei der Brechung in der Einfallsebene bleibt, stehen die Vektoren $s \times n$ und $s' \times n$ senkrecht auf der Einfallsebene. In Abb. 2.15 weisen beide Vektoren in die Zeichenebene hinein (vgl. Abb. 2.16). Wir dürfen also auch

$$n(s \times n) = n'(s' \times n) \tag{2.33}$$

setzen. Gl. (2.33) ist das vektorielle Brechungsgesetz (Abb. 2.16).

Im allgemeinen sind die Flächenlage und die Richtung des einfallenden Lichtstrahls bekannt, d. h., die Vektoren n und s sind vorgegeben. Die Aufgabe besteht dann darin, aus dem vektoriellen Brechungsgesetz (2.33) den Einheitsvektor s' in Richtung des gebrochenen Strahls zu berechnen. Die Auflösung von Gl. (2.33) nach s' ist in Tab. 2.5 enthalten. Das Ergebnis lautet

$$s' = \frac{n}{n'} s - n \left\{ \frac{n}{n'} (ns) - \sqrt{1 - \left(\frac{n}{n'}\right)^2 \left[1 - (ns)^2\right]} \right\}. \tag{2.34}$$

Die Komponenten von s' folgen aus

$$s'_i = \frac{n}{n'} s_i - n_i \left\{ \frac{n}{n'} (ns) - \sqrt{1 - \left(\frac{n}{n'}\right)^2 \left[1 - (ns)^2\right]} \right\}, \quad i = x, y, z. \tag{2.35}$$

Die Rechenvorschriften (2.35) für die Komponenten von s' wertet man am besten in einem Rechenschema aus. Mit den Abkürzungen

$$\frac{n}{n'} = N, \quad \sqrt{1 - \left(\frac{n}{n'}\right)^2 \left[1 - (ns)^2\right]} = W, \quad \frac{n}{n'}(ns) - W = M, \tag{2.36a, b, c}$$

von denen N und W in Nebenrechnungen bestimmt werden, erhalten wir z. B. das Schema nach Tab. 2.6.

Tabelle 2.5 Ableitung des vektoriellen Brechungsgesetzes

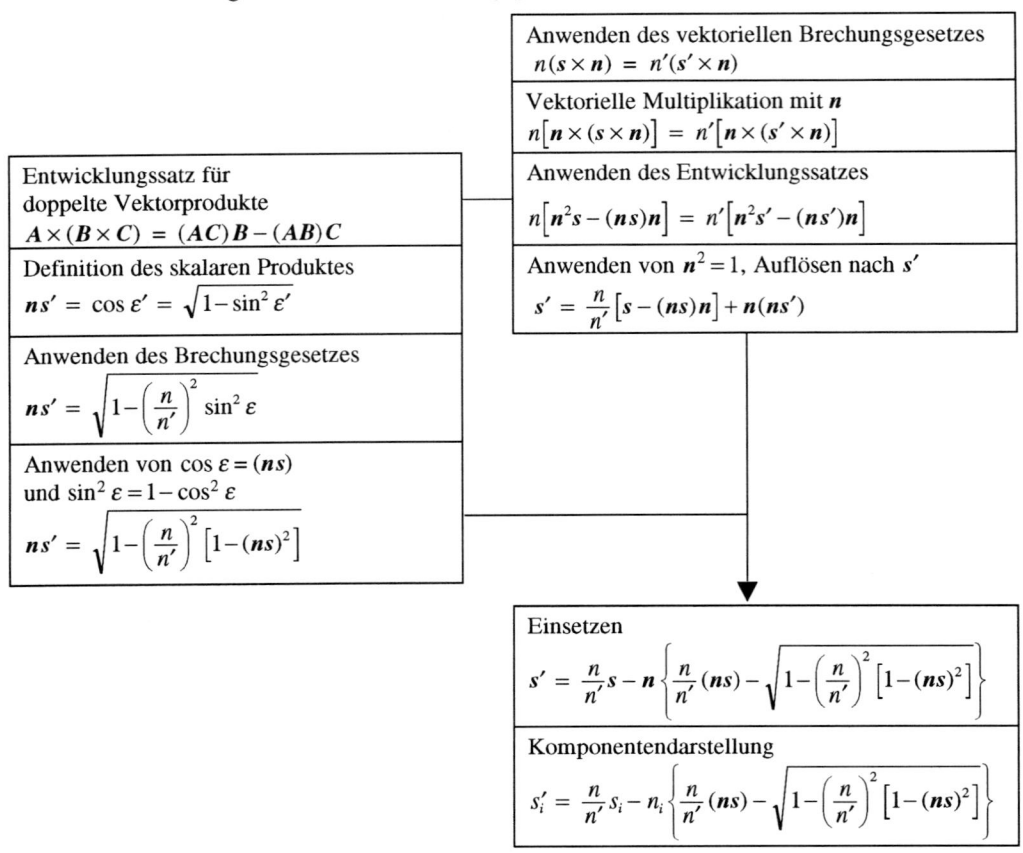

	Anwenden des vektoriellen Brechungsgesetzes $n(s \times n) = n'(s' \times n)$
	Vektorielle Multiplikation mit n $n[n \times (s \times n)] = n'[n \times (s' \times n)]$
Entwicklungssatz für doppelte Vektorprodukte $A \times (B \times C) = (AC)B - (AB)C$	Anwenden des Entwicklungssatzes $n[n^2 s - (ns)n] = n'[n^2 s' - (ns')n]$
Definition des skalaren Produktes $ns' = \cos \varepsilon' = \sqrt{1 - \sin^2 \varepsilon'}$	Anwenden von $n^2 = 1$, Auflösen nach s' $s' = \dfrac{n}{n'}[s - (ns)n] + n(ns')$
Anwenden des Brechungsgesetzes $ns' = \sqrt{1 - \left(\dfrac{n}{n'}\right)^2 \sin^2 \varepsilon}$	
Anwenden von $\cos \varepsilon = (ns)$ und $\sin^2 \varepsilon = 1 - \cos^2 \varepsilon$ $ns' = \sqrt{1 - \left(\dfrac{n}{n'}\right)^2 [1 - (ns)^2]}$	
	Einsetzen $s' = \dfrac{n}{n'}s - n\left\{ \dfrac{n}{n'}(ns) - \sqrt{1 - \left(\dfrac{n}{n'}\right)^2 [1 - (ns)^2]} \right\}$
	Komponentendarstellung $s'_i = \dfrac{n}{n'}s_i - n_i\left\{ \dfrac{n}{n'}(ns) - \sqrt{1 - \left(\dfrac{n}{n'}\right)^2 [1 - (ns)^2]} \right\}$

Tabelle 2.6 Rechenschema für das vektorielle Brechungsgesetz

n_x	n_y	n_z		
s_x	s_y	s_z		
$n_x s_x$	$+ n_y s_y$	$+ n_z s_z$	$\rightarrow$	(ns)
$- n_x M$	$- n_y M$	$- n_z M$		$N(ns)$
$+ s_x N$	$+ s_y N$	$+ s_z N$		$-W$
s'_x	s'_y	s'_z		M

2.2.2 Reflexionsgesetz

An einer Grenzfläche, die zwei Stoffe unterschiedlicher Brechzahl voneinander trennt, wird stets ein Teil des Lichtes reflektiert. Das Reflexionsgesetz, das wir wie das Brechungsgesetz mit dem Huygensschen Prinzip begründen könnten, lautet:

2.2 Reflexion und Brechung

Der Lichtstrahl bleibt in der Einfallsebene.
Einfalls- und Reflexionswinkel sind durch

$$\varepsilon = -\varepsilon'$$

miteinander verknüpft.

Der Reflexionswinkel ε' wird analog zum Einfallswinkel ε gegenüber der Flächennormalen, also gegenüber dem Einfallslot, gemessen. In der Schreibweise

$$\varepsilon = -\varepsilon' \tag{2.37}$$

drückt sich die Vorzeichenregel für Winkel aus, die natürlich auch für den Reflexionswinkel gilt. Wir können die Tatsache, daß der Reflexions- und der Einfallswinkel entgegengesetzt gleich sind, auch dadurch veranschaulichen, daß bei der Reflexion beide Strahlen auf derselben Seite der Grenzfläche liegen. Der Lichtstrahl "kehrt sich im wesentlichen um".

Der Vergleich des Brechungsgesetzes (2.31) und des Reflexionsgesetzes zeigt, daß das Reflexionsgesetz formal als Spezialfall des Brechungsgesetzes für

$$n = -n' \tag{2.38}$$

aufgefaßt werden kann. Die Folge davon ist, daß Beziehungen, die für die Brechung abgeleitet worden sind, unter Anwendung von Gl. (2.38) für die Reflexion spezialisiert werden können.

Vektorielles Reflexionsgesetz. Auch das Reflexionsgesetz läßt sich in eine vektorielle Form bringen. Wir legen fest, daß der Normalenvektor n in die reflektierende Fläche hinein und der Strahlvektor s' in Richtung des reflektierenden Strahls weist (Abb. 2.17).

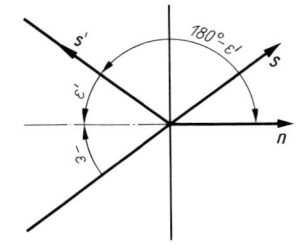

Abb. 2.17 Einheitsvektoren für das vektorielle Reflexionsgesetz

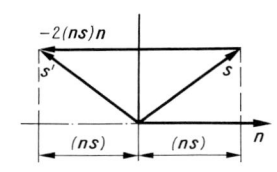

Abb. 2.18 Zur Ableitung des vektoriellen Reflexionsgesetzes

Das vektorielle Reflexionsgesetz geht aus dem vektoriellen Brechungsgesetz hervor, wenn $n' = -n$ gesetzt und

$$s' \text{ in } -s' \tag{2.39}$$

übergeführt wird. Dies ist zu erkennen, wenn man den Spezialfall $\varepsilon = 0$ betrachtet. Das vektorielle Brechungsgesetz ergibt

$$s' = s \quad (\varepsilon = 0),$$

während das Reflexionsgesetz mit der festgelegten Richtung von s'

$$s' = -s \quad (\varepsilon = 0) \tag{2.40}$$

ergeben muß.

Aus Gl. (2.33) folgt mit Gl. (2.38) und Gl. (2.39) das vektorielle Reflexionsgesetz

$$s \times n = s' \times n. \tag{2.41}$$

Entsprechend geht Gl. (2.34) mit Gl. (2.38) und Gl. (2.39) über in

$$s' = s - 2(ns)n. \tag{2.42}$$

Gl. (2.42) ist auch anhand von Abb. 2.18 auf einfache Weise anschaulich abzuleiten. Die Komponenten des Strahlvektor s' lauten

$$s'_i = s_i - 2(ns)n_i, \quad i = x, y, z.$$

Auch für die Auswertung dieser Rechenvorschriften sei ein Rechenschema vorgeschlagen (Tab. 2.7).

Tabelle 2.7 Rechenschema für das vektorielle Reflexionsgesetz

	n_x	n_y	n_z
$n_x s_x$			
$+ n_y s_y$	$-2(ns)n_x$	$-2(ns)n_y$	$-2(ns)n_z$
$+ n_z s_z$	$+ s_x$	$+ s_y$	$+ s_z$
(ns)	s'_x	s'_y	s'_z

2.2.3 Polarisation durch Reflexion und Brechung

Reflexions- und Brechungsgesetz sind eine unmittelbare Folge der Forderung, daß die Tangentialkomponente der elektrischen Feldstärke an der Grenzfläche zweier Dielektrika stetig ist:

$$E_{t_1} = E_{t_2}$$

(E_{t_1} Tangentialkomponente unmittelbar vor, E_{t_2} unmittelbar hinter der Grenzfläche). Die Gleichungen der elektrischen Feldstärken an der Grenzfläche lauten nach Gl. (2.6)

$$\text{einfallende Welle} \qquad E = a \cdot e^{\frac{2\pi j}{\lambda}(rs - ct)},$$

$$\text{reflektierte Welle} \qquad E' = a' \cdot e^{\frac{2\pi j}{\lambda'}(rs' - ct)},$$

$$\text{gebrochene Welle} \qquad E'' = a'' \cdot e^{\frac{2\pi j}{\lambda''}(rs'' - c''t)}.$$

Die Grenzfläche liege in der x-y-Ebene, also bei $z = 0$. Die Stetigkeitsforderung führt auf

$$E_x + E'_x = E''_x \quad \text{und} \quad E_y + E'_y = E''_y.$$

Diese Gleichungen müssen für beliebige Zeiten t und beliebige Punkte der Grenzfläche gelten. Das ist nur möglich, wenn die variablen Exponentialfunktionen in jedem Summanden gleich sind. Diese Forderung bedeutet

$$\frac{1}{\lambda}(rs - ct) = \frac{1}{\lambda'}(rs' - ct) = \frac{1}{\lambda''}(rs'' - c''t). \tag{2.43}$$

2.2 Reflexion und Brechung

Gleichheit der Koeffizienten von t liegt vor, wenn

$$\frac{c}{\lambda} = \frac{c'}{\lambda'} = \frac{c''}{\lambda''},$$

also

$$\lambda = \lambda' \quad \text{und} \quad \frac{\lambda}{\lambda''} = \frac{c}{c''} = \frac{n''}{n}$$

ist. Wegen $c = \nu\lambda$ ist

$$\nu = \nu' = \nu''.$$

Die Frequenz des Lichtes ändert sich bei Reflexion und Brechung nicht.

Wenn die Einfallsebene die x-z-Ebene ist, gilt $s_y = 0$, so daß wegen Gl. (2.43) auch $s_y' = s_y'' = 0$ sein muß. Das ist der Beweis dafür, daß die Normalen des reflektierten und des gebrochenen Lichtes in der Einfallsebene liegen.

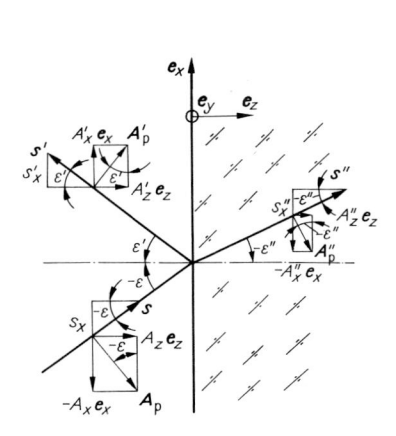

Abb. 2.19a Vektoren und ihre Zerlegung bei Reflexion und Brechung

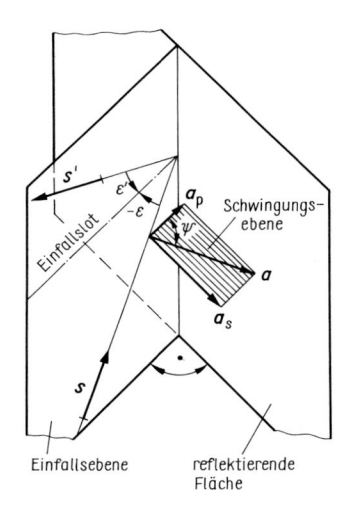

Abb. 2.19b Zerlegung der Feldstärkevektoren. Azimut

Für die x-Komponenten ist

$$s_x = s_x' \quad \text{und} \quad s_x = \frac{\lambda}{\lambda''} s_x'' = \frac{n''}{n} s_x''$$

zu fordern. Aus Abb. 2.19a ist abzulesen, daß

$$s_x = -\sin\varepsilon, \quad s_x' = \sin\varepsilon', \quad s_x'' = -\sin\varepsilon'' \tag{2.44a, b, c}$$

ist. Damit ergeben sich das Reflexionsgesetz $\varepsilon' = -\varepsilon$ und das Brechungsgesetz $n \sin\varepsilon = n'' \sin\varepsilon''$ direkt aus der Stetigkeit der Tangentialkomponenten der elektrischen Feldstärke an der Grenzfläche.

Fresnelsche Formeln. Wir lassen eine linear polarisierte ebene Lichtwelle auf die Grenzfläche zwischen zwei homogenen und isotropen Nichtleitern auftreffen. Ein Teil der Lichtenergie wird reflektiert, ein Teil geht durch die Grenzfläche hindurch.

Für die Amplituden der reflektierten und der gebrochenen Lichtwelle erhalten wir relativ einfache Gleichungen, wenn wir sie in eine Komponente parallel zur Einfallsebene a_p und eine Komponente senkrecht zur Einfallsebene a_s zerlegen (Abb. 2.19b). Den Winkel zwischen der Einfallsebene und der Schwingungsrichtung nennen wir Azimut. Für die Azimute gilt

$$\tan \psi = \frac{a_s}{a_p}, \quad \tan \psi' = \frac{a'_s}{a'_p}, \quad \tan \psi'' = \frac{a''_s}{a''_p}. \tag{2.45}$$

Aus Abb. 2.19a lesen wir

$$\begin{aligned} a_x &= -a_p \cos \varepsilon, & a'_x &= a'_p \cos \varepsilon', & a''_x &= -a''_p \cos \varepsilon'', \\ a_y &= a_s, & a'_y &= a'_s, & a''_y &= a''_s, \\ a_z &= -a_p \sin \varepsilon, & a'_z &= a'_p \sin \varepsilon', & a''_z &= -a''_p \sin \varepsilon'' \end{aligned} \tag{2.46}$$

ab. Da die Grenzfläche die x-y-Ebene, die Einfallsebene die x-z-Ebene ist, hat der Ortsvektor $\boldsymbol{r}$ keine y- und z-Komponente. Es ist also

$$s\boldsymbol{r} = s_x x, \quad s'\boldsymbol{r} = s'_x x, \quad s''\boldsymbol{r} = s''_x x.$$

Mit den Gleichungen (2.44a, b, c) für die Komponenten von s, s' und s'', dem Reflexions– und dem Brechungsgesetz wird

$$\frac{s\boldsymbol{r}}{c} = -\frac{x \sin \varepsilon}{c}, \quad \frac{s'\boldsymbol{r}}{c} = -\frac{x \sin \varepsilon}{c}, \quad \frac{s''\boldsymbol{r}}{c''} = -\frac{x \sin \varepsilon}{c}.$$

Es ist also $s\boldsymbol{r}/c = s'\boldsymbol{r}/c = s''\boldsymbol{r}/c''$, und die Exponentialfunktionen in den Gleichungen für die elektrischen Feldstärken an der Grenzfläche sind gleich.

Die Stetigkeitsbedingungen für die Tangentialkomponenten der elektrischen Feldstärke gelten für die komplexen Amplituden:

$$a_x + a'_x = a''_x, \quad a_y + a'_y = a''_y$$

bzw. mit den Gleichungen (2.46)

$$(a_p - a'_p)\cos \varepsilon = a''_p \cos \varepsilon'', \quad a_s + a'_s = a''_s. \tag{2.47a, b}$$

Die Stetigkeitsbedingungen für die Tangentialkomponenten der magnetischen Feldstärke $H_{t_1} = H_{t_2}$ lauten mit $n = \sqrt{\varepsilon_r}$ wegen

$$H = n\sqrt{\frac{\varepsilon_0}{\mu_0}} (s \times E)$$

unter Beachtung der Gleichheit der Exponentialfunktionen in E, E', E''

$$n(s \times \boldsymbol{a})_x + n(s' \times \boldsymbol{a}')_x = n''(s'' \times \boldsymbol{a}'')_x$$

und

$$n(s \times \boldsymbol{a})_y + n(s' \times \boldsymbol{a}')_y = n''(s'' \times \boldsymbol{a}'')_y.$$

Die Komponenten der Vektorprodukte folgen aus

$$s \times a = \begin{vmatrix} e_x & e_y & e_z \\ -\sin \varepsilon & 0 & \cos \varepsilon \\ -a_p \cos \varepsilon & a_s & -a_p \sin \varepsilon \end{vmatrix}, \quad s' \times a' = \begin{vmatrix} e_x & e_y & e_z \\ -\sin \varepsilon & 0 & -\cos \varepsilon \\ a'_p \cos \varepsilon & a'_s & -a'_p \sin \varepsilon \end{vmatrix},$$

$$s'' \times a'' = \begin{vmatrix} e_x & e_y & e_z \\ -\sin \varepsilon'' & 0 & \cos \varepsilon'' \\ -a''_p \cos \varepsilon'' & a''_s & -a''_p \sin \varepsilon'' \end{vmatrix},$$

so daß sich

$$n(a_s - a'_s) \cos \varepsilon = n'' a''_s \cos \varepsilon'' \quad \text{und} \quad n(a_p + a'_p) = n'' a''_p \qquad (2.48\text{a, b})$$

ergibt.

Das Auflösen der Gleichungen (2.47) und (2.48) nach den Unbekannten a'_s, a'_p, a''_s, a''_p führt auf die Fresnelschen Formeln (die Brechzahlen wurden mit dem Brechungsgesetz eliminiert):

$$a'_s = a_s \frac{\sin(\varepsilon'' - \varepsilon)}{\sin(\varepsilon'' + \varepsilon)}, \quad a'_p = -a_p \frac{\tan(\varepsilon'' - \varepsilon)}{\tan(\varepsilon'' + \varepsilon)}, \qquad (2.49\text{a, b})$$

$$a''_s = a_s \frac{2 \sin \varepsilon'' \cdot \cos \varepsilon}{\sin(\varepsilon'' + \varepsilon)}, \quad a''_p = a_p \frac{2 \sin \varepsilon'' \cdot \cos \varepsilon}{\sin(\varepsilon'' + \varepsilon) \cdot \cos(\varepsilon'' - \varepsilon)}. \qquad (2.50\text{a, b})$$

Die Fresnelschen Formeln beschreiben die Abhängigkeit der senkrecht und parallel zur Einfallsebene liegenden Amplitudenkomponenten vom Einfallswinkel für das reflektierte und das gebrochene Licht.

Reflexionsgrad und Transmissionsgrad. Die Amplituden eignen sich zur Beschreibung des Polarisationszustandes des Lichtes. Wir registrieren aber mit Lichtempfängern die Lichtintensität. Wir definieren:

$\dfrac{\text{Der Reflexionsgrad } R}{\text{Der Transmissionsgrad } T}$ ist das Verhältnis aus

$\dfrac{\text{reflektierter Intensität } I'}{\text{hindurchgelassener Intensität } I''}$ und auffallender Intensität.

In Formeln:

$$R = \frac{I'}{I} \quad \text{und} \quad T = \frac{I''}{I}. \qquad (2.51\text{a, b})$$

Wenn wir nichtabsorbierende Stoffe voraussetzen, muß wegen des Energieerhaltungssatzes

$$R + T = 1 \qquad (2.51\text{c})$$

gelten. Es genügt also, den Reflexionsgrad explizit anzugeben.

Das Intensitätsverhältnis (2.51a), für das nach Gl. (2.15)

$$\frac{I'}{I} = \frac{|a'|^2}{|a|^2}$$

gilt, läßt sich mit den Fresnelschen Formeln berechnen. Einsetzen von Gl. (2.49a) und Gl. (2.49b) ergibt

$$R_s = \frac{\sin^2(\varepsilon'' - \varepsilon)}{\sin^2(\varepsilon'' + \varepsilon)}, \quad R_p = \frac{\tan^2(\varepsilon'' - \varepsilon)}{\tan^2(\varepsilon'' + \varepsilon)}. \tag{2.52}, (2.53)$$

Für kleine Winkel, für die die Winkelfunktionen gleich den Winkeln selbst gesetzt werden können, gilt $R = (\varepsilon'' - \varepsilon)^2/(\varepsilon'' + \varepsilon)^2$ unabhängig von der Schwingungsrichtung. Mit dem Brechungsgesetz für kleine Winkel $n\varepsilon = n''\varepsilon''$ geht daraus

$$R = \left(\frac{n'' - n}{n'' + n}\right)^2 \tag{2.54}$$

hervor.

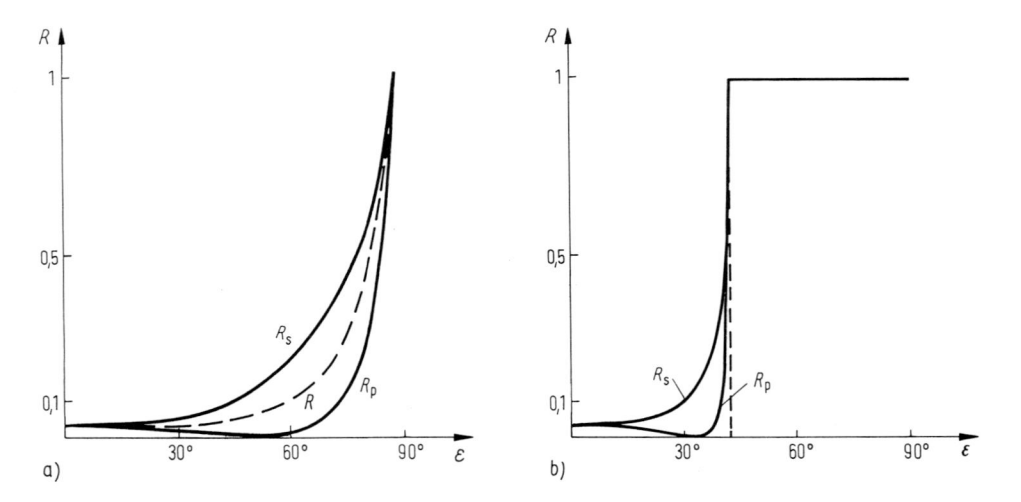

Abb. 2.20 Reflexionsgrad als Funktion des Einfallswinkels
a) $n = 1$, $n'' = 1,5$, b) $n = 1,5$, $n'' = 1$

Abb. 2.20 enthält die Funktionen $R_s(\varepsilon)$ und $R_p(\varepsilon)$ sowie den Reflexionsgrad

$$R(\varepsilon) = \frac{R_s + R_p}{2} \tag{2.55}$$

für den Fall, daß natürliches Licht einfällt (für dieses ist $A_s = A_p$). Im Fall $\varepsilon = 0°$ beträgt der Reflexionsgrad $R = 0,04$ bei $n = 1$ und $n'' = 1,5$.

Abb. 2.21 zeigt die Abhängigkeit des Reflexionsgrades für senkrechten Lichteinfall bei $n = 1$ und variablem n''.

Wir betrachten eine Grenzfläche, auf die natürliches Licht variablen Einfallswinkels trifft. Im reflektierten Licht fehlt die parallel zur Einfallsebene schwingende Komponente, wenn

$$R_p = \frac{\tan^2(\varepsilon'' - \varepsilon)}{\tan^2(\varepsilon'' + \varepsilon)} = 0 \tag{2.56}$$

ist (Abb. 2.20). Gl. (2.56) ist erfüllt, wenn

$$\tan(\varepsilon'' + \varepsilon) \to \infty \tag{2.57}$$

2.2 Reflexion und Brechung

oder

$$\varepsilon'' + \varepsilon \to \frac{\pi}{2} \tag{2.58}$$

gilt. (Zu beachten ist, daß R nicht verschwindet, wenn der Zähler gleich 0 ist. Dies ist nämlich für $\varepsilon'' = \varepsilon' = 0$ der Fall, so daß auch der Nenner verschwindet. Der Grenzwert ergibt Gl. (2.54).)

Wir verwenden das Reflexionsgesetz $\varepsilon' = -\varepsilon$ und erhalten

$$\varepsilon'' - \varepsilon' = \frac{\pi}{2}. \tag{2.59}$$

Das bedeutet:

> Das reflektierte Licht enthält nur eine senkrecht zur Einfallsebene schwingende Komponente der elektrischen Feldstärke, ist also linear polarisiert, wenn reflektierter und gebrochener Strahl senkrecht aufeinander stehen. Diese Aussage wird Brewstersches Gesetz genannt (Abb. 2.22).

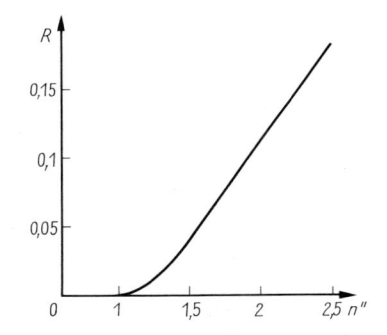

Abb. 2.21 Reflexionsgrad als Funktion der Brechzahl ($\varepsilon = 0°$)

Abb. 2.22 Zum Brewsterschen Gesetz

Den Einfallswinkel, bei dem das reflektierte Licht linear polarisiert ist, nennen wir Polarisationswinkel und bezeichnen ihn mit ε_l. Dieser folgt aus dem Brechungsgesetz, wenn wir Gl. (2.58) berücksichtigen. Aus

$$\frac{\sin \varepsilon_l}{\sin (90° - \varepsilon_l)} = \frac{n''}{n} \tag{2.60}$$

ergibt sich

$$\tan \varepsilon_l = \frac{n''}{n}. \tag{2.61}$$

Die numerische Auswertung der Gl. (2.61) ist in Tab. 2.8 enthalten.

Tabelle 2.8 Polarisationswinkel

$\dfrac{n''}{n}$	ε_l
1,4910	56°09′
1,5237	56°43′
1,6281	58°26′
1,7036	59°35′
1,8270	61°18′

Das an Glasplatten reflektierte Licht erzeugt in manchen Fällen unerwünschte Reflexe. Diese machen z. B. das Fotografieren einer Schaufensterdekoration oder eines mit Glas abgedeckten Bildes unmöglich. Durch Vorschalten eines Polarisationsfilters lassen sich die Reflexe weitgehend unterdrücken, wenn die Aufnahme unter einem geeigneten Winkel gegenüber der Glasplatte erfolgt und die Durchlaßrichtung des Filters senkrecht zur Schwingungsrichtung des polarisierten Lichtes steht (Abb. 2.23).

Abb. 2.23 Unterdrückung von Reflexen mittels Polarisationsfilter
(links ohne, rechts mit Filter)

Polarisationsgrad. Wird der Polarisationwinkel nicht eingehalten, dann ist das Licht partiell (teilweise) linear polarisiert. Im reflektierten Licht ist die senkrecht zur Einfallsebene stehende Schwingungsrichtung bevorzugt enthalten. Zwischen den Amplituden der einzelnen Schwingungsrichtungen besteht aber keine Phasendifferenz. Wir definieren den Polarisationsgrad des reflektierten Lichtes durch

$$\alpha_l = \frac{R_s - R_p}{R_s + R_p}.$$

Bei senkrechtem Lichteinfall sind R_s und R_p nach Gl. (2.54) gleich. Dasselbe gilt nach (2.52) und (2.53) für $\varepsilon = 90°$. In beiden Fällen wird $\alpha_l = 0$. Bei $\varepsilon = \varepsilon_l$ ist $R_p = 0$ und $\alpha_l = 1$. Für beliebige Einfallswinkel an einer Fläche mit $n = 1$ und $n'' = 1{,}5$ entnehmen wir den Polarisationsgrad der Abb. 2.24.

2.2 Reflexion und Brechung

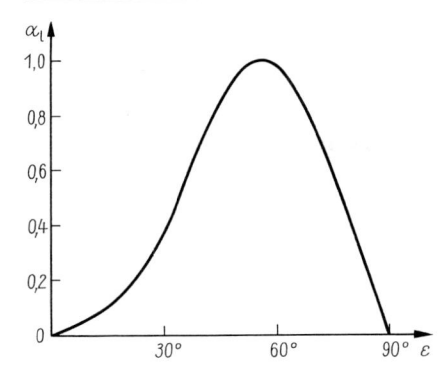

Abb. 2.24 Polarisationsgrad als Funktion des Einfallswinkels ($n = 1$, $n'' = 1{,}5$)

Reflexion von linear polarisiertem Licht. Auf eine Grenzfläche treffe linear polarisiertes Licht auf. Das Azimut des reflektierten Lichtes beträgt

$$\tan \psi' = \frac{a'_s}{a'_p} = -\frac{\cos(\varepsilon - \varepsilon'')}{\cos(\varepsilon + \varepsilon'')} \tan \psi.$$

Da stets $\cos(\varepsilon - \varepsilon'') > \cos(\varepsilon + \varepsilon'')$ gilt, wird das Azimut bei der Reflexion vergrößert.

Für das Azimut des gebrochenen Lichtes gilt nach Gl. (2.45) und Gl. (2.50)

$$\tan \psi'' = \frac{a''_s}{a''_p} = \cos(\varepsilon'' - \varepsilon) \cdot \tan \psi.$$

Wegen $\cos(\varepsilon'' - \varepsilon) < 1$ verkleinert sich das Azimut bei der Brechung.

Die berechneten Änderungen des Azimuts bei der Reflexion und bei der Brechung entsprechen einer Drehung der Schwingungsebene; das Licht bleibt linear polarisiert.

2.2.4 Totalreflexion

Wir formen das Brechungsgesetz (2.31) um in $\sin \varepsilon' = (n/n') \cdot \sin \varepsilon$. Für $n' < n$ geht das Licht vom optisch dichteren in den optisch dünneren Stoff über. Die rechte Seite im Brechungsgesetz ist kleiner als 1 oder gleich 1, wenn $\sin \varepsilon \leq n'/n$ gilt. Nur dann ergibt sich ein reeller Brechungswinkel ε'.

Für Einfallswinkel, die größer als der aus

$$\sin \varepsilon_G = \frac{n'}{n} \tag{2.62}$$

folgende Grenzwinkel ε_G sind, ist das Brechungsgesetz nicht erfüllbar. Bei solchen Einfallswinkeln erhalten wir keinen gebrochenen Lichtstrahl, sondern nur reflektiertes Licht (Abb. 2.25a).

> Das Licht wird an der Grenzfläche zweier Stoffe vollständig reflektiert, wenn die Brechzahl auf niedrigere Werte springt und der Einfallswinkel größer als der Grenzwinkel der Totalreflexion ε_G ist. Diese Erscheinung heißt Totalreflexion, und es gilt das Reflexionsgesetz.

Abb. 2.25b enthält die Funktion $\varepsilon_G = f(n'/n)$ für den praktisch interessierenden Brechzahlbereich und $n' = 1$.

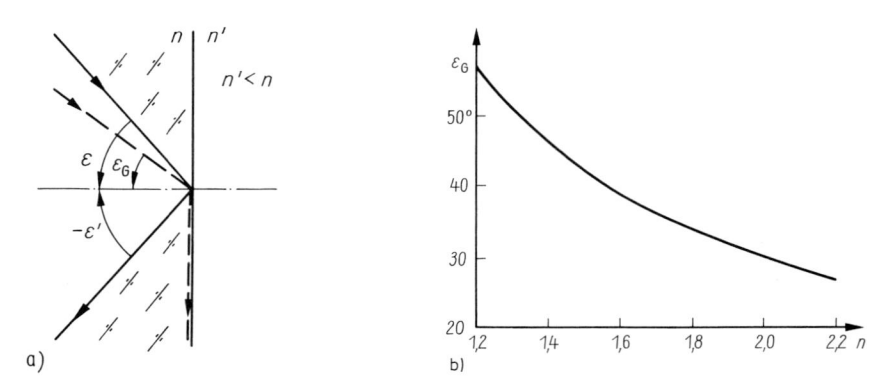

Abb. 2.25 a) Totalreflexion an der Grenzfläche mit $n' < n$,
b) Grenzwinkel der Totalreflexion als Funktion der Brechzahl

Fresnelsche Formeln. Das Brechungsgesetz schreiben wir mit Gl. (2.62)

$$\sin \varepsilon'' = \frac{\sin \varepsilon}{\sin \varepsilon_G}, \qquad (2.63a)$$

für den Kosinus des Brechungswinkels erhalten wir

$$\cos \varepsilon'' = \frac{1}{\sin \varepsilon_G} \sqrt{\sin^2 \varepsilon_G - \sin^2 \varepsilon}.$$

Für $\sin \varepsilon > \sin \varepsilon_G$ ist

$$\cos \varepsilon'' = \frac{j}{\sin \varepsilon_G} \sqrt{\sin^2 \varepsilon - \sin^2 \varepsilon_G}. \qquad (2.63b)$$

| Das formale Anwenden des Brechungsgesetzes auf die Totalreflexion erfordert einen komplexen Brechungswinkel.

Bei formaler Einführung des komplexen Brechungswinkels dürfen wir sämtliche für die Brechung abgeleiteten Gleichungen der Wellenoptik auf die Totalreflexion übertragen. In den Feldstärkegleichungen für die einfallende Welle und für die reflektierte Welle kommt ε nicht vor. Für die gebrochene Welle beträgt die elektrische Feldstärke (Einfallsebene ist die x-z-Ebene)

$$E'' = a'' \cdot e^{2\pi j v \left(\frac{x \sin \varepsilon}{c} + \frac{z \cos \varepsilon''}{c''} \right)}.$$

Mit Gl. (2.63b) entsteht daraus

$$E'' = a'' \cdot e^{-\frac{2\pi v z}{c'' \sin \varepsilon_G} \sqrt{\sin^2 \varepsilon - \sin^2 \varepsilon_G}} \cdot e^{2\pi j v \left(\frac{x \sin \varepsilon}{c} - t \right)}.$$

Die zweite Exponentialfunktion allein würde eine periodische Welle beschreiben, die sich in x-Richtung ausbreitet. Durch die erste Exponentialfunktion ist die Welle nicht periodisch. Die Amplitude nimmt in z-Richtung exponentiell ab. Da die x-y-Ebene die Grenzfläche darstellt,

2.2 Reflexion und Brechung

läuft im optisch dünnen Stoff eine Welle längs der Grenzfläche. Die Eindringtiefe ist jedoch wegen der exponentiellen Amplitudenänderung gering. Längs einer Strecke

$$z_e = \frac{c'' \sin \varepsilon_G}{2\pi v \sqrt{\sin^2 \varepsilon - \sin^2 \varepsilon_G}} = \frac{\lambda'' \sin \varepsilon_G}{2\pi \sqrt{\sin^2 \varepsilon - \sin^2 \varepsilon_G}} \qquad (2.64)$$

klingt die Amplitude auf den e-ten Teil ab. Im günstigsten Fall, d.h. für $\varepsilon = 90°$, erhalten wir $z_e = (\lambda''/2\pi) \tan \varepsilon_G$. Bei optischen Gläsern mit $\varepsilon_G < 45°$ ist $z_e < \lambda''/2\pi$.

Bei der Totalreflexion breitet sich im optisch dünneren Stoff eine Welle längs der Grenzfläche aus. Die Amplitude nimmt senkrecht zur Grenzfläche rasch ab (Abb. 2.26).

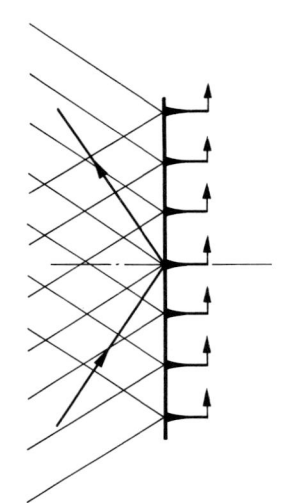

Abb. 2.26 Wellen an der Grenzfläche bei Totalreflexion (schematisch)

Wir setzen den Sinus des Brechungswinkels nach Gl. (2.63a) und den Kosinus des Brechungswinkels nach Gl. (2.63b) in die Fresnelschen Formeln ein. Aus Gl. (2.49a) erhalten wir

$$a'_s = a_s \frac{\dfrac{\sin \varepsilon \cdot \cos \varepsilon}{\sin \varepsilon_G} - j \dfrac{\sin \varepsilon}{\sin \varepsilon_G} \sqrt{\sin^2 \varepsilon - \sin^2 \varepsilon_G}}{\dfrac{\sin \varepsilon \cdot \cos \varepsilon}{\sin \varepsilon_G} + j \dfrac{\sin \varepsilon}{\sin \varepsilon_G} \sqrt{\sin^2 \varepsilon - \sin^2 \varepsilon_G}}$$

oder

$$a'_s = a_s \frac{\cos \varepsilon - j \sqrt{\sin^2 \varepsilon - \sin^2 \varepsilon_G}}{\cos \varepsilon + j \sqrt{\sin^2 \varepsilon - \sin^2 \varepsilon_G}}. \qquad (2.65a)$$

Entsprechend folgt aus Gl. (2.49b)

$$a'_p = a_p \frac{\sin^2 \varepsilon_G \cdot \cos \varepsilon - j \sqrt{\sin^2 \varepsilon - \sin^2 \varepsilon_G}}{\sin^2 \varepsilon_G \cdot \cos \varepsilon + j \sqrt{\sin^2 \varepsilon - \sin^2 \varepsilon_G}}. \qquad (2.65b)$$

Polarisation. Zwischen der rechtwinklig und der parallel zur Einfallsebene schwingenden Komponente entsteht bei der Totalreflexion eine Phasendifferenz. Wir lassen entweder natürliches oder linear polarisiertes Licht unter einem Azimut von $\psi = 45°$ auf die Grenzfläche auftreffen. Dadurch erreichen wir, daß die Komponenten a_s und a_p gleichen Betrag und gleiche Phase haben.

Wir bringen die Fresnelschen Formeln in eine Form, aus der die Phasenänderung bei der Totalreflexion direkt ablesbar ist. Statt Gl. (2.65a) schreiben wir

$$a'_s = a_s \frac{\cos\varepsilon - j\sqrt{\sin^2\varepsilon - \sin^2\varepsilon_G}}{\cos\varepsilon + j\sqrt{\sin^2\varepsilon - \sin^2\varepsilon_G}} = a_s \frac{r\,e^{-j\alpha_s}}{r\,e^{j\alpha_s}} = a_s\,e^{-2j\alpha_s}.$$

Gl. (2.65b) formen wir um in

$$a'_p = \frac{\sin^2\varepsilon_G \cos\varepsilon - j\sqrt{\sin^2\varepsilon - \sin^2\varepsilon_G}}{\sin^2\varepsilon_G \cos\varepsilon + j\sqrt{\sin^2\varepsilon - \sin^2\varepsilon_G}} = a_p \frac{r\,e^{-j\alpha_p}}{r\,e^{j\alpha_p}} = a_p\,e^{-2j\alpha_p}.$$

Dabei ist

$$\tan\alpha_s = \tan\frac{\delta_s}{2} = \frac{\sqrt{\sin^2\varepsilon - \sin^2\varepsilon_G}}{\cos\varepsilon}, \quad \tan\alpha_p = \tan\frac{\delta_p}{2} = \sqrt{\frac{\sin^2\varepsilon - \sin^2\varepsilon_G}{\sin^2\varepsilon_G \cos\varepsilon}} \quad (2.66\text{a, b})$$

Die Phasendifferenz zwischen a'_s und a'_p beträgt $\delta = \delta_p - \delta_s$. Wegen

$$\tan\frac{\delta}{2} = \tan(\alpha_p - \alpha_s) = \frac{\tan\alpha_p - \tan\alpha_s}{1 + \tan\alpha_p \tan\alpha_s} \tag{2.67}$$

erhalten wir mit Gl. (2.66a, b)

$$\tan\frac{\delta}{2} = \frac{\cos\varepsilon\sqrt{\sin^2\varepsilon - \sin^2\varepsilon_G}}{\sin^2\varepsilon}. \tag{2.68}$$

2.2.5 Doppelbrechung

Wir untersuchen die Wellenausbreitung in einem homogenen anisotropen Stoff. Optisch anisotrop sind vor allem die Kristalle. Auch verspannte Gläser und Plaste verhalten sich optisch anisotrop. Diese Erscheinung stellt die Grundlage der Spannungsoptik dar, mit der Spannungen in Werkstücken modellmäßig untersucht werden können.

In einem Nichtleiter läßt sich die elektrische Verschiebung durch die Gleichung

$$\boldsymbol{D} = \varepsilon_0 \boldsymbol{E} + \boldsymbol{P}$$

darstellen. Die dielektrische Polarisation $\boldsymbol{P}$ hat ihre Ursache in der Polarisation des Stoffes, also vor allem in der Erzeugung und Ausrichtung von elementaren Dipolen.

Bei nicht zu starken Feldern ist die dielektrische Polarisation im isotropen Stoff der elektrischen Feldstärke proportional. Ihre Richtung ist also nur von der Richtung der elektrischen Feldstärke abhängig, nicht von strukturellen Einflüssen des Dielektrikums. Es gilt im isotropen Stoff:

$$\boldsymbol{P} = \varepsilon_0 \alpha \boldsymbol{E}.$$

(Bei starken Feldern, wie sie mit Lasern erzeugt werden können, ist $\boldsymbol{P}$ auch von höheren Potenzen der elektrischen Feldstärke abhängig. Das ist die Grundlage für die nichtlineare Optik.)

Die skalare Größe α heißt dielektrische Suszeptibilität. Damit ist

$$\boldsymbol{D} = \varepsilon_0 (\alpha + 1) \boldsymbol{E}.$$

Wir setzen die relative Dielektrizitätskonstante $\varepsilon_r = \alpha + 1$, die also ebenfalls ein Skalar ist, ein und erhalten

$$\boldsymbol{D} = \varepsilon_0 \varepsilon_r \boldsymbol{E}.$$

Im anisotropen Stoff kann sich die dielektrische Polarisation im allgemeinen nicht in Richtung der elektrischen Feldstärke ausbilden. Jede Komponente der dielektrischen Polarisation ist dann von allen drei Komponenten der elektrischen Feldstärke abhängig:

$$P_1 = \varepsilon_0 (\alpha_{11} E_1 + \alpha_{12} E_2 + \alpha_{13} E_3),$$
$$P_2 = \varepsilon_0 (\alpha_{21} E_1 + \alpha_{22} E_2 + \alpha_{23} E_3),$$
$$P_3 = \varepsilon_0 (\alpha_{31} E_1 + \alpha_{32} E_2 + \alpha_{33} E_3).$$

(Die Komponenten sind mit $x \triangleq 1$, $y \triangleq 2$, $z \triangleq 3$ bezeichnet.)

Entsprechend gilt mit

$$\varepsilon_{ik} = \alpha_{ik}, \quad i \neq k, \qquad \varepsilon_{ik} = \alpha_{ik} + 1, \quad i = k,$$

für die elektrische Verschiebung

$$D_1 = \varepsilon_0 (\varepsilon_{11} E_1 + \varepsilon_{12} E_2 + \varepsilon_{13} E_3),$$
$$D_2 = \varepsilon_0 (\varepsilon_{21} E_1 + \varepsilon_{22} E_2 + \varepsilon_{23} E_3),$$
$$D_3 = \varepsilon_0 (\varepsilon_{31} E_1 + \varepsilon_{32} E_2 + \varepsilon_{33} E_3).$$

Der Zusammenhang zwischen $\boldsymbol{D}$ und $\boldsymbol{E}$ wird durch einen Tensor vermittelt, der als Matrix geschrieben werden kann. Der Tensor der Dielektrizitätskonstanten lautet

$$\boldsymbol{\varepsilon} = \begin{pmatrix} \varepsilon_{11} & \varepsilon_{12} & \varepsilon_{13} \\ \varepsilon_{21} & \varepsilon_{22} & \varepsilon_{23} \\ \varepsilon_{31} & \varepsilon_{32} & \varepsilon_{33} \end{pmatrix},$$
(2.69)

und es ist

$$\boldsymbol{D} = \varepsilon_0 \boldsymbol{\varepsilon} \boldsymbol{E}.$$

Mit den Maxwellschen Gleichungen kann abgeleitet werden, daß der $\boldsymbol{\varepsilon}$-Tensor symmetrisch ist ($\varepsilon_{ik} = \varepsilon_{ki}$). Damit sind er und auch der reziproke Tensor $\boldsymbol{\varepsilon}^{-1}$ durch Ellipsoide zu veranschaulichen (vgl. die Darstellung des Trägheitstensors in der Mechanik). Die geometrische Darstellung des Tensors $\boldsymbol{\varepsilon}$ wird Fresnelsches Ellipsoid (Abb. 2.27a) und die des Tensors $\boldsymbol{\varepsilon}^{-1}$ Indexellipsoid genannt (Abb. 2.27b). Die systematische Behandlung der Kristalloptik, bei der

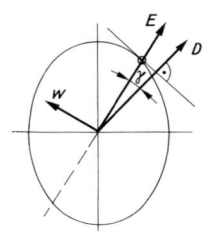

Abb. 2.27a Fresnelsches Ellipsoid 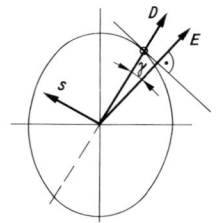   **Abb. 2.27b** Indexellipsoid

der Zusammenhang zwischen $\boldsymbol{E}$ und $\boldsymbol{D}$ sowie zwischen der Ausbreitung der Energie in Richtung des Einheitsvektors $\boldsymbol{w}$ ($\boldsymbol{w}$ steht senkrecht auf $\boldsymbol{E}$) und der Ausbreitung der Wellenflächen in Richtung des Einheitsvektors $\boldsymbol{s}$ ($\boldsymbol{s}$ steht senkrecht auf $\boldsymbol{D}$) untersucht werden, führt auf die folgenden grundlegenden Ergebnisse [19].

1. Im Kristall sind im allgemeinen zu einer vorgegebenen Ausbreitungsrichtung der Energie $\boldsymbol{w}$ nur zwei Richtungen von $\boldsymbol{E}$ möglich. Diese stimmen mit den Hauptachsen der Ellipse überein, die beim Schnitt der senkrecht zu $\boldsymbol{w}$ stehenden Ebene mit dem Fresnelschen Ellipsoid entsteht (Abb. 2.28a). Die Länge der Halbachsen der Ellipse sind die zugeordneten Strahlzahlen m_I und m_{II}.

Die analoge Überlegung mit dem Indexellipsoid führt auf zwei senkrecht zueinander stehende Vektoren $\boldsymbol{D}_I$ und $\boldsymbol{D}_{II}$ sowie die zugeordneten Brechzahlen n_I und n_{II} (Abb. 2.28b).

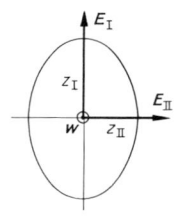

Abb. 2.28a Schnittellipse zwischen Fresnelschem Ellipsoid und Ebene   **Abb. 2.28b** Schnittellipse zwischen Indexellipsoid und Ebene

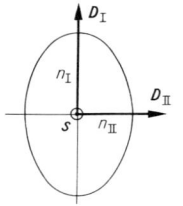

2.2 Reflexion und Brechung

Die Abb. 2.27a, b enthalten zugleich die Vorschriften zur Konstruktion der Feldstärkerichtungen. Beim Fresnelschen Ellipsoid steht D senkrecht auf der Tangentialebene an den Durchstoßpunkt von E, beim Indexellipsoid vertauschen E und D ihre Rolle. Damit gilt:

> Im Kristall stimmen die elektrische Feldstärke und die elektrische Verschiebung nicht überein. Dadurch bilden auch die Ausbreitungsrichtungen der Energie w und der Wellennormalen s einen Winkel miteinander.
> Eine elektromagnetische Welle zerfällt im Kristall in zwei senkrecht zueinander schwingende Wellen. Das Licht wird polarisiert.

2. Wenn sich die Wellenflächen in Richtung einer Hauptachse des Indexellipsoids ausbreiten, dann liegen D_I und D_{II} in Richtung der beiden anderen Halbachsen. Die Brechzahlen n_I und n_{II} ergeben sich aus den Längen der Halbachsen. Die Längen der Halbachsen des Indexellipsoids werden Hauptbrechzahlen genannt und mit n_1, n_2 und n_3 bezeichnet. Dies sind die Kennzahlen des Kristalls bezüglich des Verhaltens der Wellennormalen.

Die Strahlzahlen z_I und z_{II} für die Energieausbreitung in Richtung einer Hauptachse des Fresnelschen Ellipsoids sind den Kehrwerten zweier Hauptbrechzahlen gleich. Deshalb sind die Halbachsen des Fresnelschen Ellipsoids gleich den Kehrwerten der Hauptbrechzahlen.

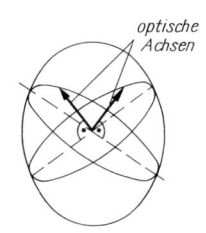

Abb. 2.29 Schnittkreise zwischen Fresnelschem Ellipsoid und Ebene. Optische Achsen

3. Es gibt zu einem vorgegebenen dreiachsigen Ellipsoid zwei Ebenen, in denen die Schnittkurven Kreise sind (Abb. 2.29). Beim Fresnelschen Ellipsoid ist dann keine E-Richtung ausgezeichnet, und es gibt nur eine Strahlzahl $z = z_I = z_{II}$. Für die senkrecht zu den Schnittkreisen stehenden Richtungen w gibt es also keine ausgezeichnete Schwingungsrichtung, so daß sich beliebig polarisierte Wellen ausbreiten können. (Es tritt keine Aufspaltung in senkrecht zueinander schwingende Wellen auf.)

> Im Kristall gibt es im allgemeinen zwei Richtungen der Energieausbreitung, in denen sich eine Welle wie im isotropen Stoff verhält. Diese Richtungen werden optische Achsen genannt. Im allgemeinen sind die Kristalle optisch zweiachsig.

Der allgemeine Fall liegt bei den Kristallen des triklinen, monoklinen und rhombischen Kristallsystems vor.

4. Die Kristalle des tetragonalen, trigonalen und hexagonalen Kristallsystems haben mehrzählige Symmetrieachsen, so daß das Fresnelsche Ellipsoid und das Indexellipsoid Rotationsflächen sein müssen. (Die Kristalle des kubischen Systems haben drei senkrecht aufeinander stehende vierzählige Drehachsen, so daß die Ellipsoide in Kugeln ausarten. Kubische Kristalle verhalten sich optisch isotrop.) Es gibt also nur zwei Hauptbrechzahlen n_r und n_a. Bei allen Ellipsen, die beim Schnitt des Indexellipsoids mit einer Ebene entstehen, ist eine Halbachse gleich lang. Für alle Richtungen von s ist eine Brechzahl konstant $n_I = n_r$ (ordentliche bzw.

reguläre Brechzahl), die andere $n_{II} = n_\psi$ hängt vom Winkel ψ zwischen s und der Rotationsachse ab (Abb. 2.30).

Die Gleichung der Schnittellipse, die die Rotationsachse enthält, lautet

$$\frac{x^2}{n_r^2} + \frac{y^2}{n_a^2} = 1.$$

Weiter ist $x = n_\psi \cos \psi$ und $y = n_\psi \sin \psi$. Daraus folgt für die Brechzahl

$$n_\psi^2 = \frac{n_r^2 n_a^2}{n_a^2 \cos^2 \psi + n_r^2 \sin^2 \psi}. \tag{2.70}$$

Es gibt bei einem rotationssymmetrischen Indexellipsoid und Fresnelschen Ellipsoid nur einen Schnittkreis mit einer Ebene. Dieser steht senkrecht zur Rotationsachse, die damit die optische Achse ist. Die tetragonalen, trigonalen und hexagonalen Kristalle sind optisch einachsig.

In optisch einachsigen Kristallen entsteht im allgemeinen eine linear polarisierte ordentliche Welle, deren Brechzahl n_r unabhängig von der Normalenrichtung s ist, und eine senkrecht dazu schwingende außerordentliche Welle mit der richtungsabhängigen Brechzahl n_ψ.

Die Normalenrichtung und die optische Achse spannen eine Ebene, den Hauptschnitt des Kristalls auf. Es gilt:

| $\dfrac{\text{Ordentliche}}{\text{Außerordentliche}}$ Wellen schwingen $\dfrac{\text{senkrecht}}{\text{parallel}}$ zum Hauptschnitt.

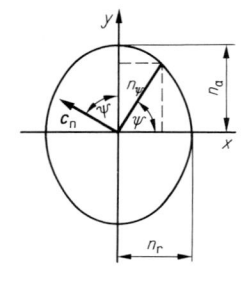

Abb. 2.30 Schnitt durch das Indexellipsoid eines einachsigen Kristalls

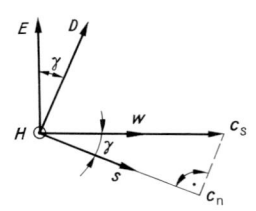

Abb. 2.31 Gegenseitige Lage der Vektoren im Kristall

5. Nach Abb. 2.27 besteht zwischen der Ausbreitungsrichtung der Energie w und der Ausbreitungsrichtung der Wellennormalen s der Winkel γ. Entsprechend sind auch die Geschwindigkeiten verschieden. Damit die Wellenflächen erhalten bleiben, muß sich aber die Normalengeschwindigkeit c_n als Projektion der Strahlgeschwindigkeit c_s auf die Richtung s ergeben ($c_n = c_s \cos \gamma$; Abb. 2.31).

Normalen- und Strahlgeschwindigkeit sind im allgemeinen richtungsabhängig und außerdem für die beiden senkrecht zueinander schwingenden Wellen im Kristall verschieden (c_{nI}, c_{nII}, c_{sI}, c_{sII}). Bei den optisch einachsigen Kristallen ist jedoch die Strahl- und Normalengeschwindigkeit für die ordentliche Welle gleich und unabhängig von der Ausbreitungsrichtung der Wellen ($c_{nr} = c_{sr}$).

2.2 Reflexion und Brechung

6. Tragen wir von einem Punkt im Kristall aus nach allen Richtungen Vektoren ab, die der Strahlgeschwindigkeit c_s proportional sind, dann bilden ihre Endpunkte die Strahlenfläche. Da es zu jeder Richtung w die beiden Strahlgeschwindigkeiten c_{sI} und c_{sII} gibt, ist die Strahlenfläche zweischalig. Bei optisch zweiachsigen Kristallen besteht sie aus zwei Flächen vierter Ordnung, die sich in den Durchstoßpunkten der optischen Achsen berühren.

Bei optisch einachsigen Kristallen besteht die Strahlenfläche aus einer Kugel mit dem zu c_{sr} proportionalen Radius und einem Rotationsellipsoid mit den Halbachsen, die zu c_{sr} und c_{sa} proportional sind. Kugel und Rotationsellipsoid berühren sich in den Durchstoßpunkten der Rotationsachse, die zugleich die Richtung der optischen Achse hat. Man unterscheidet positiv und negativ einachsige Kristalle (Abb. 2.32).

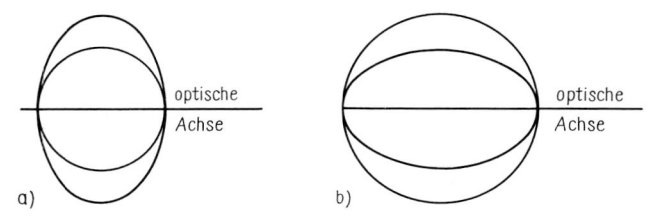

Abb. 2.32 Elementarwellen im negativ (a) bzw. positiv (b) einachsigen Kristall

Bei einem $\frac{\text{positiv}}{\text{negativ}}$ einachsigen Kristall liegt die Kugel $\frac{\text{außerhalb}}{\text{innerhalb}}$ des Rotationsellipsoids.

Auch bei der Anwendung des Huygensschen Prinzips auf die Lichtausbreitung in Kristallen müssen die zwei Elementarwellen betrachtet werden, die aus den beiden Teilen der Strahlenfläche für kleinste Ausbreitungszeiten bestehen.

Doppelbrechung. Für die Brechung der Wellennormalen an der Grenzfläche zwischen einem isotropen und einem anisotropen Stoff gilt (Abb. 2.33):

Die Wellennormalen bleiben in der Einfallsebene.
Die Normale der ordentlichen Welle wird nach dem Gesetz

$$n \sin \varepsilon = n_r \sin \varepsilon'_r, \tag{2.71a}$$

die Normale der außerordentlichen Welle nach dem Gesetz

$$n \sin \varepsilon = n_\psi \sin \varepsilon'_\psi \tag{2.71b}$$

gebrochen.

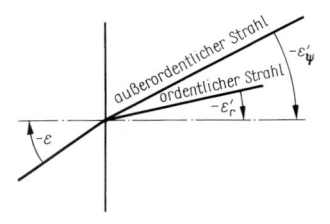

Abb. 2.33 Doppelbrechung

Die Anwendung des Brechungsgesetzes für die außerordentliche Welle ist schwieriger, als es auf den ersten Blick erscheint, weil n_ψ von ε'_ψ abhängt. Der Winkel ψ läßt sich bei bekannter Orientierung der Oberfläche zur optischen Achse des anisotropen Stoffes auf den Winkel ε'_ψ zurückführen. Das bedeutet eine Koordinatentransformation von dem System, das die optische Achse als Koordinatenachse enthält, auf das System, das die Flächennormale als Koordinatenachse enthält (Abb. 2.34a). Nach [19] gilt mit $\psi = \eta - \varepsilon'_\psi$

$$n_\psi^2 = A_1 + \frac{1}{2}A_2 \pm A_2\sqrt{A_1 + \frac{1}{4}A_2^2 - n^2\sin^2\varepsilon}. \tag{2.72}$$

Als Abkürzungen sind die Größen

$$A_1 = \frac{n_a^2 n_r^2 - (n_r^2 - n_a^2)n^2\sin^2\varepsilon \cdot \cos 2\eta}{n_a^2 + (n_r^2 - n_a^2)\sin^2\eta}, \quad A_2 = \frac{(n_r^2 - n_a^2)n\sin\varepsilon \cdot \sin 2\eta}{n_a^2 + (n_r^2 - n_a^2)\sin^2\eta} \tag{2.73a, b}$$

eingeführt. Mit der Abkürzung

$$A_3 = \left(\frac{n_r}{n_a}\right)^2 \frac{\sqrt{n_\psi^2 - n^2\sin^2\varepsilon} \cdot \tan\eta - n\sin\varepsilon}{\sqrt{n_\psi^2 - n^2\sin^2\varepsilon} + n\sin\varepsilon \cdot \tan\eta} \tag{2.73c}$$

gilt für den Brechungswinkel der Energie (Strahlrichtung)

$$\tan\varepsilon'_w = \frac{\tan\eta - A_3}{1 + A_3\tan\eta}. \tag{2.74}$$

Abb. 2.34b enthält die Konstruktion der Wellenflächen und der Strahlrichtungen für eine schräg auf die Kristalloberfläche auftreffende Welle. Ihr liegen zwei Regeln zugrunde:
– Die Wellenflächen tangieren die Elementarwellen.
– Die Strahlen gehen durch den Berührungspunkt der Wellenflächen mit den Elementarwellen.

Für senkrechten Lichteinfall ist $n_\psi^2 = A_1$, $A_3 = (n_r/n_a)^2 \tan\eta$.

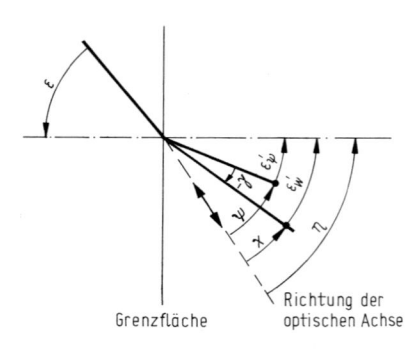

Abb. 2.34a Winkel an der Grenzfläche zwischen einem isotropen und einem optisch einachsigen Stoff

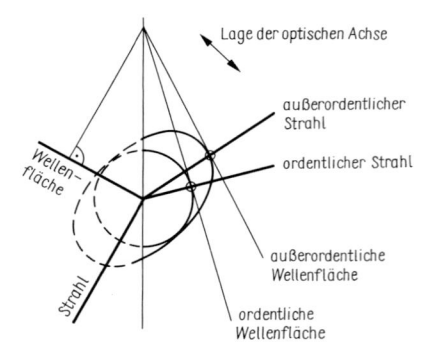

Abb. 2.34b Konstruktion der Strahl- und der Normalenrichtung

2.2 Reflexion und Brechung

Die Tab. 2.9 enthält die zeichnerische Konstruktion für verschiedene Lagen der optischen Achse. Für $\eta = 0$ ist $n_\psi = n_r$, $\varepsilon'_\psi = \varepsilon'_w = 0$ (1. Zeile von Tab. 2.9); für $\eta = 90°$ ist $n_\psi = n_a$, $\varepsilon'_\psi = \varepsilon'_w = 0$ (2. Zeile, 3. Zeile); für beliebiges η gilt

$$n_\psi^2 = \frac{n_a^2 n_r^2}{n_a^2 + (n_r^2 - n_a^2)\sin^2\eta}$$

und (4. Zeile)

$$\varepsilon'_\psi = 0, \quad \tan\varepsilon'_w = \left(1 - \frac{n_r^2}{n_a^2}\right)\tan\eta \cdot \left(1 + \frac{n_r^2}{n_a^2}\tan^2\eta\right)^{-1}.$$

Die Phasendifferenz, die infolge der unterschiedlichen Phasengeschwindigkeit zwischen der ordentlichen und der außerordentlichen Welle längs der Strecke l im Kristall entsteht, ist mit Hilfe der Gleichung $\delta = (2\pi\Delta L)/\lambda_0$ berechnet worden (λ_0 Lichtwellenlänge im Vakuum, ΔL optischer Wegunterschied zwischen beiden Wellen).

Wir können zusammenfassend festhalten:

> Bei der Brechung an der Grenzfläche zwischen einem isotropen und einem anisotropen Stoff entstehen im allgemeinen zwei Wellen unterschiedlicher Normalen- und Strahlrichtung, deren Schwingungsebenen senkrecht zueinander stehen. Es tritt Doppelbrechung ein. Bei optisch einachsigen Stoffen entstehen die ordentliche und die außerordentliche Welle.

Die Abb. 2.35a bis e zeigen den Verlauf enger Parallelbündel durch planparallele Platten aus optisch einachsigen Kristallen.

Tabelle 2.9 Doppelbrechung bei unterschiedlicher Orientierung der optischen Achse zur Oberfläche

Elementarwellen, Normalen- und Strahlkonstruktion	optische Achse	Normalenrichtung	Strahlrichtung	Polarisation	Phasendifferenz längs der Strecke l
	senkrecht zur Oberfläche	bleibt senkrecht zur Oberfläche, Wellenflächen tangieren die Elementarwellen	bleibt senkrecht zur Oberfläche	keine Polarisation	keine Phasendifferenz (nur eine Welle)
	parallel zur Oberfläche	"	"	ordentliche Welle senkrecht zur Zeichenebene, außerordentliche Welle parallel zur Zeichenebene	$\delta = \frac{2\pi l}{\lambda_0}(n_r - n_a)$
	parallel zur Oberfläche	"	"	ordentliche Welle parallel zur Zeichenebene, außerordentliche Welle senkrecht zur Zeichenebene	$\delta = \frac{2\pi l}{\lambda_0}(n_r - n_a)$
	schräg zur Oberfläche	"	ordentlicher Strahl bleibt senkrecht zur Oberfläche, außerordentlicher Strahl wird gebrochen	ordentliche Welle senkrecht zur Zeichenebene, außerordentliche Welle parallel zur Zeichenebene	$\delta = \frac{2\pi l}{\lambda_0}(n_r - n_\psi)$

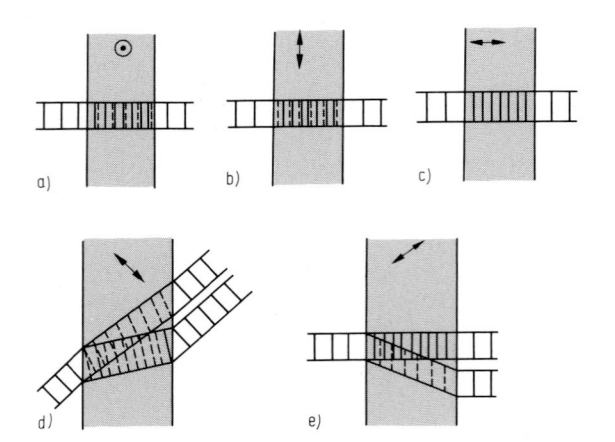

Abb. 2.35 Durchgang enger Parallelbündel durch Kristallplatten

2.3 Dispersion und Absorption

2.3.1 Absorption

Sämtliche Stoffe absorbieren einen Teil des hindurchgehenden Lichtes, wobei die Lichtenergie in eine andere Energieform umgewandelt wird; im allgemeinen entsteht Wärme. Stoffe mit geringer Absorption heißen durchsichtig. Metalle absorbieren das Licht sehr stark.

Reintransmissionsgrad. Wir untersuchen den Lichtdurchgang durch eine planparallele Platte aus einem homogenen isotropen Stoff. I_2 sei die Lichtintensität unmittelbar vor der Austrittsfläche, I_1 die Lichtintensität dicht hinter der Eintrittsfläche (Abb. 2.36). Die relative Änderung der Lichtintensität in der Platte ist dem zurückgelegten Weg proportional. Es gilt

$$\frac{dI}{I} = -\frac{4\pi}{\lambda} \kappa \cdot dx.$$

Die Größe κ heißt Absorptionskonstante. Wir integrieren über die Plattendicke d,

$$\int_{I_1}^{I_2} \frac{dI}{I} = -\frac{4\pi\kappa}{\lambda} \int_0^d dx,$$

und erhalten

$$\ln \frac{I_2}{I_1} = -\frac{4\pi}{\lambda} \kappa d. \tag{2.75}$$

Wir definieren:

> Der Quotient aus den Intensitäten I_2 und I_1 in den Endpunkten einer im absorbierenden Stoff von monochromatischem Licht zurückgelegten Strecke ist der spektrale Reintransmissionsgrad $\tau_{i,\lambda}$, auch innerer spektraler Transmissionsgrad genannt.

2.3 Dispersion und Absorption

Nach Gl. (2.75) gilt für den Zusammenhang zwischen dem Reintransmissionsgrad und der Absorptionskonstanten

$$\tau_{i,\lambda} = \frac{I_2}{I_1} = e^{-\frac{4\pi}{\lambda}\kappa d}. \tag{2.76}$$

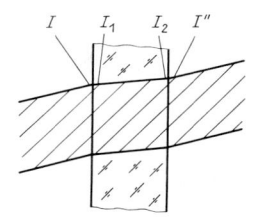

Abb. 2.36 Zum Reintransmissionsgrad und Transmissionsgrad

Tabelle 2.10 Beispiele für den Reintransmissionsgrad für die Einheitsdicke

Glastyp Code-Nr. Art λ in nm	VD 51 – 74 671 Grünglas $\tau_{i1,\lambda}$	BE 40 – 92 643 Blauviolett $\tau_{i1,\lambda}$	RDA 43 – 54 701 Rot (Goldrubinglas) $\tau_{i1,\lambda}$
300	—	0,001	0,050
340	0,030	0,550	0,340
380	0,525	0,910	0,470
420	0,667	0,915	0,520
460	0,623	0,710	0,500
500	0,716	0,190	0,380
540	0,600	0,015	0,255
580	0,340	0,012	0,560
620	0,140	0,001	0,825
660	0,066	0,004	0,920
700	0,043	0,140	0,950
740	0,040	0,190	0,970
800	0,045	0,180	0,983
1000	0,120	0,292	0,990
2000	0,830	0,530	0,990
3000	0,570	0,640	0,410

Der spektrale Reintransmissionsgrad für die Einheitsdicke $\tau_{i1,\lambda}$ (Beispiele enthält Tab. 2.10) ist der auf die Dicke 1 mm bezogene spektrale Reintransmissionsgrad. Diese Größe ermöglicht es, die verschiedenen Stoffe zu vergleichen. Aus Gl. (2.76) folgt mit $d = 1\,\text{mm}$

$$\tau_{i1,\lambda} = \left(\frac{I_2}{I_1}\right)_{d=1\,\text{mm}} = e^{-\frac{4\pi\kappa}{\lambda/\text{mm}}}. \tag{2.77a}$$

Aus dem Vergleich von Gl. (2.76) und Gl. (2.77a) ergibt sich

$$\tau_{i,\lambda} = \tau_{i1,\lambda}^{d}. \tag{2.77b}$$

Aus der Gl. (2.76) folgt

$$\ln \tau_{i,\lambda} = -\frac{4\pi\kappa d}{\lambda}.$$

Der Übergang zu dekadischen Logarithmen ist durch $\ln \tau_{i,\lambda} = 2{,}3025852 \log \tau_{i,\lambda}$ gegeben. Also ist

$$\kappa = -0{,}18323 \frac{\lambda}{d} \log \tau_{i,\lambda}.$$

Damit kann bei bekanntem Reintransmissionsgrad für eine vorgegebene Wellenlänge und Dicke die Absorptionskonstante κ berechnet werden. (Dabei soll noch auf einen möglichen Trugschluß hingewiesen werden. Die Wellenlänge in Gl. (2.76) ist als Bezugsgröße aufgenommen worden, damit κ dimensionslos wird. Trotzdem hängt natürlich auch κ von der Wellenlänge ab.)

Transmissionsgrad. An den beiden Flächen der planparallelen Platte wird ein Teil des Lichtes reflektiert. Dadurch wird die durch die Platte hindurchgehende Intensität zusätzlich geschwächt. Die Reflexionsverluste werden im Transmissionsgrad ebenfalls erfaßt.

Der Transmissionsgrad τ_λ ist das Verhältnis aus hindurchgelassener und auftreffender Intensität (Abb. 2.36).

I sei die Intensität unmittelbar vor der Eintrittsfläche, I'' die Intensität unmittelbar hinter der Austrittsfläche. Damit gilt

$$\tau_\lambda = \left(\frac{I''}{I}\right)_\lambda. \tag{2.78}$$

Wir berechnen den Transmissionsgrad für eine planparallele Platte aus einem nichtleitenden Stoff mit der relativen Brechzahl n. Das Licht soll senkrecht auf die Platte treffen und nicht interferieren. Es wird innerhalb der Platte mehrmals reflektiert. Von Fläche zu Fläche ergibt sich für die Intensitäten (den Index λ lassen wir weg):

Eintrittsfläche,	einfallend	I
	hindurchgelassen	IT
Austrittsfläche,	einfallend	$IT\tau_i$
	reflektiert	$IT\tau_i R$
	hindurchgelassen	$IT^2\tau_i$
Eintrittsfläche,	einfallend	$IT\tau_i^2 R$
	reflektiert	$IT\tau_i^2 R^2$
Austrittsfläche,	einfallend	$IT\tau_i^3 R^2$
	reflektiert	$IT\tau_i^3 R^3$
	hindurchgelassen	$IT^2\tau_i^3 R^2$ usw.

Die Anteile mit T^2 sind die ersten beiden Teilintensitäten des durch die Platte hindurchgehenden Lichtes. Wir lesen ab, daß die gesamte hindurchgelassene Intensität

$$I'' = IT^2\tau_i \sum_{m=0}^{\infty} R^{2m}\tau_i^{2m}$$

2.3 Dispersion und Absorption

beträgt. Die Summe stellt eine unendliche geometrische Reihe dar. Aufsummieren ergibt

$$I'' = IT^2\tau_i^2 \frac{1}{1-\tau_i^2 R^2}.$$

Bei geringer Absorption dürfen wir nach Gl. (2.51c) angenähert $T = 1-R$ setzen, so daß für den Transmissionsgrad nach (Gl. 2.78)

$$\tau_\lambda = \tau_{i,\lambda} \frac{(1-R)^2}{1-\tau_{i,\lambda}^2 R^2}$$

gilt.

Der Wert von $\tau_{i,\lambda}$ liegt zwischen 0 und 1. Bei Glasfiltern ist R klein. Bei $n = 1,5$ gilt z. B. $R = 0,04$. Bei $\tau_{i,\lambda} = 0$ ist $1-\tau_{i,\lambda}^2 R^2 = 1$, und bei $\tau_{i,\lambda} = 1$ ist $1-\tau_{i,\lambda}^2 R^2 = 0,9984$. Bei kleinerem Reflexionsvermögen ist mit guter Näherung $1-\tau_{i,\lambda}^2 R^2 = 1-R^2$.

Wir schreiben $1-R^2 = (1-R)(1+R)$ und erhalten

$$\tau_\lambda = \tau_{i,\lambda} \frac{1-R}{1+R}$$

oder mit R nach Gl. (2.54)

$$\tau_\lambda = \tau_{i,\lambda} \frac{2n}{n^2+1}.$$

Der Ausdruck

$$R_m = \frac{2n}{n^2+1} \tag{2.79}$$

wird in Filtertabellen Reflexionsfaktor genannt, obwohl er die Transparenz der beiden Flächen beschreibt. Zwischen dem Transmissionsgrad und dem Reintransmissionsgrad besteht die Beziehung

$$\tau_\lambda = \tau_{i,\lambda} R_m. \tag{2.80}$$

Wir weisen nochmals darauf hin, daß Gl. (2.79) nur bei kleinem Reflexionsvermögen gilt.

Als weitere Größen, die das Absorptionsverhalten der Stoffe beschreiben, werden die spektrale dekadische Extinktion (oder kurz Extinktion genannt)

$$E_\lambda = -\log \tau_{i,\lambda}, \tag{2.81a}$$

der spektrale dekadische Extinktionsmodul für die Einheitsdicke (kurz Extinktionsmodul genannt)

$$m_\lambda = -\log \tau_{i1,\lambda}, \tag{2.81b}$$

die spektrale Diabatie

$$\Theta_\lambda = 1 - \log E_\lambda \tag{2.82a}$$

und die spektrale optische Dichte

$$D_\lambda = -\log \tau_\lambda \tag{2.82b}$$

eingeführt.

Wellengleichung für Leiter. In einem elektrisch leitenden Stoff ist ein elektrischer Strom möglich. Die Maxwellschen Gleichungen lauten mit der elektrischen Stromdichte i

$$\text{rot } \boldsymbol{E} + \dot{\boldsymbol{B}} = 0, \tag{2.83a}$$

$$\text{rot } \boldsymbol{H} - \dot{\boldsymbol{D}} - \boldsymbol{i} = 0. \tag{2.83b}$$

In isotropen Stoffen, in denen das Ohmsche Gesetz gilt, ist

$$\boldsymbol{H} = \frac{1}{\mu_r \mu_0} \boldsymbol{B}, \quad \boldsymbol{D} = \varepsilon_r \varepsilon_0 \boldsymbol{E} \quad \text{und} \quad \boldsymbol{i} = \sigma \boldsymbol{E},$$

so daß

$$\text{rot } \boldsymbol{B} - \mu_r \mu_0 \sigma \boldsymbol{E} - \mu_r \mu_0 \varepsilon_r \varepsilon_0 \dot{\boldsymbol{E}} = 0$$

wird. Wir differenzieren nach der Zeit:

$$\text{rot } \dot{\boldsymbol{B}} - \mu_r \mu_0 \sigma \dot{\boldsymbol{E}} - \mu_r \mu_0 \varepsilon_r \varepsilon_0 \ddot{\boldsymbol{E}} = 0.$$

Wir führen die Kreisfrequenz ω der zu untersuchenden Welle und eine Dämpfungsgröße ρ mittels

$$\mu_r \mu_0 \sigma = \varepsilon_0 \mu_0 \omega \rho \quad \text{und} \quad \rho = \frac{\mu_r \sigma}{\varepsilon_0 \omega}$$

ein. Damit entsteht

$$\text{rot } \dot{\boldsymbol{B}} - \varepsilon_0 \mu_0 \omega \rho \dot{\boldsymbol{E}} - \mu_r \mu_0 \varepsilon_r \varepsilon_0 \ddot{\boldsymbol{E}} = 0.$$

In diese Gleichung setzen wir $\dot{\boldsymbol{B}}$ aus Gl. (2.83a) ein:

$$\text{rot rot } \boldsymbol{E} + \varepsilon_0 \mu_0 (\omega \rho \dot{\boldsymbol{E}} + \varepsilon_r \mu_r \ddot{\boldsymbol{E}}) = 0.$$

Wir nehmen an, daß im betrachteten Gebiet keine Überschußladungen vorhanden sind. Es gilt dann div $\boldsymbol{E} = 0$ und rot rot $\boldsymbol{E} = -\triangle \boldsymbol{E}$. Unter Verwendung von $\varepsilon_0 \mu_0 = 1/c_0^2$ ergibt sich die Wellengleichung für Leiter

$$\triangle \boldsymbol{E} = \frac{1}{c_0^2} (\omega \rho \dot{\boldsymbol{E}} + \varepsilon_r \mu_r \ddot{\boldsymbol{E}}). \tag{2.83c}$$

Komplexe Brechzahl für Leiter. Wir untersuchen die Eigenschaften einer periodischen Welle konstanter Ausbreitungsrichtung im Leiter. Mit Gl. (2.6) erhalten wir analog zu den Ableitungen in 2.1.1

$$\triangle \boldsymbol{E} = -\frac{4\pi^2}{\lambda^2} \boldsymbol{E}, \quad \dot{\boldsymbol{E}} = -\frac{2\pi \mathrm{j} c}{\lambda} \boldsymbol{E}, \quad \ddot{\boldsymbol{E}} = -\frac{4\pi^2 c^2}{\lambda^2} \boldsymbol{E}.$$

Einsetzen in die Wellengleichung (2.83c) und Kürzen von $\boldsymbol{E}$ ergibt unter Verwendung von $\omega = 2\pi \nu = (2\pi c)/\lambda$

$$\left(\frac{c_0}{c}\right)^2 = \varepsilon_r \mu_r + \mathrm{j}\rho.$$

Daraus ist abzulesen:

> Wenn wir auch im Leiter an der Definition der Brechzahl $\bar{n} = c_0/c$ festhalten wollen, dann müssen wir eine komplexe Brechzahl einführen.

2.3 Dispersion und Absorption

Wir setzen

$$\bar{n} = \sqrt{\varepsilon_r \mu_r + j\rho} = n(1+j\kappa). \tag{2.84a}$$

Quadrieren ergibt

$$\varepsilon_r \mu_r + j\rho = n^2(1-\kappa^2) + 2jn^2\kappa,$$

so daß

$$\varepsilon_r \mu_r = n^2(1-\kappa^2) \quad \text{und} \quad \rho = 2\kappa n^2 \tag{2.84b, c}$$

zu setzen ist.

(Die häufig verwendete Schreibweise $\bar{n} = n(1-j\kappa)$ ist physikalisch identisch. Bei der Ableitung muß dann aber von $E = a e^{-\frac{2\pi j}{\lambda}(rs-ct)}$ ausgegangen werden, damit ρ und κ positiv sind.)

Für den ortsabhängigen Anteil der elektrischen Feldstärke gilt

$$a \cdot e^{\frac{2\pi j \bar{n}}{\lambda_0}(rs)} = a \cdot e^{-\frac{2\pi n\kappa}{\lambda_0}(rs)} \cdot e^{\frac{2\pi jn}{\lambda_0}(rs)}.$$

Im Leiter nimmt die Amplitude der elektrischen Feldstärke ab, und zwar längs der Strecke

$$(rs)_\kappa = \frac{\lambda_0}{2\pi n}$$

auf den e^κ-ten Teil der Ausgangsamplitude. Die Welle wird im Leiter längs der Ausbreitungsrichtung gedämpft (Abb. 2.37). Die Größe κ stellt die Dämpfungskonstante dar, die wir auch für absorbierende Nichtleiter in den Gleichungen (2.75) bis (2.77) verwendet haben.

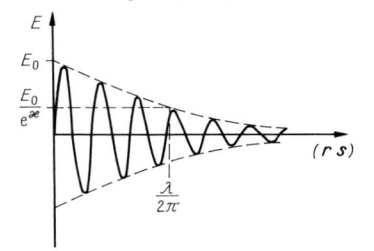

Abb. 2.37 Gedämpfte Welle zu einem festen Zeitpunkt

Wir erkennen nun auch die Bedeutung der komplexen Brechzahl.

Die komplexe Brechzahl $\bar{n}$ stellt eine formale Zusammenfassung der reellen Brechzahl n und der Absorptionskonstanten κ dar, die der Vereinfachung theoretischer Ableitungen dient.

Metallreflexion. Bei beliebigen Einfallswinkeln ε setzen wir für die Reflexion an absorbierenden Stoffen in die Fresnelschen Formeln

$$\sin \varepsilon'' = \frac{n \cdot \sin \varepsilon}{\bar{n}''}, \quad \cos \varepsilon'' = \frac{n}{\bar{n}''}\sqrt{\left(\frac{\bar{n}''}{n}\right)^2 - \sin^2 \varepsilon} \tag{2.85a, b}$$

mit $\bar{n}'' = n''(1+j\kappa'')$ ein. Metalle zeichnen sich durch eine relativ große Absorptionskonstante aus; es ist $|\text{Re}\,(\bar{n}''/n)^2| \gg 1$. Deshalb vernachlässigen wir in Gl. (2.85b) $\sin^2\varepsilon$ gegenüber $(\bar{n}''/n)^2$, so daß $\cos\varepsilon'' \approx 1$ wird.

Mit den Gleichungen (2.85a, b) folgt aus den Fresnelschen Formeln (2.49a, b)

$$a'_s = a_s \frac{\cos\varepsilon - \frac{\bar{n}''}{n}}{\cos\varepsilon + \frac{\bar{n}''}{n}}, \quad a'_p = -a_p \frac{1 - \frac{\bar{n}''}{n}\cos\varepsilon}{1 + \frac{\bar{n}''}{n}\cos\varepsilon}.$$

Trennung von Real- und Imaginärteil ergibt

$$a'_s = a_s \left[\frac{\cos^2\varepsilon - \left(\frac{n''}{n}\right)^2(1+\kappa''^2)}{\left(\cos\varepsilon + \frac{n''}{n}\right)^2 + \left(\frac{n''\kappa''}{n}\right)^2} - j\frac{2\left(\frac{n''\kappa''}{n}\right)\cos\varepsilon}{\left(\cos\varepsilon + \frac{n''}{n}\right)^2 + \left(\frac{n''\kappa''}{n}\right)^2} \right] \quad (2.86a)$$

und

$$a'_p = -a_p \left[\frac{1 - \left(\frac{n''}{n}\cos\varepsilon\right)^2(1+\kappa''^2)}{\left(1 + \frac{n''}{n}\cos\varepsilon\right)^2 + \left(\frac{n''\kappa''}{n}\cos\varepsilon\right)^2} - j\frac{2\left(\frac{n''\kappa''}{n}\right)\cos\varepsilon}{\left(1 + \frac{n''}{n}\cos\varepsilon\right)^2 + \left(\frac{n''\kappa''}{n}\cos\varepsilon\right)^2} \right].$$

(2.86b)

Wir setzen

$$a'_s = |a'_s|e^{j\delta'_s}, \quad |a'_s| = \sqrt{\left[\text{Re}(a'_s)\right]^2 + \left[\text{Im}(a'_s)\right]^2}, \quad \tan\delta'_s = \frac{\text{Im}(a'_s)}{\text{Re}(a'_s)}, \quad R_s = \left|\frac{a'_s}{a_s}\right|^2.$$

Die analogen Gleichungen gelten für die p-Komponente. Damit erhalten wir

$$R_s = \frac{\left(\cos\varepsilon - \frac{n''}{n}\right)^2 + \left(\frac{n''\kappa''}{n}\right)^2}{\left(\cos\varepsilon + \frac{n''}{n}\right)^2 + \left(\frac{n''\kappa''}{n}\right)^2}, \quad R_p = \frac{\left(1 - \frac{n''}{n}\cos\varepsilon\right)^2 + \left(\frac{n''\kappa''}{n}\cos\varepsilon\right)^2}{\left(1 + \frac{n''}{n}\cos\varepsilon\right)^2 + \left(\frac{n''\kappa''}{n}\cos\varepsilon\right)^2} \quad (2.87a, b)$$

und

$$\tan\delta'_s = \frac{\frac{2n''\kappa''}{n}\cos\varepsilon}{\left(\frac{n''}{n}\right)^2(1+\kappa''^2) - \cos^2\varepsilon}, \quad \tan\delta'_p = \frac{\frac{2n''\kappa''}{n}\cos\varepsilon}{\left(\frac{n''}{n}\right)^2(1+\kappa''^2)\cos^2\varepsilon - 1}. \quad (2.88a, b)$$

Wegen des großen Wertes für $n''^2\kappa''^2$ bei Metallen wird der Reflexionsgrad groß sein (Tab. 2.11). Die Wellenlängenabhängigkeit der Absorptionskonstanten wirkt sich stark auf den Reflexionsgrad aus. Gold z.B. reflektiert bevorzugt gelbes Licht, absorbiert also gelbes Licht auch stark. Dünne Goldfolien sind im durchscheinenden Licht blau.

2.3 Dispersion und Absorption

Tabelle 2.11 Daten einiger Metalle für Licht der Na-D-Linie

Metall	$n\kappa$	n	$R(\varepsilon = 0)$
Gold (massiv)	2,82	0,37	0,929
Silber (massiv)	3,64	0,18	0,950
Aluminium (massiv)	5,23	1,44	0,827
Quecksilber	4,41	1,62	0,753
Kupfer (massiv)	2,63	0,62	0,714
Stahl (massiv)	3,37	2,27	0,589

Mit den Abkürzungen $A = 1 + (2n''\kappa''/n)^2 + B^2$, $B = (n''/n)^2(1+\kappa''^2)$ ergibt sich für die Phasendifferenz zwischen der s- und der p-Komponente

$$\tan(\delta'_p - \delta'_s) = \frac{\dfrac{2n''\kappa''}{n}(B+1)\sin^2\varepsilon \cdot \cos\varepsilon}{A\cos^2\varepsilon - B(1+\cos^4\varepsilon)}. \tag{2.89}$$

Für den aus

$$\cos^2\varepsilon_H = \frac{A}{2B} \pm \sqrt{\left(\frac{A}{2B}\right)^2 - 1}$$

folgenden Einfallswinkel (Haupteinfallswinkel) ist $\delta'_p - \delta'_s = \pm 90°$. Das reflektierte Licht ist zirkular polarisiert, wenn linear polarisiertes Licht unter dem Azimut einfällt, für das $|a_s| = |a_p|$ wird (meist von 45° wenig verschieden). Im allgemeinen ist das reflektierte Licht elliptisch polarisiert.

Bei Silber hinter Glas mit $n = 1,5$ ist für das Licht der Na-D-Linie $n''/n = 0,12$, $\kappa'' = 20,2222$. Bei $\varepsilon = 0°$ erhält man $R_s = R_p = 0,9328$, $\delta'_p = \delta'_s = 0,7803 = 0,248\pi$, $\delta'_p - \delta'_s = 0$. Bei massivem Silber gegen Luft mit $n = 1$, $n'' = 0,18$, $\kappa'' = 20,2222$ ist der Reflexionsgrad in Abb. 2.38a dargestellt. Die Phasendifferenz $\delta'_p - \delta'_s$ ist in Abb. 2.38b enthalten.

Für $\varepsilon_H = 76,084°$ ist $\delta'_p = -82,458°$, $\delta'_s = 7,542°$ und $\delta'_p - \delta'_s = -90°$. Es gilt $R_s = 0,987$, $R_p = 0,9066$.

Das Azimut im reflektierten Licht (Verhältnis der Halbachsen der Schwingungsellipse) ergibt sich aus

$$\tan\psi' = \sqrt{\frac{R_s}{R_p}} \tan\psi.$$

Zirkular polarisiertes Licht wird für $\tan\psi' = 1$ erreicht. Das Azimut des einfallenden Lichtes muß

$$\tan\psi = \sqrt{\frac{R_p}{R_s}}$$

betragen, woraus $\psi = 43,78°$ folgt. Abb. 2.38c enthält $\tan\psi'$ als Funktion des Einfallswinkels.

Mit $\tan\psi = 1$ ($\psi = 45°$) lassen sich die Konstanten des Metalls messen, wenn durch einen Kompensator die Phasendifferenz von 90° aufgehoben und mit einem Analysator die Lage der Schwingungsellipse bestimmt wird (aus der Dunkelstellung die "Richtung der wiederhergestellten linearen Polarisation" ermittelt wird). Das zugeordnete Azimut, das aus

$\tan \psi'_H = \sqrt{R_s/R_p}$ folgt, ist das Hauptazimut. Nach [28] gilt angenähert

$$n = -\sin\varepsilon_H \cdot \tan\varepsilon_H \cdot \cos 2\psi'_H, \quad \kappa'' = -\tan 2\psi'_H.$$

Für Silber gegen Luft ist $\psi'_H = 46{,}218°$. Damit erhält man die Werte $n = 0{,}167$ (statt 0,18) und $\kappa'' = 23{,}506$ (statt 20,2222). Die Näherung ist also nicht sonderlich gut.

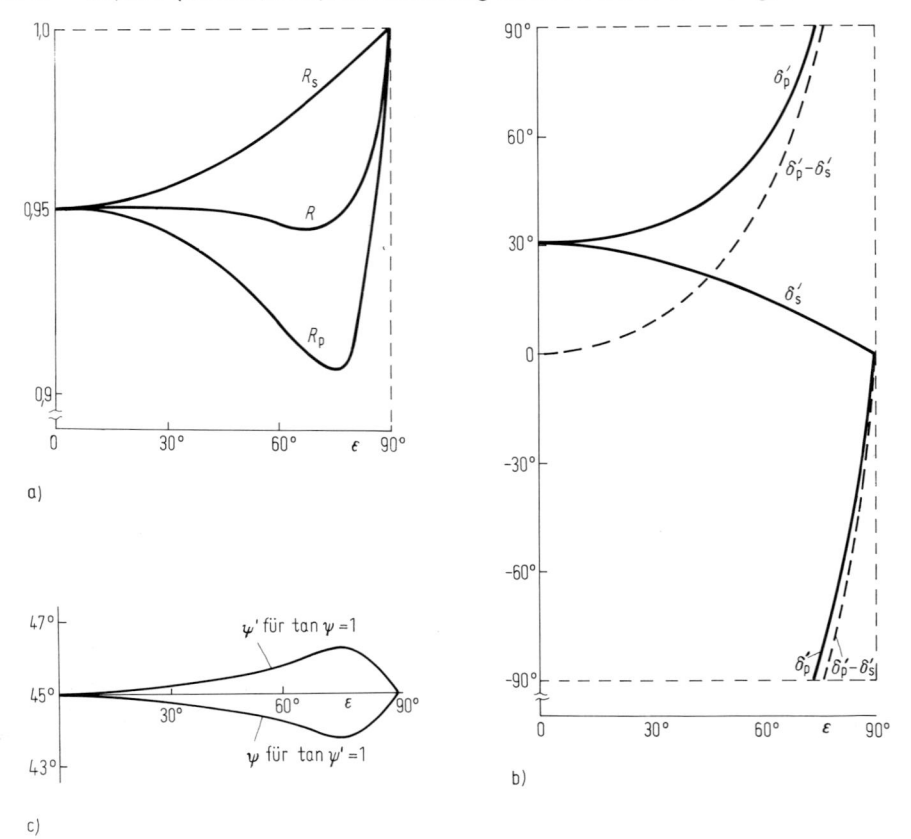

Abb. 2.38 a) Reflexionsgrad an der Grenzfläche Luft – Silber als Funktion des Einfallswinkels,
b) Phasendifferenz als Funktion des Einfallswinkels,
c) ψ' für $\tan\psi = 1$ und ψ für $\tan\psi' = 1$ als Funktion des Einfallswinkels

2.3.2 Dispersion

Normale und anomale Dispersion. Beim Durchgang des Lichtes durch einen schwach absorbierenden Stoff tritt Dispersion auf. Die Brechzahl der Stoffe und damit die Phasengeschwindigkeit der Lichtwelle hängen von der Wellenlänge ab (Abb. 2.39). Die Ursache dafür ist das frequenzabhängige Mitschwingen der Ladungen und Dipole im Stoff, das zu einer zeitlich veränderlichen dielektrischen Polarisation führt.

2.3 Dispersion und Absorption

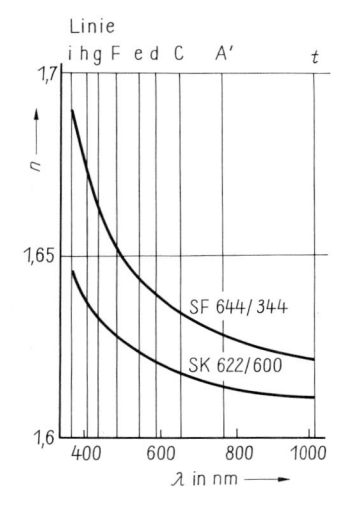

Abb. 2.39 Dispersion für Schwerflint ($n_e = 1{,}644$, $v_e = 34{,}4$) und Schwerkron ($n_e = 1{,}622$, $v_e = 60{,}0$)

Wir nehmen an, daß die dielektrische Polarisation unter dem Einfluß des elektrischen Feldes eine gedämpfte erzwungene harmonische Schwingung ausführt. Wenn sich die elektrische Feldstärke längs der atomaren Dimensionen wenig ändert, können wir die Ortsabhängigkeit der Welle vernachlässigen.

Die Welle nehmen wir als eben, periodisch und linear polarisiert an, so daß

$$E = a \cdot e^{j\left[\frac{2\pi}{\lambda}(rs) - \omega t\right]}$$

ist. Die Schwingungsgleichung für die dielektrische Polarisation lautet

$$\ddot{P} + 2\beta \dot{P} + \omega_0^2 P = \varepsilon_0 k E; \tag{2.90}$$

β ist die Dämpfungskonstante, ω_0 ist die Eigenfrequenz der freien ungedämpften Schwingung, und k ist eine von der Art und der Anzahl der mitschwingenden Teilchen abhängige Größe.

Für isotrope homogene Stoffe und schwache Felder setzen wir

$$P = \varepsilon_0 \alpha E, \quad \dot{P} = -j\omega \varepsilon_0 \alpha E, \quad \ddot{P} = -\omega^2 \varepsilon_0 \alpha E$$

und erhalten aus Gl. (2.90)

$$\overline{\alpha} = \frac{k}{\omega_0^2 - \omega^2 - 2j\beta\omega}. \tag{2.91}$$

Die elektrische Suszeptibilität $\overline{\alpha}$ ist komplex, so daß auch die Brechzahl über $\overline{n}^2 = \overline{\varepsilon}_r = \overline{\alpha} + 1$ ($\mu_r = 1$ gesetzt) komplex wird. Trennung von Real- und Imaginärteil und Anwenden von $\overline{n} = n(1 + j\kappa)$ nach Gl. (2.84a) führt auf

$$n^2(1 - \kappa^2) = 1 + k \frac{\omega_0^2 - \omega^2}{(\omega_0^2 - \omega^2)^2 + 4\beta^2 \omega^2} \tag{2.92}$$

und

$$n^2 \kappa = \frac{k\beta\omega}{(\omega_0^2 - \omega^2)^2 + 4\beta^2 \omega^2}. \tag{2.93}$$

In Abb. 2.40a ist $n^2(1-\kappa^2)$ und in Abb. 2.40b $n^2\kappa$ als Funktion von ω dargestellt (für $\omega_0 \gg \beta$, außerdem kann $\kappa^2 \ll 1$ angenommen werden). In der Umgebung der Eigenfrequenz hat die Absorption einen großen Betrag, und die Brechzahl nimmt mit der Frequenz ab (anomale Dispersion).

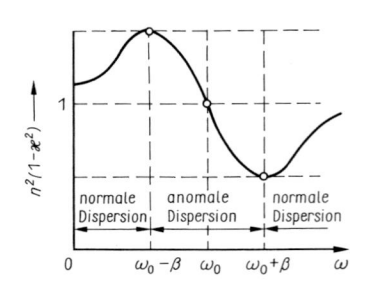

Abb. 2.40a Abhängigkeit der Brechzahl von der Kreisfrequenz

Abb. 2.40b Abhängigkeit des Absorptionskoeffizienten von der Kreisfrequenz

Für Frequenzen des Lichtes, die sich stark von der Eigenfrequenz unterscheiden, ist die Absorption zu vernachlässigen, und die Brechzahl wächst mit der Frequenz an (normale Dispersion).

In einem Stoff können mehrere Eigenschwingungen angeregt werden. In Bereichen normaler Dispersion, in denen β vernachlässigbar und $\omega_0 \neq \omega_i$ ist, gilt dann

$$n^2 = n_\infty^2 + \sum_i \frac{C_i}{\omega^2 - \omega_i^2}.$$

Im elektromagnetischen Spektrum ergibt sich ein prinzipieller Brechzahlverlauf nach Abb. 2.41 (λ_i Resonanzstellen).

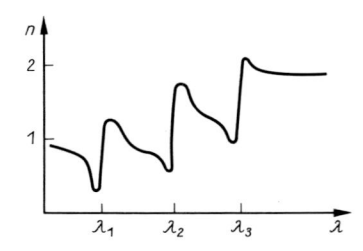

Abb. 2.41 Brechzahlverlauf im elektromagnetischen Spektrum (schematisch)

Gläser zeigen im sichtbaren Gebiet des Spektrums normale Dispersion, sie brechen also violettes Licht stärker als rotes. Bei ihnen tritt anomale Dispersion im Infraroten und im Ultravioletten auf. Im sichtbaren Gebiet von 450 nm bis 600 nm finden wir z. B. anomale Dispersion bei festem Fuchsin.

Dispersionsformeln. Für die Abhängigkeit der Brechzahl von der Wellenlänge des Lichtes können theoretisch begründete Näherungsformeln angegeben werden, die empirisch bestimmte Konstanten enthalten.

2.3 Dispersion und Absorption

Im Bereich des sichtbaren Lichtes ist bei nicht zu hohen Genauigkeitsforderungen die Dispersionsformel von Hartmann gültig. Sie lautet

$$n = n_0 + \frac{A}{(\lambda - \lambda_0)^B}.$$

A, B, n_0 und λ_0 sind empirisch zu bestimmen. B liegt zwischen 0,5 und 2, ist aber häufig durch 1 ersetzbar.

Beim Glastyp SF 761/273 (SF 4) gilt z. B.: $n_0 = 1,715$, $\lambda_0 = 295,7$ nm, $A = 11,65$ nm, $B = 1$. Für die Wellenlänge $\lambda = 587,6$ nm berechnen wir für SF 761/273 mit der Hartmannschen Näherungsformel $n = 1,7549$, während der experimentelle Wert $n = 1,7552$ beträgt.

Höhere Genauigkeit garantiert eine theoretisch besser begründete Dispersionsformel, die für optische Gläser von den Glasherstellern empfohlen wird. Die Beziehung

$$n^2 = A_0 + A_1\lambda^2 + A_2\lambda^{-2} + A_3\lambda^{-4} + A_4\lambda^{-6} + A_5\lambda^{-8} \tag{2.94}$$

liefert mit den in den Glaskatalogen enthaltenen Konstanten, die mit der Methode der kleinsten Quadrate aus Meßwerten der Brechzahlen bestimmt werden, die Brechzahl n

im Bereich 400 nm $\leq \lambda \leq$ 750 nm auf $\pm 3 \cdot 10^{-6}$,
in den Bereichen 355 nm $\leq \lambda \leq$ 400 nm,
750 nm $\leq \lambda \leq$ 1014 nm auf $\pm 5 \cdot 10^{-6}$ genau.

In Gl. (2.94) sind die Wellenlängen in μm einzusetzen, wenn die im Katalog angegebenen Konstanten verwendet werden.

Schließlich sei noch die Herzbergersche Dispersionsformel angegeben. Diese lautet

$$n = A_0 + A_1\lambda^2 + \frac{A_2}{\lambda^2 - \lambda_0^2} + \frac{A_2}{(\lambda^2 - \lambda_0^2)^2}, \quad \lambda_0 = 168 \text{ nm}.$$

Wellenlängenskale. Durch die Dispersion wird das Licht bei der Brechung spektral zerlegt.

Polychromatisches Licht hat eine wesentliche spektrale Breite der Intensitätsverteilung (Abb. 2.42), so daß es ein kontinuierliches Spektrum ergibt. Auch "weißes Licht" ist polychromatisch. Seine spektrale Intensitätsverteilung ist derjenigen der Sonnenstrahlung ähnlich.

Quasimonochromatisches Licht liegt im allgemeinen bei den Spektrallinien vor. Es kann aber auch mit Filtern aus polychromatischem Licht ausgesondert werden (Abb. 2.43). Das Wellenlängenintervall, außerhalb dessen die Intensität unter 50% ihres Maximalwertes liegt, heißt Halbwertsbreite. Die Halbwertsbreite erfüllt bei quasimonochromatischem Licht die Bedingung $\Delta\lambda_{0,5} \ll \lambda$.

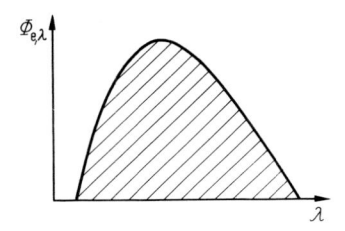

Abb. 2.42 Spektraler Strahlungsfluß für polychromatisches Licht

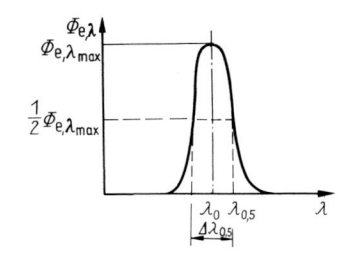

Abb. 2.43 Spektraler Strahlungsfluß für quasimonochromatisches Licht

Eine Folge von Spektrallinien eignet sich mit ihren Schwerpunktwellenlängen als Wellenlängenskale. Die für die Beschreibung der Dispersion optischer Gläser verwendeten Spektrallinien sind in Tab. 2.12 zusammengestellt.

Monochromatisches Licht stellt den theoretischen Grenzfall des quasimonochromatischen Lichtes für $\Delta\lambda_{0,5} \to 0$ dar. Es ist experimentell nicht zu verwirklichen, aber mit Lasern gut anzunähern.

Tabelle 2.12 Spektrallinien als Wellenlängennormale

Symbol	Wellenlänge in nm	Element	Spektralbereich
i	365,0	Hg	UV
h	404,7	Hg	Violett
g	435,83	Hg	Blau
F′	479,99	Cd	Blau
F	486,1	H_2	Blau
e	546,07	Hg	Grün
d	587,56	He	Gelb
C′	643,85	Cd	Rot
C	656,3	H_2	Rot
r	706,52	He	Rot
s	852,1	Cs	IR
t	1013,9	Hg	IR

2.3.3 Werkstoffe

Optisches Glas, wie es für Spiegel, Prismen, Linsen u. a. verwendet wird, stellt einen wertvollen Werkstoff dar. Der Begriff "Optisches Glas" soll in folgender Weise weiter präzisiert werden:

> Optisches Glas ist ein anorganisches Schmelzprodukt, das ohne Kristallisation erstarrt. Es hat im sichtbaren Gebiet des elektromagnetischen Spektrums einen hohen Reintransmissionsgrad und ist weitgehend frei von Inhomogenitäten.

Die optischen Daten – es sind über den gesamten Durchlässigkeitsbereich mehrere Brechzahlen anzugeben – müssen innerhalb eines Glasblocks außerordentlich konstant sein.

Von den Glasherstellern wird im allgemeinen zugesichert, daß durch Feinkühlung die Brechzahlschwankung innerhalb einer Schmelze unter ±0,0001 bleibt. Von Schmelze zu Schmelze kann sich im allgemeinen die Brechzahl eines Glastyps um ±0,001 ändern. Deshalb erhält jede Schmelze eine Nummer, für die aus dem entsprechenden Schmelzenzettel die realen Brechzahlen ermittelt werden können. Bei hochwertigen optischen Systemen muß im allgemeinen eine Abwandlung der Parameter vorgenommen werden, wenn andere Schmelzen zum Einsatz kommen.

Zu den Forderungen hinsichtlich der optischen Daten kommen diejenigen hinsichtlich Widerstandsfähigkeit gegen Witterungseinflüsse, Unempfindlichkeit gegen Fleckenbildung durch Säureeinflüsse bei der Bearbeitung, Fehlen von Häufungen an Blasen, Fehlen von Schlieren, Knoten und Steinchen hinzu.

Nach der grundsätzlichen Zusammensetzung und den optischen Eigenschaften werden die optischen Gläser zu Gruppen, den Glasarten, zusammengefaßt (Tab. 2.13).
Die speziellen optischen Gläser mit bestimmten Werten der optischen Konstanten heißen Glastypen.

Tabelle 2.13 Glasarten

Bezeichnung	Symbol	Bezeichnung	Symbol
Fluorphosphatschwerkron	FPSK	Kurzflint	KzF
Fluorkron	FK	Kronflint	KF
Phosphatkron	PK	Baritleichtflint	BaLF
Phosphatschwerkron	PSK	Doppelleichtflint	LLF
Borkron	BK	Baritflint	BaF
Kron	K	Leichtflint	LF
Zinkkron	ZK	Flint	F
Baritleichtkron	BaLK	Baritschwerflint	BaSF
Baritkron	BaK	Schwerflint	SF
Schwerkron	SK	Tiefflint	TF
Schwerstkron	SSK	Lanthanflint	LaF
Lanthankron	LaK	Lanthanschwerflint	LaSF
Lanthanschwerkron	LaSK		

Folgende Größen dienen der Charakterisierung der Glastypen:

Die *Hauptbrechzahl* n_e ist die Brechzahl für Licht der Quecksilberlinie mit der Wellenlänge $\lambda_e = 546{,}07$ nm. Trotz intensiver Forschung auf dem Gebiet der Silicatchemie konnten bisher nur Gläser erschmolzen werden, deren Hauptbrechzahl etwa im Bereich

$$1{,}3 < n_e < 2{,}1$$

liegt. Die extremen Werte sind schwierig zu erreichen, so daß die zugehörigen Glastypen zunächst als Laborschmelzen vorliegen und noch nicht in die Fertigung übergeführt sind. Preis und technologische Eigenschaften dieser Glastypen verhindern häufig ihren umfassenden Einsatz. Im Angebot sind Gläser im Bereich $1{,}45 < n_e < 1{,}93$.

Die *Hauptdispersion* $n_{F'} - n_{C'}$ ist die Differenz der Brechzahlen für die Cadmiumlinien F' und C' (Tab. 2.12). Diese Spektrallinien liegen etwa an den Grenzen des visuell hellsten Teils des Spektrums. Die Änderung der Brechzahl innerhalb dieses Bereichs wird deshalb als Maß für die Hauptdispersion verwendet.

Bei optischen Gläsern ist stets $n_{F'} > n_{C'}$, die Hauptdispersion also positiv (normale Dispersion).

(In früheren Glaskatalogen wurde n_d als Hauptbrechzahl verwendet. Außerdem war die Grunddispersion oder mittlere Farbzerstreuung $n_{F'} - n_{C'}$ angegeben).

Die *Abbesche Zahl* ν stellt eine Größe dar, mit der ebenfalls die Dispersion der optischen Gläser beschrieben wird. Die Abbesche Zahl hat eine besondere Bedeutung für theoretische Zusammenhänge, die bei der Synthese optischer Systeme angewendet werden.

Die Abbesche Zahl für die Wellenlänge λ ist definiert durch

$$\nu_\lambda = \frac{n_\lambda - 1}{n_{F'} - n_{C'}}.$$

Es ist also zu beachten, daß eine große Abbesche Zahl eine kleine Dispersion bedeutet, und umgekehrt.

Zur Charakterisierung des Dispersionsverhaltens optischer Gläser in Glaskatalogen soll die Abbesche Zahl verwendet werden, die mit der Hauptbrechzahl berechnet wurde, also

$$v_e = \frac{n_e - 1}{n_{F'} - n_{C'}}.$$

Die optischen Gläser liegen etwa im Bereich

$$10 < v_e < 120.$$

In der Fertigung befinden sich Glastypen, für die etwa

$$20 < v_e < 90$$

gilt. (Früher wurde in Glaskatalogen die Abbesche Zahl $v_d = (n_d - 1)/(n_F - n_C)$ verwendet.)

Der Tradition folgend werden Gläser in den Bereichen

$$n_e < 1{,}6028, \quad v_e > 54{,}7,$$
$$n_e > 1{,}6028, \quad v_e > 49{,}7$$

Krone, die übrigen Gläser Flinte genannt (Abb. 2.44). (Für die vorher verwendete Bezugslinie "d" liegt die Grenze für $n_d > 1{,}6$ bei $v_d = 50$, für $n_d < 1{,}6$ bei $v_d = 55$.)

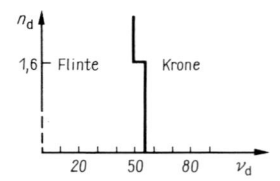

Abb. 2.44 Einteilung der Gläser in Flinte und Krone

Die *relative Teildispersion P'* wird für spezielle Aufgaben der Farbfehlerkorrektion optischer Systeme benötigt.

| Eine relative Teildispersion ist eine auf die Hauptdispersion bezogene Teildispersion.

Formelmäßig gilt

$$P'_{\lambda_1 \lambda_2} = \frac{n_{\lambda_1} - n_{\lambda_2}}{n_{F'} - n_{C'}}.$$

Ein Beispiel ist

$$P'_{gC'} = \frac{n_g - n_{C'}}{n_{F'} - n_{C'}}.$$

Glasdiagramme. Ein Glastyp wurde früher ausschließlich durch die Glasart und eine laufende Nummer beschrieben (z. B. Borkron 7 mit dem Symbol BK 7). Heute wird die Angabe

Optisches Glas Glasart $1000(n_e - 1)/10 v_e$

2.3 Dispersion und Absorption

bevorzugt (n_e mit drei Stellen, v_e mit einer Stelle nach dem Komma). Für BK 7 mit $n_e = 1,518$, $v_e = 63,9$ lautet die Bezeichnung

Optisches Glas BK 518/639.

(Gelegentlich werden auch $1000(n_d - 1)$ und $10 v_d$ verwendet.)

Um bei der Vielzahl der zur Verfügung stehenden Gläser einen schnellen Überblick über deren optische Daten zu erhalten, hat es sich als nützlich erwiesen, ihre Lage in verschiedene Glasdiagramme einzuzeichnen. Glasdiagramme benötigt man vor allem bei der Synthese optischer Systeme. Das n-v-Diagramm (Abb. 2.45a) ermöglicht einen Überblick über das Brechungs- und Dispersionsverhalten der Glastypen.

In Zeichnungen, Rechenunterlagen und vor allem in Glasdiagrammen ist die genormte Bezeichnung unhandlich. Deshalb erhält jeder Glastyp zusätzlich eine Codenummer, durch die er z. B. im Glasdiagramm gekennzeichnet wird.

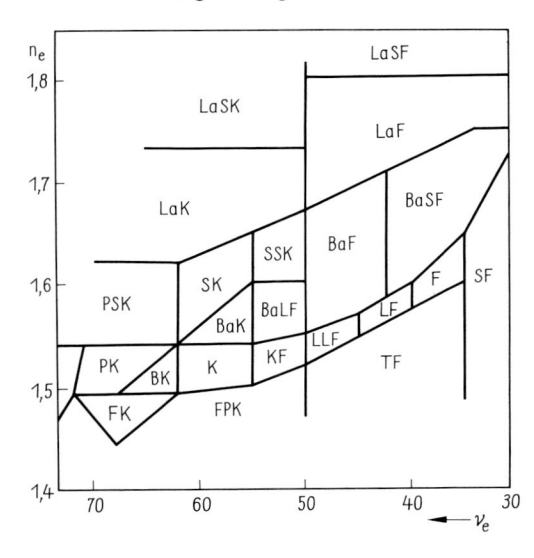

Abb. 2.45a n_e-v_e-Diagramm für optische Gläser

Optische Kristalle. Kristalle sind wertvolle Werkstoffe, die verwendet werden, wenn die optischen Eigenschaften der Gläser deren Einsatz nicht mehr zulassen. In der Natur kommen Kristalle meist nicht in ausreichender Größe und Reinheit vor, deshalb werden sie künstlich gezüchtet. Kristalle haben oftmals extreme optische Eigenschaften, sie können deshalb vorteilhaft in speziellen optischen Systemen mit hoher Bildgüte eingesetzt werden. Flußspat (CaF_2) wird z. B. wegen seiner günstigen Dispersionseigenschaften in Mikroobjektiven verwendet. In den Spektralbereichen, die an das sichtbare Spektrum angrenzen, absorbieren die Gläser bereits stark. Für diese Bereiche werden Kristalle eingesetzt; im Ultravioletten z. B. Flußspat (durchlässig bis 150 nm herab) und Quarz. Bei Bauelementen für die visuelle Beobachtung können doppelbrechende Kristalle schlecht verwendet werden. Deshalb wird Quarz nicht in seiner kristallinen Form, sondern geschmolzen als Kieselglas (auch Quarzglas genannt) benutzt.

Im Infraroten wird vielfach Steinsalz (durchlässig bis 1700 nm) eingesetzt. Lithiumfluorid (LiF) wird sowohl im Ultravioletten als auch im Infraroten verwendet.

Doppelbrechende Kristalle benutzt man in der Polarisationsoptik zur Erzeugung und Untersuchung von polarisiertem Licht.

Optische Plaste. Plaste oder optische Kunststoffe sind synthetische Polymerisationsprodukte. Wenn sie bestimmten physikalischen Anforderungen genügen, z. B. ausreichend transparent, wischfest und temperaturfest sind, kann man sie als optische Werkstoffe verwenden. Besonders geeignet sind u. a. die Duroplaste.

Aus der Literatur sind über 100 optisch brauchbare Plaste bekannt. Wir zeigen in Abb. 2.45b die Lage dieser Plaste im n-ν-Diagramm. Man erkennt, daß sie den Bereich optischer Gläser in Richtung kleiner Brechzahlen und kleiner Abbescher Zahlen erweitern. Wie bei den Gläsern muß versucht werden, Stoffe zu entwickeln, die im n-ν-Diagramm einen größeren Bereich überstreichen.

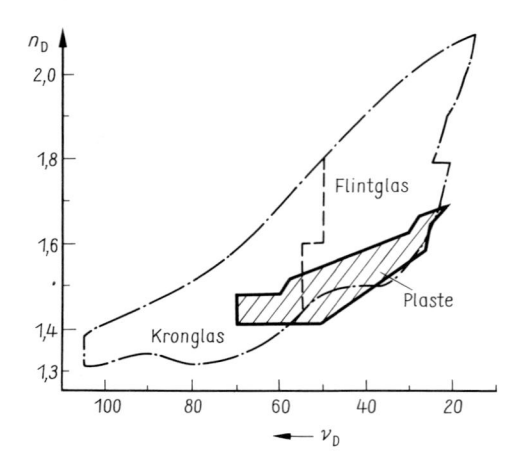

Abb. 2.45b n_D-ν_D-Diagramm mit der Lage der optischen Plaste

Plaste haben gegenüber Glas einige Vorteile; man kann einfache Bearbeitungsmethoden anwenden, und der Materialpreis ist gering. So beträgt bei entsprechend hoher Stückzahl der Preis für eine Plastlinse nur 15% des Preises einer entsprechenden Glaslinse. Plaste haben außerdem eine gute Lichtdurchlässigkeit, eine geringere Schockempfindlichkeit und eine geringere Dichte als Gläser.

Nachteilig sind die etwa zehnfach größere Temperaturabhängigkeit der physikalischen Eigenschaften, besonders der Brechzahl, die relativ geringe Temperaturbeständigkeit und der hohe Wärmeausdehnungskoeffizient.

Auf Grund der teilweise ungünstigen Eigenschaften sind Plaste gegenwärtig für optische Systeme mit hoher Bildgüte ungeeignet. Günstig sind sie in der Beleuchtungsoptik bei nicht zu hohen Temperaturbelastungen und für Bauelemente zur visuellen Anwendung einsetzbar.

In großen Stückzahlen werden bereits Lupen, Prismen, Beleuchtungslinsen, gekrümmte Lichtleiter, Plastfaserbündel und Brillengläser hergestellt. Für Brillengläser wird der besonders widerstandsfähige Duroplast 01 PS verwendet. Auch Fotoobjektive mit einem Öffnungsverhältnis von 1:8 sind bereits entwickelt worden. Plaste werden ferner zur Herstellung von Haftschalen, Küvetten, Arbeitsschutzgläsern und als Speicherstoffe verwendet. Besonders geeignet sind sie als Werkstoff für asphärische Linsen, Fresnel-Linsen und Fresnel-Prismen. Plaste sind kein Ersatz für konventionelle optische Werkstoffe, sondern eine wertvolle Ergänzung.

Infrarottransparente Stoffe. Für optische Bauelemente, die im infraroten Spektralbereich eingesetzt werden, ist eine hohe Transparenz in diesem Gebiet erforderlich. Einzelne optische Gläser eignen sich nur für das nahe Infrarot (ca. bis 3 µm). Umgekehrt absorbieren die Infra-

2.3 Dispersion und Absorption 81

rotstoffe im sichtbaren Gebiet meistens sehr stark, so daß Methoden der Optik, die im sichtbaren Gebiet angewendet werden, für optische Systeme im Infraroten abgewandelt werden müssen (Zentrierung, Prüfung u. a.).

Besondere Bedeutung für die Thermografie und die Wärmebildtechnik haben Spektralbereiche der beiden "optischen Fenster", in denen die Atmosphäre sehr gute Transparenz hat ($\lambda = 3...5\,\mu m$, $\lambda = 8...14\,\mu m$). Wir konzentrieren deshalb die Ausführungen auf Stoffe für diese Spektralbereiche.

Die optischen Kennzahlen, die für Gläser definiert wurden, können auch auf die infrarottransparenten Stoffe angewendet werden (Tab. 2.14). Es ist jedoch üblich, als Abbesche Zah-

Tabelle 2.14 Infrarotdurchlässige Stoffe

Stoff	Brechzahlen bei λ (in μm)							
	3	4	5	ν_4	8	10	12	ν_{10}
MgO	1,6920	1,6684	1,6368	12,1	1,4824			
Al_2O_3	1,7077	1,6752	1,6266	8,3				
$MgOAl_2O_3$ hp	1,698	1,685	1,659	17,6				
LiF	1,36660	1,34942	1,32661	8,7	1,215			
MgF_2	1,3640	1,3526	1,3374	13,3	1,2634			
CaF_2	1,41750	1,40963	1,39908	22,2				
BaF_2	1,4613	1,458	1,4502	41,3	1,426	1,4008		
NaCl	1,52447	1,5219	1,51892	94,0	1,50677	1,49470	1,48180	19,8
KCl	1,47366	1,4720	1,4706	154,2	1,4628	1,4567	1,449	33,1
KBr	1,5365	1,535	1,5341	222,9	1,530	1,5268	1,5215	62,0
CsBr	1,669	1,668	1,667	334,0	1,664	1,6625	1,660	165,6
CsJ	1,744	1,743	1,742	371,5	1,74	1,739	1,737	246,3
KRS 5	2,3857	2,3820	2,3798	234,2	2,3745	2,3707	2,3662	165,1
KRS 6	2,1990	2,1956	2,1928	192,8	2,1839	2,1767	2,1674	71,3
ZnS	2,2572	2,2518	2,2461	112,8	2,2228	2,2002	2,1700	22,7
ZnSe	2,4376	2,4332	2,4295	176,9	2,4173	2,4065	2,3930	57,9
CdS	2,273	2,264	2,259	90,3	2,243	2,226	2,205	32,3
Si	3,4320	3,4255	3,4223	250,1	3,4184	3,4179	3,4173	2198,1
Ge	4,0450	4,0244	4,0151	101,2	4,0053	4,0032	4,0023	1001,0
GaAs	3,3157	3,3062	3,3005	151,7	3,2873	3,2774	3,2653	103,5
IR 11	1,6253							
BS 37A	1,6266	1,6074	1,5826	13,8				
BS 39B	1,6364	1,6181	1,5959	15,3				
CORTRAN 9754	1,644 bei 1,3 μm							
As_2S_3	2,41608	2,41116	2,40725	159,8	2,39403	2,38155	2,36446	46,7
As_2Se_3	2,4882	2,4835	2,4811	208,9	2,4779	2,4767	2,4749	492,2
FSG 919	2,5196	2,5148	2,5119	196,7	2,5034	2,4975	2,4899	110,9
FSG 920	2,8116	2,8040	2,8000	155,5	2,7922	2,7873	2,7817	170,2
FSG 921	2,6251	2,6201	2,6172	205,1	1,6113	2,6070	2,6020	172,8
FSG 922	2,6273	2,6218	2,6182	178,2	2,6096	2,6029	2,5947	107,6
BS 1		2,5120	2,5070		2,4972	2,4914	2,4840	114,7
UKC 28	2,7120	2,7070	2,7026	181,6	2,6940	2,6875	2,6788	111,0
UKC 29	2,6225	2,6178	2,6141	192,6	2,6065	2,6006	2,5934	122,2
UKC 32	3,0072	2,9988	2,9926	136,9	2,9810	2,9731	2,9635	112,8
UKC 34	2,6147	2,6100	2,6067	201,3	2,5995	2,5941	2,5873	130,7

len für die Bereiche der optischen Fenster

$$v_4 = \frac{n_4 - 1}{n_2 - n_5}$$

und

$$v_{10} = \frac{n_{10} - 1}{n_8 - n_{12}}$$

anzugeben (die Indizes beziehen sich auf die Wellenlänge in µm).

Nach [35] kann man die Infrarotstoffe nach ihrer Struktur einteilen in
- Kristalle (Einkristalle, Mischkristalle, polykristalline Stoffe),
- kristalline Halbleiter,
- Gläser (Aluminat-, Germanat-, Chalkogenidgläser),
- Plaste.

Nach der Herstellungstechnologie lassen sie sich gliedern in
- Kristallzucht (aus der Schmelze oder Zonenschmelzverfahren),
- Heißpreßverfahren,
- CVD-Verfahren (chemical vapour deposition, Abscheidung aus der Gasphase),
- Glasschmelze,
- Glasschmelze unter Hochvakuum (Chalkogenidgläser),
- Plastherstellung.

Einkristalle sind z. B. CaF_2 und Thalliumhalogenide (KRS 5, KRS 6). Heißgepreßte polykristalline Stoffe sind z. B. MgF_2, MgO, ZnSe. Sie werden z. B. unter der Firmenbezeichnung IRTRAN angeboten. In neuerer Zeit wird auch der Einsatz von polykristallinem $CaLa_2S_4$ und $SrLa_2S_4$ vorbereitet.

Germanat-, Tellurit- und Aluminatgläser sind im mittleren Infrarot einsetzbar. Sie führen die Firmenbezeichnungen IR 11 (Aluminatglas, ehem. UdSSR), BS 37A, BS 37B (Aluminatglas, GB) und CORTRAN 9754 (Germanatglas, USA).

Chalkogenidgläser stellen amorph erstarrte Schmelzen von Schwefel, Tellur und Selen dar, wobei Elemente der IV., V. oder VII. Gruppe des Periodensystems u. a. zugesetzt sind. Der erste Vertreter dieser Gruppe war das As_2S_3, das z. B. von der Firma Servo Corporation of America als Servofrax vertrieben wird.

Günstige Eigenschaften zeigen die Halbleiter Germanium, Silicium und Galliumarsenid, die sich durch eine große Brechzahl auszeichnen, bei denen aber dadurch auch die Entspiegelung von Linsenoberflächen besondere Bedeutung hat.

Weitere Einzelheiten sind z. B. [35] und [36] zu entnehmen.

Spiegelmetall. Für Oberflächenspiegel und auch für Rückflächenspiegel (Planspiegelplatten, vgl. 5.5.3) werden im allgemeinen Träger aus Glas oder Kieselglas mit Metallschichten überzogen. Dazu können u. a. Aufdampfverfahren oder chemische Verfahren angewendet werden. Zum Schutz der Metallschicht vor atmosphärischen Einflüssen erhalten Oberflächenspiegel oft eine dünne Schicht aus Siliciumdioxid (vgl. 5.3.4), Planspiegelplatten eine dünne Kupferschicht (vor allem bei Silberbelag), die außerdem noch lackiert sein kann.

Die Spiegelmetalle sollen einen großen Reflexionsgrad im gesamten genutzten Wellenlängenbereich aufweisen.

2.3 Dispersion und Absorption

Im sichtbaren Gebiet und im infraroten Gebiet hat Silber einen großen spektralen Reflexionsgrad (Abb. 2.46), im ultravioletten Gebiet allerdings ein Reflexionsminimum. Da Silber an Luft geschwärzt wird (Einfluß von SH_2), sind Schutzschichten erforderlich. Dadurch ist seine Verwendung bei Planspiegelplatten einfacher als bei Oberflächenspiegeln.

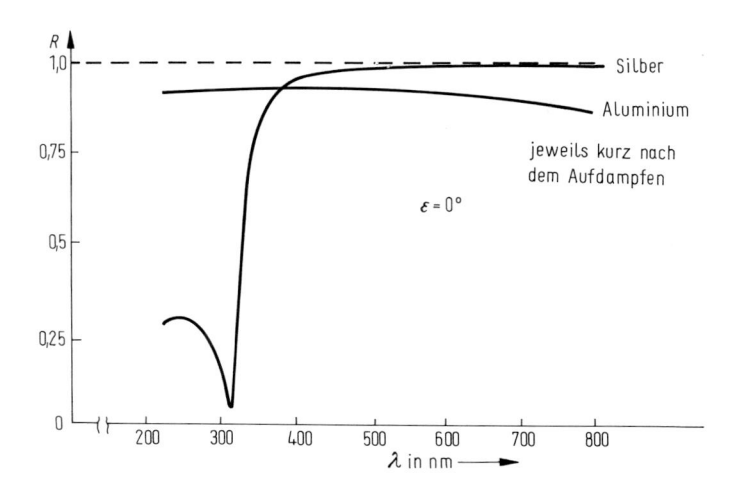

Abb. 2.46 Reflexionsgrad von Silber und Aluminium als Funktion der Wellenlänge

Goldschichten sind sehr beständig gegenüber atmosphärischen Einflüssen. Der spektrale Reflexionsgrad ist besonders im infraroten Spektralbereich hoch und liegt von $\lambda = 0,75\,\mu m$ bis $\lambda = 30\,\mu m$ über 0,99.

Ein universell anwendbares Spiegelmetall ist Aluminium, das zwar nicht ganz die großen spektralen Reflexionsgrade erreicht wie Silber und Gold, aber vom ultravioletten bis zum infraroten Bereich einsetzbar ist (Abb. 2.46). Die nach dem Aufdampfen entstehende Aluminiumoxidschicht schützt die Spiegeloberfläche.

Es sei noch darauf hingewiesen, daß sich Metallschichten nach dem Auftragen allmählich verändern können sowie der Reflexionsgrad und die Absorptionskonstante (Tab. 2.11) vom Auftragverfahren, der Schichtdicke und von Umwelteinflüssen abhängen. Tab. 2.15 enthält einige Beispiele für spektrale Reflexionsgrade von Spiegelmetallen.

Tabelle 2.15 Spektraler Reflexionsgrad von Spiegelmetall (kurz nach dem Aufdampfen, nach [22])

λ in nm	Aluminium	Silber	Gold	Kupfer	Platin
300	0,923	0,176	0,377	0,336	0,576
400	0,924	0,956	0,387	0,475	0,663
500	0,918	0,979	0,477	0,600	0,714
600	0,911	0,986	0,919	0,933	0,752
700	0,897	0,989	0,970	0,975	0,772
800	0,867	0,992	0,980	0,981	0,785
900	0,891	0,993	0,984	0,984	0,805
1000	0,940	0,994	0,986	0,985	0,807
5000	0,984	0,995	0,994	0,964	0,949
10000	0,987	0,995	0,994	0,989	0,962

2.4 Kohärenz

2.4.1 Spontane und induzierte Emission

Energiezustände. Der in diesem Abschnitt zu behandelnde physikalische Begriff "Kohärenz" läßt sich nur verstehen, wenn die elementare Wechselwirkung des Lichtes mit den Stoffen berücksichtigt wird. Deshalb wiederholen wir die aus der Physik bekannten grundsätzlichen Erkenntnisse über die atomaren und molekularen Prozesse, an denen Lichtquanten beteiligt sind.

Die Elektronen eines Atoms können diskrete Energiezustände annehmen (Abb. 2.47a). Der stabile Zustand, der Grundzustand, ist derjenige mit der geringsten Gesamtenergie. Durch Energiezufuhr lassen sich angeregte Zustände erzeugen (Abb. 2.47b). Diese sind im allgemeinen instabil, so daß nach einer gewissen Zeit direkt oder über mögliche Zwischenstufen unter Energieabnahme der Grundzustand wieder erreicht wird (Abb. 2.47c).

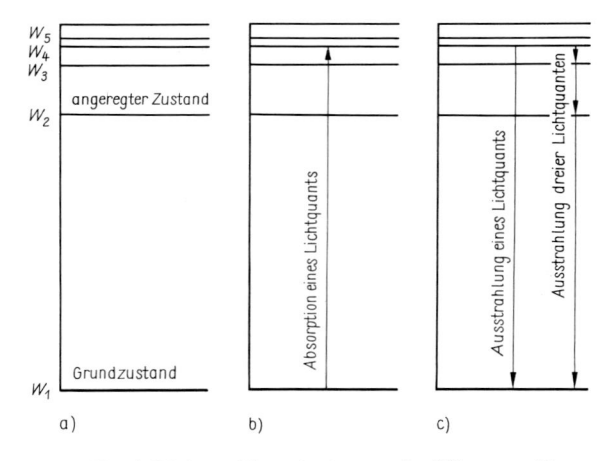

Abb. 2.47 a) Diskrete Energieniveaus des Wasserstoffatoms,
b) Anregung durch Absorption eines Lichtquants,
c) Übergang in den Grundzustand unter Lichtausstrahlung

Wir nehmen an, daß die Energieänderungen mit der Vernichtung oder Erzeugung von Lichtquanten verbunden sind. Zwischen der atomaren Energieänderung $W_2 - W_1$ und der Frequenz v der dem absorbierten oder emittierten Lichtquant zugeordneten Welle besteht der Zusammenhang

$$W_2 - W_1 = hv \qquad (2.95)$$

(Planck-Konstante $h = 6,6262 \cdot 10^{-34} \, \text{W} \cdot \text{s}^2$).

Bei molekularen Systemen sind zusätzlich zu den diskreten Energiezuständen der Elektronen diskrete Energiezustände der Molekülrotation und der Atomschwingungen möglich. Diese

2.4 Kohärenz

Energieniveaus liegen im allgemeinen dichter als die Elektronenniveaus. Die Gl. (2.95) gilt auch für Übergänge zwischen Rotations- und Schwingungsniveaus.

In festen Stoffen gibt es unter anderem Energiebänder, in denen die Energieniveaus sehr eng beieinander liegen. Aus der unterschiedlichen Niveaustruktur resultieren die in 2.3.1 genannten Eigenschaften der Spektren atomarer, molekularer und glühender fester Stoffe, die in Tab. 2.16 zusammengestellt sind.

Wir greifen zwei Niveaus eines atomaren Systems heraus und beschreiben die bei der Wechselwirkung mit einem Quant möglichen Elementarprozesse.

Tabelle 2.16 Niveaus und Spektren von Stoffgruppen

Atomare Stoffe	—	Elektronenniveaus	—	Linienspektren
Molekulare Stoffe	—	Elektronenniveaus Rotationsniveaus Schwingungsniveaus	—	Bandenspektren
glühende feste Stoffe	—	Energiebänder	—	kontinuierliche Spektren

Absorption eines Lichtquants. Wir lassen auf das atomare System Licht auftreffen. Bei der Ausbreitung des Lichtes ist die Erscheinungsform der Lichtwelle wesentlich. Die Lichtwelle enthalte Licht eines bestimmten Frequenzbereiches. Die spektrale Energiedichte $w(v)$ gibt die Energie je Frequenzintervall dv an, die im Zeitmittel in der Volumeneinheit $d\tau$ des Feldes enthalten ist:

$$w(v) = \frac{d^2W}{dv d\tau}, \quad [w] = \frac{W \cdot s^2}{m^3}.$$

Bei der Wechselwirkung des Lichtes mit den Atomen ist die Erscheinungsform der Quantengesamtheit wesentlich. Die spektrale Energiedichte der Lichtwelle ist im Quantenmodell der Anzahl der Quanten des Frequenzintervalls dv je Volumeneinheit proportional.

Enthält die Lichtwelle die Frequenz

$$v = \frac{W_2 - W_1}{h}, \quad W_2 > W_1,$$

also das Licht Quanten der Energie $W = hv$, dann besteht eine gewisse Wahrscheinlichkeit dafür, daß Atome die Energie dieser Quanten aufnehmen. Die Atome werden unter Vernichtung, also Absorption, von Lichtquanten angeregt.

Die Wahrscheinlichkeit für die Absorption eines Lichtquants hängt von der je Volumeneinheit vorhandenen Anzahl an Quanten ab. Für die Übergangswahrscheinlichkeit gilt

$$\ddot{U}_{\text{Absorption}} = w(v) \cdot B_{12}. \tag{2.96}$$

B_{12} ist die Größe, die für den Energieübergang von W_1 nach W_2 in einem konkreten Atom charakteristisch ist und die mit den Methoden der Quantentheorie berechnet werden kann.

> Die Wahrscheinlichkeit für die Absorption eines Lichtquants der Frequenz v unter Erhöhung der atomaren Energie um den Betrag $W_2 - W_1 = hv$ ist der spektralen Energiedichte der Lichtwelle proportional.

Spontane Emission eines Lichtquants. Der angeregte Zustand mit der Energie W_2 ist im allgemeinen instabil. Er wird unter Ausstrahlung eines Lichtquants wieder abgebaut. Bei Abwesenheit eines äußeren Feldes findet der Übergang vom Niveau W_2 zum Niveau W_1 im Einzelatom ausschließlich zufällig, d. h. statistisch, statt.

Für die von äußeren Einflüssen unabhängige Ausstrahlung, die spontane Emission, beträgt die Übergangswahrscheinlichkeit

$$\ddot{U}_{\text{spontan}} = A_{21}. \tag{2.97}$$

A_{21} ist eine Größe, die für den spontanen Übergang von W_2 nach W_1 eines konkreten Atoms charakteristisch ist. Auch A_{21} muß quantentheoretisch berechnet werden.

> Die Wahrscheinlichkeit für die spontane Emission eines Lichtquants der Frequenz v unter Verminderung der atomaren Energie um den Betrag $W_2 - W_1 = h v$ ist unabhängig von einem äußeren Wellenfeld.

Die wahrscheinliche Lebensdauer eines angeregten Zustandes, die Verweilzeit T_{21}, ist der Übergangswahrscheinlichkeit für die spontane Emission umgekehrt proportional. Es ist also

$$T_{21} = \frac{1}{A_{21}}. \tag{2.98}$$

Während der Verweilzeit, also während der wahrscheinlichen Ausstrahlungsdauer, legt die ausgestrahlte Lichtwelle den Weg

$$s_{21} = cT_{21} \tag{2.99}$$

zurück. Die Verweilzeit liegt in der Größenordnung von 10^{-8} s. Für $c = 3 \cdot 10^8$ m·s^{-1} und $T_{21} = 10^{-8}$ s ergibt sich z. B. $s_{21} = 3$ m. Daraus folgt:

> Die aufgrund spontaner Emission strahlenden Lichtquellen senden eine Vielzahl von kurzen Wellenzügen aus, keine unendlich ausgedehnten zusammenhängenden Wellen.

Es gibt auch angeregte Zustände mit einer bezüglich spontaner Emission sehr großen Verweilzeit. Solche Zustände heißen metastabil.

Induzierte Emission eines Lichtquants. Sämtliche Übergänge aus angeregten Niveaus in tiefere Niveaus, experimentell besonders bei Übergängen von metastabilen Niveaus aus beobachtbar, können durch ein äußeres Wellenfeld erzwungen werden. Für diese induzierte Emission beträgt die Übergangswahrscheinlichkeit

$$\ddot{U}_{\text{induziert}} = w(v) \cdot B_{21}. \tag{2.100}$$

B_{21} ist eine Größe, die für den induzierten Übergang von W_2 nach W_1 eines konkreten Atoms charakteristisch ist. B_{21} kann quantentheoretisch berechnet werden..

> Die Wahrscheinlichkeit für die induzierte Emission eines Lichtquants der Frequenz v unter Verminderung der atomaren Energie um den Betrag $W_2 - W_1 = h v$ ist der spektralen Energiedichte der anregenden Welle proportional.

Beziehungen zwischen den Koeffizienten. Thermodynamische Untersuchungen ergeben für den Zustand des Strahlungsgleichgewichts die Aussagen [1] (wir beschränken uns auf nichtentartete Zustände):

2.4 Kohärenz

- Bei der induzierten Emission hat die induzierte Welle dieselbe Ausbreitungsrichtung wie die induzierende Welle.
- Die Wahrscheinlichkeiten für die induzierte Emission und für die Absorption sind gleich:

$$B_{12} = B_{21}. \tag{2.101}$$

- Die Wahrscheinlichkeiten für die spontane und für die induzierte Emission sind einander proportional. Der Proportionalitätsfaktor hängt von der dritten Potenz der Frequenz ab:

$$A_{21} = \frac{8\pi h \nu^3}{c^3} B_{21}. \tag{2.102}$$

Im Bereich so hoher Frequenzen, wie sie im optischen Spektralbereich vorliegen, ist die spontane Emission auch bei der Anregung von induzierter Emission nicht zu vernachlässigen. Sie bewirkt ein zusätzliches Rauschen.

2.4.2 Interferenzanteile der Intensität

Die von den Lichtquellen ausgehenden Lichtwellen überlagern sich im allgemeinen in vielfältiger Weise. An einer Stelle des Raumes, an der das Licht registriert wird, können sich Lichtwellen überlagern, die von verschiedenen Punkten derselben Lichtquelle, von Punkten unterschiedlicher Lichtquellen und zu verschiedenen Zeiten ausgesendet werden.

In speziellen optischen Meßgeräten, den Interferometern, wird die Überlagerung von Lichtwellen gezielt herbeigeführt. Um die Interferenzerscheinungen verstehen zu können, ist es notwendig, das Zusammenwirken von Lichtwellen zu untersuchen.

Die auf spontaner Emission beruhenden Lichtquellen senden kurze Wellenzüge aus. In der drahtlosen Nachrichtentechnik ist es jedoch möglich, durch ständige Energiezufuhr zur ausstrahlenden Antenne eine sehr lange, angenähert sinusförmige Trägerwelle zu erzeugen. Auch mit stabilisierten Lasern sind relativ lange Wellenzüge mit nahezu harmonischen Schwingungen zu realisieren. Wir untersuchen zunächst die Überlagerung von sinusförmigen Wellen. Die Erscheinungen, die sich zusätzlich aus den Verhältnissen bei der Lichtausstrahlung ergeben, werden wir anschließend darstellen.

Überlagerung ebener periodischer Wellen. In komplexer Darstellung lautet die Gleichung der elektrischen Feldstärke für eine ebene periodische Welle nach Gl. (2.6)

$$E_k = a_k e^{\frac{2\pi j}{\lambda}(rs_k - ct)}. \tag{2.103}$$

Die Überlagerung mehrerer Wellen erfordert die vektorielle Addition der Einzelfeldstärken

$$E = \sum_k E_k = \sum_k a_k e^{\frac{2\pi j}{\lambda}(rs_k - ct)}. \tag{2.104}$$

Gleiche Ausbreitungsrichtung bedeutet gleiche Einheitsvektoren s_k, so daß

$$E = e^{\frac{2\pi j}{\lambda}(rs - ct)} \sum_k a_k$$

gilt. Der Faktor

$$a = \sum_k a_k \qquad (2.105)$$

ist die komplexe Amplitude der Summenwelle, also ist

$$E = a e^{\frac{2\pi j}{\lambda}(rs - ct)}$$

> Die Überlagerung ebener monochromatischer Wellen gleicher Ausbreitungsrichtung ergibt eine Welle gleicher Frequenz und Ausbreitungsrichtung, deren komplexe Amplitude die Summe der komplexen Einzelamplituden ist.

Jeder Amplitudenvektor kann in zwei senkrecht aufeinander stehende Komponenten a_{k1} und a_{k2} zerlegt werden, so daß

$$a = \sum_k (a_{k1} + a_{k2}) = \sum_k a_{k1} + \sum_k a_{k2} \qquad (2.106)$$

wird. Die Intensität einer ebenen Welle beträgt nach Gl. (2.15)

$$I = \frac{\varepsilon_r \varepsilon_0 c}{2} a a^*.$$

Wir setzen Gl. (2.106) ein:

$$I = \frac{\varepsilon_r \varepsilon_0 c}{2} \left(\sum_k a_{k1} + \sum_k a_{k2} \right) \left(\sum_k a_{k1}^* + \sum_k a_{k2}^* \right).$$

Weil $\sum a_{k1}$ und $\sum a_{k2}$ senkrecht aufeinander stehende Vektoren sind, deren skalares Produkt verschwindet, ist

$$I = \frac{\varepsilon_r \varepsilon_0 c}{2} \left(\sum_k a_{k1}^* a_{k1} + \sum_k a_{k2}^* a_{k2} \right). \qquad (2.107)$$

> Die Intensitäten senkrecht zueinander schwingender Wellen überlagern sich additiv. Es genügt, die Interferenz linear polarisierter Wellen zu untersuchen.

(Von diesem Ergebnis wurde bereits bei der Behandlung der Polarisationsarten in 2.1.2 Gebrauch gemacht.)

Wir gehen bei den weiteren Überlegungen von

$$I = \frac{\varepsilon_r \varepsilon_0 c}{2} \sum_k a_k \sum_k a_k^* \qquad (2.108)$$

aus. Wir erinnern daran, daß die komplexe Amplitude durch $a_k = A_k e^{j\delta_k}$ gegeben ist. Aus der Gl. (2.108) folgt, wie im allgemeinen die Interferenzerscheinungen zu behandeln sind:

– Die Beträge der Teilamplituden A_k sind aus den Daten der Interferenzanordnung zu berechnen.
– Die Phasen der Teilwellen δ_k ergeben sich aus den Lichtwegen in der Interferenzanordnung unter Berücksichtigung von Phasensprüngen.
– Die komplexen Teilamplituden a_k sind zu addieren.
– Die Intensität folgt aus Gl. (2.108).

2.4 Kohärenz

Wir gehen zur reellen Schreibweise über, indem wir die komplexen Amplituden in Gl. (2.108) einsetzen:

$$I = \frac{\varepsilon_r \varepsilon_0 c}{2} \sum_k A_k e^{j\delta_k} \sum_k A_k e^{-j\delta_k}.$$

Wir formen um in

$$I = \frac{\varepsilon_r \varepsilon_0 c}{2} \left\{ \sum_k A_k^2 + \sum_{i<k} \left[A_i A_k e^{j(\delta_i - \delta_k)} + A_k A_i e^{j(\delta_k - \delta_i)} \right] \right\}$$

oder

$$I = \frac{\varepsilon_r \varepsilon_0 c}{2} \left\{ \sum_k A_k^2 + \sum_{i<k} A_i A_k \left[e^{j(\delta_i - \delta_k)} + e^{-j(\delta_i - \delta_k)} \right] \right\}.$$

Mit den Abkürzungen

$$\delta_i - \delta_k = \delta_{ik} \quad \text{und} \quad \exp(j\delta_{ik}) + \exp(-j\delta_{ik}) = 2\cos\delta_{ik}$$

erhalten wir

$$I = \frac{\varepsilon_r \varepsilon_0 c}{2} \left[\sum_k A_k^2 + 2 \sum_{i<k} A_i A_k \cos\delta_{ik} \right]. \tag{2.109}$$

Wir können den Faktor $(\varepsilon_r \varepsilon_0 c)/2$ auch in die Summen hineinnehmen, wobei

$$I = \sum_k I_k + 2 \sum_{i<k} \sqrt{I_i I_k} \cos\delta_{ik} \tag{2.110}$$

entsteht. Der Anteil $2 \sum_{i<k} \sqrt{I_i I_k} \cos\delta_{ik}$ in Gl. (2.110) tritt auf, weil die Wellen miteinander in Wechselwirkung treten, d. h., weil sie interferieren. Er wird deshalb Interferenzanteil der Intensität genannt.

> Die Intensität der durch Interferenz entstehenden Welle setzt sich additiv aus den Einzelintensitäten und aus dem Interferenzanteil der Intensität zusammen.

Für zwei Wellen vereinfacht sich Gl. (2.110) zu

$$I = I_1 + I_2 + 2\sqrt{I_1 I_2} \cos\delta_{12}. \tag{2.111a}$$

Die Interferenz zweier Wellen gleicher Intensität ($I_1 = I_2 = I_0$) ergibt die Intensität

$$I = 2 I_0 (1 + \cos\delta_{12}). \tag{2.111b}$$

Für $\cos\delta_{12} = 1$ erhalten wir die maximale Intensität $I_{\text{Max}} = 4 I_0$; für $\cos\delta_{12} = -1$ erhalten wir die minimale Intensität $I_{\text{Min}} = 0$.

Wellen unterschiedlicher Ausbreitungsrichtung. Für zwei Wellen gleicher Schwingungsrichtung, aber unterschiedlicher Ausbreitungsrichtung gilt entsprechend Gl. (2.104) für die elektrische Feldstärke

$$E = E_1 + E_2 = \left[a_1 e^{\frac{2\pi j}{\lambda}(rs_1)} + a_2 e^{\frac{2\pi j}{\lambda}(rs_2)} \right] e^{\frac{2\pi j c t}{\lambda}}. \tag{2.112}$$

Für die Berechnung der Intensität ist der Ausdruck $\frac{1}{2}\langle(E+E^*)^2\rangle$ zu bilden. Da die Summanden, die $\exp\left(\frac{4\pi j}{\lambda}ct\right)$ als Faktor enthalten, im Zeitmittel verschwinden, bleibt nur

$$a_1 a_1^* + a_2 a_2^* + a_1 a_2^* e^{\frac{2\pi j}{\lambda}(rs_1 - rs_2)} + a_1^* a_2 e^{-\frac{2\pi j}{\lambda}(rs_1 - rs_2)} \tag{2.113}$$

übrig. Wegen

$$a_1^* a_2 e^{-\frac{2\pi j}{\lambda}(rs_1 - rs_2)} = \left[a_1 a_2^* e^{\frac{2\pi j}{\lambda}(rs_1 - rs_2)}\right]^*$$

ergibt sich

$$\frac{1}{2}\langle(E+E^*)^2\rangle = a_1 a_1^* + a_2 a_2^* + 2\,\mathrm{Re}\left[a_1 a_2^* e^{\frac{2\pi j}{\lambda}r(s_1 - s_2)}\right]. \tag{2.114}$$

Mit $a_1 = A_1 e^{j\delta_1}$, $a_2 = A_2 e^{j\delta_2}$, $\delta_{12} = \delta_1 - \delta_2$ folgt für die Intensität

$$I = \frac{\varepsilon_r \varepsilon_0 c}{2}\left\{A_1^2 + A_2^2 + 2A_1 A_2 \cos\left[\frac{2\pi}{\lambda}r(s_1 - s_2) + \delta_{12}\right]\right\}. \tag{2.115}$$

Für $s_1 = s_2$ geht die Gl. (2.115) in die Gl. (2.111a) über. Bei $A_1 = A_2$ und $I_1 = I_2 = I_0$ ist

$$I = 2I_0\left\{1 + \cos\left[\frac{2\pi}{\lambda}r(s_1 - s_2) + \delta_{12}\right]\right\}. \tag{2.116}$$

Wir führen den Winkel α zwischen den Richtungen s_1 und s_2 sowie den Winkel β zwischen r und der Winkelhalbierenden zwischen s_1 und s_2 ein (Abb. 2.48). Es gilt dann

$$rs_1 = r \cdot \cos\left(\beta - \frac{\alpha}{2}\right), \quad rs_2 = r \cdot \cos\left(\beta + \frac{\alpha}{2}\right)$$

und

$$I = I_1 + I_2 + 2\sqrt{I_1 I_2}\cos\left(\frac{4\pi r}{\lambda}\sin\beta \cdot \sin\frac{\alpha}{2} + \delta_{12}\right) \tag{2.117a}$$

bzw. bei $I_1 = I_2 = I_0$

$$I = 2I_0\left[1 + \cos\left(\frac{4\pi r}{\lambda}\sin\beta \cdot \sin\frac{\alpha}{2} + \delta_{12}\right)\right]. \tag{2.117b}$$

Für Punkte auf der Winkelhalbierenden zwischen s_1 und s_2 ist $\beta = 0$, und die Intensität hängt längs der Winkelhalbierenden in der gleichen Weise vom Ort ab wie bei gleicher Ausbreitungsrichtung der Wellen.

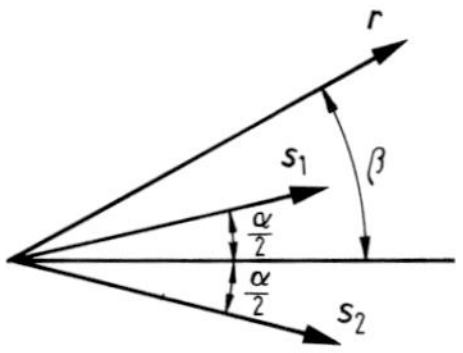

Abb. 2.48 Vektoren und Winkel bei zwei Wellen unterschiedlicher Ausbreitungsrichtung

2.4 Kohärenz

Stehende Wellen. Für $\alpha = 180°$ (entgegengesetzte Ausbreitungsrichtungen der Wellen) und $\beta = 90°$ (*r* längs der Ausbreitungsrichtung) ist

$$I = 2I_0\left[1 + \cos\left(\frac{4\pi r}{\lambda} + \delta_{12}\right)\right].\tag{2.118a}$$

Bei $\delta_{12} = 0$ gilt

$$I = 2I_0\left(1 + \cos\frac{4\pi r}{\lambda}\right) = 4I_0 \cos^2\frac{2\pi r}{\lambda}.\tag{2.118b}$$

Es entsteht eine stehende Welle, bei der die Schwingungsknoten ($I = 0$) bei $r = (2k+1)\lambda/4$ ($k = 0, 1, 2, \ldots$) liegen (Abb. 2.49a links).

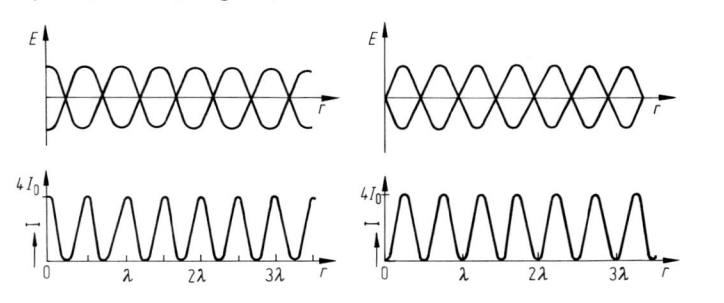

Abb. 2.49a Betrag der elektrischen Feldstärke und Intensität in einer stehenden Welle (links $\delta_{12} = 0$, rechts $\delta_{12} = \pi$)

Abb. 2.49b Interferenz von senkrecht verlaufenden Wellen

Bei $\delta_{12} = \pi$ gilt

$$I = 2I_0\left(1 - \cos\frac{4\pi r}{\lambda}\right) = 4I_0 \sin^2\frac{2\pi r}{\lambda}.\tag{2.118c}$$

Es entsteht eine stehende Welle, bei der die Schwingungsknoten bei $r = k\lambda/2$ ($k = 0, 1, 2, \ldots$) liegen (Abb. 2.49a rechts). Dieser Fall tritt bei der Reflexion einer Welle an einem optisch dichteren Stoff ein (Phasensprung π).

Für $\alpha = 90°$ (senkrecht zueinander verlaufenden Wellen) und $\delta_{12} = 0$ ist

$$I = 2I_0\left[1 + \cos\left(\frac{2\sqrt{2}\,\pi r}{\lambda}\sin\beta\right)\right].\tag{2.119}$$

Auf der Winkelhalbierenden ($\beta = 0$) ist $I = 4I_0$. Auf ihr liegen die Maxima. Parallel dazu liegen die weiteren Maxima, jeweils in Ausbreitungsrichtung um λ entfernt. Senkrecht zu den Interferenzmaxima beträgt deren Abstand $\sqrt{2}\,\lambda/2$ (Abb. 2.49b; Orte der Maxima gestrichelt).

Für beliebige Schwingungsrichtungen in beiden Wellen müssen zunächst die Feldstärken aufgeteilt werden in zwei senkrecht aufeinander stehende Komponenten (E_s senkrecht, E_p parallel zur Ebene, die s_1 und s_2 aufspannen). Mit dem Azimut ψ ergibt sich $E_p = E \cos\psi$, $E_s = E \sin\psi$ (Abb. 2.19b). Die senkrecht schwingenden Komponenten sind nach Gl. (2.117a) zu behandeln. Die Intensität beträgt

$$I_s = I_1 \sin^2\psi_1 + I_2 \sin^2\psi_2 + 2\sqrt{I_1 I_2}\sin\psi_1 \cdot \sin\psi_2 \cos\left[\frac{4\pi r}{\lambda}\sin\beta \cdot \sin\frac{\alpha}{2} + \delta_{12}\right].\tag{2.120a}$$

Für die parallel schwingenden Komponenten ist zu beachten, daß sie nicht gleichgerichtet sind. Es gilt $E_{p1}E_{p2}^* = E_{p1}E_{p2}^* \cos \alpha$ und damit

$$I_p = I_1 \cos^2 \psi_1 + I_2 \cos^2 \psi_2 + 2\sqrt{I_1 I_2} \cos \psi_1 \cdot \cos \psi_2 \, \cos \alpha \cdot \cos\left[\frac{4\pi r}{\lambda}\sin\beta \cdot \sin\frac{\alpha}{2} + \delta_{12}\right]. \tag{2.120b}$$

Die Gesamtintensität beträgt $I = I_s + I_p$ oder

$$I = I_1 + I_2 + 2\sqrt{I_1 I_2}\left[\sqrt{\sin\psi_1 \cdot \sin\psi_2} + \sqrt{\cos\psi_1 \cdot \cos\psi_2} \, \cos\alpha\right] \cos\left[\frac{4\pi r}{\lambda}\sin\beta \cdot \sin\frac{\alpha}{2} + \delta_{12}\right]. \tag{2.121}$$

Die abgeleiteten Gleichungen für die Interferenz zweier Wellen ungleicher Ausbreitungsrichtung gelten für Empfänger, die nur auf die elektrische Feldenergie ansprechen. Sonst müßte der Beitrag der magnetischen Feldstärke zur Intensität berücksichtigt werden, weil die Energie des elektromagnetischen Feldes der Welle je zur Hälfte im elektrischen und magnetischen Feld vorhanden ist.

Wegen $H_p = H \sin \psi$, $H_s = H \cos \psi$ gelten die Gl. (2.120a, b) für die magnetische Feldstärke, wenn $\sin \psi_2$ durch $\cos \psi_2$ ersetzt wird. Die Gesamtintensität I_{E+H} ergibt sich dann aus

$$I_{E+H} = I_1 + I_2 + 2\sqrt{I_1 I_2}\left[\sqrt{\sin\psi_1 \cdot \sin\psi_2} + \sqrt{\cos\psi_1 \cdot \cos\psi_2}\right] \cos^2\frac{\alpha}{2} \cdot \cos\left[\frac{4\pi r}{\lambda}\sin\beta \cdot \sin\frac{\alpha}{2} + \delta_{12}\right].$$

Für die beiden Spezialfälle $\psi_1 = \psi_2 = 90°$ und $\psi_1 = \psi_2 = 0°$ sowie $I_1 = I_2 = I_0$ wird

$$I_{E+H} = 2I_0\left[1 + \cos^2\frac{\alpha}{2} \cdot \cos\left(\frac{4\pi r}{\lambda}\sin\beta \cdot \sin\frac{\alpha}{2} + \delta_{12}\right)\right].$$

Für $\alpha = 0$ erhalten wir die gleiche Bedingung wie bei der Ableitung mit dem Poyntingvektor. Für $\alpha = 180°$ erhalten wir $I_{E+H} = 2I_0$, weil bei der stehenden Welle an den Orten der Schwingungsknoten von E die Schwingungsbäuche von H liegen.

Die Registrierung der stationären Interferenzmaxima und -minima durch Wien bei stehenden Wellen beweist deshalb die Gültigkeit unserer Ableitung auf der Basis der elektrischen Feldstärke, die zu den Gl. (2.118b, c) führte. Auch die Gl. (2.119), aus der die Lage der Maxima bei $\alpha = 90°$ folgt, wurde von Wien bestätigt. Schließlich konnte für $I_1 = I_2 = I_0$, $\alpha = 90°$ auch gezeigt werden, daß bei $\psi_1 = \psi_2 = 90°$ die Intensität I_s aus Gl. (2.119) folgt und $I_p = 0$ ist und daß bei $\psi_1 = \psi_2 = 0°$ für die Intensitäten $I_s = 0$, $I_p = 2I_0$ gilt (siehe [37]).

Inkohärentes Licht verschiedener Lichtquellen. Wir berücksichtigen, daß die spontan strahlenden Lichtquellen kurze Wellenzüge aussenden. Beim Einzelatom ist der Zeitpunkt des Energieübergangs unbestimmt, es handelt sich um einen statistischen Vorgang.

Beleuchten wir eine Stelle des Raumes mit zwei verschiedenen Lichtquellen, dann überlagern sich über die Beobachtungszeit hinweg viele kurze Wellenzüge mit statistisch verteilten Phasendifferenzen. Weil die Beobachtungszeit bzw. die Zeitkonstante der Strahlungsempfänger groß gegenüber der Verweilzeit ist, registrieren wir den Zeitmittelwert der Intensität nach Gl. (2.110):

$$\langle I \rangle = \sum_k \langle I_k \rangle + 2\sum_{i<k}\left\langle \sqrt{I_i I_k} \, \cos \delta_{ik} \right\rangle.$$

Bei konstanten Einzelamplituden ist

$$\langle I \rangle = \sum_k I_k + 2\sum_{i<k}\sqrt{I_i I_k} \, \left\langle \cos \delta_{ik} \right\rangle.$$

2.4 Kohärenz

Der Zeitmittelwert von $\cos \delta_{ik}$ verschwindet, wenn alle Werte δ_{ik} über viele Perioden hinweg gleich wahrscheinlich sind. Es gilt also für die beobachtbare Intensität

$$\langle I \rangle = \sum_k I_k.$$

Die Intensität ist gleich der Summe der Einzelintensitäten, wie sie sich ohne Interferenz ergibt. Es gilt also:

> Bei der Überlagerung von Wellenzügen mit statistisch verteilten Phasendifferenzen verschwindet der Interferenzanteil der Intensität. Das Licht erscheint dem Beobachter als nicht interferenzfähig; es wird inkohärent genannt.

2.4.3 Zeitliche Kohärenz bei spontaner Emission

Modell der abgebrochenen Sinuswelle. Wir gehen davon aus, daß eine spontan strahlende Lichtquelle kurze, statistisch voneinander unabhängige Wellenzüge aussendet. Einen dieser Wellenzüge untersuchen wir hinsichtlich seiner spektralen Zusammensetzung. Da uns die genaue Form der Welle unbekannt ist, legen wir zunächst den Modellfall einer abgebrochenen sinusförmigen Welle zugrunde. Diese leitet zur Zeit t_1 an einem festen Ort sprungartig eine sinusförmige Schwingung ein, die zur Zeit t_2 plötzlich wieder abbricht. Die Schwingung wird durch die Funktion

$$E(t) = \begin{cases} A_0 e^{2\pi j \nu_0 t} & \text{für } -\frac{\Delta t}{2} \leq t \leq \frac{\Delta t}{2}, \\ 0 & \text{sonst} \end{cases} \qquad (2.122)$$

beschrieben. Es handelt sich um eine nichtperiodische Funktion, deren spektrale Zerlegung mit dem Fourier-Integral auf ein Spektrum führt, das in einem bestimmten Frequenzintervall kontinuierlich ist.

Die Funktion (2.122) kann als Fourier-Integral

$$E(t) = \int_{-\infty}^{\infty} a(\nu) \cdot e^{2\pi j \nu t} d\nu \qquad (2.123)$$

dargestellt werden. Die Funktion $a(\nu)$ ist die Spektraldichte. Diese gibt an, mit welcher Amplitude die sinusförmige Welle der Frequenz ν in die Summe der unendlich vielen sinusförmigen Wellen eingehen muß, damit die Funktion $E(t)$ nachgebildet wird.

Die Umkehrung des Integrals (2.123) mit der Fourier-Transformation lautet

$$a(\nu) = \int_{-\infty}^{\infty} E(t) \cdot e^{-2\pi j \nu t} dt. \qquad (2.124)$$

Wir setzen $E(t)$ nach Gl. (2.122) in Gl. (2.124) ein und erhalten

$$a(\nu) = A_0 \int_{-\frac{\Delta t}{2}}^{\frac{\Delta t}{2}} e^{2\pi j (\nu_0 - \nu)t} dt. \qquad (2.125)$$

Die Ausrechnung des Integrals ergibt

$$a(v) = \frac{A_0}{2\pi j(v_0 - v)} \left[e^{j\pi(v_0 - v)\Delta t} - e^{-j\pi(v_0 - v)\Delta t} \right]. \tag{2.126}$$

Mit der Abkürzung

$$\eta = \pi(v_0 - v)\Delta t \tag{2.127}$$

führt die Anwendung der Eulerschen Formel auf

$$a(v) = A_0 \Delta t \frac{\sin \eta}{\eta}. \tag{2.128}$$

Das Hauptmaximum der Funktion $a(v)$ liegt bei $\eta = 0$, $v = v_0$ vor und hat wegen $\lim_{\eta \to 0}(\sin \eta / \eta) = 1$ den Wert $a(v_0) = A_0 \Delta t$.

Die auf die Spektraldichte bei $v = v_0$ normierte Spektraldichte

$$\frac{a(v)}{a(v_0)} = \frac{\sin \eta}{\eta} \tag{2.129}$$

ist in Abb. 2.50 grafisch dargestellt. Die ersten Nullstellen beiderseits des Hauptmaximums ergeben sich aus $\eta = \pm \pi$, also nach Gl. (2.127) für

$$(v_0 - v_\pi)\Delta t = \pm 1. \tag{2.130}$$

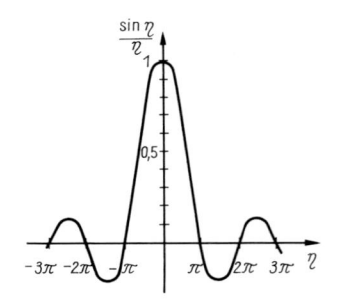

Abb. 2.50 Spektraldichte der zeitlich begrenzten sinusförmigen Schwingung

Die Größe

$$2(v_0 - v_\pi) = 2\Delta v \tag{2.131}$$

bestimmt wesentlich die spektrale Bandbreite des "abgehackten" Wellenzuges, weil die Spektraldichte außerhalb des Intervalls $-\pi \leq \eta \leq \pi$ sehr klein ist. Es gilt also nach Gl. (2.130) für die halbe Bandbreite

$$\Delta v \Delta t = 1. \tag{2.132}$$

> Eine Welle endlicher Länge erzeugt eine Schwingung, in deren spektraler Zerlegung eine Frequenz mit maximaler Amplitude und weitere Frequenzen mit geringeren Amplituden enthalten sind.
> Die halbe spektrale Bandbreite Δv und die Zeit Δt, während der die Schwingung andauert, sind umgekehrt proportional.

2.4 Kohärenz

Eine Welle endlicher Länge ist quasimonochromatisch. Die Zeitdauer Δt der Schwingung ist mit der Länge Δl des angeregten Wellenzuges durch $\Delta l = c\Delta t$ verknüpft. Mit Gl. (2.132) erhalten wir

$$\Delta v \, \Delta l = c. \tag{2.133}$$

Je länger ein Wellenzug ist, desto kleiner ist die Bandbreite. Nur eine unendlich ausgedehnte Welle wäre monochromatisch.

Wenn Δv klein ist, kann es durch Differenzieren von $v = c/\lambda$, wobei sich

$$dv = -\frac{c}{\lambda^2} d\lambda \tag{2.134}$$

ergibt, auf das Wellenlängenintervall $\Delta \lambda$ umgerechnet werden. (Das Minuszeichen lassen wir weg, weil nur der Betrag von Bedeutung ist.)

Aus Gl. (2.133) folgt mit Gl. (2.134)

$$\Delta \lambda \, \Delta l = \lambda^2. \tag{2.135}$$

Die Gleichungen (2.132), (2.133) und (2.135) sind gleichwertig.

Die Wellenzüge, die leuchtende Gase aussenden, werden hinsichtlich ihrer Amplitudenverteilung durch verschiedene physikalische Einflüsse bestimmt.

Natürliche Breite der Spektrallinien. Bei sehr tiefer Temperatur und geringem Gasdruck kommt die Breite der Spektrallinien fast ausschließlich durch die endliche Dauer der Lichtausstrahlung zustande. Diese natürliche Breite der Spektrallinien ist einer gedämpften Welle zugeordnet. Die Intensität in einer Spektrallinie, als Funktion der Wellenlänge dargestellt, hat deshalb die Form einer Resonanzkurve (Abb. 2.51a). Die Breite der Spektrallinie wird durch die Halbwertsbreite beschrieben.

Die Halbwertsbreite $\Delta \lambda_{0,5}$ ist das Doppelte des Wellenlängenintervalls, in dem die Intensität vom Maximalwert auf den halben Maximalwert abnimmt (Abb. 2.51b).

Die Halbwertsbreite liegt bei natürlicher Dämpfung in der Größenordnung $\Delta \lambda_{0,5} = 10^{-5}$ nm.

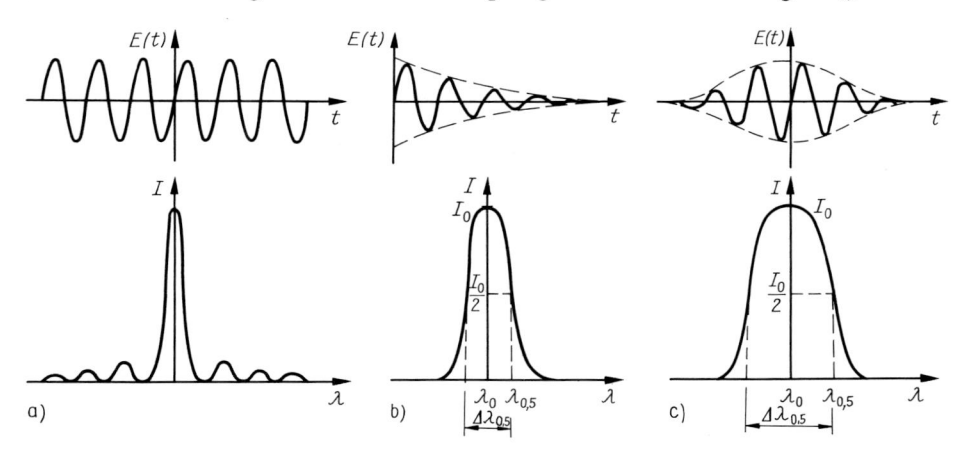

Abb. 2.51 a) Modell des zeitlich begrenzten Wellenzuges und die zugeordnete Form der Spektrallinie, b) Modell der Welle und der Spektrallinie für natürliche Dämpfung, c) Modell der Welle und der Spektrallinie für Doppler-Dämpfung

Doppler-Breite der Spektrallinien. Bei den in den Experimenten normalerweise vorkommenden Drücken und Temperaturen ist die natürliche Linienbreite im allgemeinen klein gegenüber den anderen Einflüssen auf die spektrale Breite.

Interferometrische Messungen mit herkömmlichen Lichtquellen erfordern, daß das leuchtende Gas unter einem geringen Druck steht ($p < 200$ Pa) und mit niedrigen Stromdichten angeregt wird. Die Linienbreite wird dann bei normalen Temperaturen wesentlich durch den infolge der Molekularbewegung auftretenden Doppler-Effekt bestimmt.

Jedes strahlende Atom stellt eine relativ zum Beobachter bewegte Lichtquelle dar, so daß eine Frequenzänderung durch den Doppler-Effekt entsteht. Die Doppler-Breite hängt von der mittleren Geschwindigkeit der strahlenden Atome ab und kann im Rahmen der kinetischen Gastheorie berechnet werden [2].

Für die Halbwertsbreite durch Doppler-Effekt gilt

$$\Delta\lambda_{0,5} = 7{,}1623 \cdot 10^{-7} \lambda_0 \sqrt{\frac{T}{A_r}} \qquad (2.136)$$

(λ_0 Wellenlänge des Maximums, T absolute Temperatur, A_r relative Atommasse gegenüber Kohlenstoff mit $A_r = 12$).

Bis zur Wellenlänge $\lambda_0 + \Delta\lambda_{0,5}$ sinkt die Intensität auf 5% des Maximalwertes.

Die Intensität hängt von der Wellenlänge in Form einer Gauß-Funktion ab (Abb. 2.51c). Die modellmäßig zugeordnete Welle zeigt einen Verlauf der Amplitude, die ebenfalls einer Gauß-Funktion entspricht (Abb. 2.51c).

Für die rote Cd-Linie ist z. B. $\lambda_0 = 643{,}9$ nm und $A = 112{,}4$. Bei $T = 573$ K beträgt die Halbwertsbreite durch Doppler-Effekt $\Delta\lambda_{0,5} = 1{,}041 \cdot 10^{-3}$ nm.

Stoßdämpfung. Bei hoher Temperatur und hohem Druck ist die Molekularbewegung so groß, daß in starkem Maße Ausstrahlungsvorgänge bei Zusammenstößen der Atome unterbrochen werden. Im Moment des Stoßes übernimmt ein zweites Atom einen Teil der Anregungsenergie, wobei sich seine kinetische Energie erhöht. Die ausgestrahlte Welle wird verkürzt und damit die spektrale Breite der Linie vergrößert.

Für die Halbwertsbreite durch Stoßdämpfung gilt (ρ Dichte des Gases in kg $\cdot$ m^{-3}, a_A Atomradius in m)

$$\Delta\lambda_{0,5} = 4{,}9568 \cdot 10^{29} a_A^2 \rho \sqrt{\frac{T}{A_r^3}}. \qquad (2.137)$$

Bei sehr hohem Druck kann die spektrale Breite durch Stoßdämpfung so groß sein, daß das Spektrum durch die Überlappung von Linien einen kontinuierlichen Untergrund enthält.

Elektrische Felder und weitere äußere Einflüsse können zusätzlich auf die Breite der Spektrallinien einwirken (z. B. der Stark-Effekt). Außerdem erlauben die Gl. (2.136) und (2.137) nur die Abschätzung der Einzeleffekte.

Teilung der Amplitude oder der Wellenfront. Wir wollen nun jeden einzelnen der Wellenzüge endlicher Länge in zwei Wellenzüge aufspalten und beide Anteile wieder so zusammenführen, daß sie sich überlagern. Dazu gibt es zwei Prinzipien, die wir an zwei Beispielen erläutern.

Im Interferometer von Mach-Zehnder werden die Wellenzüge an einer teildurchlässigen Schicht aufgespalten (Abb. 2.52). Die Amplituden der Teilwellen sind kleiner als die Ausgangsamplitude, weshalb man von der Teilung der Amplitude spricht.

Nach dem Durchlaufen unterschiedlicher Lichtwege, wodurch eine Phasendifferenz ent-

2.4 Kohärenz

steht, werden die Teilbündel an einer teildurchlässigen Schicht vereinigt. Jedes aus einer Welle stammende Teilbündelpaar hat während der gesamten Überdeckungszeit konstante Phasendifferenz. Diese ist für alle Teilbündelpaare gleich und nur durch die Geometrie der Interferenzanordnung bestimmt.

Da sich zwei Teilwellen ausreichend überdecken müssen, wenn sie miteinander interferieren sollen, muß der optische Wegunterschied kleiner als die optische Länge eines Wellenzuges sein. Der maximal zulässige optische Wegunterschied ist die Kohärenzlänge.

Die Länge der Wellenzüge hängt gesetzmäßig mit der spektralen Bandbreite zusammen, so daß bei festem optischen Wegunterschied die Bandbreite begrenzt sein muß.

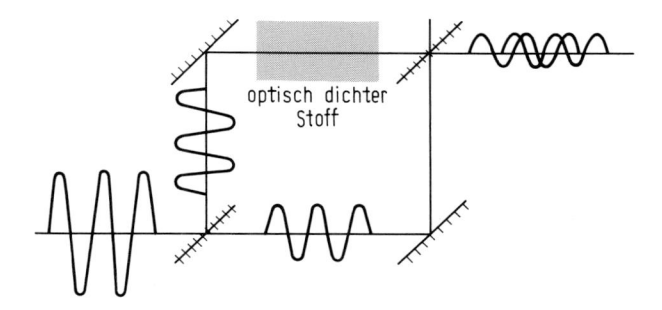

Abb. 2.52 Interferenz im Mach-Zehnder-Interferometer (Teilung der Amplitude)

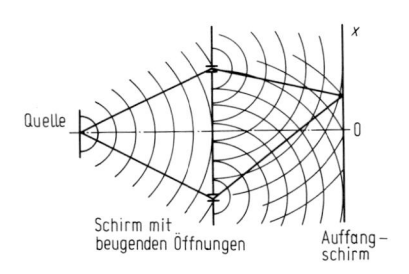

Abb. 2.53 Interferenz im Youngschen Interferometer (Teilung der Wellenfront)

Im Youngschen Interferometer (Abb. 2.53) werden durch Spalte oder Löcher aus den Wellenzügen schmale Ausschnitte ausgeblendet. Deshalb spricht man auch von der Teilung der Wellenfront.

Die Wiedervereinigung der Teilbündel wird durch die Beugung des Lichtes hervorgerufen. Jeder Punkt der feinen Öffnungen sendet nach dem Huygensschen Prinzip Kugelwellen in den gesamten dahinter liegenden Halbraum aus, in dem sie miteinander interferieren. Wir fassen zusammen:

> Ein Wellenzug kann mit sich selbst interferieren, wenn entweder seine Amplitude oder seine Wellenfront geteilt wird. Die Intensität hängt von der Phasendifferenz zwischen den interferierenden Teilbündeln ab. Diese entsteht durch den optischen Wegunterschied und durch Phasensprünge an reflektierenden Flächen.
> Die äquivalente Wegdifferenz darf nicht größer sein als die Kohärenzlänge. Diese ist der Halbwertsbreite der Spektrallinie umgekehrt proportional.

Intensität beim Youngschen Interferometer. Wir stellen uns die Aufgabe, die beim Youngschen Interferometer meßbare Intensität zu berechnen. Ein Punkt der Lichtquelle strahle quasimonochromatisches Licht aus. Die zugehörige Intensität ist in Abb. 2.54 schematisch dargestellt. Die in einem Punkt des Schirmes interferierenden Teilwellen mit der Phasendifferenz δ_{12} ergeben nach Gl. (2.111a) die Intensität

$$I_{12} = I_1 + I_2 + 2\sqrt{I_1 I_2} \cos \delta_{12}.$$

In der Umgebung von $x = 0$ können wir annehmen, daß

$$I_1 = I_2 \tag{2.138}$$

ist. Es gilt also

$$I_{12} = 2I_1(1 + \cos \delta_{12}). \tag{2.139}$$

In Abb. 2.55 ist die Funktion $I(\delta)$ grafisch dargestellt. Die zu den verschiedenen Wellenlängen, also zu verschiedenen δ_{12} gehörenden Wellenanteile interferieren nicht miteinander, ihre Intensitäten sind zu summieren. Es ist mit $I_\delta = (\mathrm{d}I_1)/(\mathrm{d}\delta_{12})$ (Abb. 2.56)

$$I_{12}\mathrm{d}\delta_{12} = 2I_\delta(1 + \cos \delta_{12})\,\mathrm{d}\delta_{12} \tag{2.140}$$

und

$$I = \int_{\delta_1}^{\delta_2} 2I_\delta(1 + \cos \delta_{12})\,\mathrm{d}\delta_{12}. \tag{2.141}$$

Wir setzen

$$2I_\delta = f(\delta_{12}), \quad \delta_{12} = \delta_0 + \delta, \quad \mathrm{d}\delta_{12} = \mathrm{d}\delta$$

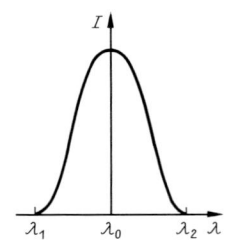

Abb. 2.54 Intensitätsverteilung für quasimonochromatisches Licht (schematisch)

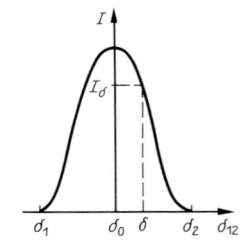

Abb. 2.55 Darstellung der spektralen Intensitätsverteilung über der Phasendifferenz

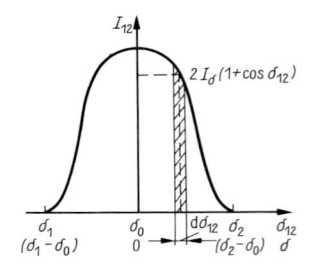

Abb. 2.56 Zur Summation über die Interferenzanteile der Intensität und Koordinatentransformation

2.4 Kohärenz

und erhalten

$$I = \int_{\delta_1-\delta_0}^{\delta_2-\delta_0} f(\delta_0 + \delta)\left[1 + \cos(\delta_0 + \delta)\right] d\delta. \tag{2.142}$$

Anwenden der Additionstheoreme ergibt

$$I = \int_{\delta_1-\delta_0}^{\delta_2-\delta_0} f(\delta_0 + \delta) d\delta + \cos\delta_0 \int_{\delta_1-\delta_0}^{\delta_2-\delta_0} f(\delta_0 + \delta)\cos\delta \cdot d\delta - \sin\delta_0 \int_{\delta_1-\delta_0}^{\delta_2-\delta_0} f(\delta_0 + \delta)\sin\delta \cdot d\delta. \tag{2.143}$$

Häufig ist die Funktion $f(\delta_0 + \delta)$ symmetrisch, und das Integral über $f(\delta_0 + \delta)\sin\delta$ verschwindet ($\sin\delta$ ist unsymmetrisch).

Die Gl. (2.143) geht über in

$$I = \int_{-(\delta_2-\delta_0)}^{\delta_2-\delta_0} f(\delta_0 + \delta) d\delta + \cos\delta_0 \int_{-(\delta_2-\delta_0)}^{\delta_2-\delta_0} f(\delta_0 + \delta)\cos\delta \cdot d\delta$$

oder

$$I = 2\int_0^{\delta_2-\delta_0} f(\delta_0 + \delta) d\delta + 2\cos\delta_0 \int_0^{\delta_2-\delta_0} f(\delta_0 + \delta)\cos\delta \cdot d\delta. \tag{2.144}$$

Die Gl. (2.144) gilt allgemein für die Intensität, die bei der Interferenz von Lichtwellen entsteht, in denen eine Phasendifferenz δ_0 mit maximaler Intensität und eine symmetrisch dazu liegende Verteilung der Phasendifferenzen δ vorliegt.

Modell der "kastenförmigen Spektrallinie". Wir wenden die Gl. (2.144) auf einen einfachen Modellfall an. Die Intensität sei im Intervall $\delta_0 \leq \delta \leq \delta_2$ konstant und gleich $f_0(\delta_2 - \delta_0)$ (Abb. 2.57). Es gilt

$$I = 2f_0 \int_0^{\delta_2-\delta_0} d\delta + 2f_0 \cos\delta_0 \int_0^{\delta_2-\delta_0} \cos\delta \cdot d\delta. \tag{2.145}$$

Ausrechnen der Integrale ergibt

$$I = 2f_0\left[\delta_2 - \delta_0 + \cos\delta_0 \cdot \sin(\delta_2 - \delta_0)\right] \tag{2.146}$$

oder mit $(\delta_2 - \delta_0)f_0 = I_0$

$$I = 2I_0\left[1 + \cos\delta_0 \frac{\sin(\delta_2 - \delta_0)}{\delta_2 - \delta_0}\right]. \tag{2.147}$$

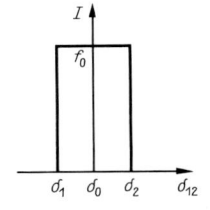

Abb. 2.57 Modell der "kastenförmigen" Spektrallinie

Die Intensitätsverteilung (Abb. 2.57) soll im folgenden ausschließlich durch die zeitlich begrenzte Ausstrahlungsdauer bestimmt sein. Sie stellt dann das Modell der Intensität in einer Spektrallinie dar. Wir berechnen mit Gl. (2.147) die Interferenzintensität im Youngschen Interferometer, die durch das Licht, das von einem Punkt der Quelle ausgeht, auf dem Schirm hervorgerufen wird. Aus

$$\delta = (2\pi \Delta L)/\lambda$$

folgt bei konstanter optischer Weglängendifferenz ΔL für jede Stelle des Schirms

$$\delta_0 = \frac{2\pi}{\lambda_0} \Delta L, \quad d\delta = -\frac{2\pi \Delta L}{\lambda_0^2} d\lambda. \tag{2.148a, b}$$

Für "schmale" Spektrallinien kann näherungsweise

$$\delta_2 - \delta_0 = \Delta\delta = -\frac{2\pi \Delta L}{\lambda_0^2} \Delta\lambda \tag{2.149}$$

gesetzt werden. Mit Gl. (2.148a) und Gl. (2.149) folgt aus Gl. (2.147)

$$I = 2I_0 \left[1 + \cos\left(\frac{2\pi}{\lambda_0} \Delta L\right) \frac{\sin\left(\frac{2\pi \Delta L}{\lambda_0^2} \Delta\lambda\right)}{\frac{2\pi \Delta L}{\lambda_0^2} \Delta\lambda} \right]. \tag{2.150}$$

Die optische Wegdifferenz ΔL ist an den einzelnen Stellen des Schirms verschieden. Für kleine Werte $\Delta\lambda$, die wir voraussetzten, bestimmt der Faktor

$$\cos\left(\frac{2\pi}{\lambda_0} \Delta L\right)$$

die Lage der Intensitätsmaxima und -minima. Es gilt:

Für $\Delta L = k\lambda_0$, $k = 0, 1, 2, \ldots$,

ist $\cos\left(\frac{2\pi}{\lambda_0} \Delta L\right) = 1$

und

$$I_{\text{Max}} = 2I_0 \left[1 + \frac{\sin\left(\frac{2\pi \Delta L}{\lambda_0^2} \Delta\lambda\right)}{\frac{2\pi \Delta L}{\lambda_0^2} \Delta\lambda} \right].$$

Für $\Delta L = \left(k + \frac{1}{2}\right)\lambda_0$, $k = 0, 1, 2, \ldots$,

ist $\cos\left(\frac{2\pi}{\lambda_0} \Delta L\right) = -1$

und

$$I_{\text{Min}} = 2I_0 \left[1 - \frac{\sin\left(\frac{2\pi \Delta L}{\lambda_0^2} \Delta\lambda\right)}{\frac{2\pi \Delta L}{\lambda_0^2} \Delta\lambda} \right].$$

(2.151a, b)

Für die Sichtbarkeit der Interferenzlinien ist der Intensitätsunterschied zwischen den Maxima und den Minima wesentlich.

| Der auf die Summe aus der maximalen und der minimalen Intensität normierte Intensitätsunterschied zwischen den Maxima und Minima wird Kontrast genannt.

2.4 Kohärenz

Formelmäßig gilt also für den Kontrast

$$K = \frac{I_{\text{Max}} - I_{\text{Min}}}{I_{\text{Max}} + I_{\text{Min}}}. \tag{2.152}$$

Für unseren Modellfall beträgt der Interferenzkontrast mit Gl. (2.151a, b)

$$K = \frac{\sin\left(\frac{2\pi\Delta L}{\lambda_0^2}\Delta\lambda\right)}{\frac{2\pi\Delta L}{\lambda_0^2}\Delta\lambda}. \tag{2.153}$$

Ein bestimmter Mindestkontrast ist erforderlich, damit ein Empfänger das Interferenzbild auflöst. Wir legen als Erfahrungswert für visuell gute Sichtbarkeit den Mindestkontrast

$$K = 0{,}2$$

zugrunde. Durch Auflösen der transzendenten Gleichung (2.153) folgt

$$\frac{2\pi\Delta L}{\lambda_0^2}\Delta\lambda = 2{,}65 \tag{2.154}$$

oder

$$2\Delta L\,\Delta\lambda = 0{,}84\,\lambda_0^2. \tag{2.155}$$

Bei vorgegebener voller Breite $2\Delta\lambda$ der "Modellspektrallinie" ist die maximal zulässige optische Weglänge ΔL, also die Kohärenzlänge, begrenzt. Das Interferenzbild kann deshalb nur in einem Bereich des Schirms beobachtet werden, der in der durch Gl. (2.155) bestimmten Umgebung der Stelle mit $\Delta L = 0$ liegt (Abb. 2.58).

> Die spektrale Breite einer Spektrallinie ist für einen festen Punkt der Lichtquelle mit dem zeitlichen Verlauf der Lichtausstrahlung und -ausbreitung gekoppelt. Deshalb sprechen wir bei Vorliegen einer bestimmten Kohärenzlänge von zeitlicher Kohärenz.

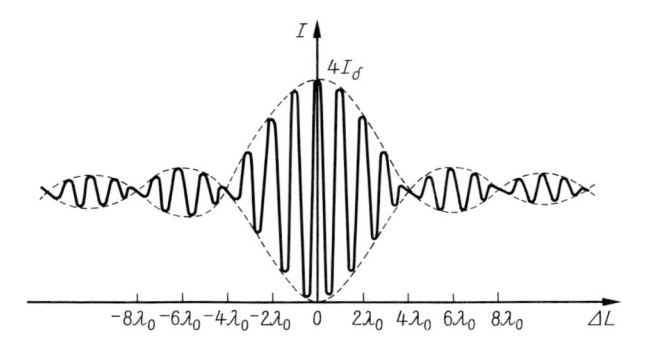

Abb. 2.58 Interferenzbild im Youngschen Interferometer (linienförmige Lichtquelle, quasimonochromatisches Licht mit "kastenförmiger" Intensitätsverteilung)

Die prinzipielle Struktur der Gl. (2.155) bleibt erhalten, wenn konkrete Spektrallinien betrachtet werden, bei denen die Funktion $f(\delta_0 + \delta)$ im wesentlichen symmetrisch ist. Es ergibt sich aber ein anderer Zahlenfaktor als 0,84, und für $2\Delta\lambda$ ist $\Delta\lambda_{0,5}$ einzusetzen. Es gilt z. B.

für natürliche Dämpfung $\quad \Delta L \Delta\lambda_{0,5} = 0{,}52\, \lambda_0^2,$ (2.156)

für Doppler-Dämpfung $\quad \Delta L \Delta\lambda_{0,5} = 0{,}68\, \lambda_0^2.$ (2.157)

Für quasimonochromatisch strahlende Lichtquellen gilt bei Normaltemperatur der Erfahrungswert

$$\Delta L \Delta\lambda_{0,5} \approx \lambda_0^2. \qquad (2.158)$$

Mit dem Faktor 1 ist der Einfluß der verschiedenen Erscheinungen, die die Breite der Spektrallinien beeinflussen, näherungsweise erfaßt.

2.4.4 Räumliche Kohärenz bei spontaner Emission

Wir legen weiterhin das Youngsche Interferometer zugrunde (Abb. 2.59). Während wir in 2.4.3 einen Punkt der Lichtquelle herausgriffen, der quasimonochromatisches Licht aussendet, betrachten wir jetzt den Einfluß der räumlichen Ausdehnung der Lichtquelle auf den Kontrast im Interferenzbild. Hinsichtlich der zeitlichen Kohärenz beschränken wir uns hier auf den Grenzfall des monochromatischen Lichtes.

Das Licht, das nahezu zur gleichen Zeit vom gleichen Punkt der Lichtquelle ausgestrahlt wird, ist kohärent. Licht, das von verschiedenen Punkten der Lichtquelle stammt, ist inkohärent. Auf dem Auffangschirm überlagern sich kohärente und inkohärente Wellen.

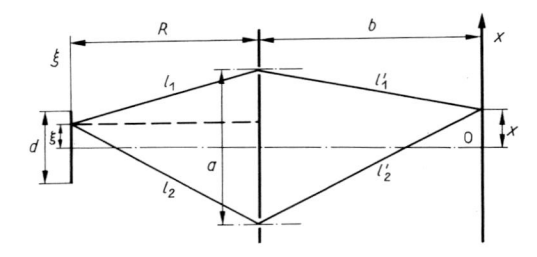

Abb. 2.59 Größen am Youngschen Interferometer bei ausgedehnter Lichtquelle

Die Lichtquelle sei senkrecht zur Zeichenebene sehr lang, ihre Breite sei d. Sie beleuchte zwei schmale Spalte gleicher Breite, die ebenfalls senkrecht zur Zeichenebene sehr lang sind. Die Lichtquelle liege symmetrisch zur Mittelsenkrechten auf der Spaltebene. Die Spalte soll wie in 2.4.3 so schmal sein, daß zwischen zwei Randstrahlen ein gegenüber der halben Wellenlänge sehr kleiner Wegunterschied besteht.

2.4 Kohärenz

Die Abstände Lichtquelle – Spaltebene und Spaltebene – Auffangschirm werden sehr groß gegenüber der Lichtquellenbreite und dem Spaltabstand vorausgesetzt. Es gilt also

$$R \gg a, \quad R \gg d, \quad b \gg a \quad \text{und} \quad b \gg x. \tag{2.159}$$

Infolge Beugung strahlen die Spalte in den gesamten Halbraum hinter der Spaltebene (entsprechend dem Huygensschen Prinzip). Die Annahme einer streifenförmigen Lichtquelle bedingt, daß die Intensität und die Phasendifferenz nur von einer Koordinate abhängen. Dadurch sind die Gleichungen (2.143) und (2.144) unmittelbar anwendbar.

Berechnung der Phasendifferenz. Der optische Wegunterschied zwischen zwei Strahlen, die durch verschiedene Spalte gehen und in demselben Punkt der Lichtquelle beginnen, beträgt (Abb. 2.59)

$$\Delta L = n(l_2 + l'_2 - l_1 - l'_1) \tag{2.160}$$

oder

$$\Delta L = n(l_2 - l_1) + n(l'_2 - l'_1). \tag{2.161}$$

Nach dem Pythagoreischen Lehrsatz ist

$$l_1^2 = \left(\frac{a}{2} - \xi\right)^2 + R^2 = \frac{a^2}{4} - a\xi + \xi^2 + R^2$$

und

$$l_2^2 = \left(\frac{a}{2} + \xi\right)^2 + R^2 = \frac{a^2}{4} + a\xi + \xi^2 + R^2.$$

Subtraktion ergibt

$$l_2^2 - l_1^2 = (l_2 - l_1)(l_2 + l_1) = 2a\xi. \tag{2.162}$$

Wir können wegen Gl. (2.159) angenähert $l_1 + l_2 = 2R$ setzen und erhalten

$$l_2 - l_1 = \frac{a}{R}\xi. \tag{2.163}$$

Entsprechend finden wir

$$l'_2 - l'_1 = \frac{a}{b}x. \tag{2.164}$$

Insgesamt beträgt nach den Gleichungen (2.161), (2.163) und (2.164) der optische Wegunterschied

$$\Delta L = na\left(\frac{\xi}{R} + \frac{x}{b}\right). \tag{2.165}$$

Die zugeordnete Phasendifferenz erhalten wir aus $\delta = 2\pi\Delta L/\lambda_0$ mit $\lambda_0/n = \lambda$:

$$\delta = \frac{2\pi a}{\lambda}\left(\frac{\xi}{R} + \frac{x}{b}\right). \tag{2.166}$$

Für Licht, das von der Mitte der Lichtquelle ausgeht ($\xi = 0$), beträgt die Phasendifferenz

$$\delta_0 = \frac{2\pi ax}{\lambda b}. \tag{2.167}$$

Für Licht, das von einem Randpunkt der Lichtquelle ausgeht ($\xi = d/2$), beträgt die Phasendifferenz

$$\delta_2 = \frac{2\pi a}{\lambda}\left(\frac{d}{2R} + \frac{x}{b}\right). \tag{2.168}$$

Es ist also

$$\delta_2 - \delta_0 = \frac{\pi a d}{\lambda R}. \tag{2.169}$$

Diskussion der Intensitätsverteilung. Strahlt die Lichtquelle mit konstanter Intensität über die gesamte Breite hinweg, dann können wir die Gl. (2.147) übernehmen. Wir erhalten auf dem Schirm die Interferenzintensität

$$I = 2I_0\left[1 + \cos\delta_0 \frac{\sin(\delta_2 - \delta_0)}{\delta_2 - \delta_0}\right].$$

Wir diskutieren diese Gleichung.

Linienförmige Lichtquelle. Wegen $d = 0$ ist

$$\delta_2 - \delta_0 = 0 \quad \text{und} \quad \lim_{d\to 0}\frac{\sin(\delta_2 - \delta_0)}{\delta_2 - \delta_0} = 1,$$

also

$$I = 2I_0(1 + \cos\delta_0). \tag{2.170}$$

Die Maxima haben den Betrag $I = 4I_0$ und liegen wegen $\cos\delta_0 = 1$ bei

$$x = \pm\frac{kb\lambda}{a}, \quad k = 0, 1, 2, \ldots \tag{2.171}$$

Für $\cos\delta_0 = -1$ verschwindet die Intensität. Die Nullstellen liegen bei

$$x = \pm\left(k + \frac{1}{2}\right)\frac{b\lambda}{a}, \quad k = 0, 1, 2, \ldots \tag{2.172}$$

Die Intensität hängt kosinusförmig vom Ort ab (Abb. 2.60a). Das Interferenzbild besteht aus Streifen mit dem Kontrast $K = 1$.

Ausgedehnte Lichtquelle. Bei $d \neq 0$ vermindert der Faktor $[\sin(\delta_2 - \delta_0)]/(\delta_2 - \delta_0)$ die Intensität in den Maxima und erhöht sie in den Minima. Der Faktor

$$\gamma = \frac{\sin(\delta_2 - \delta_0)}{\delta_2 - \delta_0} \tag{2.173}$$

ist ein Maß dafür, wie groß der kohärente Teil ist. Wir nennen $|\gamma|$ den Kohärenzgrad.
Die Intensität in den Maxima bzw. Minima beträgt

$$I_{\text{Max}} = 2I_0(1 + \gamma) \quad \text{und} \quad I_{\text{Min}} = 2I_0(1 - \gamma). \tag{2.174a, b}$$

Der Kontrast im Interferenzbild ergibt sich nach Gl. (2.152) zu

$$K = \gamma. \tag{2.175}$$

| Der Betrag des Kontrastes im Interferenzbild ist dem Kohärenzgrad $|\gamma|$ gleich.

2.4 Kohärenz

Der Kohärenzgrad für vier Werte von $\delta_2 - \delta_0$ ist in Tab. 2.17 eingetragen. Die dazugehörigen Intensitätsverteilungen sind in Abb. 2.60a bis 2.60d grafisch dargestellt.

Negativer Kontrast bedeutet eine Kontrastumkehr. Dort, wo bei positivem Kontrast die Maxima liegen, befinden sich bei negativem Kontrast die Minima und umgekehrt.

Tabelle 2.17 Kohärenzgrad in Abhängigkeit von der Lichtquellenbreite

$\delta_2 - \delta_0$	d	K	$|\gamma|$	Bemerkungen
0	0	1	1	linienförmige Lichtquelle
$\frac{\pi}{2}$	$\frac{\lambda R}{2a}$	$\frac{2}{\pi} \approx 0{,}63$	0,63	verminderter Kontrast
π	$\frac{\lambda R}{a}$	0	0	kein beobachtbares Interferenzbild
$\frac{3\pi}{2}$	$\frac{3\lambda R}{2a}$	$-\frac{2}{3\pi} \approx -0{,}21$	0,21	negativer Kontrast (Kontrastumkehr)

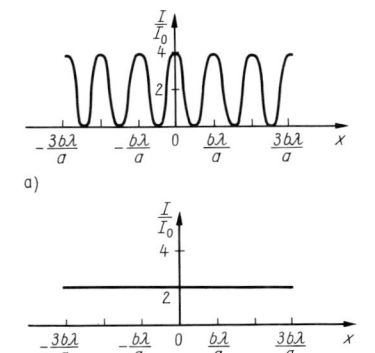

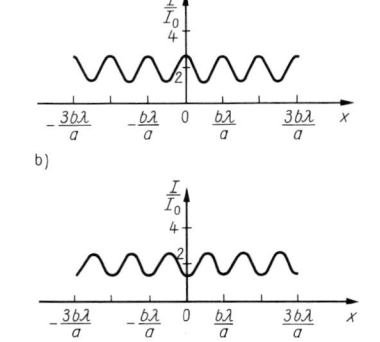

Abb. 2.60 Interferenzintensität
a) linienförmige monochromatische Lichtquelle, b) ausgedehnte Lichtquelle,
c) verschwindender Interferenzkontrast, d) Kontrastumkehr

Kohärenzbedingung. Die Interferenzlinien sind nur bei einem ausreichenden Kontrast gut sichtbar. Geben wir z. B. den Mindestkontrast $K = 0{,}2$ vor, dann muß nach Gl. (2.154)

$$\delta_2 - \delta_0 = 2{,}65$$

sein. Zusammen mit Gl. (2.169) folgt daraus

$$\frac{ad}{\lambda R} = 0{,}84. \tag{2.176}$$

Wir führen den halben Öffnungswinkel der Beleuchtung u entsprechend Abb. 2.61 durch $a/R = 2\tan u$ ein und erhalten

$$d \tan u = 0{,}42\,\lambda. \tag{2.177}$$

Bei kleinem Öffnungswinkel können wir $\tan u \approx \sin u = A$ setzen. Die Größe A ist die numerische Apertur der Beleuchtung. Es gilt

$$Ad = 0{,}42\,\lambda. \tag{2.178}$$

Für ausreichenden Kontrast ist damit die Forderung ($0{,}42 \approx 0{,}5$ gesetzt)

$$Ad \ll \frac{\lambda}{2} \tag{2.179}$$

als Kriterium zur Abschätzung der zulässigen Lichtquellengröße anzusehen. Die Gl. (2.179) heißt Kohärenzbedingung.

| Das Produkt aus der Beleuchtungsapertur A und der Lichtquellenbreite d muß sehr klein gegen $\lambda/2$ sein.

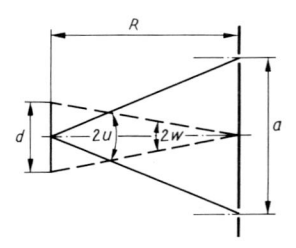

Abb. 2.61 Zur Ableitung der Kohärenzbedingung

Bei einer im Unendlichen liegenden Quelle ist die Kohärenzbedingung (2.179) nicht anwendbar. In diesem Fall ist die Lichtquellengröße durch die scheinbare Größe $2w$ zu beschreiben (Abb. 2.61). Es ist $d/R = 2\tan w$ und

$$a \tan w = 0{,}42\,\lambda. \tag{2.180}$$

Die Kohärenzbedingung nimmt die Form

$$wa \ll \frac{\lambda}{2} \tag{2.181}$$

an.

| Das Produkt aus der halben scheinbaren Größe w der Lichtquelle und der für die Abmessung der Interferenzanordnung charakteristischen Größe a muß sehr klein gegen $\lambda/2$ sein.

Es zeigt sich also, daß es Bereiche der Lichtquelle gibt, innerhalb deren das ausgestrahlte Licht als ausreichend kohärent angesehen werden kann.

Für $|\gamma| = 0$ liegt inkohärentes Licht vor,

für $|\gamma| = 1$ ist das Licht kohärent,

für $0 < |\gamma| < 1$ wird von partiell-kohärentem Licht gesprochen.

Die Erscheinung, daß für die Erzeugung von Interferenzen eine bestimmte Ausdehnung der Lichtquelle zulässig ist bzw. daß zwei Punkten des Wellenfeldes ein Kohärenzgrad zugeordnet werden kann, heißt räumliche Kohärenz.

2.4 Kohärenz

Inkohärenz des Lichtes kann entsprechend unseren Ausführungen in 2.4.2 bis 2.4.4 drei physikalisch unterschiedliche Ursachen haben.

– Über die Beobachtungszeit hinweg überlagern sich viele Wellenzüge mit statistisch verteilten Phasendifferenzen zwischen den einer Wellenlänge zugeordneten Anteilen (unterschiedliche Lichtquellen oder Lichtquellenpunkte ohne Teilung der Amplitude oder der Wellenfront).
– Die überlagerten Wellen haben eine zu große spektrale Breite, d. h., die Wellen sind zeitlich inkohärent (zu kurze Wellenzüge).
– Die überlagerten Wellen haben eine zu große Variationsbreite der optischen Weglänge, d. h., die Wellen sind räumlich inkohärent (zu weit entfernte Lichtquellenpunkte sind an der Beleuchtung beteiligt).

Kohärenzfunktion und komplexer Kohärenzgrad. Die Interferenz mit partiell-kohärentem Licht im Youngschen Interferometer läßt sich allgemeiner darstellen. Ein Lichtquellenelement $L_i(\xi, \eta)$ erzeugt in zwei Punkten des beugenden Schirms die komplexen Amplituden $a_{i1} = A_{i1} \exp(j\alpha_{i1})$ und $a_{i2} = A_{i2} \exp(j\alpha_{i2})$. Bis zum Aufpunkt ändern sich die komplexen Amplituden auf $a_{i1} \exp(j\delta_{i1})$ bzw. $a_{i2} \exp(j\delta_{i2})$, wobei keine Veränderung des Betrages der Amplituden angenommen wird.

Die Interferenz der beiden kohärenten Teilbündel ergibt die komplexe Amplitude

$$a_i = a_{i1} e^{j\delta_{i1}} + a_{i2} e^{j\delta_{i2}}.$$

Es ist $I_i \sim a_i a_i^*$, und die von den verschiedenen Punkten der Lichtquelle ausgehenden Intensitätsanteile sind zu summieren. Das ergibt für einen festen Aufpunkt

$$I = I_1 + I_2 + 2\operatorname{Re}[\Gamma_{12}(\delta_{12})] \tag{2.182a}$$

$(\delta_{12} = \delta_{i1} - \delta_{i2})$ mit

$$\Gamma_{12}(\delta_{12}) = \frac{\varepsilon c}{2} e^{j\delta_{12}} \sum_i a_{i1} a_{i2}^*. \tag{2.182b}$$

Die Größe $\Gamma_{12}(\delta_{12})$ nennen wir Kohärenzfunktion. Diese kann mittels

$$\gamma_{12}(\delta_{12}) = \frac{\Gamma_{12}(\delta_{12})}{\sqrt{I_1 I_2}}$$

normiert werden.

Die normierte Kohärenzfunktion für $\delta_{12} = 0$ ist der komplexe Kohärenzgrad $\gamma_{12}(0)$, dessen Betrag $|\gamma_{12}(0)|$ den von uns bereits eingeführten Kohärenzgrad darstellt. Die Intensität läßt sich damit als

$$I = I_1 + I_2 + 2\sqrt{I_1 I_2}\, |\gamma_{12}(0)| \cos(\delta_{12} + \alpha_{12}) \tag{2.183}$$

schreiben. Für die symmetrisch vor den beugenden Öffnungen liegende Lichtquelle wird $\alpha_{12} = 0$. Wir kommen zur Gl. (2.111a) zurück, mit dem Unterschied, daß der Kohärenzgrad berücksichtigt ist.

Führt man in der Ebene des Schirms für die beiden beugenden Öffnungen die Koordinaten x_1, y_1 bzw. x_2, y_2 ein und setzt zur Abkürzung

$$\nu = \frac{x_1 - x_2}{R}, \quad \mu = \frac{y_1 - y_2}{R}, \quad \psi = \frac{2\pi}{\lambda} \frac{x_1^2 + y_1^2 - (x_2^2 + y_2^2)}{2R},$$

dann kann man für die kontinuierlich ausgedehnte Lichtquelle den normierten komplexen Kohärenzgrad aus

$$\gamma_0(v,\mu) = e^{j\psi} \frac{\iint I(\xi,\eta) e^{-2\pi j(\xi v + \eta \mu)} d\xi d\eta}{\iint I(\xi,\eta) d\xi d\eta} \tag{2.184}$$

berechnen.

Der normierte Kohärenzgrad ist bis auf einen Faktor gleich der Fourier-Transformierten der Intensität in der Lichtquellenebene.

Für beugende Öffnungen mit dem Abstand a, die symmetrisch zur Mittelsenkrechten auf der Lichtquelle liegen, ist $x_1 = -x_2$, $y_1 = -y_2$, $\psi = 0$, $x_1 - x_2 = y_1 - y_2 = a$ zu setzen. Mit

$$v = \frac{\pi a d}{\lambda R} \tag{2.185}$$

gilt für die spaltförmige Quelle konstanter Intensität (d Breite des Spaltes)

$$\gamma_0\left(\frac{a}{\lambda R}\right) = \frac{\sin v}{v}. \tag{2.186}$$

Die erste Nullstelle liegt bei $v = \pi$, so daß für das Kohärenzintervall

$$d \ll \frac{\lambda R}{a}$$

gilt, wie es den Gleichungen (2.173) und (2.169) entspricht.

Für die kreisförmige Quelle (d Durchmesser der Quelle) geben wir ohne Beweis das Ergebnis

$$\gamma_0\left(\frac{a}{\lambda R}\right) = \frac{2 J_1(v)}{v} \tag{2.187}$$

an. (J_1 ist eine Zylinderfunktion.) Die erste Nullstelle liegt bei $v = 3,81$, für das Kohärenzintervall gilt

$$d \ll 1,22 \frac{\lambda R}{a}. \tag{2.188}$$

2.4.5 Kohärenz bei induzierter Emission

Ein Laser ist eine Lichtquelle, die auf der Basis der induzierten Emission arbeitet. Das kommt bereits im Namen zum Ausdruck, denn Laser ist eine Kurzform von engl. "*L*ight *a*mplification by *s*timulated *e*mission of *r*adiation". Vor der Entwicklung von Lichtquellen mit induzierter Emission gab es bereits Quellen für Mikrowellen, die nach diesem Prinzip arbeiten (Maser). Die Maser wurden nahezu gleichzeitig (1954) in der UdSSR von Basow und Prochorow, in den USA von Gordon, Townes und Zeiger erfunden.

Die erste Veröffentlichung über einen Laser stammt von Maiman (1960).

Bevor wir das grundlegende Arbeitsprinzip der Laser darstellen, erläutern wir die Unterschiede zwischen dem Licht, das durch Laser erzeugt wird, und dem Licht, das von spontan strahlenden Lichtquellen ausgeht.

1. Das Licht, das ein Laser ausstrahlt, hat unter bestimmten Bedingungen gegenüber dem Licht, das spontan strahlende Lichtquellen aussenden, eine geringere spektrale Bandbreite.

Nach den Ausführungen in 2.4.3 bedeutet das einen höheren Grad an zeitlicher Kohärenz, also eine größere Kohärenzlänge. Während beispielsweise eine bestimmte Quecksilberlinie unter günstigen Bedingungen die Kohärenzlänge $\Delta L \approx 0,6$ m hat, wird bei einem Helium-Neon-Gaslaser $\Delta L \approx 15000$ m erreicht. Stabilisierte Helium-Neon-Gaslaser ermöglichen noch größere Kohärenzlängen. Die theoretische Grenze, die aber praktisch nicht verwirklicht werden kann, liegt bei $\Delta L = 1,5 \cdot 10^8$ m.

2. Das Licht eines Lasers breitet sich vorwiegend in eine Richtung aus. Die Austrittsöffnung eines Lasers sendet unter bestimmten Anregungsbedingungen räumlich kohärente Wellen aus. Die Abb. 2.62 und 2.63 stellen die Lichtausstrahlung bei einer spontan strahlenden Lichtquelle und bei einem Laser schematisch dar.

Bei einer spontan strahlenden Lichtquelle senden die einzelnen Punkte inkohärente Elementarwellen aus. Damit ist eine Ausstrahlung von inkohärentem Licht nach allen Richtungen verbunden (abgesehen von dem Kohärenzintervall entsprechend 2.4.4).

Bei der induziert strahlenden Lichtquelle können die Elementarwellen kohärent sein. Die Austrittsöffnung wirkt wie die beugende Öffnung einer Linse, die eine punktförmige Lichtquelle in das Unendliche abbildet. So wird z. B. der Hauptanteil der Intensität bei einer Öffnung mit 10 mm Durchmesser und der Wellenlänge $\lambda = 500$ nm in einen Lichtkegel mit $2u \approx 30''$ Öffnung gestrahlt. Das entspricht einer Verbreiterung des Lichtbündels um ca. 1,45 m auf 10 km Entfernung. (Bis zu dem 384 400 km entfernten Mond verbreitet sich das Bündel um ungefähr 56 km.)

Abb. 2.62 Ausbreitung einer Lichtwelle bei inkohärent strahlenden Punkten

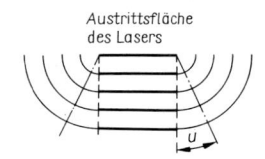

Abb. 2.63 Ausbreitung einer Lichtwelle bei räumlicher Kohärenz

3. Laser können mit höheren Intensitäten strahlen als spontan strahlende Lichtquellen (höhere spektrale Energiedichte). Spektrale Energiedichten von $\Phi_{e,\lambda} \approx 10^{28}$ W·m^{-3} und Impulsleistungen von 10^3 kW (10^9 kW mit Nachverstärkung) sind erreichbar. Mit Fokussierung ist die Leistungsdichte $E_e = 10^{18} \ldots 10^{20}$ W·m^{-2} möglich.

4. Laserstrahlung ist amplitudenstabiler als das Licht von spontan strahlenden Lichtquellen. Es stört nur das Quantenrauschen aufgrund der nicht ganz vermeidbaren spontanen Emission.

5. Laser lassen sich bezüglich der Frequenz sehr gut stabilisieren. Werte von $\Delta v/v = 10^{-9}$ sind über mehrere Stunden möglich. Bei extremer Stabilisierung sind auch schon Werte von $\Delta v/v = 10^{-12} \ldots 10^{-15}$ erhalten worden.

6. Mit Lasern lassen sich ultrakurze Impulse erzeugen. Impulszeiten von $8 \cdot 10^{-15}$ s (vierfache Schwingungsdauer) sind bis vor kurzer Zeit die Grenze gewesen. Heute liegen die Zeiten noch darunter ($\approx 10^{-15}$ s).

Allgemein läßt sich der Laser folgendermaßen charakterisieren:

> Der Laser ist eine Lichtquelle, die nach dem Prinzip der induzierten Emission strahlt.
> Der Laser enthält ein Element, in dem durch induzierte Emission Lichtwellen erregt werden. Dieses Element enthält einen aktiven Stoff, in dem eine Besetzungsinversion von Atomzuständen aufrechterhalten wird.
> Das aktive Bauelement ist als Resonator ausgebildet, so daß zwischen der induzierten Welle und den angeregten Atomen eine Rückkoppelung hergestellt wird. Damit erreicht man eine rauscharme Verstärkung der Welle, bevor sie aus dem Resonator ausgekoppelt wird.

Damit sind drei Probleme näher zu erläutern: Induzierte Emission, Besetzungsinversion, Rück- und Auskoppelung.

Die induzierte Emission wurde in 2.4.1 behandelt. Die wesentlichen Ergebnisse sind:

- Die Wahrscheinlichkeiten für die induzierte Emission und für die Absorption eines Quants sind gleich.
- Bei hohen Frequenzen (optischer Bereich) ist die induzierte Emission in gewissem Umfang mit spontaner Emission verbunden. (Die spontane Emission stellt die wesentliche Rauschquelle dar.)
- Die induzierte Welle hat die gleiche Richtung wie die induzierende Welle. Angeregte Eigenschwingungen werden bevorzugt verstärkt.

Besetzungsinversion. Wir betrachten ein System gleichartiger Atome. Im thermischen Gleichgewicht besteht eine statistische Verteilung der angeregten Zustände auf die Atome. Die Anzahl der Atome höherer Energiezustände ist geringer als die Anzahl niedriger Energiezustände. Für zwei Niveaus mit den mittleren Besetzungszahlen N_2 (oberes Niveau) und N_1 (unteres Niveau) ist

$$N_1 > N_2.$$

Es gilt die Boltzmann-Formel

$$\frac{N_2}{N_1} = e^{-\frac{h\nu}{kT}} \qquad (2.189)$$

(k Boltzmann-Konstante, T dem atomaren System zuordenbare absolute Temperatur).

Durch Einstrahlung von Licht mit der Frequenz ν wird das obere Niveau angeregt, wenn die Energie der Lichtquanten absorbiert wird. Da jedoch die Wahrscheinlichkeiten für die Absorption und die induzierte Emission gleich sind, aber mehr Atome im unteren Niveau vorliegen, überwiegt die Absorption die induzierte Emission. Die Anzahl der induzierten Lichtquanten ist geringer als die der absorbierten Lichtquanten, so daß keine Lichtausstrahlung beobachtet wird. Sollte es aber gelingen, den tieferen Zustand um mehr als 50% zu entleeren, dann ist

$$N_1 < N_2.$$

Die Anzahl der induzierten Quanten überwiegt die Anzahl der absorbierten Quanten.

> In einem atomaren System, in dem mehr Atome in einem höheren Energieniveau als in einem niedrigeren Energieniveau enthalten sind, besteht eine Besetzungsinversion. Das Erzeugen einer Besetzungsinversion durch Lichteinstrahlung wird optisches Pumpen genannt.

2.4 Kohärenz

Umformen von Gl. (2.189) nach T ergibt

$$T = -\frac{h\nu}{k \ln\left(\dfrac{N_2}{N_1}\right)}. \tag{2.190}$$

Für $N_2 > N_1$ wird $T < 0$. Wir erhalten einen Zustand, dem eine negative absolute Temperatur zugeordnet ist. Diese Auslegung folgt jedoch aus der formalen Anwendung der Boltzmannformel auf die Energieniveaus. Physikalisch bedeutet eine negative absolute Temperatur das Vorliegen einer Besetzungsinversion. Wir erläutern das Erzeugen einer Besetzungsinversion an zwei Beispielen.

Rubinlaser. Rubin besteht aus einem Al_2O_3-Kristallgitter, in das Cr^{3+}-Ionen eingelagert sind. Die für das optische Pumpen wesentlichen Energieniveaus sind in Abb. 2.64 dargestellt. Durch eine Blitzröhre wird in den Rubinkristall kurzwelliges Licht gestrahlt. Der für die Besetzungsinversion entscheidende Prozeß besteht darin, auf dem Umweg über Absorptionsbanden und strahlungslose Übergänge den metastabilen Zustand von Cr^{3+} aufzufüllen. Aus diesem Zustand ist der Übergang zum Grundzustand fast ausschließlich durch induzierte Emission möglich.

Der Rubinlaser ist ein Beispiel für einen Dreiniveaulaser.

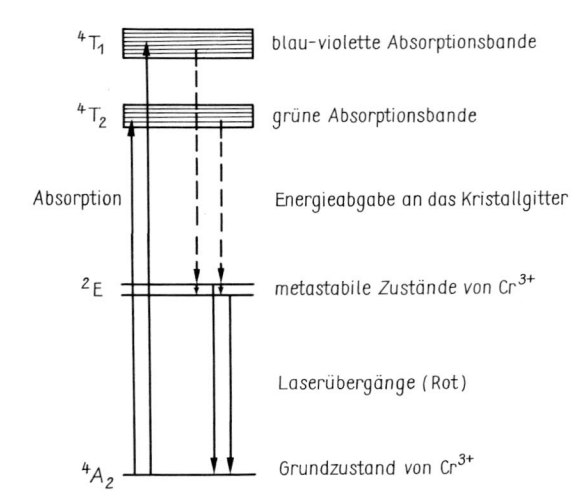

Abb. 2.64 Laserübergänge beim Rubinlaser

Helium-Neon-Gaslaser. Die wesentlichen Energieniveaus sind in Abb. 2.65 angegeben. Eine Gasentladungsröhre enthält ein Gemisch aus Helium und Neon. Helium hat zwei metastabile Niveaus 2^1S und 2^3S, die wenig höher liegen als die angeregten Niveaus 3 s und 2 s des Neons. Dadurch kann die Energie der Heliumniveaus durch unelastische Stöße (Stöße 2. Art) auf die Neonniveaus übertragen werden.

Bei einem geeigneten Mischungsverhältnis zwischen Helium und Neon entsteht eine Besetzungsinversion zwischen den Niveaus 2 s und 2 p sowie 3 s und 3 p. (Die Niveaus haben Multiplettstruktur, d. h., sie bestehen aus mehreren dicht beieinander liegenden Niveaus. Das wurde in Abb. 2.65 berücksichtigt.) Beim He-Ne-Gaslaser wird also die Besetzungsinversion auf dem Umweg über die He-Atome und die Stöße zweiter Art erzeugt. Es handelt sich nicht um ein optisches Pumpen.

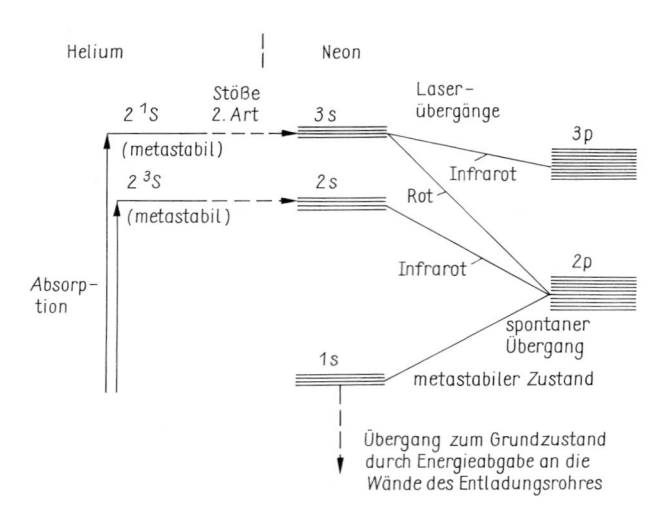

Abb. 2.65 Laserübergänge beim Helium-Neon-Gaslaser

Der Helium-Neon-Laser ist ein Beispiel für einen Vierniveaulaser.

Außer den Festkörperlasern und Gaslasern gibt es auch noch Farbstoff- und Halbleiterlaser. Beispiele dafür werden später angegeben.

Rückkoppelung. Wir betrachten das Beispiel des Rubinstabes mit normal durchlässigen Oberflächen. Die Blitzröhre strahlt das Licht in verschiedenen Richtungen in den Rubinkristall ein. Infolgedessen werden auch die induzierten Wellen in verschiedene Richtungen verlaufen. Die spektrale Breite des induzierten Lichtes unterscheidet sich dann im wesentlichen nicht von der spektralen Breite bei spontaner Emission. Das Licht verläßt den Rubinkristall nach kurzer Zeit, eine nennenswerte Verstärkung findet nicht statt.

Die Verhältnisse ändern sich grundlegend, wenn wir die Endflächen des Rubinstabes vollständig verspiegeln und damit den Rubinstab als Resonator ausbilden (Abb. 2.66). Die schräg auf die Spiegel auftreffenden Wellen verlassen nach kurzer Zeit den Rubinstab seitlich. Nur die senkrecht zu den Spiegeln hin- und herlaufenden Wellen bleiben im Resonator und werden durch induzierte Emission gleichphasig verstärkt. Die Verstärkung strebt einer Grenze zu, der aktive Stoff wird "gesättigt".

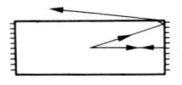

Abb. 2.66 Fabry-Perot-Etalon als Resonator

Im Resonator bilden sich stehende Lichtwellen aus. Auf den Spiegeloberflächen liegen Schwingungsknoten, so daß zwischen der Resonatorlänge L und der Wellenlänge λ der Eigenschwingungen der Zusammenhang

$$L = k\frac{\lambda}{2} \quad (k \text{ ganzzahlig}) \tag{2.191}$$

besteht. (Bei $\lambda = 500$ nm und $L = 500$ mm liegt k in der Größenordnung 10^6.)

Die Laserstrahlung besteht aus einem äquidistanten Spektrum sehr scharfer Linien. (Relative Linienbreite bei Gaslasern bis zu $\Delta \nu / \nu \approx 10^{-14}$ herab.) Diese Linien liegen innerhalb des

2.4 Kohärenz

Linienprofils, das ohne Resonator entstehen würde. Damit ist die Rückkopplung als Ursache für die zeitliche wie auch für die räumliche Kohärenz des Lasers anzusehen.

Die Anregung und Verstärkung einer geringen Anzahl von Eigenschwingungen schmaler Frequenzbänder erklärt auch die hohe spektrale Energiedichte der Laserstrahlung.

Auskopplung. Die Laserstrahlung muß aus dem Resonator ausgekoppelt werden. Das wird erreicht, wenn ein Resonatorspiegel teildurchlässig ist. Damit die Verluste im Resonator klein bleiben, werden die Spiegel mit sehr geringer Durchlässigkeit hergestellt. Die Bedingung (2.191) für die Ausbildung stehender Wellen bleibt trotzdem gültig. Die Beugung an der Austrittsöffnung verbreitert das Laserbündel. Das wurde bereits in Abb. 2.62b berücksichtigt. Der Resonator braucht nicht aus Planspiegeln zu bestehen. Die Strahlung kann auch über Öffnungen im Spiegel ausgekoppelt werden. Die damit zusammenhängenden Probleme sind z. B. in [1] dargestellt.

Die Verstärkung im Resonator durch induzierte Emission und die Rückkopplung müssen größer sein als die Verluste. Diese Forderung heißt Schwellenbedingung. Verluste entstehen durch die Auskopplung, die Beugung, durch Streu- und Absorptionsprozesse sowie durch die Dejustierung der Resonatorspiegel. Alle Verluste faßt man in einem Faktor κ_{Ges} zusammen und definiert als Güte des Resonators der Länge l die Größe

$$Q = \frac{2\pi l}{\kappa_{Ges}}.$$

Die relative Linienbreite der Strahlung ist der Kehrwert der Güte ($\Delta \nu / \nu = 1/Q$).

Gaußsche Bündel. Im Laserresonator sind nicht nur longitudinale, sondern auch transversale Eigenschwingungen möglich. Jede Eigenschwingung wird Mode genannt und mit dem Symbol TEM charakterisiert (Transverse Electric and Magnetic Field). Für den Resonator mit zylindrischem Querschnitt wird durch Indizes die Anzahl der kreisförmigen und radialen Knoten der transversalen Moden gekennzeichnet (Abb. 2.67).

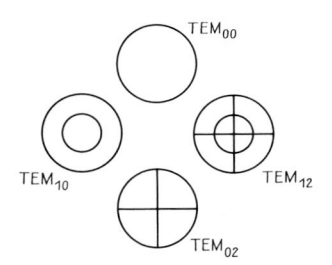

Abb. 2.67 Transversale Moden

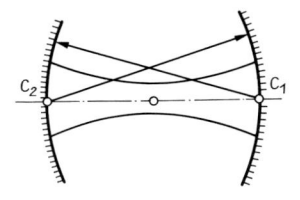

Abb. 2.68 Konfokaler Resonator aus sphärischen Spiegeln

Besondere Bedeutung, vor allem für Gaslaser, hat der konfokale Resonator. Dieser besteht aus Kugelspiegeln, deren Brennpunkte übereinstimmen (Abb. 2.68). Im Grundmodus (TEM$_{00}$) bildet sich beim konfokalen Resonator eine Eigenschwingung aus, bei der die Intensität quer zur Ausbreitungsrichtung der Welle nach einer Gaußfunktion abnimmt (Gaußsches Bündel, Abb. 2.69). An der Stelle $z = 0$ nimmt die auf die Intensität im Achsenpunkt normierte Intensität radial gemäß

$$i(r) = e^{-\frac{2r^2}{w_0^2}}$$

ab. Bis zu dem Radius $r = w_0$ sinkt die Intensität auf $1/e^2$ ab. Es läßt sich zeigen, daß

$$w_0 = \sqrt{\frac{\lambda l}{2\pi}} \qquad (2.192)$$

ist (l Abstand der Spiegel = Resonatorlänge). Weitere Kenngrößen des Gaußschen Bündels sind der Bündelradius an der Stelle z

$$w(z) = w_0 \sqrt{1 + \left(\frac{\lambda z}{\pi w_0^2}\right)^2}, \qquad (2.193)$$

der Krümmungsradius der Wellenflächen

$$R(z) = z\left[1 + \left(\frac{\pi w_0^2}{\lambda z}\right)^2\right] \qquad (2.194)$$

und der halbe Divergenzwinkel

$$\tan \Theta(z) = \frac{\lambda}{\pi w_0}. \qquad (2.195)$$

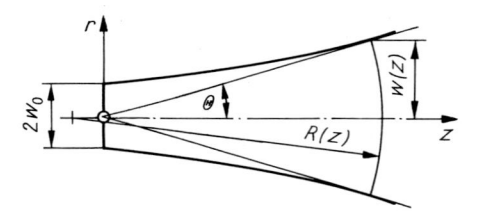

Abb. 2.69 Gaußsches Bündel

Kohärenz des Laserlichtes. Nach den Ausführungen über den Aufbau der Laser und ihre prinzipielle Funktion kommen wir noch einmal auf den eigentlichen Gegenstand dieses Abschnitts zurück. Sowohl eine große zeitliche wie auch eine große räumliche Kohärenz setzt einen kontinuierlich arbeitenden Laser im Einmodenbetrieb voraus. Impulslaser und Gaslaser im Mehrmodenbetrieb haben im allgemeinen keine bessere zeitliche Kohärenz als thermische Lichtquellen. Halbleiterlaser strahlen in relativ große Divergenzwinkel (bis zu ca. 40 Grad).

Besonders gute zeitliche Kohärenz ist mit Gaslasern im Einmodenbetrieb, z. B. dem Helium-Neon-Gaslaser mit konfokalem Resonator, erreichbar, wenn der Aufbau hinsichtlich mechanischer und akustischer Störungen sehr gut stabilisiert ist. Dazu können auch Regelkreise, z. B. zur piezoelektrischen Stabilisierung der Resonatorlänge, eingesetzt werden. Es lassen sich so die bereits oben erwähnten großen Kohärenzlängen erreichen. Theoretisch sind Bandbreiten von 1 Hz möglich. Auch die Langzeitstabilität ist auf diese Weise zu sichern. Zum

2.4 Kohärenz

Beispiel kann die relative Frequenzänderung bei entsprechendem Aufwand über eine längere Zeit $\Delta \nu / \nu = 10^{-12}$ betragen.

Für die räumliche Kohärenz läßt sich mit dem Gaslaser im Einmodenbetrieb nahezu der theoretische Grenzwert erreichen, der durch die beugungsbedingte Divergenz gegeben ist. Die sogenannte Fresnel-Zahl

$$F = \frac{d^2}{4\lambda l n}, \qquad (2.196)$$

(n Brechzahl im Resonator der Länge l, d genutzter Spiegeldurchmesser) kann z. B. bei Gaslasern $F = 2$ sein. Ab $F < 50$ ist aber die Beugung nicht zu vernachlässigen.

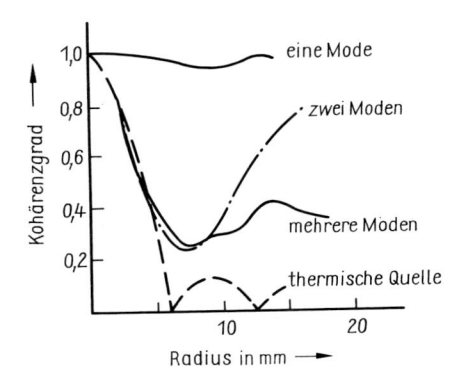

Abb. 2.70 Räumliche Kohärenz bei Lasern (nach [3])

Young [3] hat gezeigt, daß bereits bei der Anregung zweier Transversalmoden die räumliche Kohärenz wesentlich abnimmt. Bei Vielmodenbetrieb ist das Kohärenzintervall nicht größer als bei thermischen Lichtquellen (Abb. 2.70).

Das Produkt aus der Fläche des Kohärenzintervalls und der Kohärenzlänge stellt das Kohärenzvolumen dar. Zur Charakterisierung der Kohärenzeigenschaften des Lichtes wird der Entartungsparameter verwendet, der die mittlere Anzahl der Photonen im Kohärenzvolumen angibt. Zugleich ist er das Verhältnis aus den Übergangswahrscheinlichkeiten für induzierte und spontane Emission:

$$\delta = \frac{\ddot{U}_{\text{induziert}}}{\ddot{U}_{\text{spontan}}}.$$

Für thermische Quellen ist maximal $\delta = 10^{-3}$, während bei Lasern unter bestimmten Bedingungen $\delta = 10^{13}$ möglich ist.

Aufgrund der Kohärenz von Gaslasern im Einmodenbetrieb kann auch Licht von zwei verschiedenen Lasern interferieren.

Beschreibung der Kohärenz mit Korrelationsfunktionen. Die Kohärenzfunktion $\Gamma_{12}(\delta_{12})$ für spontan emittiertes Licht beschreibt die Korrelation der elektrischen Feldstärken in zwei Punkten des Wellenfeldes zu zwei Zeitpunkten. Das geht daraus hervor, daß die Phasendifferenz δ_{12} im Aufpunkt mittels $\delta_{12} = 2\pi \nu (t_1 - t_2) = 2\pi \nu \tau$ auf die Zeitdifferenz τ zurückgeführt werden kann. Wenn wir die Lage der beiden Raumpunkte durch die Ortsvektoren $\boldsymbol{r}_1$, $\boldsymbol{r}_2$ angeben und nur einen Punkt der Lichtquelle betrachten, dann gilt nach Gl. (2.182b)

$$\Gamma(\boldsymbol{r}_1, \boldsymbol{r}_2, \tau) = \frac{\varepsilon c}{2} a(\boldsymbol{r}_1, t + \tau) \cdot a^*(\boldsymbol{r}_2, t).$$

Gl. (2.15) und damit auch Gl. (2.182b) gehen aus dem Poyntingvektor durch Zeitmittelung hervor, wobei der Betrag der Amplitude zeitlich konstant angenommen wurde. Für den Fall des stationären Wellenfeldes mit zeitlich veränderlicher Amplitude gilt entsprechend

$$\Gamma(r_1, r_2, \tau) = \frac{\varepsilon c}{2} \langle a(r_1, t+\tau) \cdot a^*(r_2, t) \rangle$$

und nach Normierung

$$\gamma(r_1, r_2, \tau) = \frac{\Gamma(r_1, r_2, \tau)}{\sqrt{\Gamma(r_1, r_1, 0)} \cdot \sqrt{\Gamma(r_2, r_2, 0)}}.$$

Die Kohärenzfunktion $\Gamma(r_1, r_2, \tau)$ ist eine Korrelationsfunktion erster Ordnung. Das Licht ist vollständig kohärent, wenn $\gamma(r_1, r_2, 0) = 1$, also

$$\Gamma(r_1, r_2, \tau) = \sqrt{\Gamma(r_1, r_1, 0)} \cdot \sqrt{\Gamma(r_2, r_2, 0)}$$

gilt. Der kohärente Zustand ist bei spontan emittiertem Licht dadurch charakterisiert, daß sich die Kohärenzfunktion als Produkt aus zwei Funktionen darstellen läßt, von denen jede nur von den Koordinaten *eines* Punktes abhängt.

Im Rahmen der Quantenfeldtheorie läßt sich zeigen, daß zwischen spontan emittiertem Licht und Laserlicht grundsätzliche Unterschiede bezüglich der Korrelation der Phasen und der Amplituden bestehen. Die Korrelation der elektrischen Feldstärken ist bei Laserlicht in $2n$ Punkten des Ortes und der Zeit möglich. Die verallgemeinerte Kohärenzfunktion für ein stationäres Wellenfeld lautet:

$$\Gamma_n(r_1, t+\tau_1, \ldots, r_n, t+\tau_n, r_{n+1}, t+\tau_{n+1}, \ldots, r_{2n}, t+\tau_{2n})$$
$$= \langle a(r_1, t+\tau_1) \cdots a(r_n, t+\tau_n) a^*(r_{n+1}, t+\tau_{n+1}) \cdots a^*(r_{2n}, t+\tau_{2n}) \rangle.$$

Wenn sich die verallgemeinerte Kohärenzfunktion in ihrer quantentheoretischen Schreibweise analog zur Kohärenzfunktion erster Ordnung als Produkt von Funktionen darstellen läßt, die nur je von der Koordinate eines Raum-Zeit-Punktes abhängen, dann heißt der zugeordnete Zustand maximal oder quantentheoretisch kohärent. Diese Zustände lassen sich bei Laserlicht angenähert realisieren.

Bezüglich der Kohärenz unterscheidet sich Laserlicht also von spontan erzeugtem Licht durch die Anteile höherer Ordnung der Korrelationsfunktion.

Eng verbunden mit den Korrelationen der elektrischen Feldstärke sind die Korrelationen der Intensität. Bei spontan emittiertem Licht beträgt die Intensitätskorrelation in zwei Raum-Zeit-Punkten für stationäre Felder

$$\langle I(r_1, t+\tau) \cdot I(r_2, t) \rangle = \langle a(r_1, t+\tau) a^*(r_1, t+\tau) a(r_2, t) a^*(r_2, t) \rangle.$$

Diese Größe ist ein Maß für die Amplitudenfluktuationen im Wellenfeld. Für zeitlich konstante Amplituden gilt offenbar

$$\langle I(r_1, t+\tau) \cdot I(r_2, t) \rangle = |\Gamma(r_1, r_2, \tau)|^2.$$

Bei zeitlich schwankenden Amplituden wird statt dessen (der Beweis sei hier übergangen)

$$\langle I(r_1, t+\tau) \cdot I(r_2, t) \rangle = |\Gamma(r_1, r_2, \tau)|^2 + \langle I(r_1, t) \cdot I(r_2, t) \rangle.$$

2.4 Kohärenz

Für spontan emittiertes Licht konnte experimentell nachgewiesen werden, daß die Größe

$$\langle I(\mathbf{r}_1, t+\tau) \cdot I(\mathbf{r}_2, t) \rangle$$

nicht verschwindet (Hanbury-Brown und Twiss, siehe z. B. [15]). Das ist eine Folge der durch die kurzen Wellenzüge hervorgerufenen Amplitudenfluktuationen.

Im Quantenmodell stellt sich die Amplitudenfluktuation als Schwankung der Photonenzahl n dar. Das mittlere Schwankungsquadrat ergibt sich aus statistischen Untersuchungen zu

$$\langle \Delta n^2 \rangle = \langle n \rangle + \langle n \rangle^2.$$

Die relative Streuung beträgt

$$\frac{\langle \Delta n^2 \rangle}{\langle n \rangle^2} = 1 + \frac{1}{\langle n \rangle}.$$

Bei großen Photonenanzahlen ist das mittlere Schwankungsquadrat gleich dem Quadrat der mittleren Photonenanzahl, so daß die Intensitätsschwankungen in der Größenordnung der Intensität selbst liegen.

Für Laserlicht ergibt sich im Idealfall keine Korrelation der Intensitäten (auch dann nicht, wenn man höhere Intensitätskorrelationen hinzunimmt). Das mittlere Schwankungsquadrat der Photonenanzahl beträgt

$$\langle \Delta n^2 \rangle = \langle n \rangle,$$

so daß die relative Streuung

$$\frac{\langle \Delta n^2 \rangle}{\langle n \rangle^2} = \frac{1}{\langle n \rangle}$$

bei großen Photonenanzahlen gegen 0 geht. Das bedeutet eine hohe Amplitudenstabilität. Das Licht eines stabilisierten Einmodenlasers kann in sehr guter Näherung als monochromatische Welle mit einem sehr kleinen Rauschanteil betrachtet werden. Damit ergibt sich zusammenfassend:

> Spontan emittiertes Licht kann höchstens kohärent in der ersten Ordnung sein und hat eine große Amplitudenfluktuation.
> Laserlicht kann kohärent von höherer Ordnung sein und ist im Idealfall amplitudenstabil.

Für sehr kleine Photonenanzahlen, für die $\langle n \rangle^2$ gegen $\langle n \rangle$ vernachlässigt werden kann, besteht kein Unterschied zwischen den mittleren Schwankungsquadraten für spontan emittierte Strahlung und Laserstrahlung. Das ist noch einmal ein Hinweis darauf, daß bei sehr kleinen Intensitäten der Quantencharakter in den Vordergrund tritt.

Auf diese Andeutungen müssen wir uns hier beschränken. Die vollständige Behandlung der Kohärenz der Laserstrahlung erfordert die konsequente Anwendung der Quantenfeldtheorie und der Photonenstatistik und geht über das Anliegen dieses Buches hinaus. Wir verweisen z. B. auf [18].

2.5 Interferenz

2.5.1 Amplituden und Phasendifferenzen an der planparallelen Platte

Berechnung der Amplituden. Es sei eine nichtabsorbierende planparallele Platte der Dicke d vorgegeben. Die Platte habe die Brechzahl n'' und grenze beiderseits an einen Stoff mit der Brechzahl n an. Wir lassen eine ebene Welle unter dem Winkel ε auf die Platte auftreffen. An jeder Fläche wird ein Teil des Lichtes reflektiert, ein Teil hindurchgelassen und dabei gebrochen. Es liegt also eine Teilung der Amplitude vor. Das auf beiden Seiten aus der Platte austretende Licht besteht aus mehreren Teilbündeln, die sich überlagern. Durch die unterschiedlichen Lichtwege der Teilbündel in der Platte entstehen Phasendifferenzen. Wir können die durch Interferenz entstehende Intensität bestimmen, wenn wir diese Phasendifferenzen und die Amplituden der Teilbündel berechnen. Für die Ableitung der Formeln nehmen wir an, daß $n < n''$ ist.

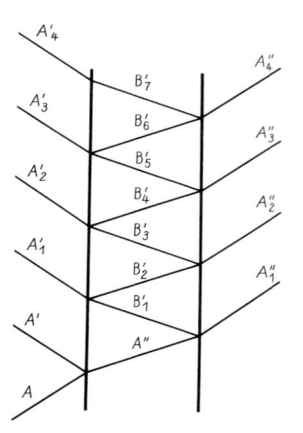

Abb. 2.71 Teilung der Amplitude an der planparallelen Platte

Mit den Bezeichnungen der Abb. 2.71 gilt für die Amplitudenverhältnisse nach den Fresnelschen Formeln an der ersten Fläche

$$r_1 = \frac{A'}{A}, \quad t_1 = \frac{A''}{A} \tag{2.197a, b}$$

und an der zweiten Fläche bzw. für die Mehrfachreflexionen ($k \geq 2$)

$$r_2 = \frac{B'_1}{A''} = \frac{B'_k}{B'_{k-1}}, \quad t_2 = \frac{A''_1}{A''} = \frac{A''_k}{B'_{2k-2}}. \tag{2.198a, b}$$

Diese Formeln gelten sowohl für die s-Komponente als auch für die p-Komponente. Mit den Fresnelschen Formeln (2.49) und (2.50) lassen sich die Beziehungen

$$r_1 = -r_2 \tag{2.199}$$

nd
$$r_2^2 + t_1 t_2 = 1 \tag{2.200}$$

eweisen. Weiter ist
$$r_1^2 = r_2^2 = R. \tag{2.201}$$

us Gl. (2.200) und Gl. (2.201) geht
$$t_1 t_2 = 1 - R \tag{2.202}$$

ervor.

Für die Amplituden der aus der Platte austretenden Bündel können wir allgemeine Beziehungen angeben. Aus Gl. (2.197a) und Gl. (2.199) folgt
$$A' = -r_2 A. \tag{2.203}$$

ie weiteren Bündel sind einmal in die Platte hinein- und einmal aus der Platte herausgegangen. Das ergibt den Faktor $t_1 t_2$. Das erste im reflektierten Licht enthaltene Teilbündel wurde nen einmal reflektiert, so daß
$$A'_1 = r_2 t_1 t_2 A \tag{2.204}$$

t. Zwischen den weiteren Teilbündeln liegen jeweils zwei weitere innere Reflexionen. Es ilt
$$A'_k = r_2^{2k-1} t_1 t_2 A. \tag{2.205}$$

Das direkt hindurchgehende Licht wurde nicht reflektiert, seine Amplitude beträgt
$$A''_1 = t_1 t_2 A. \tag{2.206}$$

wischen den weiteren Teilbündeln, die durch die Platte hindurchgehen, liegen wieder zwei nnere Reflexionen, so daß sie die Amplituden
$$A''_k = r_2^{2k-2} t_1 t_2 A \tag{2.207}$$

aben.

Unter Verwendung von Gl. (2.201) und Gl. (2.202) formen wir die Gleichungen (2.203), 2.205) und (2.207) um in
$$A' = -\sqrt{R} A, \tag{2.208}$$
$$A'_k = (1-R) R^{k-\frac{1}{2}} A, \tag{2.209}$$
$$A''_k = (1-R) R^{k-1} A. \tag{2.210}$$

Berechnung der Phasendifferenzen. Es genügt, die Phasendifferenzen zwischen den Bündeln mit den Amplituden A' und A'_1 zu berechnen. Sowohl im reflektierten als auch im hindurchgelassenen Licht haben zwei aufeinanderfolgende Teilbündel dieselbe Phasendifferenz.

Bis zum Punkt A und von der Ebene BC an haben beide Teilbündel den gleichen Weg (Abb. 2.72). Die Phasendifferenz entsteht durch den optischen Wegunterschied

$$\Delta L = n''(\mathrm{AD} + \mathrm{DC}) - n\,\mathrm{AB}. \tag{2.211}$$

Die Strecken drücken wir durch bekannte Größen aus. Nach Abb. 2.72 ist

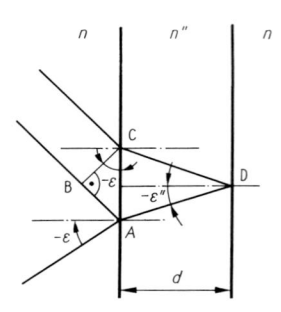

$$-\sin\varepsilon = \frac{\mathrm{AB}}{\mathrm{AC}}, \quad \cos\varepsilon'' = \frac{d}{\mathrm{AD}}, \quad -\tan\varepsilon'' = \frac{\mathrm{AC}}{2d}. \tag{2.212a, b, c}$$

Abb. 2.72 Zur Ableitung der Phasendifferenz zwischen benachbarten Bündeln

Aus Gl. (2.212a) und Gl. (2.212c) folgt

$$\mathrm{AB} = -\mathrm{AC}\sin\varepsilon = 2d\sin\varepsilon\tan\varepsilon''. \tag{2.213}$$

Einsetzen von (2.212b) und (2.213) in (2.211) ergibt mit $\mathrm{AD} + \mathrm{DC} = 2\mathrm{AD}$

$$\Delta L = \frac{2n''d}{\cos\varepsilon''} - 2nd\sin\varepsilon\tan\varepsilon'' \tag{2.214}$$

oder

$$\Delta L = \frac{2n''d}{\cos\varepsilon''}\left[1 - \frac{n}{n''}\sin\varepsilon\sin\varepsilon''\right].$$

Mit dem Brechungsgesetz und $1 - \sin^2\varepsilon'' = \cos^2\varepsilon''$ formen wir um in

$$\Delta L = 2n''d\cos\varepsilon''. \tag{2.215}$$

Den Brechungswinkel können wir mittels

$$\cos\varepsilon'' = \sqrt{1-\sin^2\varepsilon''} = \sqrt{1-\left(\frac{n}{n''}\right)^2\sin^2\varepsilon} = \frac{n}{n''}\sqrt{\left(\frac{n''}{n}\right)^2 - \sin^2\varepsilon}$$

eliminieren. Gl. (2.215) geht über in

$$\Delta L = 2nd\sqrt{\left(\frac{n''}{n}\right)^2 - \sin^2\varepsilon}. \tag{2.216}$$

Die Phasendifferenz folgt aus

$$\delta = \frac{2\pi}{\lambda_0}\Delta L.$$

2.5 Interferenz

Wir setzen $\lambda_0/n'' = \lambda''$ und erhalten aus Gl. (2.215)

$$\delta = \frac{4\pi}{\lambda''} d \cos \varepsilon'', \qquad (2.217a)$$

bzw. mit $\lambda_0/n = \lambda$ aus Gl. (2.216)

$$\Delta L = \frac{4\pi d}{\lambda} \sqrt{\left(\frac{n''}{n}\right)^2 - \sin^2 \varepsilon}. \qquad (2.217b)$$

2.5.2 Intensitäten an der planparallelen Platte

Berechnung der Intensität. Wir berechnen die Intensität, die sich bei der Überlagerung der durch die Platte hindurchgehenden Teilbündel ergibt. Nach Gl. (2.105) sind zunächst die komplexen Amplituden der Teilwellen zu addieren:

$$a'' = \sum_k a''_k. \qquad (2.218)$$

Die komplexen Amplituden der Teilwellen betragen

$$a''_k = A''_k e^{j\delta''_k} \qquad (2.219)$$

also mit Gl. (2.210)

$$a''_k = (1-R) R^{k-1} A e^{j(k-1)\delta}. \qquad (2.220)$$

Wir setzen a''_k nach Gl. (2.220) in Gl. (2.218) ein und nehmen an, daß sich p Teilwellen überlagern. Wir erhalten

$$a'' = (1-R) A \sum_{k=1}^{p} R^{k-1} e^{j(k-1)\delta}. \qquad (2.221)$$

Wir führen den neuen Summationsindex

$$m = k - 1$$

ein:

$$a'' = (1-R) A \sum_{m=0}^{p-1} R^m e^{jm\delta}. \qquad (2.222)$$

Die Summe stellt eine geometrische Reihe mit endlich vielen Gliedern dar, die mit der Formel

$$S = \frac{a(1-q^p)}{1-q}$$

(Anfangsglied $a = 1$, Quotient $q = R \cdot \exp(j\delta)$, Gliedanzahl p) aufzusummieren ist. Das Ergebnis lautet

$$a'' = (1-R) A \frac{1 - R^p e^{jp\delta}}{1 - R e^{j\delta}}. \qquad (2.223)$$

Die Intensität beträgt nach Gl. (2.112)

$$I'' = \frac{\varepsilon_r \varepsilon_0 c}{2} A^2 (1-R)^2 \frac{1-R^p e^{jp\delta}}{1-Re^{j\delta}} \cdot \frac{1-R^p e^{-jp\delta}}{1-Re^{-j\delta}}. \tag{2.224}$$

In der Gl. (2.224) ist

$$I = \frac{\varepsilon_r \varepsilon_0 c}{2} A^2 \tag{2.225}$$

die Intensität des einfallenden Lichtes. Weiter gilt

$$(1-R^p e^{jp\delta})(1-R^p e^{-jp\delta}) = 1 - 2R^p \cos p\delta + R^{2p}. \tag{2.226}$$

Mit der Hilfsformel $\cos p\delta = 1 - 2\sin^2(p\delta/2)$ geht die rechte Seite von Gl. (2.226) über in

$$(1-R^p)^2 + 4R^p \sin^2 \frac{p\delta}{2}.$$

Der Nenner der Gl. (2.224) wird entsprechend umgeformt. Insgesamt ergeben die Gleichungen (2.224) und (2.225) dann

$$I'' = I(1-R)^2 \frac{(1-R^p)^2 + 4R^p \sin^2 \frac{p\delta}{2}}{(1-R)^2 + 4R\sin^2 \frac{\delta}{2}} \tag{2.227}$$

oder

$$I'' = I \frac{(1-R^p)^2 + 4R^p \sin^2 \frac{p\delta}{2}}{1 + \frac{4R}{(1-R)^2} \sin^2 \frac{\delta}{2}}. \tag{2.228}$$

Für unendlich viele Bündel ist der Grenzübergang $\lim_{p \to \infty} R^p = 0$ vorzunehmen ($R < 1$!), so daß

$$I'' = I \frac{1}{1 + \frac{4R}{(1-R)^2} \sin^2 \frac{\delta}{2}} \tag{2.229}$$

wird.

Wegen des Energieerhaltungssatzes muß die Intensität bei der Überlagerung der unendlich vielen reflektierten Teilbündel

$$I' = I - I''$$

betragen. Daraus folgt mit Gl. (2.229)

$$I' = I \frac{\frac{4R}{(1-R)^2} \sin^2 \frac{\delta}{2}}{1 + \frac{4R}{(1-R)^2} \sin^2 \frac{\delta}{2}}. \tag{2.230}$$

Diskussion der Intensitätsgleichungen (unendlich viele Bündel). Wir diskutieren die Gl. (2.229) und die Gl. (2.230) für die hindurchgelassene bzw. die reflektierte Intensität bei der Interferenz unendlich vieler Teilbündel. Für die Maxima und Minima gelten die Bedingungen, die in Tab. 2.18 zusammengefaßt sind.

2.5 Interferenz

Tabelle 2.18 Maxima- und Minimabedingungen bei planparallelen Platten

Reflektierte Intensität Gl. (2.230)	Hindurchgelassene Intensität Gl. (2.229)

Für

$$\sin^2\frac{\delta}{2} = 0, \quad \frac{\delta}{2} = k\pi, \quad k = 0, 1, 2, \ldots, \quad 2d\sqrt{\left(\frac{n''}{n}\right)^2 - \sin^2\varepsilon} = k\lambda \quad (2.231)$$

erhalten wir das Minimum	erhalten wir das Maximum
$I'_{\text{Min}} = 0.$	$I''_{\text{Max}} = I.$ (2.232a, b)

Für

$$\sin^2\frac{\delta}{2} = 1, \quad \frac{\delta}{2} = (2k+1)\frac{\pi}{2}, \quad k = 0, 1, 2, \ldots, \quad 2d\sqrt{\left(\frac{n''}{n}\right)^2 - \sin^2\varepsilon} = \left(k+\frac{1}{2}\right)\lambda \quad (2.233)$$

erhalten wir das Maximum	erhalten wir das Minimum
$I'_{\text{Max}} = I\dfrac{4R}{(1+R)^2}$	$I''_{\text{Min}} = I\left(\dfrac{1-R}{1+R}\right)^2.$ (2.234a, b)

Der Kontrast beträgt

$K' = 1$	$K'' = \dfrac{2R}{1+R^2}$ (2.235a, b)

In Abb. 2.73 ist der Intensitätsverlauf im hindurchgelassenen Licht grafisch dargestellt. Es ist zu erkennen, daß bei größerem Reflexionsgrad schmalere Maxima und ein höherer Kontrast vorliegen. Abb. 2.74 enthält K'' als Funktion des Reflexionsgrades.

> Die Erhöhung des Reflexionsgrades ist ein Mittel, mit dem im Interferenzbild des hindurchgelassenen Lichtes ein größerer Kontrast und schmalere Maxima erzielt werden können.

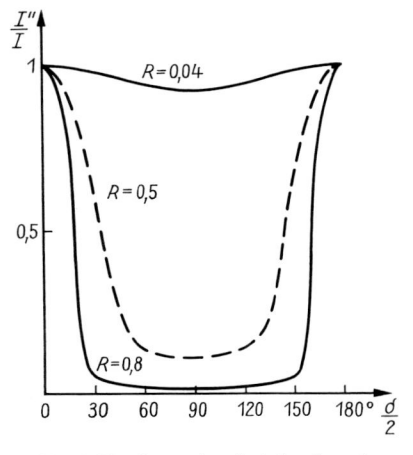

Abb. 2.73 Intensität bei der Interferenz unendlich vieler Bündel

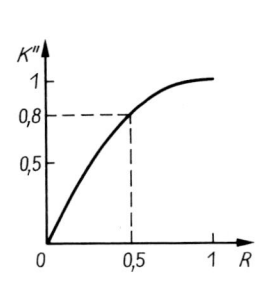

Abb. 2.74 Kontrast bei der Interferenz unendlich vieler Bündel

Diskussion der Intensitätsgleichungen (endlich viele Bündel). In Interferenzanordnungen können oft nur endlich viele Bündel überlagert werden. Das kann z. B. daran liegen, daß die verwendeten Platten endlich ausgedehnt sind. Manchmal überdecken sich nicht sämtliche Teilbündel, oder die wirksame Bündelanzahl wird durch Absorption begrenzt.

Bei den praktischen Anwendungen wird im allgemeinen das hindurchgelassene Licht beobachtet. Wir beschränken uns deshalb darauf, die Intensität für diesen Fall zu diskutieren. Zur besseren Übersicht sind in Abb. 2.75 Zähler und Kehrwert des Nenners von Gl. (2.228) für $p=8$ und $R=0,8$ grafisch dargestellt. Der Kehrwert des Nenners hat den Maximalwert 1 bei $\sin(\delta/2)=0$ und Minima bei $|\sin(\delta/2)|=1$. Der Zähler hat Maxima für $|\sin(p\delta/2)|=1$ mit der Größe

$$(1-R^p)^2 + 4R^p = 1,364$$

und Minima für $\sin(p\delta/2)=0$ mit der Größe

$$(1-R^p)^2 = 0,693.$$

Im Bereich einer Periode des Nenners durchläuft der Zähler p Perioden. Das Intensitätsverhältnis erhalten wir durch grafische Multiplikation beider Kurven der Abb. 2.75. Auf diese Weise entsteht Abb. 2.76. Es ergeben sich Hauptmaxima, Nebenmaxima und Minima.

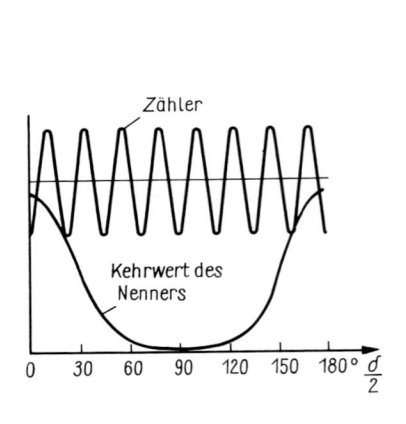

Abb. 2.75 Zähler und Kehrwert des Nenners der Gl. (2.228) als Funktion von $\delta/2$

Abb. 2.76 Intensität bei der Interferenz endlich vieler Bündel

Hauptmaxima liegen bei

$$\sin\frac{\delta}{2} = 0$$

bzw.

$$\frac{\delta}{2} = k\pi, \quad k = 0, 1, 2, \ldots \tag{2.236}$$

Die Intensität beträgt

$$I''_{\text{Max}} = I(1-R^p)^2. \tag{2.237}$$

Nebenmaxima entstehen bei nicht zu kleinem p fast genau für

$$\left|\sin\frac{p\delta}{2}\right| = 1, \quad \text{d.h.} \quad \frac{\delta}{2} = \frac{2z+1}{p}\frac{\pi}{2}, \quad z = 1, 2, 3, \ldots, (p-2). \tag{2.238}$$

2.5 Interferenz

Das maximale z finden wir durch folgende Überlegung: Da $3/(2p)$ der Abstand des 1. Nebenmaximums vom Hauptmaximum ist, muß

$$k + \frac{2z_{Max}+1}{2p} = k+1-\frac{3}{2p},$$

also $z_{Max} = p-2$ sein.

Minima erhalten wir für

$$\sin\frac{p\delta}{2} = 0, \quad \text{d.h.} \quad \frac{\delta}{2} = \frac{z\pi}{p}, \quad z = 1, 2, 3, \ldots, (p-1). \tag{2.239}$$

Die Gl. (2.239) führt im Gegensatz zur Gl. (2.236) auf Minima, weil der Nenner für jedes Argument des Sinus groß ist. Die Minima liegen insgesamt bei

$$\frac{\delta}{2}\left(k+\frac{z}{p}\right)\pi, \quad z=1, 2, 3, \ldots, (p-1). \tag{2.240}$$

Für eine große Bündelanzahl p wird der durch die Nebenmaxima entstehende Lichtschleier zwischen den Hauptmaxima sehr gering. Der Verlauf des Intensitätsverhältnisses nähert sich demjenigen für $p = \infty$.

2.5.3 Interferenzerscheinungen an planparallelen Platten

Monochromatisches Parallelbündel. Wir lassen ein Parallelbündel monochromatischen Lichtes auf eine planparallele Platte auftreffen und beobachten im reflektierten Licht. Das Parallelbündel kann mittels einer sehr weit entfernten kleinen Lichtquelle oder einer ins Unendliche abgebildeten kleinen Lichtquelle weitgehend angenähert werden.

Wir variieren entweder den Einfallswinkel ε, indem wir die Platte drehen (Abb. 2.77), oder die Plattendicke d, indem wir den Abstand zweier Glasplatten ändern (Luftplatte, Abb. 2.78). Über die gesamte Plattendicke hinweg sind ε bzw. d konstant.

Mit wachsender Dicke oder mit abnehmendem Einfallswinkel werden nach Gl. (2.231) und (2.233) nacheinander Maxima und Minima steigender Ordnung durchlaufen. Die Platte erscheint also über ihre gesamte Fläche hinweg abwechselnd hell und dunkel.

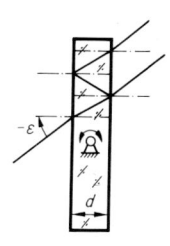

Abb. 2.77 Variation des Einfallswinkels an der planparallelen Platte

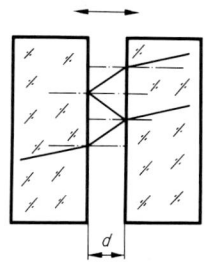

Abb. 2.78 Variation des Abstandes zweier paralleler Glasplatten

Poly- und quasimonochromatisches Parallelbündel. Wir beobachten im reflektierten Licht und beleuchten mit einem polychromatischen Parallelbündel. Bei wachsender Plattendicke oder abnehmendem Einfallswinkel erscheint die Platte einheitlich in sich ändernden Interferenzfarben. Die Interferenzerscheinung durchläuft die Farben Gelb, Rot, Blau, Grün. Bei großen Plattendicken verblassen die Farben allmählich.

Wir erläutern das Entstehen der Interferenzfarben am Beispiel einer Platte veränderlicher Dicke. Es gelte

$$\varepsilon = 0, \quad \frac{n''}{n} = 1{,}5 \quad \text{und} \quad 400\,\text{nm} \leq \lambda \leq 760\,\text{nm}.$$

Nach Gl. (2.231) gilt für die Nullstellen der Intensität

$$d = \frac{k\lambda}{3}.$$

Bei $k = 0$ ist diese Gleichung unabhängig von λ erfüllt. Bei sehr kleinen Plattendicken ($d \leq \lambda/3$) wird das gesamte Licht ausgelöscht. Die Platte erscheint dunkel.

Für $k = 1$ wird das Licht der kleinsten Wellenlänge $\lambda_1 = 400$ nm bei der Plattendicke

$$d_0 = \frac{\lambda_1}{3} = 133{,}33\,\text{nm}$$

ausgelöscht. Allgemein gilt

$$\frac{d}{d_0} = k\frac{\lambda}{\lambda_1}.$$

Für $\lambda = 400$ nm, $\lambda/\lambda_1 = 1$, ist $d/d_0 = k$; für $\lambda = 760$ nm, $\lambda/\lambda_1 = 1{,}9$, ist $d/d_0 = 1{,}9k$.

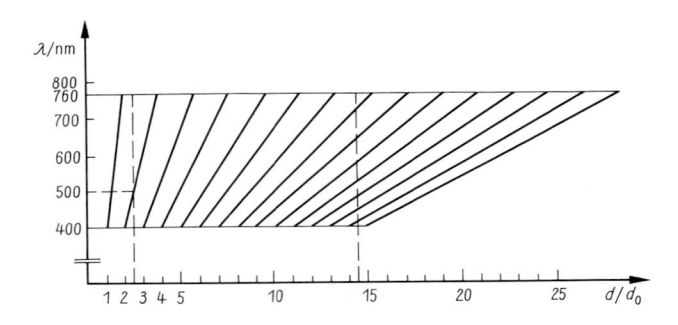

Abb. 2.79 Zur Auslöschung einzelner Wellenlängen bei wachsender Plattendicke

Die Funktion $d/d_0 = f(\lambda)$ ist in Abb. 2.79 grafisch dargestellt. Bei kleinen Plattendicken wird bei jeder Plattendicke eine Wellenlänge, also eine Farbe, ausgelöscht ($d < 3d_0$). Die Platte erscheint in der zur ausgelöschten Farbe komplementären Farbe.

So wird z. B. bei $d = 2{,}5\,d_0$ die Wellenlänge $\lambda = 500$ nm (grünes Licht) in der zweiten Ordnung ausgelöscht, die Platte sieht rot aus.

Bei mittleren Plattendicken werden einige Farben in unterschiedlicher Ordnung ausgelöscht (Tab. 2.19). Die Platte erscheint in einer Interferenzfarbe, die aus der Mischung der übrigen Farben besteht. Ihre Sättigung nimmt dadurch ab. Mit steigender Plattendicke werden immer mehr Farben in unterschiedlichen Ordnungen gleichzeitig ausgelöscht (Tab. 2.19). Die Folge davon ist, daß im gesamten Wellenlängenintervall eine Anzahl von schmalen Bereichen fehlt. Der Gesamteindruck wird mit steigender Anzahl solcher dunkler Linien im kontinuierlichen Spektrum "weißlicher", die Interferenzfarben verblassen immer stärker. Schließlich erhalten wir das sogenannte "Weiß höherer Ordnung". (Die Erscheinung ähnelt äußerlich den Fraunhoferschen Linien im Sonnenspektrum.)

Tabelle 2.19 Ausgelöschte Ordnungen bei verschiedenen Plattendicken

Ordnung	ausgelöschte Wellenlänge bei $d = 2{,}5 d_0$ (in nm)	ausgelöschte Wellenlänge bei $d = 3{,}5 d_0$ (in nm)	ausgelöschte Wellenlänge bei $d = 14{,}5 d_0$ (in nm)
1			
2	500	700,00	
3		466,67	
4			
5			
6			
7			
8			725,00
9			644,44
10			580,00
11			527,27
12			483,33
13			446,15
14			414,29

Die geschilderte Farbänderung bei variabler Dicke kann an Ölschichten gut beobachtet werden. Bei der Ausbreitung des Öls sinkt die Schichtdicke, wobei erst die Farben dünner Plättchen auftreten und bei sehr geringen Dicken eine graue Oberfläche entsteht.

Auch die Anlaßfarben sind eine Folge der Interferenz an der wachsenden Oxidschicht.

Bei geringen örtlichen Dickenschwankungen treten die Interferenzfarben räumlich nebeneinander auf.

Die Interferenzerscheinung bei der Beleuchtung mit quasimonochromatischem Licht ist qualitativ derjenigen für polychromatisches Licht gleich. Infolge des kleineren Wellenintervalls sind die Interferenzfarben in den höheren Ordnungen gesättigter und besser wahrzunehmen.

Haidingersche Ringe. Wir beleuchten eine planparallele Platte mit einer ausgedehnten Lichtquelle monochromatisch und bilden die Interferenzerscheinung in der Brennebene eines Fernobjektivs ab (Abb. 2.80a). Jeder Punkt der Lichtquelle sendet ein Strahlenbündel aus. Die Strahlen, die von verschiedenen Punkten der Lichtquelle ausgehen und dieselbe Richtung haben, werden vom Objektiv in einem Punkt der Brennebene vereinigt. Da alle diese Strahlen denselben Einfallswinkel an der planparallelen Platte haben, bestehen zwischen den interferierenden Teilbündeln die gleichen Phasendifferenzen. Die Intensität im Punkt P' folgt aus Gl. (2.228) oder Gl. (2.229). Die Phasendifferenz ist nach Gl. (2.217) einzusetzen.

Wegen der Rotationssymmetrie um die optische Achse sind die Kurven gleicher Intensität konzentrische Kreise in der Brennebene. Die Intensität ändert sich längs des Radius so, wie es in Abb. 2.73 bzw. in Abb. 2.76 dargestellt ist (Abb. 2.80b).

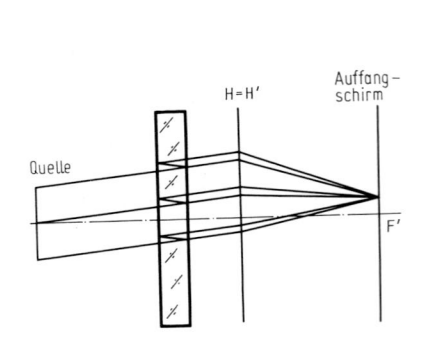

Abb. 2.80a Erzeugung der Haidingerschen Ringe

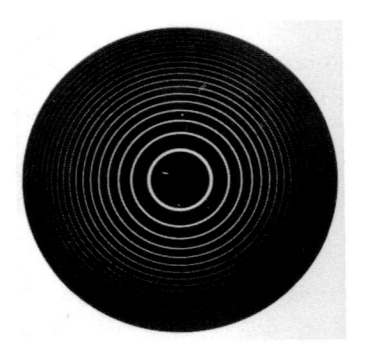

Abb. 2.80b Haidingersche Ringe in Transmission

> Jeder Kreis gleicher Intensität ist einem Einfallswinkel zugeordnet. Wir sprechen deshalb von Streifen gleicher Neigung oder Haidingerschen Ringen. Diese entstehen ohne optische Abbildung im Unendlichen. Sie sind daran erkennbar, daß sie bei einer Parallelverschiebung der Platte am gleichen Ort bleiben.

Bei Abweichungen von der Parallelität der Flächen sind die Kreise deformiert. Haidingersche Ringe sind deshalb ein empfindliches Kriterium zur Prüfung von planparallelen Platten.

Bei dicken Platten treten nur sehr hohe Ordnungen auf, so daß zahlreiche Ringe unter sehr kleinem Winkelabstand erscheinen. Das Interferenzbild wird durch das Auge ohne optische Hilfsmittel nicht aufgelöst. Außerdem kann auch bei zu großen Plattendicken die Kohärenzlänge des Lichtes zu klein sein, um Interferenzen entstehen zu lassen.

Wegen

$$0 \leq \sin^2 \varepsilon \leq 1 \tag{2.241}$$

gilt nach Gl. (2.231) für die Maxima im hindurchgelassenen Licht

$$\frac{2dn''}{\lambda n} \geq k \geq \frac{2d}{\lambda} \sqrt{\left(\frac{n''}{n}\right)^2 - 1}. \tag{2.242}$$

Bei $\frac{n''}{n} = 1{,}5$, $\lambda = 500$ nm, $d = 5$ mm und $\sqrt{\left(\frac{n''}{n}\right)^2 - 1} \approx 1{,}1$ ergibt sich z. B.

$$30000 \geq k \geq 22000.$$

Der Gl. (2.242) entnehmen wir, daß die Ordnung der Ringe nach außen hin abnimmt. In der Mitte ist die Ordnung also am größten, und die niedrigen Ordnungen sind nur bei dünnen Platten vorhanden.

2.5.4 Interferenzerscheinungen an keilförmigen Platten

Berechnung der Intensität. Wir beleuchten einen Keil mit einem Parallelbündel monochromatischen Lichtes. Der Einfallswinkel sei so gewählt, daß das an der ersten Fläche gebrochene Licht senkrecht auf die zweite Fläche auftrifft (Abb. 2.81). Das an der ersten und das an der zweiten Fläche reflektierte Teilbündel interferieren an der Keiloberfläche miteinander. Das Interferenzbild entsteht auf der Keiloberfläche.

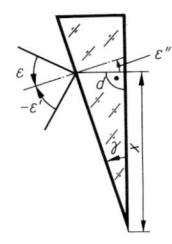

Abb. 2.81 Bündelteilung am Keil bei senkrechtem Lichteinfall an der zweiten Fläche

Für die komplexen Amplituden gilt:

An der ersten Fläche reflektiertes Licht (Phasensprung π beachten!) $\qquad a' = -r_1 A$,

an der ersten Fläche hindurchgegangenes Licht $\qquad a'' = t_1 A$,

an der zweiten Fläche reflektiertes Licht $\qquad a'_2 = r_2 t_1 A e^{j\frac{\delta}{2}}$,

an der ersten Fläche hindurchgelassenes Licht $\qquad a''_1 = r_2 t_1 t_2 A e^{j\delta}$.

Entsprechend den Gleichungen (2.219), (2.201) und (2.202) ist

$$r_1 = \sqrt{R_1}, \quad r_2 = \sqrt{R_2}, \quad t_1 t_2 = 1 - R_1$$

zu setzen. Die Intensität beträgt nach Gl. (2.109)

$$I' = \frac{\varepsilon_r \varepsilon_0 c}{2} \left[R_1 A^2 + R_2 (1 - R_1)^2 A^2 - 2\sqrt{R_1 R_2} (1 - R_1) A^2 \cos \delta \right]$$

bzw.

$$I' = I \left[R_1 + R_2 (1 - R_1)^2 - 2\sqrt{R_1 R_2} (1 - R_1) \cos \delta \right]. \tag{2.243}$$

Für kleine Keilwinkel gilt $R_1 \approx R_2 = R$, $R \ll 1$ und

$$I' = 2IR(1 - \cos \delta). \tag{2.244}$$

Der optische Wegunterschied der Teilbündel beträgt

$$\Delta L = 2n'' d, \tag{2.245}$$

woraus mit $d = x \sin \gamma$ und $n''/\lambda_0 = 1/\lambda''$ die Beziehung für die Phasendifferenz

$$\delta = \frac{4\pi}{\lambda''} x \sin \gamma \tag{2.246}$$

hervorgeht.

Diskussion der Intensitätsbeziehung. Die Nullstellen der Intensität ergeben sich für

$$\cos \delta = 1, \quad \text{also} \quad \delta = 2k\pi.$$

Die dunklen Streifen verlaufen parallel zur Keilkante und haben von dieser die Entfernungen

$$x = \frac{k\lambda''}{2\sin\gamma}, \quad k = 0, 1, 2, \ldots \tag{2.247}$$

Abb. 2.82 enthält die Funktion $I''/I = f(x)$ für $R = 0,05$.

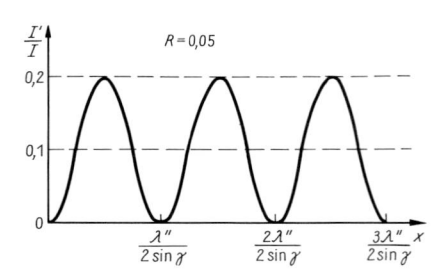

Abb. 2.82 Intensität bei der Interferenz am Keil

Das durch Amplitudenteilung am Keil entstehende Interferenzbild liegt im Endlichen. Die Streifen konstanter Intensität befinden sich an den Stellen konstanter Keildicke. Sie werden deshalb Streifen gleicher Dicke genannt. Beim Verschieben des Keils bewegen sich die Streifen mit.

Beim Beleuchten mit weißem Licht ist die Keilkante dunkel, denn nach Gl. (2.247) ist unabhängig von λ'' für $k = 0$ auch $x = 0$.

Die weiteren Streifen sind farbig. Es können aber nur wenige Streifen beobachtet werden, weil die Interferenzerscheinung mit der Entfernung von der Keilkante in das "Weiß höherer Ordnung" übergeht. Abb. 2.79 ist sinngemäß auch auf den Keil anwendbar.

Beliebiger Einfallswinkel am Keil. Für einen Keil, an dessen Oberfläche das Licht nicht gebrochen wird (Abb. 2.83), ist bei beliebiger Lichteinfallsrichtung

$$\delta = \frac{4\pi d}{\lambda}\cos(\varepsilon_1 + \gamma) \tag{2.248}$$

und

$$l_3 = -d\frac{\sin\varepsilon_1}{\sin\gamma}. \tag{2.249}$$

Für $\varepsilon_1 = -\gamma$ ist $\varepsilon_2 = 0$, das Interferenzbild liegt in der Keiloberfläche.

Für $|\varepsilon_1| < \gamma$, $\varepsilon_1 < 0$ ist $l_3 < d$, das Interferenzbild liegt unterhalb der Keiloberfläche (virtuelles Interferenzbild),

für $|\varepsilon_1| > \gamma$, $\varepsilon_1 < 0$ ist $l_3 > d$, das Interferenzbild liegt oberhalb der Keiloberfläche (reelles Interferenzbild).

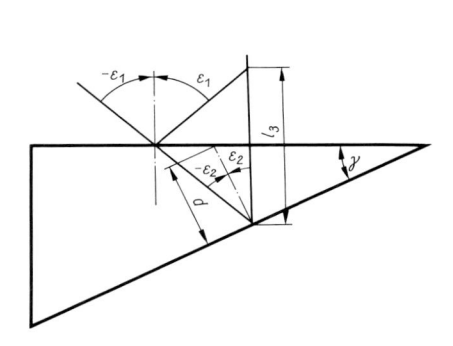

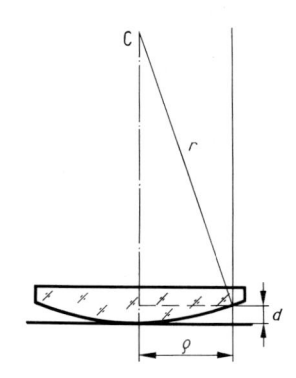

Abb. 2.83 Bündelteilung am Keil bei beliebigem Lichteinfall

Abb. 2.84 Erzeugung Newtonscher Ringe

Newtonsche Ringe sind Streifen gleicher Dicke, die rotationssymmetrischen keilförmigen Schichten entstehen. Wir legen eine Plankonvexlinse mit großem Krümmungsradius auf eine Planplatte (Abb. 2.84). Das an der konvexen Linsenfläche und das an der Oberseite der Planplatte reflektierte Licht kommen zur Interferenz.

Aus dem Pythagoreischen Lehrsatz folgt $r^2 = (r-d)^2 + \rho^2$. Wir vernachlässigen d^2 und lösen nach d auf:

$$d = \frac{\rho^2}{2r}. \tag{2.250}$$

Der optische Wegunterschied nach Gl. (2.245) beträgt $\Delta L = n''\rho^2/r$. Daraus ergibt sich die Phasendifferenz

$$\delta = \frac{2\pi}{\lambda''}\frac{\rho^2}{r}. \tag{2.251}$$

Die dunklen Ringe, für die die Bedingung $\delta = 2k\pi$ gilt, haben die Radien

$$\rho = \sqrt{k\lambda''r}. \tag{2.252}$$

Je größer k ist, desto dichter liegen die Ringe. Bei weißem Licht sind nur etwa fünf farbige Ringsysteme zu beobachten.

Probegläser. Newtonsche Ringe, die an der Luftschicht zwischen einer polierten Linsenoberfläche und einem Probeglas entstehen, das den Sollradius enthält, dienen der Prüfung der Linse im Fertigungsprozeß. Die sogenannte "Passe", ein Maß für die Genauigkeit des Flächenradius, wird in Ringen angegeben. An der Form der Newtonschen Ringe, d.h. an den Abweichungen von deren Kreisförmigkeit, ist zusätzlich zu erkennen, welche Abweichungen von der Rotationssymmetrie vorliegen (Rundpasse, Sattelpaßfelder usw.).

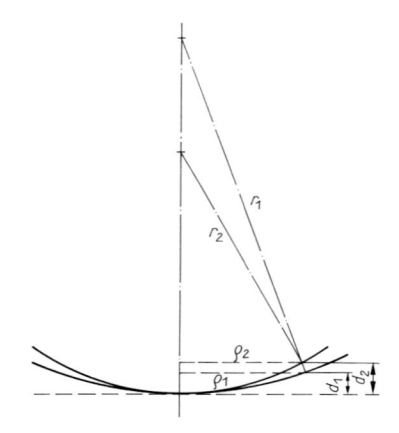

Abb. 2.85 Interferenz am Probeglas

Nach Abb. 2.85 ist näherungsweise ($\rho_1 \approx \rho_2$)

$$d_1 = \frac{\rho^2}{2r_1}, \quad d_2 = \frac{\rho^2}{2r_2},$$

also

$$d_2 - d_1 = \frac{\rho^2}{2} \frac{r_1 - r_2}{r_1 r_2}.$$

Darin kann $r_1 r_2 \approx r^2$ gesetzt werden, so daß

$$\Delta d = \frac{\rho^2}{2r^2} \Delta r \qquad (2.253)$$

ist. Für die Phasendifferenz gilt angenähert

$$\delta = \frac{2\pi}{\lambda} \frac{\rho^2}{r^2} \Delta r. \qquad (2.254)$$

Bei k dunklen Ringen auf der Linsenoberfläche mit dem Durchmesser $D = 2\rho$ beträgt die Radienabweichung

$$\Delta r = \frac{4k\lambda r^2}{D^2}. \qquad (2.255)$$

Beispiel: Für $r = 40$ mm, $D = 40$ mm, $\lambda = 500$ nm, $k = 2$ ist $\Delta r = 4\,\mu\text{m}$ und $\Delta r/r = 10^{-4}$ $\triangleq 0,1\,‰$.

Bei $k = 1$ ist $\Delta r = 2\,\mu\text{m}$, so daß für $\Delta r < 2\,\mu\text{m}$ oder $\Delta r/r < 0,05\,‰$ keine Ringe mehr zu sehen sind ("Nullpasse").

2.5.5 Weitere Interferenzerscheinungen

Zwei völlig gleichartige planparallele Platten seien parallel zueinander angeordnet. Das Licht soll zunächst von einer weit entfernten punktförmigen Lichtquelle ausgehen (Abb. 2.86). Die

2.5 Interferenz

Brechung bringt keine Besonderheiten hervor, deshalb bleibt sie in Abb. 2.86 unberücksichtigt. Außerdem wollen wir annehmen, daß nur das maximal zweimal reflektierte Licht von merklicher Intensität ist. Behandelt wird das hindurchgehende Licht, in dem vier Reflexionen enthalten sind. Zwischen den Teilwellen mit den Amplituden A_1'' und A_4'' besteht eine sehr große Phasendifferenz; zwischen den Teilwellen mit den Amplituden A_2'' und A_3'' ist die Phasendifferenz gleich 0. Diese Aussage ist unabhängig vom Einfallswinkel an der Platte, so daß die gesamten Anteile A_2'' und A_3'' zur maximalen Intensität interferieren. Die Anteile A_1'' und A_4'' geben wegen der großen Phasendifferenz keine beobachtbare Interferenzerscheinung. Dieselbe Interferenz tritt bei der Beleuchtung mit Parallelbündeln und mit ausgedehnten Lichtquellen ein.

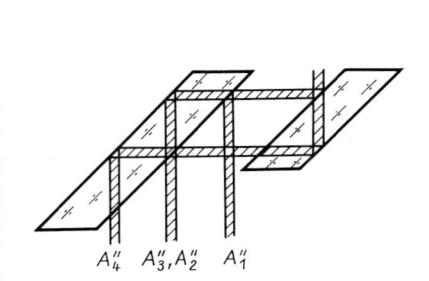

Abb. 2.86 Interferenz an zwei parallelen Platten

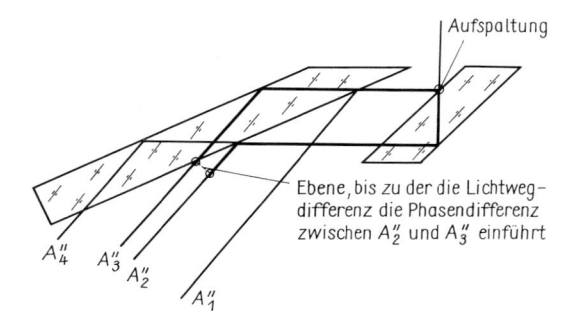

Abb. 2.87 Interferenz an zwei schräg zueinander stehenden Platten

Die Verhältnisse ändern sich, wenn zwischen den Platten ein kleiner Keilwinkel vorhanden ist (Abb. 2.87). Bei der Beleuchtung mit einem Parallelbündel besteht zwischen den Anteilen mit den Amplituden A_2'' und A_3'' eine konstante Phasendifferenz über die gesamte Anordnung hinweg. Es ergibt sich eine einheitliche Interferenzintensität, die aber nicht gleich der maximalen Intensität zu sein braucht.

Bei der Beleuchtung mit einer punktförmigen Lichtquelle entstehen Interferenzstreifen im Unendlichen, die Brewsterschen Streifen. Der Abstand der Streifen beträgt

$$a = \frac{n\lambda}{2\gamma d} \tag{2.256}$$

(n Brechzahl, γ Keilwinkel, d Plattendicke). Dieselbe Erscheinung läßt sich mit einer ausgedehnten Lichtquelle erreichen, deren Größe jedoch eingeschränkt sein muß, wenn der Interferenzkontrast ausreichend sein soll.

Die Interferenz an zwei planparallelen Platten mit kleinem Keilwinkel wird im Jaminschen Interferometer angewendet, um zwei räumlich getrennte interferenzfähige Bündel zu erzeugen (Abb. 2.88). Werden z. B. in beide Teilbündel mit Luft gefüllte Küvetten eingebracht, so verschieben sich die Brewsterschen Streifen, wenn der Luftdruck in einer Küvette geändert wird. Auf diese Weise ist die Druckabhängigkeit der Brechzahl in Luft meßbar.

In ähnlicher Art wirkt das Mach-Zehnder-Interferometer, bei dem eine noch größere Trennung der Teilbündel möglich ist als beim Jaminschen Interferometer. Abb. 2.89 zeigt eine Ausführungsform mit Prismen (vgl. Abb. 2.52).

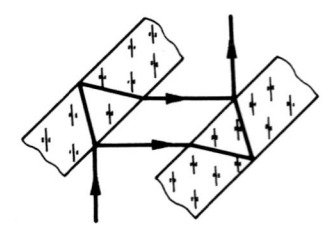

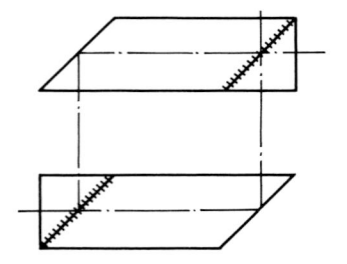

Abb. 2.88 Prinzip des Jaminschen Interferometers **Abb. 2.89** Mach-Zehnder-Interferometer

Shearinginterferometer führen eine Versetzung von zwei Teilwellen ein. Damit ist es möglich, eine deformierte Wellenfläche mit sich selbst zur Interferenz zu bringen. Abb. 2.90 enthält das Optik-Schema einer Ausführungsform als Dreieckinterferometer. In Abb. 2.91 wird die seitliche Aufspaltung durch Doppelbrechung erreicht. Zwischen Polarisator P und Analysator A befindet sich eine Anordnung aus zwei planparallelen Platten eines optisch einachsigen Stoffes, die das Licht in zwei parallel versetzte Lichtbündel mit senkrecht zueinander stehenden Schwingungsrichtungen und der Phasendifferenz 0 aufspaltet (Savartsche Doppelplatte). Der Analysator sorgt dafür, daß beide Wellen wieder gleiche Schwingungsebenen haben und damit interferieren können.

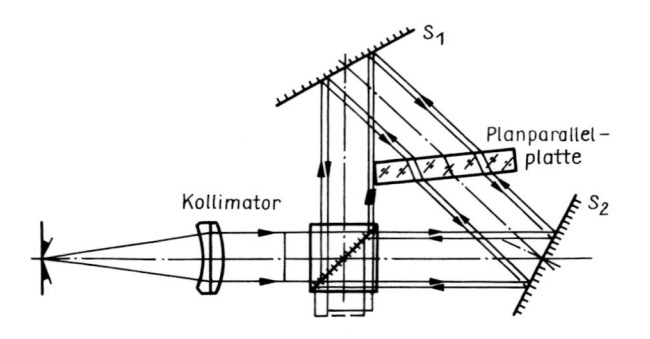

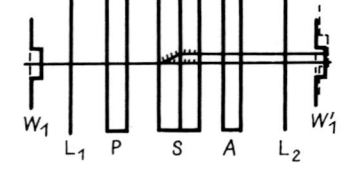

Abb. 2.90 Dreieckinterferometer

Abb. 2.91 Erzeugung von zwei versetzten Wellen mittels Savartscher Doppelplatte

2.6 Beugung

2.6.1 Mathematische Fassung des Huygensschen Prinzips

Wir wenden das Huygenssche Prinzip an, um den Einfluß von Hindernissen auf die Lichtausbreitung zu untersuchen. In Abb. 2.92 befindet sich die als punktförmig angenommene Lichtquelle in sehr großer Entfernung vor der Mitte des Spaltes. Auf den Spalt trifft eine ebene

Welle auf. Wie sämtliche Punkte im Wellenfeld, so senden auch die Punkte in der Spaltebene Elementarwellen aus. Hinter den Kanten werden jedoch die nach den Seiten laufenden Elementarwellen nicht ausgelöscht, weil von dort keine Elementarwellen entgegenkommen. Die Folge ist eine Ausbreitung des Lichtes in alle Richtungen hinter dem Spalt.

> Die Ausbreitung des Lichtes in den geometrischen Schatten hinter Hindernissen hinein wird Beugung genannt.

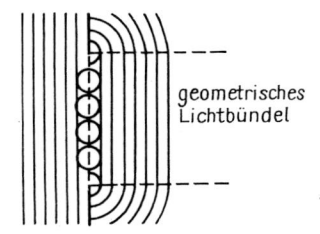

Abb. 2.92 Beugung am Spalt nach dem Huygensschen Prinzip

Als Folge der Beugung tritt eine makroskopisch beobachtbare Interferenzerscheinung auf. Das gesamte Licht innerhalb der Spaltöffnung stammt bei der Anordnung nach Abb. 2.92 von einer punktförmigen Lichtquelle und ist deshalb kohärent. In jede Richtung wird von jedem Punkt der Öffnung eine Welle gestrahlt. Die Gesamtheit aller Wellen einer Richtung interferiert miteinander; wegen der Parallelstrahlen einer Richtung allerdings erst in sehr großen Entfernungen vom Spalt. Das Interferenzbild läßt sich aber auch in der Brennebene einer Linse erzeugen.

Die Beschreibung der Beugung mit dem Huygensschen Prinzip in der bisher dargestellten Form hat nur qualitativen Charakter. Die Berechnung der Lichtintensitäten in den verschiedenen Richtungen hinter dem Spalt erfordert, daß wir das Huygenssche Prinzip mathematisch fassen. Zu diesem Zweck müssen wir einfache Annahmen über den Einfluß der beugenden Hindernisse auf die Lichtwelle treffen. Dies erkennen wir, wenn wir bedenken, daß z. B. eine periodische elektromagnetische Welle auf einem Metallschirm periodische Influenzladungen erzeugen würde, die zur Anregung einer neuen Welle werden könnten.

Wir nehmen folgende Aussagen als ausreichend an:
— Die Anwesenheit eines Schirms verändert die Lichtwelle in den Öffnungen des Schirmes nicht.
— Die Rückseite des Schirmes sendet keine Welle aus und beeinflußt die gebeugte Welle nicht.
— Der Schirm ist schwarz, so daß er kein Licht reflektiert.

Wir beschränken uns auf die Behandlung Fraunhoferscher Beugungserscheinungen. Diese entstehen bei einer Lichtquelle, die so weit vor dem Schirm steht, daß die Lichtwelle vor den beugenden Objekten als eben angesehen werden kann. Bei den Fresnelschen Beugungserscheinungen befindet sich die Lichtquelle im Endlichen.

Huygenssches Prinzip für Fraunhofersche Beugung. Wir berechnen die komplexe Amplitude des Lichtes, das sich in eine vorgegebene Richtung hinter dem Spalt ausbreitet. In der Theorie der Beugung ist es üblich, statt von der komplexen Amplitude von der Lichterregung zu sprechen.

Die Bezeichnungen gehen aus Abb. 2.93a hervor. Der dargestellte Spalt soll zunächst senkrecht zur Zeichenebene sehr lang sein. Wir haben eine Wellenfläche AB vor dem Spalt eingezeichnet. Bis zu dieser ist die Phase über den gesamten Bündelquerschnitt konstant. Die Fläche CD stellt keine Wellenfläche dar. Von CD ab entstehen aber über den Bündelquerschnitt einer Richtung hinweg keine Phasenunterschiede mehr. Die Phasendifferenzen innerhalb eines gebeugten Bündels werden durch den unterschiedlichen optischen Weg zwischen der Wellenfläche AB und der Bezugsfläche CD hervorgerufen, den Teilbündel zurücklegen, welche durch verschiedene Längenelemente dξ der Öffnung gehen.

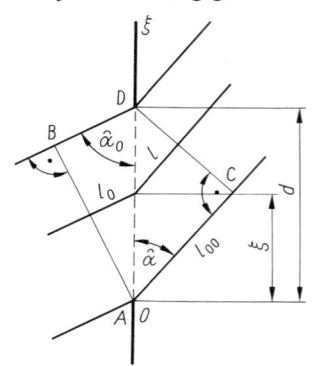

Abb. 2.93a Zur Berechnung der Phasendifferenzen

Der optische Wegunterschied eines beliebig herausgegriffenen Teilbündels zum Randbündel beträgt (Abb. 2.93a)

$$\Delta L = n(l_0 + l - l_{00}). \tag{2.257}$$

Sind α_0 und α die Richtungskosinus der Wellen vor bzw. hinter dem Spalt, so gilt (d Spaltbreite)

$$l_0 = \xi \alpha_0, \quad l = (d - \xi)\alpha, \quad l_{00} = \alpha d \tag{2.258}$$

und nach Gl. (2.257)

$$\Delta L = n\xi(\alpha_0 - \alpha). \tag{2.259}$$

Die Phasendifferenz beträgt

$$\Delta \delta = \frac{2\pi n \xi}{\lambda_0}(\alpha_0 - \alpha) \tag{2.260}$$

oder mit $\lambda_0/n = \lambda$

$$\Delta \delta = \frac{2\pi}{\lambda} \xi(\alpha_0 - \alpha). \tag{2.261}$$

Die komplexe Amplitude einer Teilwelle lautet mit Gl. (2.261)

$$a_\xi = A_\xi e^{\frac{2\pi j}{\lambda}\xi(\alpha_0 - \alpha)}. \tag{2.262}$$

A kann als unabhängig von ξ angenommen werden, weil wir eine ebene Welle beugen und der Spalt völlig durchlässig sein soll.

2.6 Beugung

Die durch Interferenz entstehende Gesamtlichterregung in einem sehr weit vom Schirm entfernten Aufpunkt ist die Summe der komplexen Einzelamplituden. Da wir jedoch stetig veränderliche Phasendifferenzen zwischen den Teilbündeln haben, ist die Summation durch eine Integration zu ersetzen. Sind mehrere Spalte im Schirm vorhanden, so muß über sämtliche Öffnungen integriert werden. Die Lichterregung folgt also aus

$$a = A \int_{\text{Öffnungen}} e^{\frac{2\pi j}{\lambda}\xi(\alpha_0 - \alpha)} d\xi. \tag{2.263}$$

Berücksichtigen wir, daß der Schirm eine Fläche darstellt, auf die die ebene Welle auftrifft, dann haben wir deren Richtung durch die Richtungskosinus gegenüber der ξ- und der η-Achse zu beschreiben. Die Integration über den Schirm ergibt

$$a = A \iint_{\text{Öffnungen}} e^{\frac{2\pi j}{\lambda}[\xi(\alpha_0 - \alpha) + \eta(\beta_0 - \beta)]} d\xi d\eta. \tag{2.264}$$

Mit der aus Gl. (2.264) berechneten Lichterregung bilden wir aa^*. Dieses Absolutquadrat der komplexen Amplitude ist der Lichtintensität proportional.

Eine strenge Beugungstheorie hat von der Wellengleichung auszugehen. Für die elektrische Feldstärke lautet diese

$$\triangle E = \frac{1}{c_0^2} \ddot{E}.$$

Die Wellengleichung ist für die durch die Schirme vorgegebenen Randbedingungen zu lösen. Die Feldgrößen sind Vektoren, also müssen auch die Polarisationszustände von Einfluß auf die Beugung sein. Strenge Lösungen von Beugungsproblemen gibt es nur für wenige Spezialfälle der beugenden Objekte.

Für praktische Aufgaben reicht im allgemeinen die Annahme skalarer Wellen aus. Die skalare Wellengleichung

$$\triangle U = \frac{1}{c_0^2} \ddot{U}$$

(U ist eine skalare Feldgröße, z. B. eine Komponente der elektrischen Feldstärke) geht für eine zeitlich periodische Welle mit $U = u(x, y, z) \cdot \exp\left(-\frac{2\pi j}{\lambda} ct\right)$ und $c/\lambda = c_0/\lambda_0$ über in

$$\triangle u + \frac{4\pi^2}{\lambda^2} u = 0.$$

Die Berechnung der komplexen Amplitude $u_P \equiv a$ in einem Aufpunkt P im Inneren einer geschlossenen Fläche mit beugenden Strukturen führt näherungsweise auf die Kirchhoffsche Beugungsformel (Ableitung siehe z. B. [19]). Sie lautet für Lichtquellen- und Aufpunkte, die nicht zu dicht am ebenen beugenden Schirm liegen (Abb. 2.93b),

$$a = -\frac{j}{2\lambda r_0 R_0}(\gamma_0 + \gamma) e^{\frac{2\pi j}{\lambda}(r_0 + R_0)} \iint_{\text{Schirm}} f(\xi, \eta) e^{\frac{2\pi j(\Phi_1 + \Phi_2)}{\lambda}} d\xi d\eta \tag{2.265a}$$

mit

$$\Phi_1 = \xi(\alpha_0 - \alpha) + \eta(\beta_0 - \beta), \tag{2.265b}$$

$$\Phi_2 = \frac{(\xi^2 + \eta^2)(r_0 + R_0)}{2r_0 R_0} - \frac{1}{2r_0}(\alpha\xi + \beta\eta)^2 - \frac{1}{2R_0}(\alpha_0 \xi + \beta_0 \eta)^2. \tag{2.265c}$$

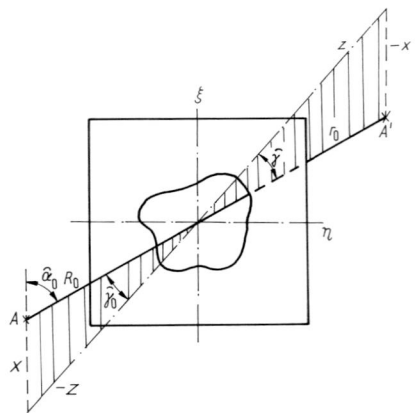

Abb. 2.93b Zur Kirchhoffschen Beugungsformel

Die Strukturfunktion $f(\xi, \eta)$ beschreibt die komplexe Amplitude direkt hinter dem Schirm. Sie muß bekannt sein. Integriert wird über den Schirm. Für den Fall, daß die Entfernungen der Lichtquelle und des Aufpunktes vom Schirm so groß sind, daß $|\Phi_2| \ll \lambda$ ist, liegt Fraunhofersche Beugung vor. In Gl. (2.265a) ist nur Φ_1 zu berücksichtigen, so daß sie bis auf die konstanten Faktoren (auch γ kann im allgemeinen als konstant angesehen werden) in Gl. (2.264) übergeht. Ist Φ_2 nicht zu vernachlässigen, dann liegt Fresnelsche Beugung vor.

2.6.2 Fraunhofersche Beugung am Rechteck

Berechnung der normierten Intensität. Wir wenden die Gl. (2.264) auf die Beugung einer ebenen Welle an einer rechteckigen Öffnung an (Abb. 2.94). Wenn der Ursprung in der Mitte des Rechtecks mit den Kantenlängen l und b liegt, dann lautet Gl. (2.264)

$$a = A \int_{-l/2}^{l/2} \int_{-b/2}^{b/2} e^{\frac{2\pi j}{\lambda}[\xi(\alpha_0-\alpha) + \eta(\beta_0-\beta)]} d\xi d\eta.$$

Die Integration ergibt

$$a = A\left(\frac{\lambda}{2\pi j}\right)^2 \frac{1}{(\alpha_0-\alpha)(\beta_0-\beta)} \left[e^{\frac{j\pi b}{\lambda}(\alpha_0-\alpha)} - e^{-\frac{j\pi b}{\lambda}(\alpha_0-\alpha)}\right] \left[e^{\frac{j\pi l}{\lambda}(\beta_0-\beta)} - e^{-\frac{j\pi l}{\lambda}(\beta_0-\beta)}\right].$$
(2.266)

Mit $\exp(jx) - \exp(-jx) = 2j \sin x$ erhalten wir

$$a = \left(\frac{\lambda}{\pi}\right)^2 A \frac{\sin\frac{\pi b}{\lambda}(\alpha_0-\alpha)}{\alpha_0-\alpha} \frac{\sin\frac{\pi l}{\lambda}(\beta_0-\beta)}{\beta_0-\beta}$$
(2.267)

oder mit den Abkürzungen

$$\frac{\pi b}{\lambda}(\alpha_0-\alpha) = v, \quad \frac{\pi l}{\lambda}(\beta_0-\beta) = w$$
(2.268)

die Beziehung

$$a = A l b \frac{\sin v}{v} \frac{\sin w}{w}.$$
(2.269)

2.6 Beugung

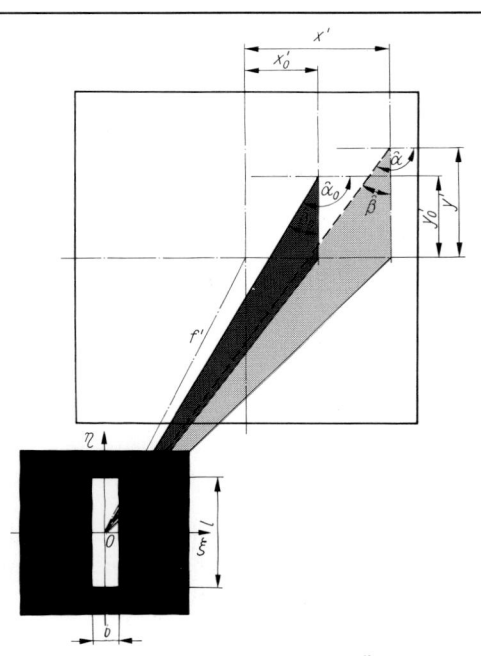

Abb. 2.94 Beugende rechteckige Öffnung

Für das ungebeugte Licht ist $\alpha = \alpha_0$ und $\beta = \beta_0$. Wegen $\lim_{v \to 0}(\sin v / v) = 1$ beträgt die Lichterregung

$$a_0 = A l b. \qquad (2.270)$$

a und a_0 sind reell. Wir erhalten deshalb durch Division von a^2 nach Gl. (2.269) und a_0^2 nach Gl. (2.270), wobei der Proportionalitätsfaktor in der Formel für die Intensität wegfällt, die – auf die Intensität des ungebeugten Lichtes bezogene – normierte Intensität

$$i = \frac{a^2}{a_0^2} = \left[\frac{\sin v}{v} \frac{\sin w}{w}\right]^2. \qquad (2.271)$$

Hinter dem Spalt ordnen wir eine Sammellinse an, in deren Brennebene die Interferenzerscheinung abgebildet wird (von Abbildungsfehlern sehen wir ab). Nach Abb. 2.95 ist ($\alpha = \cos \hat{\alpha}$):

$$\cot \hat{\alpha}_0 = \frac{x'_0}{f'}, \quad \cot \hat{\alpha} = \frac{x'}{f'}. \qquad (2.272)$$

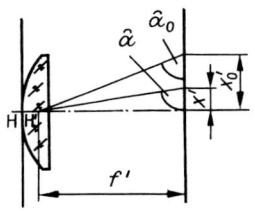

Abb. 2.95 Abbildung der Fraunhoferschen Beugungserscheinung

Für geringe Neigungen der einfallenden Lichtstrahlen gegenüber der Normalen auf der Schirmebene ist $\widehat{\alpha}_0$ wenig verschieden von $90°$. Das gebeugte Licht hat nur für Winkel in der Nähe von $\widehat{\alpha} = \widehat{\alpha}_0$ merkliche Intensität, so daß bei $\widehat{\alpha}_0 \approx 90°$ auch $\widehat{\alpha}$ wenig von $90°$ abweichend angenommen werden darf. Mit $\cot\widehat{\alpha} \approx \cos\widehat{\alpha} = \alpha$, $\cot\widehat{\alpha}_0 \approx \cos\widehat{\alpha}_0 = \alpha_0$ erhalten wir

$$\alpha_0 - \alpha = \frac{x'_0 - x'}{f'}. \tag{2.273a}$$

Dieselbe Rechnung wiederholen wir für die y'-Richtung, wobei sich

$$\beta_0 - \beta = \frac{y'_0 - y'}{f'} \tag{2.273b}$$

ergibt. Die Gl. (2.273) setzen wir in die Gl. (2.268) ein:

$$v = \frac{\pi l}{\lambda f'}(x'_0 - x'), \quad w = \frac{\pi b}{\lambda f'}(y'_0 - y'). \tag{2.274a, b}$$

Diskussion der Beugungsintensität. Wir diskutieren die Gl. (2.271) für die normierte Intensität. Zunächst betrachten wir die Abhängigkeit der Intensität von x'. Die Funktion $f(v) = [(\sin v)/v]^2$ ist in Abb. 2.96 grafisch dargestellt.

Nullstellen der Intensität erhalten wir für

$$v = \pm z\pi, \quad z = 1, 2, 3 \ldots \tag{2.275}$$

Die Nullstellen der Intensität liegen also bei

$$x'_0 - x' = \pm\frac{z\lambda f'}{b}. \tag{2.276}$$

Die Nebenmaxima bestimmen wir aus

$$\frac{d}{dv}\left(\frac{\sin v}{v}\right) = \frac{v\cos v - \sin v}{v^2} = 0,$$

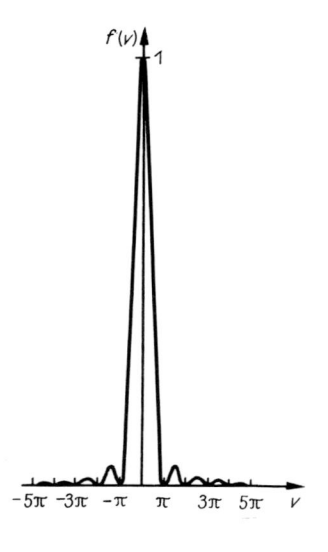

Abb. 2.96 Normierte Intensität bei der Beugung am Spalt

2.6 Beugung

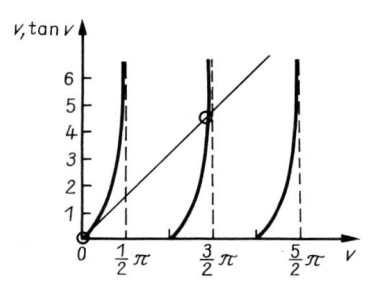

Abb. 2.97 Zur Lösung der Gleichung $\tan v_m = v_m$

woraus die Gleichung

$$\tan v_m = v_m \tag{2.277}$$

hervorgeht. Wir lösen Gl. (2.277) graphisch, indem wir $\tan v$ mit der Geraden $v = v$ zum Schnitt bringen. Abb. 2.97 läßt erkennen, daß die Nebenmaxima mit guter Näherung bei

$$v_m = \pm(2z+1)\frac{\pi}{2}, \quad z = 1, 2, 3\ldots,$$

liegen. Aus Gl. (2.274a) folgt

$$x'_0 - x'_m = \pm\frac{2z+1}{2}\frac{\lambda f'}{b}. \tag{2.278}$$

Die Intensität in den Nebenmaxima beträgt

$$i_m = \left(\frac{\sin v_m}{v_m}\right)^2 = \left(\frac{\sin v_m}{\tan v_m}\right)^2 = \cos^2 v_m$$

oder

$$i_m = \frac{1}{1+v_m^2}. \tag{2.279}$$

Tabelle 2.20 Nebenmaxima bei der Beugung am Spalt

$\dfrac{v_m}{\pi}$	$\dfrac{2z+1}{2}$	i_m
1,43	1,5	0,047
2,46	2,5	0,017
3,47	3,5	0,008
4,48	4,5	0,005

In Tab. 2.20 sind die grafisch ermittelten v_m-Werte und ihre Näherungen sowie die normierten Intensitäten angegeben.

Für die y'-Richtung gelten die gleichen Überlegungen. Es ist

$$y'_0 - y' = \pm\frac{z\lambda f'}{l} \quad \text{für die Nullstellen,} \tag{2.280}$$

$$y'_0 - y'_m = \pm\frac{2z+1}{2}\frac{\lambda f'}{l} \quad \text{für die Nebenmaxima.} \tag{2.281}$$

Das Interferenzbild bei der Beugung an einem Quadrat zeigt Abb. 2.98.

Die Interferenzstreifen einer Richtung liegen bei der Beugung am Rechteck desto dichter beisammen, je länger die zugeordnete Kante des Rechtecks ist. Bei einem Spalt ist die eine Kante sehr groß gegenüber der anderen ($l \gg b$). Die Interferenzlinien der x'-Richtung gehen dann in denen der y'-Richtung unter, und wir erhalten ein einfaches Streifensystem. Abb. 2.99 zeigt das Beugungsbild am Rechteck.

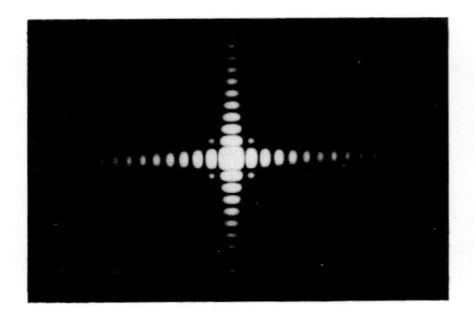

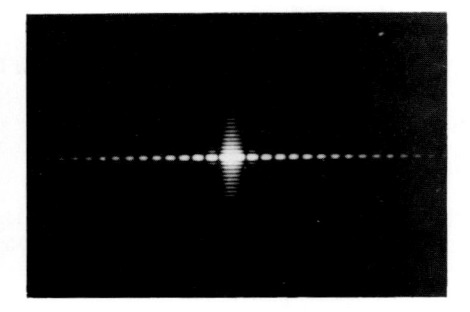

Abb. 2.98 Beugung am Quadrat

Abb. 2.99 Beugung am Rechteck

Sicherung der Kohärenz. Weißes Licht. Unsere bisherige Rechnung setzt voraus, daß das Licht, das von den einzelnen Spaltpunkten aus in eine Richtung gestrahlt wird, kohärent ist. Bei der Beleuchtung mit einer ausgedehnten Lichtquelle ist das Lichtbündel einer Beugungsrichtung in sich partiell-kohärent. Nach der Kohärenzbedingung Gl. (2.181) für unendlich ferne Lichtquellen muß $b \tan w \ll \lambda/2$ sein. Bei einer vorgegebenen Winkelgröße $2w$ der Lichtquelle darf der Spalt nicht breiter sein, als es nach

$$b \ll \frac{\lambda}{2 \tan w} \qquad (2.282)$$

zulässig ist. Die Sonne z. B. hat die Winkelgröße $32'$. Es ist $\tan w = 0{,}004654$ und bei einer Wellenlänge von $\lambda = 500$ nm

$$b \ll \frac{5{,}0 \cdot 10^{-4}}{9{,}3 \cdot 10^{-3}} \approx 0{,}05 \text{ mm}.$$

Nur mit einem Spalt, dessen Breite klein gegen 0,05 mm ist, kann die Beugung des Sonnenlichtes an einem Spalt direkt beobachtet werden.

Experimentell läßt sich die Fraunhofersche Beugung am Spalt nur untersuchen, wenn auch zur Beleuchtung ein Spalt verwendet wird, der parallel zum beugenden Spalt steht und der die notwendige Kohärenz sichert.

Die Gleichungen (2.276) und (2.278) enthalten die Wellenlänge des Lichtes. Sie gelten also zunächst nur für monochromatisches Licht. Bei einer polychromatisch (z. B. weiß) strahlenden Lichtquelle ist Gl. (2.276) für jede Wellenlänge gesondert anzuwenden. Das ungebeugte Licht bleibt polychromatisch wie das einfallende Licht. Die Interferenzstreifen werden jedoch farbig. Es entstehen dabei keine Spektralfarben, sondern Mischfarben. Diese kommen folgendermaßen zustande: Wegen der Proportionalität von x' und λ nach Gl. (2.276) werden die Spektralfarben innerhalb jeder Ordnung in der Reihenfolge blau, grün, gelb und rot ausgelöscht. Die übrigbleibenden Farben mischen sich zur Komplementärfarbe der ausgelöschten Farbe. Die Streifen niedriger Ordnung erscheinen in der Reihenfolge gelb, rot, blau und grün gefärbt. Die Streifen höherer Ordnung sind nicht zu sehen, weil sich die Farben wieder zu einem Weiß mischen, in dem eine gewisse Anzahl ganz schmaler Wellenlängenbereiche fehlen ("Weiß höherer Ordnung").

2.6.3 Fraunhofersche Beugung am Kreis

Abb. 2.100 zeigt einen Schirm mit einer kreisförmigen Öffnung (Durchmesser $2\rho_m$). Die einfallende Lichtwelle sei eben. Das in eine Richtung gebeugte Licht soll durch eine dicht hinter dem Schirm stehende Sammellinse (in Abb. 2.100 nicht eingezeichnet) in einen Punkt der x'-y'-Ebene fokussiert werden. In der Schirmebene werden Polarkoordinaten mittels

$$\xi = \rho \cos \varphi, \quad \eta = \rho \sin \varphi \tag{2.283}$$

eingeführt. In der Brennebene der Linse soll der Ursprung mit dem Bildpunkt des ungebeugten Lichtes übereinstimmen. Es ist deshalb

$$x' - x'_0 = r' \cos \vartheta, \quad y' - y'_0 = r' \sin \vartheta \tag{2.284}$$

zu setzen. Außerdem gelten die Beziehungen

$$\cot \widehat{\alpha} = \frac{x'}{f'}, \quad \cot \widehat{\alpha}_0 = \frac{x'_0}{f'}, \quad \cot \widehat{\beta} = \frac{y'}{f'}, \quad \cot \widehat{\beta}_0 = \frac{y'_0}{f'}. \tag{2.285}$$

Daraus ergeben sich wegen $\cot \widehat{\alpha} \approx \cos \widehat{\alpha} = \alpha$ für Winkel in der Nähe von 90° die Gleichungen

$$\alpha_0 - \alpha = \frac{x'_0 - x'}{f'} \quad \text{und} \quad \beta_0 - \beta = \frac{y'_0 - y'}{f'}. \tag{2.286}$$

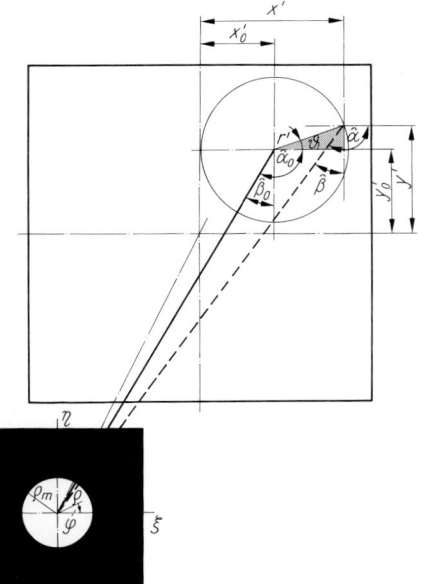

Abb. 2.100 Beugende kreisförmige Öffnung

Mit den Gleichungen (2.283), (2.284) und (2.286) erhalten wir

$$\xi(\alpha_0 - \alpha) + \eta(\beta_0 - \beta) = -\frac{pr'}{f'}(\cos\vartheta \cdot \cos\varphi + \sin\vartheta \cdot \sin\varphi)$$

oder

$$\xi(\alpha_0 - \alpha) + \eta(\beta_0 - \beta) = -\frac{pr'}{f'}\cos(\vartheta - \varphi). \tag{2.287}$$

Gleichung (2.287) setzen wir in das Integral von Gl. (2.264) ein. Das Flächenelement lautet in Polarkoordinaten

$$dA = \rho\,d\rho\,d\varphi. \tag{2.288}$$

Die Integrationsgrenzen sind

$$0 \leq \rho \leq \rho_m \quad \text{und} \quad 0 \leq \varphi \leq 2\pi. \tag{2.289}$$

Wir erhalten mit den Gleichungen (2.287) bis (2.289) aus der Gl. (2.264)

$$a = A\int_0^{\rho_m}\int_0^{2\pi} e^{-\frac{2\pi j \rho r'}{\lambda f'}\cos(\delta - \varphi)}\rho\,d\rho\,d\varphi. \tag{2.290}$$

Das Integral über $d\varphi$ berechnen wir mit der Formel (siehe z. B. [7])

$$\frac{1}{2\pi}\int_0^{2\pi} e^{-jx\cos\varphi}d\varphi = J_0(x). \tag{2.291}$$

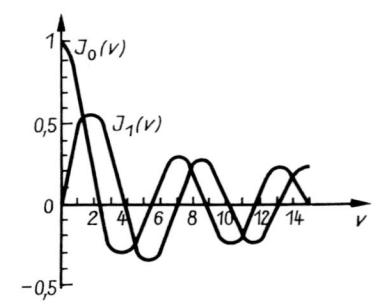

Abb. 2.101 Grafische Darstellung der Zylinderfunktionen $J_0(v)$ und $J_1(v)$

$J_0(x)$ ist die Zylinderfunktion erster Art der nullten Ordnung. $J_0(x)$ und die in der weiteren Rechnung benötigte Funktion $J_1(x)$ sind in Abb. 2.101 grafisch dargestellt. Der Vergleich von Gl. (2.290) und Gl. (2.291) zeigt, daß

$$x = \frac{2\pi\rho r'}{\lambda f'} \tag{2.292}$$

zu setzen ist. Es bleibt

$$a = 2\pi A\int_0^{\rho_m} J_0\left(\frac{2\pi\rho r'}{\lambda f'}\right)\rho\,d\rho \tag{2.293}$$

zu berechnen. Dazu dient nach [7] die Formel

$$\int_0^x J_0(x)x\,dx = xJ_1(x). \tag{2.294}$$

2.6 Beugung

Wir führen in der Gl. (2.293) wieder die Substitution

$$x = \frac{2\pi\rho r'}{\lambda f'}, \quad dx = \frac{2\pi r'}{\lambda f'} d\rho, \quad 0 \leq x \leq \frac{2\pi\rho_m r'}{\lambda f'} \tag{2.295}$$

durch und berechnen

$$a = \frac{\lambda^2 f'^2 A}{2\pi r'^2} \int_0^{\frac{2\pi\rho_m r'}{\lambda f'}} J_0(x) x \, dx. \tag{2.296}$$

Wir erhalten mit Gl. (2.294) und der Abkürzung

$$v = \frac{2\pi\rho_m r'}{\lambda f'} \tag{2.297}$$

das Ergebnis

$$a = 2\pi\rho_m^2 A \frac{J_1(v)}{v}. \tag{2.298}$$

Für das ungebeugte Licht ergibt das Integral in Gl. (2.290) wegen $r' = 0$ unmittelbar die Fläche der beugenden Öffnung, für die Lichterregung also

$$a_0 = \pi\rho_m^2 A. \tag{2.299}$$

Die normierte Intensität in der Brennebene der Linse beträgt

$$i = \frac{a^2}{a_0^2} = \left[\frac{2J_1(v)}{v}\right]^2. \tag{2.300}$$

Die normierte Intensität hängt über v nur vom Radius r' in der Brennebene der Linse ab; sie ist also auf Kreisen konstant. Das Interferenzbild besteht aus konzentrischen Kreisen um den Punkt x'_0, y'_0. Die Funktion nach Gl. (2.300) ist in Abb. 2.102 dargestellt. Wir diskutieren Gl. (2.300).

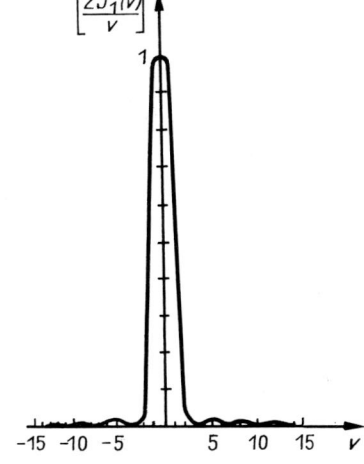

Abb. 2.102 Normierte Intensität bei der Beugung am Kreis

Die Nullstellen liegen auf Kreisen, deren Radien aus $J_1(v_n) = 0$ folgen. Diese Nullstellen entnehmen wir einer Tafel (vgl. [7]). Aus Gl. (2.297) ergeben sich dann die Radien, die in Tab. 2.21 eingetragen sind.

Die Nebenmaxima berechnen wir mit Hilfe der Formel (vgl. [7])

$$\frac{d}{dv}\left[\frac{2J_1(v)}{v}\right] = -\frac{2J_2(v)}{v}. \tag{2.301}$$

Tabelle 2.21 Nullstellen der Intensität bei der Beugung am Kreis

n	v_n	$\frac{r'\rho_m}{f'\lambda}$
1	3,832	0,6098
2	7,016	1,117
3	10,173	1,619
4	13,324	2,121

Tabelle 2.22 Nebenmaxima bei der Beugung am Kreis

m	v_m	$\frac{r'\rho_m}{f'\lambda}$	i_m
1	5,135	0,817	0,0175
2	8,417	1,340	0,00415
3	11,620	1,849	0,00160
4	14,796	2,355	0,00078

Die Lage der Nebenmaxima folgt aus $J_2(v_m) = 0$. Tabelle 2.22 enthält die aus [7] entnommenen Werte für v_m sowie die nach Gl. (2.300) berechneten normierten Intensitäten i_m. Wir erkennen, daß die Nebenmaxima noch lichtschwächer als bei der Beugung am Rechteck sind.

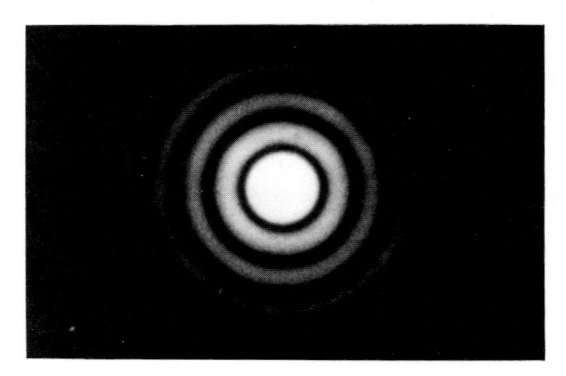

Abb. 2.103 Beugung an der kreisförmigen Öffnung

Die Ausführungen über die Kohärenzbedingung und über die Beugung von weißem Licht in 2.6.2 gelten sinngemäß auch für kreisförmige Öffnungen. Abb. 2.103 zeigt die fotografische Aufnahme der Beugungserscheinung an der kreisförmigen Öffnung.

2.6.4 Beugung am Liniengitter

Wir untersuchen die Beugung an einer ebenen Struktur, die sowohl den Betrag als auch die Phase der komplexen Amplitude als Funktion des Ortes verändert. Die einfallende Welle sei eben und habe den Betrag der Amplitude A. Die Struktur hat eine vom Ort abhängige Durch-

2.6 Beugung

lässigkeit, so daß der Betrag der Amplitude hinter der Struktur $A(\xi, \eta)$ ist. Auch die Phase des Lichtes ist hinter der Struktur verändert. Sie hängt aus zwei Gründen vom Ort ab.

– Durch die Beugung wird eine Phasendifferenz über den Bündelquerschnitt einer Richtung hinweg eingeführt. Sie hat analog zu Gl. (2.261) den Betrag

$$\Delta_B = \frac{2\pi}{\lambda}\left[\xi(\alpha_0 - \alpha) + \eta(\beta_0 - \beta)\right]. \tag{2.302}$$

– Es kann auch innerhalb der Struktur eine Phasenänderung

$$\delta = \delta(\xi, \eta) \tag{2.303}$$

entstehen.

Mit Gl. (2.302) und Gl. (2.303) erhalten wir für die komplexe Amplitude hinter der Struktur

$$a_{\xi,\eta} = A\sigma(\xi, \eta) \cdot e^{j\delta(\xi, \eta)} \cdot e^{\frac{2\pi j}{\lambda}\left[\xi(\alpha_0 - \alpha) + \eta(\beta_0 - \beta)\right]}. \tag{2.304}$$

Für den Anteil, der den Einfluß der beugenden Struktur widerspiegelt, führen wir die Abkürzung

$$f(\xi, \eta) = \sigma(\xi, \eta) e^{j\delta(\xi, \eta)} \tag{2.305}$$

ein. Bei $\sigma = 1$ ist

$$f(\xi, \eta) = e^{j\delta(\xi, \eta)}, \tag{2.306}$$

es liegt eine reine Phasenstruktur vor. Bei $\delta = 0$ wird

$$f(\xi, \eta) = \sigma(\xi, \eta), \tag{2.307}$$

und es liegt eine reine Amplitudenstruktur vor.

Die Lichterregung erhalten wir, wenn wir nach dem Vorbild der Ableitung von Gl. (2.264) das Huygenssche Prinzip anwenden und $a_{\xi,\eta}$ nach Gl. (2.264) über die Fläche der Struktur integrieren. Es ist also

$$a = A \iint f(\xi, \eta) \cdot e^{\frac{2\pi j}{\lambda}\left[\xi(\alpha_0 - \alpha) + \eta(\beta_0 - \beta)\right]} d\xi d\eta. \tag{2.308}$$

Wir spezialisieren Gl. (2.308) für ein ebenes Liniengitter (Abb. 2.104). Dieses stellt eine eindimensionale periodische Struktur dar, d. h., die Strukturfunktion hängt nur von einer Variablen ab und ist in dieser periodisch.

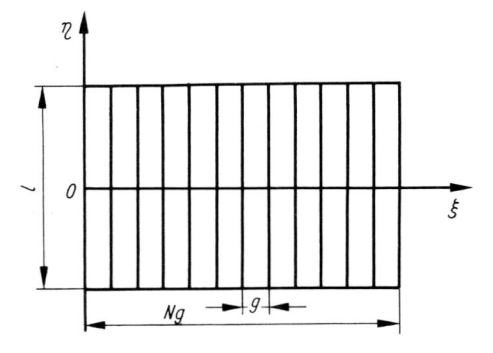

Abb. 2.104 Ebenes Liniengitter

Ein Liniengitter entsteht z. B., wenn mit einem Diamanten in gleichen Abständen Linien auf eine Glasplatte geritzt werden. Für die Strukturfunktion eines Liniengitters schreiben wir

$$f(\xi, \eta) = f(\xi) = \sigma(\xi) \cdot e^{j\delta(\xi)}. \tag{2.309}$$

Die Periode g ist der Abstand homologer Gitterstellen, den wir Gitterkonstante nennen.

Die Periodizität der Funktion $f(\xi)$ drückt sich in der Gleichung

$$f(\xi + kg) = f(\xi), \quad k = 0, 1, 2, 3, \ldots, \tag{2.310}$$

aus. Die Linien sollen die Länge l haben; die Gesamtlinienanzahl sei N. Das Koordinatensystem legen wir so an, wie es in Abb. 2.104 eingezeichnet ist. Damit geht Gl. (2.308) über in

$$a = A \int_0^{Ng} \int_{-(l/2)}^{l/2} f(\xi) \cdot e^{\frac{2\pi j}{\lambda}[\xi(\alpha_0 - \alpha) + \eta(\beta_0 - \beta)]} d\xi d\eta. \tag{2.311}$$

Die Integration über $d\eta$ ist ohne Kenntnis der Funktion $f(\xi)$ ausführbar und ergibt

$$\int_{-(l/2)}^{l/2} e^{\frac{2\pi j}{\lambda}\eta(\beta_0 - \beta)} d\eta = \frac{l \sin L}{L}. \tag{2.312}$$

Die Funktion $(\sin L)/L$ mit der Abkürzung $L = \pi l(\beta_0 - \beta)/\lambda$ hat nach Tab. 2.20 nur merklich von 0 verschiedene Werte, wenn

$$\frac{\pi l}{\lambda}(\beta_0 - \beta) \ll \pi, \quad \text{also} \quad \beta_0 - \beta \ll \frac{\lambda}{l} \tag{2.313}$$

ist. Die rechte Seite der Ungleichung (2.313) ist sehr klein (bei $l = 20$ mm und $\lambda = 400$ nm ist $\lambda/l = 2 \cdot 10^{-5}$), so daß nahezu

$$\beta_0 = \beta \tag{2.314}$$

sein muß und das Integral (2.312) durch l ersetzt werden kann.

| Ein Liniengitter erzeugt eine Intensitätsverteilung, die in Richtung der Gitterstriche schmal ist.

Mit Gl. (2.312) und $(\sin L)/L \approx 1$ geht Gl. (2.311) über in

$$a = Al \int_0^{Ng} f(\xi) \cdot e^{\frac{2\pi j}{\lambda}\xi(\alpha_0 - \alpha)} d\xi. \tag{2.315}$$

Die explizite Integration über $d\xi$ setzt die Kenntnis der Funktion $f(\xi)$ voraus. Wir können aber die Rechnung noch allgemein weiterführen, wenn wir die Periodizität dieser Funktion berücksichtigen. Wir stellen das Integral (2.315) als Summe über die einzelnen Furchen, d. h. über die einzelnen Periodizitätsbereiche, dar. Wir setzen also

$$a = Al \sum_{k=0}^{N-1} \int_{kg}^{(k+1)g} f(\xi) \cdot e^{\frac{2\pi j}{\lambda}\xi(\alpha_0 - \alpha)} d\xi. \tag{2.316}$$

Die Integrale werden von dem Parameter k unabhängig, wenn wir mittels

$$\xi = (k + \kappa)g \tag{2.317}$$

2.6 Beugung

die neue Variable κ einführen. Wir erhalten

$$d\xi = g\, d\kappa, \quad 0 \leq \kappa \leq 1, \tag{2.318}$$

und wegen der Periodizität

$$f(\xi) = f(kg + \kappa g) = f(\kappa g). \tag{2.319}$$

Mit den Gleichungen (2.317) bis (2.319) formen wir Gl. (2.316) um in

$$a = Agl \int_0^1 f(\kappa) \cdot e^{\frac{2\pi j \kappa g}{\lambda}(\alpha_0 - \alpha)} d\kappa \sum_{k=0}^{N-1} e^{\frac{2\pi j k g}{\lambda}(\alpha_0 - \alpha)}. \tag{2.320}$$

Da nur κ variabel ist, schreiben wir im folgenden statt $f(\kappa g)$ stets $f(\kappa)$. Zur Abkürzung setzen wir

$$w = \frac{\pi g}{\lambda}(\alpha_0 - \alpha) \tag{2.321}$$

und erhalten

$$a = Agl \int_0^1 f(\kappa) \cdot e^{2j\kappa w} d\kappa \sum_{k=0}^{N-1} e^{2jkw}. \tag{2.322}$$

Die Summe stellt eine geometrische Reihe mit N Gliedern dar. Wir summieren, wodurch Gl. (2.322) in

$$a = Agl \frac{1 - e^{2jNw}}{1 - e^{2jw}} \int_0^1 f(\kappa) \cdot e^{2j\kappa w} d\kappa \tag{2.323}$$

übergeht.

Für das ungebeugte Licht ist $\alpha = \alpha_0$ und damit $w = 0$. Nach der Regel von de l'Hospital bilden wir den Grenzwert

$$\lim_{w \to 0} \frac{1 - e^{2jNw}}{1 - e^{2jw}} = \lim_{w \to 0} \frac{-2jN \cdot e^{2jNw}}{-2j \cdot e^{2jw}} = N. \tag{2.324}$$

Aus Gl. (2.323) folgt

$$a_0 = AglN \int_0^1 f(\kappa)\, d\kappa. \tag{2.325}$$

Für die normierte Intensität ergibt sich aus Gl. (2.323) und Gl. (2.325)

$$i = \frac{aa^*}{a_0 a_0^*} = \left| \frac{\int_0^1 f(\kappa) \cdot e^{2j\kappa w} d\kappa}{\int_0^1 f(\kappa) d\kappa} \right|^2 \left[\frac{\sin Nw}{N \sin w} \right]^2. \tag{2.326}$$

Wir untersuchen den Faktor $[(\sin Nw)/(N \sin w)]^2$.

1. Wegen der Gesamtlinienanzahl N im Nenner, die bei Beugungsgittern sehr groß ist (z. B. kann sie $N = 10^5$ betragen), erhalten wir nur merklich von 0 verschiedene Werte, wenn $\sin w$ in der Nähe von 0 liegt, also $w \approx m\pi$ ist. Der Grenzwert für $w \to m\pi$ folgt aus

$$\lim_{w \to m\pi} \left[\frac{\sin Nw}{N \sin w} \right]^2 = \lim_{w \to m\pi} \left[\frac{N \cos Nw}{N \cos w} \right]^2 = 1. \tag{2.327}$$

Die Hauptmaxima der normierten Intensität liegen also bei

$$w = m\pi. \tag{2.328}$$

Nach Gl. (2.321) gilt für die Richtungen, in die die Hauptmaxima fallen,

$$\alpha_0 - \alpha = \frac{m\lambda}{g}, \quad m = 0, \pm 1, \pm 2, \pm 3, \ldots \tag{2.329}$$

2. Zwischen den Hauptmaxima liegen Nullstellen der Intensität bei

$$Nw = z\pi, \tag{2.330}$$

also in den Richtungen

$$\alpha_0 - \alpha = \frac{z\lambda}{Ng}, \quad z = \pm 1, \pm 2, \pm 3, \ldots, \pm(N-1). \tag{2.331}$$

3. Nebenmaxima erhalten wir zwischen den Nullstellen. Ihre Lage folgt aus

$$\frac{d}{dw}\left[\frac{\sin Nw}{N \sin w}\right] = \frac{N^2 \cos Nw \sin w - N \sin Nw \cos w}{N^2 \sin^2 w} = 0$$

oder

$$N \tan w_m = \tan Nw_m. \tag{2.332}$$

Diese transzendente Gleichung hat bei großem N fast genau die Lösungen $w_m = (2z+1)\pi/2N$, so daß für die Nebenmaxima

$$\alpha_0 - \alpha = \pm \frac{(2z+1)\lambda}{2Ng}, \quad z = 1, 2, 3, \ldots, (N-2), \tag{2.333}$$

gilt.

Die Nebenmaxima sind sehr lichtschwach. Die normierte Intensität beträgt in ihnen nur etwa $i = 1/N^2$. Wir können sie im allgemeinen vernachlässigen.

Da der Faktor $[(\sin Nw)/(N \sin w)]^2$ nur für $w = m\pi$ wesentlich ungleich 0 ist, brauchen wir die Intensität auch nur für diese Werte des Arguments weiter zu untersuchen. Nach Gl. (2.326) beträgt die normierte Intensität in den Hauptmaxima

$$i_m = \left|\frac{\int_0^1 f(\kappa) \cdot e^{2\kappa jm\kappa} d\kappa}{\int_0^1 f(\kappa) d\kappa}\right|^2. \tag{2.334}$$

> Aus der Periodizität des Gitters folgt, daß nur in bestimmte Richtungen Licht merklicher Intensität gebeugt wird. Der Betrag dieser Intensität ist von der speziellen Strukturfunktion $f(\kappa)$ abhängig.

$f(\kappa)$ stellt eine Funktion dar, deren periodische Fortsetzung die Strukturfunktion (2.319) bildet. Wir können sie in eine Fourier-Reihe entwickeln:

$$f(\kappa) = \sum_{n=-\infty}^{\infty} a_n e^{-2\pi jn\kappa}. \tag{2.335}$$

2.6 Beugung

Multiplikation mit $\exp(2\pi jm\kappa)$ und Integration über $d\kappa$ von 0 bis 1 ergibt

$$\int_0^1 f(\kappa) \cdot e^{2\pi jm\kappa} d\kappa = \sum_{n=-\infty}^{\infty} a_n \int_0^1 e^{2\pi j\kappa(m-n)} d\kappa. \qquad (2.336)$$

Da m und n ganzzahlig sind und auf der rechten Seite von Gl. (2.336) über eine Periode der Funktion $\exp[2\pi j\kappa(m-n)]$ integriert wird, erhalten wir

$$\int_0^1 e^{2\pi j\kappa(m-n)} d\kappa = \delta_{mn}. \qquad (2.337)$$

δ_{mn} ist das Kronecker-Symbol. Auf der rechten Seite von Gl. (2.336) bleibt nur der Summand mit $m = n$ übrig, und wir finden

$$a_m = \int_0^1 f(\kappa) \cdot e^{2\pi jm\kappa} d\kappa. \qquad (2.338)$$

Für $m = 0$ ist speziell

$$a_0 = \int_0^1 f(\kappa) d\kappa. \qquad (2.339)$$

Gl. (2.338) und Gl. (2.339) setzen wir in Gl. (2.334) ein. Die normierte Intensität in den Hauptmaxima beträgt

$$i_m = \left|\frac{a_m}{a_0}\right|^2. \qquad (2.340)$$

Das Ergebnis fassen wir zusammen:

> Die normierte Intensität hat bei der Beugung am Liniengitter nur für die einzelnen Ordnungen wesentliche Werte. Dafür ist allein die Periodizität des Gitters verantwortlich. Der Betrag der normierten Intensität ist das Absolutquadrat der auf a_0 bezogenen Fourier-Koeffizienten der Strukturfunktion $f(\kappa)$.
> a_0 ist der Mittelwert der Strukturfunktion über eine Periode.

Sind einzelne Ordnungen in der Fourier-Entwicklung der Strukturfunktion nicht enthalten, dann fehlen sie auch im Spektrum des Gitters.

Als Beispiel betrachten wir ein reines Amplitudengitter mit "kastenförmiger" Durchlässigkeit. Es sei (Abb. 2.105):

$$f(\kappa) = \begin{cases} 1 & \text{für} \quad 0 \leq \kappa \leq \kappa_0, \\ 0 & \text{für} \quad \kappa_0 \leq \kappa \leq 1. \end{cases} \qquad (2.341)$$

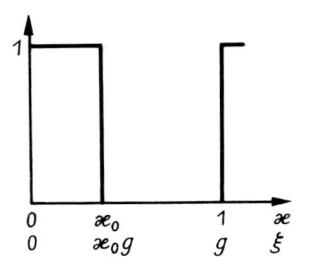

Abb. 2.105 Strukturfunktion des Amplitudengitters mit "kastenförmiger" Durchlässigkeit

Aus Gl. (2.339) folgt

$$a_0 = \int_0^{\kappa_0} d\kappa = \kappa_0 \qquad (2.342)$$

und aus Gl. (2.338)

$$a_m = \int_0^{\kappa_0} e^{2\pi j m \kappa} d\kappa = \frac{1}{2\pi j m}\left(e^{2\pi j m \kappa_0} - 1\right). \qquad (2.343)$$

Damit wird die normierte Intensität nach Gl. (2.340)

$$i_m = \frac{a_m a_m^*}{a_0^2} = \left[\frac{\sin \pi m \kappa_0}{\pi m \kappa_0}\right]^2; \qquad (2.344)$$

sie nimmt mit der Ordnung der Maxima ab (Abb. 2.106a). Wenn für eine Ordnung

$$\pi m \kappa_0 = k\pi, \quad k = \pm 1, \pm 2, \pm 3, \ldots, \qquad (2.345a)$$

ist, dann fällt sie aus. Aus Gl. (2.345a) folgt

$$\kappa_0 = \frac{k}{m}, \qquad (2.345b)$$

so daß κ_0 ein echter Bruch sein muß. (Es ist zu beachten, daß k und m ganzzahlig und $\kappa_0 < 1$ ist.) Beispielsweise fehlen bei $\kappa_0 = 0{,}5$ die geraden Ordnungen im Spektrum (Abb. 2.106b).

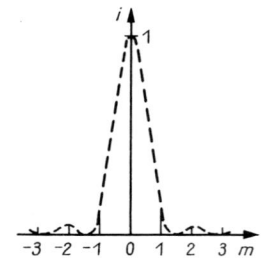

Abb. 2.106a Normierte Intensitäten in den Ordnungen (Strukturfunktion nach Abb. 2.105)

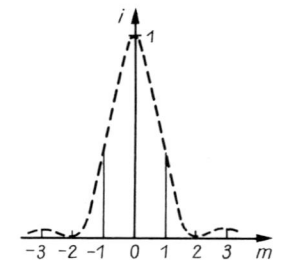

Abb. 2.106b Ausfall der geraden Ordnungen ($\kappa_0 = 0{,}5$)

Die Gl. (2.329) für die Richtungen der Hauptmaxima enthält die Wellenlänge des Lichtes. Ein Beugungsgitter erzeugt deshalb ein Spektrum, wenn weißes Licht gebeugt wird. Nur die nullte Ordnung ist weiß. Der Richtungskosinus des gebeugten Lichtes ist der Wellenlänge proportional. Langwelliges Licht wird stärker abgelenkt als kurzwelliges. In einem bestimmten Winkelbereich ist die Winkeldispersion konstant. Deshalb wird das Gitterspektrum Normalspektrum genannt.

Beugung am Doppelspalt. Aus Gl. (2.326) ergibt sich mit $N = 2$ die normierte Intensität bei der Beugung am Doppelspalt. Wegen $\sin 2w = 2 \sin w \cdot \cos w$ ist $(\sin Nw/N \sin w)^2 = \cos^2 w$. Für völlig durchlässige Spalte im undurchlässigen Schirm gilt Gl. (2.344). Aus Gl. (2.326) folgt

$$i = \left(\frac{\sin \pi \kappa_0 m}{\pi \kappa_0 m}\right)^2 \cos^2 w. \qquad (2.346)$$

2.6 Beugung

Abb. 2.107a enthält die normierte Intensität für $\kappa_0 = 1/10$; die Werte außerhalb des Bereichs $-\pi \le v \le \pi$ sind praktisch zu vernachlässigen.

Wenn in einem der beiden Spalte die Phase umgeändert wird, wandelt sich Gl. (2.346) für die auf $w = \delta = 0$ normierte Intensität in

$$i = \left(\frac{\sin \pi \kappa_0 m}{\pi \kappa_0 m}\right)^2 \cos^2\left(w + \frac{\delta}{2}\right)$$

ab. Die Intensitätsverteilung wird dadurch seitlich verschoben (Abb. 2.107b). Das hat z. B. Bedeutung für das Gasinterferometer nach Haber und Löwe [12]. Abb. 2.107c zeigt das Beugungsbild des Doppelspaltes im zentralen Teil.

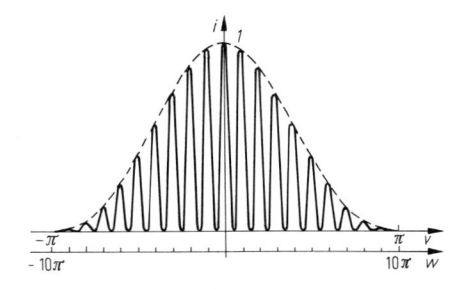

Abb. 2.107a Normierte Intensität am Doppelspalt mit $\kappa_0 = 0,1$

Abb. 2.107b Normierte Intensität am Doppelspalt mit $\kappa_0 = 0,1$ und $2\delta = \pi$

Abb. 2.107c Zentraler Teil des Beugungsbildes am Doppelspalt

2.6.5 Fresnelsche Beugung an der Kante

Für Fresnelsche Beugung gilt das vollständige Integral nach Gl. (2.265a). Durch eine günstige Koordinatenwahl läßt es sich vereinfachen. Den Koordinatenursprung legen wir auf die Verbindungslinie Lichtquelle – Aufpunkt, und die ξ-z-Ebene werde durch den Quellenpunkt und die z-Achse aufgespannt (Abb. 2.108).

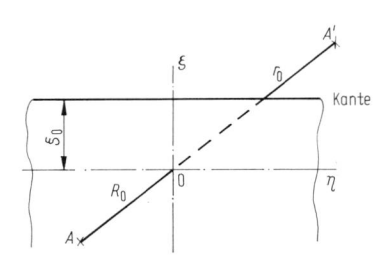

Abb. 2.108 Koordinaten an einer beugenden Kante

Es gilt dann $\alpha = \alpha_0$, $\beta = \beta_0 = 0$, $\gamma = \gamma_0$ und $\alpha_0^2 = 1 - \gamma_0^2$, woraus sich $\Phi_1 = 0$ ergibt. Weiter gilt die Umformung

$$\Phi_2 = \frac{1}{2}\left(\frac{1}{r_0} + \frac{1}{R_0}\right)\left(\xi^2 \gamma_0^2 + \eta^2\right).$$

Mit den Abkürzungen

$$v = \gamma_0 \xi \sqrt{\frac{2}{\lambda}\left(\frac{1}{r_0} + \frac{1}{R_0}\right)}, \quad w = \eta \sqrt{\frac{2}{\lambda}\left(\frac{1}{r_0} + \frac{1}{R_0}\right)},$$

$$dv = \gamma_0 d\xi \sqrt{\frac{2}{\lambda}\left(\frac{1}{r_0} + \frac{1}{R_0}\right)}, \quad dw = d\eta \sqrt{\frac{2}{\lambda}\left(\frac{1}{r_0} + \frac{1}{R_0}\right)}$$

geht Gl. (2.265a) über in

$$a = \frac{j}{2(r_0 + R_0)} e^{\frac{2\pi j}{\lambda}(r_0 + R_0)} \iint f(v, w) e^{\frac{j\pi}{2}(v^2 + w^2)} dv\, dw. \tag{2.347}$$

Wir wenden diese Gleichung auf die Fresnelsche Beugung an einer Kante an, die parallel zur η-Achse verläuft. Die Kante liege bei $\xi = \xi_0$. Wenn $\xi > 0$ ist, liegt der Aufpunkt im geometrischen Schatten; wenn $\xi_0 < 0$ ist, liegt der Aufpunkt im geometrischen Lichtbündel. Mit $f(v, w) = \text{const} = f_0$ und

$$v_0 = \gamma_0 \xi_0 \sqrt{\frac{2}{\lambda}\left(\frac{1}{r_0} + \frac{1}{R_0}\right)}$$

geht Gl. (2.347) über in

$$a = \frac{jf_0}{2(r_0 + R_0)} e^{\frac{2\pi j}{\lambda}(r_0 + R_0)} \int_{v_0}^{\infty} e^{\frac{j\pi}{2}v^2} dv. \tag{2.348}$$

Das Integral läßt sich aufspalten in

$$\int_{v_0}^{\infty} e^{\frac{j\pi}{2}v^2} dv = \int_0^{\infty} e^{\frac{j\pi}{2}v^2} dv - \int_0^{v_0} e^{\frac{j\pi}{2}v^2} dv.$$

Nach [7] sind die Fresnelschen Integrale definiert als

$$\int_0^x \cos\left(\frac{\pi}{2}v^2\right) dv = C(x), \quad \int_0^x \sin\left(\frac{\pi}{2}v^2\right) dv = S(x),$$

und es gilt

$$C(x) = -C(-x), \quad S(x) = -S(-x), \quad C(0) = S(0) = 0, \quad C(\infty) = S(\infty) = 0{,}5.$$

Daraus folgt

$$\int_{v_0}^{\infty} e^{\frac{j\pi}{2}v^2} dv = C(\infty) - C(v_0) + j[S(\infty) - S(v_0)]$$

2.6 Beugung

oder

$$\int_{v_0}^{\infty} e^{\frac{j\pi}{2}v^2} dv = \frac{1}{2} - C(v_0) + j\left[\frac{1}{2} - S(v_0)\right].$$

Die Intensität im Aufpunkt ist aa^* proportional, also der Größe

$$aa^* = \frac{f_0^2}{4(r_0+R_0)^2}\left\{\left[\frac{1}{2}-C(v_0)\right]^2 + \left[\frac{1}{2}-S(v_0)\right]^2\right\}. \quad (2.349a)$$

Im geometrischen Lichtbündel geht die Größe $a(-\infty)a^*(-\infty)$ gegen den Wert

$$a(-\infty)a^*(-\infty) = \frac{f_0^2}{2(r_0+R_0)^2}, \quad (2.349b)$$

so daß die darauf normierte Intensität

$$i = \frac{1}{2}\left\{\left[\frac{1}{2}-C(v_0)\right]^2 + \left[\frac{1}{2}-S(v_0)\right]^2\right\} \quad (2.350a)$$

beträgt. Die Schattengrenze liegt bei $\xi_0 = 0$, also $v_0 = 0$, hinter ihr ist $i = 1/4$. Gl. (2.350a) kann in die Form

$$i = \frac{1}{2}\left\{\left[C(\infty)-C(v_0)\right]^2 + \left[S(\infty)-S(v_0)\right]^2\right\} \quad (2.350b)$$

gebracht werden. In der Darstellung $S(v)$ als Funktion von $C(v)$ (Cornusche Spirale, Abb. 2.109) stellt die Größe in den geschweiften Klammern das Quadrat des Abstandes der Punkte $v = v_0$ und $v = \infty$ der Cornuschen Spirale dar. Insgesamt ergibt sich hinter der Kante ein Verlauf der normierten Intensität gemäß Abb. 2.110a, b und Tab. 2.23.

Die Anwendung der Gl. (2.347) auf die Beugung an einem Spalt führt auf eine Intensitätsverteilung mit Maxima und Minima. Die bei der Fraunhoferschen Beugung vorhandenen Nullstellen treten nicht auf [19].

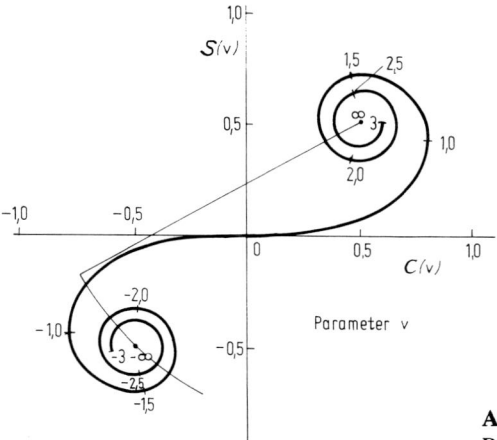

Abb. 2.109 Cornusche Spirale, Abstand der Punkte $v = v_0$ vom Punkt $v = \infty$

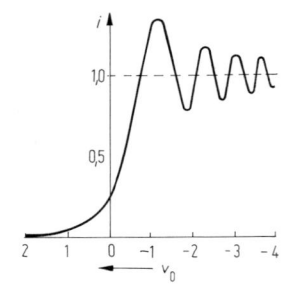

Abb. 2.110a Normierte Intensität bei der Fresnelschen Beugung an der Kante

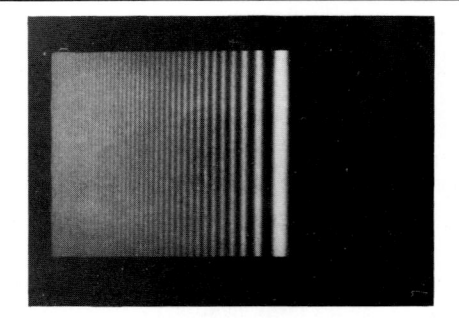

Abb. 2.110b Beugungsbild an der Kante

Tabelle 2.23 Ort sowie normierte Intensitäten der Maxima und Minima bei Fresnelscher Beugung an der Kante

$-v_0$	i_{Max}	$-v_0$	i_{Min}
1,2172	1,3704	1,8725	0,7781
2,3445	1,1993	2,7390	0,8432
3,0820	1,1457	3,3913	0,8719
3,6741	1,1261	3,9371	0,8890
4,1832	1,1104	4,4159	0,9006
4,6367	1,0994	4,8473	0,9093

2.7 Abbildung

2.7.1 Optische Abbildung

Der Begriff "Abbildung" wird in verschiedenen Wissenschaftsgebieten verwendet. Vor allem stellt er eine philosophische Kategorie dar, die für die Erklärung des Erkenntnisprozesses von Bedeutung ist.

Auch in der Mathematik wird von einer Abbildung gesprochen, wenn eine Menge von Elementen mit bestimmten Relationen in die gleiche oder in eine andere Menge transformiert wird. So kann ein Raum als eine Menge von Punkten mit einer bestimmten Metrik in einen zweiten Raum abgebildet werden.

Die optische Abbildung transformiert mit Hilfe von technischen Systemen bestimmte Objekteigenschaften in Bildeigenschaften.

Es ist nun unsere Aufgabe, Gemeinsamkeiten der verschiedenen Abbildungen herauszuarbeiten, sie andererseits abzugrenzen und zu klassifizieren.

Gegeben ist in jedem Fall ein Objekt, das abgebildet werden soll. Das Objekt kann materiell sein. Bei der Erkenntnis von Erscheinungen der realen Welt sind die Objekte materiell. Das trifft damit auch auf die realen Objekte bei der realen optischen Abbildung zu.

2.7 Abbildung

Die Objekte können aber auch nichtmaterieller Natur sein. Sowohl bei der mathematischen Transformation als auch bei der Abbildung von modellierten technischen Strukturen sind die Objekte nicht materiell gegeben. Zum Beispiel ist ein Kreis in der materiellen Welt nur angenähert realisierbar. Als Gegenstand der Mathematik stellt er ein nichtmaterielles Gebilde dar. Auch ein Objektpunkt ist nur das Modell für einen eng begrenzten Bereich der Objektstruktur.

Die Abbildung transformiert die wesentlichen Eigenschaften des Objekts in das Bild bzw. Abbild, d. h. in einen anderen Bereich, so daß aus dem Bild auf bestimmte Eigenschaften des Objekts zurückgeschlossen werden kann und am Bild modellmäßige Untersuchungen über das Objekt möglich sind. Das Bild kann auch dazu dienen, einen künstlerisch beeinflußten Eindruck von der objektiven Realität zu vermitteln.

Das Bild kann materiell sein, es ist dann ein materielles Modell des Objekts. Ein Prozeß, ein System oder eine Struktur können jedoch in den nichtmateriellen Bereich abgebildet werden, so daß das Bild ein nichtmaterielles Modell des Objekts darstellt.

In diesem Sinne läßt sich eine im materiellen Bereich vorliegende reale Abbildung selbst in den nichtmateriellen Bereich abbilden, also modellieren. Im modellierten Bereich sprechen wir von einer konkreten Abbildung, wenn die abbildende Struktur bzw. der abbildende Prozeß ebenfalls modellmäßig bekannt sind; wir sprechen von einer abstrakten Abbildung, wenn nur die Verknüpfung von Eingangs- und Ausgangsgrößen, also die Funktion der abbildenden Struktur, betrachtet wird.

Wir fassen zusammen:

> Die Abbildung ist eine Transformation von wesentlichen Eigenschaften eines Objektbereichs in den Bildbereich zum Zweck der Erkenntnis, der Modellierung oder der künstlerischen Darstellung der objektiven Realität.

Wir übertragen nun die allgemeinen Erkenntnisse über die Abbildung auf die optische Abbildung. Wir halten zunächst fest:

> Die Realisierung der optischen Abbildung ist eine der Hauptaufgaben der technischen Optik.

Die optische Abbildung wird durch technische Systeme vermittelt. Diese beeinflussen das vom Objekt ausgehende Licht so, daß es im Bildraum die wesentlichen Eigenschaften der Objektstruktur reproduzieren kann.

> Die optische Abbildung wird durch technische Systeme, die optischen Systeme, vermittelt. Träger der Informationen über das Objekt ist das Licht.

Wir unterscheiden die reale, die konkrete und die abstrakte optische Abbildung.

Die *reale optische Abbildung* transformiert die Eigenschaften einer materiellen Objektstruktur, die auf den räumlichen und zeitlichen Zustand des Lichtes einwirken, in die reale Bildstruktur. Das Licht ist der materielle Träger der Objektinformationen.

Es liegt eine reale technische Struktur vor, ein reales optisches System, die das Licht so beeinflußt, daß die Bildstruktur entsteht. Diese kann subjektiv (visuell) oder objektiv ausgewertet werden.

Eine reale optische Abbildung verknüpft folgende Strukturen:
– das reale Objektsystem, das aus der Strahlungsquelle, dem Beleuchtungssystem und der Objektstruktur bestehen kann,
– das reale optische System, das im allgemeinen eine Baugruppe darstellt, deren Hauptfunktion durch abbildende optische Bauelemente realisiert wird,

- das reale Bildsystem, das aus der Bildstruktur, der Auffangfläche und dem Strahlungsempfänger bestehen kann.

Die *konkrete optische Abbildung* ist das nichtmaterielle Modell der realen optischen Abbildung. Objektsystem, optisches System und Bildsystem werden modellmäßig beschrieben. Da jedoch die Modelle der in der Abbildungskette auftretenden technischen Strukturen in die Betrachtung einbezogen werden, sind auch die Strukturen konkret gegeben.

So liegt z. B. das Modell des realen optischen Systems als konkrete Struktur aus Funktionselementen vor, die wir konkretes optisches System nennen. Dieses ist im allgemeinen eine Funktionsgruppe. Wir weisen noch darauf hin, daß das konkrete System auch die Fertigungsfehler modellmäßig erfassen kann.

Das Lichtsignal tritt als konkretes Modell des Lichtes auf, z. B. als Wellenmodell des Lichtes.

Die konkrete optische Abbildung kann nur theoretisch behandelt werden. Die Objektstruktur ist im allgemeinen durch die Objektfunktion mathematisch modelliert.

Die *abstrakte optische Abbildung* erfaßt den allgemeinen Zusammenhang zwischen Objekt- und Bildeigenschaften. Sie ist somit ebenfalls ein nichtmaterielles Modell der realen optischen Abbildung, aber ohne Berücksichtigung der konkreten technischen Strukturen. Das abstrakte Modell des optischen Systems erfüllt also nur bestimmte Funktionen. Diese bestehen darin, Eingangssignale so in Ausgangssignale umzuwandeln, daß die Merkmale einer Abbildung erfüllt werden. Das abstrakte optische System ist eine "black box", deren Funktion in Elementarfunktionen zerlegt werden kann.

Auch vom konkreten Modell des Lichtes ist so weit zu abstrahieren, daß das Licht als Signal ohne physikalische Modellstruktur behandelt wird. Das Licht tritt dann im eigentlichen Sinne nicht mehr in Erscheinung, und es werden allgemeine Gesetze der technischen Abbildung von Objektinformationen in Bildinformationen aufgedeckt oder anwendbar.

Wir wollen die bei der optischen Abbildung vorliegenden Einzelerscheinungen noch etwas genauer angeben und formulieren zunächst die allgemeinen Zusammenhänge.

- Die optische Abbildung stellt eine Transformation derjenigen Eigenschaften der Objektstruktur in die Bildstruktur dar, die eine Modulation des Lichtes hervorrufen. Moduliert werden können sämtliche Größen, die den räumlichen und zeitlichen Zustand des Lichtes beschreiben.
- Infolge der Modulation sind die Informationen über das Objekt im Lichtsignal verschlüsselt (codiert) enthalten.
- Da die Lichtdetektoren Leuchtdichte- und Farbunterschiede registrieren, muß die Bildstruktur eine Entschlüsselung darstellen, die die transformierte Objektstruktur in Farb- oder Hell/Dunkel-Kontraste umwandelt.
- Im allgemeinen treten bei der Abbildung beabsichtigte und unerwünschte Filterwirkungen auf, durch die bestimmte Objekteigenschaften im Bild hervorgehoben, abgeschwächt oder unterdrückt werden.
- Die Abbildung kann durch statistische Schwankungserscheinungen beeinflußt werden, die ein optisches Rauschen darstellen.

Die einzelnen Schritte erläutern wir am Beispiel des Liniengitters mit stückweise konstanter Strukturfunktion, das mit einem senkrecht zur Gitterebene einfallenden Parallelbündel beleuchtet wird. Ein Projektionsobjektiv bildet das Gitter auf einem Schirm ab. Die Lichtwelle soll in Form des skalaren Wellenmodells betrachtet werden.

Modulation. Das Liniengitter moduliert die Lichtwelle, indem es die komplexe Amplitude periodisch verändert. Die ebene Wellenfläche wird durch die örtlich periodisch variable Transparenz, die örtlich variable optische Weglänge und durch die Beugung in eine komplizierte Wellenfläche umgewandelt.

Codierung. Die am Liniengitter gebeugte Welle enthält die Objekteigenschaften verschlüsselt, indem sie die im Objekt periodisch veränderlichen Größen in Form von Amplituden- und Phasenverläufen in einem Wellenfeld transportiert.

Filterwirkung. Das Projektionsobjektiv hat einen begrenzten Durchmesser, so daß es niemals das gesamte am Liniengitter gebeugte Licht erfassen kann. Das hat zur Folge, daß im Bild nicht das gesamte vom Objekt ausgehende Licht zur Interferenz gebracht wird. Im Bild können dadurch nicht alle Objekteigenschaften erkannt werden, z. B. unter bestimmten Verhältnissen nicht die scharfen Kanten der einzelnen Periodizitätsbereiche. Das Liniengitter erscheint verwaschen, und nur die Periodizität ist in das Bild übertragen worden. Es sind also bestimmte Objekteigenschaften unterdrückt, d. h. durch eine Filterwirkung aus der Welle getilgt worden.

Entschlüsselung. Die Information über das Objekt, die die Lichtwelle enthält, muß in optisch wahrnehmbare Bildeigenschaften umgewandelt werden. Ohne besondere Maßnahmen wären z. B. Phasenunterschiede im Objekt nicht im Bild erkennbar. Es gibt jedoch Maßnahmen (Eingriffe in die Welle, die einer Filterung entsprechen), durch die Phasendifferenzen in Hell/Dunkel-Kontrast umgewandelt, also entschlüsselt werden können.

Optisches Rauschen. Bei der Projektion ist Streulicht vorhanden, das sowohl aus dem Abbildungsvorgang wie auch aus der Umgebung stammen kann. Im Bild setzt das Streulicht den Kontrast herab.

2.7.2 Ideale geometrisch-optische Abbildung

Die in 2.7.1 gegebene allgemeine Beschreibung der optischen Abbildung läßt sich in einzelnen Zügen verfeinern, wenn ein bestimmtes Modell des Lichtes und damit eine konkrete theoretische Konzeption der optischen Abbildung zugrunde gelegt wird.

Wir stellen uns auf den Standpunkt der geometrischen Optik. In der geometrisch-optischen Theorie der Abbildung denken wir uns das Objekt aus leuchtenden Punkten aufgebaut. Dabei ist es gleichgültig, ob es sich um direkt ausgestrahltes, reflektiertes oder gestreutes Licht handelt. Von jedem Objektpunkt geht ein räumlicher Lichtkegel, ein Strahlenbündel, aus.

> Jedes Strahlenbündel des Objektraumes hat einen Konvergenzpunkt A, in dem sich die Strahlen schneiden. Deshalb wird es homozentrisch genannt.

Die Gesamtheit an Objektpunkten stellt die Objektstruktur dar. Als modulierbare Größen treten nur die räumliche Verteilung der Objektpunkte und die Strahlrichtungen auf.

Die punktförmige geometrisch-optische Abbildung wird nun folgendermaßen definiert:

> Eine punktförmige geometrisch-optische Abbildung liegt vor, wenn die homozentrischen Strahlenbündel mit den Konvergenzpunkten A in homozentrische Strahlenbündel mit den Konvergenzpunkten A′ verwandelt werden. Der einem Objektpunkt A zugeordnete Konvergenzpunkt A′ ist der Bildpunkt. A und A′ heißen konjugiert.

Die punktförmige geometrisch-optische Abbildung transformiert also eine Struktur aus Objektpunkten in eine Struktur aus konjugierten Bildpunkten.

> Die Gesamtheit aller möglichen Objektpunkte bildet den Objektraum; die Gesamtheit aller möglichen Bildpunkte bildet den Bildraum.

Da sowohl die Gesamtheit der möglichen Objektpunkte wie auch die Gesamtheit der möglichen Bildpunkte den Raum vollständig ausfüllen können, überdecken sich im allgemeinen Objekt- und Bildraum einer Abbildung.

Wir unterscheiden sowohl bei den Objekt- als auch bei den Bildpunkten reelle und virtuelle Punkte.

> In einem reellen Punkt schneiden sich die Lichtstrahlen; in einem virtuellen Punkt schneiden sich die Verlängerungen der Lichtstrahlen.

Abb. 2.111 demonstriert die punktförmige geometrisch-optische Abbildung am ebenen Spiegel. Zu jedem Objektpunkt gibt es am ebenen Spiegel einen Bildpunkt. Der Spiegel teilt sowohl den Objektraum als auch den Bildraum. Der Halbraum vor dem Spiegel enthält die reellen Objekt- und Bildpunkte; der Halbraum hinter dem Spiegel enthält die virtuellen Objekt- und Bildpunkte. Der Abb. 2.112 ist zu entnehmen, daß ein ebener Spiegel jede Objektstruktur in eine gleichgroße Bildstruktur abbildet, also transformiert. Eine geometrische Figur, z. B. ein Quadrat, wird in eine ähnliche Figur abgebildet. (Im Spezialfall des ebenen Spiegels ist es eine kongruente Figur.)

Damit erfüllt der ebene Spiegel eine zweite Forderung, die an eine ideale geometrisch-optische Abbildung zu stellen ist, nämlich die Ähnlichkeit.

> Bei der ähnlichen Abbildung werden geometrische Figuren in ähnliche Figuren abgebildet.

Damit gilt:

> Die ideale geometrisch-optische Abbildung ist punktförmig und ähnlich.

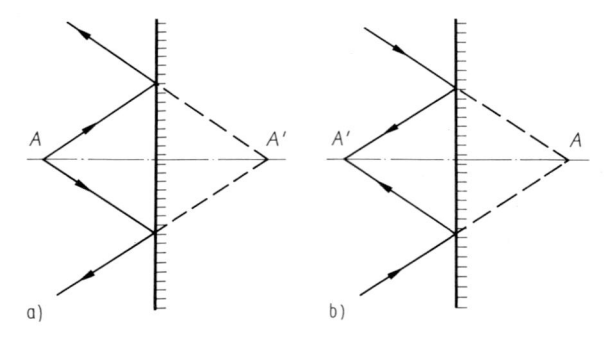

Abb. 2.111 a) Reelles Objekt, virtuelles Bild am ebenen Spiegel, b) Virtuelles Objekt, reelles Bild am ebenen Spiegel

2.7 Abbildung

Der unendlich ausgedehnte ebene Spiegel würde eine ideale geometrisch-optische Abbildung realisieren.

Besondere Bedeutung haben die rotationssymmetrischen optischen Abbildungen, bei denen sowohl im Objekt- als auch im Bildraum eine Symmetrieachse, die optische Achse, existiert. Eine ideale geometrisch-optische rotationssymmetrische Abbildung, die den gesamten Raum punktförmig und geometrische Figuren in achssenkrechten Ebenen ähnlich abbildet, wird durch gebrochene lineare Funktionen mathematisch beschrieben. Sie ist im mathematischen Sinne eine rotationssymmetrische kollineare Abbildung. Außer mit dem Planspiegel ist die kollineare Abbildung nicht mit optischen Systemen realisierbar.

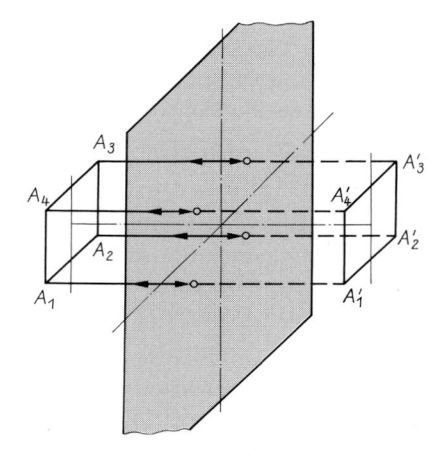

Abb. 2.112 Kongruentes Bild am ebenen Spiegel

2.7.3 Geometrisch-optische Abbildung

Praktisch ist niemals der gesamte Objektraum abzubilden und eine exakt punktförmige und ähnliche Abbildung weder notwendig noch möglich.

In der geometrischen Optik ist die einzige physikalische Grundlage für die Bestimmung des Strahlenverlaufs das Fermatsche Prinzip, also die Extremaleigenschaft des Lichtweges. Durch das Fermatsche Prinzip sind die Strahlrichtungen innerhalb des Systems aus optisch wirksamen Flächen und Stoffen festgelegt, wenn die Objektpunkte und die objektseitigen Strahlrichtungen vorgegeben sind.

Die Strahlen eines objektseitig homozentrischen Bündels schneiden sich im Bildraum im allgemeinen nicht in einem Punkt, aber häufig in der Umgebung eines Punktes. Es sind damit zwei Einschränkungen, denen eine realisierbare geometrisch-optische Abbildung unterliegt:

1. Die abzubildende Objektstruktur ist räumlich begrenzt, d. h., die abzubildenden Objektpunkte sind auf ein bestimmtes Gebiet des Objektraumes beschränkt.

2. Die Bildstruktur besteht nicht aus Bildpunkten, aber die Strahlen, die von einem Objektpunkt ausgehen, schneiden sich im Bildraum in der Umgebung eines Punktes.

Wir erläutern diese Bemerkungen an drei Beispielen.

– Bei der Projektion von Diapositiven hat das Projektionsobjektiv die Aufgabe, die ebene und begrenzte Objektstruktur ähnlich vergrößert auf die Projektionswand abzubilden. Es ist also ein Ausschnitt einer Objektebene in einen Ausschnitt der Bildebene abzubilden.

– Bei der fotografischen Aufnahme wird ein Teil der Objektebene in einen Teil der Filmebene abgebildet. Die abzubildende Objektpunkte und die Punkte eines beiderseits der Objektebene liegenden Gebietes (des Schärfentiefenbereichs) sollen auf dem Endbild so kleine Zerstreuungsfiguren ergeben, daß ein den Forderungen genügender Bildeindruck erreicht wird.

– Beim Betrachten eines Fixsterns mit dem Fernrohr muß das Licht, das vom Fixstern ausgeht und von dem Fernrohr aufgenommen wird, auf eine so kleine Fläche konzentriert werden, daß der Stern als Punkt erscheint.

Die geometrisch-optische Abbildung muß unbestimmter definiert werden als die ideale geometrisch-optische Abbildung.

> Die geometrisch-optische Abbildung transformiert eine räumlich begrenzte Struktur aus Objektpunkten in eine Bildstruktur aus Zerstreuungsfiguren, deren Gesamtheit in Verbindung mit einem bestimmten Empfänger eine den Anforderungen des jeweiligen Anwendungszweckes genügende Aussage über wesentliche Objekteigenschaften erlaubt.

Wie groß die zulässigen Abweichungen von der Punktförmigkeit und von der Ähnlichkeit sind, hängt von der speziellen Aufgabe ab. Die genaue Beantwortung dieser Frage setzt umfassende Untersuchungen über die Bewertung optischer Systeme und Bilder voraus. Diese sind nicht allein auf geometrisch-optischer Grundlage möglich [19].

Durch eine entsprechende Kombination von abbildenden optischen Elementen in den optischen Systemen wird der Bereich der angenäherten punktförmigen und ähnlichen Abbildung auf die notwendige Größe erweitert.

2.7.4 Wellenoptische Abbildung

Bei der Behandlung der optischen Abbildung mit dem Wellenmodell des Lichtes wird im allgemeinen davon ausgegangen, daß das Licht zeitlich kohärent ist. Wird nur ein Objektpunkt abgebildet, dann ist die Frage nach der räumlichen Kohärenz gegenstandslos. Das wellenoptische Modell der Abbildung eines Objektpunktes beschreibt eine von diesem ausgehende Kugelwelle, die an den Öffnungen des optischen Systems gebeugt wird und deren Wellenflächen durch die abbildenden Elemente transformiert werden. Dadurch entsteht im Bildraum eine Intensitätsverteilung mit Interferenzmaxima und -minima. Die Konzentration der Lichtintensität in einem Hauptmaximum und seine Umgebung ist Bedingung für die optische Abbildung im Sinne der Wellenoptik.

Für die theoretische Behandlung der wellenoptischen Abbildung eines reellen Objektpunktes wird ein Modell verwendet, das noch weiter spezialisiert ist. Es gelten folgende Festlegungen:

– Vom Objektpunkt geht eine divergente Kugelwelle aus.

2.7 Abbildung

- Ein geometrisch-optisch punktförmig abbildendes optisches System wandelt die Kugelwelle in eine Kugelwelle mit einem anderen Konvergenzpunkt um. Alle anderen optischen Systeme erzeugen eine Welle mit asphärischen Wellenflächen.
- Die vom optischen System transformierten Wellen werden an der Austrittspupille gebeugt, wobei für die einzelnen Aufpunkte im Bildraum im allgemeinen Phasendifferenzen zwischen den Teilwellen entstehen.
- Die Interferenz der Teilwellen, die von den einzelnen Elementen der Austrittspupille ausgehen, ergibt die bildseitige Intensitätsverteilung.

Bei der Abbildung ausgedehnter Objekte geht nach dem wellenoptischen Modell von jedem Objektpunkt eine Kugelwelle aus, die transformiert und gebeugt wird. Die Überlagerung sämtlicher Beugungsbilder hängt von der räumlichen Kohärenz im Objektraum ab. Bei inkohärent strahlenden Punkten sind die Intensitäten, bei kohärent strahlenden Punkten die komplexen Amplituden, bei partiell-kohärenten Punkten gemischte Ausdrücke zu addieren. Das Umsetzen dieses Konzepts ist teilweise in 4.4 vorgenommen worden. Ausführlich sind die theoretischen Grundlagen in [19] dargestellt.

3 Strahlungsphysik und Lichttechnik

3.1 Strahlungsphysikalische Größen

3.1.1 Strahlungsfluß

Eine wesentliche Seite der optischen Strahlung ist ihre Erscheinungsform als elektromagnetische Welle. Die Energie der optischen Strahlung, also die elektromagnetische Feldenergie, ist unabhängig vom menschlichen Auge registrierbar. Es gibt eine Vielzahl an Strahlungsempfängern, die eine objektive Messung der energetischen Größen gestatten. Dazu gehören Fotozellen, Fotoelemente, Fotovervielfacher, Fotodioden, Fototransistoren, Fotowiderstände, lichtempfindliche Schichten zur Fotografie, CCD-Zeilen bzw. -matrizen u.a.

Objektive Meßverfahren sind außerhalb des sichtbaren Gebietes notwendig. Die objektiv gemessenen energetischen Größen der optischen Strahlung werden zweckmäßig in denselben Einheiten angegeben wie andere Energieformen der Physik.

> Die im Zusammenhang mit der Strahlungsenergie stehenden Größen werden strahlungsphysikalische Größen genannt, wenn sie in den physikalischen Maßeinheiten angegeben und unabhängig von den physiologisch-optischen Eigenschaften des menschlichen Auges gemessen werden.

Gegeben sei eine zeitlich stationäre und räumlich begrenzte Strahlungsquelle. Wir legen eine geschlossene Fläche um die Strahlungsquelle und berechnen die im Zeitmittel je Zeiteinheit durch die Fläche hindurchgehende Energie (Abb. 3.1).

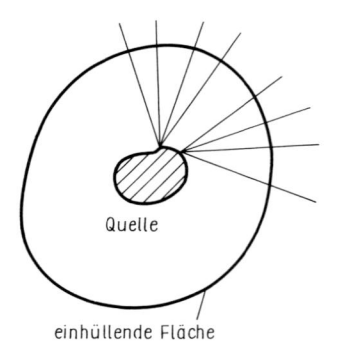

Abb. 3.1 Zur Definition des Strahlungsflusses

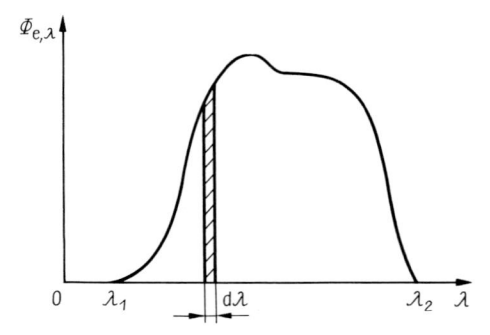

Abb. 3.2 Spektraler Strahlungsfluß

Damit erhalten wir die gesamte Strahlungsleistung der Quelle, für die der Begriff des Strahlungsflusses Φ_e geprägt wird. (Der Index "e" deutet auf "energetische Größe" hin.)

> Der Strahlungsfluß Φ_e stellt die Strahlungsleistung einer Quelle dar. Er wird in der Einheit Watt gemessen.

3.1 Strahlungsphysikalische Größen

In einem nichtabsorbierenden Stoff ist der Energieerhaltungssatz für die Strahlungsenergie erfüllt. Der Strahlungsfluß ist also eine primäre Größe, die beim Durchgang durch ein optisches System bei Vernachlässigung von Verlusten erhalten bleibt.

Der Strahlungsfluß einer Quelle setzt sich im allgemeinen aus den Anteilen für die einzelnen Wellenlängen zusammen. Der spektrale Strahlungfluß

$$\Phi_{e,\lambda} = \frac{d\Phi_e}{d\lambda}, \quad [\Phi_{e,\lambda}] = \frac{W}{m}, \tag{3.1}$$

bestimmt die Strahlungsleistung im Wellenlängenintervall $d\lambda$. Entsprechend gilt für den Strahlungsfluß (Abb. 3.2)

$$\Phi_e = \int_{\lambda_1}^{\lambda_2} \Phi_{e,\lambda} d\lambda. \tag{3.2}$$

Der Strahlungsfluß je Flächeneinheit der Quelle in den Halbraum wird spezifische Ausstrahlung genannt und mit

$$M_e = \frac{d\Phi_e}{dq_1}, \quad [M_e] = \frac{W}{m^2}, \tag{3.3}$$

bezeichnet (q_1 Fläche der Quelle). Für die spezifische spektrale Ausstrahlung gilt

$$M_{e,\lambda} = \frac{d\Phi_{e,\lambda}}{dq_1}, \quad [M_{e,\lambda}] = \frac{W}{m^3}. \tag{3.4}$$

Als Beispiel betrachten wir den schwarzen Strahler, der z. B. als Hohlraumstrahler ausgebildet sein kann [14]. Die strahlende Öffnung sei eben und strahle in den gesamten davor liegenden Halbraum. Die spezifische spektrale Ausstrahlung ergibt sich aus der Planckschen Strahlungsgleichung [14] zu

$$M_{e,\lambda} = \frac{c_1}{\lambda^5} \cdot \frac{1}{e^{\frac{c_2}{\lambda T}} - 1} \tag{3.5}$$

(T absolute Temperatur). Die Konstanten haben die Werte

$$c_1 = (3,741832 \pm 0,000020) \cdot 10^{-16} \, W \cdot m^2,$$

$$c_2 = (1,438786 \pm 0,000045) \cdot 10^{-2} \, m \cdot K.$$

Relative spektrale spezifische Ausstrahlungen enthält Abb. 3.3.

Mit der Abkürzung

$$x = \frac{c_2}{\lambda T} \tag{3.6}$$

kann für Gl. (3.5) auch

$$M_{e,\lambda} = \frac{c_1 T^5}{c_2^5} \cdot \frac{x^5}{e^x - 1} \tag{3.7}$$

geschrieben werden.

Die spezifische Ausstrahlung folgt wegen

$$dx = -\frac{c_2}{\lambda^2 T} d\lambda, \quad \infty \geq x \geq 0 \quad \text{bei} \quad 0 \geq \lambda \geq \infty,$$

aus

$$M_e = \frac{c_1 T^4}{c_2^4} \int_0^\infty \frac{x^3}{e^x - 1} dx = \frac{c_1 T^4}{c_2^4} \int_0^\infty \frac{x^3 e^{-x}}{1 - e^{-x}} dx. \tag{3.8}$$

Das Integral kann mit Hilfe von [2]

$$\frac{e^{-x}}{1 - e^{-x}} = e^{-x} \sum_{n=0}^\infty e^{-nx}, \quad \int_0^\infty x^3 e^{-nx} dx = \frac{6}{n^4}, \quad \sum_{n=1}^\infty \frac{1}{n^4} = \frac{\pi^4}{90} \tag{3.9a, b, c}$$

gelöst werden. Es ergibt sich

$$M_e = \frac{\pi^4}{15} \cdot \frac{c_1}{c_2^4} T^4 = \sigma T^4. \tag{3.10}$$

Das ist das Stefan-Boltzmannsche Gesetz. Die Konstante beträgt

$$\sigma = (5{,}67032 \pm 0{,}00071) \cdot 10^{-8} \ \text{W} \cdot \text{m}^{-2} \cdot \text{K}^{-4}.$$

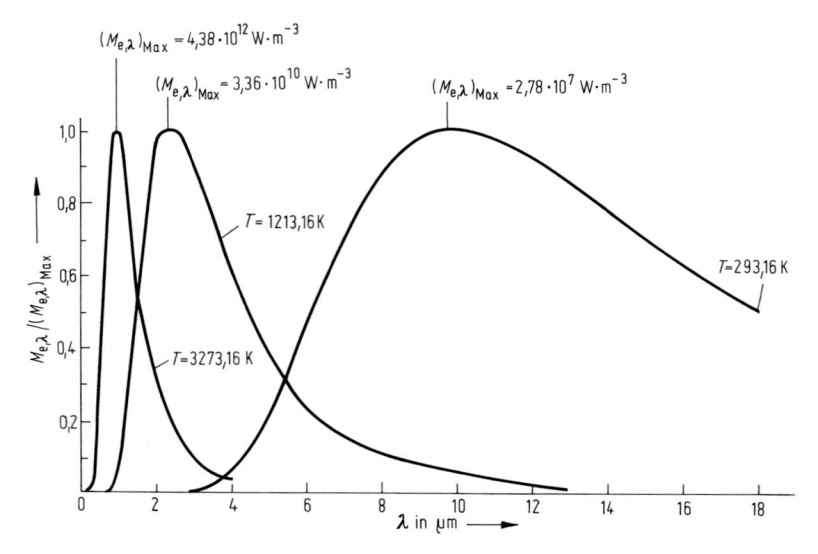

Abb. 3.3 Relative spektrale spezifische Ausstrahlung des schwarzen Strahlers als Funktion der Wellenlänge

Differenzieren von Gl. (3.7) nach der Wellenlänge führt auf

$$\frac{dM_{e,\lambda}}{d\lambda} = \frac{dM_{e,\lambda}}{dx} \cdot \frac{dx}{d\lambda} = \frac{c_1 T^5}{c_2^5} \cdot \frac{5x^4(e^x - 1) - x^5 e^x}{(e^x - 1)^2} \left(-\frac{c_2}{\lambda^2 T} \right) = 0$$

bzw.

$$5x^4(e^x - 1) - x^5 e^x = 0. \tag{3.11}$$

Die Gleichung

$$e^x(5 - x) = 5$$

3.1 Strahlungsphysikalische Größen

hat die Lösung $x = 4{,}9651$, so daß sich aus Gl. (3.6) das Wiensche Verschiebungsgesetz

$$\lambda_{\max} T = b \tag{3.12}$$

und mit c_2

$$b = (2{,}897790 \pm 0{,}000090) \cdot 10^{-3} \text{ m} \cdot \text{K}$$

ergibt.

Bis zu $T \approx 3000$ K kann für das sichtbare Gebiet in Gl. (3.5) die Eins im Nenner vernachlässigt werden. Es entsteht die Wiensche Näherung der Strahlungsgleichung:

$$M_{e,\lambda} = \frac{c_1 T^5}{c_2^5} \cdot x^5 e^{-x}. \tag{3.13}$$

Daraus folgt die spezifische Ausstrahlung zu

$$M_e = \frac{c_1 T^4}{c_2^4} \int_{x_1}^{x_2} x^3 e^{-x} dx, \quad x_1 = \frac{c_2}{\lambda_2 T}, \quad x_2 = \frac{c_2}{\lambda_1 T}.$$

Ausrechnen des Integrals führt auf

$$M_e = \frac{c_1 T^4}{c_2^4} \left[e^{-x_1}(x_1^3 + 3x_1^2 + 6x_1 + 6) - e^{-x_2}(x_2^3 + 3x_2^2 + 6x_2 + 6) \right].$$

Für $\lambda_1 = 0$, $\lambda_2 = \infty$ ist $x_1 = 0$, $x_2 = \infty$ und

$$M_e = \frac{6 c_1}{c_2^4} T^4. \tag{3.14}$$

Statt des exakten Faktors $\pi^4/15 = 6{,}49$ erhält man also den Faktor 6, der relative Fehler beträgt ca. 8%.

Tab. 3.1 enthält als Funktion der Temperatur die spezifische Ausstrahlung im gesamten Spektrum, jeweils nach der Planckschen und nach der Wienschen Strahlungsgleichung berechnet, sowie im sichtbaren Gebiet nach der Wienschen Strahlungsgleichung.

Tabelle 3.1 Spezifische Ausstrahlung nach der Stefan-Boltzmannschen Gleichung und in der Wienschen Näherung (Gesamtstrahlung und im sichtbaren Gebiet)

T in K	$10^{-8} M_e$ (Stefan-Boltzmann)	$10^{-8} M_e$ (Wien)	$10^{-7} M_e$ (Wien, VIS)
1000	0,00057	0,00052	
2000	0,00907	0,00838	0,00152
3000	0,04593	0,04236	0,05814
4000	0,14516	0,13412	0,41390
5000	0,35439	0,32744	1,44082
6000	0,73487	0,67898	3,42890
7000	1,36144	1,25789	
8000	2,32256	2,14591	
9000	3,72030	3,43733	
10000	5,67032	5,23902	

Leuchtende Stoffe sind häufig als graue Strahler anzusehen. Ihr Absorptionsvermögen ist unabhängig von der Wellenlänge, aber kleiner als beim schwarzen Strahler. Bei Selektivstrahlern ist das Absorptionsvermögen wellenlängenabhängig. In diesen Fällen kann die Temperatur des schwarzen Strahlers mit gleicher spezifischer Ausstrahlung angegeben werden. Diese sogenannte "schwarze" Temperatur T_s ist stets kleiner als die wahre Temperatur des Stoffes. Für Platin beträgt z. B. beim Schmelzpunkt die wahre Temperatur $T = 2042$ K, die schwarze Temperatur $T_s = 1832$ K.

Glühlampen enthalten Glühdrähte aus Wolfram, dessen Schmelzpunkt bei 3635 K liegt. Bei Vakuumglühlampen wird die Temperatur des Glühfadens auf ca. 2700 K begrenzt. Bei Füllung des Kolbens mit Edelgas wird die Temperatur von ca. 3000 K vertretbar. Zusätze von Iod oder Brom (Halogenglühlampe) ermöglichen Temperaturen des Glühdrahtes bis ca. 3400 K. Durch die Temperaturerhöhung wird eine wesentlich größere Strahlungsausbeute

$$\eta_e = \frac{\Phi_e}{P} \tag{3.15}$$

(P elektrische Leistung) erreicht. Wegen der Verschiebung des Strahlungsmaximums nach kleineren Wellenlängen liegt ein größerer Anteil im sichtbaren Gebiet.

Gasentladungen, Lumineszenzdioden und Laser sind in starkem Maße Selektivstrahler.

3.1.2 Strahlstärke

Eine Strahlungsquelle strahlt im allgemeinen räumlich ungleichmäßig. Auch die einzelnen Elemente der Strahlungsquelle strahlen richtungsabhängig. Wir greifen einen Punkt der Quelle und ein Raumwinkelelement dΩ heraus, dessen Spitze im betrachteten Punkt liegt (Abb. 3.4). Der auf das Raumwinkelelement dΩ entfallende Strahlungsfluß heißt Strahlstärke und wird mit I_e bezeichnet. Es gilt

$$I_e = \frac{d\Phi_e}{d\Omega}, \quad [I_e] = \frac{W}{sr}. \tag{3.16}$$

| Die Strahlstärke I_e ist der Strahlungsfluß je Raumwinkelelement.

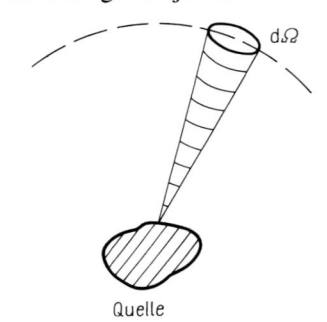

Abb. 3.4 Zur Definition der Strahlstärke

Eine punktförmige Strahlungsquelle ist nicht realisierbar. Die angegebene Definition der Strahlstärke ist aber auch dann anwendbar, wenn die Spitze des Raumwinkelementes im

3.1 Strahlungsphysikalische Größen

Mittelpunkt eines Flächenelementes dq_1 der Quelle liegt. (Wir verwenden für Flächen das Symbol q, weil später die numerische Apertur A benötigt wird. Elemente der Quelle indizieren wir mit "1", Elemente des Empfängers mit "2".)

3.1.3 Strahldichte

Ein Flächenelement dq_1 der Quelle strahlt mit der richtungsabhängigen Strahlstärke $dI_e(\Omega)$. Die von der Flächeneinheit senkrecht zum Flächenelement ausgesendete Strahlstärke I_{e0} ist ein Maß für die Dichte der Energieabstrahlung. Diese wird Strahldichte L_{e0} genannt. Es ist also

$$L_{e0} = \frac{dI_{e0}}{dq_1}, \quad [L_{e0}] = \frac{W}{sr \cdot m^2}. \tag{3.17}$$

Die Strahldichte L_{e0} ist die auf die Flächeneinheit der Quelle bezogene Lichtstärke, die senkrecht zu einem Flächenelement der Quelle wirksam wird.

Die Strahldichtedefinition läßt sich für schräg zum Flächenelement stehende Empfänger erweitern. Eine ebene und kreisförmige Fläche habe in senkrechter Richtung die Strahldichte L_{e0}. Ein seitlich stehender Empfänger registriert die Strahlung scheinbar von einer elliptischen Fläche, die die kleine Halbachse

$$b = a \cos \varepsilon_1$$

hat (Abb. 3.5). Die Fläche der Ellipse ist also kleiner als die Fläche des Kreises. Die Strahldichte beträgt deshalb

$$L_e = \frac{1}{\cos \varepsilon_1} \frac{dI_e}{dq_1}. \tag{3.18}$$

Die Strahldichte ist von der Richtung unabhängig, wenn

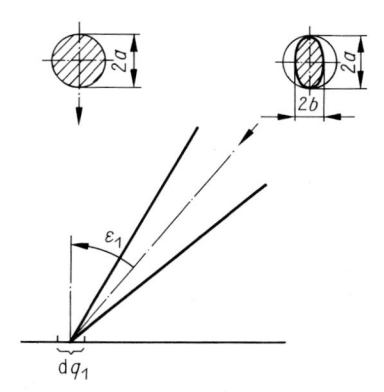

$$L_{e0} = L_e, \tag{3.19}$$

Abb. 3.5 Strahldichte schräg zu einer strahlenden Ebene

d.h.

$$\frac{dI_{e0}}{dq_1} = \frac{1}{\cos \varepsilon_1} \frac{dI_e}{dq_1} \qquad (3.20)$$

ist. Daraus folgt

$$dI_e = dI_{e0} \cos \varepsilon_1 \qquad (3.21)$$

bzw.

$$I_e = I_{e0} \cos \varepsilon_1. \qquad (3.22)$$

Ein Strahler mit diesen Eigenschaften heißt Lambert-Strahler.

Für den Strahlungsfluß des Lambert-Strahlers gilt

$$\Phi_e = \int I_e d\Omega. \qquad (3.23)$$

Bei Abstrahlung eines ebenen Lambert-Strahlers in den Halbraum ist

$$\Phi_e = I_{e0} \Omega_0 \int_0^{\pi/2} \int_0^{2\pi} \sin \varepsilon_1 \cdot \cos \varepsilon_1 \cdot d\varepsilon_1 d\varphi. \qquad (3.24)$$

Ausrechnen des Integrals ergibt

$$\Phi_e = \pi I_{e0} \Omega_0 = \pi L_e q_1 \Omega_0. \qquad (3.25)$$

Diese Gleichung ist auch auf den spektralen Strahlungsfluß anwendbar. Es gilt also auch

$$M_{e,\lambda} = \frac{d\Phi_{e,\lambda}}{dq_1} = \pi \Omega_0 L_{e,\lambda}. \qquad (3.26)$$

Nach Gl. (3.5) hat also der schwarze Lambert-Strahler die spektrale Strahldichte

$$L_{e,\lambda} = \frac{c_1}{\pi \Omega_0 \lambda^5} \cdot \frac{1}{e^{\frac{c_2}{\lambda T}} - 1}. \qquad (3.27)$$

3.1.4 Bestrahlungsstärke

Wir gehen vom theoretischen Grenzfall einer punktförmigen Quelle aus und legen um diese eine Kugel (Abb. 3.6). Der Strahlungsfluß trifft senkrecht auf die Kugelfläche auf. Für die Stärke der Bestrahlung der Kugelfläche ist der auf die Flächeneinheit entfallende Strahlungsfluß $d\Phi_{e0}$ maßgebend. Die Bestrahlungsstärke E_{e0} ist damit durch

$$E_{e0} = \frac{d\Phi_{e0}}{dq_2}, \quad [E_{e0}] = \frac{W}{m^2} \qquad (3.28)$$

definiert. In Worten:

Die Bestrahlungsstärke E_{e0} ist der auf die Flächeneinheit des Empfängers bezogene Strahlungsfluß, der senkrecht auf seine Fläche trifft.

3.1 Strahlungsphysikalische Größen

Die Bestrahlungsstärke kann auch bei nicht punktförmigen Quellen berechnet werden. Es müssen dann die Strahlungsflußanteile der einzelnen Flächenelemente der Quelle berücksichtigt werden. Der schräg auf einen ebenen Empfänger auftreffende Strahlungsfluß, der in einem Kreiskegel verläuft, bestrahlt eine elliptische Fläche (Abb. 3.7). Die große Halbachse der Ellipse beträgt

$$a = \frac{b}{\cos \varepsilon_2}.$$

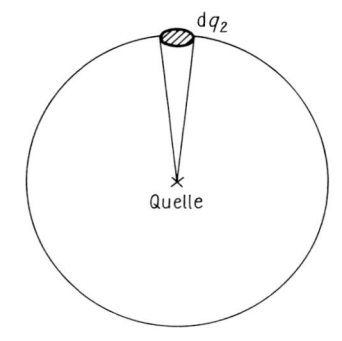

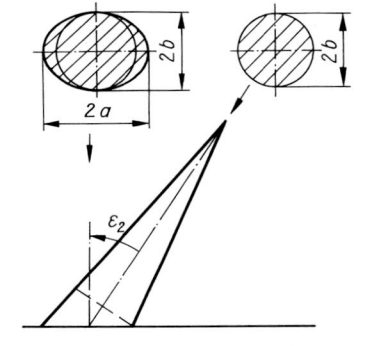

Abb. 3.6 Zur Definition der Bestrahlungsstärke

Abb. 3.7 Bestrahlungsstärke bei schräg beleuchteter Ebene

Die bestrahlte Fläche ist damit um den Faktor $\cos \varepsilon_2$ größer als bei senkrechter Bestrahlung. Für die Bestrahlungsstärke gilt

$$E_e = E_{e0} \cos \varepsilon_2. \tag{3.29}$$

Die Bestrahlungsstärke, als Leistung je Flächeneinheit, stellt zugleich die Energie dar, die je Zeiteinheit durch eine senkrecht zur Energieausbreitung stehende Flächeneinheit geht. Sie ist also eine Energiestromdichte, so wie der Betrag des Zeitmittelwertes des Poynting-Vektors. Damit ist die Bestrahlungsstärke für den Fall eines bestrahlten Schirms mit der Intensität identisch.

Bestrahlung. Manche Empfänger, wie z. B. die fotografischen Schichten, akkumulieren die auftreffende Strahlungsenergie. Die auf die Flächeneinheit entfallende Strahlungsenergie, die Bestrahlung B_e, hängt von der Bestrahlungsstärke und von der Zeit ab.

| Die Bestrahlung B_e ist die Strahlungsenergie, die je Flächeneinheit auf einen Empfänger trifft.

Damit gilt

$$B_e = E_e t, \quad [B_e] = \frac{Ws}{m^2}. \tag{3.30}$$

Die strahlungsphysikalischen Größen und ihre Einheiten sind in Tab. 3.2 zusammengestellt.

Tabelle 3.2 Strahlungsphysikalische Größen

Größe				Formel-zeichen	Einheit
deutsch	englisch	französisch	russisch		
Strahlungsfluß	radiant flux (radiant power)	flux énergétique	поток лучистой энергии	Φ_e	W
Strahlstärke	radiant intensity	intensité énergétique	сила излучения	I_e	$W \cdot sr^{-1}$
Strahldichte	radiance	luminance énergétique	плотность излучения	L_e	$W \cdot m^{-2} \cdot sr^{-1}$
Bestrahlungsstärke	irradiance	éclairement énergétique	облучаемость	E_e	$W \cdot m^{-2}$
Bestrahlung	irradiation	irradiation	облучение	B_e	$W \cdot m^{-2} \cdot s$

3.2 Lichttechnische Größen

3.2.1 Lichtstrom

Der Strahlungsfluß einer Quelle kann mit dem menschlichen Auge subjektiv registriert werden. Dabei wird er entsprechend dem spektralen Hellempfindlichkeitsgrad V_λ bewertet. Auf Strahlung mit Wellenlängen, die außerhalb des sichtbaren Gebietes liegen, spricht das Auge nicht an. Bei der Wellenlänge $\lambda = 555$ nm ist die Hellempfindlichkeit des Auges am größten. Damit bereits in den Einheiten der energetischen Größen die physiologisch-optische Bewertung zum Ausdruck kommt, wird ein selbständiges Einheitensystem eingeführt.

> Die im Zusammenhang mit der Lichtenergie stehenden Größen heißen lichttechnische Größen, wenn sie in lichttechnischen Einheiten gemessen und damit physiologisch-optisch bewertet werden.

Der Lichtstrom ist der V_λ-bewertete Strahlungsfluß. Als Einheit des Lichtstroms dient das Lumen (lm). Der Lichtstrom ergibt sich entsprechend der Gl. (3.2) aus dem spektralen Strahlungsfluß unter Einbeziehung des spektralen Hellempfindlichkeitsgrades V_λ und des fotometrischen Strahlungsäquivalents K_m zu (Abb. 3.8)

$$\Phi = K_m \int_{380\,nm}^{780\,nm} \Phi_{e,\lambda}(\lambda) V_\lambda(\lambda) d\lambda, \quad [\Phi] = 1\,lm. \tag{3.31}$$

Das fotometrische Strahlungsäquivalent K_m ist der Umrechnungsfaktor von Watt in Lumen. In 3.2.2 werden wir ableiten, daß es maximal

$$K_m = 683 \frac{lm}{W} \tag{3.32}$$

beträgt.

In analoger Weise zum Aufbau der übrigen strahlungsphysikalischen Größen aus dem Strahlungsfluß leiten sich aus dem Lichtstrom die weiteren lichttechnischen Größen ab.

3.2 Lichttechnische Größen

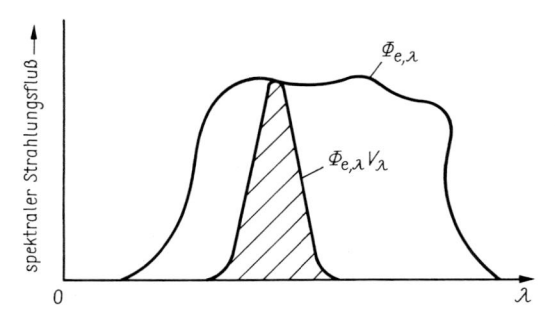

Abb. 3.8 Zur Definition des Lichtstroms

3.2.2 Lichtstärke

Die Lichtstärke ist durch

$$I = \frac{d\Phi}{d\Omega} \tag{3.33}$$

definiert.
Die Lichtstärke I wird im SI-System als Grundgröße eingeführt, so daß ihre Einheit, die Candela, mittels einer primären Meßvorschrift festgelegt werden muß. Bis 1979 galt:

> Die Lichtstärke, die 1 cm^2 der Fläche eines schwarzen Körpers bei der Erstarrungstemperatur des Platins (2042 K) und dem Druck 101325 Pa senkrecht zu seiner Oberfläche ausstrahlt, beträgt 60 cd (60 Candela).

Die 16. Generalkonferenz für Maß und Gewicht hat im Oktober 1979 eine neue Definition beschlossen, die aber inhaltlich keine grundlegende Änderung mit sich bringt. Diese Definition lautet:

> Die Candela ist die in einer Richtung abgegebene Lichtstärke einer Lichtquelle, die eine monochromatische Strahlung der Frequenz 540 THz ausstrahlt und deren Strahlstärke in dieser Richtung $1/683$ W $\cdot$ sr^{-1} beträgt.

Für den Zusammenhang zwischen den Einheiten Lumen und Candela gilt

$$1 \text{ lm} = 1 \text{ cd} \cdot \text{sr}.$$

Analog zu Gl. (3.25) ergibt sich für den in den Halbraum gestrahlten Lichtstrom einer Lichtquelle mit richtungsunabhängiger Leuchtdichte

$$\Phi = \pi \Omega_0 I_0. \tag{3.34}$$

Mit $I_0 = 60$ cd folgt daraus

$$\Phi = 188{,}5 \text{ lm}.$$

Durch numerische Integration erhält man mit $\Phi_{e,\lambda}$ nach Gl. (3.4) und Gl. (3.5) bei $T = 2042$ K und $q_1 = 1 \text{ cm}^2$ (Abb. 3.9)

$$\int_{380 \text{ nm}}^{780 \text{ nm}} \Phi_{e,\lambda} V_\lambda \, d\lambda = 0,276 \text{ W}. \tag{3.35}$$

Damit gilt für das fotometrische Strahlungsäquivalent

$$K_m = \frac{\Phi}{\int_{380 \text{ nm}}^{780 \text{ nm}} \Phi_{e,\lambda} V_\lambda \, d\lambda} = \frac{188,5}{0,276} \frac{\text{lm}}{\text{W}} = 683 \frac{\text{lm}}{\text{W}}. \tag{3.36}$$

Das bedeutet, daß 1 W monochromatische Strahlungsleistung (1 W Strahlungsfluß) bei $\lambda = 555$ nm den Lichtstrom $\Phi = 683$ lm ergibt.

Die absolute spektrale Empfindlichkeit

$$K(\lambda) = K_m V_\lambda(\lambda), \tag{3.37}$$

die fotometrisches Strahlungsäquivalent für monochromatische Strahlung genannt wird, ist in Abb. 3.10 enthalten. Beispielsweise ist bei $\lambda = 490$ nm der Strahlungsleistung von 1 W nur der Lichtstrom $\Phi = 142,1$ lm äquivalent.

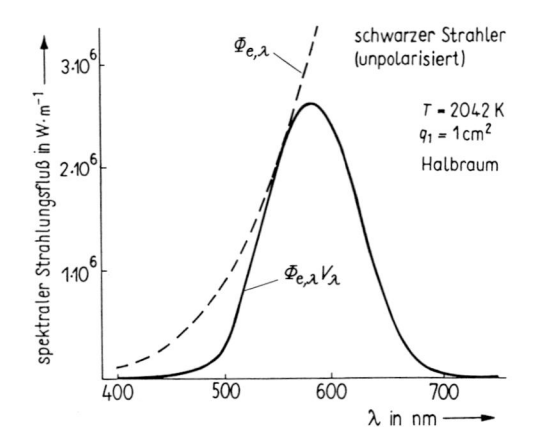

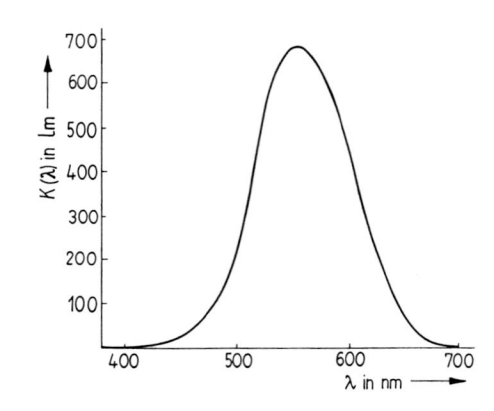

Abb. 3.9 V_λ-bewerteter spektraler Strahlungsfluß des schwarzen Strahlers bei $T = 2042$ K

Abb. 3.10 Fotometrisches Strahlungsäquivalent für monochromatische Strahlung als Funktion der Wellenlänge

Die absolute Empfindlichkeit des Auges für Strahlung des schwarzen Körpers bei $T = 2042$ K beträgt

$$K = \frac{K_m \int_{380 \text{ nm}}^{780 \text{ nm}} \Phi_{e,\lambda} V_\lambda \, d\lambda}{\int_{380 \text{ nm}}^{780 \text{ nm}} \Phi_{e,\lambda} \, d\lambda} = \frac{188,5}{1,8} \frac{\text{lm}}{\text{W}} = 104,7 \frac{\text{lm}}{\text{W}}. \tag{3.38}$$

K heißt auch fotometrisches Strahlungsäquivalent der Gesamtstrahlung.

3.2 Lichttechnische Größen

Die Normlichtart A strahlt eine Lichtquelle aus, die die Farbtemperatur $T_f = 2859$ K hat. Das bedeutet, daß der Farbeindruck derselbe ist wie bei der Betrachtung eines schwarzen Strahlers der Temperatur $T = 2859$ K. Für diesen Fall ist

$$\int_{380\,\text{nm}}^{780\,\text{nm}} \Phi_{e,\lambda}\, d\lambda = 399{,}615 \cdot 10^3\, q_1\, \text{W} \quad \text{und} \quad \int_{380\,\text{nm}}^{780\,\text{nm}} \Phi_{e,\lambda} V_\lambda\, d\lambda = 91{,}56 \cdot 10^3\, q_1\, \text{W},$$

also

$$K = \frac{683 \cdot 91{,}56}{399{,}615}\, \frac{\text{lm}}{\text{W}} = 156{,}49\, \frac{\text{lm}}{\text{W}}.$$

3.2.3 Leuchtdichte

Die Leuchtdichte folgt aus

$$L_\varepsilon = \frac{1}{\cos \varepsilon_1} \frac{dI}{dq_1}. \qquad (3.39)$$

Für $\varepsilon_1 = 0$ ergibt sich aus Gl. (3.39)

$$L_0 = \frac{dI_0}{dq_1}, \quad [L_0] = \frac{\text{cd}}{\text{m}^2}. \qquad (3.40)$$

Oftmals wird die Fläche in cm² gemessen und die Einheit Stilb (sb) mittels

$$[L] = \text{sb} = \text{cd} \cdot \text{cm}^{-2} \qquad (3.41)$$

eingeführt. Die Einheit Apostilb (asb) ist gesetzlich nicht mehr zulässig. Sie ist durch

$$1\, \text{asb} = \frac{1}{\pi} \cdot 10^{-4}\, \text{sb} = \frac{1}{\pi} \frac{\text{cd}}{\text{m}^2} \qquad (3.42)$$

gegeben.

3.2.4 Beleuchtungsstärke

Die Beleuchtungsstärke berechnen wir aus

$$E_0 = \frac{d\Phi_0}{dq_2}, \quad [E_0] = \frac{\text{lm}}{\text{m}^2} = \text{lx}. \qquad (3.43)$$

Als Abkürzung für die Einheit lm · m⁻² wird die Bezeichnung Lux (lx) verwendet.
Trifft der Lichtstrom schräg auf die beleuchtete Fläche auf, dann ist gemäß Gl. (3.29)

$$E_\varepsilon = E_0 \cos \varepsilon_2 \qquad (3.44)$$

zu setzen.

Die Belichtung lautet entsprechend Gl. (3.30)

$$B = Et, \quad [B] = \text{lx} \cdot \text{s}. \tag{3.45}$$

Die lichttechnischen Größen sind in Tab. 3.3 zusammengestellt.

Tabelle 3.3 Lichttechnische Größen

Größe				Formel-zeichen	Einheit
deutsch	englisch	französisch	russisch		
Lichtstrom	luminous flux (luminous power)	flux lumineux	световой поток	Φ	lm = cd · sr
Lichtstärke	luminous intensity	intensité lumineuse	сила света	I	cd
Leuchtdichte	luminance	luminance	яркость	L	cd · m^{-2} sb = cd · cm^{-2}
Beleuchtungsstärke	illuminance	éclairement	освещенность	E	lx = lm · m^{-2}
Belichtung	quantity of illuminance	quantité d'éclairement	освещение	B	lx · s

3.2.5 Fotometrisches Entfernungsgesetz

Der Lambert-Strahler. Als Modell einer ausgedehnten ebenen Lichtquelle wird häufig der sogenannte Lambert-Strahler verwendet. Dieser hat, aus jeder Richtung betrachtet, die gleiche Leuchtdichte. Für die Lichtstärke des Lambert-Strahlers folgt aus (vgl. Gl. (3.19))

$$L_\varepsilon = L_0 \tag{3.46}$$

mit Gl. (3.39) und Gl. (3.40)

$$\frac{1}{\cos \varepsilon_1} \frac{dI}{dq_1} = \frac{dI_0}{dq_1}, \tag{3.47}$$

also

$$dI = dI_0 \cos \varepsilon_1. \tag{3.48}$$

Beim Lambert-Strahler gelten damit einfache analytische Beziehungen sowohl für die Leuchtdichte als auch für die Lichtstärke. Darin ist seine Bedeutung als Modellquelle begründet.

> Der Lambert-Strahler hat für jede Richtung konstante Leuchtdichte und eine vom Betrachtungswinkel kosinusförmig abhängige Lichtstärke.

Das fotometrische Entfernungsgesetz. Wir knüpfen nochmals an Abb. 3.6 und an die Ableitung der Gl. (3.28) an, beziehen uns aber auf die lichttechnischen Größen. Eine punktför-

3.2 Lichttechnische Größen

mige Quelle erzeugt auf einer konzentrisch dazu liegenden Kugelfläche die Beleuchtungsstärke

$$E_0 = \frac{d\Phi_0}{dq_2}.$$

Das Flächenelement der Kugel drücken wir durch das Raumwinkelelement $d\Omega$ und den Kugelradius r aus:

$$dq_2 = r^2 d\Omega \cdot \frac{1}{\Omega_0}.$$

Außerdem führen wir die Lichtstärke I_0 nach Gl. (3.33) ein. Wir erhalten

$$E_0 = \frac{I_0}{r^2} \Omega_0. \tag{3.49}$$

Dieser Ausdruck stellt das fotometrische Entfernungsgesetz für eine punktförmige Lichtquelle der Lichtstärke I_0 dar, die ein schräg stehendes Flächenelement in der Entfernung r beleuchtet (Abb. 3.11).

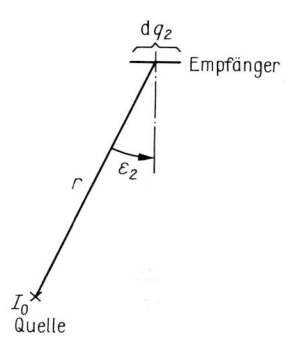

Abb. 3.11 Zum fotometrischen Entfernungsgesetz. Punktförmige Lichtquelle

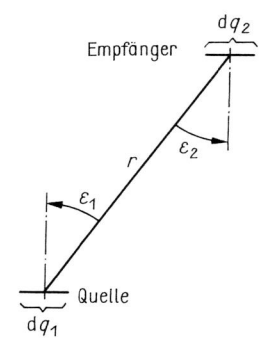

Abb. 3.12 Zum fotometrischen Entfernungsgesetz. Ausgedehnte Lichtquelle

Der optische Fluß. Wir können das fotometrische Entfernungsgesetz für den Fall erweitern, daß das Licht von einem kleinen Flächenelement einer ausgedehnten Lichtquelle ausgestrahlt wird (Abb. 3.12). Dazu ist in der Gl. (3.49) die Lichtstärke dI für die Ausstrahlungsrichtung einzuführen. Für E setzen wir dementsprechend dE. Wir erhalten

$$dE = \frac{dI}{r^2} \cos \varepsilon_2 \cdot \Omega_0. \tag{3.50}$$

Nach Gl. (3.39) ist $dI = L \cos \varepsilon_1 \cdot dq_1$, also

$$dE = \frac{L\Omega_0}{r^2} \cos \varepsilon_1 \cdot \cos \varepsilon_2 \cdot dq_1. \tag{3.51}$$

Eine andere Schreibweise erhalten wir, wenn wir nach Gl. (3.43) den Lichtstrom einführen. Es gilt dann

$$d^2\Phi = \frac{L\Omega_0}{r^2} \cos \varepsilon_1 \cdot \cos \varepsilon_2 \cdot dq_1 dq_2. \tag{3.52}$$

Mit Gl. (3.52) ist der Lichtstrom zu berechnen, den das Flächenelement dq_1 dem in der Entfernung r stehenden Flächenelement dq_2 zustrahlt. Ist die Lichtquelle ein Lambert-Strahler, dann ist L eine Konstante.

Auf der rechten Seite von Gl. (3.52) ist die Leuchtdichte die lichttechnische Größe, während der Faktor

$$d^2G = \frac{\cos \varepsilon_1 \cdot \cos \varepsilon_2}{r^2} \Omega_0 \, dq_1 \, dq_2 \tag{3.53}$$

die geometrischen Verhältnisse beschreibt. Er wird optischer Fluß oder Lichtleitwert genannt. Allgemein ist also

$$d^2\Phi = L \cdot d^2G. \tag{3.54}$$

> Der optische Fluß spiegelt den Einfluß der geometrischen Größen des optischen Systems wider. Der Lichtstrom stellt das Produkt aus optischem Fluß und Leuchtdichte dar.

In der Schreibweise nach Gl. (3.52) oder Gl. (3.54) wird das fotometrische Entfernungsgesetz auch fotometrisches Grundgesetz genannt.

4 Abbildende optische Funktionselemente

4.1 Geometrisch-optisch abbildende Funktionselemente

4.1.1 Funktionselemente

Technische Strukturen haben bestimmte Funktionen zu erfüllen. Eine Funktion besteht darin, Eingangsgrößen in Ausgangsgrößen überzuführen. So könnte z. B. ein paralleles Lichtbündel vorgegebener Richtung in ein Parallelbündel anderer Richtung zu transformieren sein. Es wäre dann eine technische Struktur notwendig, die die Funktion "Ablenken" verwirklicht. Es leuchtet ein, daß es dafür mehrere Strukturen geben kann. In unserem Beispiel wären Spiegel, Prismen, Glasfaserbündel u. a. geeignet. Der Schluß von der Funktion auf die Struktur ist also nicht eindeutig, während der umgekehrte Schluß eindeutig sein kann.

Jede Struktur hat neben den gewünschten Hauptfunktionen noch Nebenfunktionen, die besonders zu beachten sind und die gegebenenfalls die Auswahl einschränken. Bei Prismen kann z. B. die Lichtablenkung mit einer Farbaufspaltung (Dispersion), mit einer Polarisation des Lichtes u. a. verbunden sein. Der Schluß von der Struktur auf die Hauptfunktion ist also auch nicht immer eindeutig, im allgemeinen aber nahegelegt.

Wir unterscheiden reale und konkrete Strukturen. Reale Strukturen sind materiell, also gefertigt. Sie können nur experimentell untersucht werden. Konkrete Strukturen stellen nichtmaterielle Modelle der realen Strukturen dar. Sie können nur theoretisch behandelt werden.

Es ist zweckmäßig, die elementaren Funktionen zu ermitteln, die einem physikalischen Wirkprinzip zugeordnet sind. In diesem Sinne definieren wir den Begriff der Elementarfunktion.

> Eine Elementarfunktion ist eine Verknüpfung zwischen vorgegebenen Eingangsgrößen und vorgegebenen Ausgangsgrößen, deren weitere Zergliederung in Zwischenstufen nicht erforderlich ist, weil sie unmittelbar mit realen technischen Strukturen – den Bauelementen – mit bestimmter Wahrscheinlichkeit realisiert und mit konkreten technischen Strukturen – den Funktionselementen – modelliert werden kann oder soll.

Die Anzahl der notwendigen Elementarfunktionen ist damit auch von der Entwicklung der technologischen Bedingungen abhängig. Gelingt es, eine technische Struktur zu entwickeln, die als Ganzes eine Funktion realisiert, so kann diese als Elementarfunktion aufgefaßt werden. Es gilt weiter:

> Ein Bauelement ist eine reale technische Struktur, die als Ganzes in einer bestimmten Umgebung vorgegebene Eingangsgrößen mit einer gewissen Wahrscheinlichkeit in vorgegebene Ausgangsgrößen überführt.

Es kommt also nicht darauf an, ob bei der Fertigung und Montage des Bauelements mehrere Einzelteile notwendig sind. Wesentlich ist nur, daß das Bauelement ohne weitere Bearbeitungs- sowie innere Montage- und Justierprozesse in eine komplexe technische Struktur eingefügt werden kann und die gewünschte Funktion erfüllt.

Das Modell des Bauelements ist das Funktionselement. Mit diesem werden die wesentlichen Eigenschaften des Bauelements theoretisch erfaßt.

> Ein Funktionselement ist eine konkrete technische Struktur, die als Ganzes in einer modellmäßig bestimmten Umgebung vorgegebene Eingangsgrößen in vorgegebene Ausgangsgrößen überführt.

Die Funktionselemente teilen wir nach Elementarfunktionen ein. Zur Zeit liegen noch keine abgeschlossenen Untersuchungen darüber vor, welche optischen Elementarfunktionen notwendig sind. Wir verwenden hier die Elementarfunktionen Abbilden, Bündelbegrenzen, Ablenken, Dispergieren, Filtern, Lichtleiten, Polarisieren und Energiewandeln.

In diesem Abschnitt beschäftigen wir uns mit geometrisch-optisch abbildenden Funktionselementen. Ihre Funktion, die geometrisch-optische Abbildung, läßt sich ausreichend genau mit dem Strahlenmodell des Lichtes beschreiben.

4.1.2 Brechende Rotationsflächen

Das augenfälligste abbildende optische Bauelement stellt die Linse dar (Abb. 4.1). Eine Linse besteht aus zwei brechenden Flächen, die in bestimmter Weise zueinander angeordnet sind. Eine einzelne brechende Fläche läßt sich nicht als Bauelement ausbilden. Trotzdem ist es für das Verständnis der geometrisch-optisch abbildenden Funktionselemente notwendig, die Eigenschaften der Einzelfläche zu untersuchen. Wir werden dabei auch wesentliche methodische Hilfsmittel kennenlernen.

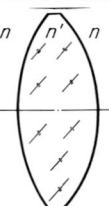

Abb. 4.1 Sammellinse

Die Linsenflächen müssen im allgemeinen feinoptische Qualität haben, d. h., ihre Genauigkeit hinsichtlich Krümmung und Oberflächenbeschaffenheit unterliegt besonders hohen Anforderungen. Die Oberfläche wird geprüft, indem mit Probegläsern Newtonsche Ringe erzeugt oder Interferometer eingesetzt werden. Als Vergleichslänge dient also die Wellenlänge des Lichtes.

Bei der traditionellen Fertigung von Linsen werden die Flächen an Glaskörper durch Läppen und Polieren angearbeitet (Bearbeiten mit losem Korn zwischen Linsenfläche und Werkzeug). Dabei lassen sich Kugelflächen, also sphärische Flächen, leichter und damit billiger herstellen als andere Flächen. Das ist der Hauptgrund dafür, daß asphärische Flächen seltener zum Einsatz kommen als sphärische Flächen, obwohl jene Vorteile für einen einfachen Aufbau optischer Systeme mit sich bringen würden.

Berechnung von Meridionalstrahlen. Wir wollen den Verlauf eines Lichtstrahls hinter der brechenden Fläche berechnen. Die Daten des Strahls vor der Fläche sollen gegeben sein. Die allgemeine Lösung dieser Aufgabe stellt sich als unerwartet schwierig heraus, besonders wenn

4.1 Geometrisch-optisch abbildende Funktionselemente

mehrere Flächen aufeinander folgen. Wir beschränken uns deshalb auf die Berechnung von Strahlen, die im Meridionalschnitt verlaufen (vgl. 1.2.2).

| Strahlen, die im Meridionalschnitt verlaufen, heißen Meridionalstrahlen. Alle anderen Strahlen werden "windschief" genannt.

Eine Flächennormale benutzen wir als optische Achse. Die Kugelfläche ist rotationssymmetrisch um die optische Achse.

Zur Festlegung des Lichtstrahls vor der brechenden Fläche sind zwei Bestimmungsstücke notwendig. Eine geeignete Größe ist die Schnittweite.

| Die Schnittweite ist die Entfernung des Punktes, in dem ein Lichtstrahl die optische Achse schneidet, vom Flächenscheitel.

Als zweite Größe verwenden wir
- bei endlicher objektseitiger Schnittweite den Schnittwinkel des Strahls mit der optischen Achse (Abb. 4.2),
- bei unendlicher Schnittweite die Einfallshöhe des Strahls an der ersten Fläche (Abb. 4.3).

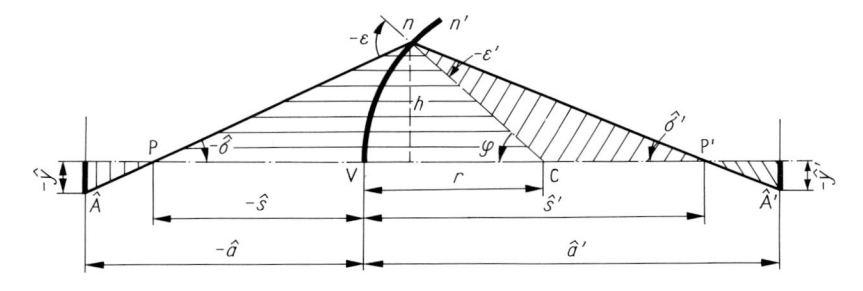

Abb. 4.2 Zur Ableitung des Normalschemas (Objektweite endlich)

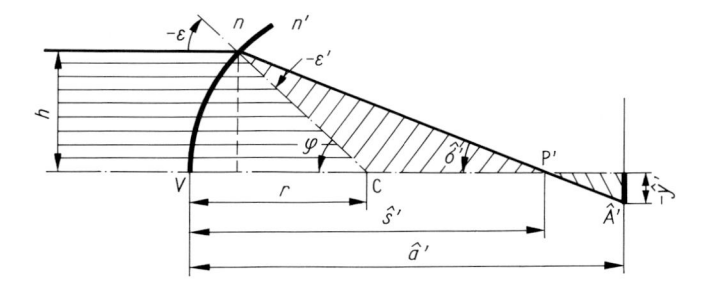

Abb. 4.3 Zur Ableitung des Normalschemas (Objektweite unendlich)

Für Strahlen, die nicht nahe der optischen Achse verlaufen, schreiben wir die Schnittweiten und -winkel mit "Dach" (also $\hat{s}$, $\hat{\sigma}$).

Für den Fall, daß nicht die objektseitige Schnittweite $\hat{s}$, sondern die Durchstoßhöhe $\hat{y}$ in einer achssenkrechten Ebene gegeben ist, ermitteln wir die objektseitige Schnittweite folgendermaßen (Abb. 4.2):

$$\tan \hat{\sigma} = \frac{\hat{y}}{\hat{s}-\hat{a}}, \quad \hat{s} = \hat{a}+\frac{\hat{y}}{\tan \hat{\sigma}}. \tag{4.1}$$

Entsprechend ergibt sich die Durchstoßhöhe in einer beliebigen bildseitigen achssenkrechten Ebene (Abb. 4.2):

$$\tan \hat{\sigma}' = \frac{\hat{y}'}{\hat{s}' - \hat{a}'}, \quad \hat{y}' = (\hat{s}' - \hat{a}') \tan \hat{\sigma}'. \tag{4.2}$$

Die Ableitung der Formeln für die Berechnung der bildseitigen Schnittweite und des bildseitigen Schnittwinkels anhand der Abb. 4.2 und 4.3 ist in Tab. 4.1 enthalten.

Bei der Strahldurchrechnung an der sphärischen Fläche ist es unzweckmäßig, einen geschlossenen Ausdruck für die bildseitigen Größen abzuleiten. Es werden Formelsätze angewendet, die einer algorithmischen Aufbereitung der Rechnung entsprechen.

Tabelle 4.1 Ableitung des Normalschemas

$\hat{s} \neq \infty$ Gegeben $r, n, n', \hat{s}, \hat{\sigma}$	$\hat{s} = -\infty$ Gegeben r, n, n', h	
Anwenden des Außenwinkelsatzes im Dreieck $\varepsilon = \hat{\sigma} - \varphi$	Gleichliegende Winkel an den Parallelen $\varphi = -\varepsilon$	Anwenden des Außenwinkelsatzes im Dreieck $\hat{\sigma}' = \varphi + \varepsilon'$
Anwenden des Sinussatzes im Dreieck $\dfrac{\sin(180° + \varepsilon)}{\sin(-\hat{\sigma})} = \dfrac{-\hat{s} + r}{r}$ oder $\dfrac{\sin \varepsilon}{\sin \hat{\sigma}} = \dfrac{r - \hat{s}}{r}$	Winkelfunktionen im Dreieck $\sin \varepsilon = -\dfrac{h}{r}$	Anwenden des Sinussatzes im Dreieck $\dfrac{\sin \varepsilon'}{\sin \hat{\sigma}'} = \dfrac{r - \hat{s}'}{r}$
	Division $\dfrac{\sin \hat{\sigma}'}{\sin \hat{\sigma}} \dfrac{\sin \varepsilon}{\sin \varepsilon'} = \dfrac{r - \hat{s}}{r - \hat{s}'}$	
	Anwenden des Brechungsgesetzes $\dfrac{\sin \hat{\sigma}'}{\sin \hat{\sigma}} = \dfrac{n}{n'} \dfrac{r - \hat{s}}{r - \hat{s}'}$	

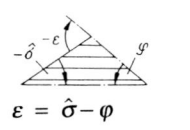

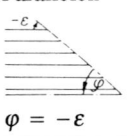

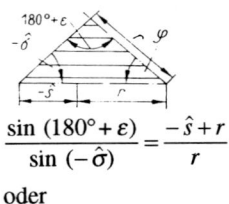

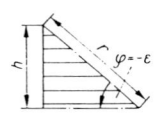

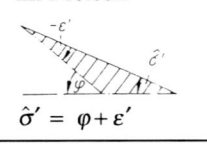

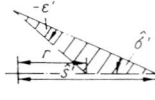

4.1 Geometrisch-optisch abbildende Funktionselemente

Die Formelsätze lauten

für $\hat{s} \neq -\infty$: für $\hat{s} = -\infty$:

$$\sin \varepsilon = \frac{r-\hat{s}}{r} \sin \hat{\sigma} \qquad \sin \varepsilon = -\frac{h}{r} \qquad (4.3\text{a, b})$$

$$\sin \varepsilon' = \frac{n}{n'} \sin \varepsilon \qquad \sin \varepsilon' = \frac{n}{n'} \sin \varepsilon \qquad (4.4\text{a, b})$$

$$\varphi = \hat{\sigma} - \varepsilon \qquad \varphi = -\varepsilon \qquad (4.5\text{a, b})$$

$$\hat{\sigma}' = \varphi + \varepsilon' \qquad \hat{\sigma}' = \varphi + \varepsilon' \qquad (4.6\text{a, b})$$

$$\hat{s}' = -r \frac{\sin \varepsilon'}{\sin \hat{\sigma}'} + r \qquad \hat{s}' = -r \frac{\sin \varepsilon'}{\sin \hat{\sigma}'} + r \qquad (4.7\text{a, b})$$

Die Rechenschemata (4.1) bis (4.7) heißen Normalschemata.

Beispiel. Eine brechende Kugelfläche habe den Radius $r = 50$ mm. Die Brechzahlen seien $n = 1$ und $n' = 1{,}5182$. Die objektseitige Schnittweite sei unendlich.

Es sind die bildseitigen Schnittweiten für die Strahlen mit den Einfallshöhen $h = 10, 20, 30, 40$ und 45 mm zu berechnen. Außerdem sind die Durchstoßhöhen der Strahlen in einer um $146{,}49$ mm vom Scheitel entfernten achssenkrechten Ebene anzugeben.

Das Ergebnis, mit dem Normalschema berechnet, ist in Tab. 4.2 enthalten. In Abb. 4.4 ist der Strahlenverlauf zeichnerisch dargestellt.

Wie sieht es nun mit der optischen Abbildung durch diese brechende Fläche aus? Das einfallende achsparallele Strahlenbündel kommt vom unendlich fernen Achsenpunkt. Dieser ist also der Objektpunkt. Bei einer punktförmigen Abbildung müßte die bildseitige Schnittweite unabhängig von der Einfallshöhe sein. Tab. 4.2 und Abb. 4.4 zeigen, daß dies nicht der Fall ist. Für abnehmende Einfallshöhe konvergiert die Schnittweite gegen den in die Tab. 4.2 zusätzlich eingetragenen Wert $s' = 146{,}49$ mm.

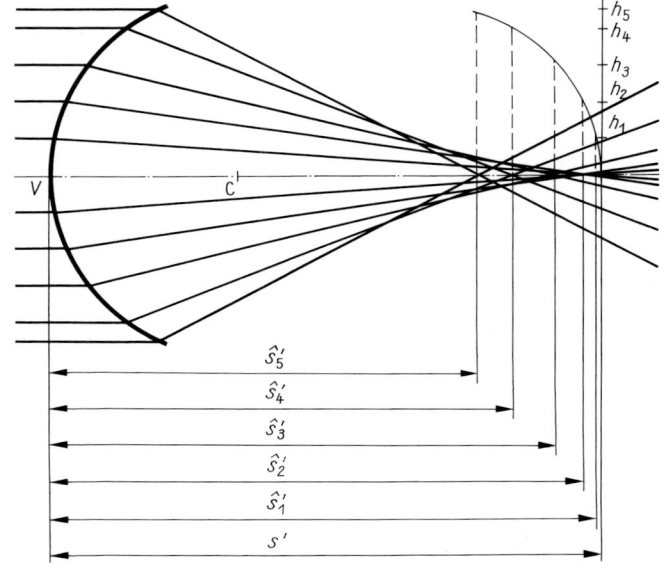

Abb. 4.4 Schnittweiten an einer brechenden Fläche

Tabelle 4.2 Bildseitige Größen an einer brechenden Fläche

h/mm	$\hat{s}'$/mm	$-\hat{y}'$/mm
0	146,49	0
10	145,21	0,089
20	141,23	0,767
30	134,09	3,000
40	122,43	9,395
45	113,55	17,368

Abb. 4.4 läßt erkennen, daß im Bildraum eine Konzentration der Lichtstrahlen in einem gewissen Gebiet vorliegt. Es ist also zu erwarten, daß wir mit der brechenden Kugelfläche eine geometrisch-optisch Abbildung im Sinne von 2.7.3 realisieren können. Aus diesem Grunde ordnen wir die sphärische brechende Fläche in die Behandlung der abbildenden optischen Funktions- bzw. Bauelemente ein.

Wir kommen auf die Problematik der Realisierung der geometrisch-optischen Abbildung in 4.3 zurück. Insbesondere sind Hinweise nötig, wie groß die Abweichungen von der idealen optischen Abbildung sind und wie groß die "zulässige Umgebung" für die Strahlschnittpunkte sein darf.

Das Normalschema erfordert sehr genaue Rechnungen mit hoher Stellenzahl, wenn n und n' wenig voneinander abweichen. Einfalls- und Brechungswinkel sind dann auch wenig voneinander verschieden. In den ersten beiden Auflagen dieses Buches waren deshalb für diese Fälle spezielle Gleichungen angegeben worden, die aber beim Einsatz von Computern keine Bedeutung mehr haben.

4.1.3 Beziehungen für das paraxiale Gebiet

Definition des paraxialen Gebiets. Eine besondere Rolle für die Untersuchung der Verhältnisse an brechenden Rotationsflächen spielen die "flach und achsnahe" verlaufenden Lichtstrahlen. Die Formulierung "flacher Strahlenverlauf" drückt aus, daß

$$\tan \sigma \approx \sin \sigma \approx \sigma \tag{4.8}$$

und

$$\tan \sigma' \approx \sin \sigma' \approx \sigma' \tag{4.9}$$

sein soll. Die Achsnähe ist gewährleistet, wenn

$$\tan \varphi \approx \sin \varphi \approx \varphi \tag{4.10}$$

ist. Wegen

$$\sin \varphi = \frac{h}{r} \tag{4.11}$$

(Abb. 4.2) ist Gl. (4.10) gleichbedeutend mit

$$\left|\frac{h}{r}\right| \ll 1. \tag{4.12}$$

4.1 Geometrisch-optisch abbildende Funktionselemente

| Der Bereich um die optische Achse, in dem die Forderungen (4.8) bis (4.12) gelten, wird paraxiales Gebiet oder Gaußscher Raum oder fadenförmiger Raum genannt.

Der Name "achsnaher Raum" ist ebenfalls üblich. Dabei ist aber zu beachten, daß nicht allein die Achsnähe, sondern auch die kleine Strahlneigung vorauszusetzen ist.

| Die im paraxialen Gebiet verlaufenden Lichtstrahlen heißen Paraxialstrahlen.

Die Bedeutung des paraxialen Gebietes liegt darin, daß

– geschlossene Beziehungen für die paraxialen Bildraumgrößen gelten,
– ein schneller Überblick über die grundsätzlichen Verhältnisse an brechenden Rotationsflächen erhalten wird sowie
– Bezugs- und Hilfsgrößen für die Beschreibung des Strahlenverlaufs im außeraxialen Gebiet gewonnen werden.

Die *Abbesche Invariante* stellt den Zusammenhang zwischen der objektseitigen und der bildseitigen Schnittweite von Paraxialstrahlen her.

Die Ableitung der Abbeschen Invarianten (Abb. 4.5 und Tab. 4.3) geht von der Definition des Winkelverhältnisses

$$\gamma' = \frac{\tan \sigma'}{\tan \sigma} \qquad (4.13)$$

aus. Im paraxialen Gebiet kann dafür

$$\gamma' = \frac{\sigma'}{\sigma} \qquad (4.14)$$

geschrieben werden.

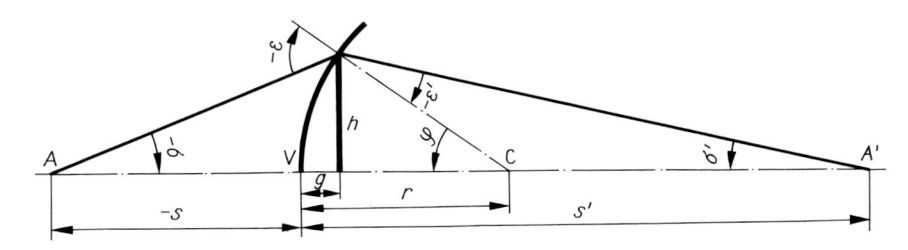

Abb. 4.5 Zur Ableitung der Abbeschen Invarianten

Das Ergebnis der Ableitung in Tab. 4.3 lautet

$$Q = n\left(\frac{1}{r} - \frac{1}{s}\right) = n'\left(\frac{1}{r} - \frac{1}{s'}\right). \qquad (4.15)$$

| Die Größe Q kann sowohl mit den objektseitigen als auch mit den bildseitigen Größen berechnet werden. Sie bleibt an der brechenden Fläche konstant und wird Abbesche Invariante genannt.

Tabelle 4.3 Ableitung der Abbeschen Invarianten

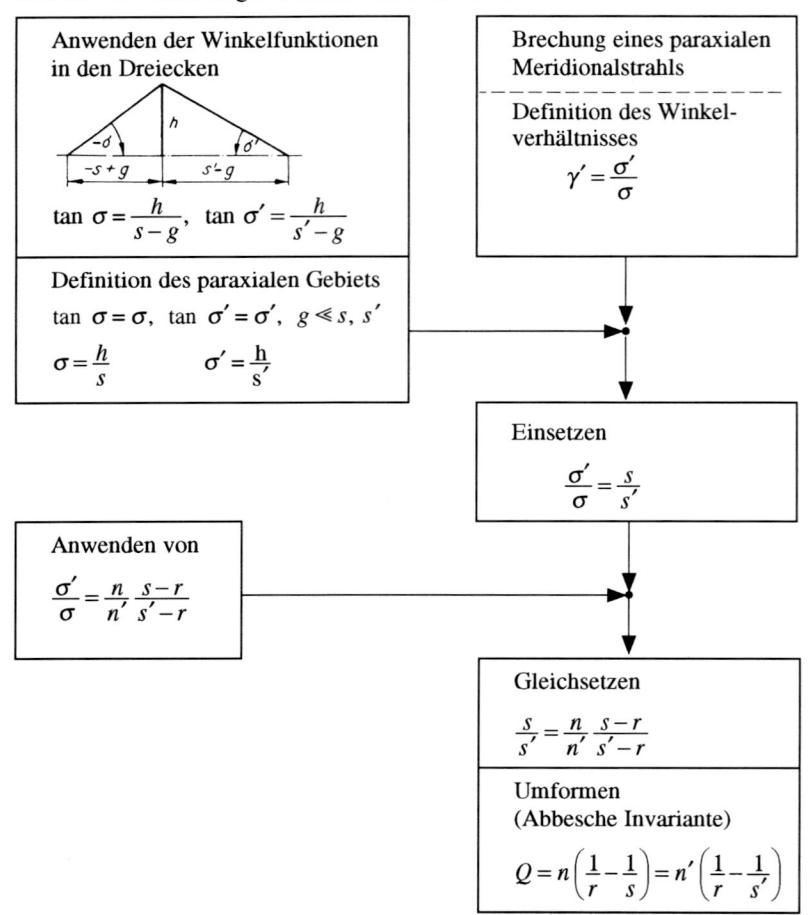

Anwenden der Winkelfunktionen in den Dreiecken	Brechung eines paraxialen Meridionalstrahls
$\tan \sigma = \dfrac{h}{s-g}$, $\tan \sigma' = \dfrac{h}{s'-g}$	Definition des Winkelverhältnisses $\gamma' = \dfrac{\sigma'}{\sigma}$
Definition des paraxialen Gebiets $\tan \sigma = \sigma$, $\tan \sigma' = \sigma'$, $g \ll s, s'$ $\sigma = \dfrac{h}{s}$ $\sigma' = \dfrac{h}{s'}$	
	Einsetzen $\dfrac{\sigma'}{\sigma} = \dfrac{s}{s'}$
Anwenden von $\dfrac{\sigma'}{\sigma} = \dfrac{n}{n'} \dfrac{s-r}{s'-r}$	
	Gleichsetzen $\dfrac{s}{s'} = \dfrac{n}{n'} \dfrac{s-r}{s'-r}$
	Umformen (Abbesche Invariante) $Q = n\left(\dfrac{1}{r} - \dfrac{1}{s}\right) = n'\left(\dfrac{1}{r} - \dfrac{1}{s'}\right)$

Auflösen von Gl. (4.15) nach s' ergibt

$$s' = \frac{n'}{\dfrac{n}{s} + \dfrac{n'-n}{r}}. \tag{4.16}$$

Daraus folgt:

> Im paraxialen Gebiet ist die bildseitige Schnittweite unabhängig von der Strahlneigung und damit von der Einfallshöhe. Sämtliche Paraxialstrahlen, die von einem Objektpunkt ausgehen, schneiden sich bildseitig in einem Punkt.

Im paraxialen Gebiet liegt eine punktförmige Abbildung vor. Strenggenommen ist diese Aussage jedoch ohne praktische Bedeutung. Exakt gilt Gl. (4.16) nur für die Einfallshöhe null, also für einen Lichtstrahl, der längs der optischen Achse verläuft (daher auch der Name "fadenförmiger Raum"). Ein einzelner Lichtstrahl läßt sich aber nicht realisieren und könnte auch kein Bild ergeben, weil sich dazu Strahlen schneiden müssen. Die eigentliche Bedeutung

4.1 Geometrisch-optisch abbildende Funktionselemente

der Gl. (4.16) liegt in ihrem Näherungscharakter. Wir verweisen auf das Beispiel der brechenden Fläche, für die das Strahldurchrechnungsergebnis in Tab. 4.2 enthalten ist. Mit abnehmender Einfallshöhe strebt die Schnittweite gegen den paraxialen Wert $s' = 146,49$ mm.

> Die achssenkrechte Ebene, die den paraxialen Bildpunkt enthält, ist die Gaußsche Bildebene.

Die *Helmholtz-Lagrangesche Invariante* vermittelt den Zusammenhang zwischen dem Winkelverhältnis und dem Abbildungsmaßstab. Die Definition des Abbildungsmaßstabs als Verhältnis der lateralen Abmessungen des Bildes und des Objektes ist der Ableitung in Tab. 4.4 unter Verwendung von Abb. 4.6 zugrunde gelegt. Das Ergebnis lautet

$$ny\sigma = n'y'\sigma'. \tag{4.17}$$

> Das Produkt $ny\sigma$ stellt eine Invariante der paraxialen Abbildung an brechenden Flächen dar, die Helmholtz-Lagrangesche Invariante genannt wird.

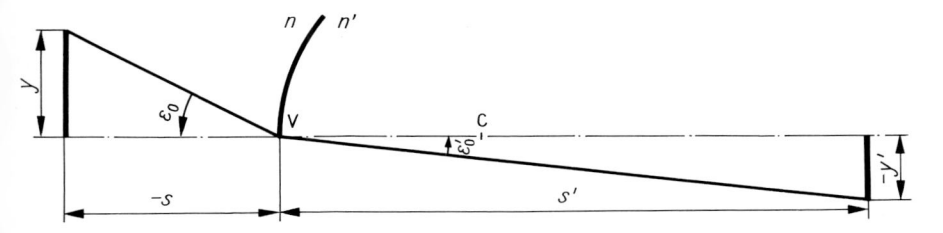

Abb. 4.6 Zur Ableitung der Helmholtz-Lagrangeschen Invarianten

Aus der Helmholtz-Lagrangeschen Invariante folgen die Gleichungen

$$\beta'\gamma' = \frac{n}{n'} \tag{4.18}$$

und wegen $\sigma'/\sigma = s/s'$

$$\beta' = \frac{n}{n'}\frac{s'}{s}. \tag{4.19}$$

Der Abbildungsmaßstab für die Gaußsche Bildebene ist also konstant.

Kardinalelemente. Die optische Achse enthält ausgezeichnete Punktepaare, die eine besondere Bedeutung für den paraxialen Strahlenverlauf haben. Diese Punktepaare, die sogenannten Kardinalpunkte, sind die Hauptpunkte, die Knotenpunkte und die Brennpunkte.

> Ein Objekt, das in der durch den objektseitigen Hauptpunkt H gehenden achssenkrechten Ebene steht, wird mit dem Abbildungsmaßstab $\beta' = 1$ in die achssenkrechte Ebene abgebildet, die den Hauptpunkt H′ enthält.

Der objektseitige Hauptpunkt und der bildseitige Hauptpunkt sind also zueinander konjugiert.

> Ein Lichtstrahl, der die optische Achse im objektseitigen Knotenpunkt N unter dem Winkel σ schneidet, schneidet die optische Achse im bildseitigen Knotenpunkt N′ unter dem gleichen Winkel ($\sigma = \sigma'$). Für die Knotenpunkte ist das Winkelverhältnis γ' gleich 1.

Tabelle 4.4 Ableitung der Helmholtz-Lagrangeschen Invarianten

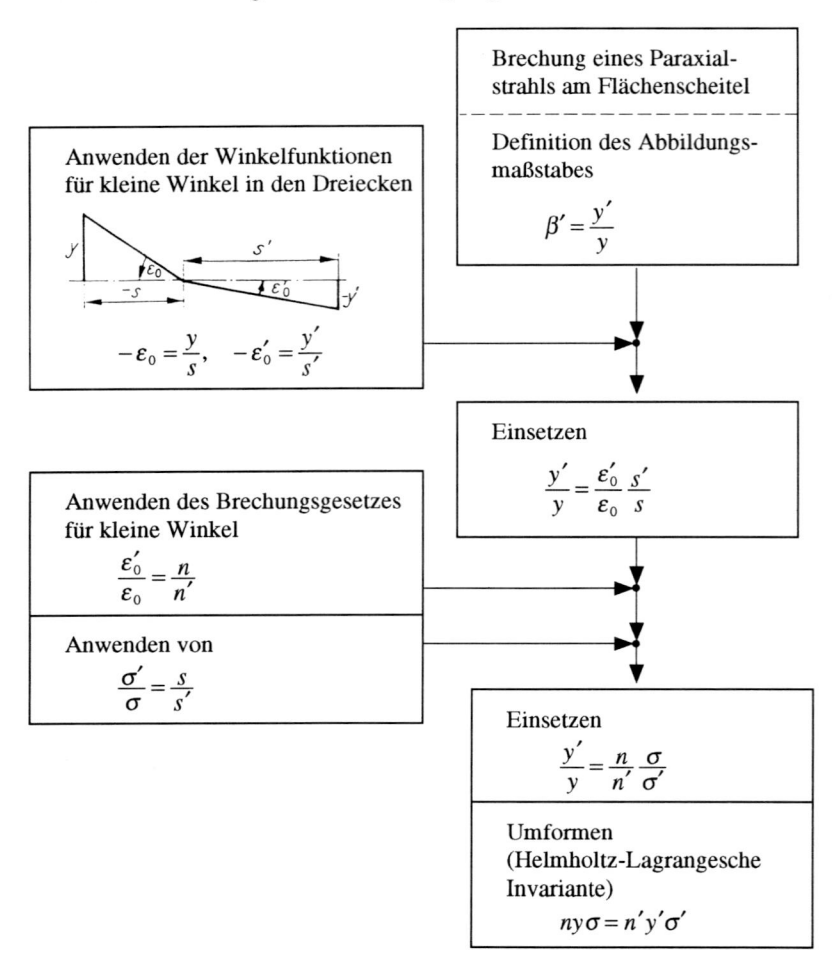

Anwenden der Winkelfunktionen für kleine Winkel in den Dreiecken $-\varepsilon_0 = \dfrac{y}{s}, \quad -\varepsilon_0' = \dfrac{y'}{s'}$	Brechung eines Paraxialstrahls am Flächenscheitel
	Definition des Abbildungsmaßstabes $\beta' = \dfrac{y'}{y}$
	Einsetzen $\dfrac{y'}{y} = \dfrac{\varepsilon_0'}{\varepsilon_0} \dfrac{s'}{s}$
Anwenden des Brechungsgesetzes für kleine Winkel $\dfrac{\varepsilon_0'}{\varepsilon_0} = \dfrac{n}{n'}$	
Anwenden von $\dfrac{\sigma'}{\sigma} = \dfrac{s}{s'}$	
	Einsetzen $\dfrac{y'}{y} = \dfrac{n}{n'} \dfrac{\sigma}{\sigma'}$
	Umformen (Helmholtz-Lagrangesche Invariante) $ny\sigma = n'y'\sigma'$

Der objektseitige Knotenpunkt und der bildseitige Knotenpunkt sind also zueinander konjugiert.

> Der objektseitige Brennpunkt F wird in den unendlich fernen Achsenpunkt abgebildet (bildseitige Schnittweite des objektseitigen Brennpunktstrahls $s_F' = \infty$). Der bildseitige Brennpunkt F′ ist das Bild des unendlich fernen Achsenpunktes (objektseitige Schnittweite des bildseitigen Brennpunktstrahls $s_{F'} = \infty$).

Objekt- und bildseitiger Brennpunkt sind n i c h t zueinander konjugiert.

Die Kardinalelemente der brechenden Rotationsfläche sind in Abb. 4.7 eingezeichnet. Die Schnittweiten der Haupt-, Knoten- und Brennpunktstrahlen werden in Tab 4.5 abgeleitet. Daraus folgt:

> Die Hauptpunkte H und H′ fallen mit dem Flächenscheitel V, die Knotenpunkte N und N′ mit dem Krümmungsmittelpunkt C zusammen.

4.1 Geometrisch-optisch abbildende Funktionselemente

Brennweiten. Als Rechengrößen haben die Brennweiten eine besondere Bedeutung. Es gilt:

> Die $\dfrac{\text{objektseitige}}{\text{bildseitige}}$ Brennweite ist der Abstand des $\dfrac{\text{objektseitigen}}{\text{bildseitigen}}$ Brennpunktes vom $\dfrac{\text{objektseitigen}}{\text{bildseitigen}}$ Hauptpunkt.

(Die Formulierung schließt die Vorzeichenregel ein. Bezugspunkte für die Brennweiten sind die Hauptpunkte.)

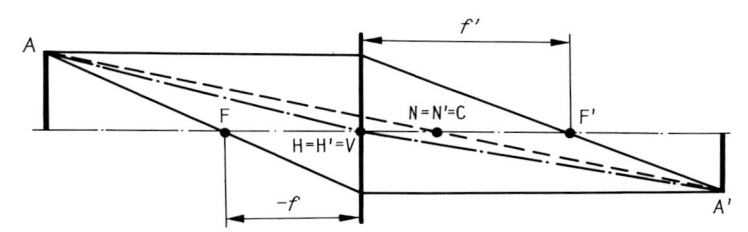

Abb. 4.7 Kardinalelemente und ausgezeichnete Strahlen für die brechende Fläche

In Tab. 4.5 wird abgeleitet, daß für die Brennweiten der brechenden Rotationsfläche

$$f = -\frac{r}{\frac{n'}{n}-1} = -\frac{nr}{n'-n}, \tag{4.20}$$

$$f' = \frac{\frac{n'}{n}r}{\frac{n'}{n}-1} = \frac{n'r}{n'-n}, \tag{4.21}$$

$$\frac{f'}{f} = -\frac{n'}{n} \tag{4.22}$$

gilt.

Zeichnerische Konstruktion von Bildort und -größe. Die Kenntnis der Kardinalelemente einer brechenden Fläche gestattet in einer einfachen Weise die zeichnerische Ermittlung von Bildort und -größe. Die achsenkrechten Ebenen, die durch die Hauptpunkte gehen und die wir Hauptebenen nennen, werden im Maßstab 1:1 aufeinander abgebildet. Ein Lichtstrahl muß die bildseitige Hauptebene in der gleichen Entfernung von der optischen Achse durchstoßen, in der er die objektseitige Hauptebene durchstößt. Für die Bildkonstruktion gibt es drei ausgezeichnete Strahlen (Abb. 4.7).

> Der objektseitig achsparallele Strahl geht bildseitig durch den Brennpunkt F'.
> Der objektseitige Brennpunktstrahl verläuft bildseitig achsparallel.
> Der objektseitige Knotenpunktstrahl wird parallel zu sich so versetzt, daß er durch den bildseitigen Knotenpunkt geht.

Brennpunkt-Koordinatensystem. Bisher verwendeten wir zur Messung von Objekt- und Bildweite die Entfernungen vom Flächenscheitel, also die Schnittweiten. Im Brennpunkt-Koordinatensystem werden die Ursprünge der Koordinatensysteme in die Brennpunkte gelegt. Es eignet sich besonders für die Lösung von Aufgaben der Optik-Konstruktion.

Tabelle 4.5 Ableitung der Gleichungen für die Kardinalelemente der brechenden Fläche

Ausgezeichnete Strahlen	
Knotenpunktstrahl	-------
Achsparallelstrahl	————
Brennpunktstrahl	— —

Hauptpunkte (H, H′)
Anwenden der Helmholtz-Lagrangeschen Invarianten
$ny\sigma = n'y'\sigma'$
Spezialfall $\beta' = 1$ ($y'_{H'} = y_H$) (Definition der Hauptpunkte)
$n\sigma_H = n'\sigma'_{H'}$
Vergleich mit dem Brechungsgesetz für kleine Winkel (Brechung am Flächenscheitel)
$n\varepsilon_0 = n'\varepsilon'_0$
Schlußfolgerung: Objekt in der Scheitelebene wird mit dem Abbildungsmaßstab $\beta' = 1$ in sich abgebildet.
Schnittweiten des *Hauptpunktstrahls*
$s_H = 0 \quad s'_{H'} = 0$

Brennpunkte (F, F′)
Anwenden der Abbeschen Invarianten
$n\left(\dfrac{1}{r} - \dfrac{1}{s}\right) = n'\left(\dfrac{1}{r} - \dfrac{1}{s'}\right)$
Spezialfälle (Definition der Brennpunkte)
$s' = \infty \quad s = -\infty$
$s = s_F \quad s' = s'_{F'}$
Schnittweiten der *Brennpunktstrahlen*
$s_F = -\dfrac{nr}{n'-n} \quad s'_{F'} = \dfrac{n'r}{n'-n}$
Definition der Brennweiten (einschließlich Vorzeichenregel)
$f = s_F - s_H \quad f' = s'_{F'} - s'_{H'}$
Anwenden von $s_H = s'_{H'} = 0$
$f = -\dfrac{nr}{n'-n} \quad f' = \dfrac{n'r}{n'-n}$

Knotenpunkte (N, N′)
Anwenden von (Winkelverhältnis)
$\gamma' = \dfrac{\sigma'}{\sigma} = \dfrac{s}{s'}$
Spezialfall $\gamma' = 1$ ($\sigma_N = \sigma'_{N'}$) (Definition der Knotenpunkte)
$s_N = s'_{N'}$
Vergleich mit der Abbeschen Invarianten ($n' \neq n$)
$\dfrac{1}{r} - \dfrac{1}{s_N} = \dfrac{1}{r} - \dfrac{1}{s'_{N'}} = 0$
Schlußfolgerung: Der Strahl, der durch den Krümmungsmittelpunkt geht, wird nicht abgelenkt.
Schnittweiten des *Knotenpunktstrahls*
$s_N = r \quad s'_{N'} = r$

4.1 Geometrisch-optisch abbildende Funktionselemente

In Tab. 4.6 werden die Beziehungen für die Koordinaten der Kardinalpunkte, für den Abbildungsmaßstab und für das Winkelverhältnis angegeben. Daneben wird der Tiefenmaßstab definiert durch

$$\alpha' = \frac{dz'}{dz}. \tag{4.23}$$

Es ist

$$\alpha' = -\frac{f'}{f}\beta'^2. \tag{4.24}$$

Wir heben die in Tab. 4.6 abgeleiteten Beziehungen für die Berechnung des paraxialen Bildortes (Newtonsche Abbildungsgleichung)

$$zz' = ff' \tag{4.25}$$

und des paraxialen Abbildungsmaßstabs

$$\beta' = -\frac{f}{z} = -\frac{z'}{f'} \tag{4.26}$$

hervor.

Tabelle 4.6 Berechnung der paraxialen Größen im Brennpunkt-Koordinatensystem

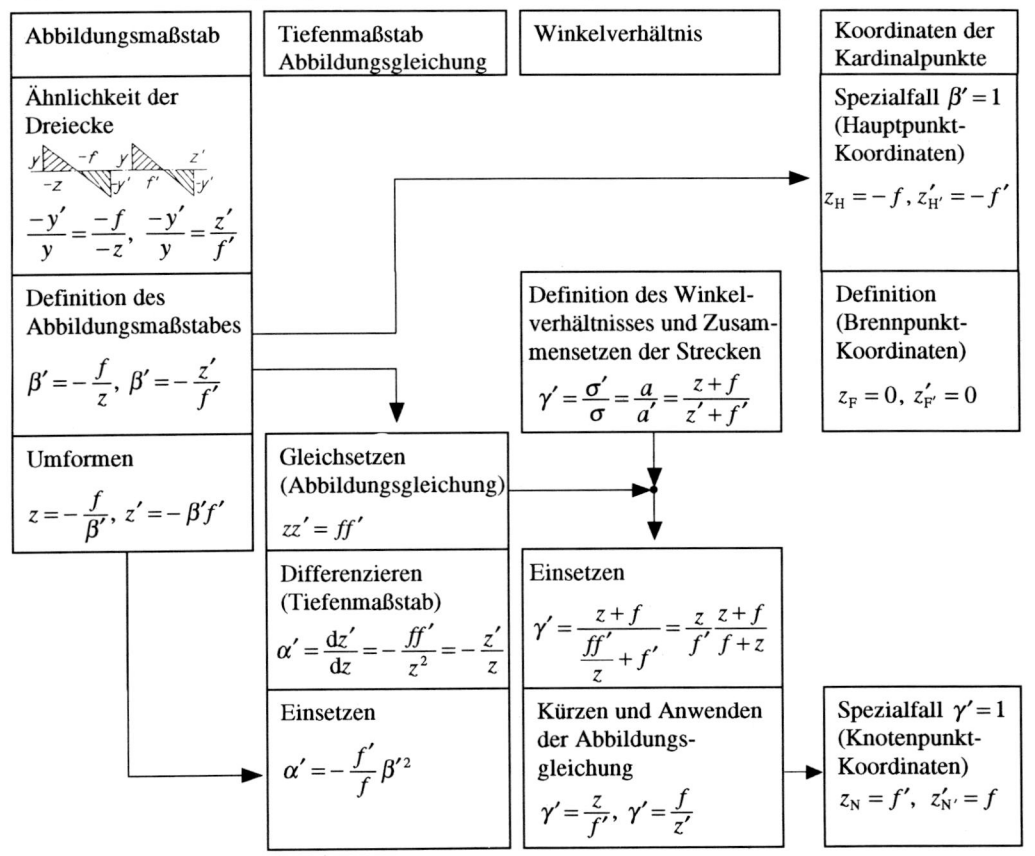

Abbildungsmaßstab	Tiefenmaßstab Abbildungsgleichung	Winkelverhältnis	Koordinaten der Kardinalpunkte
Ähnlichkeit der Dreiecke $\frac{-y'}{y} = \frac{-f}{-z}, \frac{-y'}{y} = \frac{z'}{f'}$			Spezialfall $\beta' = 1$ (Hauptpunkt-Koordinaten) $z_H = -f, z'_{H'} = -f'$
Definition des Abbildungsmaßstabes $\beta' = -\frac{f}{z}, \beta' = -\frac{z'}{f'}$		Definition des Winkelverhältnisses und Zusammensetzen der Strecken $\gamma' = \frac{\sigma'}{\sigma} = \frac{a}{a'} = \frac{z+f}{z'+f'}$	Definition (Brennpunkt-Koordinaten) $z_F = 0, z'_{F'} = 0$
Umformen $z = -\frac{f}{\beta'}, z' = -\beta' f'$	Gleichsetzen (Abbildungsgleichung) $zz' = ff'$		
	Differenzieren (Tiefenmaßstab) $\alpha' = \frac{dz'}{dz} = -\frac{ff'}{z^2} = -\frac{z'}{z}$	Einsetzen $\gamma' = \frac{z+f}{\frac{ff'}{z}+f'} = \frac{z}{f'}\frac{z+f}{f+z}$	
	Einsetzen $\alpha' = -\frac{f'}{f}\beta'^2$	Kürzen und Anwenden der Abbildungsgleichung $\gamma' = \frac{z}{f'}, \gamma' = \frac{f}{z'}$	Spezialfall $\gamma' = 1$ (Knotenpunkt-Koordinaten) $z_N = f', z'_{N'} = f$

Tabelle 4.7 Berechnung der paraxialen Größen im Hauptpunkt-Koordinatensystem

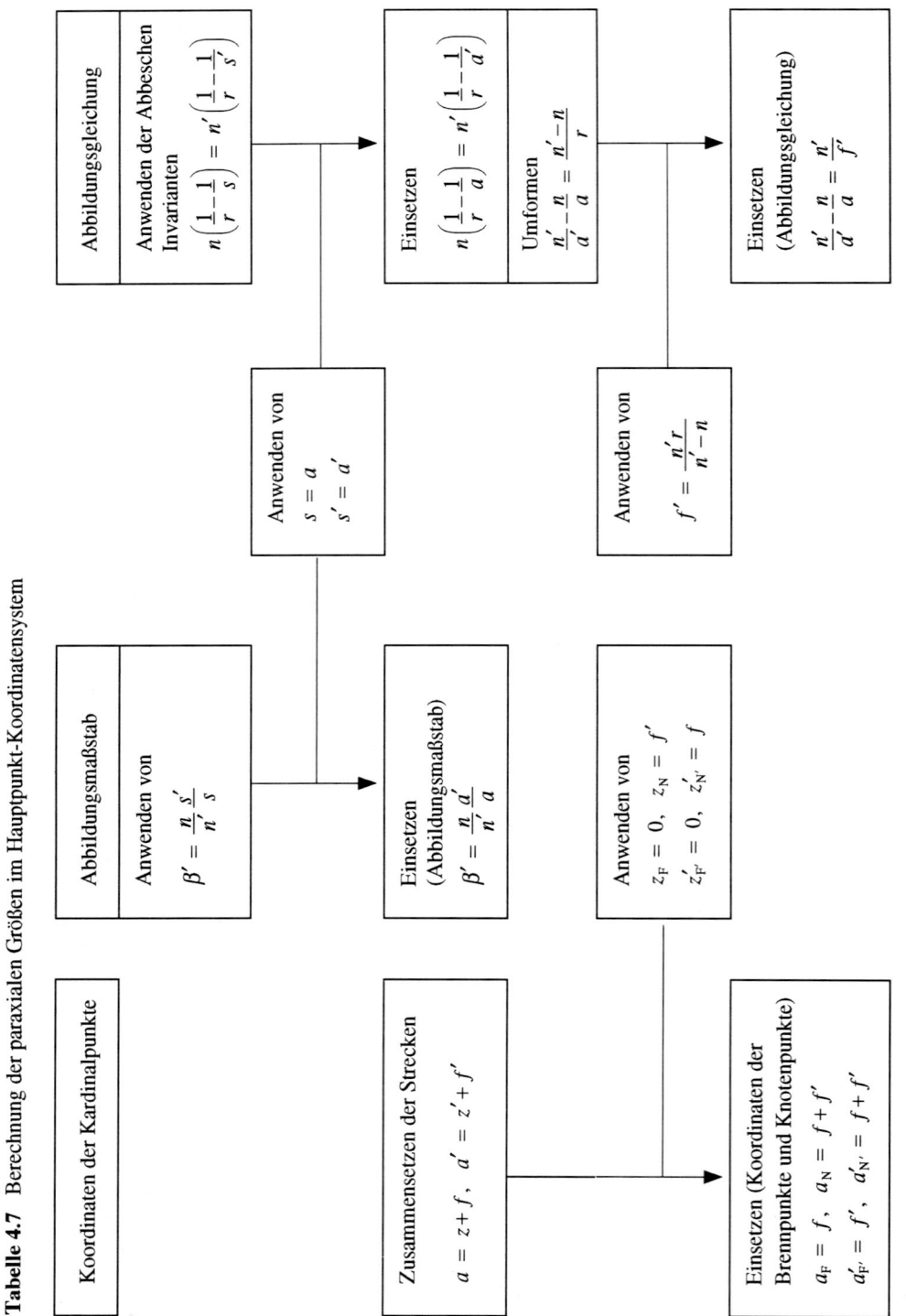

Koordinaten der Kardinalpunkte

Abbildungsgleichung

Anwenden der Abbeschen Invarianten

$$n\left(\frac{1}{r} - \frac{1}{s}\right) = n'\left(\frac{1}{r} - \frac{1}{s'}\right)$$

Anwenden von
$s = a$
$s' = a'$

Einsetzen

$$n\left(\frac{1}{r} - \frac{1}{a}\right) = n'\left(\frac{1}{r} - \frac{1}{a'}\right)$$

Umformen

$$\frac{n'}{a'} - \frac{n}{a} = \frac{n'-n}{r}$$

Anwenden von

$$f' = \frac{n'r}{n'-n}$$

Einsetzen (Abbildungsgleichung)

$$\frac{n'}{a'} - \frac{n}{a} = \frac{n'}{f'}$$

Abbildungsmaßstab

Anwenden von

$$\beta' = \frac{n}{n'} \frac{s'}{s}$$

Einsetzen (Abbildungsmaßstab)

$$\beta' = \frac{n}{n'} \frac{a'}{a}$$

Anwenden von
$z_F = 0, \quad z_N = f'$
$z'_{F'} = 0, \quad z'_{N'} = f$

Zusammensetzen der Strecken

$a = z + f, \quad a' = z' + f'$

Einsetzen (Koordinaten der Brennpunkte und Knotenpunkte)

$a_F = f, \quad a_N = f + f'$
$a'_{F'} = f', \quad a'_{N'} = f + f'$

4.1 Geometrisch-optisch abbildende Funktionselemente

Hauptpunkt-Koordinatensystem. In manchen Fällen, besonders bei der Behandlung der optischen Abbildung durch Fotoobjektive und durch Projektionsobjektive, ist es günstig, die Objektweite sowie die Bildweite von den Hauptpunkten aus zu messen. Diese fallen dann mit den Ursprüngen der Koordinatensysteme zusammen.

Die für das Brennpunkt-Koordinatensystem abgeleiteten Formeln lassen sich in die Formeln für das Hauptpunkt-Koordinatensystem umschreiben, wenn nach Abb. 4.8

$$a = z + f, \tag{4.27}$$

$$a' = z' + f' \tag{4.28}$$

gesetzt wird (Tab. 4.7).

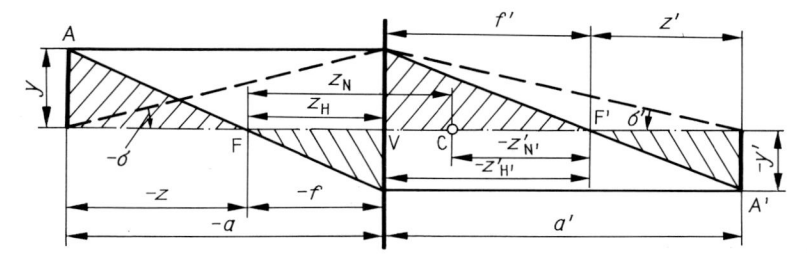

Abb. 4.8 Haupt- und Brennpunktkoordinaten

Während die Abbildungsgleichung im Brennpunkt-Koordinatensystem nur die universellen Brennweiten enthält, sind die im Hauptpunkt-Koordinatensystem gültigen Beziehungen für den Abbildungsmaßstab

$$\beta' = \frac{n}{n'} \frac{a'}{a} \tag{4.29}$$

und für die Abbildungsgleichung

$$\frac{n'}{a'} - \frac{n}{a} = \frac{n'}{f'}, \tag{4.30}$$

in die die Brechzahlen eingehen, spezifisch für das paraxiale Gebiet der brechenden Fläche.

(Zu beachten ist, daß die Objektweite a nur dann mit der Schnittweite s identisch ist, wenn der Paraxialstrahl vom Achsenpunkt des Objekts ausgeht.)

4.1.4 Flächenfolgen

Übergangsbeziehungen für Meridional- und Paraxialstrahlen. Flächenfolgen bestehen aus zueinander zentrierten Flächen. Wir betrachten brechende Rotationsflächen, deren optische Achsen zusammenfallen.

| Bei einer zentrierten Folge aus Rotationsflächen liegen die Krümmungsmittelpunkte der Scheitelkreise auf einer Geraden, die die optische Achse der Flächenfolge darstellt.

Die Größen des Bildraums der Flächenfolge bestimmen wir, indem wir Lichtstrahlen von Fläche zu Fläche durchrechnen. Für die Meridionalstrahlen gelten die Formeln (4.3) bis (4.7) des Normalschemas. Zur Bestimmung der paraxialen Größen der Einzelflächen sind die Formeln aus 4.1.3 anzuwenden (vgl. auch 4.1.8).

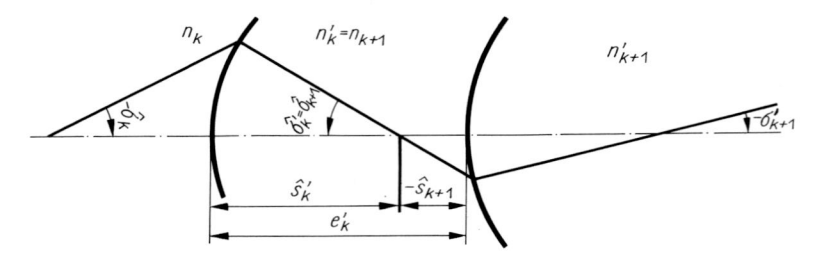

Abb. 4.9 Zu den Übergangsbeziehungen

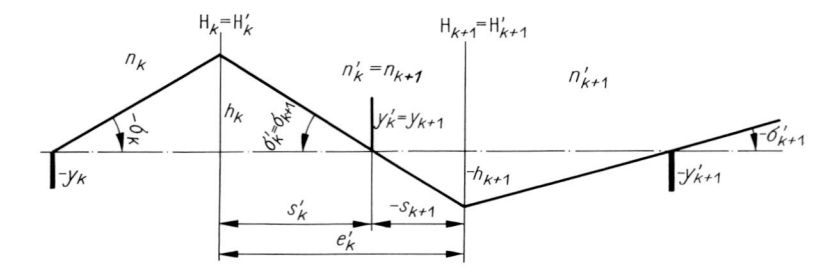

Abb. 4.10 Zu den Übergangsbeziehungen für das paraxiale Gebiet

Die objektseitigen Größen einer in der Flächenfolge stehenden Fläche müssen aus den bildseitigen Größen der vorangehenden Fläche berechnet werden.

Für *achsferne Meridionalstrahlen* lesen wir in Abb. 4.9 folgende Übergangsbeziehungen ab:

$$n_{k+1} = n'_k, \tag{4.31a}$$

$$\hat{\sigma}_{k+1} = \hat{\sigma}'_k, \tag{4.31b}$$

$$\hat{s}_{k+1} = \hat{s}'_k - e'_k. \tag{4.31c}$$

Für Paraxialstrahlen gilt nach Abb. 4.10

$$n_{k+1} = n'_k,$$

$$\sigma_{k+1} = \sigma'_k,$$

$$s_{k+1} = s'_k - e'_k, \tag{4.32a...e}$$

$$y_{k+1} = y'_k,$$

$$h_{k+1} = h_k - e'_k \sigma'_k.$$

Die *paraxialen Größen der Flächenfolge* lassen sich aus den paraxialen Schnittweiten be-

4.1 Geometrisch-optisch abbildende Funktionselemente

rechnen. Für den Abbildungsmaßstab

$$\beta' = \frac{y'_n}{y_1} \qquad (4.33)$$

einer Folge aus n brechenden Flächen werden in Tab. 4.8 (Grundlage ist Abb. 4.11) und in Tab. 4.9 die Beziehungen

$$\beta' = \prod_{k=1}^{n} \beta'_k, \qquad (4.34)$$

$$\beta' = \frac{n_1}{n'_n} \prod_{k=1}^{n} \frac{s'_k}{s_k}, \qquad (4.35)$$

$$\beta' = \frac{n_1}{n'_n} \frac{s'_n}{s_1} \frac{1}{\omega_n} \qquad (4.36)$$

abgeleitet.

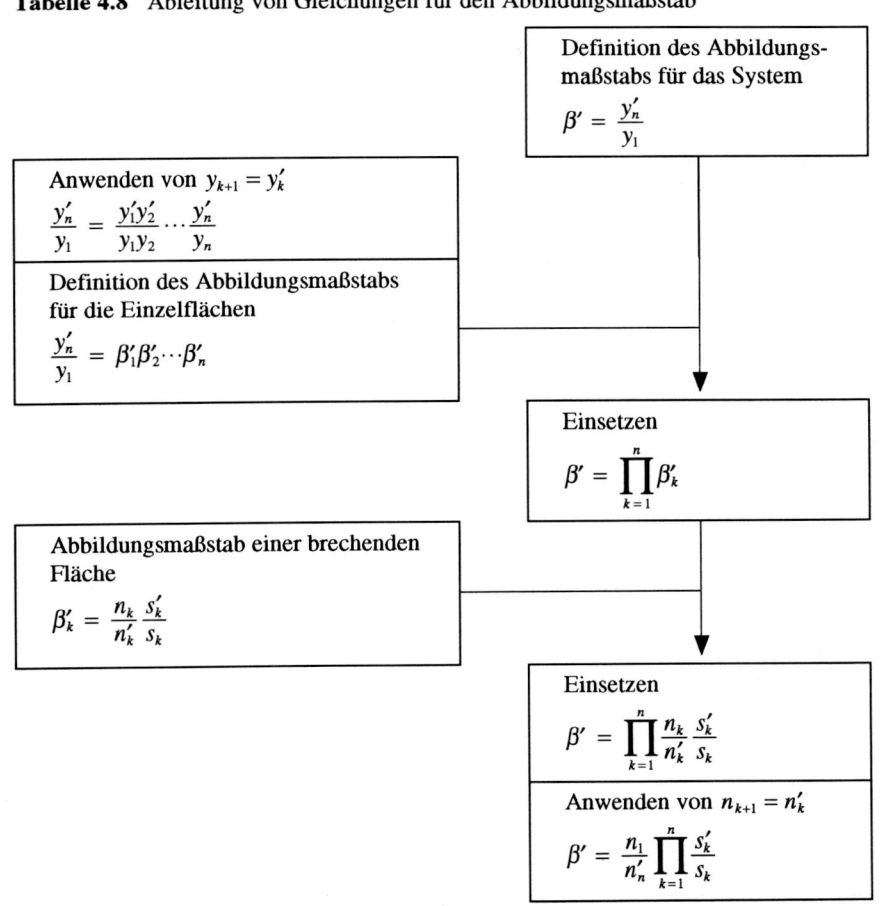

Tabelle 4.8 Ableitung von Gleichungen für den Abbildungsmaßstab

	Definition des Abbildungsmaßstabs für das System $\beta' = \frac{y'_n}{y_1}$
Anwenden von $y_{k+1} = y'_k$ $\frac{y'_n}{y_1} = \frac{y'_1 y'_2}{y_1 y_2} \cdots \frac{y'_n}{y_n}$ Definition des Abbildungsmaßstabs für die Einzelflächen $\frac{y'_n}{y_1} = \beta'_1 \beta'_2 \cdots \beta'_n$	
	Einsetzen $\beta' = \prod_{k=1}^{n} \beta'_k$
Abbildungsmaßstab einer brechenden Fläche $\beta'_k = \frac{n_k}{n'_k} \frac{s'_k}{s_k}$	
	Einsetzen $\beta' = \prod_{k=1}^{n} \frac{n_k}{n'_k} \frac{s'_k}{s_k}$ Anwenden von $n_{k+1} = n'_k$ $\beta' = \frac{n_1}{n'_n} \prod_{k=1}^{n} \frac{s'_k}{s_k}$

Tabelle 4.9 Ableitung einer Gleichung für den Abbildungsmaßstab

Anwenden der Helmholtz-Lagrangeschen
Invarianten ($n'_k = n_{k+1}$, $y'_k = y_{k+1}$, $\sigma'_k = \sigma_{k+1}$)
$$\beta' = \frac{n_1}{n'_n} \frac{\sigma_1}{\sigma'_n}$$

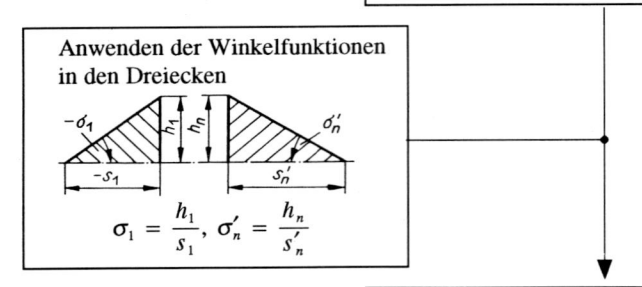

Anwenden der Winkelfunktionen in den Dreiecken

$$\sigma_1 = \frac{h_1}{s_1}, \quad \sigma'_n = \frac{h_n}{s'_n}$$

Einsetzen
$$\beta' = \frac{n_1}{n'_n} \frac{s'_n}{s_1} \frac{h_1}{h_n}$$

Anwenden der Definition für $\omega_n = h_n/h_1$
$$\beta' = \frac{n_1}{n'_n} \frac{s'_n}{s_1} \frac{1}{\omega_n}$$

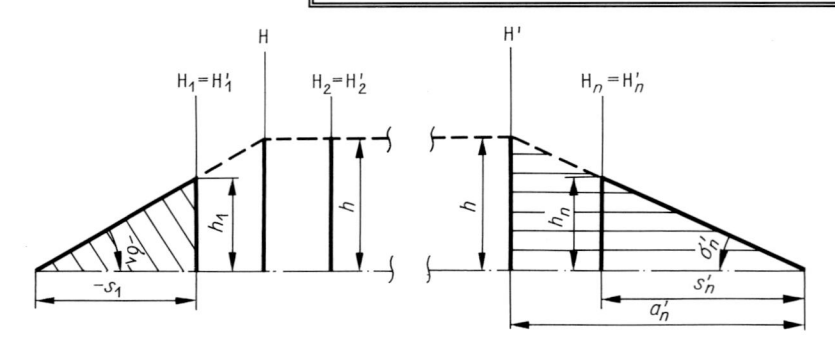

Abb. 4.11 Zur Ableitung von Abbildungsmaßstab und Brennweite für ein Flächensystem

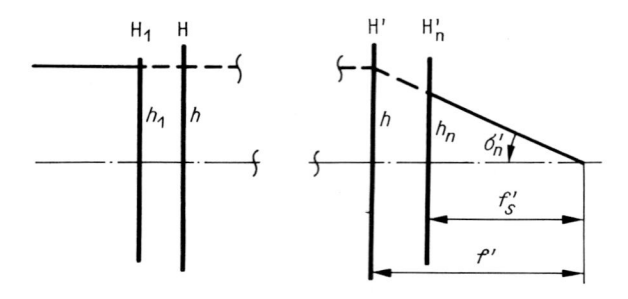

Abb. 4.12 Zur Brennweite für ein Flächensystem

4.1 Geometrisch-optisch abbildende Funktionselemente

Die Berechnung der Brennweite aus den Schnittweiten an den Einzelflächen ist in Tab. 4.10 auf der Basis der Abb. 4.12 durchgeführt worden. Folgende Beziehungen seien hervorgehoben:

$$f' = s'_1 \prod_{k=2}^{n} \frac{s'_k}{s_k}, \quad s_1 = -\infty,$$
$$f' = s'_n \frac{1}{\omega_n}, \quad s_1 = -\infty. \tag{4.37}$$

Tabelle 4.10 Ableitung der Gleichung für die Brennweite einer Flächenfolge

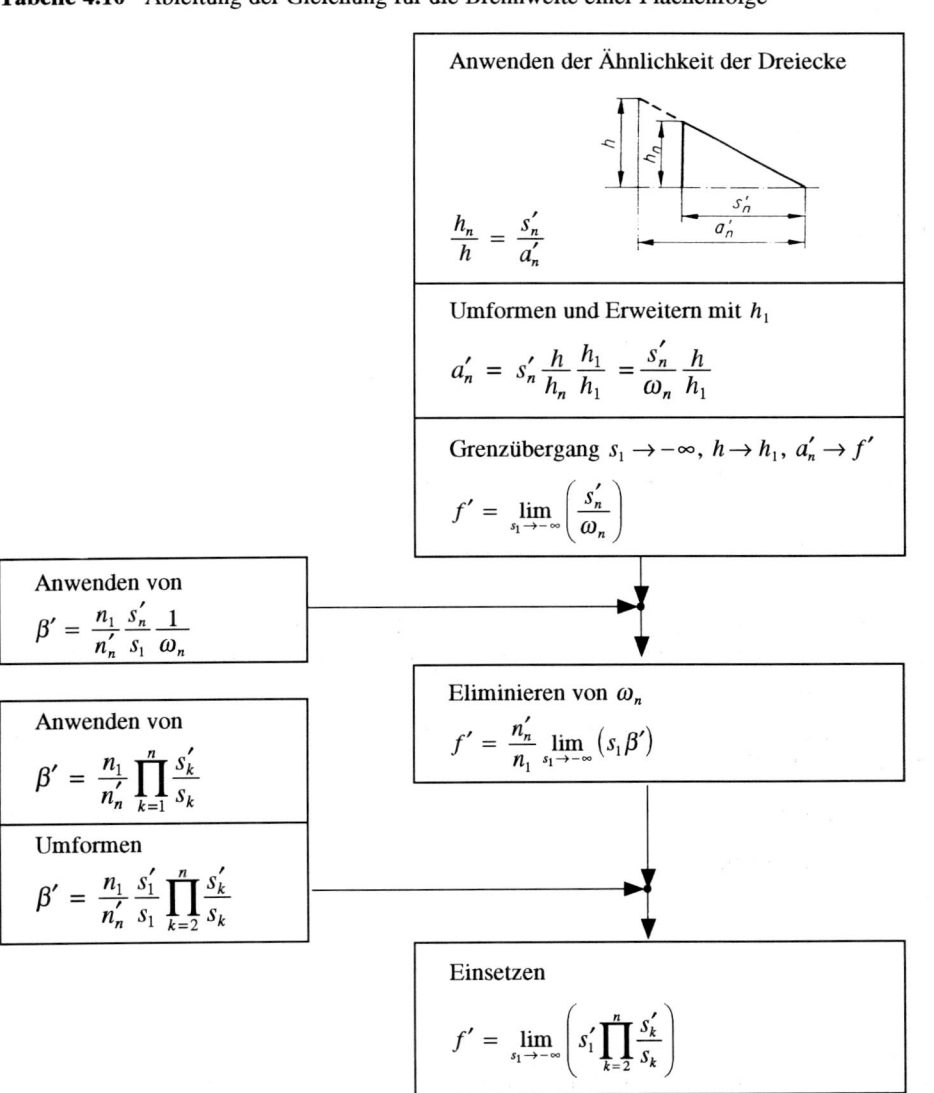

Anwenden der Ähnlichkeit der Dreiecke
$\dfrac{h_n}{h} = \dfrac{s'_n}{a'_n}$
Umformen und Erweitern mit h_1
$a'_n = s'_n \dfrac{h}{h_n} \dfrac{h_1}{h_1} = \dfrac{s'_n}{\omega_n} \dfrac{h}{h_1}$
Grenzübergang $s_1 \to -\infty,\ h \to h_1,\ a'_n \to f'$
$f' = \lim\limits_{s_1 \to -\infty} \left(\dfrac{s'_n}{\omega_n} \right)$

Anwenden von $\beta' = \dfrac{n_1}{n'_n} \dfrac{s'_n}{s_1} \dfrac{1}{\omega_n}$	
Anwenden von $\beta' = \dfrac{n_1}{n'_n} \prod_{k=1}^{n} \dfrac{s'_k}{s_k}$	**Eliminieren von** ω_n $f' = \dfrac{n'_n}{n_1} \lim\limits_{s_1 \to -\infty} (s_1 \beta')$
Umformen $\beta' = \dfrac{n_1}{n'_n} \dfrac{s'_1}{s_1} \prod_{k=2}^{n} \dfrac{s'_k}{s_k}$	
	Einsetzen $f' = \lim\limits_{s_1 \to -\infty} \left(s'_1 \prod_{k=2}^{n} \dfrac{s'_k}{s_k} \right)$

Kardinalelemente von zwei Flächen. Zwei brechende Flächen stellen eine Linse dar. Es ist u. a. auch deshalb notwendig, die Kardinalelemente eines Systems aus zwei zentrierten brechenden Flächen zu berechnen.

Als Hilfsmittel verwenden wir Abb. 4.13. Dieser – sowie der Ableitung der Beziehungen – liegen zwei Gesichtspunkte zugrunde:

- Der bildseitige Brennpunkt des Ersatzsystems ist das vom zweiten System entworfene Bild des Brennpunktes F_1', weil alle achsparallel einfallenden Strahlen durch F_1' und F' gehen müssen.
- Die Verlängerung eines achsparallel einfallenden Strahls schneidet den ihr zugeordneten durch das System gehenden Strahl in einem Punkt der bildseitigen Hauptebene H' des Ersatzsystems (Definition der Hauptebenen $\beta' = 1$).

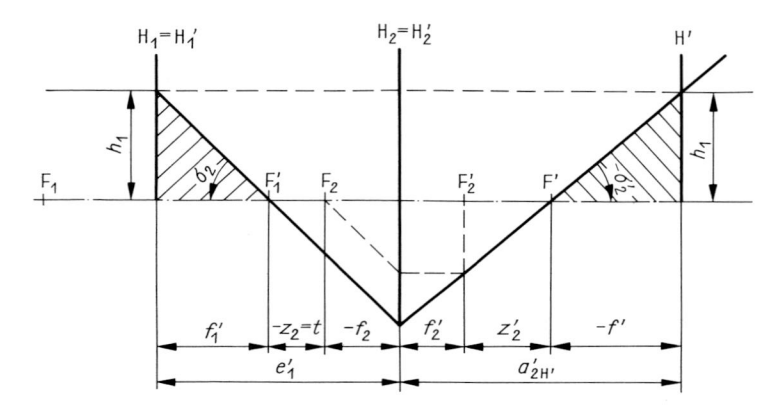

Abb. 4.13 Brennpunkt und bildseitige Hauptebene für zwei Flächen

Als Rechenhilfsgröße wird die optische Tubuslänge verwendet. Für diese gilt folgende Definition:

> Die optische Tubuslänge, auch optisches Intervall genannt, ist der Abstand des objektseitigen Brennpunktes eines Systems vom bildseitigen Brennpunkt des vorangehenden Systems.

Bei zwei Systemen ist die optische Tubuslänge t der Abstand des Brennpunktes F_2 vom Brennpunkt F_1'. Nach Abb. 4.13 gilt

$$t = e_1' - f_1' + f_2. \tag{4.38}$$

Die Ableitung der Beziehungen ist in den Tab. 4.11 und 4.12 enthalten. Es ergibt sich für die Brennweiten des Ersatzsystems

$$f = \frac{f_1 f_2}{t}, \tag{4.39}$$

$$f' = -\frac{f_1' f_2'}{t}, \tag{4.40}$$

und für den Abstand der Hauptebenen H bzw. H' von den Hauptebenen H_1 bzw. H_2'

4.1 Geometrisch-optisch abbildende Funktionselemente

$$a_{1H} = \frac{f_1 e_1'}{t}, \tag{4.41}$$

$$a_{2H'}' = \frac{f_2' e_1'}{t}. \tag{4.42}$$

Bei mehreren Abbildungen müssen die Beziehungen (4.38) bis (4.42) auf jeweils zwei aufeinanderfolgende Systeme wiederholt angewendet werden. Wir können aber unter der Voraussetzung, daß für jedes Einzelsystem

$$f' = -f$$

gilt, noch einige weitere Gleichungen ableiten.

Es ist zweckmäßig, in die weiteren Überlegungen die Brechkraft einzuführen.

Die Brechkraft F' eines optischen Systems ist der Kehrwert seiner bildseitigen Brennweite:

$$F' = \frac{1}{f'}. \tag{4.43}$$

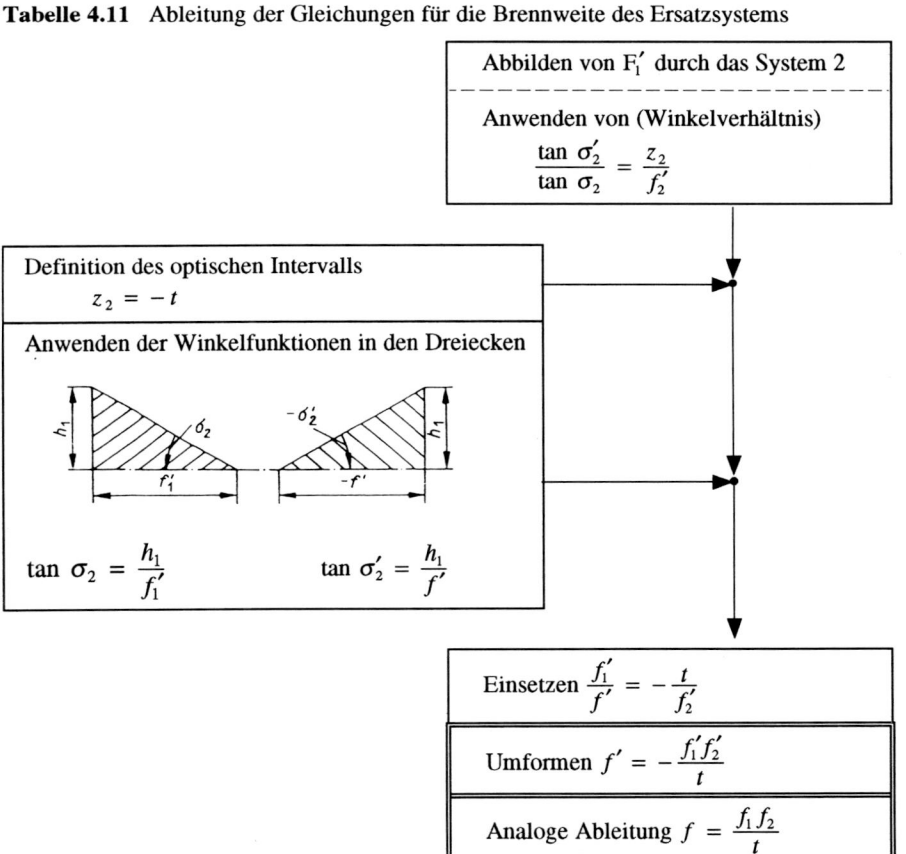

Tabelle 4.11 Ableitung der Gleichungen für die Brennweite des Ersatzsystems

Abbilden von F_1' durch das System 2
Anwenden von (Winkelverhältnis) $\dfrac{\tan \sigma_2'}{\tan \sigma_2} = \dfrac{z_2}{f_2'}$

Definition des optischen Intervalls $z_2 = -t$
Anwenden der Winkelfunktionen in den Dreiecken $\tan \sigma_2 = \dfrac{h_1}{f_1'}$ $\tan \sigma_2' = \dfrac{h_1}{f'}$

Einsetzen $\dfrac{f_1'}{f'} = -\dfrac{t}{f_2'}$
Umformen $f' = -\dfrac{f_1' f_2'}{t}$
Analoge Ableitung $f = \dfrac{f_1 f_2}{t}$

Tabelle 4.12 Ableitung der Gleichungen für die Hauptebenenlage des Ersatzsystems

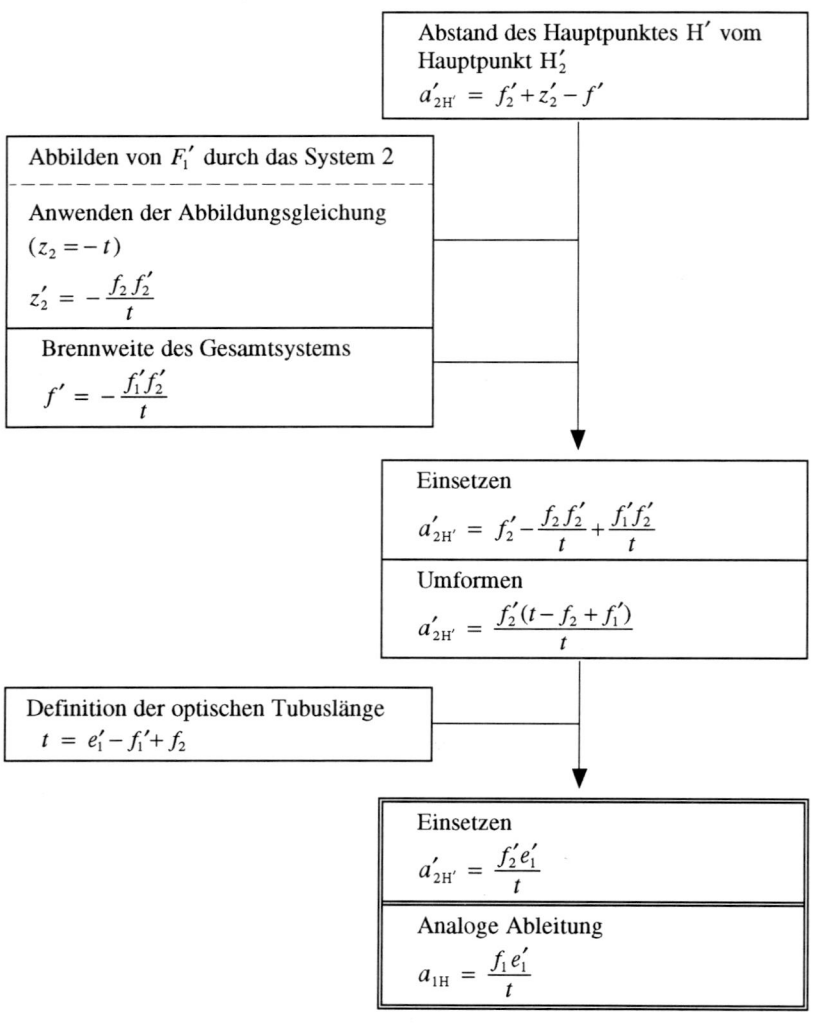

Abstand des Hauptpunktes H' vom Hauptpunkt H'_2
$a'_{2H'} = f'_2 + z'_2 - f'$

Abbilden von F'_1 durch das System 2
Anwenden der Abbildungsgleichung $(z_2 = -t)$
$z'_2 = -\dfrac{f_2 f'_2}{t}$
Brennweite des Gesamtsystems
$f' = -\dfrac{f'_1 f'_2}{t}$

Einsetzen
$a'_{2H'} = f'_2 - \dfrac{f_2 f'_2}{t} + \dfrac{f'_1 f'_2}{t}$
Umformen
$a'_{2H'} = \dfrac{f'_2(t - f_2 + f'_1)}{t}$

Definition der optischen Tubuslänge
$t = e'_1 - f'_1 + f_2$

Einsetzen
$a'_{2H'} = \dfrac{f'_2 e'_1}{t}$
Analoge Ableitung
$a_{1H} = \dfrac{f_1 e'_1}{t}$

Als weitere Hilfsgrößen verwenden wir die Quotienten aus den Durchstoßhöhen eines Lichtstrahls durch die Hauptebenen innerhalb des Systems und der Durchstoßhöhe in der Hauptebene der ersten Teilabbildung. Wir setzen

$$\omega_k = \frac{h_k}{h_1}. \qquad (4.44)$$

Es gilt

$$\omega_k = \frac{h_2}{h_1} \frac{h_3}{h_2} \frac{h_4}{h_3} \cdots \frac{h_k}{h_{k-1}}. \qquad (4.45)$$

Die Höhenverhältnisse in aufeinanderfolgenden Hauptebenen innerhalb des Systems betragen

4.1 Geometrisch-optisch abbildende Funktionselemente

(vgl. Abb. 4.14)

$$\frac{h_\nu}{h_{\nu-1}} = \frac{a_\nu}{a'_{\nu-1}}.$$

Damit ergibt sich

$$\omega_k = \frac{a_2 a_3 \cdots a_k}{a'_1 a'_2 \cdots a'_{k-1}} \quad \text{oder} \quad \omega_k = \prod_{\nu=1}^{k-1} \frac{a_{\nu+1}}{a'_\nu}. \tag{4.46}$$

Im Spezialfall $a_1 = -\infty$ wird $a'_1 = f'_1$ und

$$\omega_2 = a_2 F'_1 \quad (s_1 = -\infty).$$

Außerdem ist (Abb. 4.15)

$$a_2 = f'_1 - e'_1 \quad \text{oder} \quad a_2 = \frac{1 - e'_1 F'_1}{F'_1}.$$

Es gilt also

$$\omega_2 = 1 - e'_1 F'_1 \quad (a_1 = -\infty). \tag{4.47}$$

Es ist sinnvoll, noch die Definition

$$\omega_1 = 1 \tag{4.48}$$

hinzuzufügen.

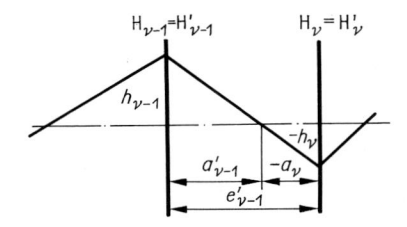

Abb. 4.14 Zur Ableitung des Höhenverhältnisses

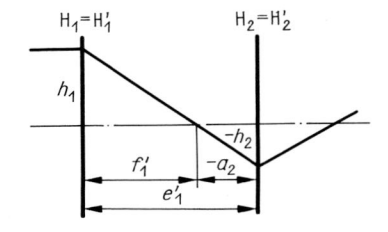

Abb. 4.15 Zur Ableitung der Gleichung für ω_2 bei unendlicher Objektweite

Für die *Brechkraft* eines Systems mit $f'_k = -f_k$ gilt entsprechend der in Tab. 4.13 durchgeführten Ableitung

$$F' = \sum_{k=1}^{n} \omega_k F'_k \quad (a_1 = -\infty). \tag{4.49}$$

In einem System, in dem die Hauptebenen aller Einzelabbildungen zusammenfallen, sind sämtliche ω_k gleich 1. Wir erhalten

$$F' = \sum_{k=1}^{n} F'_k \quad (\text{alle } \omega_k = 1). \tag{4.50}$$

Tabelle 4.13 Ableitung der Gleichung für die Brechkraft einer Flächenfolge (Brechkraft eines Systems aus n Einzelabbildungen mit $f'_k = -f_k$)

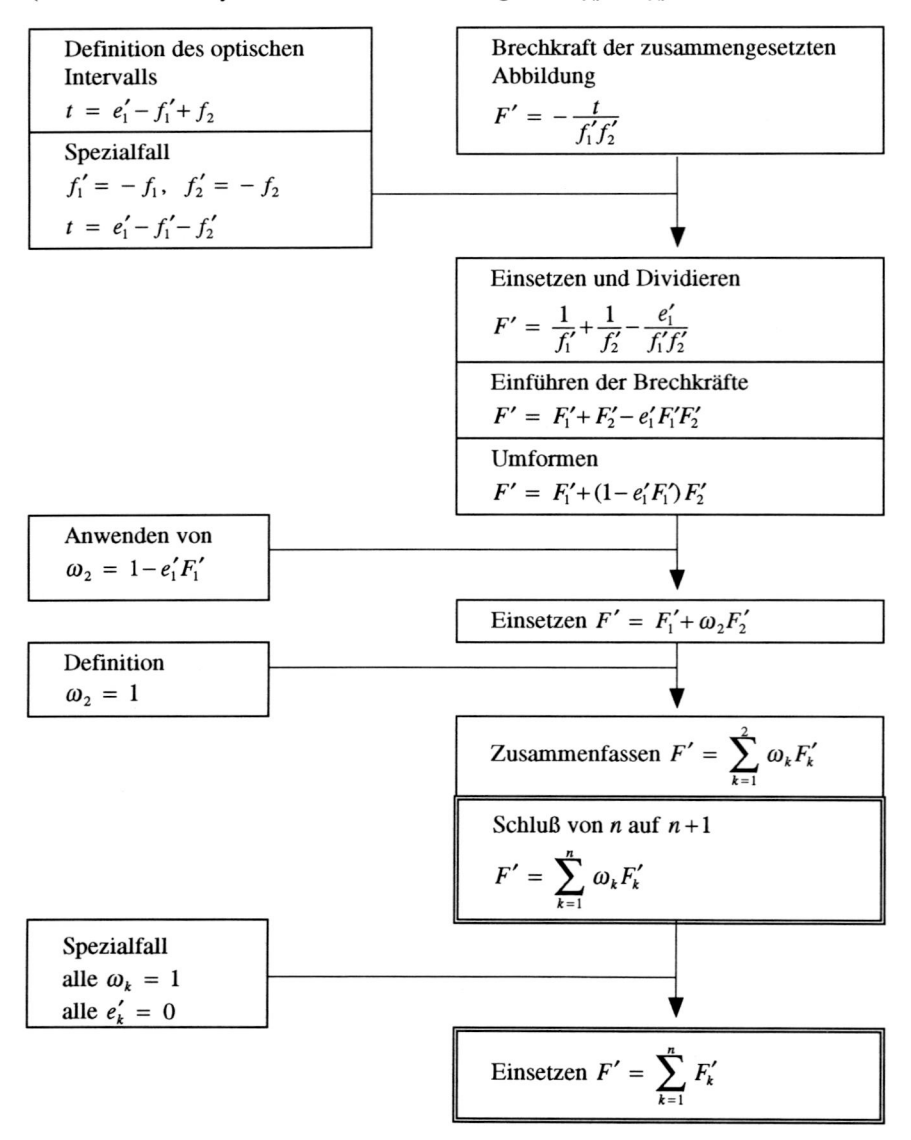

Definition des optischen Intervalls $t = e'_1 - f'_1 + f_2$	Brechkraft der zusammengesetzten Abbildung $F' = -\dfrac{t}{f'_1 f'_2}$
Spezialfall $f'_1 = -f_1,\ f'_2 = -f_2$ $t = e'_1 - f'_1 - f'_2$	

Einsetzen und Dividieren
$$F' = \frac{1}{f'_1} + \frac{1}{f'_2} - \frac{e'_1}{f'_1 f'_2}$$

Einführen der Brechkräfte
$$F' = F'_1 + F'_2 - e'_1 F'_1 F'_2$$

Umformen
$$F' = F'_1 + (1 - e'_1 F'_1) F'_2$$

Anwenden von $\omega_2 = 1 - e'_1 F'_1$

Einsetzen $F' = F'_1 + \omega_2 F'_2$

Definition $\omega_2 = 1$

Zusammenfassen $F' = \sum_{k=1}^{2} \omega_k F'_k$

Schluß von n auf $n+1$
$$F' = \sum_{k=1}^{n} \omega_k F'_k$$

Spezialfall
alle $\omega_k = 1$
alle $e'_k = 0$

Einsetzen $F' = \sum_{k=1}^{n} F'_k$

In Worten:

| In einem optischen System mit $f'_k = -f_k$, in dem sämtliche Hauptebenen zusammenfallen, setzen sich die Einzelbrechkräfte additiv zur Gesamtbrechkraft zusammen.

Für die Hauptebenenabstände des Gesamtsystems von den Hauptebenen H_1 bzw. H'_2 ergeben sich bei zwei Abbildungen mit $f'_k = -f_k$ ebenfalls einfache Beziehungen.

4.1 Geometrisch-optisch abbildende Funktionselemente

Aus Gl. (4.42) folgt mit Gl. (4.40)

$$a'_{2H'} = -\frac{e'_1 f'}{f'_1}. \tag{4.51a}$$

e'_1 eliminieren wir mittels (4.47), so daß wir

$$a'_{2H'} = (\omega_2 - 1) f' \quad (a_1 = -\infty) \tag{4.51b}$$

erhalten.

Entsprechend läßt sich Gl. (4.41) in

$$a_{1H} = -(\omega_2 - 1)\frac{f' f'_1}{f'_2} \quad (a_1 = -\infty) \tag{4.52a}$$

und in

$$a_{1H} = \frac{e'_1 f'}{f'_2} \tag{4.52b}$$

umformen.

Abbildungsgleichung für $f' = -f$. Im Unterschied zu den Hauptebenen der einzelnen brechenden Fläche stimmen die Hauptebenen zweier Flächen mit nichtverschwindendem Abstand nicht überein. Für

$$f' = -f \tag{4.53}$$

ist

$$z_N = z_H \quad \text{und} \quad z'_{N'} = z'_{H'}. \tag{4.54}$$

(Die Beziehungen $z_N = f'$, $z'_{N'} = f$, $z_H = -f$, $z'_{H'} = -f'$ aus Tab. 4.6 gelten auch für das Ersatzsystem.)

> In einem optischen System mit $f = -f'$ stimmen der objektseitige Hauptpunkt und der objektseitige Knotenpunkt sowie der bildseitige Hauptpunkt und der bildseitige Knotenpunkt überein.

Nach Abb. 4.16 ergibt sich für den Abbildungsmaßstab

$$\beta' = \frac{y'}{y} = \frac{a'}{a} = -\frac{a' - f'}{f'} = \frac{f'}{a + f'}. \tag{4.55}$$

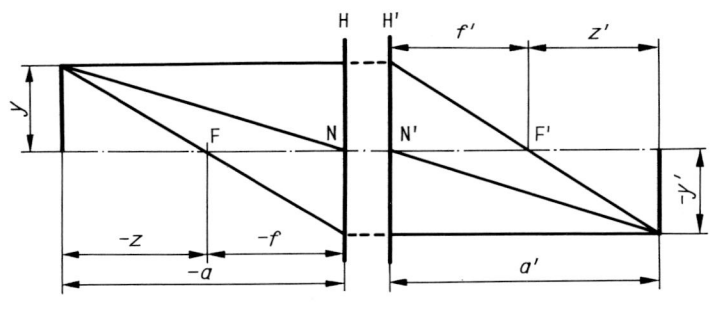

Abb. 4.16 Zur Ableitung der Abbildungsgleichung bei $f' = -f$

Daraus folgen die Abbildungsgleichung

$$\frac{1}{a'} - \frac{1}{a} = \frac{1}{f'} \qquad (4.56a)$$

und die Beziehungen

$$\beta' = \frac{a'}{a}, \quad a = f'\left(\frac{1}{\beta'} - 1\right), \quad a' = f'(1-\beta'). \qquad (4.56b, c, d)$$

Zeichnerische Bestimmung von Bildort und -größe. An der Abbildung eines Objekts können entsprechend unseren Ausführungen nacheinander mehrere optische Elemente oder Systeme beteiligt sein. Beim Mikroskop z. B. erzeugt das Objektiv ein reelles Zwischenbild des Objekts, das Okular liefert davon ein virtuelles Endbild (Abb. 4.17).

Für das paraxiale Gebiet brauchen wir zur Berechnung von Bildort und Bildgröße nur die abgeleiteten Beziehungen wiederholt anzuwenden. Das zeichnerische Verfahren können wir schrittweise ausführen, indem wir die Zwischenbilder nacheinander ermitteln. Dabei kann lediglich die Schwierigkeit auftreten, daß ein Zwischenbild hinter der Hauptebene H des nächsten Systems entsteht. Für dieses ist das Zwischenbild ein virtuelles Objekt. Wichtig ist weiter, daß wir auch innerhalb einer Abbildungsfolge Strahlen in Zwischenbildpunkten beginnen lassen können. Wir nehmen dabei nur an, daß wir den vorausgehenden Strahlenverlauf noch nicht kennen.

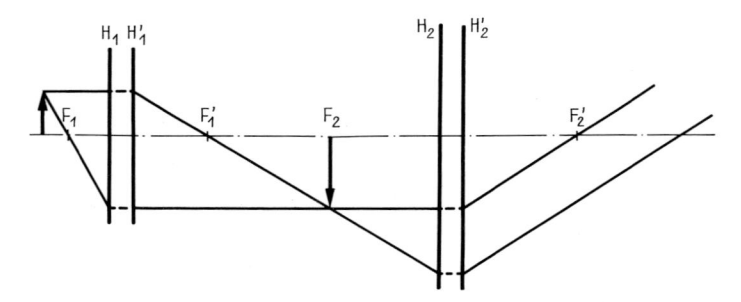

Abb. 4.17 Paraxiale Abbildung im Mikroskop

An den Beispielen der Abb. 4.18a bis 4.18f soll die zeichnerische Methode zur Bestimmung von Bildort und -größe für einige Fälle veranschaulicht werden.

Für die Strahlkonstruktion empfiehlt sich das formale Anwenden folgender Regeln:

- Zeichne den ausgezeichneten Strahl im Objektraum bis zur Hauptebene H (Durchstoßhöhe h)!
- Zeichne den ausgezeichneten Strahl in der gleichen Achsentfernung h von der Hauptebene H′ an weiter! Beachte folgende Zuordnung:

Objektraum		Bildraum
achsparalleler Strahl	→	Strahl durch den Brennpunkt F′
Strahl durch den Brennpunkt F	→	achsparalleler Strahl
Strahl durch den Knotenpunkt N	→	Strahl durch den Knotenpunkt N′ (ohne Richtungsänderung)

4.1 Geometrisch-optisch abbildende Funktionselemente

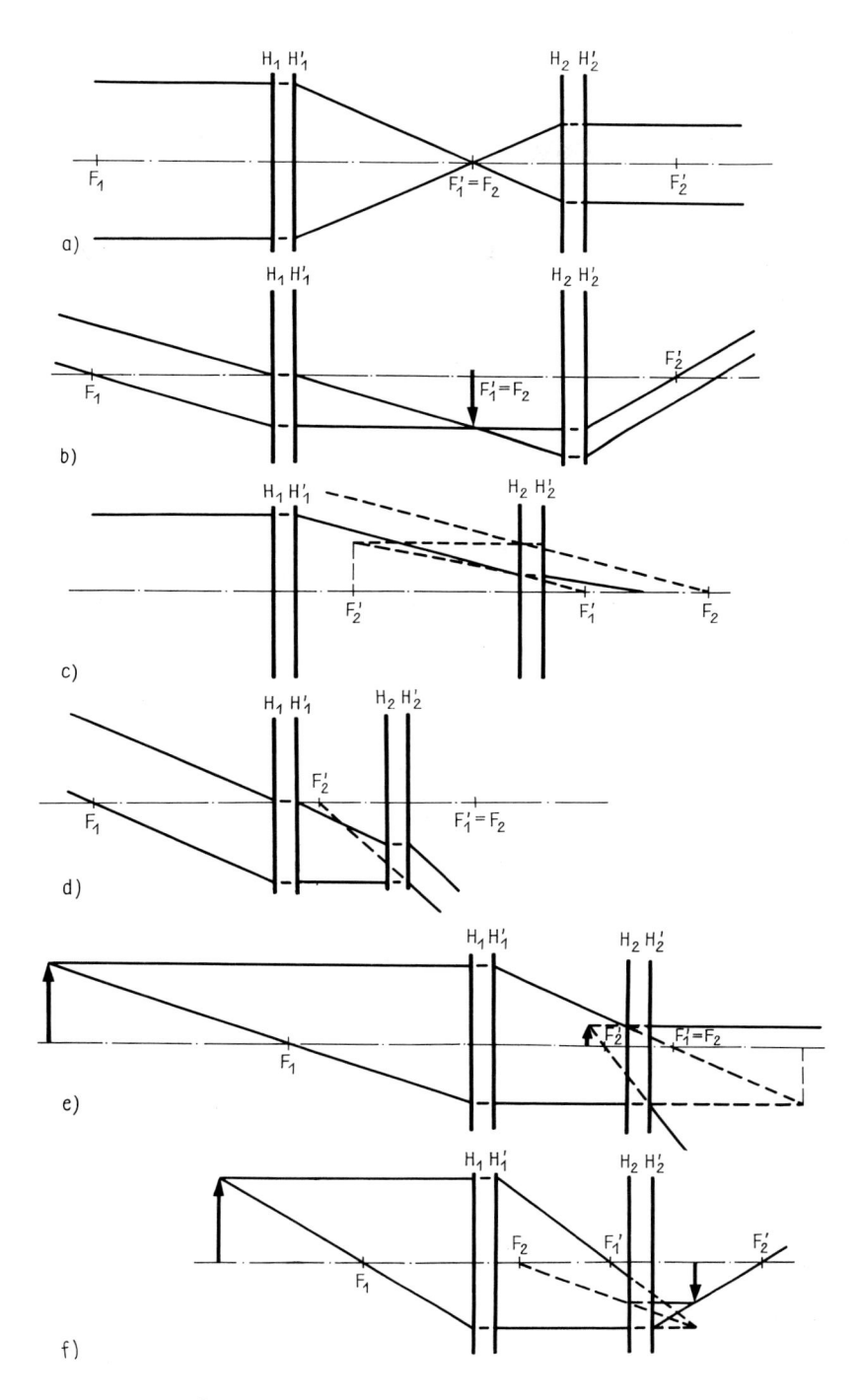

Abb. 4.18 Beispiele für die Strahlkonstruktion

4.1.5 Zentrierte Linsen

Die sphärische Linse ist das wichtigste geometrisch-optisch abbildende Funktionselement.

> Die sphärische Linse besteht aus einem Werkstoff mit hohem Reintransmissionsgrad. Sie stellt einen Körper mit zwei zueinander zentrierten brechenden Kugelflächen dar.

Die Zentrierung von Linsen und Linsenfolgen ist für die Praxis ein wichtiges Problem. Hier begnügen wir uns mit einigen Andeutungen dazu. Zwei Kugelflächen sind stets zueinander zentriert. Die Kugelmittelpunkte liegen auf einer Geraden, die zur optischen Achse der Linse wird. Die Linsen werden jedoch am Rande gefaßt. Die Rotationssymmetrie der gefaßten Linse ist nur gesichert, wenn die Symmetrieachse des Randes, die sogenannte Formachse, mit der optischen Achse zusammenfällt (Abb. 4.19). Bei Linsenfolgen müssen außerdem die optischen Achsen sämtlicher Einzellinsen zusammenfallen.

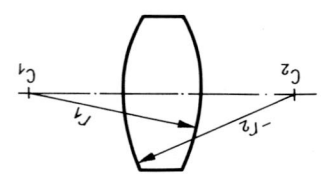

Abb. 4.19 Zentrierte Linse

In Abb. 4.20 sind drei Fälle von Zentrierfehlern bei einer Linse dargestellt. Dabei wurde vorausgesetzt, daß die Formachse und die optische Achse in einer Ebene liegen. Im allgemeinen schneiden sich jedoch beide Achsen nicht, so daß die Verhältnisse wesentlich komplizierter sind als in den Beispielen der Abb. 4.20 (vgl. etwa [19]).

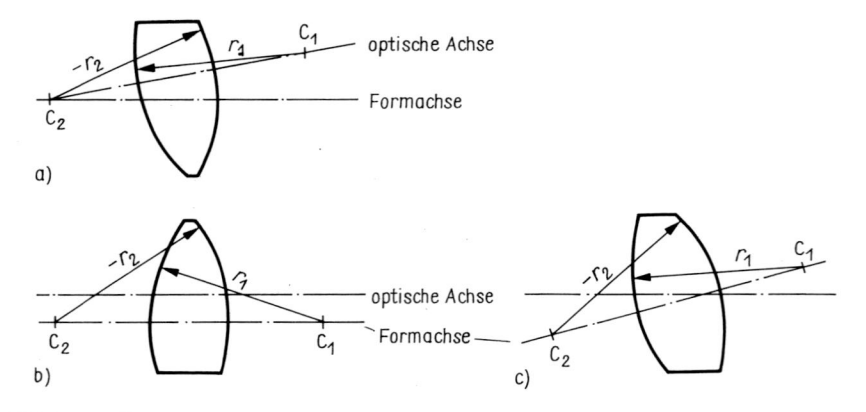

Abb. 4.20 Beispiele für nichtzentrierte Linsen

Kardinalelemente. Die weiteren Ausführungen beziehen sich auf das paraxiale Gebiet einer zentrierten Linse. Sie gelten nicht nur für sphärische Linsen, sondern für alle Linsen, die zentrierte Rotationsflächen enthalten. Gegeben sei eine zentrierte Linse, die beiderseits an den gleichen Stoff angrenzt. Die Linsendicke werde mit d bezeichnet (Abb. 4.21). Die Untersu-

4.1 Geometrisch-optisch abbildende Funktionselemente

chung der Abbildung im paraxialen Gebiet der Linse erfordert die Kenntnis der Kardinalelemente. Bei einem System aus brechenden Flächen mit $n_1 = n'_n$ ist

$$f' = -f.$$

Es genügt demnach, die bildseitige Brennweite f' bzw. die Brechkraft F' zu berechnen. Außerdem fallen die Haupt- bzw. Knotenpunkte H und N sowie H' und N' zusammen. Zur Ableitung der Brechkraftformel gehen wir von Gl. (4.40) für die Brennweite zweier brechender Flächen aus. Wir setzen also

$$f' = -\frac{f'_1 f'_2}{t} \quad \text{mit } t = e'_1 - f'_1 + f_2 \text{ und } e'_1 = d.$$

Nach (4.20) und (4.21) lassen sich die Brennweiten der Linsenflächen mit

$$\frac{n'_1}{n_1} = \frac{n_2}{n'_2} = n \tag{4.57}$$

(n relative Brechzahl des Linsenwerkstoffes gegenüber der Umgebung) darstellen durch

$$f_1 = -\frac{r_1}{n-1}, \quad f'_1 = \frac{nr_1}{n-1}, \tag{4.58a, b}$$

$$f_2 = \frac{nr_2}{n-1} \quad \text{und} \quad f'_2 = -\frac{r_2}{n-1}. \tag{4.59a, b}$$

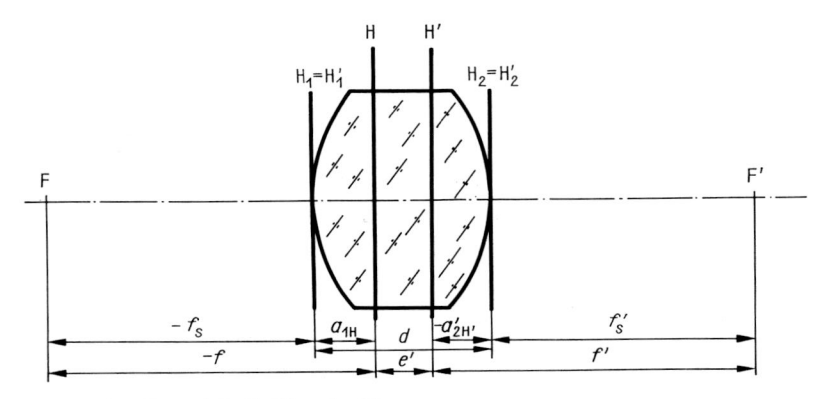

Abb. 4.21 Paraxiale Größen der Linse

Als Hilfsgrößen verwenden wir die reduzierte Dicke

$$\dot{d} = \frac{d}{n} \tag{4.60}$$

und die Sphärometerwerte

$$\Phi_1 = \frac{n-1}{r_1}, \quad \Phi_2 = \frac{n-1}{r_2}. \tag{4.61a, b}$$

Die Ableitung der Brechkraftformel ist in Tab. 4.14 zusammengestellt. Wir entnehmen ihr

$$F' = (n-1)\left(\frac{1}{r_1} - \frac{1}{r_2}\right) + \frac{(n-1)^2 d}{n r_1 r_2} \tag{4.62}$$

oder

$$F' = \Phi_1 - \Phi_2 + \Phi_1\Phi_2 \dot{d}. \tag{4.63}$$

Bei zwei brechenden Flächen beträgt die Entfernung des Hauptpunktes H' vom Hauptpunkt H'_2 der zweiten Fläche nach Gl. (4.51a)

$$a'_{2H'} = -\frac{f'd}{f'_1}.$$

Einsetzen von (4.58b), (4.60) und (4.61a) führt auf

$$a'_{2H'} = -f'\Phi_1 \dot{d}. \tag{4.64}$$

Eine analoge Ableitung ergibt

$$a_{1H} = f\Phi_2 \dot{d}. \tag{4.65}$$

Tabelle 4.14 Ableitung der Gleichung für die Brechkraft einer Linse

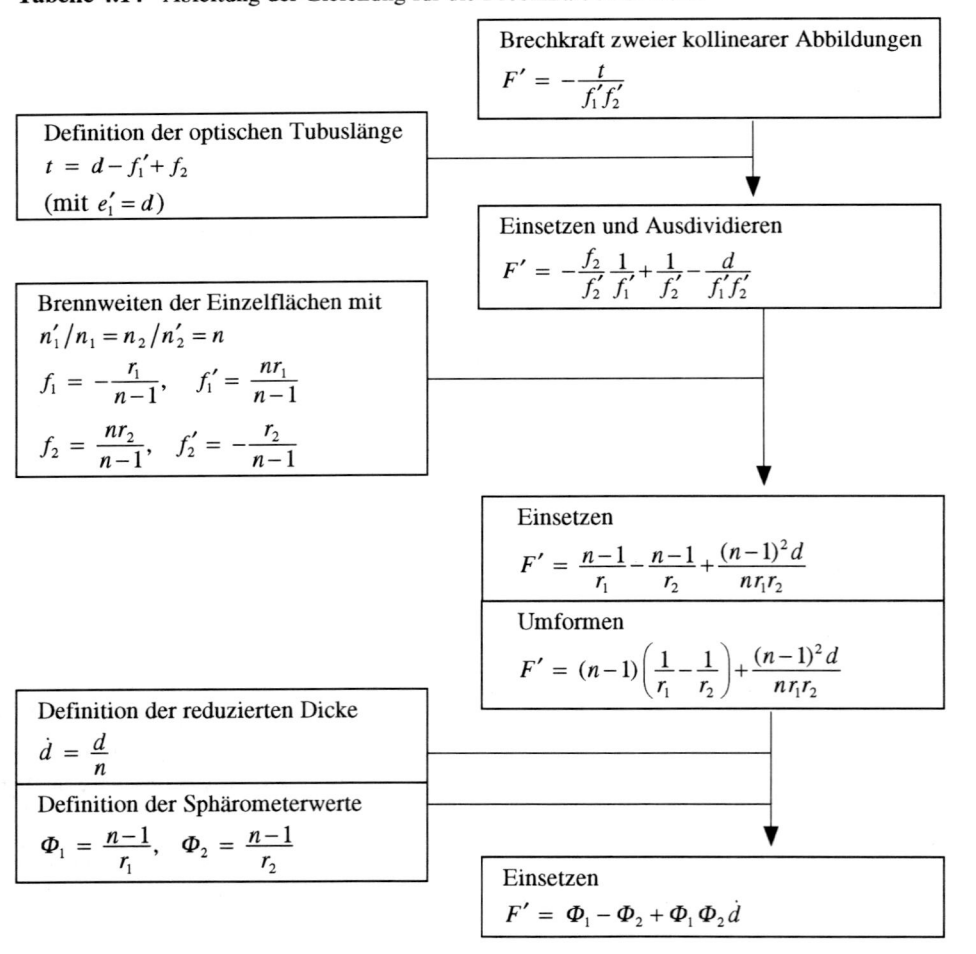

Brechkraft zweier kollinearer Abbildungen
$F' = -\dfrac{t}{f'_1 f'_2}$

Definition der optischen Tubuslänge
$t = d - f'_1 + f_2$ (mit $e'_1 = d$)

Einsetzen und Ausdividieren
$F' = -\dfrac{f_2}{f'_2}\dfrac{1}{f'_1} + \dfrac{1}{f'_2} - \dfrac{d}{f'_1 f'_2}$

Brennweiten der Einzelflächen mit $n'_1/n_1 = n_2/n'_2 = n$
$f_1 = -\dfrac{r_1}{n-1}, \quad f'_1 = \dfrac{nr_1}{n-1}$
$f_2 = \dfrac{nr_2}{n-1}, \quad f'_2 = -\dfrac{r_2}{n-1}$

Einsetzen
$F' = \dfrac{n-1}{r_1} - \dfrac{n-1}{r_2} + \dfrac{(n-1)^2 d}{n r_1 r_2}$

Umformen
$F' = (n-1)\left(\dfrac{1}{r_1} - \dfrac{1}{r_2}\right) + \dfrac{(n-1)^2 d}{n r_1 r_2}$

Definition der reduzierten Dicke
$\dot{d} = \dfrac{d}{n}$

Definition der Sphärometerwerte
$\Phi_1 = \dfrac{n-1}{r_1}, \quad \Phi_2 = \dfrac{n-1}{r_2}$

Einsetzen
$F' = \Phi_1 - \Phi_2 + \Phi_1 \Phi_2 \dot{d}$

4.1 Geometrisch-optisch abbildende Funktionselemente

Meßtechnisch ist die Entfernung des Brennpunktes vom Flächenscheitel leichter zu erfassen als die Brennweite.

> Die Scheitelbrennweiten f_s bzw. f_s' sind die Entfernungen der Brennpunkte von den Flächenscheiteln V_1 bzw. V_2. Der Kehrwert der Scheitelbrennweite f_s' ist die Scheitelbrechkraft F_s'.

Nach Abb. 4.21 gilt

$$f_s = f + a_{1H} \quad \text{und} \quad f_s' = f' + a_{2H'}'. \tag{4.66a, b}$$

Daraus geht mit (4.64) und (4.65)

$$f_s = f(1 + \Phi_2 d) \quad \text{und} \quad f_s' = f'(1 - \Phi_1 d) \tag{4.67a, b}$$

hervor.

Bilden wir den Kehrwert von f_s' nach Gl. (4.67b) und eliminieren wir die Brechkraft F' mittels Gl. (4.63), dann entsteht

$$F_s' = \frac{\Phi_1 - \Phi_2 + \Phi_1 \Phi_2 d}{1 - \Phi_1 d} \tag{4.68}$$

bzw.

$$F_s' = \frac{\Phi_1}{1 - \Phi_1 d} - \Phi_2. \tag{4.69}$$

Die zeichnerische Bestimmung des paraxialen Bildortes und des paraxialen Abbildungsmaßstabs führen wir mit Hilfe der Brennpunktstrahlen und des Knotenpunktstrahls (zugleich Hauptpunktstrahl) aus (Abb. 4.22 und 4.23).

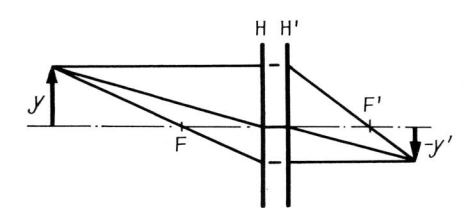

Abb. 4.22 Strahlkonstruktion für die Sammellinse

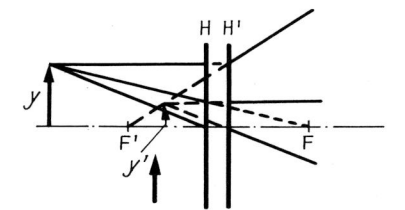

Abb. 4.23 Strahlkonstruktion für die Zerstreuungslinse

Klassifikation der Linsenformen. Eine zentrierte Linse ist durch die Scheitelkrümmungen der beiden Flächen, durch die Flächenform, die Dicke, die Brechzahl, den Außendurchmesser und den freien Durchmesser festgelegt. Für unsere Untersuchungen, die sich auf das paraxiale Gebiet beschränken, spielen der Außendurchmesser und der freie Durchmesser keine Rolle. Die Brechzahl ist nur in engen Grenzen variierbar und hat wenig Einfluß auf die grundlegende Wirkung der Linsen. Strahlenverlauf und Brechkraft werden wesentlich durch die Krümmungsradien und die Linsendicke bestimmt. Von besonderer Bedeutung ist die Unterscheidung von Sammel- und Zerstreuungslinsen. Es gilt:

Bei positiver Brennweite f' schneiden sich achsparallel einfallende Paraxialstrahlen im bildseitigen Brennpunkt F'. Die Linse verwandelt ein paraxiales Parallelbündel in ein konvergentes Bündel und stellt damit eine Sammellinse dar (Abb. 4.24).

Bei negativer Brennweite f' schneiden sich die Verlängerungen von achsparallel einfallenden Paraxialstrahlen im bildseitigen Brennpunkt F'. Die Linse verwandelt ein paraxiales Parallelbündel in ein divergentes Bündel und stellt damit eine Zerstreuungslinse dar (Abb. 4.25).

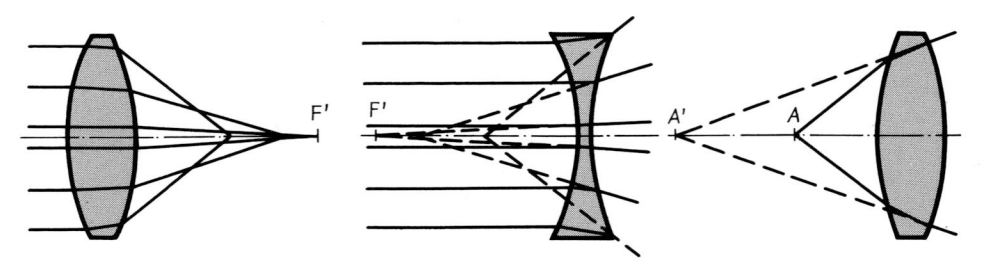

Abb. 4.24 Brechung von Strahlen an der Sammellinse

Abb. 4.25 Brechung von Strahlen an der Zerstreuungslinse

Abb. 4.26 Divergentes Bündel bildseitig der Sammellinse

Ob ein konvergentes oder ein divergentes Lichtbündel entsteht, hängt von der Objektweite ab (Abb. 4.26). Eine Sammellinse bricht die Lichtstrahlen stets zur Achse zu ($\sigma' > \sigma$); eine Zerstreuungslinse bricht die Lichtstrahlen stets von der Achse weg ($\sigma' < \sigma$). (Die Winkel sind mit Vorzeichen zu betrachten.) Das hat z. B. zur Folge, daß eine Zerstreuungslinse innerhalb eines Systems für das hinter ihr stehende System größere Einfallshöhen mit sich bringt. Für die paraxiale Abbildung an Linsen gelten wegen $f' = -f$ die Gleichungen des Brennpunkt-Koordinatensystems

$$z' = -\frac{f'^2}{z}, \quad \beta' = \frac{f'}{z}.$$

Die grafische Darstellung der Bildweite und des Abbildungsmaßstabes als Funktion der Objektweite in der Abb. 4.27 für Sammellinsen und in der Abb. 4.28 für Zerstreuungslinsen ermöglicht eine schnelle Übersicht über die Zusammenhänge. Verschiebt man ein Zeichendreieck so, daß die Schenkel des rechten Winkels parallel zu den Koordinatenachsen bleiben und der Scheitel des rechten Winkels auf der ausgezogenen Kurve bleibt, dann zeigen die Winkelschenkel die gegenseitige Lage von Objekt und Bild an. Im Hauptpunkt-Koordinatensystem gilt

$$\frac{1}{a'} - \frac{1}{a} = \frac{1}{f'}, \quad \beta' = \frac{a'}{a}, \quad \gamma' = \frac{a}{a'}.$$

Eine einfache Gestalt der Abbildungsgleichung erhalten wir, wenn wir die Kehrwerte der Strecken einführen:

$$A = \frac{1}{a}, \quad A' = \frac{1}{a'}, \quad F' = \frac{1}{f'}.$$

Damit ergibt sich

$$A' - A = F', \quad \beta' = \frac{A}{A'}, \quad \gamma' = \frac{A'}{A}.$$

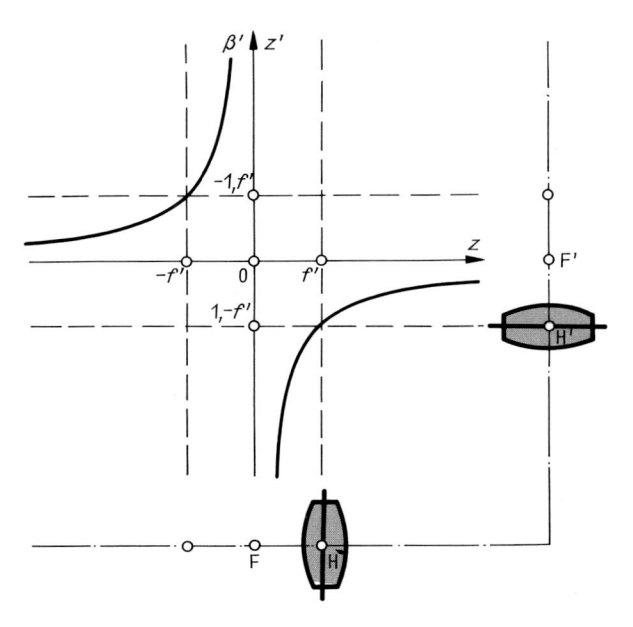

4.1 Geometrisch-optisch abbildende Funktionselemente

Abb. 4.27 Grafische Darstellung der Abbildungsgleichung (Sammellinse)

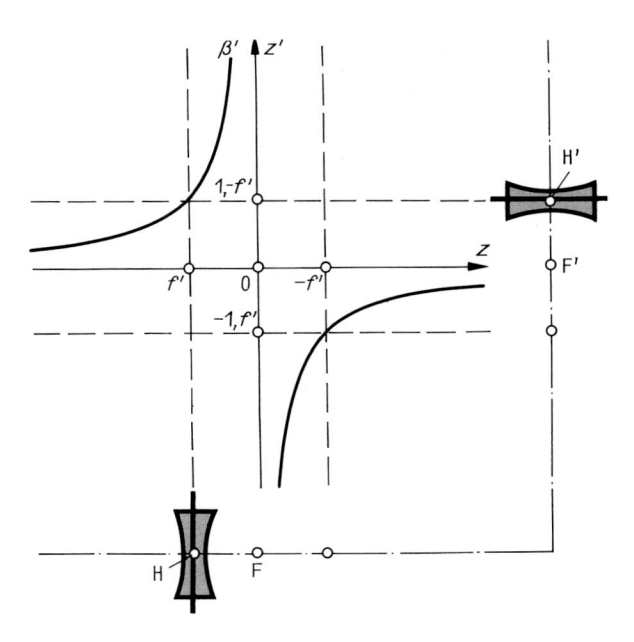

Abb. 4.28 Grafische Darstellung der Abbildungsgleichung (Zerstreuungslinse)

In einem A'-A-Diagramm wird die Abbildungsgleichung durch eine Gerade dargestellt (Abb. 4.29 für eine Sammellinse). Der Abbildungsmaßstab $\beta' = \tan \tau$ und das Winkelverhältnis $\gamma' = \cot \tau$ sind ebenfalls aus dem Bild abzulesen.

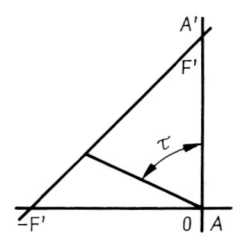

Abb. 4.29 Grafische Darstellung der Abbildungsgleichung für die Kehrwerte der Strecken

Wir gehen nun dazu über, die Linsenformen zu klassifizieren. Für die Linsenflächen ergeben sich die sechs Möglichkeiten, die in Abb. 4.30 zusammengestellt sind. Von den neun daraus durch Kombination entstehenden Linsen (Abb. 4.31) sind die Kombinationen 1/4 und 3/6, 1/5 und 2/6 sowie 2/4 und 3/5 identisch. Die Kombination der beiden Planflächen 2 und 5 ergibt eine planparallele Platte ohne Brechkraft. Es bleiben damit fünf Linsenformen übrig, die zu untersuchen sind.

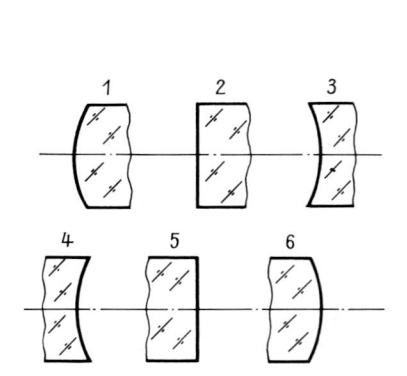

Abb. 4.30 Mögliche brechende Flächen

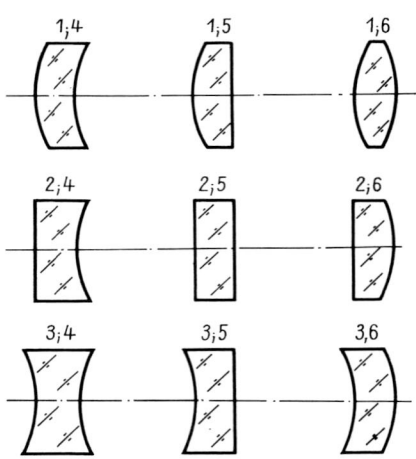

Abb. 4.31 Mögliche Kombinationen brechender Flächen zu Linsen

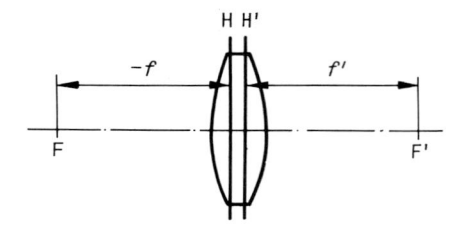

Abb. 4.32 Symmetrische Bikonvexlinse

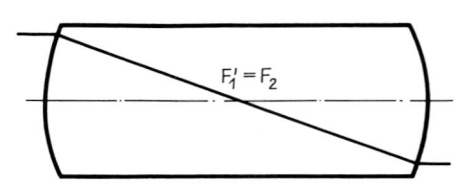

Abb. 4.33 Teleskopische symmetrische Bikonvexlinse

Symmetrische Bikonvexlinse ($r_1 = -r_2 = r$). Wir betrachten die *symmetrische* Bikonvexlinse wegen der besseren Übersicht bei betragsmäßig gleichen Radien (Abb. 4.32). Die Ergebnisse sind sinngemäß auf den allgemeinen Fall der unsymmetrischen Linse zu übertragen. Wegen

$$\Phi_1 = -\Phi_2 = \Phi$$

wird die Brechkraft nach Gl. (4.63)

$$F' = \Phi(2 - \Phi \dot{d}). \tag{4.70}$$

Die Hauptpunkte haben nach (4.64) und (4.65) die Scheitelabstände

$$a_{1H} = -a'_{2H'} = f' \Phi \dot{d} > 0.$$

Die Hauptpunkte liegen also symmetrisch in der Linse. Für

$$2 > \Phi \dot{d} \quad \text{oder} \quad d < \frac{2nr}{n-1}$$

wird $F' > 0$. Es liegt eine Sammellinse vor.

Die Dicke darf also einen bestimmten Wert nicht überschreiten, wenn die Linse sammelnd sein soll. Bei $n = 2$ braucht die Dicke allerdings nur kleiner als $4r$ zu bleiben (Kugel $d = 2r$!).

Bei kleinen Linsendicken können wir

$$d \ll r, \quad F' = 2\Phi, \quad a_{1H} = -a'_{2H'} = \frac{1}{2}\dot{d}$$

setzen. Bei $n = 1{,}5$ dritteln die Hauptebenen angenähert die Linse.

Im Spezialfall

$$d = \frac{2nr}{n-1}$$

verschwindet die Brechkraft. Das liegt daran, daß der bildseitige Brennpunkt der ersten und der objektseitige Brennpunkt der zweiten Fläche zusammenfallen. Die Linse, als eine Folge aus zwei brechenden Flächen betrachtet, stellt ein teleskopisches System dar. Das optische Intervall ist null (Abb. 4.33). Bei

$$d > \frac{2nr}{n-1}$$

erhalten wir den wegen der beträchtlichen Linsendicke praktisch uninteressanten Fall der Zerstreuungslinse ($F' < 0$). Die Hauptebenen liegen außerhalb der Linse.

An dieser Stelle verweisen wir nochmals darauf, daß die Definitionen der Sammel- und der Zerstreuungslinse ausschließlich an das Vorzeichen der bildseitigen Brennweite gebunden sind. Es ist möglich, daß der bildseitige Brennpunkt einer Sammellinse vor der zweiten Linsenfläche liegt. Ein achsparallel einfallendes Paraxialbündel verläßt dann die Linse als divergentes Bündel.

Entsprechend kann bei einer negativen bildseitigen Brennweite der bildseitige Brennpunkt außerhalb der Linse liegen. Abb. 4.34 zeigt für eine symmetrische Bikonvexlinse mit $n = 1{,}5$, $r = 10$ mm, wie die Brennweite, die Scheitelbrennweite und $a'_{2H'}$ von der Linsendicke abhängen. Im Intervall

$$1 < \Phi \dot{d} < 2$$

liegt der bildseitige Brennpunkt innerhalb der Linse, sonst außerhalb.

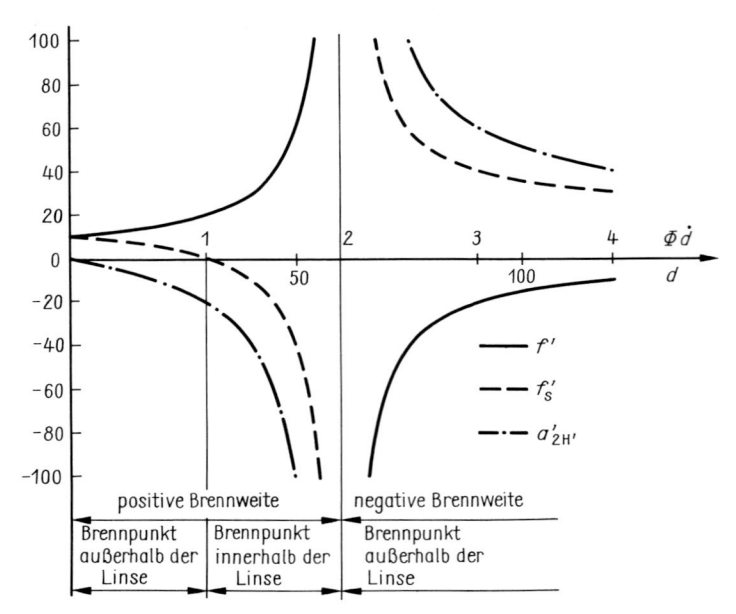

Abb. 4.34 Brennpunktlage und Brennweite für die symmetrische Bikonvexlinse

Symmetrische Bikonkavlinse ($r_1 = -r_2 = -r$). Wegen $\Phi_1 = -\Phi_2 = -\Phi$ wird die Brechkraft nach Gl. (4.63)

$$F' = -(2 + \Phi \dot{d}). \tag{4.71}$$

Die Scheitelabstände der Hauptpunkte betragen nach (4.64) und (4.65)

$$a_{1H} = -a'_{2H'} = -f' \Phi \dot{d} > 0.$$

Die Brechkraft ist stets negativ, die Bikonkavlinse also stets zerstreuend. Die Hauptebenen liegen symmetrisch innerhalb der Linse (Abb. 4.35).

Plankonvexlinse ($r_1 = r > 0$, $r_2 = \infty$). Für $\Phi_1 = \Phi$ und $\Phi_2 = 0$ wird

$$F' = \Phi \quad \text{oder} \quad F' = \frac{n-1}{r} \tag{4.72}$$

und

$$a_{1H} = 0, \quad a'_{2H'} = -\dot{d}. \tag{4.73}$$

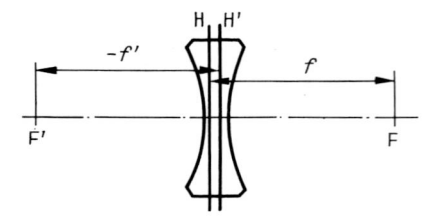

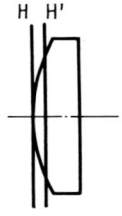

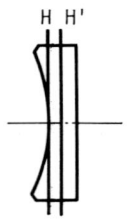

Abb. 4.35 Symmetrische Bikonkavlinse   Abb. 4.36 Plankonvexlinse   Abb. 4.37 Plankonkavlinse

Die Plankonvexlinse ist eine Sammellinse, deren Brechkraft unabhängig von der Dicke ist. Eine Hauptebene tangiert die gekrümmte Fläche der Linse, die andere liegt um die Strecke d/n von der Planfläche entfernt innerhalb der Linse (Abb. 4.36).

Plankonkavlinse ($r_1 = -r < 0$, $r_2 = \infty$). Für die Plankonkavlinse gelten sinngemäß dieselben Überlegungen wie für die Plankonvexlinse. Die Brechkraft

$$F' = -\frac{n-1}{r}, \tag{4.74}$$

ist negativ, die Plankonkavlinse also zerstreuend (Abb. 4.37).

Konkavkonvexlinse ($r_1 > 0$, $r_2 > 0$, $r_1 < r_2$). Wegen $\Phi_1 > \Phi_2$ ist die Brechkraft der Konkavkonvexlinse

$$F' = \Phi_1 - \Phi_2 + \Phi_1 \Phi_2 \dot{d}$$

stets positiv. Es liegt eine Sammellinse vor. Damit wird

$$a_{1H} = -f'\Phi_2 \dot{d}, \quad a'_{2H'} = -f'\Phi_1 \dot{d},$$
$$a_{1H} < 0, \qquad a'_{2H'} < 0.$$

Die Hauptebenen liegen auf den konvexen Seiten der Flächen; H liegt immer, H' oft außerhalb der Linse (Abb. 4.38). Wegen ihrer äußeren Form wird die Konkavkonexlinse auch sammelnder Meniskus genannt.

Bei einem sammelnden Meniskus mit objektseitig konvexen Flächen ist infolge der speziellen Hauptebenenlage die Scheitelbrennweite wesentlich kleiner als die bildseitige Brennweite. Die Baulänge von der Fassung bis zur Brennebene wird verhältnismäßig klein. Bei umgekehrter Lage des sammelnden Meniskus, konkave Flächen auf der Objektseite, gilt das Gegenteil (Abb. 4.39).

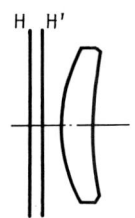

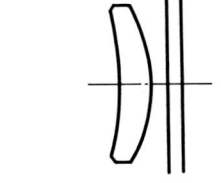

Abb. 4.38 Konkavkonvexlinse mit kleiner bildseitiger Schnittweite

Abb. 4.39 Konkavkonvexlinse mit großer bildseitiger Schnittweite

Hoeghscher Meniskus ($r_1 = r_2 = r > 0$). Eine Linse, bei der beide Krümmungsradien gleich sind, heißt Hoeghscher Meniskus. Die Brechkraft beträgt

$$F' = \frac{(n-1)^2 d}{nr^2}, \tag{4.75}$$

der Meniskus ist sammelnd. Die Hauptebenen haben von der Dicke unabhängige Scheitelabstände (Abb. 4.40)

$$a_{1\mathrm{H}} = a'_{2\mathrm{H}'} = -\frac{r}{n-1}. \tag{4.76}$$

Konvexkonkavlinse ($r_1 > 0$, $r_2 > 0$, $r_1 > r_2$). Für $\Phi_1 > \Phi_2$ war stets $F' > 0$. Für $\Phi_1 < \Phi_2$ enthält die Brechkraftformel zwei Summanden unterschiedlichen Vorzeichens, so daß drei Fälle zu unterscheiden sind. Es gilt

$$|\Phi_1 - \Phi_2| \begin{cases} > \Phi_1\Phi_2 d & \text{für } F' < 0, \\ = \Phi_1\Phi_2 d & \text{für } F' = 0, \\ < \Phi_1\Phi_2 d & \text{für } F' > 0. \end{cases}$$

Eine Zerstreuungslinse liegt vor, wenn für die Linsendicke

$$d < \frac{n}{n-1}(r_1 - r_2) \tag{4.77}$$

gilt. Diese Bedingung wird in den meisten praktisch vorkommenden Fällen eingehalten sein. Die Hauptebenen liegen dann auf den konkaven Seiten der Flächen und wegen der geringen Dicke im allgemeinen außerhalb der Linse (Abb. 4.41). Damit haben wir die Linsen klassifiziert. Für die Bezeichnungsweise gilt:

> Linsen mit vorwiegend sammelnder Wirkung erhalten die Endung "-konvex". Dabei wird nicht unterschieden, wie die Linse im Strahlengang steht. Von den Ausnahmen bei großen Linsendicken wird abgesehen. Sammelnd sind demnach bikonvexe, plankonvexe und konkavkonvexe Linsen. Ihr äußeres Merkmal ist, daß die Dicke auf der Achse größer ist als am Rand.
>
> Zerstreuungslinsen sind am Rand dicker als auf der optischen Achse und werden durchweg mit der Endung "-konkav" bezeichnet. Zerstreuend sind demnach bikonkave, plankonkave und konvexkonkave Linsen.

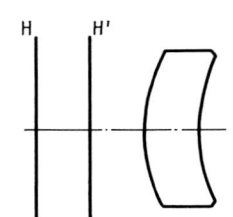

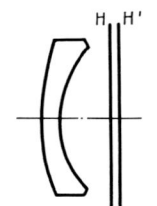

Abb. 4.40 Hoeghscher Meniskus   **Abb. 4.41** Konvexkonkavlinse

Äquivalentlinsen. Bei kleinen Linsendicken hängen die paraxialen Größen der Linse nur wenig von der Linsendicke ab. Für bestimmte Aufgabenstellungen ergeben sich einfache Beziehungen, wenn zunächst mit Linsen verschwindender Dicke gerechnet wird.

> Eine Linse mit verschwindender Dicke wird Äquivalentlinse genannt.

Für $d = 0$ wird die Brechkraft

$$F' = \Phi_1 - \Phi_2. \tag{4.78a}$$

Wegen

$$a_{1\mathrm{H}} = a'_{2\mathrm{H}'} = 0 \tag{4.78b}$$

4.1 Geometrisch-optisch abbildende Funktionselemente

gilt:

| Bei einer Äquivalentlinse fallen die Haupt-, Knoten- und Scheitelpunkte zusammen.

(Zu beachten ist, daß wir die Beziehungen des paraxialen Gebiets von Linsen für den Fall abgeleitet haben, bei dem beiderseits der Linse der gleiche Stoff angrenzt.)

Die Äquivalentlinse kann mit einem Formparameter beschrieben werden, der Durchbiegung genannt wird.

| Die Durchbiegung einer Äquivalentlinse ist die Summe der Abbeschen Invarianten der Linsenflächen.

Die Definition der Durchbiegung lautet

$$Q = Q_1 + Q_2. \quad (4.79)$$

Mit $s_1 = s$, $s_2' = s'$ und $n_1 = n_2' = 1$ erhalten wir aus (4.15) und (4.79)

$$Q = \frac{1}{r_1} + \frac{1}{r_2} - \frac{1}{s} - \frac{1}{s'}. \quad (4.80)$$

Der Name "Durchbiegung" kommt daher, daß bei monotoner Änderung von Q die Linse ihre Form so verändert, als würde sie durchgebogen (s und F' konstant gehalten). Abb. 4.42 demonstriert diese Durchbiegung für Linsen mit $s = -\infty$, $n = 1{,}5$, $F' = 1\,\text{mm}^{-1}$. (Die zeichnerisch notwendige Linsendicke geht natürlich nicht in die Rechnung ein.)

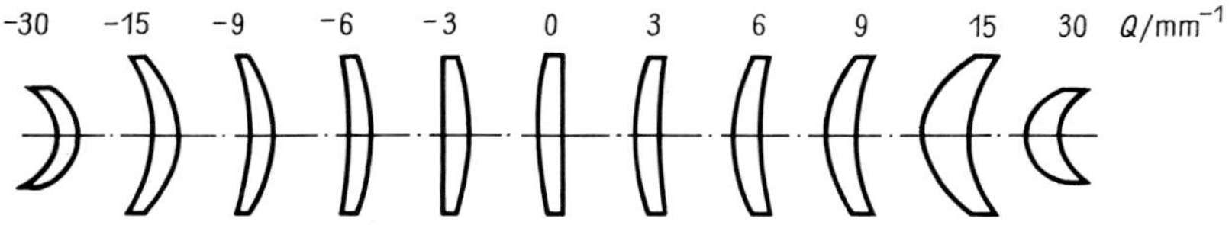

Abb. 4.42 Linsenform in Abhängigkeit von der Durchbiegung

Die Kenntnis der Durchbiegung und der Brechkraft genügt, um die Krümmungsradien der Äquivalentlinsen zu berechnen. Mit $n_1' = n_2 = n$ und $s_1' = s_2$ folgt aus der Abbeschen Invarianten Gl. (4.15)

$$Q_1 - Q_2 = n\left(\frac{1}{r_1} - \frac{1}{r_2}\right).$$

Einsetzen von F' nach Gl. (4.78a) führt auf

$$Q_1 - Q_2 = \frac{nF'}{n-1}. \quad (4.81)$$

Addition bzw. Subtraktion von Gl. (4.79) und Gl. (4.81) ergibt

$$Q_1 = \frac{1}{2}\left(Q + \frac{nF'}{n-1}\right), \quad Q_2 = \frac{1}{2}\left(Q - \frac{nF'}{n-1}\right). \quad (4.82\text{a, b})$$

Aus Q_1 und Q_2 folgen unmittelbar die Krümmungen

$$\frac{1}{r_1} = Q_1 + \frac{1}{s}, \quad \frac{1}{r_2} = Q_2 + \frac{1}{s'}. \quad (4.82\text{c, d})$$

4.1.6 Reflektierende Rotationsflächen

Reflexion an sphärischen Einzelflächen. Eine Fläche, deren Hauptfunktion die Reflexion des Lichtes darstellt, ist eine Spiegelfläche. Im allgemeinen wird ein großes Verhältnis aus reflektierter und einfallender Intensität durch die Anwendung polierter Metalloberflächen bzw. durch das Auftragen leitender oder nichtleitender Schichten auf einen nichtleitenden Träger erreicht.

> Hohlspiegel haben einen negativen Krümmungsradius, sie sind also konkav.
> Wölbspiegel haben einen positiven Krümmungsradius, sie sind also konvex.

Spiegelflächen stellen geometrisch-optisch abbildende Funktionselemente dar, die für sich allein eine größere Bedeutung als brechende Flächen haben. Insgesamt kommen jedoch Spiegelflächen in optischen Systemen seltener zum Einsatz als brechende Flächen.

Das Reflexionsgesetz

$$\varepsilon' = -\varepsilon$$

kann als Spezialfall des Brechungsgesetzes für

$$n' = -n$$

aufgefaßt werden. Demnach sind die für sphärische brechende Flächen abgeleiteten Formeln auch für Kugelspiegel anwendbar.

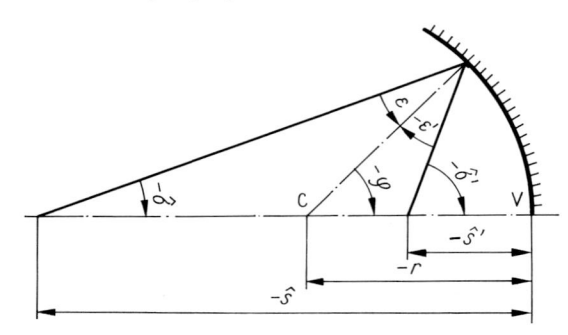

Abb. 4.43 Größen am sphärischen Hohlspiegel

Meridionalstrahlen. Für die Durchrechnung von Meridionalstrahlen sind die Formelsätze des Normalschemas (4.3) bis (4.7) umzuformen. Es ergibt sich (Abb. 4.43)

für $\hat{s} \neq -\infty$:   für $\hat{s} = -\infty$:

$$\sin \varepsilon = \frac{r - \hat{s}}{r} \sin \hat{\sigma}, \qquad \sin \varepsilon = -\frac{h}{r}, \qquad (4.83\text{a, b})$$

$$\varepsilon' = -\varepsilon, \qquad \varepsilon' = -\varepsilon, \qquad (4.84)$$

$$\varphi = \hat{\sigma} - \varepsilon, \qquad \varphi = -\varepsilon, \qquad (4.85\text{a, b})$$

$$\hat{\sigma}' = \varphi + \varepsilon' = \hat{\sigma} - 2\varepsilon, \qquad \hat{\sigma}' = -2\varepsilon, \qquad (4.86\text{a, b})$$

$$\hat{s}' = r \frac{\sin \varepsilon}{\sin(\hat{\sigma} - 2\varepsilon)} + r, \qquad \hat{s}' = -r \frac{\sin \varepsilon}{\sin 2\varepsilon} + r. \qquad (4.87\text{a, b})$$

4.1 Geometrisch-optisch abbildende Funktionselemente

Für $\hat{s} = -\infty$ kann mittels

$$\frac{\sin\varepsilon}{\sin 2\varepsilon} = \frac{\sin\varepsilon}{2\sin\varepsilon \cdot \cos\varepsilon} = \frac{1}{2\cos\varepsilon} = \frac{1}{2\sqrt{1-\sin^2\varepsilon}} = \frac{1}{2\sqrt{1-\left(\dfrac{h}{r}\right)^2}}$$

umgeformt werden in

$$\hat{s}' = r\left[1 - \frac{1}{2\sqrt{1-\left(\dfrac{h}{r}\right)^2}}\right]. \tag{4.88}$$

Bei großen Einfallshöhen kommt es vor, daß ein Meridionalstrahl mehr als einmal am Spiegel reflektiert wird. Darauf ist bei der Strahldurchrechnung zu achten. Für $\hat{s} = -\infty$ ergibt z. B. Gl. (4.88) $\hat{s}' = 0$, wenn ein Strahl die Einfallshöhe $h = \sqrt{3}\,|r|/2$ hat. Es entsteht ein Strahlenverlauf, wie er in Abb. 4.44 gezeichnet ist.

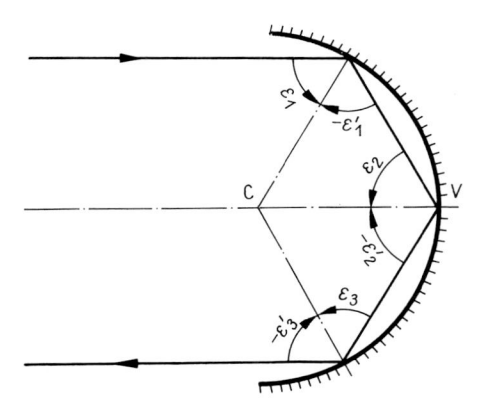

Abb. 4.44 Reflexion am sphärischen Hohlspiegel für $\varepsilon_1 = 60°$

Aufgespaltete Spiegelfläche. Häufig sind die Spiegelflächen in einem optischen System mit brechenden Flächen kombiniert. Die Strahldurchrechnung wird unübersichtlich, weil sich durch die Rückläufigkeit der Lichtstrahlen an den Spiegelflächen die Vorzeichenwahl kompliziert. Wir vermeiden diese Schwierigkeiten, wenn wir den Spiegel formal in zwei Flächen aufspalten und die Lichtrichtung beibehalten (Abb. 4.45). Die Spiegelfläche ist dann an ihrer Scheitelebene gespiegelt worden.

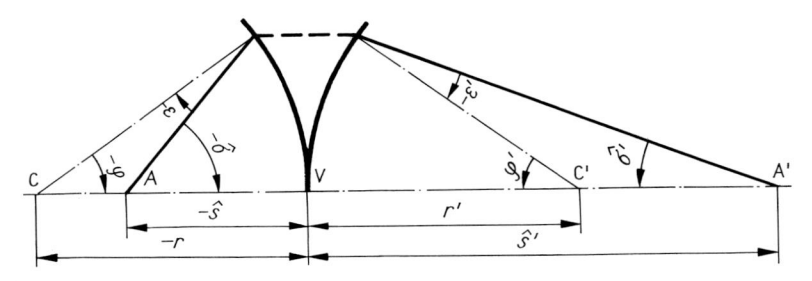

Abb. 4.45 Größen am aufgespalteten Hohlspiegel

Das Reflexionsgesetz für die aufgespaltete Spiegelfläche erscheint in der Form

$$\varepsilon' = \varepsilon \qquad (4.89)$$

und kann als Spezialfall des Brechungsgesetzes für

$$n' = n \qquad (4.90)$$

aufgefaßt werden.

Diese Auslegung hat jedoch nur formalen Charakter. Es ist wesentlich zu beachten, daß der Lichtstrahl bis zur Spiegelfläche zu zeichnen ist und erst am Spiegelbild des Spiegels in der gleichen Höhe weitergeht. Es handelt sich also weder um einen Spezialfall der Brechung an einer Fläche noch um die Brechung an zwei Flächen. Deshalb müssen auch die Durchrechnungsformeln neu abgeleitet werden. Sie können nicht aus denen für die brechende Fläche mit $n' = n$ gewonnen werden. Der Abb. 4.45 ist zu entnehmen, daß

$$r' = -r \qquad (4.91)$$

und

$$\varphi' = -\varphi \qquad (4.92)$$

zu setzen ist.

Meridionalstrahlen. Die Ableitung der Durchrechnungsformeln für Meridionalstrahlen ist derjenigen für brechende Flächen (Tab. 4.1) völlig analog. Das Ergebnis lautet

für $\hat{s} \neq -\infty$: \qquad für $\hat{s} = -\infty$:

$$\sin \varepsilon = \frac{r - \hat{s}}{r} \sin \hat{\sigma}, \qquad \sin \varepsilon = -\frac{h}{r}, \qquad (4.93a, b)$$

$$\varepsilon' = \varepsilon, \qquad \varepsilon' = \varepsilon, \qquad (4.94)$$

$$\varphi = \hat{\sigma} - \varepsilon, \qquad \varphi = -\varepsilon, \qquad (4.95a, b)$$

$$\hat{\sigma}' = -\hat{\sigma} + 2\varepsilon, \qquad \hat{\sigma}' = 2\varepsilon, \qquad (4.96a, b)$$

$$\hat{s}' = -r \frac{\sin \varepsilon}{\sin(-\hat{\sigma} + 2\varepsilon)} r, \qquad \hat{s}' = -r + \frac{\sin \varepsilon}{\sin 2\varepsilon} r. \qquad (4.97a, b)$$

Der Vergleich der Gleichungen (4.86), (4.87) und (4.96), (4.97) zeigt, daß sich die bildseitigen Schnittweiten $\hat{s}'$ und die bildseitigen Schnittwinkel $\hat{\sigma}'$ nur im Vorzeichen unterscheiden. Dieses in Abb. 4.43 und 4.45 anschaulich zum Ausdruck kommende Ergebnis bestätigt zusätzlich die Richtigkeit des Formelsatzes (4.93) bis (4.97).

Die Invarianten des paraxialen Gebietes. Einzelne Spiegelfläche. Die Abbesche Invariante der brechenden Fläche,

$$n\left(\frac{1}{r} - \frac{1}{s}\right) = n'\left(\frac{1}{r} - \frac{1}{s'}\right),$$

geht mit $n' = -n$ über in die Abbesche Invariante der Spiegelfläche,

$$\frac{1}{r} - \frac{1}{s} = -\frac{1}{r} + \frac{1}{s'}. \qquad (4.98)$$

Die Helmholtz-Lagrangesche Gleichung der brechenden Fläche

$$ny\sigma = n'y'\sigma'$$

4.1 Geometrisch-optisch abbildende Funktionselemente

ergibt für den Abbildungsmaßstab

$$\beta' = -\frac{\sigma}{\sigma'}. \tag{4.99}$$

Der Abbildungsmaßstab wird gleich 1 für $\sigma' = -\sigma$. Der Vergleich mit dem Reflexionsgesetz $\varepsilon' = -\varepsilon$ zeigt, daß $\beta' = 1$ wird, wenn der Spiegelscheitel abgebildet wird. Für die Schnittweiten der Hauptpunkte gilt also

$$s_H = s'_{H'} = 0. \tag{4.100}$$

| Die Hauptpunkte des einfachen Spiegels fallen mit dem Spiegelscheitel zusammen.

Für einen Strahl, der durch die Knotenpunkte geht, muß $\sigma' = \sigma$ sein. Das ist für einen Strahl erfüllt, der durch den Krümmungsmittelpunkt geht. Für die Knotenpunkte ist

$$s_N = s'_{N'} = r. \tag{4.101}$$

| Die Knotenpunkte des einfachen Spiegels fallen mit dem Krümmungsmittelpunkt zusammen.

Aus Gl. (4.99) folgt dann noch für die achssenkrechte Ebene, die die Knotenpunkte enthält, daß $\beta' = -1$ ist.

Die Abbesche Invariante (4.98) läßt sich umformen in

$$\frac{1}{s'} + \frac{1}{s} = \frac{2}{r}. \tag{4.102}$$

Die objektseitige Brennweite $f = s_F$ ergibt sich aus Gl. (4.102) mit $s' = \infty$:

$$f = \frac{r}{2}. \tag{4.103}$$

Entsprechend ist die bildseitige Brennweite $f' = s'_{F'}$ aus Gl. (4.102) mit $s = -\infty$ abzulesen:

$$f' = \frac{r}{2}. \tag{4.104}$$

Es ist trivial, daß

$$f' = f \tag{4.105}$$

herauskommt, weil eine Spiegelfläche wegen der Umkehrbarkeit des Strahlenganges nur einen Brennpunkt haben kann.

| Die Brechkraft F' eines Spiegels ist gleich der doppelten Krümmung des Spiegels.

Die Lage der Kardinalelemente und die ausgezeichneten Strahlen sind in der Abb. 4.46a für den Hohlspiegel, in der Abb. 4.46b für den Wölbspiegel enthalten.

Mit Gl. (4.103) läßt sich die Abbildungsgleichung in Hauptpunkt-Koordinaten (4.102)

$$\frac{1}{s'} + \frac{1}{s} = \frac{1}{f} \tag{4.106}$$

schreiben. Der Abbildungsmaßstab folgt aus Gl. (4.19):

$$\beta' = -\frac{s'}{s}. \tag{4.107}$$

Der Tiefenmaßstab beträgt nach Tab. 4.6

$$\alpha' = -\beta'^2. \tag{4.108}$$

Daraus folgt, daß das Objekt und das Bild gegenläufig sind.

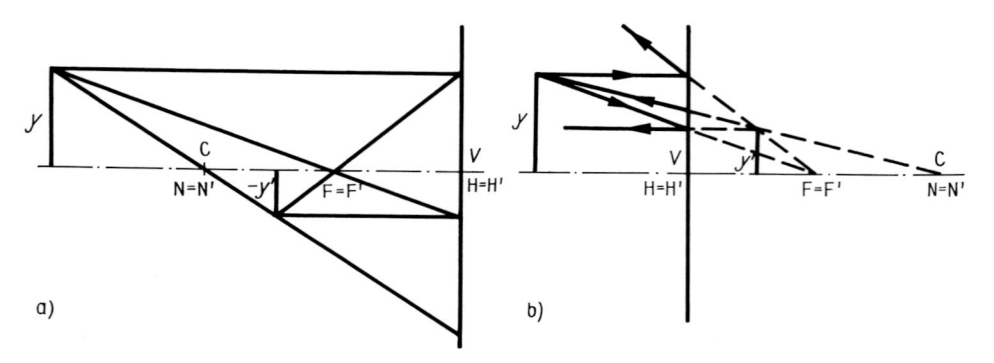

Abb. 4.46 Strahlkonstruktion a) am Hohlspiegel, b) am Wölbspiegel

Im Brennpunkt-Koordinatensystem gilt für die Koordinaten

der Hauptpunkte $\qquad z_H = z'_{H'} = -f,$ (4.109)

der Knotenpunkte $\qquad z_N = z'_{N'} = f.$ (4.110)

Die Abbildungsgleichung lautet

$$zz' = f^2. \tag{4.111}$$

Daraus lesen wir ab, daß z und z' stets gleiches Vorzeichen haben, d. h., Objekt und Bild liegen, von der Brennebene aus gesehen, auf der gleichen Seite. Der Abbildungsmaßstab beträgt

$$\beta' = -\frac{f}{z}. \tag{4.112}$$

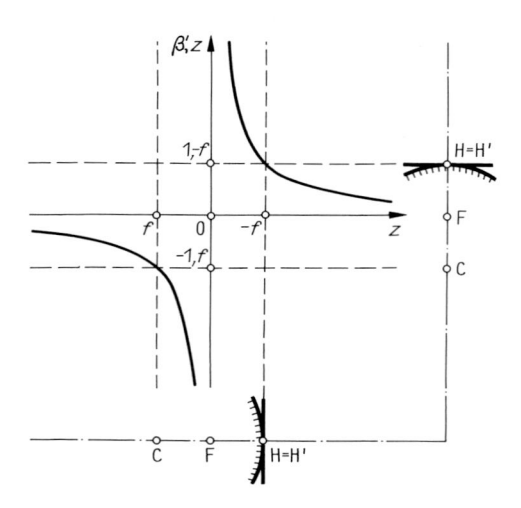

Abb. 4.47 Grafische Darstellung der Abbildungsgleichung (Hohlspiegel)

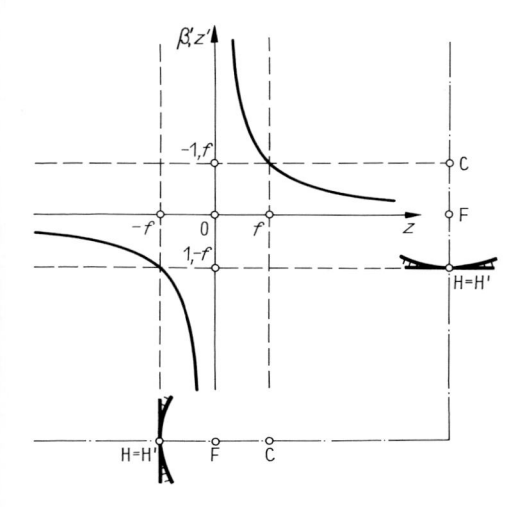

4.1 Geometrisch-optisch abbildende Funktionselemente

Abb. 4.48 Grafische Darstellung der Abbildungsgleichung (Wölbspiegel)

Abb. 4.47 und 4.48 enthalten die grafische Darstellung der Abbildungsgleichung in Brennpunktkoordinaten für den Hohl- bzw. für den Wölbspiegel. Ihnen sind die zu einer gegebenen Objektweite gehörende Bildweite und der Abbildungsmaßstab zu entnehmen.

Aufgespaltete Spiegelfläche. Aus dem Normalschema (4.93) bis (4.97) ergibt sich durch Spezialisierung auf das paraxiale Gebiet, daß die Abbesche Invariante für die aufgespaltete Spiegelfläche

$$\frac{1}{r} - \frac{1}{s} = \frac{1}{r'} - \frac{1}{s'} \tag{4.113}$$

lautet. Daraus folgt:

> Auch für die aufgespaltete Spiegelfläche ist die Abbesche Invariante durch Spezialisierung derjenigen für die brechende Fläche zu gewinnen. Es ist $n' = n$ zu setzen, aber zu beachten, daß der bildseitige Krümmungsradius vom objektseitigen durch das Vorzeichen unterschieden ist.

Umformen von Gl. (4.113) führt wegen $r' = -r$ auf die Abbildungsgleichung

$$\frac{1}{s'} - \frac{1}{s} = -\frac{2}{r}. \tag{4.114}$$

Aus Gl. (4.114) folgt mit $s'_{F'} = f'$ für $s = -\infty$ die bildseitige Brennweite

$$f' = -\frac{r}{2} \tag{4.115}$$

und mit $s_F = f$ für $s' = \infty$ die objektseitige Brennweite

$$f = \frac{r}{2}. \tag{4.116}$$

Es gilt

$$f' = -f, \tag{4.117}$$

weil objekt- und bildseitiger Brennpunkt, vom Flächenscheitel aus gesehen, auf verschiedenen Seiten liegen.

Die Abbildungsgleichung (4.114) läßt sich mit Gl. (4.115) in

$$\frac{1}{s'} - \frac{1}{s} = \frac{1}{f'} \qquad (4.118)$$

umformen.

Wegen $f' = -f$ sind sämtliche für diesen Spezialfall angegebenen Formeln in der paraxialen Abbildung anwendbar. Insbesondere gilt:

Die Haupt- und die Knotenpunkte der aufgespalteten Spiegelfläche fallen mit dem Flächenscheitel zusammen (Abb. 4.49 und 4.50).

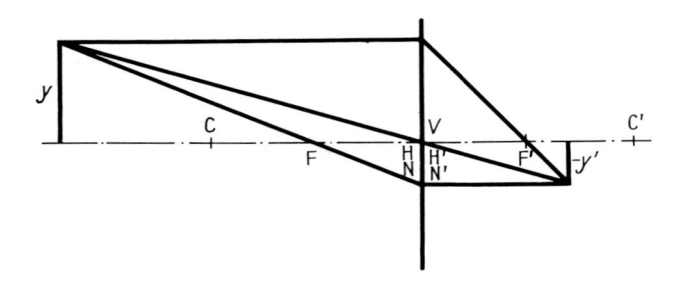

Abb. 4.49 Strahlkonstruktion am aufgespalteten Hohlspiegel

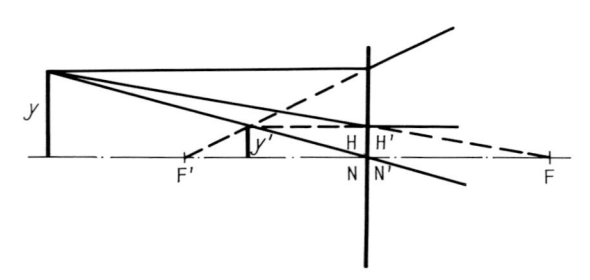

Abb. 4.50 Strahlkonstruktion am aufgespalteten Wölbspiegel

Es zeigt sich also, daß außer dem naturgemäß mit der aufgespalteten Spiegelfläche verbundenen Auseinanderfallen der Brennpunkte auch die Knotenpunkte an einer anderen Stelle liegen als bei der einfachen Spiegelfläche. Das hat z. B. zur Folge, daß die aufgespaltete Spiegelfläche nur mit Vorsicht zur Untersuchung des Einflusses von Flächenkippungen anzuwenden ist. Wir betonen deshalb noch einmal:

Die aufgespaltete Spiegelfläche ist ein formales Hilfsmittel, mit dem die Strahldurchrechnung an Spiegelflächen ohne die mit der Rückläufigkeit der reflektierten Lichtstrahlen verbundenen Schwierigkeiten möglich ist.

Tab. 4.15 enthält zusammenfassend die grundlegenden Gleichungen für die Abbildung im paraxialen Gebiet.

4.1 Geometrisch-optisch abbildende Funktionselemente

Tabelle 4.15 Zusammenstellung von Beziehungen für das paraxiale Gebiet

$f' \neq \pm f$, $\beta'\gamma' = -\dfrac{f}{f'}$ (Beispiel: brechende Einzelfläche)

Brennpunkt-Koordinaten	$z_F = 0$	$z'_{F'} = 0$	$a_F = f$	$a'_{F'} = f'$
Hauptpunkt-Koordinaten	$z_H = -f$	$z'_{H'} = -f'$	$a_H = 0$	$a'_{H'} = 0$
Knotenpunkt-Koordinaten	$z_N = f'$	$z'_{N'} = f$	$a_N = f + f'$	$a'_{N'} = f + f'$
Abbildungsmaßstab	$\beta' = -\dfrac{f}{z} = -\dfrac{z'}{f'}$		$\beta' = -\dfrac{f}{f'}\dfrac{a'}{a}$	$\left(\beta' = \dfrac{n}{n'}\dfrac{a'}{a}\right)$
Winkelverhältnis	$\gamma' = \dfrac{z}{f'} = \dfrac{f}{z'} = -\dfrac{f}{f'}\dfrac{1}{\beta'}$		$\gamma' = \dfrac{a}{a'}$	
Tiefenmaßstab	$\alpha' = -\dfrac{z'}{z} = -\dfrac{f'}{f}\beta'^2$		$\alpha' = -\left(\dfrac{a'}{a}\right)^2\dfrac{f}{f'}$	
Abbildungsgleichung	$zz' = ff'$		$\dfrac{f}{a} + \dfrac{f'}{a'} = 1$	$\left(\dfrac{n'}{a'} - \dfrac{n}{a} = \dfrac{n'}{f'}\right)$

$f' = -f$, $\beta'\gamma' = 1$ (Beispiel: Einzellinse in Luft)

Brennpunkt-Koordinaten	$z_F = 0$	$z'_{F'} = 0$	$a_F = -f'$	$a'_{F'} = f'$
Hauptpunkt-Koordinaten	$z_H = f'$	$z'_{H'} = -f'$	$a_H = 0$	$a'_{H'} = 0$
Knotenpunkt-Koordinaten	$z_N = f'$	$z'_{N'} = -f'$	$a_N = 0$	$a'_{N'} = 0$
Abbildungsmaßstab	$\beta' = \dfrac{f'}{z} = -\dfrac{z'}{f'}$		$\beta' = \dfrac{a'}{a}$	
Winkelverhältnis	$\gamma' = \dfrac{z}{f'} = -\dfrac{f'}{z'} = \dfrac{1}{\beta'}$		$\gamma' = \dfrac{a}{a'} = \dfrac{1}{\beta'}$	
Tiefenmaßstab	$\alpha' = -\dfrac{z'}{z} = \beta'^2$		$\alpha' = \left(\dfrac{a'}{a}\right)^2 = \beta'^2$	
Abbildungsgleichung	$zz' = -f'^2$		$\dfrac{1}{a'} - \dfrac{1}{a} = \dfrac{1}{f'}$	

$f' = f$, $\beta'\gamma' = -1$ (Beispiel: reflektierende Einzelfläche)

Brennpunkt-Koordinaten	$z_F = 0$	$z'_{F'} = 0$	$a_F = f'$	$a'_{F'} = f'$
Hauptpunkt-Koordinaten	$z_H = -f'$	$z'_{H'} = -f'$	$a_H = 0$	$a'_{H'} = 0$
Knotenpunkt-Koordinaten	$z_N = f'$	$z'_{N'} = f'$	$a_N = 2f'$	$a'_{N'} = 2f'$
Abbildungsmaßstab	$\beta' = -\dfrac{f'}{z} = -\dfrac{z'}{f'}$		$\beta' = -\dfrac{a'}{a}$	
Winkelverhältnis	$\gamma' = \dfrac{z}{f'} = \dfrac{f'}{z'} = -\dfrac{1}{\beta'}$		$\gamma' = \dfrac{a}{a'} = -\dfrac{1}{\beta'}$	
Tiefenmaßstab	$\alpha' = -\dfrac{z'}{z} = -\beta'^2$		$\alpha' = -\left(\dfrac{a'}{a}\right)^2 = -\beta'^2$	
Abbildungsgleichung	$zz' = f'^2$		$\dfrac{1}{a'} + \dfrac{1}{a} = \dfrac{1}{f'}$	

Brennpunkt-Koordinatensystem	Hauptpunkt-Koordinatensystem

4.1.7 Windschiefe Strahlen

Sämtliche Strahlen, die nicht in der Meridionalebene liegen, heißen windschiefe Strahlen. Die Durchrechnung eines windschiefen Strahls durch ein System aus brechenden Flächen wird in Koordinatenschreibweise unübersichtlich, weil der Strahl nicht in ein und derselben Ebene liegt. Es ist also ein räumlicher Strahlenverlauf zu untersuchen. Für derartige Aufgaben ist die vektorielle Darstellung am rationellsten. Die Durchrechnung von windschiefen Strahlen ist eines der Probleme, deren Lösung durch Anwenden des vektoriellen Brechungsgesetzes wesentlich vereinfacht wird.

Die Durchrechnung eines windschiefen Strahls läßt sich in die Teilaufgaben

- Berechnung der Eingangsgrößen,
- Durchrechnung an einer Fläche,
- Übergang zur nächsten Fläche,
- Schlußrechnung

zerlegen.

Zur vektoriellen Strahldurchrechnung sind der Normaleneinheitsvektor $\boldsymbol{n}$ im Durchstoßpunkt auf der Fläche und die Einheitsvektoren $\boldsymbol{s}$ bzw. $\boldsymbol{s}'$ mit dem vektoriellen Brechungsgesetz

$$\boldsymbol{s}' = \frac{n}{n'}\boldsymbol{s} - \boldsymbol{n}\left\{\frac{n}{n'}(\boldsymbol{n}\boldsymbol{s}) - \sqrt{1-\left(\frac{n}{n'}\right)^2\left[1-(\boldsymbol{n}\boldsymbol{s})^2\right]}\right\}$$

oder dem vektoriellen Reflexionsgesetz

$$\boldsymbol{s}' = \boldsymbol{s} - 2(\boldsymbol{n}\boldsymbol{s})\boldsymbol{n}$$

zu verknüpfen.

Der Ort des Durchstoßpunktes durch die Fläche ist ebenfalls durch einen Vektor zu kennzeichnen. In der ersten und zweiten Auflage dieses Buches wird dazu der Vektor verwendet, der vom Krümmungsmittelpunkt der folgenden Fläche ausgeht. Feder [67] hat einen Formelsatz entwickelt, bei dem der Vektor vom Flächenscheitel zum Durchstoßpunkt des Strahls mit der Fläche weist. Haferkorn und Tautz [68] haben den Formelsatz auf dezentrierte Flächen angewendet. Wir beschreiben die Lage des Krümmungsmittelpunktes der Fläche durch den Einheitsvektor $\boldsymbol{k}$, der vom Durchstoßpunkt der z-Achse durch die Fläche zum Krümmungsmittelpunkt weist. Bei zentrierten Flächen liegt $\boldsymbol{k}$ auf der z-Achse und geht vom Flächenscheitel V aus.

Wir behandeln zunächst die Brechung an der k-ten Fläche. Sämtliche Größen, die der k-ten Fläche zugeordnet sind, schreiben wir vorläufig ohne Index. Es gilt (Abb. 4.51)

$$\boldsymbol{v}_{k-1} + l_1\boldsymbol{s} = e'_{k-1}\boldsymbol{e}_z + \boldsymbol{m},$$
$$\boldsymbol{m} + l_2\boldsymbol{s} = \boldsymbol{v}, \qquad (4.119\text{a, b, c})$$
$$\boldsymbol{v} + r\boldsymbol{n} = r\boldsymbol{k}.$$

In Gl. (4.119c) führen wir die Krümmung $R = 1/r$ ein und setzen

$$R\boldsymbol{v} + \boldsymbol{n} = \boldsymbol{k}. \qquad (4.119\text{d})$$

4.1 Geometrisch-optisch abbildende Funktionselemente

Auf der Basis der Gleichungen (4.119) wird in Tab. 4.16 die Teilstrahllänge

$$l_2 = \frac{Rm^2 - 2(mk)}{(ks) + (ns)} \qquad (4.120)$$

abgeleitet.

Tabelle 4.16 Ableitung der Gleichung für die Teilstrahllänge l_2

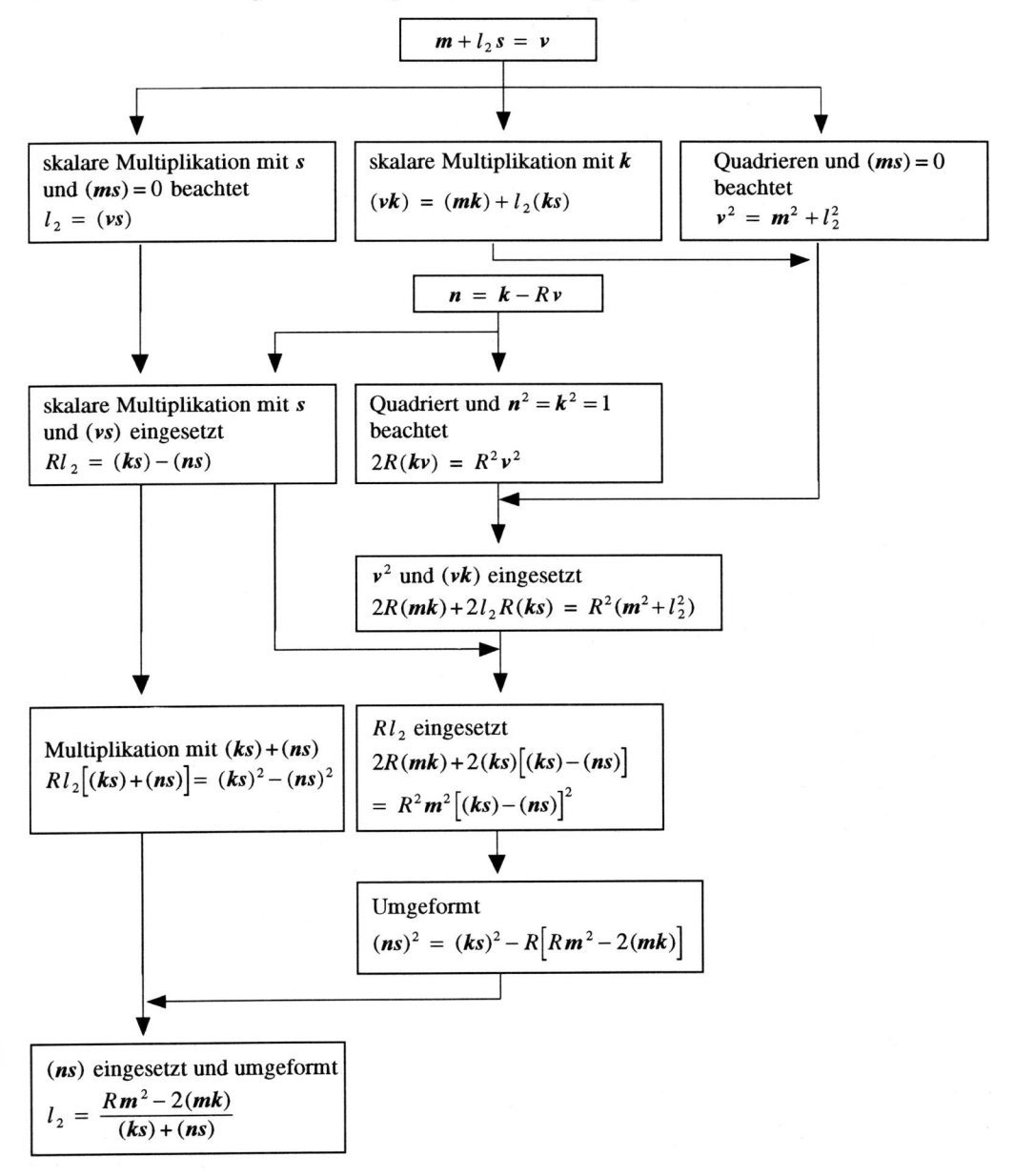

$$m + l_2 s = v$$

| skalare Multiplikation mit s und $(ms) = 0$ beachtet $l_2 = (vs)$ | skalare Multiplikation mit k $(vk) = (mk) + l_2(ks)$ | Quadrieren und $(ms) = 0$ beachtet $v^2 = m^2 + l_2^2$ |

$$n = k - Rv$$

| skalare Multiplikation mit s und (vs) eingesetzt $Rl_2 = (ks) - (ns)$ | Quadriert und $n^2 = k^2 = 1$ beachtet $2R(kv) = R^2 v^2$ |

v^2 und (vk) eingesetzt
$2R(mk) + 2l_2 R(ks) = R^2(m^2 + l_2^2)$

| Multiplikation mit $(ks) + (ns)$ $Rl_2[(ks) + (ns)] = (ks)^2 - (ns)^2$ | Rl_2 eingesetzt $2R(mk) + 2(ks)[(ks) - (ns)]$ $= R^2 m^2 [(ks) - (ns)]^2$ |

Umgeformt
$(ns)^2 = (ks)^2 - R[Rm^2 - 2(mk)]$

(ns) eingesetzt und umgeformt
$l_2 = \dfrac{Rm^2 - 2(mk)}{(ks) + (ns)}$

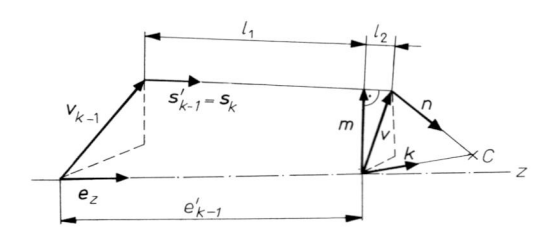

Abb. 4.51 Zur Berechnung der Teilstrahllängen l_1 und l_2

Tabelle 4.17 Ableitung der Gleichungen für die Hilfsgrößen m^2 und mk

$v_{k-1} + l_1 s = e'_{k-1} e_z + m$		
skalare Multiplikation mit s, Beachten von $e_z = (0, 0, 1)$	skalare Multiplikation mit k und Umformen	Quadrieren
$l_1 = e'_{k-1} s_z - (v_{k-1} s)$	$(mk) = (v_{k-1} k) + l_1(ks) - e'_{k-1} k_z$	$m^2 = v_{k-1}^2 + l_1^2 + e'^2_{k-1}$ $+ 2l_1(v_{k-1}s)$ $- 2e'_{k-1} v_{k-1,z}$ $- 2e'_{k-1} l_1 s_z$

Die Hilfsgrößen m^2 und mk werden in Tab. 4.17 berechnet. Es ist

$$m^2 = v_{k-1}^2 + l_1^2 + e'^2_{k-1} + 2l_1(v_{k-1}s) - 2e'_{k-1} v_{k-1,z} - 2e'_{k-1} l_1 s_z \quad (4.121a)$$

und

$$(mk) = (v_{k-1} k) + l_1(ks) - e'_{k-1} k_z. \quad (4.121b)$$

Für die Teilstrahllänge l_1 gilt nach Tab. 4.17

$$l_1 = e'_{k-1} s_z - (v_{k-1} s). \quad (4.121c)$$

Bei zentrierten Flächen hat k nur eine z-Koordinate, es ist also $k = (0, 0, 1)$.

Als Eingangsgrößen dienen die Komponenten von s_0 (Abb. 4.52), die bei $s_1 \neq -\infty$ aus

$$s_{0x} = \frac{x - x_p}{l_0}, \quad s_{0y} = \frac{y - y_p}{l_0}, \quad s_{0z} = \frac{p}{l_0} \quad (4.122\text{a, b, c})$$

mit

$$l_0 = \sqrt{(x - x_p)^2 + (y - y_p)^2 + p^2}, \quad \text{sgn}(l_0) = -\text{sgn}(p), \quad (4.122d)$$

folgen. Bei $s_1 = -\infty$ sind die Richtungskosinus zu verwenden. Sie gehen bei $s_{0x} = 0$ über in

$$s_{0y} = -\sin \hat{\sigma}_p, \quad s_{0x} = \cos \hat{\sigma}_p. \quad (4.123\text{a, b})$$

($\hat{\sigma}_p$ ist Schnittwinkel des Bezugsstrahls mit der optischen Achse.) Die Koordinaten der Eintrittspupillenebene x_p, y_p, p bzw. s_{p1} können auf jede beliebige Ebene umgedeutet werden.

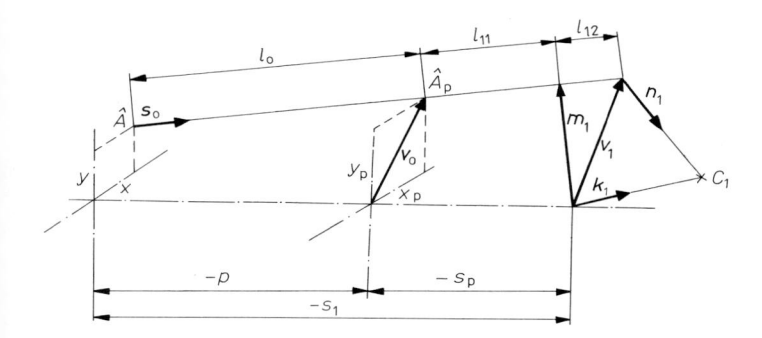

4.1 Geometrisch-optisch abbildende Funktionselemente

Abb. 4.52 Zur Ableitung der Gleichungen für die Eingangsgrößen

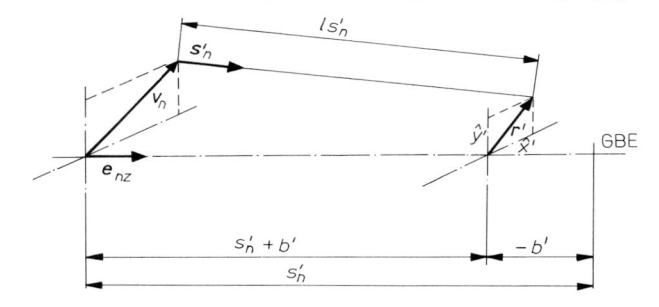

Abb. 4.53 Zur Ableitung der Gleichungen für die Schlußrechnung

Die Schlußrechnung ergibt sich aus der Beziehung $v_n + l s'_n = (s'_n - b) s_{zn} + r'$ (Abb. 4.53). Es ist $r' = (\hat{x}', \hat{y}', 0)$, also

$$r'_x = \hat{x}' = v_{nx} + l s'_{nx}, \quad r'_y = \hat{y}' = v_{ny} + l s'_{ny}, \tag{4.124a, b}$$

$$l = \frac{s'_n + b' - v_{nz}}{s'_{nz}}. \tag{4.124c}$$

Den gesamten Rechenablauf enthält Tab. 4.18. Die Darstellung für die Wellenflächenberechnung und für dezentrierte Flächen ist in [19] angegeben.

Asphärische brechende Flächen. Für die Durchrechnung von windschiefen Strahlen an asphärischen Flächen, die durch Polarkoordinaten dargestellt sind (vgl. 4.1.9), wird zunächst der Durchstoßpunkt iterativ bestimmt. Ausgangswert ist der Radius r_0 der Scheitelkugel, mit dem nach dem Formelsatz für sphärische Flächen

$$\cos \psi_0 = nk$$

berechnet wird. Aus Gl. (4.164) ergibt sich der neue Wert r_1. Das Verfahren wird solange wiederholt, bis die Änderung des Radius unterhalb einer vorgegebenen Schranke liegt.

Zur Bestimmung der Flächennormalen ist der Vektor v in sphärischen Polarkoordinaten darzustellen. Es ist

$$v = x(\varphi, \psi) e_x + y(\varphi, \psi) e_y + z(\varphi, \psi) e_z \tag{4.125a}$$

Tabelle 4.18 Ablauf der windschiefen Strahldurchrechnung

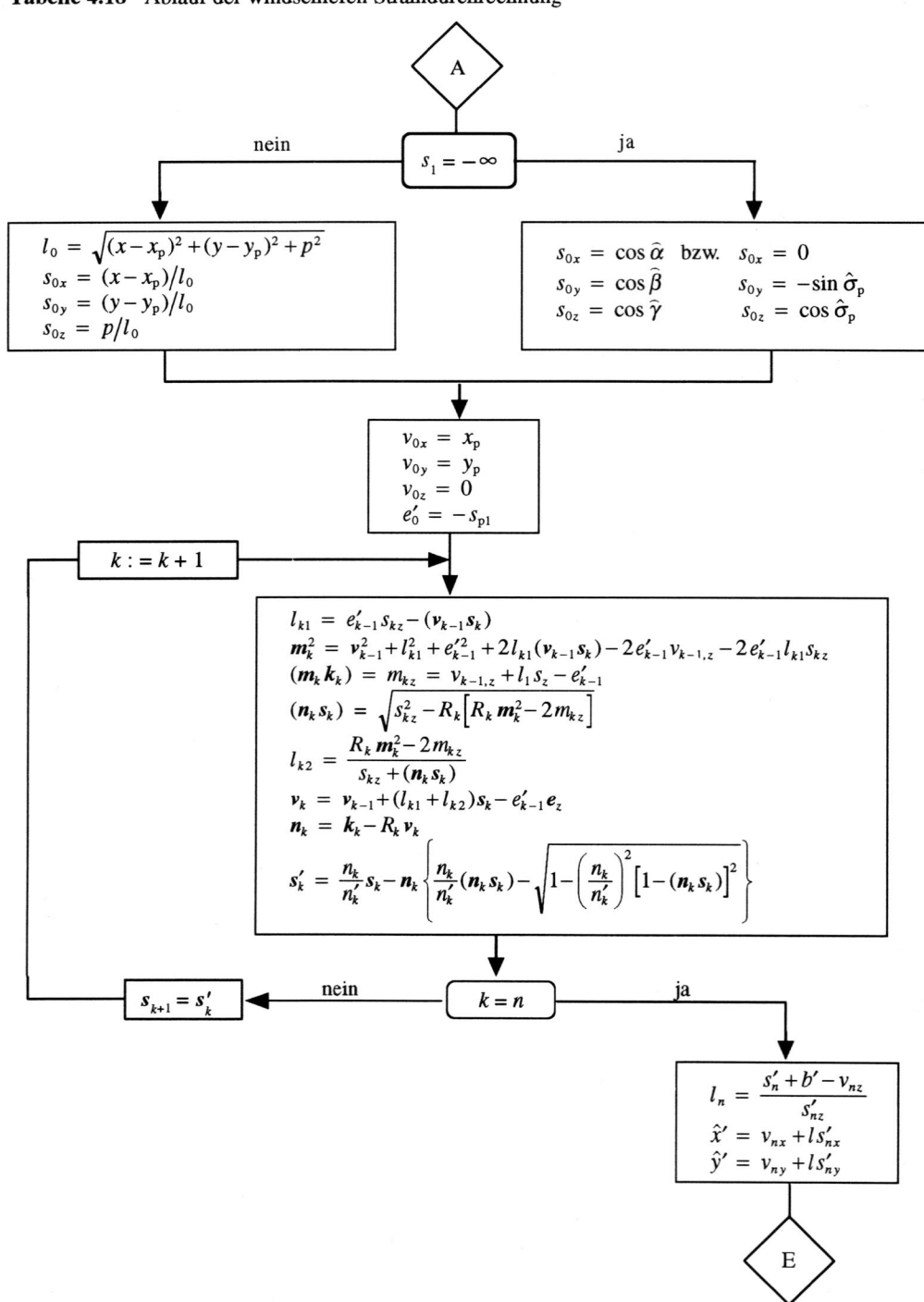

```
                    ┌───┐
                    │ A │
                    └───┘
        nein         s₁ = -∞         ja
    ←──────────                ──────────→
```

$$l_0 = \sqrt{(x-x_p)^2 + (y-y_p)^2 + p^2}$$
$$s_{0x} = (x-x_p)/l_0$$
$$s_{0y} = (y-y_p)/l_0$$
$$s_{0z} = p/l_0$$

$$s_{0x} = \cos\hat{\alpha} \quad \text{bzw.} \quad s_{0x} = 0$$
$$s_{0y} = \cos\hat{\beta} \qquad\qquad s_{0y} = -\sin\hat{\sigma}_p$$
$$s_{0z} = \cos\hat{\gamma} \qquad\qquad s_{0z} = \cos\hat{\sigma}_p$$

$$v_{0x} = x_p$$
$$v_{0y} = y_p$$
$$v_{0z} = 0$$
$$e'_0 = -s_{p1}$$

$k := k+1$

$$l_{k1} = e'_{k-1}s_{kz} - (\boldsymbol{v}_{k-1}\boldsymbol{s}_k)$$
$$m_k^2 = v_{k-1}^2 + l_{k1}^2 + e'^2_{k-1} + 2l_{k1}(\boldsymbol{v}_{k-1}\boldsymbol{s}_k) - 2e'_{k-1}v_{k-1,z} - 2e'_{k-1}l_{k1}s_{kz}$$
$$(\boldsymbol{m}_k\boldsymbol{k}_k) = m_{kz} = v_{k-1,z} + l_1 s_z - e'_{k-1}$$
$$(\boldsymbol{n}_k\boldsymbol{s}_k) = \sqrt{s_{kz}^2 - R_k\left[R_k m_k^2 - 2m_{kz}\right]}$$
$$l_{k2} = \frac{R_k m_k^2 - 2m_{kz}}{s_{kz} + (\boldsymbol{n}_k\boldsymbol{s}_k)}$$
$$\boldsymbol{v}_k = \boldsymbol{v}_{k-1} + (l_{k1} + l_{k2})\boldsymbol{s}_k - e'_{k-1}\boldsymbol{e}_z$$
$$\boldsymbol{n}_k = \boldsymbol{k}_k - R_k \boldsymbol{v}_k$$
$$\boldsymbol{s}'_k = \frac{n_k}{n'_k}\boldsymbol{s}_k - \boldsymbol{n}_k\left\{\frac{n_k}{n'_k}(\boldsymbol{n}_k\boldsymbol{s}_k) - \sqrt{1-\left(\frac{n_k}{n'_k}\right)^2\left[1-(\boldsymbol{n}_k\boldsymbol{s}_k)\right]^2}\right\}$$

$s_{k+1} = s'_k \quad\stackrel{\text{nein}}{\longleftarrow}\quad k = n \quad\stackrel{\text{ja}}{\longrightarrow}$

$$l_n = \frac{s'_n + b' - v_{nz}}{s'_{nz}}$$
$$\hat{x}' = v_{nx} + l s'_{nx}$$
$$\hat{y}' = v_{ny} + l s'_{ny}$$

```
    ┌───┐
    │ E │
    └───┘
```

4.1 Geometrisch-optisch abbildende Funktionselemente

mit
$$x = r\sin\psi\sin\varphi, \quad y = r\sin\psi\cos\varphi, \quad z = r_0 - r\cos\psi \tag{4.125b}$$

(Abb. 4.54). Nach den Regeln der Differentialgeometrie folgt der Normaleneinheitsvektor aus

$$\boldsymbol{n} = \frac{\dfrac{\partial \boldsymbol{v}}{\partial \varphi} \times \dfrac{\partial \boldsymbol{v}}{\partial \psi}}{\left|\dfrac{\partial \boldsymbol{v}}{\partial \varphi} \times \dfrac{\partial \boldsymbol{v}}{\partial \psi}\right|}, \tag{4.126a}$$

mit (nur in (4.126c, d) bedeutet r' die Ableitung von r gemäß (4.126d))

$$\frac{\partial \boldsymbol{v}}{\partial \varphi} = (r\sin\psi\cos\varphi)\boldsymbol{e}_x + (r\sin\psi\sin\varphi)\boldsymbol{e}_y, \tag{4.126b}$$

$$\frac{\partial \boldsymbol{v}}{\partial \psi} = \sin\varphi(r\cos\psi + r'\sin\psi)\boldsymbol{e}_x + \cos\varphi(r\cos\psi + r'\sin\psi)\boldsymbol{e}_y + (r\sin\psi - r'\cos\psi)\boldsymbol{e}_z, \tag{4.126c}$$

$$r' = \frac{\partial r}{\partial \psi}. \tag{4.126d}$$

Das Vorzeichen von $\boldsymbol{n}$ richtet sich nach dem von $\boldsymbol{r}$.

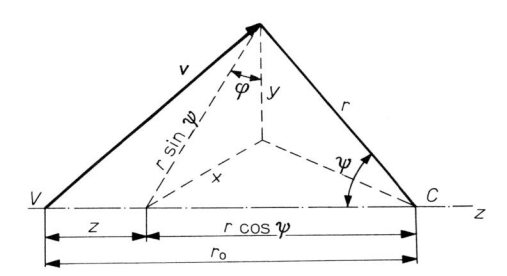

Abb. 4.54 Zur Berechnung der Komponenten des Vektors $\boldsymbol{v}$ bei asphärischen Flächen

Spiegelflächen. Bei der Durchrechnung windschiefer Strahlen an asphärischen aufgespalteten Spiegelflächen ist zunächst zu beachten, daß in die Übergangsformeln von der Spiegelfläche zur nächsten Fläche der Radius r' einzusetzen ist.

Für die aufgespaltete Spiegelfläche ist die bisherige Schreibweise des vektoriellen Reflexionsgesetzes ungeeignet. Objekt- und bildseitiger Normaleneinheitsvektor fallen nicht zusammen, so daß die vektorielle Schreibweise des Reflexionsgesetzes in eine der aufgespalteten Spiegelfläche angepaßte Form zu bringen ist.

Nach Abb. 4.55 gilt wegen $\varepsilon = \varepsilon'$

$$\boldsymbol{s} \times \boldsymbol{n} = \boldsymbol{s}' \times \boldsymbol{n}'.$$

Die Auflösung nach $\boldsymbol{s}'$ ergibt das vektorielle Reflexionsgesetz für die aufgespaltete Spiegelfläche,

$$\boldsymbol{s}' = (\boldsymbol{n}'\boldsymbol{n})\boldsymbol{s} - (\boldsymbol{n}'\boldsymbol{s})\boldsymbol{n} + (\boldsymbol{n}\boldsymbol{s})\boldsymbol{n}'. \tag{4.127}$$

Bei einem aufgespalteten Planspiegel gilt $\boldsymbol{n}' = \boldsymbol{n}$, $(\boldsymbol{n}'\boldsymbol{n}) = 1$ und $\boldsymbol{s}' = \boldsymbol{s}$.

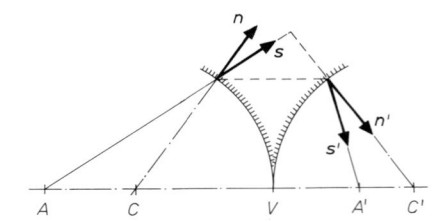

Abb. 4.55 Zum vektoriellen Brechungsgesetz für die aufgespaltete Spiegelfläche

Das Rechenschema nach Tab. 4.18 ist für den aufgespalteten Spiegel anwendbar, wenn die Hinweise für die Änderungen in den Übergangsbeziehungen beachtet werden und das vektorielle Brechungsgesetz durch das vektorielle Reflexionsgesetz nach Gl. (4.127) ersetzt wird.

Berechnung windschiefer Strahlen in Matrixdarstellung. Wir gehen vom vektoriellen Brechungsgesetz (2.33) aus. Es lautet

$$\boldsymbol{n} \times (n'\boldsymbol{s}' - n\boldsymbol{s}) = 0.$$

Die Komponenten des Vektorprodukts folgen aus

$$\begin{vmatrix} e_x & e_y & e_z \\ n_x & n_y & n_z \\ n'\alpha' - n\alpha & n'\beta' - n\beta & n'\gamma' - n\gamma \end{vmatrix} = 0.$$

Die Größen α, β, γ sind die Richtungskosinus des einfallenden Strahls und α', β', γ' die des gebrochenen Strahls. Das Ausrechnen der Determinante ergibt

$$\begin{aligned} n_y(n'\gamma' - n\gamma) - n_z(n'\beta' - n\beta) &= 0, \\ n_x(n'\gamma' - n\gamma) - n_z(n'\alpha' - n\alpha) &= 0, \\ n_x(n'\beta' - n\beta) - n_y(n'\alpha' - n\alpha) &= 0. \end{aligned} \qquad (4.128\text{a, b, c})$$

Weiter gilt für den Einfalls- und den Brechungswinkel

$$\begin{aligned} \cos \varepsilon &= \boldsymbol{s}\boldsymbol{n} = \alpha n_x + \beta n_y + \gamma n_z, \\ \cos \varepsilon' &= \boldsymbol{s}'\boldsymbol{n} = \alpha' n_x + \beta' n_y + \gamma' n_z. \end{aligned}$$

Diese Gleichungen lösen wir nach γ bzw. γ' auf:

$$\gamma = \frac{1}{n_z}(\cos \varepsilon - \alpha n_x - \beta n_y), \quad \gamma' = \frac{1}{n_z}(\cos \varepsilon' - \alpha' n_x - \beta' n_y). \qquad (4.129\text{a, b})$$

Einsetzen von γ und γ' in Gl. (4.128a) ergibt

$$n'\beta' - n\beta = \frac{n_y}{n_z^2}\left[n'\cos \varepsilon' - n\cos \varepsilon - n_x(n'\alpha' - n\alpha) - n_y(n'\beta' - n\beta)\right].$$

$n'\alpha' - n\alpha$ wird mittels Gl. (4.128c) eliminiert:

$$n'\beta' - n\beta = \frac{n_y}{n_z^2}\left[n'\cos \varepsilon' - n\cos \varepsilon - \frac{n_x^2}{n_y}(n'\beta' - n\beta) - n_y(n'\beta' - n\beta)\right]. \qquad (4.130)$$

4.1 Geometrisch-optisch abbildende Funktionselemente

Durch Auflösen von Gl. (4.130) nach $n'\beta' - n\beta$ erhalten wir unter Verwendung von

$$n_x^2 + n_y^2 + n_z^2 = 1$$

die Beziehung

$$n'\beta' - n\beta = n_y (n' \cos \varepsilon' - n \cos \varepsilon). \tag{4.131}$$

Eine analoge Ableitung mit Gl. (4.128b) als Ausgangsbeziehung führt auf

$$n'\alpha' - n\alpha = n_x (n' \cos \varepsilon' - n \cos \varepsilon). \tag{4.132}$$

Bei der sphärischen brechenden Fläche ist (Abb. 4.56)

$$n_x = -\frac{r_x}{r}, \quad n_y = -\frac{r_y}{r}, \quad n_z = -\frac{r_z}{r}. \tag{4.133}$$

Setzen wir die Identität der objekt- und bildseitigen Durchstoßkoordinaten durch die brechende Fläche an,

$$r'_x = r_x, \quad r'_y = r_y, \quad r'_z = r_z, \tag{4.134}$$

dann können wir die Brechung an der sphärischen Fläche durch die Matrixprodukte

$$\begin{pmatrix} n'\alpha' \\ r'_x \end{pmatrix} = \begin{pmatrix} 1 & -\dfrac{n' \cos \varepsilon' - n \cos \varepsilon}{r} \\ 0 & 1 \end{pmatrix} \begin{pmatrix} n\alpha \\ r_x \end{pmatrix}, \tag{4.135a}$$

$$\begin{pmatrix} n'\beta' \\ r'_y \end{pmatrix} = \begin{pmatrix} 1 & -\dfrac{n' \cos \varepsilon' - n \cos \varepsilon}{r} \\ 0 & 1 \end{pmatrix} \begin{pmatrix} n\beta \\ r_y \end{pmatrix} \tag{4.135b}$$

beschreiben.

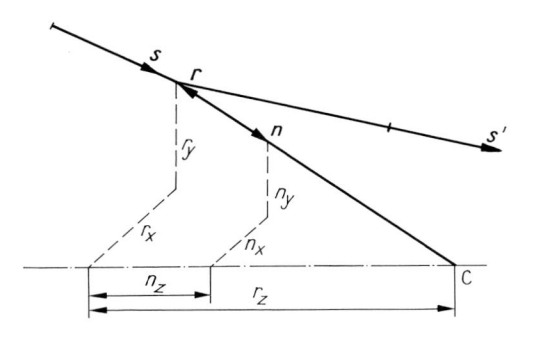

Abb. 4.56 Vektoren für das vektorielle Brechungsgesetz

Für Meridionalstrahlen ist $\alpha = \alpha' = 0$ und $r_y = y$, so daß mit

$$\frac{n' \cos \varepsilon' - n \cos \varepsilon}{r} = \hat{\Phi} \tag{4.136}$$

auch

$$\begin{pmatrix} n'\beta' \\ y' \end{pmatrix} = \begin{pmatrix} 1 & -\hat{\Phi} \\ 0 & 1 \end{pmatrix} \begin{pmatrix} n\beta \\ y \end{pmatrix} \tag{4.137}$$

geschrieben werden kann.

Übergangsbeziehungen. Für den Übergang von einer brechenden Fläche zur anderen gilt (Abb. 4.57)

$$n_{k+1} = n'_k, \quad \alpha_{k+1} = \alpha'_k, \quad \beta_{k+1} = \beta'_k, \tag{4.138}$$

$$r_{x,k+1} = r_{x,k} + l'_k \alpha_{k+1}, \quad r_{y,k+1} = r_{y,k} + l'_k \beta_{k+1}. \tag{4.139}$$

In Matrixschreibweise setzen wir

$$\begin{pmatrix} n_{k+1}\beta_{k+1} \\ r_{y,k+1} \end{pmatrix} = \begin{pmatrix} A & B \\ C & D \end{pmatrix} \begin{pmatrix} n'_k \beta'_k \\ r'_{y,k} \end{pmatrix}. \tag{4.140}$$

Ausrechnen des Matrizenprodukts ergibt

$$n_{k+1}\beta_{k+1} = A n'_k \beta'_k + B r'_{y,k}, \tag{4.141}$$

$$r_{y,k+1} = C n'_k \beta'_k + D r'_{y,k}. \tag{4.142}$$

Der Vergleich von (4.141), (4.142) und (4.138), (4.139) legt die Elemente A, B, C und D folgendermaßen fest:

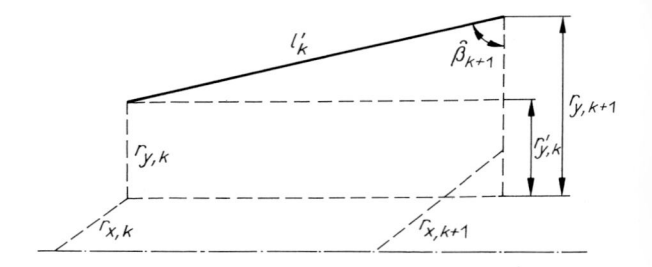

$$A = 1, \quad B = 0, \quad C = \frac{l'_k}{n'_k}, \quad D = 1.$$

Abb. 4.57 Übergangsbeziehungen

Die Übergangsmatrix lautet also

$$\begin{pmatrix} 1 & 0 \\ l'_k & 1 \end{pmatrix}. \tag{4.143}$$

Zur praktischen Umsetzung der windschiefen Strahldurchrechnung existieren heute viele interne und kommerzielle Rechenprogramme. Im allgemeinen sind sie in Programme zur Optimierung bzw. Synthese optischer Systeme eingebunden. Ein Beispiel ist in [71] angegeben. Weitere Programme, vor allem aus US-amerikanischen Institutionen, können z. B. [33] entnommen werden.

4.1.8 Matrixdarstellung im paraxialen Gebiet

Übergang zum paraxialen Gebiet. Für den Grenzfall des paraxialen Gebiets gehen wir von

$$\hat{\beta} = \hat{\sigma} + 90°, \quad r_y = h$$

aus (Abb. 4.58). Damit ist

$$\cos\hat{\beta} = -\sin\sigma \quad \text{oder} \quad \beta = -\sigma. \tag{4.144}$$

Weiter wird

$$\hat{\Phi} = \Phi = \frac{n'-n}{r}. \tag{4.145}$$

Die Brechung von Paraxialstrahlen schreibt sich in Matrixdarstellung

$$\begin{pmatrix} -n'\sigma' \\ h' \end{pmatrix} = \begin{pmatrix} 1 & -\Phi \\ 0 & 1 \end{pmatrix} \begin{pmatrix} -n\sigma \\ h \end{pmatrix}. \tag{4.146}$$

Dafür kann auch

$$\begin{pmatrix} n'\sigma' \\ h' \end{pmatrix} = \begin{pmatrix} 1 & \Phi \\ 0 & 1 \end{pmatrix} \begin{pmatrix} n\sigma \\ h \end{pmatrix} \tag{4.147}$$

gesetzt werden.

Für $\sigma = 0$ muß nach der Definition des Brennpunktes

$$\sigma' = \frac{h'}{f'} = \frac{h}{f'} = hF'$$

sein. Gl. (4.146) ergibt

$$n'F' = \frac{n'-n}{r}$$

und damit

$$\begin{pmatrix} n'\sigma' \\ h' \end{pmatrix} = \begin{pmatrix} 1 & n'F' \\ 0 & 1 \end{pmatrix} \begin{pmatrix} n\sigma \\ h \end{pmatrix}. \tag{4.148}$$

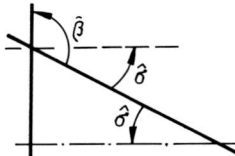

Abb. 4.58 Übergang zum paraxialen Gebiet

Die Übergangsmatrix nimmt wegen

$$\ddot{i}'_k = \ddot{e}'_k$$

die Form

$$\begin{pmatrix} 1 & 0 \\ \ddot{e}'_k & 1 \end{pmatrix} \tag{4.149}$$

an. Bei der Anwendung in Verbindung mit der Schreibweise nach Gl. (4.147) ist sie abzuwandeln in

$$\begin{pmatrix} 1 & 0 \\ -\dot{e}'_k & 1 \end{pmatrix}. \tag{4.150}$$

Paraxiale Strahldurchrechnung. Wir bezeichnen die Abbildungsmatrix mit A, die Übergangsmatrix mit $\ddot{U}$. Für eine dicke Linse, die beiderseits an Stoffe mit unterschiedlicher Brechzahl grenzt, gilt dann

$$\begin{pmatrix} n'_2 \sigma'_2 \\ h'_2 \end{pmatrix} = A_2 \ddot{U} A_1 \begin{pmatrix} n_1 \sigma_1 \\ h_1 \end{pmatrix} = A_{12} \begin{pmatrix} n_1 \sigma_1 \\ h_1 \end{pmatrix}. \tag{4.151}$$

Mit

$$A_2 = \begin{pmatrix} 1 & \dfrac{n'_2 - n_2}{r_2} \\ 0 & 1 \end{pmatrix}, \quad \ddot{U} = \begin{pmatrix} 1 & 0 \\ -\dot{d} & 1 \end{pmatrix}, \quad A_1 = \begin{pmatrix} 1 & \dfrac{n'_1 - n_1}{r_1} \\ 0 & 1 \end{pmatrix}$$

erhalten wir durch Ausmultiplizieren der Matrizen

$$A_{12} = \begin{pmatrix} \dfrac{f_s}{f} & -n_1 F = n'_2 F' \\ -\dot{d} & \dfrac{f'_s}{f'} \end{pmatrix} = \begin{pmatrix} f_s F & -n_1 F = n'_2 F' \\ -\dot{d} & f'_s F' \end{pmatrix}. \tag{4.152}$$

Setzen wir

$$A_{12} = \begin{pmatrix} m_{11} & m_{12} \\ m_{21} & m_{22} \end{pmatrix}, \tag{4.153}$$

so ist also

$$f = -\dfrac{n_1}{m_{12}}, \quad f' = \dfrac{n'_2}{m_{12}}, \quad f_s = -n_1 \dfrac{m_{11}}{m_{12}}, \quad f'_s = n'_2 \dfrac{m_{22}}{m_{12}}, \quad m_{21} = -\dot{d}$$

und wegen $a_{1H} = f_s - f$ bzw. $a'_{2H'} = f'_s - f'$

$$a_{1H} = -n_1 \dfrac{m_{11} - 1}{m_{12}}, \quad a'_{2H'} = n'_2 \dfrac{m_{22} - 1}{m_{12}}.$$

Die m_{ij} heißen Gaußsche Konstanten.

Die numerische Strahldurchrechnung für das paraxiale Gebiet wird zweckmäßig auf die Matrizenmultiplikation aufgebaut. Als Eingangsgröße dient

$$n_1 \sigma_1 = n_1 \dfrac{h_1}{s_1} \tag{4.154}$$

mit einer beliebigen Eingangsgröße h_1. Es ist

$$A_n \ddot{U}_{n-1} A_{n-1} \cdots \ddot{U}_1 A_1 = \begin{pmatrix} m_{11} & m_{12} \\ m_{21} & m_{22} \end{pmatrix} \tag{4.155}$$

und

$$\begin{pmatrix} n'_n \sigma'_n \\ h'_n \end{pmatrix} = A_{1n} \begin{pmatrix} n_1 \sigma_1 \\ h_1 \end{pmatrix}, \tag{4.156}$$

4.1 Geometrisch-optisch abbildende Funktionselemente

also

$$n'_n \sigma'_n = m_{11} n_1 \sigma_1 + m_{12} h_1, \quad h'_n = m_{21} n_1 \sigma_1 + m_{12} h_1. \qquad (4.157), (4.158)$$

Rechnet man nicht die Elemente von A_{1n} insgesamt aus, dann erhält man schrittweise die Größen nach Tab. 4.19.

Tabelle 4.19 Schema für die paraxiale Strahldurchrechnung

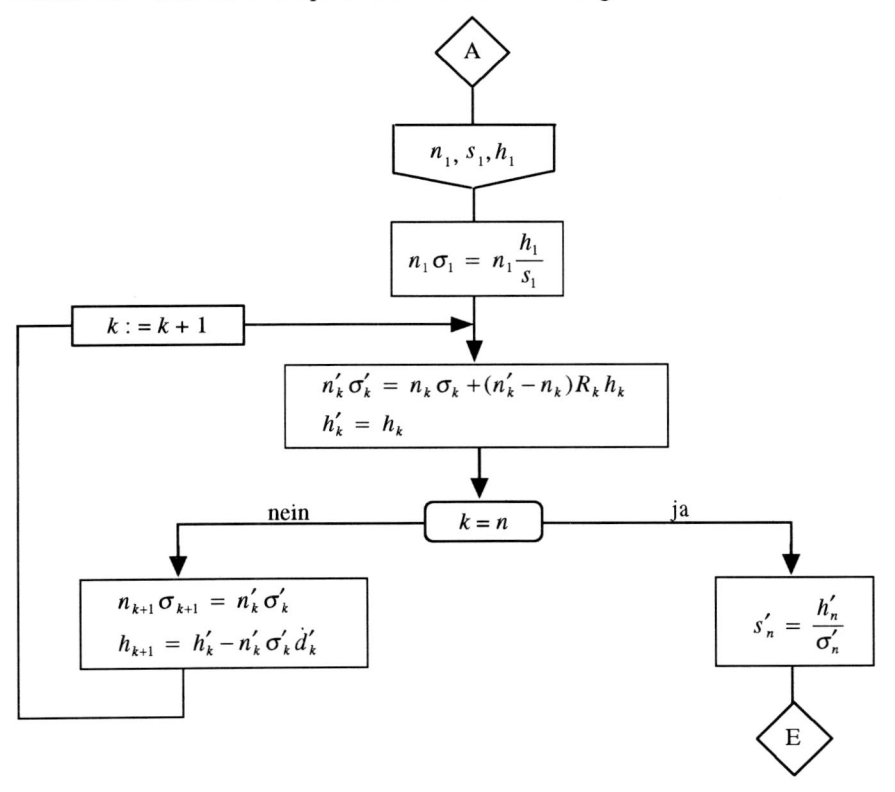

```
                            ⬨ A ⬨
                              │
                              ▼
                        ┌──────────┐
                        │ n₁, s₁, h₁│
                        └──────────┘
                              │
                              ▼
                    ┌─────────────────┐
                    │ n₁σ₁ = n₁ h₁/s₁ │
                    └─────────────────┘
                              │
    ┌──────────┐              ▼
    │ k := k+1 │────▶ ┌──────────────────────────────┐
    └──────────┘      │ n'ₖσ'ₖ = nₖσₖ + (n'ₖ - nₖ)Rₖhₖ│
         ▲            │ h'ₖ = hₖ                      │
         │            └──────────────────────────────┘
         │                    │
         │       nein         ▼         ja
         │   ┌────────── k = n ──────────┐
         │   │                           │
         │   ▼                           ▼
    ┌────────────────────┐         ┌──────────┐
    │ nₖ₊₁σₖ₊₁ = n'ₖσ'ₖ  │         │ s'ₙ = h'ₙ/σ'ₙ │
    │ hₖ₊₁ = h'ₖ - n'ₖσ'ₖd'ₖ│       └──────────┘
    └────────────────────┘               │
                                         ▼
                                        ⬨ E ⬨
```

Nach Tab. 4.10 ergibt sich

$$a'_n = s'_n \frac{h}{h'_n} = \frac{h}{\sigma'_n}, \qquad (4.159)$$

woraus mit $h = h_1$

$$f' = \frac{h_1}{\sigma'_n} \quad (s_1 = -\infty) \qquad (4.160)$$

hervorgeht. Für die Hauptebenenlage gilt

$$a'_{2H'} = s'_n - f' \quad (s_1 = -\infty). \qquad (4.161)$$

Tab. 4.20 enthält die paraxiale Strahldurchrechnung an einer Bikonvexlinse. Die objektseitigen Größen werden mittels Rückwärtsrechnung bestimmt.

Bei der aufgespalteten Spiegelfläche ist wegen $n'F' = -2n'/r = -2n/r$ die Matrix

$$\begin{pmatrix} 1 & -\dfrac{2n}{r} \\ 0 & 1 \end{pmatrix}$$

bzw. der Ausdruck

$$n'_k \sigma'_k = n_k \sigma_k - 2 n_k R_k h_k \tag{4.162}$$

zu verwenden.

Tabelle 4.20 Beispiel zur paraxialen Strahldurchrechnung (vgl. Tab. 4.2)
$r_1 = 50$, $r_2 = -300$, $n_1 = 1$, $n'_1 = n_2 = 1{,}5182$, $n'_2 = 1$, $d = 5$, $\dot{d} = 3{,}2934$ (alle Längen in mm)

s_1	$-\infty$		
h_1	50	$n_2 \sigma_2$	0,5182
$n_1 \sigma_1$	0	h_2	48,293374
$n'_1 \sigma'_1$	0,5182	$n'_2 \sigma'_2$	0,60161875
h'_1	50	h'_2	48,293374
s'_1	146,48784	s'_2	80,272395

$f' = 83{,}109119$, $a'_{2H'} = -2{,}8367238$

Zur rechnergestützten paraxialen Dimensionierung, Manipulation und Analyse rotationssymmetrischer optischer Systeme existiert an der TU Ilmenau das Programm ILPADI [70].

4.1.9 Spezielle rotationssymmetrische Funktionselemente

Als spezielle geometrisch-optische Funktionselemente fassen wir alle Elemente auf, die nicht ausschließlich aus zentrierten sphärischen brechenden oder reflektierenden Flächen bestehen. Wir teilen sie folgendermaßen ein:

- Spezielle zentrierte Elemente (sphärische und asphärische Spiegellinsen, asphärische Linsen),
- spezielle nichtzentrierte Elemente (Zylinderlinsen, torische Linsen, schräg stehende Planparallelplatten),
- Elemente mit nichtstetigen Flächen (Fresnel-Linsen, Wabenlinsen, Fliegenaugenlinsen),
- Elemente mit orts- oder richtungsabhängiger Brechzahl (Elemente aus inhomogenen oder anisotropen Stoffen).

In 4.1.9 bis 4.1.11 behandeln wir asphärische Rotationsflächen, Spiegellinsen, Zylinderlinsen, torische Linsen, Fresnel-Linsen und Gradientenlinsen; Wabenlinsen werden später behandelt.

4.1 Geometrisch-optisch abbildende Funktionselemente

Anwendung von asphärischen Rotationsflächen. Asphärische Flächen werden seltener in optischen Systemen angewendet als Kugelflächen, weil ihre Fertigung in feinoptischer Qualität schwieriger ist. Hinsichtlich der Schleif-, Läpp- und Polierverfahren gibt es zwei Möglichkeiten für die Fertigung asphärischer Flächen.

Bei der sogenannten lokalen Retusche wird eine sphärische Fläche durch zonenweises Nachpolieren abgewandelt. Dieses Verfahren ist nur bei geringen Abweichungen von der Kugel ökonomisch vertretbar. Sein Erfolg hängt von der Geschicklichkeit des Feinoptikers ab. Das erzielte Ergebnis wird in gewissen Abständen überprüft. Die lokale Retusche ist langwierig und teuer. Als Beispiel kann der Astrovierlinser von Sonnefeld dienen (Abb. 4.59), bei dem die letzte Fläche retuschiert ist, um die Vereinigung außeraxialer Strahlen zu verbessern.

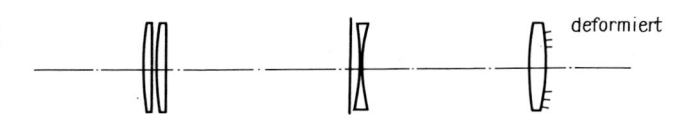

Abb. 4.59 Astrovierlinser nach Sonnefeld

Bei großen Abweichungen von der Kugel ist das maschinelle Vorfräsen der Flächen notwendig. Das endgültige Schleifen, Läppen und Polieren ist weniger aufwendig, wenn die Maßhaltigkeit durch Feinfräsen weitgehend gesichert ist.

Durch spezielle Verfahren, wie z. B. das Trirota-Verfahren, bei dem die asphärische Fläche nur durch Rotationsbewegungen erzeugt wird, und seine Weiterentwicklung, haben sich aussichtsreiche Lösungen für die Fertigung asphärischer Rotationsflächen ergeben.

Einige Beispiele für den Einsatz asphärischer Rotationsflächen sind:

In Kondensoren ist häufig die Genauigkeit der Flächen nicht so hohen Forderungen unterworfen wie in Hochleistungsoptik. Sie stellen ein wichtiges Anwendungsgebiet der asphärischen Flächen dar.

In Spiegelfernrohren und in Scheinwerfern spielen asphärische Spiegelflächen eine große Rolle.

Ein besonderes Anwendungsfeld stellen die Weitwinkelobjektive für Luftbildaufnahmen mit extremen Forderungen dar. Auch in Fotoobjektiven werden sie bereits gelegentlich eingesetzt.

Darstellung asphärischer Rotationsflächen. Die Behandlung der Strahldurchrechnung an asphärischen Flächen erfordert deren analytische Darstellung. In den seltensten Fällen ist die Beschreibung mittels geschlossener Funktionen möglich. Im allgemeinen verwendet man Beziehungen, die den Unterschied zwischen der asphärischen Fläche und einer geometrisch ausgezeichneten Fläche in Form einer Polynomdarstellung beschreiben. Die ausgezeichnete Fläche wird möglichst so gewählt, daß die asphärische Fläche wenig davon abweicht. Drei Darstellungen sind besonders nahegelegt.

– Geringe Deformationen von der Ebene aus werden in kartesischen Koordinaten beschrieben, indem die Pfeilhöhe g als Funktion der Höhe h angegeben wird:

$$g = c_4 h^4 + c_6 h^6 + c_8 h^8 + \cdots . \tag{4.163}$$

– Ist die Grundform eine Kugel, dann sind Polarkoordinaten angepaßt. Die Meridiankurve der asphärischen Rotationsfläche wird durch das Polynom

$$r = r_0 + c_4 \psi^4 + c_6 \psi^6 + c_8 \psi^8 + \cdots \tag{4.164}$$

dargestellt.

– In manchen Fällen ist bei großen Abweichungen von Ebene und Kugel von der Parabel auszugehen. In kartesischen Koordinaten gilt dann

$$g = \frac{y^2}{2r_0}\left[1 + c_4 \frac{y^2}{2r_0} + c_6\left(\frac{y^2}{2r_0}\right)^2 + c_8\left(\frac{y^2}{2r_0}\right)^3 + \cdots\right]. \tag{4.165}$$

Die y-Koordinaten beziehen sich auf die Vergleichsparabel.

Berechnung einer asphärischen Rotationsfläche. Als Beispiel berechnen wir eine brechende Rotationsfläche, die den unendlich fernen Achsenpunkt in einen Bildpunkt abbildet. Wir gehen vom Satz von Malus aus, nach dem der Lichtweg zwischen zwei Wellenflächen konstant ist. Ein achsparalleler Strahl muß demnach von einer achsensenkrechten Ebene bis zum

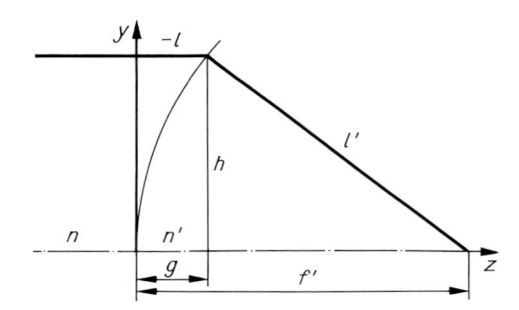

Abb. 4.60 Zur Berechnung einer asphärischen Fläche

Bildpunkt dieselbe optische Länge haben wie ein Strahl, der von derselben achssenkrechten Ebene aus längs der optischen Achse bis zum Bildpunkt verläuft. Nach Abb. 4.60 ist

$$-nl + n'l' = n'f'.$$

Es gilt $-l = g$, $l' = \sqrt{h^2 + (f' - g)^2}$, also

$$ng + n'\sqrt{h^2 + (f' - g)^2} = n'f'.$$

Quadrieren ergibt

$$h^2 = \left[\left(\frac{n}{n'}\right)^2 - 1\right]g^2 - 2f'g\left(\frac{n}{n'} - 1\right). \tag{4.166}$$

Das ist bei $n > n'$ die Gleichung eines Hyperboloids, bei $n < n'$ die Gleichung eines Ellipsoids.

Tab. 4.21 enthält Koordinaten einer asphärischen Fläche mit $n=1$, $n'=1{,}5$ und $f'=100\,\text{mm}$. Ergänzen wir diese Fläche durch eine zum Bildpunkt konzentrische Fläche, dann entsteht eine

4.1 Geometrisch-optisch abbildende Funktionselemente

Linse, die den unendlich fernen Achsenpunkt punktförmig abbildet (Abb. 4.61). Im Fall $n > n'$ ergibt sich eine Plankonvexlinse mit einer hyperbolischen Fläche (Abb. 4.62). Es ist jedoch zu beachten, daß beide Linsen zwar den Achsenpunkt punktförmig abbilden, nicht aber ein kleines achsensenkrechtes Flächenelement.

Tabelle 4.21 Koordinaten einer asphärischen Fläche

z/mm	y/mm
5	18,025
10	24,725
15	29,580
20	33,333
25	36,325
30	38,73

Im allgemeinen ist die Berechnung von asphärischen Rotationsflächen, die innerhalb eines optischen Systems oder an einer Einzellinse einen vorgegebenen Strahlenverlauf realisieren sollen, aufwendiger als im beschriebenen Beispiel. Normalerweise ist eine Differentialgleichung für die Meridiankurve zu lösen. Es kann aber auch die Bestimmung von diskreten Flächenpunkten aus der Strahldurchrechnung mit anschließender Darstellung der Flächengleichung als Ausgleichspolynom notwendig sein.

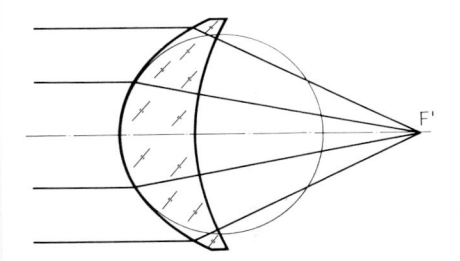

Abb. 4.61 Asphärische Linse (Rotationsellipsoid und Kugelfläche)

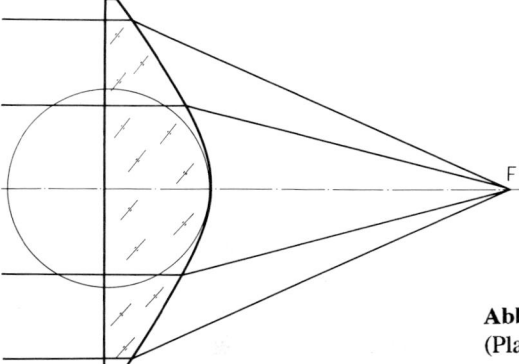

Abb. 4.62 Asphärische Linse (Planfläche und Rotationshyperboloid)

Spiegel mit Kegelschnitten als Meridiankurven. Die Gleichung der Meridiankurve eines Spiegels, der den unendlich fernen Achsenpunkt punktförmig abbildet, erhalten wir aus Gl. (4.166), wenn wir $n' = -n$ setzen:

$$h^2 = 4f'g.$$

Das ist die Gleichung einer Parabel (Abb. 4.63a).

Die Abbildung eines im Endlichen liegenden reellen Objektpunktes in einen reellen Bildpunkt wird vom reflektierenden Rotationsellipsoid vermittelt (Abb. 4.63b). Ein außeraxialer Strahl hat die Länge $l_1 + l_2$, der Achsstrahl die Länge $2a$. Gleichheit beider Lichtwege ergibt die für eine Ellipse charakteristische Beziehung

$$l_1 + l_2 = 2a.$$

Die Kugelfläche ist der Spezialfall, bei dem der Objekt- und der Bildpunkt mit dem Krümmungsmittelpunkt zusammenfallen.

Das Rotationshyperboloid bildet einen reellen Objektpunkt in einen virtuellen Bildpunkt ab (Abb. 4.63c). Das geht aus der Definition der Hyperbel hervor, für die

$$l_1 - l_2 = 2a$$

ist.

Spiegelflächen sind gegenüber Fertigungstoleranzen empfindlicher als brechende Flächen. Sie sollten deshalb nur als asphärische Flächen ausgebildet werden, wenn mit brechenden Flächen die gewünschte Wirkung nicht erreicht wird.

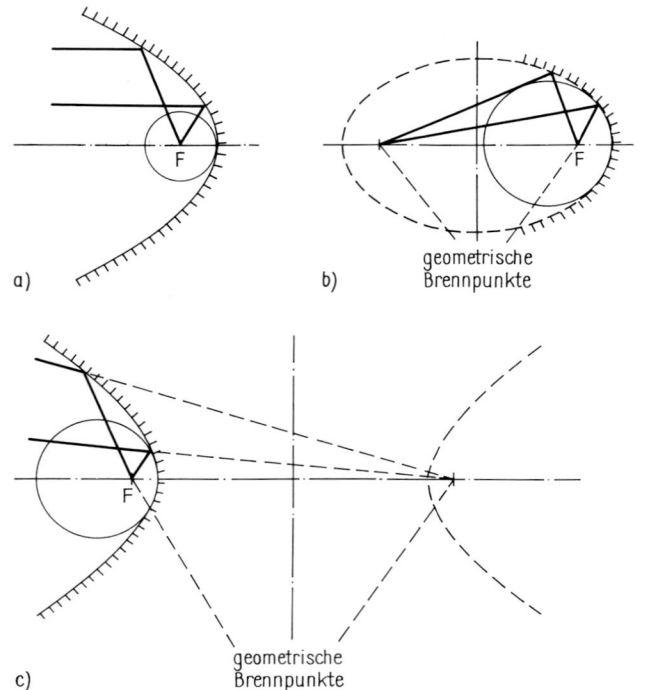

Abb. 4.63 a) Parabolspiegel, b) elliptischer Spiegel, c) hyperbolischer Spiegel

4.1 Geometrisch-optisch abbildende Funktionselemente 243

Meridionale Strahldurchrechnung an asphärischen Rotationsflächen. Wir denken uns eine Fläche analytisch vorgegeben. Die Gleichung der Meridiankurve sei entweder in kartesischen Koordinaten $h = h(g)$ oder in Polarkoordinaten $r = r(\psi)$ ausgedrückt. Wir berechnen den Verlauf eines Meridionalstrahls.

In *kartesischen Koordinaten* setzen wir zunächst voraus, daß die Schnittweite s und die Pfeilhöhe g vorgegeben sind (Abb. 4.64). Wir berechnen die Ableitung $h'(g)$. Aus

$$\rho = h\sqrt{1+h'^2}, \qquad (4.167)$$

$$\cot\varphi = h' \qquad (4.168)$$

werden die Länge ρ der Normalen und ihr Schnittwinkel mit der Achse gewonnen. (Gl. (4.167) und Gl. (4.168) übernehmen wir aus der Differentialgeometrie.)

Nach Abb. 4.64 erhalten wir weiter

$$\rho_0 = \rho\cos\varphi + g.$$

Mit $\cos\varphi = (\cot\varphi)/\sqrt{1+\cot^2\varphi}$ sowie (4.167) und (4.168) formen wir um in

$$\rho_0 = hh' + g \qquad (4.169)$$

(nur in (4.167) bis (4.169) ist h' die Ableitung). Außerdem gilt

$$\tan\hat{\sigma} = \frac{h}{\hat{s}-g}. \qquad (4.170)$$

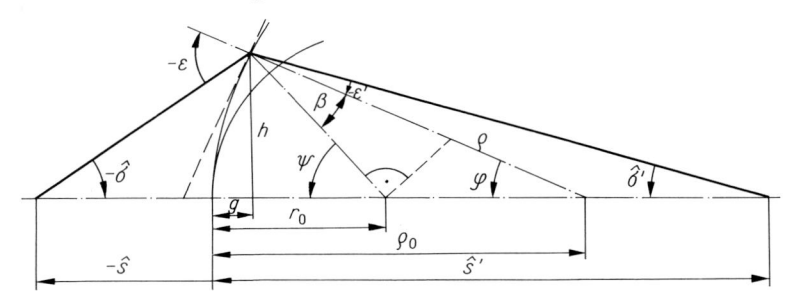

Abb. 4.64 Größen an einer asphärischen Rotationsfläche

Damit sind die Hilfsgrößen für die Strahldurchrechnung gegeben. Anhand von Abb. 4.64 leiten wir mit dem Sinussatz, dem Außenwinkelsatz und dem Brechungsgesetz auf dem gleichen Wege wie bei der sphärischen Fläche in 4.1.2 die Beziehungen

$$\sin\varepsilon = \frac{\rho_0 - \hat{s}}{\rho}\sin\hat{\sigma}, \qquad (4.171)$$

$$\sin\varepsilon' = \frac{n}{n'}\sin\varepsilon, \qquad (4.172)$$

$$\varphi = \hat{\sigma} - \varepsilon, \qquad (4.173)$$

$$\hat{\sigma}' = \varphi + \varepsilon', \qquad (4.174)$$

$$\hat{s}' = -\rho\frac{\sin\varepsilon'}{\sin\hat{\sigma}'} + \rho_0 \qquad (4.175)$$

ab. Gl. (4.173) wird nur zur Kontrolle benötigt, da φ bereits aus Gl. (4.168) folgt.

Für $\hat{s} = -\infty$ gilt

$$\hat{\sigma} = 0, \quad \varepsilon = -\varphi. \tag{4.176}$$

(Die Rechnung beginnt erst bei Gl. (4.172).)

Die *Polarkoordinaten* wählen wir so, daß der Ursprung im Krümmungsmittelpunkt der Schmiegungskugel für den Scheitel der Fläche liegt. Die optische Achse ist die Polarachse. Als Ausgangsgrößen dienen zunächst die Schnittweite $\hat{s}$ und der Winkel ψ. Die Hilfsgrößen folgen aus (Abb. 4.64)

$$\tan \beta = \frac{1}{r}\frac{\mathrm{d}r}{\mathrm{d}\psi}, \tag{4.177}$$

$$\tan \hat{\sigma} = \frac{r \sin \psi}{\hat{s} - r_0 + r \cos \psi}. \tag{4.178}$$

Die Durchrechnungsformeln, mit Sinussatz, Außenwinkelsatz und Brechungsgesetz abgeleitet, lauten

$$\sin(\varepsilon - \beta) = \frac{r_0 - \hat{s}}{r} \sin \hat{\sigma}, \tag{4.179}$$

$$\sin \varepsilon' = \frac{n}{n'} \sin \varepsilon, \tag{4.180}$$

$$\hat{\sigma}' = \psi + \varepsilon' - \beta, \tag{4.181}$$

$$\hat{s}' = -r \frac{\sin(\varepsilon' - \beta)}{\sin \hat{\sigma}'} + r_0. \tag{4.182}$$

Bei $\hat{s} = -\infty$ fallen Gl. (4.178) und Gl. (4.179) wegen $\hat{\sigma} = 0$ weg. Es gilt dann

$$\varepsilon = \beta - \psi. \tag{4.183}$$

Bei den hier angegebenen Ableitungen der Durchrechnungsformeln für asphärische Flächen setzen wir voraus, daß die Pfeilhöhe g bzw. der Polarwinkel ψ gegeben ist. Steht die Fläche innerhalb eines optischen Systems, dann kennen wir über die Übergangsbeziehungen die Schnittweite $\hat{s}$ und den Schnittwinkel $\hat{\sigma}$. Die Größe von g bzw. ψ muß durch Probieren ermittelt werden. Dazu wird ψ näherungsweise vorgegeben (z. B. wird als Ausgangsgröße der Zentriwinkel φ_0 zum Durchstoßpunkt des Lichtstrahls mit dem Scheitelkreis verwendet). Aus der Flächengleichung erhalten wir eine Näherung für h bzw. r. Aus Gl. (4.170) bzw. (4.178) berechnen wir damit eine Näherung für $\hat{\sigma}$. Darauf wird ψ abgeändert und $\hat{\sigma}$ erneut bestimmt. Das Verfahren wird solange fortgesetzt, bis der richtige $\hat{\sigma}$-Wert erhalten wird. Sowohl bei der trigonometrischen Durchrechnung wie auch in Programmen zur Strahldurchrechnung ist es allerdings in der Praxis möglich und notwendig, iterative Verfahren zur Bestimmung des Strahldurchstoßpunktes anzuwenden. Bezüglich der Durchrechnung windschiefer Strahlen vgl. 4.17.

Paraxiales Gebiet von asphärischen Rotationsflächen. Aus Gl. (4.171) und Gl. (4.175) folgt

$$\frac{\sin \varepsilon}{\sin \varepsilon'} = \frac{\rho_0 - \hat{s}}{\rho_0 - \hat{s}'} \frac{\sin \hat{\sigma}}{\sin \hat{\sigma}'}. \tag{4.184}$$

Die linke Seite ist wegen des Brechungsgesetzes gleich n'/n. Auf der rechten Seite setzen wir

4.1 Geometrisch-optisch abbildende Funktionselemente

die im paraxialen Gebiet gültigen Näherungen

$$\sin \hat{\sigma} \approx \frac{h}{s}, \quad \sin \hat{\sigma}' \approx \frac{h}{s'}, \quad \rho_0 = r_0 \tag{4.185}$$

ein. Es ergibt sich die Abbesche Invariante

$$n\left(\frac{1}{r_0} - \frac{1}{s}\right) = n'\left(\frac{1}{r_0} - \frac{1}{s'}\right). \tag{4.186}$$

| Im paraxialen Gebiet sind die Formeln für Kugelflächen gültig, wenn der Krümmungsradius r_0 der Schmiegungskugel des Flächenscheitels eingesetzt wird.

Bei geringen Ansprüchen an die Genauigkeit, z. B. bei asphärischen Flächen in Kondensoren, ist ein schneller Überblick über den Strahlenverlauf zu gewinnen, wenn das in 2.2.1 angegebene Verfahren zur zeichnerischen Ermittlung des gebrochenen Strahls angewendet wird.

Zentrierte Spiegellinsen. Spiegellinsen stellen spezielle geometrisch-optische Funktionselemente dar, deren Hauptfunktion auf der Reflexion des Lichtes beruht. Zentrierte Spiegellinsen bestehen aus einer brechenden und einer reflektierenden Rotationsfläche. Ihr Vorteil gegenüber Oberflächenspiegeln besteht darin, daß die Spiegelfläche durch die davorliegende Glasschicht geschützt ist. Sie können deshalb leicht gesäubert werden.

Die Anwendbarkeit ist vor allem durch folgende Nachteile begrenzt:

- Neben dem einmal an der Spiegelfläche reflektierten Licht, dem Hauptreflex, entstehen Nebenreflexe. Von diesen ist der durch die Reflexion an der Vorderfläche auftretende Vorderreflex am stärksten. Die höheren Nebenreflexe nehmen intensitätsmäßig rasch ab. Der Vorderreflex kann durch die Entspiegelung mittels Interferenzschichten herabgesetzt werden. Für große Spiegellinsen ist aber das Aufbringen der Schichten schwer zu realisieren.
- Im Glas entstehen Absorptionsverluste, die bei großen und damit dicken Spiegellinsen über 5% betragen können.
- Die zweimalige Brechung an der Vorderfläche ist mit Farbfehlern verbunden, so daß ein wesentlicher Vorteil der Spiegel verlorengeht.

Spiegellinsen werden selten für hochwertige optische Systeme eingesetzt. Ihre Hauptanwendungsgebiete liegen bei den Scheinwerfern, den Signaloptiken, Beleuchtungssystemen und Fahrzeugleuchten.

Paraxiales Gebiet von Spiegellinsen. Für die Abbildung im paraxialen Gebiet sind die Abbildungsgleichungen unabhängig von der Flächenform, weil nur der Scheitelkreisradius in die Beziehungen eingeht. Wir berechnen die Scheitelbrennweite und die Brennweite, indem wir die Methode der aufgespalteten Spiegelflächen anwenden (Abb. 4.65). An der ersten Fläche gilt wegen $s_1 = -\infty$ nach Gl. (4.21)

$$s_1' = f_1' = \frac{nr_1}{n-1}. \tag{4.187}$$

Die Übergangsbeziehung zur zweiten Fläche,

$$s_2 = s_1' - d, \tag{4.188}$$

ergibt zusammen mit der Abbildungsgleichung (4.114)

$$\frac{1}{s'_2} = \frac{1}{s_2} - \frac{2}{r_2} \tag{4.189}$$

den Kehrwert der bildseitigen Schnittweite an der Spiegelfläche:

$$\frac{1}{s'_2} = \frac{(n-1)r_2 - 2nr_1 + 2(n-1)d}{nr_1r_2 - (n-1)r_2d}. \tag{4.190}$$

Aus der Abbildungsgleichung an der dritten Fläche

$$\frac{n'_3}{s'_3} - \frac{n_3}{s_3} = \frac{n'_3}{f'_3} \tag{4.191}$$

ergibt sich mit $s_3 = s'_2 - d$ und Gl. (4.187)

$$\frac{1}{s'_3} = \frac{n-1}{r_1} + \frac{n}{s'_2 - d} = \frac{(n-1)(s'_2 - d) + nr_1}{r_1(s'_2 - d)} \tag{4.192}$$

oder

$$F'_3 = \frac{1}{s'_3} = \frac{n[(n-1)r_2 - 2nr_1 + 2(n-1)d]}{nr_1r_2 - 2(n-1)r_2d + 2nr_1d - 2(n-1)d^2} + \frac{n-1}{r_1}. \tag{4.193}$$

Die Brennweite folgt aus Gl. (4.37) zu

$$f' = \frac{s'_1 s'_2 s'_3}{s_2 s_3}. \tag{4.194}$$

Mit s_2 und s_3 entsprechend Gl. (4.188) sowie s'_3 nach Gl. (4.192) erhalten wir

$$f' = \frac{s'_1 s'_2 r_1 (s'_2 - d)}{(s'_1 - d)(s'_2 - d)[(n-1)(s'_2 - d) + nr_1]}. \tag{4.195}$$

s'_1 wird mit Gl. (4.187), s'_2 mit Gl. (4.190) eliminiert. Nach einigen Umformungen entsteht

$$f' = \frac{nr_1^2 r_2}{2} \frac{1}{(n-1)r_2[nr_1 - (n-1)d] - nr_1[nr_1 - 2(n-1)d] - (n-1)^2 d^2}. \tag{4.196}$$

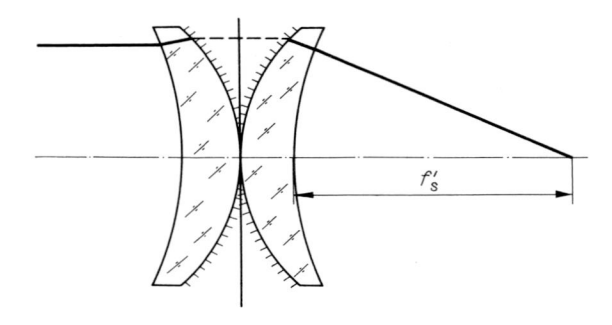

Abb. 4.65 Spiegellinse mit aufgespalteter Spiegelfläche

4.1 Geometrisch-optisch abbildende Funktionselemente

Beispiele von Spiegellinsen

- Spiegellinsen mit konzentrischen Kugelflächen, für die also $r_2 = r_1 - d$ gilt, haben für $s = -\infty$ oder $s' = \infty$ einen sehr störenden Vorderreflex. Dadurch sind sie schlecht als Scheinwerferoptiken zu gebrauchen. Sie eignen sich aber als Beleuchtungsspiegel großer Öffnung mit einem Abbildungsmaßstab $\beta' \approx -1$. Die Brennweite folgt aus Gl. (4.196) zu

$$f' = \frac{nr_1(r_1 - d)}{2[-nr_1 + (n-1)d]}. \tag{4.197}$$

- Spiegellinsen mit nichtkonzentrischen Kugelflächen eignen sich für unendliche Objekt- oder Bildweite, wenn der Objekt- oder Bildpunkt in den Krümmungsmittelpunkt der Vorderfläche gelegt wird (Abb. 4.66). Dadurch wird der Vorderreflex unschädlich gemacht. Derartige Spiegellinsen wurden früher unter dem Namen "Mangin-Spiegel" als Scheinwerferspiegel eingesetzt. Mit $s_3' = -r_1$ ergibt sich aus Gl. (4.193) der Radius der Spiegelfläche:

$$r_2 = 2\frac{(2n-1)r_1 d - nr_1^2 - (n-1)d^2}{2(n-1)d - r_1(2n-1)}. \tag{4.198}$$

Der Nachteil der Mangin-Spiegel ist ihre große Randdicke, besonders bei großen Durchmessern. Damit verbunden sind ein hohes Gewicht, Spannungen beim Erwärmen und Farbfehler.

- Für Scheinwerfer werden Spiegellinsen hergestellt, die Parabolflächen oder deformierte Parabolflächen haben. Damit lassen sich günstige Abbildungseigenschaften und geringe Reflexe erreichen. Ein Beispiel dafür ist der R-Spiegel, der bei Carl Zeiss Jena entwickelt wurde.

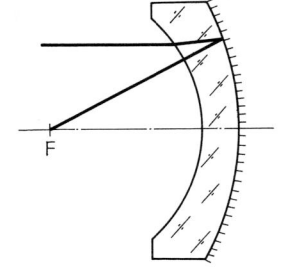

Abb 4.66 Mangin-Spiegel

Fresnel-Linsen stellen Stufenlinsen dar. Sie bestehen aus Ringzonen, die jeweils ein Lichtbündel in die gewünschte Richtung brechen. Die älteren Fresnel-Linsen, wie sie in Scheinwerfern und Signaloptiken eingesetzt werden, haben relativ grobe Stufen. Sie werden aus Glas gepreßt, und die Begrenzungsflächen der Zonen sind im Meridionalschnitt gekrümmt (Abb. 4.67). Fresnel-Linsen lassen sich bei geringem Gewicht mit großem Öffnungsverhältnis herstellen.

Als Beleuchtungsoptiken für Positionslampen von Schiffen oder Seezeichen werden Gürtellinsen verwendet. Diese kann man sich entstanden denken, indem der Meridionalschnitt einer Fresnel-Linse um eine zur optischen Achse senkrechte Achse gedreht wird. (Die Gürtellinse stellt dann einen Kreiszylinder dar, auf dessen Oberfläche die Ringzonen angeordnet sind; Abb. 4.68.) Im allgemeinen Fall kann die Gürtellinse auch eine vom Kreiszylinder abweichende Form haben.

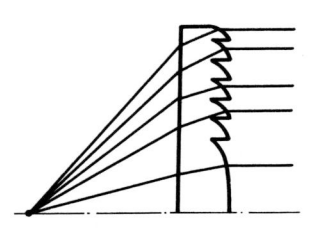

Abb. 4.67 Fresnel-Linse mit gekrümmten Wirkflanken

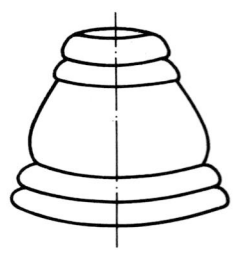

Abb. 4.68 Zylindrische Gürtellinse

Die heute im Gerätebau eingesetzten Fresnel-Linsen bestehen im allgemeinen aus Plaste. Sie haben sehr feine Stufen (bis etwa 0,05 mm herab), so daß die brechenden Flächen, die Wirkflanken, aus technologischen Gründen Ausschnitte aus Kreiskegeln sein müssen. Der Übergang zwischen den Wirkflächen wird durch Störflanken gebildet (Abb. 4.69). Diese führen in der Bildebene zu Streulicht und zu ringförmigen Abschattungsgebieten, wenn die Fresnel-Linse als Kondensor in der Nähe der Objektebene steht.

Für die Fresnel-Linse, die ein Parallelbündel fokussieren soll, gilt nach Abb. 4.70 für die k-te Ringzone

$$\varepsilon_{2k} = \gamma_k, \quad \delta_k = \varepsilon'_{2k} - \gamma_k, \quad \tan \gamma_k = \frac{h_k}{s'_2}. \tag{4.199a, b, c}$$

Setzt man ε_{2k} nach Gl. (4.199a) und ε'_{2k} nach Gl. (4.199b) in das Brechungsgesetz ein, so erhält man

$$n \sin \gamma_k = \sin(\delta_k + \gamma_k).$$

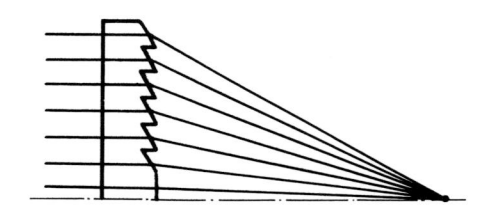

Abb. 4.69 Fresnel-Linse mit kegelförmigen Wirkflanken

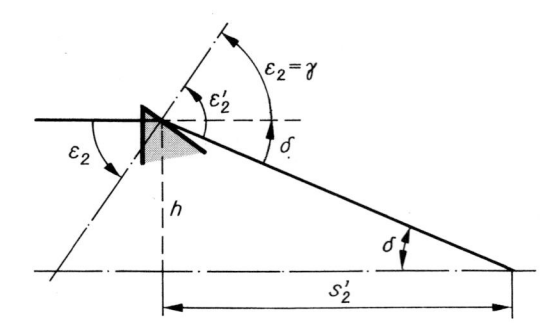

Abb. 4.70 Brechung eines achsparallelen Strahls an einer kegelförmigen Wirkflanke

4.1 Geometrisch-optisch abbildende Funktionselemente

Nach Umformen ergibt sich mit Gl. (4.199c)

$$\tan \gamma_k = \frac{\dfrac{h_k}{s'_2}}{n\sqrt{1+\left(\dfrac{h_k}{s'_2}\right)^2}-1}. \tag{4.200}$$

Die Zone mit der Flankenneigung γ_k vereinigt das ringförmige Bündel mit der Breite Δh_k längs der Achse auf der Strecke

$$\Delta s'_2 = \Delta h_k \cot \delta_k = s'_2 \frac{\Delta h_k}{h_k}. \tag{4.201}$$

Es ist also

$$\frac{\Delta s'_2}{s'_2} = \frac{\Delta h_k}{h_k} = \text{const} \tag{4.202}$$

zu wählen, wenn die Bündel aller Zonen im gleichen Intervall der Achse vereinigt werden sollen. Der Zerstreuungskreis in einer achssenkrechten Ebene ist allerdings nur von der Zonenbreite Δh_k abhängig.

Die Fresnel-Linse zerlegt eine ebene Wellenfläche in Ringzonen mit unterschiedlicher Phase auf einer Bezugskugel um den angestrebten Bildpunkt (mit der Schnittweite s'_2). Sie bewirkt also auch bei infinitesimal schmalen Wirkflanken keine punktförmige Abbildung mit gleichen Phasen der Teilwellen. Der Lichtweg von einer achssenkrechten Ebene vor der Linse bis zum "Bildpunkt" ist nicht konstant.

Durch das Überlagern von zwei Systemen aus Wirkflanken auf demselben Untergrund lassen sich Fresnel-Linsen mit zwei "Bildpunkten" herstellen, allerdings mit vermindertem Bildkontrast.

Mit zwei Fresnel-Linsen ist ein im Endlichen liegender Objektpunkt in einen im Endlichen liegenden Bildpunkt abzubilden, wobei das Lichtbündel zwischen den Linsen achsparallel sein kann. Die Struktur der Wirk- und Störflanken muß aufeinander abgestimmt sein.

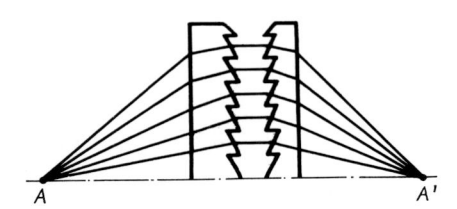

Abb. 4.71 Fresnel-Linsen-Paar

Berücksichtigt man die Brechung an den Planflächen, dann ist ein Paar von Fresnel-Linsen möglich, deren Struktur gegenübersteht (Abb. 4.71). Damit ist diese vor Staub geschützt. Die geeignete Berechnung der Wirk- und Störflanken sichert, daß die zweite Linse nicht das von den Wirkflanken der ersten Linse ausgehende Licht abschattet.

Schließlich ist auch das Anbringen der Rillenstruktur auf einem gekrümmten Untergrund möglich.

4.1.10 Spezielle nichtrotationssymmetrische Funktionselemente

Zylinderlinsen gehören zu den nichtrotationssymmetrischen abbildenden Funktionselementen. Die optisch wirksamen Flächen stellen polierte Zylinderflächen dar (Abb. 4.72).

> Eine Zylinderlinse enthält zwei polierte Zylinderoberflächen, deren Rotationsachsen parallel zueinander verlaufen.

Die Kreiszylinderlinse wird von Kreiszylindern begrenzt. Die von den Zylinderachsen aufgespannte Ebene stellt eine Symmetrieebene dar. Beim Einsatz der Zylinderlinse in einem zentrierten optischen System muß darauf geachtet werden, daß die optische Achse beide Zylinderachsen senkrecht schneidet. Zylinderlinsen, die in zylindrische Fassungen aufgenommen werden sollen, sind zu "zentrieren". Darunter ist zu verstehen, daß die Formachse – d.h. die Symmetrieachse der äußeren Berandung – beide Zylinderachsen senkrecht schneidet.

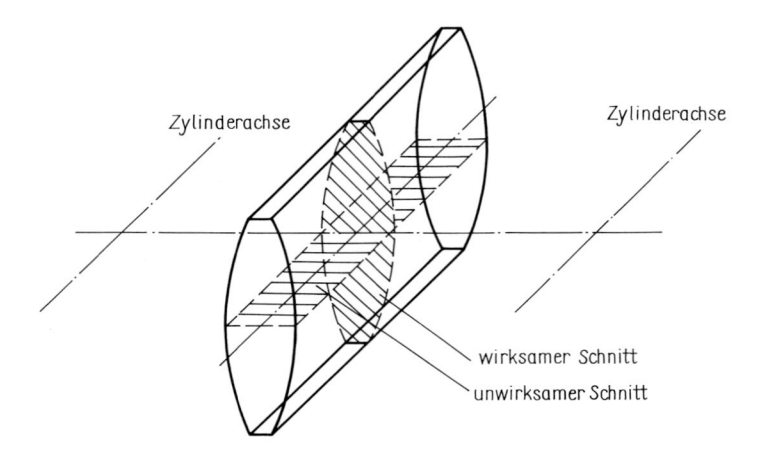

Abb. 4.72 Zylinderlinse

Die Zylinderlinse hat zwei ausgezeichnete Schnitte (Abb. 4.72). Ein senkrecht auf den Zylinderachsen stehender Schnitt wird wirksamer Schnitt genannt.
Ein parallel zu der Ebene, die die Zylinderachsen enthält, liegender Schnitt heißt unwirksamer Schnitt. Lichtstrahlen, die im wirksamen Schnitt liegen, werden so gebrochen wie die Meridionalstrahlen an einer sphärischen Linse. Dem wirksamen Schnitt kann eine Brennweite zugeordnet werden. Strahlen, die im unwirksamen Schnitt verlaufen, werden wie an einer planparallelen Platte gebrochen, also nur parallel zu sich versetzt (Abb. 4.73).

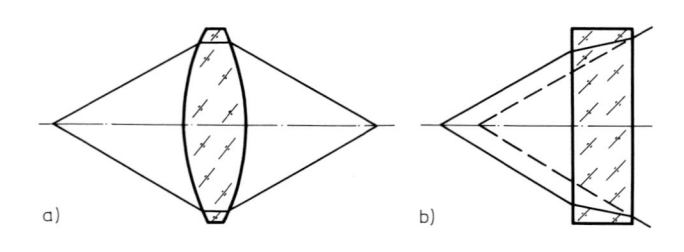

Abb. 4.73 Brechung im
a) wirksamen bzw. b) unwirksamen Schnitt der Zylinderachse

4.1 Geometrisch-optisch abbildende Funktionselemente   251

Zylinderlinsen bilden weder punktförmig noch ähnlich ab. Sie sind überhaupt nicht geeignet, Strahlenbündel in der Umgebung eines Punktes zu vereinigen. Im paraxialen Gebiet der beiden ausgezeichneten Schnitte ist der Abbildungsmaßstab β' unterschiedlich, und zwar ist er im unwirksamen Schnitt gleich 1, im wirksamen Schnitt von der Objektweite und der Brennweite abhängig. Dabei ist aber noch zu beachten, daß die Vereinigungspunkte der Strahlen des unwirksamen und des wirksamen Schnittes im allgemeinen weit auseinanderfallen.

Die Wirkung von Zylinderlinsen soll an einigen Beispielen verdeutlicht werden. Die brechenden Flächen seien jeweils so berechnet, daß die Strahlen, die in einem wirksamen Schnitt verlaufen, in einem Punkt vereinigt werden.

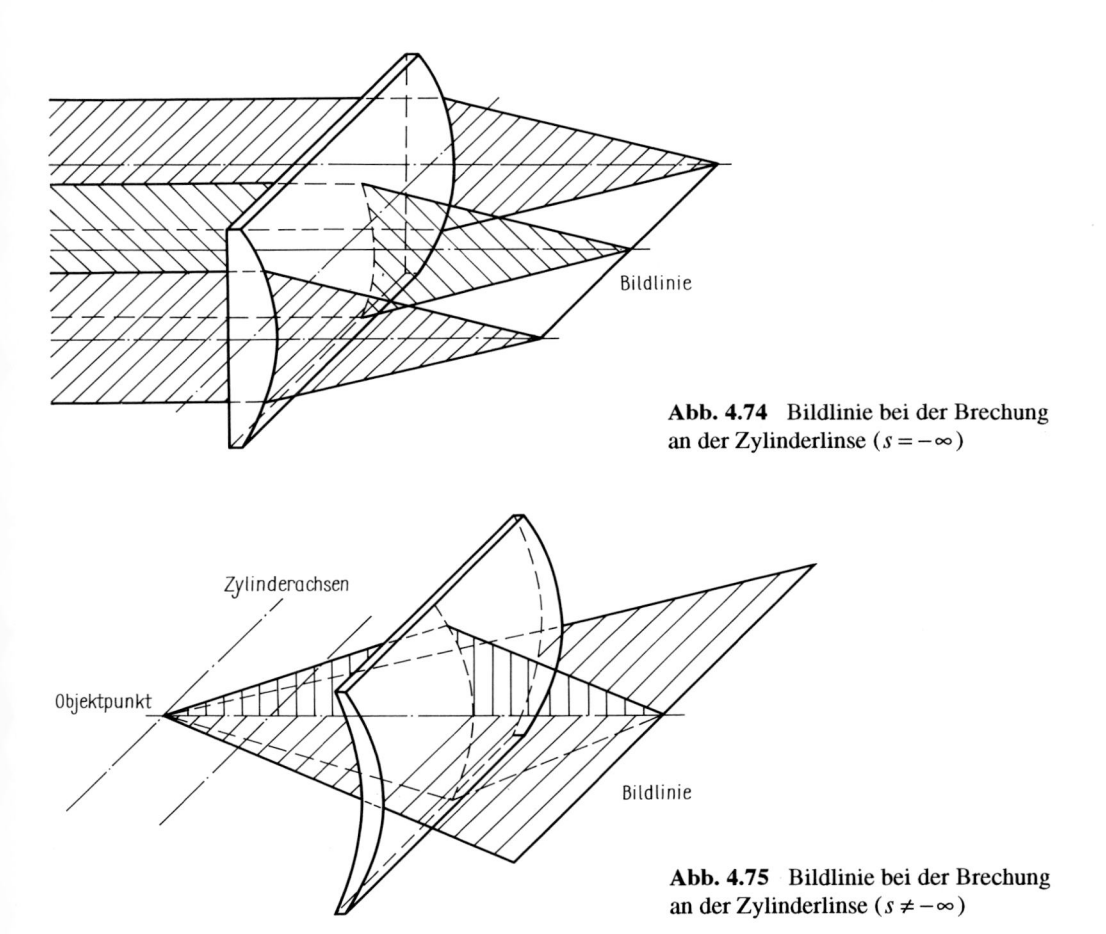

Abb. 4.74 Bildlinie bei der Brechung an der Zylinderlinse ($s = -\infty$)

Abb. 4.75 Bildlinie bei der Brechung an der Zylinderlinse ($s \neq -\infty$)

In Abb. 4.74 wird ein Objektpunkt abgebildet, der senkrecht vor der Planfläche im Unendlichen liegt. Es ist zu erkennen, daß jeweils nur die Strahlenbündel der einzelnen wirksamen Schnitte in einem Punkt vereinigt werden. Als Bild des Objektpunktes ist eine Bildlinie anzusehen. Die Lichtenergie verteilt sich auf eine Gerade.

In Abb. 4.75 liegt der Objektpunkt im Endlichen senkrecht vor der Mitte der Zylinderlinse. In diesem Fall gibt es überhaupt nur ein Büschel, das in einem wirksamen Schnitt verläuft, und ein Büschel, das in einem unwirksamen Schnitt verläuft. Alle anderen Strahlen sind windschiefe Strahlen. Damit treten Abweichungen der Strahlendurchstoßpunkte von der eigentlichen Bildlinie auf.

Die Abbildung einer Objektlinie, die parallel zu den Zylinderachsen in der Symmetrieebene liegt, führt zu einer verwaschenen Bildlinie. Ein Objektspalt, dessen Mittellinie die gleiche Lage hat, wird so abgebildet, daß sich seine Länge nur in Abhängigkeit von der Divergenz des im unwirksamen Schnitt verlaufenden Büschels ändert, seine Breite aber entsprechend dem Abbildungsmaßstab im wirksamen Schnitt abgewandelt wird. Gewisse Bildunschärfen durch die windschiefen Strahlen sind nicht zu vermeiden (Abb. 4.76).

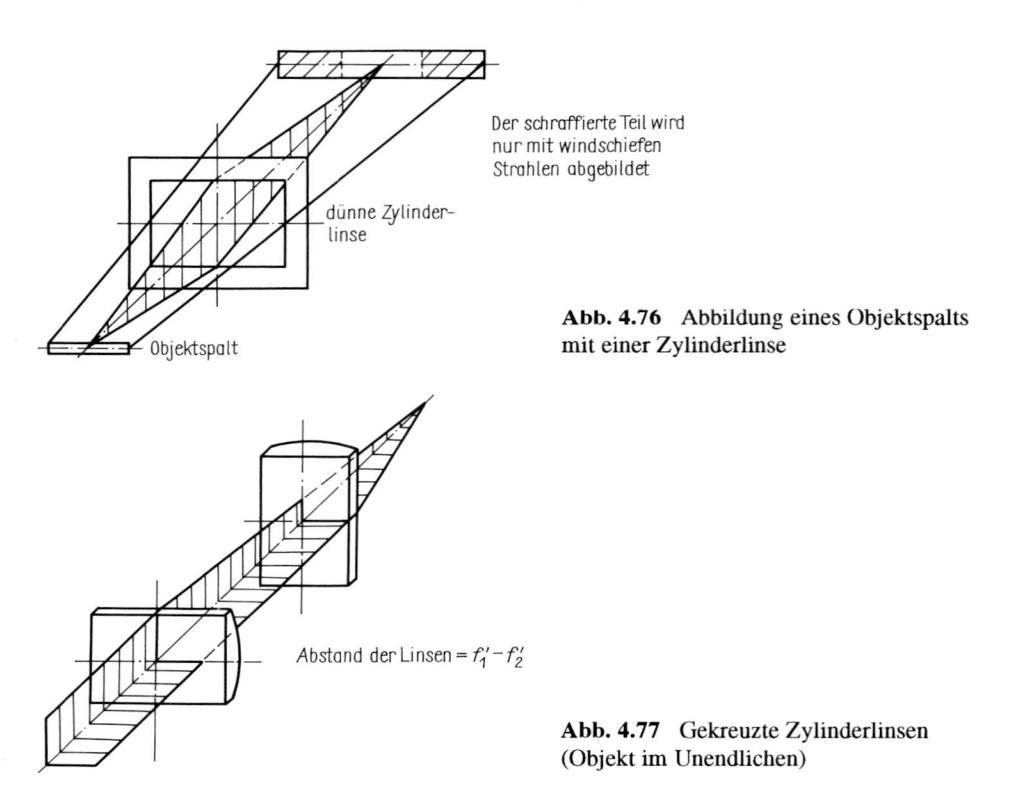

Abb. 4.76 Abbildung eines Objektspalts mit einer Zylinderlinse

Abb. 4.77 Gekreuzte Zylinderlinsen (Objekt im Unendlichen)

Der Abbildungsmaßstab läßt sich in zwei zueinander senkrechten Schnitten unterschiedlich gestalten, wenn zwei Zylinderlinsen gekreuzt angeordnet werden (Abb. 4.77).

Beim *Anamorphoten* aus einem sammelnden und einem zerstreuenden Glied aus Zylinderlinsen, die wie ein holländisches Fernrohr wirken, ist eine Bilddehnung oder -stauchung in einem Schnitt möglich. In Verbindung mit einem Projektionsobjektiv, das die praktisch punktförmige Abbildung übernimmt, wird das bei der Aufnahme einseitig gestauchte Bild wieder gedehnt und damit die Breitwandprojektion ermöglicht (Abb. 4.78).

Torische Flächen stellen nichtzentrierte Flächen dar, die vorwiegend in Brillengläsern verwendet werden. Torische Linsen bestehen im allgemeinen aus einer torischen und einer sphärischen Fläche. Sie haben in senkrecht zueinander stehenden Schnitten verschiedene Brech-

4.1 Geometrisch-optisch abbildende Funktionselemente

kräfte und dienen der Korrektur astigmatischer Augen. Wir beschreiben die Entstehung einer torischen Fläche (Abb. 4.79).

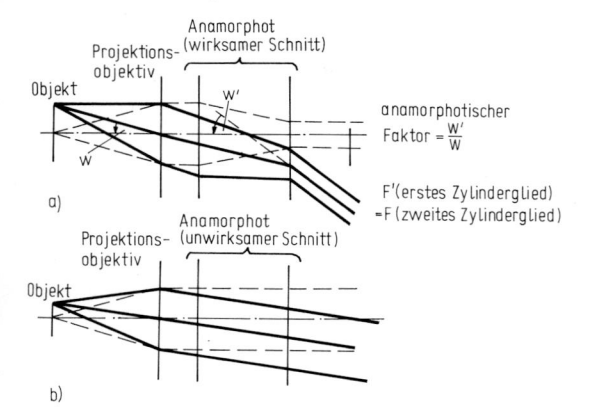

Abb. 4.78 Anamorphot aus Zylinderlinsen
a) Wirksamer Schnitt, b) unwirksamer Schnitt

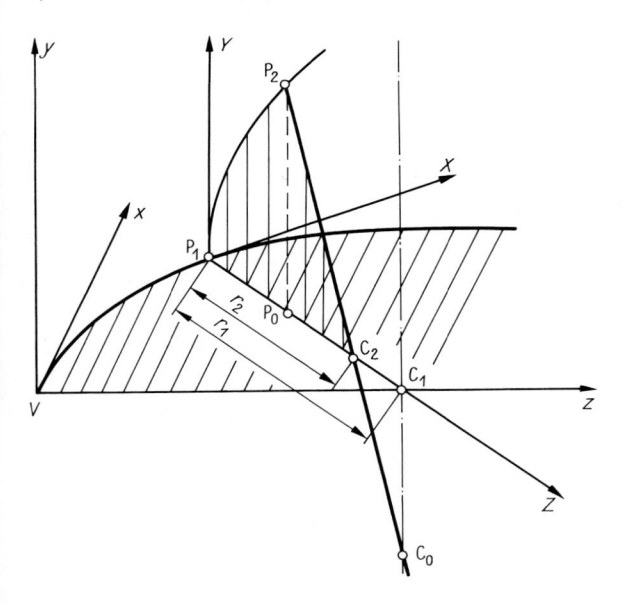

Abb. 4.79 Zur Entstehung der torischen Fläche

Gegeben sei ein Kreisbogen mit dem Radius r_2, der in der Y-Z-Ebene eines kartesischen Koordinatensystems liegt. Wir drehen diesen Kreisbogen um eine zur Y-Achse parallele Achse. Die Entfernung der Drehachse von der Y-Achse betrage r_1. Die vom Kreisbogen überstrichene Fläche wird torische Fläche genannt. Einen beliebigen Punkt des in der X-Z-Ebene entstehenden Schnittkreises mit dem Radius r_1 können wir als Flächenscheitel V ansehen. In diesen legen wir den Ursprung eines kartesischen Koordinatensystems x, y, z, so daß die x-y-Ebene Tangentialebene zur torischen Fläche ist.

Im Flächenscheitel hat also die torische Fläche in der y-z-Ebene den Krümmungsradius r_2, in der x-z-Ebene den Krümmungsradius r_1. Die Krümmungsradien sind demnach in zwei senkrecht zueinander stehenden Schnitten verschieden, so daß die torische Fläche nicht rotationssymmetrisch ist. Für zwei enge Büschel, die die Fläche in der Ebene des Flächenscheitels durchstoßen, betragen die wirksamen Brennweiten

$$f'_1 = \frac{n' r_1}{n' - n} \quad \text{und} \quad f'_2 = \frac{n' r_2}{n' - n}. \tag{4.203}$$

Die Ebene, die im Scheitel den Kreis mit dem Radius r_1 aus dem Torus ausschneidet, heißt Rotationsschnitt. Für einen beliebigen Rotationsschnitt ist $P_2 C_0$ der wirksame Krümmungsradius. Jede senkrecht zum Rotationsschnitt stehende Ebene bildet einen Meridianschnitt, der einen Schnittkreis mit dem Radius $P_2 C_2 = r_2$ enthält. $P_2 C_2$ gibt die Richtung der Flächennormalen an.

Bei $r_1 > r_2$ spricht man von einem "wurstförmigen", bei $r_1 < r_2$ von einem "tonnenförmigen" Torus.

4.1.11 Inhomogene und anisotrope Funktionselemente

Bei inhomogenen Stoffen hängt die Brechzahl stetig vom Ort ab, sie ist eine Funktion der Ortskoordinaten. Nach dem Fermatschen Prinzip ist dann der Lichtweg gekrümmt. Für den optischen Lichtweg H im Rahmen der geometrischen Optik gilt (grad $H)^2 = n^2$ [19]. Bei inhomogenen Stoffen ist grad $n \neq 0$, also grad H nicht stückweise konstant, weshalb auch von Gradientenoptik gesprochen wird (im Englischen "gradient index", abgekürzt GRIN). Inhomogene Stoffe finden Anwendung als dünne Übergangsschichten zwischen zwei homogenen Stoffen mit dem Ziel der Reflexionsminderung, als Gradientenfaser zur Signal- und Bildübertragung sowie als Gradientenlinsen oder -stäbe zur optischen Abbildung.

Bevorzugte Brechzahlverteilungen sind der Radialgradient (Zylindersymmetrie), der Axialgradient (konstante Brechzahl auf parallelen Ebenen) und der sphärische Gradient (Kugelsymmetrie). Wir behandeln zunächst Gradientenfasern und -stäbe mit Zylindersymmetrie.

Lichtausbreitung in inhomogenen Stoffen. Die Ausbreitung des Lichtes in einer Gradientenfaser soll geometrisch-optisch betrachtet werden. In einer Gradientenfaser nimmt die Brechzahl radial mit der Entfernung von der Faserachse ab. Die Lichtstrahlen beschreiben gekrümmte Bahnen, wenn sie nicht in Richtung der Brechzahländerung oder senkrecht dazu verlaufen.

Wendet man das Brechungsgesetz auf zwei benachbarte Schichten mit den Brechzahlen n und $n + dn$ an, so ergibt sich

$$n \sin \varepsilon = (n + dn) \sin(\varepsilon + d\varepsilon) \tag{4.204}$$

und unter Anwendung der Additionstheoreme und Vernachlässigung kleiner Größen

$$n \sin \varepsilon = n \sin \varepsilon + dn \cdot \sin \varepsilon + n \cos \varepsilon \cdot d\varepsilon$$

bzw.

$$n \cos \varepsilon \cdot d\varepsilon + \sin \varepsilon \cdot dn = 0.$$

4.1 Geometrisch-optisch abbildende Funktionselemente

Auflösen nach dε ergibt

$$d\varepsilon = -\tan\varepsilon \cdot \frac{dn}{n}. \tag{4.205}$$

Aus Abb. 4.80 folgt

$$d\varepsilon = \frac{ds}{\rho} = \tan\varepsilon \cdot \frac{d\rho}{\rho}. \tag{4.206}$$

Durch Gleichsetzen von dε nach Gl. (4.205) und Gl. (4.206) erhält man für die Krümmung der Lichtstrahlen wegen

$$\tan\varepsilon \cdot \frac{d\rho}{\rho} = -\tan\varepsilon \cdot \frac{dn}{n}$$

den Ausdruck

$$K = \frac{1}{\rho} = -\frac{1}{n}\frac{dn}{d\rho}. \tag{4.207}$$

Ist die Brechzahl als Funktion des Ortes bekannt, so läßt sich mit Hilfe von Gl. (4.207) der Krümmungsradius der Lichtstrahlen berechnen.

Beschränkt man sich auf Paraxialstrahlen, so kann nach der Theorie der Raumkurven

$$K = -\frac{d^2 r}{dz^2}$$

gesetzt werden. Weiter gilt im paraxialen Gebiet d$\rho \approx$ dr, so daß Gl. (4.207) auf

$$\frac{d^2 r}{dz^2} = \frac{1}{n}\frac{dn}{dr} \tag{4.208}$$

führt.

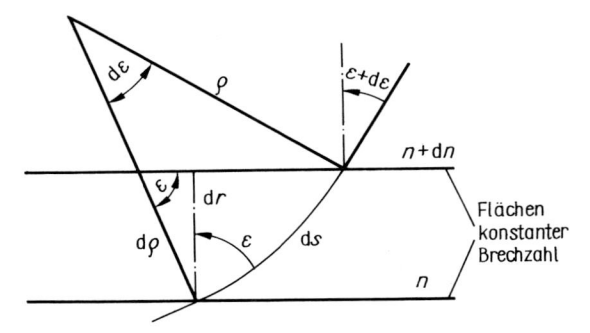

Abb. 4.80 Strahlenverlauf im inhomogenen Stoff

Brechzahlverteilungen. Eine Gradientenfaser, deren Brechzahl mit der Entfernung von der Zylinderachse abnimmt, kann die Lichtstrahlen fokussieren, also eine optische Abbildung realisieren. In der Literatur wurde jedoch gezeigt, daß es keine Brechzahlverteilung gibt, mit der eine punktförmige Abbildung erzielt wird. Mit einer vorgegebenen Brechzahlverteilung ist es nicht möglich, sowohl meridionale wie auch windschiefe Strahlen in einem Punkt zu vereinigen.

Wir betrachten zunächst die Ausbreitung von Meridionalstrahlen in einem inhomogenen Stoff (Abb. 4.81). Die Lichtstrahlen breiten sich in der Gradientenfaser infolge der stetigen Abnahme der Brechzahl sinusförmig aus. Es entsteht eine sinusförmige Bahn um die Faserachse, ohne daß die Grenzfläche erreicht wird.

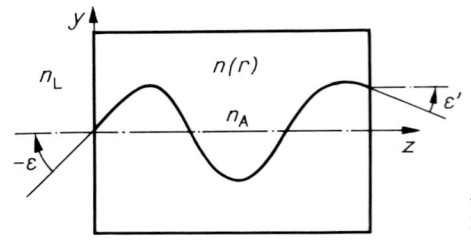

Abb. 4.81 Verlauf von Meridionalstrahlen im inhomogenen Stoff

Die ideale Brechzahlverteilung eines inhomogenen Stoffes bezüglich der Abbildung im Meridionalschnitt ist gegeben durch

$$n(r) = n_A \operatorname{sech}(\sqrt{a}\, r)$$
$$= n_A \left(1 - \frac{1}{2} ar^2 + \frac{5}{24} a^2 r^4 - \frac{61}{720} a^4 r^6 + \cdots + (-1)^n \frac{E_n}{(2n)!} a^{2n-2} r^{2n} \right). \tag{4.209}$$

(n_A ist die Brechzahl auf der Achse, r ist der Abstand von der Achse, a ist eine positive Konstante, sech $x = 1/(\operatorname{cosech} x)$ ist der Hyperbelsekans, E_n sind Eulersche Zahlen.)

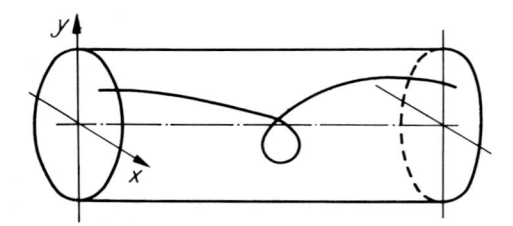

Abb. 4.82 Schraubenförmiger Verlauf eines windschiefen Strahls im inhomogenen Stoff

Sollen windschiefe Strahlen in der Faser schraubenförmige Bahnen ergeben (Abb. 4.82), so ist die Brechzahlverteilung

$$n(r) = n_A \left(1 + ar^2 \right)^{-0,5}$$
$$= n_A \left(1 - \frac{1}{2} ar^2 + \frac{3}{8} a^2 r^4 - \frac{15}{48} a^4 r^6 + \cdots + (-1)^n \frac{1 \cdot 3 \cdot 5 \ldots (2n-1)}{2^n n!} a^{2n-2} r^{2n} \right) \tag{4.210}$$

erforderlich.

Die Brechzahlverteilungen nach Gl. (4.209) und Gl. (4.210) unterscheiden sich in den Koeffizienten der Glieder ab 4. Ordnung des Radius. Beschränkt man sich auf das paraxiale Gebiet, so brauchen nur die Glieder bis zur 2. Ordnung berücksichtigt zu werden, und die ideale Brechzahlverteilung ist gegeben durch

$$n(r) = n_A \left(1 - \frac{1}{2} ar^2 \right). \tag{4.211}$$

4.1 Geometrisch-optisch abbildende Funktionselemente

In der Nähe der Zylinderachse muß die Brechzahlverteilung auf jeden Fall parabolisch sein, damit eine paraxiale Abbildung zustande kommt.

Abbildungsgleichungen im paraxialen Gebiet. Mit der idealen Brechzahlverteilung im paraxialen Gebiet Gl. (4.211) führt die Gl. (4.208), die die Ausbreitung der Lichtstrahlen beschreibt, auf eine Schwingungsgleichung (im folgenden Text bedeutet nur bei r' der Strich die Ableitung von r nach z gemäß (4.214))

$$\frac{d^2 r}{dz^2} + ar = 0. \tag{4.212}$$

Dabei wurden die Annahmen $|0,5 \cdot ar^2| \ll 1$ und $n(r) \approx n_A$ verwendet. Die Lösung der Gl. (4.212) liefert unter Berücksichtigung der Anfangsbedingungen für den eintretenden Strahl (Einfallshöhe $r(0) = r_e$, Strahlneigung $r'(0) = r'_e$) den Strahlenverlauf in der Faser (Abb. 4.83)

$$r(z) = r_e \cos(\sqrt{a}\, z) + r'_e \frac{1}{\sqrt{a}} \sin(\sqrt{a}\, z) \tag{4.213}$$

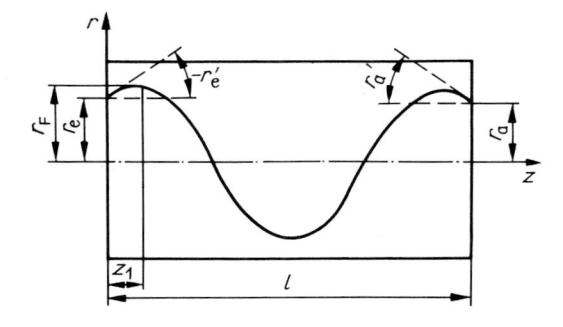

Abb. 4.83 Ein- und Ausgangsgrößen der Gradientenfaser

und durch Differentiation die Strahlneigung

$$\frac{dr}{dz} = r'(z) = -r_e \sqrt{a} \sin(\sqrt{a}\, z) + r'_e \cos(\sqrt{a}\, z). \tag{4.214}$$

Setzt man in den Gleichungen (4.213) und (4.214) z gleich der Faserlänge l, so erhält man den Zusammenhang zwischen den Ein- und Ausgangsgrößen innerhalb der Gradientenfaser:

$$r_a = r_e \cos(\sqrt{a}\, l) + r'_e \frac{1}{\sqrt{a}} \sin(\sqrt{a}\, l), \tag{4.215a}$$

$$r'_a = -r_e \sqrt{a} \sin(\sqrt{a}\, l) + r'_e \cos(\sqrt{a}\, l). \tag{4.215b}$$

Man kann dieses Gleichungssystem als Matrizenprodukt schreiben:

$$\begin{pmatrix} r_a \\ r'_a \end{pmatrix} = \begin{pmatrix} \cos(\sqrt{a}\, l) & \frac{1}{\sqrt{a}} \sin(\sqrt{a}\, l) \\ -\sqrt{a} \sin(\sqrt{a}\, l) & \cos(\sqrt{a}\, l) \end{pmatrix} \begin{pmatrix} r_e \\ r'_e \end{pmatrix}. \tag{4.216}$$

Die Paraxialstrahlen breiten sich in der Gradientenfaser sinusförmig mit der Periode $2\pi/\sqrt{a}$ aus. Dabei fallen die Durchgänge durch die Faserachse nur bei achsparallel einfallenden Strahlen unabhängig von der Einfallshöhe r_e in einem Punkt zusammen. Daraus resultiert auch, daß alle achsparallel einfallenden Strahlen, nachdem sie die Faser passiert haben, in einem Punkt konvergieren. Der Abstand dieses Konvergenzpunktes von der Faseraustrittsfläche beträgt f'_s. In der Entfernung $-f'$ kann eine äquivalente dünne Linse angenommen werden (Abb. 4.84).

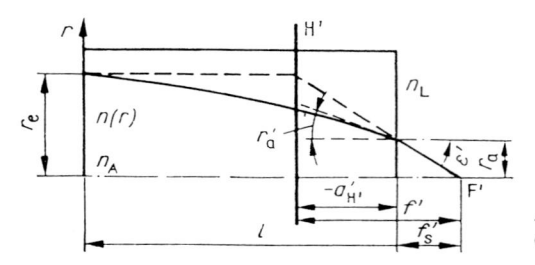

Abb. 4.84 Zur Brennweite einer Gradientenfaser

Es können dann für die Gradientenfaser Brennpunkte, Hauptpunkte, Scheitelbrennweiten, Brennweiten und Hauptebenen definiert werden. Ein achsparallel einfallender Strahl hat am Austrittsende der Faser die Höhe

$$r_a = r_e \cos(\sqrt{a}\, l) \qquad (4.217a)$$

und die Neigung

$$r'_a = -r_e \sqrt{a} \sin(\sqrt{a}\, l). \qquad (4.217b)$$

Unter der Voraussetzung $n(r) \approx n_A$ und dem Brechungsgesetz $n_A r'_a = n_L \varepsilon'$ für kleine Winkel ergibt sich für die Scheitelbrennweite

$$f'_s = -\frac{r_a}{\varepsilon'} = \frac{n_L r_e \cos(\sqrt{a}\, l)}{n_A r_e \sqrt{a} \sin(\sqrt{a}\, l)} = \frac{n_L}{n_A \sqrt{a}} \cot(\sqrt{a}\, l). \qquad (4.218)$$

Für die Brennweite erhält man

$$f' = -\frac{r_e}{\varepsilon'} = \frac{n_L r_e}{n_A r_e \sqrt{a} \sin(\sqrt{a}\, l)} = \frac{n_L}{n_A \sqrt{a} \sin(\sqrt{a}\, l)} \qquad (4.219)$$

und für die Lage der Hauptebene H'

$$a'_{H'} = f'_s - f' = \frac{n_L}{n_A \sqrt{a}} \frac{\cos(\sqrt{a}\, l) - 1}{\sin(\sqrt{a}\, l)} = -\frac{n_L}{n_A \sqrt{a}} \tan\left(\sqrt{a}\, \frac{l}{2}\right). \qquad (4.220)$$

Die entsprechenden Gleichungen für die objektseitigen Größen unterscheiden sich nur durch das Vorzeichen von den bildseitigen, weil der bildseitig achsparallel austretende Strahl analog verlaufen würde.

Gl. (4.219) zeigt, daß die Brennweite einer Gradientenfaser außer von ihren Konstanten nur von ihrer Länge und nicht von ihren sonstigen geometrischen Abmessungen abhängig ist.

Um die Beziehungen zwischen Objekt und Bild zu erhalten, geht man von Abb. 4.85 aus. Strahlen, die von einem Punkt A des Objekts ausgehen, schneiden sich in einem Punkt des

4.1 Geometrisch-optisch abbildende Funktionselemente

Bildes. Betrachtet man zwei ausgezeichnete Strahlen, einen achsparallelen Strahl (1) und einen, der zum Achspunkt der Eintrittsfläche zielt (2), so lassen sich daraus die bildseitige Schnittweite s', die Bildgröße y' und der Abbildungsmaßstab β' berechnen.

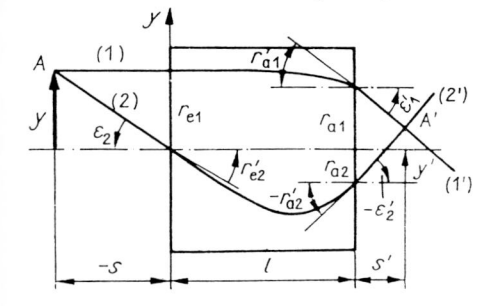

Abb. 4.85 Abbildung an der Gradientenfaser

Mit Hilfe der Koordinaten der austretenden Strahlen r'_{ai} und deren Richtungen $\varepsilon'_i = (n_A r'_{ai})/n_L$, die aus dem Brechungsgesetz folgen, können die Geradengleichungen für die beiden austretenden Strahlen (1') und (2') aufgestellt werden. Die Größen r'_{ai} und r_{ai} erhält man unter Berücksichtigung der Anfangswerte der eintretenden Strahlen ($r_{e1} = y$, $r'_{e1} = 0$, $r_{e2} = 0$, $r'_{e2} = (n_L \varepsilon_2)/n_A = -(n_L r_{e2})/(n_A s)$) aus den Gleichungen (4.215):

$$y_{(1')} = -\frac{n_A}{n_L} r_{e1} \sqrt{a} \sin(\sqrt{a}\, l) \cdot (z-l) + r_{e1} \cos(\sqrt{a}\, l), \tag{4.221a}$$

$$y_{(2')} = -\frac{r_{e1}}{s} \cos(\sqrt{a}\, l) \cdot (z-l) + \frac{n_L}{n_A} \frac{r_{e1}}{s} \frac{1}{\sqrt{a}} \sin(\sqrt{a}\, l). \tag{4.221b}$$

Aus der Forderung gleicher Bildhöhe folgt die Lage des Bildes:

$$s' = z - l = \frac{n_L}{n_A \sqrt{a}} \frac{n_A s \sqrt{a} - n_L \tan(\sqrt{a}\, l)}{n_L + n_A s \sqrt{a} \tan(\sqrt{a}\, l)}. \tag{4.222}$$

Setzt man Gl. (4.222) in eine der Gleichungen (4.221) ein, so erhält man die Bildgröße

$$y' = \frac{y\, n_L}{n_L \cos(\sqrt{a}\, l) + n_A s \sqrt{a} \sin(\sqrt{a}\, l)} \tag{4.223}$$

und daraus den Abbildungsmaßstab $\beta' = y'/y$.

Mit Hilfe der Brennweite nach Gl. (4.219) kann man umformen in

$$\beta' = \frac{f'}{s + f' \cos(\sqrt{a}\, l)}. \tag{4.224}$$

Numerische Apertur. Die maximale numerische Apertur ergibt sich aus der Forderung, daß der Randstrahl des einfallenden Strahlenbündels in der Gradientenfaser maximal bis zum wirksamen Faserradius r_F ausgelenkt werden darf (Abb. 4.83). Mit der Gl. (4.214) folgt aus der Extremwertforderung $r'(z_1) = 0$

$$z_1 = \frac{\pi}{2\sqrt{a}}. \tag{4.225}$$

Damit ergibt sich für die maximale Strahlneigung innerhalb der Faser aus Gl. (4.213)
$$r'_e = r_F \sqrt{a}.$$
Mit dem Brechungsgesetz erhält man die maximale numerische Apertur zu
$$A = n \sin u = n_A r_F \sqrt{a}. \tag{4.226}$$

Transmissionsverluste. Lichtverluste werden in Gradientenfasern hauptsächlich durch
- Reflexionsverluste an den Endflächen und
- Lichtabsorption im inhomogenen Stoff

hervorgerufen. Die Reflexionsverluste lassen sich mit den Fresnelschen Formeln berechnen. Die Absorptionsverluste hängen von der Wellenlänge und vom Lichtweg in der Faser ab.

Farbfehler. Inhomogene Stoffe lassen sich aus homogenen Stoffen herstellen, indem durch eine thermisch angeregte Diffusion Substanzen in die Faser eingebracht werden. Die Konzentration der einzelnen Komponenten des inhomogenen Stoffes ist ortsabhängig, wodurch sich ein Brechzahlgradient herausbildet. Infolge der Wechselwirkung der einzelnen Komponenten des inhomogenen Stoffes in Abhängigkeit von ihrer Konzentration mit dem Licht ist die Brechzahlverteilung wellenlängenabhängig. Das bedeutet, daß bei der Abbildung Farbfehler und bei der Signalübertragung Verzerrungen auftreten.

Gradientenlinsen. Die Anwendungsgebiete der Gradientenlinsen sind besonders bei optischen Systemen für Kopiermaschinen, Videoplattengeräten und bei Mikroobjektiven zu finden. Auch Schmidt-Platten für Teleskope lassen sich realisieren. Allgemein sind Gradientenlinsen für miniaturisierte optische Systeme zweckmäßig.

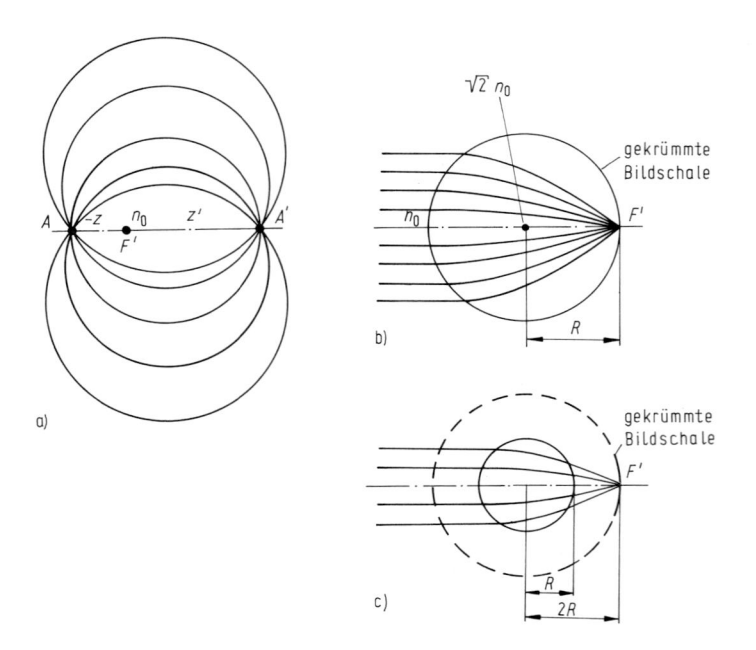

Abb. 4.86 Strahlenverlauf a) beim Maxwellschen Fischauge, b) bei der Luneburg-Linse, c) bei der verallgemeinerten Luneburg-Linse

4.1 Geometrisch-optisch abbildende Funktionselemente

Bereits Maxwell hat 1854 die Abbildung mittels einer kugelsymmetrischen Brechzahlverteilung behandelt. Der Brechzahlverlauf

$$n(r) = \frac{n_0}{1+\left(\dfrac{r}{R}\right)^2} \tag{4.227}$$

(bei $r = 0$ liegt der Brennpunkt, und es ist $n(0) = n_0$, im Unendlichen gilt $n(\infty) = 0$) ermöglicht die Abbildung nach der Gleichung $zz' = -R^2$ (Abb. 4.86a). Darin ist R der Radius, bis zu dem die Brechzahl auf $0{,}5 n_0$ gesunken ist. Abgesehen davon, daß die Brechzahlverteilung praktisch nicht zu realisieren ist, hat die Abbildung Verzeichnung.

Die unendlich ferne Ebene kann auf die Kugelfläche der Linse abgebildet werden, wenn die Brechzahl nach der Funktion

$$n(r) = n_0 \sqrt{2-\left(\dfrac{r}{R}\right)^2}, \quad \sqrt{2}\, n_0 \geq n(r) - n_0 \tag{4.228}$$

verläuft ($n = \sqrt{2}\, n_0$ im Mittelpunkt, $n = n_0$ an der Oberfläche). Diese inhomogene Kugel wird Luneburg-Linse genannt (Abb. 4.86b). Sie läßt sich noch so abwandeln, daß die gekrümmte Bildschale außerhalb der Linse mit dem Radius R liegt (z. B. den Radius $2R$ hat; Abb. 4.86c). Luneburg-Linsen und ihre Variationen haben in der integrierten Optik Bedeutung erlangt.

Linsen mit radialer Brechzahländerung sind ähnlich wie die "GRIN-Stäbe" zu behandeln. Der fokussierenden Wirkung durch die Brechzahlverteilung überlagern sich die Flächenbrechkräfte. Es lassen sich mit sphärischen Begrenzungsflächen analoge Verbesserungen der Bildgüte erreichen wie mit asphärischen Flächen.

Axiale Brechzahländerungen sind ebenfalls geeignet, bei Funktionselementen, die entweder ebene oder sphärische Grenzflächen haben, die Bildgüte günstig zu beeinflussen. In diesem Fall kann sich auch eine inhomogene Schicht begrenzter Dicke an einen homogenen Stoff anschließen.

Miesel [38] berichtet über die Verringerung des Öffnungsfehlers (vgl. 4.3.3) bei Gradientenlinsen. Als Maß dient die Schnittweitendifferenz $\Delta s' = \hat{s}' - s'$ zwischen einem Strahl der Einfallshöhe h und dem paraxialen Strahl. Die axiale Verteilung hat den Verlauf

$$n(z) = n_0 + n_1 z,$$

die radiale Verteilung wird durch die Funktion (4.209), also durch

$$n(r) = n_0 \operatorname{sech}\left(\sqrt{a}\, r\right)$$

dargestellt. Die Konstanten n_1 bzw. a sind so vorgegeben, daß die Abweichung von $n_0 = 1{,}5$ ca. $3 \cdot 10^{-3}$ bis $6 \cdot 10^{-2}$ auf einer Strecke von 10 mm beträgt. Es wurde eine Plankonvexlinse mit dem Radius der Vorderfläche 50 mm in Luft verwendet. Die objektseitige Schnittweite ist unendlich. Tab. 4.22 enthält die berechneten Werte für $\Delta s'$.

Für Einzellinsen hat auch Moore bereits 1971 Berechnungen durchgeführt [39]. Diese wurden z. B. auf Kollimatorlinsen ausgedehnt [40]. Moore gibt Werte für die Abbildungsfehler, Spot-Diagramme (Durchstoßpunkte in der Auffangebene für ausgewählte Strahlen) und Toleranzforderungen an. Eine Linse mit dem axialen Gradienten $n = 1{,}65 - 0{,}030294 z$ (Tab. 4.23a), eine Linse mit dem radialen Gradienten $n = 1{,}522 + 0{,}0983 r^2 + 0{,}03222 r^4$ (Tab. 4.23b) und eine Linse mit dem radialen Gradienten $n = 1{,}55 + 0{,}000261 r^4 + 0{,}00003 r^6$ (Tab. 4.23c) werden vorgestellt. Bei der letzten Linse folgt die paraxiale Brechkraft nur aus der Krümmung der Linsenflächen. Die Arbeiten zu inhomogenen Schmidt-Platten werden wir in 6.5 referieren.

Tabelle 4.22 Öffnungsfehler von Gradientenlinsen nach [38] (sphärische Längsabweichung $\Delta s' = \hat{s}' - s'$)

h	homogen	$n_1 = -0{,}058$ cm^{-1}	$n_1 = -0{,}0575$ cm^{-1}
0,7	$-0{,}0566$	0,0005204	0,0000398
1,4	$-0{,}2302$	0,0015289	$-0{,}0004995$
2,1	$-0{,}5344$	0,0009329	$-0{,}0039319$
2,8	$-0{,}9984$	$-0{,}0065869$	$-0{,}0159933$
h		$\sqrt{a} = 0{,}065$ cm^{-1}	$\sqrt{a} = 0{,}067$ cm^{-1}
0,7		0,0002701	0,003148
1,4		$-0{,}0005924$	0,0125656
2,1		$-0{,}013778$	0,0167991
2,8		$-0{,}062521$	$-0{,}0054573$

Tabelle 4.23 Von Moore angegebene Kollimatorlinsen, (a) axialer Gradient, (b) radialer Gradient, (c) radialer Gradient (Daten im Text, $s = -\infty$)

	(a)	(b)	(c)
Öffnungsverhältnis	1:4	1:5	1:5
Brennweite in mm	200	100	100
Durchmesser in mm	50	20	20
Dicke in mm	10	17,5	10
Radius r_1 in mm	127,395	33,333	58,118
Radius r_2 in mm	5977,286	18,967	$-962{,}279$

Anisotrope Funktionselemente. Für Linsen, die wegen des größeren spektralen Transmissionsgrades außerhalb des sichtbaren Gebiets oder wegen des ungewöhnlichen Dispersionsverhaltens (große Abbesche Zahl bzw. Lage im P-ν-Diagramm weit von der "eisernen Geraden" entfernt, auf der die Mehrzahl der Gläser liegen) aus Kristallen hergestellt werden sollen, wird man im allgemeinen die isotropen kubischen Kristalle einsetzen. Gelegentlich sind aber auch Funktionselemente aus optisch einachsigen oder zweiachsigen Kristallen erforderlich, die eine von der Lichtrichtung abhängige Brechzahl haben, also anisotrop sind.

Zentrierte Linsen aus optisch einachsigen Kristallen sind nur dann optisch rotationssymmetrisch, wenn die optische Kristallachse parallel oder senkrecht zur optischen Achse liegt. Deshalb werden diese Fälle bevorzugt.

Da sich ordentliche Strahlen wie im isotropen Stoff mit der Brechzahl n_r verhalten, hat die Kristallinse eine Brechkraft, die aus

$$F_r' = \Phi_1 - \Phi_2 + \Phi_1 \Phi_2 \dot{d}_r \tag{4.229}$$

mit

$$\Phi_1 = \frac{n_r - 1}{r_1}, \quad \Phi_2 = \frac{n_r - 1}{r_2}, \quad \dot{d}_r = \frac{d}{n_r} \qquad (4.230a, b, c)$$

folgt. Bei einer Linse, bei der die optische Achse senkrecht zur optischen Kristallachse steht, haben bereits im paraxialen Gebiet die im Hauptschnitt verlaufenden Strahlen einen anderen Konvergenzpunkt als die senkrecht zum Hauptschnitt verlaufenden Strahlen. Es ergeben sich zusätzlich zur Brechkraft für das ordentliche Bündel zwei Brechkräfte für das außerordentliche Bündel. Die Sphärometerwerte lauten

$$\Phi_{1\psi} = \frac{n_\psi - 1}{r_1}, \quad \Phi_{2\psi} = \frac{n_\psi - 1}{r_2}. \qquad (4.231a, b)$$

Als reduzierte Dicken sind

$$\dot{d}_m = \frac{d}{n_m}, \quad \dot{d}_s = \frac{d}{n_s} \qquad (4.232a, b)$$

mit

$$n_m = n_r^2 n_a^2 \left(\frac{\cos^2\psi}{n_r^2} + \frac{\sin^2\psi}{n_a^2} \right)^{3/2}, \quad n_s = n_a^2 \left(\frac{\cos^2\psi}{n_r^2} + \frac{\sin^2\psi}{n_a^2} \right)^{1/2} \qquad (4.233a, b)$$

(vgl. [19]) zu verwenden. Die Brechkräfte folgen aus

$$F'_m = \Phi_{1\psi} - \Phi_{2\psi} + \Phi_{1\psi}\Phi_{2\psi}\dot{d}_m, \quad F'_s = \Phi_{1\psi} - \Phi_{2\psi} + \Phi_{1\psi}\Phi_{2\psi}\dot{d}_s. \qquad (4.234a, b)$$

Bei einer Linse mit parallel zur optischen Achse verlaufender optischen Kristallachse tritt keine Aufpaltung des Lichtes ein, das sich längs der optischen Achse ausbreitet. Es ist $n_m = n_s = n_a^2/n_r$ sowie $\dot{d}_m = \dot{d}_s$, und es entstehen nur zwei Brennpunkte. Eine Plankonvexlinse hat zwar nur eine Brechkraft, aber wegen der unterschiedlichen Hauptpunktlagen trotzdem auseinanderfallende Brennpunkte.

4.1.12 Funktionselemente zur Laserbündel-Transformation

Für die Transformation von Laserbündeln gelten nicht in jedem Fall die Gleichungen des paraxialen Gebiets von reflektierenden und brechenden Rotationsflächen. Das liegt besonders an der geometrischen und strahlungsphysikalischen Struktur der Laserbündel.

In 2.4.5 wurde ausgeführt, daß im Grundmodus der Laserschwingung ein Gaußbündel ausgesendet wird, bei dem die Intensität senkrecht zur Bündelachse nach einer Gaußfunktion abnimmt und längs der Bündelachse eine engste Einschnürung vorhanden ist (Taille, Abb. 2.68, 2.69). Der Radius der Taille wird mit w_0, der Radius in der Entfernung z von der Taille mit w bezeichnet (Gl. (2.193)). Der halbe Divergenzwinkel folgt aus Gl. (2.195). Nach [19] beträgt der Taillenradius für einen Resonator der Länge l, der durch Spiegel mit den Radien r_1 und r_2 gebildet wird,

$$w_0^4 = \left(\frac{\lambda}{\pi}\right)^2 \frac{l(r_1 - l)(r_2 - l)(r_1 + r_2 - l)}{(r_1 + r_2 - 2l)^2}. \qquad (4.235)$$

Gl. (2.192) stellt den Spezialfall für $r_1 = r_2 = l$ dar (konfokaler Resonator). Die Gleichungen vereinfachen sich, wenn die konfokalen Brennweiten

$$W_0 = \frac{\pi}{\lambda} w_0^2 \quad \text{und} \quad W = \frac{\pi}{\lambda} w^2 \qquad (4.236a, b)$$

eingeführt werden. Die Gleichungen (2.193) und (2.195) gehen über in

$$W = W_0 \left[1 + \left(\frac{z}{W_0} \right)^2 \right], \quad \tan \Theta = \sqrt{\frac{\lambda}{\pi W_0}}. \qquad (4.237a, b)$$

Es läßt sich zeigen, daß ein rotationssymmetrisches optisches System mit der Brennweite f' im Rahmen der sogenannten paraxialen Näherung die in der Entfernung a_t (gemessen vom Hauptpunkt H aus) liegende Taille in die Entfernung

$$a'_t = -\frac{(a_t + f')f'^2}{(a_t + f')^2 + W_0^2} + f' \qquad (4.238)$$

transformiert. Der Taillen-Transformationsmaßstab $\beta'_t = w'_0/w_0$ folgt aus

$$\beta'_t = \frac{f'}{\sqrt{(a_t + f')^2 + W_0^2}}. \qquad (4.239)$$

Winkelverhältnis bzw. Tiefenmaßstab betragen

$$\gamma'_t = \frac{\tan \Theta'}{\tan \Theta} = \frac{1}{\beta'^2_t}, \quad \alpha'_t = \beta'^2_t. \qquad (4.240a, b)$$

Der Divergenzwinkel transformiert sich nach

$$\tan \Theta' = \frac{w_0}{w'_0} \tan \Theta. \qquad (4.240c)$$

Die Abb. 4.87 und 4.88 veranschaulichen die Transformationsgleichungen für ein Beispiel.

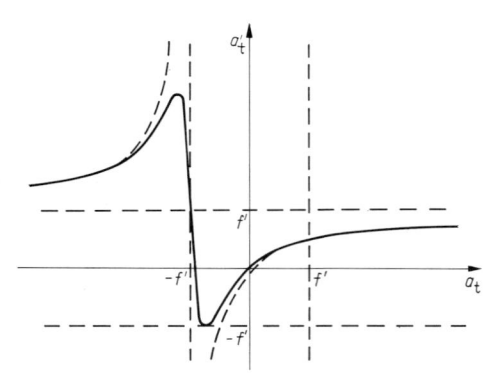

Abb. 4.87 Bildseitige Taillenentfernung a'_t (gestrichelt: Bildweite, die sich nach der paraxialen Abbildungsgleichung für Linsen ergäbe)

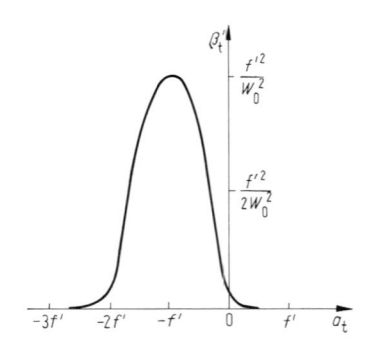

Abb. 4.88 Taillen-Transformationsmaßstab β'_t als Funktion der Taillenentfernung a_t

4.1 Geometrisch-optisch abbildende Funktionselemente

Für höhere Moden als TEM$_{00}$ kann man angenähert davon ausgehen, daß in den Gleichungen der Taillendurchmesser und der Divergenzwinkel um den Faktor v_{mn} zu vergrößern ist ($w_{0mn} = v_{mn}w_0$, $\Theta_{mn} = v_{mn}\Theta$). Für Moden ohne Rotationssymmetrie TEM$_{mn}$ ($m \neq n$) gilt v_{mn} für die maximale Ausdehnung. Es ist z. B. $v_{10} = 1{,}5$, $v_{20} = 1{,}85$, $v_{30} = 2{,}14$. Der Vergrößerungsfaktor gilt auch für die transformierten Größen. Es ist demnach $\Theta'_{mn} = v_{mn}\Theta'$ und $w_{0mn} = v_{mn}w'_0$. Aus Gl. (4.238) folgt

$$a'_t = -\frac{(a_t + f')f'^2}{(a_t + f')^2 + \dfrac{w_{0mn}^2}{\Theta_{mn}^2}}. \tag{4.241}$$

Gl. (4.239) führt auf

$$\beta'_t = \frac{f'}{\sqrt{(a_t + f')^2 + \dfrac{w_{0mn}^2}{\Theta_{mn}^2}}}. \tag{4.242}$$

Weiterhin ist bei kleinen Winkeln (mit $\tan\Theta'/\tan\Theta = 1/\beta'^2_t$)

$$\Theta'^2_{mn} = \frac{w_{0mn}^2 + \Theta_{mn}^2(a_t + f')^2}{f'^2}. \tag{4.243}$$

Bei Halbleiterlasern ist zu beachten, daß die Bündeltaillen in zwei zueinander senkrechten Schnitten sehr verschieden groß sind. Die Gleichungen sind dann für beide Schnitte getrennt anzuwenden.

Die Laserbündel-Transformation ist für zwei grundlegende Aufgaben erforderlich: für die Fokussierung auf eine kleine Fläche und für die Änderung des Bündelradius, die mit der Änderung des Divergenzwinkels verbunden ist.

Für die Fokussierung muß $|\beta'_t|$ möglichst klein sein. Da $|a_t + f'|$ nicht sehr groß gewählt werden kann, muß W_0 möglichst groß sein. Bei Gas- und Festkörperlasern ist die Divergenz klein, also W_0 groß. Es gilt angenähert bei $W_0 \gg |a_t + f'|$

$$\beta'_t = \frac{|f'|}{W_0}.$$

Daraus folgt, daß ein optisches System mit kleiner Brennweite erforderlich ist.

Die Vergrößerung des Bündelradius führt nach Gl. (4.240c) zur Verringerung der Divergenz. Der maximale Effekt wird erreicht, wenn die Bündeltaille in der objektseitigen Brennebene liegt, weil dann $\beta'_t = f'/W_0$ ist (maximaler Wert). Eine weitere günstige Wirkung hat demnach ein kleines W_0. Bei Gas- und Festkörperlasern ist diese Forderung nicht erfüllt. Es müßte also ein optisches System mit einer großen Brennweite verwendet werden. Häufig werden zweigliedrige afokale Systeme eingesetzt ($t = 0$, $f' = \infty$). In diesem Fall ist (vgl. 6.3.2)

$$W'_0 = \frac{W_0}{\Gamma'^2}, \quad z'_t = z_t \Gamma'^2 \tag{4.244a, b}$$

mit dem Aufweitungsfaktor

$$|\Gamma'| = |f'_1/f'_2|. \tag{4.244c}$$

Die umfassende Analyse der Kogelnickschen Formeln (4.236) bis (4.240) und ihre programmtechnische Umsetzung wurde von Richter u.a. vorgenommen [72], [73].

4.2 Bündelbegrenzende optische Funktionselemente

4.2.1 Begrenzung der Öffnung

Blenden. In der geometrischen Optik werden die Objekte mit Strahlenbündeln abgebildet, die von den einzelnen Objektpunkten ausgehen. In den optischen Systemen blenden die Spiegel-, Prismen- und Linsenfassungen sowie besondere Blenden aus den objektseitigen Lichtkegeln die Bündel aus, die die Abbildung vermitteln. Der gesamte damit zusammenhängende Komplex an Erscheinungen wird oft "Strahlenbegrenzung" genannt, obwohl der Begriff "Bündelbegrenzung" besser ist. Dieser soll deshalb hier bevorzugt werden.

> Sämtliche Öffnungen im Strahlenraum eines optischen Systems, die an der Bündelbegrenzung beteiligt sind, heißen Blenden.

Im allgemeinen nehmen wir die Blenden kreisförmig und konzentrisch zur optischen Achse an, d. h., wir setzen im allgemeinen zentrierte optische Systeme und Blenden voraus. Nur bei anderen Blendenformen und -lagen soll besonders darauf hingewiesen werden.

Die Bündelbegrenzung durch Blenden hat für die Realisierung der optischen Abbildung große Bedeutung. Einzelheiten über den Einfluß der Blenden auf die Strahlenvereinigung werden wir in 4.3 behandeln. Es gibt jedoch grundlegende Blendenwirkungen, die mit ausreichender Näherung durch Anwenden der Beziehungen des paraxialen Gebietes untersucht werden können. Diesen wenden wir uns in diesem Abschnitt vorwiegend zu.

Strenggenommen arbeiten wir in diesem Komplex mit so großen Blenden, Blendenbildern, Objekten und Bildern, daß das paraxiale Gebiet verlassen wird. Wenn wir in diesem Zusammenhang vom paraxialen Gebiet der geometrisch-optisch abbildenden Funktionselemente sprechen, dann meinen wir damit, daß wir die Formeln des paraxialen Gebietes anwenden. Da die Abbildung im paraxialen Gebiet ideal ist, wäre es eigentlich theoretisch exakt, von einer Untersuchung der Blendenwirkungen in einem ideal abbildenden System zu sprechen.

Das Einzeichnen der Linsen in die Abbildungen dient zur Erhöhung der Anschaulichkeit und soll ständig darauf hinweisen, daß auch die Linsenfassungen als Blenden wirken.

Zu behandeln sind auf der dargestellten Basis

– die Begrenzung der Öffnung,
– die Begrenzung des Feldes,
– die Begrenzung des Zerstreuungskreises und
– die Begrenzung des Lichtstroms.

Die hier verwendeten Definitionen weichen teilweise von denen ab, die in DIN 1335 und in einigen Lehrbüchern verwendet werden. Die Unterschiede werden in 4.2.3 zusammengefaßt dargestellt.

Öffnungsblende. Wir beschäftigen uns zuerst mit der Begrenzung der Öffnung. Die hier betrachteten optischen Bilder sollen Luftbilder sein, d. h., sie werden nicht auf einem Schirm aufgefangen. Die Objektpunkte liegen auf der optischen Achse. Abb. 4.89 zeigt eine Plankonvexlinse. Die objektseitige Schnittweite beträgt $s = -\infty$, die bildseitige Schnittweite $s' = f'$

4.2 Bündelbegrenzende optische Funktionselemente

(weil Flächenscheitel und Hauptpunkt H′ zusammenfallen). Eine besondere Blende ist nicht vorhanden. Die Linsenfassung begrenzt das Bündel, das vom unendlich fernen Achsenpunkt ausgeht, indem sie objektseitig den Durchmesser $2h$ des Bündels festlegt.

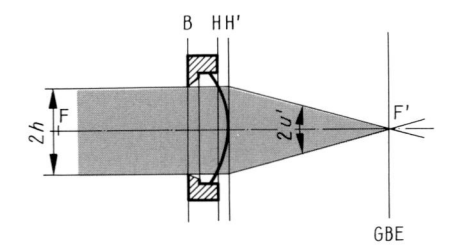

Abb. 4.89 Linsenfassung als Öffnungsblende. Unendliche Objektweite

Abb. 4.90 zeigt dieselbe Plankonvexlinse wie Abb. 4.89, aber die objektseitige Schnittweite ist endlich. Die Begrenzung des Bündels durch die Linsenfassung kommt in der Festlegung des objektseitigen Öffnungswinkels $2u$ zum Ausdruck.

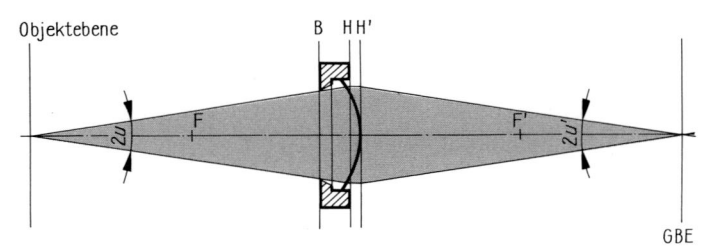

Abb. 4.90 Linsenfassung als Öffnungsblende. Endliche Objektweite

Sowohl in Abb. 4.89 wie auch in Abb. 4.90 begrenzt die Blende den bildseitigen Öffnungswinkel $2u'$. Damit gelten folgende Definitionen:

Der $\frac{\text{objektseitige}}{\text{bildseitige}}$ Öffnungswinkel $\frac{2u}{2u'}$ ist der Winkel, den zwei in einer Ebene liegende Randstrahlen im $\frac{\text{Objektraum}}{\text{Bildraum}}$ einschließen.

Die Blende, die bei der Abbildung des unendlich fernen Achsenpunktes den objektseitigen Durchmesser $2h$, bei der Abbildung eines im Endlichen liegenden Achsenpunktes den objektseitigen Öffnungswinkel $2u$ des Lichtbündels begrenzt, ist die Öffnungsblende.

In Abb. 4.89 und 4.90 wirkt die Linsenfassung als Öffnungsblende.

Bei optischen Systemen, die für endliche objektseitige Schnittweite verwendet werden, ist es aus theoretischen Gründen oft zweckmäßiger, statt des objektseitigen Öffnungswinkels die numerische Apertur A (lies Alpha) anzugeben. Diese ist definiert durch

$$A = n \sin u. \tag{4.245}$$

Der Faktor n ist die Brechzahl des Stoffes, der sich vor dem optischen System befindet.

Austrittspupille. In Abb. 4.91 wurde gegenüber Abb. 4.89 zusätzlich eine Blende vor der Linse angebracht. Wir sprechen von einer Vorderblende. Jetzt wirkt diese als Öffnungsblende, weil sie und nicht die Linsenfassung das Bündel einengt.

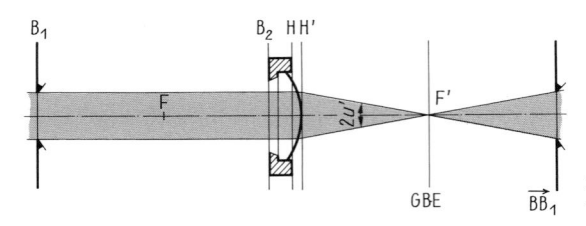

Abb. 4.91 Öffnungsblende als Vorderblende. Reelle Austrittspupille

Wir bilden die Öffnungsblende paraxial durch die Linse ab und erhalten $\overrightarrow{BB_1}$. Dieses Symbol bedeutet: durch Abbilden nach rechts entstandenes Bild der Blende B_1. Das Symbol steht unterhalb des Blendenbildes, weil es einem umgekehrten Bild zugeordnet ist. Da B_1 und $\overrightarrow{BB_1}$ zueinander konjugiert sind, verläuft das Bündel so, als befinde sich an der Stelle von $\overrightarrow{BB_1}$ eine wirkliche Blende.

| Das bildseitige Bild der Öffnungsblende ÖB ist die Austrittspupille AP.

Die Kenntnis von Ort und Größe der Austrittspupille reicht bei bekanntem Bildort aus, um die Begrenzung des Lichtbündels im Bildraum zu bestimmen.

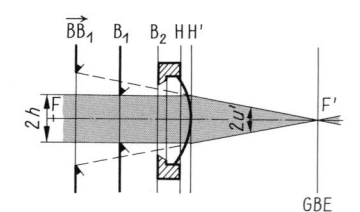

Abb. 4.92 Öffnungsblende als Vorderblende. Virtuelle Austrittspupille

Abb. 4.92 unterscheidet sich von Abb. 4.91 dadurch, daß die Öffnungsblende näher an die Linse herangerückt ist. Sie befindet sich innerhalb der Brennweite der Linse, so daß ihr Bild, die Austrittspupille, links der Linse liegt und virtuell ist. Dadurch gehen bildseitig die Randstrahlen nicht durch den Rand der Austrittspupille, sie scheinen von ihm herzukommen. (Die Strahlenverlängerungen gehen durch den Pupillenrand.) Die Äquivalenz von Öffnungsblende und Austrittspupille drückt sich darin aus, daß die Austrittspupille den bildseitigen Öffnungswinkel $2u'$ festlegt. Damit ergibt sich eine zweite Möglichkeit, die Austrittspupille zu definieren.

> Die Austrittspupille AP ist das bildseitige Blendenbild, das bei einer im Endlichen liegenden Bildebene von deren Achsenpunkt aus unter dem kleinsten Winkel erscheint, bei einer im Unendlichen liegenden Bildebene das Blendenbild mit dem kleinsten Durchmesser.
> (Hinterblenden sind wie bildseitige Blendenbilder zu behandeln.)

Diese Definition ist besonders für das Aufsuchen der Austrittspupille bei unbekannter Lage der Öffnungsblende nützlich.

4.2 Bündelbegrenzende optische Funktionselemente

Eintrittspupille. In Abb. 4.91 ändert sich an der Bündelbegrenzung nichts, wenn die Blende B_1 und ihr Bild $\overrightarrow{BB_1}$ ausgetauscht werden (Abb. 4.93). Es liegt dann eine Hinterblende vor. Diese wirkt in Abb. 4.93 als Öffnungsblende, weil sie den bildseitigen Öffnungswinkel $2u'$ bestimmt.

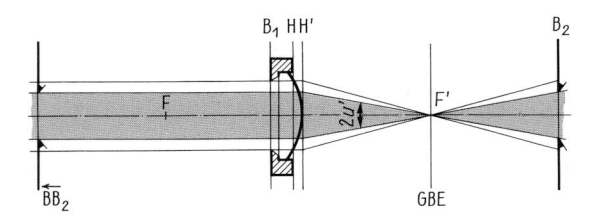

Abb. 4.93 Öffnungsblende als Hinterblende. Reelle Eintrittspupille

Die Kenntnis des objektseitigen Blendenbildes $\overleftarrow{BB_2}$ genügt, um im Objektraum die Begrenzung des Bündels festlegen zu können. Ohne diese Kenntnis müßten wir das gesamte Bündel verfolgen, das die Linsenfassung hindurchläßt. Die Blende B_2 schneidet dann den in der Abb. 4.93 nicht getönten Anteil weg, so daß die nicht getönten Ränder des objektseitigen Bündels nicht an der Abbildung beteiligt sind.

| Das objektseitige Bild der Öffnungsblende ÖB ist die Eintrittspupille EP.

Weiter gilt also:

| Eintrittspupille, Öffnungsblende und Austrittspupille sind zueinander konjugiert.

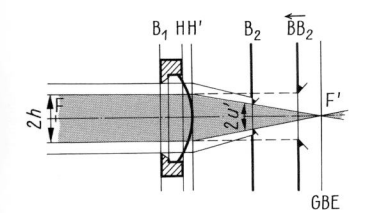

Abb. 4.94 Öffnungsblende als Hinterblende. Virtuelle Eintrittspupille

Auch die Blende B_2 in Abb. 4.94 stellt eine Hinterblende dar. Sie begrenzt das Bündel stärker als die Linsenfassung und ist deshalb die Öffnungsblende. Im Unterschied zu Abb. 4.93 ist in Abb. 4.94 die Eintrittspupille ein virtuelles Bild der Öffnungsblende. Die objektseitigen Randstrahlen zielen demnach auf die Eintrittspupille hin und gehen nicht wirklich hindurch. Zur Bestimmung der Eintrittspupille bei unbekannter Lage der Öffnungsblende ist folgende Definition anwendbar:

| Die Eintrittspupille EP ist das objektseitige Blendenbild, das bei einer im Endlichen liegenden Objektebene von deren Achsenpunkt aus unter dem kleinsten Winkel erscheint, bei einer im Unendlichen liegenden Objektebene das Blendenbild mit dem kleinsten Durchmesser.
| (Vorderblenden sind wie objektseitige Blendenbilder zu behandeln.)

Als Maßzahl der objektseitigen Begrenzung der Öffnung verwenden wir bei unendlich fernem

Objekt die Öffnungs- oder Blendenzahl k. Diese ist definiert durch

$$k = \frac{f'}{2h} \qquad (2h \text{ ist der Durchmesser der Eintrittspupille}). \qquad (4.246)$$

Der Kehrwert der Öffnungszahl ist die relative Öffnung oder das Öffnungsverhältnis

$$K = \frac{2h}{f'}. \qquad (4.247)$$

Abb. 4.95 soll noch einmal demonstrieren, daß es vom Objektort abhängt, welche Blende als Öffnungsblende wirkt.

In Abb. 4.95a ist die objektseitige Schnittweite unendlich. Die Blende B_1 hat einen kleineren Durchmesser als die Blende B_2, so daß sie Öffnungsblende (Vorderblende) und Eintrittspupille ist. Das Bild $\overrightarrow{BB_1}$ stellt die Austrittspupille dar; es erscheint vom Achsenpunkt des Bildes aus unter einem kleineren Winkel als die Blende B_2. In Abb. 4.95b ist der Grenzfall dargestellt. B_1 und B_2 werden vom Achsenpunkt des Objekts aus unter dem gleichen Winkel gesehen. Wir haben zwei Eintrittspupillen, Öffnungsblenden und Austrittspupillen. Die Blende B_2 und das Blendenbild $\overrightarrow{BB_1}$ sind die Austrittspupillen. In Abb. 4.95c schließlich ist die Blende B_2 Öffnungsblende, Eintrittspupille und Austrittspupille. (Den geringen Unterschied zwischen der Linsenfassung und ihrem Bild können wir in allen Fällen vernachlässigen, weil die Fassung sehr nahe bei der Hauptebene H steht.)

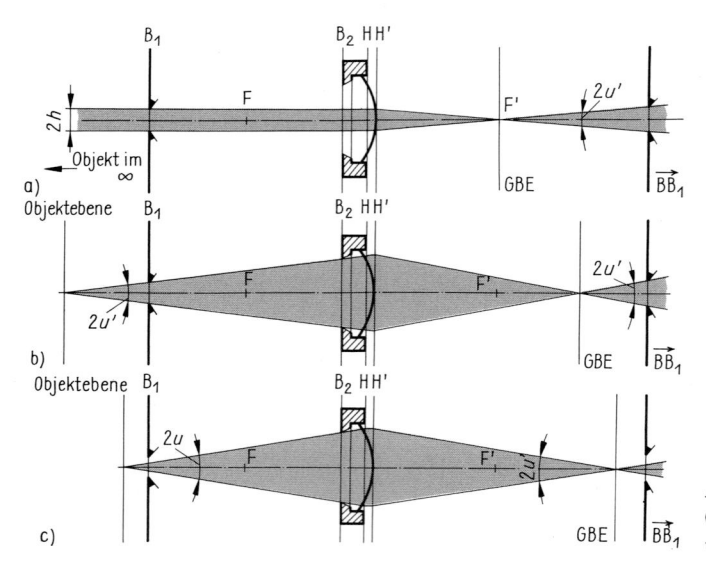

Abb. 4.95 Abhängigkeit der Öffnungsblende von der Objektweite

Bestimmung der Öffnungsblende. Der Algorithmus, mit dem die Begrenzung der Öffnung in einem beliebigen zentrierten optischen System untersucht werden kann, läßt sich in einem Flußbild darstellen (Tab. 4.24). Folgende Bezeichnungen und Begriffe sind zu erläutern:

Bevorzugter Zwischenbildraum. Eine optische Abbildung ist im allgemeinen zusammengesetzt, d. h., das Objekt wird nacheinander von mehreren Funktionselementen abgebildet. Das Bild, das vom ersten abbildenden Funktionselement erzeugt wird, also das erste Zwischen-

4.2 Bündelbegrenzende optische Funktionselemente

bild, ist das Objekt für das zweite abbildende Funktionselement usw. Jeder Teilabbildung sind ein Objekt- und ein Bildraum zugeordnet. Sämtliche Objekt- und Bildräume überdecken sich vollständig.

In einer optischen Abbildung aus n Einzelabbildungen sind die Bildräume 1 bis $n-1$ Zwischenbildräume.

Die Begrenzung der Öffnung kann in jedem Zwischenbildraum untersucht werden. Sämtliche Blenden sind in den ausgewählten Zwischenbildraum abzubilden. In diesem ist die Definition der Austrittspupille anzuwenden, womit die Austrittspupille für den Systemteil gefunden wird, der als Ganzes das ausgewählte Zwischenbild erzeugt.

Der Aufwand zur Abbildung der Blenden ist am geringsten, wenn der Zwischenbildraum ausgewählt wird, in dem die meisten Blenden stehen. Diese sind ja dann direkt wie zwischenbildseitige Blendenbilder zu behandeln.

In diesem Sinne formulieren wir:

> Ein bevorzugter Zwischenbildraum enthält mehr Blenden als die übrigen Bildräume des optischen Systems.

Blenden und Blendenbilder. Die Teilabbildung k ist mit dem Index k gekennzeichnet. Die Blenden tragen den Index ν. So bedeutet $B_k B_\nu$: Bild der Blende ν im Zwischenbildraum der Teilabbildung k.

Grundsätzlich führt der in Tab. 4.24 dargestellte Zweig über die Blendenbilder im Objekt- oder Bildraum stets zum Ziel. Der Aufwand kann jedoch größer sein als über die Blendenbilder in einem Zwischenbildraum.

Abb. 4.96 zeigt ein optisches System aus zwei Linsen. In Abb. 4.96c wurde der geringe Unterschied zwischen B_1 und dem davon durch die Linse 1 erzeugten Bild vernachlässigt. Dasselbe gilt für B_3 und das durch die Linse 2 davon erzeugte Bild.

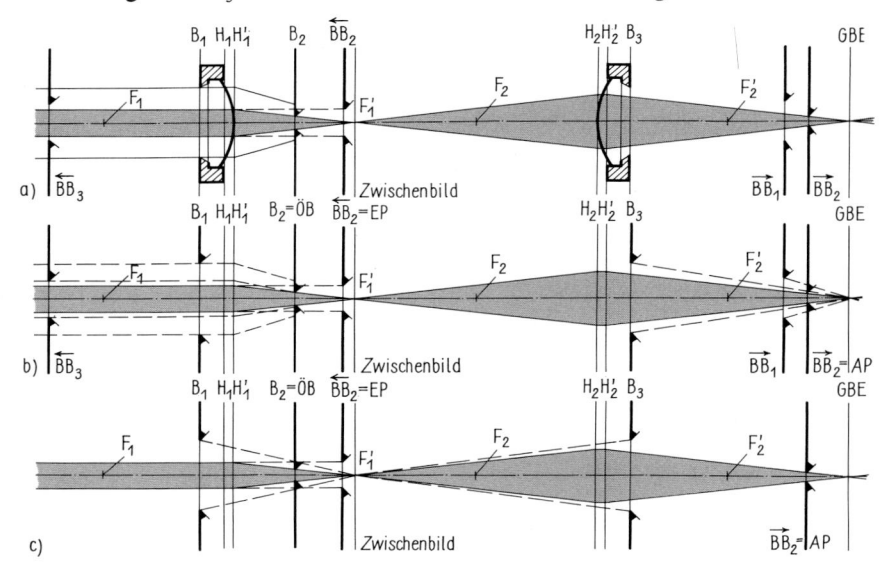

Abb. 4.96 Öffnungsbegrenzung bei zwei Linsen, Bestimmung der Öffnungsblende
a) Ausgangsschema, b) Bestimmung über die Blendenbilder im Objektraum bzw. im Bildraum, c) Bestimmung im Zwischenbildraum

Tabelle 4.24 Schema zur Bestimmung der Öffnungsblende

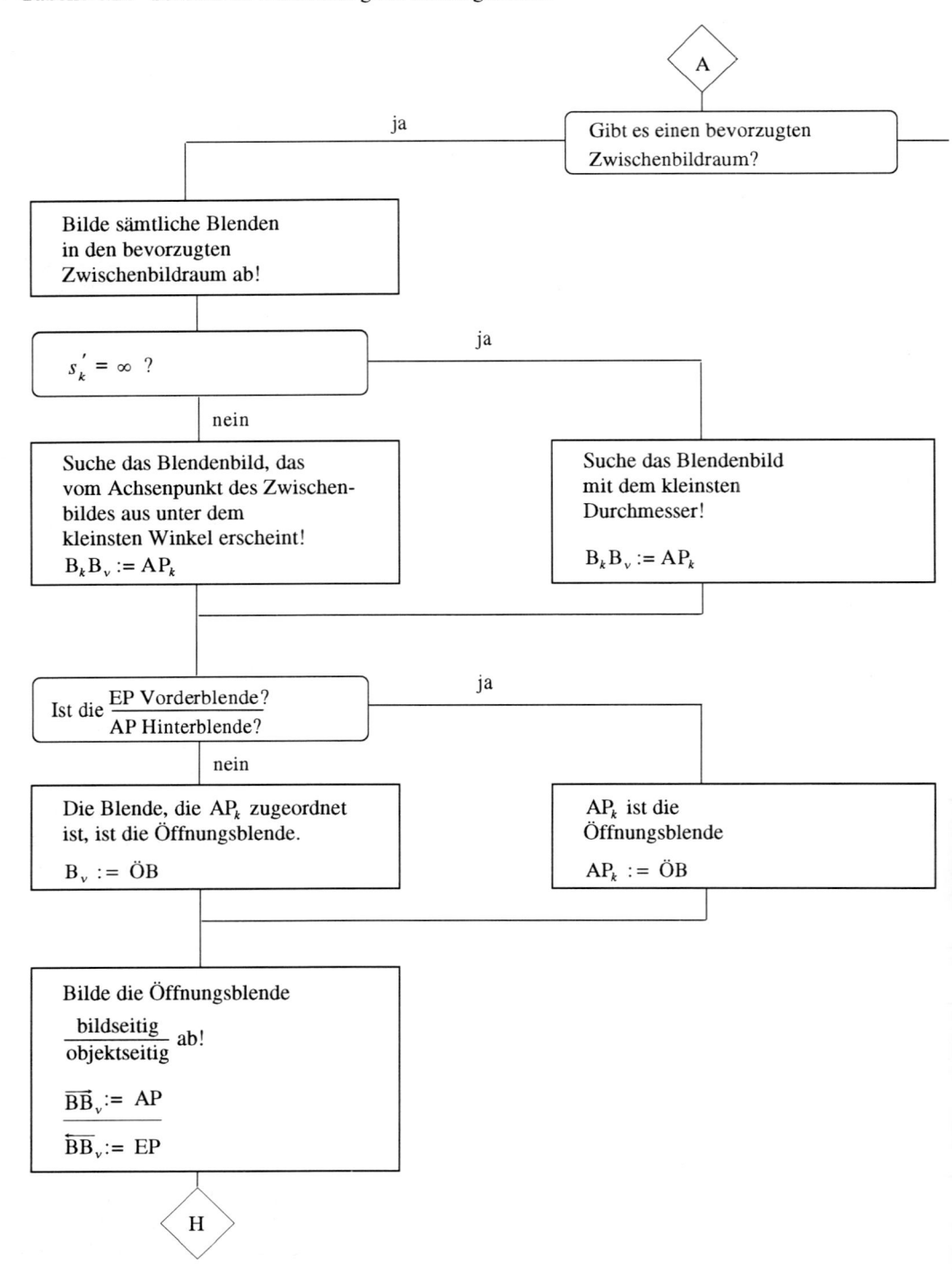

```
                                                        ◇ A
                              ja              Gibt es einen bevorzugten
                    ┌─────────────────────────  Zwischenbildraum?
                    │
         ┌──────────┴──────────┐
         │ Bilde sämtliche Blenden
         │ in den bevorzugten
         │ Zwischenbildraum ab!
         └──────────┬──────────┘
                    │
         ┌──────────┴──────────┐      ja
         │   s'_k = ∞ ?        ├─────────────────────┐
         └──────────┬──────────┘                     │
                    │ nein                           │
         ┌──────────┴──────────┐      ┌──────────────┴──────┐
         │ Suche das Blendenbild, das │ Suche das Blendenbild
         │ vom Achsenpunkt des Zwischen-│ mit dem kleinsten
         │ bildes aus unter dem       │ Durchmesser!
         │ kleinsten Winkel erscheint!│
         │ B_k B_v := AP_k            │ B_k B_v := AP_k
         └──────────┬─────────────────┴──────────────┬──────┘
                    │                                │
         ┌──────────┴──────────┐      ja             │
         │ Ist die EP Vorderblende? ├────────────────┤
         │        AP Hinterblende?  │                │
         └──────────┬──────────┘                     │
                    │ nein                           │
         ┌──────────┴──────────┐      ┌──────────────┴──────┐
         │ Die Blende, die AP_k zugeordnet │ AP_k ist die
         │ ist, ist die Öffnungsblende.│ Öffnungsblende
         │ B_v := ÖB                  │ AP_k := ÖB
         └──────────┬─────────────────┴──────────────┬──────┘
                    │                                │
         ┌──────────┴──────────┐                     │
         │ Bilde die Öffnungsblende                  │
         │    bildseitig   ab!                       │
         │   objektseitig                            │
         │  BB_v := AP                               │
         │  BB_v := EP                               │
         └──────────┬──────────┘
                    ◇ H
```

$$s'_k = \infty \ ?$$

Ist die $\dfrac{\text{EP Vorderblende?}}{\text{AP Hinterblende?}}$

$B_k B_v := AP_k$

$B_v := \text{ÖB}$

$AP_k := \text{ÖB}$

$\overline{BB}_v := AP$

$\overline{BB}_v := EP$

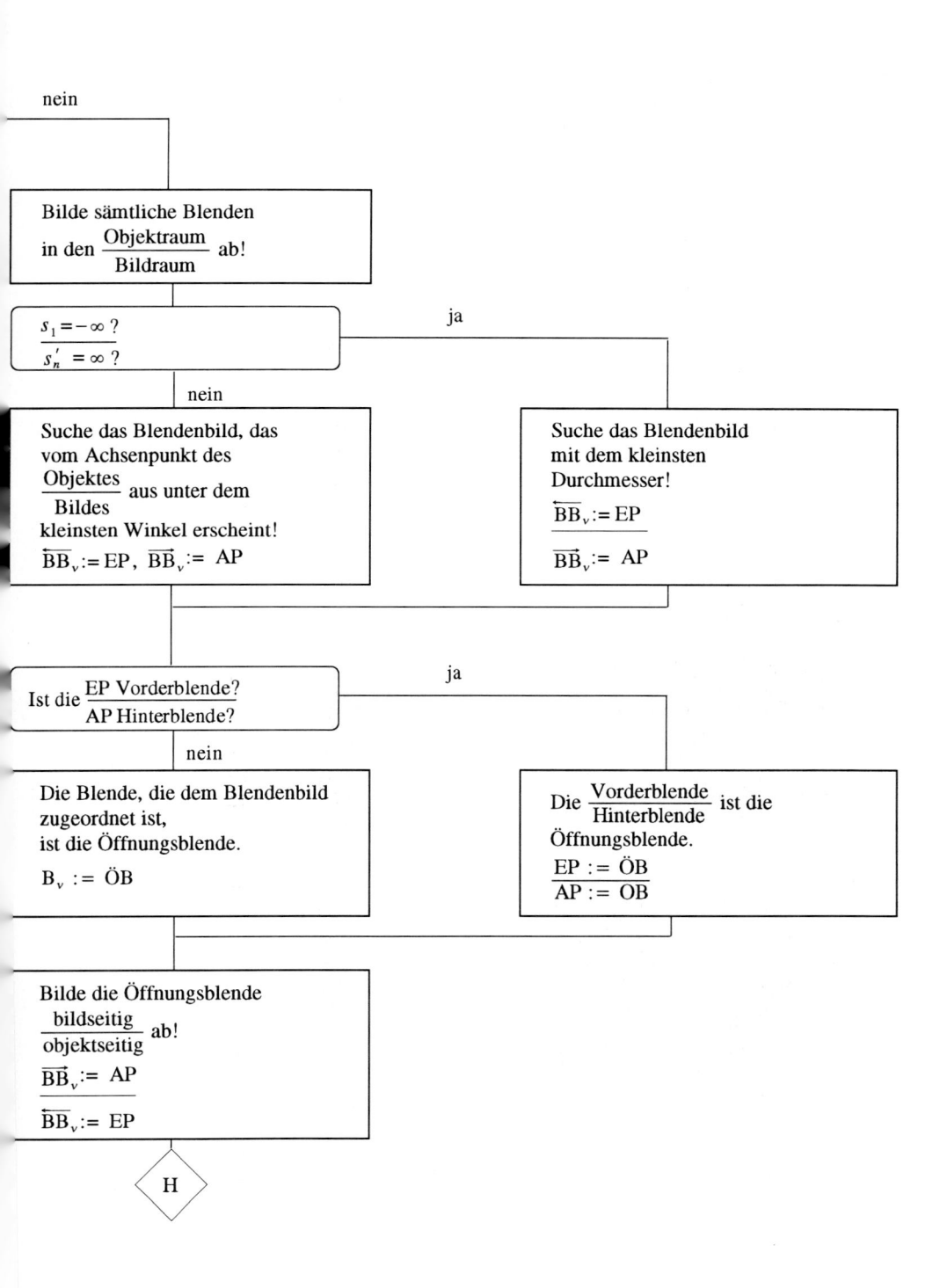

4.2 Bündelbegrenzende optische Funktionselemente

nein

Bilde sämtliche Blenden in den $\frac{\text{Objektraum}}{\text{Bildraum}}$ ab!

$\frac{s_1 = -\infty\ ?}{s_n' = \infty\ ?}$ — ja →

nein

Suche das Blendenbild, das vom Achsenpunkt des $\frac{\text{Objektes}}{\text{Bildes}}$ aus unter dem kleinsten Winkel erscheint!
$\overleftarrow{BB}_v := EP$, $\overrightarrow{BB}_v := AP$

Suche das Blendenbild mit dem kleinsten Durchmesser!
$\overleftarrow{BB}_v := EP$
$\overrightarrow{BB}_v := AP$

Ist die $\frac{\text{EP Vorderblende?}}{\text{AP Hinterblende?}}$ — ja →

nein

Die Blende, die dem Blendenbild zugeordnet ist, ist die Öffnungsblende.
$B_v := \text{ÖB}$

Die $\frac{\text{Vorderblende}}{\text{Hinterblende}}$ ist die Öffnungsblende.
$\overline{EP := \text{ÖB}}$
$\overline{AP := \text{ÖB}}$

Bilde die Öffnungsblende $\frac{\text{bildseitig}}{\text{objektseitig}}$ ab!
$\overrightarrow{BB}_v := AP$
$\overleftarrow{BB}_v := EP$

⟨ H ⟩

4.2.2 Scharfe Feldbegrenzung

Die Öffnungsblende begrenzt das Strahlenbündel, das von einem Achsenpunkt ausgeht. Für Strahlenbündel, die in außerhalb der optischen Achse liegenden Objektpunkten konvergieren, haben wir die Blendenwirkung noch zu untersuchen.

Die von außeraxialen Punkten ausgestrahlten Lichtbündel werden nicht nur von der Öffnungsblende begrenzt, sondern auch noch durch andere Blenden des optischen Systems.

Einmal kann die Öffnung des Bündels, das von einem außeraxialen Punkt ausgeht, zusätzlich eingeschränkt werden, zum anderen wird der Ausschnitt der Objektebene begrenzt, dessen Objektpunkte abgebildet werden.

Es wird also im allgemeinen durch Blenden, die keine Öffnungsblenden sind, die Leuchtdichte- bzw. Beleuchtungsstärkeverteilung im Bild zusätzlich beeinflußt und der abgebildete Teil der Objektebene, das Objektfeld, festgelegt. Die mit der Feldbegrenzung verbundenen Begriffe und Definitionen erläutern wir an ausgesuchten Beispielen. Abb. 4.97 enthält eine Linse und eine in der Objektebene angebrachte Blende B_1. Der Rand von B_1 erscheint vom Mittelpunkt der Eintrittspupille aus unter einem kleineren Winkel als die Linsenfassung B_3.

Die freie Fläche der Blende B_1 stellt den Teil der Objektebene dar, der abgebildet wird. Die Blende B_1 begrenzt also den Durchmesser $2y$ des Objektfeldes und damit auch den Durchmesser $2y'$ des Bildfeldes.

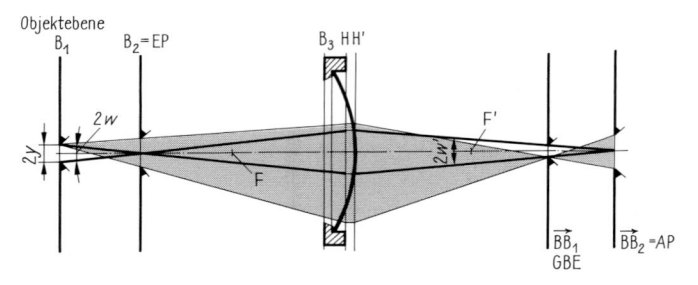

Abb. 4.97 Feldblende in der Objektebene

Die Begrenzung des Feldes kann auch durch die Angabe des Winkels $2w$, unter dem das Objektfeld vom Achsenpunkt der Eintrittspupille aus erscheint, oder des Winkels $2w'$, unter dem das Bildfeld vom Achsenpunkt der Austrittspupille aus erscheint, ausgedrückt werden. Es gelten folgende Definitionen:

> Der $\dfrac{\text{objektseitige Feldwinkel } 2w, \text{ kurz Objektwinkel}}{\text{bildseitige Feldwinkel } 2w', \text{ kurz Bildwinkel}}$ genannt, ist der Winkel, unter dem das $\dfrac{\text{Objektfeld}}{\text{Bildfeld}}$ vom Achsenpunkt der $\dfrac{\text{Eintrittspupille}}{\text{Austrittspupille}}$ aus erscheint.
>
> Der Durchmesser eines im Endlichen liegenden Objektfeldes $2y$ ist die Feldzahl. (Die Feldzahl wird im allgemeinen in Millimeter gemessen.)
>
> Die Blende, die bei einer im Endlichen liegenden Eintrittspupille den Objektwinkel $2w$, bei einer im Unendlichen liegenden Eintrittspupille die Feldzahl festlegt, ist die Feldblende FB.

4.2 Bündelbegrenzende optische Funktionselemente

In Abb. 4.97 ist auch das bildseitige Bild der Feldblende $\overrightarrow{BB}_1$ eingetragen. Die Kenntnis dieses Blendenbildes erlaubt die Beurteilung der Feldbegrenzung im Bildraum. Die Feldblende und ihr Bild sind für die Feldbegrenzung gleichwertig.

| Das bildseitige Bild der Feldblende FB ist die Austrittsluke AL.

Abb. 4.98 unterscheidet sich von Abb. 4.97 nur dadurch, daß die feldbegrenzende Blende in der Bildebene liegt. An den Verhältnissen ändert sich dadurch nichts. Das objektseitige Bild der Feldblende $\overrightarrow{BB}_3$ gestattet die Beurteilung der Feldbegrenzung im Objektraum.

| Das objektseitige Bild der Feldblende FB ist die Eintrittsluke EL.

In Abb. 4.97 ist die Feldblende wegen ihrer Lage im Objektraum zugleich Eintrittsluke, in Abb. 4.98 ist sie wegen ihrer Lage im Bildraum zugleich Austrittsluke.

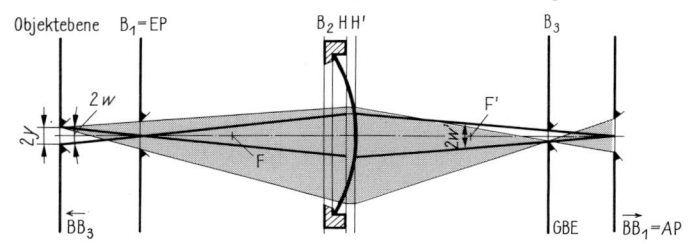

Abb. 4.98 Feldblende in der Bildebene

In Abb. 4.99 steht die Öffnungsblende in der bildseitigen Brennebene der Linse, so daß sich die Eintrittspupille im Unendlichen befindet. In diesem Fall kann objektseitig nur die Feldzahl, nicht der Objektwinkel angegeben werden.

Abb. 4.100 enthält den häufig auftretenden Fall des unendlich fernen Objekts, dessen Feldgröße objektseitig nur durch den Objektwinkel festgelegt ist.

Die Definitionen der Luken lassen sich auch folgendermaßen angeben:

| Die $\dfrac{\text{Eintrittsluke EL}}{\text{Austrittsluke AL}}$ ist bei einer im Endlichen liegenden $\dfrac{\text{Eintrittspupille}}{\text{Austrittspupille}}$ das $\dfrac{\text{objektseitige}}{\text{bildseitige}}$ Blendenbild, das von deren Achsenpunkt aus unter dem kleinsten Winkel erscheint, bei einer im Unendlichen liegenden $\dfrac{\text{Eintrittspupille}}{\text{Austrittspupille}}$ das $\dfrac{\text{objektseitige}}{\text{bildseitige}}$ Blendenbild mit dem kleinsten Durchmesser. ($\dfrac{\text{Vorderblenden}}{\text{Hinterblenden}}$ sind wie $\dfrac{\text{objektseitige}}{\text{bildseitige}}$ Blendenbilder zu behandeln.)

In den bisherigen Beispielen ist das Bildfeld scharf begrenzt, d. h., an seinem Rand springt die Leuchtdichte von einem endlichen Wert auf 0, weil die Eintrittsluke mit der Objektebene zusammenfällt. Außerdem geht das gesamte von einem Punkt des Objektfeldes, also auch von dessen Randpunkten, kommende und durch die Eintrittspupille ausgeblendete Bündel auch durch die Linse. Sämtliche Punkte des Objektfeldes werden mit Lichtbündeln, die die Eintrittspupille vollständig ausfüllen, abgebildet; es wird kein Teil der Bündel durch weitere Blenden abgeschnitten.

Das Objekt- und das Bildfeld sind scharf begrenzt, wenn die Feldblende in der Objektebene oder in einer zur Objektebene konjugierten Ebene steht.

Der Strahl, der von einem Objektpunkt aus durch die Mitte der Eintrittspupille geht, spielt eine besondere Rolle als Bezugsstrahl. Er wird deshalb Hauptstrahl genannt.

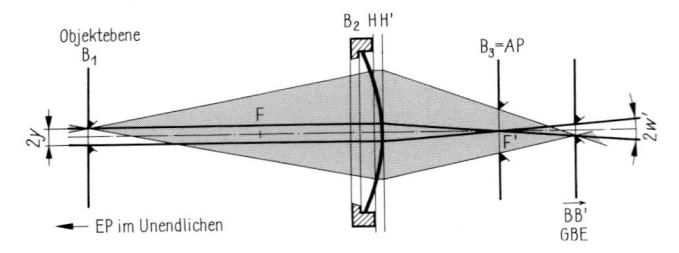

Abb. 4.99 Feldblende in der Objektebene, Eintrittspupille im Unendlichen

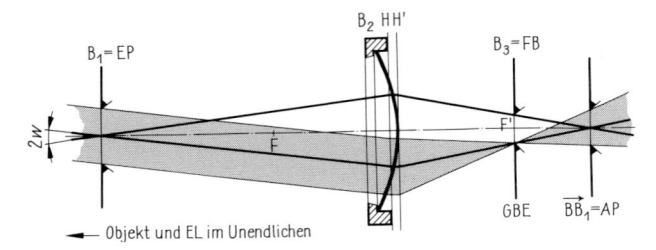

Abb. 4.100 Feldblende in der Brennebene, Objekt im Unendlichen

In den bisher dargestellten Fällen sind die Hauptstrahlen Symmetriestrahlen der abbildenden Bündel. Der Begriff "Symmetriestrahl" wird hier in dem Sinne verwendet, daß dieser Strahl durch den Schwerpunkt der Fläche geht, die den Schnitt des Bündels mit einer achsenkrechten Ebene darstellt.

Die Hauptstrahlen zu den beiden in einer Ebene liegenden Randpunkten des Feldes schließen objektseitig den Objektwinkel $2w$, bildseitig den Bildwinkel $2w'$ ein.

Der Strahl, der von einem Objektpunkt aus objektseitig durch die Mitte der Eintrittspupille, bildseitig durch die Mitte der Austrittspupille geht, wird Hauptstrahl genannt. Bei scharfer Feldbegrenzung ohne Abschattung ist der Hauptstrahl Symmetriestrahl des abbildenden Bündels.

4.2.3 Randabschattung

Abschattung durch Abschattblenden. Das optische System in Abb. 4.101a unterscheidet sich von demjenigen der Abb. 4.97 in der Größe der Feldblende, die zugleich Eintrittsluke ist. Durch das vergrößerte Objektfeld wird für einen Teil der Objektpunkte die Linsenfassung B_3 zusätzlich zur Öffnungsblende bündelbegrenzend wirksam. Der innere Bereich der Objektebene wird mit voller Eintrittspupille abgebildet (in Abb. 4.101a durch die strichpunktierten Strecken begrenzt).

4.2 Bündelbegrenzende optische Funktionselemente

Die den Objektpunkten dieses Bereichs zugeordneten Hauptstrahlen sind Symmetriestrahlen der abbildenden Bündel. Die Punkte des ringförmigen äußeren Bereichs werden nicht mit der vollen Eintrittspupille abgebildet, weil die Linsenfassung B_3 einen Teil des einen Punkt abbildenden Bündels wegschneidet. Für einen Randpunkt des Objektfeldes in der Abb. 4.101a ist das der nichtgetönte und durch eine unterbrochene Linie begrenzte Teil des Bündels. Die perspektivische Darstellung (Abb. 4.101b) läßt erkennen, daß das Bündel in der Eintrittspupille ein Kreiszweieck ausfüllt.

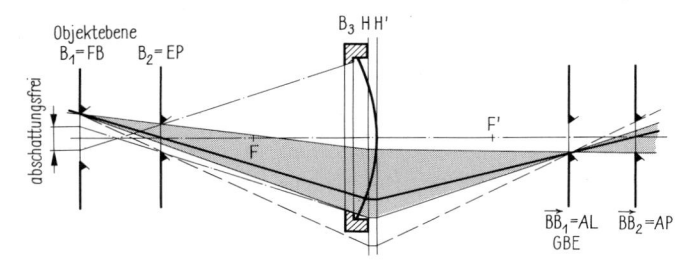

Abb. 4.101a Randabschattung durch die Linsenfassung

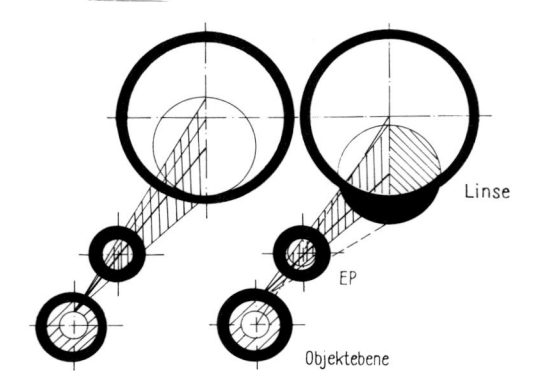

Abb. 4.101b Perspektivische Darstellung zu Abb. 4.101a

> Eine Blende, die weder Öffnungs- noch Feldblende ist und die trotzdem in das abbildende Bündel hineinragt, stellt eine Abschattblende AB dar. Sie erzeugt Randabschattung oder künstliche Vignettierung.
> Die Bilder von Abschattblenden werden Abschattluken ASL genannt.

Bei Randabschattung sinkt die Leuchtdichte in der ringförmigen Außenzone des Bildfeldes nach dem Rande zu stärker als ohne Randabschattung, aber stetig ab. Liegt die Eintrittsluke in der Objektebene wie in der Abb. 4.101a, dann bleibt eine scharfe Begrenzung des Bildfeldes erhalten. Die Leuchtdichte springt am Feldrand von einem endlichen Wert auf 0.

Die Randstrahlen eines abgeschatteten Bündels liegen nicht symmetrisch zum Hauptstrahl, sondern zu dem durch den Schwerpunkt des Kreiszweiecks gehenden Schwerstrahl.

Abschattung durch die Feldblende. In Abb. 4.102a fallen Objektebene und Feldblende, die zugleich Eintrittsluke ist, nicht zusammen. Die perspektivische Darstellung (Abb. 4.102b) zeigt besonders, daß hier auch ohne Abschattblende, also bereits durch die Feldblende, Randabschattung auftritt. Im Unterschied zur Randabschattung durch Abschattblenden gliedern sich die Objekt- und die Bildebene in drei Bereiche.

Der innere Bereich wird mit voller Eintrittspupille abgebildet, die Hauptstrahlen sind Schwerstrahlen. Für den Rand dieses Bereichs ist in Abb. 4.102a das abbildende Bündel unterbrochen begrenzt.

Im Bild des ringförmigen mittleren Bereichs sinkt die Leuchtdichte stärker ab als ohne Abschattung. Die Hauptstrahlen sind in den abbildenden Bündeln enthalten, aber nicht mehr mit den Schwerstrahlen identisch. Für den äußeren Rand dieses Bereichs ist in Abb. 4.102c das abbildende Bündel eingetragen. Es füllt in meridionaler Richtung nur noch die halbe Eintrittspupille aus. Der innere und der mittlere Bereich stellen das Objektfeld dar, denn nur sie werden vom Objektwinkel $2w$ erfaßt.

Im Bild der äußeren Ringzone sinkt die Leuchtdichte stetig auf 0 ab. Für keinen Punkt dieser Zone existiert der Hauptstrahl. Die Grenze des äußeren Bereichs ist in Abb. 4.102a strichpunktiert gezeichnet.

> Liegt die Feldblende nicht in der Objektebene oder in einer zur Objektebene konjugierten Ebene, dann sind Objekt- und Bildfeld nicht scharf begrenzt.
> Das $\dfrac{\text{Objektfeld}}{\text{Bildfeld}}$ ist definitionsgemäß durch den $\dfrac{\text{Objektwinkel } 2w}{\text{Bildwinkel } 2w'}$ festgelegt und zeigt Randabschattung durch die Feldblende. Außerhalb des Objektfeldes besteht eine Ringzone, deren Punkte noch abgebildet werden, für die aber im Bildfeld die Leuchtdichte nach dem Rand zu stetig auf 0 zurückgeht.

Abschattblenden, die in Abb. 4.102a bis 4.102c vermieden sind, würden eine weitere Randabschattung bewirken.

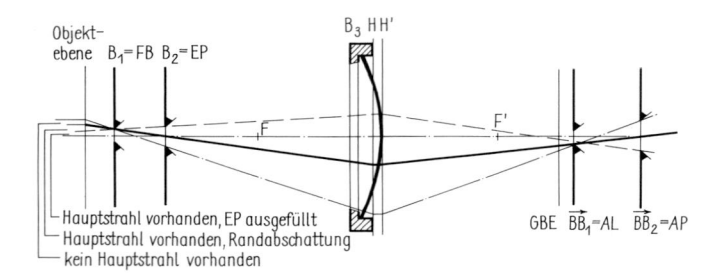

Abb. 4.102a Randabschattung durch die Feldblende

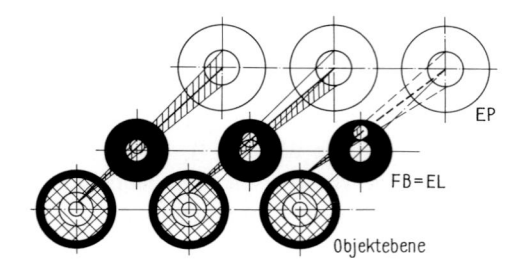

Abb. 4.102b Perspektivische Darstellung zu Abb. 4.102a

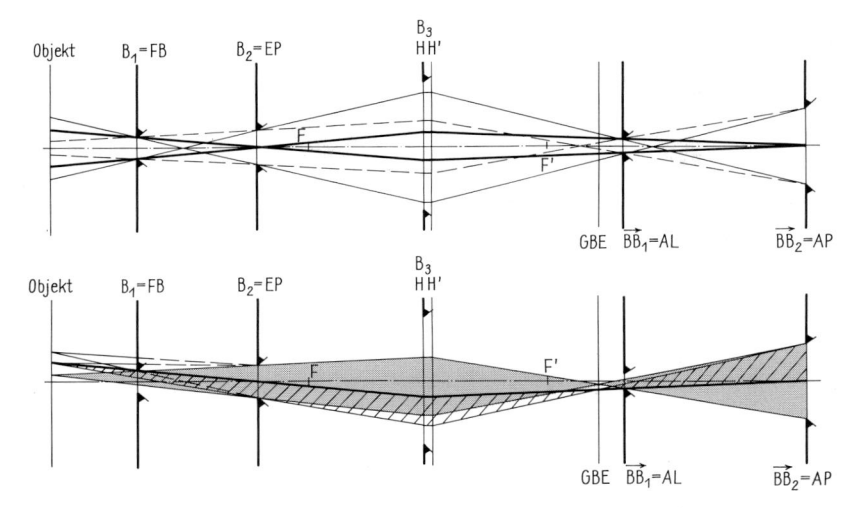

4.2 Bündelbegrenzende optische Funktionselemente   279

Abb. 4.102c Randabschattung durch die Feldblende (schematisch)

Bestimmung der Feldblende. Das Flußbild zum Algorithmus "Bestimmung der Feldbegrenzung" ist in Tab. 4.25 enthalten. Sollten die Eintrittspupille, die Austrittspupille oder die Öffnungsblende nicht bekannt sein, dann muß erst das "Unterprogramm" Bestimmung der Öffnungsblende (Tab. 4.25) abgearbeitet werden. In das Schnittbild des optischen Systems sollten noch der Hauptstrahl und die Randstrahlen eingezeichnet werden. Auf diese Weise ist auch die eventuell vorliegende Randabschattung zu erkennen.

Abb. 4.103 zeigt dasselbe optische System aus zwei Linsen wie Abb. 4.96. Es ist eine Blende hinzugefügt worden.

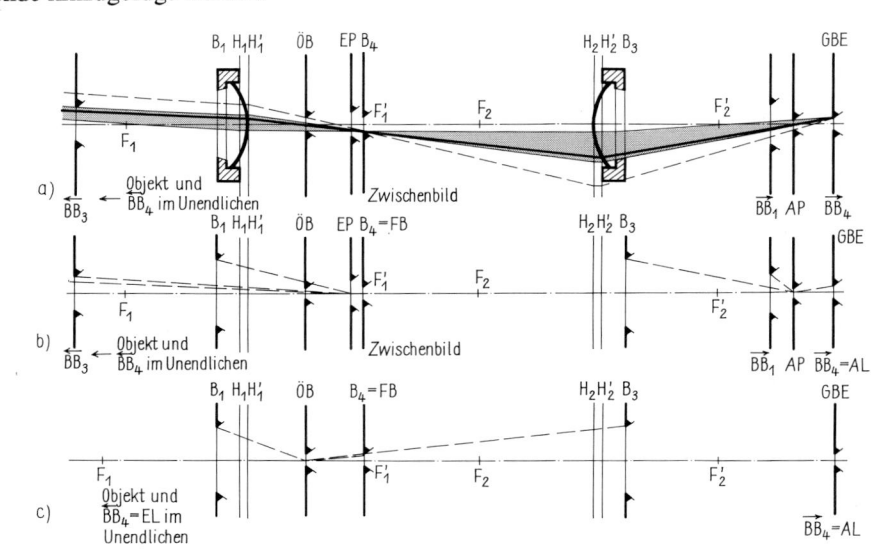

Abb. 4.103 Bestimmung der Feldblende im zweilinsigen optischen System, a) Ausgangsschema, b) Bestimmung von der Ein- bzw. Austrittspupille aus, c) Bestimmung von der Öffnungsblende aus

Tabelle 4.25 Schema zur Bestimmung der Feldblende

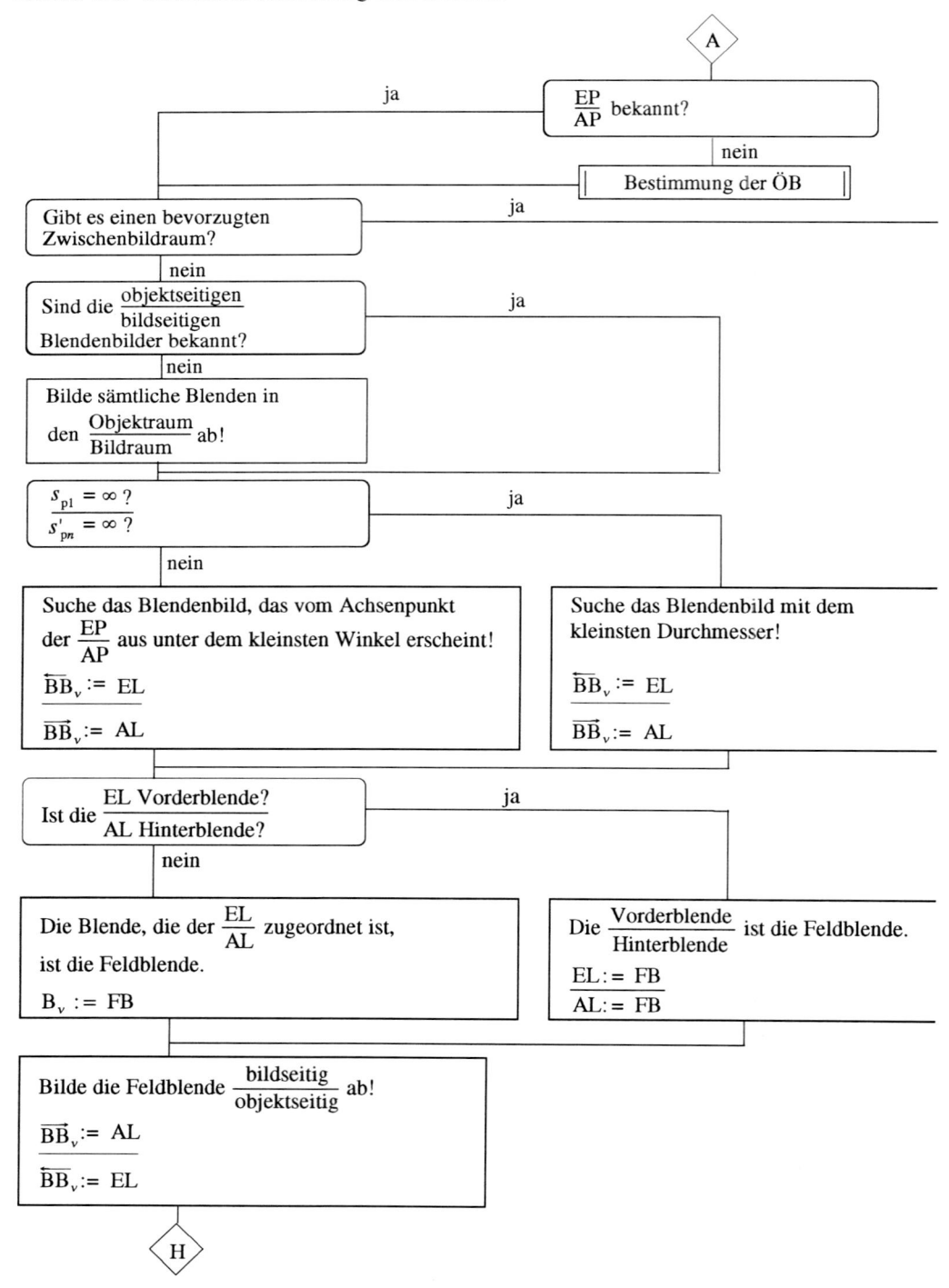

◇ A

$\dfrac{EP}{AP}$ bekannt?
— ja → (weiter)
— nein → Bestimmung der ÖB

Gibt es einen bevorzugten Zwischenbildraum?
— ja →
— nein ↓

Sind die $\dfrac{\text{objektseitigen}}{\text{bildseitigen}}$ Blendenbilder bekannt?
— ja →
— nein ↓

Bilde sämtliche Blenden in den $\dfrac{\text{Objektraum}}{\text{Bildraum}}$ ab!

$\dfrac{s_{p1} = \infty \,?}{s'_{pn} = \infty \,?}$
— ja →
— nein ↓

| Suche das Blendenbild, das vom Achsenpunkt der $\dfrac{EP}{AP}$ aus unter dem kleinsten Winkel erscheint! $\overrightarrow{BB}_v := EL$ $\overleftarrow{BB}_v := AL$ | Suche das Blendenbild mit dem kleinsten Durchmesser! $\overrightarrow{BB}_v := EL$ $\overleftarrow{BB}_v := AL$ |

Ist die $\dfrac{EL \text{ Vorderblende?}}{AL \text{ Hinterblende?}}$
— ja →
— nein ↓

| Die Blende, die der $\dfrac{EL}{AL}$ zugeordnet ist, ist die Feldblende. $B_v := FB$ | Die $\dfrac{\text{Vorderblende}}{\text{Hinterblende}}$ ist die Feldblende. $EL := FB$ $AL := FB$ |

Bilde die Feldblende $\dfrac{\text{bildseitig}}{\text{objektseitig}}$ ab!

$\overrightarrow{BB}_v := AL$

$\overleftarrow{BB}_v := EL$

◇ H

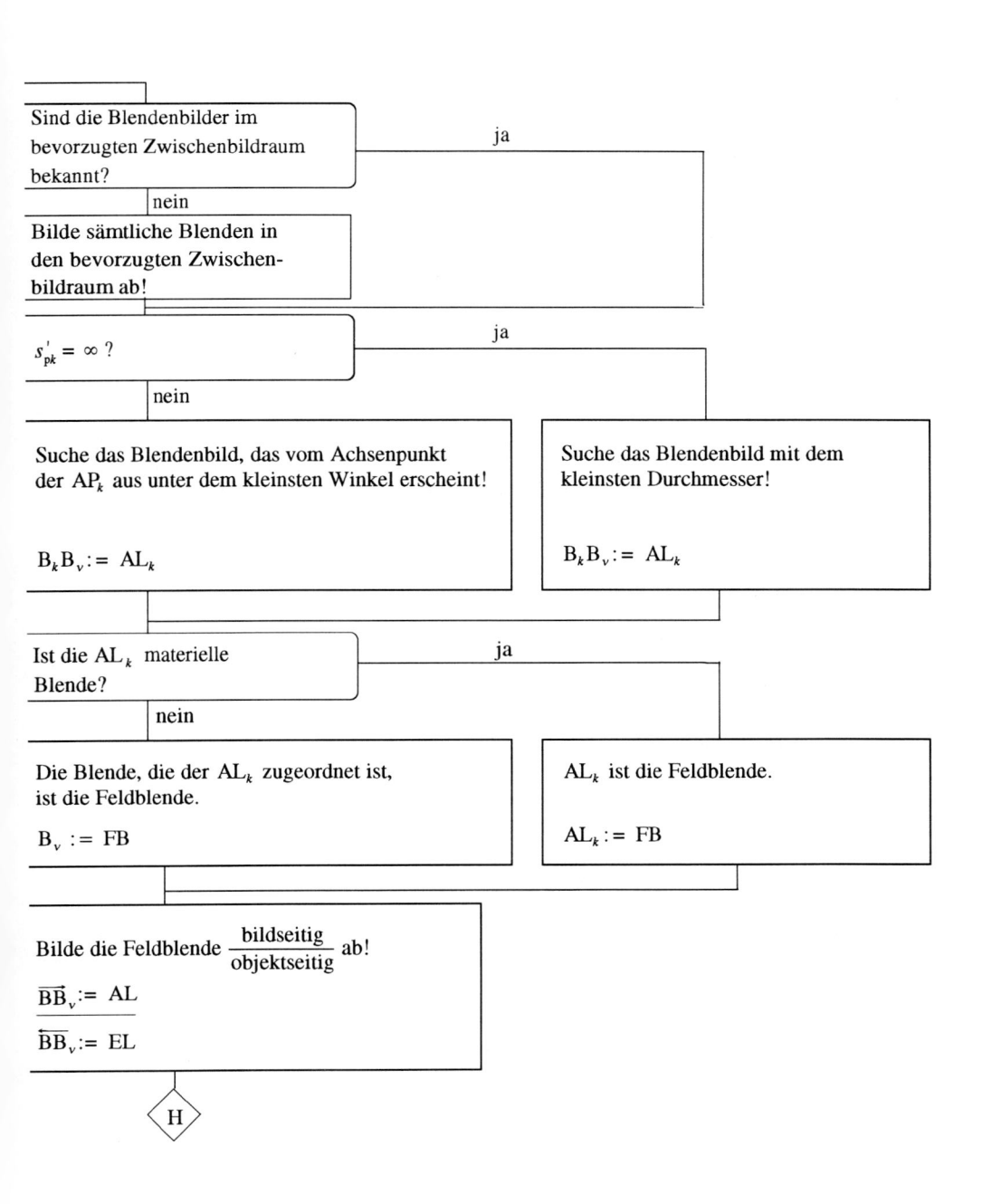

4.2 Bündelbegrenzende optische Funktionselemente

```
┌─────────────────────────────┐
│ Sind die Blendenbilder im   │      ja
│ bevorzugten Zwischenbildraum├──────────────────────────────┐
│ bekannt?                    │                              │
└──────────┬──────────────────┘                              │
           │ nein                                            │
┌──────────┴──────────────────┐                              │
│ Bilde sämtliche Blenden in  │                              │
│ den bevorzugten Zwischen-   │                              │
│ bildraum ab!                │                              │
└─────────────────────────────┘                              │
┌─────────────────┐              ja                          │
│ $s'_{pk} = \infty$ ? ├──────────────────────────────────┐  │
└────────┬────────┘                                       │  │
         │ nein                                           │  │
┌────────────────────────────────────────┐   ┌────────────────────────────┐
│ Suche das Blendenbild, das vom Achsenpunkt│ │ Suche das Blendenbild mit dem│
│ der $AP_k$ aus unter dem kleinsten Winkel erscheint!│ │ kleinsten Durchmesser!│
│                                        │   │                            │
│ $B_k B_v := AL_k$                      │   │ $B_k B_v := AL_k$          │
└────────────────────────────────────────┘   └────────────────────────────┘
┌──────────────────────┐         ja
│ Ist die $AL_k$ materielle ├──────────────────────────────┐
│ Blende?              │                                   │
└────────┬─────────────┘                                   │
         │ nein                                            │
┌────────────────────────────────────────┐   ┌────────────────────────────┐
│ Die Blende, die der $AL_k$ zugeordnet ist,│ │ $AL_k$ ist die Feldblende.│
│ ist die Feldblende.                    │   │                            │
│                                        │   │                            │
│ $B_v := FB$                            │   │ $AL_k := FB$               │
└────────────────────────────────────────┘   └────────────────────────────┘
┌──────────────────────────────────────────────┐
│ Bilde die Feldblende $\frac{bildseitig}{objektseitig}$ ab!│
│                                              │
│ $\overrightarrow{BB_v} := AL$                │
│                                              │
│ $\overleftarrow{BB_v} := EL$                 │
└──────────────────────────────────────────────┘
           ◇ H ◇
```

Vergleich mit Festlegungen im Standard. Die in 4.2 verwendeten Definitionen weichen von denen ab, die in der DIN 1335 für die Begrenzung des Feldes vorgegeben werden. Wir nennen in Tab. 4.26 stichpunktartig die Unterschiede.

Der wesentliche Unterschied zwischen den Festlegungen in der DIN 1335 und den in 4.2 verwendeten besteht also in der Definition der Feldblende. Wir sind jedoch der Meinung, die Definition sollte so ausgelegt sein, daß in jedem optischen System eine Feldblende enthalten ist. Die Feldbegrenzung ist immer vorhanden, es ist deshalb unbefriedigend, wenn diese nicht durch eine Feldblende, sondern durch eine Abschattblende bewirkt werden soll. Außerdem unterscheiden sich die Randabschattungen durch eine Abschattblende (keine Abschattung über den Hauptstrahl hinaus) und durch die Feldblende (Abschattung bis über den Hauptstrahl hinaus).

Nach der Definition in DIN 1335 hat z. B. das holländische Fernrohr keine Feldblende – eine Darstellungsweise, die wir für unbefriedigend halten.

Tabelle 4.26 Unterschiede zwischen DIN 1335 und Abschnitt 4.2

DIN 1335	Abschnitt 4.2
Unter einer Feldblende wird eine Blende nur dann verstanden, wenn sie scharfe Feldbegrenzung hervorruft. Die Feldblende muß demnach in der Objektebene oder in einer dazu konjugierten Ebene stehen.	Als Feldblende wird jede Blende aufgefaßt, die das abgebildete Objektfeld begrenzt, auch wenn sie zugleich abschattend wirkt. Die Feldblende kann beliebige Lage haben.
Eine Feldblende, die in der $\frac{\text{Objektebene}}{\text{Bildebene}}$ steht, wird $\frac{\text{Objektfeldblende}}{\text{Bildfeldblende}}$ genannt.	Die Begriffe "Objektfeldblende" und "Bildfeldblende" werden nicht verwendet.
Die Bilder der Feldblende heißen Sichtfelder.	Die Bilder der Feldblende werden Luken genannt.
Das Bild der Feldblende im $\frac{\text{Objektraum}}{\text{Bildraum}}$ wird $\frac{\text{Eintrittsfeld (Objektfeld)}}{\text{Austrittsfeld (Bildfeld)}}$ genannt.	Das Bild der Feldblende im $\frac{\text{Objektraum}}{\text{Bildraum}}$ heißt $\frac{\text{Eintrittsluke}}{\text{Austrittsluke}}$. Das $\frac{\text{Objektfeld}}{\text{Bildfeld}}$ ist der vom $\frac{\text{Objektwinkel}}{\text{Bildwinkel}}$ festgelegte Teil der $\frac{\text{Objektebene}}{\text{Bildebene}}$.
Die Feldzahl wird auch für Bild- und Zwischenbildfelder definiert.	Die Feldzahl wird nur für Objektfelder definiert.
Objekt- und Bildwinkel werden nur bei unendlich fernem Objekt- bzw. Bildfeld definiert.	Objekt- und Bildwinkel werden unabhängig von Objekt- und Bildlage angegeben.
Zu den Abschattblenden wird auch die feldbegrenzende Blende gezählt, wenn diese zugleich Randabschattung hervorruft.	Abschattblenden sind alle Blenden, die Randabschattung hervorrufen, außer der Öffnungs- und der Feldblende.
Luken sind nur die paraxialen Bilder der Abschattblenden.	Bilder der Feldblende heißen auch Luken. Die Bilder der Abschattblenden werden Abschattluken genannt.

4.2.4 Begrenzung des Zerstreuungskreises

Sehwinkel und Perspektive. Wir beschreiben die Verhältnisse beim Betrachten von Gegenständen, die in der Tiefe gestaffelt sind, oder von räumlichen Strukturen. Wir nehmen an, daß mit einem ruhenden Auge beobachtet wird. Von den einzelnen Objektpunkten gehen Strahlenbündel aus. Der von einem Objektpunkt aus durch die Mitte der Eintrittspupille des Auges verlaufende Lichtstrahl, also der Hauptstrahl für direkte Beobachtung, heißt Sehstrahl.

> Der Winkel w_s zwischen den äußeren Sehstrahlen eines Gegenstandes oder eines seiner Strukturelemente ist der Sehwinkel.

Die Größe des Netzhautbildes ist im wesentlichen vom Sehwinkel des zugeordneten Gegenstandes abhängig. Es gilt also:

> Gegenstände, die unter dem gleichen Sehwinkel gesehen werden, erscheinen dem Auge gleich groß.

Der Sehwinkel w_s ist ein Maß für die scheinbare Größe eines Gegenstandes. Es ist jedoch rechnerisch günstiger, mit dem Tangens des Sehwinkels zu arbeiten. Da die Sehwinkel meistens klein sind, ist praktisch kein Unterschied zwischen dem Sehwinkel und seinem Tangens zu bemerken. Wir definieren deshalb:

> Die scheinbare Größe eines Gegenstands oder eines Strukturelements ist der Tangens seines Sehwinkels, also der Ausdruck $\tan w_s$.

Messen wir die Sehweite p_s von der Eintrittspupille des Auges aus, dann gilt nach Abb. 4.104

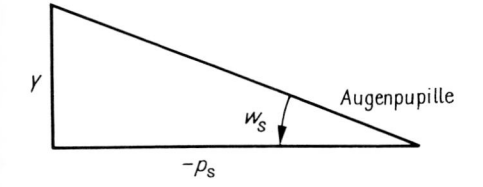

$$\tan w_s = -\frac{y}{p_s}. \tag{4.248}$$

Abb. 4.104 Sehweite, Sehwinkel

Bei der Betrachtung räumlicher Strukturen haben wir einen perspektivischen Eindruck. Dieser hängt von den Größenverhältnissen hintereinander liegender Strukturelemente ab. Wir können den Objekten eine Perspektive zuordnen, die folgendermaßen zu definieren ist:

> Die Perspektive eines Gegenstands bzw. einer Struktur ist seine beim einäugigen Sehen vorhandene räumliche Erscheinungsform, die durch die Verhältnisse der scheinbaren Größen hintereinander liegender Strukturelemente bestimmt wird.

Die Perspektive einer Struktur hängt also vom Verhältnis der Sehwinkel ab, deren Scheitel im Schnittpunkt sämtlicher Sehstrahlen liegen. Dieser hat demnach für die Beurteilung der Perspektive eine besondere Bedeutung.

> Der Schnittpunkt der Sehstrahlen ist das Perspektivitätszentrum.

Beim direkten Sehen mit einem ruhenden Auge ist die Mitte der Augenpupille das Perspektivitätszentrum. Beim Blicken mit bewegtem Auge tritt der Augendrehpunkt an die Stelle der Eintrittspupille. Optische Systeme können durch Abbilden das Perspektivitätszentrum verlagern. Es gibt hinsichtlich der Lage des Perspektivitätszentrums relativ zu Auge und Gegenstand drei Möglichkeiten.

- Bei der entozentrischen Perspektive liegt das Perspektivitätszentrum in Lichtrichtung gesehen hinter dem Gegenstand. Die dem Auge abgewandten Strecken des Gegenstandes erscheinen bei gleicher Länge unter kleineren Sehwinkeln als die näheren (Abb. 4.105). Die entozentrische Perspektive tritt beim direkten Sehen und beim Fernrohr auf (Abb. 4.106).
- Bei der telezentrischen Perspektive liegt das Perspektivitätszentrum im Unendlichen. Sämtliche Strecken erscheinen gleich lang. Die telezentrische Perspektive kommt beim Mikroskop mit objektseitig telezentrischem Strahlengang vor (Abb. 4.107 und 4.108).

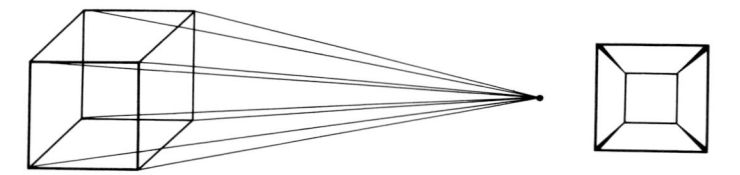

Abb. 4.105 Entozentrische Perspektive

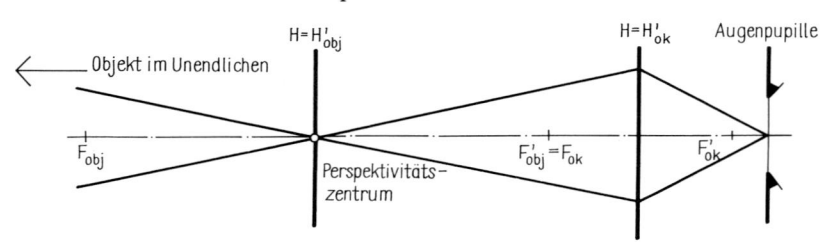

Abb. 4.106 Entozentrische Perspektive beim Fernrohr

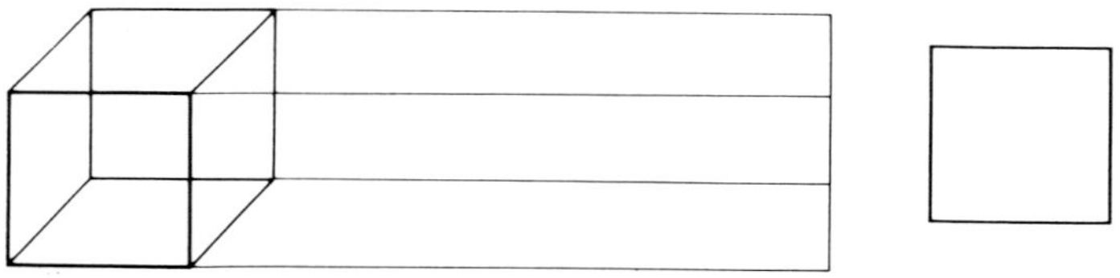

Abb. 4.107 Telezentrische Perspektive

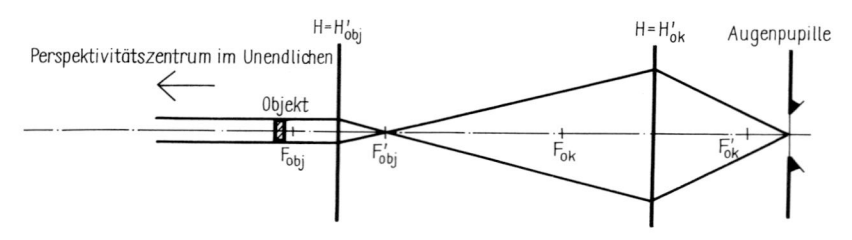

Abb. 4.108 Telezentrische Perspektive beim Mikroskop

4.2 Bündelbegrenzende optische Funktionselemente

– Bei der hyperzentrischen Perspektive liegt das Zentrum in Lichtrichtung gesehen vor dem Gegenstand. Der perspektivische Eindruck ist ungewohnt, weil die weiter entfernten Strecken unter größeren Sehwinkeln erscheinen als die näheren (Abb. 4.109). Hyperzentrische Perspektive kann bei der Beobachtung mit der Lupe auftreten (Abb. 4.110).

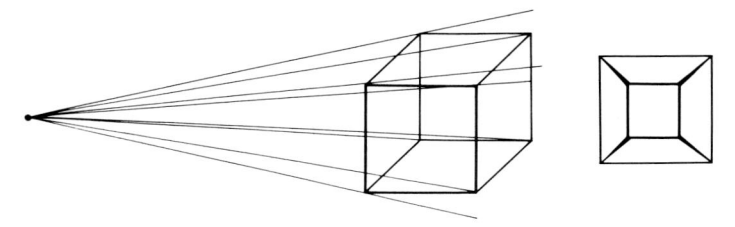

Abb. 4.109 Hyperzentrische Perspektive

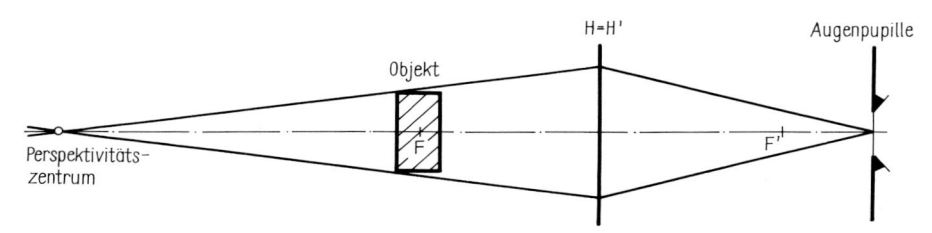

Abb. 4.110 Hyperzentrische Perspektive bei der Lupe

Bildauffang und perspektivische Darstellung. Zentrierte optische Systeme bilden paraxial ein achssenkrechtes Flächenelement in ein achssenkrechtes Flächenelement ab. Das Bild kann virtuell sein, so daß es nicht auf einer Fläche auffangbar ist. Ein reelles Bild entsteht zunächst als Struktur aus Strahlschnittpunkten im Raum und wird dann Luftbild genannt. Sowohl ein virtuelles Bild wie auch ein Luftbild ist direkt mit dem Auge beobachtbar. Als Auffangfläche dient dann die gewölbte Netzhaut. Diese Fälle kommen in den subjektiven optischen Instrumenten vor, zu denen das Mikroskop und das Fernrohr gehören. Bei objektiven optischen Instrumenten, wie z. B. bei Foto- und Projektionsobjektiven, wird das reelle Bild auf einer Fläche aufgefangen. Die Form der Auffangfläche hängt vom jeweiligen optischen System und von der Aufgabenstellung ab. Bei bestimmten Astrokameras ist die Auffangfläche, in die der Film gebracht werden muß, eine Kugelfläche. Bei manchen Röntgenschirmbildkameras werden torische Auffangflächen verwendet.

In vielen Fällen wird das Bild auf einer ebenen Fläche aufgefangen. Bei der fotografischen Bildaufnahme ist dadurch eine einfache und genaue Filmführung möglich.

> Eine ebene Auffangfläche nennen wir Filmebene oder Mattscheibenebene. Die ihr paraxial zugeordnete Objektebene ist die Einstellebene.

Da wir die Verhältnisse im paraxialen Gebiet bzw. bei einer kollinearen Abbildung betrachten, gilt, daß Strukturen, die in der Einstellebene liegen, punktförmig in die Auffangebene abgebildet werden. Von Strukturen, die sich vor oder hinter der Einstellebene befinden, entsteht beim Fehlen von Randabschattung in der Einstellebene und in der Auffangebene eine Struktur aus Zerstreuungskreisen, deren Durchmesser von der Größe der Eintrittspupille des Systems abhängt.

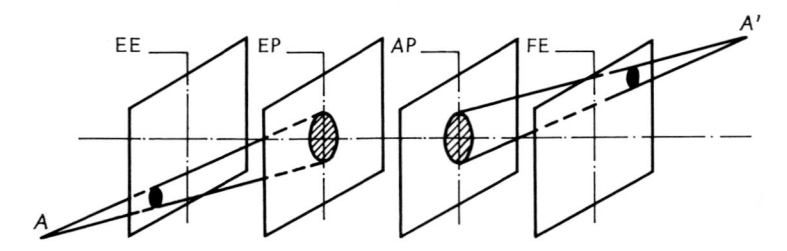

Abb. 4.111 Zur Schärfen- und Abbildungstiefe

In Abb. 4.111 ist diese Tatsache für einen Punkt A vor der Einstellebene veranschaulicht. Das vom Punkt A ausgesendete Strahlenbündel, dessen Öffnungswinkel durch die Eintrittspupille festgelegt wird, durchsetzt die Einstellebene EE in einer Zerstreuungsfigur. Diese ist beim Fehlen von Randabschattung kreisförmig, sonst ein Kreiszweieck oder -mehreck. Die Größe der Zerstreuungsfigur hängt vom Durchmesser der Eintrittspupille wesentlich ab. Bildseitig erzeugt das Strahlenbündel in der Filmebene FE eine Zerstreuungsfigur, die der objektseitigen konjugiert ist. Allgemein gilt:

> Die Gesamtheit der von sämtlichen Punkten des Objektraumes ausgehenden Strahlenbündel ergibt in der Einstellebene die objektseitige Projektionsfigur. Diese ist die Summe der Projektionen der Eintrittspupille von den Raumpunkten aus. Die objektseitige Projektionsfigur wird in die ihr paraxial zugeordnete bildseitige abgebildet. Diese liegt in der Filmebene.

Eine Zerstreuungsfigur in der Filmebene wird nicht aufgelöst, wenn sie eine bestimmte, dem speziellen Empfänger zugeordnete Größe nicht überschreitet. Sie erscheint dann dem Empfänger als Punkt. Am deutlichsten erkennen wir diesen Umstand am Beispiel der Netzhaut. Die Struktur der Netzhaut läßt die Auflösung zweier Punkte, die einen kleineren Winkelabstand als eine Minute haben, nicht zu. Folglich sehen wir einen Zerstreuungskreis, dessen Ränder weniger als eine Minute Winkelabstand haben, als Punkt. In 250 mm Entfernung entspricht einer Minute ein Durchmesser von 0,07 mm. In ähnlicher Weise haben auch fotografische Schichten und lichtelektrische Empfänger ein begrenztes Auflösungsvermögen.

Die Anordnung aus Zerstreuungsfiguren, die in der Filmebene von außerhalb der Einstellebene liegenden Strukturen entsteht, erscheint demnach als System von Bildpunkten, wenn die einzelnen Zerstreuungsfiguren nicht aufgelöst werden. Daraus folgt:

> Durch die Begrenzung der Öffnung, durch die auch die Größe der Zerstreuungsfiguren begrenzt ist, und durch das endliche Auflösungsvermögen der Empfänger ist es möglich, nicht nur von der Einstellebene, sondern auch von gewissen Raumbereichen vor und hinter ihr eine perspektivische Darstellung in der Filmebene zu erhalten.
> Die Öffnungsblende hat eine Tiefenwirkung für die Abbildung.

Die perspektivische Darstellung läßt sich folgendermaßen definieren:

> Die perspektivische Darstellung ist die Überlagerung der nichtaufgelösten Zerstreuungsfiguren, die in der Filmebene von Punkten eines vor und hinter der Einstellebene liegenden Bereiches des Objektraums erzeugt werden. Die perspektivische Darstellung stellt die in die Ebene projizierten Verhältnisse der scheinbaren Größen von hintereinander liegenden Strukturelementen dar.

4.2 Bündelbegrenzende optische Funktionselemente

(Der gesamte Bildeindruck wird in gewissem Umfang auch von aufgelösten Zerstreuungsfiguren beeinflußt.)

Abbildungs- und Schärfentiefe. Im Bildraum wird der Bereich, dessen Projektionsfigur in der Filmebene scharf erscheint, durch den Feldkegel und zwei achssenkrechte Ebenen begrenzt.

Abb. 4.112 enthält die Größen, die bei der folgenden Rechnung auftreten werden. Die Entfernung b'_l und b'_r der beiden Ebenen von der Filmebene werden durch den maximal zulässigen Zerstreuungskreisdurchmesser $2\rho'$ bestimmt; b'_l erklären wir als linke, b'_r als rechte Abbildungstiefe. Die Summe $b' = b'_r + (-b'_l)$ ist die gesamte Abbildungstiefe. Die Abstände b_l und b_r der objektseitig zugeordneten Ebenen von der Einstellebene sind die linke bzw. rechte Schärfentiefe. Die Bezeichnungen "links" und "rechts" bilden wir im Objektraum. Damit gilt:

> Die Abbildungstiefe ist der achsparallele Abstand der beiden Ebenen im Bildraum, deren Punkte mit dem maximal zulässigen Zerstreuungskreisdurchmesser in die Filmebene projiziert werden. Die Schärfentiefe ist der zur Abbildungstiefe konjugierte Bereich des Objektraumes.

Wir berechnen die Schärfentiefenbereiche anhand der Abb. 4.112. Nach dem Strahlensatz gilt

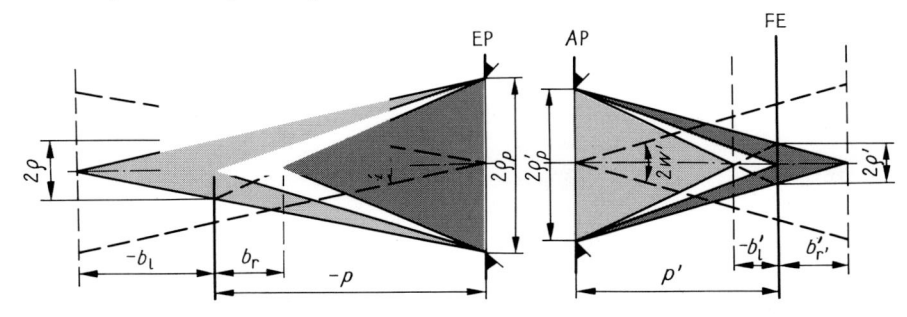

$$\frac{\rho_p}{\rho} = \frac{-b_l - p}{-b_l}, \quad \frac{\rho_p}{\rho} = \frac{-p - b_r}{b_r}. \tag{4.249}$$

Abb. 4.112 Zur Berechnung der Schärfentiefe

Auflösen nach b_l bzw. b_r ergibt

$$b_l = \frac{p}{\frac{\rho_p}{\rho} - 1}, \quad b_r = -\frac{p}{\frac{\rho_p}{\rho} + 1}. \tag{4.250}$$

Statt ρ_p führen wir Blendenzahl k durch

$$\rho_p = \frac{f'}{2k}$$

und statt ρ den bildseitigen Zerstreuungskreisradius

$$\rho' = |\beta'|\rho$$

ein. Wir erhalten

$$b_\mathrm{l} = \frac{p}{\dfrac{f'|\beta'|}{2k\rho'} - 1}, \quad b_\mathrm{r} = -\frac{p}{\dfrac{f'|\beta'|}{2k\rho'} + 1}. \tag{4.251}$$

Wir können auch die numerische Apertur $A = \rho_\mathrm{p}/|p|$ verwenden, womit

$$b_\mathrm{l} = \frac{p}{\dfrac{|p|A|\beta'|}{\rho'} - 1}, \quad b_\mathrm{r} = -\frac{p}{\dfrac{|p|A|\beta'|}{\rho'} + 1} \tag{4.252}$$

entsteht. Für $|pA\beta'/\rho'| \gg 1$ ist

$$b_\mathrm{l} = \frac{\rho'}{A|\beta'|}\,\mathrm{sgn}(p), \quad b_\mathrm{r} = -\frac{\rho'}{A|\beta'|}\,\mathrm{sgn}(p). \tag{4.253}$$

Die Gl. (4.250), (4.252) und (4.253) spiegeln den Einfluß der Eintrittspupillengröße auf die Schärfentiefenbereiche wider. Es kommt darin der anschauliche Sachverhalt zum Ausdruck, daß die Schärfentiefe mit kleiner werdendem Durchmesser der Eintrittspupille wächst. Die Diskussion der Gleichung führen wir an dieser Stelle nicht im einzelnen durch, weil dies besser bei der Behandlung der optischen Instrumente erfolgt.

Abb. 4.113 demonstriert die Abhängigkeit der Schärfentiefe von der Blendenzahl bei einer fotografischen Aufnahme.

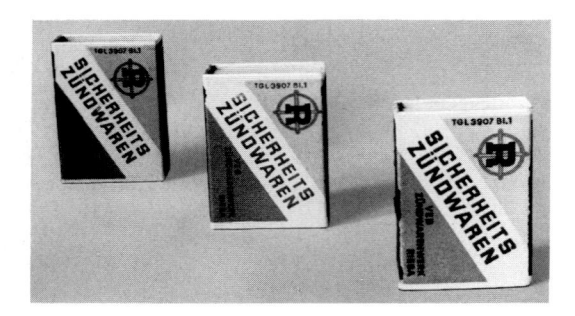

Abb. 4.113a

Abb. 4.113b

Abb. 4.113 Abhängigkeit der Schärfentiefe von der Blendenzahl
a) Große, b) kleine Blendenzahl

4.2 Bündelbegrenzende optische Funktionselemente

Perspektivischer Eindruck. Wir legen ein optisches System zugrunde, durch das die Einstellebene in die Filmebene abgebildet wird. Nach den bisher erläuterten Verhältnissen bei der Abbildung von räumlichen Strukturen entsteht in der Filmebene eine perspektivische Darstellung. Die Eintrittspupille des optischen Systems vertritt beim Bildauffang die Augenpupille und stellt das Perspektivitätszentrum dar.

Die perspektivische Darstellung kann direkt oder durch eine Lupe vergrößert auf einer Mattscheibe betrachtet werden (z. B. bei Plattenkameras oder im Sucher einer Spiegelreflexkamera).

Auch bei der Fixierung auf einer fotografischen Schicht wird eine Nachvergrößerung häufig angewendet.

> Der Betrachter projiziert subjektiv die perspektivische Darstellung aufgrund seiner Erfahrung in den Raum und hat einen perspektivischen Eindruck.

Ein natürlicher perspektivischer Eindruck kann nur dann entstehen, wenn das Perspektivitätszentrum des optischen Systems mit dem Perspektivitätszentrum identisch ist, das der Beobachter beim direkten Betrachten des Objekts wählen würde. Außerdem müssen sämtliche Sehwinkel w_s beim direkten Sehen des Objekts und beim Betrachten der perspektivischen Darstellung w'_s gleich sein. Der perspektivische Eindruck hängt demnach vom Wert des Quotienten $\gamma'_s = \tan w'_s / \tan w_s$ ab. Es gilt:

$$\gamma'_s \begin{cases} > 1: \text{tiefenverkürzter perspektivischer Eindruck,} \\ = 1: \text{tiefenrichtiger (natürlicher) perspektivischer Eindruck,} \\ < 1: \text{tiefenverlängerter perspektivischer Eindruck.} \end{cases}$$

Zur Berechnung von γ'_s setzen wir voraus, daß die Perspektivitätszentren bei der Aufnahme der Darstellung und beim direkten Sehen keine Höhen- und Seitenverschiebung haben. Eine ungleiche Entfernung vom Objekt lassen wir zu. Die ursprüngliche Darstellung sei um den Faktor v nachvergrößert. Bei direkter Betrachtung des Objekts ist (Abb. 4.114)

$$\tan w_s = -\frac{y}{p_s}. \tag{4.254}$$

Das auf vy' nachvergrößerte Bild wird aus der Sehweite p'_s betrachtet. Analog zu Abb. 4.104 ist

$$\tan w'_s = -\frac{v y'}{p'_s}. \tag{4.255}$$

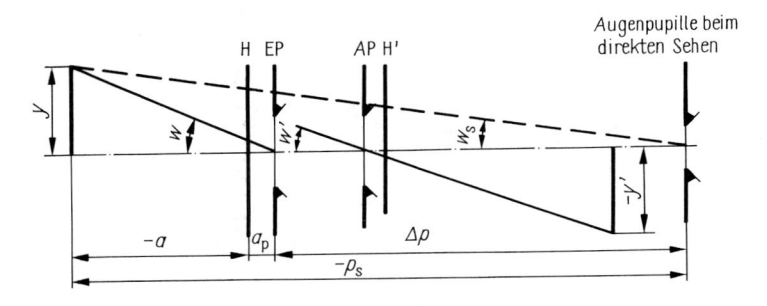

Abb. 4.114 Zur Berechnung des Sehwinkelverhältnisses

Division von Gl. (4.255) durch Gl. (4.254) ergibt

$$\frac{\tan w'_s}{\tan w_s} = \frac{y' p_s v}{y p'_s}. \tag{4.256}$$

Weiter gilt (Abb. 4.114)

$$-p_s = -a + a_p + \Delta p \tag{4.257}$$

und nach Gl. (4.56)

$$a = f'\left(\frac{1}{\beta'} - 1\right), \quad a_p = f'\left(\frac{1}{\beta'_p} - 1\right).$$

Einsetzen in Gl. (4.257) führt auf

$$p_s = f'\left(\frac{1}{\beta'} - \frac{1}{\beta'_p}\right) - \Delta p.$$

Wir verwenden $\beta' = y'/y$ und erhalten aus Gl. (4.256)

$$\gamma'_s = \frac{\tan w'_s}{\tan w_s} = \frac{vf'\left(1 - \dfrac{\beta'}{\beta'_p}\right) - v\beta'\Delta p}{p'_s}. \tag{4.258}$$

Bei $\Delta p = 0$ (zusammenfallende Perspektivitätszentren) beträgt also die Betrachtungsentfernung mit natürlichem perspektivischen Eindruck wegen $\gamma'_s = 1$

$$p'_s = vf'\left(1 - \frac{\beta'}{\beta'_p}\right). \tag{4.259}$$

Die Gleichungen (4.258) und (4.259) sind besonders bei der fotografischen Aufnahme anzuwenden. Hier soll nur ein einfaches Beispiel angegeben werden.

Beispiel. Eine Fernaufnahme ($a = -\infty$) auf Kleinbildformat (24 mm × 36 mm) mit einem Objektiv der Brennweite $f' = 50$ mm soll so nachvergrößert werden, daß sie aus $p'_s = -375$ mm Sehweite einen natürlichen perspektivischen Eindruck vermittelt.

Lösung. Bei $a = -\infty$ wird

$$\beta' = 0$$

und nach Gl.(4.259)

$$v = \frac{p'_s}{f'} = -\frac{375}{50} = -7{,}5.$$

Das Bildformat muß 18 cm × 24 cm betragen.

Die Abb. 4.115a, b, c sollen die drei Arten von perspektivischen Eindrücken vermitteln. Sie sind auf 24 cm × 36 cm aufgenommen und so nachvergrößert, daß sie aus der Sehweite $p'_s = -400$ mm betrachtet werden müssen.

4.2 Bündelbegrenzende optische Funktionselemente

Abb. 4.115a

Abb. 4.115b

Abb. 4.115c

Abb. 4.115 Sehwinkel beim Betrachten der nachvergrößerten Aufnahme (Brennweite von oben nach unten wachsend): a) tiefenverlängert, b) richtig, c) verkürzt

Telezentrischer Strahlenverlauf. Bei der kollinearen Abbildung ohne Randabschattung ist das abbildende Bündel symmetrisch zum Hauptstrahl. In der Gaußschen Bildebene wird der Bildpunkt durch den Durchstoßpunkt des Hauptstrahls repräsentiert. In jeder anderen achsenkrechten Auffangebene ergibt sich statt des Bildpunktes ein Zerstreuungskreis, dessen Mittelpunkt der Durchstoßpunkt des Hauptstrahls ist (Abb. 4.116). Die paraxiale Bildgröße

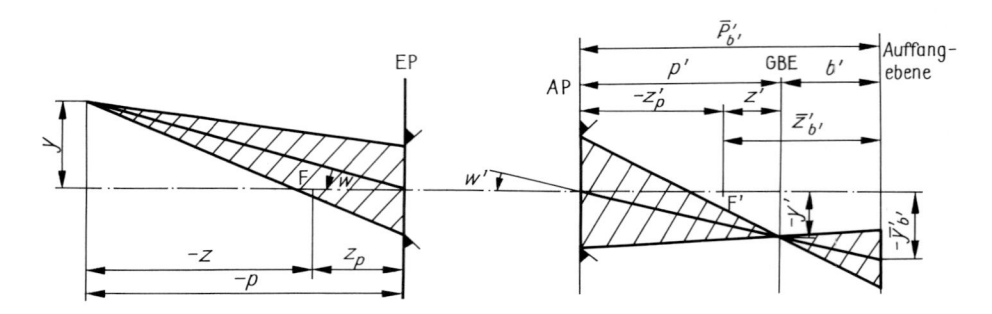

Abb. 4.116 Zur Berechnung des Abbildungsmaßstabes für eine Auffangebene

$\bar{y}'_{b'}$ in einer um b' aus der Gaußschen Bildebene verschobenen Auffangebene ist also durch den Abstand des Hauptstrahl-Durchstoßpunktes von der optischen Achse gegeben. (Durch den Querstrich wird darauf hingewiesen, daß $\bar{y}'_{b'}$ nicht zu y konjugiert ist.)

Wir definieren den Abbildungsmaßstab für die Auffangebene durch

$$\bar{\beta}'_{b'} = \frac{\bar{y}'_{b'}}{y}. \tag{4.260}$$

In einem optischen System ohne Randabschattung ist die paraxiale Bildgröße in einer Auffangebene nur von der Durchstoßhöhe des Hauptstrahls abhängig. In Auffangebenen, die parallel zur Gaußschen Bildebene liegen, entstehen Zerstreuungskreise um die Durchstoßpunkte der Hauptstrahlen.

Werden die Zerstreuungskreise vom Empfänger nicht aufgelöst, dann erscheint das Bild in der Auffangebene punktförmig, und der Abbildungsmaßstab $\bar{\beta}'_{b'}$ ist unabhängig von Verschiebungen der Auffangebene, wenn die Durchstoßhöhen der Hauptstrahlen erhalten bleiben.

Wir leiten nun den Zusammenhang zwischen dem Abbildungsmaßstab $\bar{\beta}'_{b'}$ und der Entfernung z_p der Eintrittspupille vom objektseitigen Brennpunkt des optischen Systems ab.

Nach Abb. 4.116 ist

$$y = -p \tan w, \tag{4.261a}$$

$$\bar{y}'_{b'} = -\bar{p}'_{b'} \tan w', \tag{4.261b}$$

also

$$\bar{\beta}'_{b'} = \frac{\bar{p}'_{b'}}{p} \frac{\tan w'}{\tan w}. \tag{4.262}$$

4.2 Bündelbegrenzende optische Funktionselemente

Nach Tab. 4.6 gilt für das Winkelverhältnis der Pupillenabbildung

$$\gamma'_p = \frac{\tan w'}{\tan w} = \frac{z_p}{f'} = \frac{f}{z'_p} \qquad (4.263)$$

und nach Abb. 4.116

$$p = z - z_p. \qquad (4.264)$$

Mit Gl. (4.263) und Gl. (4.264) geht Gl. (4.262) über in

$$\overline{\beta}'_{b'} = \frac{\overline{p}'_{b'}}{f'} \cdot \frac{1}{\dfrac{z}{z_p} - 1}. \qquad (4.265)$$

Wir verbinden die Auffangebene fest mit dem optischen System, so daß

$$\overline{p}'_{b'} = \text{const}$$

ist. Die Entfernung z des Objekts variieren wir, wobei auch p' variiert.
Für

$$p' = \overline{p}'_{b'}$$

fällt die Auffangebene mit der Gaußschen Bildebene zusammen. Es gilt

$$\overline{\beta}'_{b'} = \beta' = \frac{p'}{f'} \cdot \frac{1}{\dfrac{z}{z_p} - 1}.$$

Bei einer Änderung des Abstandes zwischen Objekt und Eintrittspupille rückt das Bild aus der Gaußschen Bildebene heraus, und es gilt im allgemeinen

$$\overline{\beta}'_{b'} \neq \beta'.$$

Nur für

$$z_p = \infty$$

gilt unabhängig von z

$$\overline{\beta}'_{b'} = -\frac{\overline{p}'_{b'}}{f'} \quad (z_p = \infty). \qquad (4.266)$$

Die Eintrittspupille liegt dann im Unendlichen. Die Hauptstrahlen verlaufen objektseitig achsparallel, was als objektseitig telezentrischer Strahlenverlauf bezeichnet wird (Abb. 4.117). Analoge Verhältnisse liegen bei bildseitig telezentrischem Strahlenverlauf vor (Abb. 4.118).

$\dfrac{\text{Objektseitig}}{\text{Bildseitig}}$ telezentrischer Strahlenverlauf liegt vor, wenn bildseitig die $\dfrac{\text{Eintrittspupille EP}}{\text{Austrittspupille AP}}$ im Unendlichen, also die $\dfrac{\text{Austrittspupille}}{\text{Eintrittspupille}}$ in der $\dfrac{\text{bildseitigen}}{\text{objektseitigen}}$ Brennebene des optischen Systems liegt.

Der paraxiale Abbildungsmaßstab $\overline{\beta}'_{b'}$ $\frac{\text{in einer}}{\text{für eine}}$ fest mit dem optischen System verbundenen Auffangebene / verbundene Objektebene ist beim Fehlen von Randabschattung unabhängig von der Objektweite / Bildweite. Das Bild besteht aus Zerstreuungskreisen, in dessen Mittelpunkten die Durchstoßpunkte der Hauptstrahlen liegen

Aus Gl. (4.262) erhalten wir mit Gl. (4.263) und $\overline{p}'_{b'} = \overline{z}'_{b'} - z'_p$ (Abb. 4.116) für den Abbildungsmaßstab $\overline{\beta}'_{b'}$

$$\overline{\beta}'_{b'} = \frac{f}{p}\left(\frac{\overline{z}'_{b'}}{z'_p} - 1\right). \tag{4.267}$$

Mit $p = $ const ergibt sich bei bildseitigem telezentrischen Strahlenverlauf

$$\overline{\beta}'_{b'} = -\frac{f}{p}, \quad z'_p = \infty. \tag{4.268}$$

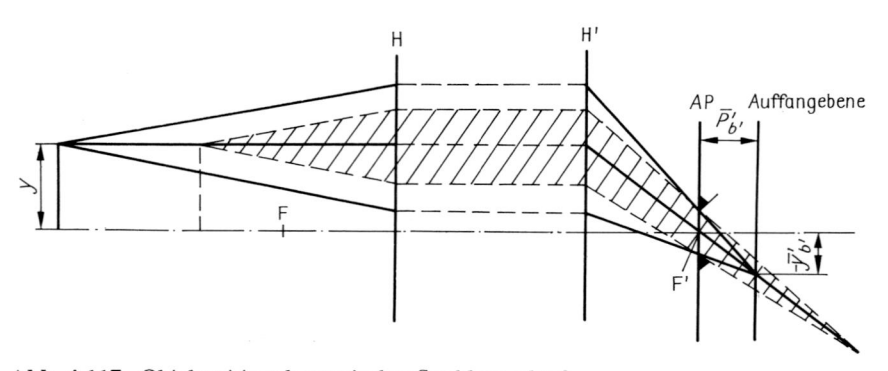

Abb. 4.117 Objektseitig telezentrischer Strahlenverlauf

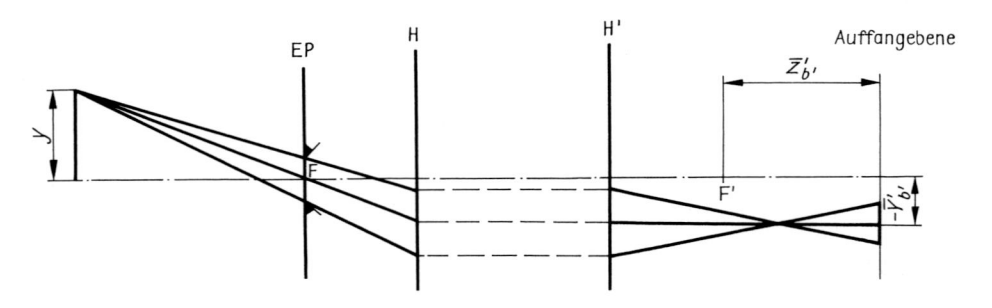

Abb. 4.118 Bildseitig telezentrischer Strahlenverlauf

Objektseitig telezentrischer Strahlenverlauf ist bei Meßmikroskopen wichtig, bei denen eine Teilung (Okularmikrometer) in der Auffangebene angebracht ist, die vor der Messung mit einer Teilung in der Objektebene (Objektmikrometer) kalibriert wird. Jede Abweichung der La-

4.2.5 Begrenzung des Lichtstroms

Begrenzung des Lichtstroms für achsnahe Flächenelemente. Ein ideales zentriertes optisches System bildet einen Ausschnitt der achsenkrechten Einstellebene in einen Ausschnitt der Gaußschen Bildebene ab. Wir greifen zunächst ein symmetrisch zur optischen Achse liegendes Flächenelement heraus und untersuchen den Verlauf des Lichtstroms durch das optische System. (Die folgenden Ableitungen gelten bis auf die Einheiten und die Zahlenwertgleichungen sowohl für die lichttechnischen wie auch für die strahlungsphysikalischen Größen. Wir beschränken die Ausführungen auf die lichttechnischen Größen, weil dafür teilweise Besonderheiten in den Einheiten zu beachten sind.)

Das Flächenelement dq der Objektebene habe die Leuchtdichte L. Es sei ein Lambert-Strahler mit der Lichtstärke $dI = dI_0 \cos \vartheta$ (Abb. 4.119). Nach Gl. (3.33) strahlt das Flächenelement in ein Raumwinkelelement den Lichtstrom

$$d^2\Phi = dI_0 \cos \vartheta \, d\Omega. \tag{4.269}$$

In Polarkoordinaten gilt

$$d\Omega = \Omega_0 \sin \vartheta \, d\vartheta \, d\varphi.$$

Objektseitig begrenzt die Eintrittspupille den Öffnungswinkel $2u$ und damit den vom optischen System erfaßten Lichtstrom. Dieser ergibt sich aus Gl. (4.269) durch Integration über den Raumwinkel:

$$d\Phi = dI_0 \cdot \Omega_0 \int_0^{2\pi} d\varphi \int_0^u \sin \vartheta \cos \vartheta \, d\vartheta. \tag{4.270}$$

Die Integration ergibt $d\Phi = dI_0 \cdot \Omega_0 \pi \sin^2 u$, so daß wir mit $dI_0 = L \, dq$ für den vom Flächenelement dq ausgehenden und vom optischen System aufgenommenen Lichtstrom

$$d\Phi = \pi \Omega_0 L \sin^2 u \cdot dq \tag{4.271}$$

erhalten.

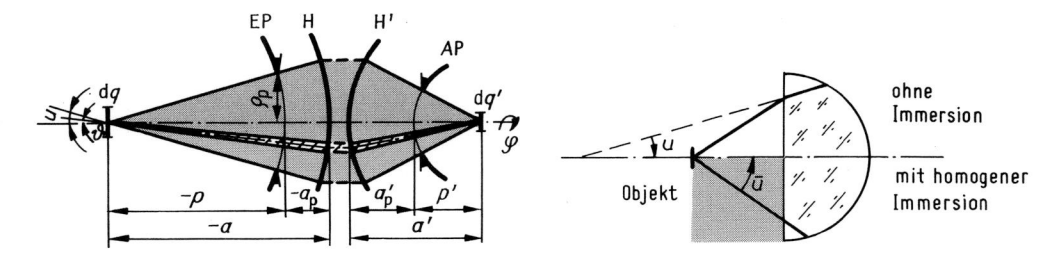

Abb. 4.119 Zur Berechnung des Lichtstroms durch ein optisches System

Abb. 4.120 Brechung des Lichtes an der Frontlinse

Grenzt an die Vorderfläche des optischen Systems ein Stoff mit von Luft verschiedener Brechzahl an, dann werden die vom Objekt ausgehenden Lichtstrahlen gebrochen (Abb. 4.120). Das optische System mit dem Öffnungswinkel $2u$ erfaßt den Lichtstrom, den das Objekt in den Winkel $2\bar{u}$ strahlt. Wegen des Brechungsgesetzes gilt

$$\sin\bar{u} = n\sin u.$$

Die obere Grenze von ϑ im Integral (4.270) ist der Winkel $\bar{u}$, sonst bleibt die Rechnung dieselbe. Gl. (4.271) geht über in

$$\mathrm{d}\Phi = \pi\Omega_0 L n^2 \sin^2 u\,\mathrm{d}q \tag{4.272}$$

bzw. mit der numerischen Apertur $A = n\sin u$

$$\mathrm{d}\Phi = \pi\Omega_0 L A^2 \mathrm{d}q, \quad [\mathrm{d}\Phi] = \mathrm{lm} = \mathrm{sr}\cdot\mathrm{sb}\cdot\mathrm{cm}^2. \tag{4.273}$$

(Einigen Beziehungen fügen wir ein Einheitenbeispiel bei.) Der optische Fluß beträgt demnach

$$\mathrm{d}G = \pi\Omega_0 A^2 \mathrm{d}q. \tag{4.274}$$

Abgesehen von Verlusten im optischen System muß wegen des Energieerhaltungssatzes der Lichtstrom objekt- und bildseitig gleich sein:

$$\mathrm{d}\Phi = \mathrm{d}\Phi'. \tag{4.275}$$

Wir wiederholen die Ableitung bis zur Gl. (4.272) mit den bildseitigen Größen und erhalten

$$\mathrm{d}\Phi' = \pi\Omega_0 L' n'^2 \sin^2 u'\,\mathrm{d}q'. \tag{4.276}$$

L' ist die Leuchtdichte, die im Luftbild vorhanden ist. Nach Gl. (4.275) gilt

$$L n^2 \sin^2 u\,\mathrm{d}q = L' n'^2 \sin^2 u'\,\mathrm{d}q'. \tag{4.277}$$

Die Leuchtdichten sind im Objekt und im Bild gleich, d.h., es ist

$$L = L', \tag{4.278}$$

wenn

$$n^2 \sin^2 u\,\mathrm{d}q = n'^2 \sin^2 u'\,\mathrm{d}q' \tag{4.279}$$

gilt. Bei quadratischen Flächenelementen können wir

$$\mathrm{d}q = (\mathrm{d}y)^2, \quad \mathrm{d}q' = (\mathrm{d}y')^2$$

setzen. Gleichung (4.279) geht dann in

$$n\sin u\,\mathrm{d}y = n'\sin u'\,\mathrm{d}y' \tag{4.280}$$

über. Für kleine Objekt- und Bildhöhen schreiben wir dafür

$$n y \sin u = n' y' \sin u'. \tag{4.281}$$

4.2 Bündelbegrenzende optische Funktionselemente

Das ist die Abbesche Sinusbedingung, die in einem optischen System erfüllt sein muß, wenn bei der punktförmigen Abbildung eines Achsenpunktes gleichzeitig ein achsenkrechtes Flächenelement in ein achsenkrechtes Flächenelement transformiert werden soll.

> In einem optischen System, bei dem die Sinusbedingung erfüllt ist, bleibt die Leuchtdichte in zueinander konjugierten achsnahen Flächenelementen konstant. (Von Verlusten, z. B. durch Absorption, Reflexion und Streuung, muß abgesehen werden.)

Bei $n = n'$ ist nach Gl. (4.281)

$$y \sin u = y' \sin u'.$$

Die Punkte, für die $y = y'$ $(\beta' = 1)$ ist, also die Hauptpunkte, fallen wegen $u = u'$ mit den Knotenpunkten zusammen. Der bildseitige Verlauf sämtlicher von einem Achsenpunkt ausgehenden Lichtstrahlen wird richtig wiedergegeben, wenn sie an den Hauptkugeln geknickt werden (Abb. 4.121). Zum Beweis bilden wir

$$\sin u = \frac{h}{a}, \quad \sin u' = \frac{h}{a'}, \quad \frac{y'}{y} = \frac{a'}{a}.$$

Es ist also

$$a \sin u = a' \sin u'$$

und

$$y \sin u = y' \sin u'.$$

Die Pupillenflächen müssen gemäß der Ableitung des Lichtstroms ebenfalls als Kugelflächen angenommen werden (in Abb. 4.119 bereits berücksichtigt).

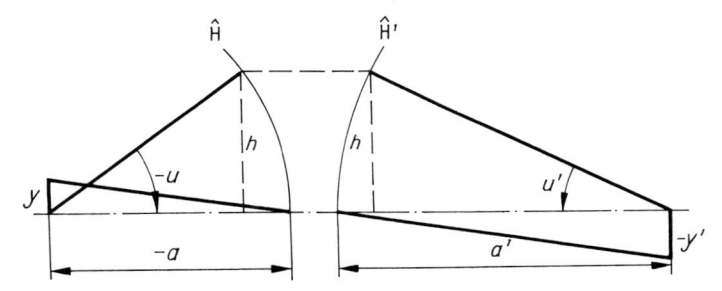

Abb. 4.121 Abbildung mit Hilfe der Hauptkugeln

Die Beleuchtungsstärke in der Gaußschen Ebene folgt aus

$$E = \frac{d\Phi'}{dq'}.$$

Wegen $d\Phi' = d\Phi$ und

$$dq = \frac{dq'}{\beta'^2}$$

ergibt sich aus Gl. (4.273)

$$E = \frac{\pi \Omega_0 L A^2}{\beta'^2}, \quad [E] = \text{phot} = \text{sb} \cdot \text{sr}. \tag{4.282}$$

Wir nehmen für die weitere Rechnung die Gültigkeit der Sinusbedingung Gl. (4.281) für den Fall $n = 1$ an. Nach Abb. 4.119 ist

$$\sin u = \frac{\rho_p}{a - a_p}. \qquad (4.283a)$$

Nach Gl. (4.56) gilt

$$a = f'\left(\frac{1}{\beta'} - 1\right) \quad \text{und} \quad a_p = f'\left(\frac{1}{\beta'_p} - 1\right),$$

also

$$a - a_p = f'\left(\frac{1}{\beta'} - \frac{1}{\beta'_p}\right). \qquad (4.283b)$$

Einsetzen von Gl. (4.283) in Gl. (4.282) ergibt

$$E = \pi \Omega_0 L \frac{\rho_p^2}{f'^2 \beta'^2 \left(\frac{1}{\beta'} - \frac{1}{\beta'_p}\right)}. \qquad (4.284)$$

Statt ρ_p führen wir die Blendenzahl

$$k = \frac{f'}{2\rho_p}$$

ein und erhalten

$$E = \pi \Omega_0 L \frac{1}{4k^2 \left(1 - \frac{\beta'}{\beta'_p}\right)^2}, \quad [E] = \text{phot} = \text{sb} \cdot \text{sr}. \qquad (4.285)$$

Soll E in Lux herauskommen, wenn L in Stilb eingesetzt wird, dann müssen wir Gl. (4.285) in eine Zahlenwertgleichung umwandeln.
 Sie lautet

$$E/\text{lx} = \frac{10^4 \pi \Omega_0 L/\text{sb}}{4k^2 \left(1 - \frac{\beta'}{\beta'_p}\right)^2}. \qquad (4.286)$$

Unter Verwendung von $10^4 \pi$ asb $= 1$ sb gilt

$$E/\text{lx} = \frac{\Omega_0 L/\text{asb}}{4k^2 \left(1 - \frac{\beta'}{\beta'_p}\right)^2}. \qquad (4.287)$$

Begrenzung des Lichtstroms für außeraxiale Flächenelemente. Das lichtaussendende Flächenelement der Objektebene dq_1 befinde sich außerhalb der optischen Achse des zentrierten optischen Systems. Wir berechnen den Lichtstrom, der durch das Flächenelement dq_2 der

4.2 Bündelbegrenzende optische Funktionselemente

Eintrittspupille aufgenommen wird, durch dessen Mittelpunkt die optische Achse geht (Abb. 4.122). Im fotometrischen Entfernungsgesetz Gl.(3.52)

$$d^2\Phi = \frac{L}{r^2}\Omega_0 \cos\varepsilon_1 \cos\varepsilon_2 \, dq_1 dq_2$$

ist

$$\varepsilon_1 = \varepsilon_2 = w \quad \text{und} \quad r = \frac{p}{\cos w}$$

zu setzen. Damit erhalten wir

$$d^2\Phi = \frac{L}{p^2}\Omega_0 \cos^4 w \, dq_1 dq_2. \tag{4.288}$$

Das kreisförmige Flächenelement dq_2 der Eintrittspupille habe den Radius $d\rho_p$ und erscheine vom Achsenpunkt des Objekts aus unter dem Winkel du. Sein Flächeninhalt ergibt sich zu

$$dq_2 = \pi (d\rho_p)^2 = \pi p^2 (du)^2. \tag{4.289}$$

Aus Gl. (4.288) folgt mit Gl. (4.289)

$$d^2\Phi = \pi \Omega_0 L (du)^2 dq_1 \cos^4 w. \tag{4.290}$$

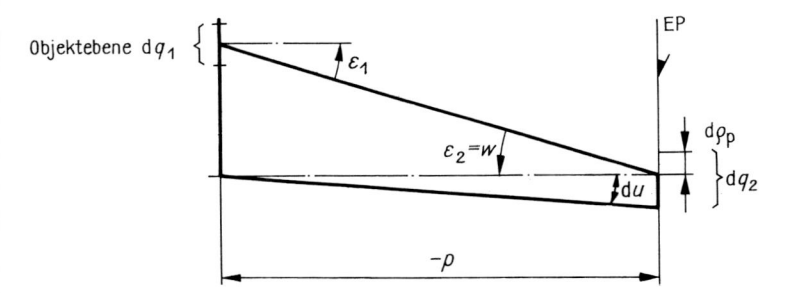

Abb. 4.122 Zur Berechnung des Lichtstroms von außeraxialen Flächenelementen

Im Bereich kleiner Öffnungswinkel, für die der Winkel durch den Sinus des Winkels ersetzbar ist, läßt sich für Gl. (4.290)

$$d\Phi = \pi \Omega_0 L \sin^2 u \, dq_1 \cos^4 w \tag{4.291}$$

schreiben. Mit $dq_1 = dq_1'/\beta'^2$ und $d\Phi' = d\Phi$ gilt für die Beleuchtungsstärke in der Gaußschen Bildebene

$$E = \frac{\pi \Omega_0 L \sin^2 u}{\beta'^2} \cos^4 w. \tag{4.292}$$

Wir setzen

$$E_0 = \frac{\pi \Omega_0 L \sin^2 u}{\beta'^2} \tag{4.293}$$

und schreiben Gl. (4.292) um in

$$E_w = E_0 \cos^4 w. \tag{4.294}$$

Für E_0 können wir sämtliche dafür abgeleiteten Beziehungen einsetzen.

Bei der Abbildung außeraxialer Flächenelemente der Objektebene, die als Lambert-Strahler betrachtet werden kann, nimmt die Beleuchtungsstärke in der Gaußschen Bildebene mit der vierten Potenz des Kosinus des halben Feldwinkels ab.

Der optische Fluß beträgt

$$\mathrm{d}G = \pi \Omega_0 \sin^2 u \cos^4 w \, \mathrm{d}q_1. \tag{4.295}$$

Die Ableitung bringt deutlich zum Ausdruck, daß Gl. (4.294) strenggenommen nur eine Näherungsformel darstellt. Sie gilt insbesondere nur bei kleinen Öffnungswinkeln (Objekt im Endlichen) bzw. großen Blendenzahlen (Objekt im Unendlichen). Allgemein muß festgestellt werden, daß eine hohe Genauigkeit der Rechnung nicht angestrebt zu werden braucht. Einflüsse, die bei der Ableitung unberücksichtigt bleiben müssen (z. B. Randabschattung, Reflexions- und Absorptionsverluste, Einfluß von Abbildungsfeldern bei der Objekt- und Öffnungsblenden-Abbildung), bringen ohnehin quantitative Abweichungen von den qualitativ richtigen Ergebnissen mit sich.

4.3 Abbildungsfehler

4.3.1 Klassifikation der Abbildungsfehler

Wir beschäftigen uns nochmals mit der optischen Abbildung. Zunächst wiederholen wir die bisher behandelten Gesichtspunkte.

– Die ideale geometrisch-optische Abbildung ordnet jedem Punkt des Objektraumes umkehrbar eindeutig einen Bildpunkt zu und transformiert geometrische Figuren in ähnliche Figuren. Eine punktförmige Abbildung liegt vor, wenn homozentrische Bündel in homozentrische Bündel übergeführt werden. Die ideale geometrisch-optische Abbildung ist nur mit ebenen Oberflächenspiegeln weitgehend anzunähern.

– Die wichtigsten geometrisch-optisch abbildenden Funktionselemente, die zentrierten sphärischen Spiegel und Linsen, bilden im allgemeinen nicht punktförmig und ähnlich ab.

– Asphärische Spiegel und Linsen können so berechnet werden, daß sie einen Achsenpunkt mit weitgeöffneten Bündeln in einen Achsenpunkt abbilden. Allgemein läßt sich in einem optischen System durch asphärische Flächen die Annäherung an die ideale geometrisch-optische Abbildung verbessern. Asphärische Flächen werden jedoch aus ökonomischen und technologischen Gründen oft vermieden.

– In der Praxis genügt es, eine geometrisch-optische Abbildung anzustreben, bei der nur Punkte eines begrenzten Teils des Objektraumes in ausreichend kleine Zerstreuungsfiguren abzubilden sind.

– Im paraxialen Gebiet, d. h. mit flach und achsnahe verlaufenden Lichtstrahlen, bilden zentrierte optische Systeme mit monochromatischem Licht punktförmig und ähnlich ab.

Abbildungsfehler. Mit Strahlen, die außerhalb des paraxialen Gebiets verlaufen, also bei der Abbildung von ausgedehnten Objektfeldern mit weitgeöffneten Bündeln, ergeben sich im all-

4.3 Abbildungsfehler

gemeinen Abweichungen von der punktförmigen ähnlichen Abbildung. Bereits im paraxialen Gebiet, aber auch im außeraxialen Gebiet, entstehen bei brechenden Flächen Abweichungen von der idealen geometrisch-optischen Abbildung, wenn mit polychromatischem Licht gearbeitet wird.

> Die Abweichungen von der idealen geometrisch-optischen Abbildung werden Abbildungsfehler oder Aberrationen genannt. Die Abbildungsfehler, die bei der Abbildung mit monochromatischem Licht auftreten, werden geometrische Fehler genannt. Die Abbildungsfehler, die durch die Dispersion der optischen Werkstoffe entstehen, werden Farbfehler oder chromatische Fehler genannt.

Strahlaberrationen. Die durch die Abbildungsfehler hervorgerufenen Abweichungen müssen quantitativ erfaßt werden. Im Rahmen der geometrischen Optik können dazu nur Größen dienen, die in Verbindung mit dem Verlauf der Lichtstrahlen stehen. Im allgemeinen verwendet man die Abweichungen der Strahlkoordinaten von den Koordinaten eines Bezugsstrahls und erhält so die Strahlaberrationen.

Wir unterscheiden zwei Gruppen von Strahlaberrationen: die Querabweichungen und die Längsabweichungen.

Die Querabweichungen sind die in einer achssenkrechten Ebene gemessenen Abweichungen der Strahl-Durchstoßkoordinaten $\hat{x}'$, $\hat{y}'$ von den Koordinaten eines Bezugsstrahls x', y'. Bei der Anwendung von kartesischen Koordinaten legen wir die Meridionalebene in die y-z-Ebene. Wir erhalten dann (Abb. 4.123)

die sagittale Querabweichung $\quad \Delta x' = \hat{x}' - x'$

und die meridionale Querabweichung $\quad \Delta y' = \hat{y}' - y'$.

Als Auffangebene wird oftmals die Gaußsche Bildebene angenommen, als Bezugskoordinaten werden bevorzugt die Koordinaten des Gaußschen Bildpunktes verwendet.

Die Längsabweichungen von Strahlschnittpunkten werden entweder von einem auf dem Bezugsstrahl liegenden Bezugspunkt oder von einer achssenkrechten Bezugsebene – z. B. der Gaußschen Bildebene – aus gemessen (Abb. 4.124).

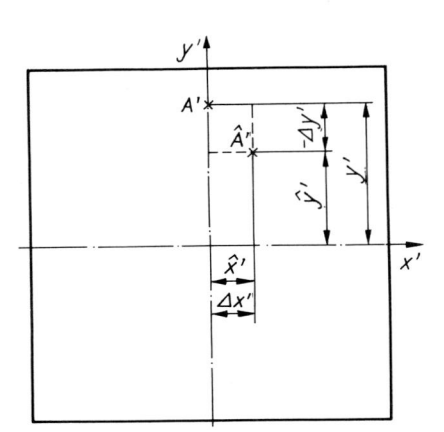

Abb. 4.123 Sagittale und meridionale Querabweichung

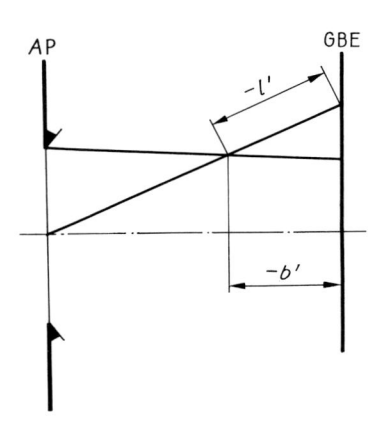

Abb. 4.124 Längsabweichungen im Meridionalschnitt

Für die Abbildung von Achsenpunkten ist die optische Achse der Bezugsstrahl. In diesem Fall wird die Schnittweitenabweichung angegeben. Diese lautet also

$$\Delta s' = \hat{s}' - s'.$$

Im allgemeinen wird für s' die paraxiale Schnittweite eingesetzt.

Die Abweichungen hängen von den Systemparametern und von den unabhängigen Strahlkoordinaten ab. Die graphischen Darstellungen der Abweichungen als Funktionen der unabhängigen Strahlkoordinaten werden Korrektionsdarstellungen genannt.

Öffnungsfehler oder sphärische Aberration. Bei der Abbildung von Punkten der optischen Achse mit weit geöffneten Bündeln hängt die bildseitige Schnittweite der Strahlen vom objektseitigen Schnittwinkel $\hat{\sigma}$ bzw. von der Einfallshöhe h ab (Abb. 4.125). Damit verbunden sind die sphärische Längsabweichung $\Delta s'$ und die sphärische Querabweichung $\Delta y'$. Das bildseitige Strahlenbündel liegt symmetrisch zur optischen Achse.

Für die Abbildung von Achsenpunkten ist der Öffnungsfehler der einzige geometrische Fehler.

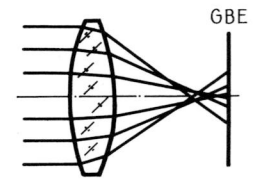

Abb. 4.125 Öffnungsfehler bei einer Sammellinse

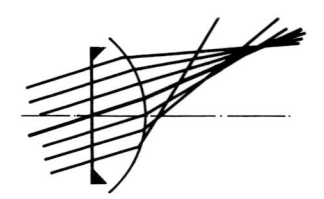

Abb. 4.126 Meridionale Koma bei einer brechenden Fläche

Koma oder Asymmetriefehler. Bei der Abbildung von außeraxialen Punkten mit weit geöffneten Bündeln überlagert sich dem Öffnungsfehler die Koma. Als Bezugsstrahl für die Abbildung außeraxialer Punkte dient meistens der Hauptstrahl. Die Koma äußert sich in bildseitig unsymmetrisch zum Hauptstrahl liegenden Strahlenbündeln. Zwei objektseitig symmetrisch zum Hauptstrahl verlaufende Meridionalstrahlen haben bildseitig ungleiche Längsabweichungen $\Delta l'$ (Abb. 4.126). Ein beliebiger Komastrahl hat in der Gaußschen Bildebene eine meridionale und eine sagittale Querabweichung.

Astigmatismus oder Zweischalenfehler. In Analogie zur Abbildung von Achsenpunkten mit Paraxialstrahlen können bei der Abbildung von außeraxialen Punkten hauptstrahlnahe Strahlen untersucht werden. Da jedoch die Flächen des optischen Systems im allgemeinen nicht rotationssymmetrisch zum Hauptstrahl liegen, ist im allgemeinen bildseitig auch keine Rota-

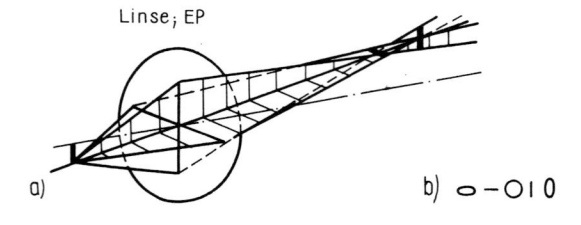

Abb. 4.127
a) Astigmatismus bei einer Sammellinse, b) Bündelquerschnitt in verschiedenen Ebenen

4.3 Abbildungsfehler

tionssymmetrie im hauptstrahlnahen Bündel vorhanden. Die beiden ausgezeichneten Büschel, das meridionale und das sagittale Büschel, haben deshalb unterschiedliche bildseitige Schnittpunkte auf dem Hauptstrahl (Abb. 4.127). Bei der Abbildung von außeraxialen Punkten mit hauptstrahlnahen Bündeln wird einem Objektpunkt durch das meridionale Büschel ein meridionaler und durch das sagittale Büschel ein sagittaler Bildort zugeordnet. Die damit verbundene Abweichung von der Punktförmigkeit wird Astigmatismus genannt.

Bildfeldwölbung. Sowohl der meridionale als auch der sagittale Bildort fallen im allgemeinen nicht mit dem Durchstoßpunkt des Hauptstrahls in der Gaußschen Bildebene zusammen. Die Abweichungen ändern sich mit der Hauptstrahlneigung. Die Folge davon ist, daß eine in der Meridionalebene liegende gerade Strecke durch die meridionalen und durch die sagittalen hauptstrahlnahen Büschel in je eine gekrümmte Strecke abgebildet werden. Einem ebenen Objekt werden zwei gekrümmte Bildflächen zugeordnet (Abb. 4.128).

Das Vorliegen von gekrümmten Bildschalen wird Bildfeldwölbung, das Auseinanderfallen der meridionalen und der sagittalen Bildschale Astigmatismus genannt.

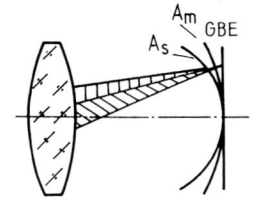

Abb. 4.128 Bildschalen an einer Sammellinse

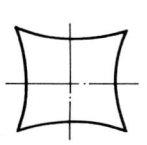

Abb. 4.129 Bild eines Quadrats bei kissenförmiger Verzeichnung

Verzeichnung. Bei der Abbildung außeraxialer Punkte fällt der Durchstoßpunkt des Hauptstrahls in der Gaußschen Bildebene nicht mit dem Gaußschen Bildpunkt zusammen. Betrachten wir den Durchstoßpunkt des Hauptstrahls als den außeraxialen Bildort, dann weicht die Bildgröße von der paraxial berechneten Bildgröße ab (Abb. 4.129). Die Abweichung ist von der Hauptstrahlneigung abhängig, so daß dadurch die Ähnlichkeit zwischen Bild und Objekt beeinträchtigt wird. Der damit verbundene Abbildungsfehler heißt Verzeichnung.

Farblängsfehler. Die paraxiale Schnittweite eines Systems aus brechenden Flächen hängt von der Brechzahl und damit von der Wellenlänge ab. Die paraxiale Schnittweitenabweichung von der Schnittweite für eine Bezugsfarbe kennzeichnet den Farblängsfehler (Abb. 4.130).

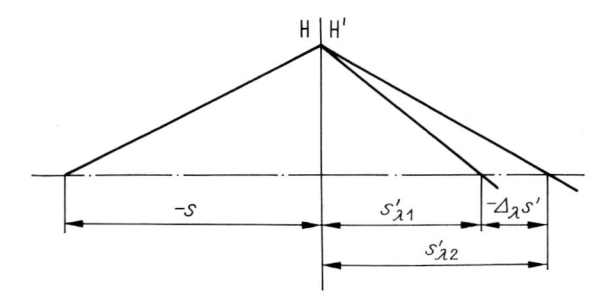

Abb. 4.130 Farblängsfehler bei einer dünnen Sammellinse

Farbfehler des Hauptstrahls. Auch die Schnittweite des Hauptstrahls hängt von der Wellenlänge ab. Die Folge davon ist eine Änderung der paraxial berechneten Bildgröße mit der Wellenlänge. Es tritt der Farbfehler des Hauptstrahls auf (Abb. 4.131).

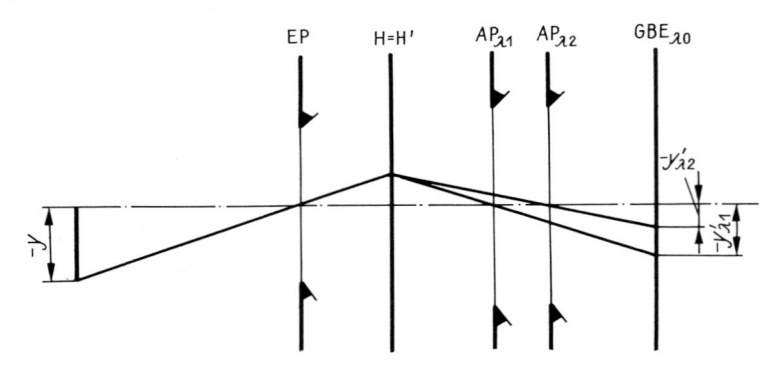

Abb. 4.131 Farbfehler des Hauptstrahls bei einer dünnen Sammellinse mit Vorderblende

Farbige Variationen der geometrischen Abbildungsfehler. Bei Strahlenbündeln mit endlichen Öffnungen und bei endlichen Feldern treten sämtliche Abbildungsfehler auf. Wird außerdem mit polychromatischem Licht abgebildet, dann hängen die Abweichungen von der Wellenlänge ab. Es ergeben sich die farbigen Variationen der geometrischen Abbildungsfehler.

Abbildungsfehler dritter Ordnung. Für ein vorgegebenes optisches System sind die Querabweichungen in der Gaußschen Bildebene Funktionen der Strahldurchstoßkoordinaten in der Objekt- und Eintrittspupillenebene. Die Objektgröße hängt mit dem Objektwinkel $2w$, die Pupillengröße mit dem Öffnungswinkel $2u$ zusammen. Eine Reihenentwicklung der Querabweichungen nach Potenzen des Objekt- und des Öffnungswinkels ergibt, daß die erste Näherung aus Summanden besteht, die die Faktoren $u^m w^n$ mit $m+n=3$ enthalten. In erster Näherung gilt also

$$\Delta y' = \sum_{m+n=3} u^m w^n B_{mn}.$$

Tab. 4.27 enthält die den einzelnen Summanden zugeordneten Abbildungsfehler, die in dieser Näherung Abbildungsfehler dritter Ordnung genannt werden. Der Gültigkeitsbereich der Reihenentwicklung bis zur dritten Ordnung ist das Seidelsche Gebiet.

Tabelle 4.27 Abbildungsfehler dritter Ordnung

	m	n	Koeffizient
Öffnungsfehler	3	0	B_{30}
Koma	2	1	B_{21}
Astigmatismus	1	2	B_{12}
Bildfeldwölbung	1	2	B'_{12}
Verzeichnung	0	3	B_{03}

4.3 Abbildungsfehler

Die vom Öffnungswinkel $2u$ abhängigen Fehler – Öffnungsfehler, Koma, Astigmatismus und Bildfeldwölbung – führen zu Zerstreuungsfiguren in der Gaußschen Bildebene. Die Verzeichnung hat keinen Einfluß auf die Größe der Zerstreuungsfigur, sie verschiebt den Bildort innerhalb der Gaußschen Bildebene. Der Tab. 4.27 ist zu entnehmen:

Der Öffnungsfehler und die Koma treten bereits bei der Abbildung kleiner Objekte mit weit geöffneten Bündeln stark in Erscheinung.
Bei der Abbildung großer Fehler mit sehr engen Bündeln stören besonders die Verzeichnung, der Astigmatismus und die Bildfeldwölbung.

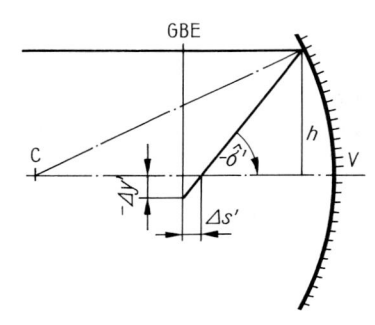

Abb. 4.132 Sphärische Abweichungen beim Hohlspiegel

Als ein spezielles Beispiel für die Reihenentwicklung des Öffnungsfehlers wählen wir einen sphärischen Hohlspiegel mit unendlicher Objektweite (Abb. 4.132). Die sphärische Längsabweichung beträgt

$$\Delta s' = \frac{r}{2}\left[1 - \frac{1}{\sqrt{1 - \left(\frac{h}{r}\right)^2}}\right]. \tag{4.296}$$

Durch Reihenentwicklung folgt daraus

$$\Delta s' = -\frac{r}{2}\left[\frac{1}{2}\left(\frac{h}{r}\right)^2 + \frac{3}{8}\left(\frac{h}{r}\right)^4 + \frac{5}{16}\left(\frac{h}{r}\right)^6 + \frac{35}{128}\left(\frac{h}{r}\right)^8 + \cdots\right]. \tag{4.297}$$

Im Seidelschen Gebiet gilt angenähert für $s = -\infty$

$$\Delta y' = \Delta s' \cdot \frac{2h}{r}, \tag{4.298}$$

so daß die Querabweichung durch Öffnungsfehler dritter Ordnung

$$\Delta y' = -\frac{r}{2}\left(\frac{h}{r}\right)^3 \tag{4.299}$$

beträgt. Die Korrektionsdarstellung

$$-\frac{\Delta s'}{f} = f\left(\frac{h}{r}\right)$$

mit den exakten Werten und nach Abbrechen der Reihe (4.297) mit verschiedenen Summanden ist in Abb. 4.133 enthalten. Abb. 4.134 demonstriert den relativen Fehler der Schnittweitendifferenz dritter Ordnung in Abhängigkeit von h/r.

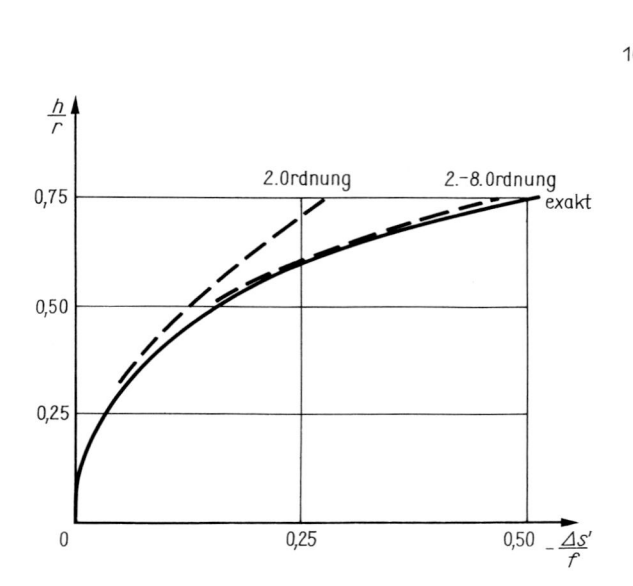

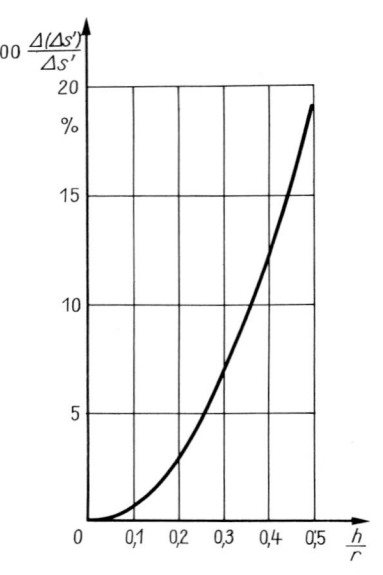

Abb. 4.133 Zur Gültigkeit der Reihenentwicklung der sphärischen Längsabweichung

Abb. 4.134 Relativer Fehler für den Öffnungsfehler dritter Ordnung

4.3.2 Abbildungsfehler im paraxialen Gebiet

Farblängsfehler. Im paraxialen Gebiet ist die Abbildung mit monochromatischem Licht punktförmig und ähnlich. Die Punkte der Objektebene werden in Punkte der Gaußschen Bildebene abgebildet. Für eine brechende Rotationsfläche beträgt die Entfernung der Gaußschen Bildebene vom Flächenscheitel nach der Abbeschen Invarianten

$$s' = \frac{n'}{\frac{n}{s} + \frac{n'-n}{r}} \cdot$$

Nur in Spezialfällen wird mit quasimonochromatischem Licht abgebildet; im allgemeinen ist das Licht polychromatisch. Die paraxiale Schnittweite ist dann von der Wellenlänge des Lichtes abhängig, weil durch die Dispersion die Brechzahlen von der Wellenlänge abhängen. Die Gaußschen Bildebenen für die einzelnen Wellenlängen fallen auseinander. Es gilt also:

> Beim Abbilden mit polychromatischem Licht ist die paraxiale Schnittweite brechender Flächen von der Wellenlänge des Lichtes abhängig. Der dadurch entstehende Abbildungsfehler heißt Farblängsfehler.

4.3 Abbildungsfehler

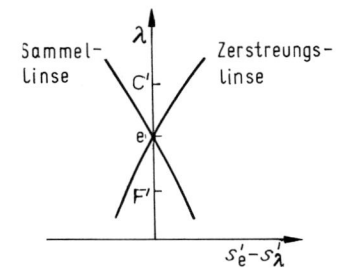

Abb. 4.135 Chromatische Längsabweichung von Linsen

Zur Darstellung des Farblängsfehlers wird die Schnittweitendifferenz für zwei Wellenlängen verwendet. Die Funktion

$$\Delta_\lambda s' = s'_{\lambda_1} - s'_{\lambda_2} = f(\lambda) \quad (\lambda_1 < \lambda_2) \tag{4.300}$$

ist in Abb. 4.135 dargestellt.

Bei der Sammellinse ist $\Delta_\lambda s' < 0$; man spricht vom unterkorrigierten Farblängsfehler (Abb. 4.136). Bei der Zerstreuungslinse ist $\Delta_\lambda s' > 0$; man spricht dann vom überkorrigierten Farblängsfehler (Abb. 4.137).

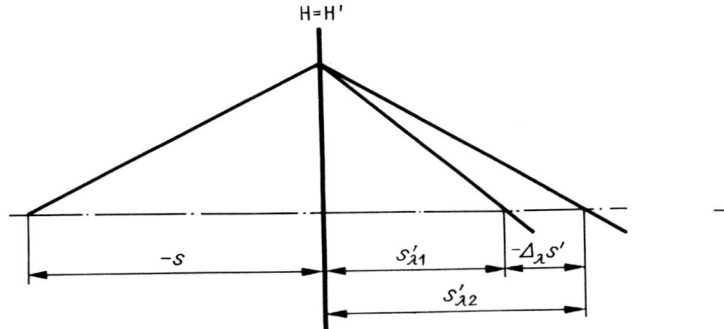

Abb. 4.136 Unterkorrektion bei der dünnen Sammellinse

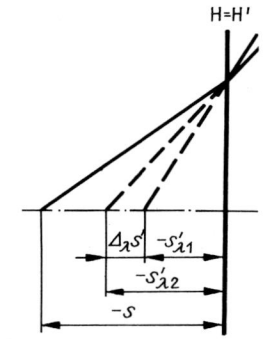

Abb. 4.137 Überkorrektion bei der dünnen Zerstreuungslinse

Dichromasiebedingung. Häufig wird die Schnittweitendifferenz auf die Brennweite des optischen Systems normiert. Der negative Kehrwert dieser Größe wird äquivalente Abbesche Zahl genannt:

$$\frac{1}{\nu} = -\frac{\Delta_\lambda s'}{f'}. \tag{4.301}$$

Für ein optisches System aus n dünnen zusammenfallenden Linsen ($d = 0$) gilt

$$\frac{F'}{\nu} = \sum_{i=1}^{n} \frac{F'_i}{\nu_i}. \tag{4.302}$$

Gl. (4.302) wird Dichromasiebedingung genannt. (In der Literatur findet man im allgemeinen die Benennung Achromasiebedingung.) Die Berechnung eines optischen Systems mit einem großen "äquivalenten v" führt zu einem kleinen Farblängsfehler, weil dadurch die paraxiale Schnittweite für jeweils zwei Farben gleich wird (Abb. 4.138).

| Ein optisches System, bei dem durch die Erfüllung einer Dichromasiebedingung die paraxiale Schnittweite für jeweils zwei Farben gleich ist, nennen wir Dichromat.

Die beim Dichromaten noch vorhandenen Schnittweitenabweichungen äußern sich in farbigen Rändern der Bilder. Diese Restfehler des Dichromaten werden sekundäres Spektrum genannt.

Bei zwei dünnen zusammenfallenden Linsen mit $v = \infty$ geht Gl. (4.302) über in

$$0 = \frac{F_1'}{v_1} + \frac{F_2'}{v_2} \quad \text{bzw.} \quad \frac{F_2'}{F_1'} = -\frac{v_2}{v_1}. \tag{4.303}$$

Daraus folgt, daß ein zweilinsiger Dichromat aus einer Sammellinse und einer Zerstreuungslinse bestehen muß. Bei vorgegebener positiver Gesamtbrechkraft ist die Sammellinse diejenige aus dem Glas höherer Abbescher Zahl.

Trichromasie. Das sekundäre Spektrum wird vermieden, wenn die paraxialen Schnittweiten für drei Farben zusammengelegt werden. Ein optisches System mit dieser Eigenschaft nennen wir einen Trichromaten. Abb. 4.139 enthält die Korrektionsdarstellung, aus der zu erkennen

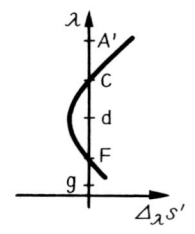

Abb. 4.138 Chromatische Längsabweichung eines Dichromaten

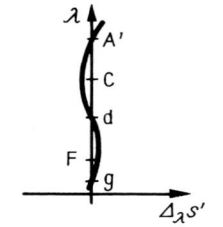

Abb. 4.139 Chromatische Längsabweichung eines Trichromaten

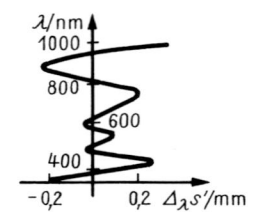

Abb. 4.140 Chromatische Längsabweichung eines Polychromaten

ist, daß beim Trichromaten zwei Dichromasiebedingungen für aneinander angrenzende Wellenlängenbereiche zu erfüllen sind.

| Ein optisches System, bei dem durch die Erfüllung zweier Dichromasiebedingungen die paraxiale Schnittweite für jeweils drei Farben gleich ist, heißt Trichromat.

Der Aufbau eines Trichromaten aus zwei Linsen ist ungünstig. Im allgemeinen stellen Trichromate dreilinsige Systeme dar.

Polychromasie. Es könnte der Eindruck entstehen, daß das sekundäre Spektrum durch schrittweises Hinzunehmen weiterer Dichromasiebedingungen stetig zu vermindern ist. Es läßt sich jedoch zeigen, daß durch die Erfüllung dreier Dichromasiebedingungen die paraxiale Schnittweite für eine größere Anzahl von Farben gleich ist. Wir sprechen deshalb von einem Polychromaten. Die Korrektionsdarstellung für ein Beispiel zeigt Abb. 4.140.

Farbfehler des Hauptstrahls. Der Farblängsfehler äußert sich in einer Abhängigkeit der paraxialen Schnittweite von der Wellenlänge. Dadurch liegt die Gaußsche Bildebene für die einzelnen Farben an verschiedenen Stellen.

4.3 Abbildungsfehler

Wir wollen jetzt annehmen, daß wir einen idealen Polychromaten berechnet haben, bei dem die Gaußschen Bildebenen für alle Farben zusammenfallen. Die paraxialen Bilder der Öffnungsblende liegen dann trotzdem im allgemeinen an Stellen, die von der Wellenlänge abhängen. Bei einer Mittelblende liegen die Achsenpunkte der Eintritts- und der Austrittspupille an verschiedenen Orten. Dadurch ist auch der Verlauf des Hauptstrahls im paraxialen Gebiet für die einzelnen Farben unterschiedlich (Abb. 4.141).

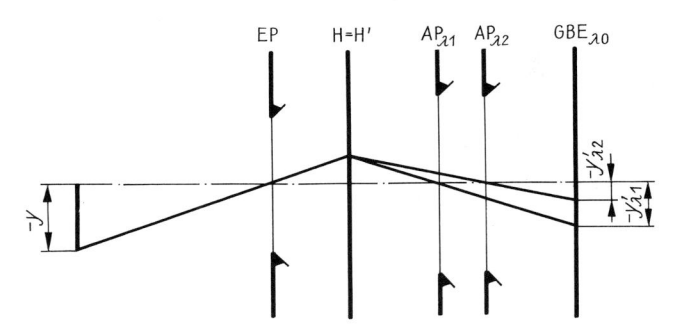

Abb. 4.141 Farbfehler des Hauptstrahls einer dünnen Linse mit Vorderblende

Da wir ohne Randabschattung den Durchstoßpunkt des Hauptstrahls in der Gaußschen Bildebene als Bildpunkt ansehen können, ist die Bildgröße wellenlängenabhängig. Diese auf Grund des Farbfehlers des Hauptstrahls vorhandene Abweichung von der idealen Abbildung heißt deshalb auch Farbvergrößerungsfehler. Für den Abstand des Durchstoßpunktes des Hauptstrahls für eine Wellenlänge vom Durchstoßpunkt des Hauptstrahls für die Bezugswellenlänge wird auch der Begriff "Chromatische Vergrößerungsdifferenz" (CVD) verwendet.

> Der Farbfehler des Hauptstrahls entsteht, weil die paraxiale Abbildung der Öffnungsblende mit Farblängsfehler behaftet ist. Die Pupillenlage und damit der Hauptstrahlenverlauf hängen von der Wellenlänge ab. Dadurch ist bei vorgegebener Objektgröße die paraxiale Bildgröße von der Farbe des Lichtes abhängig.

Beim gleichzeitigen Vorliegen von Farblängsfehler muß die Bildgröße in der Gaußschen Bildebene der Bezugswellenlänge gemessen werden. Folgende Hinweise sind wesentlich:
- Die Einzellinse ohne zusätzliche Öffnungsblende ist frei vom Farbfehler des Hauptstrahls. Dasselbe gilt praktisch für dünne Systeme, bei denen ein Linsenrand als Öffnungsblende wirkt.
- Die Einzellinse mit zusätzlicher Öffnungsblende führt stets Farbfehler des Hauptstrahls ein.
- Ein symmetrisch zur Öffnungsblende aufgebautes System hat für den Abbildungsmaßstab $\beta' = -1$ keinen Farbfehler des Hauptstrahls (Abb. 4.142).

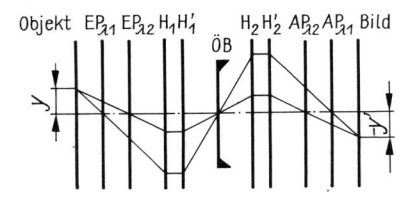

Abb. 4.142 Verschwinden des Hauptstrahlfarbfehlers im symmetrischen optischen System

4.3.3 Öffnungsfehler

Definition. Bei der Abbildung von Punkten der optischen Achse mit monochromatischem Licht tritt nur der Öffnungsfehler auf. Für die Abbildung von Achsenpunkten stellt jede Ebene, die die optische Achse enthält, eine Meridionalebene dar. Zur rechnerischen Bestimmung des Öffnungsfehlers sind deshalb nur Meridionalstrahlen durchzurechnen.

Wir betrachten den Strahlenverlauf an einer sphärischen brechenden Fläche (Abb. 4.143 und Abb. 4.144). Die bildseitige Schnittweite $\hat{s}'$ der Strahlen hängt in Abb. 4.143 von der

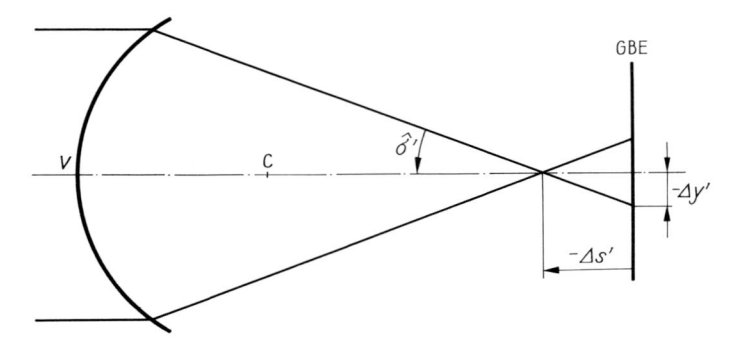

Abb. 4.143 Öffnungsfehler bei unendlicher Objektweite

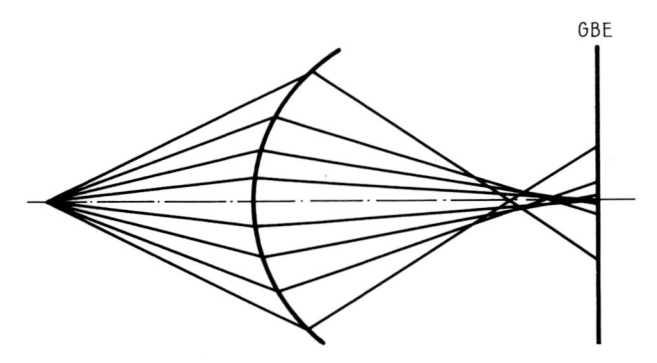

Abb. 4.144 Öffnungsfehler bei endlicher Objektweite

Einfallshöhe, in Abb. 4.144 vom objektseitigen Schnittwinkel $\hat{\sigma}$ und damit ebenfalls von der Einfallshöhe ab.

Die Strahlen eines von einem Objektpunkt ausgehenden Bündels endlicher Öffnung werden nicht in einem Punkt vereinigt. In jeder achssenkrechten Auffangebene, speziell auch in der Gaußschen Bildebene, entsteht wegen der Rotationssymmetrie um die optische Achse ein Zerstreuungskreis.

> Die Abweichung von der Punktförmigkeit des Bildes, die bei der Abbildung von Achsenpunkten durch die Abhängigkeit der bildseitigen Schnittweite von der Einfallshöhe hervorgerufen wird, ist der Öffnungsfehler, auch sphärische Aberration genannt.

4.3 Abbildungsfehler

Das Lichtbündel schnürt sich beim Vorliegen von Öffnungsfehler bildseitig nur ein, es ist nicht homozentrisch. Die Einhüllende des bildseitigen Strahlenbündels, das aus den Strahlen bis zu ihrem Schnittpunkt mit der optischen Achse besteht, wäre beim öffnungsfehlerfreien System ein Kegel, dessen Spitze im Gaußschen Bildpunkt läge. Allgemein gilt:

> Die Einhüllende des bildseitig einer brechenden Fläche verlaufenden Strahlenbündels heißt Kaustik. Die Spitze der Kaustik liegt bei der Abbildung von Achsenpunkten im Gaußschen Bildpunkt (Abb. 4.145).

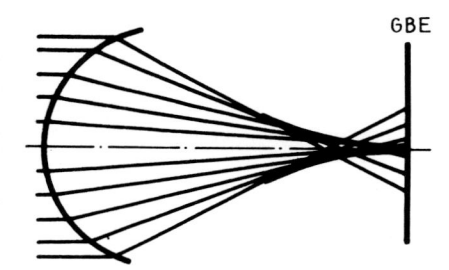

Abb. 4.145 Kaustik

Darstellung. Quantitativ wird der Öffnungsfehler durch die sphärische Längsabweichung $\Delta s' = \hat{s}' - s'$ oder die meridionale Querabweichung in der Gaußschen Bildebene erfaßt (Abb. 4.143). Nach Abb. 4.143 besteht der Zusammenhang

$$\Delta y' = \Delta s' \tan \hat{\sigma}'.$$

Bei negativer Längsabweichung spricht man von Unterkorrektion, bei positiver Längsabweichung von Überkorrektion. Eine einzelne sphärische Sammellinse ist im allgemeinen unterkorrigiert, eine Zerstreuungslinse überkorrigiert.

In den Korrektionsdarstellungen des Öffnungsfehlers wird die sphärische Längsabweichung auf der Abszissenachse abgetragen. Als Ordinate dient bei $s = -\infty$ die Einfallshöhe, bei $s \neq -\infty$ der Schnittwinkel $\hat{\sigma}$ oder die numerische Apertur $A = n \sin \hat{\sigma}$. Abb. 4.146 enthält die Darstellung der sphärischen Längsabweichung für die brechende Fläche aus Abb. 4.143. Abb. 4.147 zeigt das Schnittbild eines hinsichtlich Öffnungsfehler korrigierten optischen Systems, Abb. 4.148 die dazugehörige typische Korrektionsdarstellung.

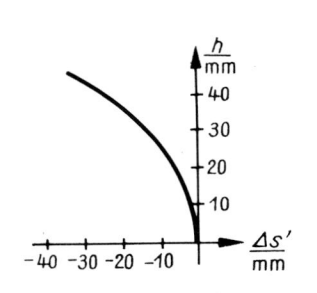

Abb. 4.146 Sphärische Längsabweichung einer sphärischen Fläche

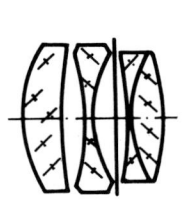

Abb. 4.147 Tessar

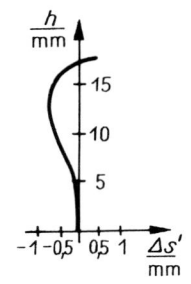

Abb. 4.148 Korrektionsdarstellung des Öffnungsfehlers für ein Tessar

In einem bezüglich Öffnungsfehler korrigierten optischen System gibt es im allgemeinen eine Einfallshöhe $h_0 = 0$, für die die Schnittweite $\hat{s}'$ gleich der paraxialen Schnittweite ist, so daß die sphärische Längsabweichung $\Delta s'(h_0)$ verschwindet.
Die maximale sphärische Längsabweichung $\Delta s'_z(h_z)$ wird Zonenfehler genannt (Abb. 4.148).

Die sphärische Querabweichung in der Gaußschen Bildebene $\Delta y'$ wird auf der Ordinatenachse abgetragen. Es ist vorteilhaft, als unabhängige Variable $\tan \hat{\sigma}'$ zu verwenden.

Die den Abb. 4.143 und 4.146 zugeordnete Korrektionsdarstellung der Querabweichung ist in Abb. 4.149 und die den Abb. 4.147 und 4.148 zugeordnete Korrektionsdarstellung der Querabweichung in Abb. 4.150 enthalten.

In einer zur Gaußschen Bildebene parallelen Auffangebene, die den Abstand b' von der Gaußschen Bildebene hat, beträgt die sphärische Querabweichung $(\Delta y')_{b'}$ eines Lichtstrahls nach Abb. 4.151

$$(\Delta y')_{b'} = \Delta y' - b' \tan \hat{\sigma}'. \tag{4.304}$$

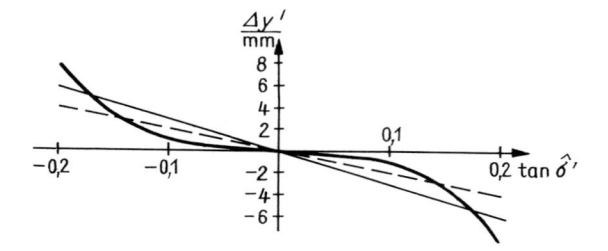

Abb. 4.149 Sphärische Querabweichung für eine brechende Fläche

In der Korrektionsdarstellung beschreibt die Kurve $\Delta y'(\tan \hat{\sigma}')$ den Verlauf der sphärischen Querabweichung in der Gaußschen Bildebene. Der Subtrahend $b' \tan \hat{\sigma}'$ hängt linear von $\tan \hat{\sigma}'$ ab und ergibt deshalb in der Korrektionsdarstellung eine Gerade. Es gilt also:

Der Zerstreuungskreis in der Auffangebene, die die Entfernung b' von der Gaußschen Bildebene hat, ergibt sich aus der maximalen Ordinatendifferenz zwischen der Kurve $\Delta y'(\tan \hat{\sigma}')$ und der Geraden $b' \tan \hat{\sigma}'$ (Abb. 4.149).

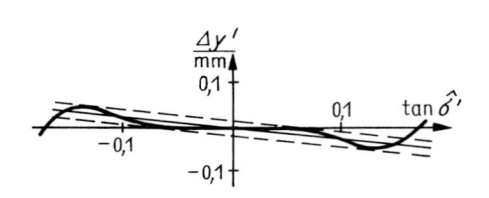

Abb. 4.150 Sphärische Querabweichung für ein korrigiertes System

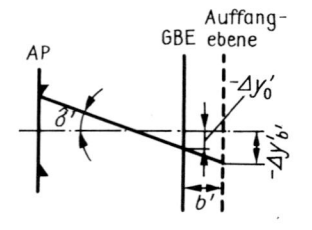

Abb. 4.151 Querabweichung in einer Auffangebene

4.3 Abbildungsfehler

Bestimmung von "besten Auffangebenen". Zwei Auffangebenen sind besonders ausgezeichnet,

– die Auffangebene, in der der kleinste Zerstreuungskreis entsteht, und
– die Auffangebene mit dem hellsten Bildkern.

Den kleinsten Zerstreuungskreis erhalten wir in einer Auffangebene, deren Abstand b' von der Gaußschen Bildebene folgendermaßen bestimmt wird:

In die Darstellung $\Delta y'(\tan \hat{\sigma}')$ zeichnen wir von allen Geraden, die durch den Ursprung gehen, diejenige ein, für die die maximale Ordinatendifferenz zwischen der Kurve $\Delta y'(\tan \hat{\sigma}')$ und der Geraden $b' \tan \hat{\sigma}'$ betragsmäßig den kleinsten Wert hat. In Abb. 4.149 ist das Verfahren für eine Einzelfläche dargestellt. Es ist $b' = -30$ mm und $|\Delta y'|_{Max} = 2$ mm. Der Lichtstrom verteilt sich nahezu gleichmäßig über den gesamten Zerstreuungskreis, so daß die schematische Lichtverteilung nach Abb. 4.152 entsteht.

Ein kleiner heller Bildkern mit schwacher Umstrahlung, wie es in Abb. 4.153 schematisch dargestellt ist, entsteht in einer Auffangebene, in der der Hauptanteil an Strahlen in einem kleinen Bereich des gesamten Zerstreuungskreises liegt. In einem unkorrigierten optischen System kann die Lage der Geraden $b' \tan \hat{\sigma}'$, deren Steigung den Abstand der Ebene mit dem hellsten Bildkern von der Gaußschen Bildebene angibt, nur geschätzt werden. Das Ergebnis nach Abb. 4.149 lautet $b' = -20$ mm, $|\Delta y'|_{Max} = 4$ mm. Für ein korrigiertes optisches System legt man die Gerade $b' \tan \hat{\sigma}'$ parallel zu der Geraden, die die Kurve $\Delta y'(\tan \hat{\sigma}')$ zweimal tangiert. In Abb. 4.150 lesen wir $b' = -0,2$ mm ab.

In der Ebene des kleinsten Zerstreuungskreises sind die Gebiete wesentlicher Intensität im Bild eines Punktes größer als in der Ebene des hellsten Bildkerns, aber das Streulicht ist schwächer. Deshalb ist in der Ebene des kleinsten Zerstreuungskreises das Auflösungsvermögen geringer, der Kontrast für grobe Strukturen größer als in der Ebene des hellsten Bildkerns.

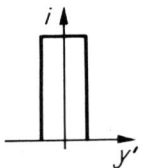

Abb. 4.152 Intensität bei kleinstem Zerstreuungskreis (schematisch)

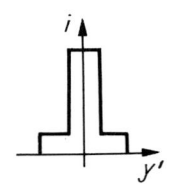

Abb. 4.153 Intensität bei hellstem Bildkern (schematisch)

Hohlspiegel. Entsprechend den Ausführungen in 4.1.9 wird der unendlich ferne Achsenpunkt durch einen Parabolspiegel öffnungsfehlerfrei abgebildet. Ein im Endlichen liegender Objektpunkt wird durch einen elliptischen Spiegel in einen reellen Bildpunkt, durch einen hyperbolischen Spiegel in einen virtuellen Bildpunkt ohne Öffnungsfehler abgebildet.

Von einem Kugelspiegel wird nur der Scheitel in sich selbst (Abbildungsmaßstab $\beta' = 1$) und der Krümmungsmittelpunkt in sich selbst (Abbildungsmaßstab $\beta' = -1$) öffnungsfehlerfrei abgebildet.

Brechende Fläche. Eine einzelne asphärische Rotationsfläche läßt sich stets so bestimmen, daß sie öffnungsfehlerfrei ist. (Ein Beipiel wurde in 4.1.9 angegeben.) Die sphärische Fläche bildet den unendlich fernen Achsenpunkt mit Öffnungsfehler ab.

Im Endlichen gibt es drei Punktepaare, die sich ohne Öffnungsfehler aufeinander abbilden:
- Es ist trivial, daß der Flächenscheitel fehlerfrei in sich selbst abgebildet wird.
- Strahlen, die vom Krümmungsmittelpunkt ausgehen oder auf ihn hinzielen, werden nicht gebrochen. Deshalb wird der Krümmungsmittelpunkt ohne Öffnungsfehler in sich abgebildet.
- Das dritte öffnungsfehlerfreie Punktepaar finden wir, wenn wir untersuchen, für welche objektseitige Schnittweite die bildseitige Schnittweite

$$s' = r - r\frac{\sin \varepsilon'}{\sin \hat{\sigma}'}$$

unabhängig vom Winkel $\hat{\sigma}'$ ist. Es muß also

$$\frac{\sin \varepsilon'}{\sin \hat{\sigma}'} = m$$

sein (m = konstant). Das Brechungsgesetz $\frac{\sin \varepsilon'}{\sin \varepsilon} = \frac{n}{n'}$ zeigt, daß für

$$m = -\frac{n}{n'} \quad \text{und} \quad -\sin \hat{\sigma}' = \sin \varepsilon$$

die gestellte Forderung zu erfüllen ist.

Der Punkt, für den $\hat{\sigma}' = -\varepsilon$ ist, wird also ohne Öffnungsfehler in den Punkt mit der Schnittweite

$$\hat{s}' = s' = r + \frac{n}{n'}r \qquad (4.305)$$

bzw.

$$s' = r\frac{n+n'}{n'}$$

abgebildet. Aus der Abbildungsgleichung folgt die konjugierte objektseitige Schnittweite

$$s = r\frac{n+n'}{n}. \qquad (4.306)$$

Bei $r = 50$ mm, $n = 1$ und $n' = 1{,}5182$ ergeben sich die Schnittweiten $s = 125{,}91$ mm und $s' = 82{,}93$ mm. Es handelt sich um die Abbildung eines virtuellen Objektpunktes in einen reellen Bildpunkt.

Einzelne Sammellinse. Bei der Abbildung des unendlich fernen Achsenpunktes führt eine dünne sphärische Einzellinse stets Öffnungsfehler ein.

Die Sammellinse ist unterkorrigiert ($\Delta s' < 0$), die Zerstreuungslinse überkorrigiert ($\Delta s' > 0$). Die Korrektion des Öffnungsfehlers ist deshalb mit einer geeigneten Kombination aus Sammel- und Zerstreuungslinsen möglich. Für dünne Linsen gilt allgemein die Regel:

> Wenn der Öffnungsfehler klein bleiben soll, dann ist die Linse so in den Strahlengang zu stellen, daß die stärker gekrümmte Seite der größeren Schnittweite zugekehrt ist.

Aus der Theorie der Abbildungsfehler dritter Ordnung folgt, daß der Öffnungsfehler im Seidelschen Gebiet ein Minimum hat, wenn die Durchbiegung der Linse

$$Q = \frac{n}{n+2}\left(\frac{2}{s} + F'\right) \qquad (4.307)$$

4.3 Abbildungsfehler

beträgt. Für $s = -\infty$ folgt daraus für die dünne Linse mit dem Öffnungsfehler-Minimum das Radienverhältnis

$$\frac{r_1}{r_2} = \frac{2n^2 - n - 4}{n(2n+1)}. \tag{4.308}$$

Bei $n = 1{,}5$ ist

$$\frac{r_1}{r_2} = -\frac{1}{6}.$$

Von Bedeutung ist die Möglichkeit, den Öffnungsfehler durch Aufspalten einer Linse in zwei Linsen zu verringern.

Gauß-Fehler. Die Abweichungen durch Öffnungsfehler sind bei brechenden Flächen auch von der Wellenlänge des Lichtes abhängig.

| Die farbige Variation des Öffnungsfehlers heißt Gauß-Fehler.

(Der Name erklärt sich daraus, daß Gauß ein Fernrohrobjektiv mit einem kleinen solchen Fehler berechnet hatte.)

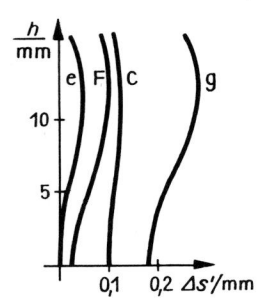

Abb. 4.154 Korrektionsdarstellung für ein System mit Gauß-Fehler

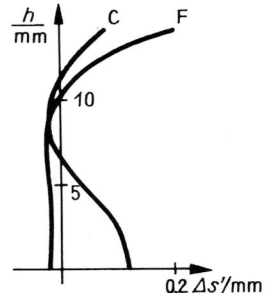

Abb. 4.155 Korrektionsdarstellung für ein System mit vermindertem Gauß-Fehler

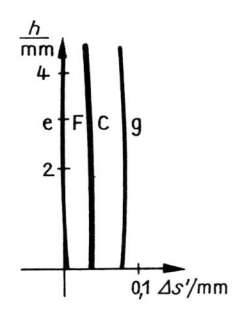

Abb. 4.156 Korrektionsdarstellung für einen Apochromaten

Abb. 4.154 enthält die Korrektionsdarstellung des Öffnungsfehlers für ein Fernrohrobjektiv mit Gauß-Fehler. Die Verringerung des Gauß-Fehlers eines Dichromaten läßt sich erreichen, wenn der Farblängsfehler unterkorrigiert wird. Die Öffnungsfehlerkurven für zwei Farben schneiden sich dann bei einer mittleren Einfallshöhe (Abb. 4.155).

Bei einem Trichromaten wird im allgemeinen der Gauß-Fehler für zwei Farben behoben. Es ergibt sich ein Apochromat. In Abb. 4.156 ist die Korrektionsdarstellung für ein apochromatisches Fernrohrobjektiv angegeben.

4.3.4 Koma. Bildfeldwölbung. Astigmatismus

Öffnungsfehler im schrägen Bündel. Wir betrachten zunächst eine brechende Fläche, bei der die Öffnungsblende in der Ebene des Krümmungsmittelpunktes steht.

Der Objektpunkt befinde sich im Unendlichen (Abb. 4.157). Bezugsstrahl sei der Hauptstrahl. Dieser geht ungebrochen durch die Fläche hindurch. Die Folge davon ist, daß der Hauptstrahl der optischen Achse gleichwertig ist. Das Strahlenbündel verläuft bildseitig rotationssymmetrisch zum Hauptstrahl. Die Strahlen verschiedener Durchstoßhöhe in der Eintrittspupille schneiden den Hauptstrahl in verschiedenen Punkten. Es liegt Öffnungsfehler des schrägen Bündels vor.

> Auch im schrägen Bündel kann Öffnungsfehler im weiteren Sinne vorhanden sein. Das Strahlenbündel ist dann rotationssymmetrisch zum Hauptstrahl.

Meridionale Koma. Wir rücken die Öffnungsblende aus der Ebene des Krümmungsmittelpunktes heraus. Dadurch wird ein anderer als der durch den Krümmungsmittelpunkt gehende Strahl zum Bezugsstrahl (Abb. 4.158). Der Schnitt der Kaustik mit der Meridionalebene zeigt

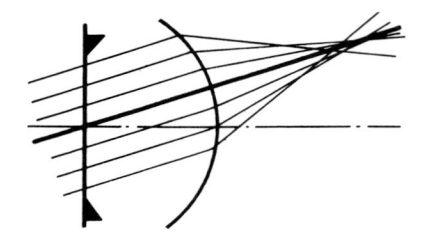

Abb. 4.157 Öffnungsfehler im schrägen Bündel

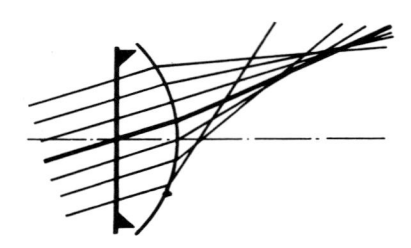

Abb. 4.158 Meridionale Koma einer brechenden Fläche

nun keine Symmetrie mehr zum Hauptstrahl. Diese unsymmetrische Strahlenvereinigung im Meridionalschnitt heißt meridionale Koma oder Asymmetriefehler. Die meridionale Koma wird oft schlechthin als Koma bezeichnet. Für sie gilt also:

> Die meridionale Koma ist die Abweichung von der Punktförmigkeit, die bei der Abbildung außeraxialer Punkte mit einem weitgeöffneten Meridionalbüschel auftritt und die sich in einer unsymmetrisch zum Bezugsstrahl liegenden Strahlenvereinigung äußert.

Zur quantitativen Behandlung der meridionalen Koma sind Meridionalstrahlen verschiedener Schnittweite durchzurechnen.

Darstellung als Querkoma. In der Gaußschen Bildebene fallen die Durchstoßpunkte der Meridionalstrahlen nicht mit dem Gaußschen Bildpunkt zusammen. Es entsteht eine Querabweichung $\Delta y'$, die ebenfalls zur Darstellung der meridionalen Koma verwendet wird. Es ist günstig, die Querabweichung als Funktion von $\tan \sigma' - \tan \hat{\sigma}'_p$ darzustellen, weil dann die beste Auffangebene so ermittelt werden kann, wie es für den Öffnungsfehler in 4.3.3 beschrieben wurde (Abb. 4.159).

Sagittale Koma. Die meridionale Koma gibt noch keinen vollständigen Eindruck von der Strahlenvereinigung schräger Bündel. Wir müssen auch den Verlauf der windschiefen Strahlen beachten.

> Die Abweichung von der Punktförmigkeit, die bei der Abbildung außeraxialer Punkte mit windschiefen Strahlen entsteht, heißt sagittale Koma.

4.3 Abbildungsfehler

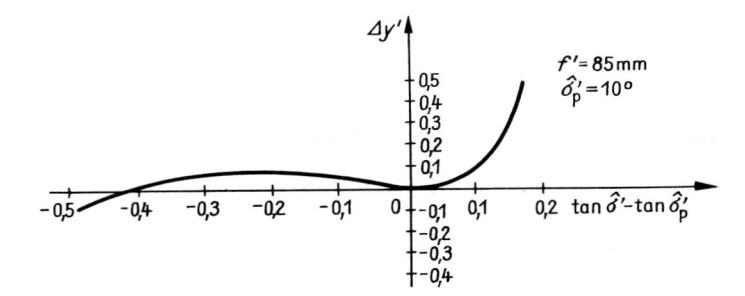

Abb. 4.159 Meridionale Querabweichung für ein schräges Bündel

Wir betrachten zunächst nur Strahlen, die objektseitig im Sagittalschnitt verlaufen. Zwei Strahlen, die objektseitig symmetrisch zum Meridionalschnitt liegen, bleiben auch bildseitig symmetrisch zum Meridionalschnitt. Die Ebene, die beide Strahlen bildseitig aufspannen, enthält jedoch nicht den Hauptstrahl. Die Ebenen, die Strahlenpaare mit verschiedener Entfernung vom Hauptstrahl aufspannen, fallen nicht zusammen. Sie fächern sich also im Bildraum so auf, daß sie unterschiedliche Neigung zur bildseitigen Sagittalebene haben (Abb. 4.160).

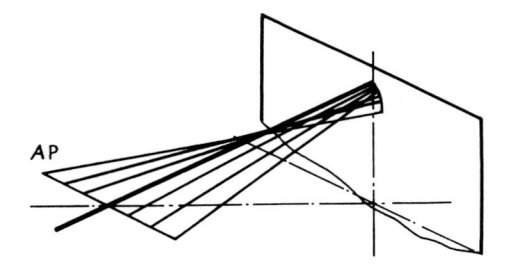

Abb. 4.160 Zur sagittalen Koma

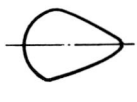

Abb. 4.161 Zerstreuungsfigur der Koma

Die objektseitig im Sagittalschnitt verlaufenden Strahlen haben in der Gaußschen Bildebene sowohl eine meridionale als auch eine sagittale Querabweichung (Abb. 4.160). Die Durchstoßpunkte sämtlicher Sagittalstrahlen bilden eine "Rinne". (Die sagittale Koma der reinen Sagittalstrahlen wird deshalb auch Rinnenfehler genannt.) Die Zerstreuungsfigur, die von sämtlichen windschiefen Strahlen erzeugt wird, hat ein schweifförmiges, also ein "komaförmiges" Aussehen (Abb. 4.161). Diese Unsymmetrie der Zerstreuungsfigur bewirkt, daß die Koma besonders störend wirkt. Wir weisen noch darauf hin, daß die von uns dargestellte Auswirkung der Koma strenggenommen durch das Zusammenwirken von Öffnungsfehler im schrägen Bündel und Koma entsteht. Im Seidelschen Gebiet sind diese Fehler additiv, wobei die sagittale Querabweichung der reinen Sagittalstrahlen durch den Öffnungsfehler entsteht.

Die Sinusbedingung. Wir gehen von einer brechenden Fläche aus, die öffnungsfehlerfrei abbildet. Es könnte sich also um eine asphärische Fläche oder um eine sphärische Fläche mit einer der in 4.3.3 abgeleiteten speziellen Objektlage handeln. Sämtliche Strahlen, die vom Achsenpunkt des Objekts ausgehen, sollen also durch den Achsenpunkt des Bildes gehen.

Wir wollen angeben, welche Bedingung erfüllt sein muß, damit ein kleines achssenkrechtes Flächenelement, durch dessen Mitte die optische Achse geht, mit weit geöffneten Bündeln in ein kleines achssenkrechtes Flächenelement abgebildet wird. Bei der Abbildung von Punkten, die in der Nähe der optischen Achse liegen, tritt in erster Näherung nur Koma auf. Die gestellte Forderung läuft also darauf hinaus, daß die öffnungsfehlerfreie Fläche ein kleines achssenkrechtes Flächenelement komafrei abbilden soll.

Die Ableitung mit Hilfe der Sätze von Fermat und Malus, die hier nicht angegeben werden soll, führt auf die Abbesche Sinusbedingung (4.281), die wir in 4.2.5 aus lichttechnischen Betrachtungen abgeleitet haben:

$$ny \sin \hat{\sigma} = n'y' \sin \hat{\sigma}'. \tag{4.309a}$$

Die Abbesche Sinusbedingung ist auch auf ein Flächensystem anwendbar. Ein optisches System, bei dem die Sinusbedingung erfüllt ist, wird aplanatisch genannt.

Bei der Abbildung eines unendlich fernen Flächenelements ist $\hat{\sigma} = 0$. Die Sinusbedingung geht in die Forderung

$$\hat{f}' = f' \tag{4.309b}$$

über. Die für achsferne Strahlen verallgemeinerte Brennweite eines aplanatischen Systems ist aus

$$\hat{f}' = \frac{h}{\sin \hat{\sigma}'} \tag{4.309c}$$

zu berechnen. Die objektseitige Hauptfläche ist eben (Abb. 4.162).

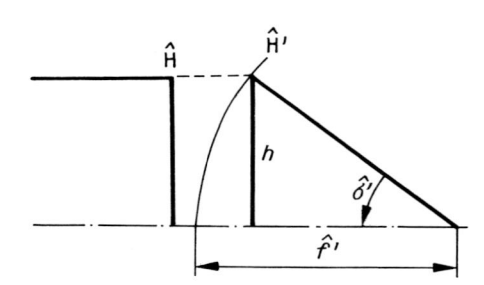

Abb. 4.162 Zur Sinusbedingung bei unendlicher Objektweite

Aplanatische Punkte. Die in 4.3.3 angegebenen Punktepaare, die sich öffnungsfehlerfrei aufeinander abbilden, werden aplanatische Punkte genannt. Kleine Flächenelemente am Ort dieser Punkte werden zusätzlich komafrei abgebildet, weil die Sinusbedingung erfüllt ist.

Die Kombination zweier Flächen, die aplanatische Objektpunkte abbilden, ergibt aplanatische Linsen. Von diesen hat der sammelnde aplanatische Meniskus besondere praktische Bedeutung (Abb. 4.163). Die erste Fläche liegt konzentrisch zum Objektpunkt. Für sie gilt

$$s_1 = r_1, \quad s'_1 = r_1. \tag{4.310}$$

Die Übergangsbedingung zur zweiten Fläche lautet

$$s_2 = s'_1 - d \quad \text{bzw.} \quad s_2 = r_1 - d. \tag{4.311}$$

Der Radius der zweiten Fläche folgt nach Gl. (4.306) aus

$$r_2 = \frac{n_2 s_2}{n'_2 + n_2}. \tag{4.312}$$

4.3 Abbildungsfehler

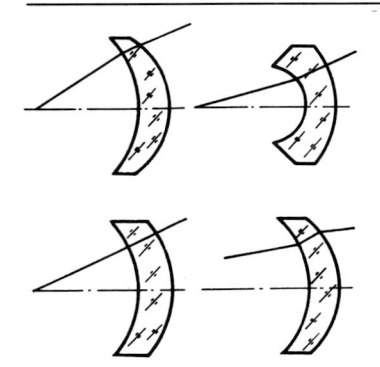

Abb. 4.163 Aplanatische Linsen

Mit $n_2 = n$, $n_2' = 1$ und (4.311) erhalten wir

$$r_2 = \frac{n(r_1 - d)}{n+1}. \tag{4.313}$$

Aus Gl. (4.305) ergibt sich mit Gl. (4.312)

$$s_2' = n(s_1 - d). \tag{4.314}$$

Ein reeller Objektpunkt ($s_1 < 0$) wird also stets in einen virtuellen Bildpunkt ($s_2' < 0$) abgebildet. Positive Brechkraft hat der Meniskus, wenn die Bedingung $d < -nr_1$ ($r_1 < 0$!) erfüllt ist.

Der *sphärische Hohlspiegel* ist unabhängig von der Objektlage komafrei, wenn sich die Öffnungsblende in der Ebene des Krümmungsmittelpunktes befindet. Der Hauptstrahl ist dann auch im Bildraum Symmetriestrahl des abbildenden Bündels. Bei dieser speziellen Lage wird die Öffnungsblende "natürliche" Blende genannt. Der Hohlspiegel mit natürlicher Blende bildet zwar komafrei, aber nicht öffnungsfehlerfrei ab. In diesem Fall spricht man von einer isoplanatischen Abbildung.

Ein *optisches System*, das symmetrisch zur Öffnungsblende aufgebaut ist, bildet für den Abbildungsmaßstab $\beta' = -1$ isoplanatisch ab (Objekt- und Bildweite gleich).

Bildfeldwölbung. Wir gehen von einem Hohlspiegel mit natürlicher Blende aus. Die Objektweite sei unendlich. Der Hohlspiegel hat dann Öffnungsfehler des schrägen Bündels (Abb. 4.164).

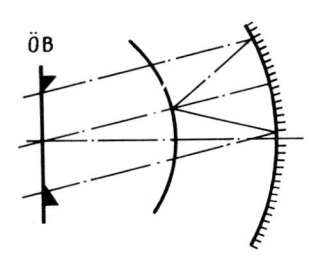

Abb. 4.164 Bildfeldwölbung des Hohlspiegels mit natürlicher Blende

Wir verringern den Durchmesser der Öffnungsblende, so daß schließlich nur noch das hauptstrahlnahe Bündel übrigbleibt. Der Zerstreuungskreis in der senkrecht zum Hauptstrahl stehenden Ebene, die vom Spiegel um die Brennweite entfernt ist, wird dabei stetig verkleinert. Der Hauptstrahl ist beim Hohlspiegel mit natürlicher Blende der optischen Achse völlig gleichwertig, so daß sich die hauptstrahlnahen Bündel so verhalten wie die Paraxialstrahlen. Die Bildpunkte, die durch die hauptstrahlnahen Bündel von Punkten einer im Unendlichen liegenden Objektebene zugeordnet werden, haben sämtlich die Entfernung f' vom Spiegel. Die Bildfläche stellt eine Kugel mit dem Radius $f' = r/2$ dar, das Bildfeld ist gewölbt.

> Bleibt bei der Abbildung außeraxialer Punkte mit hauptstrahlnahen Bündeln die Rotationssymmetrie um den Hauptstrahl im Bildraum erhalten, dann liegt im allgemeinen Bildfeldwölbung vor. Die Bildpunkte, die einer objektseitig achssenkrechten Ebene zugeordnet sind, bilden eine gekrümmte Fläche, die Petzval-Schale genannt wird.

Petzval-Bedingung. Bei einer sphärischen brechenden Fläche hat die Petzval-Schale für die Abbildung einer unendlich fernen Ebene die Krümmung

$$\frac{1}{r_p} = \frac{1}{r - f'}.$$

Setzt man

$$f' = \frac{n'r}{n' - n}, \quad \delta\left(\frac{1}{n}\right) = \frac{1}{n'} - \frac{1}{n},$$

dann gilt

$$\frac{1}{r_p} = \frac{n'}{r} \delta\left(\frac{1}{n}\right).$$

Im Rahmen der Theorie der Abbildungsfehler dritter Ordnung läßt sich zeigen, daß die Krümmung der Petzval-Schale bei einem optischen System aus n Flächen

$$\frac{1}{r_p} = -n'_n \sum_{k=1}^{n} \left[-\frac{1}{r_k} \delta\left(\frac{1}{n_k}\right) \right] \tag{4.315}$$

beträgt. Die Summe heißt Petzval-Summe. Der Ansatz eines optischen Systems mit einer kleinen Petzval-Summe schafft günstige Voraussetzungen für ein ebenes Bildfeld.

Astigmatismus. Wir rücken die Öffnungsblende des Hohlspiegels aus der Ebene heraus, die durch den Krümmungsmittelpunkt geht. Sie bleibt dabei die Eintrittspupille, aber sie ist nicht die Austrittspupille (Abb. 4.165). Durch die Reflexion der Hauptstrahlen in eine andere als die

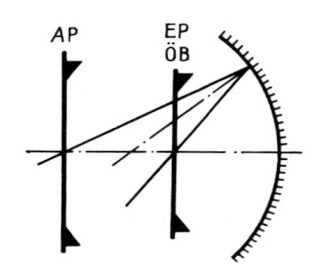

Abb. 4.165 Abbildung der Öffnungsblende am Hohlspiegel

4.3 Abbildungsfehler

Lichteinfallsrichtung geht die Rotationssymmetrie um die Hauptstrahlen verloren. Es besteht nur noch Symmetrie in der Meridional- und in der Sagittalebene für das hauptstrahlnahe Gebiet. Zwei hauptstrahlnahe Meridionalstrahlen, die objektseitig symmetrisch zum Hauptstrahl verlaufen, bleiben bildseitig symmetrisch zum Hauptstrahl. Die entsprechende Aussage gilt für hauptstrahlnahe Sagittalstrahlen.

> Der bildseitige Schnittpunkt der Strahlen des hauptstrahlnahen $\frac{\text{meridionalen}}{\text{sagittalen}}$ Büschels mit dem Hauptstrahl ist der $\frac{\text{meridionale}}{\text{sagittale}}$ Bildpunkt (Abb. 4.127).

Ist bei der Abbildung außeraxialer Punkte mit hauptstrahlnahen Bündeln im Bildraum keine Symmetrie um den Hauptstrahl vorhanden, dann treten Astigmatismus und Bildfeldwölbung auf. Eine achssenkrechte Ebene wird auf zwei gekrümmte Bildschalen abgebildet. Das Auseinanderfallen von sagittaler und meridionaler Bildschale wird Astigmatismus genannt.

Sagittaler Bildort. In Abb. 4.166a ist für die brechende Kugelfläche der zum Objektpunkt $\hat{A}$ gehörige Hauptstrahl eingezeichnet. Die Gerade durch den Objektpunkt $\hat{A}$ und den Krümmungsmittelpunkt C ist der optischen Achse gleichwertig. Deshalb müssen sich bildseitig

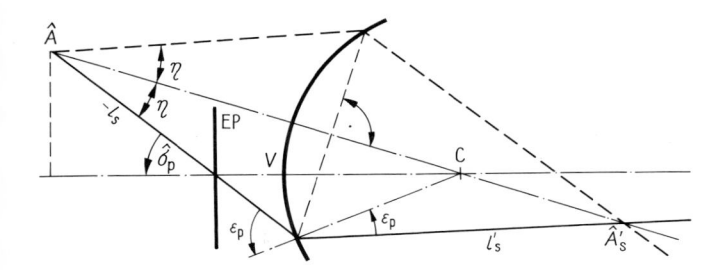

Abb. 4.166a Zur Bestimmung des sagittalen Bildortes

sämtliche Strahlen, die den gleichen Winkel η wie der Hauptstrahl mit der Geraden $\hat{A}C$ einschließen, in ein und demselben Punkt schneiden. Mit anderen Worten: Strahlen, die objektseitig auf einem Kreiskegel liegen, dessen Spitze der Objektpunkt ist, liegen bildseitig auf einem Kreiskegel, in dessen Spitze sie sich schneiden. Die dem Hauptstrahl infinitesimal benachbarten Sagittalstrahlen können als Bestandteil des betrachteten Strahlenkegels angesehen werden, weil sie innerhalb eines infinitesimalen Ausschnitts einer Tangentialebene an den Kegel liegen.

> Der sagittale Bildort $\hat{A}'_s$ fällt mit dem Punkt zusammen, in dem sich der Hauptstrahl und der Strahl, der durch den Krümmungsmittelpunkt geht, schneiden.

Meridionaler Bildort. Die hauptstrahlnahen Strahlen des meridionalen Büschels haben andere Einfallswinkel als der Hauptstrahl. Die oberhalb des Hauptstrahls verlaufenden Strahlen werden schwächer abgelenkt als dieser. Die Folge davon ist, daß der meridionale Bildort näher an der brechenden Fläche liegt als der sagittale Bildort.

Der meridionale Bildort $\hat{A}'_m$ ist der Schnittpunkt der Strahlen, die die Einfallswinkel $\varepsilon_p \pm d\varepsilon_p$ haben, mit dem Hauptstrahl (Abb. 4.166b).

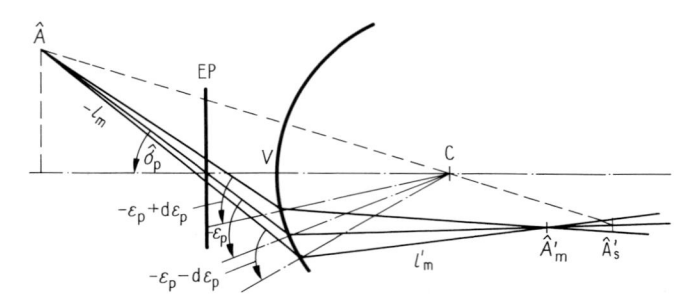

Abb. 4.166b Zur Bestimmung des meridionalen Bildortes

Nach [19] gilt für den sagittalen Bildort an der brechenden Kugelfläche

$$\frac{n'}{l'_s} - \frac{n}{l_s} = A \quad \text{mit} \quad A = \frac{n' \cos \varepsilon'_p - n \cos \varepsilon_p}{r}. \tag{4.316a, b}$$

Für den meridionalen Bildort gilt

$$\frac{n' \cos^2 \varepsilon'_p}{l'_m} - \frac{n \cos^2 \varepsilon_p}{l_m} = A. \tag{4.316c}$$

Für die astigmatische Strahldurchrechnung benötigt man noch die schiefe Dicke [19]

$$l'_k = \frac{r_k \sin \varphi_{pk} - r_{k+1} \sin \varphi_{k+1}}{\sin \hat{\sigma}'_{pk}} \tag{4.317}$$

und die Schlußgleichungen (Abb. 4.167)

$$b'_s = 2r_n \sin^2 \frac{\varphi_{pn}}{2} + l'_s \cos \hat{\sigma}'_{pn} - s'_n, \tag{4.318}$$

$$b'_m = 2r_n \sin^2 \frac{\varphi_{pn}}{2} + l'_m \cos \hat{\sigma}'_{pn} - s'_n. \tag{4.319}$$

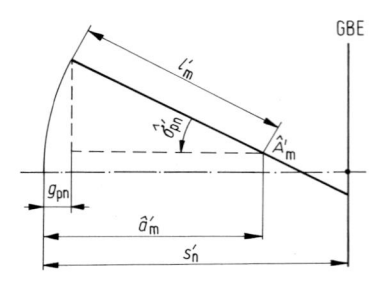

Abb. 4.167 Zur Ableitung der achsparallelen Abstände der Bildorte

4.3 Abbildungsfehler

Darstellung. Zur Darstellung von Astigmatismus und Bildfeldwölbung tragen wir auf der Abszisse die achsparallelen Abstände der sagittalen und der meridionalen Bildpunkte von der Gaußschen Bildebene ab. Als unabhängige Variable verwenden wir den objektseitigen Schnittwinkel $\hat{\sigma}_p$ des Hauptstrahls mit der Achse oder die paraxiale Bildgröße y'. Abb. 4.168a zeigt die Korrektionsdarstellung für eine Sammellinse, Abb. 4.168b für ein korrigiertes optisches System.

Ein optisches System, bei dem die meridionale Bildschale links von der sagittalen Bildschale liegt, heißt unterkorrigiert. Eine dünne sammelnde Einzellinse ohne zusätzliche Öffnungsblende ist stets unterkorrigiert. Ein Anastigmat ist ein optisches System, das hinsichtlich Astigmatismus und Bildfeldwölbung korrigiert ist.

Abb. 4.168 Korrektionsdarstellung des Astigmatismus a) für eine Sammellinse, b) für ein Tessar

4.3.5 Verzeichnung

Definition. Wir bilden eine Objektstruktur ab, die in einer achssenkrechten Ebene liegt. Zur Erzeugung einer Bildstruktur, die der Objektstruktur geometrisch ähnlich ist, muß der Abbildungsmaßstab innerhalb der Auffangebene konstant sein. Er darf also nicht von den Objektkoordinaten x und y abhängen. Diese Forderung war neben der Punktförmigkeit Voraussetzung für die ideale geometrisch-optische Abbildung.

Weil die konkreten optischen Funktionselemente nicht ideal abbilden, ist das Bild im allgemeinen nicht dem Objekt ähnlich.

> Der Abbildungsfehler, der die Abweichung von der Ähnlichkeit zwischen Objekt und Bild erfaßt, wird Verzeichnung genannt.
> Die Verzeichnung äußert sich bei zentrierten optischen Systemen mit endlicher Objektweite darin, daß der Abbildungsmaßstab eine Funktion der Objektgröße ist. Bei unendlicher Objektweite ist die Bildgröße nicht der scheinbaren Objektgröße proportional. (Der Proportionalitätsfaktor ist im paraxialen Gebiet die objektseitige Brennweite.)

Das Strahlenbündel, das einen außeraxialen Objektpunkt abbildet, hat bei einem abschattungsfreien optischen System den Hauptstrahl als Schwerstrahl. Deshalb bestimmt der Durchstoßpunkt des Hauptstrahls in der Auffangebene den Bildort und damit die Bildgröße. Es genügt also zur Untersuchung der Verzeichnung, den Verlauf der Hauptstrahlen zu berechnen. Die Verzeichnung ist ohne Beimischung anderer Abbildungsfehler zu beobachten, wenn die Objektebene punktförmig in die Bildebene abgebildet wird. Die Verzeichnung ist ein Abbildungsfehler, der keine Zerstreuungsfigur, sondern eine radiale Verschiebung des Bildpunktes innerhalb der Auffangebene hervorruft.

Darstellung. Als Maß für die Verzeichnung kann die Differenz aus der Durchstoßhöhe des Hauptstrahls $\hat{y}'$ und der paraxial berechneten Bildgröße y' in der Gaußschen Bildebene dienen. Im allgemeinen gibt man die relative Verzeichnung

$$\frac{\Delta y'}{y'} = \frac{\hat{y}' - y'}{y'} = f(\hat{\sigma}_p) \qquad (4.320)$$

an. Für eine endliche Objektweite kann nach Division von Zähler und Nenner durch y in Gl. (4.320)

$$\frac{\Delta \beta'}{\beta'} = \frac{\hat{\beta}' - \beta'}{\beta'} = f(\hat{\sigma}_p) \qquad (4.321)$$

geschrieben werden.

Für $\Delta y'/y' < 0$ ist die Bildgröße zu klein; das optische System hat tonnenförmige Verzeichnung (Abb. 4.169 und 4.170). Für $\Delta y'/y' > 0$ ist die Bildgröße zu groß; das optische System hat kissenförmige Verzeichnung (Abb. 4.171 und Abb. 4.172).

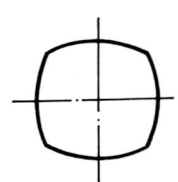

Abb. 4.169 Bild eines Quadrats bei tonnenförmiger Verzeichnung

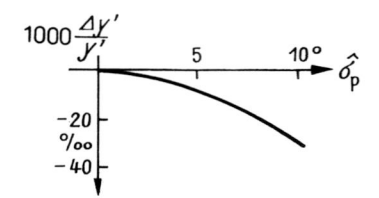

Abb. 4.170 Korrektionsdarstellung für tonnenförmige Verzeichnung

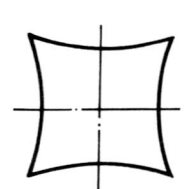

Abb. 4.171 Bild eines Quadrats bei kissenförmiger Verzeichnung

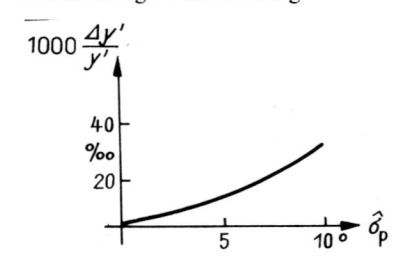

Abb. 4.172 Korrektionsdarstellung für kissenförmige Verzeichnung

Bei Fotoobjektiven liegt die relative Querabweichung normalerweise unter 5‰ bei Luftbildobjektiven unter 1‰

Tangensbedingung. Wir untersuchen, unter welchen Voraussetzungen ein optisches System verzeichnungsfrei ist. Die Abb. 4.173 zeigt ein optisches System, bei dem die Abbildung der

4.3 Abbildungsfehler

Öffnungsblende mit Öffnungsfehler behaftet ist. Die Orte der Eintritts- und der Austrittspupille sind dadurch von der Hauptstrahlneigung im Achsenpunkt der Öffnungsblende abhängig. Das ist im allgemeinen auch im hinsichtlich Öffnungsfehler korrigierten System so, weil die Korrektur für die Objektebene, aber nicht für die Abbildung der Öffnungsblende durchgeführt wird. Dieser Öffnungsfehler der Pupillen, auch Pupillenaberration genannt, ist die Hauptursache der Verzeichnung.

Nach Abb. 4.173 ist

$$\tan \hat{\sigma}_{p1} = -\frac{\hat{y}_1}{\hat{p}_1}, \quad \tan \hat{\sigma}_{p2} = -\frac{\hat{y}_2}{\hat{p}_2}, \tag{4.322}$$

$$\tan \hat{\sigma}'_{p1} = -\frac{\hat{y}'_1}{\hat{p}'_1}, \quad \tan \hat{\sigma}'_{p2} = -\frac{\hat{y}'_2}{\hat{p}'_2}. \tag{4.323}$$

Daraus folgt für die Abbildungsmaßstäbe

$$\hat{\beta}'_1 = \frac{\hat{y}'_1}{\hat{y}_1} = \frac{\hat{p}'_1}{\hat{p}_1}\frac{\tan \hat{\sigma}'_{p1}}{\tan \hat{\sigma}_{p1}} \quad \text{und} \quad \hat{\beta}'_2 = \frac{\hat{y}'_2}{\hat{y}_2} = \frac{\hat{p}'_2}{\hat{p}_2}\frac{\tan \hat{\sigma}'_{p2}}{\tan \hat{\sigma}_{p2}}. \tag{4.324}$$

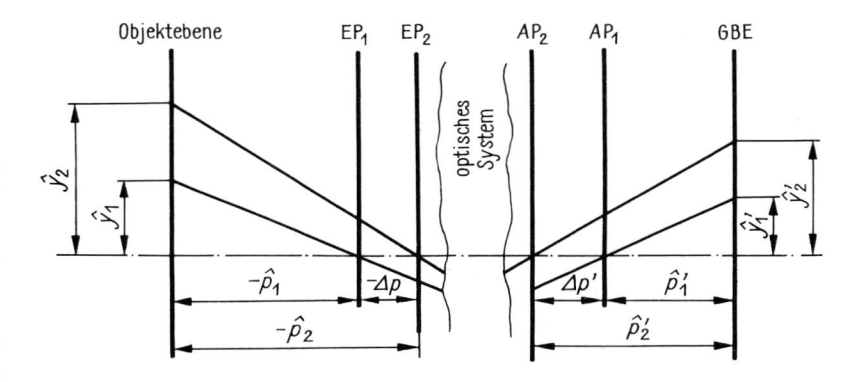

Abb. 4.173 Zur Ableitung der Tangensbedingung

Die Verzeichnung verschwindet, wenn der Abbildungsmaßstab unabhängig von der Objektgröße ist. Wir fordern also

$$\hat{\beta}'_1 = \hat{\beta}'_2. \tag{4.325}$$

Wir setzen Gl. (4.324) in Gl. (4.325) ein und erhalten

$$\frac{\tan \hat{\sigma}'_{p1}}{\tan \hat{\sigma}_{p1}} = \frac{\hat{p}_1 \hat{p}'_2}{\hat{p}_2 \hat{p}'_1}\frac{\tan \hat{\sigma}'_{p2}}{\tan \hat{\sigma}_{p2}}. \tag{4.326}$$

Gl. (4.326) ist die Bedingung, deren Einhaltung garantiert, daß ein optisches System verzeichnungsfrei ist. Wenn

$$\frac{\hat{p}_1 \hat{p}'_2}{\hat{p}'_1 \hat{p}_2} = 1 \tag{4.327}$$

gilt, dann geht Gl. (4.326) in

$$\frac{\tan \hat{\sigma}'_{p1}}{\tan \hat{\sigma}_{p1}} = \frac{\tan \hat{\sigma}'_{p2}}{\tan \hat{\sigma}_{p2}} \qquad (4.328)$$

über; Gl. (4.328) ist gleichbedeutend mit

$$\frac{\tan \hat{\sigma}'_p}{\tan \hat{\sigma}_p} = \text{const.} \qquad (4.329)$$

Gl. (4.329) heißt Tangensbedingung. Sie ist z. B. erfüllt, wenn unabhängig von y

$$\hat{\sigma}'_p = \pm \hat{\sigma}_p \qquad (4.330)$$

ist. Die Tangensbedingung ist ein Kriterium für die Verzeichnungsfreiheit eines optischen Systems. Sie ist jedoch kein hinreichendes Kriterium, weil außerdem Gl. (4.327) gelten muß.

Wir können die in Gl. (4.327) enthaltene Forderung für praktische Zwecke in zwei Einzelforderungen aufteilen.

– Gl. (4.327) wird eingehalten, wenn

$$\hat{p}_1 = \hat{p}_2 \quad \text{und} \quad \hat{p}'_1 = \hat{p}'_2 \qquad (4.331)$$

ist. Ein optisches System ist also verzeichnungsfrei, wenn die Eintritts- und die Austrittspupille öffnungsfehlerfrei sind und die Tangensbedingung erfüllt ist.

– Gl. (4.327) wird ebenfalls eingehalten, wenn

$$\hat{p}_1 = \pm \hat{p}'_1 \quad \text{und} \quad \hat{p}_2 = \pm \hat{p}'_2 \qquad (4.332)$$

ist. Ein optisches System ist also verzeichnungsfrei, wenn für jeden Objektpunkt der Betrag der sphärischen Längsabweichung der Pupillenabbildung im Objekt- und im Bildraum gleich und die Tangensbedingung erfüllt ist.

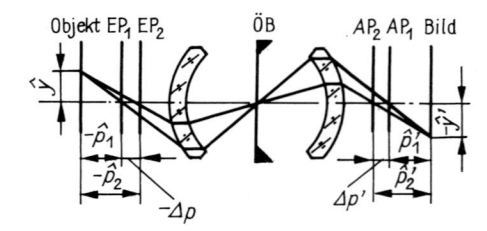

Abb. 4.174 Verzeichnungsfreies symmetrisches optisches System

Ein optisches System, das symmetrisch zur Öffnungsblende aufgebaut ist, ist für den Abbildungsmaßstab

$$\beta' = -1$$

verzeichnungsfrei (Abb. 4.174). Durch den symmetrischen Aufbau ist Gl. (4.332) erfüllt. Wegen $\beta' = -1$ ist außerdem

$$\hat{\sigma}'_p = \hat{\sigma}_p,$$

so daß auch die Tangensbedingung erfüllt ist.

4.4 Wellenoptisch abbildende Funktionselemente

Einzellinse. Die dünne Einzellinse ohne zusätzliche Öffnungsblende führt keine Verzeichnung ein. Die Pupillen sind öffnungsfehlerfrei, und der Hauptstrahl geht unabgelenkt durch die Mitte der Linse. Auch optische Systeme aus eng beieinander stehenden dünnen Linsen, bei denen eine Linsenfassung als Öffnungsblende wirkt, sind praktisch verzeichnungsfrei.

Die dünne Einzellinse mit zusätzlicher Blende bildet stets mit Verzeichnung ab. Dabei gilt:

Die dünne Einzellinse mit Vorderblende hat tonnenförmige Verzeichnung;
die dünne Einzellinse mit Hinterblende hat kissenförmige Verzeichnung.

Zwei Beispiele sind in Abb. 4.175a und b enthalten.

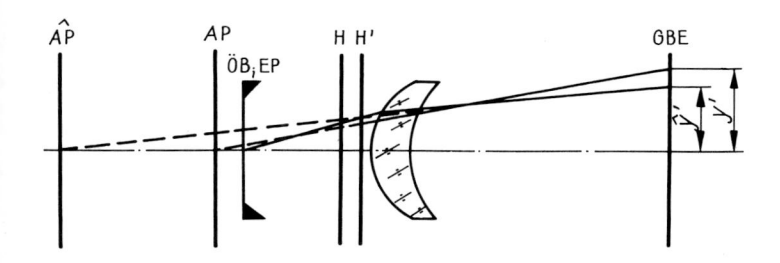

Abb. 4.175a Tonnenförmige Verzeichnung bei einer Vorderblende

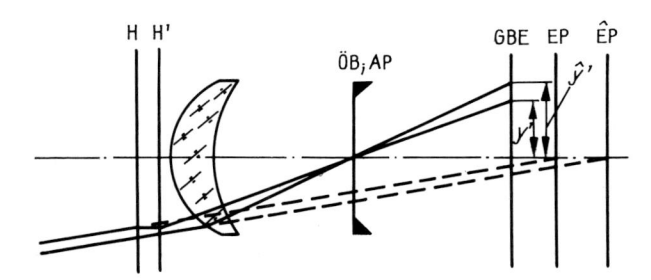

Abb. 4.175b Kissenförmige Verzeichnung bei einer Hinterblende

4.4 Wellenoptisch abbildende Funktionselemente

4.4.1 Intensität in der Bildebene

Begriff "wellenoptisch abbildend". In 4.1 wurde die optische Abbildung mit dem Strahlenmodell behandelt. Mit diesem erfassen wir jedoch nur diejenigen geometrischen Eigenschaften des Bildes, die mit der durch Brechungen und Reflexionen möglichen Konzentration von Lichtstrahlen in begrenzten Gebieten des Bildraumes zusammenhängen. Die bei der Ausbreitung wesentliche Seite des Lichtes ist sein Wellencharakter. Es ist demnach zu erwarten, daß die optische Abbildung mit dem Wellenmodell zu behandeln ist und sich dabei gegenüber der geometrisch-optischen Abbildung weitere Gesichtspunkte ergeben. Drei Problemkreise müssen wellenoptisch behandelt werden:

- der Einfluß der Beugung des Lichtes,
- die Berechnung der Intensitätsverteilung im Bildraum,
- die Wirkung von Eingriffen in das bildseitige Lichtbündel.

Es gibt auch spezielle abbildende Funktionselemente, bei denen das Bild durch Beugung ohne eine wesentliche Mitwirkung von Reflexionen und Brechungen entsteht (Zonenplatten, Hologramme).

> Ein wellenoptisch abbildendes Funktionselement erzeugt ein optisches Bild, dessen Eigenschaften und Entstehung nur mit dem Wellenmodell des Lichtes beschrieben werden können.

Intensität in der Gaußschen Bildebene. Wir gehen von der konkreten Abbildung eines Objektpunktes aus. Eine asphärische Linse, wie sie in 4.1.9 (Abb. 4.61 und Abb. 4.62) berechnet wurde, bildet den unendlich fernen Achsenpunkt geometrisch-optisch in den Brennpunkt ab. Wir setzen vor die Linse eine Vorderblende, die Öffnungsblende und Eintrittspupille sein soll (Abb. 4.176). Objektseitig geht vom unendlich fernen Achsenpunkt eine ebene Welle aus.

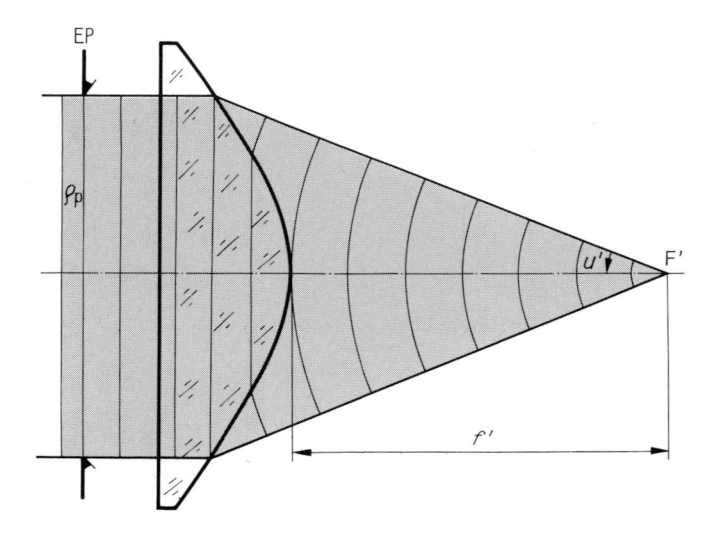

Abb. 4.176 Asphärische Linse mit Vorderblende

Ohne Beugung würde die Linse die ebene Welle in eine Kugelwelle umwandeln, die im Brennpunkt konvergiert. Es ist aber ausgeschlossen, daß die Energie der Welle in einem Punkt konzentriert wird. Die geometrisch-optische Behandlung kann in unserem Beispiel keine ausreichende Näherung darstellen.

In Wirklichkeit wird das Licht an der Öffnungsblende gebeugt, und die Linse bildet das Beugungsbild ab, indem die gebeugten Bündel zusätzlich gebrochen werden. Das direkte Licht hat die größte Intensität, so daß die maximale Intensität im Brennpunkt vorhanden ist.

4.4 Wellenoptisch abbildende Funktionselemente

In der Gaußschen Bildebene besteht das Bild aus hellen und dunklen Ringen, für die nach Gl. (2.300)

$$\frac{I}{I_0} = \left[\frac{2J_1(v)}{v}\right]^2 \tag{4.333}$$

gilt. Nach Gl. (2.297) ist

$$v = \frac{2\pi\rho_p r'}{\lambda f'}. \tag{4.334}$$

Der erste dunkle Ring hat den Radius

$$r' = 0{,}61\frac{\lambda f'}{\rho_p} \tag{4.335}$$

(vgl. Tab. 2.21). Als nächstes nehmen wir an, daß die Öffnungsblende der asphärischen Linse eine Hinterblende ist (Abb. 4.177). Die vom Objektpunkt ausgehende ebene Welle wird durch die Linse in eine konvergente Welle umgewandelt, und außerdem tritt zunächst die Beugung

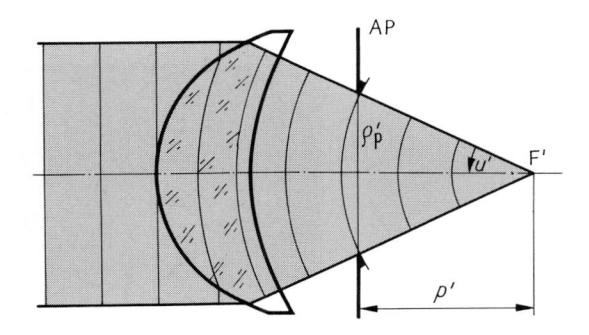

Abb. 4.177 Asphärische Linse mit Hinterblende

an der Linsenfassung auf. Das an der Linsenfassung gebeugte Licht wird an der Öffnungsblende, die zugleich Austrittspupille ist, nochmals gebeugt. Diese zweite Beugungserscheinung ist wegen des konvergenten Lichtes vom Fresnelschen Typ.

Die genaue Untersuchung der Intensitätsverteilung für die Linse mit Hinterblende ist kompliziert. Bei den meisten praktisch bedeutenden Aufgaben erhalten wir eine ausreichende Näherung für die Lichtverteilung im Bildraum, wenn wir folgende Annahmen treffen:

– Als beugende Öffnung wird die Austrittspupille angenommen.
– Die Lichtamplitude in der Austrittspupille wird nicht durch vorangehende beugende Öffnungen beeinflußt.

Für große Objektweiten, kleine Öffnungsverhältnisse bzw. Öffnungswinkel, für kleine Felder und für Aufpunkte in der Umgebung des Gaußschen Bildpunktes läßt sich die Intensität mit der Annahme berechnen, daß an der Austrittspupille Fraunhofersche Beugung auftritt. Diese überlagert sich der geometrisch-optischen Abbildung. Das heißt, die Lichtintensität ist wie bei der Linse mit Vorderblende zu berechnen, aber statt f' ist p' und statt ρ_p ist ρ'_p in die Gl. (4.334) einzusetzen.

Wir erhalten

$$v = \frac{2\pi \rho'_p r'}{\lambda p'} \tag{4.336}$$

und für den Radius der ersten Nullstelle der Intensität

$$r' = 0{,}61 \frac{\lambda p'}{\rho'_p}. \tag{4.337}$$

Auflösung zweier inkohärent strahlender Punkte. Bei einer Linse mit zwei asphärischen Flächen lassen sich diese so berechnen, daß zwei Punkte, die in der Umgebung der optischen Achse liegen, geometrisch-optisch punktförmig abgebildet werden können. Durch die Beugung entstehen aber in der Gaußschen Bildebene zwei ringförmige Intensitätsverteilungen, die sich bei inkohärent strahlenden Objektpunkten addieren (Abb. 4.178).

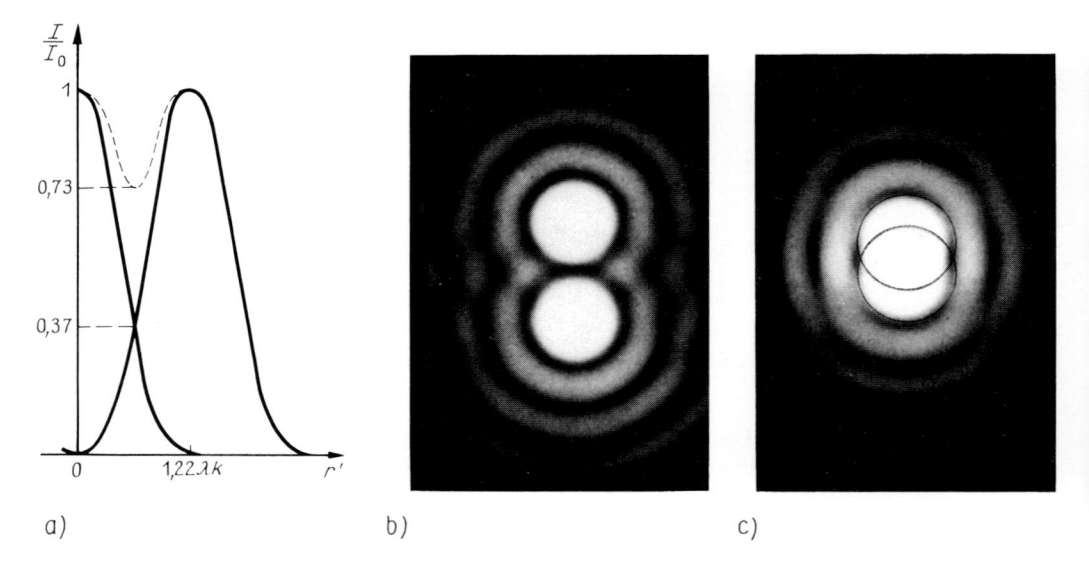

Abb. 4.178 Addition der Beugungsintensitäten
a) Zwei inkohärent strahlende Punkte, Definition des Auflösungsvermögens,
b) sichere Auflösung, c) Unterschreitung der Auflösungsgrenze, keine sichere Auflösung mehr

Die beiden Hauptmaxima und das dazwischenliegende Minimum müssen einen vom Empfänger abhängigen Mindestabstand haben, wenn die Intensitätsverteilung als zu zwei Objektpunkten gehörend registriert werden soll. Unterhalb eines bestimmten Abstands werden die Objektpunkte also nur wie ein einziger Objektpunkt wahrgenommen, d. h., sie werden nicht aufgelöst. Im allgemeinen nimmt man an, daß zwei inkohärent strahlende Objektpunkte bei

4.4 Wellenoptisch abbildende Funktionselemente

einer geometrisch-optisch punktförmigen Abbildung aufgelöst werden, wenn die erste Nullstelle des Beugungsbildes des einen Punktes mit dem Hauptmaximum des anderen Punktes höchstens zusammenfällt. Daraus ergibt sich für den bildseitig auflösbaren Punktabstand

$$r'_A = 0{,}61 \frac{\lambda p'}{\rho'_p}. \tag{4.338}$$

Die abgeleiteten Beziehungen sind auch auf die Abbildung mit optischen Systemen anwendbar. Bei Fotoobjektiven ist oft mit ausreichender Genauigkeit $p' \approx f'$, $\rho'_p \approx \rho_p$ und damit

$$\frac{p'}{\rho'_p} = 2k$$

zu setzen (k Blendenzahl). Gleichung (4.338) geht über in

$$r' = 1{,}22 \lambda k. \tag{4.339}$$

Für $\lambda = 500$ nm ist in Abb. 4.179 r' als Funktion von k dargestellt. Als Faustregel gilt

$$r'/\mu m = 0{,}61 k.$$

Es sei nochmals hervorgehoben, daß die Anwendbarkeit von Gl. (4.339) neben der Gültigkeit der eingangs angegebenen Näherungen ein geometrisch-optisch punktförmig abbildendes optisches System voraussetzt. Das ist bei Fotoobjektiven im allgemeinen nur der Fall, wenn sie stark abgeblendet werden.

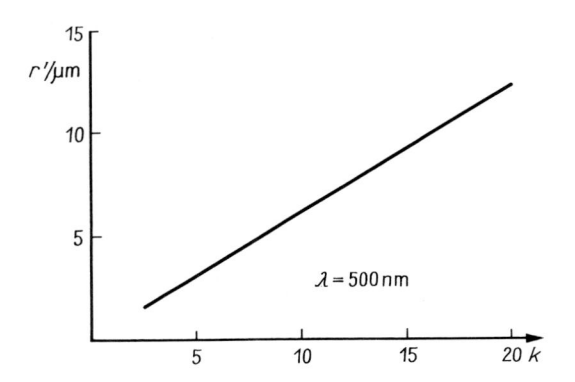

Abb. 4.179 Auflösungsvermögen als Funktion der Blendenzahl

Das reale Auflösungsvermögen geht also mit wachsender Blendenzahl in das nach Gl. (4.339) berechnete über. Als Kriterium für die Auflösung könnte auch bei nicht beugungsbegrenzten Systemen die Forderung nach dem Überschneiden der beiden Intensitätskurven bei $I/I_0 = 0{,}37$ verwendet werden.

4.4.2 Intensität in Achsenpunkten

Durch die Beugung an der Öffnungsblende wird das Licht so abgelenkt, daß es theoretisch den gesamten Bildraum ausfüllt. Praktisch ist jedoch die Lichtenergie vorwiegend in einem gewissen Gebiet um den Gaußschen Bildpunkt konzentriert. In Auffangebenen, die parallel zur Gaußschen Bildebene stehen, ergibt sich bei der Abbildung von Achsenpunkten eine zur Achse konzentrische Lichtverteilung, die aber von derjenigen in der Gaußschen Bildebene verschieden ist. Abb. 4.180 gibt einen Eindruck von der Lichtverteilung im Bildraum eines aberrationsfreien optischen Systems. (Optische Systeme, die geometrisch-optisch punktförmig abbilden, werden auch beugungsbegrenzte optische Systeme genannt.) Von besonderem Interesse ist neben der Intensitätsverteilung in achsenkrechten Ebenen die Intensität in deren Achsenpunkten, also die Lichtverteilung längs der optischen Achse. Wir berechnen diese unter Berücksichtigung der in 4.4.1 angegebenen Näherungen.

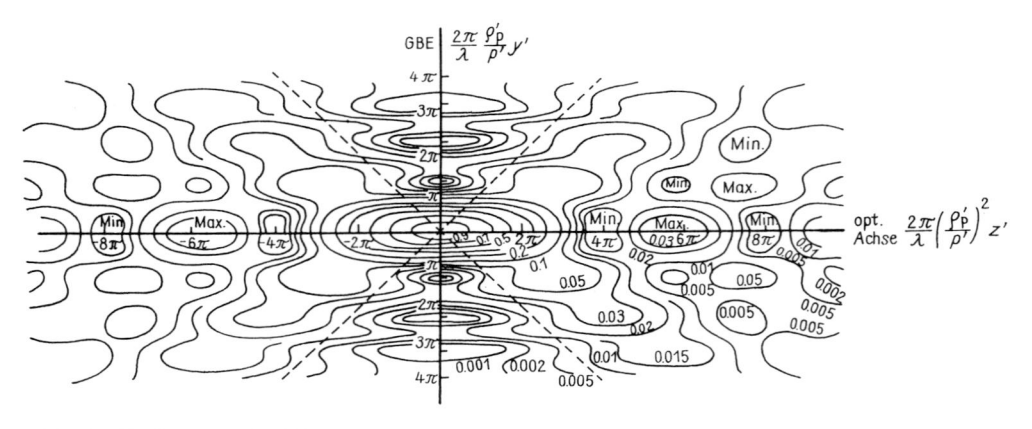

Abb. 4.180 Intensität im Bildraum eines beugungsbegrenzten Systems

Berechnung der Phasendifferenzen. Für die Interferenz des Lichtes im Bildraum sind die Phasendifferenzen bestimmend, die die Elementarwellen haben, welche von den Punkten einer Wellenfläche ausgehen und sich im Aufpunkt überlagern. In der Austrittspupille liegt eine Kugelwelle vor. Wir verwenden die Wellenfläche als Bezugsfläche, die von der Austrittspupille tangiert wird (Abb. 4.181). Die Phasendifferenzen werden gegenüber der Phase des Lichtes gemessen, das sich längs der optischen Achse ausbreitet. Um den Aufpunkt schlagen wir eine Kugel, die ebenfalls von der Austrittspupille tangiert werden soll.

Von P_0' bis zum Kreisbogen $\widehat{A_0'B}$ hat die von P_0' ausgehende Elementarwelle denselben Lichtweg wie die von Q ausgehende Welle bis zum Gaußschen Bildpunkt A_0'. Die optische Wegdifferenz im Punkt A' zwischen der längs der optischen Achse und der längs $P_0'A'$ laufenden Welle beträgt demnach

$$\Delta L = \overline{BA'} - \overline{A_0'A'}.$$

Bei kleinem b' sind

- der Kreisbogen $\widehat{A_0'B}$ durch seine Tangente in B,
- der Winkel $\hat{\sigma}'$ durch $\hat{\sigma}_0'$ und
- der Achsenabschnitt der Tangente durch b' ersetzbar.

Die Strecke $\overline{BA'}$ kann näherungsweise aus

$$\overline{BA'} = b'\cos\hat{\sigma}_0'$$

4.4 Wellenoptisch abbildende Funktionselemente

berechnet werden. Damit gilt

$$\Delta L = b'(\cos \hat{\sigma}'_0 - 1). \tag{4.340}$$

Wir leiten zwei Hilfsformeln ab. Nach Abb. 4.181 gilt

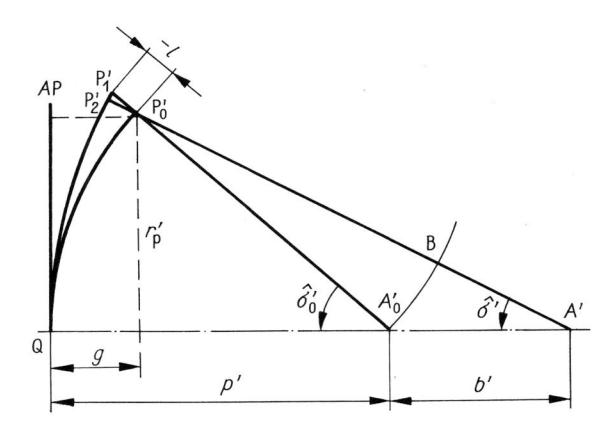

$$g = p'(1 - \cos \hat{\sigma}'_0). \tag{4.341}$$

Abb. 4.181 Zur Berechnung der Phasendifferenzen für einen Punkt der optischen Achse (A'_0 Gaußscher Bildpunkt, A' Aufpunkt)

Weiter ist $p'^2 = (p' - g)^2 + r'^2_p$. Diese quadratische Gleichung für g ergibt die Lösung

$$g = p' - p'\sqrt{1 - \frac{r'^2_p}{p'^2}}.$$

Für nicht zu große Öffnungswinkel ist $r'^2_p \ll p'^2$. Die Wurzel entwickeln wir in eine binomische Reihe, so daß wir

$$g = \frac{r'^2_p}{2p'} \tag{4.342}$$

erhalten. Mit Gl. (4.341) folgt aus Gl. (4.340)

$$\Delta L = -\frac{gb'}{p'} \tag{4.343}$$

oder mit Gl. (4.342)

$$\Delta L = -\frac{b'r'^2_p}{2p'^2}. \tag{4.344}$$

Die Phasendifferenz im Punkt A' beträgt

$$\delta = -\frac{\pi}{\lambda}\frac{b'r'^2_p}{p'^2}. \tag{4.345}$$

Berechnung der normierten Intensität. Die Phasendifferenz nach Gl. (4.345) führen wir in die mathematische Fassung des Huygensschen Prinzips (2.264) ein. Dabei ist zu beachten, daß im Bildpunkt eine Kugelwelle konvergiert. Die komplexe Amplitude ist dann in der Form

$$a = \frac{A_0}{r} e^{-j\delta}$$

zu schreiben ($r = \overline{P'A'}$), weil ihr Betrag bei der Kugelwelle wie $1/r$ abnimmt. Wegen der geringen Unterschiede von r über die Austrittspupille hinweg setzen wir jedoch den Faktor $A_0/r = A$ als konstant an (bei kleinen Öffnungen und Feldern sowie Aufpunkten, die nicht zu weit vom Gaußschen Bildpunkt entfernt sind). Nur unter dieser Voraussetzung ist die Gl. (2.264), die für die Beugung von ebenen Wellen abgeleitet ist, auch auf das vorliegende Problem anwendbar.

Die Lichterregung folgt aus

$$a = A \int_0^{\rho'_p} \int_0^{2\pi} e^{\frac{j\pi b' r_p'^2}{\lambda p'^2}} r_p' \, dr_p' \, d\varphi_p'. \tag{4.346}$$

Das Integral über $d\varphi_p'$ ergibt 2π. Mit der neuen Variablen

$$\frac{\pi b' r_p'^2}{\lambda p'^2} = x, \quad \frac{2\pi b' r_p' dr_p'}{\lambda p'^2} = dx, \quad \frac{\pi b' \rho_p'^2}{\lambda p'^2} = x_m$$

geht Gl. (4.346) über in

$$a = \frac{A\lambda p'^2}{b'} \int_0^{x_m} e^{jx} dx. \tag{4.347}$$

Integration und Einsetzen der Grenzen führt auf

$$a = -\frac{jA\lambda p'^2}{b'} \left[e^{\frac{j\pi b' \rho_p'^2}{\lambda p'^2}} - 1 \right]. \tag{4.348}$$

Im Gaußschen Bildpunkt ist $b' = 0$, und Gl. (4.346) ergibt unmittelbar

$$a_0 = A\pi \rho_p'^2. \tag{4.349}$$

In einem Achsenpunkt beträgt die normierte Intensität

$$i = \frac{aa^*}{a_0 a_0^*} = \left(\frac{\sin v}{v} \right)^2 \tag{4.350}$$

mit

$$v = \frac{\pi b' \rho_p'^2}{2\lambda p'^2}. \tag{4.351}$$

Die Funktion nach Gl. (4.350) haben wir bereits diskutiert (Abb. 2.96). Für $v = \pm \pi$, d. h. für

$$b' = \pm \frac{2\lambda p'^2}{\rho_p'^2},$$

liegt die erste Nullstelle vor. Bei $\lambda = 500$ nm, $p' = 100$ mm und $\rho_p' = 12,5$ mm wird beispielsweise $b' = \pm 6,4 \cdot 10^{-2}$ mm.

Abb. 4.182a, b zeigt das Beugungsbild in zwei Auffangebenen.

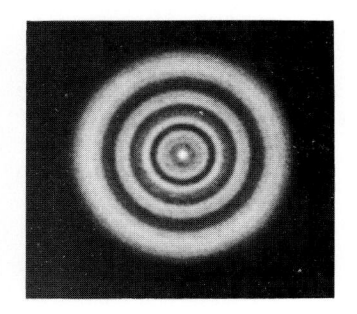

4.4 Wellenoptisch abbildende Funktionselemente

Abb. 4.182a Intensitätsmaximum

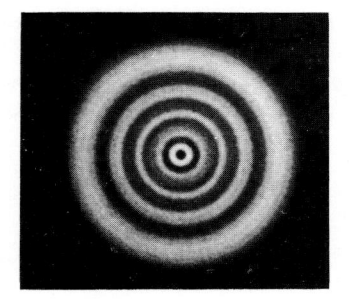

Abb. 4.182b Nullstelle der Intensität auf der optischen Achse

Wellenoptische Abbildungstiefe. Vom geometrisch-optischen Bildpunkt aus nimmt die Intensität längs der Achse nach Gl. (4.350) ab. Es ist üblich, einen 20%igen Lichtabfall als tragbar anzusehen. Die Auffangebene kann also nur mit einer daraus resultierenden Unsicherheit in die Gaußsche Bildebene gebracht werden. Der achsparallele Bereich, in dem die normierte Intensität auf 0,8 abnimmt, ist die wellenoptische Abbildungstiefe.

Bei der Anwendung auf Fotoobjektive führen wir die Blendenzahl $k = p'/(2\rho'_p)$ ein. Damit geht Gl. (4.351) in

$$v = \frac{\pi b'}{8\lambda k^2} \qquad (4.352)$$

über. Wir fordern nun

$$\left(\frac{\sin v}{v}\right)^2 \geq 0,8. \qquad (4.353)$$

Die numerische Lösung von Gl. (4.353) ergibt mit ausreichender Genauigkeit

$$-0,8 \leq v \leq 0,8. \qquad (4.354)$$

Für die Abbildungstiefe gelten die Gleichheitszeichen, und es ist nach Gl. (4.352)

$$b' = \pm\frac{6,4\lambda k^2}{\pi} = \pm 2{,}038\,\lambda k^2. \qquad (4.355)$$

Wir setzen angenähert

$$b' = \pm 2\lambda k^2. \qquad (4.356)$$

Gl. (4.356) gibt die Grenzen der wellenoptischen Abbildungstiefe eines Fotoobjektivs an, wenn ein 20%iger Lichtabfall zugelassen wird. Abb. 4.183 enthält b' als Funktion von k für $\lambda = 500$ nm.

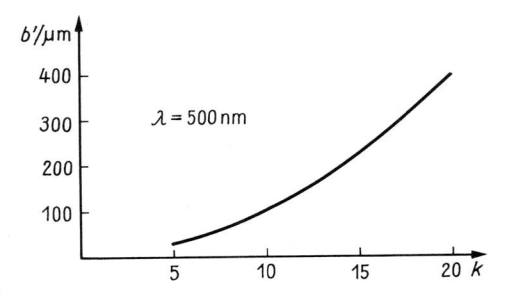

Abb. 4.183 Wellenoptische Abbildungstiefe als Funktion der Blendenzahl

Für ein Fotoobjektiv zeigt Abb. 4.184 die normierte Intensitätsverteilung längs der optischen Achse.

Bei der Anwendung von Gl. (4.354) auf Mikroobjektive ist b' von der Zwischenbildebene des Mikroskops aus zu messen. Wegen der Voraussetzung $\rho'_p \ll p'$ dürfen wir in Gl. (4.351)

$$\sin u' = \frac{\rho'_p}{p'} \tag{4.357}$$

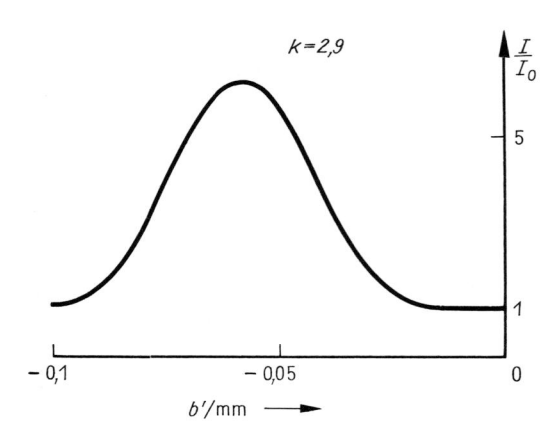

Abb. 4.184 Normierte Intensität längs der optischen Achse für ein konkretes Fotoobjektiv

setzen und erhalten mit $\pi \approx 3{,}2$ für die wellenoptische Abbildungstiefe

$$b' = \pm \frac{\lambda}{2\sin^2 u'}. \tag{4.358}$$

Nach der Sinusbedingung ist mit $n' = 1$

$$\beta' \sin u' = n \sin u = A \tag{4.359}$$

(A numerische Apertur des Mikroobjektivs). Für den Tiefenmaßstab gilt bei einem Flächensystem analog zu Gl. (4.24) mit $f'/f = -n'/n$

$$\alpha' = \frac{n'}{n} \beta'^2 \approx \frac{b'}{b}.$$

Die wellenoptische Schärfentiefe beträgt mit $n' = 1$

$$b = \pm \frac{n\lambda}{2A^2}. \tag{4.360}$$

4.4.3 Wellenaberrationen

Definition. Die Lichtwegunterschiede, die zwischen einer Bezugskugel und einer Wellenfläche vorhanden sind, werden Wellenaberrationen genannt. Wellenaberrationen setzen im allgemeinen infolge der kontinuierlich über die Austrittspupille verteilten Phasendifferenzen die Intensität im Gaußschen Bildpunkt herab. Außerdem ist die maximale Intensität nicht im Gaußschen Bildpunkt vorhanden.

4.4 Wellenoptisch abbildende Funktionselemente

Die exakte Definition der Wellenaberration lautet:

> Die längs der Normalen zur Bezugskugel um den Gaußschen Bildpunkt gemessene Entfernung einer Wellenfläche von der Bezugskugel um den Aufpunkt wird Wellenaberration genannt und mit l bezeichnet.

Im Fall der geometrisch-optisch punktförmigen Abbildung ist die Wellenfläche eine Kugelfläche mit dem Mittelpunkt im Gaußschen Bildpunkt, so daß sie mit der Bezugskugel um den Gaußschen Bildpunkt zusammenfällt. In Abb. 4.181 ist deshalb die Wellenaberration durch die Strecke $\overline{P_0'P_1'}$ gegeben. Wegen der vorausgesetzten Näherungen darf

$$\overline{P_0'P_1'} \approx \overline{P_0'P_2'}$$

gesetzt werden. Nach Abb. 4.181 gilt

$$\overline{P_2'P_0'} = \overline{P_2'A'} - \overline{P_0'A'}$$

mit $\overline{P_2'A'} = \overline{QA'}$ und $\overline{P_0'A'} = \overline{QA_0'} + \overline{BA'}$. Damit ist

$$\overline{P_2'P_0'} = \overline{QA'} - \overline{QA_0'} - \overline{BA'},$$

also wegen

$$\overline{QA'} = p' + b', \quad \overline{QA_0'} = p' \quad \text{und} \quad \overline{BA'} = b'\cos\hat{\sigma}_0' = b' - \frac{b'g}{p'}$$

schließlich

$$\overline{P_2'P_0'} = \frac{gb'}{p'}. \tag{4.361}$$

Die Wellenaberration $l = \overline{P_0'P_2'}$ beträgt

$$l = -\frac{gb'}{p'}. \tag{4.362}$$

Damit ist für die geometrisch-optisch punktförmige Abbildung bestätigt, daß die Wellenaberrationen unmittelbar die zu den Phasendifferenzen führenden Lichtwegdifferenzen darstellen.

Wirkung der Abbildungsfehler. Bisher setzten wir geometrisch-optisch punktförmige Abbildungen voraus. Sie werden von optischen Systemen realisiert, die frei von Abbildungsfehlern sind. Aber auch optische Systeme, die nur Bildfeldwölbung und Verzeichnung einführen, bilden geometrisch-optisch punktförmig ab.

Durch die Bildfeldwölbung rückt der Bildpunkt aus der Gaußschen Bildebene heraus, in ihm konvergiert eine Kugelwelle. Die Maxima der Intensität liegen auf der gewölbten Bildschale.

Durch die Verzeichnung verschiebt sich der Bildpunkt innerhalb der Gaußschen Bildebene. Im radial verschobenen Bildpunkt konvergiert eine Kugelwelle, so daß die Intensitätsmaxima nur verschoben sind.

Der Öffnungsfehler, die Koma und der Astigmatismus erzeugen in der Gaußschen Bildebene Zerstreuungsfiguren. Die Wellenflächen, die aus einem optischen System mit diesen Abbildungsfehlern austreten, sind keine Kugelflächen. Das wirkt sich auf die Lichtwege zu den einzelnen Punkten des Bildraums und damit auf die Phasendifferenzen in diesen aus.

Wir erläutern die Verhältnisse am Beispiel des Öffnungsfehlers genauer. Im Gaußschen Bildpunkt würde eine Kugelwelle die normierte Intensität 1 ergeben. Durch die asphärische Form der Wellenfläche haben die von den einzelnen Punkten der Austrittspupille ausgehenden Elementarwellen zusätzliche Lichtwege zurückzulegen, wodurch Phasendifferenzen entstehen. Da diese Phasendifferenz eine stetige Funktion der Durchstoßkoordinaten in der Austrittspupille ist, muß die Intensität im Gaußschen Bildpunkt herabgesetzt werden. Das Maximum der Intensität liegt außerhalb des Gaußschen Bildpunktes.

Die zu den Phasendifferenzen führenden Lichtwegunterschiede sind auch in diesem Fall die Wellenaberrationen. In Abb. 4.185 ist nochmals die exakte Definition beim Vorliegen von Öffnungsfehler veranschaulicht.

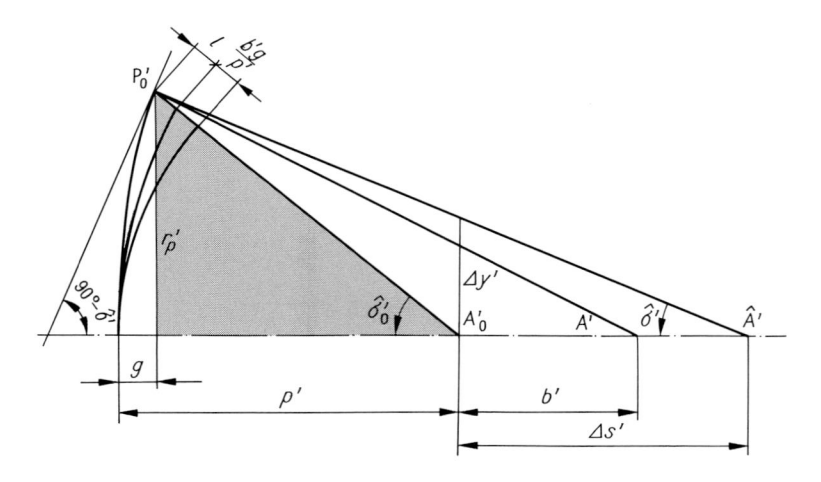

Abb. 4.185 Wellenaberrationen beim Vorliegen von Öffnungsfehler

Berechnung der Wellenaberrationen des Öffnungsfehlers. Die Wellenaberrationen, die durch Öffnungsfehler eingeführt werden, können aus der sphärischen Längsabweichung berechnet werden. Nach Abb. 4.185 hat die Tangente an die Wellenfläche im Punkt P_0' die Steigung

$$\tan(90° - \hat{\sigma}') = \cot \hat{\sigma}' = \frac{\mathrm{d}r_\mathrm{p}'}{\mathrm{d}g}. \tag{4.363}$$

Weiter gilt

$$\cot \hat{\sigma}' = \frac{\Delta s' + p' - g}{r_\mathrm{p}'}. \tag{4.364}$$

Aus den Gleichungen (4.363) und (4.364) folgt

$$\Delta s' = r_\mathrm{p}' \frac{\mathrm{d}r_\mathrm{p}'}{\mathrm{d}g} - (p' - g).$$

Diesen Ausdruck schreiben wir in der Form

$$\Delta s' = \frac{1}{2} \frac{\mathrm{d}}{\mathrm{d}g} \left[r_\mathrm{p}'^2 + (p' - g)^2 \right]. \tag{4.365}$$

4.4 Wellenoptisch abbildende Funktionselemente

Der Abb. 4.185 ist zu entnehmen, daß

$$(p'-g)^2 + r_p'^2 = \left(p' + l + \frac{b'g}{p'}\right)^2 \tag{4.366}$$

ist. Einsetzen von Gl. (4.366) in Gl. (4.365) ergibt

$$\Delta s' = \frac{1}{2}\frac{\mathrm{d}}{\mathrm{d}g}\left(p' + l + \frac{b'g}{p'}\right)^2. \tag{4.367}$$

Durch Differenzieren erhalten wir

$$\Delta s' = \left(p' + l + \frac{b'g}{p'}\right)\left(\frac{\mathrm{d}l}{\mathrm{d}g} + \frac{b'}{p'}\right).$$

Es gilt

$$\left|l + \frac{b'g}{p'}\right| \ll |p'|,$$

also

$$\Delta s' = p'\frac{\mathrm{d}l}{\mathrm{d}g} + b'. \tag{4.368}$$

Integration über $\mathrm{d}g$ führt auf

$$\int_0^g \Delta s' \, \mathrm{d}g = p' \int_0^l \mathrm{d}l + b' \int_0^g \mathrm{d}g$$

bzw.

$$l = \frac{1}{p'}\int_0^g \Delta s' \, \mathrm{d}g - \frac{b'g}{p'}. \tag{4.369}$$

Statt der sphärischen Längsabweichung kann auch die sphärische Querabweichung eingesetzt werden. Mit $\Delta s' = \Delta y' \cdot \cot \bar{\sigma}'$, Gl. (4.342) und Gl. (4.363) folgt aus Gl. (4.369)

$$l = \frac{1}{p'}\int_0^{r_p'} \Delta y' \, \mathrm{d}r_p' - \frac{b' r_p'^2}{2p'^2}. \tag{4.370}$$

Übergang zur reduzierten Koordinate $\bar{r}_p' = r_p'/\rho_p'$ und Anwenden der Näherung $u' \approx \rho_p'/p'$ ergibt

$$l = u'\int_0^{\bar{r}_p'} \Delta y' \, \mathrm{d}\bar{r}_p' - \frac{1}{2}u'^2 b' \bar{r}_p'^2. \tag{4.371}$$

Diese Gleichung läßt sich umkehren in

$$\frac{\mathrm{d}l}{\mathrm{d}\bar{r}_p'} = u' \Delta y' - u'^2 b' \bar{r}_p'.$$

Allgemein gilt für die Wellenaberration im Gaußschen Bildpunkt bei außeraxialen Objektpunkten ($b' = 0$, $l = l_0$; vgl. etwa [19])

$$\sin \varphi'_p \frac{\partial l_0}{\partial \bar{r}'_p} + \frac{\cos \varphi'_p}{\bar{r}'_p} \frac{\partial l_0}{\partial \varphi'_p} = u' \Delta x', \quad (4.372a)$$

$$\cos \varphi'_p \frac{\partial l_0}{\partial \bar{r}'_p} - \frac{\sin \varphi'_p}{\bar{r}'_p} \frac{\partial l_0}{\partial \varphi'_p} = u' \Delta y'. \quad (4.372b)$$

Die Größe φ'_p ist der Zentriwinkel in der Austrittspupillenebene. Multiplikation der Gl. (4.372a) mit $\sin \varphi'_p$, der Gl. (4.372b) mit $\cos \varphi'_p$, Addition beider Gleichungen und Integration über $d\bar{r}'_p$ führt auf

$$l_0 = u' \int_0^{\bar{r}'_p} (\Delta x' \sin \varphi'_p + \Delta y' \cos \varphi'_p) d\bar{r}'_p. \quad (4.373)$$

Wenn der Aufpunkt um $\Delta x'_A = x'_A - x'_0$, $\Delta y'_A = y'_A - y'_0$, b' aus dem Gaußschen Bildpunkt heraus verschoben wird (x'_A, y'_A, b' Koordinaten des Aufpunktes), dann sind anstelle von $\Delta x'$, $\Delta y'$ die Größen $\Delta x' - \Delta x'_A$, $\Delta y' - \Delta y'_A$ einzusetzen. Da $\Delta x'_A$ und $\Delta y'_A$ unabhängig von $\bar{r}'_p$ sind, erhält man

$$l = l_0 - \frac{1}{2} u'^2 b' \bar{r}'^2_p - u' \bar{r}'_p (\Delta x'_A \sin \varphi'_p + \Delta y'_A \cos \varphi'_p). \quad (4.374)$$

Die Berechnung der Wellenaberrationen für ein konkretes optisches System setzt die Strahldurchrechnung voraus. Die Wellenaberrationen ergeben sich nach einem der folgenden Verfahren:

1. Die Wellenflächen, die von einem Objekt ausgehen, stellen Flächen konstanter Phase dar. Der Lichtweg vom Objektpunkt bis zu jedem Punkt einer Wellenfläche ist also konstant. Daraus ergibt sich, daß die Wellenfläche punktweise ermittelt werden kann. Dazu ist die Differenz zu bilden aus
- der optischen Weglänge der konkreten Lichtstrahlen bis zur Bezugskugel um den Aufpunkt und
- der optischen Weglänge des Bezugsstrahls bis zur Bezugskugel.

Als Bezugsstrahl dient bei der Abbildung von Achsenpunkten die optische Achse, bei der Abbildung außeraxialer Punkte z. B. der Hauptstrahl.

2. Aus der Strahldurchrechnung werden die Querabweichungen bestimmt. Die Wellenaberrationen l_0 folgen aus Gl. (4.373). Die Integration muß im allgemeinen numerisch ausgeführt werden.

3. Die Wellenaberrationen und die Querabweichungen werden zweckmäßig durch Polynome dargestellt, die in der Austrittspupille orthogonal sind. In reduzierten Koordinaten bedeutet dies orthogonal im Einheitskreis. Besonders geeignet sind die Zernike-Polynome. Für die Wellenaberrationen lautet die Polynomdarstellung

$$l(\bar{r}'_p, \varphi'_p) = A_{00} + \sum_{n=1}^{\infty} \sum_{m=0}^{n} \varepsilon_{nm} A_{nm} R_n^m(\bar{r}'_p) \cos \varphi'_p \quad (4.375)$$

mit $n \geq m$, $n - m$ gerade; $\varepsilon_{nm} = \sqrt{2}/2$ für $m = 0$, $n \neq 0$; $\varepsilon_{nm} = 1$ für $m \neq 0$. Die Radialpolynome der Zernike-Entwicklung für die niedrigen Kombinationen der Indizes n und m sind in

Tab. 4.28 enthalten. Aus den berechneten Querabweichungen, den Gleichungen (4.372a, b) und Gl. (4.374) folgen die Wellenaberrationen ebenfalls. Weitere Hinweise sind [19] zu entnehmen.

Tabelle 4.28 Radialpolynome der Zernike-Entwicklung

n m	0	1	2	3	4
0	1		$2\bar{r}_p'^2 - 1$		$6\bar{r}_p'^4 - 6\bar{r}_p'^2 + 1$
1		$\bar{r}_p'$		$3\bar{r}_p'^3 - 2\bar{r}_p'$	
2			$\bar{r}_p'^2$		$4\bar{r}_p'^4 - 3\bar{r}_p'^2$
3				$\bar{r}_p'^3$	
4					$\bar{r}_p'^4$

4.4.4 Punktbildfunktion. Definitionshelligkeit

Punktbildfunktion. In 4.4.1 bis 4.4.3 wurde die Abbildung eines Objektpunktes durch ein optisches System mit dem Wellenmodell des Lichtes untersucht. Die Beugung des Lichtes bewirkt, daß auch außerhalb des geometrisch-optischen Strahlenbündels Licht vorhanden ist.

Die normierte Intensitätsverteilung im Bildraum wird durch die Punktbildfunktion beschrieben (für ein beugungsbegrenztes optisches System in Abb. 4.180 enthalten). Es gilt:

> Die Punktbildfunktion ist die auf die Intensität im Gaußschen Bildpunkt normierte Intensität im Bildraum eines optischen Systems.

Im allgemeinen interessiert die Intensitätsverteilung in einer achssenkrechten Ebene. Deshalb wird manchmal unter der Punktbildfunktion die Intensitätsverteilung in der Auffangebene verstanden. Damit ist die bisher verwendete normierte Intensität identisch mit der Punktbildfunktion, die wir mit $G(r')$ bzw. $G(x', y')$ bezeichnen wollen.

Ein aberrationsfreies optisches System, für das die in 4.4.1 formulierten Näherungen gelten, erzeugt bei der Abbildung eines Achsenpunktes in der Gaußschen Bildebene die Punktbildfunktion

$$G(r') = \left[\frac{2J_1\left(\dfrac{2\pi\rho_p' r'}{\lambda p'}\right)}{\dfrac{2\pi\rho_p' r'}{\lambda p'}} \right]^2. \tag{4.376a}$$

In kartesischen Koordinaten gilt

$$G(x', y') = \left[\frac{2J_1\left(\dfrac{2\pi\rho_p'}{\lambda p'}\sqrt{x'^2 + y'^2}\right)}{\dfrac{2\pi\rho_p'}{\lambda p'}\sqrt{x'^2 + y'^2}} \right]^2. \tag{4.376b}$$

Etwas allgemeiner läßt sich die Punktbildfunktion mit der mathematischen Fassung des Huygensschen Prinzips, wie sie in 2.6.4 für die ebene Struktur angegeben wurde, berechnen. Die Austrittspupille wird dabei als eine beugende Struktur betrachtet, in der im allgemeinen der Betrag und die Phase der Lichtwelle verändert werden. Die Phasenänderung kann durch Wellenaberrationen hervorgerufen sein.

Nach Gl. (2.308) gilt für die komplexe Amplitude bei der Beugung an einer ebenen Struktur

$$a = \iint_{\text{Struktur}} A f(\xi, \eta) \cdot e^{\frac{2\pi j}{\lambda}[\xi(\alpha_0 - \alpha) + \eta(\beta_0 - \beta)]} d\xi d\eta. \tag{4.377}$$

Die Richtungskosinus rechnen wir in die Koordinaten der Bildebene um (vgl. 2.6.2):

$$\alpha_0 - \alpha = \frac{x_0' - x'}{p'}, \quad \beta_0 - \beta = \frac{y_0' - y'}{p'}.$$

Die Koordinaten ξ, η in der Austrittspupille ersetzen wir durch x_p' und y_p'. Weiter führen wir reduzierte Koordinaten mittels

$$\frac{(x' - x_0')\rho_p'}{\lambda p'} = \bar{x}', \quad \frac{(y' - y_0')\rho_p'}{\lambda p'} = \bar{y}', \tag{4.378a, b}$$

$$\frac{x_p'}{\rho_p'} = \bar{x}_p', \quad \frac{y_p'}{\rho_p'} = \bar{y}_p' \tag{4.379a, b}$$

ein. Die Strukturfunktion $A f(\xi, \eta)$ nennen wir hier Pupillenfunktion und bezeichnen sie mit $P(\bar{x}_p', \bar{y}_p')$. Für diese gilt

$$P(\bar{x}_p', \bar{y}_p', l) = \begin{cases} A(\bar{x}_p', \bar{y}_p') \cdot e^{-\frac{2\pi j}{\lambda} l(\bar{x}_p', \bar{y}_p')} & \text{innerhalb der Pupille}, \\ 0 & \text{außerhalb der Pupille}. \end{cases} \tag{4.380}$$

Insgesamt läßt sich Gl. (4.377) umschreiben in

$$a = C \iint_{-\infty}^{\infty} P(\bar{x}_p', \bar{y}_p', l) \cdot e^{-2\pi j (\bar{x}_p' \bar{x}' + \bar{y}_p' \bar{y}')} d\bar{x}_p' d\bar{y}_p'. \tag{4.381}$$

(Formal kann über die gesamte Austrittspupillenebene integriert werden, weil außerhalb der Öffnung $P \equiv 0$ ist; die Konstante C brauchen wir nicht explizit aufzuschreiben.) Die Punktbildfunktion, die durch

$$G(\bar{x}', \bar{y}') = \frac{a a^*}{a_0 a_0^*}$$

definiert ist, ergibt sich zu

$$G(\bar{x}', \bar{y}') = \frac{\left| \iint_{-\infty}^{\infty} P(\bar{x}_p', \bar{y}_p', l) \cdot e^{-2\pi j (\bar{x}_p' \bar{x}' + \bar{y}_p' \bar{y}')} d\bar{x}_p' d\bar{y}_p' \right|^2}{\left| \iint_{-\infty}^{\infty} P(\bar{x}_p', \bar{y}_p', l_0) d\bar{x}_p' d\bar{y}_p' \right|^2}. \tag{4.382}$$

4.4 Wellenoptisch abbildende Funktionselemente

Daraus folgt:

> Die Punktbildfunktion ist das Absolutquadrat der normierten Fourier-Transformierten der Pupillenfunktion.

Die Berechnung der Punktbildfunktion setzt die Kenntnis der Pupillenfunktion nach Gl. (4.380) voraus. Es müssen also die Amplitudenverteilung und die Wellenaberrationen in der Austrittspupille vorgegeben sein. Abb. 4.186 enthält eine Punktbildfunktion für ein Fotoobjektiv.

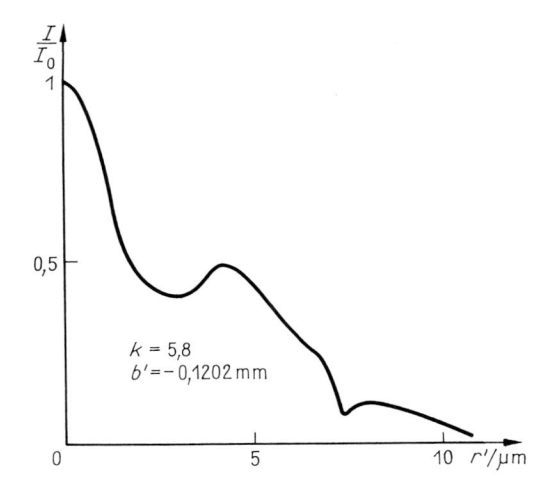

Abb. 4.186 Punktbildfunktion eines Fotoobjektivs

Definitionshelligkeit. Die Punktbildfunktion erfaßt die Änderung der Intensität im Aufpunkt, die durch die Wellenaberrationen und die Beugung eintritt. Der Einfluß der Beugung läßt sich nicht vermeiden, so daß zur Bewertung der Bildgüte nur die Abwandlung der Punktbildfunktion durch die Wellenaberrationen interessiert. Man führt deshalb das Gütekriterium Definitionshelligkeit ein.

> Die Definitionshelligkeit stellt die normierte Intensität im Bildraum eines optischen Systems dar. Normiert wird auf die Intensität, die eine Kugelwelle im Aufpunkt erzeugen würde.

Eine gleichwertige Definition ist:

> Die Definitionshelligkeit ist das Verhältnis aus der Punktbildfunktion der konkreten Welle G und der Punktbildfunktion der im gleichen Punkt konvergierenden Kugelwelle G_0. (Beide Punktbildfunktionen müssen wie in Gl. (4.382) auf den Betrag im Gaußschen Bildpunkt normiert werden.)

Es gilt also

$$V = \frac{G(\bar{x}', \bar{y}')}{G_0(\bar{x}', \bar{y}')}. \tag{4.383}$$

Wird die Änderung der Wellenaberration beim Verschieben des Aufpunktes aus dem Gaußschen Bildpunkt heraus gemäß Gl. (4.374) in der Wellenaberration erfaßt, dann wird in Gl. (4.382) die Exponentialfunktion gleich 1. Es gilt

$$G(\bar{x}', \bar{y}') = \left| \frac{\int\int_{-\infty}^{\infty} P(\bar{x}'_p, \bar{y}'_p, l) d\bar{x}'_p d\bar{y}'_p}{\int\int_{-\infty}^{\infty} P(\bar{x}'_p, \bar{y}'_p, l_0) d\bar{x}'_p d\bar{y}'_p} \right|^2 \tag{4.384a}$$

und

$$G_0(\bar{x}', \bar{y}') = \left| \frac{\int\int_{-\infty}^{\infty} P(\bar{x}'_p, \bar{y}'_p) d\bar{x}'_p d\bar{y}'_p}{\int\int_{-\infty}^{\infty} P(\bar{x}'_p, \bar{y}'_p, l_0) d\bar{x}'_p d\bar{y}'_p} \right|^2. \tag{4.384b}$$

Es ist bei konstanter Amplitudentransparenz der Austrittspupille ($A_0 = $ const) und innerhalb der Austrittspupille (außerhalb der Austrittspupille sind alle $P \equiv 0$, so daß nicht mehr von $-\infty$ bis ∞ integriert werden darf)

$$P(\bar{x}'_p, \bar{y}'_p, l) = A_0 e^{-\frac{2\pi j}{\lambda} l}, \quad P(\bar{x}'_p, \bar{y}'_p, l_0) = A_0 e^{-\frac{2\pi j}{\lambda} l_0}, \quad P(\bar{x}'_p, \bar{y}'_p) = A_0. \tag{4.385}$$

Die Definitionshelligkeit folgt aus

$$V = \left| \frac{\int\int_{AP} e^{-\frac{2\pi j}{\lambda} l} d\bar{x}'_p d\bar{y}'_p}{\int\int_{AP} d\bar{x}'_p d\bar{y}'_p} \right|^2. \tag{4.386}$$

In reduzierten Zylinderkoordinaten wird das Nennerintegral gleich π, und es gilt

$$V = \left| \frac{1}{\pi} \int_0^1 \int_0^{2\pi} e^{-\frac{2\pi j}{\lambda} l} \bar{r}'_p d\bar{r}'_p d\varphi'_p \right|^2. \tag{4.387}$$

Das läßt sich umformen in

$$V = \left| \frac{1}{\pi} \int_0^1 \int_0^{2\pi} \cos\left(\frac{2\pi l}{\lambda}\right) \bar{r}'_p d\bar{r}'_p d\varphi'_p \right|^2 + \left| \frac{1}{\pi} \int_0^1 \int_0^{2\pi} \sin\left(\frac{2\pi l}{\lambda}\right) \bar{r}'_p d\bar{r}'_p d\varphi'_p \right|^2. \tag{4.388}$$

Die Integrale müssen im allgemeinen numerisch berechnet werden. Eine geschlossene Lösung ist für reine Defokussierung möglich. Mit l aus Gl. (4.370) bei $\Delta y' = 0$ ergibt sich das Integral der Gl. (4.346). Faktoren kürzen sich bei der Normierung, so daß in Gl. (4.350) $i = V$ ist. Die Definitionshelligkeit wird bei Defokussierung durch eine sinc-Funktion beschrieben.

Abb. 4.187 enthält die Definitionshelligkeit längs der optischen Achse eines Fotoobjektivs, Abb. 4.188 die für zwei Mikroobjektive.

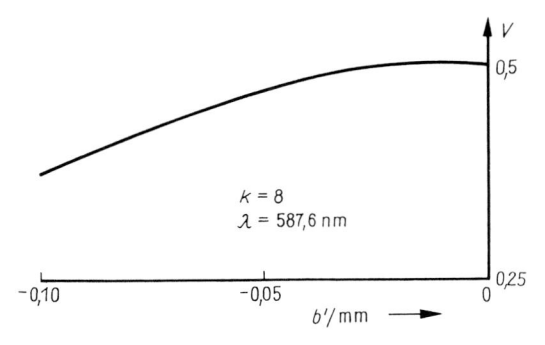

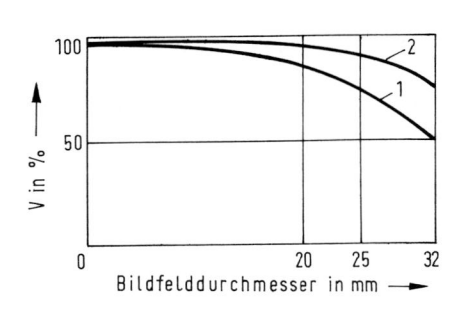

4.4 Wellenoptisch abbildende Funktionselemente

Abb. 4.187 Definitionshelligkeit auf der optischen Achse eines Fotoobjektivs

Abb. 4.188 Definitionshelligkeit zweier Mikroobjektive 25×/0,65. (1) bei 20 mm, (2) bei 25 mm, Bildfelddurchmesser Abfall auf 80 %

Entwicklung der Wellenaberrationen. Für kleine Wellenaberrationen kann die Reihenentwicklung

$$e^{-\frac{2\pi j l}{\lambda}} = 1 - \frac{2\pi j l}{\lambda} - \frac{1}{2}\left(\frac{2\pi}{\lambda}\right)^2 l^2 + \cdots$$

mit dem quadratischen Glied abgebrochen werden. Aus Gl. (4.387) folgt dann

$$V = \left| 1 - \frac{2\pi j}{\lambda} \frac{1}{\pi} \int_0^1 \int_0^{2\pi} l \, \bar{r}'_p \, d\bar{r}'_p \, d\varphi'_p - \frac{1}{2}\left(\frac{2\pi}{\lambda}\right)^2 \frac{1}{\pi} \int_0^1 \int_0^{2\pi} l^2 \, \bar{r}'_p \, d\bar{r}'_p \, d\varphi'_p \right|^2. \tag{4.389}$$

Darin sind die Mittelwerte von l bzw. l^2 über die Pupille enthalten:

$$\langle l \rangle = \frac{1}{\pi} \int_0^1 \int_0^{2\pi} l \, \bar{r}'_p \, d\bar{r}'_p \, d\varphi'_p, \quad \langle l^2 \rangle = \frac{1}{\pi} \int_0^1 \int_0^{2\pi} l^2 \, \bar{r}'_p \, d\bar{r}'_p \, d\varphi'_p. \tag{4.390a, b}$$

Ausrechnen von Gl. (4.389) ergibt

$$V = 1 - \left(\frac{2\pi}{\lambda}\right)^2 \left[\langle l^2 \rangle - \langle l \rangle^2\right]. \tag{4.391}$$

Die Größe $\langle l^2 \rangle - \langle l \rangle^2 = \langle (l - \langle l \rangle)^2 \rangle = \Delta$ stellt die mittlere quadratische Deformation der Wellenfläche dar. Es ist

$$V = 1 - \left(\frac{2\pi}{\lambda}\right)^2 \Delta. \tag{4.392}$$

Es gilt also:

> Bei kleinen Wellenaberrationen hängt die Definitionshelligkeit nur von der mittleren quadratischen Deformation der Wellenfläche ab.

Die Definitionshelligkeit stellt ein Gütekriterium dar, mit dem aus der Gütefunktion Punktbildfunktion Gütezahlen abgeleitet werden können. Außerdem ist in bestimmten Anwendungen die Ebene maximaler Definitionshelligkeit als "beste Auffangebene" anzusehen. Das Gütekriterium Definitionshelligkeit stellt auch die Grundlage für die Bewertung optischer Systeme bei einigen Verfahren zur Synthese optischer Systeme dar ("automatische Korrektionsverfahren" bzw. Optimierungsverfahren; vgl. etwa [20]). Bei diesen Verfahren wird aus rechentechnischen Gründen die mittlere quadratische Deformation der Wellenfläche als Gütekriterium zugrunde gelegt. Bei der Entwicklung der Wellenaberrationen nach Zernike-Polynomen nach Gl. (4.375) lassen sich die Mittelwerte analytisch berechnen. Die Definitionshelligkeit in der Näherung für kleine Wellenaberrationen lautet dann

$$V = 1 - \frac{1}{2}\left(\frac{2\pi}{\lambda}\right)^2 \sum_{n=1}^{\infty} \sum_{m=0}^{n} \frac{A_{nm}^2}{n+1}. \tag{4.393}$$

Linienbildfunktion. Wir bilden eine Linie ab, für die folgende Voraussetzungen erfüllt sein sollen:
- Die Linie liegt in einer achssenkrechten Objektebene.
- Die einzelnen Punkte der Linie strahlen inkohärent zueinander.
- Die Punktbildfunktion ist für alle Punkte der Linie gleich. (Die Bereiche der Objektebene, für die diese Forderung mit ausreichender Genauigkeit gilt, heißen Isoplanasiegebiete.)
- Die Leuchtdichten in zueinander konjugierten Flächenelementen sind proportional.

Für eine parallel zum Meridionalschnitt bei x_0' liegende Linie berechnet sich die unnormierte Linienbildfunktion L_u aus der Punktbildfunktion mittels (Abb. 4.189)

$$L_u(x' - x_0') = \int_{-\infty}^{\infty} G(x' - x_0', y' - y_0') \mathrm{d}y'. \tag{4.394}$$

(Die Integrationsgrenzen sind zulässig, wenn G schnell genug abnimmt.) Wir führen die reduzierten Koordinaten ein und erhalten

$$L_u(\overline{x}') = \frac{\lambda p'}{\rho_p'} \int_{-\infty}^{\infty} G(\overline{x}', \overline{y}') \mathrm{d}\overline{y}'. \tag{4.395}$$

Die Linienbildfunktion normieren wir so, daß

$$L(0) = 1 \tag{4.396}$$

wird. Wegen

$$L_u(0) = \frac{\lambda p'}{\rho_p'} \int_{-\infty}^{\infty} G(0, \overline{y}') \mathrm{d}\overline{y}' \tag{4.397}$$

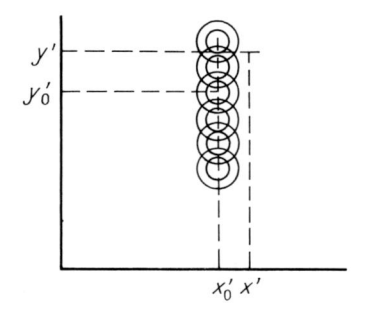

Abb. 4.189 Zur Berechnung der Linienbildfunktion

4.4 Wellenoptisch abbildende Funktionselemente

ergibt sich für

$$L(\overline{x}') = \frac{L_u(\overline{x}')}{L_u(0)} \qquad (4.398)$$

der Ausdruck

$$L(\overline{x}') = \frac{\int_{-\infty}^{\infty} G(\overline{x}', \overline{y}') d\overline{y}'}{\int_{-\infty}^{\infty} G(0, \overline{y}') d\overline{y}'}. \qquad (4.399)$$

| Die normierte Intensität im Bild einer inkohärent strahlenden Linie heißt Linienbildfunktion.

Wir können die Koordinaten im Bild so mit dem Abbildungsmaßstab normieren, daß $x_0' = x$ und $y_0' = y$ wird. Die Bildleuchtdichte im Luftbild des paraxialen Bildortes $B'(x_0')$ ist dann gleich der Objektleuchtdichte $B(x)$. Die Linienbildfunktion kann auch durch

$$L(\overline{x}') = \frac{B'(x')}{B(x)} \quad \text{mit} \quad L(0) = \frac{B'(x_0')}{B(x)} = 1 \qquad (4.400, 4.401)$$

definiert werden.

Für ein beugungsbegrenztes optisches System, für das die in 4.4.1 formulierten Näherungen gelten, folgt die Linienbildfunktion einer in der Umgebung der optischen Achse liegenden Linie aus

$$L(\overline{x}') = \frac{\int_{-\infty}^{\infty} \left[\frac{2J_1\left(2\pi\sqrt{\overline{x}'^2 + \overline{y}'^2}\right)}{2\pi\sqrt{\overline{x}'^2 + \overline{y}'^2}}\right]^2 d\overline{y}'}{\int_{-\infty}^{\infty} \left[\frac{2J_1(2\pi\overline{y}')}{2\pi\overline{y}'}\right]^2 d\overline{y}'}. \qquad (4.402)$$

Diese Funktion ist in Abb. 4.190 grafisch dargestellt. Abb. 4.191 enthält Linienbildfunktionen für ein Fotoobjektiv.

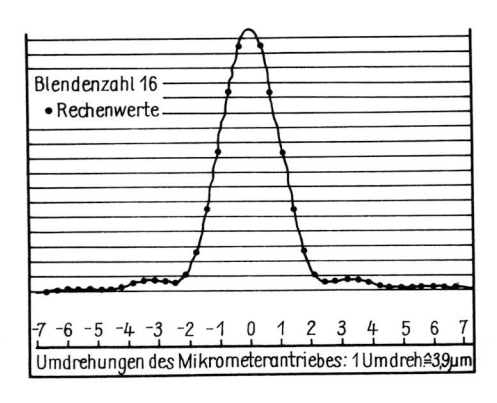

Abb. 4.190 Linienbildfunktion für ein beugungsbegrenztes optisches System (gerechnet und gemessen)

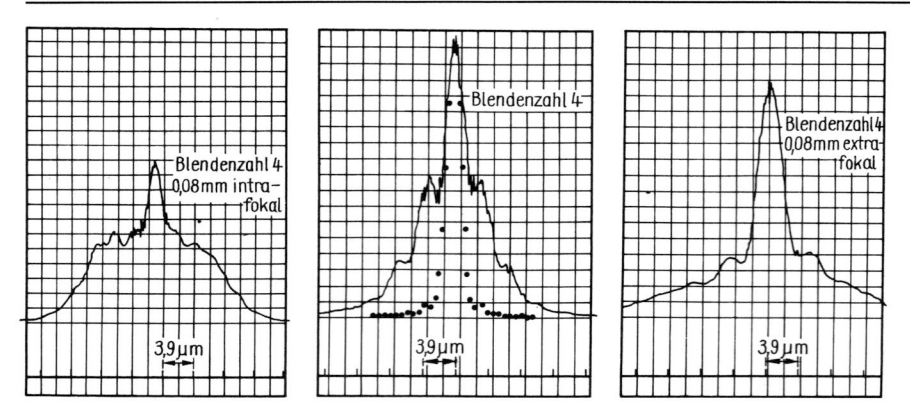

Abb. 4.191 Linienbildfunktion für ein reales Fotoobjektiv

Die Leuchtdichte im Bild einer eindimensionalen Struktur, die innerhalb des isoplanatischen Gebietes liegt, läßt sich als Überlagerung von parallel zueinander verschobenen Linienbildfunktionen auffassen.

Eine Objektlinie der Breite $dx = dx'_0$ erzeugt am Ort x' der Bildebene die Leuchtdichte im Luftbild (Abb. 4.192)

$$dB'(x') = C \cdot L(\overline{x}')B(x'_0)dx'_0. \tag{4.403}$$

Der Faktor C hat den Betrag 1 und die Dimension (Länge)$^{-1}$. Die gesamte Leuchtdichteverteilung folgt daraus zu

$$B'(x') = C \int_{-\infty}^{\infty} L(\overline{x}')B(x'_0)dx'_0. \tag{4.404}$$

Die Integrationsgrenzen sind zulässig, wenn $L(\overline{x}')$ innerhalb eines Isoplanasiegebietes schnell genug abnimmt. Wegen Gl. (4.378a) ist

$$B'(x') = C \int_{-\infty}^{\infty} B(x'_0)L(x'-x'_0)dx'_0. \tag{4.405}$$

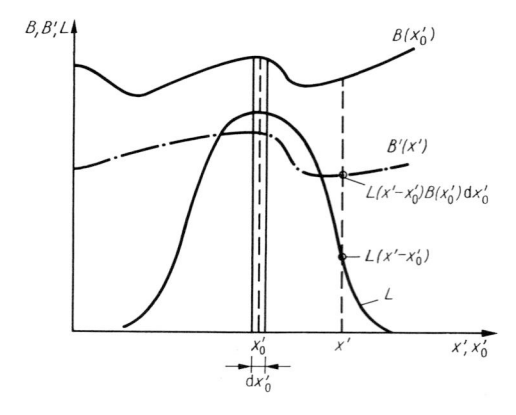

Abb. 4.192 Zur Leuchtdichte im Bild eines eindimensionalen Objekts

4.4 Wellenoptisch abbildende Funktionselemente

Die Beleuchtungsstärke in der Bildebene beträgt

$$E'(x') = C_0 \Omega_0 \int_{-\infty}^{\infty} B(x'_0) L(x' - x'_0) \, dx'_0. \qquad (4.406)$$

Die Konstante C_0 hängt im wesentlichen von der Geometrie des optischen Systems ab. Daraus folgt:

| Die Beleuchtungsstärke ergibt sich bis auf einen konstanten Faktor durch die Faltung der Objektleuchtdichte mit der Linienbildfunktion.

Relative Gipfelhöhe. Analog zur Ableitung der Definitionshelligkeit aus dem Maximalwert der Punktbildfunktion läßt sich aus der Linienbildfunktion die relative Gipfelhöhe gewinnen.

| Die relative Gipfelhöhe W ist der normierte Maximalwert der Linienbildfunktion.

Es gilt also

$$W = \frac{[L(\bar{x}')]_{\text{Max}}}{L(0)}.$$

Beachten wir die Normierungsbedingung Gl. (4.396), dann ist die relative Gipfelhöhe der Maximalwert der normierten Linienbildfunktion.

Die relative Gipfelhöhe ist ein Gütekriterium für optische Systeme. Die damit aus der Gütefunktion "Linienbildfunktion" berechneten Zahlenwerte stellen Kennzahlen für die Bildgüte, also Gütezahlen dar. Abb. 4.193 zeigt die relative Gipfelhöhe für ein Fotoobjektiv.

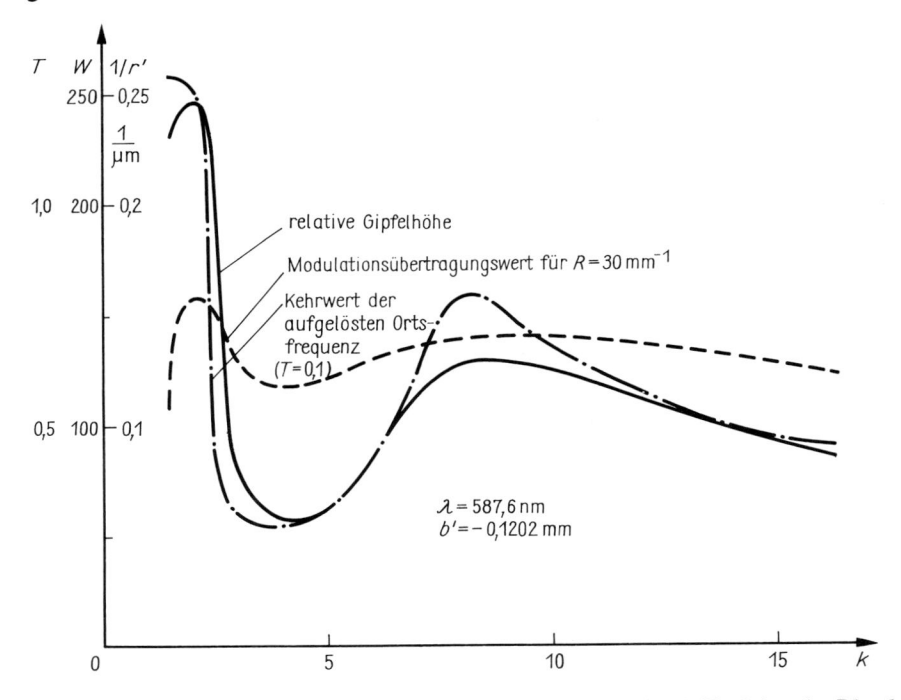

Abb. 4.193 Relative Gipfelhöhe für ein konkretes Fotoobjektiv als Funktion der Blendenzahl (die Bedeutung der weiteren Kurven wird in 4.4.5 erläutert)

4.4.5 Modulationsübertragungsfunktion

Wir beschränken unsere Überlegungen auf eindimensionale Objektstrukturen, weil dafür die Gleichungen kürzer werden. Die optische Abbildung soll dieselben Forderungen erfüllen, die für die Definition der Linienbildfunktion notwendig sind.

Die Leuchtdichte im Objekt läßt sich als Überlagerung von sinusförmigen Leuchtdichteverteilungen eines bestimmten Ortsfrequenzintervalls darstellen.

> Die Ortsfrequenz R ist der Kehrwert der Periodenlänge einer räumlichen Sinusverteilung, also die Anzahl der Perioden je Länge (Abb. 4.194).

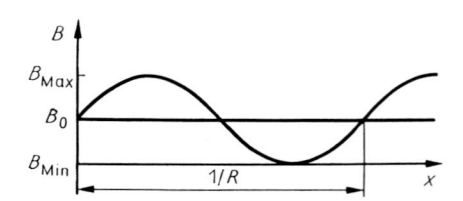

Abb. 4.194 Ortsfrequenz einer sinusförmigen Objektintensität

Da die Leuchtdichte im allgemeinen eine nichtperiodische Funktion des Ortes ist, muß sie als Fourier-Integral dargestellt werden:

$$\tilde{B}(R) = C \int_{-\infty}^{\infty} B(x) \cdot e^{-2\pi j R x} dx. \tag{4.407}$$

$B(x)$ ist nur im isoplanatischen Gebiet ungleich 0 anzunehmen. Wegen der Normierung der Koordinaten, wie sie für Gl. (4.400) und Gl. (4.401) vorausgesetzt wurde, ist $x = x_0'$ zu setzen.

Die Leuchtdichteverteilung in der Gaußschen Bildebene ist ebenfalls als Fourier-Integral darstellbar:

$$\tilde{B}'(R) = C \int_{-\infty}^{\infty} B'(x') \cdot e^{-2\pi j R x'} dx'. \tag{4.408}$$

Die Umkehrungen von Gl. (4.407) und Gl. (4.408) mittels der Fourier-Transformation lauten

$$B(x_0') = \frac{1}{C} \int_{-\infty}^{\infty} \tilde{B}(R) \cdot e^{2\pi j R x_0'} dR, \tag{4.409}$$

$$B'(x') = \frac{1}{C} \int_{-\infty}^{\infty} \tilde{B}'(R) \cdot e^{2\pi j R x'} dR. \tag{4.410}$$

Die Leuchtdichten nach Gl. (4.409) und Gl. (4.410) setzen wir in Gl. (4.404) ein:

$$\int_{-\infty}^{\infty} \tilde{B}'(R) \cdot e^{2\pi j R x'} dR = C \iint_{-\infty}^{\infty} \tilde{B}(R) \cdot e^{2\pi j R x_0'} L(\overline{x}') dR dx_0'. \tag{4.411}$$

Wir formen die Exponentialfunktion im Integranden des rechts stehenden Integrals um,

$$e^{2\pi j R x_0'} = e^{-2\pi j (x'-x_0')R} \cdot e^{2\pi j x' R},$$

4.4 Wellenoptisch abbildende Funktionselemente

und erhalten

$$\int_{-\infty}^{\infty} \tilde{B}'(R) \cdot e^{2\pi j R x'} dR = C \iint_{-\infty}^{\infty} \tilde{B}(R) \cdot e^{2\pi j R x'} \cdot L(\overline{x}') e^{-2\pi j (x'-x_0')R} dR dx_0'. \qquad (4.412)$$

Das Integral

$$C \int_{-\infty}^{\infty} L(\overline{x}') \cdot e^{-2\pi j (x'-x_0')R} dx_0' \qquad (4.413)$$

ist wegen $\overline{x}' = (x' - x_0') \rho_p' / (\lambda p')$ die Fourier-Transformierte $\tilde{L}(R)$ der Linienbildfunktion. Gleichung (4.412) geht damit über in

$$\int_{-\infty}^{\infty} \tilde{B}'(R) \cdot e^{2\pi j R x'} dR = \int_{-\infty}^{\infty} \tilde{B}(R) \tilde{L}(R) \cdot e^{2\pi j R x'} dR. \qquad (4.414)$$

In beiden Integralen wird über den gleichen Integrationsbereich integriert, so daß die Integranden gleich sein müssen. Es ist also

$$\tilde{B}'(R) = \tilde{B}(R) \tilde{L}(R). \qquad (4.415)$$

Das heißt:

| Die Fourier-Transformierte der Bildleuchtdichte ergibt sich als Produkt aus den Fourier-Transformierten der Objektleuchtdichte und der Linienbildfunktion.

Wir führen wieder reduzierte Koordinaten ein und erhalten aus Gl. (4.413)

$$\tilde{L}(R) = -\frac{\lambda p'}{\rho_p'} C \int_{-\infty}^{\infty} L(\overline{x}') \cdot e^{-\frac{2\pi j \lambda p'}{\rho_p'} \overline{x}' R} d\overline{x}'. \qquad (4.416)$$

Es ist demnach zweckmäßig, auch reduzierte Ortsfrequenzen zu verwenden, indem

$$\overline{R} = \frac{\lambda p'}{\rho_p'} R \qquad (4.417)$$

gesetzt wird. Mit den Näherungen $\rho_p'/p' \approx u'$ und $p'/\rho_p' \approx f'/\rho_p = 2k$ (k Blendenzahl) kann dafür auch (bei $n' = 1$, $\beta' = 1$)

$$\overline{R} = \frac{\lambda}{u'} R, \quad \overline{R} = 2\lambda k R, \quad \overline{R} = \frac{\lambda}{A} R \qquad (4.418)$$

geschrieben werden. Damit ergibt sich

$$\tilde{L}(\overline{R}) = -\frac{\lambda p'}{\rho_p'} C \int_{-\infty}^{\infty} L(\overline{x}') \cdot e^{-2\pi j \overline{x}' \overline{R}} d\overline{x}'. \qquad (4.419)$$

Für $\overline{R} = 0$ ist

$$\tilde{L}(0) = -\frac{\lambda p'}{\rho_p'} C \int_{-\infty}^{\infty} L(\overline{x}') d\overline{x}'. \qquad (4.420)$$

Wir definieren die normierte optische Übertragungsfunktion durch

$$D(\overline{R}) = \frac{\tilde{L}(\overline{R})}{\tilde{L}(0)} = \frac{\int\limits_{-\infty}^{\infty} L(\overline{x}') \cdot e^{-2\pi j \overline{x}' \overline{R}} \, d\overline{x}'}{\int\limits_{-\infty}^{\infty} L(\overline{x}') \, d\overline{x}'}. \tag{4.421}$$

Es ist also $D(0) = 1$. Setzen wir

$$\tilde{L}(0) = D_0, \tag{4.422}$$

dann gilt $\tilde{L}(\overline{R}) = D_0 \, D(\overline{R})$, und nach Gl. (4.415) ist

$$\tilde{B}'(\overline{R}) = \tilde{B}(\overline{R}) \, D_0 \, D(\overline{R}). \tag{4.423}$$

Die optische Übertragungsfunktion ist die Fourier-Transformierte der normierten Linienbildfunktion.
Bei inkohärenter Beleuchtung wird die Leuchtdichte linear übertragen.

Die optische Übertragungsfunktion ist im allgemeinen komplex. Deshalb kann sie in die Form

$$D(\overline{R}) = T(\overline{R}) \cdot e^{j\Theta(\overline{R})} \tag{4.424}$$

gebracht werden.

Die reelle Funktion $T(\overline{R})$ heißt Modulationsübertragungsfunktion (MÜF); die reelle Funktion $\Theta(\overline{R})$ heißt Phasenübertragungsfunktion (PÜF). (Engl.: modulation transfer function, MTF; phase transfer function, PTF.)

Abbildung periodischer Objektstrukturen. Periodische Objektstrukturen werden beschrieben, indem die Leuchtdichten als Fourier-Reihen dargestellt werden. Dieselbe Aussage gilt für die Bildleuchtdichten, so daß ($x = x_0'$)

$$B(x_0') = \sum_{n=-\infty}^{\infty} B_n e^{2\pi j n R x_0'}, \tag{4.425}$$

$$B'(x') = \sum_{n=-\infty}^{\infty} B_n' e^{2\pi j n R x'} \tag{4.426}$$

gilt. Einsetzen von Gl. (4.425) und Gl. (4.426) in Gl. (4.404) ergibt (Faltung der Objektleuchtdichte mit der Linienbildfunktion)

$$\sum_{n=-\infty}^{\infty} B_n' e^{2\pi j n R x'} = \sum_{n=-\infty}^{\infty} B_n C \int\limits_{-\infty}^{\infty} e^{2\pi j n R x_0'} L(\overline{x}') \, dx_0' \tag{4.427}$$

oder

$$\sum_{n=-\infty}^{\infty} B_n' e^{2\pi j n R x'} = \sum_{n=-\infty}^{\infty} B_n e^{2\pi j n R x'} \int\limits_{-\infty}^{\infty} C L(\overline{x}') \cdot e^{-2\pi j n R (x' - x_0')} \, dx_0'. \tag{4.428}$$

4.4 Wellenoptisch abbildende Funktionselemente

Das Integral stellt nach Gl. (4.413) und Gl. (4.421) die mit D_0 multiplizierte optische Übertragungsfunktion dar. Es ist also

$$\sum_{n=-\infty}^{\infty} B'_n e^{2\pi j nRx'} = D_0 \sum_{n=-\infty}^{\infty} B_n e^{2\pi j nRx'} D(nR). \tag{4.429}$$

Koeffizientenvergleich ergibt

$$B'_n = D_0 B_n D(nR), \tag{4.430}$$

also

$$B'(x') = \sum_{n=-\infty}^{\infty} B_n D_0 D(nR) \cdot e^{2\pi j nRx'} = \sum_{n=-\infty}^{\infty} B_n T(nR) D_0 \cdot e^{j[2\pi nRx' + \Theta(nR)]}. \tag{4.431}$$

Sinusgitter. Ein Sinusgitter beschreiben wir durch (Abb. 4.195)

$$B(x'_0) = A_0 + A_1 \cos(2\pi R x'_0) \tag{4.432}$$

bzw.

$$B(x'_0) = A_0 + \frac{1}{2} A_1 \left(e^{2\pi j R x'_0} + e^{-2\pi j R x'_0} \right). \tag{4.433}$$

Daraus folgt durch Vergleich mit Gl. (4.425)

$$A_0 = B_0, \quad B_1 = \frac{1}{2} A_1, \quad B_{-1} = \frac{1}{2} A_1. \tag{4.434}$$

Für die Bildleuchtdichte gilt nach Gl. (4.431) mit $\Theta(0) = 0$

$$B'(x') = D_0 \left\{ B_0 T(0) + B_1 T(R) e^{j[2\pi Rx' + \Theta(R)]} + B_{-1} T(-R) e^{-j[2\pi Rx' - \Theta(-R)]} \right\}. \tag{4.435}$$

Es ist

$$T(0) = 1, \quad T(-R) = T(R), \quad \Theta(-R) = -\Theta(R), \tag{4.436}$$

also

$$B'(x') = D_0 \left\{ B_0 + A_1 T(R) \cdot \cos[2\pi Rx' + \Theta(R)] \right\}. \tag{4.437}$$

Das im Objekt bei $x'_0 = 0$ liegende Maximum ist im Bild um

$$x'_\Theta = \frac{\Theta(R)}{2\pi R} \tag{4.438}$$

örtlich phasenverschoben (Abb. 4.195).

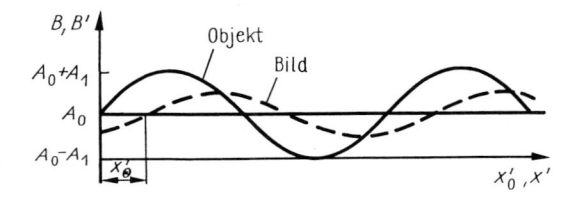

Abb. 4.195 Objekt- und Bildleuchtdichte für ein Sinusgitter

Der Objektkontrast beträgt wegen $B_{Max} = A_0 + A_1$ und $B_{Min} = A_0 - A_1$

$$K = \frac{A_1}{A_0}. \tag{4.439}$$

Der Bildkontrast beträgt wegen ($A_0 = B_0$ beachten)

$$B'_{Max} = D_0\left[A_0 + A_1 T(R)\right] \quad \text{und} \quad B'_{Min} = D_0\left[A_0 - A_1 T(R)\right] \tag{4.440}$$

nun

$$K' = \frac{A_1}{A_0} T(R). \tag{4.441}$$

Es gilt also

$$T(R) = \frac{K'}{K}. \tag{4.442}$$

Damit ist eine anschauliche Deutung der optischen Übertragungsfunktion gefunden worden.

> Die Modulationsübertragungsfunktion gibt bei der Abbildung eines Sinusgitters das Verhältnis aus Bild- und Objektkontrast als Funktion der Ortsfrequenz an.
> Die Phasenübertragungsfunktion beschreibt die örtliche Phasenverschiebung zwischen Bild- und Objektgitter als Funktion der Ortsfrequenz.

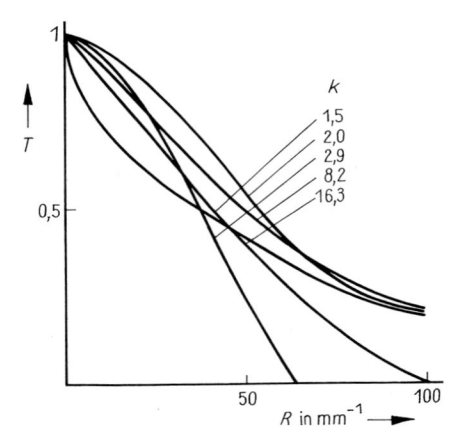

Abb. 4.196a Modulationsübertragungsfunktionen für ein Fotoobjektiv

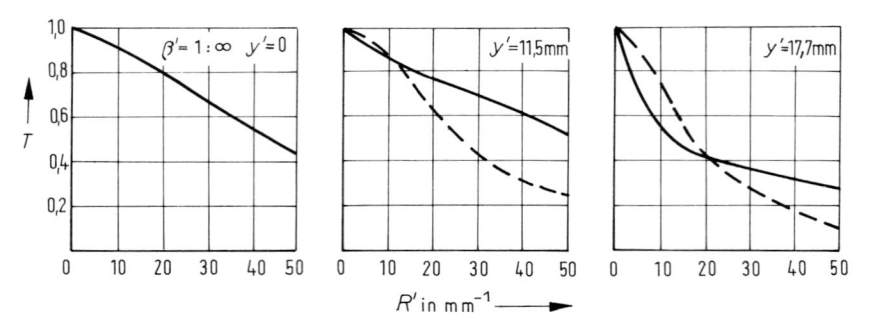

Abb. 4.196b Modulationsübertragungsfunktionen des Flektogon 2,8/20 bei voller Blendenöffnung, Objektweite unendlich (——— tangentiale Linien, – – – – radiale Linien)

4.4 Wellenoptisch abbildende Funktionselemente

Die optische Übertragungsfunktion ist eine Gütefunktion, mit der die Abbildungsleistung optischer Systeme bewertet werden kann. So ist z. B. daraus mit dem Gütekriterium "Fläche unter der Modulationsübertragungsfunktion bis zu einer vorgegebenen Ortsfrequenz" eine Gütezahl abzuleiten. Auch das in 4.4.4 behandelte Gütekriterium "relative Gipfelhöhe" läßt sich durch die optische Übertragungsfunktion ausdrücken. Ohne Beweis sei angegeben, daß die relative Gipfelhöhe für die Abbildung von Achsenpunkten auch aus

$$W = \int_{-\infty}^{\infty} D(R)\,\mathrm{d}R \tag{4.443}$$

berechnet werden kann.

Abb. 4.196a enthält Modulationsübertragungsfunktionen für ein konkretes Fotoobjektiv; Abb. 4.193 zeigt den Verlauf des Kontrastes in Abhängigkeit von der Blendenzahl für die Ortsfrequenz $R' = 30 \text{ mm}^{-1}$.

Der Abb. 4.196b ist der Verlauf der Modulationsübertragungsfunktionen für ein Fotoobjektiv Flektogon 2,8/20 bei drei Bildhöhen zu entnehmen. Legt man die Ortsfrequenz $R' = 30 \text{ mm}^{-1}$ zugrunde, dann werden Sinusgitter auf der Achse mit dem Kontrast $T(30) = 0,69$ (ca. 92 % des Kontrastes bei reiner Beugung), bei $y' = 17,7$ mm mit den Kontrasten $T_r(30) = 0,28$ (radiale Gitter) bzw. $T_t(30) = 0,36$ (tangentiale Gitter) abgebildet. Beim Flektogon entsprechen $R' = 30 \text{ mm}^{-1}$ etwa 17 mm Gitterkonstante in 10 m Entfernung.

Die Modulationsübertragungsfunktion auf der Achse eines beugungsbegrenzten optischen Systems ist in Abb. 4.198 enthalten.

Duffieux-Integral. Nach einem Satz über Faltungsintegrale gilt für zwei Funktionen $g(\overline{x}')$ und $f(\overline{x}'_\mathrm{p})$, die durch die Fourier-Transformation verknüpft sind,

$$\int_{-\infty}^{\infty} |g(\overline{x}')|^2 \cdot \mathrm{e}^{-2\pi\mathrm{j}\overline{x}'\overline{R}_x}\,\mathrm{d}\overline{x}' = \int_{-\infty}^{\infty} f(\overline{x}'_\mathrm{p}) f^*(\overline{x}'_\mathrm{p} - \overline{R}_x)\,\mathrm{d}\overline{x}'_\mathrm{p}. \tag{4.444}$$

Die entsprechende Beziehung ist auch bei Funktionen, die von zwei Variablen abhängen, anwendbar.

Nach Gl. (4.381) sind die komplexe Amplitude $a(\overline{x}', \overline{y}')$ und die Pupillenfunktion $P(\overline{x}'_\mathrm{p}, \overline{y}'_\mathrm{p})$ Fourier-Transformierte. Es ist also

$$\iint_{-\infty}^{\infty} |a(\overline{x}', \overline{y}')|^2 \cdot \mathrm{e}^{-2\pi\mathrm{j}(\overline{x}'\overline{R}_x + \overline{y}'\overline{R}_y)}\,\mathrm{d}\overline{x}'\,\mathrm{d}\overline{y}' = \iint_{-\infty}^{\infty} P(\overline{x}'_\mathrm{p}, \overline{y}'_\mathrm{p}) P^*(\overline{x}'_\mathrm{p} - \overline{R}_x, \overline{y}'_\mathrm{p} - \overline{R}_y)\,\mathrm{d}\overline{x}'_\mathrm{p}\,\mathrm{d}\overline{y}'_\mathrm{p}$$

$$\tag{4.445}$$

oder wegen Gl. (4.382) unter vorläufiger Vernachlässigung der Normierung

$$\iint_{-\infty}^{\infty} G(\overline{x}', \overline{y}') \cdot \mathrm{e}^{-2\pi\mathrm{j}(\overline{x}'\overline{R}_x + \overline{y}'\overline{R}_y)}\,\mathrm{d}\overline{x}'\,\mathrm{d}\overline{y}' = \iint_{-\infty}^{\infty} P(\overline{x}'_\mathrm{p}, \overline{y}'_\mathrm{p}) P^*(\overline{x}'_\mathrm{p} - \overline{R}_x, \overline{y}'_\mathrm{p} - \overline{R}_y)\,\mathrm{d}\overline{x}'_\mathrm{p}\,\mathrm{d}\overline{y}'_\mathrm{p}. \tag{4.446}$$

So, wie im eindimensionalen Fall die optische Übertragungsfunktion als Fourier-Transformierte der Linienbildfunktion auftritt, ist sie im zweidimensionalen Fall durch das Integral der linken Seite von Gl. (4.446) gegeben. Es gilt also

$$D(\overline{R}_x, \overline{R}_y) = \iint_{-\infty}^{\infty} P(\overline{x}'_\mathrm{p}, \overline{y}'_\mathrm{p}) P^*(\overline{x}'_\mathrm{p} - \overline{R}_x, \overline{y}'_\mathrm{p} - \overline{R}_y)\,\mathrm{d}\overline{x}'_\mathrm{p}\,\mathrm{d}\overline{y}'_\mathrm{p}. \tag{4.447}$$

Der Integrand wird symmetrisch, wenn wir mittels

$$\overline{x}'_p \to \overline{x}'_p + \frac{\overline{R}_x}{2}, \quad \overline{y}'_p \to \overline{y}'_p + \frac{\overline{R}_y}{2}$$

neue Variable einführen. Die Normierung erfordert, daß

$$D(0,0) = \iint_{-\infty}^{\infty} |P(\overline{x}'_p, \overline{y}'_p)|^2 d\overline{x}'_p d\overline{y}'_p = 1 \qquad (4.448)$$

wird. Damit ergibt sich (ÜG Überdeckungsgebiet)

$$D(\overline{R}_x, \overline{R}_y) = \frac{\iint_{\text{ÜG}} P\left(\overline{x}'_p + \frac{\overline{R}_x}{2}, \overline{y}'_p + \frac{\overline{R}_y}{2}\right) P^*\left(\overline{x}'_p - \frac{\overline{R}_x}{2}, \overline{y}'_p - \frac{\overline{R}_y}{2}\right) d\overline{x}'_p d\overline{y}'_p}{\iint_{\text{AP}} |P(\overline{x}'_p, \overline{y}'_p)|^2 d\overline{x}'_p d\overline{y}'_p}. \qquad (4.449)$$

Der Integrand des Zählers ist nur in dem Gebiet von 0 verschieden, in dem sich die zueinander um $\overline{R}_x$ bzw. $\overline{R}_y$ verschobenen Pupillen überdecken (Abb. 4.197).

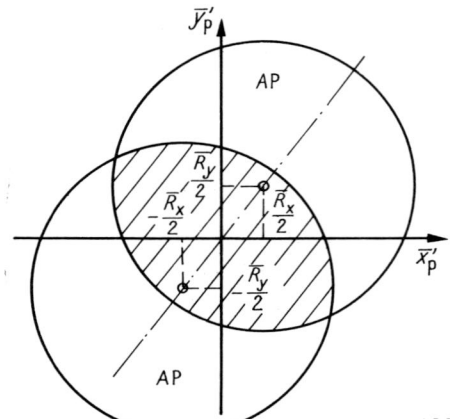

Abb. 4.197 Integrationsgebiet des Duffieux-Integrals

Bezeichnen wir die Wellenaberrationsdifferenzfunktion mit

$$\Delta l = l\left(\overline{x}'_p + \frac{\overline{R}_x}{2}, \overline{y}'_p + \frac{\overline{R}_y}{2}\right) - l\left(\overline{x}'_p - \frac{\overline{R}_x}{2}, \overline{y}'_p - \frac{\overline{R}_y}{2}\right) \qquad (4.450)$$

und setzen wir in der Pupillenfunktion (innerhalb der Pupille) $P(\overline{x}'_p, \overline{y}'_p, l) = A(\overline{x}'_p, \overline{y}'_p) \cdot e^{-2\pi j l/\lambda}$ den Betrag der Amplitude A als konstant an, dann gilt

$$D(\overline{R}_x, \overline{R}_y) = \frac{\iint_{\text{ÜG}} e^{-\frac{2\pi j \Delta l}{\lambda}} d\overline{x}'_p d\overline{y}'_p}{\iint_{\text{AP}} d\overline{x}'_p d\overline{y}'_p}. \qquad (4.451)$$

Für ein aberrationsfreies optisches System mit $\Delta l = 0$ folgt also die optische Übertragungsfunktion aus der Fläche des Kreiszweiecks, das das Überdeckungsgebiet der Pupillen bildet.

4.4 Wellenoptisch abbildende Funktionselemente

Ausrechnen der Fläche für die eindimensionale Verschiebung ergibt die beugungsbedingte optische Übertragungsfunktion

$$D(\overline{R}) = \frac{2}{\pi}\left[\arccos\frac{\overline{R}}{2} - \frac{\overline{R}}{2}\sqrt{1-\left(\frac{\overline{R}}{2}\right)^2}\right]. \tag{4.452}$$

Betrachten wir die Verschiebung der Pupillen in einer Koordinatenrichtung, dann ergibt sich die maximal übertragbare Ortsfrequenz, die Grenzfrequenz R_g, aus der maximal möglichen Verschiebung

$$\overline{R}_g = (2\overline{x}'_p)_{\text{Max}}. \tag{4.453}$$

Wegen $\overline{x}'_{p\text{Max}} = 1$ gilt $\overline{R}_g = 2$. Mit $\overline{R}_g$ nach Gl. (4.417) bzw. Gl. (4.418) folgt daraus

$$R_g = \frac{2\rho'_p}{\lambda p'} \quad \text{bzw.} \quad R_g = \frac{2u'}{\lambda} \quad \text{oder} \quad R_g = \frac{1}{\lambda k}. \tag{4.454}$$

Bei einem beugungsbegrenzten Fotoobjektiv ist also das Auflösungsvermögen für $T(R) = 0$

$$\frac{1}{R_g} = \lambda k. \tag{4.455}$$

Für $T(R) = 0,1$ ist die auflösbare Ortsfrequenz bei einem konkreten Fotoobjektiv als Funktion der Blendenzahl in Abb. 4.193 eingetragen.

4.4.6 Inkohärente Ortsfrequenzfilterung

Wir setzen die inkohärente Abbildung des Objekts und ein optisches System mit einer einstufigen Abbildung voraus. Das optische System erzeugt in der Austrittspupille eine Verteilung der komplexen Amplitude, die durch die Pupillenfunktion Gl. (4.380) beschrieben wird.

Die begrenzte numerische Apertur, die sich im endlichen Durchmesser der Austrittspupille ausdrückt, stellt einen Eingriff in die bildseitige Lichtwelle dar. Bei einem beugungsbegrenzten optischen System mit völlig durchlässiger Austrittspupille ist die Wellenaberration l identisch 0 und der Betrag der Amplitude A konstant, so daß der Eingriff nur außerhalb der Austrittspupille vorliegt. Dadurch wird das Auflösungsvermögen festgelegt. In der Sprechweise der Übertragungtheorie können wir das auch so ausdrücken, daß der Eingriff in der Pupillenebene das übertragene Ortsfrequenzspektrum begrenzt. Die oberhalb der Grenzfrequenz R_g liegenden Ortsfrequenzen werden durch den Eingriff herausgefiltert (Abb. 4.198). In Abb. 4.198 wird angenommen, daß der erforderliche Mindestkontrast $K' = 0,1$ beträgt.

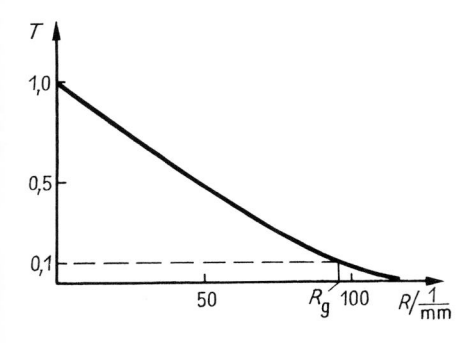

Abb. 4.198 Ortsfrequenzfilterung durch Beugungsbegrenzung

Abbildungsfehler können Wellenaberrationen $l(\overline{x}'_p, \overline{y}'_p)$ mit sich bringen, die eine zusätzliche Frequenzfilterung bewirken. Die Wellenaberrationen setzen im allgemeinen die Grenzfrequenz herab und ändern die Übertragungswerte der übertragenen Ortsfrequenzen (Abb. 4.199).

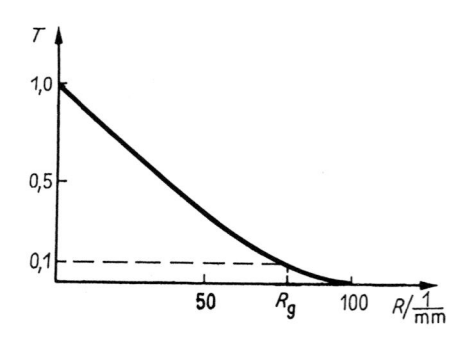

Abb. 4.199 Ortsfrequenzfilterung durch Beugung und Abbildungsfehler

Es muß nun allgemein möglich sein, das übertragene Ortsfrequenzspektrum und damit das Bild mittels eines Eingriffs in der Pupillenebene zu beeinflussen. Dafür gilt:

> Ortsfrequenzfilterung stellt einen Eingriff in die Lichtwelle dar, der die Pupillenfunktion so abwandelt, daß das übertragene Ortfrequenzspektrum verändert wird. Durch die Ortsfrequenzfilterung können Objekteigenschaften im Bild unterdrückt, abgeschwächt oder hervorgehoben werden.

In den Gleichungen, die die Pupillenfunktion enthalten, wird der Einfluß eines Ortsfrequenzfilters erfaßt, wenn der Übergang

$$P(\overline{x}'_p, \overline{y}'_p) \rightarrow P(\overline{x}'_p, \overline{y}'_p) P_F(\overline{x}'_p, \overline{y}'_p) \tag{4.456}$$

vorgenommen wird. Darin ist $P_F(\overline{x}'_p, \overline{y}'_p)$ die Filterfunktion. Wir erläutern noch einige konkrete Beispiele.

Ringförmige Pupille. Eine Zentralabschattung in der Austrittspupille, wie sie z. B. bei Spiegelsystemen vorkommen kann, führt auf die Pupillenfunktion (Abb. 4.200)

$$P_F(\overline{x}'_p, \overline{y}'_p) = \begin{cases} 0 & \text{innerhalb} \\ 1 & \text{außerhalb} \end{cases} \text{des Abschattungsgebietes.}$$

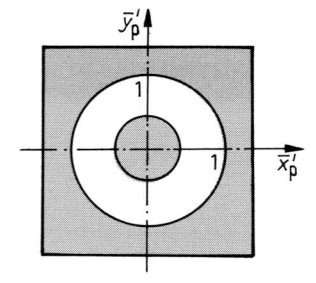

Abb. 4.200 Zentralabschattung

4.4 Wellenoptisch abbildende Funktionselemente

Die gesamte Pupillenfunktion lautet:

$$P(\bar{x}'_p, \bar{y}'_p) = \begin{cases} 0 & \text{innerhalb des Abschattungsgebietes,} \\ 1 & \text{im ringförmigen Durchlässigkeitsgebiet,} \\ 0 & \text{außerhalb der Austrittspupille.} \end{cases}$$

Die Punktbildfunktion eines beugungsbegrenzten optischen Systems nach Gl. (4.376) wird abgewandelt. Sie läßt sich aus Gl. (4.382) berechnen, indem die neue Pupillenfunktion eingesetzt wird. Das Ausrechnen des Integrals (4.382) ergibt

$$G(r') = 4 \left[\frac{\rho_{p_1} \frac{J_1(v_1)}{v_1} - \rho_{p_2} \frac{J_1(v_2)}{v_2}}{\rho_{p_1}^2 - \rho_{p_2}^2} \right]^2 \tag{4.457}$$

mit

$$v_1 = \frac{2\pi \rho_{p_1} r'}{\lambda f'} \quad \text{und} \quad v_2 = \frac{2\pi \rho_{p_2} r'}{\lambda f'}. \tag{4.458}$$

Der Radius der ersten Nullstelle von $G(r')$ ist kleiner als im abschattungsfreien Fall (Abb. 4.201; hier wurde $\rho_{p_1} = 2\rho_{p_2}$ angenommen, wobei für die erste Nullstelle $r'/f' = \lambda/(2\rho_{p_1})$ gilt).

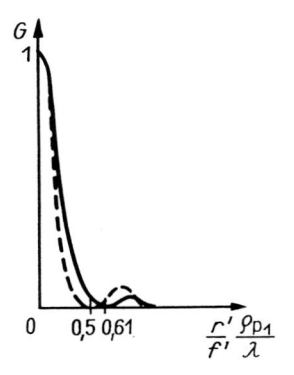

Abb. 4.201 Punktbildfunktion bei Zentralabschattung (gestrichelt)

Der Eingriff "Zentralabschattung" verbessert das Auflösungsvermögen. Dafür wird der Kontrast bei mittleren Ortsfrequenzen herabgesetzt (Abb. 4.202).

Schmidt-Platte. Die Schmidt-Platte wird bei Fernrohren mit sphärischem Hauptspiegel verwendet, um den Öffnungsfehler zu kompensieren. Sie stellt eine Glasplatte mit sphärischer Oberfläche dar (Abb. 4.203). Im geometrisch-optischen Modell bricht die Schmidt-Platte das Licht so, daß die Schnittweite der inneren Strahlen verkürzt, die der äußeren Strahlen verlängert wird.

Abb. 4.202 Modulationsübertragungsfunktion bei Zentralabschattung

Abb. 4.203 Schmidt-Platte als Phasenfilter

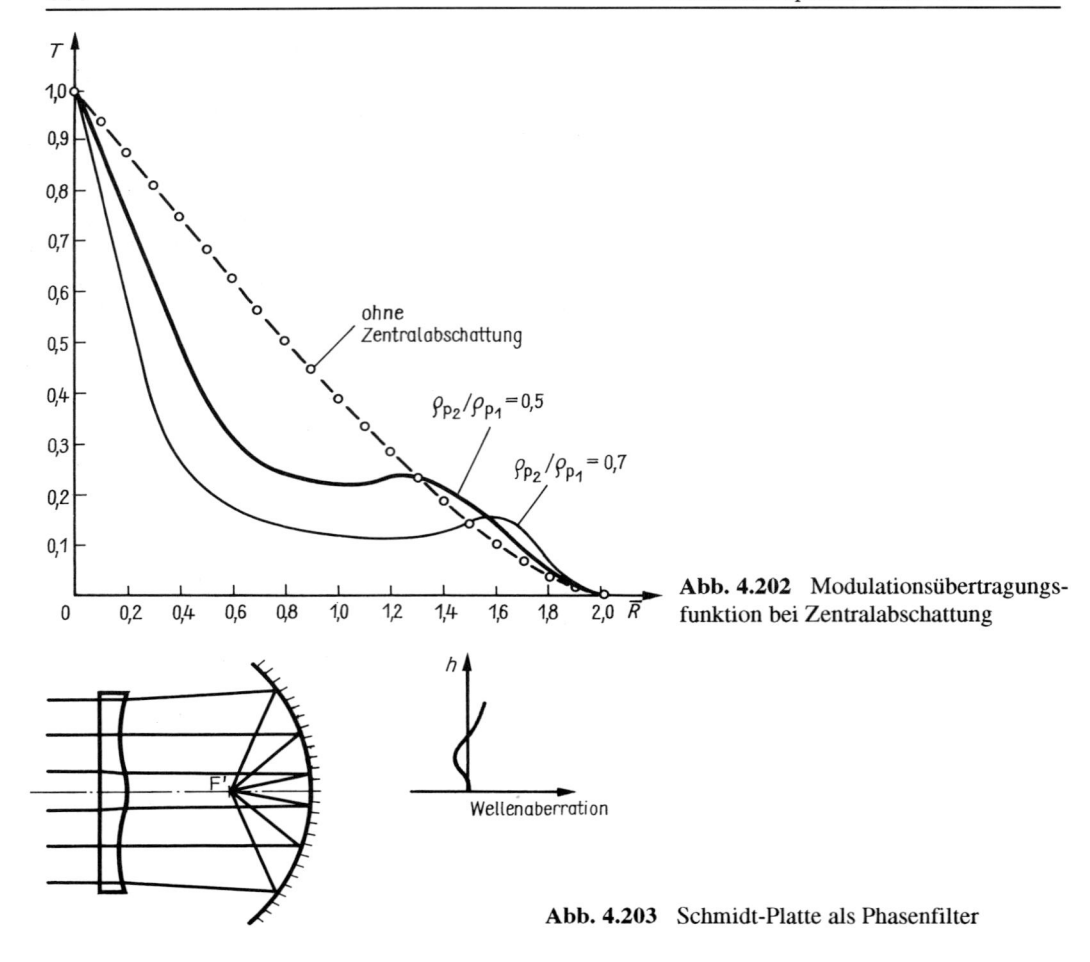

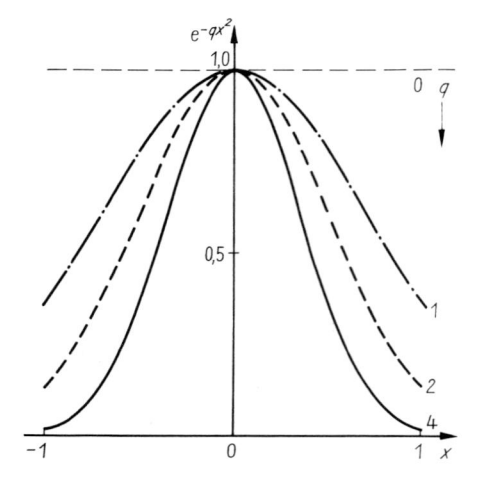

Abb. 4.204 Apodisationsfilter mit gaußförmiger Filterfunktion

4.4 Wellenoptisch abbildende Funktionselemente

Im wellenoptischen Modell ist die Schmidt-Platte als ein Ortsfrequenzfilter aufzufassen, der die Phase des Lichtes infolge unterschiedlicher optischer Lichtwege als Funktion des Radius in der Austrittspupille ändert. Die Übertragungswerte werden so angehoben, daß nahezu die beugungsbegrenzte Modulationsübertragungsfunktion entsteht.

Apodisation. Mit einem Frequenzfilter, der den Betrag der komplexen Amplitude radial in der Austrittspupille ändert, lassen sich die Nebenmaxima der Punktbildfunktion ebenfalls beeinflussen. Ausgezeichnet sind gaußförmige Filterfunktionen (Abb. 4.204)

$$P_\mathrm{F}(\bar{x}'_\mathrm{p}, \bar{y}'_\mathrm{p}) = A_0 \mathrm{e}^{-m(\bar{r}'_\mathrm{p} u')^2}, \quad 0 \le \bar{r}'_\mathrm{p} \le 1 \tag{4.459}$$

($\bar{r}'_\mathrm{p} = r'_\mathrm{p}/\rho'_\mathrm{p}$; u' halber bildseitiger Öffnungswinkel). Für $mu'^2 = 4$ verschwinden die Nebenmaxima der Punktbildfunktion (Abb. 4.205a). Davon kommt der Begriff "Apodisation", der "Fußlosigkeit" bedeutet. Damit kann der Kontrast im Bereich mittlerer Ortsfrequenzen geringfügig angehoben werden (Abb. 4.205b).

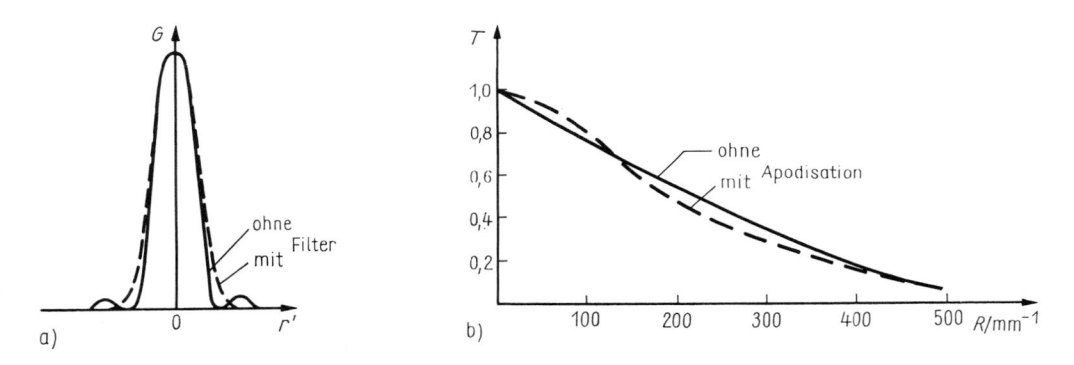

Abb. 4.205 Punktbildfunktion (a) und Modulationsübertragungsfunktion (b) bei Apodisation

Tiefpaßfilter. Ein Filter, der eine größere Anzahl kleiner Bereiche enthält, die einen optischen Wegunterschied von $\lambda/2$ hervorrufen, wirkt als Tiefpaß (Abb. 4.206a); die niedrigen Ortsfrequenzen werden hindurchgelassen, die hohen Ortsfrequenzen werden unterdrückt (Abb. 4.206b). Mit einem Tiefpaßfilter gelingt es, z. B. bei der Reproduktion einer gerasterten Fotografie, die Rasterung zu unterdrücken (Abb. 4.207).

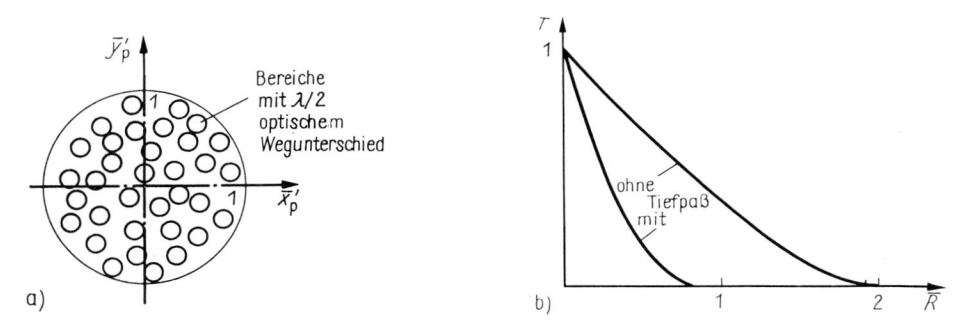

Abb. 4.206 a) Tiefpaß, b) Wirkung des Tiefpasses auf die Modulationsübertragungsfunktion

Abb. 4.207 Reproduktion eines gedruckten Bildes a) ohne, b) mit Tiefpaßfilter

4.4.7 Zonenplatte

Die Zonenplatte stellt ein abbildendes optisches Funktionselement dar, das ausschließlich auf der Fresnelschen Beugung beruht. Wir gehen zunächst von einer kreisförmigen Öffnung aus, die durch eine punktförmige Quelle beleuchtet wird (Abb. 4.208). An der Öffnung wird das Licht gebeugt. Das von der Quelle A aus über den Punkt P zu einem hinter der Öffnung liegenden Achsenpunkt A′ gebeugte Licht hat gegenüber dem längs der Achse verlaufenden Licht die optische Wegdifferenz

$$\Delta L = -l + l' - (-l_0 + l'_0) = -l + l_0 + l' - l'_0. \tag{4.460}$$

Nach dem Pythagoreischen Lehrsatz ist

$$l = l_0\sqrt{1 + \frac{\rho^2}{l_0^2}}, \quad l' = l'_0\sqrt{1 + \frac{\rho^2}{l'^2_0}}.$$

Durch Reihenentwicklung erhalten wir unter der Voraussetzung $\rho^2 \ll l_0^2$ und $\rho^2 \ll l'^2_0$

$$l - l_0 = \frac{1}{2}\frac{\rho^2}{l_0}, \quad l' - l'_0 = \frac{1}{2}\frac{\rho^2}{l'_0}. \tag{4.461}$$

Nach Gl. (4.460) gilt also

$$\Delta L = \frac{\rho^2}{2}\left(\frac{1}{l'_0} - \frac{1}{l_0}\right) \quad \text{bzw.} \quad \Delta\delta = \frac{\pi\rho^2}{\lambda}\left(\frac{1}{l'_0} - \frac{1}{l_0}\right).$$

Wir setzen $1/l'_0 - 1/l_0 = 1/f'$, so daß

$$\Delta L = \frac{\rho^2}{2f'} \tag{4.462}$$

bzw.

$$\Delta\delta = \frac{\pi\rho^2}{\lambda f'} \qquad (4.463)$$

wird. Die komplexe Amplitude der in A′ interferierenden Teilwellen beträgt bei angenähert konstantem Amplitudenbetrag über die Öffnung hinweg ($-l_0 + l'_0 = r_0$ gesetzt)

$$a_\rho = \frac{A}{r_0} e^{\frac{j\pi\rho^2}{\lambda f'}}. \qquad (4.464)$$

Die gesamte komplexe Amplitude erhalten wir durch Integration über die Öffnung:

$$a_\rho = \frac{A}{r_0} \int_0^{\rho_m} \int_0^{2\pi} e^{\frac{j\pi\rho^2}{\lambda f'}} \rho \, d\rho \, d\varphi. \qquad (4.465)$$

Die Integration über $d\varphi$ ergibt 2π. Zur Integration über $d\rho$ führen wir die Variable

$$x = \frac{\pi\rho^2}{\lambda f'} \qquad (4.466)$$

ein. Dann ist

$$\rho \, d\rho = \frac{\lambda f'}{2\pi} dx, \qquad (4.467)$$

$$0 \le x \le \frac{\pi\rho_m^2}{\lambda f'}. \qquad (4.468)$$

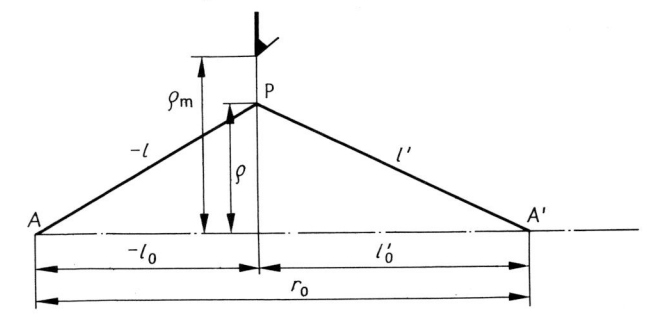

Abb. 4.208 Zur Fresnelschen Beugung an einer kreisförmigen Öffnung

Die Integration ergibt

$$a = \frac{A\lambda f'}{jr_0}\left(e^{\frac{j\pi\rho_m^2}{\lambda f'}} - 1\right). \qquad (4.469)$$

Wir nehmen an, daß für den Rand der Öffnung die optische Wegdifferenz genau ein m-faches von $\lambda/2$ ist. Nach Gl. (4.462) gilt dann $\rho_m^2 = m\lambda f'$. Wegen

$$e^{jm\pi} = \begin{cases} 1 & (m \text{ gerade}), \\ -1 & (m \text{ ungerade}) \end{cases} \qquad (4.470)$$

ist

$$a = \begin{cases} 0 & (m \text{ gerade}) \\ -\frac{2A\lambda f'}{jr_0} & (m \text{ ungerade}). \end{cases} \qquad (4.471)$$

Die Kreisringe, in denen sich jeweils die optische Weglänge radial um $\lambda/2$ ändert, nennen wir **Fresnelsche Zonen**. Wir erhalten die für zwei feste Punkte A und A' gültige Aussage:

> Hat die Öffnung eine gerade Anzahl an Fresnelschen Zonen, dann ist die Intensität im Punkt A' gleich 0. Bei einer ungeraden Anzahl an Fresnelschen Zonen hat die Intensität im Punkt A' ein Maximum.

Wir verifizieren das Ergebnis, indem wir die Integration über die einzelnen Fresnelschen Zonen erstrecken. Gleichung (4.465) formen wir um in ($\rho = \sqrt{k\lambda f'}$ bedeutet $x = k\pi$)

$$a = \frac{\lambda f' A}{r_0} \left\{ \int_0^\pi e^{jx} dx + \int_\pi^{2\pi} e^{jx} dx + \cdots + \int_{(k-1)\pi}^{k\pi} e^{jx} dx + \cdots + \int_{(m-1)\pi}^{m\pi} e^{jx} dx \right\}. \quad (4.472)$$

Es ist

$$\int_{(k-1)\pi}^{\pi k} e^{jx} dx = \frac{1}{j}\left[e^{jk\pi} - e^{j(k-1)\pi}\right] = \begin{cases} \dfrac{2}{j} & (k \text{ gerade}) \\ -\dfrac{2}{j} & (k \text{ ungerade}). \end{cases} \quad \begin{array}{r}(4.473\text{a})\\ (4.473\text{b})\end{array}$$

Daraus folgt

$$a = \frac{2A\lambda f'}{jr_0}(-1+1-1+\cdots\pm 1) = \frac{2A\lambda f'}{jr_0} \sum_{k=1}^m (-1)^k, \quad (4.474)$$

woraus sich wieder die Aussage der Gl. (4.471) ergibt.

Fresnel-Zahl. Wir setzen für den Radius der Öffnung, der nicht gerade ein Vielfaches von $\lambda/2$ ist,

$$\rho_m = \sqrt{N\lambda f'}. \quad (4.475)$$

Die Größe N heißt Fresnel-Zahl.

Für $N < 1$ enthält die Öffnung keine Fresnelsche Zone. Wegen

$$\frac{\rho_m^2}{\lambda f'} < 1 \quad \text{bzw.} \quad \frac{\rho_m^2}{\lambda}\left(\frac{1}{l_0'} - \frac{1}{l_0}\right) < 1$$

tritt dieser Fall für Abstände l_0' und l_0 ein, die sehr groß gegenüber dem Radius der Öffnung sind. Es liegt dann die Näherung der Fraunhoferschen Beugung vor.

Für $N > 1$ sind die Abstände l_0' und l_0 nicht groß gegenüber dem Radius der Öffnung. Es handelt sich um Fresnelsche Beugung.

Für $N \gg 1$, aber $|l_0'| \gg \lambda$, $|l_0| \gg \lambda$, muß der Radius der Öffnung so groß sein, daß die geometrisch-optische Näherung anwendbar ist. Man kann annehmen, daß dazu die Fresnel-Zahl mindestens in der Größenordnung von 50 liegen muß. (Bei $l_0 = -l_0' = 1000$ mm, $\lambda = 500$ nm ist $\rho_m = 3{,}5$ mm für $N = 50$.) Bei 101 Zonen ist die Intensität in den Maxima nur noch 1,2% derjenigen für 11 Zonen.

Bei der Fresnel-Zahl für Laserresonatoren gemäß Gl. (2.196) wurde berücksichtigt, daß bei der Brechzahl $n = 1$ im betrachteten Gebiet die Fresnel-Zahl wegen Gl. (4.460) durch n zu dividieren ist.

4.4 Wellenoptisch abbildende Funktionselemente

Zonenplatte. Aus Gl. (4.474) ist ersichtlich, daß sich die Amplitudenteile benachbarter Zonen gegenseitig aufheben, so daß auch bei einer ungeraden Anzahl an Zonen nur eine kleine Lichtintensität in A' vorhanden ist. Sie ist gerade so groß, wie sie auch bereits bei einer Öffnung auftreten würde, die den Durchmesser der innersten Zone hätte.

Wir schwärzen nun jede zweite Zone, um deren Wirkung auf die Amplitude im Punkt A' aufzuheben. Dadurch beträgt die komplexe Amplitude für ungerade m

$$a = -\frac{(m+1)\lambda f' A}{jr_0}. \tag{4.476}$$

Die Intensität ist proportional zu

$$aa^* = \left[\frac{(m+1)\lambda f' A}{r_0}\right]^2. \tag{4.477}$$

Gegenüber der Öffnung, die völlig transparent ist, ergibt sich mit 19 Zonen die 100fache Intensität (4 : 400).

Die Zonenplatte wirkt wie eine Linse mit der Brennweite f'. Diese folgt aus dem Radius ρ_m der Zonenplatte, wenn in der Gl. (4.462) $(\Delta L)_{\text{Max}} = \rho_m^2/2f' = m\lambda/2$ gesetzt wird, zu

$$f' = \frac{\rho_m^2}{m\lambda} \quad (m \text{ ungerade}). \tag{4.478}$$

Damit ist

$$\frac{1}{l_0'} - \frac{1}{l_0} = \frac{1}{f'} \tag{4.479}$$

als Abbildungsgleichung anzusehen. Wegen Gl. (4.478) hat die Zonenplatte mehrere Brennpunkte und damit auch Bildpunkte.

Der Nachteil einer Mehrzahl an Bildpunkten läßt sich vermeiden, wenn die Zonenplatte stetig verlaufendes Durchlässigkeitsprofil hat. So erhält man für

$$a_\rho = \frac{A}{r_0} \cos\frac{\pi\rho^2}{\lambda f'} \cdot e^{\frac{j\pi\rho^2}{\lambda f'}} \tag{4.480}$$

nur zwei Bildpunkte (negative a_ρ bedeuten einen Phasenfaktor von π). Mit den Integralen

$$\int_{(k-1)\pi}^{k\pi} \cos x \cdot e^{jx} dx = \frac{\pi}{2} \tag{4.481}$$

wird die komplexe Amplitude

$$a = \frac{m\pi A\lambda f'}{2r_0}. \tag{4.482}$$

Bei 19 Zonen erhöht sich die Intensität gegenüber der "kastenförmigen" Zonenplatte ungefähr um den Faktor $30^2 : 20^2 = 2,25$.

In Abb. 4.209 sind die Konstruktion der Fresnelschen Zonenplatte und die Transparenz der Zonenplatte nach der Funktion $\cos(\pi\rho^2/\lambda f')$ grafisch dargestellt.

Zonenplatten eignen sich vor allem zur Abbildung im Ultravioletten und im Bereich der Röntgenstrahlen. Neben den Problemen bei der Herstellung, vor allem für die kurzwelligen

Spektralbereiche, sind der Farbfehler, die Schwierigkeiten bei der Abbildung ausgedehnter Felder und die geringe Intensität des gebeugten Lichtes als gegenwärtige Hinderungsgründe für die umfangreichere Anwendung der Zonenplatten anzusehen.

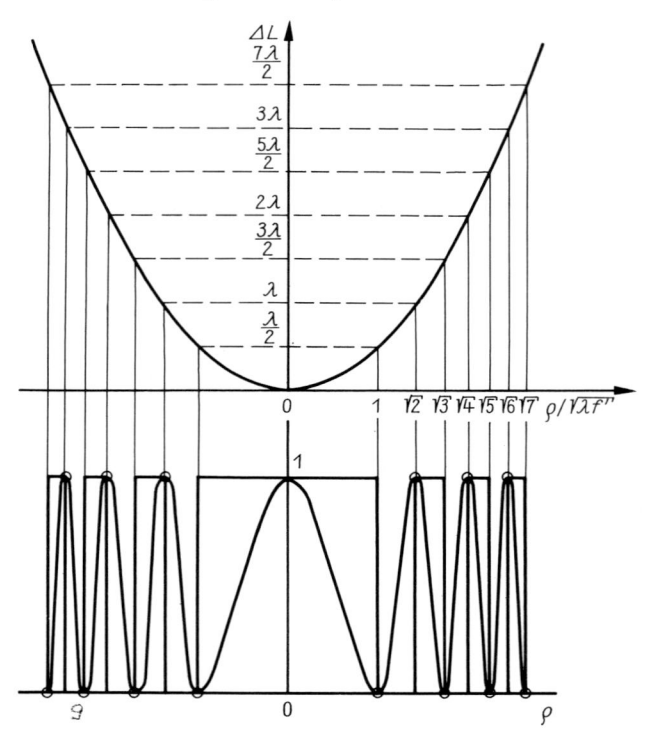

Abb. 4.209 Zur Konstrukion der Zonenplatte mit völlig undurchlässigen Kreisringen bzw. mit der kosinusförmigen Transparenzfunktion

4.4.8 Hologramme

Hologramme sind wellenoptisch abbildende Funktionselemente, die aus beugenden Strukturen bestehen. Der Unterschied zu den bisher behandelten beugenden Strukturen, z. B. den Zonenplatten, besteht lediglich darin, daß die Amplituden- und Phasenverteilung im Hologramm interferenzoptisch erzeugt und gespeichert wird (experimentelle Hologramme). Die Interferenz kann auch mathematisch modelliert werden. Wesentliche Eigenschaften des Wellenfeldes werden im Hologramm aufgezeichnet (synthetische Hologramme).

Den theoretisch einfachsten Fall stellen die holografischen Liniengitter dar, die heute bereits in Geräten verwendet werden. Auf eine ebene lichtempfindliche Schicht treffe eine ebene Welle senkrecht, eine zweite ebene Welle unter dem Winkel $\widehat{\alpha}_0$ auf (Abb. 4.210). Die Phasendifferenz an einer Stelle ξ der Schicht beträgt ($\alpha_0 = \cos \widehat{\alpha}_0$)

$$\Delta \delta = \frac{2\pi}{\lambda} \xi \alpha_0. \tag{4.483}$$

4.4 Wellenoptisch abbildende Funktionselemente

Die beiden Wellen sollen kohärent zueinander sein, sie interferieren also miteinander. Die senkrecht zur Einfallsebene schwingenden Wellen ergeben nach Gl. (2.120a) die Intensität (es ist für die dort verwendeten Winkel $\alpha = 90° - \hat{\alpha}_0$, $\beta = \hat{\alpha}_0/2 + 45°$ und $\delta_{12} = 0$ zu setzen)

$$I_s = I_1 + I_2 + 2\sqrt{I_1 I_2} \cos \frac{2\pi \xi \alpha_0}{\lambda}, \tag{4.484}$$

während die parallel zur Einfallsebene schwingenden Wellen nach Gl. (2.120b) die Intensität

$$I_p = I_1 + I_2 + 2\sqrt{I_1 I_2} \sin \hat{\alpha}_0 \cdot \cos \frac{2\pi \xi \alpha_0}{\lambda}$$

ergeben. Es entsteht eine kosinusförmige Intensitätsverteilung mit der Gitterkonstanten $g = \lambda/\alpha_0$. Das entspricht der Ortsfrequenz $R = \alpha_0/\lambda$ (bei $\hat{\alpha}_0 = 60°$ ist $\alpha_0 = 0,5$, und mit $\lambda = 480$ nm ist $g = 0,96 \,\mu$m, $R = 1042$ mm^{-1}; es sind also hochauflösende Aufzeichnungsschichten erforderlich).

Nur die senkrecht schwingenden Wellen ergeben bei $I_1 = I_2$ den Kontrast 1 im Interferenzbild. Die parallel schwingenden Wellen erzeugen den Kontrast

$$\sin \hat{\alpha}_0 = \sqrt{1 - \alpha_0^2},$$

der bei $\hat{\alpha}_0 = 90°$ gleich 1 ist und bei $\hat{\alpha}_0 = 53,13°$ auf 0,8 absinkt. Wir vernachlässigen diesen Einfluß.

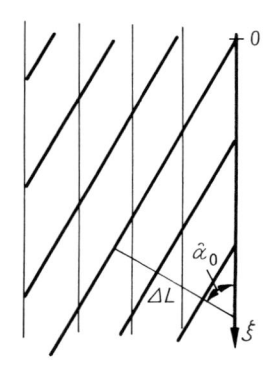

Abb. 4.210 Zur Erzeugung des holografischen Gitters

Wir nehmen nun an, daß die lichtempfindliche Schicht in dem Sinne linear ist, daß ihre Amplitudentransparenz der Intensität proportional ist, und setzen $I_1 = I_2$ an. Die Strukturfunktion des entstehenden Liniengitters lautet

$$f(\xi) = \frac{1}{2}\left(1 + \cos \frac{2\pi \xi \alpha_0}{\lambda}\right)$$

oder mit der Variablen κ nach Gl. (2.317)

$$f(\kappa) = \frac{1}{2}(1 + \cos 2\pi \kappa). \tag{4.485}$$

Wir können die schräg einfallende Welle als Signalwelle ansehen, deren Richtung die Information darstellt, die registriert werden soll. Sie drückt sich in der Phasenverteilung auf der registrierenden Schicht aus. Die lichtempfindlichen Schichten sind aber sogenannte quadratische Empfänger, d. h., die Anzeige ist nur vom Absolutquadrat der komplexen Amplitude abhängig. Deshalb würde ohne die senkrecht auftreffende Welle, die wir Referenzwelle nennen, eine gleichmäßige Intensitätsverteilung registriert ($a_2 a_2^*$).

Die Hologramme zeichnen sich also dadurch aus, daß Betrag und Phase der komplexen Amplitudenverteilung eines Wellenfeldes registriert werden.

Wir lassen eine ebene Welle mit der Wellenlänge λ' unter dem Winkel $\tilde{\alpha}_0'$ auf das Hologramm auftreffen. Die komplexen Amplituden in der Beugungsordnung ergeben sich nach Gl. (2.338) und Gl. (2.339) zu

$$a_0 = \frac{1}{2} \int_0^1 (1 + \cos 2\pi\kappa) d\kappa = \frac{1}{2}$$

und mit $\cos 2\pi\kappa = 0{,}5 [\exp(2\pi j \kappa) + \exp(-2\pi j \kappa)]$

$$a_m = \frac{1}{2} \int_0^1 e^{2\pi j m \kappa} d\kappa + \frac{1}{4} \int_0^1 e^{2\pi j (m+1)\kappa} d\kappa + \frac{1}{4} \int_0^1 e^{2\pi j (m-1)\kappa} d\kappa.$$

Daraus folgt

$$a_m a_m^* = \begin{cases} \dfrac{1}{4} & \text{für } m = 0, \\ \dfrac{1}{16} & \text{für } m = \pm 1, \\ 0 & \text{für } |m| > 1. \end{cases} \quad (4.486)$$

Es entsteht die nullte Ordnung, die in der Richtung $\alpha = \alpha_0'$ liegt. Für die Richtungen der beiden anderen Beugungsordnungen gilt

$$\alpha - \alpha_0' = \pm \frac{\lambda'}{g} = \pm \frac{\lambda'}{\lambda} \alpha_0. \qquad (4.487)$$

Mit einer ebenen Rekonstruktionswelle, bei der $\alpha_0' = 0$ und $\lambda' = \lambda$ ist, erhalten wir

$$\alpha = \pm \alpha_0.$$

Die Signalwelle ($\alpha = \alpha_0$) und die dazu konjugierte Welle ($\alpha = -\alpha_0$) werden also rekonstruiert (Abb. 4.211a).

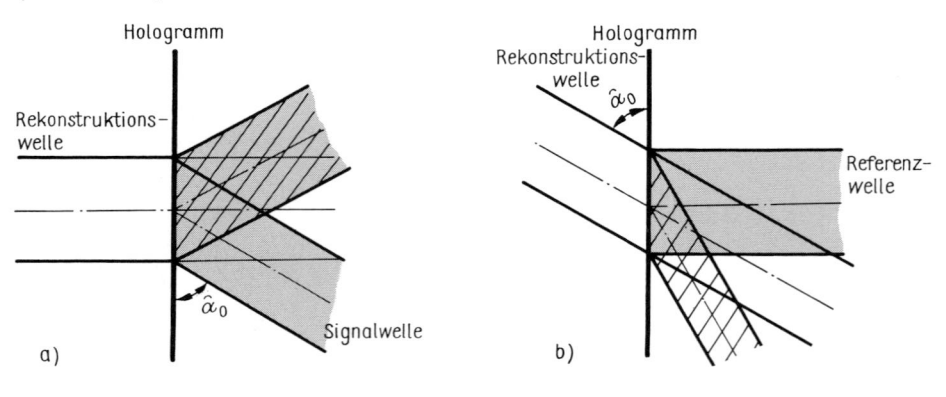

Abb. 4.211 a) Rekonstruktion der Signalwelle mit der Referenzwelle, b) Rekonstruktion der Referenzwelle mit der Signalwelle

4.4 Wellenoptisch abbildende Funktionselemente

Die Intensität in den Beugungsordnungen ist allerdings 1/16 der einfallenden Intensität. Man spricht davon, daß die Beugungseffektivität $1/16 = 0,0625$ ist. Sie kann erhöht werden, wenn statt des Amplitudenhologramms ein Phasenhologramm verwendet wird. Dieses entsteht z. B., indem durch Bleichvorgänge die ursprüngliche Amplitudenstruktur in eine Phasenstruktur umgewandelt wird.

Mit einer ebenen Rekonstruktionswelle, für die $\alpha_0' = \alpha_0$ und $\lambda' = \lambda$ gilt, ist

$$\alpha = \pm \alpha_0 + \alpha_0 = 0 \quad \text{bzw.} \quad 2\alpha_0.$$

Die Referenzwelle und die dazu konjugierte Welle werden rekonstruiert (Abb. 4.211b). Die Rekonstruktion ist also komplementär, d.h., Einstrahlen der Referenzwelle ergibt die Signalwelle und umgekehrt.

Mit einer stetigen Variation der Rekonstruktionswellenlänge läßt sich die Richtung der gebeugten Welle stetig im Verhältnis λ'/λ variieren.

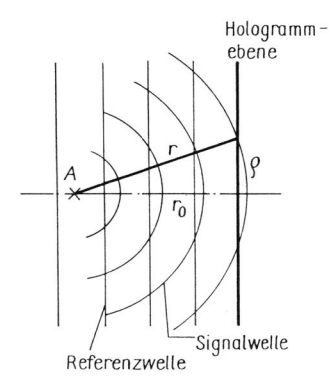

Abb. 4.212 Erzeugung des Hologramms eines Objektpunktes

In analoger Weise wie das Liniengitter läßt sich eine Zonenplatte holografisch erzeugen. Wir bringen zu diesem Zweck eine ebene Referenzwelle und eine Kugelwelle, die von einem Objektpunkt ausgeht, zur Interferenz (Abb. 4.212). Für den optischen Wegunterschied gilt

$$\Delta L = r - r_0 = \sqrt{\rho^2 + r_0^2} - r_0. \tag{4.488}$$

Für $\rho \ll |r_0|$ entsteht durch Reihenentwicklung

$$\Delta L = \frac{1}{2} \frac{\rho^2}{r_0} \quad \text{bzw.} \quad \Delta \delta = \frac{\pi \rho^2}{\lambda r_0}. \tag{4.489}$$

Die Intensität in der Hologrammebene ist proportional

$$aa^* = A_1^2 + \frac{A_2^2}{r_0^2} + \frac{2 A_1 A_2}{r_0} \cos \frac{\pi \rho^2}{\lambda r_0}. \tag{4.490}$$

Es entsteht die Radialabhängigkeit der Intensität wie in Abb. 4.210, aber die Maxima betragen $(aa^*)_{\text{Max}} = (A_1 + A_2/r_0)^2$, die Minima betragen $(aa^*)_{\text{Min}} = (A_1 - A_2/r_0)^2$. Der Kontrast der Zonenplatte, den wir auch Modulationsgrad nennen können, beträgt

$$K = \frac{2 A_1 A_2 r_0}{A_1^2 r_0^2 + A_2^2}. \tag{4.491}$$

Nur für $A_1 = A_2/r_0$ wird $K = 1$.

Es gelten dieselben Rekonstruktionsbedingungen wie beim Liniengitter. Es entsteht beim Einstrahlen der Referenzwelle ein reelles und ein virtuelles Bild des Objektpunktes. Wegen der Lage der beiden Bildpunkte auf einer Geraden, die senkrecht auf den Wellenflächen der Rekonstruktionswelle steht, spricht man von Geradeausholografie. Reelles und virtuelles Bild lassen sich trennen, wenn bei der Aufzeichnung die Referenzwelle schräg auf das Hologramm trifft (Abb. 4.213).

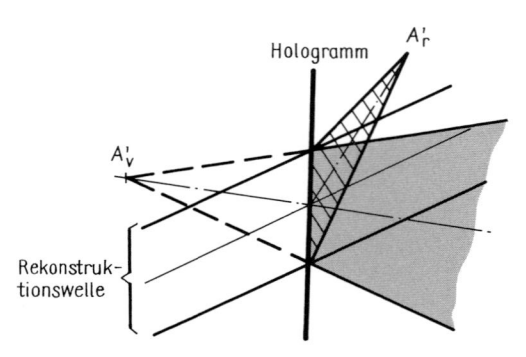

Abb. 4.213 Rekonstruktion eines Hologramms, bei dem mit einer schräg einfallenden Referenzwelle aufgenommen wurde

Bisher sind wir von der Aufzeichnung eines Objektpunktes ausgegangen. Da jedes Objekt als Gesamtheit von Objektpunkten aufgefaßt werden kann, lassen sich auch ausgedehnte Objekte holografisch abbilden. Bei der Aufzeichnung ist es notwendig, daß die Signal- und die Referenzwelle kohärent zueinander sind. Sie werden deshalb im allgemeinen durch Teilung eines Laserbündels erzeugt, mit dem die große Kohärenzlänge erreichbar ist (Abb. 4.214). Die Information über jedes Element des Objekts ist im gesamten Hologramm gespeichert, so daß auch mit Teilen des Hologramms die Rekonstruktion möglich ist (redundante Speicherung).

Für zeitlich periodische Wellen (große Kohärenzlänge) genügt es, mit den komplexen Amplituden zu rechnen. Die Signalwelle hat die komplexe Amplitude $a_S = A_S e^{j\delta_S}$, die Refe-

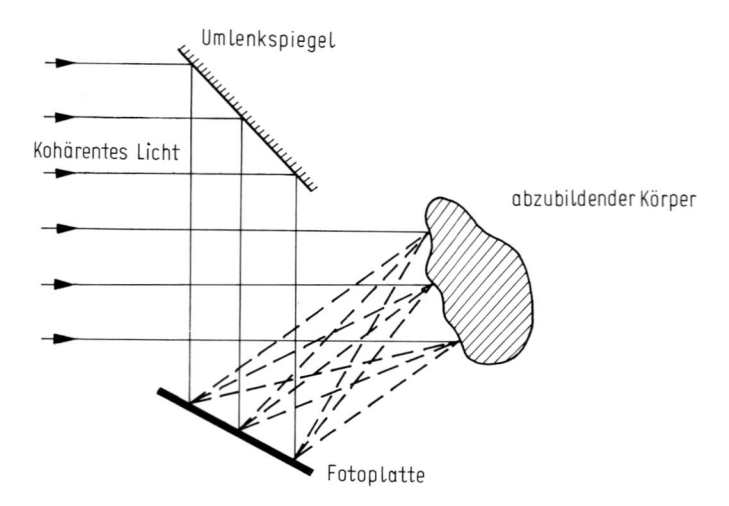

Abb. 4.214 Aufnahmebedingungen bei einem Hologramm von einem ausgedehnten Objekt

4.4 Wellenoptisch abbildende Funktionselemente

renzwelle die komplexe Amplitude $a_R = A_R e^{j\delta_R}$. Die Amplitudenbeträge und die Phasen sind ortsabhängig. Die Überlagerung in der Hologrammebene ergibt wegen der zeitlichen Kohärenz die komplexe Amplitude

$$a = a_R + a_S,$$

woraus sich bei einem quadratischen Empfänger (registriert den Mittelwert der Energiestromdichte), die der Intensität proportionale Größe $aa^* = (a_R + a_S)(a_R^* + a_S^*)$ bzw.

$$aa^* = a_R a_R^* + a_S a_S^* + a_R a_S^* + a_R^* a_S \tag{4.492}$$

ergibt. Das Ausrechnen der Produkte führt auf das bekannte Ergebnis

$$aa^* = A_R^2 + A_S^2 + 2 A_R A_S \cos(\delta_S - \delta_R).$$

Im Hologramm sind die Beträge der Amplituden und die Phasen gespeichert. Die Registrierung in einer fotografischen Schicht im linearen Bereich der Kennlinie führt auf die Amplitudentransparenz

$$\tau \sim aa^*.$$

Die Rekonstruktion mit der Referenzwelle ergibt zunächst die komplexe Amplitude hinter dem Hologramm

$$a_R \tau \sim a_R(a_R a_R^* + a_S a_S^*) + A_R^2 a_S^* + A_R^2 a_S$$

bzw.

$$a_R \tau \sim a_R(A_R^2 + A_S^2) + A_R^2 a_S^* + A_R^2 a_S. \tag{4.493}$$

Neben dem Störlicht (erster Summand) entstehen die Signalwelle (dritter Summand) und ihre konjugiert Komplexe (zweiter Summand).

Die Rekonstruktion mit der Signalwelle führt auf

$$a_S \tau \sim a_S(A_R^2 + A_S^2) + A_S^2 a_R + A_S^2 a_R^*. \tag{4.494}$$

Wir erhalten die Referenzwelle und ihre konjugiert Komplexe. Es besteht allgemein Reziprozität zwischen Signal- und Referenzwelle, analog zu den bereits beim holografischen Gitter festgestellten Bedingungen.

Die Klassifizierung der Hologramme kann nach verschiedenen Gesichtspunkten vorgenommen werden. Dazu gehören:

− Beeinflussung der komplexen Amplitude
  . Amplituden-Hologramm
  . Phasenhologramm
− geometrische Struktur des Trägers
  . Flächenhologramm (z. B. bei Gittern auch gekrümmt möglich)
  . Volumenhologramm (Beugung am Raumgitter)
− Entfernung vom Hologramm von Objekt bzw. Bild
  . Bildfeldhologramm (Objekt nahe)
  . Fraunhofer-Hologramm (Objekt weit entfernt)
  . Fourier-Hologramm (Objekt im Unendlichen, im Hologramm ist die Fourier-Transformierte der Objektfunktion registriert)

– Herstellungsverfahren
  . experimentelle Hologramme
  . synthetische Hologramme

Das rekonstruierte Bild ist dem Objekt räumlich ähnlich, wodurch die holografische Abbildung in weiten Bereichen ohne die Begrenzung durch die Schärfentiefe arbeitet. Das wird z. B. bei der Kombination von Holografie und Mikroskopie genutzt.

Auch für die Hologramme lassen sich analog wie für Zonenplatten Abbildungsgleichungen ableiten. Es ist auch eine Theorie der Abbildungsfehler ausgearbeitet worden.

Bei den synthetischen Hologrammen wird die komplexe Amplitude für das modellmäßig vorgegebene Objekt im Hologramm berechnet. Betrag und Phase sind in einer geeigneten Kodierung aufzuzeichnen. Es werden meistens binäre Hologramme verwendet. Ein Beispiel stellt die Zonenplatte dar, die die Information nur durch "helle" und "dunkle" Ringe geeigneter Breite und Lage gespeichert enthält.

Rotationssymmetrische synthetische Hologramme, die mit der Wellenaberration von optischen Flächen oder optischen Systemen moduliert sind, eignen sich als Korrektionselemente für die Abbildungsfehler (Ortsfrequenzfilter) und als Prüfnormal in Interferometern (z. B. bei der interferometrischen Asphärenprüfung).

Hologramm-Interferometrie. Besondere Bedeutung hat die Hologramm-Interferometrie erlangt. Mit dieser können zeitliche Zustandsänderungen eines Objekts registriert werden. Es gibt drei grundsätzliche Verfahren:

Doppelbelichtungstechnik. Das Objekt wird zu zwei Zeitpunkten belichtet, die Signalwelle aber im gleichen Hologramm registriert, d. h., beide Signalwellen überlagern sich vor der

Abb. 4.215 Rekonstruktion eines Doppelbelichtungshologramms vom elektronischen Feinzeiger MWA 4072 mit Meßständer. Veränderung der Gerätetemperatur zwischen den Belichtungen um 10 K
Zeit zwischen den Belichtungen: 10 Minuten
Lichtquelle: Rubin-Impulslaser

Entwicklung der holografischen Schicht. Bei der Rekonstruktion ist das Bild von Interferenzstreifen durchzogen, aus denen auf die Veränderung des Objekts zwischen den Belichtungszeitpunkten geschlossen werden kann (z. B. auf Deformationen, Abb. 4.215).

Zeit-Mittelungstechnik. Sie eignet sich zur Untersuchung der Eigenschwingungen von Körpern. Voraussetzung sind kleine Amplituden und weitgehend stationäre Lage der Schwingungsknoten und -bäuche, denn es wird der zeitliche Mittelwert des Interferenzanteils

$$2A_S A_R \cos(\delta_R - \delta_S)$$

aufgezeichnet. Die Schwärzungsverteilung im Hologramm zeigt die Lage der Schwingungsknoten an. Die Zeit-Mittelungstechnik eignet sich nicht zur Echtzeitmessung.

Echtzeittechnik. Langsam veränderliche Vorgänge lassen sich in Echtzeit verfolgen. Dazu wird vom Zustand zu einer bestimmten Zeit ein Hologramm erzeugt. Nach exakt genauer Positionierung des Hologramms an die gleiche Stelle wie bei der Aufnahme (oder Entwicklung ohne Entfernung vom Aufnahmeort) sind die Veränderungen des Objekts an den sich kontinuierlich verformenden Interferenzstreifen zu erkennen.

5 Nichtabbildende optische Funktionselemente

5.1 Lichtleitende Funktionselemente

5.1.1 Linsenfolgen

Ein lichtleitendes Funktionselement bündelt den Lichtstrom und leitet ihn über merkliche Strecken weiter, ohne daß damit primär eine optische Abbildung angestrebt wird.

Im Grunde genommen überträgt jedes optische System den Lichtstrom, aber zum Zweck der optischen Abbildung. Der Einfluß der geometrischen Verhältnisse des optischen Systems auf den übertragenen Lichtstrom wird durch den Lichtleitwert erfaßt. Dieser folgt für ein Flächenelement dq_1 der Quelle aus

$$dG = \pi A^2 \cos^4 w \cdot dq_1.$$

Auch optische Folgen, die nur den Lichtstrom leiten sollen, können abbildende Elemente enthalten. Im allgemeinen wird aber die Lichtquelle oder eine ausgeleuchtete Pupille ohne das Ziel der Informationsübertragung abgebildet. Das hat oftmals zur Folge, daß an die Bildgüte nicht so hohe Anforderungen gestellt werden.

So können z. B. die Beleuchtungssysteme in optischen Instrumenten durchweg als lichtleitende Funktionsgruppen betrachtet werden. Sie werden zweckmäßig im Zusammenhang mit dem gesamten optischen Instrument behandelt und in diesem Abschnitt ausgeklammert.

Eine Linsenfolge zur Lichtleitung läßt sich bis auf eventuelle Eingangs- und Ausgangselemente durch periodische Wiederholung einer Elementarzelle aus zwei Linsen bilden. In Matrixschreibweise stellen wir die Abbildung durch die Elementarzelle aus dünnen Linsen in der Gestalt

$$\begin{pmatrix}\sigma'\\h'\end{pmatrix} = \begin{pmatrix}1 & 0\\-e'_2 & 1\end{pmatrix}\begin{pmatrix}1 & F'_2\\0 & 1\end{pmatrix}\begin{pmatrix}1 & 0\\-e'_1 & 1\end{pmatrix}\begin{pmatrix}1 & F'_1\\0 & 1\end{pmatrix}\begin{pmatrix}1 & 0\\-e'_0 & 1\end{pmatrix}\begin{pmatrix}\sigma\\h\end{pmatrix} \quad (5.1)$$

dar (Abb. 5.1). Ausrechnen der Übertragungsmatrix ergibt mit

$$F'_1 + F'_2 - e'_1 F'_1 F'_2 = F' \quad \text{und} \quad e'_0 + e'_1 + e'_2 = L_{\text{opt}}$$

die Beziehung

$$\begin{pmatrix}\sigma'\\h'\end{pmatrix} = \begin{pmatrix}1-e'_0 F' - e'_1 F'_2 & F'\\-L_{\text{opt}} + e'_0 e'_2 F' + e'_1(e'_0 F'_1 + e'_2 F'_2) & 1 - e'_1 F'_1 - e'_2 F'\end{pmatrix}\begin{pmatrix}\sigma\\h\end{pmatrix}. \quad (5.2)$$

Eine stabile Lichtleitung ohne Lichtstromverluste über mehrere Elementarzellen ist gesichert, wenn sich das Bündel nicht ständig aufweitet und sich die leuchtende Fläche nicht ständig vergrößert (es tritt keine Randabschattung ein). Das ist z. B. gewährleistet, wenn sich die Übertragungsmatrix auf die Form

$$\begin{pmatrix}-1 & 0\\0 & -1\end{pmatrix} \quad (5.3)$$

5.1 Lichtleitende Funktionselemente

spezialisiert. Dann ist σ' nicht von h, h' nicht von σ abhängig, und es gilt

$$h' = -h, \quad \sigma' = -\sigma. \tag{5.4}$$

Der ebenfalls denkbare Fall, daß die Diagonalelemente die Werte +1 annehmen, führt bei Linsen zu keinem brauchbaren Ergebnis. Aus Gl. (5.2) und Gl. (5.3) folgt

$$F' = 0, \tag{5.5}$$

$$-L_{opt} + e_1'(e_0' F_1' + e_2' F_2') = 0, \tag{5.6}$$

$$1 - e_1' F_2' = -1, \tag{5.7}$$

$$1 - e_1' F_1' = -1. \tag{5.8}$$

Es muß also

$$e_1' = 2f_1' = 2f_2' \tag{5.9}$$

gelten. Damit die periodische Wiederholung möglich ist, muß $e_2' = 0$ sein. Aus Gl. (5.6) ergibt sich mit Gl. (5.9) und $L_{opt} = e_0' + e_1'$

$$e_0' = 2f_1'. \tag{5.10}$$

Zusammengefaßt gilt also

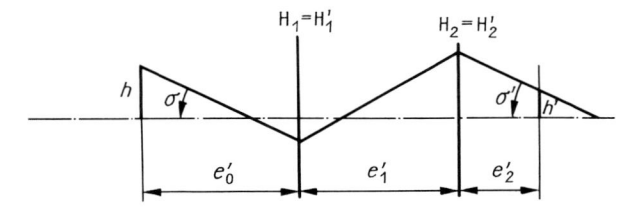

$$e_0' = e_1' = 2f_1', \quad f_2' = f_1', \quad e_2' = 0, \quad F' = 0.$$

Abb. 5.1 Elementarzellen aus zwei dünnen Linsen

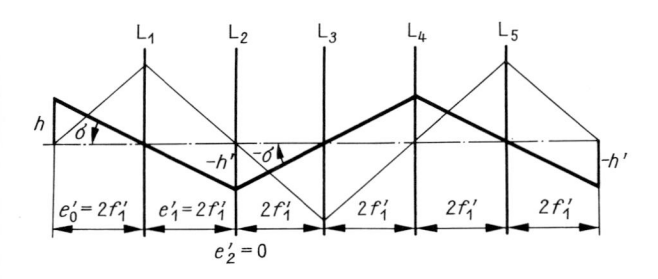

Abb. 5.2 Linsenfolge zur Lichtleitung

Abb. 5.2 zeigt anschaulich, daß die Folge aus Elementarzellen die Eigenschaft hat, sowohl das Lichtbündel ständig zu fokussieren als auch die Hauptstrahlen in einem Gebiet um die optische Achse zu führen. Die Anordnung entspricht einer Folge von abbildenden Linsen und Feldlinsen.

Ein Parallelbündel ist über eine Linse mit der Brennweite $f_0' = 2f_1'$ einzukoppeln. Entsprechend wäre durch eine Linse mit der Brennweite $f_n' = 2f_1'$ auszukoppeln, falls ein Parallelbündel benötigt wird.

Laserresonatoren. In 2.4.5 sind wir bereits auf den konfokalen Laserresonator eingegangen, der aus zwei Kugelspiegeln mit zusammenfallenden Brennpunkten besteht. Im Grundmodus bildet sich ein Gaußsches Bündel aus. Die im Resonator hin- und herlaufende Welle bildet eine stabile stehende Welle.

Resonatoren aus Kugelspiegeln (Abb. 5.3a) bilden ein Beispiel für die zweckmäßige Anwendung der Matrixdarstellung der optischen Abbildung. Wir denken uns den Resonator aus einer periodischen Folge von Elementarzellen aufgebaut. Jede Elementarzelle besteht aus einem Eingangselement und einem Ausgangselement, die jeweils die halbe Brechkraft des ersten Spiegels haben, und einem Zwischenelement mit der Brechkraft des zweiten Spiegels (Abb. 5.3b).

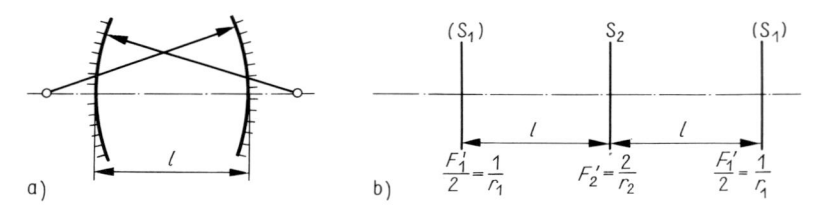

Abb. 5.3 Laserresonator aus Kugelspiegeln
a) Spiegelsystem, b) Elementarzelle

Für die aufgespaltete Spiegelfläche gilt entsprechend Gl. (4.148) mit $n = n' = 1$

$$\begin{pmatrix} \sigma' \\ h' \end{pmatrix} = \begin{pmatrix} 1 & F' \\ 0 & 1 \end{pmatrix} \begin{pmatrix} \sigma \\ h \end{pmatrix}. \tag{5.11}$$

Die Übertragungsmatrix lautet nach Gl. (4.150)

$$\begin{pmatrix} 1 & 0 \\ -e' & 1 \end{pmatrix}. \tag{5.12}$$

Für die Elementarzelle gemäß Abb. 5.3b ist mit $e' = l$

$$\begin{pmatrix} \sigma' \\ h' \end{pmatrix} = \begin{pmatrix} 1 & \dfrac{F_1'}{2} \\ 0 & 1 \end{pmatrix} \begin{pmatrix} 1 & 0 \\ -l & 1 \end{pmatrix} \begin{pmatrix} 1 & F_2' \\ 0 & 1 \end{pmatrix} \begin{pmatrix} 1 & 0 \\ -l & 1 \end{pmatrix} \begin{pmatrix} 1 & \dfrac{F_1'}{2} \\ 0 & 1 \end{pmatrix} \begin{pmatrix} \sigma \\ h \end{pmatrix}. \tag{5.13}$$

Das Ausrechnen des Matrizenprodukts ergibt

$$\begin{pmatrix} \sigma' \\ h' \end{pmatrix} = \begin{pmatrix} 2g_1 g_2 - 1 & -\dfrac{2}{l}(g_1 g_2 - 1) g_1 \\ -2g_2 l & 2g_1 g_2 - 1 \end{pmatrix} \begin{pmatrix} \sigma \\ h \end{pmatrix} \tag{5.14}$$

mit

$$g_1 = 1 - \frac{lF_1'}{2}, \quad g_2 = 1 - \frac{lF_2'}{2}$$

bzw.

$$g_1 = 1 - \frac{l}{r_1}, \quad g_2 = 1 - \frac{l}{r_2}. \tag{5.15a, b}$$

5.1 Lichtleitende Funktionselemente

Nach dem Theorem von Sylvester [6] ist

$$\begin{pmatrix} A & B \\ C & D \end{pmatrix}^n = \frac{1}{\sin\Theta} \begin{pmatrix} A\sin n\Theta - \sin[(n-1)\Theta] & B\sin\Theta \\ C\sin\Theta & D\sin n\Theta - \sin[(n-1)\Theta] \end{pmatrix}, \quad (5.16)$$

wobei

$$\cos\Theta = \frac{A+D}{2} \quad (5.17)$$

gilt. Nach Gl. (5.14) ist

$$\cos\Theta = 2g_1g_2 - 1. \quad (5.18)$$

Wegen $-1 \leq \cos\Theta \leq 1$ muß

$$0 \leq g_1g_2 \leq 1 \quad (5.19)$$

sein.

Nur für Resonatoren, die die Bedingung (5.19) erfüllen, sind stabile Eigenschwingungen möglich. Deshalb heißt die Beziehung (5.19) Stabilitätsbedingung. In der grafischen Darstellung $g_2 = f(g_1)$ liegen die stabilen Resonatoren in dem Gebiet, das durch die Geraden $g_1 = 0$ und $g_2 = 0$ sowie die Hyperbel $g_2 = 1/g_1$ begrenzt ist (Abb. 5.4). Tab. 5.1 enthält für einige spezielle Resonatorkonfigurationen die Größen g_1, g_2, A, B, C, D.

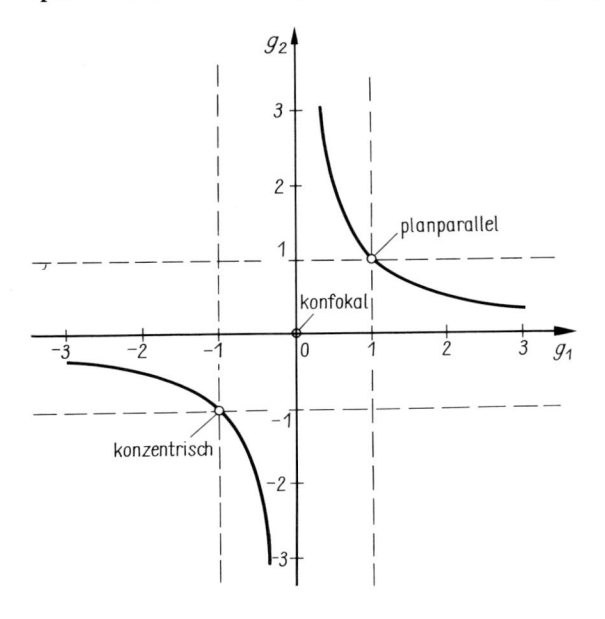

Abb. 5.4 Stabilitätsdiagramm

Tabelle 5.1 Matrixelemente von sphärischen Laserresonatoren

		g_1	g_2	$A = D$	B	C
konfokal	$l = r_1 = r_2$	0	0	-1	0	0
konzentrisch	$l = 2r_1 = 2r_2$	-1	-1	1	0	$2l$
plan–sphärisch (Mittelpunkt auf Planfläche)	$r_1 = \infty$	1	0	-1	$\frac{2}{l}$	0
plan–plan	$r_1 = r_2 = \infty$	1	1	1	0	$-2l$

Erzeugung eines Lichtbündels konstanten Durchmessers. Wir zeigen noch, daß zwischen zwei Blenden B_1 und B_2 auch mit einer klassischen Lichtquelle ein Lichtbündel konstanten Durchmessers erzeugt werden kann. Nach Abb. 5.5a gilt

$$\rho_B = -y' = -\beta' y, \quad h' = 2y \tag{5.20a, b}$$

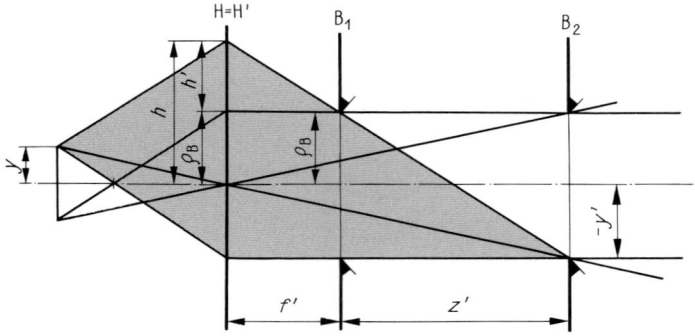

Abb. 5.5a Parallelbündel zwischen zwei Blenden

und
$$h = \rho_B + h',$$

also mit Gl. (5.20a) und Gl. (5.20b)
$$h = -\beta' y + 2y$$

bzw.
$$h = y(2 - \beta'); \tag{5.21}$$

h nach Gl. (5.21) ist der erforderliche Linsenradius, bei dem längs der Strecke $z' = -\beta' f'$ das Lichtbündel konstanten Durchmesser hat.

Mit einem Spiegel oder einem Linsensystem ohne zusätzliche Blende kann, abgesehen von Abbildungsfehlern, eine zylindrische Lichtröhre erzielt werden, wenn die Lichtquelle in die fotometrische Grenzentfernung abgebildet wird. Diese ergibt sich aus der Forderung, daß die Durchmesser der freien Öffnung (Eintrittspupille) und des Lichtquellenbildes gleich sind (Abb. 5.5b). Für den Abstand der Lichtquelle vom objektseitigen Brennpunkt gilt

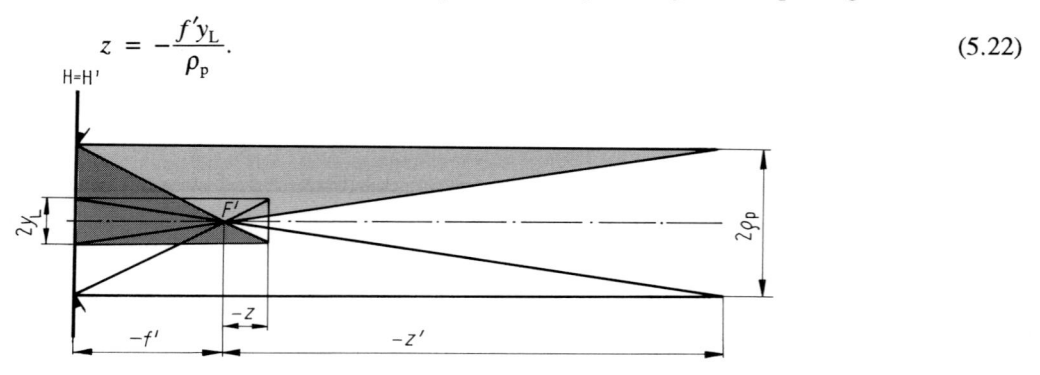

$$z = -\frac{f' y_L}{\rho_P}. \tag{5.22}$$

Abb. 5.5b Parallelbündel innerhalb der fotometrischen Grenzentfernung

5.1.2 Licht- und Bildleitkabel

Licht- und Bildleitkabel stellen biegsame optische Funktionselemente dar, die den Lichtstrom von ihrer Eintrittsfläche zu ihrer Austrittsfläche übertragen. Sie bestehen aus Anordnungen dünner Fasern aus hochtransparenten Werkstoffen (Glas, Quarz, Plaste), weshalb man auch von Faseroptik oder Fiberoptik spricht. Der Faserkern mit der Brechzahl n_K ist von einem dünnen Mantel mit der Brechzahl n_M umgeben, wobei stets $n_M < n_K$ gilt.

Bei den Lichtleitkabeln haben die Faserenden an der Eintrittsfläche des Kabels eine völlig andere gegenseitige Anordnung als die Faserenden an der Austrittsfläche des Kabels (ungeordnete Fasern). Lichtleitkabel dienen deshalb ausschließlich der Übertragung des Lichtstroms.

Bei den Bildleitkabeln besteht zwischen den Faserenden an der Austrittsfläche des Kabels dieselbe räumliche Anordnung wie zwischen den Faserenden an der Eintrittsfläche. Dadurch erscheint ein auf der Eintrittsfläche erzeugtes Bild auf der Austrittsfläche gerastert wieder. Bildleitkabel gehören nur bedingt zu den abbildenden Funktionselementen; sie leiten aber das Bild von einer Fläche zur anderen weiter.

Wir betrachten nur zylindrische Fasern, deren Kerndurchmesser wesentlich größer als die Dicke der umhüllenden Schicht und als die Wellenlänge des Lichtes ist. In diesem Fall sind die grundlegenden Eigenschaften geometrisch-optisch zu verstehen. Die Eindringtiefe des Lichtes in den Mantel ist klein.

Sehr dünne Fasern mit dicker Umhüllung stellen Wellenleiter dar, die nur wellenoptisch behandelt werden können. Bei ihnen verläuft die Welle mit einer merklichen Amplitude auch im Mantel.

Die Lichtleitung durch ein Bündel erfolgt durch fortgesetzte Totalreflexion innerhalb der Glasfasern. Damit die Totalreflexion nicht durch die Berührung der einzelnen Glasfasern gestört wird, überzieht man den Kern mit einem Mantel aus Glas niedrigerer Brechzahl. Die Endflächen der Faserbündel sind poliert.

Ein unter dem Einfallswinkel ε auf die Faser treffender Lichtstrahl wird an dieser gebrochen und trifft auf die Grenzschicht Kern-Mantel. An dieser wird er bei Einhaltung des Grenzwinkels der Totalreflexion ε_G, der sich aus

$$\sin \varepsilon_G = \frac{n_M}{n_K} \qquad (5.23)$$

ergibt, gerade noch totalreflektiert. Da der Strahl auf die nächste Kern–Mantel-Grenzschicht unter dem gleichen Winkel auftrifft, wird er an dieser ebenfalls totalreflektiert. Das wiederholt sich, bis der Strahl die Faser verläßt.

Es soll die maximale numerische Apertur des Lichtbündels berechnet werden, das durch Totalreflexion im Meridionalschnitt der Glasfaser weitergeleitet wird. Aus dem Brechungsgesetz $\sin \varepsilon' = (\sin \varepsilon)/n_K$ folgt mit dem größten möglichen Brechungswinkel $\varepsilon' = 90° + \varepsilon_G$ die Gleichung (Abb. 5.6)

$$\sin(90° + \varepsilon_G) = \cos \varepsilon_G = \frac{\sin \varepsilon}{n_K}. \qquad (5.24)$$

Der Grenzwinkel der Totalreflexion ergibt sich aus Gl. (5.23), so daß

$$\frac{\sin \varepsilon}{n_K} = \sqrt{1 - \sin^2 \varepsilon_G} = \sqrt{1 - \left(\frac{n_M}{n_K}\right)^2} \qquad (5.25)$$

und
$$A = \sin \varepsilon = \sqrt{n_K^2 - n_M^2} \qquad (5.26)$$

ist. Bei $n_K = 1,7$ und $n_M = 1,5$ wird $A = 0,8$.

Für die Anwendung der Licht- und Bildleitkabel ist die Lichtdurchlässigkeit wichtig. Diese ist im wesentlichen von der Durchlässigkeit der einzelnen Fasern, von der für den Lichttransport nicht genutzten Fläche des Mantels und vom Packungsfaktor abhängig.

Der Transmissionsgrad einer Faser wird durch die Fresnelschen Reflexionsverluste, durch Verluste infolge der vielfachen Totalreflexion und durch die Absorptionsverluste im Glas bestimmt.

Der Reflexionsgrad ist bei einer einmaligen Totalreflexion theoretisch gleich 1. Praktisch führen jedoch Störungen in der Kern-Mantel-Grenzschicht und sehr geringe Absorption im

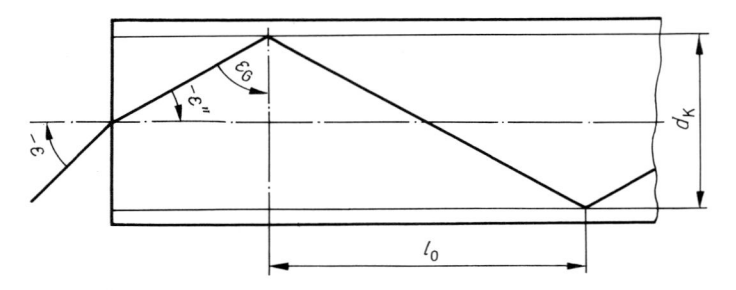

Abb. 5.6 Meridionalschnitt einer Lichtleitfaser

Mantel zu geringen Reflexionsverlusten von Bruchteilen eines Promille. Durch den kleinen Faserdurchmesser wird das Licht sehr viele Male reflektiert. Aus Abb. 5.6 ergibt sich für die Anzahl der Totalreflexionen auf der Länge l

$$N = \frac{l}{l_0} = \frac{l}{d_K} \tan \varepsilon' = \frac{l \cdot \sin \varepsilon}{d_K \sqrt{n_K^2 - \sin^2 \varepsilon}}. \qquad (5.27)$$

Bei einem Faserdurchmesser von 30 µm und der Länge 1 m sind bei hoher Apertur einige 10^4 Reflexionen möglich. Infolge dieser großen Anzahl an Totalreflexionen wirken sich auch die geringen Verluste einer Reflexion auf den Transmissionsgrad der Faser merklich aus.

Für die Absorptionsverluste ist der Glasweg

$$l_{\text{Glas}} = \frac{l}{\cos \varepsilon'} = \frac{l}{\sqrt{1 - \left(\dfrac{\sin \varepsilon}{n_K}\right)^2}} \qquad (5.28)$$

größer als die Faserlänge anzusetzen.

Die Anordnung von zylindrischen Fasern in einem Bündel kann durch eine Quadratpackung oder die dichteste Dreieckpackung vorgenommen werden. Für die Quadratpackung

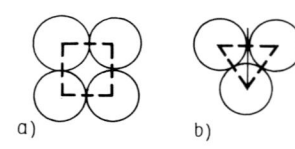

Abb. 5.7 Packungsarten
a) Quadratpackung, b) Dreieckpackung

5.1 Lichtleitende Funktionselemente

ist (Abb. 5.7a)

$$\eta = \frac{A_{\text{Kreis}}}{A_{\text{Quadrat}}} = \frac{\pi r^2}{4r^2} = 0,785$$

(A ist hier der Flächeninhalt). Für die Dreieckpackung ist (Abb. 5.7b)

$$\eta = \frac{A_{\text{Halbkreis}}}{A_{\text{Dreieck}}} = \frac{0,5\pi r^2}{r^2\sqrt{3}} = 0,907.$$

Die Größe η ist der Füllfaktor.

Das Verhältnis des Flächeninhalts des Faserkerns mit dem Durchmesser d_K zur Fläche der gesamten Faser mit dem Außendurchmesser d, multipliziert mit dem Füllfaktor, ergibt den Packungsfaktor $\eta_P = (d_K/d)^2 \eta$.

Für einen hohen Packungsfaktor und damit geringe Lichtverluste im Lichtleitkabel ist ein geringer Manteldurchmesser der Fasern günstig. Andererseits ist jedoch eine Eindringtiefe von einigen Wellenlängen in den Mantel für die Totalreflexion erforderlich.

Bei handelsüblichen Fasern beträgt z. B. die Brechzahl $n_M = 1,52$, die Brechzahl $n_K = 1,60$. Nach Gl. (5.26) wird ein Bündel mit der maximalen numerischen Apertur $A = 0,5$ übertragen. Die Fasern haben einen Durchmesser von $d = 30\,\mu\text{m}$. Es werden Kabel mit Längen bis zu 2 m und Durchmesser bis zu 10 mm angeboten. Der Transmissionsgrad beträgt unter bestimmten Bedingungen (mittlere Apertur, Normlichtart A) $\tau \approx 0,5$ bei der Länge 250 mm, $\tau \approx 0,3$ bei der Länge 2 m.

Mit flexiblen Lichtleitkabeln läßt sich Licht auf gekrümmten Bahnen weiterleiten. Dadurch wird eine Möglichkeit eröffnet, hochfrequente Feldenergie in der gleichen Weise zu bündeln wie niederfrequente Wechselströme in Drähten. Die Flexibilität ist z. B. bei der Beleuchtung von Körperhöhlen vorteilhaft, in die abbildende optische Systeme zur Beobachtung eingeführt werden. In optischen Geräten können z. B. über Faserbündel mehrere Skalen durch eine zentrale Lichtquelle beleuchtet werden. Ein Teil der Planspiegel und der Reflexionsprismen läßt sich somit einsparen. Eventuell damit verbundene Platz- und Justierprobleme fallen also weg.

Bildleitkabel. Ein Faserbündel kann als abbildendes Funktionselement im obengenannten eingeschränkten Sinne verwendet werden. Dazu ist es erforderlich, daß die Fasern geordnet sind. Bei der Herstellung solcher Bündel wird der Glasfaden auf eine Trommel gewickelt. Der entstandene Faserring wird nach der Fixierung zerschnitten.

Zur Bildübertragung muß auf der Eintrittsfläche ein Bild erzeugt werden (Abb. 5.8). Das Auflösungsvermögen hängt außer von dem der Eintrittsfläche aufgeprägten Auflösungsvermögen noch vom Faserdurchmesser und vom Packungsfaktor sowie von der Ordnung der Fasern ab. Sehr dünne Fasern, die ein hohes Auflösungsvermögen haben, weisen größere

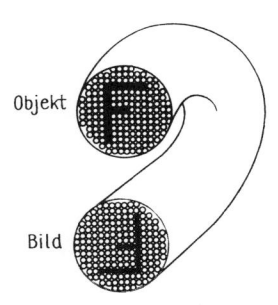

Abb. 5.8 Übertragung durch ein Bildleitkabel

Transmissionsverluste auf als dickere Fasern. Bei Durchmessern von 1 bis 100 µm und hohen numerischen Aperturen ist das erreichbare Auflösungsvermögen gut.

Eine Kontrastminderung gegenüber dem aufgeprägten Bild durch das Bildleitkabel kann durch zu geringe Schichtdicken des Fasermantels hervorgerufen werden. Ist die in den Mantel eindringende Welle nicht genügend abgeklungen, so dringt Energie in den Mantel der Nachbarfaser ein.

Ferner können Inhomogenitäten im Faserkern bewirken, daß Strahlen so aus ihrer Richtung abgelenkt werden, daß sie in den Mantel eindringen.

Bildleitkabel mit ebenen Endflächen übertragen die Bilder aberrationsfrei. Durch eine entsprechende Form der Endfläche der Kabel kann die Bildfläche von der Ebene abweichend gestaltet werden. So ist z. B. die Bildfeldwölbung des vorangehenden Systems ausgleichbar. Durch konische Faserbündel kann auch der Abbildungsmaßstab in gewissen Grenzen beeinflußt werden.

5.2 Dispergierende Funktionselemente

5.2.1 Dispersionsprismen

Ein dispergierendes Funktionselement zerlegt das Licht spektral. Hauptanwendungsgebiete der dispergierenden Funktionselemente sind

– die Spektroskopie (funktionsbestimmendes Element der Spektrografen);
– die Ausfilterung von quasimonochromatischem Licht aus polychromatischem Licht (funktionsbestimmendes Element der Monochromatoren).

Die wichtigsten dispergierenden Funktionselemente sind:
– Dispersionsprismen (Brechung des Lichtes),
– Beugungsgitter (Beugung des Lichtes),
– Etalons und Keile (Interferenz des Lichtes).

Wir behandeln zunächst die Dispersionsprismen.

In der Mathematik wird unter einem Prisma ein Körper verstanden, dessen Grund- und Deckfläche kongruente Vielecke darstellen und dessen Seitenflächen Parallelogramme sind. Für die Zwecke der technischen Optik ist diese Definition um einen funktionellen Gesichtspunkt zu erweitern. Wir definieren:

> Ein Prisma ist ein Körper aus einem lichtdurchlässigen Stoff, der mindestens zwei ebene und nichtparallele optisch wirksame Flächen hat.

Die optische Wirkung besteht im allgemeinen aus Reflexionen und Brechungen. Im Gegensatz zur Definition der Mathematik sind für ein Prisma in der technischen Optik die Form und die Beschaffenheit der optisch nicht wirksamen Flächen für die Funktion unwesentlich.

> Ein Dispersionsprisma ist ein Prisma mit mindestens zwei brechenden Flächen. Der Winkel zwischen zwei brechenden Flächen ist ein brechender Winkel γ. Ein Dispersionsprisma zerlegt das Licht spektral.

5.2 Dispergierende Funktionselemente

(Eine Grenzfläche, durch die das Licht senkrecht hindurchgeht, betrachten wir hier als brechende Fläche.)

Die spektrale Zerlegung des Lichtes durch ein Prisma kann bewußt genutzt werden. Sie kann aber auch unerwünscht sein. Das ist der Fall, wenn das Licht vom Prisma nur abgelenkt werden soll. Wir sprechen dann nicht von einem Dispersionsprisma. Die Dispersion des Lichtes kann nicht geometrisch-optisch, sondern nur wellenoptisch verstanden werden. Deshalb gilt:

> Ein Dispersionsprisma ist ein wellenoptisches Funktionselement. Seine Hauptfunktion ist die spektrale Zerlegung des Lichtes. Die Ablenkung des Lichtes stellt eine Nebenfunktion dar.
> Da die Hauptfunktion auf der Brechung des Lichtes beruht, kann das Dispersionsprisma auch wie ein geometrisch-optisches Funktionselement behandelt werden.

Die Aufgabe besteht zunächst darin, die Ablenkung δ eines Lichtstrahls zu berechnen. Für einen Lichtstrahl beliebiger Richtung ist diese Aufgabe schwierig zu lösen. Wir beschränken uns auf die Berechnung der Ablenkung eines Lichtstrahls, der im Hauptschnitt verläuft.

> Der Hauptschnitt zweier brechender Prismenflächen steht senkrecht auf der brechenden Kante. Diese ist die Schnittgerade der brechenden Flächen. Ein Lichtstrahl, der im Hauptschnitt einfällt, bleibt im Hauptschnitt.

Wir haben also den Vorteil, daß wir den Strahlverlauf in einer Ebene behandeln können. Eine geschlossene Formel für die Ablenkung δ wäre aber trotzdem unhandlich. Wir leiten deshalb einen Formelsatz ab, mit dem die einzelnen Größen schrittweise zu berechnen sind.

Wir nehmen an, daß das Prisma beiderseits an den gleichen Stoff angrenzt. Die relative Brechzahl für den Übergang in das Prisma sei n.

Die Ableitung der Beziehungen ist in Tab. 5.2 enthalten. Die benötigten Größen entnehmen

Tabelle 5.2 Ableitung der Gleichungen für das Dispersionsprisma

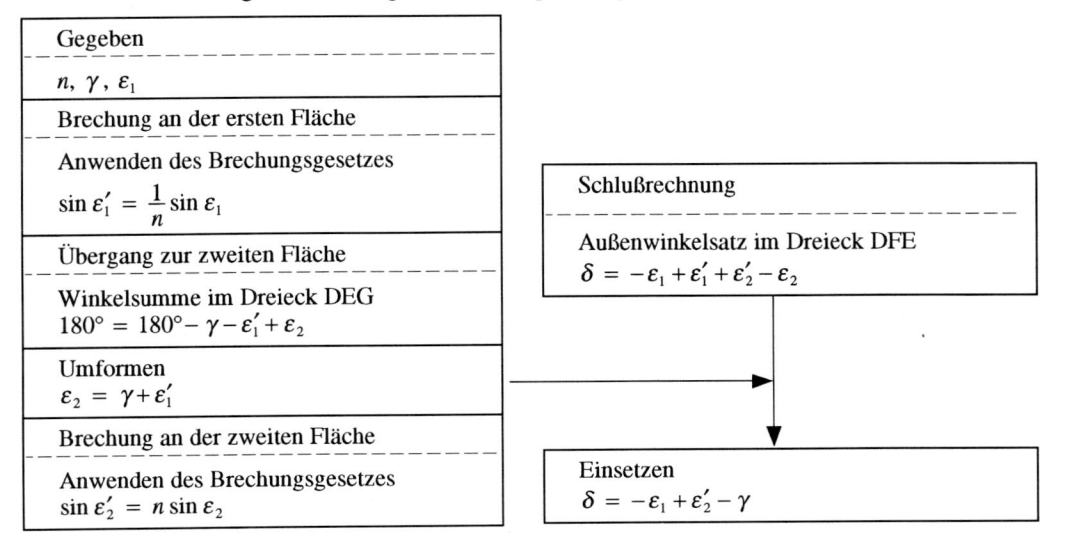

Gegeben
n, γ, ε_1
Brechung an der ersten Fläche
Anwenden des Brechungsgesetzes $\sin \varepsilon_1' = \dfrac{1}{n} \sin \varepsilon_1$
Übergang zur zweiten Fläche
Winkelsumme im Dreieck DEG $180° = 180° - \gamma - \varepsilon_1' + \varepsilon_2$
Umformen $\varepsilon_2 = \gamma + \varepsilon_1'$
Brechung an der zweiten Fläche
Anwenden des Brechungsgesetzes $\sin \varepsilon_2' = n \sin \varepsilon_2$

Schlußrechnung
Außenwinkelsatz im Dreieck DFE $\delta = -\varepsilon_1 + \varepsilon_1' + \varepsilon_2' - \varepsilon_2$
Einsetzen $\delta = -\varepsilon_1 + \varepsilon_2' - \gamma$

wir der Abb. 5.9. Das Ergebnis ist folgender Satz von Formeln:

$$\sin \varepsilon_1' = \frac{1}{n} \sin \varepsilon_1, \tag{5.29}$$

$$\varepsilon_2 = \gamma + \varepsilon_1', \tag{5.30}$$

$$\sin \varepsilon_2' = n \sin \varepsilon_2, \tag{5.31}$$

$$\delta = -\varepsilon_1 + \varepsilon_2' - \gamma. \tag{5.32}$$

Die Anwendung von Formelsätzen zur schrittweisen numerischen Berechnung der Größen ist für die geometrische Optik typisch. (Vgl. die Strahldurchrechnung durch Flächenfolgen.) Sie führt im allgemeinen zu weniger Rechenfehlern als das Einsetzen von Zahlen in lange, unübersichtliche Formeln. Außerdem kommt sie der Algorithmierung des Rechenprozesses entgegen und ist damit die Arbeitsweise, die auf Rechenanlagen direkt übertragbar ist.

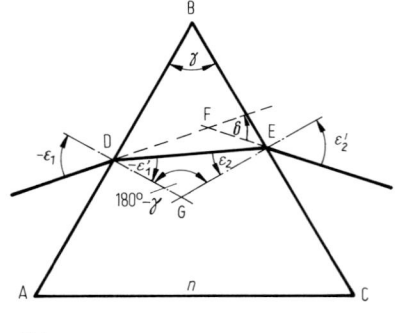

Abb. 5.9 Meridionalschnitt (Hauptschnitt) eines Dispersionsprismas

Abb. 5.10 Ablenkung am Prisma als Funktion des Einfallswinkels

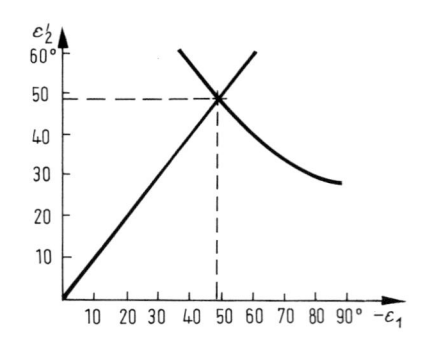

Abb. 5.11 Bestimmung der Brechungswinkel bei Minimalablenkung

In Abb. 5.10 ist für ein Prisma mit der Brechzahl $n = 1{,}5028$ und mit dem brechenden Winkel $\gamma = 60°$ die Ablenkung δ als Funktion des Einfallswinkels ε_1 grafisch dargestellt. Die Kurve beginnt bei $-\varepsilon_1 = 28°6'$, weil für beträgsmäßig kleinere Einfallswinkel an der zweiten Fläche Totalreflexion eintritt. Die Ablenkung hat ein Minimum $\delta_{\text{Min}} = 37°24'$ bei einem Einfallswinkel von $-\varepsilon_1 = 48°52'$. In Abb. 5.11 sind die Funktion $\varepsilon_2' = f(-\varepsilon_1)$ und die Gerade $\varepsilon_2' = -\varepsilon_1$ angegeben. Die Kurve $\varepsilon_2' = f(-\varepsilon_1)$ und die Gerade schneiden sich bei $-\varepsilon_1 = 48°52'$. Daraus folgt für das spezielle Beispiel, daß die Minimalablenkung bei

$$\varepsilon_2' = -\varepsilon_1 \tag{5.33}$$

5.2 Dispergierende Funktionselemente

vorliegt. Aus Gl. (5.33) folgt

$$\sin \varepsilon_2' = -\sin \varepsilon_1,$$

wegen Gl. (5.29) und Gl. (5.31) ist $n \sin \varepsilon_2 = -n \sin \varepsilon_1'$, also auch

$$\varepsilon_2 = -\varepsilon_1'. \tag{5.34}$$

Die Gleichungen (5.33) und (5.34) leiten wir in der Tab. 5.3 allgemein ab. Es gilt also:

> Die Ablenkung δ hat ihren kleinsten Wert, d. h., es liegt die Minimalablenkung vor, wenn das Licht im Hauptschnitt symmetrisch verläuft (Abb. 5.12).

Zwischen der Minimalablenkung δ_m und dem brechenden Winkel läßt sich ein direkter Zusammenhang finden. Dieser wird in der Tab. 5.4 hergestellt und führt auf

$$\sin \frac{\delta_m + \gamma}{2} = n \sin \frac{\gamma}{2}. \tag{5.35}$$

Tabelle 5.3 Ableitung der Winkelbeziehungen für die Minimalablenkung

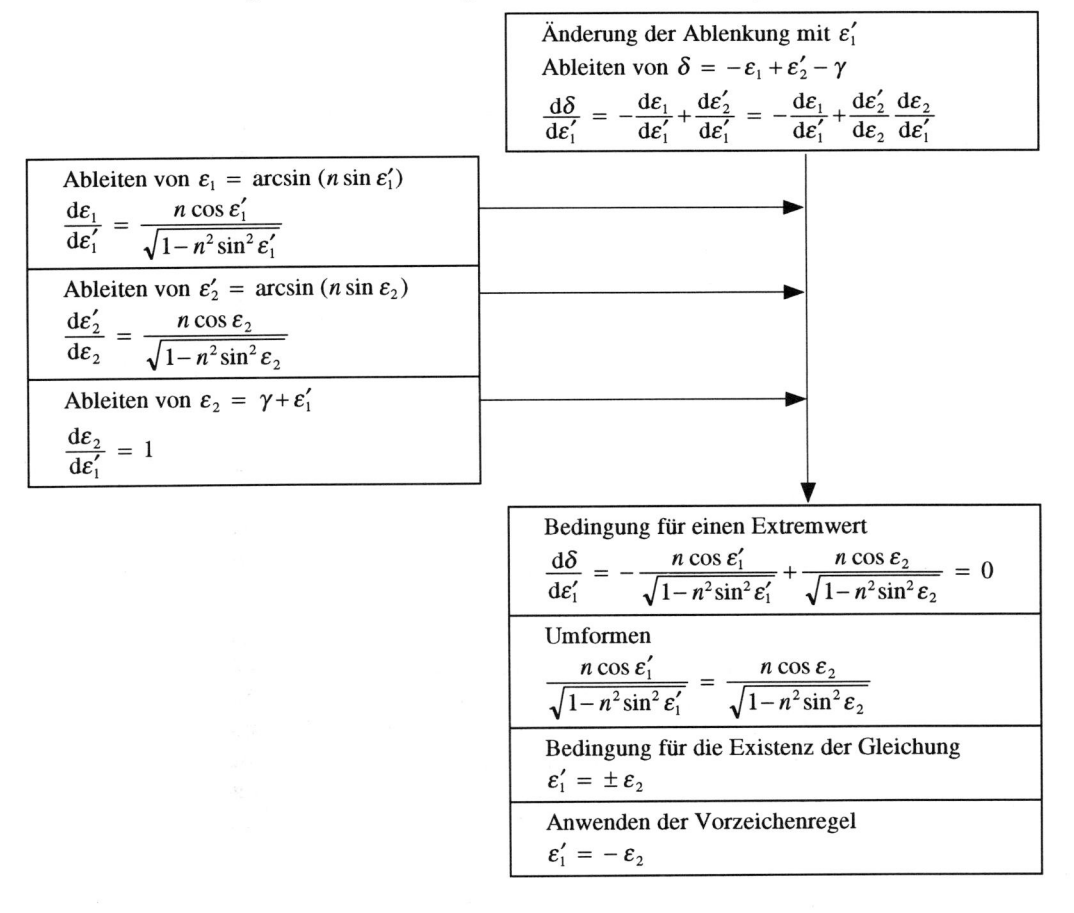

	Änderung der Ablenkung mit ε_1' Ableiten von $\delta = -\varepsilon_1 + \varepsilon_2' - \gamma$ $\dfrac{d\delta}{d\varepsilon_1'} = -\dfrac{d\varepsilon_1}{d\varepsilon_1'} + \dfrac{d\varepsilon_2'}{d\varepsilon_1'} = -\dfrac{d\varepsilon_1}{d\varepsilon_1'} + \dfrac{d\varepsilon_2'}{d\varepsilon_2} \dfrac{d\varepsilon_2}{d\varepsilon_1'}$
Ableiten von $\varepsilon_1 = \arcsin(n \sin \varepsilon_1')$ $\dfrac{d\varepsilon_1}{d\varepsilon_1'} = \dfrac{n \cos \varepsilon_1'}{\sqrt{1 - n^2 \sin^2 \varepsilon_1'}}$	
Ableiten von $\varepsilon_2' = \arcsin(n \sin \varepsilon_2)$ $\dfrac{d\varepsilon_2'}{d\varepsilon_2} = \dfrac{n \cos \varepsilon_2}{\sqrt{1 - n^2 \sin^2 \varepsilon_2}}$	
Ableiten von $\varepsilon_2 = \gamma + \varepsilon_1'$ $\dfrac{d\varepsilon_2}{d\varepsilon_1'} = 1$	
	Bedingung für einen Extremwert $\dfrac{d\delta}{d\varepsilon_1'} = -\dfrac{n \cos \varepsilon_1'}{\sqrt{1 - n^2 \sin^2 \varepsilon_1'}} + \dfrac{n \cos \varepsilon_2}{\sqrt{1 - n^2 \sin^2 \varepsilon_2}} = 0$
	Umformen $\dfrac{n \cos \varepsilon_1'}{\sqrt{1 - n^2 \sin^2 \varepsilon_1'}} = \dfrac{n \cos \varepsilon_2}{\sqrt{1 - n^2 \sin^2 \varepsilon_2}}$
	Bedingung für die Existenz der Gleichung $\varepsilon_1' = \pm \varepsilon_2$
	Anwenden der Vorzeichenregel $\varepsilon_1' = -\varepsilon_2$

Diese Gleichung stellt die Grundlage für die Messung der Brechzahl des Prismenwerkstoffs dar. Der brechende Winkel und die Minimalablenkung δ_m können mit einem Goniometer gemessen werden.

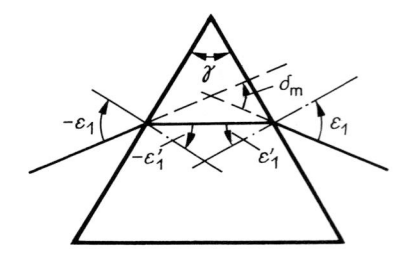

Abb. 5.12 Symmetrischer Strahlenverlauf im Dispersionsprisma

Tabelle 5.4 Ableitung der Gleichung für die Minimalablenkung

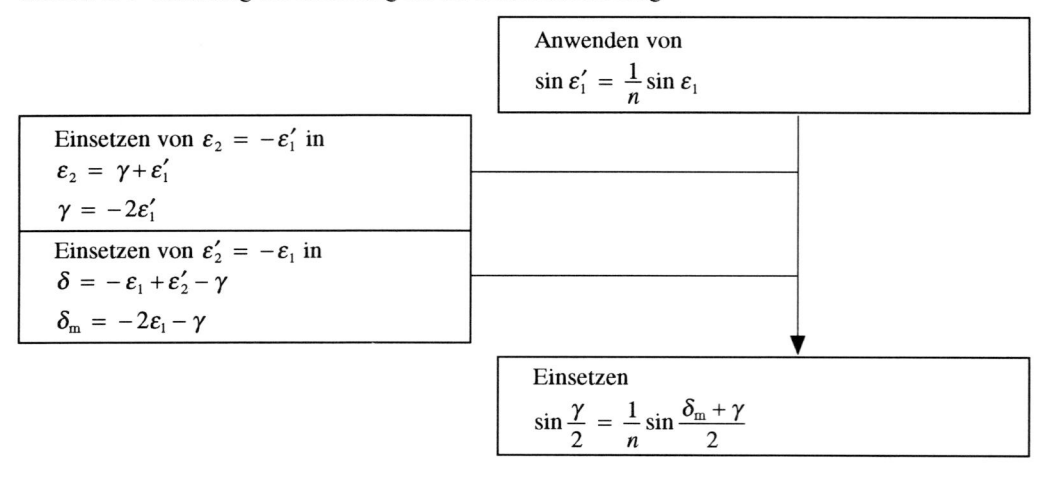

Anwenden von $\sin \varepsilon_1' = \dfrac{1}{n} \sin \varepsilon_1$

Einsetzen von $\varepsilon_2 = -\varepsilon_1'$ in $\varepsilon_2 = \gamma + \varepsilon_1'$ $\gamma = -2\varepsilon_1'$
Einsetzen von $\varepsilon_2' = -\varepsilon_1$ in $\delta = -\varepsilon_1 + \varepsilon_2' - \gamma$ $\delta_m = -2\varepsilon_1 - \gamma$

Einsetzen $\sin \dfrac{\gamma}{2} = \dfrac{1}{n} \sin \dfrac{\delta_m + \gamma}{2}$

Prismen-Anordnungen. Im einfachsten Fall besteht das Optik-Schema eines Monochromators aus einem Beleuchtungsspalt, der mittels eines Kollimators ins Unendliche abgebildet wird, dem Dispersionsprisma und einem Fernrohrobjektiv, das den Eintrittsspalt in den Austrittsspalt abbildet. Das gewünschte Wellenlängenintervall wird durch das Drehen des Prismas eingestellt (Abb. 5.13). Ohne besondere Maßnahmen läßt sich nicht erreichen, daß nach dem Justieren auf Minimalablenkung für eine Wellenlänge auch die anderen Wellenlängen in Minimalablenkung auf den Austrittsspalt fokussiert werden.

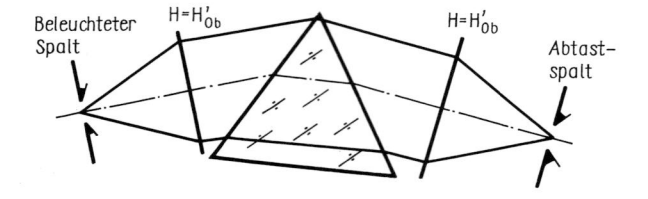

Abb. 5.13 Optikschema des Prismenmonochromators

5.2 Dispergierende Funktionselemente

Es wurden deshalb Prismenformen sowie Baugruppen aus Dispersionsprismen und Spiegelflächen entwickelt, deren Gesamtablenkung unabhängig von der Wellenlänge ist. Bei ihnen ist dann nur die Minimalablenkung für eine Wellenlänge einzujustieren, um die Minimumbedingung für alle Wellenlängen zu erfüllen.

Wadsworth-Anordnung. Abb. 5.14 zeigt die Kombination aus Dispersionsprisma und Planspiegel. Die Ziffern bei den Winkeln geben die Reihenfolge der Winkelbestimmung an. Das Ergebnis für die Gesamtablenkung durch Prisma und Spiegel ist

$$\delta_{P+S} = 180° - 2\beta. \tag{5.36}$$

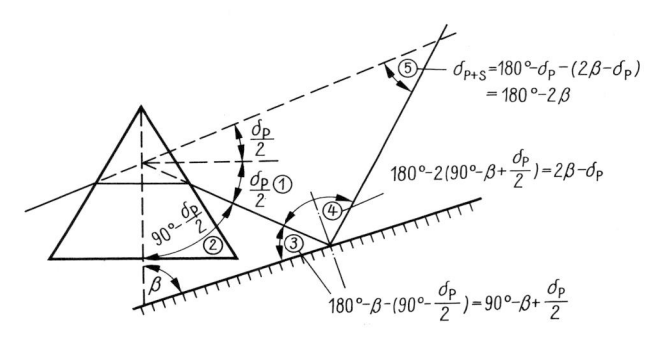

Abb. 5.14 Kombination aus Prisma und Planspiegel

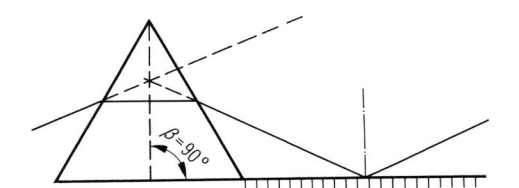

Abb. 5.15 Wadsworth-Anordnung

Die Ablenkung ist sowohl vom Einfallswinkel ε_1 als auch von der Wellenlänge λ unabhängig. Eine Drehung des Gesamtsystems ändert die Ablenkung nicht. Für $\beta = 90°$ wird

$$\delta_{P+S} = 0$$

(Abb. 5.15). Diese Anordnung des Planspiegels, bei der das Licht nicht abgelenkt wird, wird Wadsworth zugeschrieben.

Einprisma konstanter Ablenkung. Der Planspiegel kann wegen der Umkehrbarkeit des Strahlengangs auch vor dem Dispersionsprisma stehen. Der Spiegel läßt sich auch zwischen zwei Teilprismen anordnen. Die Abb. 5.16a, b, c zeigen den Übergang vom Einzelprisma zur Baugruppe aus zwei Teilprismen und einem Planspiegel. Es gilt ebenfalls

$$\delta_{P+S} = 180° - 2\beta.$$

Durch Anschleifen der beiden brechenden Flächen und der Spiegelfläche an einen Glaskörper (gestrichelt gekennzeichnet) entsteht ein sogenanntes "Einprisma" mit konstanter Ablenkung.

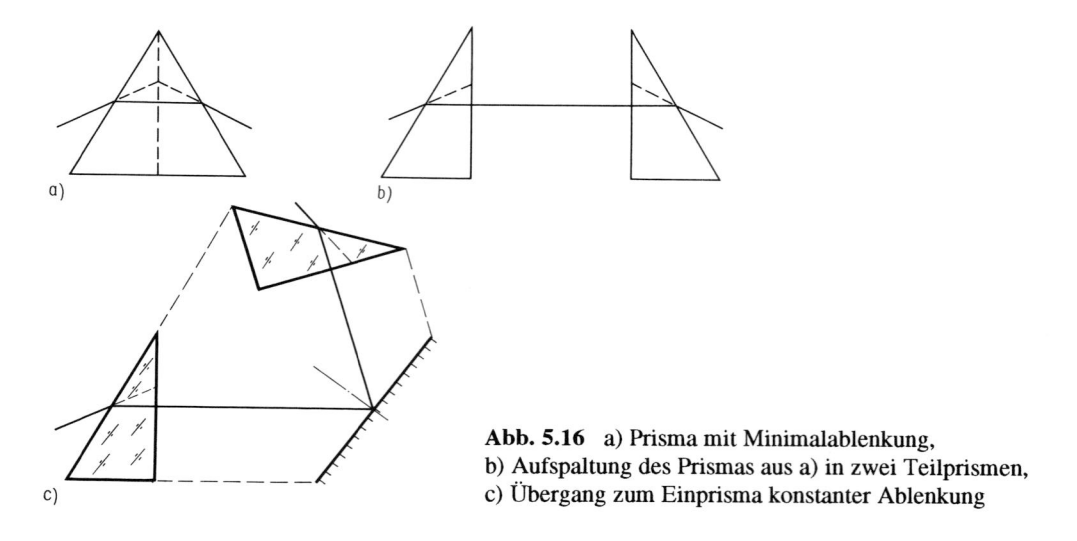

Abb. 5.16 a) Prisma mit Minimalablenkung,
b) Aufspaltung des Prismas aus a) in zwei Teilprismen,
c) Übergang zum Einprisma konstanter Ablenkung

Das Autokollimationsprisma (Abb. 5.17) ist der Spezialfall des Einprismas mit $\beta = 0$ und $\delta_{P+S} = 180°$.

Abb. 5.17 Autokollimationsprisma (Littrow-Prisma)

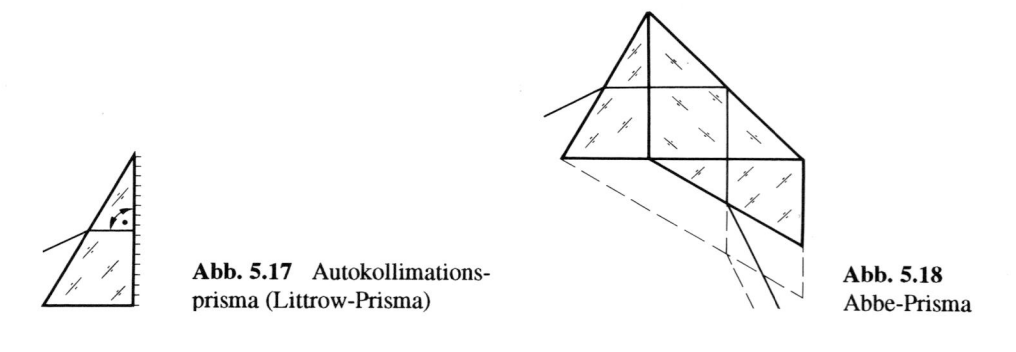

Abb. 5.18 Abbe-Prisma

Das Abbe-Prisma (Abb. 5.18) ist der Spezialfall des Einprismas mit $\beta = 45°$ und $\delta_{P+S} = 90°$, bei dem $\gamma = 60°$ gewählt ist. An der Spiegelfläche beträgt der Einfallswinkel 45°, so daß sie totalreflektierend sein kann. Wird das Abbe-Prisma, wie in Abb. 5.18 angegeben, aus drei Teilprismen zusammengesetzt, so ist es möglich, die Dispersionsprismen aus Flintglas und den totalreflektierenden Halbwürfel zur Verringerung der Absorption im kurzwelligen Bereich aus Kronglas zu fertigen. Bei Herstellung aus einem Glaskörper ist es fertigungstechnisch günstiger, das Prisma um den in Abb. 5.18 gestrichelt gezeichneten Teil zu vergrößern.

Baugruppen mit mehrfacher Dispersion entstehen, wenn ein Prisma doppelt durchsetzt oder mehr als ein Prisma verwendet wird. Abb. 5.19 zeigt ein Beispiel aus einem doppelt durchsetzten Abbe-Prisma, einem Autokollimationsprisma und einem Planspiegel (bei gleichen brechenden Winkeln der Prismen dreifache Dispersion). Konstante Ablenkung erfordert die Drehung der beiden Prismen um eine gemeinsame Achse bei feststehendem Spiegel.

5.2 Dispergierende Funktionselemente

Abb. 5.19 Kombination aus Abbe-Prisma, Planspiegel und Autokollimationsprisma

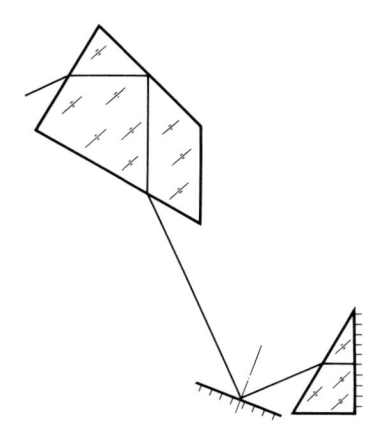

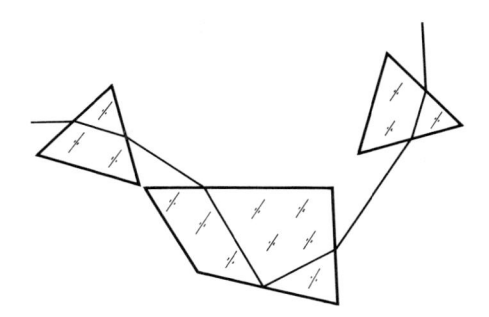

Abb. 5.20 Försterlingscher Dreiprismensatz

Abb. 5.20 enthält den Försterlingschen Dreiprismensatz. Da sich die Ablenkungen der beiden einfachen Dispersionsprismen aufheben, bleibt nur die 90°-Ablenkung des Abbe-Prismas übrig. Prismenkombinationen ohne Spiegelfläche lassen sich ebenfalls mit konstanter Ablenkung ausbilden. Dazu ist es erforderlich, daß sie entgegengesetzt zueinander verdreht werden. Kollimator und Fernrohrobjektiv müssen mitgedreht werden. Im Beispiel der Abb. 5.21 sind der Kollimator mit dem ersten, das Objektiv mit dem zweiten Prisma starr zu verbinden.

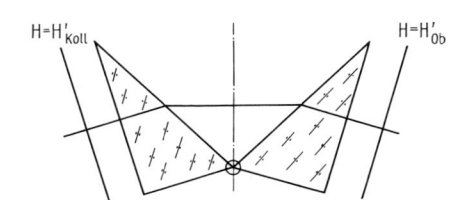

Abb. 5.21 Drehung der Prismen zur Sicherung der Minimalablenkung

Die Prismen werden nicht nur von Strahlen durchsetzt, die im Hauptschnitt verlaufen, sondern auch von windschiefen Strahlen. Das hat zur Folge, daß das Fernrohrobjektiv eines Spektografen oder Monochromators ein gekrümmtes Bild des geradlinigen Eintrittsspaltes erzeugt. Es tritt eine Krümmung der Spektrallinien auf. Deshalb können Monochromatoren und Spektografen zur optimalen Lichtnutzung mit gekrümmtem Austrittsspalt ausgerüstet sein. Der Radius der Spektrallinien in der Bildebene eines Fernrohrobjektivs mit der Brennweite f' beträgt bei symmetrischem Strahlenverlauf in einem Prisma (Minimalablenkung)

$$r_{Sp} = \frac{2nf'\sqrt{1 - n^2 \sin^2 \frac{\gamma}{2}}}{(n^2 - 1)\sin \frac{\gamma}{2}}. \tag{5.37}$$

(Bei $\gamma = 60°$, $n = 1{,}7200$ und $f' = 100$ mm ergibt sich $r_{Sp} = 179$ mm.)

Geradsichtprismen. Die bei Dispersionsprismen mit der Farbaufspaltung verbundene Ablenkung des Lichtes ist für Laborgeräte im allgemeinen unerheblich. Für transportable Geräte, z. B. für Handspektroskope, ist ein fluchtender Strahlenverlauf vorzuziehen. Sowohl eine einfache Bedienung als auch eine zweckmäßige Formgestaltung sind mit der gestreckten Anordnung der Baugruppen günstiger zu verwirklichen. Geradsichtprismen lenken das Licht einer mittleren Wellenlänge nicht ab. Die Farbaufspaltung ist gering, so daß sie nur für Handspektroskope geeignet sind. Das Amici-Prisma (Abb. 5.22) besteht aus Kron- und Flintglasprismen, deren Ablenkung sich für die mittlere Wellenlänge aufhebt. Das Licht der Hauptfarbe muß dann die Baugruppe symmetrisch durchsetzen. Das bedeutet beim Amici-Prisma aus drei Teilprismen symmetrischen Strahlengang am mittleren Prisma, gleiche brechende Winkel und verschwindende Ablenkung an den beiden äußeren Prismen (vorausgesetzt sind gleiche Glastypen in den äußeren Prismen).

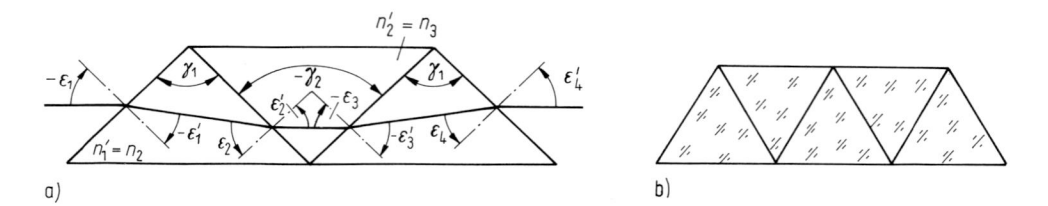

Abb. 5.22 Amici-Prisma aus a) drei bzw. b) fünf Teilprismen

Aus der Forderung nach verschwindender Ablenkung, $\delta = -\varepsilon_1 + \varepsilon_2' - \gamma_1 = 0$, am ersten Prisma folgt mit $\varepsilon_2' = -\gamma_2/2$ (wegen der umgekehrten Lage nehmen wir den brechenden Winkel γ_2 negativ an)

$$\varepsilon_1 = -\frac{\gamma_2}{2} - \gamma_1.$$

Außerdem gilt

$$\varepsilon_2 = \varepsilon_1' + \gamma_1.$$

Anwenden des Brechungsgesetzes an den beiden Grenzflächen des ersten Prismas ergibt nach dem Umformen

$$n_2' = \cos^2 \gamma_1 + \frac{1}{2} \sin 2\gamma_1 \cdot \cot \frac{\gamma_2}{2} - \frac{\sin \gamma_1}{\sin \frac{\gamma_2}{2}} \sqrt{n_1'^2 - \sin^2 \left(\frac{\gamma_2}{2} + \gamma_1 \right)}. \tag{5.38}$$

Abb. 5.23 enthält die Abhängigkeit $n_2' = f(n_1')$ mit $-\gamma_2$ als Parameter bei $\gamma_1 = -\gamma_2$. Die Grenzgerade für $\gamma_2 = 0$ mit der Gleichung $n_2' = 2n_1' -$ gilt für drei Keile, die aber wegen der unzureichenden Dispersion nicht geeignet sind. Abb. 5.24 gibt für den Einsatz von BK 7 ($n_e = 1{,}51859$, $v_e = 63{,}87$) in den beiden äußeren Prismen und $\gamma_1 = -\gamma_2$ die erforderliche Brechzahl des mittleren Prismas an. Bei der Kombination mit SF 21 ($n_e = 1{,}93322$, $v_e = 20{,}78$) gilt $\gamma_2 = -80{,}34°$. Die Divergenz zwischen der h- und der C-Linie beträgt 11°.

Bei einem Prismensatz, dessen äußere Prismen den brechenden Winkel $\gamma_1 = 70°$ haben und aus BK 7 gefertigt sind, muß das mittlere Prisma mit $\gamma_2 = -90°$ aus Glas mit der

5.2 Dispergierende Funktionselemente

Brechzahl $n_e = 1,73395$ bestehen. Dafür würde sich evtl. SF 10 ($n_e = 1,73430$, $v_e = 28,12$) eignen, mit dem aber das Licht der e-Linie um $0,05°$ abgelenkt wird. Die Dispersion zwischen der h- und der C-Linie beträgt $4,88°$.

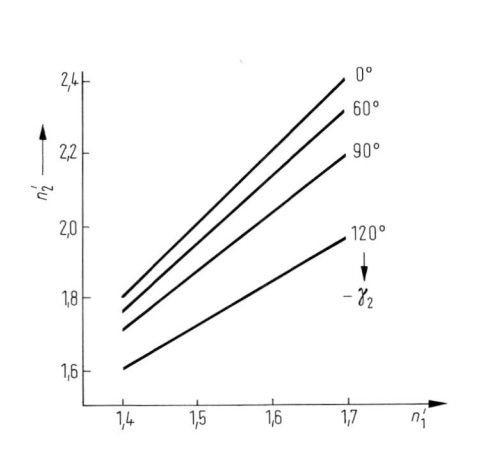

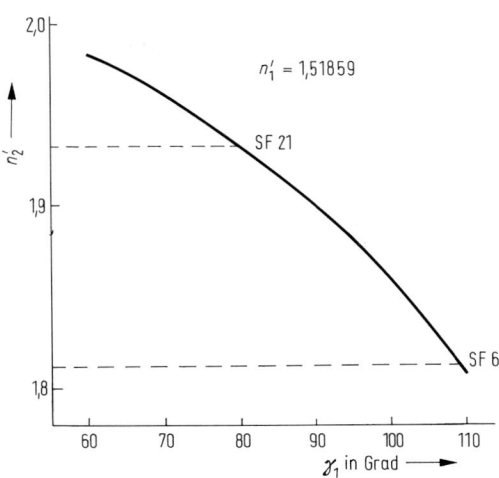

Abb. 5.23 Brechzahl des Mittelprismas als Funktion der Brechzahl der äußeren Prismen bei verschiedenen brechenden Winkeln

Abb. 5.24 Brechzahl des Mittelprismas als Funktion des brechenden Winkels bei $n_1' = n_3' = 1,51859$

Geringere Reflexionsverluste an den Grenzflächen erhält man, wenn diese senkrecht zur Richtung des Lichtes der mittleren Wellenlänge orientiert werden. Ein Beispiel dafür ist das Wernicke-Prisma (Abb. 5.25). Die drei Teilprismen müssen aus unterschiedlichen Glastypen hergestellt werden. Es ist $\gamma_1 = -\gamma_2/2$ und $\varepsilon_2 = -\varepsilon_3' = \gamma_1$, so daß das zweimalige Anwenden des Brechungsgesetzes mit der Übergangsbeziehung $\varepsilon_3 = \varepsilon_2' + \gamma_2$ auf

$$n_3' = -n_1' \cos 2\gamma_1 + 2 \cos \gamma_1 \sqrt{n_2'^2 - n_1'^2 \sin^2 \gamma_1} \tag{5.39a}$$

oder

$$\cos \gamma_1 = \pm \frac{n_1' - n_3'}{2\sqrt{n_2'^2 - n_1' n_3'}} \tag{5.39b}$$

führt. Bei $\gamma_1 = 45°$ ist z.B. die Brechzahlkombination SF 10 ($n_e = 1,73430$, $v_e = 28,12$), BaF 13 ($n_e = 1,62250$, $v_e = 49,09$), K 11 ($n_e = 1,50207$, $v_e = 61,37$) geeignet. Die Aufspaltung zwischen der h- und der C-Linie beträgt allerdings nur $0,96°$. Bei $\gamma_1 = 30°$ ist die Brechzahl im dritten Prisma auf $n_e = 1,52749$ abzuändern.

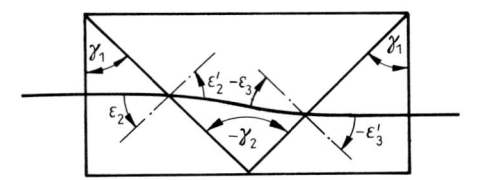

Abb. 5.25 Wernicke-Prisma

5.2.2 Beugungsgitter

Die Beugungsgitter lassen sich nach verschiedenen Gesichtspunkten einteilen. Wir beschränken uns auf Liniengitter und unterscheiden

- nach den beiden Möglichkeiten, die komplexe Amplitude des Lichtes zu beeinflussen, *Amplituden- und Phasengitter*,
- nach der Form der Gitterfläche *Plan- und Konkavgitter*,
- nach der Beobachtungsart *Transmissions- und Reflexionsgitter*.

Wir greifen aus den Kombinationen der drei angeführten Merkmale die praktisch wichtigsten heraus und gehen näher darauf ein.

Ein *planes Transmissionsgitter* entsteht, wenn auf einen ebenen Gitterrohling, z. B. aus poliertem Glas, mit einem Diamanten in gleichmäßigen Abständen Striche geritzt werden. Dazu dienen die Gitterteilmaschinen. Bei diesen wird entweder der Gitterrohling oder das Reißwerk, das den Diamanten trägt, mittels Präzisionsschrauben jeweils um die Gitterkonstante verschoben. Im ersten Fall bewegt sich der Diamant, im zweiten das Gitter längs einer Furche. Der gesamte Aufbau der Gitterteilmaschine muß sehr stabil sein. Für geringere Ansprüche an die Gleichmäßigkeit der Teilung werden Gitterkopien verwendet. Auf ein Glasgitter wird mehrere Male eine Kollodiumlösung gegossen. Nach dem Eintrocknen läßt sich ein dünner Film abziehen, der die Gitterstruktur besitzt. Auch andere Stoffe eignen sich für eine Kopie des Gitters. Beim planen Transmissionsgitter liegen die Ordnungen nach Gl. (2.329) in den Richtungen

$$\alpha_0 - \alpha = \frac{m\lambda}{g}, \quad m = 0, \pm 1, \pm 2, \pm 3, \ldots$$

Die Intensität in den Ordnungen hängt von der Furchenform ab und ist nicht in jedem Fall im voraus festzulegen.

Bei *planen Reflexionsgittern* wird die Teilung in eine Metalloberfläche geritzt. Meistens ist das Spiegelmetall auf einen Glasträger aufgedampft. Welches Metall verwendet wird, richtet sich auch nach dem vorgesehenen Spektralbereich. Im Ultravioletten eignet sich z. B. Aluminium. Bei Reflexionsgittern läßt sich mit entsprechend geformten Diamanten im allgemeinen eine vorgeschriebene Furchenform gut annähern. Das gilt besonders für Gitter, die im langwelligen Spektralbereich (Infrarot) eingesetzt werden, weil dann die Gitterkonstante größer sein kann. Reflexionsgitter sind im wesentlichen Phasengitter, d. h., die Phase ist eine periodische Funktion des Ortes. Die Ordnungen liegen auch beim Reflexionsgitter in den aus

$$\alpha_0' - \alpha = \frac{m\lambda}{g} \qquad (5.40)$$

berechneten Richtungen. Der Richtungskosinus α_0' gibt die Richtung des reflektierten Lichtes an. Nach Abb. 5.26 ist

$$\widehat{\alpha}_0' = 180° - \widehat{\alpha}_0, \quad \text{also} \quad \alpha_0' = -\alpha_0. \qquad (5.41)$$

Auf die Richtung des einfallenden Lichtes bezogen gilt demnach

$$\alpha_0 + \alpha = -\frac{m\lambda}{g}. \qquad (5.42)$$

5.2 Dispergierende Funktionselemente

Für das ungebeugte Licht der nullten Ordnung gilt $\alpha = -\alpha_0$. Hinsichtlich der Furchenform behandeln wir zwei Spezialfälle.

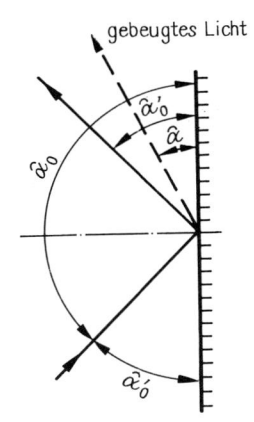

Abb. 5.26 Beugungswinkel bei Reflexionsgittern

Das Laminargitter besitzt "kastenförmige" Furchen (Abb. 5.27). Wir untersuchen die Beugung für senkrechten Lichteinfall und für niedrige Ordnungen. Bei der Stufenhöhe h haben die in den Vertiefungen reflektierten Bündel gegenüber den auf den Erhöhungen reflektierten Bündeln den längeren Lichtweg $2h$. Die Phasendifferenz beträgt

$$\delta = \frac{4\pi h}{\lambda}. \tag{5.43}$$

Für die Strukturfunktion gilt

$$f(\kappa) = \begin{cases} e^{j\delta}, & 0 \leq \kappa < \kappa_0, \\ e^{j\delta/2}, & \kappa = \kappa_0, \\ 1, & \kappa_0 < \kappa \leq 1; \end{cases} \tag{5.44}$$

δ hängt nicht von κ ab. Wir erhalten nach Gl. (2.339)

$$a_0 = e^{j\delta} \int_0^{\kappa_0} d\kappa + \int_{\kappa_0}^1 d\kappa = 1 + \kappa_0(e^{j\delta} - 1) \tag{5.45}$$

und nach Gl. (2.338)

$$a_m = e^{j\delta} \int_0^{\kappa_0} e^{2\pi jm\kappa} d\kappa + \int_{\kappa_0}^1 e^{2\pi jm\kappa} d\kappa = \frac{1}{2\pi jm} \left[e^{j\delta}(e^{2\pi jm\kappa_0} - 1) + e^{2\pi jm} - e^{2\pi jm\kappa_0} \right].$$

Wegen $\exp(2\pi jm) = 1$ gilt

$$a_m = \frac{1}{2\pi jm}(e^{2\pi jm\kappa_0} - 1)(e^{j\delta} - 1). \tag{5.46}$$

Die Intensität des direkt reflektierten Lichtes ist proportional zu

$$a_0 a_0^* = 1 + 4\kappa_0(\kappa_0 - 1)\sin^2\frac{\delta}{2}. \tag{5.47}$$

Die Intensität in der m-ten Ordnung ist proportional zu

$$a_m a_m^* = \frac{4}{\pi^2 m^2} \sin^2 \pi m \kappa_0 \cdot \sin^2 \frac{\delta}{2}. \tag{5.48}$$

Am häufigsten werden Laminargitter verwendet, für die $\kappa_0 = 0{,}5$ ist. Die Gl. (5.47) und (5.48) spezialisieren sich in

$$a_0 a_0^* = 1 - \sin^2 \frac{\delta}{2}, \tag{5.49}$$

$$a_m a_m^* = \frac{4}{\pi^2 m^2} \cdot \sin^2 \frac{m\pi}{2} \cdot \sin^2 \frac{\delta}{2}. \tag{5.50}$$

Die geraden Ordnungen fallen aus. Für die ungeraden Ordnungen gilt

$$a_m a_m^* = \frac{4}{\pi^2 m^2} \cdot \sin^2 \frac{\delta}{2} \quad (m \text{ ungerade}). \tag{5.51}$$

Wählen wir $h = \lambda/4$, dann wird nach Gl. (5.43) $\delta = \pi$. Es ist

$$a_0 a_0^* = 0, \quad a_m a_m^* = \frac{4}{\pi^2 m^2} \quad (m \text{ ungerade}). \tag{5.52a, b}$$

Die nullte Ordnung, die wegen der fehlenden Dispersion bedeutungslos ist, wird unterdrückt. Die gesamte Energie ist in den Spektren enthalten. Die größte Intensität hat eine Linie mit der Wellenlänge $\lambda = 4h$, welche "blaze-Wellenlänge" des Gitters genannt wird, in der ersten Ord-

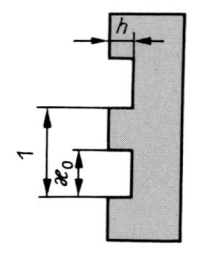

Abb. 5.27 Laminargitter   **Abb. 5.28** Echelettegitter

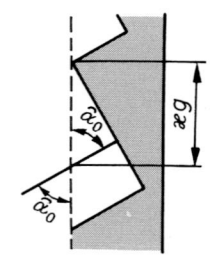

nung. Ein Vergleich von Gl. (5.52b) mit dem nach Gl. (2.343) gebildeten Wert $a_m a_m^* = 1/\pi^2 m^2$ ($\kappa_0 = 0{,}5$; m ungerade) zeigt, daß die Spektren des Laminargitters die vierfache Intensität der Spektren eines "kastenförmigen" Transmissionsgitters haben.

Das Echelettegitter hat "sägezahnförmige" Furchen (Abb. 5.28). Die Furchenform dient wie beim Laminargitter zur Verstärkung der Intensität in den höheren Ordnungen. Das Echelettegitter hat den Vorteil, daß das Hauptmaximum in jede beliebige Ordnung gelegt werden kann. Die Flanken einer Furche sollen einen rechten Winkel miteinander bilden. Das Lichtbündel treffe senkrecht auf die lange Flanke auf (Abb. 5.28). Es gilt

$$\Delta L = 2\kappa g \alpha_0, \quad \text{also} \quad \delta = \frac{4\pi \kappa g \alpha_0}{\lambda}. \tag{5.53}$$

Wir führen die Abkürzung $2\pi g \alpha_0 / \lambda = c$ ein. Die Strukturfunktion lautet

$$f(\kappa) = e^{2jc\kappa}. \tag{5.54}$$

Nach Gl. (2.338) und Gl. (2.339) erhalten wir die Fourier-Koeffizienten durch

$$a_0 = \int_0^1 e^{2jc\kappa} d\kappa = \frac{1}{2jc}(e^{2jc} - 1) \tag{5.55}$$

und

$$a_m = \int_0^1 e^{2j(c+m\pi)\kappa} d\kappa = \frac{1}{2j(c+m\pi)}\left[e^{2j(c+m\pi)} - 1\right]. \tag{5.56}$$

Die Intensitäten sind proportional zu

$$a_0 a_0^* = \left(\frac{\sin c}{c}\right)^2 \tag{5.57}$$

bzw. zu

$$a_m a_m^* = \left[\frac{\sin(c+m\pi)}{c+m\pi}\right]^2. \tag{5.58}$$

Wenn wir verlangen, daß die m-te Ordnung in Richtung des einfallenden Lichtes reflektiert wird, dann muß $\alpha = \alpha_0$ und nach Gl. (5.42)

$$2\alpha_0 = -\frac{m\lambda}{g} \tag{5.59}$$

sein. Mit Gl. (5.59) ergibt sich $c = -m\pi$ sowie aus Gl. (5.57) und Gl. (5.58)

$$a_0 a_0^* = 0, \quad a_m a_m^* = 1. \tag{5.60a, b}$$

Die aus Gl. (5.59) folgende Wellenlänge $\lambda = -2\alpha_0 g/m$ ist die blaze-Wellenlänge des Gitters. Die nullte Ordnung fällt weg, und die m-te hat eine besonders hohe Intensität.

Echelettegitter werden besonders für Untersuchungen im infraroten Bereich eingesetzt. Die geringe Intensität der Strahlungsquellen erfordert eine gute Ausnutzung der Energie in diesem Spektralbereich.

Konkave Reflexionsgitter. Die Plangitter haben den Nachteil, daß sie nur in Verbindung mit abbildenden Optiken verwendbar sind. Werden dazu Linsen benutzt, dann kann deren Farbfehler stören. Bei Linsen und bei Spiegeln setzt die Wellenlängenabhängigkeit der Durchlässigkeit bzw. der Reflexion die Lichtstärke herab. Die maximalen Beugungswinkel sind durch die Fassungen begrenzt. Diese Nachteile lassen sich teilweise beheben, wenn das Gitter die Abbildung selbst übernimmt, was bei den Konkavgittern der Fall ist.

Konkave Reflexionsgitter stellen Hohlspiegel dar, deren zu den Gitterstrichen senkrechte Sehne gleichmäßig geteilt ist (Abb. 5.29).

Konkavgitter eignen sich für den gesamten optischen Spektralbereich, besonders aber für den ultravioletten Bereich.

Konkave Reflexionsgitter werden von unserer Theorie der Beugungsgitter nicht erfaßt, weil wir stets über eine ebene Fläche integriert und Parallelbündel vorausgesetzt haben. Wir entwickeln daher eine vereinfachte Theorie des Konkavgitters, bei der nur die Lage der Beugungsmaxima bestimmt wird. Der Einfluß der Strukturfunktion bleibt unberücksichtigt, so daß wir keine Beziehung für die Intensitätsverteilung gewinnen.

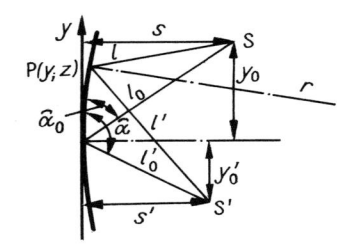

Abb. 5.29 Konkaves Reflexionsgitter

In Abb. 5.29 sei S der Beleuchtungsspalt, S' der Ort der Registriereinrichtung (z. B. des Films). Die Gitterstriche stehen senkrecht auf der Zeichenebene. S und S' sollen so gelegt werden, daß das Spektrum in S' scharf abgebildet wird. Durch die Beugung am Gitter kommt von jeder Furche ein schmales Bündel, das wegen der kleinen Gitterkonstanten in sich keine nennenswerten Phasendifferenzen besitzt, zum Punkt S'. Damit in S' die m-te Ordnung der Wellenlänge λ abgebildet wird, muß für jede Furche

$$l + l' = l_0 + l'_0 + k \cdot m\lambda \tag{5.61}$$

gelten; k ist die von der Mitte aus gezählte Nummer der Furche. Gleichmäßige Teilung der Sehne bedeutet gleichmäßige Teilung der y-Achse, also

$$y = k \cdot g. \tag{5.62}$$

Mit Gl. (5.62) eliminieren wir k aus Gl. (5.61):

$$l + l' = l_0 + l'_0 + \frac{m y \lambda}{g}. \tag{5.63}$$

Wir berechnen l. Es ist nach Abb. 5.29

$$l^2 = (z-s)^2 + (y_0 - y)^2, \tag{5.64a}$$

$$l_0^2 = s^2 + y_0^2, \tag{5.64b}$$

$$r^2 = (z-r)^2 + y^2. \tag{5.64c}$$

Wir setzen z aus Gl. (5.64c) in Gl. (5.64a) ein, vernachlässigen z^2 gegenüber y^2 und erhalten

$$l = l_0 \sqrt{1 + \frac{y^2}{l_0^2}\left(1 - \frac{s}{r}\right) - \frac{2 y y_0}{l_0^2}}. \tag{5.65}$$

Die Reihe

$$l = l_0 \left\{ 1 + \frac{y^2}{2 l_0^2}\left(1 - \frac{s}{r}\right) - \frac{y y_0}{l_0^2} - \frac{1}{8}\left[\frac{y^2}{l_0^2}\left(1 - \frac{s}{r}\right) - \frac{2 y y_0}{l_0^2}\right]^2 + \cdots \right\} \tag{5.66}$$

brechen wir mit dem in y quadratischen Glied ab und eliminieren y_0^2 mit Hilfe von Gl. (5.64b). Es ergibt sich

$$l = l_0 + \frac{y^2 s}{2 \cdot l_0}\left(\frac{s}{l_0^2} - \frac{1}{r}\right) - \frac{y y_0}{l_0}. \tag{5.67}$$

5.2 Dispergierende Funktionselemente

Die Berechnung von l' verläuft nach dem gleichen Schema. Wir setzen l und l' in Gl. (5.63) ein. Die Gleichung

$$\frac{y^2}{2}\left[\frac{s}{l_0}\left(\frac{s}{l_0^2}-\frac{1}{r}\right)+\frac{s'}{l_0'}\left(\frac{s'}{l_0'^2}-\frac{1}{r}\right)\right]-y\left(\frac{y_0}{l_0}+\frac{y_0'}{l_0'}+\frac{m\lambda}{g}\right)=0 \tag{5.68}$$

muß für sämtliche aus Gl. (5.62) folgenden y-Werte erfüllt sein. Dies ist nur möglich, wenn die Koeffizienten der Potenzen von y einzeln verschwinden. Aus

$$\frac{y_0}{l_0}+\frac{y_0'}{l_0'}=-\frac{m\lambda}{g} \tag{5.69}$$

folgt mit (Abb. 5.29)

$$\cos\widehat{\alpha}_0 = \alpha_0 = \frac{y_0}{l_0} \quad \text{und} \quad \sin(\widehat{\alpha}-90°) = -\alpha = -\frac{y_0'}{l_0'}$$

die Beziehung

$$\alpha_0 + \alpha = -\frac{m\lambda}{g}. \tag{5.70}$$

Gl. (5.42) für die Richtung der Maxima gilt auch beim Konkavgitter. Die Gleichung

$$\frac{s}{l_0}\left(\frac{s}{l_0^2}-\frac{1}{r}\right)+\frac{s'}{l_0'}\left(\frac{s'}{l_0'^2}-\frac{1}{r}\right)=0 \tag{5.71}$$

ist am einfachsten zu erfüllen, wenn $\frac{s}{l_0^2}=\frac{1}{r}$, $\frac{s'}{l_0'^2}=\frac{1}{r}$ oder

$$sr = l_0^2, \quad s'r = l_0'^2 \tag{5.72a, b}$$

gesetzt wird. In Gl. (5.72a, b) drückt sich der Satz von Euklid bezüglich zweier rechtwinkliger Dreiecke aus, deren Hypotenuse der Durchmesser eines Kreises mit dem Radius $r/2$ ist (Abb. 5.30).

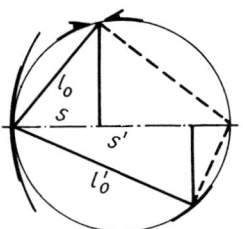

Abb. 5.30 Rowland-Kreis

Bei einem Konkavgitter müssen Beleuchtungsspalt und Empfänger auf einem Kreis mit dem Radius $r/2$, dem sogenannten *Rowland-Kreis*, liegen.

Bei einem Konkavgitter wird mit schrägen Bündeln abgebildet. Deshalb liefert es astigmatische Bilder. Es gibt verschiedene Anordnungen, bei denen der Fehler gering ist (vgl. [8]). Über konstruktive Lösungen zur zwangsweisen Führung von Spalt und Bild auf dem Rowland-Kreis lese man ebenfalls in [8] nach.

Teilungsfehler lassen sich bei der Gitterherstellung nicht vermeiden. Sie werden nach ihren Auswirkungen eingeteilt.

Periodische Teilungsfehler werden durch die Präzisionsschrauben, die dem Verschieben um die Gitterkonstante dienen, und durch den Antrieb der Teilmaschine hervorgerufen. Im Spektrum äußern sie sich in falschen Linien, die symmetrisch zur Mutterlinie liegen und Gittergeister genannt werden.

Statistische Teilungsfehler drücken sich in zufälligen Schwankungen der Furchenlage und der Furchenform aus. Sie erzeugen Streulicht und heben damit den Untergrund des Spektrums an.

Fortschreitende Teilungsfehler, wie z. B. ein gleichmäßiges Anwachsen der Gitterkonstanten in einer Richtung, rufen bei Plangittern fokale Eigenschaften hervor. Bei Konkavgittern führen sie zu einer scheinbaren Änderung des Krümmungsradius. Nähere Ausführungen über Teilungsfehler sind in [8] enthalten.

Holografische Gitter sind frei von Teilungsfehlern. Sie werden durch das Überlagern zweier Teilbündel eines Lasers innerhalb einer Fotolackschicht erzeugt (im allgemeinen mit UV-Strahlung). Bei entsprechender Behandlung des Fotolacks ergibt sich eine kosinusförmige Dickenverteilung (siehe 4.4.8). Nach einer Bedampfung mit Metall lassen sich daraus Reflexionsgitter herstellen. Auch die bisher behandelten Strukturfunktionen sind holografisch zu realisieren.

Um im linearen Bereich der Empfindlichkeit der Empfängerschichten zu bleiben, ist es günstig, wenn die Intensität der Signalwelle und der Referenzwelle verschieden sind. Statt Gl. (4.485) gilt dann

$$f(\kappa) = \frac{1}{2}(1 + K \cos 2\pi \kappa) \tag{5.73}$$

mit dem Kontrast

$$K = \frac{2\sqrt{I_1 I_2}}{I_1 + I_2}. \tag{5.74}$$

Das hat beim Transmissionsgitter die Konsequenz, daß die Beugungseffektivität auf $K^2/16$ herabgesetzt ist (bei $I_1 = 9 I_2$ ist $K = 0{,}6$, und die Beugungseffektivität beträgt 0,0225).

Das Phasengitter mit der Strukturfunktion

$$f(\kappa) = e^{j\delta_0 \cos 2\pi \kappa} \tag{5.75}$$

erzeugt in den Beugungsordnungen nach [19] die zu

$$a_m a_m^* = J_m^2(\delta_0) \tag{5.76}$$

proportionale Intensität. Das Maximum liegt in den ± 1. Ordnungen (abgesehen von der 0. Ordnung). Aus

$$\frac{d}{d\delta_0}[J_1^2(\delta_0)] = 2J_1 \frac{dJ_1}{d\delta_0} = 2J_1\left(J_0 - \frac{J_1}{\delta_0}\right) = 0 \tag{5.77}$$

folgt für das Maximum $J_1/\delta_0 = J_0$. Die Lösung dieser Gleichung lautet $\delta_0 = 1{,}841$, womit sich $J_1^2 = 0{,}339$ ergibt.

Die Beugungseffektivität des kosinusförmigen Phasengitters beträgt also 0,339 und ist damit bedeutend größer als beim kosinusförmigen Amplitudengitter. Da die Modulationstiefe

5.2 Dispergierende Funktionselemente

$2\delta_0$ beträgt, ergibt sich die günstigste Profiltiefe aus $2\delta_0 = (2\pi \Delta L / \lambda)$ zu $\Delta L = (\lambda \delta_0)/\pi$ (bei $\delta_0 = 1,841$ ist $\Delta L \approx 0,6\lambda$, also bei $\lambda = 500$ nm etwa $\Delta L = 300$ nm).

5.2.3 Etalons

Etalons sind dispergierende Funktionselemente, deren Hauptfunktion auf der Interferenz des Lichtes beruht.

> Etalons im engeren Sinne stellen planparallele Platten mit örtlich konstanter optischer Dicke dar, deren Oberflächen stark reflektieren.
> Etalons dienen der Erzeugung von Mehrfachbündeln, die so miteinander interferieren, daß Haidingersche Ringe entstehen (vgl. 2.5.3).

Die optische Dicke nd muß bis auf Abweichungen von 10 nm konstant sein. Das Reflexionsvermögen der Oberflächen ist entweder durch je eine Metallschicht oder durch dielektrische Mehrfachschichten angehoben (die Wirkungsweise wird in 5.3.2 erläutert).

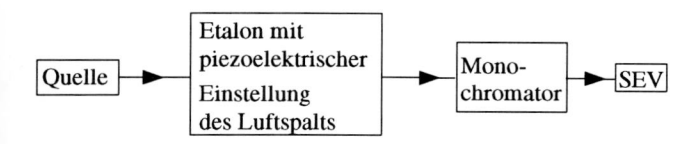

Abb. 5.31 Optik-Schema des Fabry-Perot-Interferometers

Etalons werden z. B. im Fabry-Perot-Interferometer eingesetzt, dessen Optik-Schema in Abb. 5.31 angegeben ist. Nach Gl. (2.242) entsteht der helle Ring maximaler Ordnung in der Nähe von $\varepsilon = 0$. Seine Ordnung folgt bei $n = 1$ aus

$$k_{\text{Max}} = \frac{2n''d}{\lambda}. \qquad (5.78)$$

Die Brechzahl n'' des Etalons ist nicht so genau meßbar, wie es für absolute Wellenlängenbestimmungen notwendig wäre. Deshalb dienen Etalons zur Bestimmung kleiner Wellenlängendifferenzen.

Etalons aus Rubin, Neodymglas u. a. werden als Laserresonatoren eingesetzt.

Lummer-Gehrcke-Platten können als Etalons mit nahezu streifendem Lichtaustritt aufgefaßt werden (Abb. 5.32). Der hohe Reflexionsgrad, der zur Erzeugung von Mehrfachbündeln erforderlich ist, wird nicht durch Verspiegelung, sondern durch den großen Austrittswinkel erreicht.

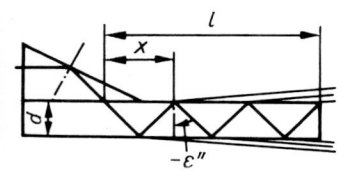

Abb. 5.32 Lummer-Gehrcke-Platte

Das Licht wird über ein Reflexionsprisma in das Etalon geleitet. Dadurch tritt das direkt reflektierte Licht nicht auf, und die Streifensysteme durch die Interferenz der auf beiden Seiten der Platte austretenden Bündel sind nahezu gleich. Die maximale Ordnung beträgt nach Gl. (2.217a) mit $\delta = 2k\pi$

$$k_{\text{Max}} = \frac{2n''d}{\lambda} \cos \varepsilon''. \tag{5.79}$$

Die Bündelanzahl folgt aus $p = l/x$ (vgl. Abb. 5.32). Mit $x = 2d \cdot \tan \varepsilon''$ erhalten wir

$$p = \frac{l}{2d \tan \varepsilon''}. \tag{5.80}$$

Es werden im allgemeinen Platten mit folgenden Abmessungen verwendet:

Länge 100...300 mm, Breite 20...50 mm, Dicke 3...10 mm.

Bei der Länge $l = 200$ mm, der Dicke $d = 10$ mm und der Brechzahl $n'' = 1,52$ ergibt sich $\varepsilon'' = 41,1°$, $k_{\text{Max}} = 38\,800$ und $p = 11$. Durch den streifenden Lichtaustritt sind die Anforderungen an die Ebenheit der Fläche hoch.

Abweichungen bringen falsche Linien mit sich, die "Geister" genannt werden. Diese sind erkennbar, wenn zwei Lummer-Gehrcke-Platten gekreuzt hintereinander angeordnet werden.

Als *Etalons im weiteren Sinne* können auch planparallele Luftplatten zwischen verspiegelten Oberflächen von Glas- oder Quarzplatten aufgefaßt werden (Abb. 5.33). Die Glasplatten werden schwach keilförmig ausgebildet, damit störende Reflexe unterdrückt werden (Keilwin-

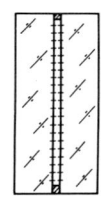

Abb. 5.33 Luftplatten-Etalon

kel bis zu 20′). Die Luftplattendicke kann mikrometrisch, pneumatisch oder magnetostriktiv verstellbar sein. Meistens werden jedoch feste Etalons verwendet, bei denen Distanzstücke aus Invar eine bis zu 1 μm konstante Dicke der Luftplatte garantieren. Der Längenausdehnungskoeffizient des Invars von $9 \cdot 10^{-7}$ K^{-1} stimmt fast mit der relativen Wellenlängenänderung mit der Temperatur bei $\lambda = 590$ nm in Luft überein ($9,3 \cdot 10^{-7}$ K^{-1}).

Es bleibt nur die Druckabhängigkeit der Wellenlänge zu berücksichtigen.

Luftetalons in Fabry-Perot-Interferometern dienen vorwiegend spektroskopischen Untersuchungen, z. B. der Feinstruktur von Spektrallinien.

5.2.4 Auflösungsvermögen. Dispersionsgebiet

Dispersionsprismen, Beugungsgitter und Etalons haben die Aufgabe, das Licht spektral zu zerlegen. Ihre Leitungsfähigkeit wird vor allem durch die Kennzahlen Auflösungsvermögen

5.2 Dispergierende Funktionselemente

und Dispersionsgebiet beschrieben. Wir beschäftigen uns zunächst mit dem Auflösungsvermögen.

> Das Auflösungsvermögen ist der Kehrwert des gerade noch trennbaren relativen Wellenlängenintervalls.

Da nur der Betrag der Wellenlängendifferenz von Bedeutung ist, definieren wir das Auflösungsvermögen durch

$$A = \left|\frac{\lambda}{d\lambda}\right|. \tag{5.81}$$

Die Berechnung des Auflösungsvermögens im konkreten Fall ist eine Frage der Vereinbarung. Als Gütefunktion wird die durch Interferenz oder Beugung entstehende Intensitätsverteilung verwendet. Durch ein Gütekriterium, das einer Aussage über die notwendige Einsattlung der durch die Addition der Intensitätsverteilungen für die Wellenlänge $\lambda + d\lambda$ entstehenden Gesamtintensität entspricht, wird die Gütezahl Auflösungsvermögen abgeleitet (Abb. 5.34).

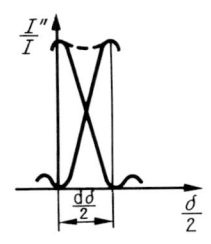

Abb. 5.34 Zur Definition des Auflösungsvermögens

Beim Etalon mit endlicher Bündelanzahl besteht das Interferenzbild aus Hauptmaxima, zwischen denen Minima und Nebenmaxima liegen. In diesem Fall legen wir fest:

> Das Wellenlängenintervall $d\lambda$ wird aufgelöst, wenn das Hauptmaximum der Wellenlänge λ mit dem ersten Minimum der Wellenlänge $\lambda + d\lambda$ zusammenfällt.

Für die Phasendifferenz gilt allgemein

$$\delta = \frac{2\pi}{\lambda} \Delta L. \tag{5.82}$$

Differentiation nach λ ergibt

$$d\delta = -\frac{2\pi}{\lambda^2} \Delta L \, d\lambda. \tag{5.83}$$

Division von Gl. (5.83) durch Gl. (5.82) führt auf

$$\frac{d\delta}{\delta} = -\frac{d\lambda}{\lambda}. \tag{5.84}$$

Bei der Interferenz endlich vieler Bündel erhalten wir nach Gl. (2.236) Hauptmaxima für

$$\delta = 2k\pi, \quad k = 0, 1, 2, \ldots$$

Das erste Minimum liegt nach Gl. (2.239) um

$$d\delta = \frac{2\pi}{p}$$

vom Hauptmaximum entfernt. Damit folgt aus Gl. (5.84)

$$\left|\frac{\lambda}{d\lambda}\right| = kp. \tag{5.85}$$

Das Auflösungsvermögen ist der Bündelanzahl und der Ordnung der Interferenzstreifen proportional.

Beim Etalon mit unendlicher Bündelanzahl sind keine Nebenmaxima der Intensität vorhanden (Abb. 2.73). Die "Schärfe" der Hauptmaxima wird durch deren Halbwertsbreite charakterisiert. Wir vereinbaren deshalb als Kriterium zur Ableitung des Auflösungsvermögens:

| Zwei Intensitätsverteilungen sind auflösbar, wenn ihre Hauptmaxima um die Halbwertsbreite auseinanderliegen (Abb. 5.35).

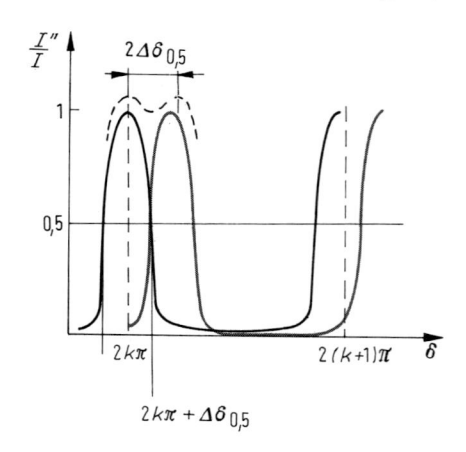

Abb. 5.35 Halbwertsbreite bei der Interferenz unendlich vieler Bündel

Nach Gl. (2.229) erhalten wir die Phasendifferenz $\delta = \delta_{\text{Max}} + \Delta\delta_{0,5} = 2k\pi + \Delta\delta_{0,5}$, die zur Abnahme der maximalen Intensität auf $I''/I = 0,5$ führt, aus

$$\frac{I''}{I} = \frac{1}{1 + \frac{4R}{(1-R)^2}\sin^2\left(\frac{\Delta\delta_{0,5} + 2k\pi}{2}\right)} = 0,5 \tag{5.86}$$

oder

$$1 - R = 2\sqrt{R}\sin\frac{\Delta\delta_{0,5}}{2}. \tag{5.87}$$

$\Delta\delta_{0,5}/2$ wird als kleine Größe angenommen, so daß $\sin(\Delta\delta_{0,5}/2) \approx \Delta\delta_{0,5}/2$ gesetzt werden kann (gilt etwa für $R \geq 0,8$; bei $R = 0,8$ ist der exakte Wert $\Delta\delta_{0,5} = 0,2241$, der Näherungswert $\Delta\delta_{0,5} \approx 0,2236$). Es ergibt sich für die gesamte Halbwertsbreite

$$2\Delta\delta_{0,5} = \frac{2(1-R)}{\sqrt{R}} \tag{5.88}$$

und für die relative Halbwertsbreite

$$\frac{d\delta}{\delta} \approx \frac{2\Delta\delta_{0,5}}{\delta_{\text{Max}}} = \frac{1-R}{\pi k \sqrt{R}}. \tag{5.89}$$

5.2 Dispergierende Funktionselemente

Einsetzen von Gl. (5.89) in Gl. (5.84) führt auf

$$\left|\frac{\lambda}{d\lambda}\right| = k\frac{\pi\sqrt{R}}{1-R}. \tag{5.90}$$

Wir nennen die Größe

$$p_e = \frac{\pi\sqrt{R}}{1-R} \tag{5.91}$$

"effektive Bündelzahl" und erhalten analog zu Gl. (5.85)

$$\left|\frac{\lambda}{d\lambda}\right| = k p_e. \tag{5.92}$$

Bei $R = 0,81$ ist $p_e = 15$; bei $R = 0,9$ ist $p_e = 30$. Die effektive Bündelanzahl steigt stark mit dem Reflexionsvermögen an.

Beim Beugungsgitter besteht das Beugungsbild aus Hauptmaxima, Nebenmaxima und Nullstellen der Intensität. Das Kriterium der Auflösung ist dem für Etalons mit endlicher Bündelanzahl analog:

> Das Wellenlängenintervall $d\lambda$ wird aufgelöst, wenn das Hauptmaximum der Wellenlänge λ mit der ersten Nullstelle der Wellenlänge $\lambda + d\lambda$ zusammenfällt.

Ein Hauptmaximum liegt in der Richtung

$$\alpha_0 - \alpha = \frac{m\lambda}{g}. \tag{5.93}$$

Differenzieren ergibt

$$d(\alpha_0 - \alpha) = \frac{m}{g}d\lambda. \tag{5.94}$$

Division führt auf

$$\frac{\lambda}{d\lambda} = \frac{\alpha_0 - \alpha}{d(\alpha_0 - \alpha)}. \tag{5.95}$$

Wir setzen nach Gl. (2.329) und Gl. (2.331)

$$\alpha_0 - \alpha = \frac{m\lambda}{g}, \quad d(\alpha_0 - \alpha) = \frac{\lambda}{Ng} \tag{5.96a, b}$$

und erhalten

$$\left|\frac{\lambda}{d\lambda}\right| = |m|N. \tag{5.97}$$

Das Auflösungsvermögen hängt nicht unmittelbar von der Gitterkonstanten ab. Diese wirkt sich nur indirekt aus, weil die Gesamtlinienanzahl N bei vorgegebener Gitterbreite der Gitterkonstanten umgekehrt proportional ist.

Das Auflösungsvermögen ist in höheren Ordnungen besser. Die maximale Ordnung der Gitterspektren ist jedoch begrenzt. Da α und α_0 Richtungskosinus sind, muß für eine beliebige Lichteinfallsrichtung

$$\alpha_0 - 1 \leq \alpha_0 - \alpha \leq \alpha_0 + 1 \tag{5.98}$$

sein. Mit Gl. (5.93) folgt daraus

$$\frac{g}{\lambda}(\alpha_0 - 1) \le m \le \frac{g}{\lambda}(\alpha_0 + 1). \tag{5.99}$$

Bei senkrechtem Lichteinfall ist $\alpha_0 = 0$, also

$$-\frac{g}{\lambda} \le m \le \frac{g}{\lambda}. \tag{5.100}$$

Die Spektren liegen, wie zu erwarten war, symmetrisch zum ungebeugten Licht.
   Bei streifendem Einfall wird $\alpha_0 = 1$ und nach Gl. (5.99)

$$0 \le m \le \frac{2g}{\lambda}. \tag{5.101}$$

Wir erhalten nur die eine Hälfte der Spektren, und dadurch ist die maximale Ordnung doppelt so groß wie bei senkrechtem Lichteinfall. Aus Gl. (5.100) lesen wir ab, daß die Gitterkonstante mindestens der Wellenlänge gleich sein muß, wenn noch die erste Ordnung auftreten soll.

Dispersionsprisma. Wir berechnen das Auflösungsvermögen des Dispersionsprismas für Parallelbündel. Es ist dann ε_1 konstant, und für das sogenannte Dispersionsvermögen (δ ist hier die Ablenkung, nicht die Phasendifferenz) finden wir

$$\frac{d\delta}{d\lambda} = \frac{d\delta}{dn}\frac{dn}{d\lambda}. \tag{5.102}$$

Wenn $\delta = -\varepsilon_1 + \varepsilon_2' - \gamma$ und $\varepsilon_2 = \varepsilon_1' + \gamma$ ist, gilt

$$\frac{d\delta}{dn} = \frac{d\varepsilon_2'}{dn} \quad \text{und} \quad \frac{d\varepsilon_1'}{dn} = \frac{d\varepsilon_2}{dn}. \tag{5.103a, b}$$

Die Berechnung von $d\varepsilon_2'/dn$ aus den Prismendaten wird in Tab. 5.5 ausgeführt (Abb. 5.36). Es ergibt sich mit Gl. (5.102)

$$\frac{d\delta}{d\lambda} = \frac{\sin\gamma}{\cos\varepsilon_1' \cos\varepsilon_2'}\frac{dn}{d\lambda}. \tag{5.104}$$

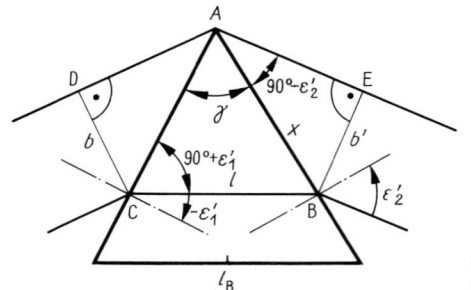

Abb. 5.36 Zur Ableitung des Auflösungsvermögens des Prismas

Weiter wird in Tab. 5.5 abgeleitet, daß für die Minimalablenkung ($b' = b$, $l = l_B$ gesetzt)

$$\frac{\sin\gamma}{\cos\varepsilon_1' \cos\varepsilon_2'} = \frac{l_B}{b} \tag{5.105}$$

gilt. Darin ist l_B die Basislänge des Prismas, b die Breite des einfallenden Parallelbündels.

5.2 Dispergierende Funktionselemente

Aus Gl. (5.104) und Gl. (5.105) folgt

$$d\delta = \frac{l_B}{b}\frac{dn}{d\lambda}d\lambda. \qquad (5.106)$$

Das Auflösungsvermögen wird durch die Beugung des Lichtes am Spalt mit der Breite b begrenzt. (Die Tatsache, daß eigentlich ein Rechteck der Breite b und der Prismenlänge l gebeugt wird, hat für die Auflösung keine Bedeutung.) Die erste Nullstelle der Wellenlänge

Tabelle 5.5 Ableitung des Auflösungsvermögens für das Dispersionsprisma

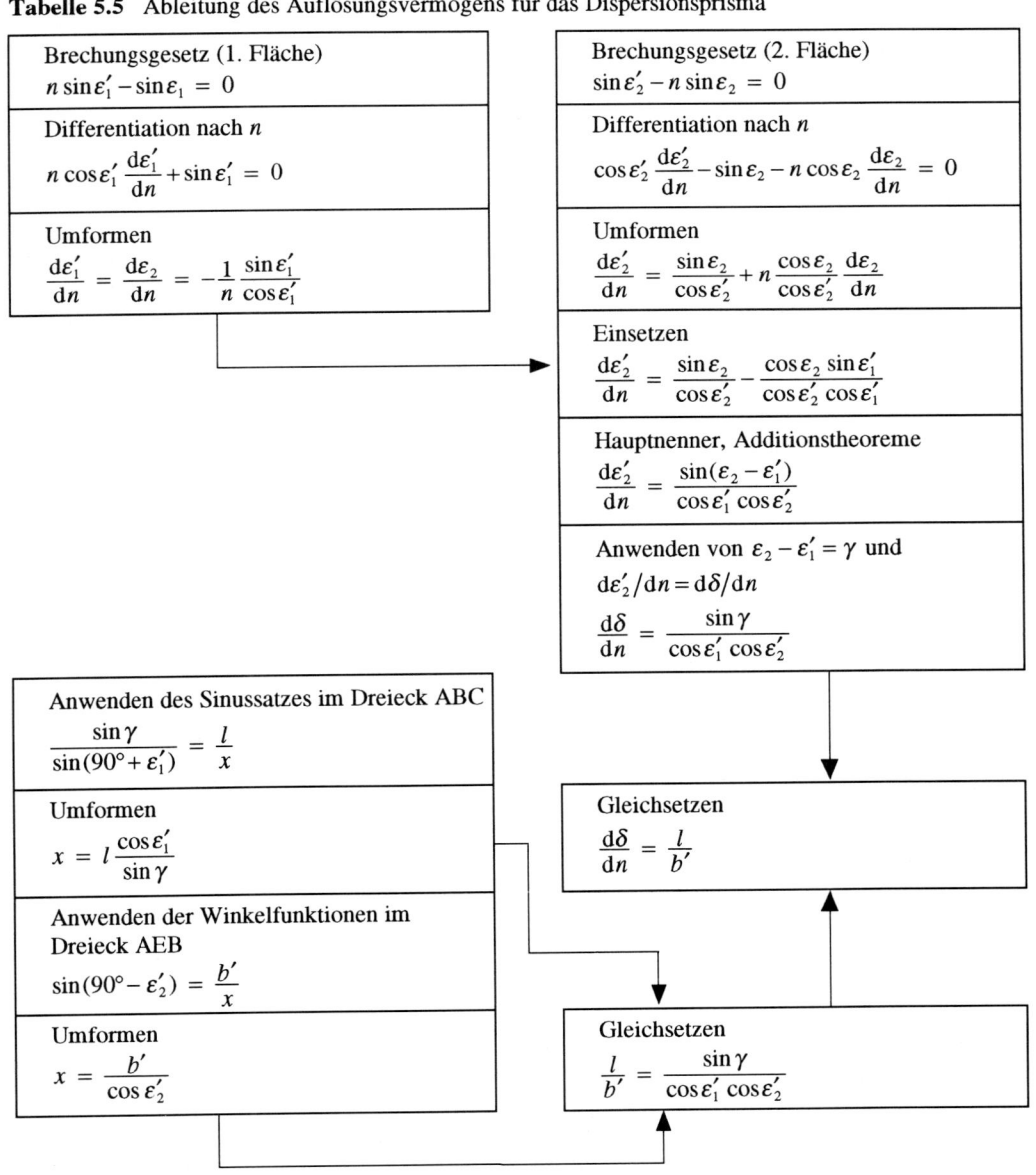

Brechungsgesetz (1. Fläche) $n\sin\varepsilon_1' - \sin\varepsilon_1 = 0$	Brechungsgesetz (2. Fläche) $\sin\varepsilon_2' - n\sin\varepsilon_2 = 0$
Differentiation nach n $n\cos\varepsilon_1'\frac{d\varepsilon_1'}{dn} + \sin\varepsilon_1' = 0$	Differentiation nach n $\cos\varepsilon_2'\frac{d\varepsilon_2'}{dn} - \sin\varepsilon_2 - n\cos\varepsilon_2\frac{d\varepsilon_2}{dn} = 0$
Umformen $\frac{d\varepsilon_1'}{dn} = \frac{d\varepsilon_2}{dn} = -\frac{1}{n}\frac{\sin\varepsilon_1'}{\cos\varepsilon_1'}$	Umformen $\frac{d\varepsilon_2'}{dn} = \frac{\sin\varepsilon_2}{\cos\varepsilon_2'} + n\frac{\cos\varepsilon_2}{\cos\varepsilon_2'}\frac{d\varepsilon_2}{dn}$
	Einsetzen $\frac{d\varepsilon_2'}{dn} = \frac{\sin\varepsilon_2}{\cos\varepsilon_2'} - \frac{\cos\varepsilon_2\sin\varepsilon_1'}{\cos\varepsilon_2'\cos\varepsilon_1'}$
	Hauptnenner, Additionstheoreme $\frac{d\varepsilon_2'}{dn} = \frac{\sin(\varepsilon_2 - \varepsilon_1')}{\cos\varepsilon_1'\cos\varepsilon_2'}$
	Anwenden von $\varepsilon_2 - \varepsilon_1' = \gamma$ und $d\varepsilon_2'/dn = d\delta/dn$ $\frac{d\delta}{dn} = \frac{\sin\gamma}{\cos\varepsilon_1'\cos\varepsilon_2'}$
Anwenden des Sinussatzes im Dreieck ABC $\frac{\sin\gamma}{\sin(90° + \varepsilon_1')} = \frac{l}{x}$	
Umformen $x = l\frac{\cos\varepsilon_1'}{\sin\gamma}$	Gleichsetzen $\frac{d\delta}{dn} = \frac{l}{b'}$
Anwenden der Winkelfunktionen im Dreieck AEB $\sin(90° - \varepsilon_2') = \frac{b'}{x}$	
Umformen $x = \frac{b'}{\cos\varepsilon_2'}$	Gleichsetzen $\frac{l}{b'} = \frac{\sin\gamma}{\cos\varepsilon_1'\cos\varepsilon_2'}$

$\lambda + \mathrm{d}\lambda$, die höchstens mit dem Hauptmaximum der Wellenlänge λ zusammenfallen darf, gehört zur Ablenkung

$$\mathrm{d}\delta = \frac{\lambda}{b}. \tag{5.107}$$

Gleichsetzen von $\mathrm{d}\delta$ nach Gl. (5.106) und Gl. (5.107) ergibt für das Auflösungsvermögen

$$\left|\frac{\lambda}{\mathrm{d}\lambda}\right| = l_B \frac{\mathrm{d}n}{\mathrm{d}\lambda}. \tag{5.108}$$

Das Auflösungsvermögen des Dispersionsprismas mit Minimalablenkung ist seiner Basislänge und der Dispersion des Prismenwerkstoffs proportional.

Die Funktion $n = n(\lambda)$ ist für die Gläser SF 644/344 und SK 622/600 in Abb. 2.39 dargestellt. Die Tangente an die dort dargestellten Kurven ergibt die Dispersion $\mathrm{d}n/\mathrm{d}\lambda$. Es ist zu erkennen, daß die Dispersion und damit das Auflösungsvermögen nach dem kurzwelligen Bereich hin zunimmt.

Dispersionsgebiet. Zwischen der Intensitätsverteilung eines dispergierenden Funktionselements und der Wellenlänge läßt sich nur dann ein eindeutiger Zusammenhang herstellen, wenn jedem Meßpunkt der Intensität eine Wellenlänge zugeordnet ist. Es kommt jedoch vor, daß sich in bestimmten Gebieten die Interferenzmaxima verschiedener Ordnung überlagern.

| Das Dispersionsgebiet ist der Wellenlängenbereich, in dem zwischen dem Ort und der Wellenlänge ein eindeutiger Zusammenhang besteht.

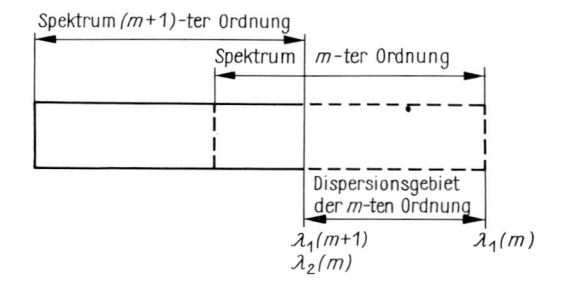

Abb. 5.37 Zur Definition des Dispersionsgebiets

Abb. 5.37 demonstriert das Dispersionsgebiet für die Spektren eines Beugungsgitters. Die Ablenkung des Lichtes für die eine Grenze des Dispersionsgebiets der m-ten Ordnung läßt sich folgendermaßen ausdrücken:

$$\alpha_0 - \alpha = \frac{m\lambda_2}{g} = \frac{(m+1)\lambda_1}{g}. \tag{5.109}$$

Daraus folgt für das Dispersionsgebiet

$$\lambda_2 - \lambda_1 = \frac{\lambda_1}{m}. \tag{5.110}$$

Allgemein formuliert gilt also

$$\Delta\lambda = \left|\frac{\lambda}{m}\right|. \tag{5.111}$$

Die analoge Überlegung für Etalons führt auf das Dispersionsgebiet in der Schreibweise

$$\Delta \lambda = \frac{\lambda}{k}. \qquad (5.112)$$

Das Dispersionsprisma erzeugt nur ein Spektrum, so daß der Begriff des Dispersionsgebiets gegenstandslos ist. Das ausnutzbare Wellenlängenintervall ist in erster Linie durch die Absorption des Prismenwerkstoffs bestimmt.

Bei Beugungsgittern ist die Ordnung wesentlich kleiner als bei Etalons, so daß bei ihnen das Dispersionsgebiet größer ist. Bei Etalons ist im allgemeinen eine Vordispersion mit einem Gitter oder einem Prisma erforderlich, damit nur Licht des Dispersionsgebiets aufgespalten wird. Tab. 5.6 enthält eine Übersicht über das Auflösungsvermögen und das Dispersionsgebiet der drei behandelten Gruppen von dispergierenden Funktionselementen.

Tabelle 5.6 Auflösungsvermögen und Dispersionsgebiet bei $\lambda = 500$ nm

	Daten		Ordnung	Auflösungs-vermögen	Dispersionsgebiet in nm
Flintglas - Prisma	b	$= 100$ mm	–	10 000	–
Liniengitter	N	$= 100\,000$	$m = 2$	200 000	250
Etalon	p_e	$= 60$	$k = 80\,000$	4 800 000	0,00625

5.3 Filternde Funktionselemente

5.3.1 Absorptionsfilter

Die filternden Funktionselemente im Sinne dieses Abschnitts könnten vollständig als Zeitfrequenzfilter bezeichnet werden.

> Filternde Funktionselemente verändern die spektrale Zusammensetzung des Lichtes. Farbfilter haben einen eingeschränkten spektralen Durchlässigkeitsbereich, Kantenfilter eine kurz- oder langwellige Grenze.
> Monochromat- oder Linienfilter erzeugen quasimonochromatisches Licht.

Filter betrachten wir als Funktionselemente. Die Änderung der spektralen Zusammensetzung des Lichtes ist auch mit Geräten lösbar, bei denen dispergierende oder filternde Funktionselemente eingesetzt sind (Monochromatoren). Außerdem können optisch wirksame Flächen eines optischen Systems so behandelt werden, daß dem Gesamtsystem eine Filterwirkung zukommt.

Wir rechnen die Reflexionsänderung von Oberflächen, die ebenfalls wellenlängenabhängig ist, zu den Filterwirkungen. Die möglicherweise mit der Reflexion verbundene Richtungsänderung des Lichtbündels überlagert sich der Filterung als Nebenfunktion.

Tab. 5.7 erhält eine Übersicht über physikalische Effekte, die einzelnen Filtertypen oder Geräten zugrunde liegen.

Tabelle 5.7 Physikalische Effekte, filternde Funktionselemente und Geräte

Effekt	Funktionselement	Gerät
Totalreflexion	Turner-Filter	–
Absorption	Farbgläser	–
Dispersion	–	Prismenmonochromator
Interferenz	Interferenzfilter	Interferenzfilter-Monochromator
Beugung	–	Gittermonochromator

Absorptionsfilter beruhen auf der wellenlängenabhängigen Absorption von optisch durchlässigen Stoffen. Planparallel geschliffene Farbgläser stellen die hochwertigsten Absorptionsfilter für optische Geräte dar. Sie sind besonders bekannt als Filter für fotografische Aufnahmen. Gelegentlich werden auch mit organischen Farbstoffen eingefärbte Gelatine- oder Folienfilter verwendet.

Die für Absorptionsfilter charakteristischen Kennzahlen wurden bereits in 2.3.1 abgeleitet. Anstelle der dort verwendeten spektralen Intensität kann in die Gleichungen auch der spektrale Strahlungsfluß eingesetzt werden (analog zu den Ausführungen in Kapitel 3). So gilt z. B. für den spektralen Transmissionsgrad

$$\tau_\lambda = \frac{\Phi''_{e,\lambda}}{\Phi_{e,\lambda}}. \tag{5.113}$$

Der visuelle Helligkeitseindruck eines Filterglases wird durch den Lichttransmissionsgrad

$$\tau_v = \frac{\int_{360\,\text{nm}}^{780\,\text{nm}} \Phi_{e,\lambda}\, \tau_\lambda\, V_\lambda\, d\lambda}{\int_{360\,\text{nm}}^{780\,\text{nm}} \Phi_{e,\lambda}\, V_\lambda\, d\lambda} \tag{5.114}$$

bestimmt. Der Glaskatalog enthält außerdem noch Angaben zu den Farbwertanteilen x, y und den Helmholtz-Maßzahlen λ_f, p_e für verschiedene Normlichtarten.

In Tab. 5.8a, b findet man einen Überblick über die Einteilung der Farbgläser, die im Katalog des Jenaer Glaswerkes angewendet wird. Die Kombination der Merkmale kennzeichnet ein Filterglas. So bedeutet z. B. IK einen Kantenfilter, der für IR-Strahlung durchlässig ist.

Weißgläser sperren UV-Strahlung, sind aber im VIS- und IR-Bereich transparent. Farbtemperaturändernde Gläser ermöglichen die Änderung der Farbtemperatur eines Strahlers auch nach höheren Werten hin. Die daraus hergestellten Konversionsfilter sind durch die "Mired-Kenngröße" gekennzeichnet (micro reciprocal degree). Diese folgt aus dem Wienschen Strahlungsgesetz [22] zu

$$\frac{1}{T_{f2}} - \frac{1}{T_{f1}} = 10^{-6} \Delta M \tag{5.115}$$

(T_{f1}, T_{f2} Farbtemperaturen, $|\Delta M| = 15, 30, 60, 120$ µrd bei den handelsüblichen Konversionsfiltern des Jenaer Glaswerkes).

Umwandlung in eine höhere Farbtemperatur erfordert $\Delta M < 0$, die Filter sehen bläulich aus; Umwandlung in eine niedrigere Farbtemperatur ist bei $\Delta M > 0$ gegeben, die Filter sehen bräunlich-rot aus. Abb. 5.38 enthält für einige Beispiele die Reintransmissionsgrade für die Einheitsdicke als Funktion der Wellenlänge.

5.3 Filternde Funktionselemente

Tabelle 5.8a Einteilung der Farbgläser nach dem spektralen Transmissionsbereich

U(V)-Gläser	U	I(R)-Gläser	I
Blaugläser	B	Weißgläser	W
Grüngläser	V	Bandengläser	M
Gelbgrüngläser	GV	Neutralgläser	N
Gelbgläser	G	Wärmeschutzgläser	C
Orangegläser	O	Farbtemperatur-	FB
Rotgläser	R	ändernde Gläser	FR

Tabelle 5.8b Einteilung der Farbgläser nach dem charakteristischen spektralen Transmissionsverlauf

Kantengläser	K	Doppelmaximumgläser	D (300...800 nm)
Anlaufgläser	A	Bandengläser	
Einmaximumgläser	E		

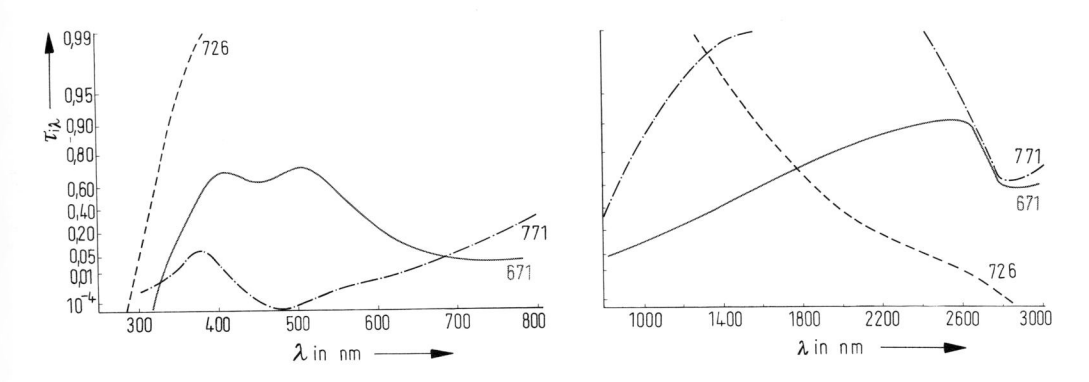

Abb. 5.38 Reintransmissionsgrad von Farbfiltern als Funktion der Wellenlänge
Code-Nr. 726 (Weißglas WG 10), 671 (Grünglas VG 12), 771 (IR-Kantenglas UG7)

5.3.2 Interferenzfilter mit Absorption

Die Herstellung von Interferenzfiltern wurde möglich, nachdem die Technologie dünner Schichten industriell beherrscht wurde.

> Interferenzfilter enthalten Systeme aus dünnen Schichten, in denen das Licht so interferiert, daß der spektrale Transmissionsgrad oder der spektrale Reflexionsgrad an einen vorgegeben Verlauf weitgehend angenähert wird.

Entsprechend dieser Begriffsbestimmung unterscheiden wir Interferenztransmissions- und Interferenzreflexionsfilter.

Ein Teil der dünnen Schichten muß genügend durchsichtig sein. Wegen der geringen Schichtdicken können wir die Absorption in Nichtleitern vernachlässigen. Wir bezeichnen deshalb ein System aus nichtleitenden Schichten als Interferenzfilter ohne Absorption. Interferenzfilter mit Absorption enthalten dünne und damit teildurchlässige Metallschichten.

Wir behandeln zunächst den theoretisch einfachen Fall der nichtleitenden Einfachschicht zwischen teildurchlässigen Metallschichten (Abb. 5.39).

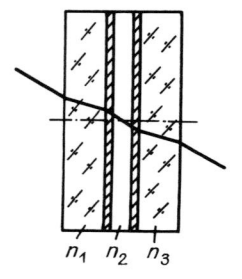

Abb.5.39 Interferenzfilter mit Einfachschicht zwischen Metallschichten

Interferenzfilter mit Absorption (Einfachschicht). Die Anordnung nach Abb. 5.39 ist dem Fabry-Perot-Etalon analog. Die Metallschichten haben zwei wesentliche Wirkungen:

- Erhöhung des Reflexionsgrades an den Oberflächen der nichtleitenden Schicht;
- Änderung der Phase des Lichtes (Phasensprung).

Die Reflexion an den Außenflächen der Träger ist für die Interferenz unwesentlich; sie geht in den Transmissionsgrad des Filters ein.

Wir berechnen den Reintransmissionsgrad eines Filters, auf den eine ebene Welle trifft. Innerhalb der nichtleitenden Schicht treten Mehrfachreflexionen auf. Sämtliche im hindurchgehenden Licht enthaltenen Bündel müssen durch beide Metallschichten gehen, wobei die komplexen Amplituden um die Faktoren t_1 und t_2 geschwächt und in der Phase um $\exp j(\delta_{d_1} + \delta_{d_2})$ geändert werden. Die Größen $t_1, t_2, \delta_{d_1}, \delta_{d_2}$ folgen aus den Formeln für die Metallreflexion.

Gegenüber dem direkt hindurchgelassenen Licht haben die übrigen Bündel je zwei zusätzliche Metallreflexionen mit dem Reflexionsfaktor $r_1 r_2$ und der Phasenänderung $\delta_{r_1} + \delta_{r_2}$ erfahren. Zwei aufeinanderfolgende Bündel haben die Phasendifferenz δ durch den Wegunterschied in der Schicht. Die komplexe Amplitude eines beliebigen Bündels lautet also

$$a_k'' = a t_1 t_2 \cdot e^{j(\delta_{d_1} + \delta_{d_2})} (r_1 r_2)^{k-1} \cdot e^{j(k-1)(\delta_{r_1} + \delta_{r_2})} \cdot e^{j(k-1)\delta}. \tag{5.116}$$

Wir nehmen an, daß beide Metallschichten gleich sind. Ferner verwenden wir den Energiesatz in der Form

$$R + T + A = 1$$

(R Reflexionsgrad, T Transmissionsgrad, A Absorptionsgrad). Außerdem ist analog zu Gl. (2.201) und Gl. (2.202)

$$r_1 r_2 = r_1^2 = R \tag{5.117}$$

und

$$t_1 t_2 = 1 - R - A \tag{5.118}$$

zu setzen.

5.3 Filternde Funktionselemente

Wegen der gleichen Einfallswinkel an den Metallschichten ist $\delta_{r_1} = \delta_{r_2} = \delta_r$. Mit Gl. (5.117) und Gl. (5.118) geht Gl. (5.116) über in

$$a''_k = a(1-R-A) \cdot e^{j(\delta_{d_1}+\delta_{d_2})} R^{k-1} \cdot e^{2j(k-1)\delta_r} \cdot e^{j(k-1)\delta}. \tag{5.119}$$

Die durch Interferenz der Teilbündel entstehende Amplitude beträgt

$$a'' = a(1-R-A) \cdot e^{j(\delta_{d_1}+\delta_{d_2})} \sum_{k=1}^{\infty} R^{k-1} \cdot e^{2j(k-1)\delta_r} \cdot e^{j(k-1)\delta}. \tag{5.120}$$

Die Summation wird mit der Formel für die Summe der unendlichen geometrischen Reihe ausgeführt. Wir erhalten

$$a'' = a \frac{(1-R-A) \cdot e^{j(\delta_{d_1}+\delta_{d_2})}}{1-R \cdot e^{2j\delta_r} \cdot e^{j\delta}}. \tag{5.121}$$

Für die Intensität ergibt sich (vgl. 2.5.2)

$$I'' = I \frac{(1-R-A)^2}{(1-R)^2 + 4R \sin^2\left(\frac{\delta}{2}+\delta_r\right)}. \tag{5.122}$$

Für die Maxima gilt

$$I''_{\text{Max}} = I \left(\frac{1-R-A}{1-R}\right)^2, \tag{5.123}$$

$$\frac{\delta}{2} + \delta_r = k\pi. \tag{5.124}$$

Der Transmissionsgrad hängt vom Absorptionsgrad der Metallschichten ab und sinkt erwartungsgemäß mit wachsender Dicke der Verspiegelung.

Aus Gl. (5.124) ergibt sich unter Verwendung von Gl. (2.217a)

$$\frac{2\pi n_2 d \cos \varepsilon''}{\lambda_0} + \delta_r = k\pi. \tag{5.125}$$

Die erforderliche Schichtdicke beträgt

$$d = \frac{\lambda_0}{2\pi n_2 \cos \varepsilon''} (k\pi - \delta_r). \tag{5.126}$$

Nach dem Vorbild der Ableitung von Gl. (5.90) erhalten wir für die relative Halbwertsbreite der Durchlässigkeitsmaxima

$$\left|\frac{\Delta\lambda_{0,5}}{\lambda}\right| = \frac{1-R}{\pi\sqrt{R}\left(k - \frac{\delta_r}{\pi}\right)}. \tag{5.127}$$

Analog läßt sich auch die relative Zehntelwertsbreite berechnen. Es ergibt sich

$$\left|\frac{\Delta\lambda_{0,1}}{\lambda}\right| = \frac{3(1-R)}{\pi\sqrt{R}\left(k - \frac{\delta_r}{\pi}\right)}. \tag{5.128}$$

Für Interferenzfilter mit Einfachschichten gilt also allgemein

$$\Delta\lambda_{0,1} = 3\Delta\lambda_{0,5}. \tag{5.129}$$

Wir diskutieren die Gleichungen (5.123), (5.124), (5.127) für senkrechten Lichtdurchgang und $n_1 = n_3$. Die Ergebnisse sind dann unabhängig von der Schwingungsebene des einfallenden Lichtes. Aus Gl. (5.126) folgt

$$d = \frac{\lambda_0}{2n_2}\left(k - \frac{\delta_r}{\pi}\right). \tag{5.130}$$

Für Silberschichten gilt bei $\varepsilon = 0$ praktisch unabhängig von der Schichtdicke angenähert

$$\delta_r = 0{,}25\pi. \tag{5.131}$$

Bei $\lambda_0 = 552$ nm und $n_2 = 1{,}5$ ergibt sich für $k = 1$ eine Dicke von $d = 138$ nm. In den höheren Ordnungen ist d um Vielfache von $\lambda_0/2n_2 = 184$ nm zu vergrößern. Die Eigenschaften zweier Filter, die sich in der Dicke der Silberschichten unterscheiden, sind in Tab. 5.9 zusammengestellt. Folgende allgemeingültigen Ergebnisse sind abzulesen:

- Ein höherer Reflexionsgrad setzt den Transmissionsgrad stark herab.
- Ein Filter 1. Ordnung läßt auch Licht mit kleinerer Wellenlänge hindurch.
- Ein Filter höherer Ordnung läßt auch Licht höherer und niedrigerer Wellenlänge hindurch.
- Filter höherer Ordnung haben geringere Halbwertsbreiten.

Tabelle 5.9 Vergleich von vier Interferenzfiltern

	Filter I	Filter II	Filter I und Filter II	
R	0,86	0,945	*1. Ordnung*	
A	0,02	0,025	d (in nm)	138
T	0,12	0,03	λ_{Max} (in nm)	552
I''_{Max}/I	0,734	0,298		236,57
				150,55
1. Ordnung				
$100\left|\frac{\Delta\lambda_{0,5}}{\lambda}\right|$	6,4%	2,4%	*4. Ordnung*	
			d (in nm)	690
4. Ordnung			λ_{Max} (in nm)	2760
		0,48%		1182
$100\left|\frac{\Delta\lambda_{0,5}}{\lambda}\right|$	1,28%			752,73
				552
				435,74

Soll ein Filter nur eine Ordnung hindurchlassen, also ein Linienfilter sein, dann müssen wir ihn mit einem zweiten Filter koppeln, der die übrigen Ordnungen unterdrückt. Das kann durch ein Farbglas erreicht werden. Handelsübliche Interferenzfilter enthalten deshalb eingekittete Farbgläser.

Bei der Anwendung eines Interferenzfilters müssen wir darauf achten, daß er vom Parallelbündel senkrecht durchsetzt wird. Bei kleinen Neigungen verschiebt sich sein Transmissionsgrad-Maximum nach kleineren Wellenlängen. Aus Gl. (5.126) folgt

$$\lambda_0(\varepsilon'') = \frac{2 n_2 d}{k - \frac{\delta_r}{\pi}} \cos \varepsilon'' = \lambda_0(0) \cos \varepsilon''. \tag{5.132}$$

Für kleine Winkel gilt

$$\lambda_0(\varepsilon'') = \lambda_0(0)\left(1 - \frac{1}{2}\varepsilon''^2\right). \tag{5.133}$$

Es handelt sich um einen quadratischen Effekt, so daß kleine Abweichungen von $\varepsilon'' = 0$ in Kauf genommen werden können. Abweichungen von der Parallelität innerhalb des Lichtbündels bewirken eine Abnahme der Wellenlänge des Lichtes nach dem Rande zu. Bei einem Bündel mit dem Öffnungswinkel $2u$ innerhalb der Schicht ergibt sich

$$\lambda_0(\varepsilon'' = 0) - \lambda_0(\varepsilon'' = u) = \lambda_0 - \lambda_0 \cos u = \lambda_0(1 - \cos u). \tag{5.134}$$

Bei $u = 60°$ ist also z. B.

$$\lambda_0(\varepsilon'' = 60°) = \frac{1}{2}\lambda_0(\varepsilon'' = 0). \tag{5.135}$$

Schließlich ist zu beachten, daß das Licht bei schrägem Durchgang durch den Filter polarisiert wird. Die Beziehungen sind dann für R_s, T_s und R_p, T_p getrennt anzuwenden (vgl. 5.4.5). Die Intensität in den Maxima wird auch verändert, weil die Metallschichten wellenlängenabhängig absorbieren. Dadurch wird u. a. der Einsatz von Interferenzfiltern im Ultravioletten und Infraroten beeinträchtigt.

Filterkombinationen ohne Kopplung. Interferenzfilter können miteinander kombiniert werden. Sie wirken dann so wie Anordnungen aus Farbgläsern. Die Transmissionsgrade der einzelnen Filter sind miteinander zu multiplizieren, weil zwischen den wirksamen Schichten verschiedener Filter keine Interferenz des Lichtes eintritt. Wir sprechen deshalb auch von Filterkombinationen ohne Kopplung bzw. von Doppelinterferenzfiltern. Durch die Reflexionen an den Filteroberflächen wird der Transmissionsgrad herabgesetzt. Außerdem können bei parallelen Filtern störende Nebenbilder entstehen. Die Filter werden deshalb manchmal gegen die optische Achse geneigt. Dabei muß auf die veränderte Lage des Maximums geachtet werden.

Mehrfachschichten mit Kopplung. Wir sparen gegenüber den ungekoppelten Interferenzfiltern Metallschichten ein, vermindern also die Absorptionsverluste, wenn wir abwechselnd nichtleitende und leitende Schichten aufdampfen. Der Transmissionsgrad des Filters ist dann nicht mehr das Produkt aus den Transmissionsgraden der Einzelschichten. Wegen der Interferenz sämtlicher durch das Schichtsystem hindurchgehenden Bündel müssen erst die komplexen Amplituden addiert werden, bevor daraus die Gesamtintensität gebildet werden kann. Die Schichten sind miteinander gekoppelt. Je weniger durchlässig die Metallschichten sind, desto geringer ist die Kopplung. Formal bestehen Analogien zu den gekoppelten elektrischen Schwingkreisen, wie sie in den Bandfiltern vorkommen. Die Transmissionsgradkurven entsprechen daher mit wachsender Kopplung – also mit steigendem Transmissionsgrad der Metallschichten – immer mehr den typischen Bandfilterkurven mit einer Einsattelung des Maximums (Abb. 5.40 a, b, c). Wir beschränken uns auf ein Beispiel aus [5]. Es handelt sich um einen Zweifachfilter, bei dem sämtliche Nichtleiter gleiche Brechzahl haben und die drei Metallschichten gleich sind. Die Daten der Metallschichten sind:

Abb. 5.40a Dicke $d = 30$ nm, Transmissionsgrad $T = 0,164$;
Abb. 5.40b Dicke $d = 20$ nm, Transmissionsgrad $T = 0,30$;
Abb. 5.40c Dicke $d = 15$ nm, Transmissionsgrad $T = 0,40$.

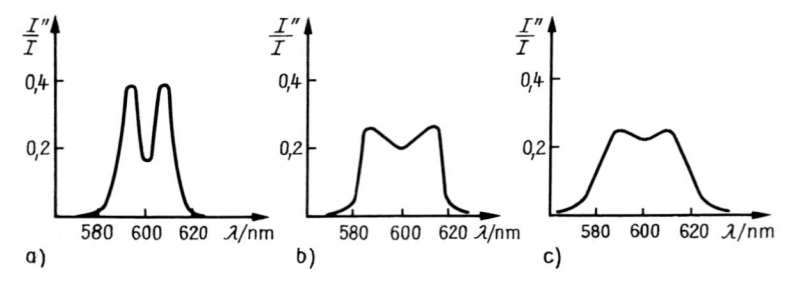

Abb. 5.40 Transmissionsgrade bei gekoppelten Interferenzschichten
a) Schwache, b) mittlere, c) starke Kopplung

Tab. 5.10 enthält industriell gefertigte Typen von Interferenzfiltern mit Absorption. Die Spezialfilter sind enger toleriert, so daß das Transmissionsgrad-Maximum genauer garantiert wird. Bei den Doppel- und Kopplungsfiltern sind zwei Filter mit unterschiedlicher Ordnung der Maxima miteinander kombiniert. Die Resonanzfilter enthalten Zweifachschichten mit Kopplung, bei denen $\Delta\lambda_{0,1} = 1,7\Delta\lambda_{0,5}$ gilt. Es handelt sich um Interferenzfilter mit einer größeren Flankensteilheit der Maxima. Tab. 5.11 enthält die Daten von jeweils einem Beispiel für jeden Filtertyp.

Tabelle 5.10 Industriell gefertigte Typen von Interferenzfiltern mit Absorption

Bezeichnung	Abkürzung
UV-Interferenzfilter	UVIF
Interferenzfilter	IF
IR-Interferenzfilter	IRIF
UV-Spezialinterferenzfilter	UVSIF
Spezialinterferenzfilter	SIF
IR-Spezialinterferenzfilter	IRSIF
UV-Kopplungsinterferenzfilter	UVKIF
Doppelinterferenzfilter	DIF
UV-Kopplungsspezialinterferenzfilter	UVKSIF
Doppelspezialinterferenzfilter	DSIF
Resonanzinterferenzfilter	RIF
Resonanzspezialinterferenzfilter	RSIF
Doppelresonanzsinterferenzfilter	DRIF
Doppelresonanzspezialinterferenzfilter	DRSIF

5.3 Filternde Funktionselemente   415

Tabelle 5.11 Beispiele von industriell gefertigten Interferenzfiltern mit Absorption (τ Transmissionsgrad bei der Wellenlänge λ, $\Delta\lambda$ Toleranz der Wellenlänge im Durchlaßmaximum, $\Delta\lambda_{0,5}$ Halbwertsbreite)

Typ	τ in %	λ/nm	$\Delta\lambda$/nm	$\Delta\lambda_{0,5}$/nm	$100\Delta\lambda_{0,5}/\lambda$ in %
UVIF	25...30	333	±5	10...20	3...6
IF	25...35	546	±5	7...11	1,3...2
IRIF	20...30	2000	±30	≤70	≤3,5
UVSIF	25...30	333	±2	10...20	3...6
SIF	25...35	546	±3	7...11	1,3...2
IRSIF	20...30	2000	+12, −4	≤70	≤3,5
UVKIF	15...20	225	±4	6...15	2,7...6,7
DIF	8...15	546	±5	5...9	0,92...1,6
UVKSIF	15...20	225	±2	6...15	2,7...6,7
DSIF	8...15	546	±3	5...9	0,92...1,6
RIF	40...60	546	±5	15...25	2,7...4,6
RSIF	40...60	546	±3	15...25	2,7...4,6
DRIF	20...30	546	±5	10...20	1,8...3,7
DRSIF	20...30	546	±3	10...20	1,8...3,7

5.3.3 Dielektrische Mehrfachschichten

Einfachschicht. Eine dünne nichtleitende Schicht zwischen gleichen Trägerplatten mit einer anderen Brechzahl erzeugt wegen des geringen Reflexionsgrades der Grenzflächen nur zwei Bündel wesentlicher Intensität. Der Transmissionsgrad hängt kosinusförmig von der Wellenlänge ab. Die Einfachschicht ist als Filter wenig geeignet.

Die Metallschichten in den Interferenzfiltern mit Absorption dienen der Erzeugung vieler interferierender Bündel. Ihr Nachteil ist die Absorption, die bei kleinen Halbwertsbreiten nur geringe Transmissionsgrade ermöglicht. Die absorbierte Energie wird in Wärme umgewandelt, so daß bei hohen Intensitäten Veränderungen im Filter auftreten können.

Mehrfachbündel müssen aber auch entstehen, wenn nichtleitende Schichten mit abwechselnd hoher und niedriger Brechzahl verwendet werden (damit der Reflexionsgrad der Grenzflächen merklich ist). Deshalb eignen sich auch Schichtsysteme, die nur nichtleitende Schichten enthalten, als Interferenzfilter. Die Transmissionsgradkurven solcher Filter haben wegen der starken Kopplung der Schichten den Charakter von Bandfilterkurven.

Behandlung von Schichtsystemen. Wir gehen von den Gleichungen (2.47a, b) und (2.48a, b) aus, die für eine Grenzfläche gelten. Sie haben sich unmittelbar aus der Forderung ergeben, daß die Tangentialkomponenten der elektrischen und der magnetischen Feldstärke an der Grenzfläche stetig sind.

Bei zwei Grenzflächen ist im Inneren der Schicht an der ersten Grenzfläche noch der Anteil a_1''' zu addieren, der durch die Reflexion an der zweiten Grenzfläche zurückläuft (Abb.

5.41). Wir beschränken uns zunächst auf den Fall der senkrecht zur Einfallsebene schwingenden elektrischen Feldstärke. Den Index s in den Gleichungen lassen wir vorläufig weg.

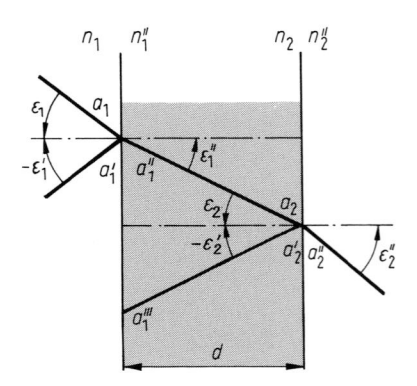

Abb. 5.41 Winkel und Amplituden an einer Schicht

Aus Gl. (2.47b) folgt für die komplexe Amplitude an der ersten Grenzfläche

$$a_1 + a_1' = a_1'' + a_1'''. \tag{5.136}$$

An der zweiten Grenzfläche gilt

$$a_2 + a_2' = a_2''. \tag{5.137}$$

Für die komplexen Amplituden der magnetischen Feldstärke ergeben sich aus Gl. (2.48a) bis auf den Faktor $\sqrt{\varepsilon_0/\mu_0}$, der sich ohnehin herauskürzt,

$$n_1(a_1 - a_1')\cos\varepsilon_1 = n_1''(a_1'' - a_1''')\cos\varepsilon_1'' \tag{5.138}$$

und

$$n_2(a_2 - a_2')\cos\varepsilon_2 = n_2'' a_2'' \cos\varepsilon_2''. \tag{5.139}$$

Bei nichtabsorbierenden Schichten ändert sich der Anteil a_1'' bis zur zweiten Fläche nur um den Phasenfaktor δ, der aus Gl. (2.217a) folgt. Analoges gilt für a_1''', nur mit entgegengesetztem Vorzeichen von δ. Wir erhalten

$$a_2 = a_1'' e^{-j\delta} \quad \text{und} \quad a_2' = a_1''' e^{j\delta}. \tag{5.140a, b}$$

Wir setzen die Gleichungen (5.140a, b) in die Gl. (5.137) und (5.139) ein und führen die Größen

$$\gamma_1^s = n_1'' \cos\varepsilon_1'' = n_2 \cos\varepsilon_2, \quad \gamma_2^s = n_2'' \cos\varepsilon_2'' \tag{5.141, 5.142}$$

ein ("oben s" steht für "senkrecht schwingende Komponente"). Das ergibt für Gl. (5.137)

$$a_1'' e^{-j\delta} + a_1''' e^{j\delta} = a_2'' \tag{5.143}$$

und für Gl. (5.139)

$$\gamma_1^s(a_1'' e^{-j\delta} - a_1''' e^{j\delta}) = \gamma_2^s a_2''. \tag{5.144}$$

Auflösen der Gleichungen (5.143) und (5.144) nach den komplexen Amplituden a_1'' und a_1'''

5.3 Filternde Funktionselemente

liefert

$$a_1'' = \frac{1}{2} a_2'' \left(1 + \frac{\gamma_2^s}{\gamma_1^s}\right) e^{j\delta} \quad \text{und} \quad a_1''' = \frac{1}{2} a_2'' \left(1 - \frac{\gamma_2^s}{\gamma_1^s}\right) e^{-j\delta}. \quad (5.145a, b)$$

Einsetzen von a_1'' und a_1''' in Gl. (5.136) sowie Anwenden der Eulerschen Formel führt auf

$$a_1 + a_1' = a_2'' \left(\cos\delta + j \frac{\gamma_2^s}{\gamma_1^s} \sin\delta\right). \quad (5.146)$$

Einsetzen von a_1'' und a_1''' in Gl. (5.138) sowie Anwenden der Eulerschen Formel ergibt

$$\gamma_0^s (a_1 - a_1') = a_2'' \gamma_1^s \left(j \sin\delta + \frac{\gamma_2^s}{\gamma_1^s} \cos\delta\right) \quad (5.147)$$

mit

$$\gamma_0^s = n_0 \cos\varepsilon_0 = n_1 \cos\varepsilon_1 \quad (5.148)$$

(n_0, ε_0 Größen vor der Schicht).

Gl. (5.146) und Gl. (5.147) stellen ein lineares Gleichungssystem dar, das in Matrixschreibweise

$$\begin{pmatrix} a_1 + a_1' \\ \gamma_0^s (a_1 - a_1') \end{pmatrix} = \begin{pmatrix} \cos\delta & \dfrac{j}{\gamma_1^s} \sin\delta \\ j \gamma_1^s \sin\delta & \cos\delta \end{pmatrix} \begin{pmatrix} a_2'' \\ \gamma_2^s a_2'' \end{pmatrix} \quad (5.149)$$

lautet. Die Matrix

$$M_1^s = \begin{pmatrix} \cos\delta & \dfrac{j}{\gamma_1^s} \sin\delta \\ j \gamma_1^s \sin\delta & \cos\delta \end{pmatrix} \quad (5.150)$$

enthält die charakteristischen Daten der Schicht für die senkrecht schwingende Welle.

Die analoge Ableitung für eine Welle, bei der die elektrische Feldstärke parallel zur Einfallsebene schwingt, hat von den Gleichungen (2.47a) und (2.48b) auszugehen. Sie lauten unter Einbeziehung des an der zweiten Grenzfläche reflektierten Anteils ($\sqrt{\varepsilon_0/\mu_0}$ weggelassen)

$$(a_1 - a_1') \cos\varepsilon_1 = (a_1'' - a_1''') \cos\varepsilon_1'', \quad n_1 (a_1 + a_1') = n_1' (a_1'' + a_1''') \quad (5.151, 5.152)$$

und

$$(a_2 - a_2') \cos\varepsilon_2 = a_2'' \cos\varepsilon_2'', \quad n_2 (a_2 + a_2') = n_2'' a_2''. \quad (5.153, 5.154)$$

Mit den Gleichungen (5.140a, b) und den Abkürzungen

$$\gamma_1^p = \frac{n_1''}{\cos\varepsilon_1''} = \frac{n_2}{\cos\varepsilon_2}, \quad \gamma_2^p = \frac{n_2''}{\cos\varepsilon_2''}, \quad \gamma_0^p = \frac{n_0}{\cos\varepsilon_0} = \frac{n_1}{\cos\varepsilon_1} \quad (5.155a, b, c)$$

können wir nun die für die "s-Komponente" abgeleiteten Gleichungen übernehmen. Für die "p-Komponente" gilt

$$M_1^p = \begin{pmatrix} \cos\delta & \dfrac{j}{\gamma_1^p}\sin\delta \\ j\gamma_1^p \sin\delta & \cos\delta \end{pmatrix}. \tag{5.156}$$

Es kann also unabhängig von der Schwingungsrichtung

$$\begin{pmatrix} a_1 + a_1' \\ \gamma_0(a_1 - a_1') \end{pmatrix} = M_1 \begin{pmatrix} a_2'' \\ \gamma_2 a_2'' \end{pmatrix} \tag{5.157}$$

geschrieben werden, nur ist jeweils das entsprechende γ einzusetzen.

Die Kopplung der zweiten und dritten Schicht wird durch

$$\begin{pmatrix} a_2 + a_2' \\ \gamma_1(a_2 - a_2') \end{pmatrix} = M_2 \begin{pmatrix} a_3'' \\ \gamma_3 a_3'' \end{pmatrix} \tag{5.158}$$

beschrieben. Multiplikation mit M_1 von links ergibt

$$M_1 \begin{pmatrix} a_2 + a_2' \\ \gamma_1(a_2 - a_2') \end{pmatrix} = M_1 M_2 \begin{pmatrix} a_3'' \\ \gamma_3 a_3'' \end{pmatrix}. \tag{5.159}$$

Nach dem Ausmultiplizieren der linken Seite von Gl. (5.159) läßt sich mit den Gleichungen (5.136), (5.138), (5.140a, b), (5.141) und (5.148) zeigen, daß

$$M_1 \begin{pmatrix} a_2 + a_2' \\ \gamma_1(a_2 - a_2') \end{pmatrix} = \begin{pmatrix} a_1 + a_1' \\ \gamma_0(a_1 - a_1') \end{pmatrix} \tag{5.160}$$

ist. Es gilt also für k Schichten

$$\begin{pmatrix} a_1 + a_1' \\ \gamma_0(a_1 - a_1') \end{pmatrix} = M \begin{pmatrix} a_{k+1}'' \\ \gamma_{k+1} a_{k+1}'' \end{pmatrix} = M \begin{pmatrix} a_s'' \\ \gamma_s a_s'' \end{pmatrix} \tag{5.161}$$

(a_s'' komplexe Amplitude hinter dem System aus k Schichten) mit

$$M = \prod_{m=1}^{k} M_m = \begin{pmatrix} m_{11} & m_{12} \\ m_{21} & m_{22} \end{pmatrix}. \tag{5.162}$$

Explizit gilt

$$a_1 + a_1' = m_{11} a_s'' + m_{12} \gamma_s a_s'', \tag{5.163}$$

$$\gamma_0(a_1 - a_1') = m_{21} a_s'' + m_{22} \gamma_s a_s''. \tag{5.164}$$

Setzen wir für den Reflexionsfaktor $r = a_1'/a_1$ und den Transmissionsfaktor $t = a_s''/a_1$, so ist

$$1 + r = m_{11} t + m_{12} \gamma_s t, \tag{5.165}$$

$$1 - r = \frac{1}{\gamma_0}(m_{21} t + m_{22} \gamma_s t), \tag{5.166}$$

woraus

$$r = \frac{\gamma_0 m_{11} + \gamma_0 \gamma_s m_{12} - m_{21} - \gamma_s m_{22}}{\gamma_0 m_{11} + \gamma_0 \gamma_s m_{12} + m_{21} + \gamma_s m_{22}} \tag{5.167}$$

5.3 Filternde Funktionselemente

und

$$t = \frac{2\gamma_0}{\gamma_0 m_{11} + \gamma_0 \gamma_s m_{12} + m_{21} + \gamma_s m_{22}} \tag{5.168}$$

folgt. Dabei ist entsprechend den Gleichungen (5.142), (5.148), (5.155b) und (5.155c)

$$\gamma_0^s = n_0 \cos\varepsilon_0, \quad \gamma_0^p = \frac{n_0}{\cos\varepsilon_0}, \tag{5.169, 5.170}$$

$$\gamma_s^s = n_s \cos\varepsilon_s'', \quad \gamma_s^p = \frac{n_s}{\cos\varepsilon_s''}. \tag{5.171, 5.172}$$

Der Reflexionsgrad ergibt sich aus $\rho = |r|^2$, der Transmissionsgrad aus $\tau = 1 - \rho$.

Doppelschichten. Wir untersuchen die Wirkung eines Schichtsystems, das auf einen Träger der Brechzahl n_s aufgetragen ist und auf das das Licht senkrecht auftrifft. Vor der Schicht ist die Brechzahl n_0 vorhanden. Es gilt dann

$$\gamma_m^s = \gamma_m^p, \quad \gamma_0 = n_0, \quad \gamma_s = n_s.$$

Für ein System aus zwei Schichten der Dicke $\lambda_0/4n$ mit hoher bzw. niedriger Brechzahl ist

$$d_1 = \frac{\lambda_0}{4n_1''}, \quad \delta_1 = \frac{2\pi d_1 n_1''}{\lambda_0} = \frac{\pi}{2}, \quad d_2 = \frac{\lambda_0}{4n_2''}, \quad \delta_2 = \frac{2\pi d_2 n_2''}{\lambda_0} = \frac{\pi}{2}, \tag{5.173a, b}$$

also $\cos\delta_1 = \cos\delta_2 = 0$, $\sin\delta_1 = \sin\delta_2 = 1$ zu setzen. Es ist

$$M = M_1 M_2 = \begin{pmatrix} 0 & \dfrac{j}{\gamma_1} \\ j\gamma_1 & 0 \end{pmatrix} \begin{pmatrix} 0 & \dfrac{j}{\gamma_2} \\ j\gamma_2 & 0 \end{pmatrix} = \begin{pmatrix} -\dfrac{\gamma_2}{\gamma_1} & 0 \\ 0 & -\dfrac{\gamma_1}{\gamma_2} \end{pmatrix}. \tag{5.174}$$

Wegen $\gamma_1 = n_1''$, $\gamma_2 = n_2''$ gilt

$$M = \begin{pmatrix} -\dfrac{n_2''}{n_1''} & 0 \\ 0 & -\dfrac{n_1''}{n_2''} \end{pmatrix}. \tag{5.175}$$

Für den Reflexionsfaktor ergibt Gl. (5.167) mit $\gamma_s/\gamma_0 = n_s/n_0$

$$r = \frac{-\dfrac{n_2''}{n_1''} + \dfrac{n_s}{n_0}\dfrac{n_1''}{n_2''}}{-\dfrac{n_2''}{n_1''} - \dfrac{n_s}{n_0}\dfrac{n_1''}{n_2''}} = \frac{\dfrac{n_0}{n_s}\left(\dfrac{n_2''}{n_1''}\right)^2 - 1}{\dfrac{n_0}{n_s}\left(\dfrac{n_2''}{n_1''}\right)^2 + 1}. \tag{5.176}$$

Für $n_1'' = n_2''$ erhalten wir die Matrix einer $\lambda_0/2n$-Schicht:

$$M = \begin{pmatrix} -1 & 0 \\ 0 & -1 \end{pmatrix}. \tag{5.177}$$

Periodische Schichtsysteme. Für ein periodisches System aus einer geraden Anzahl k von $\lambda_0/4n$-Schichten abwechselnd hoher und niedriger Brechzahl gilt

$$M = \begin{pmatrix} \left(-\dfrac{n_2''}{n_1''}\right)^{\frac{k}{2}} & 0 \\ 0 & \left(-\dfrac{n_1''}{n_2''}\right)^{\frac{k}{2}} \end{pmatrix} \tag{5.178}$$

und damit nach Gl. (5.167)

$$r = \frac{\dfrac{n_0}{n_s}\left(\dfrac{n_2''}{n_1''}\right)^k - 1}{\dfrac{n_0}{n_s}\left(\dfrac{n_2''}{n_1''}\right)^k + 1}. \tag{5.179}$$

Wird die $\lambda_0/4n$-Schicht mit hoher Brechzahl (n_H) symbolisch mit H (in der englischen Literatur ebenfalls H), die $\lambda_0/4n$-Schicht mit niedriger Brechzahl (n_N) mit N (in der englischen Literatur mit L) bezeichnet, so ist das periodische System (o $\triangleq n_0$, s $\triangleq n_s$)

$$\mathrm{o(HN)}^{\frac{k}{2}}\mathrm{s} \quad \mathrm{oder} \quad \mathrm{o(NH)}^{\frac{k}{2}}\mathrm{s}$$

zu kennzeichnen.

Das Hinzufügen einer Schicht, so daß insgesamt k (ungerade) Schichten vorhanden sind, führt auf

$$M = \begin{pmatrix} 0 & \dfrac{j}{\gamma_2} \\ j\gamma_2 & 0 \end{pmatrix} \begin{pmatrix} \left(\dfrac{n_2''}{n_1''}\right)^{\frac{k-1}{2}} & 0 \\ 0 & \left(\dfrac{n_1''}{n_2''}\right)^{\frac{k-1}{2}} \end{pmatrix} = \begin{pmatrix} 0 & \dfrac{j}{\gamma_2}\left(\dfrac{n_1''}{n_2''}\right)^{\frac{k-1}{2}} \\ j\gamma_2\left(\dfrac{n_2''}{n_1''}\right)^{\frac{k-1}{2}} & 0 \end{pmatrix} \tag{5.180}$$

(das negative Vorzeichen bei n_2''/n_1'' läßt sich durch Ausklammern des Faktors -1 und Vorziehen vor die Matrizen beseitigen).

Für die Anordnung $\mathrm{oN(HN)}^{\frac{k-1}{2}}\mathrm{s}$ lautet der Reflexionsfaktor

$$r = \frac{1 - \dfrac{n_1''n_2''}{n_0 n_s}\left(\dfrac{n_2''}{n_1''}\right)^k}{1 + \dfrac{n_1''n_2''}{n_0 n_s}\left(\dfrac{n_2''}{n_1''}\right)^k}. \tag{5.181}$$

Für die Anordnung $\mathrm{o(HN)}^{\frac{k-1}{2}}\mathrm{Hs}$ sind die Matrizen folgendermaßen zu multiplizieren:

$$M = \begin{pmatrix} \left(\dfrac{n_2''}{n_1''}\right)^{\frac{k-1}{2}} & 0 \\ 0 & \left(\dfrac{n_1''}{n_2''}\right)^{\frac{k-1}{2}} \end{pmatrix} \begin{pmatrix} 0 & \dfrac{j}{\gamma_1} \\ j\gamma_1 & 0 \end{pmatrix} = \begin{pmatrix} 0 & \dfrac{j}{\gamma_1}\left(\dfrac{n_2''}{n_1''}\right)^{\frac{k-1}{2}} \\ j\gamma_1\left(\dfrac{n_1''}{n_2''}\right)^{\frac{k-1}{2}} & 0 \end{pmatrix}. \tag{5.182}$$

5.3 Filternde Funktionselemente

Für den Reflexionsfaktor gilt

$$r = \frac{\dfrac{n_0 n_s}{n_1'' n_2''}\left(\dfrac{n_2''}{n_1''}\right)^k - 1}{\dfrac{n_0 n_s}{n_1'' n_2''}\left(\dfrac{n_2''}{n_1''}\right)^k + 1}. \tag{5.183}$$

Dielektrische Spiegel. Periodische $\lambda_0/4n$-Schichtsysteme eignen sich als dielektrische Spiegel. Diese werden z. B. in Laserresonatoren und als Ersatz für die Metallschichten in Interferenzfiltern eingesetzt.

Als Beispiel nehmen wir an, daß die Schichten auf einen Glasträger aufgedampft sind ($n_0 = 1$, $n_s = 1{,}52$). Die Schichten sollen aus Titandioxid ($n'' = 2{,}4 \triangleq H$) und Magnesiumfluorid ($n'' = 1{,}38 \triangleq N$) bestehen. Tab. 5.12 enthält die mit den Gleichungen (5.179), (5.181) und (5.183) berechneten Werte des Reflexionsgrades. Sie weist aus, daß bei einer ungeraden Anzahl von Schichten die Anordnung $o(HN)^{\frac{k-1}{2}} Hs$ vorzuziehen ist. Die Werte der Tab. 5.12 gelten naturgemäß nur für die Wellenlänge, für die die Schichtdicken dimensioniert sind. Den spektralen Reflexionsgrad für einige Schichtanordnungen zeigt Abb. 5.42. Geeignete Werkstoffe für Schichtsysteme sind in Tab. 5.13 enthalten.

Tabelle 5.12 Reflexionsgrad für dielektrische Spiegel (Daten im Text)

k	ρ für $(HN)^{\frac{k}{2}}$	k	ρ für $N(HN)^{\frac{k-1}{2}}$	ρ für $(HN)^{\frac{k-1}{2}} H$
2	0,4131	3	0,1716	0,7048
4	0,7496	5	0,5762	0,8910
8	0,969	9	0,9419	0,9875
12	0,9966	13	0,9935	0,9999997

Tabelle 5.13 Werkstoffe für dünne Schichten (nach [22])

		n ($\lambda = 550$ nm)	Transmissions-bereich in µm	Schmelz-punkt in °C
Kryolith	(Na$_3$AlF$_6$)	1,35	0,2...14	1000
Magnesiumfluorid	(MgF$_2$)	1,38	0,12...8	1266
Cerfluorid	(CeF$_2$)	1,63	0,3...5	1460
Zirkoniumoxid	(ZrO$_2$)	2,10		
Zinksulfid	(ZnS)	2,32	0,39...14	1850
Titandioxid	(TiO$_2$)	2,4	0,4...12	1775
Bleitellurid	(PbTe)	5,0	4...20	904
		n ($\lambda = 2$ µm)		
Silizium	(Si)	3,46	1,2...15	1415
Germanium	(Ge)	4,12	1,8...23	958

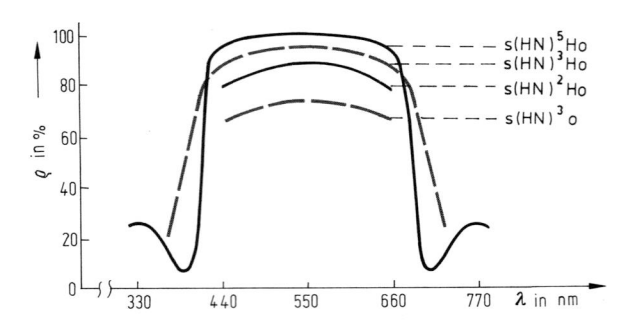

Abb. 5.42 Spektraler Reflexionsgrad von dielektrischen Spiegeln mit verschiedenen Mehrfachschichten (nach [21])

Interferenzfilter ohne Absorption. Bei einem Interferenzfilter sind die Schichten zwischen Glasträgern angeordnet. Zwischen den beiden dielektrischen Spiegeln liegt die $\lambda_0/2n$-Schicht, die das Maximum des Transmissionsgrades bestimmt. Das führt zu Anordnungen, die durch

$$s(HN)^{\frac{k-1}{2}} HooH(NH)^{\frac{k-1}{2}} s \quad \text{oder} \quad s(HN)^{\frac{k}{2}} oo(NH)^{\frac{k}{2}} s \qquad (5.184)$$

zu beschreiben sind (oo steht für eine $\lambda_0/2n_0$-Schicht). Das Ausmultiplizieren der zugeordneten Matrizen ergibt die Einheitsmatrix, so daß nach Gl. (5.167)

$$\rho = \left(\frac{n_s - n_0}{n_s + n_0}\right)^2, \quad \tau = 1-\rho \qquad (5.185)$$

wird. Die Etalons ohne Absorption haben also eine hohe Transmission. Abgesehen von den Reflexionen an den Außenflächen der Trägerplatten ist ihr Reflexionsgrad nur so groß wie bei einer Grenzfläche, an der sich die Brechzahl um $n_s - n_0$ ändert. Bei einer großen Anzahl an Schichten können allerdings die geringe Absorption in der Einzelschicht und die Streuung den Transmissionsgrad auf Werte um 0,5 herabsetzen.

Abb. 5.43 zeigt den Aufbau eines Interferenzfilters ohne Absorption. Als Beispiel wählen wir $n_s = 1{,}52$, $n_1'' = 2{,}4$ (Titanoxid), $n_2'' = 1{,}38$ (Magnesiumfluorid) und für die $\lambda_0/2n_0$-Schicht $n_0 = 1{,}63$ (Cerfluorid). Damit ergibt sich

bei acht Schichten beiderseits der $\lambda_0/2n_0$-Schicht

$$\rho_8 = 0{,}95 \quad \text{und für die erste Ordnung} \quad 100\left|\frac{\Delta\lambda_{0{,}5}}{\lambda}\right| = 1{,}63\%,$$

bei neun Schichten

$$\rho_9 = 0{,}9796 \quad \text{und für die erste Ordnung} \quad 100\left|\frac{\Delta\lambda_{0{,}5}}{\lambda}\right| = 0{,}656\%,$$

bei 13 Schichten

$$\rho_{13} = 0{,}998 \quad \text{und für die erste Ordnung} \quad 100\left|\frac{\Delta\lambda_{0{,}5}}{\lambda}\right| = 0{,}07\%.$$

Bei 13 Schichten würde also die Halbwertsbreite eines Filters mit dem Durchlässigkeitsmaximum $\lambda = 546$ nm nur $\Delta\lambda_{0{,}5} = 0{,}38$ nm betragen.

5.3 Filternde Funktionselemente

Ein System aus dielektrischen Spiegeln und einer $\lambda_0/2n$-Schicht wird Cavity genannt. Die Kopplung mehrerer Cavity verbessert die Flankensteilheit. So ist bei einem System nach Gl. (5.129) $\Delta\lambda_{0,1}/\Delta\lambda_{0,5} = 3$, bei zwei Systemen $\Delta\lambda_{0,1}/\Delta\lambda_{0,5} = 1,7$ und bei drei Systemen $\Delta\lambda_{0,1}/\Delta\lambda_{0,5} = 1,3$.

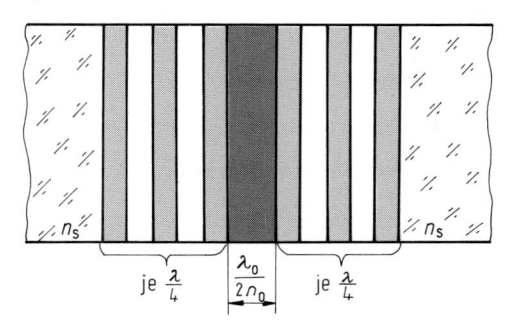

Abb. 5.43 Aufbau eines Interferenzfilters ohne Absorption mit der Anordnung $s(HN)^2 HooH(NH)^2 s$ (λ_0 Schwerpunktwellenlänge)

Es sei noch darauf hingewiesen, daß mit dem behandelten Formalismus auch absorbierende Schichten untersucht werden können, wenn mit der komplexen Brechzahl gearbeitet wird [15].

5.3.4 Reflexionsänderung

Bei den Transmissions-Interferenzfiltern wird das hindurchgelassene Licht ausgenutzt. Bei ihnen kommt es also auf den Verlauf des spektralen Transmissionsgrades an. Durch die Interferenz an dünnen Schichten wird aber ebenfalls der Reflexionsgrad beeinflußt. Sowohl die Erhöhung des Reflexionsgrades von Spiegeln als auch die Unterdrückung der Reflexion an Oberflächen haben praktische Bedeutung.

Entspiegelung mit Einfachschicht. Unter der "Entspiegelung" versteht man das Bedampfen von Linsen-, Prismen- und Plattenflächen mit dünnen, wenig absorbierenden Schichten zum Zwecke der Reflexionsminderung durch Interferenz. Bei den Erzeugnissen von Carl Zeiss Jena wurde für Einzelschichten die Handelsbezeichnung "T-Belag" bzw. bei mehreren Schichten "MC-Belag" eingeführt. Die Entspiegelung von Flächen an Linsen, Prismen und Planplatten, die das Licht nicht reflektieren sollen, hat drei wesentliche Vorteile:

- Da bei der Interferenz an praktisch nichtabsorbierenden Schichten der Energieerhaltungssatz erfüllt ist, ist der nichtreflektierte Lichtstrom im hindurchgelassenen Licht enthalten. Ein System, dessen Elemente entspiegelt sind, ist also "lichtstärker" als ein sonst gleiches, nichtentspiegeltes System.
- Das unkontrolliert reflektierte Licht ruft störende Nebenbilder und Reflexe hervor, die durch eine Entspiegelung weitgehend vermieden werden.
- Zwischen den Linsenflächen eines Systems treten Mehrfachreflexionen auf. Dadurch entsteht Streulicht, das den Kontrast des Bildes herabsetzt. Entspiegelte Systeme erzeugen kontrastreichere Bilder als nichtentspiegelte Systeme.

Das Beispiel einer nichtabsorbierenden Einfachschicht, die auf eine Planplatte aufgedampft ist, wollen wir quantitativ behandeln. Als Planplatte soll auch eine polierte Metallplatte zugelassen werden. (Abb. 5.44). Die an der nichtabsorbierenden Schicht reflektierte Welle hat die

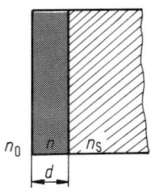

Abb. 5.44 Einfachschicht zur Reflexionsänderung des Trägers der Brechzahl n_s

Amplitude $a_1' = -r_1 A$ (das Minuszeichen repräsentiert den Phasensprung). Die nächste Welle, die die Schicht verläßt, ist am Metall reflektiert (Faktor r_2) und durch die erste Fläche zweimal hindurchgelassen worden (in verschiedenen Richtungen, Faktor $t_1 t_1'$). Sie hat gegenüber der direkt reflektierten Welle mit der Amplitude a_1' auf Grund des Weges in der Schicht die Phasendifferenz δ und infolge des bei der Metallreflexion auftretenden Phasensprunges die Phasendifferenz δ_r. Die komplexe Amplitude dieser Welle beträgt

$$a_2' = t_1 t_1' r_2 A \cdot e^{j(\delta + \delta_r)}.$$

Jede weitere im austretenden Licht enthaltene Welle ist je einmal zusätzlich am Metall und von innen an der Schichtoberfläche reflektiert worden. Die durch Interferenz entstehende Gesamtamplitude $a' = \sum a_k'$ beträgt also

$$a' = -r_1 A + t_1 t_1' r_2 A \cdot e^{j(\delta + \delta_r)} + t_1 t_1' r_1 r_2^2 A \cdot e^{2j(\delta + \delta_r)} + \cdots$$

oder

$$a' = -r_1 A + t_1 t_1' r_2 A \cdot e^{j(\delta + \delta_r)} \sum_{m=0}^{\infty} (r_1 r_2)^m \cdot e^{jm(\delta + \delta_r)}. \tag{5.186}$$

Nach Gl. (2.201) und Gl. (2.202) bestehen die Zusammenhänge

$$r_1 = \sqrt{R_1}, \quad r_2 = \sqrt{R_2} \quad \text{und} \quad t_1 t_1' = 1 - R_1.$$

Damit geht Gl. (5.186) über in

$$a' = -\sqrt{R_1} A + (1 - R_1)\sqrt{R_2} A \cdot e^{j(\delta + \delta_r)} \sum_{m=0}^{\infty} (R_1 R_2)^{\frac{m}{2}} \cdot e^{jm(\delta + \delta_r)}. \tag{5.187}$$

Die unendliche geometrische Reihe summieren wir. Das ergibt

$$a' = -\sqrt{R_1} A + \frac{(1 - R_1)\sqrt{R_2} A \cdot e^{j(\delta + \delta_r)}}{1 - \sqrt{R_1 R_2}\, e^{j(\delta + \delta_r)}}. \tag{5.188}$$

Den gesamten Reflexionsgrad berechnen wir aus

$$\rho = \frac{a' a'^*}{A^2}. \tag{5.189}$$

5.3 Filternde Funktionselemente

Wir setzen Gl. (5.188) in Gl. (5.189) ein und formen so um, daß der Ausdruck

$$\rho = \frac{R_1 + R_2 - 2\sqrt{R_1 R_2}\cos(\delta+\delta_r)}{1+R_1 R_2 - 2\sqrt{R_1 R_2}\cos(\delta+\delta_r)} \tag{5.190}$$

entsteht. Mit $\cos\alpha = 1 - 2\sin^2(\alpha/2)$ erhalten wir

$$\rho = \frac{\left(\sqrt{R_1} - \sqrt{R_2}\right)^2 + 4\sqrt{R_1 R_2}\cdot\sin^2\frac{\delta+\delta_r}{2}}{\left(1 - \sqrt{R_1 R_2}\right)^2 + 4\sqrt{R_1 R_2}\cdot\sin^2\frac{\delta+\delta_r}{2}}. \tag{5.191}$$

Wir diskutieren zunächst die Entspiegelung einer nichtabsorbierenden Platte. Je nachdem, ob die Brechzahl der aufgedampften Schicht größer oder kleiner als die Brechzahl des Trägers ist, ist $\delta_r = 0$ oder $\delta_r = \pi$. Die Annahme $\delta_r = 0$ führt auf einen Widerspruch. (Das soll jedoch hier nicht näher untersucht werden.) Wir setzen deshalb $\delta_r = \pi$, so daß

$$\rho = \frac{\left(\sqrt{R_1} - \sqrt{R_2}\right)^2 + 4\sqrt{R_1 R_2}\cdot\cos^2\frac{\delta}{2}}{\left(1 - \sqrt{R_1 R_2}\right)^2 + 4\sqrt{R_1 R_2}\cdot\cos^2\frac{\delta}{2}} \tag{5.192}$$

ist. Wir können den Reflexionsgrad zum Verschwinden bringen, wenn wir die beiden Bedingungen

$$\cos^2\frac{\delta}{2} = 0 \quad \text{und} \quad \sqrt{R_1} = \sqrt{R_2} \tag{5.193, 5.194}$$

erfüllen. Die Gl. (5.193) legt die Schichtdicke fest. Sie garantiert die richtigen Phasendifferenzen zwischen den Teilwellen und wird deshalb Phasenbedingung genannt. Die Gl. (5.194) enthält eine Aussage über die Brechzahl der aufgedampften Schicht. Durch ihre Erfüllung sind die Amplitudenverhältnisse so festgelegt, daß sich die Teilwellen gegenseitig auslöschen. Gl. (5.194) wird Amplitudenbedingung genannt. Die Phasenbedingung (5.193) verlangt, daß die Beziehung $\delta = (2z+1)\pi$ erfüllt ist. Die optische Weglänge, die der Phasendifferenz zugeordnet ist, beträgt $\Delta L = 2nd$ (n bezeichnet die Brechzahl, d die Dicke der aufgedampften Schicht). Wir erhalten mit $\delta = (2\pi\Delta L/\lambda_0)$

$$d = \frac{2z+1}{4}\frac{\lambda_0}{n}, \quad z = 0, 1, 2, 3, \ldots \tag{5.195}$$

Die Amplitudenbedingung (5.194) formen wir für den Fall einer nahezu senkrecht einfallenden Welle um. Es ist dann nach Gl. (2.54)

$$\sqrt{R_1} = \frac{n_0 - n}{n_0 + n} \quad \text{und} \quad \sqrt{R_2} = \frac{n - n_s}{n + n_s}$$

(n_s Brechzahl des Trägers) zu setzen. Die Amplitudenbedingung führt auf

$$n = \sqrt{n_0 n_s} \quad \text{bzw.} \quad n = \sqrt{n_s} \quad (\text{bei } n_0 = 1). \tag{5.196}$$

Bei der Entspiegelung einer nichtabsorbierenden Platte für senkrecht auftreffendes Licht mit einer Einfachschicht muß die Schichtdicke ein ungeradzahliges Vielfaches von $\lambda_0/4n$, die Brechzahl der Schicht gleich der Wurzel aus der Brechzahl des Trägers sein.

Mit einer Einfachschicht kann der Reflexionsgrad nur für eine Wellenlänge zum Verschwinden gebracht werden (Abb. 5.45). Das hat zwei Ursachen. Einmal läßt sich nach Gl. (5.195) die Schichtdicke nur für eine Wellenlänge richtig bemessen, und zum anderen ist wegen des unterschiedlichen Verlaufs der Funktionen $n = n(\lambda)$ und $n_s = n_s(\lambda)$ (verschiedene Dispersionskurven) die Amplitudenbedingung (5.196) nur für eine Wellenlänge exakt zu erfüllen.

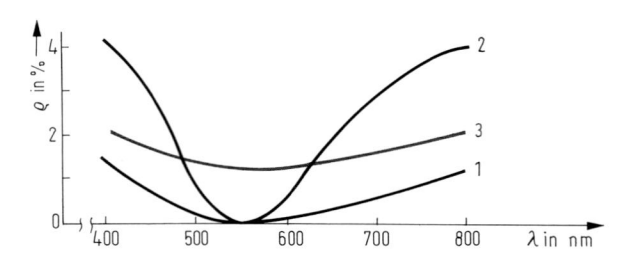

Abb. 5.45 Entspiegelung einer Glasplatte der Brechzahl $n_s = 1{,}52$ ($n_0 = 1$) mit einer Einfachschicht
Kurve 1: $d = \lambda_0/4n$, $n = 1{,}2329$
Kurve 2: $d = 3\lambda_0/4n$, $n = 1{,}2329$
Kurve 3: $d = \lambda_0/4n$, $n = 1{,}38$

An der Farbe des reflektierten Lichtes ist zu erkennen, für welche Farbe entspiegelt wurde. Wird die Reflexion z. B. von gelbem Licht unterdrückt, so erscheint die Schicht blau, also in der Komplementärfarbe zu Gelb. Ein Purpurfarbton zeigt Entspiegelung für den gelbgrünen Spektralbereich an. Für die Wirkungsweise der Entspiegelung im gesamten ausgenutzten Wellenlängenintervall ist auch die Schichtdicke wesentlich. Die Schicht mit der kleinstmöglichen Dicke $d = \lambda_0/4n$ ($z = 0$) ist am günstigsten. In Abb. 5.45 sind die Funktionen $\rho = \rho(\lambda)$ für eine Schicht mit dieser Dicke (Kurve 1) und für eine Schicht mit der Dicke $d = 3\lambda/4n$ (Kurve 2) gegenübergestellt.

Für die Entspiegelung optischer Gläser, deren Brechzahl zwischen 1,4 und 2,1 liegt, muß die Brechzahl der Schicht nach Gl. (5.196) zwischen 1,18 und 1,45 betragen. Kryolith ($n = 1{,}35$) und Magnesiumfluorid ($n = 1{,}38$) sind die gängigen niedrigbrechenden Schichtstoffe. Damit könnte die Amplitudenbedingung nur für Gläser mit $n = 1{,}82$ bzw. $n = 1{,}9$ erfüllt werden. Deshalb bleibt bei niedrigbrechenden Gläsern im gesamten Wellenlängenbereich eine Restreflexion übrig (Abb. 5.45, Kurve 3).

Entspiegelung mit Mehrfachschichten. Mit Mehrfachschichten ist die Auswahl der Schichtbrechzahlen günstiger zu lösen. Außerdem kann der Reflexionsgrad in einem größeren Wellenlängenbereich herabgesetzt werden.

Für zwei $\lambda_0/4n$-Schichten beträgt der Reflexionsgrad nach Gl. (5.179)

$$\rho = \left[\frac{\dfrac{n_0}{n_s}\left(\dfrac{n_2''}{n_1''}\right)^2 - 1}{\dfrac{n_0}{n_s}\left(\dfrac{n_2''}{n_1''}\right)^2 + 1} \right]^2.$$

5.3 Filternde Funktionselemente

Er verschwindet für

$$\frac{n_2''}{n_1''} = \sqrt{\frac{n_s}{n_0}}. \tag{5.197}$$

Bei $n_0 = 1$ ist also $n_2''/n_1'' = \sqrt{n_s}$ zu wählen, es muß $n_2'' > n_1''$ sein. Bei $n_s = 1{,}52$, $\sqrt{n_s} = 1{,}2329$, $n_2'' = 1{,}7$ ist $n_1'' = 1{,}38$. In Abb. 5.46 ist die Funktion $\rho(\lambda)$ für eine Doppelschicht dargestellt.

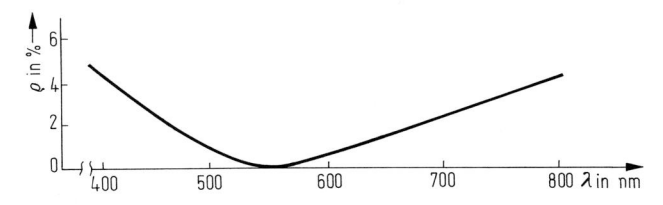

Abb. 5.46 Entspiegelung einer Glasplatte der Brechzahl $n_s = 1{,}52$ ($n_0 = 1$) mit einer Doppelschicht, $d_1 = \lambda_0/4n_1''$ ($n_1'' = 1{,}38$), $d_2 = \lambda_0/4n_2''$ ($n_2'' = 1{,}70$) (nach [4])

Für eine Dreifachschicht mit $\lambda_0/4n$, $\lambda_0/2n$, $3\lambda_0/4n$ gilt

$$\frac{n_3''}{n_1''} = \sqrt{\frac{n_s}{n_0}} \tag{5.198}$$

(weil die $\lambda_0/2n$-Schicht auf den Reflexionsgrad für die ausgewählte Wellenlänge keinen Einfluß hat). In Abb. 5.47 ist der Reflexionsgrad für ein Schichtsystem dargestellt.

Für eine Dreifachschicht mit $\lambda_0/4n$, $\lambda_0/2n$, $\lambda_0/4n$ gilt Gl. (5.198) ebenfalls. Abb. 5.48 enthält zwei Beispiele.

Die Festlegung der Schichtdicke schränkt von vornherein die Lösungsmannigfaltigkeit ein. Das allgemeine Problem führt z. B. bei zwei Schichten auf das Lösen der Gleichung $r = 0$ mit

$$M = \begin{pmatrix} \cos\delta_2 & \dfrac{j}{\gamma_2}\sin\delta_2 \\ j\gamma_2\sin\delta_2 & \cos\delta_2 \end{pmatrix} \begin{pmatrix} \cos\delta_1 & \dfrac{j}{\gamma_1}\sin\delta_1 \\ j\gamma_1\sin\delta_1 & \cos\delta_1 \end{pmatrix}. \tag{5.199}$$

Abb. 5.49a enthält ein Beispiel für zwei Schichten ($n_0 = 1$, $n_1'' = 1{,}38$, $d_1 = 97{,}8$ nm, $n_2'' = 2{,}15$, $d_2 = 238$ nm, $n_s = 1{,}52$). Es können auch zwei Nullstellen des Reflexionsgrades erzeugt werden. Abb. 5.49b gilt für $n_0 = 1$, $n_1'' = 1{,}38$, $d_1 = \lambda_0/4n_1''$, $n_2'' = 2$, $d_2 = \lambda_0/2n_2''$, $n_s = 1{,}66$.

Weitere Hinweise sind [4] oder [15] zu entnehmen.

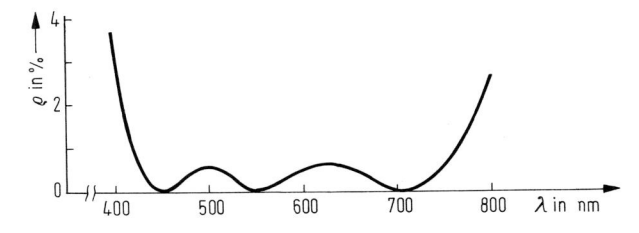

Abb. 5.47 Entspiegelung einer Glasplatte der Brechzahl $n_s = 1{,}52$ ($n_0 = 1$) mit einer Dreifachschicht, $d_1 = \lambda_0/4n_1''$ ($n_1'' = 1{,}38$), $d_2 = \lambda_0/2n_2''$ ($n_2'' = 2{,}03$), $d_3 = 3\lambda_0/4n_3''$ ($n_3'' = 1{,}707$) (nach [4])

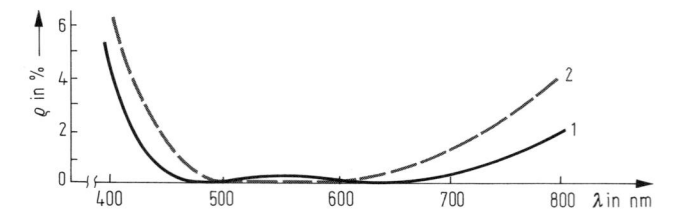

Abb. 5.48 Entspiegelung einer Glasplatte der Brechzahl $n_s = 1{,}52$ ($n_0 = 1$) mit einer Dreifachschicht, $d_1 = \lambda_0/4n_1''$, $d_2 = \lambda_0/2n_2''$, $d_3 = \lambda_0/4n_3''$
Kurve 1: $n_1'' = 1{,}38$, $n_2'' = 2{,}12$, $n_3'' = 1{,}63$,
Kurve 2: $n_1'' = 1{,}38$, $n_2'' = 2{,}42$, $n_3'' = 1{,}712$ (nach [4])

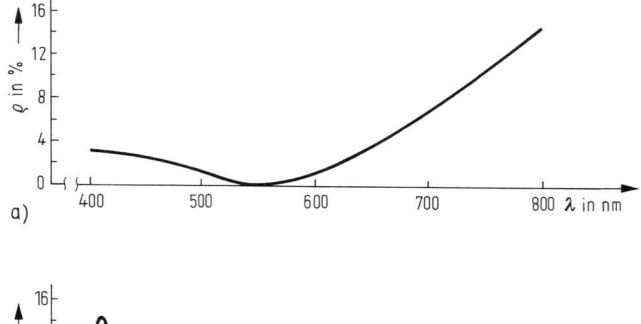

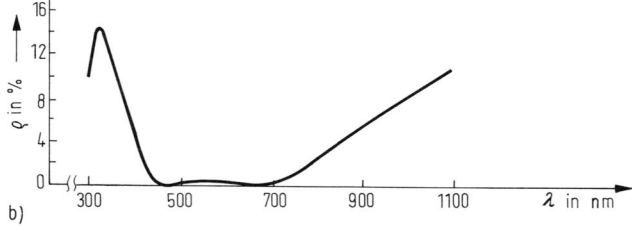

Abb. 5.49 Entspiegelung einer Glasplatte mit einer Doppelschicht (Daten im Text, nach [4])

Die bisherigen Ableitungen gelten für nahezu senkrecht auf eine Planfläche auftreffende Wellen. Für schrägen Lichteinfall ist die Ableitung bis zur Gl. (5.194) gültig. Wir müssen aber beachten, daß der Reflexionsgrad von der Lage der Schwingungsebene des Lichtes gegenüber der Einfallsebene abhängt. Die Gl. (5.194) ist deshalb für zwei Beziehungen zu formulieren, für R_s und für R_p. Beide Größen lassen sich im allgemeinen nicht zu Null machen, so daß eine vollständige Entspiegelung für schrägen Lichteinfall nicht möglich ist. Beim Einfall von natürlichem Licht ist das reflektierte Licht linear polarisiert, wenn $R_s = 0$ oder $R_p = 0$ ist; sonst ist es partiell linear polarisiert (vgl. 5.4.5).

An Linsenflächen kommen im allgemeinen Einfallswinkel eines größeren Bereiches vor. Es genügt aber in den meisten praktischen Fällen, die Schichtdicke und die Brechzahl für senkrecht auftreffendes Licht zu bemessen. Von 0 verschiedene Einfallswinkel bewirken eine geringe Verschiebung der Nullstelle des Reflexionsgrades zu einer anderen Wellenlänge. Bei sehr großen Öffnungswinkeln der Bündel und damit stark variierendem Einfallswinkel innerhalb der Bündel ist eine Entspiegelung mit inhomogenen Schichten möglich.

5.3 Filternde Funktionselemente

Als Beispiel aus [4] sei der Reflexionsgrad für die Grenzschicht zwischen einem Stoff mit der Brechzahl $n_0 = 1{,}52$ und einem Stoff mit der Brechzahl $n_s = 2{,}5$ angegeben. Ohne Zwischenschicht beträgt der Reflexionsgrad $\rho = 0{,}06$. Für eine Zwischenschicht mit linearem Brechzahlanstieg über verschiedene Dicken hinweg ist der Reflexionsgrad in Abb. 5.50 angegeben. Bereits bei der optischen Dicke $nd = \lambda_0/2$ (n mittlere Brechzahl der inhomogenen Schicht) zeigt sich ein deutlicher Entspiegelungseffekt.

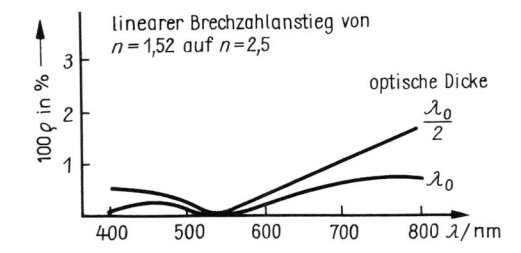

Abb. 5.50 Reflexionsgrad bei Entspiegelung mit einer inhomogenen Schicht

Die "**Kaltlichtspiegel**" stellen einen Spezialfall des entspiegelten Trägers dar. Sie werden als Beleuchtungsspiegel in Kinoprojektoren eingesetzt. Durch zwei Mehrfachschichten (z. B. aus je zehn Schichten) auf einem Hohlspiegel ohne Metallbelag wird der Reflexionsgrad in einem breiten Band herabgedrückt (Bandfilterwirkung). Dieses Band wird in den infraroten Spektralbereich gelegt, so daß der infrarote Anteil des vom Lichtbogen kommenden Lichtes durch den Spiegel hindurchgeht, ohne diesen zu erwärmen. Die Wärmebelastung des Filmes wird herabgesetzt. Im sichtbaren Gebiet muß ein Reflexionsband mit möglichst hohem Reflexionsgrad liegen (Abb. 5.51).

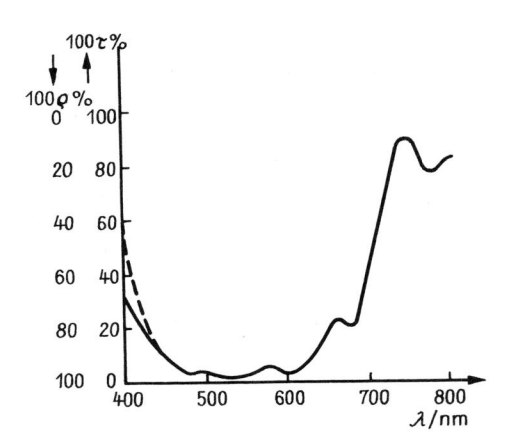

Abb. 5.51 Reflexionsgrad und Transmissionsgrad eines Kaltlichtspiegels

Die Reflexionserhöhung durch Interferenz an aufgedampften Schichten wird besonders bei Metallspiegeln angewendet. Wir setzen wieder senkrecht auftreffende ebene Wellen voraus. Der Träger besteht aus Metall und ist damit ein absorbierender Stoff. Der Wert der Phasendifferenz δ_r in der Gl. (5.191) ist von der Metallart abhängig. Wir erhalten einen maximalen

Reflexionsgrad, wenn

$$\sin^2 \frac{\delta + \delta_r}{2} = 1$$

ist. Daraus folgt die Bedingung

$$\frac{\delta + \delta_r}{2} = (2z+1)\frac{\pi}{2}. \tag{5.200}$$

Die Schicht muß die Dicke

$$d = \left(2z + 1 - \frac{\delta_r}{\pi}\right)\frac{\lambda_0}{4n}, \quad z = 0, 1, 2, 3, \ldots, \tag{5.201}$$

haben. Der Reflexionsgrad beträgt nach den Gleichungen (5.191) und (5.200)

$$\rho = \frac{\left(\sqrt{R_1} + \sqrt{R_2}\right)^2}{\left(1 + \sqrt{R_1 R_2}\right)^2}. \tag{5.202}$$

Abb. 5.52 enthält die Darstellung der Funktion $\rho = \rho(R_1)$ mit R_2 als Parameter. Es ist zu erkennen, daß sich nur im Bereich relativ geringen Reflexionsgrades des Trägers ein merklicher Effekt erzielen läßt. Dazu wären aber sehr hochbrechende Schichten notwendig. Deshalb hat

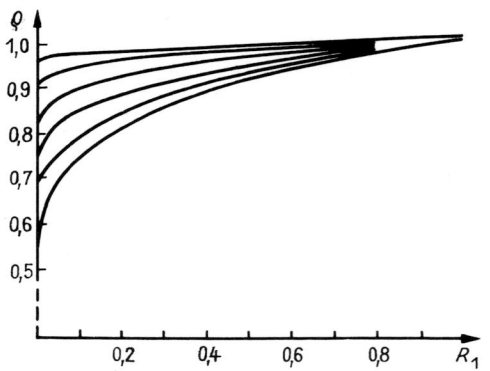

Abb. 5.52 Reflexionsgrad eines Metallspiegels mit Einfachschicht (die Kurven beginnen für $R_1 = 0$ bei den R_2-Parametern)

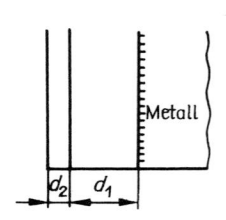

Abb. 5.53 Doppelschicht auf einem Metallspiegel

die Methode z. B. bei Aluminiumspiegeln im fernen Ultraviolett praktische Bedeutung. Die gleiche Wirkung wie eine aufgedampfte Einfachschicht hat nach Messner eine Anordnung nach Abb. 5.53. Bei geeigneter Wahl der Dicke d_1 und bei einer Dicke $d_2 = \lambda_0/4n$ gilt bei der Doppelschicht ebenfalls die Gl. (5.202) für den gesamten Reflexionsgrad. Abb. 5.52 veranschaulicht auch die Wirkung der Doppelschicht.

Eine weitere Erhöhung des Reflexionsgrades in breiten Spektralbändern läßt sich durch Mehrfachschichten mit abwechselnd hoher und niedriger Brechzahl erreichen. Abb. 5.54 zeigt die Wirkung einer Schicht aus Cerdioxid, Magnesiumfluorit und Cerdioxid auf einem Aluminiumspiegel. Außerdem ist der Einfluß einer SiO-Schicht angegeben, die nur dem Schutz der Spiegeloberfläche dient (nach [9]).

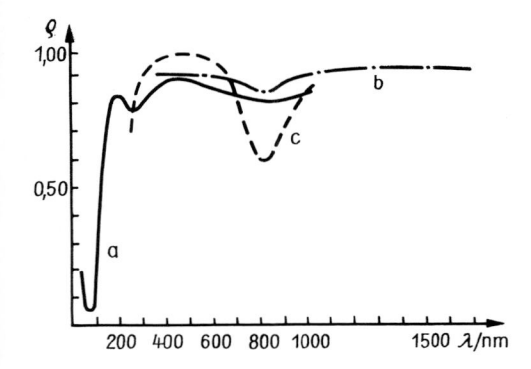

Abb. 5.54 Reflexionsgrad eines Aluminiumspiegels a) mit SiO-Schicht, b) ohne Belag, c) mit Mehrfachschicht

5.4 Polarisierende Funktionselemente

5.4.1 Polarisationsprismen

Polarisierende Funktionselemente ändern den Polarisationszustand des Lichtes. Sie werden entweder Polarisatoren genannt, wenn sie Licht mit geändertem Polarisationszustand bereitstellen, oder Analysatoren, wenn sie dem Nachweis oder der Untersuchung von polarisiertem Licht dienen sollen. Bei ihnen kommt es im allgemeinen darauf an, daß ihre Drehung um die Lichtrichtung genau gemessen werden kann. Bei Polarisatoren ist anzustreben, daß der Polarisationszustand im gesamten Feld gleich ist. Sie werden vorwiegend zur linearen Polarisation des Lichtes eingesetzt.

Polarisatoren für zirkular und elliptisch polarisiertes Licht heißen Phasenplatten.

Analysatoren können ebenfalls über das gesamte Feld einheitliche Polarisationseigenschaften aufweisen. Zur Verbesserung der Nachweisempfindlichkeit der Drehung werden sie aber auch mit geteiltem Feld hergestellt. Hinter den beiden Feldteilen stehen die Schwingungsebenen entweder senkrecht, oder sie bilden einen kleinen Winkel miteinander (Halbschattenpolarisatoren).

Es gibt fünf Ausführungsformen von polarisierenden Funktionselementen:
- Polarisationsprismen (doppelbrechende Kristalle),
- Polarisationsfilter (dichroitische Stoffe),
- Interferenzpolarisatoren (Systeme aus dünnen Schichten),
- Reflexionspolarisatoren (reflektierende oder durchlässige Grenzflächen),
- Phasenplatten (doppelbrechende planparalle Platten).

Polarisationsprismen beruhen vorwiegend auf der Doppelbrechung des Lichtes an schwach absorbierenden Kristallen. (Eine Ausnahme werden wir am Schluß dieses Abschnitts behandeln.) Bevorzugt werden Kalkspat, Quarz und synthetische Kristalle wie etwa ADP- und KDP-Einkristalle, die optisch einachsig sind. Die Brechzahlen sind in Tab. 5.14 enthalten.

Kalkspat ($CaCO_3$) ist sehr stark doppelbrechend, kann aber nicht gezüchtet werden. Besonders hochwertig ist der isländische Doppelspat. Quarz (SiO_2) hat eine geringe Doppelbrechung und dreht außerdem die Schwingungsebene des Lichtes, er ist also optisch aktiv. Quarz hat aber auch außerhalb des sichtbaren Gebiets einen günstigen Reintransmissionsgrad. ADP-Einkristalle werden aus einer wäßrigen Lösung von Ammoniumdihydrogenphosphat gezüchtet. Es sind relativ große Einkristalle mit sehr homogenen optischen Eigenschaften möglich. Der Reintransmissionsgrad ist von 250 nm bis 1076 nm ausreichend groß. Die optische Achse liegt günstig gegenüber den äußeren Begrenzungsflächen der Kristalle. KDP ist Kaliumdihydrogenphosphat.

Tabelle 5.14 Hauptbrechzahlen von optisch einachsigen Kristallen

	n_r	n_a	λ/nm
Kalkspat	1,64996	1,48269	760,82
	1,65838	1,48643	589,298
	1,66786	1,49080	486,1353
	1,68318	1,49774	396,8496
Quarz	1,539190	1,54810	760,82
	1,544220	1,55332	589,298
	1,549662	1,55896	486,1353
	1,558116	1,56769	396,8496
ADP	1,62598	1,56738	213,856
	1,54592	1,49698	366,2878
	1,50364	1,46666	1152,276
KDP	1,60177	1,54615	213,856
	1,52909	1,48409	366,2878
	1,49135	1,45893	1152,276
Lithiumniobat $LiNbO_3$	2,4144	2,3638	420
	2,2407	2,1580	1200
	2,1193	2,0564	4200
Beryll $Be_3Al_2(SiO_3)_6$	1,5841	1,5772	589,298
Eis (0°C)	1,3091	1,3105	589,298
Natronsalpeter $NaNO_3$	1,5854	1,3369	589,298
Turmalin	1,6367	1,6193	589,298

Das Nicolsche Prisma besteht aus Kalkspat. Die Kristalle des Kalkspats gehören dem hexagonalen System an. Sie bilden im natürlichen Zustand ein Rhomboeder aus sechs Rhomben. Die Winkel zwischen den Kanten betragen 105°5′ und 74°55′. Die kristallografische Hauptachse und damit die optische Achse des Kristalls geht durch die Punkte, in denen die Kanten drei stumpfe Winkel miteinander bilden (Abb. 5.55a und b).

In Abb. 5.56 ist der Kristall so gedreht, daß die optische Achse in Zeichenebene liegt. Der spitze Winkel der Kanten beträgt in diesem Schnitt 70°52′. Dieser Winkel wird auf 68° abgeschliffen, der Kristall geteilt und die Hälften mit Kanadabalsam verkittet (Abb. 5.57).

Für Licht der Na-D-Linie betragen die Brechzahlen $n_r = 1,65838$, n (Kanadabalsam) $= 1,542$, $n_a = 1,48643$. Eine ebene Welle, die parallel zu den Seitenkanten des Prismas ein

5.4 Polarisierende Funktionselemente

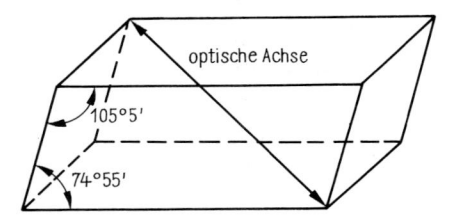

Abb. 5.55a Kalkspatkristall

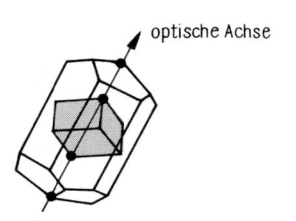

Abb. 5.55b Rhomboeder der Kristallstruktur innerhalb eines Kalkspatkristalls

fällt, hat den Einfallswinkel $\varepsilon_1 = 22°$. Durch Doppelbrechung wird das Licht aufgespalten. Die Schwingungsebene des ordentlichen Strahles steht senkrecht zum Hauptschnitt; die Schwingungsebene des außerordentlichen Strahles liegt parallel zum Hauptschnitt. Der ordentliche Strahl hat den Brechungswinkel $\varepsilon'_r = 13°3'$ und damit den Einfallswinkel $\varepsilon_2 = 76°87'$ an der Kanadabalsamschicht. Dort beträgt der Grenzwinkel der Totalreflexion für den ordentlichen Strahl $\varepsilon_G = 68°24'$. Der ordentliche Strahl wird also totalreflektiert und von der Fassung des Prismas absorbiert.

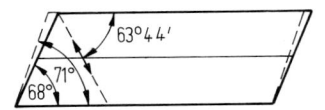

Abb. 5.56 Schnitt durch einen Kalkspatkristall, der die optische Achse enthält

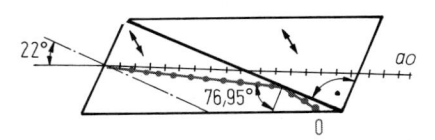

Abb. 5.57 Nicolsches Prisma

Der außerordentliche Strahl wird schwächer gebrochen. Für ihn ist die Kanadabalsamschicht ein optisch dichterer Stoff. Er geht durch das Prisma hindurch, so daß aus diesem linear polarisiertes Licht austritt.

Für ein konvergentes Bündel wird der Grenzwinkel der Totalreflexion an der Kanadabalsamschicht vom ordentlichen Strahl unterschritten, wenn der Konvergenzwinkel größer als 31° ist. Bei weißem Licht zeigen sich durch die Dispersion farbige Ränder des Bündels.

Das Foucaultsche Prisma (Abb. 5.58) unterscheidet sich vom Nicolschen Prisma dadurch, daß statt des Kanadabalsams eine Luftschicht vorhanden ist und die Endflächen nahezu senkrecht zu den Seitenkanten stehen.

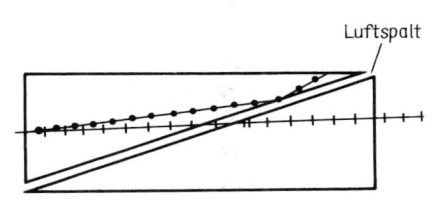

Abb. 5.58 Foucaultsches Prisma

Der Transmissionsgrad für ultraviolettes Licht ist größer als beim Nicolschen Prisma. Nachteile sind der geringe zulässige Konvergenzwinkel von 8°, die schwierigere Fassung und die Mehrfachreflexionen in der Luftschicht.

Das Glan-Thompsonsche Prisma hat senkrecht zu den Seitenkanten geschliffene rechteckige oder quadratische Endflächen. Die optische Achse liegt in beiden Teilprismen parallel zu den Endflächen (Abb. 5.59). Für Untersuchungen im sichtbaren Gebiet können die Teilprismen mit Kanadabalsam gekittet werden; im Ultravioletten verwendet man z. B. Glyzerin, Rizinusöl, oder man beläßt eine Luftschicht. In diesen Fällen können Konvergenzwinkel bis

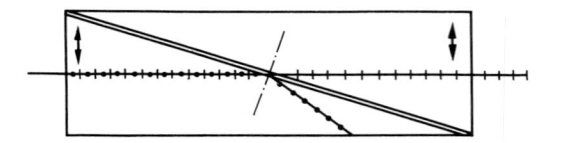

Abb. 5.59 Glan-Thompson-Prisma

42° erreicht werden. Eine senkrecht auf die Eintrittsfläche treffende Welle wird nicht gebrochen, aber in zwei senkrecht zueinander schwingende Wellen aufgespalten. Der ordentliche Strahl wird an der Trennschicht totalreflektiert, der außerordentliche Strahl tritt aus.

Das Glan-Thompson-Prisma wird in den Geräten wegen seiner günstigen Eigenschaften bevorzugt angewendet. Es ist gut aus ADP herstellbar, allerdings bei größerer Baulänge und kleinerem Konvergenzwinkel als bei Kalkspat.

Die Prismen von Rochon (Abb. 5.60), **Sénarmont** (Abb. 5.61) **und Wollaston** (Abb. 5.62, 5.63) bestehen aus zwei an der Hypotenusenfläche zusammengesetzten Halbwürfeln aus optisch einachsigen Kristallen. Die Bilder gelten für Kalkspat oder ADP. Die Prismen liefern zwei senkrecht zueinander schwingende Wellen, wobei die beiden Wellen divergieren. Dadurch ist nach einer gewissen Strecke die Trennung vorhanden. Die drei genannten Prismen unterscheiden sich durch die Lage der optischen Achsen in den Teilprismen.

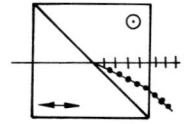

Abb. 5.60 Rochon-Prisma 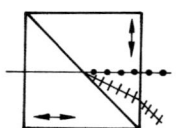   **Abb. 5.61** Sénarmont-Prisma 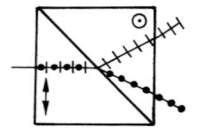   **Abb. 5.62** Wollaston-Prisma

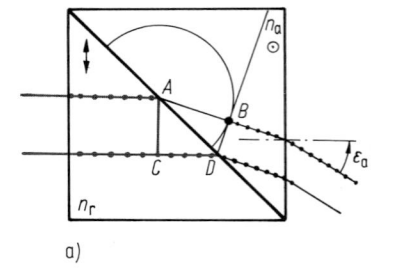

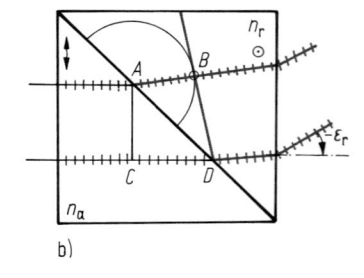

Abb. 5.63 Wollaston-Prisma. Konstruktion des Bündelverlaufs a) für die außerordentliche Welle im zweiten Teilbündel, b) für die ordentliche Welle im zweiten Teilbündel

5.4 Polarisierende Funktionselemente

Beim Rochon- und beim Sénarmont-Prisma mit senkrecht auftreffendem Licht wird der ordentliche Strahl nicht abgelenkt und zeigt keine Dispersion.

Beim Wollaston-Prisma ist die Divergenz der austretenden Bündel größer als bei den beiden anderen Prismen, aber bei beiden Bündeln tritt Dispersion auf. Beim Wollaston-Prisma aus Kalkspat beträgt die Divergenz 20°.

Das Dove-Prisma (Abb. 5.64) ist ein Halbwürfel aus einem optisch einachsigen Stoff, so daß das Licht um 90° abgelenkt wird. Die einseitige Vertauschung durch die Spiegelfläche kann störend sein.

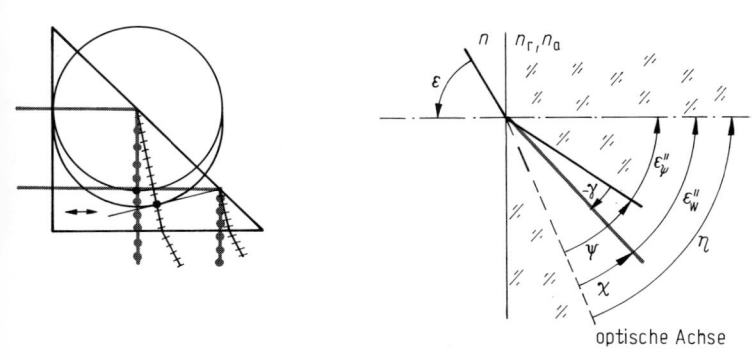

Abb. 5.64 Konstruktion des Bündelverlaufs am Dove-Prisma

Bei den doppelbrechenden Polarisationsprismen wird der Lichtstrom fast um 50% ausgenutzt. Es treten nur geringe Reflexions- und Absorptionsverluste auf.

Die verfügbaren Einkristalle mit homogenen optischen Eigenschaften ermöglichen nur relativ geringe Durchmesser. Die Kristalle, vor allem die natürlichen Kristalle, sind teuer. Der maximale Konvergenzwinkel ist begrenzt. Die erforderliche Länge der Prismen bringt unter Umständen Platzschwierigkeiten für den Einbau in Geräte mit sich.

Das Fresnelsche Parallelepiped (Abb. 5.65) besteht aus Glas. Seine Funktion, die Erzeugung von zirkular polarisiertem Licht, beruht nicht auf der Doppelbrechung, sondern auf der Totalreflexion.

In 2.2.4 wurde angegeben, daß zwischen der senkrecht und der parallel zur Einfallsebene schwingenden Welle bei der Totalreflexion die Phasendifferenz δ eingeführt wird, die aus

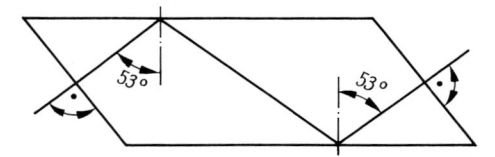

$$\tan \frac{\delta}{2} = \frac{\cos \varepsilon \sqrt{\sin^2 \varepsilon - \sin^2 \varepsilon_G}}{\sin^2 \varepsilon} \tag{5.203}$$

Abb. 5.65 Fresnelsches Parallelepiped

folgt. Die zur Erzeugung von zirkular polarisiertem Licht erforderliche Phasendifferenz von 90° wird z. B. durch zweimalige Totalreflexion eingeführt, wenn bei $n = 1{,}5$ der Einfallswinkel $\varepsilon = 53°$ beträgt.

Das Fresnelsche Parallelepiped ist also ein Funktionselement, das weniger zu den Polarisationsprismen als zu den Phasenplatten in Beziehung steht. Mit zwei Prismen kann auch die Phasendifferenz 180° erzeugt werden.

5.4.2 Flächenpolarisatoren

Flächenpolarisatoren beruhen auf der Richtungsabhängigkeit der Absorption, die in Kristallen und anderen optisch anisotropen Stoffen auftreten kann.

Bei Kristallen läßt sich analog zum Indexellipsoid, dessen halbe Hauptachsen den Hauptbrechzahlen n_1, n_2, n_3 gleich sind, ein Absorptionsellipsoid einführen. Dessen Halbachsen sind durch die Größen

$$\frac{1}{\sqrt{k_1}}, \quad \frac{1}{\sqrt{k_2}}, \quad \frac{1}{\sqrt{k_3}}$$

gegeben, wobei die k_i die Hauptabsorptionskoeffizienten darstellen.

Bei den kubischen Kristallen, die optisch isotrop sind, ist auch die Absorption richtungsunabhängig.

Die optisch einachsigen Kristalle werden durch ein Absorptionsellipsoid beschrieben, das ein Rotationsellipsoid darstellt. Die Absorption der ordentlichen Welle ist richtungsunabhängig; die Absorption der außerordentlichen Welle unterscheidet sich senkrecht zur optischen Achse am stärksten von der Absorption der ordentlichen Welle. Die Absorption ist wellenlängenabhängig. Bei den optisch einachsigen Kristallen wird die unterschiedliche Absorption für die beiden ausgezeichneten Richtungen (parallel und senkrecht zur optischen Achse) Dichroismus genannt. Die optisch zweiachsigen Kristalle werden durch ein dreiachsiges Rotationsellipsoid beschrieben. Es wird dann von Trichroismus gesprochen.

Der Dichroismus wird bei den Flächenpolarisatoren (auch Polarisationsfilter genannt) ausgenutzt.

> Flächenpolariatoren sind planparallele Platten aus dichroitischen Stoffen, bei denen zwischen der ordentlichen Welle und der außerordentlichen Welle ein großer Unterschied des Absorptionskoeffizienten besteht.

Die Vorteile der Flächenpolarisatoren sind ihre geringe Baulänge und damit das geringe Gewicht, die fluchtende optische Achse und die Möglichkeit, Polarisatoren mit großem Durchmesser herzustellen.

Nachteile der Fächenpolarisatoren sind die Färbung des Lichtes, der unter 1 liegende Polarisationsgrad, die Änderung des Polarisationsgrades bei einer Neigung um die optische Achse und ferner die Schwierigkeiten, bei großen Filtern optisch einwandfrei ebene Oberflächen zu erzielen.

Turmalin. Der klassische Vertreter des dichroitischen Polarisators ist die Turmalinzange (Polarisator und Analysator im gemeinsamen Metallbügel). Turmalin ist ein optisch einachsiger Kristall des trigonalen Systems (Brechzahlen in Tab. 5.14). Eine Kristallplatte, die parallel zur optischen Achse geschnitten ist, absorbiert bereits bei Dicken von 1 mm den ordentlichen Strahl fast vollständig. Die aus dem Kristall austretende, linear polarisierte außerordentliche Welle führt infolge der wellenlängenabhängigen Absorption im Kristall zu grün gefärbtem Licht. Der nutzbare Durchmesser der Polarisatoren ist durch die Größe der natürlich vorkommenden Kristalle begrenzt.

Herapathit ist ein Periodid des Chininsulfats. Aus ihm lassen sich große graugrüne, hygroskopische Kristalle künstlich herstellen. Die mechanischen Eigenschaften der Kristalle bereiten Schwierigkeiten bei der Verwendung in Polarisationsfiltern. Durch Einkitten in Planglasplatten konnten jedoch 1935 die ersten Flächenpolarisatoren, die bei Carl Zeiss Jena Herotare genannt wurden, in den Handel gebracht werden.

Günstige mechanische Eigenschaften haben Polarisationsfilter, bei denen viele dichroitische Einkristalle in eine isotrope Folie eingebettet sind. So werden z. B. Herapathit-Mikrokristalle mit ca. 1μm Länge und ca. 0,05μm...0,1μm Dicke in einer Schicht mit 25μm...100μm Dicke so eingebracht, daß sämtliche optische Achsen gleiche Richtung haben. Höhere Schichtdicken bringen einen höheren Polarisationsgrad, aber auch stärkere Absorption mit sich. Ein Nachteil der Polarisationsfilter mit Mikrokristallen ist die leichte Trübung durch die Streuung an den kleinen Teilchen.

Hochpolymere. Heute werden Flächenpolarisatoren vorwiegend aus besonders behandelten hochpolymeren Stoffen hergestellt. Ausgangsstoffe sind Stoffe mit Kettenmolekülen von Polyvinylalkohol, -ketal, -acetal usw. Eine mechanische Deformation der Folien, z. B. eine Dehnung, richtet die Kettenmoleküle so aus, daß die Folien doppelbrechend werden. Die so behandelten Folien werden mit einem dichroitischen Farbstoff, z. B. mit Iod, eingefärbt. Das parallel zur Dehnungsrichtung schwingende Licht und das senkrecht dazu schwingende Licht werden verschieden stark absorbiert. Durch geeignete Kombination aus Folie und Farbstoff sind Polarisationsgrade über 99% im sichtbaren Gebiet erreichbar. Der Transmissionsgrad beträgt für weißes Licht etwa 30%. Wegen der Hygroskopizität ist das Einkitten der Folien in Deckgläser notwendig.

Filter, die im Spektralbereich von 600 nm...2400 nm den Transmissionsgrad 20% und den Polarisationsgrad über 99% ermöglichen, entstehen bei besonderer Behandlung der gedehnten Folien (erhöhte Trocknungstemperatur, veränderte Iodkonzentration, Zusatz eines Dehydrationsmittels). Mit Iod eingefärbte Folien haben Absorptionsmaxima bei 290 nm und 360 nm. Der Transmissionsgrad läßt sich durch spezielle Färbemethoden anheben, so daß auch UV-Polarisationsfilter hergestellt werden können. Diese sind auch ohne Deckgläser einsetzbar.

Transmissions- und Polarisationsgrad. Die Schwingungsrichtung hoher Transmission wird Polarisationsrichtung, die geringer Transmission Sperrichtung genannt. Trifft eine linear polarisierte Welle unter dem Azimut ψ senkrecht auf einen Polarisator, dann wird die Amplitude vektoriell zerlegt. Wegen der quadratischen Abhängigkeit der Intensität von der Amplitude gilt (Abb. 5.66a)

$$I_P = I \cdot \cos^2 \psi, \quad I_S = I \cdot \sin^2 \psi.$$

Mit den Transmissionsgraden für die Polarisationsrichtung τ_P und die Sperrichtung τ_S erhalten wir nach Austritt des Lichtes aus dem Polarisator

$$I_P'' = \tau_P I \cdot \cos^2 \psi, \quad I_S'' = \tau_S I \cdot \sin^2 \psi.$$

Der gesamte Transmissionsgrad folgt aus $\tau = (I_P'' + I_S'')/I$ zu

$$\tau = \tau_P \cos^2 \psi + \tau_S \sin^2 \psi. \tag{5.204}$$

Für $\tau_S \ll \tau_P$ kann dafür $\tau \approx \tau_P \cos^2 \psi$ geschrieben werden.

Für unpolarisiert auftreffendes Licht teilt sich die Intensität je zur Hälfte auf die Polarisations- und die Sperrichtung auf. Die Gleichungen lassen sich formal aus denen für linear polarisiertes Licht mit $\psi = 45°$ herleiten. Es gilt

$$\tau = \frac{1}{2}(\tau_P + \tau_S) \quad \text{bzw.} \quad \tau \approx \frac{1}{2}\tau_P \quad (\text{bei } \tau_S \ll \tau_P). \tag{5.205a, b}$$

Als Polarisationsgrad definieren wir in Analogie zu 2.2.3

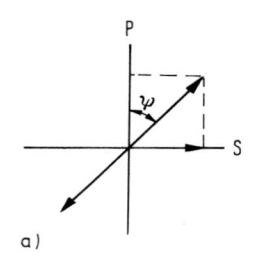

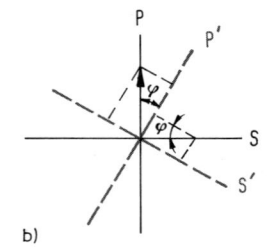

$$\alpha_l = \frac{\tau_P - \tau_S}{\tau_P + \tau_S}. \tag{5.206}$$

Abb. 5.66 Zerlegung der Amplitude
a) im Polarisator, b) am Analysator

Polarisator und Analysator. Bei zwei gleichen Bauelementen, von denen das erste als Polarisator, das zweite als Analysator dient, wird der Transmissionsgrad folgendermaßen berechnet: Am Eingang des Analysators betragen die Intensitäten bei linear polarisiertem Licht vor dem Polarisator (Abb. 5.66b)

$$I_P = \tau_P I \cdot \cos^2 \psi \cdot \cos^2 \varphi + \tau_S I \cdot \sin^2 \psi \cdot \sin^2 \varphi,$$

$$I_S = \tau_S I \cdot \sin^2 \psi \cdot \cos^2 \varphi + \tau_P I \cdot \cos^2 \psi \cdot \sin^2 \varphi.$$

Hinter dem Analysator ergibt sich die Intensität $I'' = \tau_P I_P + \tau_S I_S$ und damit für den Transmissionsgrad

$$\tau = (\tau_P^2 - \tau_S^2) \cos^2 \psi \cdot \cos^2 \varphi + \tau_S^2 \cos^2 \varphi + \tau_P \tau_S (1 - \cos^2 \varphi) \tag{5.207a}$$

bzw.

$$\tau \approx \tau_P^2 \cos^2 \psi \cdot \cos^2 \varphi \quad (\text{bei } \tau_S \ll \tau_P). \tag{5.207b}$$

Für einfallendes unpolarisiertes Licht kann wieder formal $\psi = 45°$ gesetzt werden, womit

$$\tau = \tau_P \tau_S + \frac{1}{2}(\tau_P - \tau_S)^2 \cos^2 \varphi \tag{5.208a}$$

bzw.

$$\tau \approx \frac{\tau_P^2}{2} \cos^2 \varphi \quad (\text{bei } \tau_S \ll \tau_P) \tag{5.208b}$$

entsteht.

5.4 Polarisierende Funktionselemente

Bei handelsüblichen Polarisationsfiltern aus Plastfolien gelten für monochromatisches Licht etwa folgende Werte: $\tau_P \approx 0,4 \ldots 0,8$; $\tau_S \approx 10^{-3} \ldots 10^{-5}$.

5.4.3 Phasenplatten

In einer doppelbrechenden Kristallplatte wird das Licht im allgemeinen in zwei senkrecht zueinander schwingende Wellen unterschiedlicher Phasengeschwindigkeit aufgespalten. Daraus folgt, daß die beiden Teilwellen nach dem Verlassen der Kristallplatte eine Phasendifferenz haben.

Doppelbrechende planparallele Platten zur Erzeugung einer Phasendifferenz zwischen senkrecht zueinander schwingenden Wellen werden Phasenplatten genannt.

In 2.1.2 wurde gezeigt, daß aus senkrecht zueinander schwingenden Wellen mit geeigneten Phasendifferenzen jeder beliebige Polarisationszustand des Lichtes erzeugt werden kann. Phasenplatten eignen sich deshalb zur Analyse und Synthese der Polarisationszustände. Wir behandeln nun die Wirkung von Phasenplatten aus einigen praktisch bedeutenden Kristallen.

Kalkspat. Optisch einachsige Kristalle, wie Kalkspat, werden parallel zur optischen Achse geschnitten und poliert. Das Licht trifft senkrecht auf die Platte auf und erfährt keine Ablenkung. Die Phasendifferenz zwischen dem ordentlichen und dem außerordentlichen Strahl beträgt

$$\delta = \frac{2\pi}{\lambda_0} \Delta L \qquad (5.209)$$

mit

$$\Delta L = (n_r - n_a)d = d \cdot \Delta n. \qquad (5.210)$$

Es gilt also

$$\delta = \frac{2\pi d}{\lambda_0} \Delta n. \qquad (5.211)$$

Ein sogenanntes $\lambda/4$-Plättchen erzeugt die Phasendifferenz $\delta = \pi/2$. Sorgt man für gleiche Amplitudenbeträge der beiden Teilwellen, indem man linear polarisiertes Licht auftreffen läßt, dessen Schwingungsebene mit den beiden im Kristall möglichen einen Winkel von 45° bildet, dann verläßt zirkular polarisiertes Licht die Phasenplatte (Abb. 5.67).

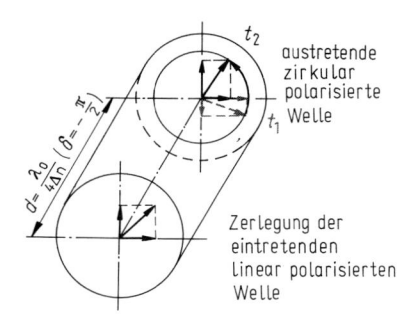

Abb. 5.67 Entstehung von zirkular polarisiertem Licht durch die $\lambda/4$-Platte

Das $\lambda/4$-Plättchen müßte die Dicke

$$d = \frac{\lambda_0}{4\Delta n} \qquad (5.212)$$

haben.

Bei Kalkspat beträgt die Brechzahldifferenz $\Delta n = 0{,}172$ (für Licht der Natrium-D-Linie). Es ergibt sich

$$d = 8{,}57 \cdot 10^{-4} \text{ mm}.$$

Kalkspatplatten lassen sich aber nur bis zu 0,5 mm Dicke herab herstellen. Deshalb wählt man

$$d = k\frac{\lambda_0}{\Delta n} + \frac{\lambda_0}{4\Delta n}, \quad k \text{ ganze Zahl}. \qquad (5.213)$$

So wird z. B. mit $k = 170$ die Dicke $d = 0{,}5833$ mm.

In analoger Weise spricht man von $\lambda/2$-Plättchen ($\delta = \pi$) und λ-Plättchen ($\delta = 2\pi$).

Quarz eignet sich besonders für Arbeiten im Ultravioletten. Quarz ist optisch aktiv, d. h., er dreht die Schwingungsebene des Lichtes. Die Phasenplatten werden aus einer Rechts- und einer Linksquarzplatte zusammengesetzt. Der ordentliche Strahl der einen Platte wird in der anderen Platte zum außerordentlichen Strahl und umgekehrt (Abb. 5.68). Der optische Wegunterschied zwischen den senkrecht schwingenden Wellen beträgt

$$\Delta L = (n_r - n_a)d_1 - (n_r - n_a)d_2 = \Delta n \cdot \Delta d, \qquad (5.214)$$

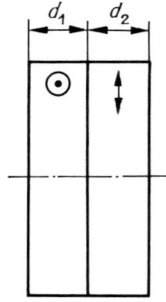

Abb. 5.68 Phasenplatte aus Rechts- und Linksquarz

die Phasendifferenz folgt aus

$$\delta = \frac{2\pi}{\lambda_0} \Delta n \cdot \Delta d. \qquad (5.215)$$

Für Licht der Natrium-D-Linie ist $\Delta n = 0{,}0091$, ein $\lambda/4$-Plättchen ergibt sich z. B. mit der Dickendifferenz $\Delta d = 0{,}0162$ mm.

Glimmer gehört zum monoklinen Kristallsystem und ist optisch zweiachsig. Glimmer ist nur in bestimmten Ebenen leicht spaltbar. Die Hauptbrechzahlen betragen für Licht der Natrium-D-Linie $n_1 = 1{,}5993$, $n_2 = 1{,}5944$, $n_3 = 1{,}5612$ (Tab. 5.15).

5.4 Polarisierende Funktionselemente

Tabelle 5.15 Hauptbrechzahlen von optisch zweiachsigen Kristallen

	n_1	n_2	n_3	λ/nm
Aragonit	1,6862	1,6810	1,5309	589,298
Rohrzucker	1,5710	1,5658	1,5382	589,298
Tobas, sib.	1,6379	1,6308	1,6293	589,298
Glimmer	1,5993	1,5944	1,5612	589,298
Gips	1,5298	1,5228	1,5208	589,298
$CaSO_4 \cdot 2H_2O$	1,5400		1,5303	434
	1,5325		1,5231	535
	1,5270		1,5178	670,8

Die Oberfläche der Kristallplättchen steht nahezu senkrecht zur Schwingungsrichtung der Welle, für deren Ausbreitung die Hauptbrechzahl n_3 gilt.

Weiter sind folgende Zusammenhänge wichtig (Abb. 5.69):

Für die Welle, die parallel zur Ebene der optischen Achsen schwingt, gilt die Hauptbrechzahl n_1. Für die Welle, die senkrecht zur Ebene der optischen Achsen schwingt, gilt die Hauptbrechzahl n_2.

Die wirksame Brechzahldifferenz für senkrecht durch die Platte gehendes Licht beträgt demnach

$$\Delta n = n_1 - n_2 = 0{,}00487.$$

Die Mindestdicke eines $\lambda/4$-Plättchens ergibt sich zu $d = 0{,}0303$ mm. Glimmer ist bis zu $\lambda = 300$ nm herab verwendbar, aber mit dem Nachteil einer ungleichmäßigen Absorption.

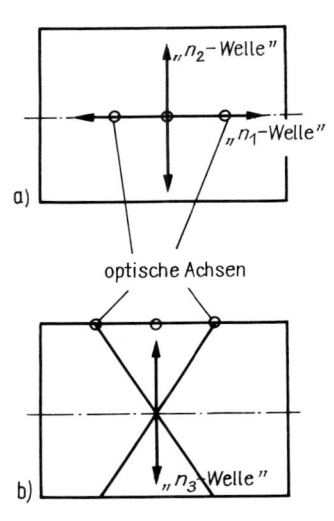

Abb. 5.69 Wellen in einem Glimmerkristall
a) in Lichtrichtung,
b) senkrecht zur Lichtrichtung

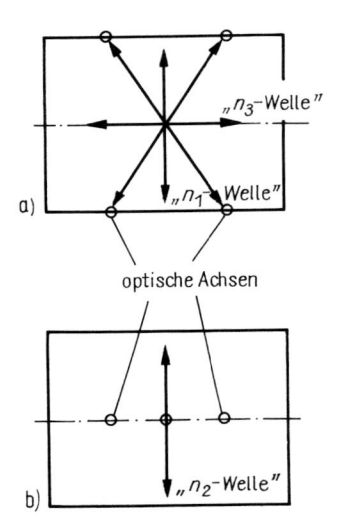

Abb. 5.70 Wellen in einem Gipskristall
a) in Lichtrichtung,
b) senkrecht zur Lichtrichtung

Gips ist parallel zur Ebene der optischen Achsen gut schleifbar (Abb. 5.70). Es handelt sich um einen optisch zweiachsigen Kristall mit den Hauptbrechzahlen (Na-D-Linie) $n_1 = 1,5298$, $n_2 = 1,5228$, $n_3 = 1,5208$ (Tab. 5.15). Wirksame Brechzahldifferenz ist $\Delta n = n_1 - n_3 = 0,009$. Zur Erzeugung von zirkular polarisiertem Licht wird wegen der besseren Herstellbarkeit ein $1,25\lambda$-Plättchen verwendet.

Die Platte "Rot I. Ordnung" besteht ebenfalls aus Gips. Der Polarisator wird so eingestellt, daß die Schwingungsebene des linear polarisierten Lichtes unter 45° zu den möglichen Schwingungsebenen in der Gipsplatte steht (Abb. 5.71). Hinter der Gipsplatte befindet sich ein Analysator, dessen Schwingungsebene zu der des Polarisators senkrecht steht. (Einfachere Formulierung: Die Gipsplatte befindet sich in Diagonalstellung zwischen gekreuzten Polarisatoren.) Die beiden senkrecht zueinander schwingenden Wellen erhalten in der Gipsplatte eine Wellenlänge Wegunterschied für grünes Licht. Dadurch löschen sich die beiden vom Analysator hindurchgelassenen Anteile durch Interferenz aus (Abb. 5.71). Die Komplementärfarbe "Violett-Rot" (Rot I. Ordnung) wird sichtbar. Das "Rot I. Ordnung" ist also eine Mischfarbe, die bei der Interferenz von weißem Licht auftritt, und zwar bei der Auslöschung von grünem Licht in der I. Ordnung. Die Platte "Rot I. Ordnung" dient z. B. als Vergleichsobjekt bei Untersuchungen im Polarisationsmikroskop.

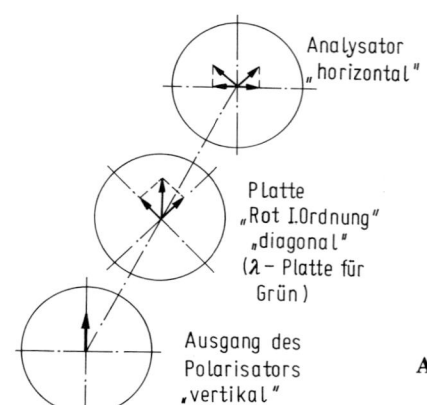

Abb. 5.71 Wirkung der Platte "Rot I. Ordnung"

5.4.4 Halbschattenpolarisatoren

Bei Messungen mit polarisiertem Licht sind häufig die Schwingungsrichtungen von Polarisator und Analysator senkrecht oder parallel zu stellen. Die Einstellung auf Dunkelheit oder maximale Helligkeit des gesamten Feldes ist sehr unsicher. Die fotometrische Genauigkeit läßt sich durch Halbschattenpolarisatoren erhöhen, und zwar im günstigsten Fall bis auf $5,4''$.

> Halbschattenpolarisatoren erhöhen die fotometrische Genauigkeit der Einstellung des Analysators. Sie stellen polarisierende Funktionselemente dar, bei denen zwei Feldteile vorhanden sind, in denen die Schwingungsrichtungen des Lichtes einen kleinen Winkel miteinander bilden.

Der Winkel zwischen den Schwingungsrichtungen der beiden Feldteile heißt Halbschatten (Abb. 5.72). Bei der Messung wird ein Fernrohr auf die Trennlinie der Feldteile eingestellt

5.4 Polarisierende Funktionselemente

und auf gleiche Helligkeit bzw. Farbe der Feldteile abgeglichen. Die Schwingungsrichtung des Analysators bildet dann mit den Schwingungsrichtungen im Halbschattenpolarisator nahezu den gleichen Winkel (Abb. 5.72). Wir erläutern einige Ausführungsarten.

Das Cornusche Prisma entsteht, indem ein Nicolsches Prisma geteilt, an beiden Teilen der halbe Halbschatten angeschliffen und die Hälften wieder verkittet werden (Abb. 5.73). Das Cornusche Prisma ist ein Polarisator mit festem Halbschatten.

Regelbarer Halbschatten nach Lippich. Ein sogenanntes Halbprisma bedeckt nur das halbe Feld eines Polarisators (Abb. 5.74). Durch eine Drehung des Prismas wird der Halbschatten so geändert, daß die Helligkeit der Feldteile den Versuchsbedingungen angepaßt ist.

Die Winkel 86°10' und 94° des Prismas bewirken eine schärfere Trennlinie, weil Mehrfachreflexionen vermindert werden.

Abb. 5.72 Halbschatten

Abb. 5.73 Cornu-Halbschattenprisma

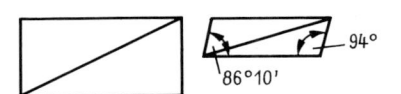

Abb. 5.74 Regelbarer Halbschatten nach Lippich

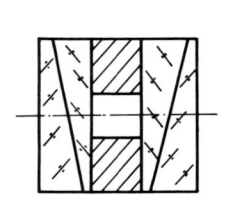

Abb. 5.75a Laurentsche Halbschattenplatte

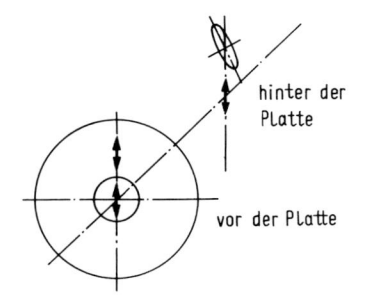

Abb. 5.75b Zur Wirkung der Laurentschen Halbschattenplatte

Laurentsche Halbschattenplatte. Eine Kristallplatte erhält eine kreisförmige Öffnung von z. B. 2 mm Durchmesser (Abb. 5.75a). Die Plattendicke wird so gewählt, daß hinter ihr zwischen den senkrecht zueinander schwingenden Wellen eine Phasendifferenz von $(0,009\ldots 0,08) \cdot 2\pi$ erzeugt wird. Es entsteht schwach elliptisch polarisiertes Licht mit einem kleinen Winkel zwischen der großen Halbachse der Ellipse und dem linear polarisierten Licht, das durch die Öffnung unverändert hindurchgeht (Abb. 5.75b). Damit eine scharfe Trennlinie erreicht wird, ist es notwendig, daß das reflektierte Licht in beiden Feldteilen etwa gleich ist. Deshalb wird die Kristallplatte zwischen achromatische Keilpaare eingekittet (Abb. 5.75a).

Soleilsche Doppelplatte. Eine Platte aus Linksquarz und eine Platte aus Rechtsquarz werden nebeneinander gekittet. Die Dicke wird so festgelegt, daß die Schwingungsebene des Lichtes der Natrium-D-Linie um 90° gedreht wird (Abb. 5.76). Bei Parallelstellung von Polarisator

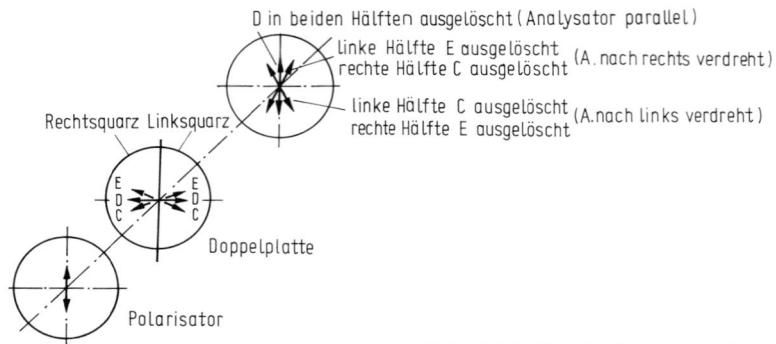

Abb. 5.76 Soleilsche Doppelplatte

und Analysator wird das gelbgrüne Licht der Natrium-D-Linie ausgelöscht. Beide Feldhälften erscheinen in der Komplementärfarbe Rotviolett. Bei einer Abweichung von der Parallelstellung ändert sich die Farbe in der einen Feldhälfte nach Blau, in der anderen Feldhälfte nach Purpur (Abb. 5.76). Dieser Farbunterschied ist ein sehr empfindliches Einstellkriterium. Bei 20°C gelten für Quarz die Drehwinkel der Tab. 5.16.

Tabelle 5.16 Drehwinkel und Brechzahldifferenz längs der optischen Achse von Quarz

λ/nm	Linie	Drehwinkel in Grad/mm	$\Delta n_z \cdot 10^5$
760,62	A	12,704	5,3697
686,72	B	15,742	6,0057
656,28	C	17,314	6,3126
589,30	D	21,724	7,1122
527,00	E	27,552	8,0666
486,14	F	32,766	8,8494
434,05	G'	41,927	10,1102
430,78	G	42,630	10,2023
396,85	H	51,119	11,2703

Die *Drehung der Schwingungsebene* (optische Aktivität) ist praktisch nur bei der Lichtausbreitung in Richtung der optischen Achse des Kristalls beobachtbar. In den anderen Richtungen, speziell senkrecht zur optischen Achse, wird sie von der normalen Aufspaltung in die linear polarisierte ordentliche und außerordentliche Welle überdeckt. Deshalb spielt sie bei den Phasenplatten mit den geringen Dickenunterschieden keine Rolle. Die Theorie ergibt, daß die

5.4 Polarisierende Funktionselemente

optische Aktivität längs der optischen Achse erklärt werden kann, wenn von einer Aufspaltung der linear polarisierten Welle in zwei entgegengesetzt zirkular polarisierte Wellen mit gleicher Ausbreitungsrichtung, Frequenz und Amplitude, aber etwas unterschiedlicher Wellenlängen und damit Normalengeschwindigkeiten ausgegangen wird. Beim Austritt aus dem Kristall setzen sich beide Wellen zu linear polarisiertem Licht zusammen, dessen Schwingungsebene aufgrund der Phasendifferenz gegenüber derjenigen im einfallenden Licht gedreht ist. Die Differenz der Normalengeschwindigkeit führt auf die zusätzliche Doppelbrechung längs der optischen Achse, aber von zirkular polarisierten Wellen, die sich in einer Brechzahldifferenz Δn_z ausdrückt. Zwischen der Brechzahldifferenz Δn_z, der Dicke d, der Wellenlänge λ des einfallenden Lichtes und dem Drehwinkel α in Grad besteht der Zusammenhang

$$\alpha = \frac{180 d \cdot \Delta n_z}{\lambda} \quad \text{(in Grad)}. \tag{5.216}$$

Das bedeutet auch, daß die beiden Teile der Strahlenfläche in Richtung der optischen Achse auseinanderrücken und leicht deformiert sind (Abb. 5.77).

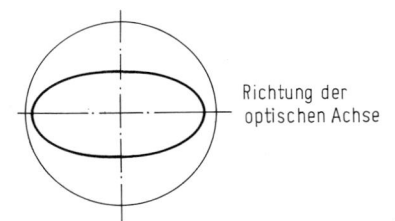

Abb. 5.77 Strahlenfläche bei optischer Aktivität

Bei Quarz beträgt die Brechzahldifferenz längs der optischen Achse für Licht der Na-D-Linie ($\lambda = 589{,}3$ nm) $\Delta n_z = 7{,}1122 \cdot 10^{-5}$, woraus der in Tab. 5.16 angegebene Drehwinkel folgt. Die Brechzahlen n_L, n_R für kleine Winkel zwischen der Wellennormalen und der optischen Achse wurden gemessen und mit den Brechzahlen verglichen, die ein nichtaktiver Kristall haben würde (n_ψ und $n_r = 1{,}5442243$). Die Differenzen nehmen von $n_r - n_L = 3{,}56 \cdot 10^{-5}$, $n_\psi - n_R = -3{,}57 \cdot 10^{-5}$ bei $0°27'$ auf die Werte $n_r - n_L = 1{,}55 \cdot 10^{-5}$, $n_\psi - n_R = -0{,}93 \cdot 10^{-5}$ bei $5°4{,}8'$ ab.

Abgesehen von der Dispersion der Brechzahldifferenz Δn_z (Tab. 5.16) ist gemäß Gl. (5.216) die Drehung umgekehrt proportional zur Wellenlänge (normale Rotationsdispersion).

5.4.5 Interferenzpolarisatoren

Reflexionspolarisatoren. Das an einer Grenzfläche reflektierte Licht ist linear polarisiert, wenn der Einfallswinkel gleich dem Polarisationswinkel ε_1 ist. Bei $n = 1$ und $n' = 1{,}5$ wird nach 2.2.3 der Reflexionsgrad jedoch nur $R_s(\varepsilon = \varepsilon_1) = 0{,}1479$ (Schwingungsebene der reflektierten Welle liegt senkrecht zur Einfallsebene). Bei unpolarisiert einfallendem Licht entfallen nur 50% der Intensität auf die senkrecht zur Einfallsebene schwingende Welle, so daß ca. 7,4% der Intensität reflektiert werden.

Reflexionspolarisatoren oder Glasplattensätze in Transmission sind heute für sichtbares Licht kaum noch im Einsatz. Wegen der großen Brechzahl einiger Stoffe bei großen Wellenlängen eignen sich Reflexionspolarisatoren im infraroten Sprektralbereich (Silizium $n = 3,4179$, Germanium $n = 4,0032$, Galliumarsenid $n = 3,2774$ bei $\lambda = 10\,\mu m$).

Interferenzpolarisatoren aus dielektrischen Schichten. Interferenzpolarisatoren können als Schichtsystem mit Schichten abwechselnd hoher und niedriger Brechzahl aufgebaut werden, die zwischen Stoffen gleicher Brechzahl angeordnet sind. Der Einfallswinkel an der ersten Schicht muß gleich dem Polarisationswinkel sein. Es werden $\lambda/4$-Schichten verwendet, die die Dicken

$$d_1 = \frac{(2z+1)\lambda_0}{4n_1''\cos\varepsilon''}, \quad d_2 = \frac{(2z+1)\lambda_0}{4n_2''\cos\varepsilon''} \tag{5.217}$$

haben. Bei der Anordnung o(HN)$^{\frac{k-1}{2}}$Hs gilt analog zur Gleichung (5.183) mit den entsprechenden γ-Werten für nichtsenkrechten Lichteinfall für den Reflexionsfaktor (der Index s bedeutet bei r, ρ und R senkrecht schwingend, bei n "Substrat")

$$r_s = \frac{\dfrac{n_0 n_s \cos\varepsilon_0 \cos\varepsilon_s}{n_1'' n_2'' \cos\varepsilon_1'' \cos\varepsilon_2''}\left(\dfrac{n_2'' \cos\varepsilon_2''}{n_1'' \cos\varepsilon_1''}\right)^k - 1}{\dfrac{n_0 n_s \cos\varepsilon_0 \cos\varepsilon_s}{n_1'' n_2'' \cos\varepsilon_1'' \cos\varepsilon_2''}\left(\dfrac{n_2'' \cos\varepsilon_2''}{n_1'' \cos\varepsilon_1''}\right)^k + 1}. \tag{5.218}$$

Bei $n_0 = n_s = n_2''$ und damit $\varepsilon_0 = \varepsilon_s = \varepsilon_2''$ wird daraus

$$r_s = \frac{\dfrac{n_s \cos\varepsilon_s}{n_1'' \cos\varepsilon_1''}\left(\dfrac{n_2'' \cos\varepsilon_2''}{n_1'' \cos\varepsilon_1''}\right)^k - 1}{\dfrac{n_s \cos\varepsilon_s}{n_1'' \cos\varepsilon_1''}\left(\dfrac{n_2'' \cos\varepsilon_2''}{n_1'' \cos\varepsilon_1''}\right)^k + 1}. \tag{5.219}$$

Bei $n_0 = 1,52$, $n_1'' = 2,4$ ergibt sich $\varepsilon_0 = 57,67°$, $\varepsilon_1'' = 32,35°$ und

$$\rho_s = |r_s|^2 = 0,9835 \quad \text{(fünf Schichten)},$$

$$\rho_s = |r_s|^2 = 0,997 \quad \text{(sieben Schichten)}.$$

Das reflektierte Licht ist senkrecht zur Einfallsebene polarisiert, das hindurchgehende Licht parallel zur Einfallsebene. Der Polarisationsgrad beträgt im reflektierten Licht

$$\alpha_1' = \frac{\rho_s - \rho_p}{\rho_s + \rho_p} = 1 \quad (\text{wegen } \rho_p = 0),$$

im hindurchgehenden Licht

$$\alpha_1'' = \frac{\tau_p - \tau_s}{\tau_p + \tau_s} = 0,994 \quad \text{(bei sieben Schichten)}.$$

Nach [4] erhält man dasselbe numerische Ergebnis mit der Gleichung

$$\rho_{sg} = \tanh^2\left[(k+1)\operatorname{artanh}\left(\sqrt{R_s}\right)\right], \tag{5.220}$$

wobei $\left|\sqrt{R_s}\right| = 0,428$, $\operatorname{artanh}\left(\sqrt{R_s}\right) = 0,4579$ ist.

5.4 Polarisierende Funktionselemente

Oft werden die Interferenzpolarisatoren so angewendet, daß die Schichten auf die Hypotenusenfläche eines Halbwürfelprismas aufgebracht werden. Zwei dieser Halbwürfel werden aufeinandergekittet. Die Brechzahl des Glases, aus dem die Prismen hergestellt sind, muß möglichst so gewählt werden, daß der Polarisationswinkel an der Grenzfläche zwischen der hochbrechenden und der niedrigbrechenden Schicht eingehalten wird.

An den Grenzflächen Glas – Schicht und Schicht – Kitt ist der Polarisationswinkel nicht eingehalten, so daß der Polarisationsgrad etwas herabgesetzt wird. Bei zwei derartig verkitteten Prismen sind das reflektierte und das hindurchgehende Licht linear polarisiert. Sie eignen sich also als Bündelteiler bei gleichzeitiger Polarisation.

Es ist auch möglich, das reflektierte und das hindurchgehende Licht zu nutzen. Dazu werden auf eine Spiegelfläche oder eine totalreflektierende Fläche ein $\lambda/4$-Plättchen und das Schichtsystem aufgebracht. Durch die Phasenplatte wird die Schwingungsebene der durch das Schichtsystem hindurchgelassenen Komponente beim zweimaligen Durchgang um 90° gedreht.

Interferenzpolarisator mit Einfachschicht. Eine weitere Möglichkeit, einen Interferenzpolarisator aufzubauen, besteht darin, eine dünne Schicht auf einen Glasträger aufzubringen (Abb. 5.78). Die charakteristische Matrix lautet nach Gl. (5.150)

$$M = \begin{pmatrix} \cos\delta & \dfrac{j}{\gamma_1}\cdot\sin\delta \\ j\gamma_1\sin\delta & \cos\delta \end{pmatrix}.$$

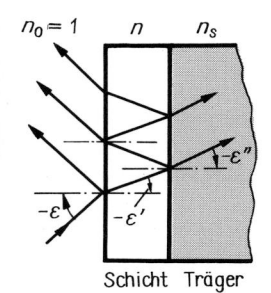

Abb. 5.78 Dünne Schicht auf einem Träger bei schrägem Lichteinfall

Für eine $\lambda/4$-Schicht gilt $\delta = \pi/2$, und die Dicke muß

$$d = \frac{(2z+1)\lambda_0}{4n_1''\cos\varepsilon_1''} \qquad (5.221)$$

betragen. Der Reflexionsfaktor lautet nach Gl. (5.167)

$$r = \frac{\gamma_0\gamma_s\dfrac{j}{\gamma_1} - j\gamma_1}{\gamma_0\gamma_s\dfrac{j}{\gamma_1} + j\gamma_1} = \frac{\gamma_0\gamma_s - \gamma_1^2}{\gamma_0\gamma_s + \gamma_1^2}.$$

Einsetzen von γ_0, γ_s und γ_1 nach den Gleichungen (5.155a, b c) und von $n_1'' = n$ (Brechzahl der Schicht) führt auf

$$r_p = \frac{\dfrac{n_0 n_s}{\cos \varepsilon_0 \cdot \cos \varepsilon_s} - \dfrac{n^2}{\cos^2 \varepsilon_1''}}{\dfrac{n_0 n_s}{\cos \varepsilon_0 \cdot \cos \varepsilon_s} + \dfrac{n^2}{\cos^2 \varepsilon_1''}}, \quad r_s = \frac{n_0 n_s \cos \varepsilon_0 \cdot \cos \varepsilon_s - n^2 \cos^2 \varepsilon_1''}{n_0 n_s \cos \varepsilon_0 \cdot \cos \varepsilon_s + n^2 \cos^2 \varepsilon_1''}. \qquad (5.222\text{a, b})$$

Aus $r_p = 0$ folgt nach dem Umrechnen der Winkel auf ε_0 die Gleichung

$$\sin^4 \varepsilon_0 + A \sin^2 \varepsilon_0 + B = 0 \qquad (5.223)$$

mit (bei $n_0 = 1$) $A = \dfrac{n^2 \left[n^6 (1 + n_s^2) - 2 n_s^4 \right]}{n_s^4 - n^8}$, $B = \dfrac{n^4 n_s^2 \left(n_s^2 - n^4 \right)}{n_s^4 - n^8}$. Auflösen ergibt

$$\sin^2 \varepsilon_0 = -\frac{A}{2} \pm \sqrt{\left(\frac{A}{2}\right)^2 - B}. \qquad (5.224)$$

Mit $n_0 = 1$, $n = 2,5$ (Titanoxid), $n_s = 1,5$ ergibt sich $\varepsilon_0 = 74,53°$, $\varepsilon_1'' = 22,68°$, $\varepsilon_s = 39,98°$ und $d = 0,1084 \lambda_0$ (bei $z = 0$). Der Reflexionsgrad der senkrecht schwingenden Welle lautet

$$\rho_s = \left[\frac{n_0 n_s \cos \varepsilon_0 \cdot \cos \varepsilon_s - n^2 \cos^2 \varepsilon_1''}{n_0 n_s \cos \varepsilon_0 \cdot \cos \varepsilon_s + n^2 \cos^2 \varepsilon_1''} \right]^2. \qquad (5.225)$$

Mit den Zahlenwerten gilt $\rho_s = 0,794$. Da bei unpolarisiert einfallendem Licht die Hälfte der Intensität auf die senkrecht schwingende Komponente entfällt, werden 39,7% der einfallenden Intensität reflektiert. Der Polarisationsgrad ist aber theoretisch gleich 1.

Der große Einfallswinkel ist ein Nachteil derartiger Interferenzpolarisatoren.

Interferenzpolarisatoren sind hinsichtlich des erreichbaren Polarisationsgrades mit den anderen Polarisatoren vergleichbar. In der Lichtausbeute sind sie wegen ihrer praktisch vollkommenen Absorptionsfreiheit und durch die Möglichkeit, beide Teilbündel zu nutzen, teilweise anderen Polarisatoren überlegen.

5.4.6 Matrizenbeschreibung

Für aufeinanderfolgende polarisationsoptische Funktionselemente kann die Gesamtwirkung durch Anwenden von Polarisationsmatrizen günstig ermittelt werden. Dafür sind verschiedene Methoden entwickelt worden, die entweder von den komplexen Amplituden oder von den Intensitäten ausgehen. Wir nehmen monochromatische und zeitlich stationäre Wellen an, deren Polarisationszustände mit Hilfe der komplexen Amplituden zu beschreiben sind. Diese stellen wir als Matrix dar (die Bezeichnungen wählen wir wie in 2.1.2):

$$\boldsymbol{a} = \begin{pmatrix} A_x e^{j \delta_x'} \\ A_y e^{j \delta_y'} \end{pmatrix}. \qquad (5.226)$$

5.4 Polarisierende Funktionselemente

Mit $\delta_y' = \delta + \delta_x'$ erhalten wir

$$a = A_x e^{j\delta_x'} \begin{pmatrix} 1 \\ \dfrac{A_y}{A_x} e^{j\delta} \end{pmatrix}. \tag{5.227}$$

Durch Multiplikation mit a^* läßt sich zeigen, daß $aa^* = A_x^2 + A_y^2$ ist. Darin drückt sich aus, daß senkrecht zueinander schwingende Wellen nicht miteinander interferieren.

Wir führen die reduzierte komplexe Amplitude mittels

$$\bar{a} = \frac{a}{\sqrt{aa^*}} = \frac{A_x e^{j\delta_x}}{\sqrt{A_x^2 + A_y^2}} \begin{pmatrix} 1 \\ \dfrac{A_y}{A_x} e^{j\delta} \end{pmatrix} \tag{5.228}$$

ein. Sie geht bei $A_x = A_y$ über in

$$\bar{a} = \frac{e^{j\delta_x'}}{\sqrt{2}} \begin{pmatrix} 1 \\ e^{j\delta} \end{pmatrix}. \tag{5.229}$$

Für linear polarisiertes Licht, das in x-Richtung schwingt, gilt $A_y = 0$, $\delta_x' = \delta_y' = 0$, und für linear polarisiertes Licht, das in y-Richtung schwingt, $A_x = 0$, $\delta_x' = \delta_y' = 0$. Es ist also

$$\bar{a}_x = \begin{pmatrix} 1 \\ 0 \end{pmatrix}, \quad \bar{a}_y = \begin{pmatrix} 0 \\ 1 \end{pmatrix}. \tag{5.230a, b}$$

Analog ergeben sich

$$\bar{a}_{45°} = \frac{1}{\sqrt{2}} \begin{pmatrix} 1 \\ 1 \end{pmatrix}, \quad \bar{a}_{-45°} = \frac{1}{\sqrt{2}} \begin{pmatrix} 1 \\ -1 \end{pmatrix}. \tag{5.230c, d}$$

(Letzteres wegen $\delta = \pi$, damit stets trotz positiver Werte A_x und A_y die momentanen Amplituden entgegengesetztes Vorzeichen haben.)

Für linkszirkular polarisiertes Licht ist $A_x = A_y$, $\delta = \pi/2$ zu setzen, für rechtszirkular polarisiertes Licht $A_x = A_y$, $\delta = -\pi/2$. Es ist also

$$\bar{a}_L = \frac{1}{\sqrt{2}} \begin{pmatrix} 1 \\ j \end{pmatrix}, \quad \bar{a}_R = \frac{1}{\sqrt{2}} \begin{pmatrix} 1 \\ -j \end{pmatrix}. \tag{5.231a, b}$$

Die so berechneten reduzierten komplexen Amplituden werden Jones-Vektoren genannt.

Die Funktion der polarisationsoptischen Elemente kann nun durch Anwenden einer Jones-Matrix auf einen Jones-Vektor berechnet werden. Das austretende Licht wird hinsichtlich seines Polarisationszustandes wieder durch den Jones-Vektor beschrieben. Es gilt

$$\begin{pmatrix} \bar{a}_x' \\ \bar{a}_y' \end{pmatrix} = \begin{pmatrix} a_{11} & a_{12} \\ a_{21} & a_{22} \end{pmatrix} \begin{pmatrix} \bar{a}_x \\ \bar{a}_y \end{pmatrix}. \tag{5.232}$$

Einem Polarisationsfilter mit der Durchlaßrichtung in x-Richtung ist z. B. die Jones-Matrix

$$P_x = \begin{pmatrix} 1 & 0 \\ 0 & 0 \end{pmatrix} \tag{5.233a}$$

zugeordnet, denn es muß

$$\begin{pmatrix}1\\0\end{pmatrix} = \begin{pmatrix}1 & 0\\0 & 0\end{pmatrix}\begin{pmatrix}1\\0\end{pmatrix} \quad \text{und} \quad \begin{pmatrix}0\\0\end{pmatrix} = \begin{pmatrix}1 & 0\\0 & 0\end{pmatrix}\begin{pmatrix}0\\1\end{pmatrix}$$

gelten. Analog ist für die Durchlaßrichtung in y-Richtung

$$P_y = \begin{pmatrix}0 & 0\\0 & 1\end{pmatrix} \tag{5.233b}$$

zu setzen. Weitere Jones-Matrizen sind:

$$P_{45} = \frac{1}{2}\begin{pmatrix}1 & 1\\1 & 1\end{pmatrix} \qquad\qquad P_{-45} = \frac{1}{2}\begin{pmatrix}1 & -1\\-1 & 1\end{pmatrix} \tag{5.234a,b}$$

Linearer Polarisator ($+45°$), \qquad\qquad Linearer Polarisator ($-45°$),

$$P_{-\frac{\lambda}{4}} = e^{j\frac{\pi}{4}}\begin{pmatrix}1 & 0\\0 & -j\end{pmatrix} \qquad\qquad P_{\frac{\lambda}{4}} = e^{j\frac{\pi}{4}}\begin{pmatrix}1 & 0\\0 & j\end{pmatrix} \tag{5.235a, b}$$

$\lambda/4$-Platte (höhere Phasengeschwindigkeit in x-Richtung), \qquad $\lambda/4$-Platte (höhere Phasengeschwindigkeit in y-Richtung),

$$P_R = \frac{1}{2}\begin{pmatrix}1 & j\\-j & 1\end{pmatrix} \qquad\qquad P_L = \frac{1}{2}\begin{pmatrix}1 & -j\\j & 1\end{pmatrix} \tag{5.236a, b}$$

Rechts-zirkularer Polarisator. \qquad\qquad Links-zirkularer Polarisator.

Zwei Beispiele sollen die Anwendung der Matrizen demonstrieren.

B e i s p i e l 1. Im Strahlenbündel sollen sich ein Polarisationsfilter in $45°$-Stellung, ein rechts-zirkularer Polarisator und ein Polarisationsfilter in $-45°$-Stellung befinden. Das einfallende Licht sei linear polarisiert und schwinge in x-Richtung.

Zu bilden ist das Matrizenprodukt $P_{-45°}P_R P_{45°}\bar{a}_x$. Das ergibt

$$\frac{1}{4}e^{j\frac{\pi}{2}}\begin{pmatrix}1\\-1\end{pmatrix} = \frac{\sqrt{2}}{4}e^{j\frac{\pi}{2}}\bar{a}_{-45°},$$

woraus zu entnehmen ist, daß linear polarisiertes Licht mit der Schwingungsebene in $-45°$-Lage entsteht, das gegenüber dem einfallenden Licht die Phasendifferenz $\pi/2$ hat und dessen Amplitude $\sqrt{2}/4$ ist. (Der Faktor $4 = \sqrt{2}\sqrt{2}\sqrt{2}\sqrt{2}$ teilt sich auf in einen Faktor bei $\bar{a}_{-45°}$ und die drei Faktoren $\sqrt{2}$, die durch das dreimalige Zerlegen der Amplitude in Komponenten entstehen.)

B e i s p i e l 2. Das einfallende Licht schwinge in y-Richtung. In den Strahlengang seien ein linearer Polarisator in $-45°$-Stellung, eine $-\lambda/4$-Platte und ein linearer Polarisator in $45°$-Stellung eingeschaltet.

Die Lösung erfordert die Matrizenmultiplikation $P_{45°}P_{-\lambda/4}P_{-45°}\bar{a}_y$. Das Ergebnis lautet

$$\frac{1}{4}\sqrt{2}\,e^{-j\frac{\pi}{2}}\begin{pmatrix}1\\1\end{pmatrix} = \frac{1}{2}e^{-j\frac{\pi}{2}}\bar{a}_{45°}.$$

Das austretende Licht hat gegenüber dem einfallenden Licht die Phasendifferenz $-90°$ und schwingt in $45°$-Richtung.

5.4 Polarisierende Funktionselemente

Stokes-Vektoren. Die Intensitäten im polarisierten Licht lassen sich mittels der von Stokes eingeführten Vektoren beschreiben. Für quasimonochromatisches Licht, das durch die Feldstärkevektoren (analog zu 2.1.2)

$$E_x(t) = A_x(t)e_x \sin(-\omega t + \delta_x'),$$
$$E_y(t) = A_y(t)e_y \sin(-\omega t + \delta_y')$$

beschrieben wird, lauten die Stokes-Parameter ($\delta = \delta_y' - \delta_x'$)

$$S_0 = \langle A_x^2 \rangle + \langle A_y^2 \rangle,$$
$$S_1 = \langle A_x^2 \rangle - \langle A_y^2 \rangle,$$
$$S_2 = \langle 2 A_x A_y \cos \delta \rangle,$$
$$S_3 = \langle 2 A_x A_y \sin \delta \rangle.$$

Im allgemeinen werden die auf S_0 normierten Stokes-Parameter verwendet. Für unpolarisiertes Licht ist $\langle A_x^2 \rangle = \langle A_y^2 \rangle$, $\langle \cos \delta \rangle = 0$, $\langle \sin \delta \rangle = 0$ zu setzen, so daß $\overline{S_0} = S_0/S_0 = 1$ und $\overline{S_1} = \overline{S_2} = \overline{S_3} = 0$ ist.

In Matrizendarstellung ist also für natürliches Licht (Querstrich weggelassen)

$$S_N = \begin{pmatrix} 1 \\ 0 \\ 0 \\ 0 \end{pmatrix} \tag{5.237}$$

zu schreiben. Für linear polarisiertes Licht, das in x-Richtung schwingt, ist $A_y = 0$; für linear polarisiertes Licht, das in y-Richtung schwingt, ist $A_x = 0$; für linear polarisiertes Licht, das unter 45° gegenüber der x-Achse schwingt, ist $A_x = A_y$ und $\delta = 0$; für linear polarisiertes Licht, das unter $-45°$ gegenüber der x-Achse schwingt, ist $A_x = A_y$ und $\delta = \pi$. Die normierten Stokes-Vektoren lauten

$$S_x = \begin{pmatrix} 1 \\ 1 \\ 0 \\ 0 \end{pmatrix}, \quad S_y = \begin{pmatrix} 1 \\ -1 \\ 0 \\ 0 \end{pmatrix}, \quad S_{45°} = \begin{pmatrix} 1 \\ 0 \\ 1 \\ 0 \end{pmatrix}, \quad S_{-45°} = \begin{pmatrix} 1 \\ 0 \\ -1 \\ 0 \end{pmatrix}. \tag{5.238a, b, c, d}$$

Rechts-zirkular polarisiertes Licht ist durch $A_x = A_y$, $\delta = \pi/2$, links-zirkular polarisiertes Licht ist durch $A_x = A_y$, $\delta = -\pi/2$ charakterisiert. Als Matrizen ergeben sich daraus

$$S_R = \begin{pmatrix} 1 \\ 0 \\ 0 \\ 1 \end{pmatrix}, \quad S_L = \begin{pmatrix} 1 \\ 0 \\ 0 \\ -1 \end{pmatrix}. \tag{5.239a, b}$$

Bei inkohärenten Wellen können die Stokes-Matrizen addiert werden. So gilt z.B. $S_x + S_x = 2 S_x$ (linear polarisiertes Licht doppelter Intensität), $S_x + S_y = 2 S_N$ (natürliches Licht doppelter Intensität).

Müller-Matrizen. Die Wirkung polarisationsoptischer Funktionselemente wird durch Müller-Matrizen beschrieben. Für einen linearen Polarisator, dessen Durchlaßrichtung die x-Achse ist, lautet die Müller-Matrix

$$M_x = \frac{1}{2}\begin{pmatrix} 1 & 1 & 0 & 0 \\ 1 & 1 & 0 & 0 \\ 0 & 0 & 0 & 0 \\ 0 & 0 & 0 & 0 \end{pmatrix}.$$

Ein Beispiel für ihre Anwendung ist

$$M_x S_x = S_x.$$

(Der lineare Polarisator wandelt linear polarisiertes Licht in linear polarisiertes Licht um, d. h., er läßt es vollständig hindurch.)
Ein weiteres Beispiel ist

$$M_x S_N = 0{,}5 S_x.$$

(Der lineare Polarisator wandelt natürliches Licht in linear polarisiertes Licht mit der halben Intensität um.)
Müller-Matrizen für die gängigsten polarisationsoptischen Funktionselemente sind

$$M_x = \frac{1}{2}\begin{pmatrix} 1 & 1 & 0 & 0 \\ 1 & 1 & 0 & 0 \\ 0 & 0 & 0 & 0 \\ 0 & 0 & 0 & 0 \end{pmatrix}, \quad M_y = \frac{1}{2}\begin{pmatrix} 1 & -1 & 0 & 0 \\ -1 & 1 & 0 & 0 \\ 0 & 0 & 0 & 0 \\ 0 & 0 & 0 & 0 \end{pmatrix}, \tag{5.240a, b}$$

$$M_{45°} = \frac{1}{2}\begin{pmatrix} 1 & 0 & 1 & 0 \\ 0 & 0 & 0 & 0 \\ 1 & 0 & 1 & 0 \\ 0 & 0 & 0 & 0 \end{pmatrix}, \quad M_{-45°} = \frac{1}{2}\begin{pmatrix} 1 & 0 & -1 & 0 \\ 0 & 0 & 0 & 0 \\ -1 & 0 & 1 & 0 \\ 0 & 0 & 0 & 0 \end{pmatrix}, \tag{5.241a, b}$$

$$M_{-\lambda/4} = \begin{pmatrix} 1 & 0 & 0 & 0 \\ 0 & 1 & 0 & 0 \\ 0 & 0 & 0 & -1 \\ 0 & 0 & 1 & 0 \end{pmatrix}, \quad M_{\lambda/4} = \begin{pmatrix} 1 & 0 & 0 & 0 \\ 0 & 1 & 0 & 0 \\ 0 & 0 & 0 & 1 \\ 0 & 0 & -1 & 0 \end{pmatrix}, \tag{5.242a, b}$$

$$M_R = \frac{1}{2}\begin{pmatrix} 1 & 0 & 0 & 1 \\ 0 & 0 & 0 & 0 \\ 0 & 0 & 0 & 0 \\ 1 & 0 & 0 & 1 \end{pmatrix}, \quad M_L = \frac{1}{2}\begin{pmatrix} 1 & 0 & 0 & -1 \\ 0 & 0 & 0 & 0 \\ 0 & 0 & 0 & 0 \\ -1 & 0 & 0 & 1 \end{pmatrix}. \tag{5.243a, b}$$

Die Anwendung der aufgeführten Müller-Matrizen auf den Stokes-Vektor für natürliches Licht ergibt, wie auch anschaulich zu erwarten ist,

$$M_x S_N = 0{,}5 S_x, \quad M_{-45°} S_N = S_{-45°}, \quad M_{-\lambda/4} S_N = S_N, \quad M_R S_N = 0{,}5 S_R,$$
$$M_y S_N = 0{,}5 S_y, \quad M_{45°} S_N = S_{45°}, \quad M_{\lambda/4} S_N = S_N, \quad M_L S_N = 0{,}5 S_L.$$

5.5 Ablenkende Funktionselemente

5.5.1 Planspiegel

Abbildung am Planspiegel. Unter einem Planspiegel verstehen wir eine ebene reflektierende Fläche. Im allgemeinen besteht ein Planspiegel aus einer oberflächenverspiegelten polierten Glasplatte. Diese kann aber auch teildurchlässig sein oder gar nicht verspiegelt. Damit bei der Fassung des Spiegels keine Durchbiegung auftritt, muß dieser eine bestimmte Mindestdicke haben. Für hohe Ansprüche rechnet man mit einem notwendigen Verhältnis aus Dicke und Diagonale von $1:10 \cdots 1:5$. Die Spiegelschicht kann aus Metall oder aus nichtleitenden Mehrfachschichten bestehen, mit denen eine hohe Reflexion durch Interferenz des Lichtes erreicht werden kann. Ein Planspiegel bildet vom geometrisch-optischen Standpunkt aus den gesamten Raum kollinear ab. Der Abbildungsmaßstab beträgt $\beta' = 1$. Ein einwandfreier Planspiegel innerhalb eines optischen Systems beeinflußt dessen Abbildungsqualität nicht, wenn die Beugung an seiner Fassung vernachlässigt werden kann.

In Abb. 5.79 ist zu erkennen, daß auf die Richtung des einfallenden Lichtes bezogen ein aufrechtes und seitenrichtiges Bild entsteht. (Wir brauchen nur in einen ebenen Spiegel zu sehen, um festzustellen, daß unser Kopf auch im Spiegelbild oben und unser linker Arm links bleibt.) Der Spiegel vertauscht aber gewissermaßen "vorn und hinten". Wir bringen mit dieser Formulierung zum Ausdruck, daß die z'- und die z-Achse entgegengesetzt sind, während die x'- und die x-Achse sowie die y'- und die y-Achse gleich gerichtet sind. Durch das Vertauschen einer Achsenrichtung des Koordinatensystems entsteht aus einem Rechtssystem $\{x, y, z\}$ ein Linkssystem $\{x', y', z'\}$. Diese mathematische Transformation umschreiben wir in der Übertragung auf die optische Abbildung mit der Formulierung "das Bild ist spiegelverkehrt".

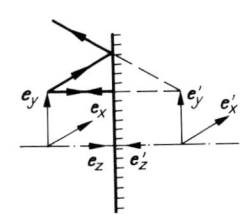

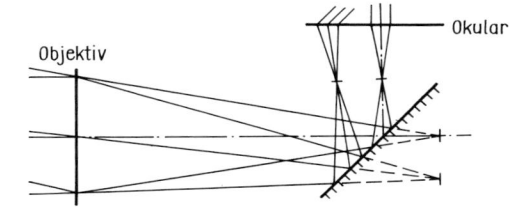

Abb. 5.79 Reflexion am Planspiegel   **Abb. 5.80** Planspiegel zur Ablenkung der optischen Achse

Ablenkung mit Planspiegeln. Die hauptsächliche Anwendung der Planspiegel besteht darin, die optische Achse und damit die abbildenden Bündel abzulenken.

> Planspiegel sind Bauelemente, mit denen die Elementarfunktion "Ablenken" realisiert wird. Die Ablenkung kann mit einer Änderung der Bildlage verbunden sein.

Abb. 5.80 zeigt die Anwendung eines Planspiegels zur Ablenkung der optischen Achse eines astronomischen Fernrohrs um 90°.

Beim Einsatz von Planspiegeln in optischen Systemen ist es notwendig, die Orientierung des Bildes im Raum (wir bezeichnen sie kurz als Bildlage) auf die durchgängige Lichtrichtung, also auf die Richtung des reflektierten Lichtes, zu beziehen. Das ist nach unseren Vereinbarungen stets die z'-Richtung. Abb. 5.79 macht deutlich, daß, in z'-Richtung gesehen, das Bild einseitig vertauscht ist. (Auch diesen Umstand beobachten wir, wenn wir in einen ebenen Spiegel schauen. Versetzen wir uns in die Lage unseres Spiegelbildes, dann ist dessen rechter Arm das Bild unseres linken Armes.) Wir wollen in der Anwendung auf optische Systeme die Begriffe "links und rechts" sowie "oben und unten" zur Kennzeichnung der Bildlage vermeiden, weil diese relativ sind. Wir sprechen statt dessen von einseitiger Vertauschung, wenn eine Querrichtung erhalten bleibt, und von zweiseitiger Vertauschung, wenn sich beide Querrichtungen ändern (nur in diesem Fall sprechen wir auch von Höhen- und Seitenvertauschung).

Aufgespaltete Planspiegel. Nach 4.1.6 gilt für die aufgespaltete Planspiegelfläche

$$\hat{s}' = \hat{s}, \quad \hat{\sigma}' = \hat{\sigma}.$$

Objekt und Bild fallen zusammen, und die Lichtstrahlen behalten ihre Richtung bei (Abb. 5.81). Der Winkel, den der Spiegel mit der optischen Achse eines zentrierten Systems bildet, kann dabei beliebig sein.

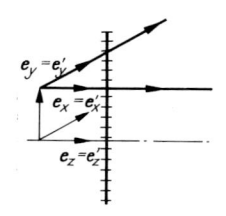

Abb. 5.81 Aufgespalteter Planspiegel

Abb. 5.82 Aufgespalteter Planspiegel im Optik-Schema nach Abb. 5.80

Die aufgespaltete Planspiegelfläche hat also den Nachteil, daß nicht zu erkennen ist, wie das Licht abgelenkt wird und wie sich die Bildlage verändert. Andererseits ist die ungeknickte optische Achse von Vorteil, wenn die Abbildung durch das übrige optische System zu untersuchen ist (Abb. 5.82).

Daraus folgt für das methodische Vorgehen:

> Die einfache Spiegelfläche ist zu verwenden, wenn der konkrete Verlauf der optischen Achse und die Bildlage zu untersuchen sind (Übergang von einem Rechts- in ein Linkssystem, ein- oder zweiseitige Vertauschung). Die aufgespaltete Spiegelfläche ist zu verwenden, wenn die Abbildung des optischen Systems unabhängig von den Knickungen der optischen Achse zu untersuchen ist. Die aufgespalteten Planspiegel haben darauf keinen Einfluß.

Allgemeine Behandlung von Planspiegeln. Wir gehen von einer Spiegelung aus (Abb. 5.83). In den Objektraum legen wir ein rechtwinkliges Rechtssystem mit den Einheitsvektoren e_x, e_y, e_z. Mit dem vektoriellen Reflexionsgesetz, das auch auf die Abbildung beliebiger Vektoren anwendbar ist, bestimmen wir die Komponenten der Einheitsvektoren e'_x, e'_y, e'_z des bildseitigen Koordinatensystems. Der Einheitsvektor e_z soll in Richtung der optischen Achse

5.5 Ablenkende Funktionselemente

weisen. Der Normaleinheitsvektor des Spiegels hat die Komponenten

$$n = \{0, \sin\alpha, \cos\alpha\}.$$

(Da wir hier offenlassen können, ob der Vektor eine Zeilen- oder eine Spaltenmatrix ist, verwenden wir die Schreibweise mit der geschweiften Klammer.)

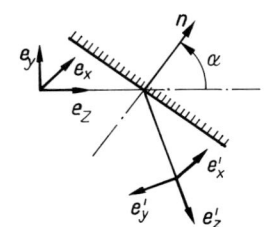

Abb. 5.83 Dreibein am Planspiegel

Die Einheitsvektoren des Objektraumes haben die Komponenten

$$e_x = \{1, 0, 0\}, \quad e_y = \{0, 1, 0\}, \quad e_z = \{0, 0, 1\}.$$

Die drei Rechenschemata des vektoriellen Reflexionsgesetzes sind in Tab. 5.17 enthalten. Das Ergebnis lautet

$$e'_x = \{1, 0, 0\}, \quad e'_y = \{0, \cos 2\alpha, -\sin 2\alpha\}, \quad e'_z = \{0, -\sin 2\alpha, -\cos 2\alpha\}.$$

Die Komponenten von e'_x, e'_y und e'_z sind die Richtungskosinus der Achsen des bildseitigen Koordinatensystems. Die Skalarprodukte zusammengehöriger Einheitsvektoren sind den Kosinus zwischen ihnen gleich. Sie betragen

$$e_x e'_x = 1, \quad e_y e'_y = \cos 2\alpha, \quad e_z e'_z = -\cos 2\alpha = \cos(180° + 2\alpha).$$

Tabelle 5.17 Rechenschemata des vektoriellen Reflexionsgesetzes für ein Dreibein

0	0	$\sin\alpha$	$\cos\alpha$	
0	0	0	0	
0	1	0	0	
0	1	0	0	e'_x
0	0	$\sin\alpha$	$\cos\alpha$	
$\sin\alpha$	0	$-2\sin^2\alpha$	$-2\sin\alpha\cos\alpha$	
0	0	1	0	
$\sin\alpha$	0	$1 - 2\sin^2\alpha$	$-2\sin\alpha\cos\alpha$	
	0	$\cos 2\alpha$	$-\sin 2\alpha$	e'_y
0	0	$\sin\alpha$	$\cos\alpha$	
0	0	$-2\sin\alpha\cos\alpha$	$-2\cos^2\alpha$	
$\cos\alpha$	0	0	1	
$\cos\alpha$	0	$-2\sin\alpha\cos\alpha$	$1 - 2\cos^2\alpha$	
	0	$-\sin 2\alpha$	$-\cos 2\alpha$	e'_z

Daraus folgt:
- Die x'-Achse und die x-Achse sind zueinander parallel.
- Die y'-Achse ist gegenüber der y-Achse um den Winkel 2α gedreht.
- Die z'-Achse ist gegenüber der z-Achse um $180° + 2\alpha$ gedreht, was auch als Umkehr der Achse und Drehung um den Winkel 2α gedeutet werden kann.

Die Reflexion an einem Planspiegel stellt eine Drehung und Spiegelung des Koordinatensystems, also eine orthogonale Transformation dar. Die Transformationsdeterminante, deren Elemente die Richtungskosinus des bildseitigen Koordinatensystems sind, lautet

$$\Delta = \begin{vmatrix} 1 & 0 & 0 \\ 0 & \cos 2\alpha & -\sin 2\alpha \\ 0 & -\sin 2\alpha & -\cos 2\alpha \end{vmatrix} = -1. \tag{5.244}$$

Die Transformationsdeterminante hat bei einer reinen Drehung den Wert $\Delta = +1$, bei einer Spiegelung den Wert $\Delta = -1$. (Im übrigen stellt die Determinante das Spatprodukt $[e'_x e'_y] e'_z$ $= [e'_x e'_y e'_z]$ der drei Einheitsvektoren dar.)

Bei der Erhaltung des Symmetriecharakters des Koordinatensystems ist $\Delta = +1$ (ein Rechtssystem geht in ein Rechtssystem über).

Ein Wechsel der Symmetrie führt auf $\Delta = -1$ (ein Rechtssystem geht in ein Linkssystem über).

Durch wiederholte Anwendung der Transformation ergibt sich, daß beliebig viele Drehungen keine Symmetrieänderung zur Folge haben. Dasselbe gilt für eine gerade Anzahl von Spiegelungen. Eine ungerade Anzahl von Spiegelungen vertauscht den Charakter des Koordinatensystems. Bei s Spiegelungen gilt

$$\Delta^s = (-1)^s. \tag{5.245}$$

Wir fassen zusammen:

- Wir legen ein rechtshändiges Koordinatensystem so, daß die z-Achse in Richtung der optischen Achse weist. Durch Zeichnen oder Anwenden des vektoriellen Reflexionsgesetzes ermitteln wir die Lage des bildseitigen Dreibeins e'_x, e'_y, e'_z.
- Bei beliebig vielen Drehungen und s Spiegelungen hat die Transformationsdeterminante den Wert $\Delta = (-1)^s$. Für $\Delta = 1$ liegt bildseitig ein Rechtssystem, für $\Delta = -1$ ein Linkssystem vor.
- An den Skalarprodukten $e_x e'_x$, $e_y e'_y$, $e_z e'_z$ ist die gegenseitige Lage zusammengehöriger Einheitsvektoren abzulesen.

Die Richtungsänderungen der optischen Achse sind in der Tab. 5.18, die Spezialfälle für Bildlagenänderungen bei $e_z e'_z = 1$ in der Tab. 5.19 zusammengestellt.

Tabelle 5.18 Richtungsänderungen der optischen Achse

$e_z e'_z$	Deutung
1	fluchtende oder parallel versetzte optische Achse ohne Umkehr
0	rechtwinklige Knickung der optischen Achse
-1	fluchtende oder parallel versetzte optische Achse mit Umkehr
$\cos \delta$	Knickung der optischen Achse um den Winkel δ

5.5 Ablenkende Funktionselemente

Tabelle 5.19 Bildlagenänderungen an Planspiegelfolgen ($e_z e'_z = 1$ vorausgesetzt)

$e_x e'_x$	$e_y e'_y$	Deutung
1	1	keine Vertauschung
±1	∓1	einseitige Vertauschung
−1	−1	zweiseitige Vertauschung

Zwei komplanare Spiegel. Wir untersuchen die Reflexion an zwei komplanaren Planspiegeln.

> Komplanare Planspiegel haben Normaleneinheitsvektoren, die durch eine Parallelverschiebung in eine Ebene gebracht werden können (es sind dann komplanare Vektoren).

Der Lichtstrahl falle im Hauptschnitt ein. Dieser steht senkrecht auf den Spiegeln (Abb. 5.84). Die Normale des ersten Spiegels bilde mit der objektseitigen Lichtrichtung den Winkel α_1, die Normale des zweiten Spiegels den Winkel α_2.

Die bildseitig des ersten Spiegels vorliegenden Komponenten der Einheitsvektoren sind der Tab. 5.17 zu entnehmen. Die Komponenten von e_x bleiben auch am zweiten Spiegel unverändert, weil e'_x senkrecht auf der Einfallsebene steht. Die Rechenschemata für e'_y und e'_z findet man in Tab. 5.20.

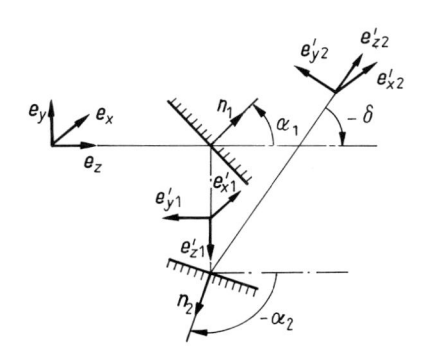

Abb. 5.84 Zwei komplanare Planspiegel

Die Ablenkung an den zwei komplanaren Planspiegeln beträgt

$$\delta = \delta_1 + \delta_2 = 2\alpha_1 - 2\alpha_2 = 2(\alpha_1 - \alpha_2).$$

Bildseitig des zweiten Spiegels haben die Einheitsvektoren die Komponenten

$$e'_x = \{1, 0, 0\}, \quad e'_y = \{0, \cos\delta, \sin\delta\}, \quad e'_z = \{0, -\sin\delta, \cos\delta\}.$$

Weil zwei Spiegelungen vorliegen, ist $\Delta = 1$. Die Skalarprodukte betragen

$$e_x e'_x = 1, \quad e_y e'_y = \cos\delta, \quad e_z e'_z = \cos\delta. \tag{5.246}$$

> Zwei komplanare Planspiegel drehen das Koordinatensystem um den Winkel δ. Die Ablenkung eines im Hauptschnitt einfallenden Lichtstrahles hängt nur vom Winkel $\alpha_1 - \alpha_2$ ab. Sie bleibt unverändert, wenn der Spiegel als Ganzes um eine auf dem Hauptschnitt senkrecht stehende Achse gedreht wird.

Tabelle 5.20 Durchrechnung eines Dreibeins am zweiten Spiegel zweier komplanarer Planspiegel

0	0	$-\cos\alpha_2$	$\cos\alpha_2$
$\cos 2\alpha_1 \cdot \sin\alpha_2$	0	$2\sin(2\alpha_1 - \alpha_2)\sin\alpha_2$	$2\sin(2\alpha_1 - \alpha_2)\cos\alpha_2$
$-\sin 2\alpha_1 \cdot \cos\alpha_2$	0	$\cos 2\alpha_1$	$-\sin 2\alpha_1$
$-\sin(2\alpha_1 - \alpha_2)$	0	$\cos 2(\alpha_1 - \alpha_2)$	$\sin 2(\alpha_1 - \alpha_2)$
	0	$\cos\delta$	$\sin\delta$	e'_y
0	0	$\sin\alpha_2$	$\cos\alpha_2$
$-\sin 2\alpha_1 \cdot \sin\alpha_2$	0	$2\cos(2\alpha_1 - \alpha_2)\sin\alpha_2$	$2\cos(2\alpha_1 - \alpha_2)\cos\alpha_2$
$-\cos 2\alpha_1 \cdot \cos\alpha_2$	0	$-\sin 2\alpha_1$	$-\cos 2\alpha_1$
$-\cos(2\alpha_1 - \alpha_2)$	0	$-\sin 2(\alpha_1 - \alpha_2)$	$\cos 2(\alpha_1 - \alpha_2)$
	0	$-\sin\delta$	$\cos\delta$	e'_z

Winkelspiegel. Folgende Spezialfälle seien hervorgehoben:

– Bei $\alpha_1 - \alpha_2 = 90°$ (Winkel zwischen den Spiegelspuren 90°; Abb. 5.85) ist

$$e_x e'_x = 1, \quad e_y e'_y = -1, \quad e_z e'_z = -1.$$

Die Lichtrichtung wird umgekehrt.

– Bei $\alpha_1 - \alpha_2 = 135°$ (Winkel zwischen den Spiegelspuren 45°; Abb. 5.86) ist

$$e_x e'_x = 1, \quad e_y e'_y = 0, \quad e_z e'_z = 0.$$

Der 45°-Winkelspiegel lenkt um 90° ab.

– Bei $\alpha_1 - \alpha_2 = 180°$ (Winkel zwischen den Spiegelspuren 0°; Abb. 5.87) ist

$$e_x e'_x = 1, \quad e_y e'_y = 1, \quad e_z e'_z = 1.$$

Der 0°-Winkelspiegel, auch Spiegeltreppe genannt, versetzt die optische Achse parallel. Das Bild ist unvertauscht.

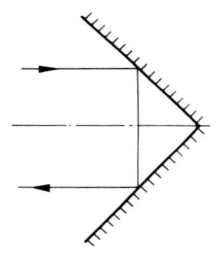

Abb. 5.85
90°-Winkelspiegel

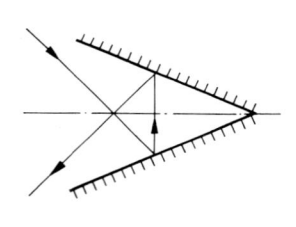

Abb. 5.86
45°-Winkelspiegel

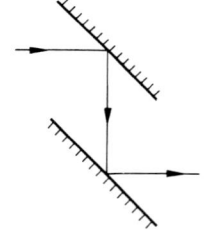

Abb. 5.87
Spiegeltreppe

Beliebig viele komplanare Planspiegel. Die Anwendung des vektoriellen Reflexionsgesetzes ergibt bei s Spiegelungen

$$e'_x = \{1, 0, 0\}, \quad e'_y = \{0, \cos\delta, (-1)^s \sin\delta\}, \quad e'_z = \{0, -\sin\delta, (-1)^s \cos\delta\}.$$

5.5 Ablenkende Funktionselemente

Die Ablenkung folgt aus

$$\delta = 2\sum_{v=1}^{s} (-1)^{v-1}\alpha_v. \qquad (5.247)$$

Der Winkel δ kann um $\pm 360°$ abgewandelt werden. Es ist

$$e_x e'_x = 1, \quad e_y e'_y = \cos \delta, \quad e_z e'_z = (-1)^s \cos \delta. \qquad (5.248)$$

Bei ungeradem s gilt $\Delta = -1$, das Spiegelsystem ist drehempfindlich.

Tripelspiegel. Ein Tripelspiegel besteht aus drei Planspiegeln, die senkrecht aufeinanderstehen. Die drei Spiegel bilden eine Würfelecke, und nur jeweils zwei davon sind komplanar (Abb. 5.88).

Bei der in der Abb. 5.88 angenommenen Lage des Koordinatensystems sind die Komponenten der Normaleneinheitsvektoren durch

$$\boldsymbol{n}_1 = \{0,1,0\}, \quad \boldsymbol{n}_2 = \{1,0,0\}, \quad \boldsymbol{n}_3 = \{0,0,-1\}$$

gegeben. Die Richtungskosinus des einfallenden Lichtstrahls betragen

$$\boldsymbol{s}_1 = \{\cos \gamma_1, \cos \gamma_2, \cos \gamma_3\}.$$

Das Rechenschema der Tab. 5.21 ergibt

$$\boldsymbol{s}'_3 = \{-\cos \gamma_1, -\cos \gamma_2, -\cos \gamma_3\},$$

also

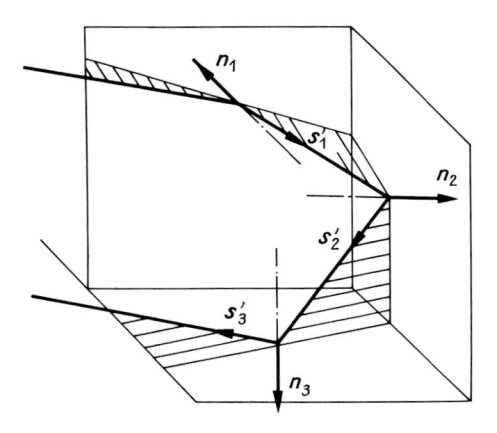

$$\boldsymbol{s}'_3 = -\boldsymbol{s}_1.$$

Abb. 5.88 Tripelspiegel

| Der Tripelspiegel lenkt einen Lichtstrahl beliebiger Einfallsrichtung um 180° ab. Er reflektiert das Licht unabhängig vom Einfallswinkel entgegen der Einfallsrichtung.

Der Tripelspiegel findet z. B. in Interferometern und in den Elementen der Rückstrahler Verwendung.

Es könnte der Eindruck entstehen, daß ein 90°-Winkelspiegel dieselbe Funktion erfüllen würde. Der 90°-Winkelspiegel reflektiert jedoch nur die Strahlen entgegen der Einfallsrichtung, die im Hauptschnitt verlaufen. Die Flächen 1 und 2 des Tripelspiegels stellen einen 90°-Winkelspiegel dar. Der Strahlvektor s'_2 hat nach Tab. 5.21 die Komponenten

$$s'_2 = \{-\cos\gamma_1, -\cos\gamma_2, \cos\gamma_3\}.$$

Die x- und die y-Komponente sind zwar entgegengesetzt, aber die z-Komponente nicht. Der Strahl ist gewissermaßen verkantet. Nur bei $\gamma_3 = 90°$, also für einen senkrecht zur z-Achse einfallenden Lichtstrahl, ist

$$s'_2 = \{-\cos\gamma_1, -\cos\gamma_2, 0\}$$

und damit

$$s'_2 = -s_1.$$

Tabelle 5.21 Durchrechnung eines Strahls am Tripelspiegel

0	0	1	0
$\cos\gamma_2$	0	$-2\cos\gamma_2$	0
0	$\cos\gamma_1$	$\cos\gamma_2$	$\cos\gamma_3$
$\cos\gamma_2$	$\cos\gamma_1$	$-\cos\gamma_2$	$\cos\gamma_3$
$\cos\gamma_1$	1	0	0
0	$-2\cos\gamma_1$	0	0
0	$\cos\gamma_1$	$-\cos\gamma_2$	$\cos\gamma_3$
$\cos\gamma_1$	$-\cos\gamma_1$	$-\cos\gamma_2$	$\cos\gamma_3$
0	0	0	-1
0	0	0	$-2\cos\gamma_3$
$-\cos\gamma_3$	$-\cos\gamma_1$	$-\cos\gamma_2$	$-\cos\gamma_3$
$-\cos\gamma_3$	$-\cos\gamma_1$	$-\cos\gamma_2$	$-\cos\gamma_3$

5.5.2 Planparallele Platten

Eine planparallele Platte, wie sie z. B. in der Mikroskopie als Deckglas oder in der Fotografie als Filter vorkommt, beeinflußt die abbildenden Strahlenbündel.

Die planparallele Platte grenze beiderseits an den gleichen Stoff an (Abb. 5.89). Ein Lichtstrahl wird zweimal gebrochen. Aus Symmetriegründen wird er dabei um die Strecke v parallel zu sich versetzt. Damit ist die Schnittweitenänderung

$$\Delta s = s_2 - s_1$$

verbunden. Nach Tab. 5.22 beträgt die Versetzung

$$v = -d \cdot \sin\varepsilon \left[1 - \frac{\cos\varepsilon}{\sqrt{\left(\frac{n'}{n}\right)^2 - \sin^2\varepsilon}} \right] \qquad (5.249)$$

5.5 Ablenkende Funktionselemente

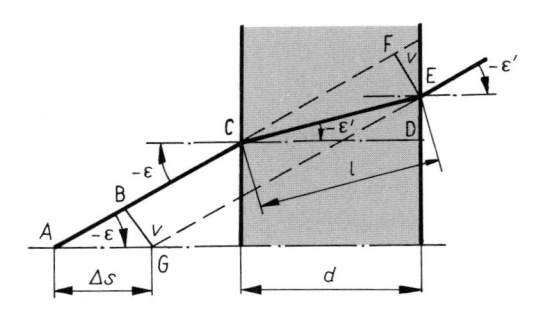

Abb. 5.89 Strahlenverlauf an der planparallelen Platte

Tabelle 5.22 Ableitung der Gleichungen für die planparallele Platte

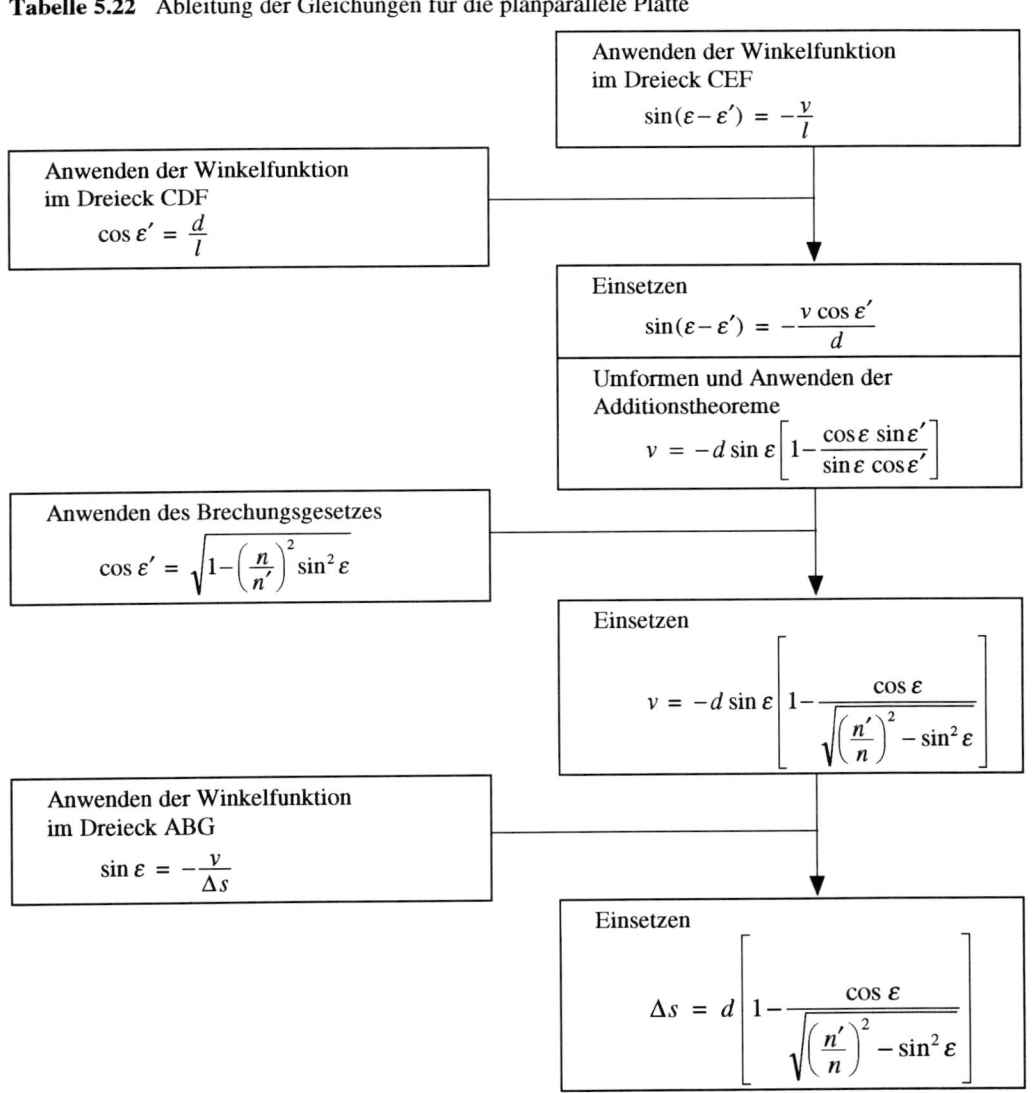

Anwenden der Winkelfunktion im Dreieck CEF
$$\sin(\varepsilon - \varepsilon') = -\frac{v}{l}$$

Anwenden der Winkelfunktion im Dreieck CDF
$$\cos \varepsilon' = \frac{d}{l}$$

Einsetzen
$$\sin(\varepsilon - \varepsilon') = -\frac{v \cos \varepsilon'}{d}$$

Umformen und Anwenden der Additionstheoreme
$$v = -d \sin \varepsilon \left[1 - \frac{\cos \varepsilon \, \sin \varepsilon'}{\sin \varepsilon \, \cos \varepsilon'} \right]$$

Anwenden des Brechungsgesetzes
$$\cos \varepsilon' = \sqrt{1 - \left(\frac{n}{n'}\right)^2 \sin^2 \varepsilon}$$

Einsetzen
$$v = -d \sin \varepsilon \left[1 - \frac{\cos \varepsilon}{\sqrt{\left(\frac{n'}{n}\right)^2 - \sin^2 \varepsilon}} \right]$$

Anwenden der Winkelfunktion im Dreieck ABG
$$\sin \varepsilon = -\frac{v}{\Delta s}$$

Einsetzen
$$\Delta s = d \left[1 - \frac{\cos \varepsilon}{\sqrt{\left(\frac{n'}{n}\right)^2 - \sin^2 \varepsilon}} \right]$$

und die Schnittweitenänderung

$$\Delta s = d \left[1 - \frac{\cos \varepsilon}{\sqrt{\left(\frac{n'}{n}\right)^2 - \sin^2 \varepsilon}} \right]. \tag{5.250}$$

Die Schnittweitenänderung ist eine Funktion des Einfallswinkels. Eine planparallele Platte erzeugt kein punktförmiges Bild. Für sehr kleine Einfallswinkel, also im paraxialen Gebiet, gilt bei der senkrecht zur optischen Achse stehenden Platte die Näherungsformel

$$\Delta s = d \frac{\frac{n'}{n} - 1}{\frac{n'}{n}}. \tag{5.251}$$

Bei $n = 1$, $n' = 1{,}5$ ergibt sich z. B. $\Delta s = d/3$.

Auf die Schnittweitenänderung muß beim Einbau einer planparallelen Platte in ein optisches System besonders geachtet werden.

Wenn nur die Abbildung durch das zentrierte optische System untersucht werden soll, kann die reduzierte Plattendicke eingeführt werden.

> Die reduzierte Plattendicke $\dot{d}$ ist die Dicke, bei der die Platte in einem abbildenden Strahlenbündel formal keine Schnittweitenänderung und keine Parallelversetzung einführt.

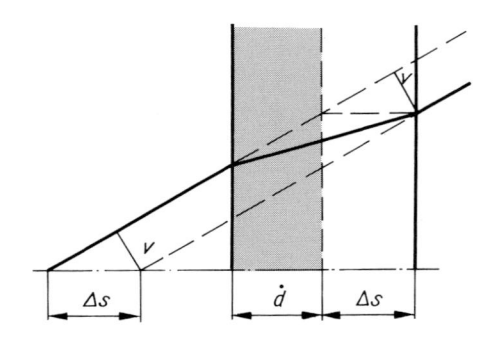

Abb. 5.90 Zur Definition der reduzierten Dicke

Nach Abb. 5.90 ist

$$\dot{d} = d - \Delta s$$

also mit Gl. (5.250)

$$\dot{d} = \frac{d \cos \varepsilon}{\sqrt{\left(\frac{n'}{n}\right)^2 - \sin^2 \varepsilon}}. \tag{5.252}$$

Für kleine Einfallswinkel gilt

$$\dot{d} = \frac{n}{n'} d. \tag{5.253}$$

5.5 Ablenkende Funktionselemente

Mit der reduzierten Plattendicke kann die Schnittweitenänderung durch

$$\Delta s = d - \dot{d} \tag{5.254}$$

ausgedrückt werden.

| Die Schnittweitenänderung ist die Differenz aus der Plattendicke und der reduzierten Plattendicke.

Eine planparallele Platte, die um eine senkrecht zum Meridionalschnitt stehende Achse drehbar ist, erlaubt kleine Strahlversetzungen. Sie wirkt damit als optisches Mikrometer (Abb. 5.91). Die Empfindlichkeit ist durch den Differentialquotienten

$$\frac{dv}{d\varepsilon}$$

gegeben. Aus Gl. (5.249) und Gl. (5.252) folgt zunächst

$$v = (\dot{d} - d)\sin\varepsilon. \tag{5.255}$$

Durch Differenzieren erhalten wir

$$\frac{dv}{d\varepsilon} = \frac{d\dot{d}}{d\varepsilon}\sin\varepsilon + (\dot{d} - d)\cos\varepsilon.$$

Weiter gilt

$$\frac{d\dot{d}}{d\varepsilon} = -d\sin\varepsilon \frac{\left[\left(\frac{n'}{n}\right)^2 - 1\right]\sqrt{\left(\frac{n'}{n}\right)^2 - \sin^2\varepsilon}}{\left[\left(\frac{n'}{n}\right)^2 - \sin^2\varepsilon\right]^2},$$

also

$$\frac{dv}{d\varepsilon} = d\sin^2\varepsilon \frac{1 - \left(\frac{n'}{n}\right)^2}{\left[\left(\frac{n'}{n}\right)^2 - \sin^2\varepsilon\right]^{3/2}} + d\cos\varepsilon \left\{\frac{\cos\varepsilon}{\left[\left(\frac{n'}{n}\right)^2 - \sin^2\varepsilon\right]^{1/2}} - 1\right\}. \tag{5.256}$$

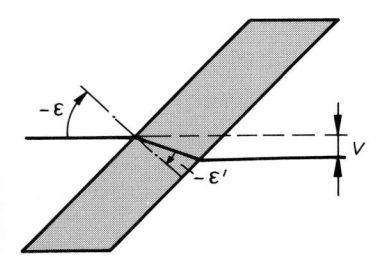

Abb. 5.91 Planplatten-Mikrometer

Tab. 5.23 enthält für $n'/n = 1,5$ Zahlenwerte, die mit Gl. (5.256) berechnet worden sind. Bei einer Platte, die um 45° geneigt im Strahlengang steht und die 5 mm dick ist, ändert eine Drehung um 1° die Versetzung um 0,0525 mm.

Tabelle 5.23 Empfindlichkeit des Planplattenmikrometers

$\pm\varepsilon$	$-dv/d\varepsilon$
0°	$0,333d$
30°	$0,446d$
45°	$0,599d$
60°	$0,806d$
90°	$0,894d$

5.5.3 Planspiegelplatten

Es gibt Anwendungen von Spiegelflächen, bei denen der Schutz der Metallschicht erwünscht ist. Das Spiegelmetall wird auf die Rückseite der planparallelen Platte aufgedampft und durch eine Lackschicht geschützt. Auch teildurchlässige Platten bestehen aus einseitig teilverspiegelten Glasplatten.

Rückverspiegelte Platten sind das Analogon zu Spiegellinsen, bei denen eine Fläche brechend, eine Fläche reflektierend ist.

Wir bezeichnen einseitig verspiegelte planparallele Platten als Planspiegelplatten. An diesen wird das Licht zweimal gebrochen und einmal reflektiert (Abb. 5.92). Der Einfallswinkel für die erste Brechung ist gleich dem Brechungswinkel bei der zweiten Brechung. Ein Licht-

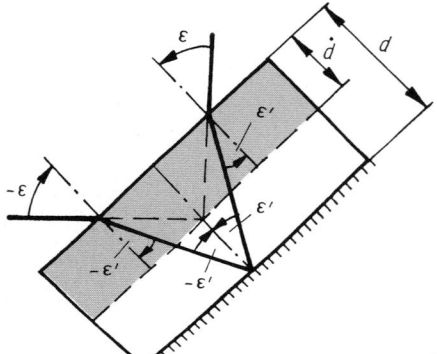

Abb. 5.92 Planspiegelplatte

strahl wird also so abgelenkt, als würde das Reflexionsgesetz für die Planspiegelplatte als Ganzes gelten, allerdings mit einer seitlichen Versetzung des Lichtstrahls. Das Licht wird scheinbar an einer innerhalb der Platte liegenden Ebene reflektiert (in Abb. 5.92 gestrichelt eingezeichnet). Die scheinbare Plattendicke $\dot{d}$ ist gleich der reduzierten Plattendicke einer planparallelen Platte, wie sie in Gl. (5.252) angegeben ist.

Beim Einbau der Planspiegelplatte in ein zentriertes optisches System muß auf die Schnittweitenänderung geachtet werden. Wir erläutern dies am Beispiel der Abb. 5.93, das dasselbe Fernrohr wie Abb. 5.80 enthält. In Abb. 5.94 ist die Planspiegelplatte mit der aufgespalteten Spiegelfläche dargestellt. (Die Platte ist in den Beispielen der Deutlichkeit halber sehr dick gewählt worden.)

5.5 Ablenkende Funktionselemente

Die Planspiegelplatte wirkt wie eine schrägstehende planparallele Platte mit der Plattendicke $2d$. Wir können Gl. (5.250) für die Schnittweitenänderung an der senkrecht zur optischen Achse stehenden Planparallelplatte anwenden. Wir müssen aber die Schnittweitenänderung senkrecht zur Platte messen und dürfen sie nur für Strahlen angeben, die in der Umgebung der optischen Achse bleiben. Es gilt dann nach Gl. (5.254)

$$\Delta s = 2(d - \dot{d}) \tag{5.257}$$

bzw. mit Gl. (5.252)

$$\Delta s = 2d \left[1 - \frac{\cos \varepsilon}{\sqrt{\left(\frac{n'}{n}\right)^2 - \sin^2 \varepsilon}} \right] \tag{5.258}$$

(ε Einfallswinkel der optischen Achse). Als Faustregel für den häufig vorkommenden Fall $\varepsilon = 45°$ diene

$$\Delta s \approx d$$

(bei $n = 1$, $n' = 1{,}58$ erfüllt).

Schließlich können wir bei der Untersuchung der Abbildung durch das zentrierte System die Planspiegelplatte mit aufgespalteter Spiegelfläche und reduzierter Dicke zeichnen. Damit fallen sowohl die Brechung wie auch die Schnittweitenänderung formal weg (Abb. 5.95).

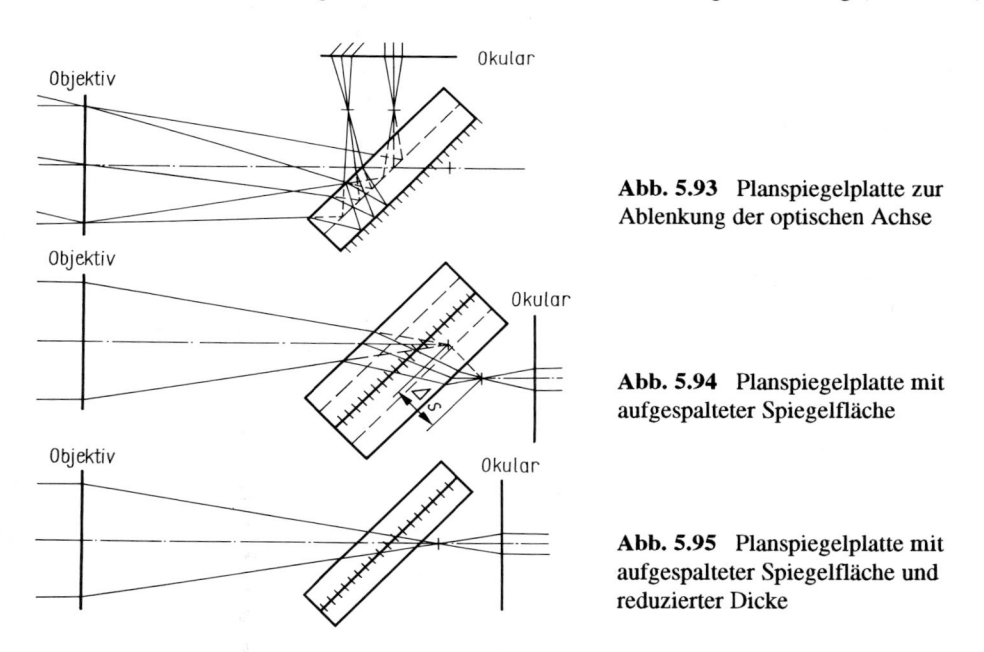

Abb. 5.93 Planspiegelplatte zur Ablenkung der optischen Achse

Abb. 5.94 Planspiegelplatte mit aufgespalteter Spiegelfläche

Abb. 5.95 Planspiegelplatte mit aufgespalteter Spiegelfläche und reduzierter Dicke

Planspiegelplatten haben im wesentlichen folgende Nachteile:
- Ein Teil des Lichtes wird auch an der Vorderfläche reflektiert. Es entstehen ein Vorderreflex und durch Mehrfachreflexionen innerhalb der Platte Nebenreflexe. Die Planspiegelplatte liefert Nebenbilder.

- Mit der zweimaligen Brechung der optischen Achse ist infolge der Dispersion eine Farbaufspaltung verbunden.
- Die Planspiegelplatte verschlechtert die Strahlenvereinigung (Astigmatismus).
- Bei einer metallischen Spiegelfläche hängt der Reflexionsgrad von der Wellenlänge ab. Die Beständigkeit kann durch Bläschenbildung und Trübungen vermindert werden.

5.5.4 Reflexionsprismen

Eigenschaften von Reflexionsprismen. Die in 5.5.3 genannten Nachteile der Planspiegelplatten lassen sich teilweise vermeiden, wenn zur Ablenkung des Lichtes Reflexionsprismen verwendet werden.

> Ein Reflexionsprisma ist ein Prisma mit mindestens einer Spiegelfläche. Reflexionsprismen stellen ablenkende optische Bauelemente dar. Mit der Ablenkung kann eine Änderung der Bildlage verbunden sein.

Abb. 5.96 demonstriert schematisch den Übergang von der Planspiegelplatte zum Reflexionsprisma. Die Endflächen des Prismas stehen senkrecht zur optischen Achse. Die an der Planspiegelplatte auftretende Brechung der optischen Achse und die damit verbundenen Nachteile fallen beim Prisma weg.

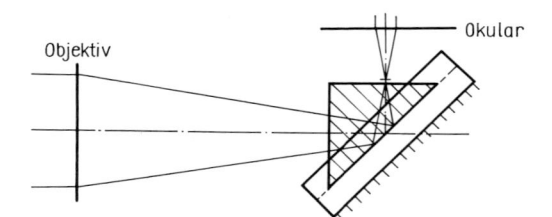

Abb. 5.96 Übergang von der Planspiegelplatte zum Reflexionsprisma

Die Einfallswinkel an der reflektierenden Fläche sind beim Prisma kleiner als bei der Planspiegelplatte. Dadurch läßt sich die Spiegelfläche für Bündel mit nicht zu großem Öffnungswinkel als totalreflektierende Fläche ausbilden. Die metallische Verspiegelung mit ihren Nachteilen entfällt. Wegen der im allgemeinen bei Reflexionsprismen vorhandenen totalreflektierenden Flächen wird manchmal auch von totalreflektierenden Prismen gesprochen, obwohl das nicht für alle Reflexionsprismen zutreffend ist.

Reflexionsprismen haben im wesentlichen folgende Vorteile gegenüber Planspiegeln und Planspiegelplatten:

- Reflexionsprismen haben oft weniger Spiegelmetallflächen als Spiegel, weil die Totalreflexion genutzt wird. Das bringt bei hochtransparenten Prismenwerkstoffen höhere Lichtdurchlässigkeit im gesamten Spektrum, größere Haltbarkeit und einfachere Fertigung der reflektierenden Flächen mit sich.
- Die Eintritts- und die Austrittsfläche lassen sich im allgemeinen so zur optischen Achse orientieren, daß kleine Brechungswinkel und damit geringe Farbaufspaltung auftreten. Sämtliche Nebenreflexe werden weitgehend herabgesetzt.

5.5 Ablenkende Funktionselemente

— Mehrere Spiegelflächen sind beim Reflexionsprisma starr miteinander verbunden. Die Prismenwinkel können so toleriert werden, daß die Ablenkung des Lichtes mit einer entsprechenden Genauigkeit garantiert ist. Das Reflexionsprisma wird als Ganzes justiert, nicht die Einzelflächen zueinander.

Reflexionsprismen haben gegenüber Planspiegeln auch Nachteile, die besonders bei großen Bündeldurchmessern in Erscheinung treten. Die wesentlichen Nachteile sind:

— Reflexionsprismen haben ein größeres Gewicht als Planspiegelplatten. Es ist deshalb wichtig, das für eine bestimmte Aufgabe kleinste Prisma auszuwählen und dessen Mindestabmessungen zu bestimmen.

— Große Prismen sind mit großen Glaswegen des Lichtes verbunden. (Zur abgekürzten Sprechweise verwenden wir ständig den Begriff "Glasweg", obwohl die Prismen auch aus anderen optischen Werkstoffen bestehen können.) Bei großen Glaswegen können Inhomogenitäten des Glases stören. Die Absorption des Lichtes im Glas setzt die spektrale Durchlässigkeit herab, so daß der diesbezügliche Vorteil der Totalreflexion nicht zum Tragen kommt.

Wir beschäftigen uns nun mit den Problemen, die bei der Berechnung eines Reflexionsprismas zu lösen sind. Wir nehmen an, daß das Prisma Bestandteil eines zentrierten optischen Systems sein soll. Es sei bereits so ausgewählt, daß es die geforderte Lichtablenkung realisiert.

Für ein Reflexionsprisma sind

— die paraxiale Schnittweitenänderung des Lichtbündels,
— die Mindestgröße,
— die maximale Strahlneigung, die ohne Verspiegelung möglich ist,
— der Einfluß auf die Bildlage,
— der Einfluß auf die Bildgüte

zu ermitteln.

Der Einfluß auf die Bildgüte wird hier nicht behandelt. Die übrigen Größen bestimmen wir zunächst, indem wir den Strahlenverlauf im zugrunde gelegten optischen System mit den Beziehungen des paraxialen Gebietes berechnen oder zeichnen. Die Methodik erläutern wir am Beispiel eines Halbwürfelprismas (Abb. 5.97).

Die paraxiale Schnittweitenänderung des Bündels tritt ein, weil das Reflexionsprisma wie eine planparallele Platte wirkt. Wir erkennen dies, wenn wir die Spiegelfläche aufspalten (Abb. 5.98). Die Dicke der planparallelen Platte hängt vom Glasweg der optischen Achse ab. Dieser ist durch die Größe des Prismas festgelegt. Zur Bestimmung des Glasweges gehen wir davon aus, daß die Größe des Prismas nur durch die Lichtbündel festgelegt ist. Fassungszugaben berücksichtigen wir nicht. Der in Abb. 5.97 gestrichelt eingezeichnete Strahl hat denselben Glasweg wie die optische Achse. Bei ihm ist einfach abzulesen, daß

$$d = D$$

ist. Die paraxiale Schnittweitenänderung beträgt nach Gl. (5.251)

$$\Delta s = d \frac{n-1}{n}. \tag{5.259}$$

(In diesem Abschnitt bezeichnen wir mit n die relative Brechzahl der Prismen gegen Luft. Es gilt dann in Gl. (5.251) der Übergang $n'/n \to n$.)

Die Mindestgröße bestimmen wir im allgemeinen zeichnerisch. Dazu wird das Prisma mit aufgespalteter Spiegelfläche und reduzierter Dicke $\dot{d}$ gezeichnet. Wegen

$$\Delta s = d - \dot{d} \tag{5.260}$$

gehen dann sämtliche Lichtstrahlen ungebrochen durch das Prisma hindurch (Abb. 5.99). Da jedoch nach Gl. (5.252) für einen beliebigen Lichtstrahl

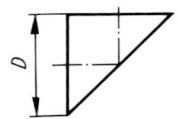

$$\dot{d} = \frac{d \cos \varepsilon}{\sqrt{n^2 - \sin^2 \varepsilon}}$$

Abb. 5.97 Halbwürfel mit einer Reflexion

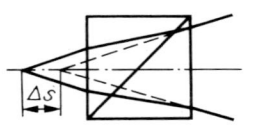

Abb. 5.98 Halbwürfel mit aufgespalteter Spiegelfläche

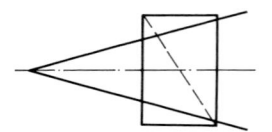

Abb. 5.99 Halbwürfel als Planparallelplatte mit reduzierter Dicke

ist, müßte die reduzierte Dicke für jeden Lichtstrahl anders eingezeichnet werden. Die Mindestgröße wird jedoch für nicht zu große Einfallswinkel ausreichend genau bestimmt, wenn wir mit der reduzierten Dicke für die optische Achse rechnen. Im Fall des Halbwürfels mit $\varepsilon_0 = 0$ gilt also

$$\dot{d} = \frac{d}{n}.$$

Die Lichteintrittsfläche des Prismas bleibt beim Übergang zur reduzierten Dicke an derselben Stelle.

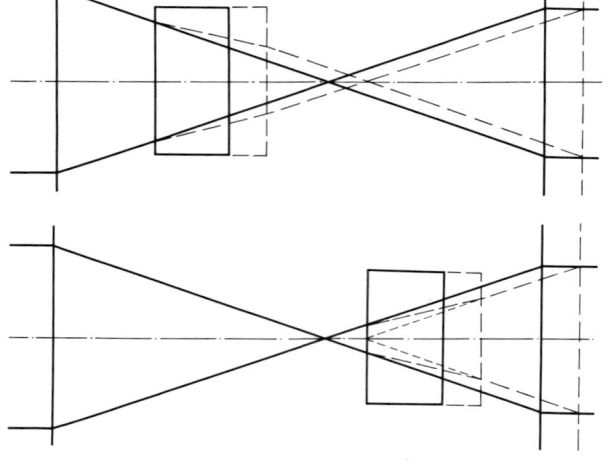

Abb. 5.100 Planplattenwirkung im konvergenten Bündel

Abb. 5.101 Planplattenwirkung im divergenten Bündel

5.5 Ablenkende Funktionselemente

Nach Abb. 5.100 ist diese Feststellung trivial, wenn das Prisma im konvergenten Strahlengang steht. Bei divergentem Strahlengang (Abb. 5.101) gilt nach Abb. 5.102 für die äquivalente planparalle Platte

$$h_2 = h_1 - d \tan \varepsilon',$$

woraus mit dem Brechungsgesetz und der Definition der reduzierten Dicke ($\tan \varepsilon \approx \sin \varepsilon$ vorausgesetzt)

$$h_2 = h_1 - \dot{d} \tan \varepsilon$$

hervorgeht.

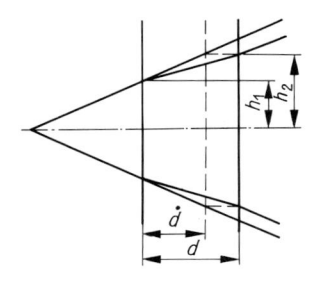

Abb. 5.102 Erhalt des Bündeldurchmessers beim Übergang zur reduzierten Dicke

Für die Platte mit der reduzierten Dicke ergibt sich nach Abb. 5.102 für den durchgehenden Strahlenverlauf ebenfalls

$$h_2 = h_1 - \dot{d} \tan \varepsilon.$$

Die Durchstoßhöhe in der Austrittsfläche der Platte mit der reduzierten Dicke ist also dieselbe wie bei der Platte mit der Dicke d. Damit ist die Behauptung, daß die Lichteintrittsfläche an derselben Stelle bleiben muß, auch für divergenten Strahlengang bewiesen. Stehen die Endflächen senkrecht zur optischen Achse, dann gilt angenähert

$$h_2 = h_1 - \frac{d}{n} \varepsilon.$$

Bei der Bestimmung der Mindestgröße des Prismas müssen auch die schrägen Bündel berücksichtigt werden.

In Abb. 5.103 würde der mittlere Teil der Platte nur das Bündel vollständig hindurchlassen, das den Achsenpunkt abbildet. Die Vergrößerung der Platte bis zum Hauptstrahl garantiert, daß der Rand des Feldes mit einem Bündel abgebildet wird, das den Hauptstrahl enthält.

Die Hinzunahme des gesamten getönten Teils ergibt ein Prisma, das nicht bündelbegrenzend wirkt. Dieser Fall ist manchmal nur mit einem wesentlich größeren Prisma erreichbar als der Fall der Abschattung bis zum halben meridionalen Bündeldurchmesser für den Feldrand.

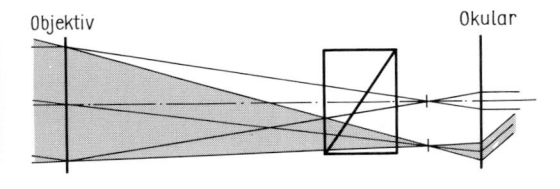

Abb. 5.103 Zur Bestimmung der Mindestgröße

Deshalb wird gelegentlich die Wirkung des Prismas als Abschattblende in Kauf genommen, um an Gewicht zu sparen.

Rechnerische Bestimmung der Mindestgröße. Die Entfernung e' von Zwischenbild zur nächstgelegenen Prismenfläche wählen wir stets positiv.

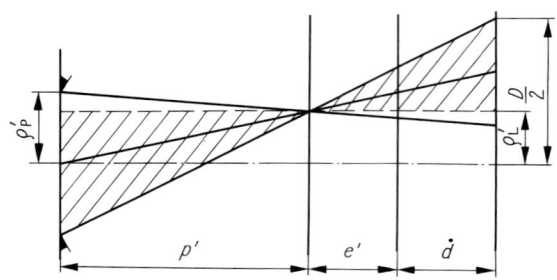

Abb. 5.104 Zur Berechnung der Mindestgröße (divergentes Bündel)

In Abb. 5.104 bestimmt die dem Zwischenbild abgewandte Prismenfläche die Prismengröße. In den ähnlichen Dreiecken, die in Abb. 5.104 hervorgehoben sind, gilt

$$\frac{\frac{D}{2}-\rho'_L}{\rho'_P+\rho'_L} = \frac{e'+\dot{d}}{p'}. \tag{5.261}$$

Die reduzierte Dicke des Prismas ist dem Durchmesser der Austrittsfläche proportional. Außerdem kann sie durch weitere Glaswege im Prisma vergrößert sein. So ist z. B. beim Halbwürfel

$$\dot{d} = \frac{D}{n},$$

beim Rhomboidprisma

$$\dot{d} = \frac{D}{n}+\frac{v}{n}.$$

Allgemein setzen wir

$$\dot{d} = c_1 D + c_2, \tag{5.262}$$

wobei die Konstanten c_1 und c_2 vom Prismentyp und vom Prismenwerkstoff abhängen. Einsetzen von $\dot{d}$ in Gl. (5.261) und Auflösen nach D ergibt

$$D = 2\frac{(e'+c_2)(\rho'_P+\rho'_L)+\rho'_L p'}{p'-2c_1(\rho'_P+\rho'_L)}. \tag{5.263}$$

Bei Randabschattung bis zum Hauptstrahl (halbes meridionales Büschel abgeblendet) ist formal $\rho'_P = 0$ zu setzen, so daß

$$D = \frac{\rho'_L(p'+e'+c_2)}{p'-2c_1\rho'_L} \tag{5.264}$$

wird.

5.5 Ablenkende Funktionselemente

In Abb. 5.105 wird die Prismengröße durch den Bündeldurchmesser in der dem Zwischenbild zugewandten Prismenfläche bestimmt. In den in Abb. 5.105 hervorgehobenen ähnlichen Dreiecken ist

$$\frac{\rho'_L - \rho'_p}{\rho'_L - \frac{D}{2}} = \frac{p'}{e'}. \tag{5.265}$$

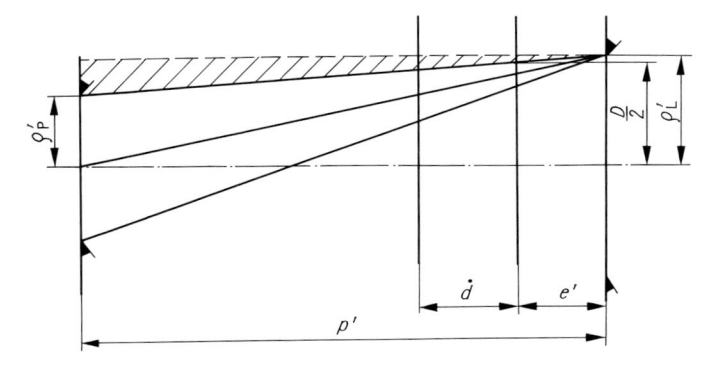

Abb. 5.105 Zur Berechnung der Mindestgröße (konvergentes Bündel)

Daraus folgt

$$D = 2\rho'_L\left(1 - \frac{e'}{p'}\right) + \frac{2e'\rho'_p}{p'}. \tag{5.266}$$

Bei Randabschattung bis zum Hauptstrahl ($\rho'_p = 0$) gilt

$$D = 2\rho'_L\left(1 - \frac{e'}{p'}\right). \tag{5.267}$$

Zu beachten ist, daß beim Einführen von Randabschattung ein Wechsel der die Größe bestimmenden Fläche eintreten kann. War es ohne Randabschattung die dem Zwischenbild abgewandte Fläche, dann kann es mit Randabschattung die zugewandte Fläche werden.

Beispiel. Ein Fernrohr mit der Objektbrennweite $f'_{Ob} = 840$ mm und der Okularbrennweite $f'_{Ok} = 50$ mm soll mit einem Zenitprisma ausgerüstet werden. Dieses hat die Aufgabe, die optische Achse um 90° zu knicken, damit hochstehende Sterne bequemer beobachtet werden können. Die Austrittspupille des Objektivs fällt mit der Hauptblende H' des Objektivs zusammen und hat den Durchmesser $2\rho'_p = 63$ mm. Die Feldblende steht in der bildseitigen Brennebene des Objektivs und hat den Durchmesser $2\rho'_L = 20$ mm. Die Aufgabe ist mit einem Halbwürfelprisma zu lösen. Es hat von den um 90° ablenkenden Prismen die kleinsten Abmessungen und ist relativ leicht zu fertigen. Andererseits braucht der Ablenkungswinkel von 90° nicht so genau eingehalten zu werden, so daß ein drehunempfindliches Prisma, wie z. B. das Pentaprisma, nicht notwendig ist.

Das Prisma soll aus Glas mit der Brechzahl $n = 1{,}516$ hergestellt werden. Seine Austrittsfläche liegt 20 mm vor dem Zwischenbild (Abb. 5.106).

– Randabschattung bis zum Hauptstrahl. In diesem Fall bestimmt die Austrittsfläche des Prismas dessen Durchmesser. Es ist $p' = 840$ mm, $e' = 20$ mm, also nach Gl. (5.267)

$D = 19{,}52$ mm. Die Schnittweitenänderung folgt aus $\Delta s = d - \dot{d}$ mit $\dot{d} = d/n$ und $d = D$. Sie beträgt

$$\Delta s = 6{,}64 \text{ mm}.$$

- Ohne Randabschattung. In diesem Fall bestimmt die Eintrittsfläche des Prismas dessen Durchmesser. Für den Halbwürfel ist $c_1 = 1/n$, $c_2 = 0$, also nach Gl. (5.263) $D = 21{,}76$ mm. Die Schnittweitenänderung beträgt

$$\Delta s = 7{,}41 \text{ mm}.$$

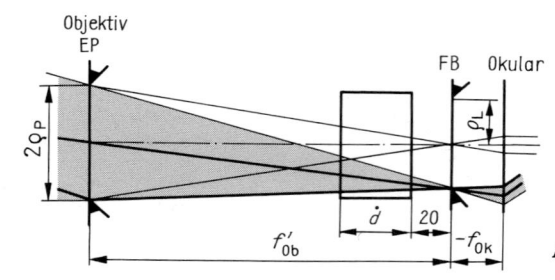

Abb. 5.106 Zum Zahlenbeispiel

Sicherung der Totalreflexion. Die Forderung nach einer totalreflektierenden Fläche im Prisma begrenzt die maximal zulässige Strahlneigung an der Eintrittsfläche. Nach Abb. 5.107 gilt

$$\varepsilon_1 = \sigma, \quad \beta = \varepsilon_1' - \varepsilon_2.$$

Wir setzen für $|\varepsilon_2|$ den zulässigen Maximalwert ein,

$$\varepsilon_2 = -\varepsilon_G \quad (\varepsilon_G \text{ positiv angenommen}),$$

und erhalten aus dem Brechungsgesetz

$$\sin \sigma_M = n \sin(\beta - \varepsilon_G). \tag{5.268}$$

Für $\beta = 45°$ (Halbwürfel) gilt z. B.

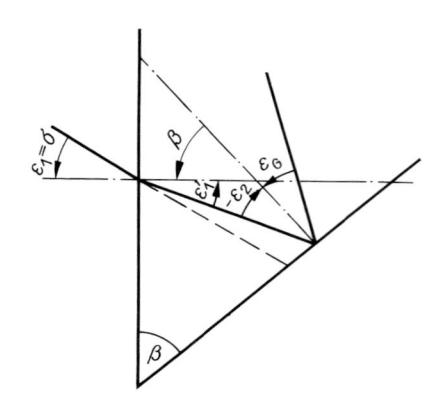

$$\sigma_M = 5{,}3° \quad \text{bei } n = 1{,}51,$$
$$\sigma_M = 15{,}4° \quad \text{bei } n = 1{,}7.$$

Abb. 5.107 Sicherung der Totalreflexion

5.5 Ablenkende Funktionselemente

Bildlage. Für die Bildlage gelten bei Reflexionsprismen dieselben Regeln wie bei Planspiegelfolgen. Bei den meisten Reflexionsprismen stehen die Eintritts- und die Austrittsfläche senkrecht zur optischen Achse, so daß diese Flächen die Bildlage nicht beeinflussen. Aber auch Brechungen der optischen Achse bewirken nur eine Drehung des Koordinatensystems, so daß keine Seitenvertauschung im Bild entsteht. Für Brechungen ist stets $\Delta = 1$. Der Halbwürfel wirkt wie ein Planspiegel. Es ist $\Delta = -1$, $e_x e'_x = 1$, $e_y e'_y = 0$, $e_z e'_z = 0$, das Bild einseitig vertauscht. Zur Übersicht ordnen wir jedem Prisma ein Symbol zu. Es enthält in spitzen Klammern die Anzahl der Reflexionen s sowie das Zahlentripel $e_x e'_x$, $e_y e'_y$, $e_z e'_z$.

Es lautet also

$$\langle s \,|\, e_x e'_x, e_y e'_y, e_z e'_z \rangle.$$

Bei $e_z e'_z = \pm 1$ kann die optische Achse fluchtend oder parallel versetzt sein. Bei parallelem Austritt der optischen Achse schreiben wir $e_z e'_z = \pm \overline{1}$. Der Halbwürfel mit einer Reflexion hat das Symbol

$$\langle 1 | 1, 0, 0 \rangle.$$

Einfache Reflexionsprismen. Wir geben einen Überblick über die wichtigsten einfachen Reflexionsprismen. Darunter verstehen wir Prismen, die aus einem Stück gefertigt werden und bei denen in jedem Punkt der reflektierenden Flächen von jedem abbildenden Bündel nur ein Lichtstrahl auftrifft. Die angegebenen Abmessungen sind die optische Mindestgröße für achsparallele Bündel. Bei konvergenten oder divergenten Bündeln sind im allgemeinen noch unbenutzte Teile abzuschleifen. Fassungszugaben oder andere konstruktiv bedingte Änderungen sind von Fall zu Fall verschieden oder können nicht generell berücksichtigt werden.

Halbwürfel mit einer Reflexion (Abb. 5.108), $\langle 1 | 1, 0, 0 \rangle$. Der Halbwürfel wurde bereits den vorangehenden Ausführungen zugrunde gelegt. Die Kantenlänge ist gleich dem Bündeldurchmesser D, ebenso der Glasweg. Das Bündel wird einmal reflektiert und um 90° abgelenkt. Das Bild ist einseitig vertauscht. Der Halbwürfel mit einer Reflexion entspricht einem Planspiegel.

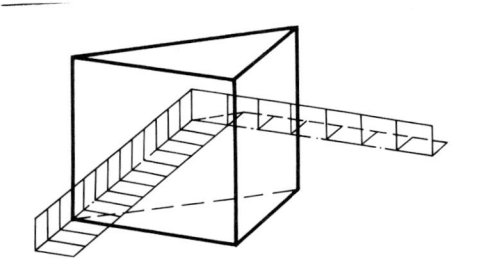

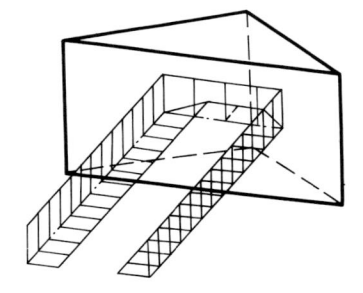

Abb. 5.108 Halbwürfel mit einer Reflexion   **Abb. 5.109** Halbwürfel mit zwei Reflexionen

Halbwürfel mit zwei Reflexionen (Abb. 5.109), $\langle 2 | 1, -1, -\overline{1} \rangle$. Wenn wir die halbe Hypotenusenfläche des Halbwürfels als Lichteinfallsfläche benutzen, dann wird das Bündel durch zwei Reflexionen um 180° abgelenkt. Die Hypotenuse muß doppelt so lang sein wie der Durchmesser des Bündels. Der Glasweg beträgt $d = 2D$. Der Halbwürfel mit zwei Reflexionen entspricht einem 90°-Winkelspiegel.

Zwei Halbwürfel zur Seitenversetzung (Abb. 5.110), $\langle 2|1,1,\overline{1}\rangle$. Mit zwei Halbwürfeln in der Anordnung nach Abb. 5.110 wird eine Spiegeltreppe realisiert. Die Achse des Bündels wird um den Betrag v versetzt. Es tritt keine Seitenvertauschung ein. Der Glasweg beträgt $d = 2D$.

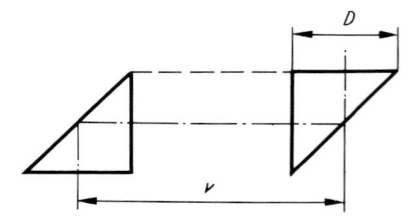

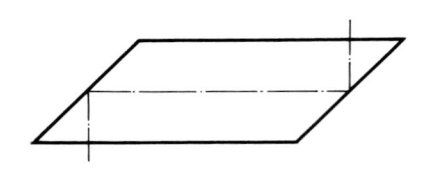

Abb. 5.110 Zwei Halbwürfel zur Versetzung der Achse

Abb. 5.111 Rhomboidprisma

Rhomboidprisma (Abb. 5.111), $\langle 2|1,1,\overline{1}\rangle$. Für nicht zu große Versetzungen v ist es hinsichtlich der Justierung und der Reflexe günstiger, die zwei Halbwürfel mit einem Glasstück zu verbinden. Es entsteht ein Rhomboidprisma mit dem Glasweg $d = D + v$.

Umkehrprisma (Abb. 5.112), $\langle 1|1,-\cos\delta,\cos\delta\rangle$. Der Halbwürfel kann so abgewandelt werden, daß ein Prisma entsteht, bei dem die Basis und eine Seitenfläche einen beliebigen Winkel miteinander bilden. Es gilt

$$d = D\cot\frac{\delta}{2}, \quad L = \frac{D}{\sin\frac{\delta}{2}}, \quad \delta = 180° - 2\beta. \tag{5.269}$$

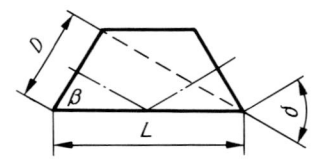

Abb. 5.112 Umkehrprisma

Es muß aber $\delta \leq 90°$ sein. Die Seitenvertauschung des Halbwürfels bleibt erhalten, wir sprechen deshalb von einem Umkehrprisma. Der Halbwürfel ist der Spezialfall mit $\beta = 45°$, $\delta = 90°$.

Pentaprisma (Abb. 5.113), $\langle 2|1,0,0\rangle$. Das Pentaprisma ersetzt einen 45°-Winkelspiegel, lenkt also um 90° ab. Es hat den Vorteil des Winkelspiegels, daß eine kleine Drehung um

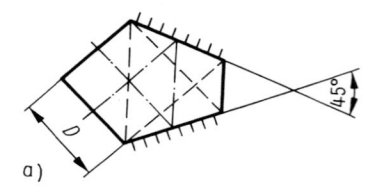

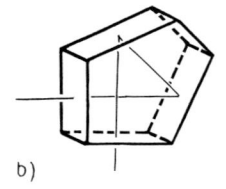

Abb. 5.113 Pentaprisma
a) Schnittbild,
b) perspektivische Darstellung

5.5 Ablenkende Funktionselemente	475

eine zum Hauptschnitt senkrechte Achse keine Änderung des Ablenkungswinkels bewirkt. Die gegenseitige Justierung der Spiegelflächen fällt jedoch weg. Der Glasweg beträgt

$$d = 2D + D\sqrt{2} = 3,41D.$$

Der Einfallswinkel eines Achsenstrahles an den reflektierenden Flächen von 22,5° erfordert eine Verspiegelung. Seitenvertauschung tritt nicht ein. Abb. 5.114 zeigt das Pentaprisma mit aufgespalteten Spiegelflächen. Es ist die äquivalente planparallele Platte zu erkennen.

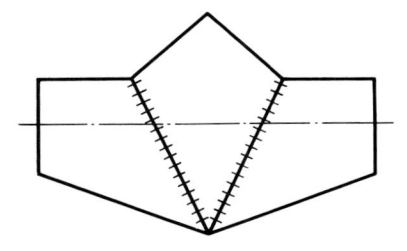

Abb. 5.114 Pentaprisma mit aufgespalteten Spiegelflächen

Bauernfeind-Prisma (Abb. 5.115), $\langle 2|1, \cos 45°, \cos 45°\rangle$. Das Bauernfeind-Prisma dient z. B. dazu, die senkrechte Lichtrichtung im Mikroskop um 45° abzulenken, damit man im Sitzen bequemer beobachten kann. Der Glasweg beträgt $d = 1{,}71D$. Das Stück $0{,}71D$ der Austrittsfläche ist nicht genutzt und kann abgeschliffen werden. Der Einfallswinkel der optischen Achse an der zweiten reflektierenden Fläche beträgt 22,5°, Verspiegelung ist demnach notwendig. Die Abb. 5.116 enthält das Bauernfeind-Prisma mit aufgespalteten Spiegelflächen.

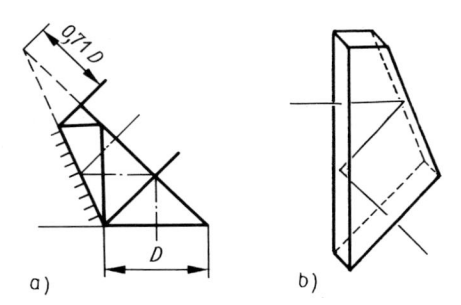

Abb. 5.115 Bauernfeind-Prisma
a) Schnittbild, b) perspektivische Darstellung

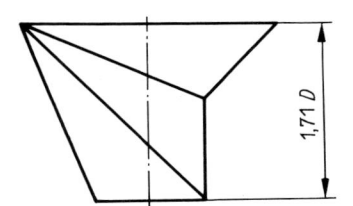

Abb. 5.116 Bauernfeind-Prisma mit aufgespalteten Spiegelflächen

Dovesches Umkehrprisma (Abb. 5.117), $\langle 1|1, -1, 1\rangle$. Beim Doveschen Umkehrprisma wird die optische Achse an der Eintritts- und an der Austrittsfläche so gebrochen, daß sie das Prisma fluchtend verläßt. Die Länge L der Basisfläche und der Glasweg l hängen von der Brechzahl ab:

$$L = 2D\frac{\cos \varepsilon'}{\sin \varepsilon' + \cos \varepsilon'}, \quad l = \sqrt{2}\,D\frac{1}{\sin \varepsilon' + \cos \varepsilon'} \qquad (5.270\text{a, b})$$

Bei $n = 1{,}5$ ist $\varepsilon' = -28{,}1°$, $L = 4{,}29D$ und $l = 3{,}44D$; bei $n = 1{,}581$ ist $\varepsilon' = -26{,}6°$, $L = 4D$ und $l = 3{,}16D$. Die optische Achse steht nicht senkrecht auf der Ein- und Austrittsfläche. Das Dovesche Umkehrprisma wirkt wie eine schräg im Strahlengang stehende planparallele Platte (Abb. 5.118). Darauf müssen wir besonders bei der Berechnung der Schnittweitenänderung und der reduzierten Dicke (Abb. 5.119) achten. Die äquivalente Plattendicke ist nicht mit dem Glasweg identisch. Sie folgt aus

$$d = \tfrac{1}{2}\sqrt{2}\,L. \qquad (5.271)$$

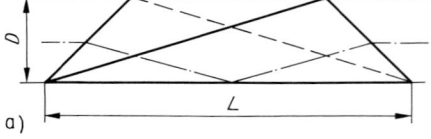

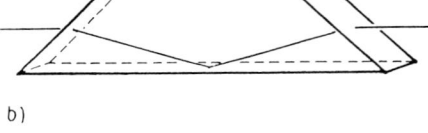

Abb. 5.117 Dovesches Umkehrprisma
a) Schnitt, b) perspektivische Darstellung

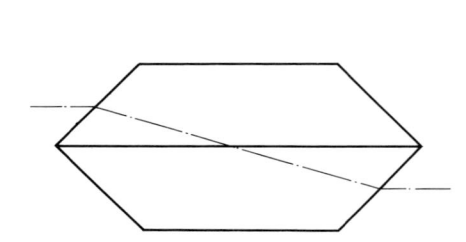

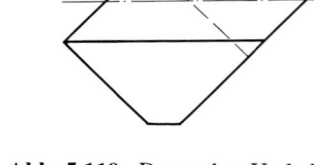

Abb. 5.118 Dovesches Umkehrprisma mit aufgespalteter Spiegelfläche

Abb. 5.119 Dovesches Umkehrprisma mit reduzierter Dicke

Weiter gilt nach Gl. (5.250) und Gl. (5.252)

$$\Delta s = d\left[1 - \frac{\cos 45°}{\sqrt{n^2 - \sin^2 45°}}\right], \quad \dot{d} = \frac{d\cos 45°}{\sqrt{n^2 - \sin^2 45°}}. \qquad (5.272\text{a, b})$$

Bei $n = 1{,}5$ erhalten wir $d = 3{,}05D$, $\Delta s \approx 0{,}46d$ und $\dot{d} = 0{,}54d$ gegenüber $\Delta s = 0{,}33d$ und $\dot{d} = 0{,}67d$ bei $\varepsilon_0 = 0°$. Bei $n = 1{,}581$ ist $d = 2{,}83D$, $\Delta s = 0{,}5d$ und $\dot{d} = 0{,}5d$. Die schrägstehende Planparallelplatte verschlechtert die Bildschärfe (Astigmatismus), wenn sie im konvergenten oder divergenten Bündel steht. Das Dovesche Umkehrprisma muß möglichst bei parallelen Strahlenbündeln verwendet werden.

Tripelprisma (Abb. 5.120), $\langle 3|-1,-1,-1\rangle$. Die drei Flächen des Tripelspiegels können an ein Prisma angeschliffen werden. Es entsteht ein Tripelprisma, das manchmal auch als Tripelstreifen ausgebildet wird.

5.5 Ablenkende Funktionselemente

Dachkante. Eine Dachkante entsteht durch Falten einer reflektierenden Prismenfläche, so daß daraus ein 90°-Winkelspiegel entsteht. Im allgemeinen wird aber der Winkelspiegel nicht im Hauptschnitt verwendet. Abb. 5.121 demonstriert den Übergang von der einfachen reflektierenden Prismenfläche zur Dachkante. Jede Hälfte der Dachkante wird doppelt genutzt; in jedem Punkt, außer der Kante selbst, werden aus jedem Bündel zwei Strahlen reflektiert. Ein Lichtbündel wird von der Dachkante in zwei Hälften aufgeteilt, die sich in der Reihenfolge der Reflexionen an beiden Dachkantflächen unterscheiden. Durch die zweimalige Reflexion an senkrecht zueinander stehenden Flächen vertauscht die Dachkante zweiseitig. Wir erreichen also eine Höhen- und Seitenvertauschung mit einer Prismenfläche der Grundform (Abb. 5.122).

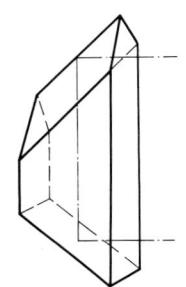

Abb. 5.120 Tripelprisma

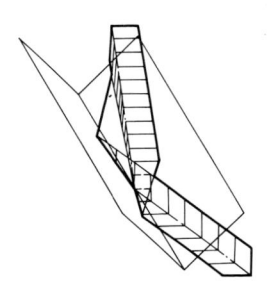

Abb. 5.121 Dachkante aus zwei Planspiegeln

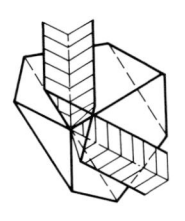

Abb. 5.122 Halbwürfel mit Dachkante

Durchrechnung eines Dreibeins. Wir legen einen Halbwürfel mit Dachkante zugrunde (Abb. 5.123). Zunächst sind die Komponenten der Normaleneinheitsvektoren der Dachkantflächen zu bestimmen. In Abb. 5.123a weisen die Normaleneinheitsvektoren unter 45° zur Zeichenebene; der eine nach vorn, der andere nach hinten. Im Schnittbild Abb. 5.123c ist zu erkennen, daß

$$n_{x1} = \cos 45° = \frac{1}{2}\sqrt{2}, \quad n_{x2} = -\cos 45° = -\frac{1}{2}\sqrt{2}$$

ist. Die Projektion der Einheitsvektoren auf die y-z-Ebene hat die Länge $\cos 45° = \frac{1}{2}\sqrt{2}$. Durch nochmalige Zerlegung dieser Projektion (Abb. 5.123a) ergeben sich die y-Komponenten

$$n_{y1} = n_{y2} = -\frac{1}{2}\sqrt{2} \sin 45° = -\frac{1}{2}$$

und die z-Komponenten

$$n_{z1} = n_{z2} = \frac{1}{2}\sqrt{2} \cos 45° = \frac{1}{2}.$$

Die Normaleneinheitsvektoren lauten also

$$\boldsymbol{n}_2 = \left\{\frac{1}{2}\sqrt{2}, -\frac{1}{2}, \frac{1}{2}\right\}, \quad \boldsymbol{n}_3 = \left\{-\frac{1}{2}\sqrt{2}, -\frac{1}{2}, \frac{1}{2}\right\}. \tag{5.273a, b}$$

Die bildseitigen Einheitsvektoren eines objektseitigen Dreibeins werden in Tab. 5.24 berechnet. Wir erhalten

$$\boldsymbol{e}'_x = \{-1, 0, 0\}, \quad \boldsymbol{e}'_y = \{0, 0, 1\}, \quad \boldsymbol{e}'_z = \{0, 1, 0\} \tag{5.274}$$

und
$$e_x e'_x = -1, \quad e_y e'_y = 0, \quad e_z e'_z = 0, \quad \Delta = 1. \tag{5.275}$$

Da $e_x e'_x = -1$ ist und e'_z in Lichtrichtung bleibt, muß bei $\Delta = 1$ auch e'_y gegenüber e_y vertauscht sein. Wir erhalten also zweiseitige Vertauschung.

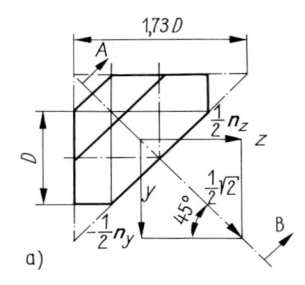

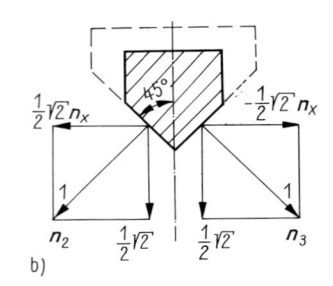

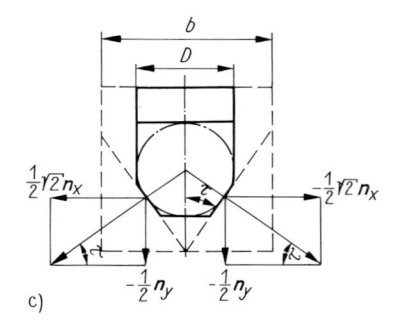

Abb. 5.123 Halbwürfel mit Dachkante
a) Seitenansicht, b) Schnitt, c) Vorderansicht

Bestimmung der Kantenlänge des Halbwürfels. Würden wir an einen vorgegebenen Halbwürfel die Dachkante anschleifen, dann könnte der ursprünglich mögliche Bündeldurchmesser nicht mehr realisiert werden. Es fiele ja ein Teil der Eintrittsfläche weg (Abb. 5.123b). Der Halbwürfel mit Dachkante muß also eine größere Eintrittsfläche haben als der einfache Halbwürfel, für den $d = D$ gilt. Wir berechnen die Kantenlänge b anhand der Abb. 5.123b. Es ist

$$\cot \tau = \sqrt{2}, \quad \tau = 35°16'. \tag{5.276}$$

Weiter gilt $\sin \tau = (D/2)/(b/2)$, also

$$b = \frac{D}{\sin \tau}. \tag{5.277}$$

Unter Verwendung von

$$\frac{1}{\sin \tau} = \sqrt{1 + \cot^2 \tau}$$

und Gl. (5.276) erhalten wir

$$b = \sqrt{3}\, D = 1{,}73 D. \tag{5.278}$$

Der Abb. 5.123b entnehmen wir außerdem, welche unbenutzten Teile des Halbwürfels zur Gewichtsverringerung weggelassen werden können.

5.5 Ablenkende Funktionselemente

Tabelle 5.24 Durchrechnung eines Dreibeins an der Dachkante

$\frac{1}{2}\sqrt{2}$	$\frac{1}{2}\sqrt{2}$	$-\frac{1}{2}$	$\frac{1}{2}$	0	$-\frac{1}{2}\sqrt{2}$	$-\frac{1}{2}$	$\frac{1}{2}$	
0	-1	$\frac{1}{2}\sqrt{2}$	$-\frac{1}{2}\sqrt{2}$	$-\frac{1}{4}\sqrt{2}$	-1	$-\frac{1}{2}\sqrt{2}$	$\frac{1}{2}\sqrt{2}$	
0	1	0	0	$-\frac{1}{4}\sqrt{2}$	0	$\frac{1}{2}\sqrt{2}$	$-\frac{1}{2}\sqrt{2}$	
$\frac{1}{2}\sqrt{2}$	0	$\frac{1}{2}\sqrt{2}$	$-\frac{1}{2}\sqrt{2}$	$-\frac{1}{2}\sqrt{2}$	-1	0	0	e'_x
0	$\frac{1}{2}\sqrt{2}$	$-\frac{1}{2}$	$\frac{1}{2}$	$-\frac{1}{2}$	$-\frac{1}{2}\sqrt{2}$	$-\frac{1}{2}$	$\frac{1}{2}$	
$-\frac{1}{2}$	$\frac{1}{2}\sqrt{2}$	$-\frac{1}{2}$	$\frac{1}{2}$	$-\frac{1}{4}$	$-\frac{1}{2}\sqrt{2}$	$-\frac{1}{2}$	$\frac{1}{2}$	
0	0	1	0	$\frac{1}{4}$	$\frac{1}{2}\sqrt{2}$	$\frac{1}{2}$	$\frac{1}{2}$	
$-\frac{1}{2}$	$\frac{1}{2}\sqrt{2}$	$\frac{1}{2}$	$\frac{1}{2}$	$-\frac{1}{2}$	0	0	1	e'_y
0	$\frac{1}{2}\sqrt{2}$	$-\frac{1}{2}$	$\frac{1}{2}$	$\frac{1}{2}$	$-\frac{1}{2}\sqrt{2}$	$-\frac{1}{2}$	$\frac{1}{2}$	
0	$-\frac{1}{2}\sqrt{2}$	$\frac{1}{2}$	$-\frac{1}{2}$	$-\frac{1}{4}$	$\frac{1}{2}\sqrt{2}$	$\frac{1}{2}$	$-\frac{1}{2}$	
$\frac{1}{2}$	0	0	1	$\frac{1}{4}$	$-\frac{1}{2}\sqrt{2}$	$\frac{1}{2}$	$\frac{1}{2}$	
$\frac{1}{2}$	$-\frac{1}{2}\sqrt{2}$	$\frac{1}{2}$	$\frac{1}{2}$	$\frac{1}{2}$	0	1	0	e'_z

Dachkante mit Winkelfehler. Der rechte Winkel zwischen den beiden Teilflächen der Dachkante muß sehr genau eingehalten werden, sonst ergeben die Prismen Doppelbilder.

Wir rechnen zunächst einen Strahleinheitsvektor durch ein Umkehrprisma mit Dachkante durch (Abb. 5.124). Die Dachkante habe den Winkelfehler $2\Delta\gamma$, der so klein sein soll, daß $\sin\Delta\gamma \approx \Delta\gamma$ und $\cos\Delta\gamma \approx 1$ gesetzt werden kann. Im Schnittbild Abb. 5.124c lesen wir die x-Komponenten der Normaleneinheitsvektoren ab:

$$n_{x2} = \cos(45°-\Delta\gamma) = \frac{1}{2}\sqrt{2}(1+\Delta\gamma),$$
$$n_{x3} = -\cos(45°-\Delta\gamma) = -\frac{1}{2}\sqrt{2}(1+\Delta\gamma).$$

Die zweite Komponente der Normaleneinheitsvektoren im Schnittbild Abb. 5.124c, die die Länge $\frac{1}{2}\sqrt{2}(1-\Delta\gamma)$ hat, stellt die Projektion in die y-z-Ebene dar. Ihre weitere Zerlegung ergibt die y- und die z-Komponenten (Abb. 5.124a). Die Komponentendarstellung der Normaleneinheitsvektoren lautet (n_1 und n_4 sind der Abb. 5.124a unmittelbar zu entnehmen):

$$n_1 = \{0, 0, 1\}, \tag{5.279}$$

$$n_2 = \left\{\frac{1}{2}\sqrt{2}(1+\Delta\gamma), -\frac{1}{2}\sqrt{2}\sin\beta(1-\Delta\gamma), \frac{1}{2}\sqrt{2}\cdot\cos\beta(1-\Delta\gamma)\right\}, \tag{5.280}$$

$$n_3 = \left\{-\frac{1}{2}\sqrt{2}(1+\Delta\gamma), -\frac{1}{2}\sqrt{2}\sin\beta(1-\Delta\gamma), \frac{1}{2}\sqrt{2}\cdot\cos\beta(1-\Delta\gamma)\right\}, \tag{5.281}$$

$$n_4 = \{0, \sin 2\beta, \cos 2\beta\}. \tag{5.282}$$

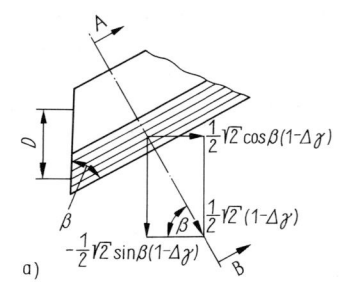

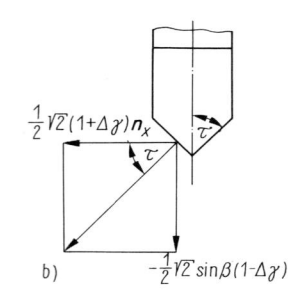

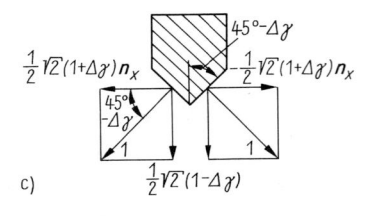

Abb. 5.124 Umkehrprisma mit Dachkante
a) Seitenansicht, b) Vorderansicht, c) Schnitt

An der ersten Fläche ist

$$s_1 = s_1' = \{0, 0, 1\}. \tag{5.283}$$

Das Rechenschema für s_2' und s_3' findet man in Tab. 5.25. (Quadratische Glieder in $\Delta\gamma$ sind bereits vernachlässigt worden. Das obere Vorzeichen gilt für einen Lichtstrahl, der erst auf die Fläche 2, dann auf die Fläche 3 trifft; das untere Vorzeichen gilt für den umgekehrten Verlauf.) Die Brechung an der vierten Fläche kann ohne vektorielle Schreibweise direkt mit dem Brechungsgesetz behandelt werden. Beide Strahlen, die durch die Aufspaltung an der fehlerbehafteten Dachkante entstehen, bleiben in einer Ebene (Abb. 5.125). Mit dem Brechungsgesetz für kleine Winkel $n\varepsilon = \varepsilon'$ ergibt sich mit s_{x4} nach Tab. 5.25:

$$2\varepsilon' = 8n\cos\beta \cdot \Delta\gamma. \tag{5.284}$$

Für die fehlerfreie Dachkante ist $\Delta\gamma = 0$ zu setzen. So ergibt sich nach Gl. (5.280) und Gl. (5.281)

$$\mathbf{n}_2 = \left\{\frac{1}{2}\sqrt{2}, -\frac{1}{2}\sqrt{2}\sin\beta, \frac{1}{2}\sqrt{2}\cos\beta\right\}, \tag{5.285a}$$

$$\mathbf{n}_3 = \left\{-\frac{1}{2}\sqrt{2}, -\frac{1}{2}\sqrt{2}\sin\beta, \frac{1}{2}\sqrt{2}\cos\beta\right\}. \tag{5.285b}$$

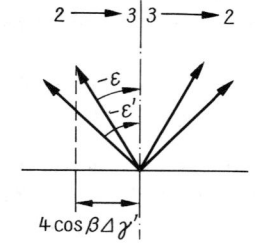

Abb. 5.125 Doppelbildfehler bei der Dachkante

5.5 Ablenkende Funktionselemente

Tabelle 5.25 Durchrechnung eines Dreibeins an der Dachkante mit Winkelfehler

0	$\pm\frac{1}{2}\sqrt{2}(1+\Delta\gamma)$	$-\frac{1}{2}\sqrt{2}\sin\beta(1-\Delta\gamma)$	$\frac{1}{2}\sqrt{2}\cos\beta(1-\Delta\gamma)$
0	$\mp\cos\beta$	$\sin\beta\cos\beta(1-2\Delta\gamma)$	$-\cos^2\beta(1-2\Delta\gamma)$
$\frac{1}{2}\sqrt{2}\cos\beta(1-\Delta\gamma)$	0	0	1
$\frac{1}{2}\sqrt{2}\cos\beta(1-\Delta\gamma)$	$\mp\cos\beta$	$\sin\beta\cos\beta(1-2\Delta\gamma)$	$1-\cos^2\beta(1-2\Delta\gamma)$
$\frac{1}{2}\sqrt{2}\cos\beta(1-\Delta\gamma)$	$\mp\frac{1}{2}\sqrt{2}(1+\Delta\gamma)$	$-\frac{1}{2}\sqrt{2}\sin\beta(1-\Delta\gamma)$	$\frac{1}{2}\sqrt{2}\cos\beta(1-\Delta\gamma)$
$-\frac{1}{2}\sqrt{2}\sin^2\beta\cos\beta \times (1-3\Delta\gamma)$	$\pm\cos\beta(1+4\Delta\gamma)$	$\sin\beta\cos\beta(1+2\Delta\gamma)$	$-\cos^2\beta(1+2\Delta\gamma)$
$\frac{1}{2}\sqrt{2}\cos\beta[\sin^2\beta -\Delta\gamma(1-3\cos^2\beta)]$	$\mp\cos\beta$	$\sin\beta\cos\beta(1-2\Delta\gamma)$	$1-\cos^2\beta(1-2\Delta\gamma)$
$\frac{1}{2}\sqrt{2}\cos\beta(1+3\Delta\gamma)$	$\pm 4\cos\beta\cdot\Delta\gamma$	$2\sin\beta\cos\beta$	$1-2\cos^2\beta$
	$\pm 4\cos\beta\cdot\Delta\gamma$	$\sin 2\beta$	$\cos 2\beta$

Ferner ist

$$\cot\tau = \frac{\frac{1}{2}\sqrt{2}}{\frac{1}{2}\sqrt{2}\sin\beta} = \frac{1}{\sin\beta} \tag{5.286}$$

(Abb. 5.124b). Nach Gl. (5.277) beträgt also die Kantenlänge des Umkehrprismas

$$b = D\sqrt{1+\frac{1}{\sin^2\beta}}. \tag{5.287}$$

Die Forderung nach Einhaltung des rechten Winkels zwischen den Dachkantflächen ist sehr streng zu befolgen. Soll z. B. bei einem Halbwürfel $2\varepsilon'$ unterhalb des physiologischen Grenzwinkels bleiben, dann ergibt sich nach Gl. (5.284) für $n=1,5$ die Aussage $\Delta\gamma < 6,8''$. Der Winkel der Dachkante darf höchstens um $\pm 2\Delta\gamma = \pm 13,6''$ von 90° abweichen.

Eine nachfolgende winkelmäßige Vergrößerung, z. B. durch ein Okular, verringert die Toleranz noch um den Faktor $1/\Gamma'$ (Γ'=Vergrößerung). Bei totalreflektierenden Dachkantflächen tritt als Folge der in beiden Teilbündeln unterschiedlichen elliptischen Polarisation eine verminderte Bildgüte auf. Dieser Effekt wurde 1943 von Joos beschrieben. Die Dachkante teilt das Bündel in zwei Teile, in denen das Licht wegen der entgegengesetzten Reihenfolge der Reflexionen an den Dachkantflächen verschieden polarisiert ist. Die Überlagerung beider Teilbündel führt zu Interferenzerscheinungen, durch die die Bildschärfe leidet. Diese Erscheinung wird in der Praxis dadurch vermindert, daß die Dachkante auch verspiegelt ist, wenn die Einfallswinkel größer als der Grenzwinkel der Totalreflexion sind, oder die Polarisation wird mit dielektrischen Schichten beeinflußt.

Einfache Prismen mit Dachkante. Grundsätzlich könnte jede reflektierende Fläche eines Prismas als Dachkante ausgebildet werden. Für einige Prismen, bei denen Dachkanten sehr häufig vorkommen, stellen wir hier die Daten zusammen. Im Prismensymbol kennzeichnen wir die Dachkante durch ein Häkchen über der Anzahl der Reflexionen. Bei dem Prisma mit dem Symbol $\langle \hat{6} | -1, -1, 1 \rangle$ erfolgen also von den sechs Reflexionen zwei an einer Dachkante.

Halbwürfel mit einer Reflexion (Abb. 5.122, Abb. 5.123), $\langle \hat{2} | -1, 0, 0 \rangle$. Dieses Prisma wurde bereits ausführlich behandelt.

Amici-Prisma (Abb. 5.124, Abb. 5.126, Abb. 5.127), $\langle \hat{2} | -1, -\cos\delta, \cos\delta \rangle$. Das Amici-Prisma ist ein Umkehrprisma mit Dachkante. Hinsichtlich der Abmessungen müssen wir die Fälle

$$\sin\beta \geq \frac{1}{2}\sqrt{3} \quad \text{und} \quad \sin\beta \leq \frac{1}{2}\sqrt{3}$$

unterscheiden.

$\beta \geq 35,25°$. Abb. 5.126 zeigt ein Amici-Prisma, bei dem die Forderung $\beta = 35,25°$ erfüllt ist. Die Kantenlänge b der Eintrittsfläche des Prismas richtet sich nur danach, daß die Dachkante das Bündel nicht beschneidet. Wir erhalten nach Gl. (5.287)

$$b = D\sqrt{1 + \frac{1}{\sin^2\beta}}$$

und nach Abb. 5.126

$$L = \frac{b}{\cos\beta}. \tag{5.288}$$

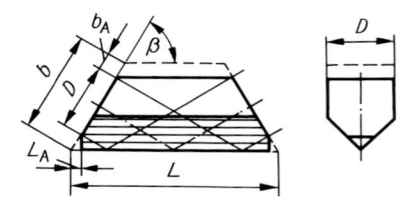

Abb. 5.126 Amici-Prisma, $\beta \geq 35,25°$

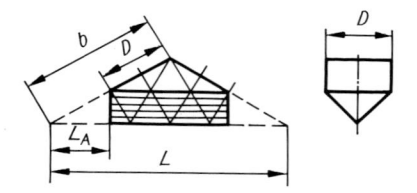

Abb. 5.127 Amici-Prisma, $\beta \leq 35,25°$

Die Teile

$$b_A = \frac{1}{2}(b-D) \quad \text{und} \quad L_A = \frac{1}{2}(b-D)\cos\beta \tag{5.289a, b}$$

sind ungenutzt. Der Glasweg beträgt

$$d = b\tan\beta. \tag{5.290}$$

Die Ablenkung ergibt sich nach Gl. (5.269) aus $\delta = 180° - 2\beta$.

$\beta \leq 35,25°$. Bei $\beta = 35,25°$ wird das Licht gerade so abgelenkt, daß sich ein- und austretendes Bündel am oberen Rand des Prismas berühren. Bei Winkeln $\beta < 35,25°$ sind die Mindestabmessungen ausschließlich durch die Forderung festgelegt, daß sich ein- und austretendes Bündel nicht überschneiden. Anhand der Abb. 5.127 leiten wir

$$b = \frac{D}{2\sin^2\beta}, \quad L = 2b\cos\beta, \quad L_A = (b-D)\cos\beta \tag{5.291a, b, c}$$

5.5 Ablenkende Funktionselemente

und
$$d = b \sin 2\beta \qquad (5.291d)$$
ab. Durch die Dachkante vertauscht das Amici-Prisma zweiseitig.

Dove-Prisma mit Dachkante (Abb. 5.128), $\langle \hat{2} | -1, -1, 1 \rangle$. Mit dem Doveschen Umkehrprisma erhalten wir durch eine Dachkante zweiseitige Vertauschung bei fluchtender optischer Achse. Wegen der zur Dachkante parallelen optischen Achse des einfallenden Bündels erhalten wir die Höhe des Prismas aus Gl. (5.287) mit $\beta = 90°$ zu

$$h = \sqrt{2}\, D. \qquad (5.292)$$

Die übrigen Größen leiten sich daraus ab:

$$L = 2\sqrt{2}\, D \frac{\cos \varepsilon'}{\sin \varepsilon' + \cos \varepsilon'}, \quad l = \sqrt{2}\, D \frac{1}{\sin \varepsilon' + \cos \varepsilon'}, \qquad (5.293a, b)$$

$$b = 2D, \quad d = \frac{1}{2}\sqrt{2}\, L, \qquad (5.294a, b)$$

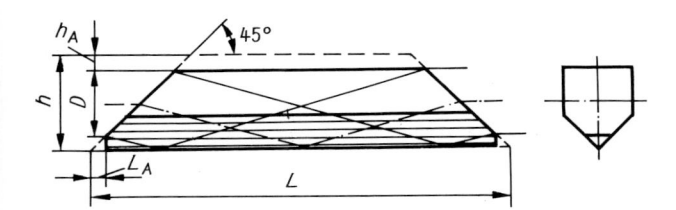

$$b_A = L_A = 0{,}21 D. \qquad (5.295)$$

Abb. 5.128 Dove-Prisma mit Dachkante

Pentaprisma mit Dachkante (Abb. 5.129), $\langle \hat{3} | -1, 0, 0 \rangle$. Eine der beiden reflektierenden Flächen des Pentaprismas soll als Dachkante ausgebildet werden. Der Winkel zwischen der Dachkante und der Eintrittsfläche beträgt $\beta = 112{,}5°$, so daß aus Gl. (5.287)

$$b = 1{,}47 D \qquad (5.296)$$

folgt. Davon kann das Stück $b_A = 0{,}24 D$ abgeschnitten werden. Der Glasweg beträgt dann

$$d = 4{,}22 D. \qquad (5.297)$$

Es liegen drei Reflexionen vor, es ist $\Delta = -1$, die Abbildung wird linkswendig.

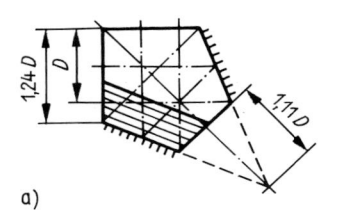

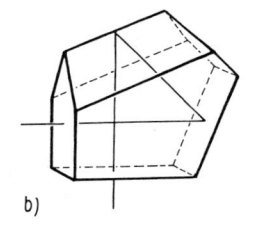

Abb. 5.129 Pentaprisma mit Dachkante
a) Schnittbild, b) perspektivische Darstellung

Einfaches Schmidt-Prisma (Abb. 5.130), $\langle \hat{4} | -1, -\cos 45°, \cos 45° \rangle$. Die Abmessungen des Schmidt-Prismas sind der Abb. 5.130 zu entnehmen. Der Glasweg beträgt $d = 3{,}66 D$.

Leman-Prisma (Abb. 5.131), $\langle \hat{2} | -1, -1, \overline{1} \rangle$. Mit dem Leman-Prisma wird die optische Achse um $v = 2{,}62D$ parallel versetzt. Die Abmessungen sind in die Abb. 5.131 eingetragen.

Huet-Prisma (Abb. 5.132), $\langle \hat{6} | -1, -1, \overline{1} \rangle$. Es hat denselben Aufbau wie das Leman-Prisma. Die Parallelversetzung der optischen Achse wird jedoch durch das Zwischenschalten von zwei Reflexionen auf $v = 5{,}86D$ erhöht. Der Glasweg vergrößert sich auf $d = 8{,}29D$.

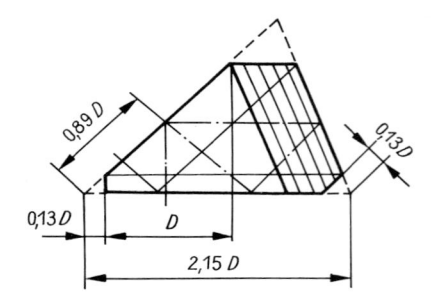

Abb. 5.130 Einfaches Schmidt-Prisma

Abb. 5.131 Leman-Prisma

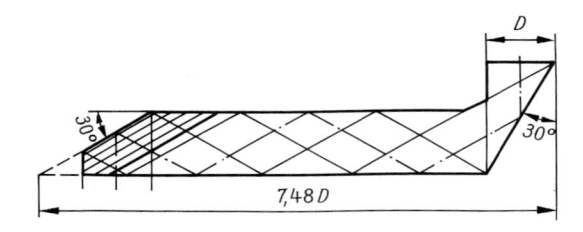

Abb. 5.132 Huet-Prisma

Zusammengesetzte Prismen gibt es mit und ohne Dachkante. Wir greifen aus der Fülle der möglichen Kombinationen einige heraus.

Porro-Prismen 1. Art (Abb. 5.133), $\langle 4 | -1, -1, \overline{1} \rangle$. Beim Porroschen Prismensatz handelt es sich um zwei Halbwürfel mit je zwei Reflexionen, die um 90° verdreht zueinander angeordnet sind. Beide Prismen können miteinander verkittet sein. Die Porro-Prismen dienen bevorzugt in Feldstechern der Höhen- und Seitenvertauschung des vom Keplerschen Fernrohr erzeugten

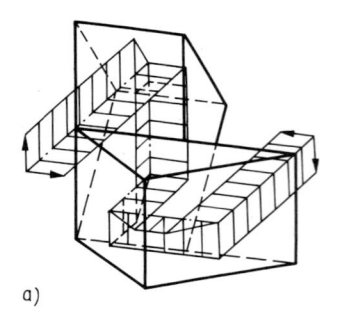

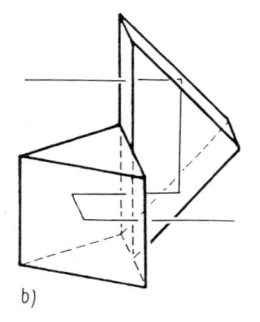

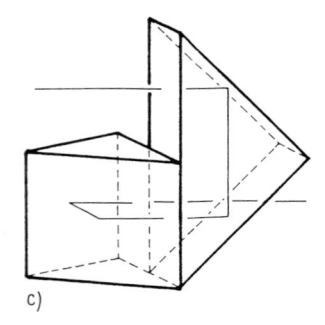

Abb. 5.133 a) Porro-Prisma 1. Art, b) rechtsversetzt, c) linksversetzt

5.5 Ablenkende Funktionselemente

Bildes. Dies wird ohne Dachkante erreicht, so daß die Gefahr der Doppelbilder nicht besteht. Die Lichtstrahlen sind auf einem Teilstück des Weges rückläufig, die Baulänge wird dadurch herabgesetzt. Die Schnittweitenänderung, wegen des Glasweges $d = 4D$ vom Betrag

$$\Delta s = 4D \frac{n-1}{n},$$

vergrößert allerdings den Abstand Objektiv–Okular wieder. Die optische Achse wird um $v = 2D$ parallel versetzt.

Porro-Primen 2. Art (Abb. 5.134), $\langle 4 | -1, -1, \overline{1} \rangle$. Die gleiche Wirkung wie bei den Porro-Prismen 1. Art erhalten wir, wenn wir zwei Halbwürfel auf die Hypotenusenfläche eines dritten Halbwürfels aufkitten. Mit dem Porro-Prismensatz 2. Art wird die optische Achse um $v = D$ versetzt.

Daubresse-Prisma 1. Art (Abb. 5.135), $\langle \hat{4} | -1, -1, \overline{1} \rangle$. Das Daubresse-Prisma 1. Art ist aus einem Pentaprisma mit Dachkante und einem Halbwürfel zusammengesetzt. Nachdem unbenutzte Teile weggelassen sind, beträgt der Glasweg $d = 5,22D$. Die optische Achse wird um $v = D$ parallel versetzt.

Daubresse-Prisma 2. Art (Abb. 5.136), $\langle \hat{4} | -1, -1, \overline{1} \rangle$. Beim Daubresse-Prisma 2. Art ist die Dachkante an den Halbwürfel angeschliffen. Der Glasweg beträgt $d = 5,14D$, die Achsenversetzung $v = 1,37D$.

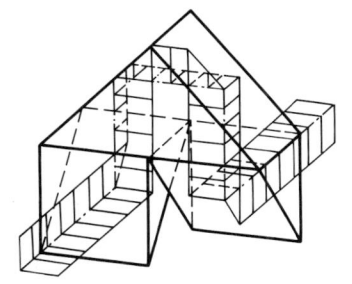

Abb. 5.134 Porro-Prisma 2. Art

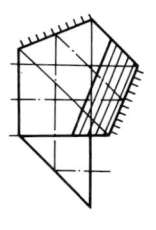

Abb. 5.135 Daubresse-Prisma 1. Art

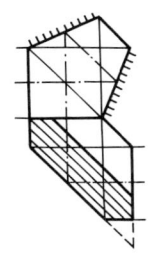

Abb. 5.136 Daubresse-Prisma 2. Art

König-, Abbe- und Dialytprisma (Abb. 5.137 bis Abb. 5.139), $\langle \hat{4} | -1, -1, 1 \rangle$. König-, Abbe- und Dialytprisma haben gleiche Wirkung. Sie unterscheiden sich nur in der Art der Zusammensetzung. Die Prismen werden in Feldstechern zur Höhen- und Seitenvertauschung eingesetzt. Ihr Vorteil ist die fluchtende optische Achse. Der Glasweg beträgt $d = 5,2D$.

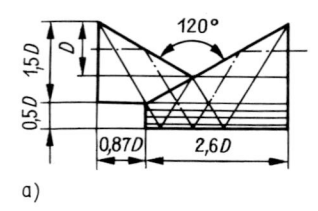

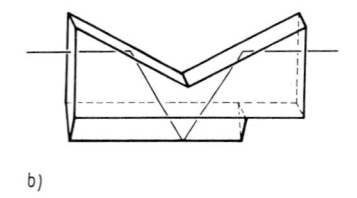

Abb. 5.137 König-Prisma
a) Schnittbild, b) perspektivische Darstellung

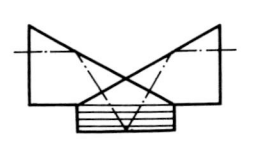

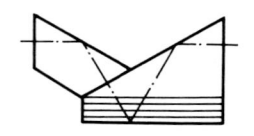

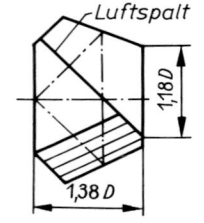

Abb. 5.138 Abbe-Prisma **Abb. 5.139** Dialytprisma **Abb. 5.140** Schmidt-Prisma

Schmidt-Prisma (Abb. 5.140), $\langle \hat{6} | -1, -1, 1\rangle$. Das zusammengesetzte Schmidt-Prisma besteht aus einem einfachen Schmidt-Prisma und einem Bauernfeind-Prisma. Zwischen beiden Prismen befindet sich ein feiner Luftspalt, durch den die Totalreflexion gesichert ist. Es wird eine fluchtende optische Achse bei kurzer Baulänge erreicht. Der Glasweg beträgt $d = 5,27D$.

In Tab. 5.26 sind die behandelten Reflexionsprismen mit ihren wesentlichen Merkmalen enthalten.

Tabelle 5.26 Übersicht über die behandelten Reflexionsprismen

Prisma	Symbol	Glasweg	Abbildung
Einfache Reflexionsprismen			
Halbwürfel	$\langle 1 \vert 1, 0, 0\rangle$	D	5.108
Halbwürfel, zwei Reflexionen	$\langle 2 \vert 1, -1, -\overline{1}\rangle$	$2D$	5.109
Rhomboidprisma	$\langle 2 \vert 1, 1, \overline{1}\rangle$	$D + v$	5.111
Pentaprisma	$\langle 2 \vert 1, 0, 0\rangle$	$3,41D$	5.113
Bauernfeind-Prisma	$\langle 2 \vert 1, \cos 45°, \cos 45°\rangle$	$1,71D$	5.115
Umkehrprisma	$\langle 1 \vert 1, -\cos \delta, \cos \delta\rangle$	$D \cot \delta/2$	5.112
Dove-Prisma	$\langle 1 \vert 1, -1, 1\rangle$	$\dfrac{2D}{\cos \varepsilon' + \sin \varepsilon'}$	5.117
Tripelprisma	$\langle 3 \vert -1, -1, -\overline{1}\rangle$	je nach Länge	5.120

Tabelle 5.26 Fortsetzung

Prisma	Symbol	Glasweg	Abbildung
Prismen mit Dachkante			
Halbwürfel	$\langle \hat{2}|-1,0,0\rangle$	$1,73D$	5.122
Pentaprisma	$\langle \hat{3}|-1,0,0\rangle$	$4,22D$	5.129
Amici-Prisma $\beta \geq 35,25°$	$\langle \hat{2}|-1,-\cos\delta,\cos\delta\rangle$	$b\tan\beta$	5.126
Amici-Prisma $\beta \leq 35,25°$	$\langle \hat{2}|-1,-\cos\delta,\cos\delta\rangle$	$b\sin 2\beta$	5.127
Dove-Prisma	$\langle \hat{2}|-1,-1,1\rangle$	$\dfrac{2D}{\cos\varepsilon'+\sin\varepsilon'}$	5.128
Schmidt-Prisma	$\langle \hat{4}|-1,-\cos 45°,\cos 45°\rangle$	$3,66D$	5.130
Leman-Prisma	$\langle \hat{4}|-1,1,\bar{1}\rangle$	$4,53D$	5.131
Huet-Prisma	$\langle \hat{6}|-1,-1,-\bar{1}\rangle$	$8,29D$	5.132
Zusammengesetzte Prismen			
Porro-Prisma	$\langle 4|-1,-1,\bar{1}\rangle$	$4D$	5.133, 5.134
Daubresse-Prisma 1. Art	$\langle \hat{4}|-1,-1,\bar{1}\rangle$	$5,22D$	5.135
Daubresse-Prisma 2. Art	$\langle \hat{4}|-1,-1,\bar{1}\rangle$	$5,14D$	5.136
Schmidt-Prisma	$\langle \hat{6}|-1,-1,1\rangle$	$5,27D$	5.140
König-, Abbe- und Dialytprisma	$\langle \hat{4}|-1,-1,1\rangle$	$5,2D$	5.137 bis 5.139

5.5.5 Keile. Kristallplatten und -prismen

Keile. Ein Prisma mit zwei brechenden Flächen und kleinem brechenden Winkel γ heißt Keil (Abb. 5.141). Mit einem Keil läßt sich eine kleine Ablenkung δ realisieren. Nach Gl. (5.32) gilt für die Ablenkung durch ein Dispersionsprisma

$$\delta = -\varepsilon_1 + \varepsilon_2' - \gamma. \tag{5.298}$$

Das Brechungsgesetz für die zweite Fläche lautet bei kleinen Winkeln $\varepsilon_2' = n\varepsilon_2$. Daraus folgt mit Gl. (5.30) und $\varepsilon_1 = n\varepsilon_1'$

$$\varepsilon_2' = n\gamma + \varepsilon_1. \tag{5.299}$$

Einsetzen von Gl. (5.299) in Gl. (5.298) ergibt

$$\delta = (n-1)\gamma. \tag{5.300}$$

Ein Anwendungsbeispiel zeigt Abb. 5.142. Durch das Ansprengen eines Keils wird die Ablenkung des Halbwürfels von 90° um einen kleinen Winkel δ geändert. Es ist also nicht notwendig, ein nicht standardisiertes Prisma einzusetzen.

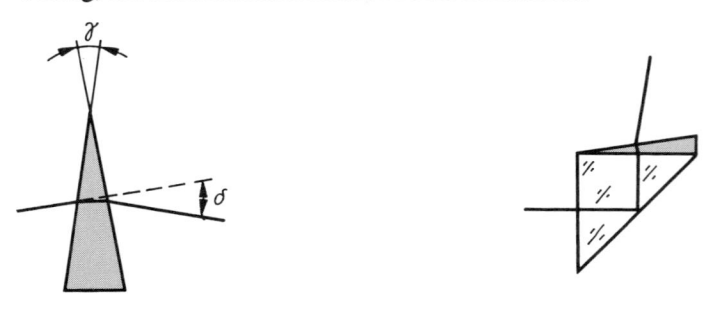

Abb. 5.141 Keil

Abb. 5.142 Halbwürfel mit angesprengtem Keil

Drehkeilpaar. Bei zwei gleichen Keilen hebt sich die Ablenkung in entgegengesetzter Stellung auf (Abb. 5.143a), in gleicher Stellung wird die Ablenkung verdoppelt (Abb. 5.143b). Mit zwei Keilen, die kontinuierlich zueinander verdreht werden können, ist damit die Ablenkung zwischen $\delta = 0°$ und $\delta = 2(n-1)\gamma$ stufenlos einstellbar (Abb. 5.143c). Bei der Verdrehung jedes Keils um den Winkel α aus der Stellung mit $\delta = 0$ heraus beträgt die Ablenkung

$$\delta = 2(n-1)\gamma \cdot \sin \alpha. \tag{5.301}$$

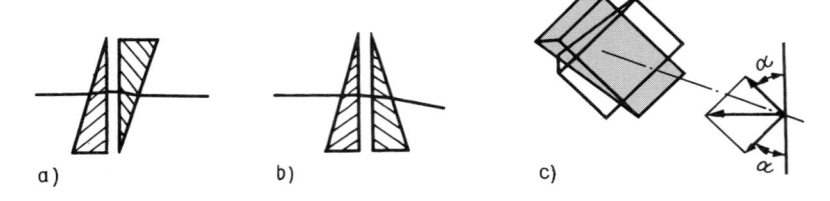

Abb. 5.143 Drehkeilpaar
a) Entgegengesetzte Stellung, b) gleiche Stellung, c) allgemeine Stellung

Dichromatischer Keil. Wegen der Brechung des Lichtes ist die Ablenkung des Keils wellenlängenabhängig. Ein dichromatischer Keil läßt sich herstellen, wenn dieser aus zwei Keilen unterschiedlichen Dispersionsverhaltens zusammengesetzt wird (Abb. 5.144a). Für die Ablenkung gilt

$$\delta = \delta_1 + \delta_2 = (n_1 - 1)\gamma_1 + (n_2 - 1)\gamma_2. \tag{5.302}$$

Sie ist für die Spektrallinien F' und C' gleich, wenn

$$\delta_{F'} = \delta_{C'},$$

also

$$(n_{F'_1} - 1)\gamma_1 + (n_{F'_2} - 1)\gamma_2 = (n_{C'_1} - 1)\gamma_1 + (n_{C'_2} - 1)\gamma_2 \tag{5.303}$$

ist. Aus Gl. (5.303) folgt mit der Abbeschen Zahl

$$\nu = \frac{n-1}{n_{F'} - n_{C'}}$$

5.5 Ablenkende Funktionselemente

die Beziehung

$$\frac{n_1 - 1}{v_1} \gamma_1 = -\frac{n_2 - 1}{v_2} \gamma_2. \tag{5.304}$$

Einsetzen von γ_2 aus Gl. (5.304) in die Gl. (5.302) und Auflösen nach γ_1 ergibt

$$\gamma_1 = \frac{\delta}{(n_1 - 1)\left(1 - \dfrac{v_2}{v_1}\right)}. \tag{5.305a}$$

Analog erhält man

$$\gamma_2 = -\frac{\delta}{(n_2 - 1)\left(1 - \dfrac{v_2}{v_1}\right)} \cdot \frac{v_2}{v_1}. \tag{5.305b}$$

Die beiden Keile müssen aus Gläsern hergestellt werden, die möglichst stark unterschiedliche Abbesche Zahlen haben. Es ist also ein Keil aus Flintglas mit einem Keil aus Kronglas zu paaren.

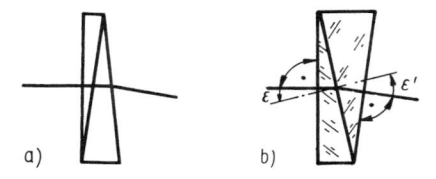

Abb. 5.144 a) Dichromatischer Keil, b) reflexarmer dichromatischer Keil

Soll der dichromatische Keil zusätzlich reflexarm sein, dann muß das Licht beide Glas-Luft-Flächen möglichst senkrecht durchsetzen (Abb. 5.144b). An der Grenzfläche zwischen den beiden Keilen ist $\varepsilon = \gamma_1$, $\varepsilon' = -\gamma_2$, und nach dem Brechungsgesetz für kleine Winkel gilt $n_1 \gamma_1 = -n_2 \gamma_2$. Mit γ_1 und γ_2 aus Gl. (5.305) folgt daraus die Zusatzforderung

$$\frac{n_{e1}}{n_{F'_1} - n_{C'_1}} = \frac{n_{e2}}{n_{F'_2} - n_{C'_2}}. \tag{5.306}$$

Tabelle 5.27 Glastypen für reflexarme dichroitische Keilpaare

Glastyp	n_e	v_e	$n_e/(n_{F'} - n_{C'})$
LLF 3	1,56296	46,76	129,813
BaF 5	1,61022	49,01	129,334
LaK 75n	1,69649	53,29	129,800
SK 19	1,61597	57,03	149,626
KF 8	1,51354	50,64	149,264
SF 3	1,74618	27,94	65,400
LaSF 81	1,83470	29,87	65,673
LaSK 1	1,75638	52,89	122,823
BaF 8	1,62690	46,71	121,229

Tab. 5.27 enthält den Quotienten $n_e/(n_{F'} - n_{C'})$ für einige geeignete Glastypen. Ein günstiges Beispiel ergibt sich mit der Paarung LLF 3/LaK 75n ($\gamma_1 = -12{,}720\delta$, $\gamma_2 = 11{,}717\delta$, also $|\gamma_2/\gamma_1| = n_1/n_2 = 0{,}921$). Die relative Abweichung der Ablenkung $(\delta_e - \delta_\lambda)/\delta_e$ beträgt bei 643,85 nm (C') 0,58 ‰, bei 546,07 nm (e) null, bei 479,99 nm (F') 0,59 ‰, bei 435,83 nm (g) 2,23 ‰.

Kristallplatten. Wir beschränken unsere Beispiele auf optisch einachsige Kristalle. Deren Eigenschaften wurden in 2.2.5 behandelt.

Eine planparallele Kristallplatte, bei der die optische Achse schräg zu den Endflächen steht, versetzt das außerordentliche Bündel parallel zu sich selbst. Das ordentliche Bündel geht unabgelenkt durch die Platte hindurch (Abb. 5.145). Läßt man linear polarisiertes Licht auftreffen, dann hängen die Amplituden in beiden Teilbündeln von der Lage der Schwingungsebene gegenüber dem Hauptschnitt des Kristalls ab. Daraus ergeben sich zwei Anwendungsfälle:

– Die Drehung der Kristallplatte um das einfallende Strahlenbündel ermöglicht die Erzeugung zweier parallel versetzter Bündel mit variablen Amplitudenverhältnissen.

– Senkrecht und parallel zum Hauptschnitt schwingende Wellen lassen sich trennen und zu unterschiedlichen Positionen führen.

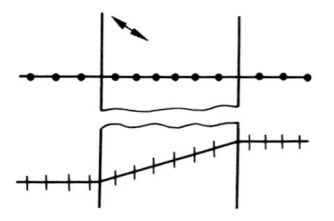

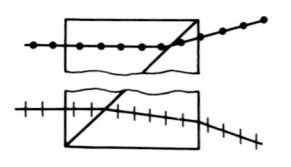

Abb. 5.145 Parallelversetzende Planplatte   **Abb. 5.146** Ablenkendes Prisma (Wollaston-Prisma)

Wollaston-Prismen haben wir als polarisierende Funktionselemente kennengelernt. Sie sind aber auch ähnlich wie die planparallele Platte zur Ablenkung des Lichtes geeignet. Der Unterschied zur planparallelen Kristallplatte besteht lediglich in der winkelmäßigen Aufspaltung (Abb. 5.146).

Elektrooptische Schalter können auf der Basis des Pockels-Effekts aufgebaut werden. Der Pockels-Effekt stellt einen linearen elektrooptischen Effekt dar, bei dem das in einem optisch einachsigen Kristall erzeugte elektrische Feld zur Änderung der Doppelbrechung führt. Die elektrischen Feldlinien können senkrecht zur Lichtausbreitungsrichtung (transversaler Effekt) oder in Lichtrichtung verlaufen (longitudinaler Effekt). Der transversale Effekt ist dem Kerr-Effekt [14] analog, bei dem aber die im isotropen Stoff erzeugte Doppelbrechung proportional dem Quadrat der elektrischen Feldstärke ist. Der transversale Pockels-Effekt wird vorwiegend in der integrierten Optik angewendet.

Zur Erzeugung des longitudinalen Pockels-Effekts werden die Endflächen eines planparallel geschliffenen einachsigen Kristalls entweder mit ringförmigen oder teildurchlässigen Elektroden belegt. Die Endflächen stehen senkrecht zur optischen Achse. Beim Anlegen der Spannung U an die Elektroden rücken die beiden Teile der Strahlenfläche (Kugel und Rotations-

5.5 Ablenkende Funktionselemente

ellipsoid) auseinander, sie berühren sich nicht mehr in den Durchstoßpunkten der optischen Achse (Abb. 5.147). Dadurch wird eine längs der optischen Achse verlaufende Welle in zwei

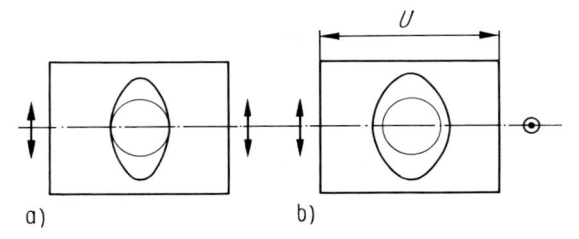

Abb. 5.147 Elektrooptischer Schalter
a) ohne Spannung,
b) mit angelegter Halbwellenspannung

senkrecht zueinander schwingende Wellen mit der Brechzahldifferenz Δn aufgespalten. Diese beträgt

$$\Delta n = K_P E \lambda_0. \tag{5.307}$$

Die optische Wegdifferenz am Ende des Kristalls der Dicke d ergibt sich aus $\Delta n \cdot d$, die Phasendifferenz mit $E = U/d$

$$\delta = 2\pi K_P U. \tag{5.308}$$

Die Spannung, bei der die Phasendifferenz π ($\Delta L = \lambda/2$) erreicht wird, heißt Halbwellenspannung. Es gilt $U_{0,5} = 1/(2K_P)$, also

$$\delta = \frac{\pi U}{U_{0,5}}. \tag{5.309}$$

Befindet sich die Pockels-Zelle zwischen gekreuztem Polarisator und Analysator, dann sperrt sie ohne angelegte Spannung das Licht. Mit angelegter Halbwellenspannung klappt sie die Schwingungsebene um 90° um, so daß die Pockels-Zelle das Licht passieren läßt (Abb. 5.147). Sie stellt deshalb einen sehr trägheitsarmen optischen Schalter dar (Anstiegszeiten 10^{-9} s). Für beliebige Spannungen beträgt der Transmissionsgrad bei gekreuztem Polarisator und Analysator

$$\tau = \tau_0 \sin^2\left[\frac{\pi}{2}\left(\frac{U}{U_{0,5}}\right)\right]. \tag{5.310}$$

Die Pockels-Zelle kann dazu dienen, das Licht mit der Spannung U zu modulieren (Intensitätsmodulation). Es sind Modulationsfrequenzen in der Größenordnung von GHz möglich. Tab. 5.28 enthält eine Auswahl an Kristallen für Pockels-Zellen. Außerdem sind K_P und die

Tabelle 5.28 Pockels-Konstanten K_P und p für einige Kristalle ($\lambda_0 = 546{,}1\,\text{nm}$, $T = 20°\text{C}$)

Kristall	$10^5 K_P$ in V^{-1}	$10^{11} p$ in m · V^{-1}
ADP	5,466	2,985
KDP	6,683	3,650
KD*P	14,984	8,183
LiNbO$_3$	67,75	36,998

aus $\Delta n \cdot d = pU$ folgende Konstante p angegeben. Im infraroten Bereich werden auch Galliumarsenid und Cadmiumtellurid verwendet.

Die Kombination von elektrooptischen Schaltern mit planparallelen Kristallplatten oder Wollaston-Prismen ermöglicht das Ansteuern unterschiedlicher Positionen. Abb. 5.148 zeigt dies für eine Einheit eines Ablenkelements. Anordnungen aus optischen Ablenkeinheiten sind von Bedeutung für die Entwicklung von digitalen optischen Speichern.

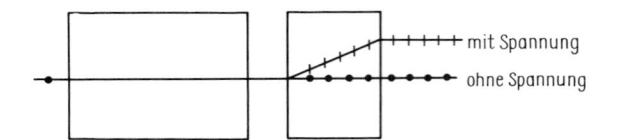

Abb. 5.148 Ablenkende Einheit zur Ansteuerung von zwei Positionen

5.6 Apertur- und lichtstromändernde Funktionselemente

5.6.1 Neutralfilter

Gelegentlich besteht die Aufgabe, den Lichtstrom für alle interessierenden Wellenlängen gleich stark zu schwächen. Dazu dienen die Neutralfilter.

> Neutralfilter verringern den Lichtstrom in einem breiten Wellenlängenintervall unabhängig von der Wellenlänge.

Im weiteren Sinne könnten zu den Neutralfiltern auch Einrichtungen gezählt werden, die den Lichtstrom nicht durch Absorption schwächen. Dazu gehören rotierende Sektorenscheiben und einstellbare Blenden. Sie wirken sich allerdings auch auf die geometrischen Verhältnisse im Strahlengang aus.

Neutralfilter bestehen entweder aus gleichmäßig absorbierenden Gläsern (Rauchgläser) oder aus Glas- bzw. Quarzplatten, auf die dünne Metallschichten aufgedampft sind. Als Metall kommt z. B. bei hochwertigen Filtern Platin in Frage. Für bestimmte Fälle sind auch Interferenzfilter entwickelt worden. Wir unterscheiden:

- Graufilter mit konstanter Durchlässigkeit über die gesamte Filterfläche hinweg,
- Graukeile mit linearer, logarithmischer oder stufenförmiger Änderung der Durchlässigkeit entweder in einer Richtung (gerader Keil) oder radial (Kreiskeil).

Unter der Keilkonstanten wird die Änderung der Intensität je Querkoordinatenänderung verstanden.

Eine spezielle Ausführungsform ist der Goldberg-Keil, bei dem sich ein homogener grauer Stoff zwischen zwei Platten befindet, deren Keilwinkel einstellbar ist.

Von sämtlichen Graukeilen lassen sich für geringere Ansprüche fotografische Kopien herstellen.

Neutralfilter mit konstanter Durchlässigkeit für alle vorkommenden Wellenlängen sind nicht immer geeignet, bei visuellen Untersuchungen den neutral grauen Eindruck zu vermitteln. Bei Sonnenschutzgläsern wirken z. B. Neutralfilter blaustichig und konstrastmindernd. Bei ihnen ist ein Anstieg der Durchlässigkeit nach dem langwelligen Gebiet hin vorteilhaft.

5.6 Apertur- und lichtstromändernde Funktionselemente

Neutralfilter werden z. B. angewendet
- in der Spektralanalyse mittels fotografischer Registrierung der Spektren zur Schwächung sehr heller Linien neben schwachen Linien,
- zur Lichtschwächung in der Mikroskopie ohne Änderung des Farbortes und der numerischen Apertur der Beleuchtung,
- zur Bestimmung der Empfindlichkeitskurve von fotografischen Schichten durch Aufbelichten von Graukeilen und bei der objektiven Fotometrie.

Beispiele für industriell gefertigte Neutralgläser (Graugläser) sind die Glastypen 779 bis 785 des Jenaer Glaswerkes. Sie sind im VIS- und IR-Gebiet verwendbar. Abb. 5.149 enthält die Wellenlängenabhängigkeit des Reintransmissionsgrades für die Glastypen mit der Code-Nr. 780 und 783. Tab. 5.29 gibt eine Übersicht über Daten der Neutralgläser.

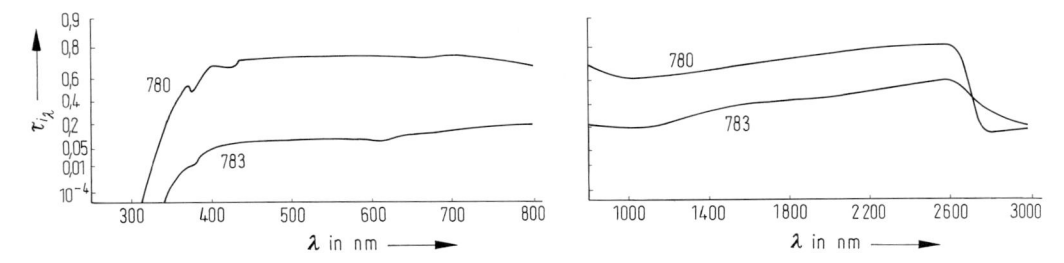

Abb. 5.149 Reintransmissionsgrad der Neutralfilter Code-Nr. 780 und 783 als Funktion der Wellenlänge

Tabelle 5.29 Daten von industriell gefertigten Neutralgläsern

Code-Nr.	d/mm	$\tau_{i\lambda}$ (550 nm)	$\tau_{i\lambda}$ (2000 nm)	$R_m(d)$	τ_v (Normlichtart A)
779	1	0,860	0,810	0,923	0,79
780	1	0,748	0,770	0,923	0,69
781	1	0,595	0,810	0,922	0,54
782	1	0,320	0,600	0,922	0,29
783	1	0,100	0,450	0,921	0,09
784	0,1	0,620	0,925	0,919	0,58
785	0,1	0,410	0,900	0,918	0,37

5.6.2 Bündelteilung

Bei den Funktionselementen zur Bündelteilung tritt die Apertur- oder Lichtstromänderung als Nebenfunktion auf. Wir geben zunächst zwei Beispiele an.
- Im Mikroskop mit binokularem Tubus soll das Bild beiden Augen dargeboten werden, obwohl nur ein Objektiv benutzt wird. Das Bündel ist in zwei Teilbündel aufzuspalten, so daß durch zwei Okulare beobachtet werden kann (Abb. 5.150a).
- In Mikroskopen für Auflichtbeobachtung wird das Objekt durch das Objektiv hindurch

beleuchtet. Eine Teilerplatte vereinigt den Beleuchtungs- und den Abbildungsstrahlengang. Hierbei wird jeweils nur ein Teilbündel genutzt (Abb. 5.150b).

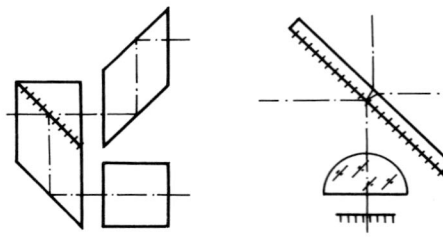

Abb. 5.150a
Binokularer Tubus

Abb. 5.150b
Vereinigung zweier Teilbündel

Damit ist für die beiden Grundaufgaben der Bündelteilung je ein Beispiel gegeben. Es gilt:

| Bündelteilung wird zur Aufteilung von Strahlenbündeln oder zum Überlagern von Strahlengängen angewendet.

Wir unterscheiden physikalische und geometrische Bündelteilung.

Physikalische Bündelteilung. Sie wird mit teildurchlässigen Flächen ausgeführt.

| Bei der physikalischen Bündelteilung bleibt der Bündelquerschnitt und damit der Lichtleitwert in beiden Teilbündeln so groß wie im einfallenden Bündel. Der Lichtstrom wird aufgeteilt, wodurch sich auch die Leuchtdichte ändert.

Planparallele Platten reflektieren auch ohne besondere Behandlung einen Teil des Lichtes. Bei $n = 1,5$ werden bei senkrechtem Lichtdurchgang ca. 8% des Lichtstromes reflektiert, 92% hindurchgelassen. Für einen Einfallswinkel von $\varepsilon = 45°$ ist zu beachten, daß die Werte von der Schwingungsrichtung des Lichtes abhängen. Es ist bei $n = 1,5$, $R_s = 0,092$, $R_p = 0,008$ und damit für einfallendes natürliches Licht $R = 0,05$, $T = 0,95$. Als Nachteil ergibt sich der seitlich versetzte Nebenreflex, dessen Intensität nahezu mit dem Hauptreflex gleich ist. Für Silberschichten auf Glas mit verschiedenen nichtabsorbierenden Schichten gibt Anders [4] für $\lambda_0 = 550$ nm und senkrechten Lichteinfall die Meßwerte der Tab. 5.30 an.

Tabelle 5.30 Reflexionsgrad und Transmissionsgrad von Silberschichten und bedampften Silberschichten

	R	T
unbelegte Silberschicht	0,915	0,06
geschützt mit $\lambda/2$-Schicht niedriger Brechzahl	0,925	0,055
reflexionserhöht mit $\lambda/4$-Schicht niedriger Brechzahl und $\lambda/4$-Schicht hoher Brechzahl	0,971	0,021
reflexionserhöht mit zwei weiteren $\lambda/4$-Schichten	0,985	0,008

Mit ausschließlich absorptionsfreien Schichten lassen sich noch höhere Reflexionsgrade erzielen. Mit acht hochbrechenden und sieben niedrigbrechenden Schichten ergibt sich zum Beispiel $R = 0,992$ und $T = 0,003$, wobei die Werte zwischen $\lambda = 650$ nm und $\lambda = 750$ nm nahezu konstant sind [4]. Solche Teilerplatten eignen sich z. B. für Laser-Resonatoren.

5.6 Apertur- und lichtstromändernde Funktionselemente

Bei Einfallswinkeln von 45° sind die unterschiedlichen Werte für senkrecht und parallel zur Einfallsebene schwingendes Licht zu beachten. Für eine Anordnung nach Abb. 5.151 vergleicht Anders [4] die Werte bei drei verschiedenen Teilerschichten:
- $\lambda_0/4$-Schicht;
- absorptionsfreie Schicht mit $T = R$ und $R_s = 3R_p$;
- Chromschicht mit $T_s = 0,25$, $T_p = 0,40$, $R_s = 0,4$, $R_p = 0,2$ (Übergang Luft–Schicht) bzw. $R_s = 0,2$, $R_p = 0,1$ (Übergang Schicht–Luft).

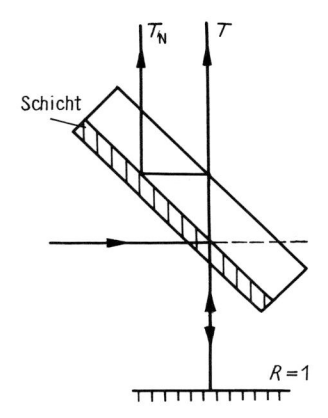

Abb. 5.151 Teilerplatte (Auflichtbeleuchtung)

Tabelle 5.31 Transmissionsgrad von Teilerschichten

	T	T_N	T/T_N
$\lambda/4$-Schicht	0,196	0,0056	35,0
absorptionsfreie Schicht	0,188	0,0063	29,8
Chromschicht	0,08	0,00074	108,0

In Tab. 5.31 sind der gesamte Transmissionsgrad T für unpolarisiert einfallendes Licht und die relative Intensität des ersten Nebenreflexes T_N angegeben.

Ein weiteres Beispiel stellt die Teilerplatte eines Michelson-Interferometers dar, bei der beide Teilbündel für beide Schwingungsrichtungen gleiche Intensität haben sollen (Abb. 5.152). Hierbei ergibt sich mit einer $\lambda/4$-Schicht $I_s = 0,25$ und $I_p = 0,141$, während mit einer Chromschicht die Aufgabe nicht lösbar ist, weil $I_{s1} = I_{p1} = 0,08$, $I_{s2} = I_{p2} = 0,04$ ist.

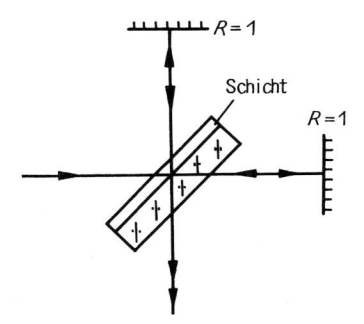

Abb. 5.152 Teilerplatte (Michelson-Interferometer)

Beim Einbau einer Teilerplatte in ein optisches System sind die geometrisch-optischen Gesichtspunkte zu beachten, die bei den planparallelen Platten und Planspiegelplatten behandelt wurden (z. B. Schnittweitenänderung, Bildlage usw.).

Der Teilerwürfel wird besonders häufig angewendet. Er besteht aus zwei Halbwürfeln, die mit den Hypotenusenflächen aufeinandergekittet sind (Abb. 5.153). Dazwischen befindet sich eine teildurchlässige Schicht. Beide Teilbündel haben den gleichen Glasweg, und die Schicht

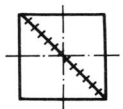

Abb. 5.153 Teilerwürfel

ist geschützt. Die optische Achse durchsetzt die Glasoberflächen senkrecht, so daß Reflexe weitgehend vermieden werden. Im Strahlengang ist der Teilerwürfel wie der Halbwürfel zu behandeln.

Auch bei Teilerwürfeln hängt die Durchlässigkeit von der Schwingungsrichtung des Lichtes ab. Für unpolarisiert einfallendes Licht kann z. B. bei Chrom der reflektierte Anteil $R = 0,25$, der hindurchgelassene Anteil $T = 0,20$ betragen; bei Silber können die Werte $R = 0,40$, $T = 0,47$ erzielt werden.

Wegen der wellenlängenabhängigen Absorption in den Metallschichten erscheint oft das Licht gefärbt.

Anstelle der Metallschichten können nichtleitende Schichten mit abwechselnd hoher und niedriger Brechzahl verwendet werden. Anders [4] gibt ein Beispiel mit fünf Schichten an, bei dem $R = T \approx 0,45$ ist.

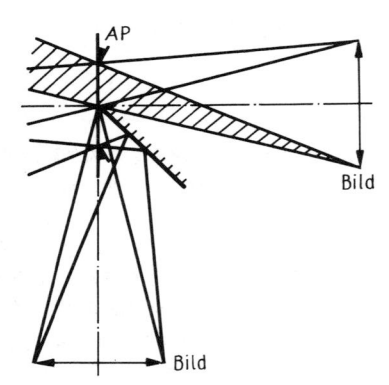

Abb. 5.154 Geometrische Bündelteilung ohne Abschattung

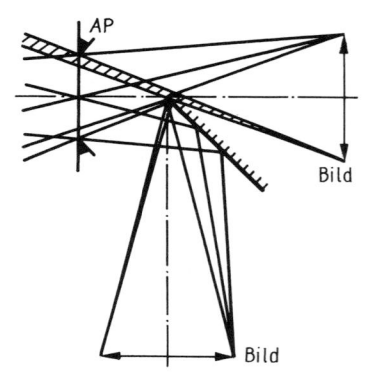

Abb. 5.155 Geometrische Bündelteilung mit Abschattung

Geometrische Bündelteilung. Zur geometrischen Bündelteilung wird ein Teil des Bündels mit einem Spiegel oder einem Prisma abgezweigt.

Bei der geometrischen Bündelteilung bleibt die Leuchtdichte konstant, aber der Lichtleitwert ändert sich. Damit das gesamte Feld in beiden Teilbündeln gleichmäßig ausgeleuchtet ist, muß die Teilerfläche dicht bei der Öffnungsblende oder einer ihr konjugierten Ebene stehen (Abb. 5.154). Bei jeder anderen Lage schattet die Teilerfläche das Feld ab (Abb. 5.155).

5.6.3 Mattscheiben. Bildschirme

Mattscheiben werden in optischen Geräten zum Auffangen reeller Bilder, zur Erzeugung diffusen oder inkohärenten Lichtes verwendet. Mattscheiben unterbrechen den regulären Strahlenverlauf, so daß hinter ihnen die Apertur der Bündel vergrößert ist. Im Gesamtstrahlengang bleibt die Leuchtdichte nicht erhalten.

| Mattscheiben sind schwach absorbierende Platten, deren Oberfläche das Licht streut.

Im allgemeinen werden planparallele Glasplatten verwendet, deren Oberfläche aufgerauht ist. Die Mattierung kann mechanisch durch Schleifen, chemisch durch Ätzen mit Flußsäure oder durch die Kombination beider Verfahren vorgenommen werden.

Die Korngröße des Schleifmittels bestimmt im wesentlichen die Rauhtiefe der Mattscheibe. Ein sehr feiner Schliff erzeugt eine Oberflächenstruktur, die wie eine Anordnung aus Linsen unterschiedlichen Durchmessers und gleicher Krümmungsradien wirkt.

Die mit der Rauhtiefe verbundene Körnigkeit der Mattscheibe kann sich auf das Auflösungsvermögen des Bildes auswirken. An den verschieden geneigten Teilen der aufgerauhten Oberfläche wird das Licht teilweise reflektiert, teilweise gebrochen und dadurch gestreut. Die Streuung wächst mit dem Grad der Mattierung, bleibt aber bei Mattscheiben insgesamt gering.

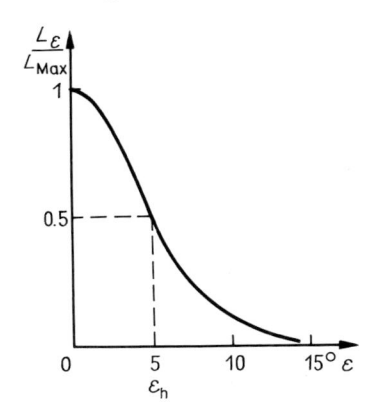

Abb. 5.156a Zur Halbwertsbreite einer Mattscheibe

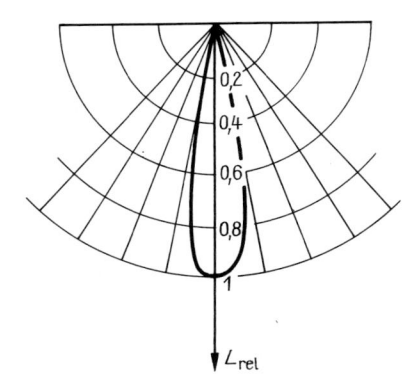

Abb. 5.156b Leuchtdichteindikatrix einer Mattscheibe

Stoffe mit geringer Streuung werden durch den Halbwertswinkel ε_h charakterisiert. Bis zu diesem sinkt die Leuchtdichte der Mattscheibe auf die Hälfte des Maximalwertes (Abb. 5.156a). Bei Mattscheiben erreicht ε_h nur einige Grad. Abb. 5.156b zeigt die Leuchtdichteindikatrix einer Mattscheibe. Infolge der geringen Streuung sind die lichttechnischen Größen hinter der Mattscheibe stark richtungsabhängig. Ein Mattscheibenbild erscheint deshalb am Rande dunkler als in der Mitte (Abb. 5.156b).

Die Transmission der Mattscheiben üblicher Dicke 1,8...3,1 mm schwankt zwischen 63% und 89%, die Absorption zwischen 3% und 17%. Neuerdings sind auch mattierte Plastfolien im Gebrauch. Auch Oberflächen von optischen Bauelementen, wie z.B. die Planfläche einer Plankonvexlinse, können mattiert sein. Die Linse wirkt dann als Feldlinse, die die Austrittspupille des vorgelagerten abbildenden Systems in die Augenpupille abbildet (Projektionsobjektiv bei Rückprojektion oder Fotoobjektiv bei einem Sucher).

Bildschirme dienen ebenfalls dem Auffangen reeller Bilder, wobei der reguläre Strahlenverlauf unterbrochen wird. Sie streuen das Licht diffus und wirken als Sekundärstrahler. Bei Durchlicht entsprechen sie den Mattscheiben. In Auflicht ist die wesentliche Kenngröße die Winkelverteilung der remittierten Leuchtdichte.

Remittierte Leuchtdichte. Die Beleuchtungsstärke beträgt unter den Voraussetzungen $\beta'_p = 1$, $|\beta'| \gg 1$ nach Gl. (4.285)

$$E = \frac{\tau \pi \Omega_0 L}{4\beta'^2 k^2} \tag{5.311}$$

(τ Transmissionsgrad des Projektionsgegenstands). Der Lichtstrom beträgt

$$\Phi = \frac{\tau \pi \Omega_0 L q'}{4\beta'^2 k^2} = \frac{\tau \pi \Omega_0 L q}{4 k^2} \tag{5.312}$$

(L Leuchtdichte der Quelle, q Objektfläche, q' Bildfläche, k Blendenzahl des Objektivs).

Der von einem Lambert-Strahler in den Raumwinkel $d\Omega$ remittierte Lichtstrom ergibt sich wegen Gl. (3.33), Gl. (3.48) und $d\Omega = \Omega_0 \sin\vartheta \, d\vartheta \, d\varphi$ zu

$$d\Phi_\rho = I \, d\Omega = I_0 \sin\vartheta \cos\vartheta \, d\vartheta \, d\varphi \cdot \Omega_0$$

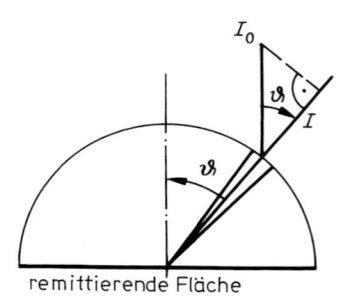

Abb. 5.157 Zur Ableitung der remittierten Leuchtdichte beim Lambert-Strahler

(Abb. 5.157). Integration führt mit $\int_0^{2\pi} d\varphi = 2\pi$, $\int_0^{\frac{\pi}{2}} \sin\vartheta \cos\vartheta \, d\vartheta = \frac{1}{2}$ auf

$$\Phi_\rho = \pi I_0 \Omega_0. \tag{5.313}$$

Der Remissionsgrad wird als

$$\rho_\rho = \frac{\Phi_\rho}{\Phi} \tag{5.314}$$

definiert, woraus mit Gl. (5.311) bis Gl. (5.313)

$$\rho_\rho = \frac{\pi I_0 \Omega_0}{E q'} \tag{5.315}$$

folgt. Die remittierte Leuchtdichte wird zu

$$L_\rho = \frac{I_0}{q'} = \frac{1}{\pi \Omega_0} \rho_\rho E. \tag{5.316}$$

Gl. (5.316) wird zweckmäßig als Zahlenwertgleichung geschrieben, z. B. in der Form

$$L_p/\text{sb} = \frac{10^{-4}}{\pi \Omega_0} \rho_p E/\text{lx}. \tag{5.317}$$

Für die Projektion auf Lambert-Strahler kann man etwa remittierte Leuchtdichten zwischen 10^{-1} sb und 10^{-2} sb ansetzen. Bei der Rückprojektion ist anstelle des Reflexionsgrades der Transmissionsgrad des Bildschirms einzusetzen.

In Abhängigkeit vom Herstellungsverfahren für verschiedene Anwendungsfälle weichen die remittierten Leuchtdichten der Bildschirme von denjenigen des Lambert-Strahlers ab und erhalten einen gerichteten Anteil der Reflexion.

Am nächsten kommen dem Lambert-Strahler die mattweißen Bildschirme (Abb. 5.158a). Sie bestehen aus Textilien, die plastbeschichtet und mit einem weißen Pigment (z. B. TiO_2) überdeckt sind.

Perlwände tragen in dichter Anordnung ($\approx 10^7$ m^{-2}) kleine Glaskugeln, die das Licht an der Rückseite reflektieren. Es entsteht eine teilweise gerichtete Reflexion entgegen der Lichteinfallsrichtung (Abb. 5.158b).

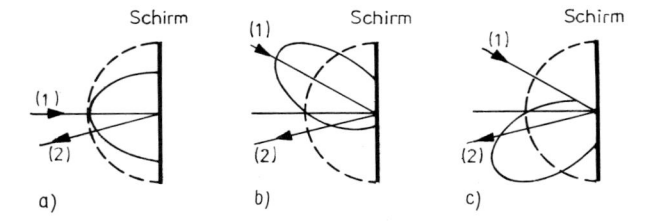

Abb. 5.158 Indikatrix der remittierten Leuchtdichte für Bildschirme
(– – – Lambert-Strahler, (1) Lichteinfallsrichtung, (2) Beobachtungsrichtung)
a) Mattweißer Schirm, b) Perlwand, c) metallisierte Wand

Die teilweise gerichtete Reflexion in Richtung der regulären Reflexion ergibt sich bei metallisierten Bildwänden, z. B. aus einem "Aluminiumanstrich". Die ungeordnet verteilten kleinen Aluminiumblättchen auf dem Plast- oder Textilschirm bewirken die Streuung (Abb. 5.158c).

Die Bildschirme können auch von der Planfläche abweichen, wodurch eine weitere Beeinflussung der Leuchtdichteindikatrix erreicht wird.

5.7 Energiewandelnde Funktionselemente

5.7.1 Strahlungsquellen

Quellen für optische Strahlung wandeln verschiedene Energiearten in elektromagnetische Strahlungsenergie um. Bei den technischen Strahlungsquellen ist die Primärenenergie im allgemeinen elektrische Energie, bevorzugt umgesetzt über einen elektrischen Strom. Die unmittelbare Nutzung von gespeicherter chemischer Energie in Flammen stellt die Ausnahme dar.

Die meisten Strahlungsquellen beruhen auf der spontanen Emission, so z. B. die Temperaturstrahler, die Gasentladungslampen und die Lumineszenzdioden. Die induzierte Emission stellt die Grundlage der Laser dar. Wir wollen in diesem Abschnitt lediglich einen Überblick über die Strahlungsquellen geben. Die physikalischen Grundlagen bleiben weitgehend unberücksichtigt.

Temperaturstrahler. Die wichtigsten Temperaturstrahler sind die Glühlampen, in denen eine Drahtwendel, die im allgemeinen aus Wolfram ist (Schmelztemperatur 3653 K), durch einen elektrischen Strom erhitzt wird. Die Drahtwendel befinden sich in einem Glas- oder Kieselglaskolben, der entweder evakuiert ist oder ein Gas enthält (Stickstoff, Edelgase wie Argon, Krypton oder Xenon, Drahttemperatur 2600 K...3000 K).

Bei Halogenlampen ist Ioddampf zugesetzt. Das verdampfte Wolfram des Drahtes verbindet sich mit dem Iod zu Wolframiodid, das sich am Glühdraht wieder in Wolfram und Iod aufspaltet. Die Kolbentemperatur muß über 250°C liegen (bis 600°C), damit sich das Wolframiodid nicht an der Kolbeninnenwand niederschlägt. Deshalb haben Halogenlampen Kolben aus Kieselglas (Drahttemperatur 3000 K...3400 K).

Vakuumlampen sind nur noch als Klein- und Eichlampen im Gebrauch.

Niedervoltlampen benötigen für die gleiche Leistung höhere Stromstärken als Normalspannungslampen. Sie haben deshalb dickere Drähte. Die Wendel bilden eine kleinere Gesamtfläche, woraus sich eine hohe Leuchtdichte ergibt. Niedervoltlampen werden z. B. in Projektoren und Experimentalleuchten eingesetzt.

Die Betriebsdaten der Glühlampe hängen von der angelegten Spannung ab. Die Erhöhung der Spannung um 10% gegenüber der Betriebsspannung vergrößert den Lichtstrom etwa auf das 1,4fache (je nach Typ etwas variabel), verringert aber die mittlere Lebensdauer auf etwa 1/4. Die Verminderung der Spannung um 10% verringert den Lichtstrom auf etwa 70%, erhöht aber die mittlere Lebensdauer auf das 3- bis 4fache.

Eine Kennzahl für Glühlampen ist die Lichtausbeute, die mittels

$$\eta_L = \frac{\Phi}{P}, \quad [\eta_L] = \frac{\text{lm}}{\text{W}} \tag{5.318}$$

(Φ Lichtstrom, P elektrische Leistung) definiert ist. Für den schwarzen Körper liegt das Maximum der Lichtausbeute bei $\eta_L \approx 94\,\text{lm} \cdot \text{W}^{-1}$ für $T = 6000\,\text{K}$, $\lambda_{\text{Max}} = 555\,\text{nm}$. Abb. 5.159 zeigt die Abhängigkeit der Lichtausbeute des schwarzen Strahlers von der Temperatur. Für Glühlampen liegt die Lichtausbeute bei $\eta_L = 16...34\,\text{lm} \cdot \text{W}^{-1}$, je nach Drahttemperatur.

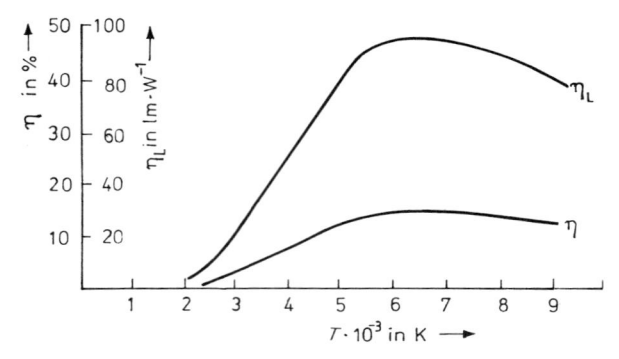

Abb. 5.159 Maximale Lichtausbeute η_L und optischer Wirkungsgrad η des schwarzen Körpers als Funktion der Temperatur

5.7 Energiewandelnde Funktionselemente

Der Maximalwert der Lichtausbeute $\eta_L = 683\,\text{lm}\cdot\text{W}^{-1}$ ließe sich mit einer Lichtquelle erzielen, die monochromatische Strahlung mit $\lambda = 555\,\text{nm}$ aussenden würde ($\eta_L = K_m$, $V_\lambda = 1$). Man führt deshalb auch den optischen Wirkungsgrad über

$$\eta = \frac{\eta_L}{K_m} \cdot 100\% \tag{5.319}$$

ein (Abb. 5.159). Der schwarze Körper hat bei $T = 6000\,\text{K}$ den optischen Wirkungsgrad $\eta = 14\%$. Für Glühlampen gilt $\eta = 2\ldots 4\%$.

Als Temperaturstrahler für den infraroten Spektralbereich werden der Nernststift aus Th-Y-Zr-Oxidkeramik ($T = 2000\,\text{K}$) und der Globarstrahler aus SiC ($T = 1000\,\text{K}$) eingesetzt.

Gasentladungslampen. In Gasentladungslampen werden Gase oder Metalldämpfe durch den elektrischen Strom zur Strahlung angeregt. Die Eigenschaften werden entscheidend durch den Gasdruck beeinflußt. Deshalb unterscheidet man zwischen Niederdruck-, Hochdruck- und Höchstdrucklampen. Durch die Stoßverbreiterung der Spektrallinien nimmt mit dem Druck die spektrale Kontinuität der Strahlung zu. Bei kleinen Entladungsstrecken (kleine Elektrodenabstände) wird mit Höchstdrucklampen eine große Leucht- bzw. Strahldichte erreicht (z. B. mit Quecksilber-Höchstdrucklampen bis $L = 10^9\,\text{cd}\cdot\text{m}^{-2}$).

Der Kolben, der auch zylinderförmig sein kann, läßt sich innen mit Leuchtstoffen belegen, die kurzwellige Strahlung in das sichtbare Gebiet transformieren. Diese Leuchtstofflampen erreichen eine Lichtausbeute zwischen 50 und $100\,\text{lm}\cdot\text{W}^{-1}$. Die hohen Werte ergeben sich bei der Beschichtung mit Dreibandenleuchtstoffen, die in drei schmalen Wellenlängenbereichen wirken.

Beispiele für Gasentladungslampen sind:

- Niederdrucklampen
  - Natriumdampflampe (Natriumdampf mit Edelgasen), $\lambda = 589{,}0/589{,}6\,\text{nm}$, Lichtausbeute $\eta_L = 180\,\text{lm}\cdot\text{W}^{-1}$, schlechte Farbwiedergabe
  - Quecksilberdampflampe, $\lambda = 184{,}9\,\text{nm}$ und $\lambda = 253{,}7\,\text{nm}$, mit Leuchtstoffen auch $\lambda = 320\,\text{nm}$ und $\lambda = 480\,\text{nm}$ (UV-Strahler)
  - Leuchtstofflampe (Quecksilberdampf mit Edelgasen und Leuchtstoffe aus Calcium-, Strontium- und Bariumphosphaten bzw. -halogeniden)
- Hochdrucklampen
  - Quecksilberdampflampe, Lichtausbeute ca. $50\,\text{lm}\cdot\text{W}^{-1}$
  - Natriumdampflampe (Natriumdampf, Quecksilber und Edelgase), Kolben aus durchscheinender Sinterkeramik, Lichtausbeute bis $120\,\text{lm}\cdot\text{W}^{-1}$
- Höchstdrucklampen
  - Quecksilberdampflampe, Lichtausbeute bis $60\,\text{lm}\cdot\text{W}^{-1}$
  - Xenondampflampe, spektrale Ausstrahlung entspricht dem Sonnenlicht (gute Farbwiedergabe).

Lumineszenzdioden. Ein Halbleiterkristall mit einem p-n-Übergang in Durchlaßrichtung stellt die Grundlage für eine Lumineszenzdiode dar. Diese hat eine kleine strahlende Fläche und eine geringe Lichtausbeute ($\eta_L = 0{,}2\ldots 0{,}5\,\text{lm}\cdot\text{W}^{-1}$).

Ein p-Halbleiter entsteht u. a. beim Dotieren eines vierwertigen Elements (z. B. Si) mit einem dreiwertigen Element (Akzeptor, z. B. Al). An den Stellen, an denen die Akzeptoren eingelagert sind, fehlt ein Elektron. Die Fehlstellen wirken wie eine positive freie Ladung (Defektelektron, Löcherleitung).

Ein n-Halbleiter entsteht u. a. beim Dotieren des vierwertigen Elements (z. B. Si) mit einem fünfwertigen Element (Donator, z. B. Sb). An den Stellen, an denen die Donatoren eingelagert sind, ist ein Elektronenüberschuß vorhanden.

An der Grenzschicht zwischen einem p- und einem n-Halbleiter tritt die Diffusion der Ladungsträger in die jeweils andere Schicht ein (vom Leitungsband des n-Halbleiters gehen Elektronen in das Valenzband des p-Halbleiters). Legt man eine Spannung so an, daß der Pluspol am p-Halbleiter liegt, dann ist in Durchlaßrichtung gepolt. Die rekombinierenden Elektronen- und Defektelektronen setzen Energie frei, die in Form von Strahlung ausgesendet werden kann. Es entsteht eine Lumineszenzdiode.

Vom Grundmaterial und der Dotierung hängen die Eigenschaften der Lumineszenzdiode ab, insbesondere der Spektralbereich der Strahlung. Es entsteht spektral schmale Strahlung (30 nm im VIS). Verfügbar sind Dioden für den sichtbaren Bereich (LED) von Blau bis Rot und für den infraroten Bereich (IRED). Tab. 5.32 enthält einige Beispiele. Die Lebensdauer der Dioden liegt mit 10^5 Stunden hoch. Durch die Verkappung der Austrittsfläche läßt sich die Lichtstärkeindikatrix verändern.

Tabelle 5.32 Ausgewählte Daten von Lumineszenzdioden

	Farbe	Wellenlänge in nm	Halbwertsbreite in nm	Leuchtdichte in $cd \cdot m^{-2}$
GaAs	IR	900	40	
GaP	Rot	690	90	
$GaAs_6P_4$	Rot	650,7	40	2569
SiC	Gelb	590	120	137
GaP	Grün	560	40	1028
SiC	Blau	480		

Laser. Zu den prinzipiellen Grundlagen der Laser und den Eigenschaften der Laserstrahlung haben wir bereits in 2.4.5, 4.1.11 und 5.1.1 Beiträge geleistet. Hier soll nur noch auf Beispiele für die wichtigsten Laser eingegangen werden, die größtenteils auch kommerziell verfügbar sind. Allgemein unterscheidet man

— nach den Lasermaterialien
  · Festkörperlaser
  · Gaslaser
  · Farbstofflaser
  · Halbleiterlaser (Laserdioden)
  · spezielle Laser (Laser mit freien Elektronen, chemische Laser u. a.)
— nach der Strahlungsart
  · kontinuierliche Laser (cw-Laser, von engl. continuous wave)
  · Impulslaser
— nach den Schwingungszuständen
  · Einmodenlaser
  · Mehrmodenlaser

- nach der Anregungsart
  · optisch gepumpte Laser
  · chemisch gepumpte Laser
  · Stoßanregung
  · p-n-Übergang mit Stromanregung
- nach der Resonatorart
  · geschlossene Resonatoren
  · offene Resonatoren.

Festkörperlaser. Das aktive Element besteht bei Festkörperlasern aus Kristallen oder Gläsern, die mit Metallionen oder Ionen der seltenen Erden dotiert sind. Die Laserstäbe können durch Verspiegeln der polierten Endflächen direkt als Resonator ausgebildet werden. Praktische Bedeutung haben vor allem der Rubinlaser (Abb. 2.64), bei dem Rubin mit Cr^{3+}-Ionen dotiert ist, der Nd:YAG-Laser (Yttrium-Aluminium-Granat $Y_3Al_5O_{12}$ mit Nd^{3+}-Ionen dotiert und der Nd:Glaslaser (Silicat-, Phosphat- oder Bariumglas mit Nd^{3+}-Ionen dotiert). Die Dotierung ist auch mit anderen Elementen möglich (z. B. Erbium- oder Holonium-Ionen).

Festkörperlaser werden optisch gepumpt. Dazu dienen vor allem Xenon-, Krypton- oder Quecksilber-Hochdrucklampen. Sie werden entweder spiralförmig um den Laserstab angeordnet oder mittels Spiegelanordnungen in den Laserstab abgebildet (elliptische zylindrische Spiegel). Höhere Effektivität verspricht man sich mit Laserdioden-Arrays als Pumpstrahlungsquelle.

Festkörperlaser können sowohl im Impulsbetrieb wie auch im cw-Betrieb arbeiten. Sie überstreichen mit den verschiedenen Typen den Wellenlängenbereich $0,3\ldots 3\,\mu m$. Die Kohärenzlänge liegt unter 1 m. Auch die Amplitudenkonstanz und die Gleichmäßigkeit der Intensitätsverteilung im Bündel sind weniger gut als bei anderen Lasern.

Die Anwendungsgebiete sind die Materialbearbeitung, die Meßtechnik, die nichtlineare Optik und die lasergesteuerte Kernfusion. Auch in der Medizin werden sie angewendet. Die Eigenschaften ausgewählter Impulslaser enthält Tab. 5.33.

Tabelle 5.33 Ausgewählte Daten für Festkörperlaser

Typ	Rubin	Nd:YAG	Nd:Glas
Wellenlänge in μm	0,6943	1,0641	1,0624
Berieb	Impuls	Impuls	Impuls
Leistung in kW	10…40	$10^2\ldots 10^5$	10^3
Divergenz in mrad	1…20	$8\cdot 10^{-2}$	3…20
Linienbreite in nm	10^{-2}		
Kohärenzlänge in m	0,5		

Im kontinuierlichen Betrieb liefert der Rubinlaser einige 100 W, der Nd:YAG-Laser 500 W. Mit einem fokussierten Nd:Glaslaser ist die Bestrahlungsstärke $10^{15}\,W\cdot cm^{-2}$ auf Flächen mit einigen Wellenlängen Durchmesser möglich.

Gaslaser sind die für die Interferometrie, Längenmeßtechnik und Holografie wichtigsten Laser, weil sie besonders bei Stabilisierung der Resonatorlänge die höchste zeitliche und räumliche Kohärenz garantieren. Aber auch für die Materialbearbeitung sind Gaslaser verbreitet im Einsatz. Die aktiven Stoffe bestehen aus atomaren oder molekularen Gasen und Dämpfen, wobei häufig Gasgemische aus verschiedenen Stoffen notwendig sind. Gepumpt wird im allgemeinen mittels des elektrischen Stromflusses durch das Gas, seltener optisch oder chemisch.

Der Resonator kann aus Spiegeln bestehen, die das Laserrohr unmittelbar abschließen (Innenspiegelresonator). Das bringt geringe Resonatorverluste mit sich. Die Auskoppelung erfordert, daß ein Laserspiegel teildurchlässig ist. Das Laserrohr kann aber auch mit Brewster-Fenstern versehen sein (unter dem Brewster-Winkel zur Strahlungsrichtung stehende planparallele Platten), so daß linear polarisiertes Licht austritt. Die Resonatorspiegel werden außerhalb angebracht (Außenspiegelresonator). Die Auskoppelung ist dann auch mittels Beugung am Spiegelrand oder einem Loch im Spiegel möglich.

Besondere Bedeutung haben der Helium-Neon-Laser (Abb. 2.65), der Argon- oder Kryptonlaser, der Kohlendioxidlaser und der Excimerlaser (aktives Gas z. B. aus angeregten Edelgas- oder Edelgas-Halogeniden) und im ultravioletten Gebiet der Wasserstofflaser.

Die kleinste bisher erreichte Wellenlänge $\lambda = 116$ nm erzeugt der Wasserstofflaser, die größte bisher erreichte Laserwellenlänge $\lambda = 1,96534$ mm mit 1 mW Impulsleistung erzeugt der CH_3Br-Laser.

Große zeitliche Kohärenz und Frequenzstabilität erfordern hohe Konstanz der Resonatorlänge. Das kann z. B. durch die Regelung über piezoelektrische Elemente gesichert werden.

Eine Übersicht über Gaslaser enthält Tab. 5.34.

Tabelle 5.34 Ausgewählte Daten von Gaslasern

Typ	Wellenlänge in nm	Leistung in W	Divergenz in mrad	Strahldurchmesser in mm
He-Ne	543	0,2	0,92	0,75
	633	0,1…50	0,5…6	0,5…15
	1150	1…15	0,8…2	0,8…2
Ar-Ionen	330…530	$15…4 \cdot 10^4$	0,5…1,5	0,7…1,6
Kr-Ionen	337…860	$250…7 \cdot 10^3$	0,5…1,3	1…2
CO_2	$1,06 \cdot 10^4$	$10…10^5$	1…10	1,4…10
		$10^5…10^6$	1…5	5…25
		$10^6…2 \cdot 10^7$	1…5	10…75
		Impulsenergie in W·s		
Ar-Ionen (Impuls)	458	$5 \cdot 10^{-8}$	0,7…5	1,2…2,5
CO_2 (Impuls)	$1,06 \cdot 10^4$	$10^3…10^4$	0,3…0,5	200…350

Farbstofflaser. Als abstimmbare Laser, die sowohl im kontinuierlichen wie auch im Impulsbetrieb arbeiten können, sind die Farbstofflaser anzusehen. Als laseraktive Stoffe kommen vielatomige Farbstoffmoleküle in Betracht. Sie können in Festkörper, in Flüssigkeiten und in Gase eingelagert sein. Bevorzugt sind die Flüssigkeitslaser, weil ihre Eigenschaften in weiten Grenzen mittels der Farbstoffkonzentration variiert werden können. Mit einem Farbstoff wird maximal der Abstimmbereich 170 nm durchlaufen. Zur abgestimmten Wellenlängenselektion

5.7 Energiewandelnde Funktionselemente

dienen entweder in den Resonator eingesetzte Gitter, Prismen, Fabry-Perot-Etalons und Polarisationsfilter, oder die Anregung erfolgt selektiv (Abb. 5.160).

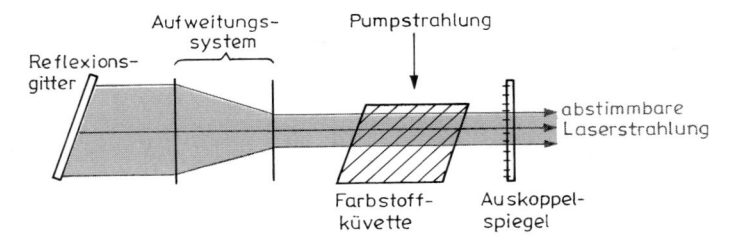

Abb. 5.160 Schema eines abstimmbaren Farbstofflasers

Tabelle 5.35 Ausgewählte Daten von kommerziellen Farbstofflasern aus den USA (nach [29])

	cw-Laser		Blitzlampen-Laser	
Wellenlänge in nm	435...955	450...850	435...730	375...800
Linienbreite in MHz	$6 \cdot 10^4$	–	10^4	10^4
Pumpleistung in W	4	6		
Pumpenergie in W · s			15	625
Ausgangsleistung				
bei 590 nm	0,6	1		
bei 600 nm			6000	$5 \cdot 10^6$
Impulslänge in ns			1000	300
optischer Wirkungsgrad in %	15	17		
elektrischer Wirkungsgrad in %			0,04	0,24

Als Pumpquelle verwendet man bevorzugt Blitzlampen oder Gasentladungslampen. Es werden aber auch Festkörper- und Gaslaser dafür eingesetzt.

Mit den verschiedenen Farbstoffen sind Laser im Bereich $0,32\,\mu m \ldots 1,28\,\mu m$ realisierbar. Tab. 5.35 enthält Beispiele.

Halbleiterlaser. Der Halbleiter- oder Injektionslaser ist ähnlich wie die Lumineszenzdiode aufgebaut. Zwischen dem Valenz- und dem Leitungsband wird die Besetzungsinversion erzeugt, indem eine Spannung angelegt wird. Die Besetzungsinversion wächst mit der Stromdichte an, die zunächst über der Schwellenstromdichte liegen muß. Diese läßt sich herabsetzen, indem Doppel- bzw. Mehrfachheterostrukturen angewendet werden. Diese bestehen aus dünnen Schichten, die zwischen dem n- und dem p-Halbleiter liegen (Schichtdicken zwischen 0,1 und 5 μm).

Bei einem Homostrukturlaser könnte das Grundmaterial aus Galliumarsenit bestehen, das mit Tellur als Donator und Zink als Akzeptor dotiert ist. Dieser Laser strahlt bei $\lambda = 840$ nm.

Ein Mehrfachheterolaser enthält z. B. anschließend an das n-leitende GaAs eine Heteroschicht aus n-$Al_xGa_{1-x}As$ mit Te dotiert (3 μm dick), eine Grenzschicht p-$Al_yGa_{1-y}As$ mit Ge dotiert (0,2 μm dick), eine Heteroschicht aus p-$Al_xGa_{1-x}As$ mit Ge dotiert (3 μm dick) und einem p-Halbleiter aus GaAs mit Ge dotiert (5 μm dick). Der gesamte Querschnitt der strahlenden Fläche beträgt $0,4\,\mu m \times 0,2\,\mu m$.

Halbleiterlaser sind im Wellenlängenintervall 330 nm bis 34 µm verfügbar. Das Licht der Laserdioden hat Kohärenzlängen in der Größenordnung von Millimetern, entsprechend Halbwertsbreiten von einigen Nanometern. Die Divergenz der Strahlung ist durch die Beugung bei der Auskopplung bedingt relativ groß (z. B. einige Zehngrad).

Laserdioden liefern Leistungen bis zu 200 mW im cw-Betrieb und bis zu 100 W im Impulsbetrieb. Wegen der günstigen Modulierbarkeit eignen sie sich ganz besonders für die optische Nachrichtenübertragung.

In Tab. 5.36a, b sind einige Halbleiterlaser eingetragen.

Tabelle 5.36a Ausgewählte Daten von GaAs-Injektionslasern (nach [29])

	Einfachheterostruktur	Doppelheterostruktur	
Betriebsart	Impuls	cw	Impuls
Impulsbreite in ns	200	–	350
Wellenlänge in µm	0,905	0,82	0,85
Linienbreite in nm	4,5	2	4,5
Schwellenstromstärke in A	10	0,25	0,5
Stromstärke in A	40	0,40	1,3
Spannung in V	12	2	3,5
Ausgangsleistung in W	12	0,01	0,2

Tabelle 5.36b Wellenlänge ausgewählter Halbleiterlaser

Lasermaterial	Wellenlänge in nm
CdS	490
AlGaAs	620...900
ZnSe	460
InGaP	590...900
InP	890...910
CdHgTe	3800...4100
PbS	4300
PbSnSe	8500...32000

5.7.2 Kenngrößen von Strahlungsempfängern

Empfindlichkeit. Jeder Strahlungsempfänger reagiert auf ein Eingangssignal X, für das er empfindlich ist, mit einem Ausgangssignal Y. Der Zusammenhang zwischen Ausgangs- und Eingangssignal wird mittels Kennlinien dargestellt (Abb. 5.161).

Unter der absoluten Empfindlichkeit ist die Größe

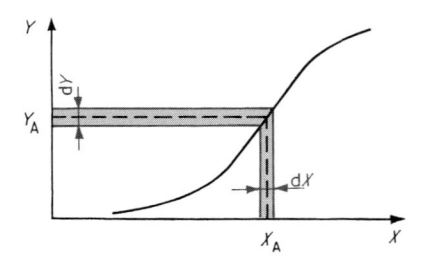

$$s = \frac{Y}{X} \quad \left(\text{z. B. } [s] = \frac{A}{W} \text{ oder } [s] = \frac{V}{W}\right), \tag{5.320a}$$

Abb. 5.161 Kennlinie eines Strahlungsempfängers

5.7 Energiewandelnde Funktionselemente

unter der absoluten differentiellen Empfindlichkeit die Größe

$$s_d = \frac{dY}{dX} \qquad (5.320b)$$

zu verstehen. Beide Größen hängen im allgemeinen von X ab. Der Punkt $X = X_A$ der Kennlinie, in dessen Umgebung das aktuelle Eingangssignal liegt, ist der Arbeitspunkt. Nur im linearen Teil einer Kennlinie ist die absolute Empfindlichkeit konstant, und es gilt $s = s_d$.

Spektrale Empfindlichkeit. Für Strahlungsempfänger ist besonders die Abhängigkeit der Empfindlichkeit von der Wellenlänge zu beachten. Wir definieren dann (siehe auch Kapitel 3) die spektrale strahlungsphysikalische Eingangsgröße durch

$$X_{e\lambda} = \frac{dX_e(\lambda)}{d\lambda} \quad \left(\text{z. B. } \Phi_{e\lambda} = \frac{d\Phi_e}{d\lambda}\right) \qquad (5.321)$$

und setzen additives Verhalten der Ausgangsgröße voraus, d. h., wir fordern

$$Y_\lambda = \frac{dY(\lambda)}{d\lambda}. \qquad (5.322)$$

Die absolute spektrale Empfindlichkeit beträgt

$$s_\lambda = \frac{dY}{dX_e} \quad \left(\text{z. B. } [s_\lambda] = \frac{A}{W} \text{ oder } [s_\lambda] = \frac{V}{W}\right). \qquad (5.323)$$

Die relative spektrale Empfindlichkeit ergibt sich durch Normierung auf die absolute spektrale Empfindlichkeit für eine Bezugswellenlänge:

$$s_{r\lambda} = \frac{s_\lambda}{s_{\lambda_0}} \quad \left(s_{r\lambda_0} = 1\right). \qquad (5.324)$$

Wählt man λ_0 so, daß s_{λ_0} der Maximalwert von s_λ ist, dann gilt $s_{r\lambda} \leq 1$, und wir sprechen vom spektralen Empfindlichkeitsgrad. Das Ausgangssignal für Strahlung des Wellenlängenintervalls λ_1 bis λ_2 ergibt sich aus Gl. (5.321) und Gl. (5.323) zu

$$Y = \int_{\lambda_1}^{\lambda_2} X_{e\lambda} s_\lambda d\lambda \qquad (5.325a)$$

oder mit Gl. (5.324) zu

$$Y = s_{\lambda_0} \int_{\lambda_1}^{\lambda_2} X_e s_{r\lambda} d\lambda. \qquad (5.325b)$$

Für das Auge haben wir die angegebenen Gleichungen bereits in Kapitel 3 angewendet. Es ist mit dem spektralen Hellempfindlichkeitsgrad $s_{r\lambda} = V_\lambda$, $s_{\lambda_0} = K_m = 683 \, \text{lm} \cdot \text{W}^{-1}$, $\lambda_0 = 555 \, \text{nm}$, $Y = \Phi$, $X_e = \Phi_{e\lambda}$ also (siehe auch Gl. (3.31))

$$\Phi = K_m \int_{380\,\text{nm}}^{780\,\text{nm}} \Phi_{e\lambda} V_\lambda d\lambda. \qquad (5.325c)$$

Die Größe $K_m V_\lambda = K_\lambda$ ist in diesem Fall die absolute spektrale Empfindlichkeit s_λ (fotometrisches Strahlungsäquivalent der Gesamtstrahlung, Gl. (3.37)).

Die Empfindlichkeit eines Strahlungsmeßgerätes hängt nicht nur von der Wellenlänge der Strahlung ab. Bei zeitlich veränderlichen Signalen kommt es im allgemeinen auf deren Effektivwert an. Die Empfänger zeigen einen Frequenzgang, der sich durch die Gleichung

$$s_f = s_0 \frac{1}{\sqrt{1 + (2\pi f \tau)^2}} \qquad (5.326)$$

beschreiben läßt (da f nicht die Frequenz der Strahlung ist, haben wir dafür nicht ν geschrieben); τ stellt eine charakteristische Zeit dar. Als Grenzfrequenz gilt die Frequenz, bei der die Empfindlichkeit auf $1/\sqrt{2}$ abgeklungen ist. Sie folgt aus $f_G = 1/(2\pi\tau)$.

Die zu messende Strahlung kann durch Störstrahlung verfälscht sein. Dazu gehören auch die Hintergrundstrahlung (besonders im IR-Gebiet) und das Quantenrauschen (statistische Photonenverteilung). Der Empfänger selbst hat einen Dunkelstrom und evtl. weitere Quanteneffekte. Schließlich bringt auch die weitere Signalverarbeitung Schwankungen des Signals mit sich (z. B. Verstärkerrauschen, Quantifizierungsrauschen bei Umwandlung analoger in digitale Signale).

Sämtliche statistische Einflüsse auf das Ausgangssignal werden im Signal-Rausch-Verhältnis erfaßt,

$$\text{SNR} = \frac{\text{Signalleistung}}{\text{Rauschleistung}}, \qquad (5.327)$$

und mit der rauschäquivalenten Strahlungsleistung NEP quantifiziert. Diese stellt die Eingangsleistung dar, die am Empfänger die gleiche Ausgangsleistung wie das Rauschen erzeugen würde. Oft hängt die Rauschspannung an einem Außenwiderstand von der Bandbreite $\Delta \nu_B$ des Nachweissystems und der Fläche des Empfängers A ab. Es wird deshalb als Maß für die Nachweisfähigkeit die Detektivität D^* eingeführt:

$$D^* = \frac{I_S \sqrt{\Delta \nu_B \cdot A}}{I_R \Phi_e}, \quad [D^*] = \text{W}^{-1} \cdot \text{cm} \cdot \text{Hz}^{0,5} \qquad (5.328)$$

(I_S Signalstrom, I_R Rauschstrom). Der Vergleich zweier Empfänger über die Detektivität ist nur beim Vorliegen gleicher Meßbedingungen möglich. Die rauschäquivalente Strahlungsleistung ist aus NEP $= \sqrt{A}/D^*$ zu berechnen.

5.7.3 Strahlungsempfänger

In den Strahlungsempfängern werden Effekte genutzt, die bei der Wechselwirkung zwischen Strahlung und Stoffen auftreten. Bevorzugt sind thermische, fotoelektrische und fotochemische Effekte.

Thermische Empfänger. Im infraroten Spektralbereich und bei großen Bestrahlungsstärken eignen sich die thermischen Empfänger, bei denen vor allem Temperaturänderungen erzeugt und gemessen werden.

Thermoelemente bestehen aus zwei Metallen, deren Lötstelle erwärmt wird, wodurch eine Thermospannung auftritt. Die Metalldrähte können z. B. aus Wismut und Antimon bestehen. Zur Erhöhung der Thermospannung können mehrere Thermoelemente zu einer Thermosäule zusammengefaßt werden.

5.7 Energiewandelnde Funktionselemente

Die Widerstandsänderung eines geschwärzten Metalldrahtes (z. B. Platin) wird beim Bolometer mittels einer Brückenschaltung gemessen. Beim Thermistor erzielt man mit einem Halbleiter anstelle des Metalls eine bis zu zehnfache Empfindlichkeit.

In den Kalorimetern wird die Temperaturänderung eines thermisch gut isolierten Absorbers gemessen.

Die bisher genannten thermischen Empfänger haben große Zeitkonstanten, sie sind also träge. Sie überstreichen jedoch einen großen Spektralbereich (z. B. Thermoelement $0,2\ldots \ldots 100$ µm). Zeitkonstanten von ms bis s weisen die pyroelektrischen Empfänger auf. Sie reagieren aber nur auf zeitliche Temperaturänderungen, weshalb sie nur in Verbindung mit Choppern zu verwenden sind. Als Absorber kommen z. B. Triglyzinsulfat oder Lithiumtantalat infrage.

Fotoelektrische Empfänger. In fotoelektrischen Empfängern wird der äußere lichtelektrische Effekt (Fotozelle, Sekundärelektronenvervielfacher SEV), der innere Fotoeffekt (Fotoelement) oder der Sperrschichtfotoeffekt (Halbleiterempfänger) genutzt.

Die Vakuumfotozelle besteht aus einer evakuierten Röhre, in der sich die Katode und die Anode befinden. Die Photonen lösen entsprechend dem äußeren Fotoeffekt freie Elektronen aus der Katode aus, die durch die angelegte Spannung beschleunigt werden und auf die Anode auftreffen. Bereits bei relativ geringen Spannungen tritt Sättigung des elektrischen Stromes ein. Der Sättigungsstrom ist proportional der Bestrahlungsstärke.

Der Fotovervielfacher stellt eine Vakuumfotozelle dar, bei der zwischen Katode und Anode die sogenannten Dynoden wirksam sind. Diese Zwischenelektroden, aus denen jeweils ein Primärelektron mehrere Sekundärelektronen auslöst, sorgen für die Verstärkung. Diese beträgt gegenüber der Fotozelle $10^3\ldots 10^6$. Mit SEV lassen sich trägheitsarme breitbandige Messungen ausführen.

Fotoelemente sind Halbleiterbauelemente mit p-n-Sperrschicht. Bei Bestrahlung entsteht eine Fotospannung, die im Leerlauf logarithmisch von der Bestrahlungsstärke abhängt. Bei niedrigem Außenwiderstand (Kurzschlußbetrieb) ist der Fotostrom proportional der Bestrahlungsstärke. Die spektrale Empfindlichkeit ist bei den einzelnen Grundmaterialien unterschiedlich. Die obere Grenze liegt z. B. für Silicium bei 1100 nm, für Selen bei 660 nm und für Cadmium-Selenid bei 700 nm.

Fotodioden bestehen aus Halbleitern mit einer p-n-Sperrschicht, an die eine Vorspannung angelegt ist. Es fließt zunächst der geringe Dunkelstrom. Bei Bestrahlung erhöht sich der Sperrstrom proportional zur Bestrahlungsstärke. Die Silicium-Avalanche-Fotodiode erreicht durch eine innere Verstärkung um Zehnerpotenzen höhere Stromempfindlichkeit. Das trifft auch auf den Fototransistor zu, der zwei Grenzschichten enthält.

Fotowiderstände sind sehr empfindlich und beruhen auf der belichtungsabhängigen Fotoleitung. Sie benötigen deshalb eine Fremdspannungsquelle. Die Erhöhung der Leitfähigkeit entsteht durch den Übergang der Elektronen vom Valenzband in das Leitungsband. Als Leitermaterialien dienen Mischkristalle (z. B. Cadmiumsulfid, Indiumantimonid, Bleisulfid), bei denen Störatome den Abstand zwischen Valenz- und Leitungsband herabsetzen. Fotowiderstände gehören zu den trägen Strahlungsempfängern.

Die Fotodioden können für Meßzwecke oder für den bilderfassenden Nachweis zu Kombinationen zusammengefaßt sein. So gibt es Quadrantenfotodioden (vier gleich große aneinandergrenzende Fotodioden), lineare oder matrizenartige Arrays aus mehreren Elementen.

Eine besondere Qualität brachten die ladungsgekoppelten Elemente mit sich (z. B. CCD-Elemente, engl. charge coupled device). Es wurden zunächst Zeilensensoren, später Matrixsensoren entwickelt. Sie ermöglichen das serielle Auslesen der Fotoelektronen der einzelnen Bildelemente (Pixel). Jeder Fotodiode ist eine Transferelektrode benachbart. Die während der Integrationszeit t erzeugten Elektronen (Anzahl proportional $\Phi_e t$) werden durch die zeitlich wenig verschobene Spannungsänderung in das Transportregister verlagert. Die von den einzelnen Fotodioden stammenden Elektronenpakete schieben sich durch getaktete Spannungsänderung an den Transportelektroden weiter und können so seriell verarbeitet werden.

Die Zeilenempfänger bestehen aus Elementen mit $13 \times 17\,\mu m^2$ Fläche. Es sind Anordnungen aus 256, 1024 und 2048 Elementen gängig. Die CCD-Matrizen sind z. B. mit 488×380 Elementen ausgestattet. Der horizontale Abstand der Elemente beträgt 12 µm, der vertikale Abstand 30 µm. Es wurden aber bereits 1024×1024 Punkte auf $18,7$ mm $\times\, 18,7$ mm und auf noch kleinerer Fläche erreicht.

Fotochemische Empfänger sind die Halogenfotoschichten der klassischen Fotografie, die Fotolacke und die lichtempfindlichen Thermoplaste (reversibel). Dazu verweisen wir auf die Spezialliteratur [43].

5.8 Nichtlineare Funktionselemente

5.8.1 Grundzüge der nichtlinearen Optik

In 2.3.2 haben wir als Ursache für die Dispersion das frequenzabhängige Mitschwingen von gebundenen Ladungen (in Atomen und Molekülen) und von Dipolen beim Durchgang der elektromagnetischen Welle durch einen Stoff angenommen. Die Schwingungsgleichung für die elektrische Polarisation (2.90) wurde unter der Voraussetzung gelöst, daß eine ebene, zeitlich periodische und linear polarisierte Welle einfällt, die ein schwaches Feld erzeugt. "Schwach" bedeutet in diesem Zusammenhang, daß die Amplitude der elektrischen Feldstärke sehr klein ist gegenüber den Amplituden der elektrischen Feldstärken, die durch die atomaren Ladungen im Bereich der Atome, Moleküle und Dipole erzeugt werden.

Die betrachteten Stoffe sollten homogen und isotrop sein. Es ließ sich dann Proportionalität zwischen der elektrischen Polarisation und der elektrischen Feldstärke ansetzen: $P = \varepsilon_0 \alpha E$ ($\alpha = \varepsilon_r - 1$ elektrische Suszeptibilität). Für anisotrope Stoffe (Kristalle) sind α bzw. ε_r Tensoren, die als symmetrische Matrizen geschrieben werden können (Gl. (2.69)).

Wenn wir in Gl. (2.90) das Glied $2\beta \dot{P}$ weglassen, also keine Dämpfung der Schwingungen der Dipole berücksichtigen, stellt das Glied $\omega_0^2 P$ die Wirkung einer rücktreibenden Quasikraft $F = -m\omega_0^2 x = -D_1 x$ dar. Die momentane Koordinate der Schwingung bei N Teilchen mit dem Dipolmoment $p = -ex$ läßt sich aus $x = -P/(Ne)$ berechnen, so daß $F = -D_1 P/(Ne)$ wird. Die potentielle Bindungsenergie beträgt bis auf eine unwesentliche additive Konstante

$$W_p = \int F\,dx = -\frac{1}{2} D_1 x^2 = -\frac{1}{2} \frac{D_1}{N^2 e^2} P^2.$$

Die Gleichung für die elektrische Polarisation lautet nach Gl. (2.90)

$$\ddot{P} + \omega_0^2 P = \varepsilon_0 k E. \tag{5.329}$$

Der Faktor k hängt von der Art der schwingenden Dipole ab.

5.8 Nichtlineare Funktionselemente

Mit Lasern lassen sich elektrische Feldstärken erzeugen, die zu denen, die innerhalb der Atome wirken, einen vergleichbaren Betrag haben (z. B. $E = 10^{10}\,\text{V} \cdot \text{m}^{-1}$). Das Mitschwingen der Ladungen in den Atomen bzw. Dipolen erreicht so große Amplituden, daß sie nicht mehr als linear anzusehen sind. Die Schwingungen sind anharmonisch, und die elektrische Polarisation ist der elektrischen Feldstärke nicht proportional. Die potentielle Energie hängt auch von höheren Potenzen der elektrischen Polarisation ab.

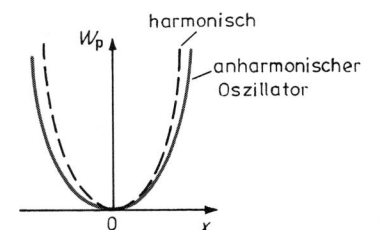

Abb. 5.162 Symmetrische Potentialkurve

Bei Stoffen mit Inversionssymmetrie bezüglich der Dipolanordnung ist die potentielle Energie symmetrisch bezüglich der Koordinate bzw. der Polarisation (Abb. 5.162). Die nächste Näherung zur Gleichung für die potentielle Energie lautet

$$W_p = -\frac{1}{2}D_1 x^2 + \frac{1}{4}D_1 D_3 x^4 \tag{5.330}$$

Für die Kraft gilt

$$F = \frac{dW_p}{dx} = -D_1 x + D_1 D_3 x^3 = -D_1 x(1 - D_3 x^2)$$

mit $D_3 x^2 \ll 1$ oder

$$F = \frac{D_1 P}{Ne}\left(1 - \frac{D_3}{N^2 e^2}P^2\right) = \frac{m\omega_0^2}{Ne}P(1 - m_1 P^2). \tag{5.331}$$

Die Schwingungsgleichung für P wird zu

$$\ddot{P} + \omega_0^2 P(1 - m_1 P^2) = \varepsilon_0 k E \tag{5.332}$$

mit

$$m_1 = \frac{D_3}{N^2 e^2},$$

$$k = \frac{Ne^2}{\varepsilon_0 m} \quad \text{bei Elektronenschwingungen, sonst allgemeine Konstante.}$$

Der Zusammenhang zwischen der elektrischen Polarisation und der elektrischen Feldstärke muß nun ebenfalls nichtlinear angesetzt werden. Wir gehen von

$$P = \varepsilon_0(\alpha_1 E + \alpha_3 E^3) \tag{5.333}$$

aus. Mit

$$E = E_0 \cos \omega t \quad \text{und} \quad \cos^3 \omega t = \frac{1}{4}(3\cos \omega t + \cos 3\omega t)$$

erhalten wir

$$P = \varepsilon_0 E_0 \left[\left(\alpha_1 + \frac{3}{4} \alpha_3 E_0^2 \right) \cos \omega t + \frac{1}{4} \alpha_3 E_0^2 \cos 3\omega t \right].$$

Setzen wir

$$P_1 = \varepsilon_0 E_0 \left(\alpha_1 + \frac{3}{4} \alpha_3 E_0^2 \right), \quad P_3 = \frac{1}{4} \varepsilon_0 \alpha_3 E_0^3,$$

so gilt

$$P = P_1 \cos \omega t + P_3 \cos 3\omega t. \tag{5.334}$$

Mit diesem Ansatz gehen wir in die Schwingungsgleichung ein. Dabei beachten wir, daß $P_3 \ll P_1$ ist. Wir erhalten

$$\left[(\omega_0^2 - \omega^2) P_1 - \frac{3}{4} m_1 \omega_0^2 P_1^3 \right] \cos \omega t + \left[(\omega_0^2 - 9\omega^2) P_3 - \frac{1}{4} m_1 \omega_0^2 P_1^3 \right] \cos 3\omega t = \varepsilon_0 k E_0 \cos \omega t,$$

woraus

$$(\omega_0^2 - \omega^2) P_1 - \frac{3}{4} m_1 \omega_0^2 P_1^3 = \varepsilon_0 k E_0, \quad (\omega_0^2 - 9\omega^2) P_3 - \frac{1}{4} m_1 \omega_0^2 P_1^3 = 0$$

folgt (weil die Gleichung für beliebige t gelten muß). Den Summanden mit P_1^3 vernachlässigen wir gegenüber demjenigen mit P_1, so daß

$$P_1 = \frac{\varepsilon_0 k E_0}{\omega_0^2 - \omega^2}, \quad P_3 = \frac{1}{4} \frac{m_1 \omega_0^2 \varepsilon_0^3 k^3 E_0^3}{(\omega_0^2 - 9\omega^2)(\omega_0^2 - \omega^2)^3} \tag{5.335a, b}$$

wird. Daraus ergibt sich für die elektrischen Suszeptibilitäten

$$\alpha_1 = \frac{k}{\omega_0^2 - \omega^2} \left[1 - \frac{3}{4} \frac{m_1 \varepsilon_0^2 \omega_0^2 k^2 E_0^2}{(\omega_0^2 - 9\omega^2)(\omega_0^2 - \omega^2)^2} \right], \quad \alpha_3 = \frac{m_1 \varepsilon_0^2 \omega_0^2 k^3}{(\omega_0^2 - 9\omega^2)(\omega_0^2 - \omega^2)^3}. \tag{5.336a, b}$$

Wie später ausgeführt wird, beinhaltet bei $\omega_0^2 > \omega^2$ der Anteil α_1 eine Welle mit der eingestrahlten Frequenz ω und normaler Dispersion sowie wegen des Faktors E_0^2 eine intensitätsabhängige Brechzahl. Der Anteil α_3 weist auf eine Welle mit der Kreisfrequenz 3ω hin.

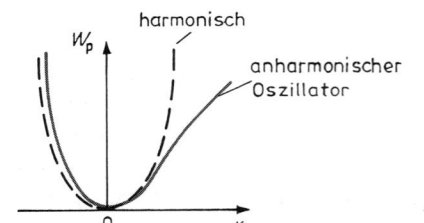

Abb. 5.163 Unsymmetrische Potentialkurve

Bei Stoffen ohne Inversionssymmetrie braucht die potentielle Energie nicht symmetrisch bezüglich der Koordinate zu sein (Abb. 5.163). Sie ist durch

$$W_p = -\frac{1}{2} D_1 x^2 + \frac{1}{3} D_1 D_2 x^3 \tag{5.337}$$

5.8 Nichtlineare Funktionselemente

anzunähern, woraus

$$F = \frac{dW_p}{dx} = -D_1 x + D_1 D_2 x^2 = -D_1 x (1 - D_2 x) \quad (5.338)$$

mit $D_2 |x| \ll 1$ folgt. Der Übergang zur elektrischen Polarisation führt mit der Abkürzung $m_2 = D_2/(Ne)$ auf die Differentialgleichung

$$\ddot{P} + \omega_0^2 P(1 + m_2 P) = \varepsilon_0 k E. \quad (5.339)$$

Für den Zusammenhang zwischen der elektrischen Polarisation und der elektrischen Feldstärke setzen wir

$$P = \varepsilon_0 (\alpha_0 + \alpha_1 E + \alpha_2 E^2). \quad (5.340a)$$

Mit $E = E_0 \cos \omega t$, $\cos^2 \omega t = \frac{1}{2}(1 + \cos 2\omega t)$ ergibt sich daraus der Ansatz

$$P = P_0 + P_1 \cos \omega t + P_2 \cos 2\omega t \quad (5.340b)$$

mit

$$P_0 = \varepsilon_0 \left(\alpha_0 + \frac{1}{2} \alpha_2 E_0^2 \right), \quad P_1 = \varepsilon_0 \alpha_1 E_0, \quad P_2 = \frac{1}{2} \varepsilon_0 \alpha_2 E_0^2.$$

Aus der Gl. (5.339) folgt dann

$$P_0 = -\frac{1}{2} \frac{\varepsilon_0^2 m_2 k^2 E_0^2}{(\omega_0^2 - \omega^2)^2}, \quad P_1 = \frac{\varepsilon_0 k E_0}{\omega_0^2 - \omega^2}, \quad P_2 = -\frac{1}{2} \frac{\varepsilon_0^2 k^2 m_2 \omega_0^2 E_0^2}{(\omega_0^2 - 4\omega^2)(\omega_0^2 - \omega^2)^2}.$$

$$(5.341\text{a, b, c})$$

Für die Suszeptibilitäten ergibt sich

$$\alpha_0 = -\frac{1}{2} \frac{\varepsilon_0 k^2 m_2 E_0^2}{(\omega_0^2 - \omega^2)^2} \left[1 - \frac{\omega_0^2}{\omega_0^2 - 4\omega^2} \right], \quad \alpha_1 = \frac{k}{\omega_0^2 - \omega^2}, \quad (5.342\text{a, b})$$

$$\alpha_2 = -\frac{\varepsilon_0 k^2 m_2 \omega_0^2}{(\omega_0^2 - 4\omega^2)(\omega_0^2 - \omega^2)^2}; \quad (5.342\text{c})$$

α_0 führt auf eine frequenz- und intensitätsabhängige Gleichpolarisation, α_1 ist bei $\omega_0^2 > \omega^2$ ein Term, der normale Dispersion der eingestrahlten Welle bedingt, und α_2 kennzeichnet eine Welle mit der doppelten Kreisfrequenz, die für $\omega_0^2 > 4\omega^2$ normale Dispersion zeigt.

Mit dem gleichen Modell läßt sich das Einstrahlen von zwei Wellen unterschiedlicher Kreisfrequenz behandeln. Es ist

$$E = E_{01} \cos \omega_1 t + E_{02} \cos \omega_2 t \quad (5.343)$$

zu setzen. Bei einem quadratischen nichtlinearen Stoff mit der Polarisation nach Gl. (5.340a) tritt der Term

$$2\alpha_2 E_{01} E_{02} \cos \omega_1 t \cdot \cos \omega_2 t = \alpha_2 E_{01} E_{02} \{\cos[(\omega_1 - \omega_2)t] + \cos[(\omega_1 + \omega_2)t]\} \quad (5.344)$$

auf. Daraus ist zu schließen, daß die Summen- und Differenzfrequenzen erzeugt werden können.

Schließlich ist in kubischen nichtlinearen Stoffen auch die Vierwellenmischung möglich, bei der die Kreisfrequenzen

$$\omega_4 = \omega_1 + \omega_2 + \omega_3, \quad \omega_4 = \omega_1 + \omega_2 - \omega_3, \quad \omega_4 = \omega_1 - \omega_2 - \omega_3$$

entstehen. Praktisch wichtige Spezialfälle sind die dritte Harmonische ($\omega_1 = \omega_2 = \omega_3$, $\omega_4 = 3\omega_1$) und die "degenerated four-wave mixing", bei der alle vier Wellen gleiche Frequenz haben ($\omega_2 = \omega_3$, $\omega_4 = \omega_1$).

Die Ausführungen dieses Abschnitts sollten nur das prinzipielle Verständnis für das Auftreten nichtlinearer Effekte wecken. Die Vereinfachungen sind teilweise sehr einschneidend. Außerdem sind auch nicht alle Effekte der nichtlinearen Optik über die Dispersionstheorie zu behandeln. Bereits die Beschreibung der elektrischen Polarisation ist wesentlich komplizierter. Es gilt

$$\boldsymbol{P}(\boldsymbol{r}, t) = \boldsymbol{P}^{\mathrm{L}}(\boldsymbol{r}, t) + \boldsymbol{P}^{\mathrm{NL}}(\boldsymbol{r}, t). \tag{5.345}$$

Die nichtlineare Polarisation setzt sich additiv aus Gliedern zusammen, die aus Produkten von Suszeptibilitätstensoren ($n+1$)-ter Stufe mit Produkten der elektrischen Feldstärke bestehen:

$$\boldsymbol{P}^{\mathrm{NL}}(\boldsymbol{r}, t) = \varepsilon_0 \left[\alpha_2 : \mathrm{EE} + \alpha_3 : \mathrm{EEE} + \cdots \right]. \tag{5.346a}$$

In Komponenten bedeutet das

$$P_i^{\mathrm{NL}} = \varepsilon_0 \sum_{j,k} \alpha_{2ijk} E_j E_k + \varepsilon_0 \sum_{j,k,l} \alpha_{3ijkl} E_j E_k E_l + \cdots. \tag{5.346b}$$

Die Tensoren der nichtlinearen Suszeptibilitäten für Kristalle werden durch Matrizen beschrieben, deren Struktur von der Kristallklasse abhängt [29].

Die konsequente Behandlung der nichtlinearen Optik erfordert außerdem die Anwendung der Maxwellschen Gleichungen bzw. der Quantentheorie. Dazu existiert umfangreiche Spezialliteratur (z. B. [44] und [45]).

5.8.2 Funktionselemente

Erzeugung der zweiten Harmonischen (SHG, engl. second harmonic generation). Die modellmäßigen Untersuchungen in 5.8.1 führten zu der Aussage, daß in quadratisch nichtlinearen Stoffen die Frequenz des eingestrahlten Lichtes verdoppelt werden kann. Diese Erzeugung der zweiten Harmonischen hat besondere Bedeutung für die Umwandlung von Licht in ultraviolette Strahlung, wobei auch die zweimalige Verdopplung der Frequenz mit zwei Bauelementen möglich ist. (Die Strahlung des Nd:YAG-Lasers bei der Wellenlänge $1,06\,\mu\mathrm{m}$ geht dabei über in Strahlung der Wellenlänge $0,265\,\mu\mathrm{m}$.) Die Frequenzverdopplung der Strahlung von durchstimmbaren Lasern bringt abstimmbare kurzwellige Strahlung mit sich.

Phasenanpassung. Wird die zweite Harmonische in einem nichtlinearen Stoff erzeugt, dann ist zu beachten, daß die unterschiedlichen Phasengeschwindigkeiten zwischen der Grundwelle (Kreisfrequenz ω) und der Oberwelle (Kreisfrequenz $\omega_2 = 2\omega$) die optimale Umwandlung behindern. Wir zeigen das anhand einer einfachen Modellrechnung. Die einfallende Welle habe die elektrische Feldstärke $E = E_0 \cos \omega t$ bei $z = 0$ und $E_2 = E_0 \cos[\omega(t - z/c)]$ bei $z = z$. Die zweite Harmonische habe die Phasengeschwindigkeit c_2 und die Brechzahl n_2. Es gilt also für die Grundwelle $\omega/c = 2\pi n/\lambda_0$, für die zweite Harmonische $\omega_2/c_2 = 4\pi n_2/\lambda_0$.

5.8 Nichtlineare Funktionselemente

Die zweite Harmonische werde in einer dünnen Schicht an der Stelle z erzeugt (Abb. 5.164). Am Ende des Kristalls, also an der Stelle l, beträgt die elektrische Feldstärke

$$dE_2 = E_{02} \cos\left[2\omega\left(t - \frac{l-z}{c_2} - \frac{z}{c}\right)\right] dz.$$

Es ist $\omega/c_2 = 2\pi n_2/\lambda_0$, $\omega/c = 2\pi n/\lambda_0$ und $\Delta n = n_2 - n$, also

$$dE_2 = E_{02} \cos\left(2\omega t - \frac{4\pi n_2 l}{\lambda_0} + \frac{4\pi z \Delta n}{\lambda_0}\right). \tag{5.347}$$

Integration über alle Schichtelemente ergibt die elektrische Feldstärke am Ende der Schicht:

$$E_2 = E_{02} \int_0^l \cos\left(2\omega t - \frac{4\pi n_2 l}{\lambda_0} + \frac{4\pi z \Delta n}{\lambda_0}\right) dz.$$

Durch Ausrechnen des Integrals erhalten wir

$$E_2 = \frac{\lambda_0 E_{02}}{4\pi \Delta n}\left\{\sin\left(2\omega t - \frac{4\pi n_2 l}{\lambda_0} + \frac{4\pi l \Delta n}{\lambda_0}\right) - \sin\left(2\omega t - \frac{4\pi n_2 l}{\lambda_0}\right)\right\}, \tag{5.348}$$

oder nach Anwenden eines Additionstheorems und Einführen der Abkürzung

$$l_{Ph} = \frac{\lambda_0}{2\Delta n} \tag{5.349}$$

folgt

$$E_2 = E_{02} \frac{l \cdot \sin\frac{\pi l}{l_{Ph}}}{\frac{\pi l}{l_{Ph}}} \cos\left[2\omega t - \frac{2\pi}{\lambda_0}(n + n_2)\right]. \tag{5.350}$$

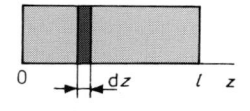

Abb. 5.164 Zur Ableitung der Phasenanpassungsbedingung

Es zeigt sich, daß in Abständen der Kohärenzlänge $l = l_{Ph}$ die elektrische Feldstärke E_2 verschwindet. Die Intensität ist dem Mittelwert des Quadrates der elektrischen Feldstärke proportional:

$$\langle E_2^2 \rangle = \frac{1}{2} E_{02}^2 l^2 \operatorname{sinc}^2\left(\frac{\pi l}{l_{Ph}}\right). \tag{5.351}$$

Genauere Rechnungen erlauben Aussagen über die Amplitude, wobei

$$\frac{I(2\omega)}{I(\omega)} = \frac{2\omega^2 |d_{eff}|^2 l^2 P(\omega)}{\varepsilon_0 n^2 n_2 c^3 A} \operatorname{sinc}^2\left(\frac{\pi l}{l_{Ph}}\right) \tag{5.352}$$

für kleine Umwandlungsraten erhalten wird (P Leistung der eingestrahlten Welle, A Bündelquerschnitt, d_{eff} effektive Nichtlinearität, die von der Stoffart, von der Polarisation und der Ausbreitungsrichtung der Welle abhängt [29]; entspricht α_2).

Die maximale Intensität der zweiten Harmonischen wird erhalten, wenn $\pi l/l_{Ph} = 0$, also $l_{Ph} \to \infty$ ist. Das erfordert die Einhaltung der Phasenanpassungsbedingung

$$\Delta n = n_2 - n = 0. \qquad (5.353)$$

Es gibt verschiedene Methoden zur Phasenanpassung. In optisch einachsigen Kristallen läßt sich die unterschiedliche Brechzahl für die ordentlichen und die außerordentlichen Wellen der beiden Frequenzen nutzen. Bei der Phasenanpassung vom Typ I gilt (Abb. 5.165)

$$n_\psi(2\omega) = n_r(\omega) \quad (n_a < n_r) \qquad (5.354a)$$

oder

$$n_r(2\omega) = n_\psi(\omega) \quad (n_a > n_r), \qquad (5.354b)$$

bei der Phasenanpassung vom Typ II

$$2n_\psi(2\omega) = n_\psi(\omega) + n_r(\omega) \quad (n_a < n_r) \qquad (5.355a)$$

oder

$$2n_r(2\omega) = n_\psi(\omega) + n_r(\omega) \quad (n_a > n_r). \qquad (5.355b)$$

Bei Flüssigkeiten, Gasen und Dämpfen ist Phasenanpassung in der Umgebung von Frequenzen möglich, für welche anomale Dispersion auftritt (Abb. 5.165c).

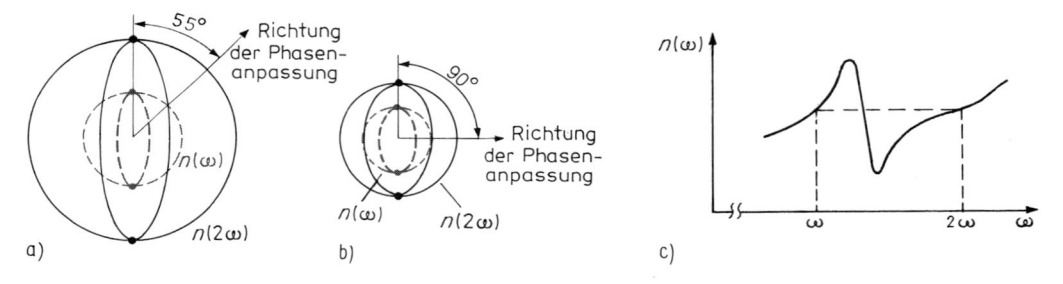

Abb. 5.165 Phasenanpassung a) bei LiNbO$_3$, b) bei KDP, c) im Gebiet anomaler Dispersion

Bauelemente zur Frequenzverdoppelung sind handelsüblich. Sie bestehen oft aus einem ADP-, KDP- oder KD*P-Kristall, wobei in dieser Reihenfolge die Umwandlungsrate günstiger, der Preis höher wird. Die Kristalle sind plan poliert, mit UV-durchlässigen Fenstern abgeschlossen und in Immersionsflüssigkeit eingebettet. Übliche Maße der Kristalle sind 37,5 mm Länge und 18 mm Durchmesser. Die Einhaltung der Lage der optischen Achse zur Oberfläche (Phasenanpassung) wird auf 10' genau garantiert. Die Frequenzverdoppler sind vorwiegend für Rubin- oder Neodym-Laser ausgelegt.

Erzeugung höherer Harmonischer. In kubisch nichtlinearen Stoffen tritt die dritte Harmonische auf. Auch in diesem Fall ist Phasenanpassung erforderlich. Bei Kristallen gelten analoge Bedingungen wie bei der Frequenzverdoppelung. Bei Gasen und besonders geeigneten Metalldämpfen (Alkalimetalldämpfe) ist die Phasenanpassung mittels anomaler Dispersion anzuwenden. Für die Intensität gilt bei Phasenanpassung

$$\frac{I(3\omega)}{I(\omega)} = \frac{9\omega^2 |\alpha_{3\text{eff}}|^2 P^2(\omega) l^2}{16\varepsilon_0^2 c^4 n^3 n_3 A^2}; \qquad (5.356)$$

$\alpha_{3\text{eff}}$ ist die effektive Nichtlinearität.

5.8 Nichtlineare Funktionselemente

Auch für die dritte Harmonische werden kommerzielle Bauelemente angeboten. Sie beruhen auf denselben Kristallen wie die Frequenzverdoppler. Bevorzugt ist aber in diesem Fall besonders KD*P.

Zur Erzeugung kurzwelliger ultravioletter Laserstrahlung gibt es auch Bauelemente mit Frequenzvervierfachung aus ADP. Im Labor wurde bisher die Frequenzvervielfachung in Gasen bis zur siebenten Harmonischen realisiert. Die kurzwelligste damit erzeugte kohärente Strahlung hat die Wellenlänge $\lambda = 35{,}5$ nm.

Weitere praktisch genutzte Prozesse, die zur Frequenzänderung führen, sind die bereits genannten Summen- und Differenzbildungen. Auch dafür ist es erforderlich, Phasenanpassungsbedingungen einzuhalten.

Intensitätsabhängige Brechzahl. In kubisch nichtlinearen Stoffen beträgt nach Gl. (5.336a) ein Anteil der Suszeptibilität

$$\alpha_1 = \frac{k}{\omega_0^2 - \omega^2} \left[1 - \frac{3}{4} \frac{m_1 \varepsilon_0^2 \omega_0^2 k^2 E_0^2}{(\omega_0^2 - 9\omega^2)(\omega_0^2 - \omega^2)^2} \right].$$

Wir führen mittels $\alpha_1 + 1 = \varepsilon_r = n^2$ die Brechzahl ein. Wir erhalten

$$n^2 = 1 + \frac{k}{\omega_0^2 - \omega^2} - \frac{3}{4} \frac{m_1 \varepsilon_0^2 \omega_0^2 k^3 E_0^2}{(\omega_0^2 - 9\omega^2)(\omega_0^2 - \omega^2)^3}. \tag{5.357}$$

Der Anteil

$$n_L^2 = 1 + \frac{k}{\omega_0^2 - \omega^2}$$

ist der lineare Anteil der Brechzahl. Außerdem setzen wir $E_0^2 = 2I/(\varepsilon_0 n_L^2 c)$ (n kann hier durch n_L ersetzt werden). Weiter verwenden wir die Näherung $n^2 - n_L^2 = (n - n_L)(n + n_L) = 2 n_L \Delta n$. Es ist also

$$\Delta n = -\frac{3}{4} \frac{m_1 \varepsilon_0 \omega_0^2 (n_L^2 - 1)^3 I}{(\omega_0^2 - 9\omega^2) n_L^3 c}. \tag{5.358}$$

Als nichtlineare Brechzahl n_2 wird im allgemeinen die Größe

$$n_{NL} = -\frac{3}{4} \frac{m_1 \omega_0^2 (n_L - 1)^3 \varepsilon_0^2}{(\omega_0^2 - 9\omega^2) n_L^2}$$

eingeführt (die übliche Bezeichnung n_2 ist irreführend).

Mit diesen Ableitungen soll nur prinzipiell das Auftreten der intensitätsabhängigen Brechzahl erklärt werden. Quantitativ können sie nicht zu richtigen Ergebnissen führen. Das gilt schon deshalb nicht, weil die effektive nichtlineare Polarisation von der Umgebung der schwingenden Dipole mitbestimmt wird. Wenn man $P = P^L + P^{NL}$ setzt, dann ergibt sich bereits nach der Gleichung von Clausius-Mossotti für die molekulare Polarisierbarkeit, daß für die effektive Polarisation

$$P_{eff}^{NL} = \frac{\varepsilon_r + 2}{3} P^{NL}$$

wird und $D = \varepsilon_r \varepsilon_0 E + P_{\text{eff}}^{\text{NL}}$ zu setzen ist. Wir können die genaue Rechnung nicht weiterführen und geben nur die Ergebnisse an.

Die Brechzahländerung beträgt

$$\Delta n = \frac{n_{\text{NL}} I}{n_{\text{L}} c \varepsilon_0}, \quad n = n_{\text{L}} + \Delta n. \tag{5.359}$$

Im allgemeinen ist Δn positiv, also $n > n_{\text{L}}$. Es gilt z. B. $n_{\text{NL}} = 10^{-22} \ldots 10^{-20}$ m$^2 \cdot$ V^{-2} in Flüssigkeiten, $n_{\text{NL}} = 10^{-22} \ldots 10^{-24}$ m$^2 \cdot$ V^{-2} in Gläsern, $n_{\text{NL}} = 2 \cdot 10^{-20}$ m$^2 \cdot$ V^{-2} in CS$_2$.

Bei einem Laserbündel, in dem (wie z. B. beim Gaußschen Bündel) die Intensität radial abnimmt, nimmt auch die Brechzahl nach außen ab. Es entsteht ein inhomogener Stoff, der das Laserbündel fokussiert (*Selbstfokussierung*). Die Laserleistung muß dazu oberhalb der kritischen Leistung

$$P_k = \frac{\varepsilon_0 n^3 c \lambda^2}{4 \pi n_{\text{NL}}}$$

liegen. Von der Fläche, an der das Laserbündel in den nichtlinearen Stoff eintritt, bis zum Fokus liegt die Strecke (Abb. 5.166)

$$z_F = \frac{w_0}{2} \sqrt{\frac{n}{\Delta n}}.$$

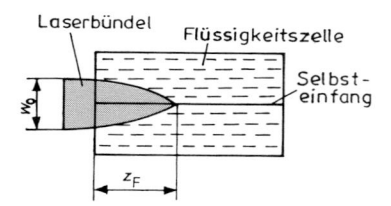

Abb. 5.166 Selbstfokussierung

Nichtlineare Phasenkonjugation. Unter Nutzung von nichtlinearen optischen Effekten lassen sich Bauelemente realisieren, die die Strahlung unter Umkehr der Phasendifferenzen reflektieren. Streng genommen handelt es sich um Streuprozesse, bei denen die Frequenz- und Phasenbedingungen der nichtlinearen Wechselwirkung geeignet eingestellt werden können. Die nichtlinearen Spiegel reflektieren nicht nach dem geometrisch-optischen Reflexionsgesetz, sondern in Richtungen, die von der nichtlinearen Wechselwirkung zwischen den Atomen bzw. Molekülen und der Strahlung bestimmt sind.

Die wichtigsten Prozesse zur Phasenkonjugation sind die entartete Vierwellenmischung, bei der alle vier Frequenzen gleich sind (durch entsprechende Phasenanpassung zu erreichen), die induzierte Ramanstreuung, bei der die Strahlung in Wechselwirkung mit molekularen Schwingungen tritt, und die Brillouinstreuung, bei der die Strahlung in Wechselwirkung mit akustischen Schwingungen tritt. Dazu können wir hier keine weiteren Einzelheiten darstellen. In allen Fällen bewirkt die Streuung die phasenkonjugierte Spiegelwirkung. Abb. 5.167 demonstriert den Unterschied zwischen regulärer Reflexion und nichtlinearer Phasenkonjugation.

Die nichtlineare Phasenkonjugation ist ein Mittel zur nichtlinearen adaptiven Optik in Echtzeit. Unter der adaptiven Optik versteht man die Methoden oder optischen Systeme, mit denen zufällige (statistische) Veränderungen der Strahlung mit Hilfe eines Regelsystems aus-

5.8 Nichtlineare Funktionselemente

geglichen werden. Im allgemeinen geht es dabei um Störungen der Wellenfläche, die wieder rückgängig zu machen sind. Bei der linearen adaptiven Optik sind dazu die Messung der Wellenfläche, die Ableitung von Steuerbefehlen für die Stelleinheiten im optischen System und die Abwandlung des optischen Systems erforderlich.

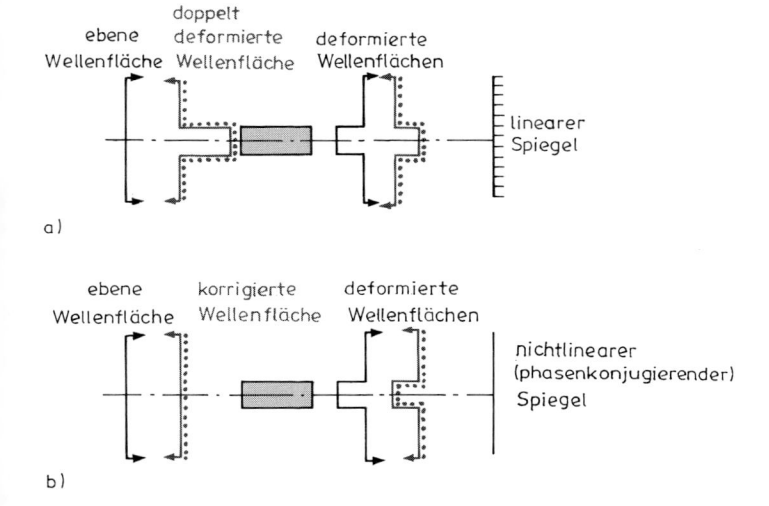

Abb. 5.167 Unterschied zwischen regulärer Reflexion (a) und phasenkonjugierter Reflexion (b) an einem nichtlinearen "Spiegel"

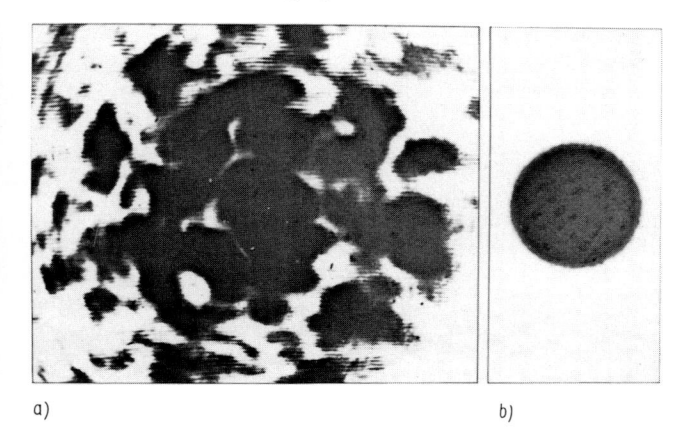

Abb. 5.168 Korrektur der Verzerrung eines Laserbündels mittels nichtlinearer adaptiver Optik a) Unterkorrigiertes, b) korrigiertes Bündel

Die nichtlineare Phasenkonjugation erledigt das Anliegen der adaptiven Optik ohne Messung und Änderung des optischen Systems. Dafür ist sie nur eingeschränkt anwendbar, weil die Leistungsdichten ausreichend groß sein müssen. Der Ausgleich von örtlichen Störungen von Laserbündeln und ihre stabile Fokussierung sowie die stabile Konzentration der Strahlung auf Spalte von Spektrografen sind besonders hervorzuheben (Abb. 5.168).

Weitere Effekte der nichtlinearen Optik für Bauelemente zur Informationsverarbeitung beruhen auf der optischen Bistabilität [47]. Ein weites Feld überstreichen die spektroskopischen Anwendungen, u. a. die Ultrakurzzeitspektroskopie.

Nichtlineare Stoffe. Stoffe, die sich für die Realisierung der nichtlinearen Effekte eignen, werden nichtlineare Stoffe genannt. Gegenwärtig sind bereits eine Vielzahl an derartigen Stoffen bekannt. Sie gliedern sich in Halbleiter (z. B. GaAs, InP, $CdGeAs_2$), anorganische Kristalle [z. B. $LiNbO_3$, $KNbO_3$, KDP, KD^*P, ADP, CDA (CsH_2AsO_4), RDA (RbH_2AsO_4)], organische Kristalle [z. B. COANP (2-Cyclooctylamino-5-Nitropyridin), DAN (4· (N,N-Dimethylamino)-3-Acetamidonitrobenzol), MNA (2-Methyl-4-Nitroanilin)], Polymere, Flüssigkristalle und Langmuir-Blodgett-Dünnfilme (2-Docosylamino-5-Nitropyridin). Die organischen nichtlinearen Stoffe haben teilweise große nichtlineare Effektivität. Die Dünnfilme sind vor allem für die integrierte Optik von Interesse.

Aktuell sind die fotorefraktiven Stoffe. In ihnen sind Raumladungsfelder mittels Bestrahlung zu erzeugen, die zu einer räumlich verteilten Brechzahländerung führen. Es können z. B. auf diesem Wege löschbare holografische Speicher erzeugt werden [46].

6 Optische Instrumente und Systeme

6.1 Grundbegriffe

6.1.1 Auge

Bei vielen Anwendungen werden die mit optischen Systemen erzeugten Bilder visuell ausgewertet. Teilweise ist das menschliche Auge direkt in den Strahlengang einbezogen, teilweise werden die Bilder auf Schirmen aufgefangen, oft gespeichert, und dann betrachtet (siehe 6.1.5). In diesen Fällen ist es wichtig, die grundlegenden Daten und Eigenschaften des menschlichen Gesichtssinnes zu kennen.

Anatomie des Auges (Abb. 6.1). Das Auge besteht aus dem Augapfel, den äußeren Augenmuskeln und Schutzelementen (Tränendrüsen, Lider u. a.). Der Augapfel wird durch drei Häute umhüllt. Die äußere Haut wird auf der Rückseite durch die weiße Lederhaut L gebildet, die auf der Vorderseite in die durchsichtige Hornhaut H übergeht. Die mittlere Haut besteht aus der Aderhaut A, dem Ziliarkörper Z und der Regenbogenhaut J (Iris), die die Augenpupille enthält. Die innere Haut trägt innen die Netzhaut N, außen ein Pigmentepithel. Die Netzhaut enthält die lichtempfindlichen Stäbchen (ca. $1,3 \cdot 10^8$), mit denen keine Farben wahrgenommen werden, und die Zapfen (ca. $7 \cdot 10^6$), die die Farbwahrnehmung ermöglichen.

Die Stelle der Netzhaut, die der Pupille gegenüberliegt, ist der gelbe Fleck, dessen Zentrum, die Netzhautgrube Ng, die größte Anzahl Zapfen trägt. Vom gelben Fleck aus, der Nase zugekehrt, befindet sich der lichtunempfindliche blinde Fleck bF, der die Eintrittsfläche des Sehnervs S darstellt.

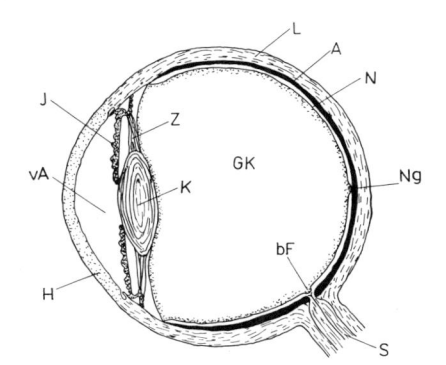

Abb. 6.1 Anatomie des menschlichen Auges

Das abbildende System des Auges wird auch dioptrisches System genannt. Es besteht aus der Hornhaut H mit der Brechzahl $n = 1,376$ und den Radien $r_1 = 7,7$ mm, $r_2 = 6,8$ mm, der vorderen Augenkammer vA mit dem Kammerwasser der Brechzahl $n = 1,336$, der Linse K und dem Glaskörper Gk mit der Brechzahl $n = 1,336$. Die Brechzahl der Linse nimmt von außen ($n = 1,386$) nach innen ($n = 1,406$) zu. Die Linse ist asphärisch, und ihre Scheitelkrümmungen können durch die Ziliarmuskeln geändert werden. Beim Sehen in die Ferne betragen sie $r_1 = 10$ mm, $r_2 = -6$ mm, beim Sehen in der Nähe $r_1 = -r_2 = 5,33$ mm. Die Linsendicke ändert sich von $d = 3,6$ mm auf $d = 4$ mm.

Schematisches und reduziertes Auge. Gullstrand hat zur vereinfachten Darstellung der grundlegenden Daten des Auges, die für die Kombination mit Brillen und optischen Instrumenten wesentlich sind, das sogenannte schematische Auge eingeführt. Die Daten sind in Tab. 6.1 enthalten.

Tabelle 6.1 Abstände vom vorderen Hornhautscheitel beim schematischen Auge in mm

	Einstellung auf Unendlich	Nahpunkt
objektseitiger Brennpunkt F	15,71	12,40
objektseitiger Hauptpunkt H	1,35	1,77
bildseitiger Hauptpunkt H′	1,6	2,09
Eintrittspupille EP	3	2,7
Iris	3,6	3,2
objektseitiger Knotenpunkt N	7,08	6,35
bildseitiger Knotenpunkt N′	7,33	6,84
Augendrehpunkt	13,5	13,5
Netzhautgrube	24	24
bildseitiger Brennpunkt F′	24,39	24,39

Die objekt- und die bildseitigen Haupt- bzw. Knotenpunkte haben einen geringen Abstand. Aus diesem Grunde hat Listing mit dem sogenannten reduzierten Auge eine weitere Schematisierung eingeführt. Das reduzierte Auge besteht aus einer brechenden Fläche, die 1,44 mm hinter der vorderen Hornhautfläche liegt, mit $n = 1$, $n' = 1,336$, $r = 5,76$ mm beim entspannten Auge. Die Brennweiten betragen $f = -17,14$ mm, $f' = 22,9$ mm. Die Bildkonstruktion kann mit ausgezeichneten Strahlen vorgenommen werden.

Akkommodation. Die Einstellung des Auges auf die scharfe Abbildung von Objekten, die nicht im Unendlichen liegen, vorwiegend durch die Änderung der Linsenkrümmungen und -dicke über die Ziliarmuskeln, wird Akkommodation genannt. Sie wird unterstützt, indem die inneren Bereiche der Linse, die eine größere Brechzahl haben, verdickt werden.

Tabelle 6.2 Abhängigkeit der Nahpunktweite und der Akkommodationsbreite vom Alter

Alter in Jahren	Nahpunktweite in cm	Akkommodationsbreite in dpt
10	− 6,5 ... − 8,8	15,4 ... 11,3
20	− 7,4 ... − 10,9	13,5 ... 9,2
30	− 9,2 ... − 15,2	10,9 ... 6,6
40	− 12,8 ... − 28,6	7,8 ... 3,5
50	− 31,3 ... − 90,9	3,2 ... 1,1
60	− 52,6 ... − 167	1,9 ... 0,6
70	− 55,6 ... − 167	1,8 ... 0,6
80	− 55,6 ... − 167	1,8 ... 0,6

6.1 Grundbegriffe

Das normalsichtige Auge bildet ohne Akkommodation unendlich ferne Objekte scharf auf der Netzhaut ab. Der Fernpunkt ist also der unendlich ferne Punkt. Der nächstgelegene Punkt, der durch Akkommodation scharf abgebildet wird, heißt Nahpunkt. Die Nahpunktweite nimmt mit dem Alter betragsmäßig zu (Tab. 6.2). Die Akkommodationsbreite $1/a_R - 1/a_P$ (a_R Objektweite des Fernpunktes, a_P Objektweite des Nahpunktes) nähert sich bis auf den im sechzigsten Lebensjahr erreichten Wert von 1 dpt (Tab. 6.2).

Adaptation. Die Anpassung des Auges an die Leuchtdichte des Objekts wird Adaptation genannt. Dazu dienen zwei Effekte. Zum einen ändert sich der Pupillendurchmesser (2 mm bis 8 mm, der obere Wert bis zum Alter von 30 Jahren), zum anderen wirkt ein Netzhautregelsystem, das die Empfindlichkeitsschwelle der Netzhaut beeinflußt. Schnellen Leuchtdichteänderungen wird vorwiegend mit der Pupillenänderung, langsamen mit dem Netzhautregelsystem begegnet. Es werden drei Leuchtdichtebereiche unterschieden:
- Im skotopischen Bereich (Nachtsehen, Leuchtdichte $L < 10^{-3}$ cd $\cdot$ m^{-2}) liegt ausschließliches Stäbchensehen vor. Die Anpassung an so geringe Leuchtdichten dauert im allgemeinen 45 bis 60 Minuten.
- Im photopischen Bereich (Tagsehen, Leuchtdichte $L > 10$ cd $\cdot$ m^{-2}) liegt Zapfensehen vor. Die Anpassung an große Leuchtdichten geht schnell vor sich. Bei Blendung ($L > 10^4$ cd $\cdot$ m^{-2}) sinkt die Empfindlichkeit kurzzeitig auf das 10^{-6}-fache.
- Der mesoptische Bereich (Dämmerungssehen) stellt das Übergangsgebiet dar.

Sehschärfe. Das menschliche Auge hat infolge der Netzhautstruktur ein begrenztes Auflösungsvermögen. Dieses hängt von der Leuchtdichte und der Objektform ab. Bei angestrengtem Tagsehen werden zwei Objektpunkte getrennt wahrgenommen, wenn ihr Winkelabstand mindestens $w_G = 1' \triangleq 0{,}00029$ rad beträgt. Etwa der doppelte Wert wird bei "bequemem" Sehen aufgelöst. Der Winkel w_G heißt physiologischer Grenzwinkel.

Die Sehschärfe W_A ist der Kehrwert des in Winkelminuten gemessenen auflösbaren Sehwinkels w_A. Es gilt also $W_A = 1'/(w_A$ in Minuten$)$. Die Sehschärfe 1 ist demnach dem physiologischen Grenzwinkel zugeordnet. Kurz unterhalb der zur Blendung führenden Leuchtdichte $L = 3 \cdot 10^3$ cd $\cdot$ m^{-2} kann die Sehschärfe den Wert $W_A = 2$ erreichen; bei Nachtsehen geht sie bis auf $W_A = 0{,}02$ zurück.

Für Strichanordnungen ist die Sehschärfe größer als für Punktepaare. Sie beträgt z.B. bei der Einstellung eines Striches auf einen schmalen Spalt oder in einen Doppelstrich sowie auf die Winkelhalbierende zweier Striche $W_A = 10$, bei der Einstellung eines Einfachstriches auf die Verlängerung eines Einfachstriches $W_A = 6$ (Noniussehschärfe, $w_N = 10'' \triangleq 5 \cdot 10^{-5}$ rad;

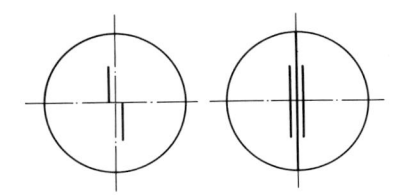

Abb. 6.2 Beispiele für die Nutzung der Noniussehschärfe

Abb. 6.2). Wichtig ist noch, daß die volle Sehschärfe nur bei der Abbildung in die Netzhautgrube erreicht wird (direktes Sehen, Feldwinkel etwa $2w = 4°$).

Beidäugiges Sehen ist für das räumliche Sehen und damit sowohl für die Perspektive wie für die Entfernungsschätzung verantwortlich. In Verbindung mit optischen Geräten und mit Brillen ist die Kenntnis der Pupillendistanz notwendig (PD-Wert, Tab. 6.3).

Tabelle 6.3 Häufigkeit der Pupillendistanz

56	58	60	62	64	65	66	68	70	72	(in mm)	
0	1	3	8	13	14	13	8	3	1	(in %)	Männer
1	3	10	14	12	10	7	2,5	0,5	0	(in %)	Frauen

Spektrale Empfindlichkeit. Wie wir bereits in 1.1.1 angegeben haben, liegt das Maximum des spektralen Hellempfindlichkeitsgrades V_λ bei $\lambda = 555$ nm (photopisches Sehen). Im Wellenlängenbereich 380 nm $\leq \lambda \leq$ 780 nm ist der spektrale Hellempfindlichkeitsgrad ungleich 0 (sichtbares Spektralgebiet, VIS; Abb. 1.6).

Für skotopisches Sehen liegt das Maximum des spektralen Dunkelempfindlichkeitsgrades V'_λ bei $\lambda = 507$ nm. V'_λ hat bei $\lambda = 380$ nm noch den geringen Wert 0,0006, ist aber bereits bei $\lambda = 690$ nm gleich 0.

Farbsehen. Die Netzhaut besteht aus verschiedenartigen miteinander gekoppelten Elementen (Abb. 6.3). Die Zapfen und Stäbchen stellen die lichtempfindlichen Elemente dar, während die weiteren Zellen (bipolare, Horizontal-, amakrine und Ganglienzellen) bereits eine Vorverarbeitung der Information vornehmen. Sie sorgen z. B. dafür, daß beim Dunkelsehen mehrere Stäbchen den Reiz auf eine Nervenfaser wirken lassen.

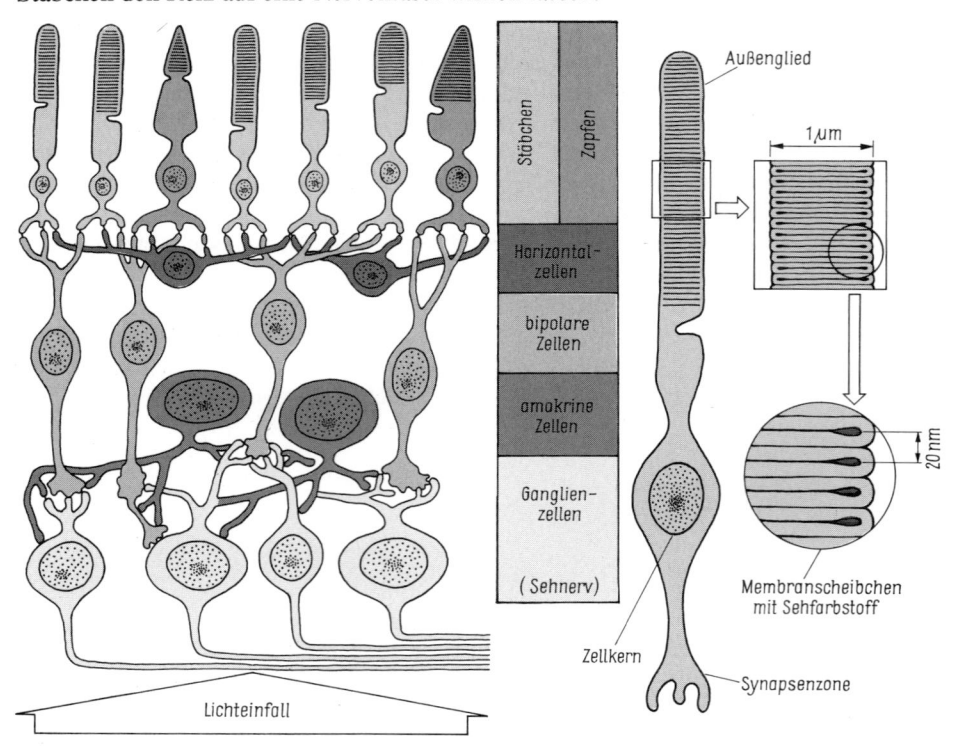

Abb. 6.3 Schnitt durch die Netzhaut des Auges

6.1 Grundbegriffe

Für das Farbsehen sind ausschließlich die Zapfen der Netzhaut wirksam. Die Stäbchen sind nur für Helligkeitsunterschiede empfindlich. Die Zapfen enthalten Pigmente, die rot-, grün- und blauempfindlich sind. In dem Teil der Netzhaut, der die Bipolar- und Ganglienzellen enthält, sind chromatische Einheiten vorhanden, die die Farbreize subtraktiv verarbeiten. Es gibt eine Rot-Grün-Einheit, eine Blau-Gelb-Einheit und eine additiv wirkende Helligkeitseinheit. Die Rot-Grün-Einheit leitet entweder den Reiz Rot oder Grün, die Blau-Gelb-Einheit entweder den Reiz Blau oder Gelb weiter. Die Helligkeitseinheit steuert die Grautöne bei. Die Zapfen arbeiten demnach entsprechend einer Dreifarbentheorie, die chromatischen Einheiten nach einer Gegenfarbentheorie. Diese Synthese aus der Dreifarbentheorie und der Gegenfarbentheorie wird Zonentheorie genannt (Abb. 6.4).

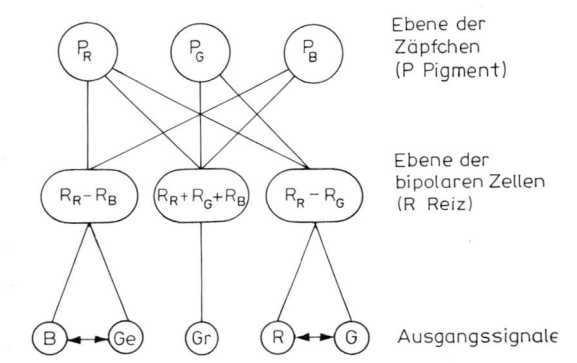

Abb. 6.4 Grundschema der Zonentheorie

Ein Farbeindruck kann durch Mischen dreier Grundfarben erzeugt werden. Als Grundfarben werden im allgemeinen Rot, Grün und Blau verwendet. Man unterscheidet die additive und die subtraktive (multiplikative) Farbmischung.

Additive Farbmischung tritt ein, wenn die Grundfarben räumlich oder zeitlich getrennt sind, aber so dargeboten werden, daß die Einzelfarben nicht aufzulösen sind. Beim Farbfernsehen sind z.B. in einer Bildzelle drei Punkte oder Segmente mit den Grundfarben dicht nebeneinander angeordnet. Beim sich drehenden Farbkreisel können die Grundfarben zeitlich nacheinander wirken. Additive Farbmischung tritt auch auf, wenn die Bilder der Grundfarben derselben Szene übereinander projiziert werden (Abb. 6.5, Farbtafel I).

Die subtraktive Farbmischung stellt eigentlich eine multiplikative Farbmischung dar. Sie kann z.B. durch das Hintereinanderschalten von drei Filtern vorgenommen werden, die je eine Grundfarbe hindurchlassen. Die Filter haben die Transmissionsgrade τ_R, τ_G und τ_B. Die Kombination führt zum Transmissionsgrad $\tau = \tau_R \tau_G \tau_B$, und der resultierende Farbeindruck hängt von den Einzelwerten der Transmissionsgrade ab (Abb. 6.6, Farbtafel I). Vorausgesetzt ist dabei, daß weißes Licht im Sinne des energiegleichen Spektrums einfällt. Auch bei reflektierenden Stoffen ist die subtraktive Farbmischung möglich. Es multiplizieren sich dann die Reflexionsgrade.

Farbwerte, Farbvalenzen. Für die additive Farbmischung können normierte Farbwerte eingeführt werden, um die Anteile der Grundfarben Rot, Grün und Blau quantitativ zu erfassen. Die Normierung erfolgt so, daß für das energiegleiche Spektrum (Weiß) R = G = B = 1 ist.

Die Farbwerte haben für einige Beispiele folgende Größen (Reihenfolge Rot, Grün, Blau): Weiß (1 1 1), Gelb (1 1 0), Cyan (0 1 1), Grün (0 1 0), Purpur (1 0 1), Rot (1 0 0), Blau (0 0 1), Schwarz (0 0 0). Andere Farben sind mit Farbwerten zwischen 0 und 1 zu ermischen.

Die drei Farbwerte legen die Farbvalenz (F) fest. Die Primärvalenzen (R), (G), (B) sind dadurch ausgezeichnet, daß nur ein Farbwert ungleich 0 ist. Für die additive Farbmischung wird nun die Farbvalenz als Summe aus den Produkten "Farbwert × Primär-Valenz" dargestellt:

$$(F) = R(R) + G(G) + B(B).$$

Für weißes Licht ist $R = G = B = 1$. Grau ist ein "Weiß" mit verringerter Helligkeit. Es wird durch $R = G = B < 1$ beschrieben. Verminderung eines Farbwertes erzeugt farbiges Licht. So sind z. B. für

$$(F) = 1(R) + 1(G) + 0,5(B) = 0,5[(R) + (G) + (B)] + 0,5[(R) + (G)]$$

Grau und Gelb überlagert, d. h., die Sättigung der gelben Farbe ist gegenüber derjenigen mit $R = G = 1$, $B = 0$ geringer. Durch Ändern der Farbwerte kann ein anderer Farbton erzeugt werden. Daraus ergibt sich, daß eine Farbe auch durch die drei Größen

Farbton $\triangleq$ Qualität,

Sättigung $\triangleq$ Weißlichkeit,

Helligkeit $\triangleq$ Quantität

gekennzeichnet werden kann.

Die Helligkeit stellt die fotometrische Größe dar, die nicht unmittelbar mit der Farbigkeit verbunden ist. Deshalb wird die Farbart durch den Farbton und die Sättigung beschrieben und läßt sich als Ort in eine Farbtafel eintragen. Als Farbwertanteile werden die Größen

$$r = \frac{R}{R+G+B}, \quad g = \frac{G}{R+G+B}, \quad b = \frac{B}{R+G+B}$$

mit

$$r + g + b = 1$$

eingeführt. Die Farbwertanteile bestimmen die Farbart.

Normfarbtafel. Die quantitative Beschreibung der im Grunde genommen subjektiven Farbwahrnehmung als Aufgabe der Farbmetrik muß unabhängig vom Einzelbeobachter möglich sein. Deshalb wurde der Begriff des fotometrischen Normalbeobachters eingeführt, dessen Eigenschaften durch eine Vielzahl an Messungen ermittelt wurde. Die Versuchspersonen mußten normalsichtige Augen haben. Gemessen wurde bei Helladaptation und 2° Meßfeld. Als Farbwerte der Spektralfarben für den fotometrischen Normalbeobachter ergeben sich die Normspektralwertfunktionen $\bar{x}(\lambda)$, $\bar{y}(\lambda)$ und $\bar{z}(\lambda)$ (Abb. 6.7). Dabei wird festgelegt, daß diese Funktionen positiv sind und $\bar{y}(\lambda) = V_\lambda(\lambda)$ ist.

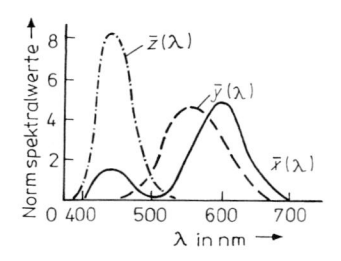

Abb. 6.7 Normspektralwertfunktionen

6.1 Grundbegriffe

Die Farbvalenz ergibt sich mit der Farbreizfunktion $\varphi(\lambda)$ (relativer spektraler Strahlungsfluß, z. B. $\Phi_{e,\lambda}/\Phi_{e,\lambda\max}$) aus den Komponenten (Normfarbwerte)

$$X = k\int \varphi(\lambda)\,\bar{x}(\lambda)\,\mathrm{d}\lambda, \quad Y = k\int \varphi(\lambda)\,\bar{y}(\lambda)\,\mathrm{d}\lambda, \quad Z = k\int \varphi(\lambda)\,\bar{z}(\lambda)\,\mathrm{d}\lambda.$$

Die Integration ist von 380 nm bis 780 nm vorzunehmen. Die Konstante k folgt aus der Forderung, daß für Weiß (Unbunt) $X_u = Y_u = Z_u = 100$ sein soll und 5 nm breite Intervalle der Spektralfarben betrachtet werden, zu $k = 0{,}9358$ nm^{-1}.

Mit den Normfarbwerten ist jeder Farbvalenz ein Punkt im Farbenraum zugeordnet. Zur Darstellung in der ebenen Normfarbtafel werden die Normfarbwertanteile

$$x = \frac{X}{X+Y+Z}, \quad y = \frac{Y}{X+Y+Z}, \quad z = \frac{Z}{X+Y+Z}$$

verwendet (Abb. 6.8, Farbtafel I). Das rechtwinklige Farbdreieck $y = f(x)$ hüllt den Spektralfarbenzug, der mit der Purpurgeraden abgeschlossen ist, vollständig ein. Wegen $x+y+z=1$ und $x_u = y_u = z_u$ für den Unbuntpunkt liegt dieser in der Normfarbtafel bei $x_u = y_u = 0{,}33$.

6.1.2 Grundzüge der Brillenoptik

Werden unendlich ferne Objekte nicht scharf auf der Netzhaut abgebildet, dann spricht man von Fehlsichtigkeit (Ametropie). Ursachen dafür können eine falsche Länge des Augapfels, fehlerhafte Form von Hornhaut oder Augenlinse und altersbedingte Veränderungen des abbildenden Systems des Auges sein.

Kurzsichtigkeit (Myopie). Beim myopen Auge entsteht das Bild eines unendlich fernen Objekts vor der Netzhaut (Abb. 6.9). Auf der Netzhaut entstehen Zerstreuungsfiguren, also ein unscharfes Bild. Ursachen können ein zu langer Augapfel oder eine zu große Brechkraft von Hornhaut und Augenlinse sein. Der Fernpunkt liegt im Endlichen, der Nahpunkt näher am Auge als bei Normalsichtigkeit. Kurzsichtige können sich also einem Gegenstand stärker nähern als Normalsichtige. Für das scharfe Sehen von unendlich fernen Gegenständen benötigt der Kurzsichtige eine Sehhilfe (Brille) mit zerstreuenden Linsen (Abb. 6.9).

Abb. 6.9 Kurzsichtiges Auge und Korrektur mit zerstreuendem Brillenglas

Abb. 6.10 Weitsichtiges Auge und Korrektur mit sammelndem Brillenglas

Übersichtigkeit (Hypermetropie, auch Hyperopie, Weitsichtigkeit). Beim hypermetropen Auge würde das Bild eines im Unendlichen liegenden Objekts hinter der Netzhaut entstehen, wenn diese den Strahlengang nicht unterbrechen würde (Abb. 6.10). Auf der Netzhaut ist das

Bild unscharf, es besteht aus Zerstreuungsfiguren. Ursachen können ein zu kurzer Augapfel oder eine zu kleine Brechkraft von Hornhaut und Augenlinse sein. Der Fernpunkt ist virtuell und liegt hinter dem Auge. Der Übersichtige kann zwar durch Akkommodation den Fernpunkt ins Unendliche rücken, aber beim beidäugigen Sehen treten Probleme bezüglich der Fusion beider Bilder auf. Deshalb benötigt der Übersichtige für das scharfe Sehen von unendlich fernen Objekten eine Sehhilfe mit sammelnden Linsen (Abb. 6.10).

Alterssichtigkeit (Presbyopie). Das presbyopische Auge enthält eine altersbedingt weniger elastische Augenlinse, wodurch die Akkommodationsbreite herabgesetzt und der Nahpunkt vom Auge weggerückt wird (Tab. 6.2). Presbyopie setzt im allgemeinen mit 40 Jahren ein und bleibt ab dem 60. Lebensjahr konstant (Akkommodationsbreite ca. 1 dpt, Tab. 6.2). Der Nahpunkt liegt zunehmend außerhalb der deutlichen Sehweite, so daß beim Lesen "der Arm zu kurz wird". Lesen und Arbeiten in der Nähe erfordern eine Brille mit Sammellinsen.

Astigmatismus. Der Astigmatismus des Auges tritt bereits bei der Abbildung von Punkten auf, die auf der optischen Achse liegen. Die Ursache ist die Abweichung entweder der Hornhaut oder der Augenlinse von der Rotationssymmetrie. Im Normalfall stehen der Hauptschnitt mit der größten astigmatischen Brechkraft und der Hauptschnitt mit der kleinsten astigmatischen Brechkraft senkrecht aufeinander. Im Bildraum ergeben sich die beiden Bildlinien, zwischen denen der mittlere Zerstreuungskreis liegt, analog zum Abbildungsfehler Astigmatismus (der aber nur bei außeraxialen Objektpunkten auftritt).

Der Astigmatismus muß mit Brillengläsern korrigiert werden, die nicht rotationssymmetrisch sind. Dazu eignen sich Gläser mit einer torischen Fläche und Gläser mit Zylinderflächen. Die Kombination einer sphärischen und einer zylindrischen Fläche wird sphärozylindrische Linse genannt.

Ist das Auge nur in einem Hauptschnitt fehlsichtig (kurz- oder weitsichtig, einfacher Astigmatismus), im anderen normalsichtig, dann genügt ein zylindrisches Brillenglas. Bei großem Blickwinkel kann aber dessen Abbildungsfehler Astigmatismus störend sein. Ist das Auge in beiden Hauptschnitten fehlsichtig (zusammengesetzt kurz- oder weitsichtig), dann ist ein torisches Brillenglas erforderlich.

Brillengläser. Die Vorläufer der heutigen Brillengläser stellen Bikonkav-, Plankonkav-, Bikonvex- und Plankonvexlinsen dar. Sie sind nicht an das blickende Auge angepaßt und haben im allgemeinen starken Astigmatismus (Tab. 6.4). Später wurden schwach meniskenförmige periskopische Gläser eingesetzt. Bei den sammelnden Gläsern hatte die Innenfläche 1,25 dpt Brechkraft, bei den zerstreuenden Gläsern die Außenfläche $-1,25$ dpt Brechkraft (Betrag des Radius 418 mm bei $n = 1,523$). Der Astigmatismus ist nur bei den Gläsern mit -14 dpt null.

Tabelle 6.4 Astigmatismus von Brillengläsern mit 4 dpt Scheitelbrechkraft bei 35° Blickwinkel

Scheibenform	astigmatische Differenz in dpt
bikonvex	2,75
plankonvex	1,60
periskopisch	1,11
Halbmuschel-glas	0,09
Punktalglas nach v. Rohr	$-0,01$

Farbtafel I

Abb. 6.5 Additive Farbmischung    **Abb. 6.6** Subtraktive Farbmischung

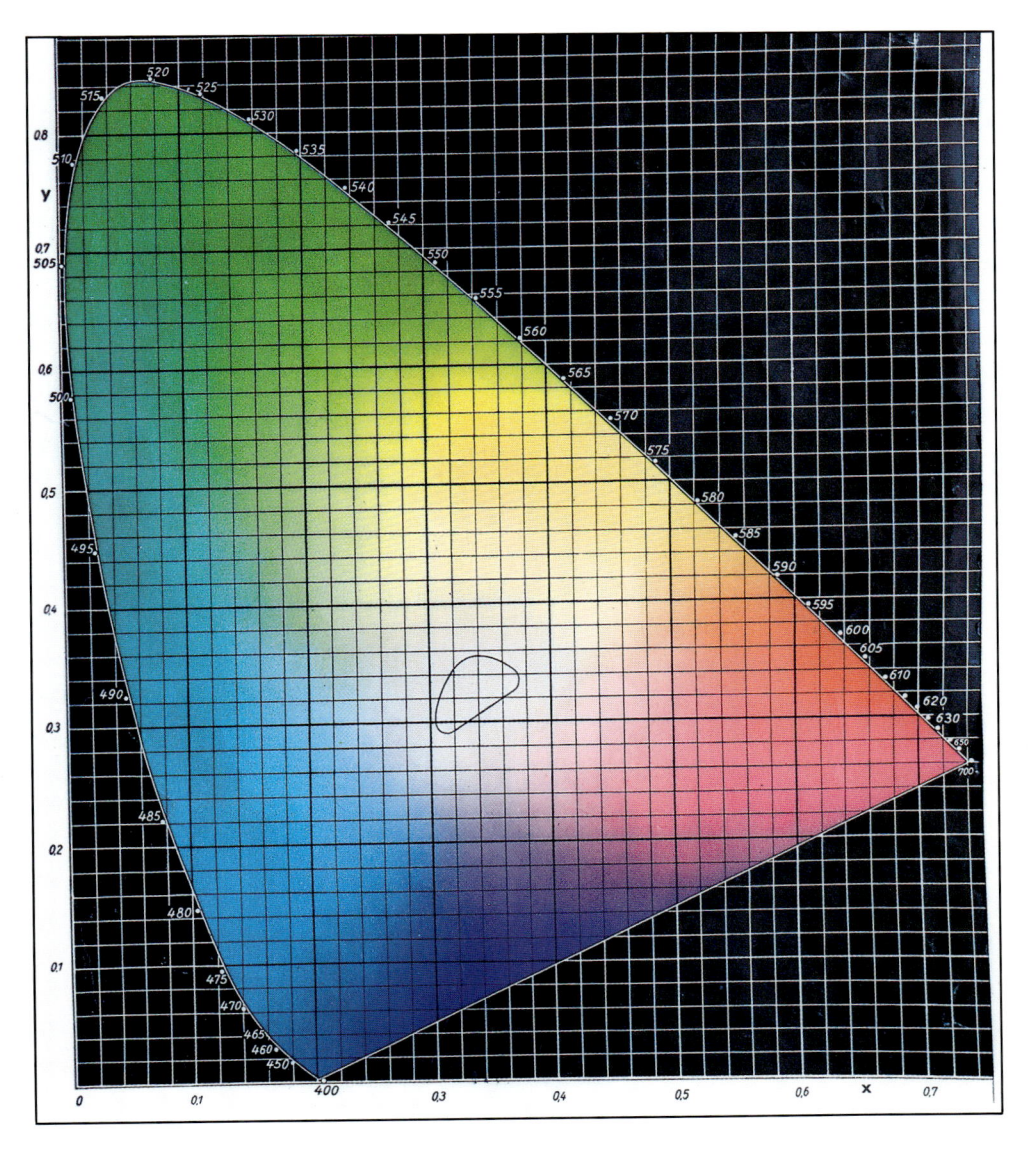

Abb. 6.8 Normfarbtafel

6.1 Grundbegriffe

Die Vergrößerung der Brechkraft einer Fläche auf 6 dpt bei Zerstreuungslinsen und -6 dpt bei Sammellinsen (Betrag des Radius 87 mm bei $n = 1,523$) führt auf die stärker durchgebogenen Halbmuschel- oder Meniskengläser. Der Astigmatismus ist bei den Gläsern mit $-4,5$ dpt null, aber insgesamt gegenüber den periskopischen Gläsern verringert.

Bei der Berechnung der ersten punktuell abbildenden Brillengläser (v. Rohr 1912) wurde berücksichtigt, daß beim blickenden Auge der Augendrehpunkt 25 mm hinter dem Brillenglasscheitel liegt. Der Astigmatismus sollte für die Abbildung des unendlich fernen Punktes klein sein. Als maximale Scheibendurchmesser waren 28...35 mm vorgesehen (Blickwinkel ca. 30° bei zerstreuenden, ca. 35° bei sammelnden Linsen).

Die Erweiterung auf 50 mm Scheibendurchmesser sowie die praktische Korrektion des Astigmatismus für die Objektweiten Unendlich und 1 m wurde von Roos 1951 vorgenommen. Bei der Objektweite 0,25 m ist der Astigmatismus ebenfalls noch gering. Abb. 6.11 enthält Korrektionsdarstellungen für zwei Beispiele mit 4 dpt Scheitelbrechkraft. In Tab. 6.4 sind die astigmatischen Differenzen für Brillengläser mit 4 dpt Scheitelbrechkraft bei 35° Blickwinkel gegenübergestellt.

Sammellinsen mit Brechkräften oberhalb 8,5 dpt müssen mit einer asphärischen Fläche versehen sein, wenn der Astigmatismus klein sein soll (Katralgläser).

Bezüglich der Ausführungsformen müssen wir auf die Speziallliteratur verweisen (Mehrstärkengläser, Gläser mit gleitendem Brechkraftübergang, Haftgläser u. a.).

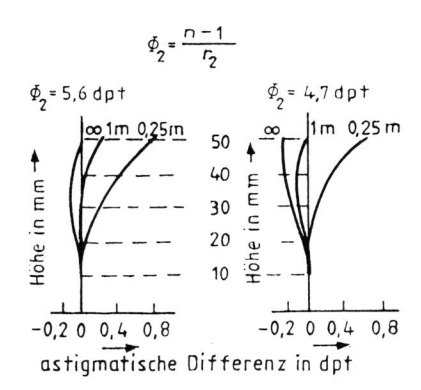

Abb. 6.11 Korrektionsdarstellung der astigmatischen Differenz als Funktion des Scheibendurchmessers bei zwei Durchbiegungen (Objektweiten ∞, 1 m, 0,25 m; Scheitelbrechkraft 4 dpt)

6.1.3 Vergrößerung

Scheinbare Größe. Die scheinbare Größe eines mit dem menschlichen Auge betrachteten Gegenstandes hängt ausschließlich von der Bildgröße auf der Netzhaut ab.

> Gegenstände, deren Netzhautbilder gleich groß sind, werden als gleich groß empfunden.

In Abb. 6.12 ist w_s der Sehwinkel und a_s die Sehweite. Bei den praktisch vorkommenden Sehwinkeln kann $\tan w_s \approx w_s$ gesetzt werden. Es gilt dann nach Abb. 6.12

$$\tan w_s = -\frac{y}{a_s} = \frac{\hat{y}'}{a_A'} \tag{6.1}$$

beziehungsweise

$$\widehat{y}' = a'_A \frac{y}{a_s} = -a'_A \tan w_s. \tag{6.2}$$

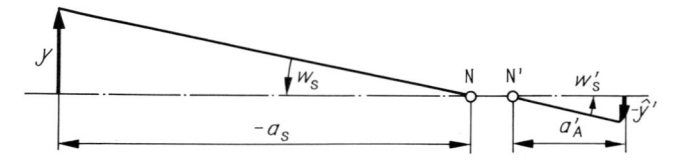

Abb. 6.12 Zur scheinbaren Größe (N und N' sind die Knotenpunkte des Auges)

Der Abstand a'_A des Knotenpunktes N' von der Netzhaut wird im allgemeinen als konstante Größe angenommen. Es gilt deshalb:

| Gegenstände, für die der Tangens des Sehwinkels den gleichen Wert hat, werden gleich groß wahrgenommen.

Der Ausdruck

$$\tan w_s = -\frac{y}{a_s} \tag{6.3}$$

ist die scheinbare Größe eines Gegenstandes.

Deutliche Sehweite. Die scheinbare Größe eines vorgegebenen Gegenstandes hat den größten Wert, wenn die Sehweite a_s so klein wie möglich gewählt wird. Für a_s gibt es jedoch eine vom Alter des Menschen abhängige Grenze. Unterhalb dieser Grenze reicht die maximale Akkommodation des Auges nicht aus, um ein scharfes Bild zu erzeugen. Die jeweils kleinstmögliche Sehweite ist durch den Nahpunkt des Auges gegeben. Ständige maximale Akkommodation ist jedoch so ermüdend, daß ein Gegenstand vom Auge weiter entfernt als im Nahpunkt betrachtet werden sollte. Aus diesen Gründen ist man übereingekommen, eine deutliche Sehweite festzulegen, bei der ein Gegenstand im Durchschnitt von normalsichtigen Menschen ohne anstrengende Akkommodation mit der maximal möglichen scheinbaren Größe wahrgenommen wird.

| Als deutliche Sehweite gilt $a_d = -250\,\text{mm}$. (6.4)

Die deutliche Sehweite ist eine konventionell vorgegebene Bezugsgröße. Diejenige Sehweite, in der ohne anstrengende Akkommodation die maximal mögliche scheinbare Größe faktisch erreicht wird, kann im Einzelfall davon abweichen.

Vergrößerung. Die Vergrößerung der scheinbaren Größe einer Struktur mit optischen Hilfsmitteln ist notwendig, wenn der physiologische Grenzwinkel beim direkten Sehen nicht erreicht wird.

Wir definieren:

| Die Vergrößerung Γ' eines mit dem Auge gemeinsam benutzten optischen Systems ist das Verhältnis der scheinbaren Größe $\tan w'_s$ des von ihm entworfenen Bildes zur scheinbaren Größe $\tan w_s$, die der Gegenstand in einer vorgegebenen Entfernung hat.

6.1 Grundbegriffe

Allgemein gilt also für die Vergrößerung

$$\Gamma' = \frac{\tan w'_s}{\tan w_s}. \tag{6.5}$$

Der physiologische Grenzwinkel kann beim direkten Sehen durch zwei grundsätzlich verschiedene Ursachen unterschritten werden.

- Der physiologische Grenzwinkel wird unterschritten, wenn die Objektstruktur eine so geringe lineare Größe hat, daß sie trotz Annäherung des Gegenstandes auf die deutliche Sehweite nicht aufgelöst wird. Das trifft zum Beispiel bei den Bakterien oder Viren zu. In diesem Fall ist ein optisches System notwendig, eine Lupe oder ein Mikroskop, das ein vergrößertes Bild erzeugt. Die scheinbare Größe $\tan w'_s$ beim Beobachten der Objektstruktur mit dem optischen System muß größer sein als die scheinbare Größe der Objektstruktur $\tan w_s$ in der deutlichen Sehweite. Die Sehweite mit dem optischen System kann gleich der deutlichen Sehweite oder betragsmäßig größer als diese sein.

Für ein im Endlichen liegendes Bild beträgt die Vergrößerung (Abb. 6.13)

$$\Gamma' = \frac{y' a_d}{a'_s y} \tag{6.6}$$

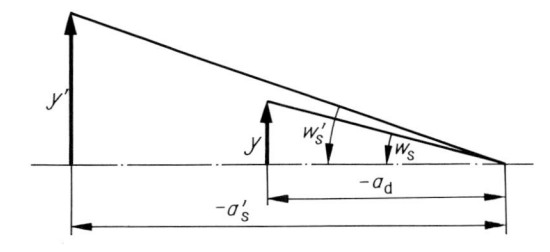

Abb. 6.13 Zur Berechnung der Vergrößerung

oder

$$\Gamma' = -\beta' \frac{250}{a'_s/\mathrm{mm}}. \tag{6.7}$$

Eine Vergrößerung $|\Gamma'| > 1$ tritt nur ein, wenn

$$|\beta'| > \left|\frac{a'_s/\mathrm{mm}}{250}\right|$$

ist. Die Abbildung des Gegenstandes ins Unendliche ergibt die Vergrößerung

$$\Gamma' = -\frac{a_d}{y} \tan w'_s \tag{6.8}$$

beziehungsweise

$$\Gamma' = \frac{250}{y/\mathrm{mm}} \tan w'_s. \tag{6.9}$$

- Der physiologische Grenzwinkel wird unterschritten, wenn die Objektstruktur nicht zugänglich ist – also nicht in die deutliche Sehweite gebracht werden kann – und eine so große Entfernung vom Beobachter hat, daß sie nicht auflösbar ist. Das ist z. B. bei den Oberflächenstrukturen der Planeten der Fall. Die Saturnringe beispielsweise sind zwar große Objekte, aber ihre Entfernung verhindert die Auflösung ihrer Struktur beim direkten Sehen. Das anzuwendende optische System, ein Fernrohr, muß ein Bild der Objektstruktur erzeugen, dessen scheinbare Größe $\tan w_s'$ größer ist als die scheinbare Größe $\tan w_s$ des Gegenstandes in der richtigen Sehweite. Die lineare Bildgröße y' kann kleiner sein als die Objektgröße y, sobald a_s' entsprechend kleiner ist als a_s. Bei unendlichen Sehweiten für Objekt und Bild ist die allgemeine Gl. (6.5) zur Berechnung der Vergrößerung zu verwenden. Liegen Objekt und Bild im Endlichen, dann gilt

$$\Gamma' = \frac{y' a_s}{a_s' y}$$

(Abb. 6.13 mit $-a_s$ anstelle von $-a_d$) oder

$$\Gamma' = \beta' \frac{a_s}{a_s'}. \tag{6.10}$$

Entsprechend gilt bei unendlicher Objektweite und endlicher Bildweite

$$\Gamma' = -\frac{y'}{a_s' \tan w_s} \tag{6.11}$$

bzw. bei endlicher Objektweite und unendlicher Bildweite

$$\Gamma' = -\frac{a_s}{y} \tan w_s'. \tag{6.12}$$

Die hier angegebenen Beziehungen sind in der Tab. 6.5 übersichtlich zusammengefaßt worden.

Tabelle 6.5 Spezialfälle der Gleichung für die Vergrößerung

Objektweite		Bildweite	
		endlich	unendlich
endlich	Mikroskop	$\Gamma' = -250 \dfrac{\beta'}{a_s'/\mathrm{mm}}$	$\Gamma' = \dfrac{250}{y/\mathrm{mm}} \tan w_s'$
	Fernrohr	$\Gamma' = a_s \dfrac{\beta'}{a_s'}$	$\Gamma' = -\dfrac{a_s}{y} \tan w_s'$
unendlich	Mikroskop	entfällt	entfällt
	Fernrohr	$\Gamma' = -\dfrac{1}{\tan w_s} \dfrac{y'}{a_s'}$	$\Gamma' = \dfrac{1}{\tan w_s} \tan w_s'$

Einfaches Mikroskop. Eine einzelne Sammellinse werde dicht vor das Auge gehalten und habe eine so kleine freie Öffnung, daß diese als Öffnungsblende wirkt. Diese Anordnung heißt einfaches Mikroskop. Die Linse bildet den Gegenstand ins Unendliche ab, wenn dieser in der Brennebene liegt (Abb. 6.14). Nach Gl. (6.9) gilt mit

$$\tan w_s' = -\frac{y}{f} = \frac{y}{f'} \tag{6.13}$$

für die Vergrößerung (Γ_N' = Normalvergrößerung)

$$\Gamma_N' = \frac{250}{f'/\mathrm{mm}} \quad (a_s' = \infty, \ a_s = -250 \,\mathrm{mm}). \tag{6.14}$$

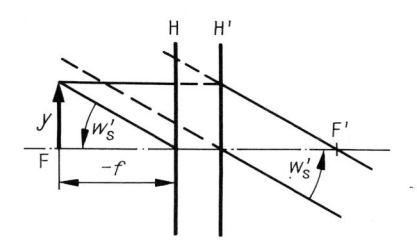

Abb. 6.14 Sammellinse als einfaches Mikroskop ($a'_s = \infty$)

Das Bild kann höchstens auf die deutliche Sehweite angenähert werden, wobei sich die Vergrößerung nach Gl. (6.7) mit $a'_s = -250$ mm auf

$$\Gamma' = \beta' = \frac{a'_s}{a} = a'_s \left[\frac{1}{a'_s} - \frac{1}{f'}\right] \tag{6.15}$$

(Abb. 6.15) bzw. auf

$$\Gamma' = \frac{250}{f'/\text{mm}} + 1 \quad (a'_s = -250 \text{ mm}, \; a_s = -250 \text{ mm}) \tag{6.16}$$

erhöht.

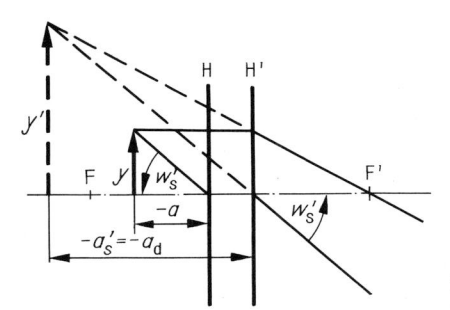

Abb. 6.15 Sammellinse als einfaches Mikroskop ($a'_s = -250$ mm)

Tabelle 6.6 Eigenschaften von Lupe, Leseglas und einfachem Mikroskop

	Lupe	Leseglas	einfaches Mikroskop
Ort des Auges	nahe des Systems	weit weg vom System	dicht hinter dem System
Bewegung des Auges	starres Auge	blickendes Auge	schauendes Auge (Bewegung des Kopfes)
Öffnungsbegrenzung	Augenpupille ≙ AP	Augenpupille ≙ AP	freie Öffnung des Systems ≙ EP
Feldbegrenzung	freie Öffnung ≙ EL (1)	freie Öffnung ≙ EL (2)	Augenpupille ≙ AL (3)

(1) Voraussetzung: Sehfeld des Auges größer als das Bildfeld der Lupe (Füll- oder Sehfeldperspektive)
(2) Blickfeld des Auges mitbestimmend für das Feld (Hauptperspektive oder Blickfeldperspektive)
(3) "Schlüsselloch-Beobachtung" (Schlüsselloch-Perspektive)

In Tab. 6.6 sind zwei weitere einstufig vergrößernde optische Instrumente für die Vergrößerung naher Objekte geringer linearer Größe aufgeführt. Lupe, Leseglas und einfaches Mikroskop unterscheiden sich durch den Gebrauch bzw. durch die Öffnungs- und Feldbegrenzung. Für den Fall $a'_s = \infty$ und $a'_s = -250$ mm gilt für Lupe, Leseglas und einfaches Mikroskop die gleiche Vergrößerungsbeziehung Gl. (6.14).

Einfaches Fernrohr. Bei der Anwendung einer Sammellinse als einfaches Fernrohr ist die Objektschnittweite groß gegenüber der Brennweite, so daß ein reelles Bild entsteht. Dieses Luftbild wird mit dem Auge betrachtet. Die scheinbare Größe des Gegenstandes soll vom Hauptpunkt H der Linse aus beurteilt werden. Das Bild liegt in der Entfernung der deutlichen Sehweite.

Bei unendlich fernem Gegenstand ist (nach Abb. 6.16a) $\tan w_s = -y'/f'$ und $a'_s = a_d$ zu setzen, womit aus Gl. (6.11)

$$\Gamma'_N = \frac{f'}{a_d} = -\frac{f'/\text{mm}}{250} \qquad (a'_s = -\infty,\ a'_s\ \text{endlich}) \tag{6.17}$$

hervorgeht. Das negative Vorzeichen zeigt an, daß das Bild zweiseitig vertauscht ist.

Für die Beobachtung eines im Endlichen liegenden Gegenstandes gilt nach Gl. (6.10)

$$\Gamma' = \beta' \frac{a_s}{a'_s}.$$

Es ist $a'_s = a_d$, $a_s = a$ und $\beta' = \dfrac{a'}{a}$ (Abb. 6.16b), also

$$\Gamma' = \frac{a'}{a_d}. \tag{6.18}$$

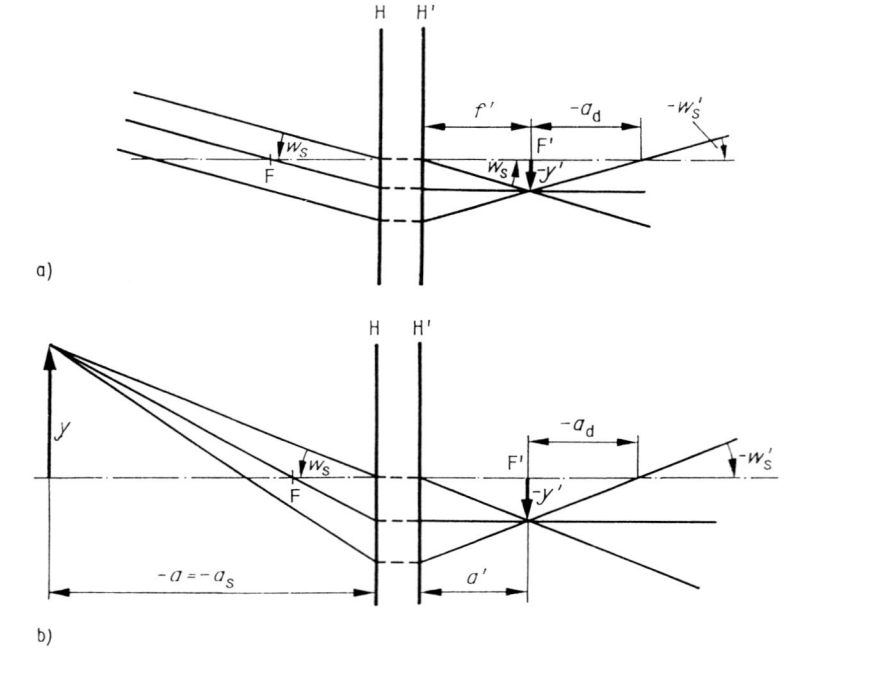

Abb. 6.16 Sammellinse als einfaches Fernrohr
a) $a_s = \infty$, b) a_s endlich

6.1 Grundbegriffe

Anwenden der Abbildungsgleichung ergibt

$$\Gamma' = \frac{f'}{a_d \left(1 + \dfrac{f'}{a}\right)}. \tag{6.19}$$

Bei $|a| \gg f'$ ist angenähert

$$\Gamma' = -\frac{f'/\text{mm}}{250}\left(1 - \frac{f'}{a}\right) \quad (a_s \text{ und } a'_s \text{ endlich}). \tag{6.20}$$

Wegen $a < 0$ und $|a| \gg f'$ ist $|\Gamma'|$ geringfügig größer als $|\Gamma'_N|$.

Wir erkennen beim Vergleich der Gl. (6.14) mit Gl. (6.17) einen wesentlichen Unterschied zwischen einfachem Mikroskop und einfachem Fernrohr.

> Die Normalvergrößerung des einfachen Mikroskops ist dessen Brennweite umgekehrt proportional.
> Die Normalvergrößerung des einfachen Fernrohrs ist dessen Brennweite proportional.

Tab. 6.7 enthält die Formeln für die Vergrößerungen des einfachen Mikroskops und des einfachen Fernrohrs.

Tabelle 6.7 Vergrößerung einfacher optischer Instrumente

Objektweite		Bildweite	
		endlich	unendlich
endlich	einfaches Mikroskop	$\Gamma' = \dfrac{250}{f'/\text{mm}} + 1$	$\Gamma'_N = \dfrac{250}{f'/\text{mm}}$
	einfaches Fernrohr	$\Gamma' = -\dfrac{f'/\text{mm}}{250}\left(1 - \dfrac{f'}{a}\right)$	entfällt
unendlich	einfaches Mikroskop	entfällt	entfällt
	einfaches Fernrohr	$\Gamma'_N = -\dfrac{f'/\text{mm}}{250}$	entfällt

6.1.4 Abbildungsmaßstab

Bei optischen Systemen, die nicht unmittelbar mit dem Auge zusammen benutzt werden, bestimmt der Abbildungsmaßstab

$$\beta' = \frac{y'}{y} \tag{6.21}$$

das Größenverhältnis zwischen Bild und Objekt. Im folgenden soll stets $f = -f'$ angenommen werden. Bei zentrierten optischen Systemen gilt im paraxialen Gebiet für das Brennpunktkoordinatensystem

$$\beta' = -\frac{f}{z} = -\frac{z'}{f'} \tag{6.22}$$

und für das Hauptpunktkoordinatensystem

$$\beta' = \frac{a'}{a}. \qquad (6.23)$$

Für $a = -\infty$ wird $\beta' = 0$ und $y = \infty$. Die Objektgröße läßt sich nur im Winkelmaß ausdrücken. Es ist

$$y' = f \tan w_s. \qquad (6.24)$$

Die Brennweite tritt hier als Maß für das Verhältnis aus der linearen Bildgröße und der scheinbaren Objektgröße auf. Für $a' = -\infty$ ist $\beta' = \infty$, so daß die Größenbeziehungen zwischen Objekt und Bild mittels

$$y = f' \tan w'_s \qquad (6.25)$$

darzustellen ist.

> Bei unendlich fernem Gegenstand ist die Bildgröße der scheinbaren Objektgröße proportional.
> Bei unendlich fernem Bild ist die scheinbare Bildgröße der Objektgröße proportional.
> Der Proportionalitätsfaktor ist im ersten Fall die objektseitige, im zweiten Fall die bildseitige Brennweite.

Bei erfüllter Sinusbedingung ist der Maßstab für die Abbildung achsnaher Flächenelemente mit weit geöffneten Bündeln aus

$$\hat{\beta}' = \frac{n \sin \hat{\sigma}}{n' \sin \hat{\sigma}'} \qquad (6.26)$$

zu berechnen. Bei der Projektion werden die Bilder auf einem Schirm aufgefangen, und erst das Schirmbild wird betrachtet. Die scheinbare Größe des Schirmbildes beträgt nach Gl. (6.3)

$$\tan w'_s = -\frac{y'}{a'_s}, \qquad (6.27)$$

wobei $y' = y\beta'$ die lineare Größe des Projektionsbildes und a'_s die Betrachtungsentfernung ist. Gleichung (6.27) kann in der Gestalt

$$\tan w'_s = \frac{\beta' y}{a'_s} \qquad (6.28)$$

geschrieben werden.

Auch die Mattscheibe im Sucher einer Spiegelreflexkamera oder in einer Plattenkamera unterbricht die objektive Abbildung. Eine visuelle Beobachtung des Mattscheibenbildes schließt sich an. Dieses hat bei der Betrachtung aus der deutlichen Sehweite die scheinbare Größe

$$\tan w'_s = -\frac{y'}{a_d} = \frac{y'/\text{mm}}{250}. \qquad (6.29)$$

Das auf "unendlich eingestellte" Fotoobjektiv ergibt nach Gl. (6.29) mit Gl. (6.24) die scheinbare Mattscheibenbildgröße

$$\tan w'_s = -\frac{f'/\text{mm}}{250} \tan w_s. \qquad (6.30a)$$

Das Fotoobjektiv, als Sucher benutzt, wirkt wie ein einfaches Fernrohr mit der Vergrößerung

$$\Gamma' = -\frac{f'/\mathrm{mm}}{250}. \tag{6.30b}$$

Erst bei Objektivbrennweiten $f' > 250$ mm ist eine Vergrößerung $|\Gamma'| > 1$ zu bemerken.

6.1.5 Optische Instrumente und Geräte

Optisches Instrument. Der Begriff des optischen Instruments ist historisch entstanden. Es gibt Meinungen, nach denen er heute überflüssig wäre. Wir verwenden ihn als einen Begriff, der eine bestimmte Kategorie von optischen Systemen kennzeichnet. Wir definieren:

> Ein optisches Instrument ist eine Anordnung aus optischen Funktionselementen und -gruppen, mit der auf lichtoptischem Wege ein Bild erzeugt wird. Optische Instrumente erweitern mit optischen Mitteln die Leistungsfähigkeit des menschlichen Auges.

Die Einteilung der optischen Instrumente richtet sich danach, ob das Auge in die Abbildungsfolge unmittelbar einbezogen ist oder ob die Abbildung vor dem Betrachten des Bildes unterbrochen wird.

Bei subjektiven optischen Instrumenten gehört das Auge direkt dem Strahlengang des optischen Systems an. Insbesondere wird das Bild nicht aufgefangen, bevor es dem Auge dargeboten wird. Entscheidend für die Wirkungsweise ist die Beschaffenheit des reellen Endbildes auf der Netzhaut. Subjektive Instrumente dienen der Vergrößerung des Sehwinkels. Sie erweitern also die Leistungsfähigkeit des Auges in der Richtung, daß das Auflösungsvermögen erhöht wird, bzw. hinsichtlich eines deutlichen Sehens. Deshalb wurde früher für solche Instrumente der Begriff des "verdeutlichenden Instruments" benutzt.

Die unmittelbare Bindung des Instruments an das menschliche Auge schließt eine wiederholte Beobachtung ohne das gleiche Objekt aus.

Die subjektiven optischen Instrumente sind z. B. die Lupe, das visuell benutzte Mikroskop und das visuell benutzte Fernrohr.

Objektive optische Instrumente entwerfen zunächst unabhängig vom menschlichen Auge ein Bild des Gegenstands. Dieses Bild wird zum Beispiel auf einem Schirm, einer Mattscheibe oder einer konservierenden Schicht aufgefangen. Erst nachträglich schließt sich die Betrachtung an. Zwischen der Abbildung und der Betrachtung liegen teilweise längere Übertragungsketten oder -zeiten, die den Informationsgehalt des Bildes ändern. Man denke zum Beispiel an den Prozeß vom Belichten des Films bis zur Vorführung der fertigen Kopie, bei dem weitere optische Systeme mitwirken, oder an den Weg einer Fernsehaufnahme bis zum Beobachten auf dem Bildschirm. Häufig ist das von objektiven Instrumenten erzeugte Bild konserviert, so daß es wiederholt angesehen werden kann. Die Informationen über das Objekt sind dann gespeichert. Deshalb ist auch der Begriff des "reproduzierenden Instruments" im Gebrauch.

Die Erweiterung der Leistung des Auges liegt vor allem darin, daß objektive optische Instrumente ein Bild erzeugen, das ohne sofortiges Einbeziehen des Auges in den Abbildungsvorgang, also zu einer anderen Zeit oder an einem anderen Ort auswertbar ist. Größenbeziehungen zwischen Objekt und Bild werden zunächst durch den Abbildungsmaßstab oder die linearen Abmessungen und die scheinbare Größe vermittelt.

Objektive optische Instrumente sind z. B. Fotoobjektive, Projektionssysteme, Scheinwerferoptiken, aber auch optische Anordnungen zur Mikrofotografie, Mikroprojektion und Astrofotografie.

Optisches Gerät. Ein optisches Gerät stellt ein komplexes technisches Gebilde dar, in dem Baugruppen verschiedener technischer Disziplinen vereint sind. Die Hauptfunktion des Gerätes beruht auf den Gesetzen der Optik.

Mit einem optischen Gerät werden Informationen aufgenommen, übertragen, gewandelt und ausgewertet, wobei das Licht als Energieträger dient. Die Gesamtheit der optischen Funktionselemente, die teilweise oder vollständig zu optischen Systemen und Instrumenten zusammengefaßt sein können, bilden das Optik-Schema des optischen Gerätes.

Die klassischen optischen Geräte, wie z. B. die Mikroskope, sind vorwiegend feinmechanisch-optische Geräte. Sie bestehen aus einem optischen Instument, weiteren optischen Funktionselementen und feinmechanischen Funktionsgruppen. In dieser Beziehung verstehen wir unter einem Mikroskop einerseits ein optisches Instrument, wenn nur die für die Hauptfunktion notwendigen optischen Systeme und Funktionselemente gemeint sind, und andererseits ein optisches Gerät, wenn sämtliche Funktionsgruppen betrachtet werden, also zum Beispiel auch die Triebe, Tische, Stative und so weiter. In den modernen optischen Geräten können mehr oder weniger sämtliche technische Disziplinen angewendet sein. In besonders starkem Maße tritt die Elektrotechnik, speziell die Elektronik und die Mikroprozessortechnik, an die Seite der Optik. Die elektronischen Baugruppen ersetzen aber nicht die optischen Funktionselemente, deren Umfang weitgehend erhalten bleibt. Sie erweitern und ergänzen die optischen Geräte hinsichtlich ihrer Leistungsfähigkeit, indem sie das optische Signal umwandeln, steuern, registrieren und auswerten. Andererseits wird die Optik in Bereiche eindringen, die bisher nur der Elektronik vorbehalten waren. Das trifft zum Beispiel für bestimmte Funktionen in Datenverarbeitungsanlagen zu. Tab. 6.8 enthält eine schematische Einteilung technisch-optischer Gebilde. Das Optik-Schema kann aus optischen Instrumenten, optischen Systemen und optischen Funktionselementen nebeneinander oder in einem Strahlengang bestehen. Ein optisches Instrument enthält entweder nur optische Funktionselemente oder auch zu optischen Systemen zusammengefaßte Funktionselemente.

Tabelle 6.8 Schematische Einteilung technisch-optischer Gebilde

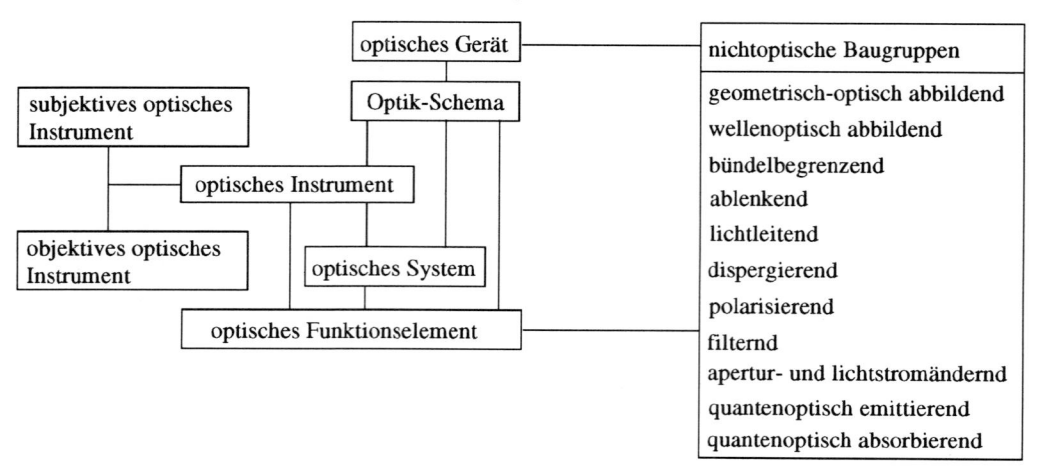

	optisches Gerät	nichtoptische Baugruppen
subjektives optisches Instrument	Optik-Schema	geometrisch-optisch abbildend
		wellenoptisch abbildend
	optisches Instrument	bündelbegrenzend
		ablenkend
objektives optisches Instrument		lichtleitend
	optisches System	dispergierend
		polarisierend
	optisches Funktionselement	filternd
		apertur- und lichtstromändernd
		quantenoptisch emittierend
		quantenoptisch absorbierend

6.2 Lupe und Mikroskop

6.2.1 Lupe

In Tab. 6.6 wurden einige Eigenschaften von Lupe, Leseglas und einfachem Mikroskop gegenübergestellt. Die beim einfachen Mikroskop mit unendlicher Bildweite geltende Normalvergrößerung und die Vergrößerung für ein in der deutlichen Sehweite entstehendes Bild wurden in 6.1.3 berechnet.

Für eine Lupe, die dicht vor ein normalsichtiges Auge gehalten wird, gelten dieselben Gleichungen wie für das einfache Mikroskop. Die Normalvergrößerung der Lupe beträgt also nach Gl. (6.14)

$$\Gamma'_N = \frac{250}{f'/\text{mm}} \qquad (a'_s = \infty,\ a_s = -250\,\text{mm}). \tag{6.31}$$

Nach der Akkommodation auf die deutliche Sehweite gilt nach Gl. (6.16)

$$\Gamma' = \Gamma'_N + 1 \qquad (a'_s = -250\,\text{mm},\ a_s = -250\,\text{mm}). \tag{6.32}$$

Bündelbegrenzung und Perspektive. Bei der Lupenbeobachtung wirkt die Augenpupille als Austrittspupille. Die Eintrittspupille hat die Entfernung

$$z_p = -\frac{f'^2}{z'_p} \tag{6.33}$$

vom objektseitigen Brennpunkt der Lupe (Abb. 6.17). Die gegenseitige Lage von Eintrittspupille und Objekt bestimmt die Perspektive. Für ein in der objektseitigen Brennebene stehendes Objekt gilt:

Bei $z'_p = 0$ ist $z_p = \infty$, es liegt telezentrische Perspektive vor;

bei $z'_p < 0$ ist $z_p > 0$, es liegt entozentrische Perspektive vor;

bei $z'_p > 0$ ist $z_p < 0$, es liegt hyperzentrische Perspektive vor.

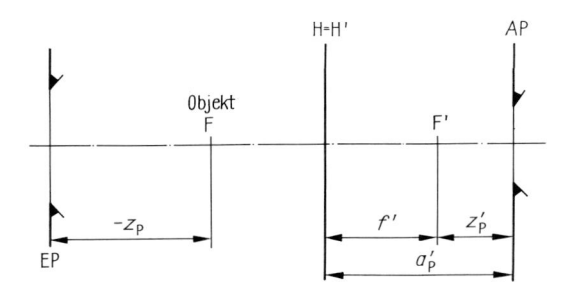

Abb. 6.17 Zur Pupillenabbildung bei der Lupe

Wir berechnen die Austrittspupillen-Entfernung von der Lupe a'_p für natürliche Perspektive (also im wesentlichen den Augenort). Mit

$$a'_p = z'_p + f' \tag{6.34}$$

und Gl. (6.31), (6.33) erhalten wir

$$a'_p/\text{mm} = \frac{250}{\Gamma'_N} - \frac{62500}{\Gamma'^2_N z_p/\text{mm}}. \tag{6.35}$$

Die natürliche Perspektive ist diejenige, die beim direkten Sehen des Objekts aus der deutlichen Sehweite heraus vorliegt. Es muß also auch bei der Lupenbeobachtung $z_P = 250$ mm gesetzt werden, womit sich aus Gl. (6.35)

$$a'_p/\text{mm} = \frac{250}{\Gamma'_N} - \frac{250}{\Gamma'^2_N} \tag{6.36}$$

ergibt. Abb. 6.18 enthält a'_p als Funktion von Γ'_N. Bei hohen Vergrößerungen erfordert die natürliche Perspektive einen relativ geringen Abstand des Auges von der Lupe.

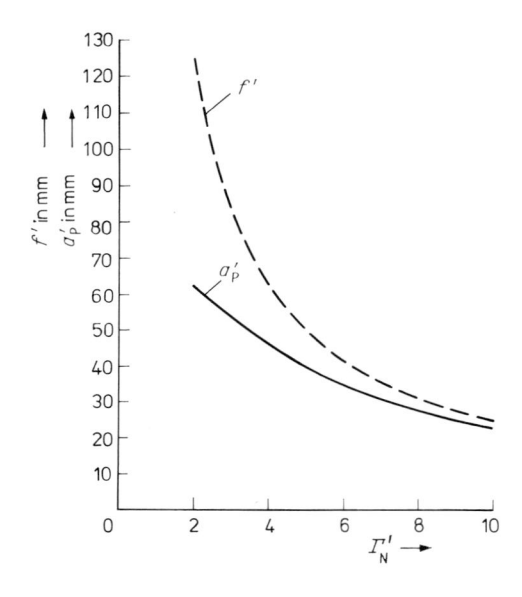

Abb. 6.18 Austrittspupillenlage als Funktion der Normalvergrößerung bei natürlicher Perspektive; Brennweite der Lupe

Die freie Linsenöffnung wirkt als Feldblende. Da sie nicht mit der Objektebene zusammenfällt, liegt Randabschattung durch die Feldblende vor.

Vergrößerung bei akkommodiertem oder fehlsichtigem Auge. Bei einer Lupe, die mit einem fehlsichtigen oder mit einem akkommodierenden Auge benutzt wird, hängt die Vergrößerung auch von der Entfernung Auge – Lupe ab.

Wir gehen davon aus, daß die lineare Größe des Netzhautbildes die scheinbare Größe des Objekts bestimmt. Für die Änderung der Vergrößerung gegenüber der Normalvergrößerung ist deshalb die Änderung der Bildgröße auf der Netzhaut entscheidend. Der Abbildungsmaßstab von Lupen- und Augenabbildung betrage beim fehlsichtigen Auge β', beim normalsichtigen und entspannten Auge β'_N. Die Vergrößerung ergibt sich dann aus

$$\Gamma' = \Gamma'_N \frac{\beta'}{\beta'_N}. \tag{6.37}$$

Der Abbildungsmaßstab läßt sich zusammensetzen aus demjenigen der Lupe und demjenigen

6.2 Lupe und Mikroskop

des Auges:
$$\beta'_L = -\frac{z'_L}{f'_L}. \tag{6.38}$$

Nach Abb. 6.19 ist $z'_L = a'_L - f'_L$ und $a'_L = a_A + e'$, also
$$z'_L = a_A + e' - f'_L \tag{6.39}$$
und
$$\beta'_L = \frac{f'_L - e' - a_A}{f'_L}. \tag{6.40}$$

Entsprechend folgt aus $\beta'_A = -f_A/z_A$ mit $z_A = a_A - f_A$ für den Abbildungsmaßstab des Auges
$$\beta'_A = -\frac{f_A}{a_A - f_A}. \tag{6.41}$$

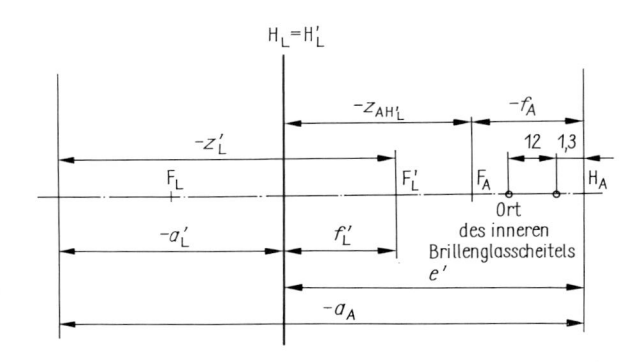

Abb. 6.19 Vom Auge weggerückte Lupe

Insgesamt beträgt der Abbildungsmaßstab
$$\beta' = -\frac{(f'_L - e' - a_A) f_A}{f'_L (a_A - f_A)}. \tag{6.42}$$

Bei $a_A = -\infty$ (entspanntes normalsichtiges Auge) gilt
$$\beta'_N = \frac{f_A}{f'_L}. \tag{6.43}$$

Mit $f'_L/\text{mm} = 250/\Gamma'_N$ sowie Gl. (6.37), (6.42), (6.43) ergibt sich die Vergrößerung
$$\Gamma' = -\Gamma'_N \frac{\frac{250}{\Gamma'_N} - e'/\text{mm} - a_A/\text{mm}}{a_A/\text{mm} - f_A/\text{mm}}. \tag{6.44}$$

Wir setzen (Abb. 6.19)
$$e' = -f_A - z_{AH'_L} \tag{6.45}$$
und erhalten
$$\Gamma' = \Gamma'_N \left(1 + \frac{\frac{250}{\Gamma'_N}}{f_A/\text{mm} - a_A/\text{mm}} + \frac{z_{AH'_L}}{f_A/\text{mm} - a_A/\text{mm}}\right) \tag{6.46}$$

Die Entfernung, auf die ein fehlsichtiges oder akkommodiertes Auge eingestellt ist, wird von dem 13,3 mm vor dem objektseitigen Hauptpunkt liegenden Punkt aus gemessen. Sie ist gleich der Brennweite, die der in Dioptrien angegebenen Fehlsichtigkeit zugeordnet ist. Es wird also

$$a_D/\text{mm} = \frac{1000}{D/\text{dpt}} \quad \text{und} \quad a_A/\text{mm} = \frac{1000}{D/\text{dpt}} - 13,3. \tag{6.47, 6.48}$$

(Der Zähler 1000 entsteht durch die Umrechnung von $1\,\text{dpt} = 1\,\text{m}^{-1}$ in mm^{-1}. Der genannte Bezugspunkt liegt 12 mm vor dem vorderen Scheitel der Hornhaut und wird als Ort des inneren Scheitels eines Brillenglases angenommen.)

Akkommodation und Kurzsichtigkeit liegen bei $D < 0$, Weitsichtigkeit liegt bei $D > 0$ vor. Da die Brennweite des entspannten Auges $f_A = -17,1\,\text{mm}$ beträgt, gilt

$$f_A - a_A = -\frac{1000}{D/\text{dpt}} - 3,8. \tag{6.49}$$

Damit ergibt sich aus Gl. (6.46)

$$\Gamma' = \Gamma'_N \left(1 - \frac{250}{\Gamma'_N} \frac{1}{\frac{1000}{D/\text{dpt}} + 3,8} - \frac{z_{AH'_L}}{\frac{1000}{D/\text{dpt}} + 3,8} \right). \tag{6.50}$$

Praktisch ist stets

$$\left| \frac{1000}{D/\text{dpt}} \right| \gg 3,8,$$

so daß mit ausreichender Näherung

$$\Gamma' = \Gamma'_N \left(1 - \frac{D/\text{dpt}}{4\,\Gamma'_N} - \frac{D/\text{dpt} \cdot z_{AH'_L}/\text{mm}}{1000} \right). \tag{6.51}$$

gesetzt werden kann.

Akkommodation auf die deutliche Sehweite. Akkommodation auf $a_D = a_d = -250\,\text{mm}$ entspricht einer zusätzlichen Brechkraft $D = -4\,\text{dpt}$. Die Vergrößerung beträgt

$$\Gamma' = \Gamma'_N \left(1 + \frac{1}{\Gamma'_N} + \frac{z_{AH'_L}/\text{mm}}{250} \right). \tag{6.52}$$

Bei $z_{AH'_L} = 0$ ergibt sich die bereits abgeleitete Gl. (6.32): $\Gamma' = \Gamma'_N + 1$. Dazu muß also die Lupe so dicht vor das Auge gehalten werden, daß ihr bildseitiger Hauptpunkt mit dem objektseitigen Brennpunkt des Auges zusammenfällt.

Die Vergrößerung nimmt ab, wenn die Lupe weiter vom Auge entfernt gehalten wird. So ist z. B. bei $z_{AH'_L} = -125\,\text{mm}$

$$\Gamma' = \frac{1}{2}\Gamma'_N + 1.$$

(Bei $\Gamma'_N = 8$ ist also nur noch $\Gamma' = 5$). Abb. 6.20 enthält die Abhängigkeit der Vergrößerung

6.2 Lupe und Mikroskop

von $z_{AH'_L}$ für eine Lupe mit $\Gamma'_N = 5$, $f'_L = 50$ mm bei Akkommodation mit $D = -4$ dpt und bei Weitsichtigkeit mit $D = 4$ dpt.

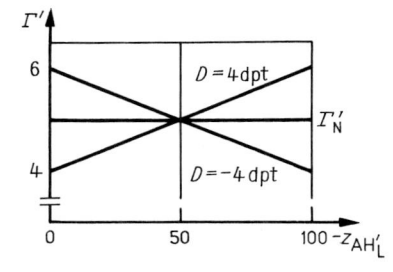

Abb. 6.20 Vergrößerung der Lupe als Funktion des Abstandes Auge – Lupe

Ausführungsformen. Bei Lupen mit schwacher Vergrößerung kann wegen der kleinen Austrittspupille die Korrektion des Öffnungsfehlers und die Erfüllung der Sinusbedingung untergeordnete Bedeutung haben. Das große Feld erfordert die Korrektion der Koma, des Astigmatismus, der Verzeichnung und des Farbfehlers des Hauptstrahls. Die Bildfeldwölbung kann teilweise durch die Akkommodation auf die gekrümmte Bildschale ausgeglichen werden.

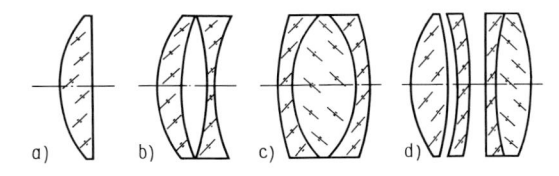

Abb. 6.21 a) Plankonvexlinse als Lupe, b) Verantlupe, c) aplanatische Lupe, d) anastigmatische Lupe

Abb. 6.21 enthält einige Ausführungsformen von Lupen. Für geringe Ansprüche genügt bis zu $\Gamma' = 6$ eine Plankonvexlinse, deren Planfläche dem Auge zuzukehren ist (geringer Astigmatismus, Abb. 6.21a). Die Verantlupe erfüllt höhere Ansprüche hinsichtlich der Bildqualität bis zu Vergrößerungen $\Gamma' = 4$, weil bei ihr der Astigmatismus, die Bildfeldwölbung, die Verzeichnung und der Farbfehler des Hauptstrahls korrigiert sind (Abb. 6.21b). Bei höheren Vergrößerungen müssen auch der Öffnungsfehler korrigiert und die Sinusbedingung erfüllt sein (aplanatische Lupe, $\Gamma' = 6...15$, Abb. 6.21c). Schließlich lassen sich mit erhöhtem Aufwand für stärkere Vergrößerungen anastigmatische Lupen berechnen, bei denen alle Abbildungsfehler ausreichend korrigiert sind (Abb. 6.21d).

6.2.2 Optikschema des zusammengesetzten Mikroskops

Das Optikschema des zusammengesetzten Mikroskops enthält das Objektiv und das Okular, so daß eine zweistufige Abbildung realisiert wird. Das Objektiv erzeugt das reelle Zwischenbild, das mit dem Okular wie mit einer Lupe betrachtet wird.

Im Normalfall befindet sich das Endbild im Unendlichen, das Okular wird mit der Normalvergrößerung benutzt. Abb. 6.22a enthält für diesen Fall den Abbildungsstrahlengang. Das Endbild kann bis auf maximal $a_d = -250$ mm an das Auge herangeführt werden, wobei die

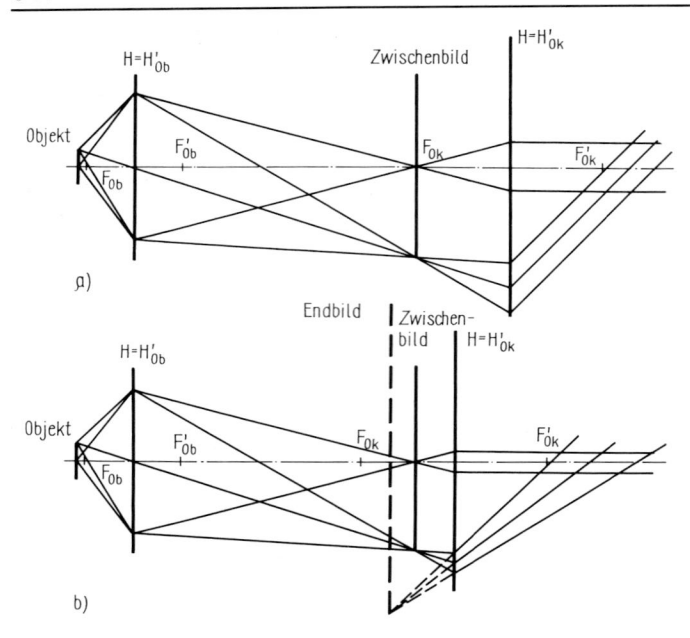

Abb. 6.22 Abbildung im zusammengesetzten Mikroskop
a) Bildweite unendlich, b) Bild in der deutlichen Sehweite

Vergrößerung geringfügig anwächst (Abb. 6.22b). Wir nennen die Vorteile des zusammengesetzten Mikroskops gegenüber dem einfachen Mikroskop:

1. Die zweistufige Abbildung ermöglicht eine kleine Gesamtbrennweite des Mikroskops bei größeren Einzelbrennweiten von Objektiv und Okular. Dadurch sind höhere Vergrößerungen zu erreichen. Aus

$$f' = -\frac{f'_{Ob} f'_{Ok}}{t} \qquad (6.53)$$

folgt mit einer entsprechend großen optischen Tubuslänge t eine kleine Gesamtbrennweite.

Abb. 6.23 zeigt ein Beispiel, bei dem $f'_{Ob} = 4$ mm, $f'_{Ok} = 20$ mm, $t = 160$ mm, $f' = -0,5$ mm, $\Gamma' = -500$ ist.

Abb. 6.23 Grundpunkte des Mikroskops (objektseitig Luft)

2. Zwei Forderungen sind mit dem optischen System des Mikroskops zu erfüllen:
- Das Objektfeld soll einen gegenüber der Gesamtbrennweite großen Durchmesser haben.
- Die numerische Apertur soll möglichst groß sein, damit das Auflösungsvermögen gewährleistet ist.

Mit einer einstufigen Abbildung sind beide Forderungen kaum zu realisieren, weil die Korrektion optischer Systeme für große Felder und große Öffnungen schwierig ist. Beim zusam-

6.2 Lupe und Mikroskop

mengesetzten Mikroskop ist jedoch die Abbildung so auf Objektiv und Okular aufgeteilt, daß diese je eine der Forderungen erfüllen.

Das Objektiv bildet ein gegenüber seiner Brennweite kleines Objektfeld mit weit geöffneten Bündeln, also mit großer numerischer Apertur, ab. Bei einem Mikroobjektiv ist die Sinusbedingung erfüllt. Diese lautet mit $n' = 1$, $\beta' = y'/y$, $A = n \sin u$

$$\sin u' = \frac{A}{\beta'}. \tag{6.54}$$

Da im allgemeinen bei Mikroobjektiven mit größerem Abbildungsmaßstab auch eine größere numerische Apertur vorliegt, gilt für alle Objektive angenähert $u' = 1° \cdots 3°$. Für das Okular ist demnach die numerische Apertur sehr klein. Es bildet ein großes Objektfeld mit engen Bündeln ab.

3. Im allgemeinen ist es günstig, objektseitig telezentrischen Strahlengang vorzusehen. Die Öffnungsblende liegt dann in der bildseitigen Brennebene des Objektivs oder in einer dazu konjugierten Ebene.

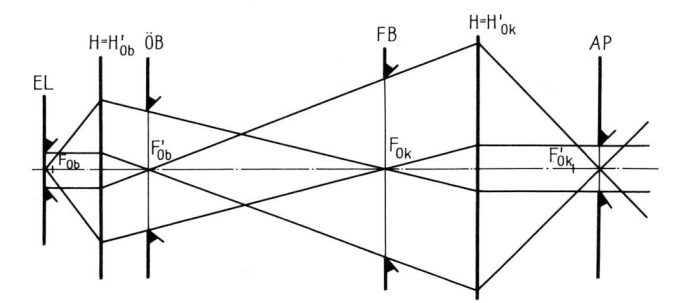

Abb. 6.24 Hauptstrahlenverlauf im zusammengesetzten Mikroskop

Die optimale Verknüpfung der Strahlenbündel zwischen Mikroskop und Auge wird erreicht, wenn die Augenpupille am Ort der Austrittspupille des Gesamtsystems steht. Diese muß also dem Auge zugänglich sein. Das Okular hat deshalb unabhängig von seiner Vergrößerung die Aufgabe, die Öffnungsblende reell abzubilden und damit bildseitig konvergenten Hauptstrahlenverlauf zu verwirklichen (Abb. 6.24).

4. Gegenüber dem einfachen Mikroskop hat das zusammengesetzte Mikroskop die Vorteile eines größeren freien Arbeitsabstandes, einer größeren Entfernung Objekt – Auge und des einfachen Vergrößerungswechsels.

5. Betrachtet man das Objekt als eine beugende Struktur, die mit Parallelbündeln beleuchtet wird, dann erzeugt das Objektiv in seiner bildseitigen Brennebene ein Beugungsbild. In dieses lassen sich Eingriffe vornehmen, die zu verschiedenen Mikroskopierverfahren führen. Dieser Vorteil ist nur beim zusammengesetzten Mikroskop gegeben.

Abgleich. Der Mikroskoptubus ist ein Rohr zur Aufnahme des Objektivs, des Okulars, von Reflexionsprismen oder Spiegeln und weiterer Bauelemente, die die Strahlenbündel beeinflussen. Das Objektiv wird entweder direkt an den Tubus oder an einen Objektivrevolver angeschraubt. Das Okular wird in den Tubus eingesteckt.

Objektiv und Okular werden "abgeglichen", d. h., ein Objektiv- und Okularwechsel erfordert keine Verstellung des Tubus. Dazu ist es notwendig, daß die Bildweite des Objektivs und die Objektweite des Okulars konstant bleiben. Die mechanische Tubuslänge war bei den Herstellern verschieden. Tab. 6.9 enthält Beispiele sowie die Abgleichlängen nach DIN 58887 (Abb. 6.25).

Tabelle 6.9 Abgleichlängen beim Mikroskop

Hersteller	mechanische Tubuslänge	Abgleichlänge Objektiv	Abgleichlänge Okular	Abstand Objekt – Zwischenbild	Anwendung
Carl Zeiss Jena	160	45	13	192	Durchlicht
		45	13		Auflicht
		75	13		großer Arbeitsabstand
Carl Zeiss Oberkochen	160	45	10	192	
		33	10	183	
Leitz	170	45	18	197	Durchlicht
		37	18	189	Durchlicht
DIN	160	45	10	195	

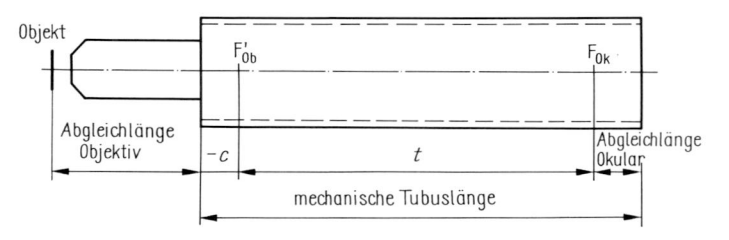

Abb. 6.25 Abgleichlängen am Mikroskoptubus

Folgende Gesichtspunkte bestimmen die Abgleichlängen:

- Tubuslänge. Der Abbildungsmaßstab des Objektivs wächst bei konstanter Objektivbrennweite mit der Tubuslänge. Andererseits darf das Mikroskop insgesamt nicht zu hoch werden.
- Objektiv. Die gesamte Objektivpalette unterschiedlicher Länge muß abgleichbar sein. Zu große Abgleichlängen bringen Probleme bei der Zentrierung mit sich.
- Okular. Starke Okulare haben eine kleine Brennweite, deshalb sollte die Abgleichlänge der Okulare möglichst klein sein.

Für die Entfernung vom Objekt bis zum Zwischenbild gilt:

Entfernung Objekt bis Zwischenbild = (mechanische Tubuslänge)
+ (Abgleichlänge Objektiv)
− (Abgleichlänge Okular).

Für die optische Tubuslänge gilt (Abb. 6.25):

t/mm = (mechanische Tubuslänge) /mm
− (Abgleichlänge Okular) /mm
+ c/mm.

Bei schwachen Objektiven ist c klein; bei starken Objektiven ist c ungefähr gleich der Abgleichlänge Okular.

6.2.3 Vergrößerung und Auflösungsvermögen

Vergrößerung. Wir legen ein Mikroskop zugrunde, bei dem die Bildweite unendlich ist. Nach Gl. (6.8) gilt für die Vergrößerung bei unendlicher Bildweite und bei der deutlichen Sehweite als Bezugsentfernung

$$\Gamma' = -\frac{a_d}{y} \tan w'_s.$$

In Tab. 6.10 wird diese Beziehung auf die spezifischen Verhältnisse des zusammengesetzten Mikroskops angewendet (Abb. 6.26). Das Ergebnis lautet

$$\Gamma' = \beta'_{Ob} \Gamma'_{Ok} \tag{6.55}$$

und

$$\Gamma' = \frac{250}{f'/\text{mm}}. \tag{6.56}$$

In Worten:

- Die Vergrößerung des Mikroskops ist das Produkt aus dem Abbildungsmaßstab des Objektivs und der Vergrößerung des Okulars.
- Die Vergrößerung des Mikroskops läßt sich mit der Formel für die Vergrößerung der Lupe berechnen, wenn in diese die Gesamtbrennweite des Mikroskops eingesetzt wird.

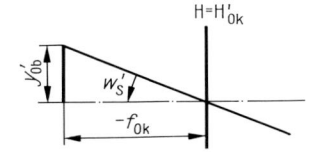

Abb. 6.26 Zur Ableitung der Vergrößerung

Objektive mit unendlicher Bildweite. In der Mikroskopie werden auch Objektive mit unendlicher Bildweite eingesetzt. Diese beruhen auf der Abbeschen Zerlegung der mikroskopischen Abbildung, die wir zunächst erläutern (Abb. 6.27a).

Das Objektiv wird durch eine dünne Zerstreuungslinse ergänzt, die in der bildseitigen Brennebene steht und das Zwischenbild ins Unendliche verlegt. Sie muß demnach die Brennweite $f'_z = -t$ haben. Objektiv und Zerstreuungslinse wirken wie eine Lupe mit der Brennweite

$$f'_L = \frac{f'_{Ob} f'_z}{t} = f'_{Ob} \tag{6.57}$$

und der Vergrößerung

$$\Gamma'_L = -\frac{a_d}{f'_{Ob}}. \tag{6.58}$$

Die Wirkung der Zerstreuungslinse wird mittels einer dünnen Sammellinse der Brennweite $f'_s = t$ kompensiert, die ebenfalls in der bildseitigen Brennebene des Objektivs steht.

Tabelle 6.10 Zur Ableitung der Vergrößerung des Mikroskops

Vergrößerung bei endlicher Objektweite und unendlicher Bildweite
$$\Gamma' = -\frac{a_d}{y}\tan w'_s$$

Anwenden der Winkelfunktionen
$$\tan w'_s = -\frac{y'_{Ob}}{f'_{Ok}}$$

Definition des Abbildungsmaßstabes
$$\tan w'_s = \frac{y\beta'_{Ob}}{f'_{Ok}}$$

Einsetzen
$$\Gamma' = -\frac{a_d \beta'_{Ob}}{f'_{Ok}}$$

Definition der Okularvergrößerung
$$\Gamma'_{Ok} = -\frac{a_d}{f'_{Ok}}$$

Einsetzen
$$\Gamma' = \Gamma'_{Ok}\beta'_{Ob}$$

Abbildungsmaßstab des Objektivs
$$\beta'_{Ob} = -\frac{z'_{Ob}}{f'_{Ob}} = -\frac{t}{f'_{Ob}}$$

Einsetzen
$$\Gamma' = \frac{a_d t}{f'_{Ob} f'_{Ok}}$$

Brennweite des Mikroskops
$$f' = -\frac{f'_{Ob} f'_{Ok}}{t}$$

Einsetzen
$$\Gamma' = -\frac{a_d}{f'}$$

Konvention über die deutliche Sehweite
$$a_d = -250\,\text{mm}$$

Einsetzen
$$\Gamma' = \frac{250}{f'/\text{mm}}$$

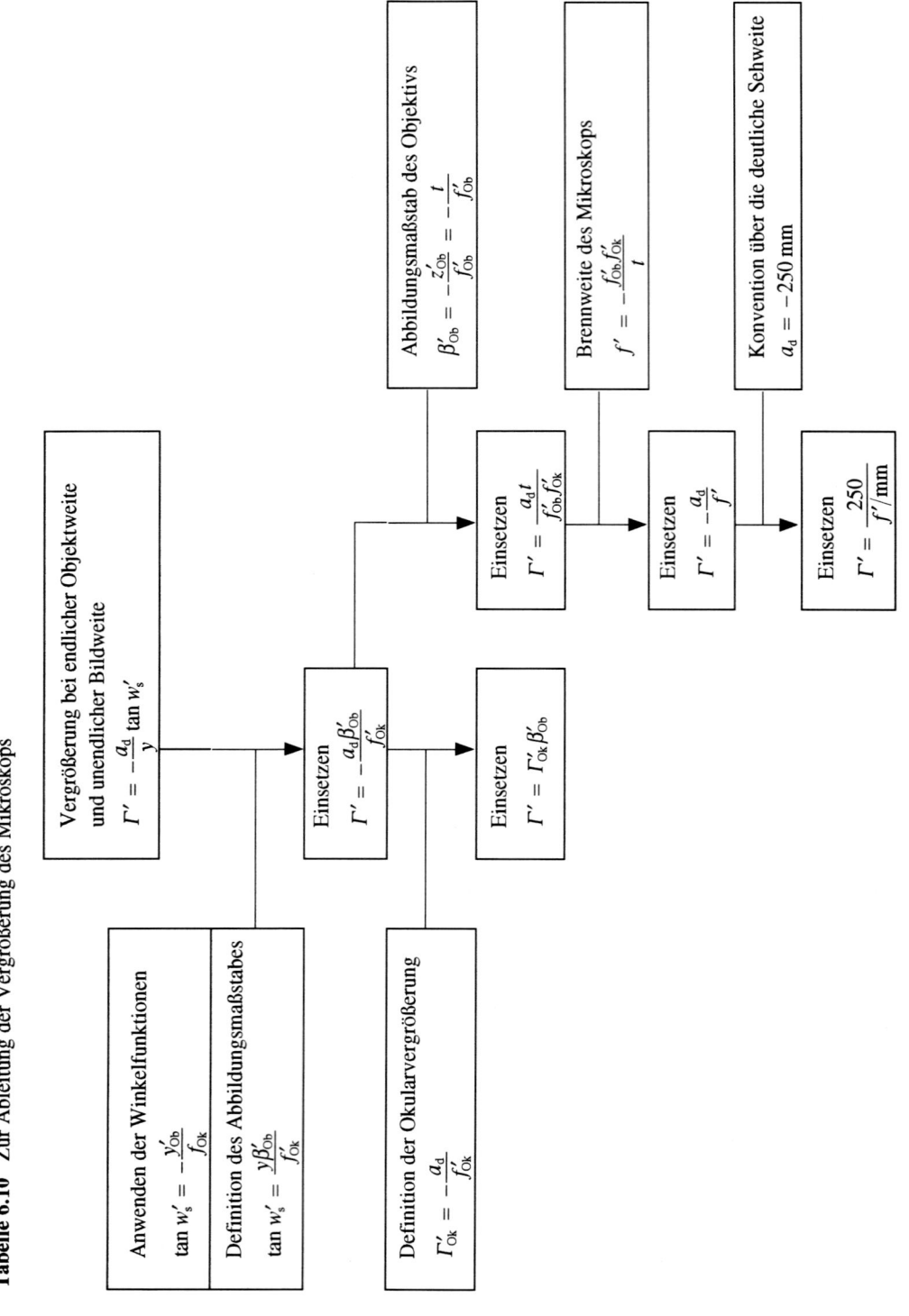

6.2 Lupe und Mikroskop

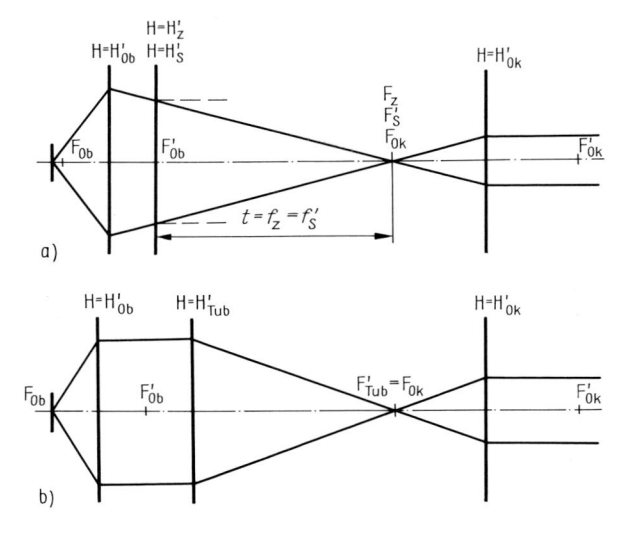

Abb. 6.27 a) Abbesche Zerlegung der mikroskopischen Abbildung,
b) Mikroskop mit Objektiv unendlicher Bildweite

Sammellinse und Okular stellen ein astronomisches Fernrohr mit der Vergrößerung

$$\Gamma'_F = -\frac{f'_s}{f'_{Ok}} = -\frac{t}{f'_{Ok}} \qquad (6.59)$$

dar. Die Mikroskopvergrößerung läßt sich in folgender Form darstellen:

$$\Gamma' = \Gamma'_L \Gamma'_F. \qquad (6.60)$$

Die Abbesche Zerlegung wird bei der Fernrohrlupe genutzt. Diese Kombination aus Lupe und Fernrohr hat den Vorteil eines großen Arbeitsabstands.

Die Objektive mit unendlicher Bildweite wirken wie die Kombination aus Objektiv mit endlicher Bildweite und Zerstreuungslinse. Es ist nur noch die Sammellinse hinzuzusetzen. Die Sammellinse wird Tubuslinse genannt. Diese stellt aber in Wirklichkeit ein hinsichtlich Farblängsfehler korrigiertes optisches System dar (Abb. 6.27b).

Die Gesamtvergrößerung beträgt

$$\Gamma' = -\frac{\Gamma'_{Ob} f'_{Tub}}{f'_{Ok}} \qquad (6.61a)$$

oder mit $f'_{Ok} = 250/\Gamma'_{Ok}$

$$\Gamma' = -\frac{\Gamma'_{Ob} \Gamma'_{Ok} f'_{Tub}/\text{mm}}{250}. \qquad (6.61b)$$

Die Brennweiten der Tubuslinsen sind so abgestuft, daß man ein einfaches Verhältnis zu 250 mm erhält.

Vorteile der Objektive mit unendlicher Bildweite sind:
– Es ist keine feste Tubuslänge notwendig;
– Planplatten, Filter, Polarisationsfilter auf der Bildseite des Objektivs, wie sie z. B. in Polarisationsmikroskopen vorkommen, führen keinen Astigmatismus ein.

Tabelle 6.11 Zur Berechnung des Austrittspupillen-Durchmessers

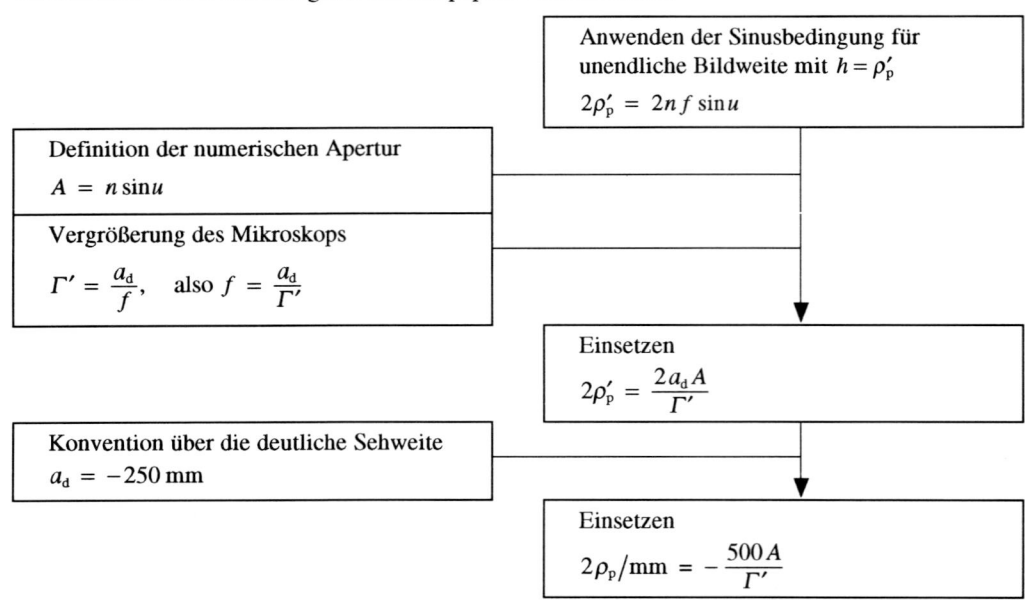

Anwenden der Sinusbedingung für unendliche Bildweite mit $h = \rho'_p$
$2\rho'_p = 2nf \sin u$

Definition der numerischen Apertur
$A = n \sin u$

Vergrößerung des Mikroskops
$\Gamma' = \dfrac{a_d}{f}$, also $f = \dfrac{a_d}{\Gamma'}$

Einsetzen
$2\rho'_p = \dfrac{2 a_d A}{\Gamma'}$

Konvention über die deutliche Sehweite
$a_d = -250 \text{ mm}$

Einsetzen
$2\rho'_p/\text{mm} = -\dfrac{500 A}{\Gamma'}$

Normalvergrößerung. Der Austrittspupillen-Durchmesser des Mikroskops hängt von der Vergrößerung ab. In Tab. 6.11 (Abb. 6.28) wird abgeleitet, daß

$$2\rho'_p/\text{mm} = -\frac{500\,A}{\Gamma'} \qquad (6.62)$$

ist. Bei dem Austrittspupillen-Durchmesser $2\rho'_p = 1$ mm spricht man von der Normalvergrößerung des Mikroskops. Diese beträgt also

$$\Gamma'_N = -500\,A. \qquad (6.63)$$

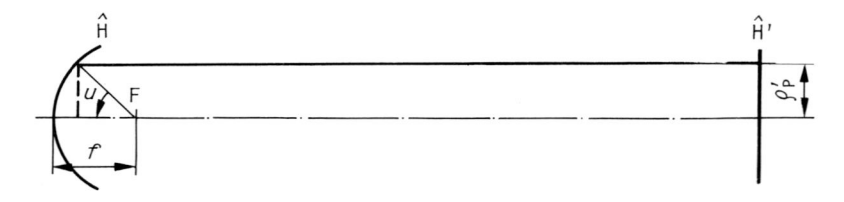

Abb. 6.28 Zur Ableitung des Austrittspupillen-Durchmessers

Ablesevergrößerung. Bei der Definition der Vergrößerung für die Lupe und für das Mikroskop wird der Sehwinkel ohne Instrument w_s auf die deutliche Sehweite $a_d = -250$ mm bezogen. Die wirksame Vergrößerung beim Ablesen von Marken oder Teilungen mit der Lupe oder mit dem Mikroskop ergibt sich aber als Verhältnis der scheinbaren Größe mit Instrument und der scheinbaren Größe ohne Instrument bei unveränderter Entfernung a_s der Augenpupille vom Objekt.

6.2 Lupe und Mikroskop

Die Ablesevergrößerung Γ'_A folgt damit aus der Vergrößerung durch

$$\Gamma'_A = -\Gamma' \frac{a_s/\text{mm}}{250}.$$

Liegt die Skale in der objektseitigen Brennebene einer Lupe, dann beträgt die Ablesevergrößerung

$$\Gamma'_A = -\Gamma'_N \frac{a_s/\text{mm}}{250} = \frac{a_s}{f'}. \tag{6.64}$$

Für ein Ablesemikroskop ist a_s nach Abb. 6.29 zu berechnen. Wir lesen

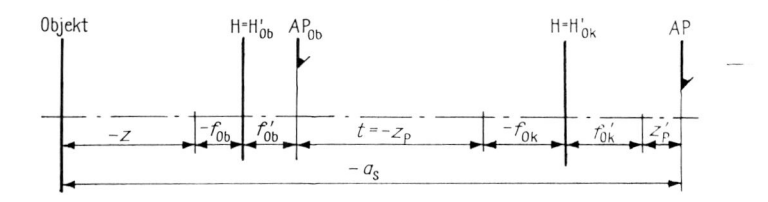

$$-a_s = -z - f_{Ob} + f'_{Ob} + t - f_{Ok} + f'_{Ok} + z'_p$$

ab. Mit $f_{Ob} = -f'_{Ob}$, $f_{Ok} = -f'_{Ok}$, $t = -f'^2_{Ob}/z$ und $z'_p = -f'^2_{Ok}/z = f'^2_{Ok}/t = -f'^2_{Ok}z/f'^2_{Ob}$ ergibt sich

$$a_s = z - 2(f'_{Ob} + f'_{Ok}) + \frac{f'^2_{Ob}}{z} + \frac{f'^2_{Ok} z}{f'^2_{Ob}}. \tag{6.65}$$

Abb. 6.29 Zur Ableitung der Ablesevergrößerung

Für die Mikroskopvergrößerung gilt $\Gamma' = \Gamma'_{Ok} \beta'_{Ob}$ bzw. mit $\Gamma'_{Ok} = 250/(f'_{Ok}/\text{mm})$, $\beta'_{Ob} = f'_{Ob}/z$

$$\Gamma' = \frac{f'_{Ob}}{f'_{Ok}} \cdot \frac{250}{z/\text{mm}}. \tag{6.66}$$

Aus Gl. (6.64) ergibt sich mit Gl. (6.65) und Gl. (6.66)

$$\Gamma'_A = -\frac{f'_{Ob}}{f'_{Ok}} \left(1 - \frac{2(f'_{Ob} + f'_{Ok})}{z} + \frac{f'^2_{Ob}}{z^2} + \frac{f'^2_{Ok}}{f'^2_{Ob}} \right). \tag{6.67}$$

Mit $f'_{Ob} = 16$ mm, $f'_{Ok} = 50$ mm, $z = -1{,}6$ mm erhalten wir z. B. $\Gamma'_A = -62$, die Mikroskopvergrößerung würde in diesem Fall $\Gamma' = -50$ sein.

Auflösungsvermögen. Nach Gl. (4.337) hat die erste Nullstelle der Beugungsfigur, die sich bei der Abbildung eines Punktes ergibt, in der Bildebene den Radius

$$r' = 0{,}61 \frac{\lambda p'}{\rho'_p}. \tag{6.68}$$

Vorausgesetzt ist eine kreisförmige Öffnungsblende.

Zwei inkohärent zueinander strahlende Objektpunkte gelten als auflösbar, wenn die erste Nullstelle der einen Beugungsfigur mit dem Hauptmaximum der anderen Beugungsfigur höchstens zusammenfällt. In der Mitte zwischen den beiden Maxima ist dann die Intensität um 37% geringer als in den Maxima. Der Kontrast beträgt 0,16. Die Gl. (6.68) gibt also zugleich den auflösbaren Abstand zweier Punktbilder in der Zwischenbildebene des Mikroskops an.

Da der bildseitige Öffnungswinkel u' des Mikroobjektivs klein ist, gilt

$$\tan u' \approx \sin u' \approx \frac{\rho'_p}{p'}$$

und

$$r' = 0{,}61 \frac{\lambda}{\sin u'}. \tag{6.69a}$$

Die Sinusbedingung

$$nr \sin u = n'r' \sin u'$$

ergibt mit $n' = 1$, $n \sin u = A$

$$r' = \frac{Ar}{\sin u'}. \tag{6.69b}$$

Der in der Objektebene auflösbare Abstand beträgt nach Gl. (6.69a, b)

$$r_A = 0{,}61 \frac{\lambda}{A}. \tag{6.70}$$

Inkohärent strahlende Objektpunkte liegen vor, wenn das Objekt selbst leuchtet oder mit großer Apertur beleuchtet wird. (Bei selbstleuchtenden Objekten wird das Licht nur an der Öffnungsblende des Mikroobjektivs gebeugt. Bei beleuchteten Objekten tritt zusätzlich Beugung am Objekt auf.) Man bezeichnet das Verhältnis aus der Beleuchtungsapertur A'_K und der numerischen Apertur des Mikroobjektivs A als Kohärenzparameter

$$S = \frac{A'_K}{A}. \tag{6.71}$$

Kohärente Beleuchtung ist durch $S = 0$, inkohärente Beleuchtung durch $S \to \infty$ gekennzeichnet. Für $0 < S < \infty$ liegt partiell-kohärente Beleuchtung vor. Allerdings ist Licht mit $S = 1$ bereits weitgehend inkohärent.

Für partiell-kohärente Beleuchtung geht Gl. (6.70) über in

$$r_A = m_A \frac{\lambda}{A}. \tag{6.72}$$

Der Faktor m_A wird in 6.2.8 berechnet und ist in Abb. 6.30 als Funktion von S dargestellt. Das Auflösungsvermögen beleuchteter Objekte hängt nicht nur vom Kohärenzparameter, sondern auch von der Objektform und der Beleuchtungsart ab. So ist z. B. für ein Liniengitter

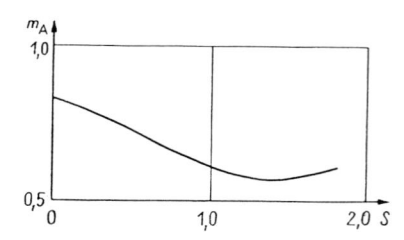

Abb. 6.30 Der Faktor m_A als Funktion des Kohärenzparameters S

6.2 Lupe und Mikroskop

$m_A = 1$, wenn kohärente Beleuchtung mit achsparallelem Licht angewendet wird, und $m_A = 0,5$ für kohärente Beleuchtung mit einem schrägen Parallelbündel.

Nützliche Vergrößerung. Bisher haben wir nur die Eigenschaft des Auges berücksichtigt, zur Auflösung zweier Intensitätsverteilungen einen Mindestkontrast zu benötigen. Die daraus resultierende auflösbare Strecke muß aber wegen des Auflösungsvermögens des Auges außerdem einen winkelmäßigen Mindestabstand haben. Beim Mikroskop ist das insofern deutlich, als ja die in der Zwischenbildebene entstehende Beugungsfigur durch das Okular wie mit einer Lupe betrachtet wird. Dadurch muß der Abstand r' auch vom Auge aufgelöst werden.

In Tab. 6.12 wird abgeleitet, wie hoch die Mikroskopvergrößerung sein muß, damit die auflösbare Strecke mit der scheinbaren Größe $\tan w'_s$ wahrgenommen wird. Es ergibt sich

$$\Gamma'_0 = \frac{250\,A\tan w'_s}{m_A\,\lambda/\mathrm{mm}}. \tag{6.73}$$

Tabelle 6.12 Zur Ableitung der förderlichen Vergrößerung

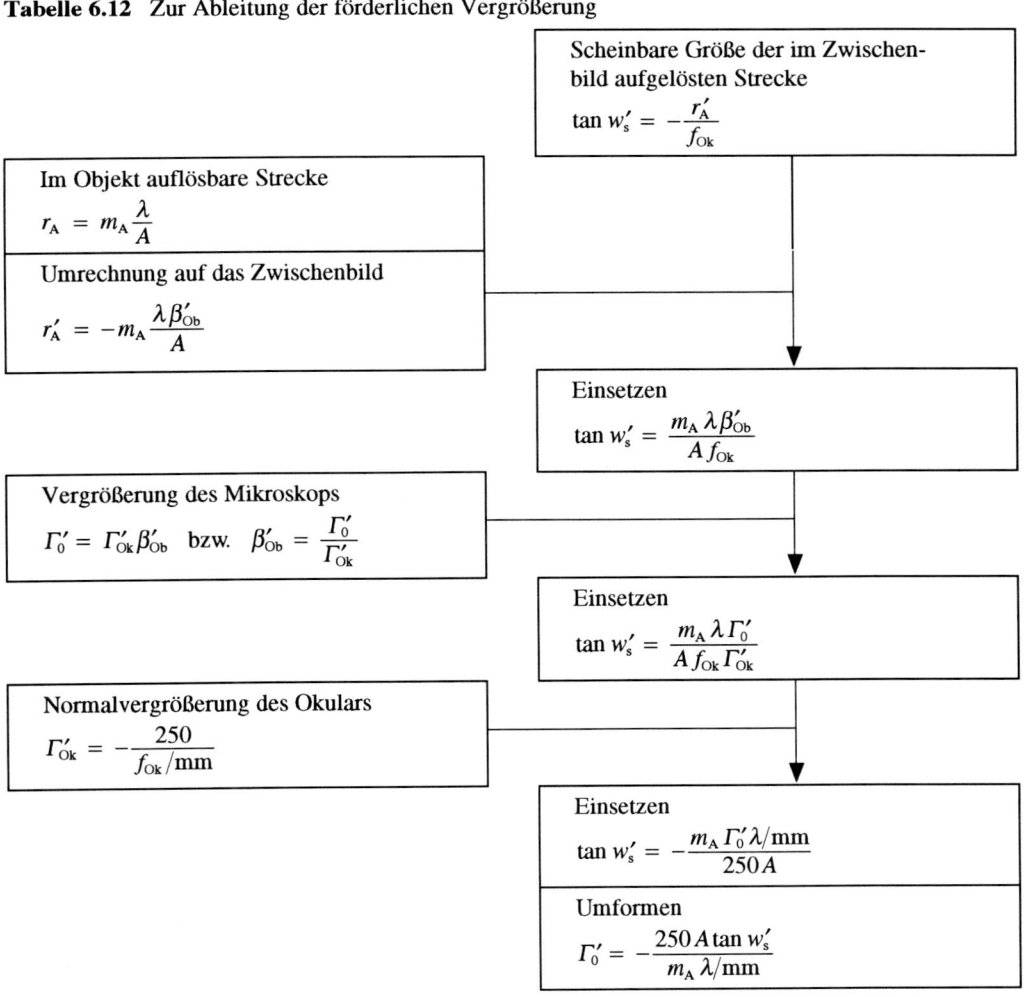

	Scheinbare Größe der im Zwischenbild aufgelösten Strecke $\tan w'_s = -\dfrac{r'_A}{f_{Ok}}$
Im Objekt auflösbare Strecke $r_A = m_A \dfrac{\lambda}{A}$	
Umrechnung auf das Zwischenbild $r'_A = -m_A \dfrac{\lambda \beta'_{Ob}}{A}$	
	Einsetzen $\tan w'_s = \dfrac{m_A \lambda \beta'_{Ob}}{A f_{Ok}}$
Vergrößerung des Mikroskops $\Gamma'_0 = \Gamma'_{Ok}\beta'_{Ob}$ bzw. $\beta'_{Ob} = \dfrac{\Gamma'_0}{\Gamma'_{Ok}}$	
	Einsetzen $\tan w'_s = \dfrac{m_A \lambda \Gamma'_0}{A f_{Ok} \Gamma'_{Ok}}$
Normalvergrößerung des Okulars $\Gamma'_{Ok} = -\dfrac{250}{f_{Ok}/\mathrm{mm}}$	
	Einsetzen $\tan w'_s = -\dfrac{m_A \Gamma'_0 \lambda/\mathrm{mm}}{250\,A}$
	Umformen $\Gamma'_0 = -\dfrac{250\,A\tan w'_s}{m_A \lambda/\mathrm{mm}}$

Tab. 6.13 enthält für einige Werte von m_A und w'_s die Größen $2\rho'_p$ und $-\Gamma'_0/A$ bei $\lambda = 500$ mm.

Man nennt den Bereich, in dem das Auflösungsvermögen des Objektivs und das des Auges günstig angepaßt sind, den Bereich der nützlichen Vergößerung. Für ihn gilt etwa

$$500\,A \leq |\Gamma'| \leq 1000\,A, \qquad 1\,\text{mm} \geq 2\rho'_p \geq 0{,}5\,\text{mm}. \tag{6.74a, b}$$

Die untere Grenze wird entspechend Gl. (6.74) als Normalvergrößerung

$$\Gamma'_N = -500\,A, \qquad 2\rho'_p = 1\,\text{mm}, \tag{6.75}$$

die obere Grenze als förderliche Vergößerung

$$\Gamma'_f = -1000\,A, \qquad 2\rho'_p = 0{,}5\,\text{mm} \tag{6.76}$$

aufgefaßt.

Die numerische Apertur der Mikroobjektive ist bei etwa 1,7 begrenzt, so daß die förderliche Vergrößerung maximal $|\Gamma'_f| = 1700$ beträgt.

Höhere Vergrößerungen als $|\Gamma'| \approx 2000$ sind also nicht sinnvoll. In Meßmikroskopen, in denen es auf die Noniussehschärfe ankommt, ist die auflösbare Versetzung von Teilstrichen etwa 1/6 derjenigen für punktförmige Objekte. Deshalb ist bei dieser speziellen Anwendung ein höherer Betrag der Vergrößerung als 2 000 noch vertretbar.

Tabelle 6.13 Werte für $2\rho'_p$ und $-\Gamma'_0/A$ für das Mikroskop

w'_s	$m_A = 0{,}50$		$m_A = 0{,}61$		$m_A = 1{,}00$	
	$-\dfrac{\Gamma'_0}{A}$	$2\rho'_p/\text{mm}$	$-\dfrac{\Gamma'_0}{A}$	$2\rho'_p/\text{mm}$	$-\dfrac{\Gamma'_0}{A}$	$2\rho'_p/\text{mm}$
1'	290	1,72	238	2,10	145	3,44
2'	580	0,86	475	1,05	290	1,72
4'	1160	0,43	951	0,53	580	0,86

Meßunsicherheit beim Meßmikroskop. Im Meßmikroskop wird das Objekt mittels eines in der Zwischenbildebene angebrachten Okularmikrometers ausgemessen. Der linearen Zwischenbildgröße y'_{Ob} entspricht die scheinbare Größe $\tan w'_s = y'_{Ob}/f'_{Ok}$. Mit $y = y'_{Ob}/\beta'_{Ob}$ ergibt sich

$$y = \frac{f'_{Ok}\tan w'_s}{\beta'_{Ob}}.$$

Aus der Normalvergrößerung des Okulars folgt $f'_{Ok}/\text{mm} = 250/\Gamma'_{Ok}$, also

$$y/\text{mm} = \frac{250\tan w'_s}{\Gamma'_{Ok}\beta'_{Ob}}$$

oder mit $\tan w'_s \approx w'_s$

$$y/\text{mm} = \frac{250\,w'_s}{\Gamma'}.$$

Die Meßunsicherheit im Objekt beträgt bei der subjektiv gegebenen Unsicherheit $\Delta w'_s$ des Sehwinkels

$$\Delta y/\text{mm} = \frac{250}{\Gamma'}\Delta w'_s. \tag{6.77a}$$

6.2 Lupe und Mikroskop

Die empirisch ermittelte subjektive Unsicherheit $\Delta w'_s$ hängt vom Austrittspupillenradius des Mikroskops ab und ist der Tab. 6.14 zu entnehmen.

Tabelle 6.14 Unsicherheit des Sehwinkels in Abhängigkeit von der Größe des Austrittspupillendurchmessers des Mikroskops

$2\rho'_p/\text{mm}$	0,5	0,6	0,8	1,0	2,0	3,0
$\Delta w'_s$	2,8'	2,5'	2,2'	2,0'	1,8'	1,7'

Ein Mikroskop, das mit der förderlichen Vergrößerung $\Gamma'_F = -1000 A$ benutzt wird, hat den Austrittspupillendurchmesser $2\rho'_p = 0,5$ mm. Dafür ist nach Tab. 6.14

$$\Delta w'_s = 2,8' \triangleq 8 \cdot 10^{-4} \text{ rad}.$$

Aus Gl. (6.77a) folgt die Meßunsicherheit

$$\Delta y/\text{mm} = \frac{2 \cdot 10^{-4}}{A} \quad \text{bzw.} \quad \Delta y/\mu\text{m} = \frac{1}{5A}.$$

Mit einem Objektiv der numerischen Apertur $A = 0,4$ ist also $\Delta y = 0,5 \mu\text{m}$.

Die Gl. (6.77a) gilt auch für die Lupe mit Normalvergrößerung:

$$\Delta y/\text{mm} = \frac{250 \Delta w'_s}{\Gamma'_N}. \tag{6.77b}$$

Die Augenpupille als Austrittspupille ist bei den üblichen Leuchtdichten größer als 3 mm, so daß mit $\Delta w'_s = 1,7' \triangleq 5 \cdot 10^{-4}$ rad gerechnet werden kann. Es ist also

$$\Delta y/\text{mm} = \frac{1}{8 \Gamma'_N}. \tag{6.78a}$$

Auf einem Teilkreis mit dem Radius R entspricht das einer Unsicherheit des Winkels von

$$\Delta \alpha/\text{rad} = \frac{\Delta y}{R} = \frac{1}{8 \Gamma'_N R/\text{mm}}$$

bzw. mit $1'' \triangleq 5 \cdot 10^{-6}$ rad

$$\Delta \alpha/\text{Winkelsekunden} = 0,25 \cdot 10^5 \frac{1}{\Gamma'_N R/\text{mm}}. \tag{6.78b}$$

Bei $\Gamma'_N = 8$ und $R = 160$ mm erhält man z. B. die Unsicherheit $\Delta \alpha = 19,5''$.

6.2.4 Schärfentiefe

Die Schärfentiefe des Mikroskops ergibt sich aus dem begrenzten Auflösungsvermögen des Auges und aus der beugungsbedingten axialen Verbreiterung der Intensitätsverteilung in der Umgebung der Zwischenbildebene (vgl. 4.2.4 und 4.4.2). Durch Akkommodation des Auges ist eine Erhöhung der Schärfentiefe möglich.

Geometrisch-optische Schärfentiefe. Das begrenzte Auflösungsvermögen des Auges bringt es mit sich, daß ein geometrisch-optisch entstehender Zerstreuungskreis als Punkt wahrgenommen wird. Abb. 6.31 zeigt die im Zwischenbildraum vorhandenen Abbildungstiefenbereiche, die dem zulässigen Zerstreuungskreisdurchmesser zugeordnet sind. Es gilt nach dem Strahlensatz

$$\frac{\rho'_p}{\rho'} = \frac{p' + b'_1}{-b'_1}, \quad \frac{\rho'_p}{\rho'} = \frac{p' + b'_r}{b'_r}. \tag{6.79a, b}$$

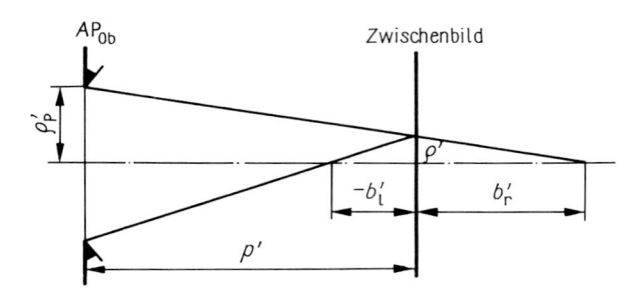

Abb. 6.31 Abbildungstiefe

Wegen $p' \gg b'_1, b'_r$ folgt daraus

$$b'_1 = -\frac{p'}{\rho'_p}\rho', \quad b'_r = \frac{p'}{\rho'_p}\rho' \tag{6.80a, b}$$

oder mit $\sin u' \approx \rho'_p/p'$

$$b'_1 = -\frac{\rho'}{\sin u'}, \quad b'_r = \frac{\rho'}{\sin u'}. \tag{6.81a, b}$$

Anwenden der Sinusbedingung ergibt

$$b'_1 = -\frac{\rho'|\beta'|}{A}, \quad b'_r = \frac{\rho'|\beta'|}{A}. \tag{6.82a, b}$$

Die Abbildungstiefe kann mit der Beziehung für den Tiefenmaßstab α' in die Schärfentiefe umgerechnet werden:

$$b'_r = -b'_1 = \alpha' b_r.$$

Es ist $\alpha' = (n'\beta'^2)/n$, also mit $n' = 1$

$$b_r = -b_1 = \frac{n\rho'}{A|\beta'|}. \tag{6.83}$$

Der Durchmesser $2\rho'$ des Zerstreuungskreises in der Zwischenbildebene erscheint bei der Betrachtung mit dem Okular, das mit der Normalvergrößerung benutzt wird, unter dem Sehwinkel

$$w'_s \approx \tan w'_s = \frac{2\rho'}{f'_{Ok}}.$$

Damit gilt

$$b_r = -b_1 = \frac{nw'_s f'_{Ok}}{2A|\beta'|}. \tag{6.84}$$

6.2 Lupe und Mikroskop

Mit

$$f'_{Ok}/\text{mm} = \frac{250}{\Gamma'_{Ok}} \quad \text{und} \quad |\beta'|\Gamma'_{Ok} = |\Gamma'|$$

erhalten wir

$$b_r/\text{mm} = -b_1/\text{mm} = \frac{125 n w'_s}{A|\Gamma'|}. \tag{6.85}$$

Gesamte Schärfentiefe. Nach Gl. (4.360) folgt die wellenoptische Schärfentiefe des Mikroskops aus

$$b_r = -b_1 = \frac{n\lambda}{2A^2}.$$

Die gesamte Schärfentiefe beträgt also

$$b_r/\text{mm} = -b_1/\text{mm} = \frac{125 n w'_s}{A|\Gamma'|} + \frac{n\lambda/\text{mm}}{2A^2}. \tag{6.86}$$

So ist z. B. für $w'_s = 4' \triangleq 1,2 \cdot 10^{-3}$ rad und $\lambda = 500$ nm $= 0,5$ μm

$$\frac{b_r/\mu\text{m}}{n} = \frac{150}{A|\Gamma'|} + \frac{0,25}{A^2}. \tag{6.87}$$

Bei der Normalvergrößerung $|\Gamma'_N| = 500 A$ geht daraus

$$\frac{b_r/\mu\text{m}}{n} = \frac{0,55}{A^2}$$

hervor. In Abb. 6.32 ist der wellenoptische Anteil von b_r/n als Funktion der numerischen Apertur für $\lambda = 300$ nm, 500 nm und 700 nm grafisch dargestellt.

Der geometrisch-optische Anteil, der von der Vergrößerung abhängt, ist in Abb. 6.33 für $w'_s = 2'$ zum wellenoptischen Anteil für $\lambda = 500$ nm addiert worden.

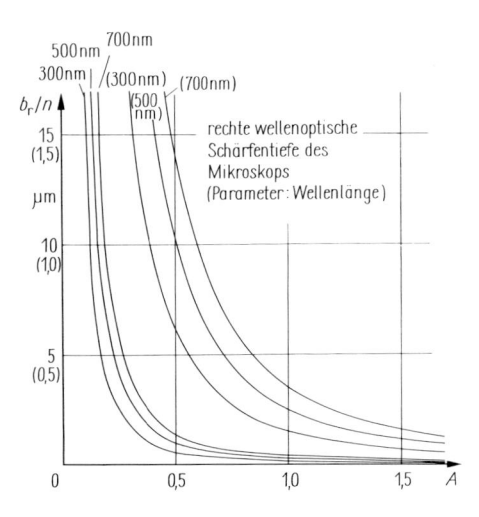

Abb. 6.32 Wellenoptische Schärfentiefe

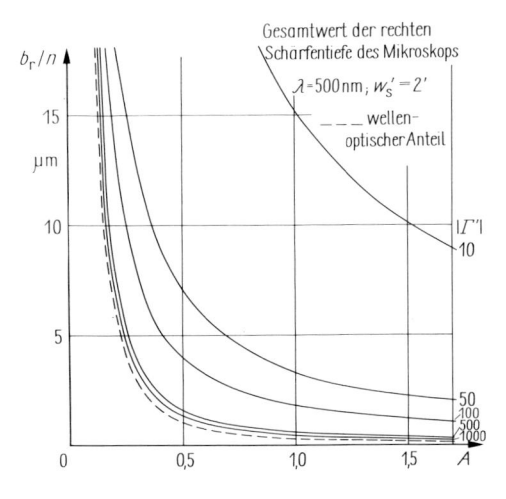

Abb. 6.33 Gesamte Schärfentiefe

Zur Abschätzung der rechten Schärfentiefe bei einer anderen Wellenlänge ist der Unterschied zum Wert für $\lambda = 500\,\text{nm}$ der Abb. 6.32 zu entnehmen und zum Gesamtwert nach Abb. 6.33 zu addieren bzw. davon zu subtrahieren.

Bei der Annahme eines anderen zulässigen Sehwinkels $\overline{w}'_s$ für den Zerstreuungskreisdurchmesser ist in Abb. 6.33 der Unterschied zwischen der gestrichelten Kurve (wellenoptischer Anteil) und der ausgezogenen Kurve im Verhältnis $\overline{w}'_s/2'$ zu verändern.

Fokussierfehler im Meßmikroskop. In optischen Meßgeräten werden Lupen, Mikroskope oder Fernrohre eingesetzt, mit denen auf optische Objekte, Bilder, Strichmarken usw. "scharf eingestellt" werden muß. Kommt es darauf an, entweder die Entfernung Objekt – Bild auszumessen oder das Bild möglichst genau in der Ebene einer Vergleichsmarke zu entwerfen, dann gehen die Fokussierfehler in das Meßergebnis ein. Diese entstehen durch die Schärfen- bzw. Abbildungstiefe. Von der Akkommodation des Auges wird in den folgenden Überlegungen abgesehen. Außerdem soll als Kriterium des Fokussierfehlers die geometrisch-optische Abbildungstiefe für verschiedene Einstellhilfen verwendet werden. Die wellenoptische Abbildungstiefe spielt bei der Einstellung auf Strichmarken eine untergeordnete Rolle.

Beim Meßmikroskop beträgt der geometrisch-optische Anteil des Fokussierfehlers nach Gl. (6.85)

$$b_F/\text{mm} = \pm \frac{125\, n\, w'_s}{A|\varGamma'|}. \tag{6.88}$$

Für Punktepaare und Parallelstriche gilt erfahrungsgemäß $w'_s \approx 2' \triangleq 6 \cdot 10^{-4}\,\text{rad}$, für versetzte Striche $w'_s = 0{,}25' \triangleq 0{,}75 \cdot 10^{-4}\,\text{rad}$ und für einen Mittelstrich, der mit Doppelstrichen eingefangen wird, $w'_s = 0{,}1 \triangleq 3 \cdot 10^{-5}\,\text{rad}$.

Für die Normalvergrößerung $|\varGamma'| = 500 A$, $n = 1$ und $\lambda = 500\,\text{nm}$ ergibt sich

$$b_F/\mu\text{m} = \pm 500\, w'_s/A^2.$$

Daraus folgt:

Punktepaare	$A^2 b_F = \pm 0{,}3\,\mu\text{m}$,
Doppelstriche	$A^2 b_F = \pm 0{,}3\,\mu\text{m}$,
versetzte Striche	$A^2 b_F = \pm 0{,}0375\,\mu\text{m}$,
Stricheinfang	$A^2 b_F = \pm 0{,}015\,\mu\text{m}$.

Der wellenoptische Anteil würde in allen Fällen bei $\lambda = 500\,\text{nm}$ den Wert $A^2 b_{Fw} = \pm 0{,}25\,\mu\text{m}$ annehmen, so daß er die günstigen Einstellhilfen unwirksam werden ließe.

Für die Lupe gilt bei $w'_s = 1'$

$$b/\text{mm} = \pm \frac{18{,}75}{\varGamma'^2_N \rho'_P/\text{mm}}. \tag{6.89}$$

Danach müßte die Vergrößerung der Lupe möglichst groß, die Leuchtdichte möglichst klein sein. Letzteres gilt, weil die Größe der Augenpupille mit der Leuchtdichte abnimmt.

Bei einer Lupe mit $\varGamma'_N = 4$ und $\rho'_P = 2\,\text{mm}$ ist

$$b = \pm 0{,}58\,\text{mm} \quad \text{und} \quad f' = 62{,}5\,\text{mm}.$$

Die Fokussierung ist also auf knapp $\pm 1\%$ möglich.

6.2.5 Beleuchtung

Allgemeines. Im zusammengesetzten Mikroskop ist im allgemeinen die Beleuchtung des Objekts mit optischen Hilfsmitteln erforderlich. Bei schwachen Vergrößerungen kann es ausreichend sein, das Himmelslicht oder das Licht einer Leuchte über einen Spiegel in den Abbildungsstrahlengang zu lenken. Bei stärkeren Vergrößerungen sind jedoch besondere Beleuchtungssysteme mit optimaler Koppelung an den Abbildungsstrahlengang notwendig. Damit sind auch spezielle Mikroskopierverfahren anwendbar, die auf Eingriffen in das abbildende Bündel beruhen.

Grundsätzlich sind zunächst die Hellfeld- und die Dunkelfeldbeleuchtung zu unterscheiden. Bei Hellfeldbeleuchtung erscheint das objektfreie Feld hell ausgeleuchtet. Das Objekt verändert die Leuchtdichteverteilung im Feld. Bei Dunkelfeldbeleuchtung ist das objektfreie Feld dunkel. Das am Objekt gebeugte und gestreute Licht hellt das Bildfeld entsprechend der Objektstruktur auf.

Durchsichtige Objekte werden im allgemeinen durchstrahlt, sie werden mit Hellfeldbeleuchtung abgebildet. Für undurchsichtige Objekte ist die Auflichtbeleuchtung anzuwenden, bei der das am Objekt regulär oder diffus reflektierte sowie das gebeugte Licht abbildet. Abb. 6.34 stellt die Beleuchtungsarten gegenüber, indem die Lage der Beleuchtungsapertur zum Objekt angegeben wird. Das Objekt kann auch schräg beleuchtet werden. Die Einfallsrichtung des Lichtes stellt das Azimut der Beleuchtung dar (Abb. 6.35). Schräge Beleuchtung führt leicht zu einer ungleichmäßigen Ausleuchtung des Objektfeldes, die wir Azimuteffekt nennen.

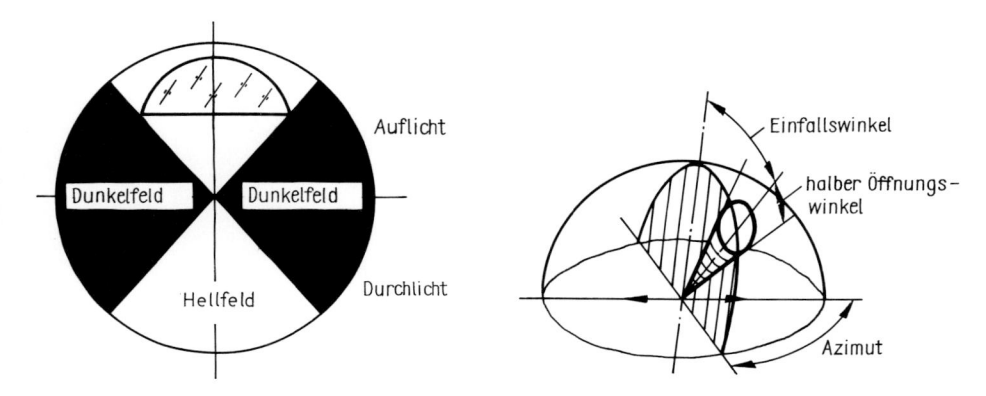

Abb. 6.34 Beleuchtungsarten

Abb. 6.35 Azimut der Beleuchtung

Nach Gl. (4.282) beträgt die Beleuchtungsstärke in der Objektebene

$$E = \frac{\mathrm{d}\Phi}{\mathrm{d}q} = \pi \Omega_0 L A'^2, \tag{6.90}$$

wobei L die Leuchtdichte der Quelle und A' die Beleuchtungsapertur ist.

Für die Helligkeit des Netzhautbildes ist die Lichtstärke in der Austrittspupille des Mikroskops entscheidend. Dafür gilt bei erfüllter Sinusbedingung der Gesamtabbildung (τ Transmissionsfaktor des optischen Systems)

$$I' = \tau L \cdot (\text{Fläche der AP}),$$

also
$$I' = \frac{1}{4}\pi\tau L(2\rho'_p)^2, \quad [I'] = \text{cd}, \tag{6.91}$$

oder mit Gl. (6.62) (Umrechnung von $2\rho'_p/\text{mm}$ auf $2\rho'_p/\text{m}$ notwendig!)
$$I' = \frac{1}{4}\pi\tau L\left(\frac{0{,}5A}{\Gamma'}\right)^2. \tag{6.92}$$

Daraus folgt
$$I'/\text{cd} = \frac{0{,}0625\,\pi\,\tau L/(\text{cd}/\text{m}^2)\cdot A^2}{\Gamma'^2}. \tag{6.93}$$

Beleuchtung über Spiegel. Auch bei Mikroskopen ohne eingebautes Beleuchtungssystem ist es notwendig, das Licht über Spiegel umzulenken, weil der Tubus meistens senkrecht oder schräg steht.

Ein ebener Spiegel lenkt das Licht nur ab. Bei künstlichen Lichtquellen hat er keinen Einfluß auf die Bündelbegrenzung. Bei der Mikroskopie mit Himmelslicht wirkt die Spiegelfassung als Eintrittspupille.

Ein Hohlspiegel vergrößert die Lichtquelle. Er kann als Eintrittspupille wirken. Mit dem Hohlspiegel ist bei relativ kleiner Lichtquelle eine relativ große Beleuchtungsapertur möglich (Abb. 6.36).

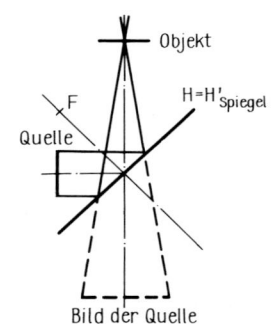

Abb. 6.36 Beleuchtung über einen Hohlspiegel

Köhlersche Beleuchtung. Die 1893 von Köhler erfundene Mikroskopbeleuchtung erfüllt alle Forderungen, die an das Beleuchtungssystem des Mikroskops zu stellen sind. Wir formulieren zunächst die Forderungen:

– Die maximal auszuleuchtende Apertur ist von der größten Abbildungsapertur abhängig. Es gilt
$$A'_{\text{Bel}} \leq A_{\text{Abb}}, \tag{6.94a}$$
wobei oftmals
$$A'_{\text{Bel}} \approx 0{,}75\,A_{\text{Abb}} \tag{6.94b}$$
angesetzt wird. Die Beleuchtungsapertur muß mit nicht zu großen Lichtquellen erreicht werden, weil sonst keine ausreichenden Leuchtdichten möglich sind.

– Das Objekt soll gleichmäßig ausgeleuchtet sein. Das ist gewährleistet, wenn die Beleuchtungsapertur für sämtliche Punkte des Objektfeldes gleich ist.

6.2 Lupe und Mikroskop

– Die Beleuchtungsapertur muß an die Abbildungsapertur angepaßt werden können. Dazu ist die Aperturblende einstellbar zu gestalten.
– Die Größe des beleuchteten Feldes ist auf das abzubildende Objektdetail zu beschränken, weil sonst unnötiges Streulicht auftritt.

Das Köhlersche Beleuchtungssystem erfüllt sämtliche Forderungen mit einer Anordnung aus zwei sammelnden optischen Systemen, dem Kollektor und dem Kondensor sowie den entsprechenden Blenden. Die Wirkung der einzelnen Elemente entwickeln wir schrittweise.

Der Kondensor ist ein sammelndes optisches System, mit dem die Lichtquelle oder ein davon erzeugtes Bild so vergrößert wird, daß die Beleuchtungsapertur erhöht wird (Abb. 6.37a). Wir können diesen Sachverhalt auch so deuten, daß durch den Kondensor mit kleinerer Lichtquelle die gleiche Apertur ausgeleuchtet wird (Abb. 6.37b). Es wird bereits hier deutlich, daß die Größe des beleuchteten Objektfeldes von der Lichtquellengröße abhängt. Mit dem Kondensor läßt sich also die erste Forderung an die Mikroskopbeleuchtung erfüllen.

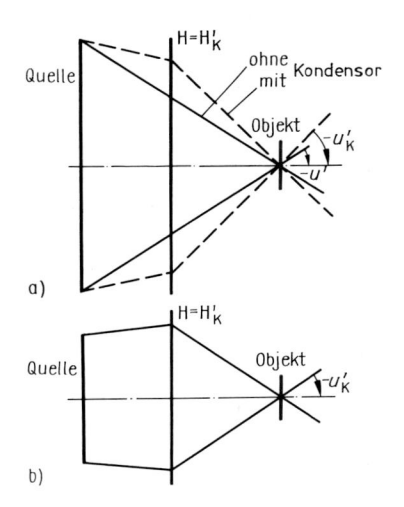

Abb. 6.37 Wirkung des Kondensors
a) Lichtquelle konstanter Größe,
b) Apertur konstanter Größe

Auch die zweite Forderung ist mit dem Kondensor zu verwirklichen. Dazu muß die Lichtquelle in der objektseitigen Brennebene des Kondensors stehen. Wir erhalten bildseitig des Kondensors telezentrischen Strahlenverlauf und damit die gleiche Beleuchtungsapertur für alle Punkte des Objektfeldes (Abb. 6.38).

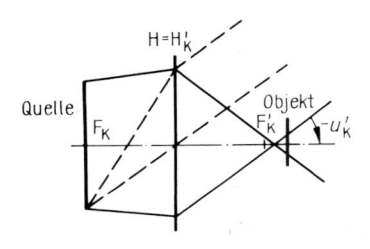

Abb. 6.38 Lichtquelle in der Brennebene des Kondensors

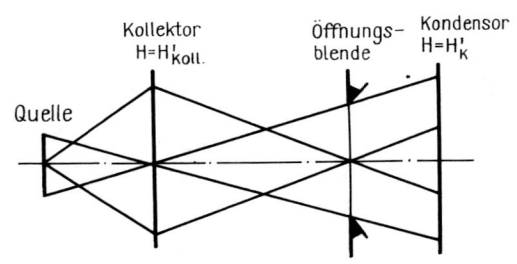

Abb. 6.39 Kollektor

Der Kollektor. Die Lichtquelle kann oftmals nicht in der objektseitigen Brennebene des Kondensors angeordnet werden. Einerseits ist die Brennebene nicht immer zugänglich, andererseits könnte sich der Kondensor unzulässig erwärmen. Die Kondensorwirkung bleibt jedoch vollständig erhalten, wenn die Lichtquelle in die objektseitige Brennebene des Kondensors abgebildet wird. Diese Aufgabe übernimmt der Kollektor, der ebenfalls ein sammelndes optisches System darstellt (Abb. 6.39). In der Kondensorbrennebene ist dadurch der Einsatz einer Irisblende möglich, die als Aperturblende wirkt und mit der die dritte Forderung an die Mikroskopbeleuchtung realisiert wird (einstellbare Beleuchtungsapertur).

Die Leuchtfeldblende vervollständigt das Köhlersche Beleuchtungssystem. Sie steht dicht hinter dem Kollektor und wird vom Kondensor in die Objektebene abgebildet. Durch das Einstellen der Irisblende wird der Durchmesser des beleuchteten Feldes festgelegt und damit noch die vierte Forderung erfüllt (Abb. 6.40). Der Kollektor und die Leuchtfeldblende sind entweder im Mikroskop oder in der Mikroskopierleuchte eingebaut.

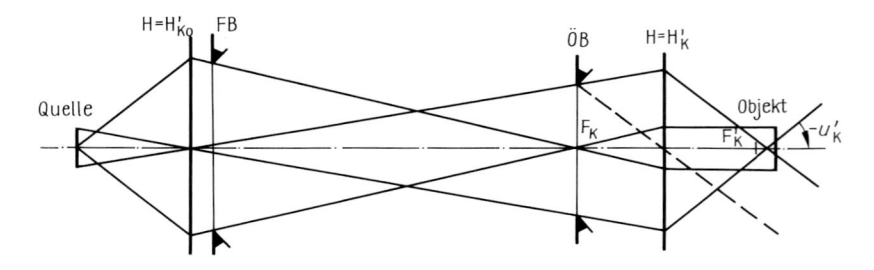

Abb. 6.40 Vollständiges Köhlersches Beleuchtungssystem

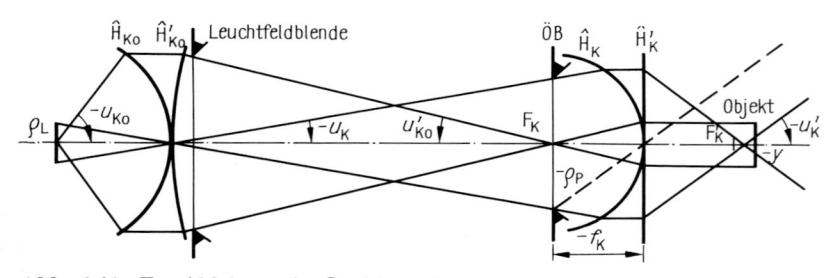

Abb. 6.41 Zur Ableitung des Strahlungsflusses

Strahlenfluß. Die Sinusbedingung für die Abbildung der Lichtquelle durch den Kollektor lautet

$$\rho_L A_{Ko} = \rho_p A'_{Ko}. \tag{6.95}$$

Nach Abb. 6.41 ist angenähert

$$A'_{Ko} = -\frac{y}{f'_K} \quad \text{und} \quad A'_K = \frac{\rho_p}{f'_K}, \tag{6.96a, b}$$

also

$$A'_{Ko} = -\frac{y A'_K}{\rho_p} = \frac{|y| A'_k}{\rho_p} \quad (\rho_L \text{ immer positiv gerechnet}). \tag{6.97}$$

6.2 Lupe und Mikroskop

Einsetzen von Gl. (6.97) in Gl. (6.95) ergibt

$$\rho_L A_{Ko} = |y| A'_K. \tag{6.98}$$

Die Größe

$$2\rho_L A_{Ko}$$

ist der Strahlenfluß der Beleuchtung. Je nach der Vergrößerung ist ein Strahlenfluß 0,1 bis 0,8 erforderlich. Es ist ersichtlich:

Bei konstantem Strahlenfluß erfordert eine kleinere Lichtquelle eine größere Kollektorapertur (z. B. bei Strahlenfluß $= 0,8$, $2\rho_L = 5$ mm, $A_{Ko} = 0,16$), und das ausleuchtbare Objektfeld hängt von der Kondensorapertur ab.

Folgerungen aus dem Strahlenfluß. Die bildseitige Apertur des Kondensors muß an die Abbildungsapertur angepaßt werden. Im theoretischen Grenzfall sollten beide numerischen Aperturen gleich sein. Bei Immersionsobjekten werden Aperturen von $A_{Ob} = 1,66$ erreicht. Soll in diesem Fall die volle Auflösung erzielt werden, dann ist auch bildseitig des Kondensors Ölimmersion zu verwenden. Im allgemeinen genügt es jedoch, für die Kondensorapertur

$$A'_K \approx 0,75 A_{Ob}$$

anzusetzen. Durch Licht, das am Objekt gebeugt und gestreut wird, ist trotzdem die volle Objektapertur teilweise ausgenutzt. Außerdem deutet die Untersuchung der partiell-kohärenten Abbildung darauf hin, daß Kohärenzparameter

$$S = \frac{A'_K}{A_{Ob}} < 1$$

günstig sind. Um die Anwendung von Ölimmersionen zu vermeiden, wird oft die größte Kondensorapertur auf $A'_K = 0,95$ festgelegt.

Objektive unterschiedlicher Apertur haben auch unterschiedliche Objektfelddurchmesser. Zur optimalen Ausnutzung der Lichtquelle müßte deshalb bei jedem Objektivwechsel auch der Kondensor gewechselt werden. Das ist jedoch zu aufwendig. Es wird die Beleuchtungsapertur mit der Aperturblende und das ausgeleuchtete Feld mit der Leuchtfeldblende eingestellt. Bei kleinen Objektfeldern ist die Apertur des Kollektors, bei großen Objektfeldern die Fläche der Lichtquelle nicht voll ausgenutzt. Sehr große Objektfelder, wie sie bei schwachen Objektiven ($|\beta'| < 10$) vorkommen, lassen sich auf diesem Wege mit einem Kondensor hoher Apertur nicht ausleuchten. Die freien Durchmesser des Kondensors und der Leuchtfeldblende sind aus mechanischen Gründen auf etwa 20 mm bis 30 mm begrenzt. Die Brennweite eines Kondensors hoher Apertur liegt deshalb bei $f'_K \approx 10$ mm. Damit läßt sich auch bei maximal geöffneter Leuchtfeldblende nur ein relativ kleines Objektfeld ausleuchten. Zur Behebung dieser Schwierigkeiten sind im wesentlichen folgende Wege üblich:

— Durch Abschrauben oder Ausschwenken einzelner Linsen wird die Brennweite des Kondensors vergrößert. Danach muß durch Verstellen des Kondensors das Bild der Leuchtfeldblende wieder in die Objektebene gebracht werden.

— Es wird eine Zusatzlinse oder ein Zusatzsystem vor den Kondensor geklappt. Die Leuchtfeldblende wird dadurch nicht mehr in die Objektebene abgebildet, so daß mit ihr das beleuchtete Feld nicht geregelt werden kann.

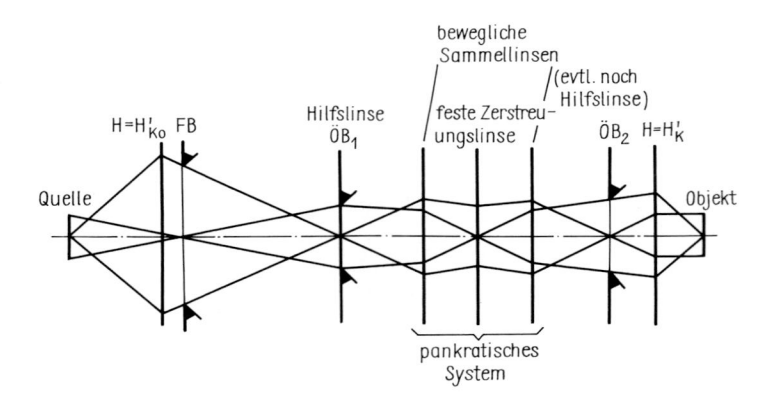

Abb. 6.42 Pankratischer Kondensor

– Eine nahezu optimale Beleuchtung mit konstant bleibendem Produkt aus Kondensorapertur A'_K und beleuchtetem Objektfelddurchmesser $2y$ ermöglicht der pankratische Kondensor (Richter 1936). Abb. 6.42 zeigt den prinzipiellen Aufbau. Die Aperturblende wird durch ein System mit veränderlicher Brennweite in die Brennebene des Kondensors abgebildet. Der Betrag des Abbildungsmaßstabes dieser Abbildung läßt sich stetig zwischen 1/3 und 3 ändern. Das entspricht einer Aperturänderung im Bereich $A'_K = 0{,}16$ bis $1{,}4$. Die Leuchtfeldblende wird durch die erste Hilfslinse in die Zerstreuungslinse des pankratischen Systems, durch die zweite Hilfslinse und den Kondensor in die Objektebene abgebildet. Dabei bleibt das Produkt $2y\,A'_K$, also der Strahlenfluß, konstant. Die Hilfslinien beeinflussen die Lichtquellenabbildung praktisch nicht, weil sie in der Nähe von Zwischenbildern stehen (Feldlinsen).

– Eine weitere Möglichkeit, durch Einklappen einer Zusatzlinse und einer Zusatzblende einen Kondensator für große Objektfelder brauchbar zu machen, wurde von Riesenberg angegeben (Patentschrift 58606, Kl. 42h, 3/02, Ausgabetag 5. 11. 1967).

Auflichtbeleuchtung. Die Oberfläche eines undurchsichtigen Objekts muß mit Auflichtbeleuchtung betrachtet werden. Bei dieser wird das Beleuchtungssystem seitlich an den Tubus angebracht und durch das Objektiv hindurch beleuchtet. Das Objektiv wirkt dabei gleichzeitig als Kondensor.

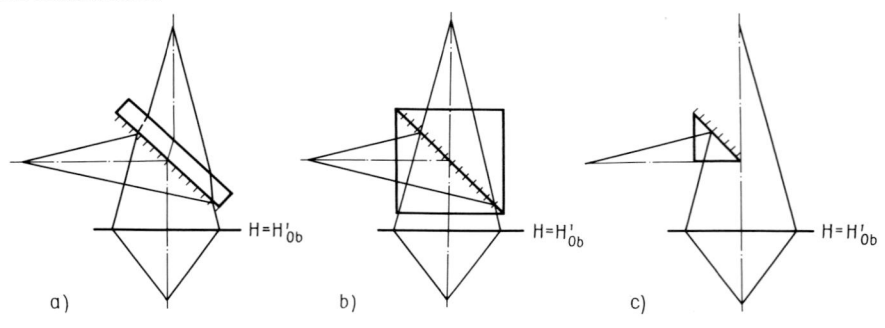

Abb. 6.43 Auflichtbeleuchtung
a) Planspiegelplatte, b) Teilungswürfel, c) Prisma

6.2 Lupe und Mikroskop

Abbildungs- und Beleuchtungsstrahlengang können mit einer Planspiegelplatte (Abb. 6.43a), einem Teilungswürfel (Abb. 6.43b) oder einem Prisma (Abb. 6.43c), das den halben Bündeldurchmesser einnimmt, vereinigt werden. Vor- und Nachteile der drei Anordnungen sind in Tab. 6.15 zusammengestellt.

Tabelle 6.15 Vergleich verschiedener ablenkender Funktionselemente zur Auflichtbeleuchtung

	Platte	Würfel	Prisma
Auflösungsvermögen	unverändert	unverändert	senkrecht zur Prismenkante halb so groß wie parallel
Lichtausbeute	gering	gering	gut
Beleuchtungsart	gerade	gerade	schräg
Linsenreflexe	vorhanden	gering	gering
Gleichmäßigkeit	gut	gut	bei starken Objektiven nicht immer gut
Abbildungsfehler	wie schrägstehende Planplatte	wie schrägstehende Planplatte	wie geradestehende Planplatte

Die Abbildungsfehler der ablenkenden Funktionselemente lassen sich vermeiden, wenn sie im parallelen Strahlengang stehen. Dazu eignen sich Mikroskope, die mit Objektiven mit unendlicher Bildweite ausgerüstet sind. Das ablenkende Funktionselement muß zwischen Objektiv und Tubuslinse angebracht sein. Das Köhlersche Beleuchtungssystem ist durch eine der Tubuslinse äquivalente Linse zu ergänzen (Abb. 6.44).

Als Aperturblende wirkt die Blende, die in der bildseitigen Brennebene des Objektivs steht. Es ist aber möglich, durch Hilfslinsen eine im Beleuchtungssystem eingebaute Irisblende dorthin abzubilden. Gegenüber der Durchlichtbeleuchtung erfährt dadurch das Köhlersche Beleuchtungssystem einige Abwandlungen (Abb. 6.45).

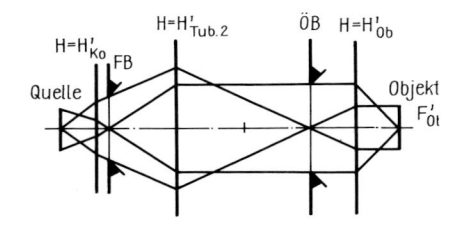

Abb. 6.44 Optikschema einer Köhlerschen Beleuchtung für Auflicht

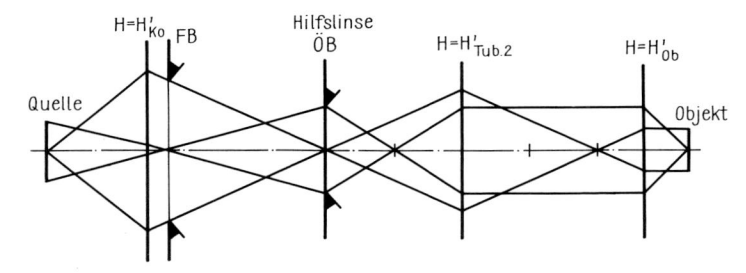

Abb. 6.45 Optikschema einer Köhlerschen Beleuchtung für Auflicht

Dunkelfeldbeleuchtung. Bei Dunkelfeldbeleuchtung darf kein direktes Licht in das Objektiv gelangen. Das gelingt mit einem ringförmigen Beleuchtungsbündel, das die Objektivapertur ausspart. Dazu dient z. B. der Kardioidkondensor. Theoretisch besteht dieser aus einem Ausschnitt einer Rotationskardioide mit der Gleichung der Schnittkurve in einer Ebene in Polarkoordinaten,

$$r = \rho(1+\cos\varphi),$$

und einer Kugel mit dem Durchmesser

$$d = 2\rho,$$

dessen Mittelpunkt auf der Rotationsachse der Kardioide liegt und die Koordinate

$$r_M = \frac{\rho}{2}$$

hat. Sämtliche Strahlen, die achsparallel einfallen und sowohl am Kugel- als auch am Kardioidausschnitt reflektiert werden, gehen durch den Koordinatenursprung (Abb. 6.46). Diese Abbildung des unendlich fernen Achsenpunktes ist aplanatisch.

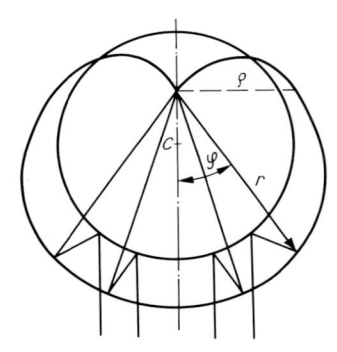

Abb. 6.46 Theoretische Anordnung aus Rotationskardioide und Kugel

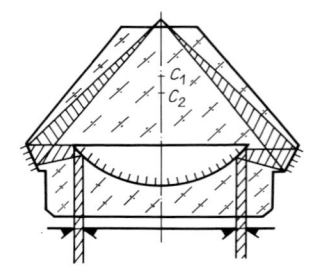

Abb. 6.47 Praktische Ausführung des Kardioidkondensors

Praktisch ersetzt man die Kardioide durch eine Kugelfläche und schleift die reflektierenden Flächen an Glaskörper an (Abb. 6.47). Das Köhlersche Beleuchtungssystem ist in Verbindung mit dem Kardioidkondensor so abzuwandeln, daß eine Hilfslinse achsparalleles Licht erzeugt und die Aperturblende ringförmig ist. Damit Totalreflexion an der oberen Grenzfläche vermieden wird, ist Ölimmersion zwischen dem Kondensor und dem Objekt erforderlich.

6.2.6 Fourier-Theorie der kohärenten Abbildung

Wir behandeln die Abbildung im Mikroskop vom Standpunkt der Wellenoptik aus. Die grundsätzlichen Untersuchungen dazu stammen von Ernst Abbe, weshalb man auch von der "Abbeschen Theorie der Abbildung im Mikroskop" spricht.

Wir unterscheiden zwischen der Abbildung beleuchteter Objekte (Nichtselbstleuchter) und

6.2 Lupe und Mikroskop

der Abbildung von Objekten, die selbst Licht ausstrahlen (Selbstleuchter). Im ersten Fall ist das Licht im allgemeinen partiell-kohärent, im zweiten Fall inkohärent.

Bei Selbstleuchtern ist die Übertragungstheorie der inkohärenten Abbildung anzuwenden (vgl. 4.4.5).

Objektfunktion. Für den Grenzfall der kohärenten Beleuchtung, wie sie bei der Beleuchtung des Objekts mit einer punktförmigen Lichtquelle vorkäme, wollen wir die Theorie entwickeln. Wir legen Köhlersche Beleuchtung zugrunde und nehmen eine punktförmige Lichtquelle an (Abb. 6.48). Das Objekt bestehe aus einer ebenen Struktur. Diese verändert die komplexe

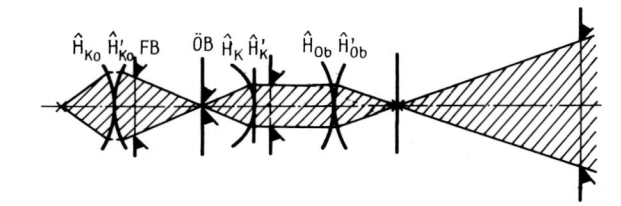

Abb. 6.48 Köhlersche Beleuchtung mit punktförmiger Lichtquelle

Amplitude der Lichtwelle. Die komplexe Amplitude vor dem Objekt $a_0(x,y)$ wird durch die Objektfunktion $f(x,y)$ in die komplexe Amplitude $a(x,y)$ abgewandelt. Es ist

$$a(x,y) = a_0(x,y) f(x,y). \tag{6.99}$$

(Vgl. die Beugung am Gitter, bei der wir die zur Objektfunktion analoge Strukturfunktion verwendet haben.) Die Objektfunktion wirkt im allgemeinen auf den Betrag und die Phase der komplexen Amplitude, so daß sie folgendermaßen zerlegt werden kann:

$$f(x,y) = \sigma(x,y) \cdot e^{j\delta(x,y)}. \tag{6.100}$$

Ein reines Amplitudenobjekt ist durch $\delta = 0$, ein reines Phasenobjekt durch $\sigma = 1$ charakterisiert.

Beugungsfunktion. Am Objekt wird das Licht gebeugt. Das Mikroobjektiv fokussiert die Parallelbündel verschiedener Richtung in der bildseitigen Brennebene, so daß in dieser ein Beugungsbild entsteht.

> Das Beugungsbild in der bildseitigen Brennebene des Mikroobjektivs ist vollständig durch die Objektfunktion bestimmt. Es enthält also in latenter Form sämtliche Eigenschaften des Objekts, die das Licht verändern, und ist bestimmend für das Zwischenbild.

Das Beugungsbild wird auch primäres Bild genannt. Zu seiner Berechnung ist die Fraunhofersche Beugung an einer ebenen Struktur zu betrachten. Wir gehen deshalb von der Gl. (2.308) aus und erhalten für die Richtungsverteilung der komplexen Amplitude im Beugungsbild

$$a(\alpha,\beta) = A \iint\limits_{\text{Objekt}} f(x,y) \cdot e^{\frac{2\pi j}{\lambda}[x(\alpha_0-\alpha) + y(\beta_0-\beta)]} dx\,dy. \tag{6.101}$$

Die Integration erstreckt sich eigentlich über die Fläche des Objekts. Es bringt jedoch Vorteile für die theoretische Behandlung mit sich, wenn wir von $-\infty$ bis $+\infty$ integrieren. Weil außerhalb der Fläche des Objekts die Funktion $f(x,y)$ verschwindet, entsteht dadurch kein Fehler. Wir führen die Richtungsvariablen

$$v = \frac{\alpha - \alpha_0}{\lambda}, \quad \mu = \frac{\beta - \beta_0}{\lambda} \qquad (6.102\text{a, b})$$

ein und erhalten für die Beugungsfunktion

$$a(v,\mu) = A \iint\limits_{-\infty}^{\infty} f(x,y) \cdot e^{-2\pi j(vx+\mu y)} dx\, dy. \qquad (6.103)$$

Wenn wir das gesamte gebeugte Licht durch das Mikroobjektiv erfassen, gelangt das von einem Objekt ausgehende Licht vollständig in einen Punkt der Zwischenbildebene. Diese ist der Objektebene optisch konjugiert. Zwischen den Teilbündeln bestehen keine Phasendifferenzen. Es gilt:

> In einem Punkt des Zwischenbildes interferieren die von einem Objektpunkt ausgehenden gebeugten Teilbündel zur maximalen Intensität.
> Ein hinsichtlich der Leuchtdichte-Verteilung dem Objekt ähnliches Bild entsteht, wenn das gesamte von den Objektpunkten ausgehende Licht zum Bildaufbau beiträgt.

Das Zwischenbild wird auch sekundäres Bild genannt. Dieses wird durch das Okular abgebildet, das wie eine Lupe wirkt. Wellenoptisch treten keine Besonderheiten auf. Wir untersuchen deshalb stets das primäre und das sekundäre Bild.

Der geometrisch-optische Abbildungsmaßstab des Mikroobjektivs ist für die wellenoptische Theorie ebenfalls unwichtig. Es kommt nur auf die Intensitätsverhältnisse im Bild an, an denen sich bei ähnlicher Vergrößerung nichts ändert. Wir transformieren das Koordinatensystem in der Zwischenbildebene so, daß der Abbildungsmaßstab gleich 1 ist.

Bildfunktion. Die komplexe Amplitude im Zwischenbild $b(x',y')$, die wir Bildfunktion nennen, muß unter den Voraussetzungen

- das gesamte Licht kommt zum Zwischenbild,
- Abbildungsmaßstab auf 1 normiert

gleich der Objektfunktion sein. Wir erhalten aus Gl. (6.103)

$$a(v,\mu) = A \iint\limits_{-\infty}^{\infty} b(x',y') \cdot e^{-2\pi j(vx'+\mu y')} dx'\, dy'; \qquad (6.104)$$

x' und y' sind die normierten Koordinaten im Zwischenbild. Gl. (6.104) gestattet bei Kenntnis der Bildfunktion die Berechnung der Beugungsfunktion. Es muß aber auch möglich sein, die Bildfunktion aus der Beugungsfunktion zu berechnen. Dieses Problem ist lösbar, weil Gl. (6.104) ein Fourier-Integral enthält. Die Fourier-Transformation ermöglicht die Umkehrung in

$$b(x',y') = \frac{1}{A} \iint\limits_{-\infty}^{\infty} a(v,\mu) \cdot e^{2\pi j(vx'+\mu y')} dv\, d\mu. \qquad (6.105)$$

Es gilt also

> Die Beugungsfunktion $a(v,\mu)$ und die Bildfunktion $b(x',y')$ sind Fourier-Transformierte.

Aus diesem Grunde sprechen wir hier von der Fourier-Theorie der kohärenten Abbildung.

6.2 Lupe und Mikroskop

Eingriffsfunktion. Bei der realen Abbildung trägt niemals das gesamte von einem Objektpunkt ausgehende Licht unverändert zum Bildaufbau bei. Bereits durch die begrenzte numerische Apertur des Mikroobjektivs wird ein Teil des Lichtes abgeblendet. Es gibt aber auch Mikroskopierverfahren (z. B. das Dunkelfeldverfahren), bei denen Eingriffe in das Lichtbündel vorgenommen werden.

Die Einwirkungen auf die komplexen Amplituden des Beugungsbildes, also auf die Beugungsfunktion $a(v,\mu)$, erfassen wir mit der Eingriffsfunktion

$$c(v,\mu) = \begin{cases} c_0(v,\mu) \cdot e^{j\Phi(v,\mu)} & \text{innerhalb des durch die Austrittspupille möglichen Lichtbündels,} \\ 0 & \text{sonst.} \end{cases} \qquad (6.106)$$

Sämtliche Eingriffe wirken sich auf das primäre Bild aus und können als äquivalenter Eingriff in dieses gedeutet werden. Mit Eingriff kann die Bildfunktion auch außerhalb des Gaußschen Bildpunktes mit den Koordinaten x'_0, y'_0 verschieden von 0 sein. In einem isoplanatischen Gebiet hängt sie jedoch nur von $x' - x'_0$, $y' - y'_0$ ab.

Aus Gl. (6.104) geht bei einem Eingriff

$$a(v,\mu) \cdot c(v,\mu) = A \iint_{-\infty}^{\infty} b(x',y') \cdot e^{-2\pi j[v(x'-x'_0) + \mu(y'-y'_0)]} dx' dy' \qquad (6.107)$$

hervor. Die Umkehrung mittels der Fourier-Transformation lautet

$$b(x',y') = \frac{1}{A} \iint_{-\infty}^{\infty} a(v,\mu) \cdot c(v,\mu) \cdot e^{2\pi j[v(x'-x'_0) + \mu(y'-y'_0)]} dv d\mu. \qquad (6.108)$$

Bezeichnen wir mit $\tilde{b}(v,\mu)$ die Fourier-Transformierte der Bildfunktion, dann gilt

$$\tilde{b}(v,\mu) = a(v,\mu) \cdot c(v,\mu) \quad \text{bzw.} \quad \tilde{b}(v,\mu) = \tilde{f}(v,\mu) \cdot c(v,\mu). \qquad (6.109)$$

> Bei der kohärenten optischen Abbildung ergibt sich die Fourier-Transformierte der Bildfunktion als Produkt von Beugungs- und Eingriffsfunktion.

Wir führen mittels

$$g(x',y') = \iint_{-\infty}^{\infty} c(v,\mu) \cdot e^{2\pi j[v(x'-x'_0) + \mu(y'-y'_0)]} dv d\mu \qquad (6.110)$$

die Fourier-Transformierte der Eingriffsfunktion ein. Sie beschreibt den Einfluß des Eingriffs auf die komplexen Amplituden in der Zwischenbildebene. Analog zur Punktbildfunktion Gl. (4.382) können wir $g(x',y')$ als Punktbildamplitudenfunktion bezeichnen.

Wegen Gl. (6.103) gilt gemäß Gl. (6.109) und Gl. (6.110):

> Bei der kohärenten Abbildung ist die Fourier-Transformierte der Bildfunktion gleich dem Produkt aus der Fourier-Transformierten der Objektfunktion und der Punktamplitudenfunktion.

Analog zur Ableitung, die zu Gl. (4.406) führte, läßt sich der Zusammenhang zwischen den komplexen Amplituden und der Punktbildamplitudenfunktion auch durch das Faltungsintegral

$$b(x',y') = \iint_{-\infty}^{\infty} f(x'_0,y'_0) \, g(x'-x'_0, y'-y'_0) \, dx'_0 \, dy'_0 \qquad (6.111)$$

mit $f(x'_0, y'_0) = f(x,y)$ ausdrücken.

Die Richtungsvariablen können unmittelbar in reduzierte Pupillenkoordinaten $\overline{x}'_p = x'_p/\rho'_p$ und $\overline{y}'_p = y'_p/\rho'_p$ mittels

$$v = \frac{\overline{x}'_p \rho'_p}{\lambda f'_{Ob}}, \quad \mu = \frac{\overline{y}'_p \rho'_p}{\lambda f'_{Ob}}$$

umgerechnet werden. Die reduzierten Ortskoordinaten lauten

$$\overline{x}' = (x' - x'_0)\frac{\rho'_p}{\lambda f'_{Ob}}, \quad \overline{y}' = (y' - y'_0)\frac{\rho'_p}{\lambda f'_{Ob}}.$$

Damit ergeben sich die Schreibweisen

$$g(\overline{x}', \overline{y}') = \iint_{-\infty}^{\infty} c(\overline{x}'_p, \overline{y}'_p) \cdot e^{2\pi j(\overline{x}'\overline{x}'_p + \overline{y}'\overline{y}'_p)} d\overline{x}'_p d\overline{y}'_p. \tag{6.112a}$$

bzw.

$$b(\overline{x}', \overline{y}') = \frac{1}{A} \iint_{-\infty}^{\infty} a(\overline{x}'_p, \overline{y}'_p) c(\overline{x}'_p, \overline{y}'_p) \cdot e^{2\pi j(\overline{x}'\overline{x}'_p + \overline{y}'\overline{y}'_p)} d\overline{x}'_p d\overline{y}'_p. \tag{6.112b}$$

Die Eingriffsfunktion

$$c(\overline{x}'_p, \overline{y}'_p) = \begin{cases} c_0(\overline{x}'_p, \overline{y}'_p) \cdot e^{j\Phi(\overline{x}'_p, \overline{y}'_p)} & \text{innerhalb der Austrittspupille}, \\ 0 & \text{sonst} \end{cases} \tag{6.113}$$

erweist sich damit unmittelbar als Pupillenfunktion

$$c(\overline{x}'_p, \overline{y}'_p) \equiv P(\overline{x}'_p, \overline{y}'_p).$$

Damit läßt sich Gl. (6.109) umformen in

$$\tilde{b}(\overline{x}'_p, \overline{y}'_p) = a(\overline{x}'_p, \overline{y}'_p) P(\overline{x}'_p, \overline{y}'_p) \tag{6.114a}$$

bzw.

$$\tilde{b}(\overline{x}'_p, \overline{y}'_p) = \tilde{f}(\overline{x}'_p, \overline{y}'_p) P(\overline{x}'_p, \overline{y}'_p). \tag{6.114b}$$

In Worten:

> Die Fourier-Transformierte der Bildfunktion ist gleich der Fourier-Transformierten der Objektfunktion multipliziert mit der Pupillenfunktion.
> Die Pupillenfunktion ist die Übertragungsfunktion der kohärenten optischen Abbildung. Es werden also die komplexen Amplituden linear übertragen.

6.2.7 Mikroskopische Abbildung von Liniengittern

Besonders übersichtlich ist die kohärente Abbildung eines Liniengitters zu behandeln. Die Objektfunktion hängt nur von einer Variablen ab und ist periodisch mit der Gitterkonstanten g. Sie lautet

$$f(x+kg) = f(x), \quad k = 0, 1, 2 \ldots. \tag{6.115}$$

6.2 Lupe und Mikroskop

Die Beugungsfunktion wurde in 2.6.4 berechnet. Es gilt:

- Die Beugungsfunktion hat nur für die diskreten Richtungsvariablen

$$v_m = \frac{m}{g}, \quad m = 0, \pm 1, \pm 2, \ldots, \tag{6.116}$$

wesentlich von 0 verschiedene Werte.
- Die komplexe Amplitude in der m-ten Ordnung ist der Fourier-Koeffizient der Reihenentwicklung der Objektfunktion $f(\kappa)$, also der Ausdruck

$$a_m(v_m) = \int_0^1 f(\kappa) \cdot e^{2\pi jm\kappa} d\kappa. \tag{6.117}$$

Die Variable κ ist durch

$$x = (k+\kappa) \cdot g, \quad 0 \leq \kappa \leq 1,$$

definiert.

Die Aperturblende, die sich in der objektseitigen Brennebene des Kondensors befindet, sei ein parallel zu den Gitterstrichen liegender infinitesimal schmaler Spalt. Das Beugungsbild besteht aus Linien, die den Ordnungen des Beugungsspektrums entsprechen.

Amplitudengitter. Gegeben sei ein reines Amplitudengitter mit "kastenförmiger" Objektfunktion. Diese lautet

$$f(\kappa) = \begin{cases} 1, & 0 \leq \kappa < \kappa_0, \\ 0{,}5, & \kappa = \kappa_0, \\ 0, & \kappa_0 < \kappa \leq 1. \end{cases} \tag{6.118}$$

Die Fourier-Koeffizienten entnehmen wir Gl. (6.116) und Gl. (6.117):

$$a_0 = \kappa_0, \quad a_m = \frac{1}{2\pi jm}(e^{2\pi jm\kappa_0} - 1). \tag{6.119a, b}$$

Wir führen die Abkürzung

$$v_m = \pi m \kappa_0 \tag{6.120}$$

ein und erhalten

$$a_0 = \kappa_0, \quad a_m = -\frac{j\kappa_0}{2v_m}(e^{2jv_m} - 1). \tag{6.121a, b}$$

Wir formen mittels Trennung in Real- und Imaginärteil um in

$$a_0 = \kappa_0, \quad a_m = \kappa_0 \frac{\sin v_m}{v_m} e^{jv_m}. \tag{6.122a, b}$$

Die Bildfunktion $b(\kappa')$ ist ohne Eingriff gleich der Objektfunktion $f(\kappa)$. Sie lautet, als Fourier-Reihe dargestellt

$$b(\kappa') = \kappa_0 \sum_{m=-\infty}^{\infty} \frac{\sin v_m}{v_m} e^{jv_m} e^{-2\pi jm\kappa'}. \tag{6.123}$$

Berücksichtigen wir die Beziehungen

$$v_{-m} = -v_m, \quad v_m = mv_1,$$

so folgt aus Gl. (6.123)

$$b(\kappa') = \kappa_0 \left\{ 1 + \sum_{m=1}^{\infty} \frac{\sin mv_1}{mv_1} \left[e^{-jm(2\pi\kappa'-v_1)} + e^{jm(2\pi\kappa'-v_1)} \right] \right\}$$

oder

$$b(\kappa') = \kappa_0 \left\{ 1 + 2\sum_{m=1}^{\infty} \frac{\sin mv_1}{mv_1} \cos[m(2\pi\kappa' - v_1)] \right\}. \tag{6.124}$$

Wir diskutieren nun die Beugungs- und die Bildfunktion.

Die Beugungsfunktion, also die komplexe Amplitude im Beugungsbild, stellen wir für jede Ordnung getrennt in der Gaußschen Zahlenebene dar. Der Betrag der komplexen Amplitude nimmt gemäß Gl. (6.122) von Ordnung zu Ordnung ab. Die Phase wird von Ordnung zu Ordnung um den gleichen Winkel v_1 gedreht. Abb. 6.49 und Tab. 6.16 gelten für

$$\kappa_0 = \frac{1}{2\pi}, \quad \text{also} \quad v_m = \frac{m}{2}.$$

Abb. 6.49 Komplexe Amplituden im Beugungsbild des Amplitudengitters

Tabelle 6.16 Betrag und Phase der Beugungsfunktion des Amplitudengitters

m	0	±1	±2	±3	±4
$\|a_m\|$	0,1592	0,1526	0,1340	0,1059	0,07236
v_m	0	±28° 39′	±57° 18′	±85° 56′	±114° 35′

Die Bildfunktion wird nach Gl. (6.124) additiv aus den einzelnen Ordnungen aufgebaut. Jeder Summand – außer dem konstanten Glied κ_0 – stellt wegen des Faktors $\cos[m(2\pi\kappa' - v_1)]$ eine um v_1 phasenverschobene kosinusförmige Funktion mit der Ortsfrequenz m und der Amplitude

$$2\kappa_0 \frac{\sin mv_1}{mv_1}$$

dar.

Die ersten Summanden sind in Abb. 6.50 grafisch dargestellt. Die Addition sämtlicher Summanden der Fourier-Reihe muß die Bildfunktion

$$b(\kappa') = \begin{cases} 1, & 0 \leq \kappa' < \kappa_0', \\ 0{,}5, & \kappa' = \kappa_0', \\ 0, & \kappa_0' < \kappa' \leq 1, \end{cases} \tag{6.125}$$

6.2 Lupe und Mikroskop

ergeben. Der Kontrast im Zwischenbild wird wegen $I \sim bb^*$ aus

$$K' = \frac{(bb^*)_{\text{Max}} - (bb^*)_{\text{Min}}}{(bb^*)_{\text{Max}} + (bb^*)_{\text{Min}}} = 1 \qquad (6.126)$$

berechnet. Das Bild ist objekttreu.

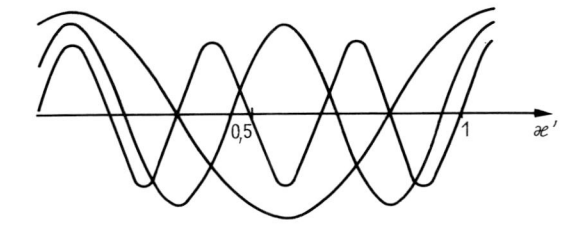

Abb. 6.50 Erste Summanden der Fourier-Reihendarstellung der Bildfunktion

Auflösungsvermögen. Die Öffnungsblende des Mikroobjektivs schneidet die Beugungsmaxima von einer bestimmten Ordnung an aus dem gebeugten Licht aus. Die Auswirkung auf das Zwischenbild ist in Abb. 6.51 bis 6.54 zu erkennen.

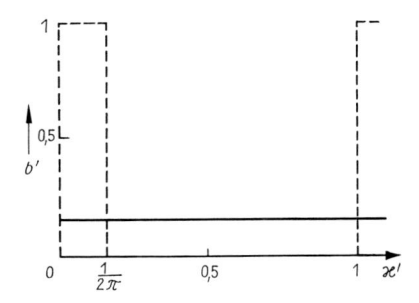

Abb. 6.51 Objektfunktion und Bildfunktion bei Aperturbegrenzung (nur nullte Ordnung hindurchgelassen)

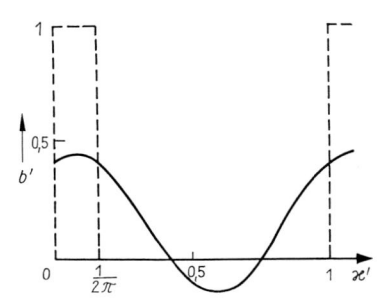

Abb. 6.52 Objektfunktion und Bildfunktion bei Aperturbegrenzung (die nullte und die beiden ersten Ordnungen hindurchgelassen)

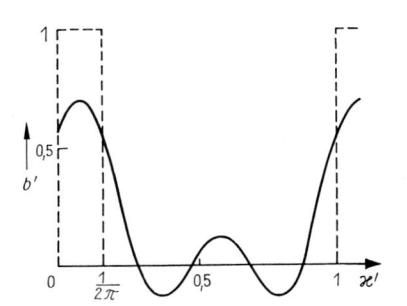

Abb. 6.53 Objektfunktion und Bildfunktion bei Aperturbegrenzung (die nullte, die ersten und die zweiten Ordnungen hindurchgelassen)

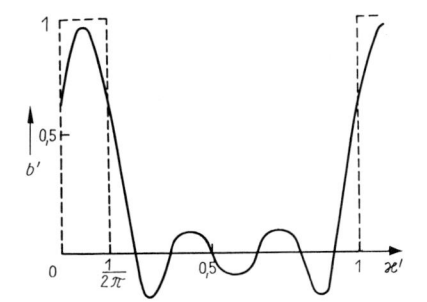

Abb. 6.54 Objektfunktion und Bildfunktion bei Aperturbegrenzung (die nullte, die ersten, die zweiten und die dritten Ordnungen hindurchgelassen)

Läßt das Objektiv nur die nullte Ordnung hindurch, dann ist das Bildfeld gleichmäßig hell. Das Gitter wird nicht aufgelöst. In Abb. 6.52 sind die nullte und die beiden ersten Ordnungen ($m = \pm 1$) überlagert. Im Zwischenbild ist eine Struktur zu erkennen, die dieselbe Gitterkonstante wie das Objekt hat. Das Bild ist jedoch dem Objekt nicht ähnlich.

Es gilt also:

> Damit ein Objekt bei gerader Hellfeldbeleuchtung aufgelöst wird, müssen mindestens die beiden ersten Ordnungen im Beugungsbild vorhanden sein. Die Abbildung ist nicht objekttreu.

Nach Abb. 6.55 ist

$$\widehat{\alpha}_0 = 90°, \quad \cos \widehat{\alpha}_0 = \alpha_0 = 0, \quad \alpha = \cos \widehat{\alpha} = \sin(90° + u) = -\sin u.$$

Allgemein können wir $-\alpha = A$ (numerische Apertur) setzen. Für die erste Ordnung gilt

$$-\alpha = \frac{\lambda}{g}.$$

Die aufgelöste Strecke beträgt bei gerader Hellfeldbeleuchtung

$$g = \frac{\lambda}{A}. \tag{6.127}$$

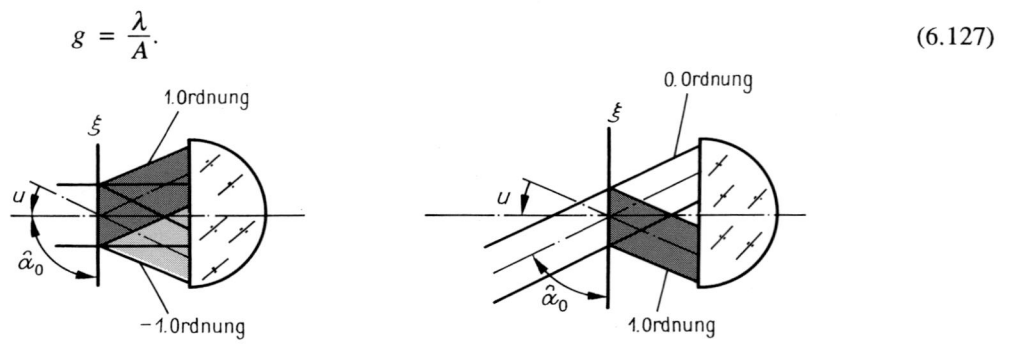

Abb. 6.55 Auflösbarer Winkel bei gerader Hellfeldbeleuchtung (grau: gebeugtes Licht)

Abb. 6.56 Auflösbarer Winkel bei schräger Hellfeldbeleuchtung (grau: gebeugtes Licht)

Bei schräger Hellfeldbeleuchtung wird das Gitter aufgelöst, wenn die nullte und die erste Ordnung vom Objektiv erfaßt werden. Es gilt (Abb. 6.56)

$$\alpha_0 = \cos(90° - u) = A, \quad \alpha = \cos(90° + u) = -A,$$

also

$$\alpha_0 - \alpha = 2A = \frac{\lambda}{g}.$$

Die auflösbare Strecke beträgt

$$g = \frac{\lambda}{2A}. \tag{6.128}$$

In Abb. 6.53 und 6.54 sind weitere Ordnungen im Bild wirksam. Das Auflösungsvermögen ändert sich dadurch nicht, aber das Bild wird in steigendem Maße dem Objekt ähnlicher.

6.2 Lupe und Mikroskop

Die Faktoren, die in den Gl. (6.127) und (6.128) bei λ/A stehen, wurden in Tab. 6.13 verwendet und mit m_A bezeichnet ($m_A = 1$ bzw. 0,5).

Phasengitter. Als Modell für ein Phasenobjekt verwenden wir ein reines Phasengitter mit stückweise konstanter Phase. Die Objektfunktion ist also

$$f(\kappa) = \begin{cases} e^{j\delta}, & 0 \leq \kappa < \kappa_0, \\ e^{j\frac{\delta}{2}}, & \kappa = \kappa_0, \\ 1, & \kappa_0 < \kappa \leq 1. \end{cases} \tag{6.129}$$

Für ein derartiges Liniengitter wurden die Fourier-Koeffizienten in 5.2.2 berechnet (Laminargitter). Sie lauten

$$a_0 = 1 + \kappa_0(e^{j\delta} - 1), \quad a_m = \frac{1}{2\pi jm}(e^{2\pi jm\kappa_0} - 1)(e^{j\delta} - 1).$$

Mit der Abkürzung $v_m = \pi m \kappa_0$ erhalten wir

$$a_0 = 1 + \kappa_0(e^{j\delta} - 1), \quad a_m = -\frac{j\kappa_0}{2v_m}(e^{2jv_m} - 1)(e^{j\delta} - 1). \tag{6.130a, b}$$

Eine übersichtliche Diskussion ist nur möglich, wenn δ klein ist. Wir entwickeln $\exp(j\delta)$ in eine Reihe, die wir mit dem linearen Glied abbrechen. Aus Gl. (6.130) geht

$$a_0 = 1 + j\delta\kappa_0, \quad a_m = \frac{\delta\kappa_0}{2v_m}(e^{2jv_m} - 1) \tag{6.131a, b}$$

hervor. Durch Trennung von Real- und Imaginärteil bzw. Anwenden der Näherung $1 + j\delta\kappa_0 = \exp(j\delta\kappa_0)$ ergibt sich

$$a_0 = e^{j\delta\kappa_0}, \quad a_m = \delta\kappa_0 \frac{\sin v_m}{v_m} e^{j\left(v_m + \frac{\pi}{2}\right)}. \tag{6.132a, b}$$

Die Fourier-Reihendarstellung der Objektfunktion und damit ohne Eingriff auch der Bildfunktion lautet

$$b(\kappa') = 1 + j\delta\kappa_0 + \delta\kappa_0 \sum_{m=-\infty}^{\infty}{}' \frac{\sin v_m}{v_m} e^{j\left(v_m + \frac{\pi}{2}\right)} e^{-2\pi jm\kappa'}. \tag{6.133}$$

Der Strich am Summenzeichen deutet an, daß das Glied mit $m = 0$ nicht in der Summe enthalten ist. Wegen $\exp(j\pi/2) = j$ gilt auch

$$b(\kappa') = 1 + j\delta\kappa_0 + \delta\kappa_0 \sum_{m=-\infty}^{\infty}{}' \frac{\sin v_m}{v_m} e^{jv_m} e^{-2\pi jm\kappa'}. \tag{6.134}$$

Der Vergleich mit den Beziehungen für das Amplitudengitter ergibt für Phasengitter mit kleiner Phasenänderung:

- In der nullten Ordnung ist der Betrag der komplexen Amplitude beim Phasengitter nahezu gleich 1.
- Da δ als klein vorausgesetzt ist, stellt $\delta\kappa_0$ einen sehr kleinen Winkel dar. Die Phasenlage in der nullten Ordnung ist deshalb beim Phasen- und beim Amplitudengitter fast die gleiche.

- Die höheren Ordnungen des Phasengitters sind wegen des Faktors δ in Gl. (6.132b) sehr lichtschwach.
- In der Gaußschen Bildebene sind die Amplitudenvektoren der höheren Ordnungen beim Phasengitter um 90° gegenüber denen beim Amplitudengitter gedreht; das ist besonders deutlich an Gl. (6.132b) zu erkennen. Da die Amplitudenvektoren der nullten Ordnung fast gleichgerichtet sind, ist die beim Phasengitter zusätzlich vorhandene Phasendifferenz von 90° zwischen der nullten und den höheren Ordnungen der wichtigste Unterschied zwischen den Beugungsbildern beider Gitterarten.
- Die Bildfunktion ist ohne Eingriff der Objektfunktion gleich. Beim Phasengitter lautet sie

$$b(\kappa') = \begin{cases} e^{j\delta}, & 0 \leq \kappa' < \kappa'_0, \\ e^{j\frac{\delta}{2}}, & \kappa' = \kappa'_0, \\ 1, & \kappa'_0 < \kappa' \leq 1. \end{cases} \quad (6.135)$$

Der Bildkontrast beträgt

$$K' = \frac{1-1}{1+1} = 0. \quad (6.136)$$

Das Phasengitter ist ohne Eingriff nicht wahrzunehmen, weil der Kontrast verschwindet. Diese Aussage ist nicht auf Gitter mit kleiner Phasenänderung beschränkt.

Für ein Phasengitter mit

$$\kappa_0 = \frac{1}{2\pi} \quad \text{und} \quad \delta = 0,1 \triangleq 6°$$

sind die Daten der komplexen Amplituden in Tab. 6.17 enthalten. Abb. 6.57 demonstriert die Richtungen der Amplitudenvektoren in der Gaußschen Zahlenebene. Man vergleiche damit Abb. 6.49 für das Amplitudengitter.

Tabelle 6.17 Betrag und Phase der Beugungsfunktion des Phasengitters

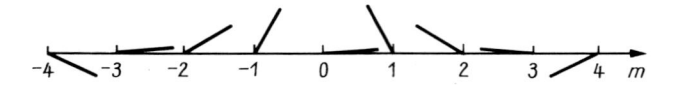

m	0	± 1	± 2	± 3	± 4
$\|a_m\|$	1	0,01526	0,01340	0,01059	0,007236
$v_m + \pi/2$	54'43"	$\pm 28°39'$ $+90°$	$\pm 57°18'$ $+90°$	$\pm 85°56'$ $+90°$	$\pm 114°35'$ $+90°$

Abb. 6.57 Richtung der komplexen Amplituden im Beugungsbild des Phasengitters

Dunkelfeldverfahren. Die Mikroskopie mit dem Dunkelfeldverfahren ist dadurch gekennzeichnet, daß das direkte Licht nicht am Bildaufbau beteiligt ist. Nur das am Objekt gebeugte und gestreute Licht wird vom Objektiv erfaßt. Wir bilden ideale Gitter ab, so daß nur gebeugtes Licht zum Zwischenbild gelangt.

6.2 Lupe und Mikroskop

Das Ausblenden des ungebeugten Lichtes kann durch einen äquivalenten Eingriff in das primäre Bild gedeutet werden. Bei einem Beugungsgitter ergibt das direkte Licht die nullte Ordnung des Spektrums. Es muß also zum Verschwinden gebracht werden, etwa durch ein undurchsichtiges Plättchen in der bildseitigen Brennebene des Objektivs. Da wir sowohl die positiven als auch die negativen Ordnungen zur Abbildung verwenden, gilt unsere Darstellung für das sogenannte symmetrische Dunkelfeldverfahren. Die Eingriffsfunktion lautet

$$c(v) = \begin{cases} 0, & m = 0, \\ 1, & m \neq 0. \end{cases} \tag{6.137}$$

Wir untersuchen die Abbildung eines Amplituden- und eines Phasengitters getrennt.

Das Amplitudengitter hat nach Gl. (6.123) die Bildfunktion

$$b(\kappa') = \kappa_0 \sum_{m=-\infty}^{\infty} {}' \frac{\sin v_m}{v_m} e^{j v_m} e^{-2\pi j m \kappa'}. \tag{6.138}$$

Der Strich am Summenzeichen deutet das Fehlen des Gliedes mit $m = 0$ an. Da wir Gl. (6.138) auch in der Gestalt

$$b(\kappa') = \kappa_0 \sum_{m=-\infty}^{\infty} \frac{\sin v_m}{v_m} e^{j v_m} e^{-2\pi j m \kappa'} - \kappa_0 \tag{6.139}$$

schreiben können und der erste Teil die Bildfunktion Gl. (6.123) für das Hellfeldbild des Amplitudengitters ist, gilt

$$b(\kappa') = \begin{cases} 1 - \kappa_0, & 0 \leq \kappa' < \kappa_0', \\ 0{,}5 - \kappa_0, & \kappa' = \kappa_0', \\ 0 - \kappa_0, & \kappa_0' < \kappa' \leq 1. \end{cases} \tag{6.140}$$

Der Kontrast im Zwischenbild beträgt

$$K = \frac{1 - 2\kappa_0}{(1-\kappa_0)^2 + \kappa_0^2}. \tag{6.141}$$

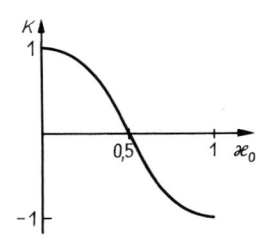

Abb. 6.58 Kontrast beim Dunkelfeldverfahren

Abb. 6.58 veranschaulicht die Abhängigkeit des Kontrastes von κ_0. Wir lesen folgende Eigenschaften des Dunkelfeldverfahrens für Amplitudengitter ab:

- Der Kontrast im sekundären Bild ist gegenüber dem im Hellfeldbild verringert.
- Gitter, bei denen $\kappa_0 = 0{,}5$ ist, sind unsichtbar, weil der Kontrast verschwindet.
- Gitter, für die $\kappa_0 > 0{,}5$ ist, werden mit negativem Kontrast abgebildet. Die dunklen Objektstreifen erscheinen heller als die durchlässigen Objektstreifen.

Das Phasengitter hat nach Gl. (6.133) die Bildfunktion

$$b(\kappa') = j\delta\kappa_0 \sum_{m=-\infty}^{\infty}{}' \frac{\sin v_m}{v_m} e^{jv_m} e^{-2\pi jm\kappa'}. \qquad (6.142)$$

Diese Bildfunktion unterscheidet sich von der Bildfunktion Gl. (6.138) des Amplitudengitters nur um den Faktor $j\delta$. Deshalb gilt unter Verwendung von Gl. (6.140)

$$b(\kappa') = \begin{cases} j\delta(1-\kappa_0), & 0 \leq \kappa' < \kappa_0', \\ j\delta(0,5-\kappa_0), & \kappa' = \kappa_0', \\ -j\delta\kappa_0, & \kappa_0' < \kappa' \leq 1. \end{cases} \qquad (6.143)$$

Bei der Berechnung des Kontrastes kürzt sich der Faktor $|j\delta|^2$, so daß beim Phasengitter ebenfalls

$$K = \frac{1-2\kappa_0}{(1-\kappa_0)^2 + \kappa_0^2} \qquad (6.144)$$

gilt. Die Funktion $K(\kappa_0)$ wird auch beim Phasengitter durch Abb. 6.58 dargestellt. Es gilt für Phasengitter:

– Der Kontrast im sekundären Bild ist gegenüber dem im Hellfeldbild vergrößert. Phasengitter werden im Dunkelfeld sichtbar.
– Gitter, bei denen $\kappa_0 = 0,5$ ist, sind unsichtbar.
– Gitter, für die $\kappa_0 > 0,5$ ist, werden mit negativem Kontrast abgebildet. Beim Phasengitter bedeutet dies, daß die Bereiche des Gitters, in denen das Licht eine größere optische Weglänge nd hat, heller erscheinen als die Bereiche mit kleinerer optischer Weglänge.

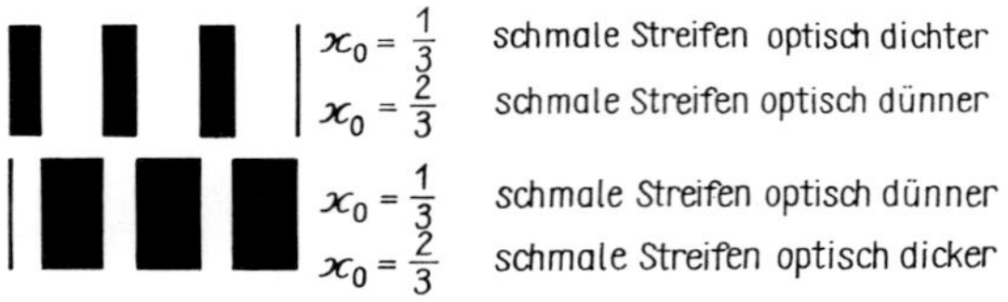

$\kappa_0 = \frac{1}{3}$	schmale Streifen optisch dichter
$\kappa_0 = \frac{2}{3}$	schmale Streifen optisch dünner
$\kappa_0 = \frac{1}{3}$	schmale Streifen optisch dünner
$\kappa_0 = \frac{2}{3}$	schmale Streifen optisch dicker

Abb. 6.59 Deutungsmöglichkeiten beim symmetrischen Dunkelfeldverfahren

Es ist zu beachten, daß in unserem Fall der Objektbereich $\kappa_0 \leq \kappa \leq 1$ derjenige mit der größeren optischen Dicke ist. Für ein positives δ eilt die Phase im Gebiet $0 \leq \kappa \leq \kappa_0$ der Phase in dem übrigen Gebiet voraus. Bei der Betrachtung eines Phasengitters mit dem Dunkelfeldverfahren können wir allerdings nicht unterscheiden, ob der schmale oder der breite Objektbereich einer Periode der kleineren optischen Dicke zugeordnet ist (Abb. 6.59). Es läßt sich also mit dem symmetrischen Dunkelfeldverfahren nicht entscheiden, welcher Objektbereich der optisch dünnere ist.

Phasenkontrastverfahren. Das Dunkelfeldverfahren stellt eine Mikroskopiermethode dar, mit der Phasengitter sichtbar gemacht werden. Ein weiteres Verfahren, mit dem von Phasengittern kontrastreiche Bilder erzeugt werden können, ist das Phasenkontrastverfahren. Es liefert bei ausreichend großer Apertur objektähnliche Bilder. Das Phasenkontrastverfahren wurde von Zernike vorgeschlagen. Wir gehen vom Vergleich der komplexen Amplituden im primären Bild des Amplitudengitters (Abb. 6.49) mit den komplexen Amplituden im primären Bild

6.2 Lupe und Mikroskop

des Phasengitters mit kleiner Phasenänderung (Abb. 6.57) aus. Das primäre Bild des Phasengitters muß danach in das primäre Bild des Amplitudengitters übergeführt werden können, wenn beim Phasengitter der zusätzliche Phasenunterschied von nahezu 90° zwischen der nullten und den höheren Ordnungen aufgehoben wird. Zu diesem Zweck brauchen wir nur am Ort der nullten Ordnung in der hinteren Brennebene des Mikroobjektivs ein sogenanntes Phasenplättchen anzubringen. Dieses erzeugt die gewünschte Phasenänderung und schwächt das Licht durch Absorption.

Wir stellen die Bildfunktionen von Amplituden- und Phasengitter nach Gl. (6.123) und Gl. (6.133) gegenüber.

Amplitudengitter:
$$b(\kappa') = \kappa_0 \sum_{m=-\infty}^{\infty} \frac{\sin v_m}{v_m} e^{-2\pi j m \kappa'},$$

Phasengitter:
$$b'(\kappa') = 1 + j\kappa_0 \sum_{m=-\infty}^{\infty}{'} \frac{\sin v_m}{v_m} e^{j v_m} e^{-2\pi j m \kappa'}.$$

Der Vergleich zeigt, daß wir bei einer Eingriffsfunktion

$$c(v) = \begin{cases} j\delta\kappa_0, & m = 0, \\ 1, & m \neq 0, \end{cases} \tag{6.145}$$

für die Bildfunktion des Phasengitters (es ist $a_0 = 1 + j\delta\kappa_0$)

$$b(\kappa') = j\delta\kappa_0 + j\delta\kappa_0 \sum_{m=-\infty}^{\infty}{'} \frac{\sin v_m}{v_m} e^{j v_m} e^{-2\pi j m \kappa'}$$

(das Glied mit δ^2 ist vernachlässigt worden) oder

$$b(\kappa') = j\delta\kappa_0 \sum_{m=-\infty}^{\infty} \frac{\sin v_m}{v_m} e^{j v_m} e^{-2\pi j m \kappa'} \tag{6.146}$$

erhalten. Gl. (6.146) ist bis auf den Faktor $j\delta$ mit der Bildfunktion des Amplitudengitters identisch. Es ergibt sich unter Verwendung von Gl. (6.125)

$$b(\kappa') = \begin{cases} j\delta, & 0 \leq \kappa' < \kappa_0', \\ 0{,}5 j\delta, & \kappa' = \kappa_0', \\ 0, & \kappa_0' < \kappa' \leq 1, \end{cases} \tag{6.147}$$

und $K = 1$. Die Bereiche mit größerer optischer Weglänge erscheinen dunkler als die übrigen Bereiche (positiver Phasenkontrast).

> Bei dem "positiven Phasenkontrastverfahren" erscheinen die Objektbereiche mit größerer optischer Weglänge im Bild dunkler als die Objektbereiche mit kleinerer optischer Weglänge. Bei dem "negativen Phasenkontrastverfahren" ist es umgekehrt.

Aus

$$c_0 a_0 = j\delta\kappa_0 a_0 = j\delta\kappa_0 (1 + j\delta\kappa_0) \tag{6.148}$$

folgt unter Vernachlässigung der Glieder mit δ^2

$$c_0 a_0 = \delta\kappa_0 e^{j\frac{\pi}{2}}. \tag{6.149}$$

Nach Gl. (6.132a) und Gl. (6.149) muß der Phasenstreifen die Phase um

$$\delta_{Ph} = \frac{\pi}{2} - \delta\kappa_0 \approx \frac{\pi}{2} \tag{6.150}$$

ändern und den Betrag der komplexen Amplitude um

$$1 - \delta\kappa_0. \tag{6.151}$$

Wegen des als klein vorausgesetzten Wertes von δ wird das Bild lichtschwach. Die Phasenänderung $\delta_{Ph} = \pi/2$, die ein Voreilen der Phase in der nullten Ordnung erfordert, läßt sich indirekt realisieren, indem die Phase in den Ordnungen $m \neq 0$ um $\delta = -\pi/2$ (Nacheilen der Phase in diesen Ordnungen) geändert wird. Das hier behandelte positive Phasenkontrastverfahren mit kleiner Phasenänderung ergibt den Maximalkontrast $K = 1$, weshalb wir auch von einem "optimalen Phasenkontrastverfahren" sprechen können. Der Nachteil besteht aber darin, daß ein stark absorbierender Phasenstreifen erforderlich ist. Es ist aber praktisch nicht notwendig, den Maximalkontrast anzustreben. Mit einem Phasenstreifen geringerer Absorption läßt sich bei nicht zu geringer Bildintensität ein ausreichender Kontrast erzielen.

Auf die Vielfalt an Mikroskopierverfahren und Spezialmikroskopen kann nicht eingegangen werden. Wir verweisen auf [5] und [75]. Auch neuere Entwicklungen wie z. B. die allgemeinen Scanning-Mikroskope oder die konfokalen Laserscan-Mikroskope [74] erfordern umfassende Darstellungen in Monografien.

6.2.8 Partiell-kohärente Abbildung

Die kohärente Abbildung von mikroskopischen Objekten ist ein Grenzfall für verschwindende Beleuchtungsapertur oder Beleuchtung mit räumlich kohärenter Laserstrahlung. Im allgemeinen ist das Licht partiell-kohärent. Auch bei der Fotolithografie zur Übertragung von mikroelektronischen Strukturen bilden die Objektive mit partiell-kohärentem Licht ab.

Das von einem Lichtquellenpunkt ausgehende Licht, das bei der Köhlerschen Beleuchtung hinter dem Kondensor eine Richtung hat, überlagert sich nach der Beugung am Objekt und an der Öffnungsblende in der Zwischenbildebene kohärent, d. h., es interferiert. Die von verschiedenen Lichtquellenpunkten stammenden Anteile sind inkohärent zueinander und überlagern sich in der Zwischenbildebene inkohärent, d. h., es addieren sich die Intensitäten. Der Vorgang ist analog zur räumlichen Kohärenz beim Youngschen Interferometer.

Wir betrachten zunächst zwei feine Öffnungen in der Objektebene, die zwei punktförmige Objekte annähern. Beleuchtet wird mit einer ausgedehnten kreisförmigen Lichtquelle konstanter Leuchtdichte. (Es läßt sich zeigen, daß zwischen direkter Beleuchtung ohne optische Hilfsmittel und der Köhlerschen Beleuchtung kein Unterschied in der Strukturierung des Bildes besteht.)

Aufgrund von Gl. (2.183) beträgt die Interferenzintensität nach der Beugung an den beiden Öffnungen in der Gaußschen Zwischenbildebene

$$I = I_1 + I_2 + 2\sqrt{I_1 I_2}\,|\gamma_{12}(0)|\cos(\alpha_{12} + \delta_{12}). \tag{6.152}$$

Wir nehmen an, daß beide Öffnungen gleich groß sind und ferner die Öffnungen und die Lichtquelle symmetrisch zur optischen Achse liegen ($x_1 = -x_2 = \rho/2$, $y_1 = -y_2 = \rho/2$,

6.2 Lupe und Mikroskop

$d/R = \sin u'_K$, $\alpha_{12} = \delta_{12} = 0$; Abb. 6.60). Den Abbildungsmaßstab normieren wir auf $\beta'_{Obj} = 1$. Es ist dann auch $\rho = \rho'$. Die Beleuchtungsapertur folgt aus (Abb. 6.60) $d/R = \sin u'_K$.

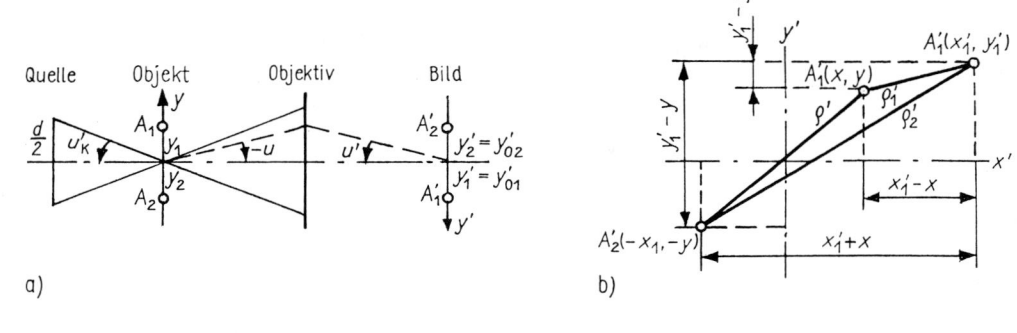

Abb. 6.60 Abbildung von zwei Objektpunkten
a) Meridionalebene, b) Gaußsche Bildebene

Wir führen den Kohärenzparameter gemäß Gl. (6.71),

$$S = \frac{\sin u'_K}{\sin u} = \frac{A'_K}{A},$$

ein (u halber Öffnungswinkel des Objektivs, A, A'_K numerische Aperturen). Vor dem Objekt beträgt nach Gl. (2.187) der normierte Kohärenzgrad

$$\gamma_{12}(0) = \gamma_0 = \frac{2J_1(v_{12})}{v_{12}} \tag{6.153}$$

mit

$$v_{12} = \frac{\pi a d}{\lambda R} = \frac{2\pi\rho \sin u'_K}{\lambda} = \frac{2\pi\rho S \sin u}{\lambda} = Sv \tag{6.154}$$

($\rho^2 = x^2 + y^2$). Die Beugungsbilder in der Gaußschen Bildebene haben die Intensität

$$I_1 = \left[\frac{2J_1(v_1)}{v_1}\right]^2 I_0, \quad I_2 = \left[\frac{2J_1(v_2)}{v_2}\right]^2 I_0 \tag{6.155a, b}$$

mit

$$v_1 = \frac{2\pi \sin u}{\lambda}\sqrt{(x'-x)^2+(y'-y)^2}, \quad v_2 = \frac{2\pi \sin u}{\lambda}\sqrt{(x'+x)^2+(y'+y)^2}. \tag{6.156a, b}$$

Mit den Gleichungen (6.153) und (6.155) folgt aus Gl. (6.152) für die Intensität im Aufpunkt A' der Bildebene

$$I(x',y') = I_0\left\{\left[\frac{2J_1(v_1)}{v_1}\right]^2 + \left[\frac{2J_1(v_2)}{v_2}\right]^2 + 2\frac{2J_1(Sv)}{2Sv}\frac{2J_1(v_1)}{v_1}\frac{2J_1(v_2)}{v_2}\right\}. \tag{6.157}$$

Liegt der Aufpunkt im Koordinatenursprung, dann ist $x' = y' = 0$ und $\sqrt{x^2+y^2} = \rho$, so daß

$$v_1 = v_2 = \frac{2\pi\rho \sin u}{\lambda} = v$$

wird. Es gilt

$$I(0,0,S) = 2I_0 \left[\frac{2J_1(v)}{v}\right]^2 \left[1 + \frac{2J_1(Sv)}{2Sv}\right].$$

Im Gaußschen Bildpunkt A'_1 gilt $x' = x$, $y' = y$ und damit $v_1 = 0$, $v_2 = 2v$. Die Intensität beträgt

$$I(x,y,S) = I_0 \left\{1 + \left[\frac{2J_1(2v)}{2v}\right]^2 + 2\frac{2J_1(2Sv)}{2Sv}\frac{2J_1(2v)}{2v}\right\}.$$

Die Grenzfälle kohärente Beleuchtung ($S = 0$) und inkohärente Beleuchtung ($S \to \infty$) ergeben

$$I(0,0,0) = 4I_0 \left[\frac{2J_1(v)}{v}\right]^2, \quad I(x,y,0) = I_0 \left\{1 + \frac{2J_1(2v)}{2v}\right\}^2$$

bzw.

$$I(0,0,\infty) = 2I_0 \left[\frac{2J_1(v)}{v}\right]^2, \quad I(x,y,\infty) = I_0 \left\{1 + \left[\frac{2J_1(2v)}{2v}\right]^2\right\}.$$

Verwenden wir als Gütekriterium für das Auflösungsvermögen der Punkte die Vorschrift $I(0,0,S)/I(x,y,S) = 0{,}73$, dann erhalten wir nach numerischer Auswertung für $S = 0$ (kohärente Beleuchtung)

$$\rho = 0{,}81 \frac{\lambda}{A}, \tag{6.158a}$$

für $S \to \infty$ (inkohärente Beleuchtung)

$$\rho = 0{,}61 \frac{\lambda}{A}. \tag{6.158b}$$

Bei beliebigem Kohärenzparameter gelten die Werte der Abb. 6.30. Das Minimum des Auflösungsvermögens (beste Auflösung) ergibt sich bei $S = 1{,}46$ und beträgt

$$\rho = 0{,}57 \frac{\lambda}{A}. \tag{6.159}$$

Dieselbe Auflösung wie bei $S \to \infty$ liegt für $S = 1$ vor. Bei diesem Kohärenzparameter können wir also diesbezüglich von quasiinkohärentem Licht sprechen.

Für ausgedehnte Objekte ist die Berechnung der Intensität in der Bildebene aufwendig. Beispiele sind z. B. in [19] enthalten. Bezüglich des Auflösungsvermögens von Sinusgittern bestätigen sich die Werte der Tab. 6.13. Es folgt

$$\rho = \frac{\lambda}{(1+S)A}, \tag{6.160}$$

wobei $S \leq 1$ sein muß und $S = 1$ den inkohärenten Fall darstellt. Es ist also

$$m_A = \frac{1}{1+S}$$

zu setzen (kohärent $m_A = 1$, inkohärent $m_A = 0{,}5$, bei $S = 0{,}5$ ist $m_A = 0{,}66$).

6.3 Fernrohr

6.3.1 Afokale Systeme

Begriff. In ihrer Grundfunktion sind die Fernrohre afokale Systeme. In diesem Abschnitt behandeln wir nur zentrierte afokale Systeme. Es gilt:

> Afokale optische Systeme transformieren ein paralleles Strahlenbündel in ein Parallelbündel. Sie haben die Gesamtbrechkraft $F' = 0$.

Für die einzelne dicke Linse ergibt sich aus der Brechkraftbeziehung (Gl. (4.62))

$$F' = (n-1)\left(\frac{1}{r_1} - \frac{1}{r_2}\right) + \frac{(n-1)^2 d}{n r_1 r_2}$$

mit $F' = 0$, daß entweder $r_1 = r_2 = \infty$ sein muß (trivialer Fall der planparallelen Platte ohne Änderung des Bündeldurchmessers) oder

$$d = \frac{n(r_1 - r_2)}{n-1}$$

zu wählen ist (vgl. 4.1.5, symmetrische Bikonvexlinse). Das Verhältnis der Bündeldurchmesser folgt aus Gl. (4.47) zu

$$\omega_2 = \frac{h_2}{h_1} = 1 - F'_1 d = \frac{r_2}{r_1}.$$

Der bildseitige Brennpunkt der ersten Fläche und der objektseitige Brennpunkt der zweiten Fläche fallen zusammen. Eine dicke Linse eignet sich zwar theoretisch als afokales Funktionselement, praktisch stören jedoch die erforderliche große Glasdicke sowie die Abbildungsfehler.

Zwei optische Systeme haben nach Gl. (4.40) die äquivalente Brechkraft

$$F' = -\frac{t}{f'_1 f'_2}.$$

Das optische Intervall t folgt für Systeme mit $f'_1 = -f_1$ und $f'_2 = -f_2$ nach Gl. (4.38) aus

$$t = e'_1 - f'_1 - f'_2.$$

Auch aus zwei optischen Systemen entsteht ein afokales System, wenn das optische Intervall gleich 0 ist. Daraus ergibt sich

$$e'_1 = f'_1 + f'_2. \tag{6.161a}$$

(Den trivialen Fall $f'_1 = f'_2 = \infty$ scheiden wir aus.)

Zwei Fälle sind von praktischer Bedeutung:

$f'_1 > 0, f'_2 > 0$ (zwei sammelnde Systeme); der Abstand der Systeme ist gleich der Summe ihrer bildseitigen Brennweiten.

$f_1' > 0, f_2' < 0$ (sammelndes und zerstreuendes System); der Abstand der Systeme ist gleich der Differenz der bildseitigen Brennweitenbeträge:

$$e_1' = f_1' - |f_2'|. \qquad (6.161b)$$

Beide Fälle sollen genauer untersucht werden.

Sammelndes Objektiv und sammelndes Okular sind charakteristisch für das astronomische Fernrohr, das auch Keplersches Fernrohr genannt wird. Abb. 6.61 zeigt den Strahlengang für die Abbildung des unendlich fernen Achsenpunktes und für die Abbildung eines außeraxialen Punktes. Es zeigt sich, daß ein Parallelbündel, welches von oberhalb der optischen Achse ein-

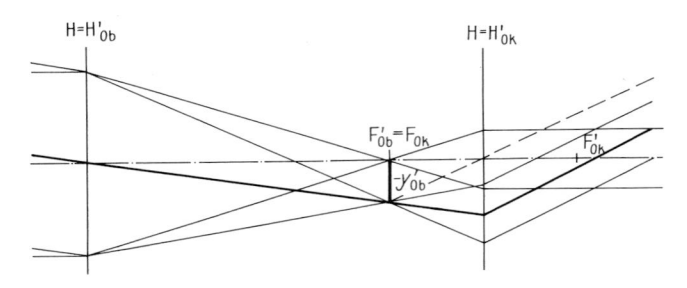

Abb. 6.61 Strahlenverlauf im astronomischen Fernrohr

fällt, dem Beobachter von unterhalb der optischen Achse zu kommen scheint. Abb. 6.61 läßt folgende Eigenschaften des astronomischen Fernrohrs erkennen:

- Die Baulänge wird im wesentlichen durch die Summe der bildseitigen Brennweiten von Objektiv und Okular bestimmt.
- Das Bild ist höhen- und seitenvertauscht.
- In der bildseitigen Brennebene des Objektivs entsteht ein reelles Zwischenbild.

Bündelbegrenzung. Die freie Objektivöffnung des astronomischen Fernrohres wirkt im allgemeinen als Öffnungsblende und damit praktisch auch als Eintrittspupille. Die Austrittspupille ist das durch das Okular erzeugte Bild der freien Objektivöffnung. Wegen

$$z_p' = -\frac{f_{Ok}'^2}{z_p} = -\frac{f_{Ok}'^2}{-f_{Ob}'}$$

liegt sie um

$$a_p' = f_{Ok}' + \frac{f_{Ok}'^2}{f_{Ob}'} = f_{Ok}'\left(1 + \frac{f_{Ok}'}{f_{Ob}'}\right) \qquad (6.162)$$

hinter der bildseitigen Hauptebene des Okulars und ist dem Auge zugänglich. Abb. 6.62 enthält den Hauptstrahlenverlauf im astronomischen Fernrohr.

Bei Okularen mit relativ großen Brennweiten entfernen sich die Hauptstrahlen vom Zwischenbild bis zum Okular weit von der optischen Achse. Es ist dann erforderlich, das Okular aus Feld- und Augenlinse zusammenzusetzen. Die Feldlinse im Zwischenbild oder in dessen Nähe wirkt vorrangig auf den Hauptstrahlenverlauf und hat wenig Einfluß auf den Abbildungsstrahlengang (Abb. 6.63).

6.3 Fernrohr

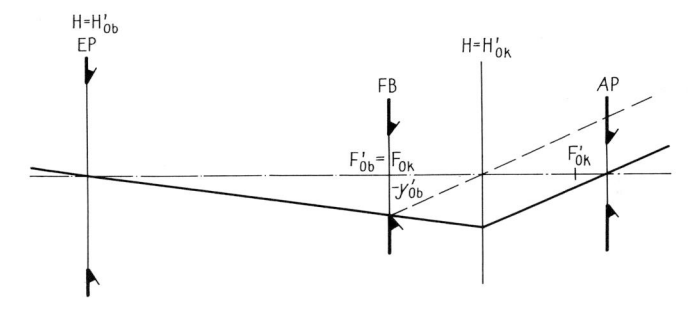

Abb. 6.62 Hauptstrahlenverlauf im astronomischen Fernrohr

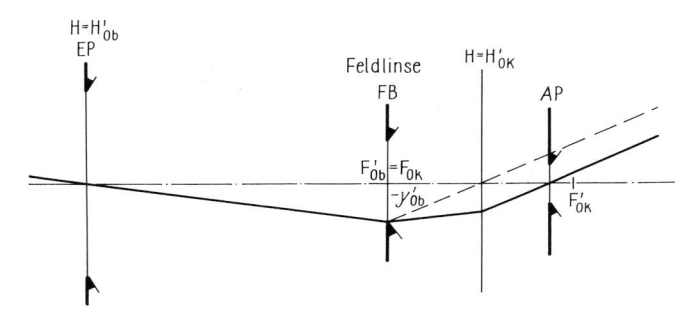

Abb. 6.63 Feldlinse in der Zwischenbildebene

In der bildseitigen Brennebene des Objektivs entsteht das reelle Zwischenbild. An dieser Stelle muß die Feldblende angebracht werden, wenn das Feld scharf begrenzt sein soll (Abb. 6.62). Aus- und Eintrittsluke liegen im Unendlichen. Das astronomische Fernrohr eignet sich gut als Meß- und Zielfernrohr, weil in der reellen Zwischenbildebene Marken und Teilungen angebracht werden können, die gemeinsam mit dem Bild scharf gesehen werden.

Astronomische Fernrohre, bei denen das Objektiv nur aus Linsen besteht, werden Refraktoren genannt. Bei Reflektoren oder Spiegelfernrohren ist das Hauptelement des Objektivs ein Hohlspiegel.

Astronomische Fernrohre mit höhen- und seitenrichtigem Bild. Für Beobachtungen von natürlichen Objekten auf der Erde und in einem Teil der Geräte stört die Höhen- und Seitenvertauschung bei der Abbildung im astronomischen Fernrohr. Sie kann vermieden werden, wenn durch Linsensysteme (terrestrisches Fernrohr) oder Reflexionsprismen (Prismenfernrohr) die Umkehr des Bildes aufgehoben wird.

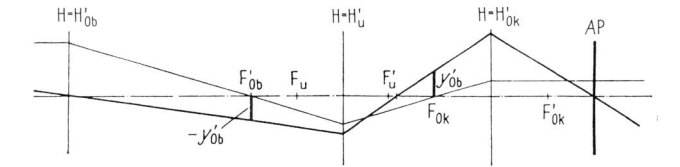

Abb. 6.64 Terrestrisches Fernrohr

Terrestrische Fernrohre enthalten im allgemeinen ein Umkehrsystem aus Linsen, das mit dem Maßstab $\beta' = -1$ abbildet. Der bildseitige Brennpunkt des Objektivs und der objektseitige Brennpunkt des Okulars müssen jeweils um die doppelte Brennweite des Umkehrsystems von den zugeordneten Hauptpunkten entfernt sein (Abb. 6.64). Bei terrestrischen Fernrohren sind zwei Feldlinsen erforderlich (Abb. 6.65). Ein wesentlicher Nachteil der terrestrischen Fernrohre ist ihre große Baulänge.

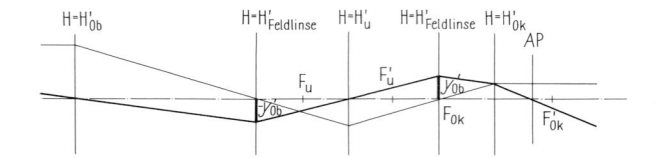

Abb. 6.65 Terrestrisches Fernrohr mit Feldlinsen

Prismenfernrohre werden mono- und binokular hergestellt. Die Prismensätze zur Höhen- und Seitenvertauschung dürfen nicht nur komplanare Spiegelflächen haben. Ihnen muß das Prismensymbol $\langle n\,|-1,-1,1$ oder $\overline{1}\rangle$ zugeordnet sein. Bevorzugt werden die Porroschen Prismensätze 1. und 2. Art sowie das König-, Dialyt- und Abbe-Prisma, aber auch das zusammengesetzte Schmidt-Prisma ist geeignet (Abb. 6.66). Die Porroprismen haben den Vorteil des teilweise rückläufigen Strahlengangs, der die Baulänge verkürzt. Die seitliche Versetzung der optischen Achse ermöglicht bei Doppelfernrohren eine vergrößerte objektseitige Pupillendistanz.

Bei den übrigen Prismensätzen fluchtet die optische Achse. Zwei Reflexionen finden an einer Dachkante statt, so daß der Doppelbildfehler durch sehr enge Toleranzen vermieden werden muß.

Abb. 6.66 Prismenfernrohr

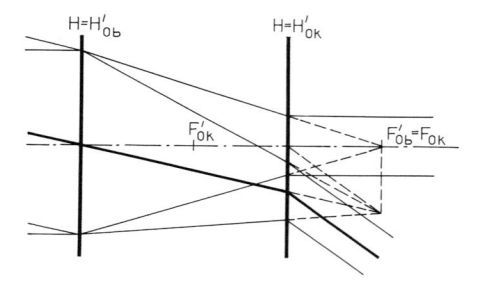

Abb. 6.67 Strahlenverlauf im holländischen Fernrohr

Sammelndes Objektiv und zerstreuendes Okular liegen beim holländischen Fernrohr vor, das auch Galileisches Fernrohr genannt wird. In Abb. 6.67 ist der Strahlengang dargestellt. Folgende Eigenschaften sind abzulesen:

- Die Baulänge wird im wesentlichen durch die Differenz der bildseitigen Brennweitenbeträge von Objektiv und Okular bestimmt.

6.3 Fernrohr

- Das Bild ist höhen- und seitenrichtig.
- Das Zwischenbild ist virtuell, so daß an seinem Ort keine Marken angebracht werden können. Als Meß- und Zielfernrohr ist das holländische Fernrohr nur geeignet, wenn die Marken mittels optischer Elemente in den Strahlengang eingeblendet werden.

Bündelbegrenzung. Die Öffnung wird durch die Augenpupille begrenzt, die damit zugleich Austrittspupille ist. Ihr objektseitiges Bild, die Eintrittspupille, liegt weit hinter dem Fernrohr und ist relativ klein (Abb. 6.68).

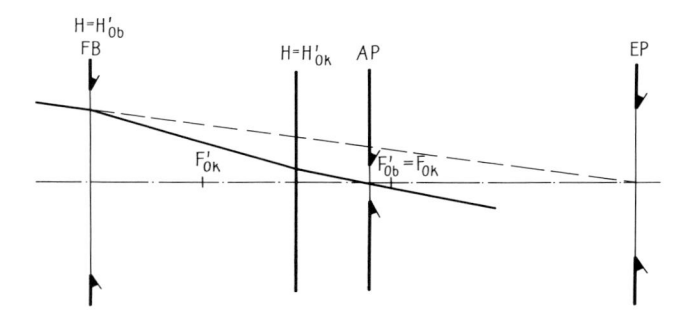

Abb. 6.68 Hauptstrahlenverlauf im holländischen Fernrohr

In der virtuellen Zwischenbildebene kann keine Feldblende angebracht werden. Als Feldblende und Eintrittsluke wirkt die freie Öffnung des Objektivs, so daß Randabschattung durch die Feldblende eintritt.

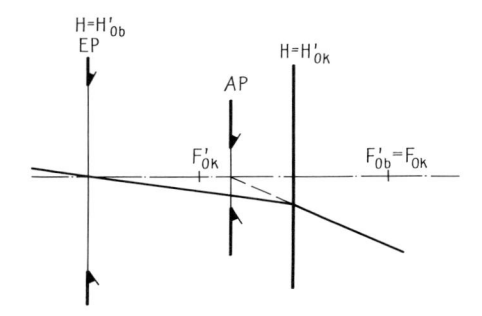

Abb. 6.69 Holländisches Fernrohr ohne visuelle Benutzung

Beim Einbau eines afokalen Systems vom Typ des holländischen Fernrohrs in ein Optik-Schema ohne direkte Koppelung an das Auge ist die freie Objektivöffnung Eintrittspupille und Öffnungsblende; die Austrittspupille ist virtuell und liegt zwischen Objektiv und Okular. Als Feldblende und Austrittsluke wirkt der freie Okulardurchmesser (Abb. 6.69).

6.3.2 Vergrößerung und Auflösungsvermögen

Afokales System, unendliche Objektweite. Die allgemeine Vergrößerungsformel Gl. (6.5), die die scheinbare Größe $\tan w_s'$ des Bildes und die scheinbare Größe $\tan w_s$ des Objekts mit

Hilfe der Beziehung

$$\Gamma'_\infty = \frac{\tan w'_s}{\tan w_s}$$

verknüpft, läßt sich für das afokale astronomische Fernrohr mit unendlicher Objektweite (durch den Index gekennzeichnet) spezialisieren. Nach Abb. 6.70 ist

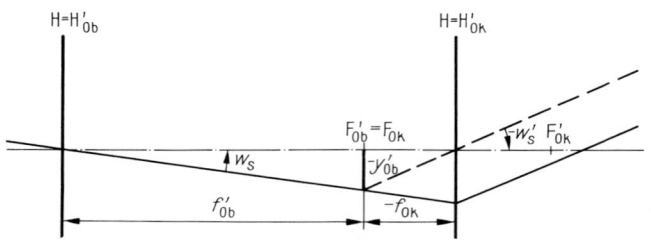

$$\tan w_s = -\frac{y'_{Ob}}{f'_{Ob}}, \quad \tan w'_s = \frac{y'_{Ob}}{f'_{Ok}},$$

Abb. 6.70 Zur Ableitung der Vergrößerung eines afokalen Systems

also

$$\Gamma'_\infty = -\frac{f'_{Ob}}{f'_{Ok}}. \tag{6.163}$$

Die gleiche Beziehung gilt auch für das holländische Fernrohr.

Afokales System, endliche Objektweite. Beim astronomischen Fernrohr als afokales System mit endlicher Objektweite entsteht auch das Endbild im Endlichen (Abb. 6.71). Nach der

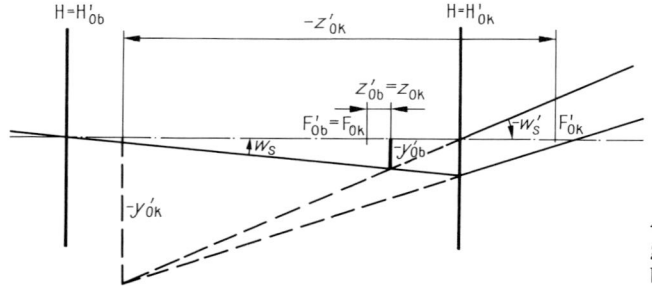

Abb. 6.71 Zur Ableitung der Vergrößerung eines afokalen Systems bei endlicher Objektweite

Newtonschen Abbildungsgleichung gilt für den Ort des Zwischenbildes

$$z'_{Ob} = -\frac{f'^2_{Ob}}{z_{Ob}}, \tag{6.164}$$

für den Ort des Endbildes

$$z'_{Ok} = -\frac{f'^2_{Ok}}{z_{Ok}}. \tag{6.165}$$

6.3 Fernrohr

Es ist (Größen ohne Index gelten für das Fernrohr insgesamt)
$$z_{Ob} = z, \quad z'_{Ob} = z_{Ok}, \quad z'_{Ok} = z',$$

also
$$z' = \left(\frac{f'_{Ok}}{f'_{Ob}}\right)^2 z$$

oder
$$z' = \frac{1}{\Gamma'^2_\infty} z. \tag{6.166}$$

Die Bildweite $|z'|$ sollte nicht kleiner als die deutliche Sehweite sein. Daraus folgt als kleinste mögliche Entfernung des Objekts
$$z/m = -0{,}25\,\Gamma'^2_\infty. \tag{6.167a}$$

Bei $\Gamma'_\infty = -20$ ist z. B. $z = -100$ m.

Das Intervall $z_2 - z_1$ im Objektraum wird auf das Intervall des Bildraumes
$$z'_2 - z'_1 = \frac{1}{\Gamma'^2_\infty}(z_2 - z_1) \tag{6.167b}$$

gestaucht. Im Fernrohr entsteht ein tiefenverkürzter perspektivischer Eindruck.

Fokussiertes System auf unendliche Bildweite bei endlicher Objektweite. Das Endbild entsteht auch bei einem im Endlichen liegenden Objekt im Unendlichen, wenn das optische Intervall so geändert wird, daß das Zwischenbild in der objektseitigen Brennebene des Okulars bleibt (Abb. 6.72). Das optische Intervall muß den Betrag
$$z'_{Ob} = t = -\frac{f'^2_{Ob}}{z} \tag{6.168}$$

haben.

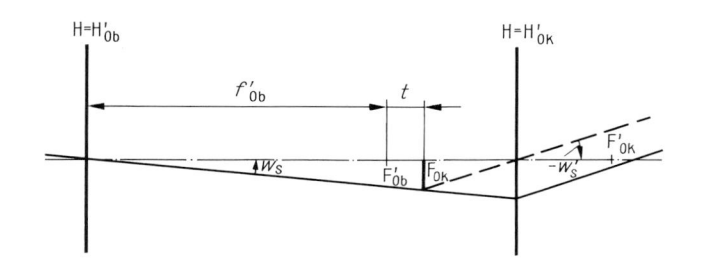

Abb. 6.72 Fernrohr mit endlicher Objektweite und unendlicher Bildweite

Die Vergrößerung ist damit neu zu berechnen. Es ist
$$\tan w_s = -\frac{y'_{Ob}}{f'_{Ob} + t}, \quad \tan w'_s = \frac{y'_{Ob}}{f'_{Ok}}, \tag{6.169a, b}$$

also
$$\Gamma' = -\frac{f'_{Ob} + t}{f'_{Ok}} \tag{6.170}$$

bzw.

$$\Gamma' = \Gamma'_\infty \left(1 + \frac{f'_{Ob}}{|z|}\right). \tag{6.171}$$

Nur, wenn nicht mehr $|z| \gg f'_{Ob}$ gilt, weicht die Vergrößerung merklich von Γ'_∞ ab.

Vergrößerung und Pupillenabbildungsmaßstab. Nach Abb. 6.73 beträgt für $z = \infty$ der Abbildungsmaßstab der Pupillen

$$\beta'_p = \frac{\rho'_p}{\rho_p} = -\frac{f'_{Ok}}{f'_{Ob}} = \frac{1}{\Gamma'_\infty} \tag{6.172a}$$

und nach Abb. 6.74 für $z \neq \infty$, aber $z' = \infty$,

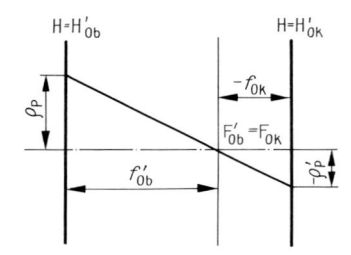

$$\beta'_p = -\frac{f'_{Ok}}{f'_{Ob} + t} = \frac{1}{\Gamma'}. \tag{6.172b}$$

Abb. 6.73 Zur Ableitung des Pupillenmaßstabs für unendliche Objektweite

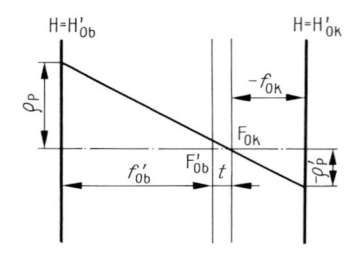

Abb. 6.74 Zur Ableitung des Pupillenmaßstabs für endliche Objektweite

Es wird in beiden Fällen

$$\Gamma' \beta'_p = 1. \tag{6.173}$$

Diese Beziehung stellt die Grundlage für ein Verfahren zur Messung der Vergrößerung dar. Sie gilt nicht für das holländische Fernrohr mit visuellem Gebrauch. Sie ist aber statt dessen anwendbar für die Lukenabbildung, wenn die Eintrittsluke mit der freien Objektivöffnung übereinstimmt:

$$\Gamma' \beta'_L = 1. \tag{6.174}$$

Bei einem binokularen holländischen Fernrohr ist wegen der Pupillendistanz der Augen der Objektivdurchmesser auf etwa 50 mm $\cdots$ 60 mm begrenzt. Die Austrittsluke hat den Durchmesser

$$2\rho'_L = \frac{2\rho_L}{\Gamma'}. \tag{6.175}$$

Bei hohen Vergrößerungen würde die Austrittsluke sehr klein. Deshalb sollte die Vergrößerung des binokularen Fernrohrs nicht größer als etwa $\Gamma' = 7$ sein. Es ist z. B. mit $2\rho_L = 56$ mm und $\Gamma' = 7$ nur $2\rho'_L = 8$ mm.

6.3 Fernrohr

Ausgleich von Fehlsichtigkeit. Nach Gl. (6.48) beträgt die Entfernung, auf die ein um D Dioptrien fehlsichtiges oder akkommodiertes Auge eingestellt ist,

(6.176)

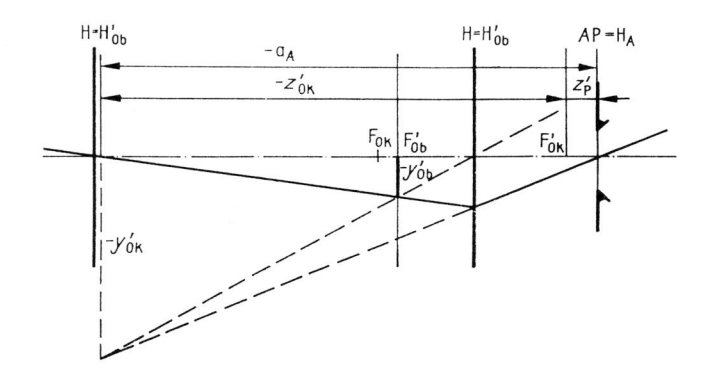

Abb. 6.75 Zur Berechnung des optischen Intervalls bei Fehlsichtigkeit und bei Akkommodation

Das Okular ist bei der Verwendung des Fernrohrs mit einem fehlsichtigen Auge so zu verschieben, daß sein Endbild mit der Einstellentfernung des Auges zusammenfällt. Daraus folgt (Abb. 6.75)

$$-z'_{Ok} + z'_p = -a_A. \tag{6.177}$$

(Dabei haben wir näherungsweise angenommen, daß die Austrittspupille des Fernrohrs am Ort der objektseitigen Hauptebene des Auges liegt.) Mit

$$z'_{Ok} = -\frac{f'^2_{Ok}}{t}, \quad z'_p = \frac{f'^2_{Ok}}{f'_{Ob}}$$

folgt daraus

$$t/\text{mm} = \frac{f'^2_{Ok}/\text{mm}^2}{\frac{1000}{D/\text{dpt}} - 13{,}3 - \frac{f'_{Ok}/\text{mm}}{\Gamma'_\infty}}. \tag{6.178}$$

Praktisch kann

$$\left|\frac{1000}{D/\text{dpt}}\right| \gg 13{,}3 + \frac{f'_{Ok}/\text{mm}}{|\Gamma'_\infty|}$$

angenommen werden, so daß

$$t/\text{mm} = 0{,}001(f'^2_{Ok}/\text{mm}^2)(D/\text{dpt}) \tag{6.179}$$

ist.

Die Dioptrieneinstellung des Okulars kann linear in Dioptrien Fehlsichtigkeit geteilt werden.

Akkommodation und Kurzsichtigkeit erfordern ein negatives, Weitsichtigkeit erfordert ein positives optisches Intervall.

Akkommodation auf die deutliche Sehweite bedeutet $D = -4$ dpt. Bei einem Okular mit $f'_{Ok} = 25$ mm beträgt das erforderliche optische Intervall $t = -2,5$ mm.

Auflösungsvermögen. Beim astronomischen Fernrohr wird das Auflösungsvermögen durch den objektseitigen Winkel σ charakterisiert, unter dem zwei auflösbare Punkte erscheinen müssen. In der Zwischenbildebene erhalten wir von beiden Punkten ein Beugungsbild. Da die Lichtbündel inkohärent zueinander sind, überlagern sich die Intensitäten der Beugungsbilder. Nach Abb. 6.76 und Gl. (4.339) wird im Zwischenbild des Fernrohrs die Strecke

$$r'_A = 1,22 \lambda k$$

aufgelöst. Es ist (Abb. 6.76)

$$\sigma \approx \tan \sigma = \frac{r'}{f'_{Ob}}, \quad k = \frac{1}{K} \quad (K \text{ Öffnungsverhältnis}), \tag{6.180a, b}$$

also

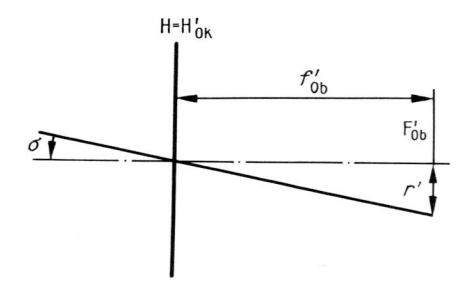

$$\sigma = 1,22 \frac{\lambda}{f'_{Ob} K}. \tag{6.181}$$

Abb. 6.76 Auflösbarer Winkel

Großes Öffnungsverhältnis und große Objektivbrennweite sind günstig für ein gutes Auflösungsvermögen.

Wegen der Kleinheit der auflösbaren Winkel ist

$$\Gamma' = \frac{\sigma'}{\sigma}.$$

Mit σ nach Gl. (6.181) und $K = 2\rho_p / f'_{Ob}$ ergibt sich

$$\Gamma' = \frac{\sigma' \rho_p}{0,61 \lambda}. \tag{6.182}$$

Bei $\lambda = 500$ nm und $1' \leq |\sigma'| \leq 4'$ ist

$$0,96 \rho_p / \text{mm} \leq |\Gamma'_f| \leq 3,84 \rho_p / \text{mm}. \tag{6.183}$$

Außerdem gilt mit den gleichen Werten nach Gl. (6.173)

$$1 \text{ mm} \geq \rho'_p \geq 0,26 \text{ mm}. \tag{6.184}$$

(ρ'_p ist der Radius der Austrittspupille des gesamten Fernrohrs.)

$|\Gamma'_f|$ ist die förderliche Vergrößerung, bei der das Auflösungsvermögen des Fernrohrs und des Auges günstig angepaßt sind.

Bei $\sigma' = 1'$ gilt näherungsweise

$$|\Gamma'_f| = \rho_p/\text{mm} \quad \text{und} \quad \rho'_p = 1\,\text{mm}.$$

Es liegt dann die förderliche Vergrößerung im engeren Sinne vor.

Von der Normalvergrößerung spricht man beim astronomischen Fernrohr, wenn dessen Austrittspupille und die Augenpupille gleichen Durchmesser haben. Bei einem früheren Schulfernrohr von Carl Zeiss Jena liegt die Vergrößerung bei $\Gamma' = -21$ bis -140, die förderliche Vergrößerung beträgt $|\Gamma'_f| = 30...120$. Es ist mit einem Objektiv ausgerüstet, dessen Eintrittspupille den Durchmesser $2\rho_p = 63$ mm hat. Bei $\lambda = 516,4$ nm folgt aus Gl. (6.181) für den auflösbaren Winkel $\sigma = 10^{-5} \triangleq 2''$. Dieser Wert stellt den theoretischen Grenzfall dar. Abbildungsfehler, Zentrierfehler, Luftunruhe u. a. setzen praktisch das Auflösungsvermögen herab. Zum Vergleich seien einige Zahlen angegeben. So beträgt der größte scheinbare Äquatordurchmesser der Sonne $32'36''$, des Mars $25,1''$ und des Neptun $2,4''$. Das Spiegelfernrohr des Mt. Palomar mit $2\rho_p = 5$ m hat die förderliche Vergrößerung $|\Gamma'_f| = 2400...9600$. Es löst bei $\lambda = 500$ nm theoretisch den Winkel $\sigma = 1,22 \cdot 10^{-7} \triangleq 0,025''$ auf. Unter diesem Winkel würden die Endpunkte eines Stabes mit 1 m Länge in ca. 8200 km Entfernung erscheinen.

Der Einfluß der Erdatmosphäre begrenzt das Auflösungsvermögen auf ca. $1''$. Auswege, diesen Einfluß zu vermindern, stellen die Installierung der Fernrohre auf Berggipfeln oder die extraterrestrische Astronomie dar. Technische Möglichkeiten zur Annäherung an das beugungsbegrenzte Auflösungsvermögen sind Verfahren zur Bildverarbeitung (Speckle-Interferometrie und -Holografie) sowie die Anwendung der aktiven und der adaptiven Optik.

Unter Speckle versteht man die fleckenartigen Intensitätsverteilungen, die durch die statistische Überlagerung sehr kleiner Lichtkonzentrationen entstehen. Die Flecke können durch die Streuung von kohärentem Licht an feinen Teilchen auftreten (z. B. an Staub auf Oberflächen bei der Laserabbildung: Laserspeckle). Dabei spielt die Bündelbegrenzung eine Rolle, durch die hohe Ortsfrequenzen herausgefiltert werden.

Speckle-Verteilungen erhält man aber auch aufgrund der Luftunruhe bei der Abbildung von Sternen. Diese Speckle-Muster sind größer als das beugungsbegrenzte Punktbild. Bei der Speckle-Interferometrie wird die digitale Fourier-Analyse einer großen Anzahl von fotografischen Aufnahmen kurzer Belichtungszeit vorgenommen. Dadurch wird die Autokorrelationsfunktion des astronomischen Objekts erhalten. Aus dieser sind die Sternorte zu ermitteln.

Die Speckle-Holografie hat den Vorteil, daß vor der digitalen Fouriertransformation die Datenreduzierung mittels einer optischen Fouriertransformation vorgenommen wird. Diesem Zweck dienen die Speckle-Interferogramme eines Nachbarsterns, der als Punktlichtquelle anzusehen ist. Die kohärente Überlagerung der Bilder, die von den Paaren der Speckle-Interferogramme erzeugt werden, ergibt eine mittlere Intensitätsverteilung, die digital weiterverarbeitet werden kann.

Sowohl bei der Speckle-Interferometrie wie auch bei der Speckle-Holografie erhält man das beugungsbegrenzte Auflösungsvermögen des Fernrohrs. Es werden also die Einflüsse der Atmosphäre und der Abbildungsfehler auf das Bild eliminiert.

Weigelt [48] erhielt z. B. bei der Speckle-Holografie an Aufnahmen mit dem vor 14 Jahren installierten 3,6-m-Spiegelteleskop der ESO (European Southern Observatory) $0,03''$ Auflösungsvermögen bei einem Doppelstern.

Das ESO hat am 6. Februar 1990 ein weiteres 3,6-m-Spiegelteleskop eingeweiht, das als New Technology Telescope bezeichnet wird und ebenfalls in La Silla, Chile, stationiert ist. Die "neue Technologie" besteht darin, daß der Hauptspiegel nur halb so dick wie sonst üblich ist (240 mm), wodurch die Kosten des Teleskops nur ein Drittel derjenigen des Vorgängers betragen (25 Mio DM). Dafür ist mit 78 an den Spiegel angreifende Kolben die elektronisch-mechanische Regelung seiner genauen Form bei jeder Teleskopstellung erforderlich. Bei der Erprobung des Systems wurde 0,33″ Auflösungsvermögen erzielt.

In Vorbereitung befindet sich das Very Large Telescope (VLT) der ESO, das aus vier Teleskopen mit 175 mm dicken 8-m-Spiegeln bestehen soll.

Die elektronisch geregelte Optik wird aktive Optik genannt; sie ist die Vorstufe zur adaptiven Optik.

Die adaptive Optik stellt die Möglichkeit dar, atmosphärische Einflüsse zu kompensieren (für die Luftunruhe wird auch der englische Begriff "seeing" verwendet). Im Gegensatz zur nichtlinearen adaptiven Optik, bei der die Welle selbst ihre Phasenkonjugation erzeugt, muß bei der linearen adaptiven Optik die Phase durch Stellelemente geändert werden. Die gestörte Wellenfläche wird ausgemessen, und daraus werden die Steuersignale für die Korrektur abgeleitet. Diese ist möglich, wenn entweder der Hauptspiegel segmentiert ist und die Segmente schnell variiert werden können oder ein zusätzlicher Spiegel deformiert wird. Letzteres ist besonders bei großen Teleskopen angebracht.

Die lineare adaptive Optik erfordert also im wesentlichen folgende Schritte:
- Die bildseitige Wellenfläche ist in diskreten Punkten auszumessen, d. h., ihre Abweichung von der idealen Wellenfläche ist zu ermitteln (Messung der Wellenaberrationen mit einem geeigneten Sensor).
- Die Koeffizienten einer Polynomdarstellung der Wellenaberrationen sind zu berechnen (z. B. Zernike-Polynomkoeffizienten).
- Ort und Größe der Verstellung der Korrekturelemente werden mit Hilfe von leistungsfähigen (vor allem schnellen) Computern errechnet und daraus die Regelsignale für die Stellglieder bestimmt.
- Die Stellglieder (Aktuatoren) verändern das optische System so, daß die Abweichungen der Wellenfläche von der Sollform korrigiert werden.

Aus dieser Darstellung folgt bereits, daß die Regelung in Echtzeit zu erfolgen hat und damit hohe Anforderungen an die Geschwindigkeit der Informationsverarbeitung gestellt werden. Daraus ergeben sich bei großen Teleskopen zur Zeit noch Einschränkungen hinsichtlich der räumlichen Auflösung (Anzahl der möglichen Meßstellen und Aktuatoren) sowie des Wellenlängenbereichs. Günstige Bedingungen liegen im infraroten Gebiet vor.

Probleme und Ergebnisse zur adaptiven Optik bei großen Teleskopen gibt Merkle an [49]. Das grundsätzliche Schema der Anordnung zeigt Abb. 6.77.

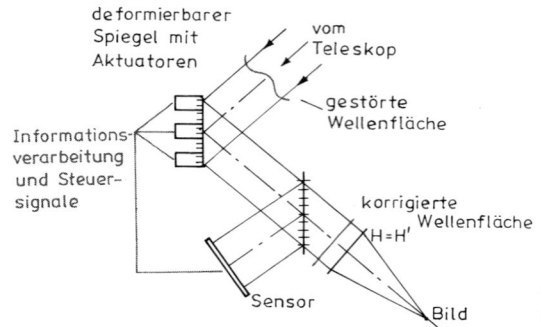

Abb. 6.77 Prinzip der adaptiven Optik für Spiegelteleskope

Der Detektion der Wellenfläche dient ein Shak-Hartmann-Sensor. Die Wellenfläche wird mittels eines Linsenarrays aus 1600 Linsen mit je 170 mm Brennweite aufgeteilt. Jede Linse nimmt die Fläche von 1×1 mm² ein. Als Empfänger dient eine Anordnung aus einem zweistufigen Nahfokus-Bildverstärker mit Mikrokanalplatte und einer über eine Faserplatte angekoppelten 100×100 Elemente umfassenden Diodenmatrix. Es können wahlweise 25 Unteraperturen mit je 400 Elementen oder 100 Unteraperturen mit je 100 Elementen gebildet werden. Zur Kalibrierung des Sensors dient eine ebene Welle, die von einem Laser erzeugt und über einen Teiler in den Strahlengang eingeleitet werden kann.

Die piezoelektrischen Aktuatoren greifen an einen deformierbaren Zusatzspiegel an, der aus einer 130 mm großen, 0,7 mm dicken versilberten Quarzplatte besteht. Die 19 Aktuatoren befinden sich auf einer sechseckigen Fläche mit dem aktiven Durchmesser 70 mm. Bei Spannungen $U = \pm 1500$ V beträgt der Hub $\pm 7,5$ µm. Die eingesetzte Rechentechnik verarbeitet $2 \cdot 10^6$ Pixel/s, womit die Wellenfläche bis zu 200 Mal je Sekunde analysiert und korrigiert werden kann. Für die beugungsgegrenzte Korrektur ist die Rechnerkapazität für Wellenlängen oberhalb 2,2 µm ausreichend.

Ein Problem der adaptiven Optik für Fernrohre stellt die geringe Intensität vieler astronomischer Objekte dar. Deshalb ist im allgemeinen ein heller Stern zur Wellenflächenanalyse notwendig, der in der Umgebung des zu untersuchenden Objekts liegen muß.

Es wird angestrebt, die Wellenfläche mittels der Auswertung von in der Atmosphäre gestreuter Strahlung eines Lasers im Wellenflächensensor zu messen.

Die bei der ESO eingesetzte adaptive Optik wurde zunächst Ende 1989 am 1,52-m-Teleskop des Observatoire de Haute Provence in Frankreich erfolgreich getestet. (An der Entwicklung waren das Observatorium Paris-Meudon, das Office National d'Etudes et de Recherches Aérospatiales (ONERA) und LASERDOT beteiligt.) Die Erprobung am 3,6-m-Teleskop der ESO in La Silla, Chile, fand im April 1990 statt [67].

Abb. 6.78a-f (Farbtafel II) demonstriert die Leistungsfähigkeit der adaptiven Optik. Während in La Silla durch die Luftunruhe ohne adaptive Optik nur selten ein Auflösungsvermögen unter 0,5″ erreicht wird, erhält man mit der adaptiven Optik praktisch beugungsbegrenztes Auflösungsvermögen im Infraroten über $\lambda = 3$ µm (die Aufnahmen wurden für $\lambda = 3,5$ µm angefertigt). Unterhalb $\lambda = 3$ µm kann eine teilweise Korrektur der Luftunruhe erreicht werden. Abb. 6.78g enthält die berechnete Modulationsübertragungsfunktion für die Abbildung mit einem 2,2-m-Teleskop (nach [49]). Die Wirkung der adaptiven Optik ist deutlich erkennbar.

Bei dem geplanten VLT-Teleskop wird die Kopplung von aktiver und adaptiver Optik angestrebt. Die Bildverarbeitung in Verbindung mit der Speckle-Holografie könnte sich anschließen.

Die extraterrestrische Astronomie ist gegenüber den optischen und rechentechnischen Methoden zur Ausschaltung der atmosphärischen Einflüsse außerordentlich aufwendig und kostspielig. Sie liefert aber auch Ergebnisse, die von der Erde aus nicht zu gewinnen sind. Dazu gehören die Untersuchungen im gesamten Wellenlängenbereich des elektromagnetischen Spektrums und die Registrierung von extrem lichtschwachen Objekten, die wegen des Wegfalls von Hintergrundstrahlung möglich ist. Insgesamt gibt es ein umfangreiches Programm, das nur mit der extraterrestrischen Astronomie abgewickelt werden könnte. Darauf können wir jedoch nicht eingehen und verweisen auf [50].

Im Jahr 1990 wurden zwei extraterrestrische Teleskope gestartet. Der Röntgensatellit ROSAT arbeitet im Röntgengebiet und im daran anschließenden Bereich des Vakuumultraviolett. Das Projekt "Space Telescope Hubble" hatte sich nach Beginn der Planung ca. 1970 lange Zeit verzögert (es war für 1984 angekündigt). Die Kosten betragen ca. 2 Mrd Dollar.

Im Frühjahr 1990 erfolgte der Start in den Weltraum (Umlaufbahn in rund 500 km Höhe). Der Primärspiegel des Hubble-Teleskops hat den Durchmesser 2,4 m, womit 0,06″ Auflösungsvermögen erwartet wurde. Dazu ist die Nachführung des Teleskops mit der Genauigkeit 0,007″ erforderlich. Mittels fünf Detektoren können Untersuchungen im Spektralbereich von 115 nm bis 1000 nm durchgeführt werden. Für Sterne bis zur Größenklasse 17 wäre die Spektroskopie mit dem Auflösungsvermögen $\lambda/\Delta\lambda = 10^2...10^3$, für Sterne bis zur 26. Größenklasse mit dem Auflösungsvermögen $\lambda/\Delta\lambda = 10^3...10^5$ möglich. Neben einer Weitwinkel- und einer Planetenkamera ist auch eine Kamera für Objekte großer Größenklasse (schwache Objekte) eingebaut, so daß Sterne bis zur 27. Größenklasse zu registrieren wären. Aufgrund der Mängel eines Teilspiegels im Teleskop, die sich nach dem Start herausstellten, entsprachen viele der bisher vom Hubble-Teleskop gelieferten Aufnahmen nicht den Erwartungen. Durch die erfolgreiche Reparatur des Teleskops unmittelbar im Weltraum Ende 1993 wurde die volle Leistungsfähigkeit hergestellt.

6.3.3 Fernrohrleistung

Begriffe. Die Vergrößerung und das Auflösungsvermögen kennzeichnen die visuelle Leistungsfähigkeit des Fernrohrs noch nicht ausreichend. Das liegt besonders daran, daß die Benutzungsart, die Objektleuchtdichte und -farbe sowie das Zusammenspiel mit den physiologisch-optischen Eigenschaften des Auges stark wechselnden Bedingungen unterworfen sind.

> Als weitere Kennzahl wurde in 6.1.1 die Sehschärfe eingeführt. Die Sehschärfe W_A ist der Kehrwert des visuell auflösbaren Sehwinkels w_A.

$$W_A = \frac{1}{w_A}. \tag{6.185}$$

Als Fernrohrleistung wird definiert:

> Die Fernrohrleistung Λ ist das Verhältnis aus der Sehschärfe mit Fernrohr und der Sehschärfe ohne Fernrohr.

$$\Lambda = \frac{W_A'}{W_A}. \tag{6.186}$$

Beim Tagessehen ist die Austrittspupille des Fernrohrs im allgemeinen größer als die Augenpupille, deren Durchmesser bei großen Objektleuchtdichten etwa 2 mm beträgt. Die Fernrohrleistung ist dann der Vergrößerung proportional, d. h., es ist

$$\Lambda = \eta |\Gamma'| \quad (\eta \text{ Nutzungsgrad des Fernrohrs}). \tag{6.187}$$

Tabelle 6.18 Fernrohrleistung und Nutzungsgrad von Feldstechern

$|\Gamma'| \times 2\rho_p$	Λ	η (aufgelegt)	Λ	η (freihändig)
6 × 30	5,02	0,84	3,95	0,66
8 × 30	6,40	0,80	5,00	0,62
7 × 50	6,48	0,93	4,55	0,65
10 × 50	9,12	0,91	5,62	0,56
15 × 60	11,75	0,78	6,48	0,43

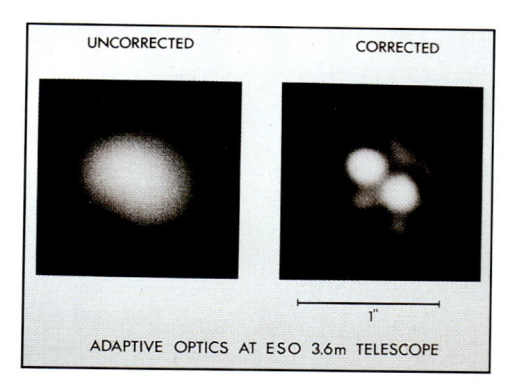

Farbtafel II

a) Aufnahme des Doppelsterns HR 6658 im galaktischen Haufen NGC 6475 der Größenklasse 5,5 mit dem 3,6-m-ESO-Teleskop, nicht korrigiert

b) wie a), aber mit Korrektur durch adaptive Optik

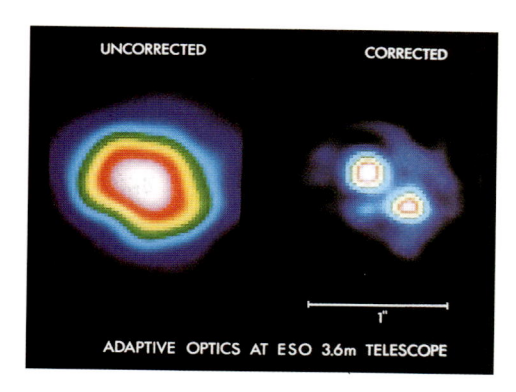

c) Falschfarbendarstellung des gleichen Objekts wie in a), Aufnahme bei $\lambda = 3{,}5\,\mu m$, nicht korrigiert

d) wie c), aber mit Korrektur durch adaptive Optik, Durchmesser des Beugungsscheibchens $0{,}22''$, Abstand der beiden Komponenten $0{,}38''$

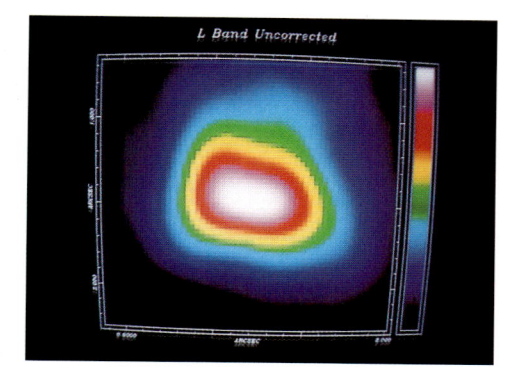

e) Aufnahme des Sterns HR 6519 mit dem 3,6-m-ESO-Teleskop, nicht korrigiert

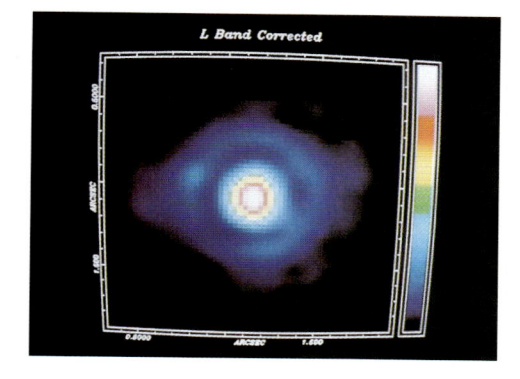

f) wie e), aber mit Korrektur durch adaptive Optik, Durchmesser von $0{,}7''$ auf $0{,}22''$ reduziert

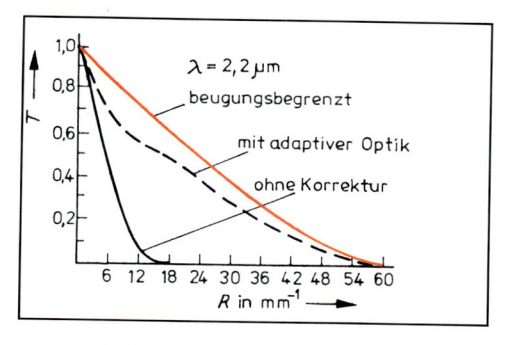

Abb. 6.78 Erhöhung des Auflösungsvermögens durch Korrektur der atmosphärischen Störungen mittels adaptiver Optik

g) Modulationsübertragungsfunktion vor und nach der Korrektur

6.3 Fernrohr

Messungen an unvergüteten Feldstechern ergaben z. B. die Werte der Tab. 6.18 (nach [9]). Die Vergrößerung $|\Gamma'| = 8$ ist ungefähr die Grenze für freihändiges Beobachten.

Beim Dämmerungssehen bzw. Nachtsehen (Umfeldleuchtdichte unter $10\,\text{cd}\cdot\text{m}^{-2}$) ist die Austrittspupille des Fernrohrs kleiner als die Augenpupille. Es gilt:

Augenpupillendurchmesser $> 2\rho'_p > 2\,\text{mm}$.

Durch experimentelle und theoretische Untersuchungen auf der Grundlage der physiologischen Optik wurde für die Fernrohrleistung

$$\Lambda = \eta(2\rho_p)^{2m}|\Gamma'|^{1-2m} \tag{6.188}$$

gefunden. Die empirischen Konstanten η und m haben folgende Werte:

$L > 10\,\text{cd}\cdot\text{m}^{-2}$ (Tagessehen, photopisches Sehen) $\quad m = 0$

$0{,}1\,\text{cd}\cdot\text{m}^{-2} < L < 10\,\text{cd}\cdot\text{m}^{-2}$ (mittlere Dämmerung, mesoptisches Sehen) $\quad m \approx 0{,}25,\ \eta \approx 0{,}3$

$L < 10^{-3}\,\text{cd}\cdot\text{m}^{-2}$ (Dunkelsehen, skotopisches Sehen) $\quad m \approx 0{,}5$.

Im Bereich der mittleren Dämmerung gilt damit

$$\Lambda = 0{,}3\sqrt{2\rho_p|\Gamma'|}. \tag{6.189}$$

Die Größe

$$Z = \sqrt{2\rho_p|\Gamma'|} \tag{6.190}$$

ist die Dämmerungszahl des Fernrohrs. Ein Fernrohr mit $2\rho_p = 30\,\text{mm}$ und $|\Gamma'| = 6$ hat die Dämmerungszahl $Z = 13{,}4$ und die Fernrohrleistung $\Lambda \approx 4$.

Beim Dunkelsehen hängt die Fernrohrleistung nicht von der Vergrößerung, aber linear vom Durchmesser der Eintrittspupille ab.

Lichtstärke bei ausgedehnten Objekten. Für die Beleuchtungsstärke auf der Netzhaut ist die Lichtstärke in der Austrittspupille bestimmend. Diese beträgt (L' Leuchtdichte in der Austrittspupille)

$I' = L' \cdot$ (Fläche der Austrittspupille),

also

$$I' = \frac{1}{4}\pi L'(2\rho'_p)^2. \tag{6.191}$$

Die Größe $(2\rho'_p)^2$ wurde früher geometrische Fernrohrlichtstärke genannt. Davon sollte jedoch Abstand genommen werden, weil es sich um eine rein geometrische Größe handelt.

Ohne Lichtstromverluste im Fernrohr ist die Leuchtdichte in der Eintrittspupille gleich der Objektleuchtdichte. Die Verluste können durch den wellenlängenabhängigen Transmissionsgrad τ erfaßt werden. Es gilt dann

$$I' = \frac{\pi}{4}\tau L(2\rho'_p)^2. \tag{6.192}$$

Für den Ausdruck $\tau(2\rho'_p)^2$ findet man in der Literatur den Namen "physikalische Fernrohrlichtstärke".

Kleine Objekte hoher Lichtstärke stellen z. B. die Fixsterne dar. Ihr geometrisch-optisches Bild ist wesentlich kleiner als der zentrale Teil ihres Beugungsbildes in der Zwischenbildebene.

Für solche Objekte gilt der Riccosche Satz:

> Kleine Objekte hoher Lichtstärke werden erkannt, wenn der ins Auge gelangende Lichtstrom über dem Schwellenwert Φ_0 liegt.

Der Lichtstrom, den das Fernrohr von einem Stern aufnimmt und der die Beleuchtungsstärke E in der Eintrittspupille erzeugt, beträgt

$$\Phi = \pi E \rho_p^2. \tag{6.193}$$

Fixsterne werden also wahrgenommen, wenn die von ihnen hervorgerufene Beleuchtungsstärke die Bedingung

$$E \geq \frac{\Phi_0}{\pi \rho_p^2} \tag{6.194}$$

erfüllt.

In erster Linie ist also der Eintrittspupillenradius für die Sichtbarkeit der Fixsterne bestimmend. Da jedoch der Schwellenwert des Lichtstroms mit der Umfeldleuchtdichte wächst, wirkt sich auch eine höhere Vergrößerung günstig aus. Die Umfeldleuchtdichte sinkt mit der Vergrößerung. Auch mit dem Fernrohr werden die Fixsterne als punktförmige Objekte nicht linear vergrößert abgebildet; es wird lediglich ihre scheinbare Helligkeit erhöht. Außerdem ist verständlich, daß z. B. am Tage bei großen Umfeldleuchtdichten der Schwellenwert Φ_0 stark heraufgesetzt ist.

6.3.4 Spezielle Fernrohre

Wir wollen noch ausgewählte Beispiele für den Einsatz der Fernrohre in der Meßtechnik angeben.

Kollimator. Der Kollimator ist hinsichtlich seiner Funktion kein Fernrohr, aber sein optisches System besteht im allgemeinen aus einem Fernrohrobjektiv. Mit dem Kollimator wird durch optische Abbildung ein unendlich fernes Objekt erzeugt. Das Optik-Schema besteht aus dem Objekt, das eine Lochblende, eine Spaltblende, ein Fadenkreuz, eine Teilung u. a. darstellen kann und dem Objektiv, in dessen Brennebene das Objekt steht (Abb. 6.79). Die Abweichung von der Achsparallelität des Bündels beträgt ($\tan w \approx w$)

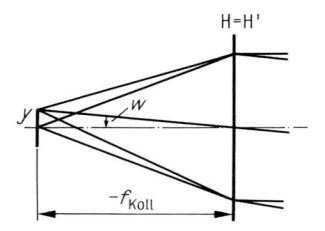

$$w = \frac{y}{f'_{Ob}}. \tag{6.195}$$

Abb. 6.79 Kollimator

6.3 Fernrohr

Der Kollimator wird oft mit einer Lupe verglichen, weil diese ebenfalls das Objekt ins Unendliche abbildet. Es ist aber zu bedenken, daß der Kollimator ein kleines Feld abbildet und die Lupenvergrößerung wegen der großen Objektivbrennweite wesentlich unter 1 liegen würde.

Ablesefernrohr. Zur Ablesung von Marken und Teilungen dient das Ablesefernrohr. Es wird mit endlicher Objektweite angewendet. Die Einstellung soll so vorgenommen werden, daß das Zwischenbild immer in der objektseitigen Brennebene des Okulars entsteht. Dazu dient entweder die Okularverstellung, wobei $a' = f'_{Ob} + t$ (t optische Tubuslänge) ist, oder die Brennweite des Objektivs wird durch eine Linsenverschiebung stetig geändert (Innenfokussierung), so daß $a' = \overline{f'_{Ob}} + \overline{t}$ wird.

Die *Fernrohrvergrößerung* für die endliche Objektweite ist nach Gl. (6.171)

$$\Gamma' = \Gamma'_\infty \left(1 + \frac{f'_{Ob}}{|z|}\right). \tag{6.196}$$

In diesem Fall ist die Bezugssehweite ohne Fernrohr von dessen Eintrittspupille aus gemessen ($a_s = a$).

Unter der Ablesevergrößerung versteht man wie beim Mikroskop die Vergrößerung, bei der die Bezugssehweite ohne Fernrohr von dessen Austrittspupille aus gemessen wird. Die Öffnungsblende stimmt mit der freien Objektivöffnung überein, und das Objektiv hat eine größere Brennweite als das Okular. Es entsteht dann eine Fernrohrlupe. Diese hat den Vorteil, auch weiter entfernte Marken ablesen zu können. Der letzte Summand in Gl. (6.65) ist (wegen $z_p = f'_{Ob} + t$) abzuwandeln in

$$-\frac{f'^2_{Ok}}{f'_{Ob}\left(1 - \frac{f'_{Ob}}{z}\right)},$$

so daß Gl. (6.67) in

$$\Gamma'_A = -\frac{f'_{Ob}}{f'_{Ok}} \left[1 - \frac{2(f'_{Ob} + f'_{Ok})}{z} + \frac{f'^2_{Ok}}{z^2} - \frac{f'^2_{Ok}}{f'_{Ob}(z - f'_{Ob})}\right] \tag{6.197}$$

übergeht. Mit $f'_{Ob} = 80$ mm, $f'_{Ok} = 20$ mm, $z = -40$ mm ergibt sich z. B. $\Gamma'_A = -40,3$, die Mikroskopvergrößerung würde in diesem Fall $\Gamma' = -25$ sein. Die Ablesevergrößerung geht bei $z \to \infty$, also bei Änderung der optischen Tubuslänge auf $t = 0$, in die Fernrohrvergrößerung $\Gamma' = -4$ über.

Fokussierfehler. Schließlich berechnen wir noch den Fokussierfehler des Ablesefernrohrs, der durch die geometrisch-optische Abbildungstiefe entsteht. Der Abb. 6.80 ist die Beziehung

$$\frac{\rho_p}{\rho'} = \frac{f'_{Ob} + t + b'}{b'} \tag{6.198}$$

zu entnehmen. Daraus folgt mit Γ' aus Gl. (6.170)

$$b' = \frac{f'^2_{Ok} w'_s |\Gamma'|}{\rho_p - w'_s f'_{Ok}}. \tag{6.199}$$

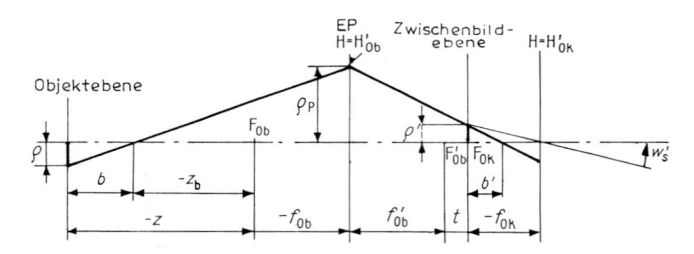

Abb. 6.80 Zur Ableitung des Fokussierfehlers beim Fernrohr

Nach Gl. (6.172b) ist $|\Gamma'| = \rho_p/\rho'_p$ (ρ_p und ρ'_p positiv) und damit

$$b' = \frac{f'^2_{Ok} w'_s}{\rho'_p \left(1 - \dfrac{w'_s f'_{Ok}}{\rho_p}\right)}. \tag{6.200}$$

Wir nehmen $w'_s f'_{Ok}/\rho_p \ll 1$ an und erhalten

$$b' = \frac{f'^2_{Ok} w'_s}{\rho'_p}. \tag{6.201}$$

Im Objektraum gilt (Abb. 6.80) mit $t = -f'^2_{Ob}/z$

$$b = z_b - z = -\frac{f'^2_{Ob}}{b' - \dfrac{f'^2_{Ob}}{z}} - z,$$

also mit b' aus Gl. (6.201)

$$b = -\frac{f'^2_{Ob}}{\dfrac{f'^2_{Ok} w'_s}{\rho'_p} - \dfrac{f'^2_{Ob}}{z}} - z. \tag{6.202}$$

Bei Vernachlässigung von $|w'_s z|$ gegenüber $\rho'_p \Gamma'^2_\infty$ ergibt die Umformung

$$b = \frac{w'_s z^2}{\rho'_p \Gamma'^2_\infty}. \tag{6.203}$$

Der Fokussierfehler beträgt

$$b_F = \pm \frac{w'_s z^2}{\rho'_p \Gamma'^2_\infty} \tag{6.204}$$

Mit $w'_s = 1' \triangleq 3 \cdot 10^{-4}$ rad, $\rho'_p = 1$ mm, $|\Gamma'_\infty| = 5$, $z = -1000$ mm ergibt sich z. B. $b_F = \pm 12$ mm.

Richtungsmessung. Zur Messung der Winkel, die zwei Achsen miteinander bilden, verwendet man die Kombination aus Kollimator und Fernrohr (Abb. 6.81). Die Marke des Kollimators wird beleuchtet. Bei den kleinen Winkeln gilt für die Markenversetzung $y'_{Ob} = -w f'_{Ob}$. Eine Parallelverschiebung des Fernrohrs ergibt keinen Meßfehler, sondern lediglich eine Randabschattung.

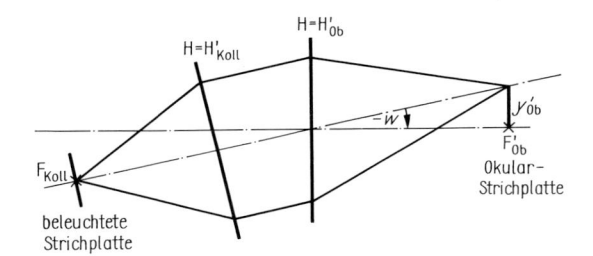

Abb. 6.81 Richtungsmessung mit Kollimator und Fernrohr

Fluchtungsmessung. Zur Messung der seitlichen Versetzung zweier Achsen in einer vorgegebenen Ebene beleuchtet der Kollimator lediglich eine vor seinem Objektiv angebrachte Strichmarke. Es ist ein Ablesefernrohr zu verwenden, das auf die Strichmarke eingestellt wird (Abb. 6.82).

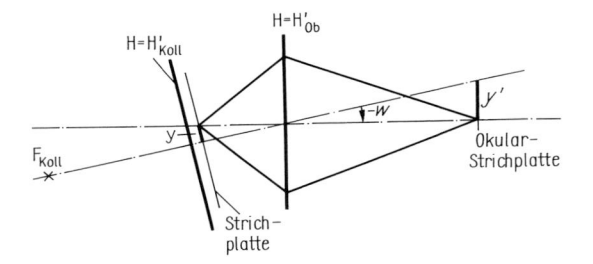

Abb. 6.82 Fluchtungsmessung mit Kollimator und Fernrohr

Das Autokollimationsfernrohr vereinigt Kollimator und Fernrohr in einem Gerät (Abb. 6.83). Das Fernrohrobjektiv dient gleichzeitig als Kollimatorobjektiv. Die relative Lage eines Planspiegels gegenüber der optischen Achse läßt sich genau messen. Wegen der Reflexion gilt

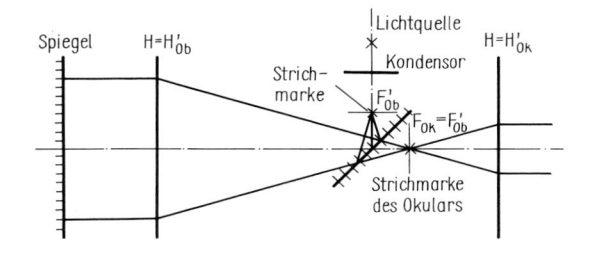

$$y'_{Ob} = -f'_{Ob} \cdot 2w. \tag{6.205}$$

Abb. 6.83 Autokollimationsfernrohr

Das Zielfernrohr, wie es z. B. bei Gewehren angewendet wird, zeichnet sich durch ein Umkehrsystem und die große Entfernung der Austrittspupille aus (Abb. 6.84). In der Feldblende befindet sich das sogenannte Abkommen zum Zielen. Die Fokussierung auf die endliche Objektweite wird mittels Verschieben des Umkehrsystems vorgenommen.

Gewehrzielfernrohre haben Vergrößerungen zwischen $\Gamma' = 2$ und 8, die Austrittspupille hat 6 bis 8 mm Durchmesser und ist vom Okular etwa 80 bis 100 mm entfernt.

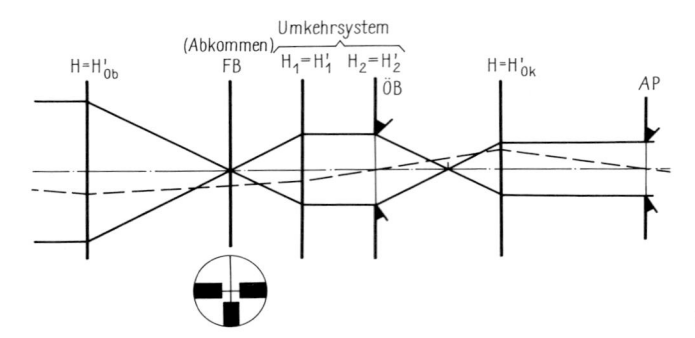

Abb. 6.84 Zielfernrohr

6.4 Fotografie

6.4.1 Abbildungsarten

Die fotografischen Objektive gehören zu den objektiven optischen Instrumenten, weil das von ihnen erzeugte Bild im allgemeinen nicht unmittelbar betrachtet wird.

> Die Aufgabe der Fotoobjektive besteht darin, einen Ausschnitt der Einstellebene so in die Auffangfläche reell abzubilden, daß das Bild die für den jeweiligen Anwendungszweck erforderliche Bildgüte aufweist.
> In den meisten Fällen ist die Auffangfläche eben.

In diesem Abschnitt behandeln wir ein Fotoobjektiv als ein sammelndes optisches System, das ideal abbildet. Das Bild eines Objekts, das sich in der unendlich fernen Einstellebene befindet, liegt in der Brennebene. Der Abbildungsmaßstab beträgt $\beta' = 0$. Ein im Endlichen liegender Gegenstand wird mit dem Maßstab

$$\beta' = -\frac{z'}{f'} = -\frac{f}{z}$$

abgebildet; β' ist stets negativ, das Bild also umgekehrt. Die Entfernung

$$z' = -\beta' f'$$

der Auffangebene von der Brennebene wird optische Kameralänge genannt.

Je nach dem Abbildungsmaßstab beziehungsweise der optischen Kameralänge unterscheidet man verschiedene Aufnahmearten.

Makroaufnahmen. Bei einer Makroaufnahme ist der Betrag des Abbildungsmaßstabes

$$|\beta'| \leq 1.$$

Wir unterteilen weiter:
- Bei Fernaufnahmen gilt

$$\beta' = 0 \quad \text{und} \quad z' = 0.$$

6.4 Fotografie

Die Abbildung ist einstufig, d. h., sie wird durch ein optisches System vermittelt.
- Bei Normalaufnahmen gilt

$$0 < |\beta'| \leq 0{,}1 \quad \text{und} \quad 0 < z' \leq 0{,}1 f'.$$

Die Abbildung ist einstufig. Die normale Entfernungseinstellung der Kamera ist ausreichend.
- Bei Nahaufnahmen gilt

$$0{,}1 < |\beta'| \leq 1 \quad \text{und} \quad 0{,}1 f' < z' \leq f'.$$

Die Abbildung ist einstufig. Die Kamera muß entweder mit einem Objektiv kurzer Brennweite ausgestattet sein, oder die optische Kameralänge ist über den normalen Auszug hinaus zu vergrößern. Das kann z. B. durch einen sogenannten doppelten Auszug oder durch Zwischenringe erreicht werden.

Mikroaufnahmen. Bei einer Mikroaufnahme ist der Betrag des Abbildungsmaßstabs größer als 1. Wir unterteilen weiter:
- Bei Lupenaufnahmen gilt

$$1 < |\beta'| \leq 100 \quad \text{und} \quad f' < z' \leq 100 f'.$$

Zur Aufnahme dient die einstufige Lupenkamera mit stark veränderlichem Auszug und mit einem kurzbrennweitigen mikrofotografischen Objektiv. Dieses ist für die geringe Objektweite korrigiert.
- Bei Mikroskopaufnahmen gilt im allgemeinen

$$20 \leq |\beta'| \leq 2000 \quad \text{und} \quad 20 f' \leq z' \leq 2000 f'.$$

(In Ausnahmefällen, z. B. beim "Doppelmikroskop" nach Lau, kann $|\beta'| > 2000$ sein.) Zur Aufnahme wird die zweistufig abbildende Mikrokamera verwendet. Diese besteht aus einem zusammengesetzten Mikroskop und einer speziellen Kamera.

6.4.2 Bündelbegrenzung

Begrenzung der Öffnung. Die Öffnungsblende befindet sich stets im optischen System des Fotoobjektivs oder in seiner unmittelbaren Nähe. Bei einfachen Kameras können klappbare oder drehbare Lochblenden vorkommen. Im allgemeinen werden Irisblenden verwendet, mit denen die stufenlose Einstellung des Durchmessers möglich ist. Wegen der geringen Entfernung der Öffnungsblende von den Linsengruppen des optischen Systems ist im allgemeinen bei einer Vorderblende die Austrittspupille und bei einer Hinterblende die Eintrittspupille virtuell. Bei einer Mittelblende sind die Eintritts- und die Austrittspupille virtuelle Bilder, die in der Nähe der Hauptflächen des Objektivs liegen. Dadurch weicht der Abbildungsmaßstab der Pupillenabbildung

$$\beta'_p = \frac{\rho'_p}{\rho_p}$$

im allgemeinen wenig von 1 ab.

Tab. 6.19 enthält einige Beispiele für β'_p. Als Meßgröße für die Öffnung dient bei Fotoobjektiven die Blendenzahl

$$k = \frac{f'}{2\rho_p}.$$

Diese wird als Systemkonstante angegeben, obwohl sie nur bei unendlicher Objektweite die wirksame Öffnung bestimmt.

Tabelle 6.19 Abbildungsmaßstab der Pupillen

Objektivtyp	β'_p	Objektivtyp	β'_p
Biotessar	0,92	Fisheye - Objektiv (Distagon)	4,3
Biotar	1,4	Weitwinkelobjektiv (Distagon)	2,27
Sonnar	0,63	Normalobjektiv (Planar)	1,4
symmetrische Objektive	1,0	Fernobjektiv (Tele-Tessar)	0,44

(Es sei darauf hingewiesen, daß bei der Berechnung des Eintrittspupillendurchmessers für ausgeführte Objektive wegen der zulässigen Toleranz der Brennweite nicht die aufgedruckten Werte für k und f' verwendet werden dürfen. Die Berechnung von k setzt die Messung von ρ_p und f' voraus.)

Für endliche Objektweiten wird die wirksame Öffnung durch die numerische Apertur $A = \sin u$ (für $n = 1$) beschrieben.

Nach Abb. 6.85 ist $\tan u = -\rho_p/p$. Daraus folgt

$$\sin u = -\frac{\rho_p}{p}\frac{1}{\sqrt{1+\left(\frac{\rho_p}{p}\right)^2}}. \tag{6.206}$$

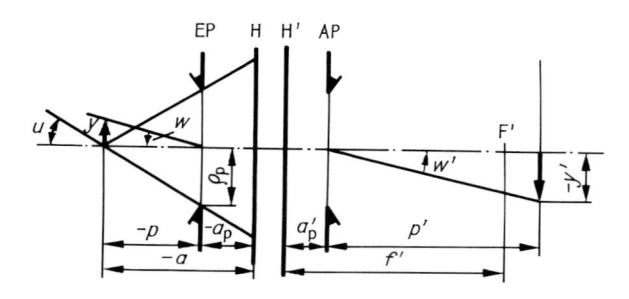

Abb. 6.85 Zur Berechnung der numerischen Apertur und des Feldwinkels eines Fotoobjektivs

Für $\rho_p \ll p$ gilt angenähert

$$\sin u = -\frac{\rho_p}{p} \tag{6.207}$$

oder

$$\sin u = -\frac{f'}{2kp} = -\frac{f'}{2k(a-a_p)}. \tag{6.208}$$

6.4 Fotografie

Weiter ist

$$a = f'\left(\frac{1}{\beta'} - 1\right) \quad \text{und} \quad a_p = f'\left(\frac{1}{\beta'_p} - 1\right).$$

Damit geht Gl. (6.208) über in

$$\sin u = \frac{\beta'}{2k\left(\dfrac{\beta'}{\beta'_p} - 1\right)}. \tag{6.209}$$

Der Zusammenhang zwischen der numerischen Apertur und dem Abbildungsmaßstab ist in Abb. 6.86 für $\beta'_p = 1$ grafisch dargestellt.

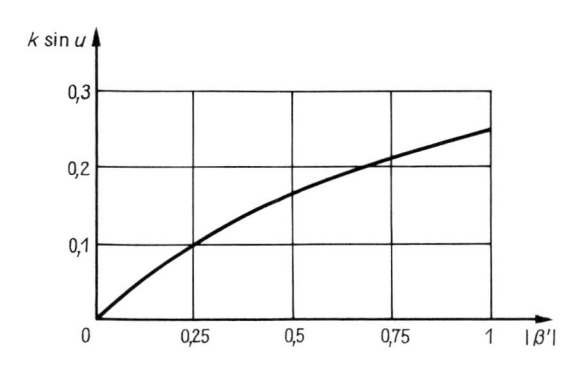

Abb.6.86 Zusammenhang zwischen numerischer Apertur und Abbildungsmaßstab

Begrenzung des Feldes. Beim Einsatz des Fotoobjektivs in der Kamera stellt die in deren Filmbühne befindliche rechteckige oder quadratische Maske die Feldblende dar. Diese ist damit auch Austrittsluke, und das Feld ist scharf begrenzt. Die Eintrittsluke fällt in die Einstellebene.

In den meisten Fällen sind eine oder mehrere Linsenfassungen zusätzlich für die schrägen Bündel begrenzend wirksam. Es liegt dann Randabschattung vor.

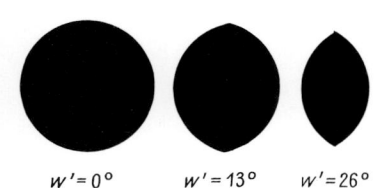

Abb. 6.87 Eintrittspupille bei Randabschattung

Abb. 6.87 zeigt für ein Beispiel, welche Form die wirksame Eintrittspupillenfläche bei verschiedenen Feldwinkeln haben kann.

Bei einem im Unendlichen liegenden Gegenstand gilt für den Tangens des halben Bildwinkels

$$\tan w' = -\frac{y'}{p'}. \tag{6.210}$$

Für das Winkelverhältnis ergibt sich

$$\gamma'_p = \frac{\tan w'}{\tan w} = \frac{f}{z'_p} = \frac{f'}{p'}. \qquad (6.211)$$

Daraus folgt mit Gl. (6.210) für den Tangens des halben Objektwinkels

$$\tan w = -\frac{y'}{f'}. \qquad (6.212)$$

Abb. 6.88 enthält den Zusammenhang zwischen Objektwinkel und Bildfelddiagonale sowie die zugeordneten Brennweiten für einige wichtige Bildformate.

Bei Objektiven, deren Pupillen mit den Hauptebenen zusammenfallen, sind Objekt- und Bildwinkel gleich (Definition der Knotenpunkte).

Allgemein gilt

$$\tan w = \beta'_p \tan w'. \qquad (6.213)$$

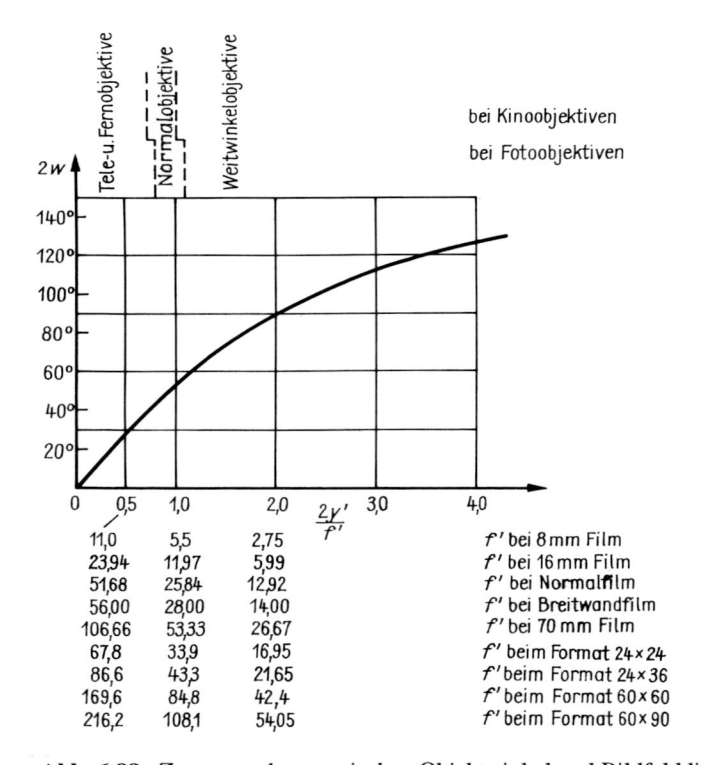

11,0	5,5	2,75		f' bei 8 mm Film
23,94	11,97	5,99		f' bei 16 mm Film
51,68	25,84	12,92		f' bei Normalfilm
56,00	28,00	14,00		f' bei Breitwandfilm
106,66	53,33	26,67		f' bei 70 mm Film
67,8	33,9	16,95		f' beim Format 24×24
86,6	43,3	21,65		f' beim Format 24×36
169,6	84,8	42,4		f' beim Format 60×60
216,2	108,1	54,05		f' beim Format 60×90

Abb. 6.88 Zusammenhang zwischen Objektwinkel und Bildfelddiagonale

Normalobjektive. Unter einem Normalobjektiv verstehen wir ein Objektiv, dessen Brennweite etwa in dem Bereich

$$1{,}92\, y'_{\text{Max}} \leq f' \leq 2{,}75\, y'_{\text{Max}} \qquad (2w = 40° \cdots 55°)$$

liegt. Die Brennweite hat also ungefähr die Größe der Bildfelddiagonale.

Die Brennweite der Objektive mit langer Brennweite, der Fernobjektive und der Teleobjektive ist merklich größer als die Bildfelddiagonale:

$$f' > 2{,}7\, y'_{\text{Max}} \qquad (2w < 40°).$$

Fernobjektive. Unter einem Fernobjektiv verstehen wir ein System, das ebenso aufgebaut ist wie ein Normalobjektiv. Die bildseitige Hauptebene liegt normalerweise im Objektiv, so daß die optische Baulänge größer als die Brennweite ist. Fernobjektive haben infolgedessen relativ große Baulängen.

Teleobjektive. Ein Teleobjektiv ist ein System aus einem sammelnden und einem zerstreuenden Glied. Der Abstand beider Glieder liegt in der Größenordnung ihrer Brennweiten. Durch diesen Aufbau entsteht ein System, bei dem die optische Baulänge kleiner als die Brennweite ist. Die optische Baulänge eines zweigliedrigen Systems beträgt (Abb. 6.89)

$$L_{\text{opt}} = e'_1 + a'_{2F'}. \tag{6.214}$$

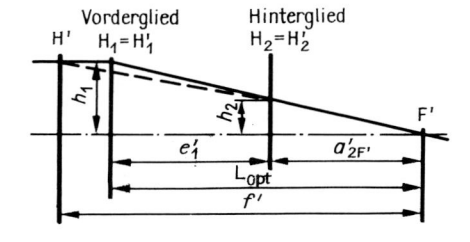

Abb. 6.89 Optische Baulänge eines Teleobjektivs

Mit
$$a'_{2F'} = \omega_2 f', \tag{6.215}$$

$$e'_1 = (1 - \omega_2) f'_1$$

und

$$\frac{1}{f'} = \frac{1}{f'_1} + \frac{\omega_2}{f'_2}$$

ergibt sich

$$\frac{L_{\text{opt}}}{f'} = 1 + \frac{f'_1}{f'_2} \omega_2 (1 - \omega_2). \tag{6.216}$$

Wegen $f'_1 > 0$, $f'_2 < 0$ und $0 < \omega_2 < 1$ ist

$$\frac{L_{\text{opt}}}{f'} < 1.$$

L_{opt}/f' hat den kleinsten Wert bei $\omega_2 = 0{,}5$.

Die Brennweiten der Objektive mit langer Schnittweite und der Weitwinkelobjektive sind kleiner als die Bildfelddiagonalen:

$$f' < 1{,}92\, y'_{\text{Max}} \qquad (2w > 55°).$$

Weitwinkelobjektive. Bei einem Weitwinkelobjektiv ist die bildseitige Schnittweite im allgemeinen sehr klein. Das kann zu Platzmangel beim Einbau von optischen Bauelementen zwischen Objektiv und Bildebene führen. Dieses Problem tritt z. B. bei Spiegelreflexkameras auf, bei denen der klappbare Spiegel eine bestimmte Mindestschnittweite des Objektivs erfordert. Es werden deshalb auch kurzbrennweitige Objektive mit langer Schnittweite benötigt, die also im Prinzip einen besonderen Typ des Weitwinkelobjektivs darstellen (Retrofokusobjektive).

Objektive mit langer Schnittweite sind dadurch charakterisiert, daß sie aus einer zerstreuenden Frontlinse und einem sammelnden Glied bestehen. Nach Gl. (6.215) gilt für ein zweigliedriges System $a'_{2F'} = \omega_2 f'$. Mit einem entsprechenden Wert für ω_2 läßt sich erreichen, daß $a'_{2F'}$ wesentlich größer als die Brennweite ist (Abb. 6.90). Die Einfallshöhe des Randstrahls wird wegen $\omega_2 > 1$ am sammelnden Glied besonders groß. Deshalb ist dieses unter anderem für die Korrektion des Öffnungsfehlers mehrlinsig auszuführen.

Bei $2w \geq 83°$ wird auch von Superweitwinkelobjektiven, bei $2w \geq 180°$ von Fisheye-Objektiven gesprochen.

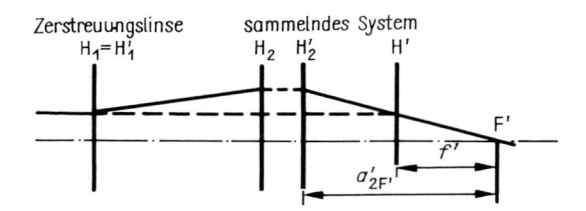

Abb. 6.90 Zur Realisierung langer Schnittweiten

6.4.3 Perspektive und Schärfentiefe

Perspektive. Die grundlegenden, die Perspektive sowie die Schärfentiefe betreffenden Definitionen und Beziehungen wurden bereits in 4.2.4 behandelt. Deshalb beschränken wir uns hier auf eine Zusammenfassung und auf die Anwendung bei Fotoobjektiven. Wir führen die Ergebnisse nochmals an.

- Durch die Begrenzung der Öffnung und das endliche Auflösungsvermögen der Empfänger ist es möglich, nicht nur von der Einstellebene, sondern von gewissen Raumbereichen vor und hinter ihr eine perspektivische Darstellung in der Filmebene zu erhalten. Die Öffnungsblende hat eine Tiefenwirkung für die Abbildung.

- Die Gesamtheit der von den Punkten des Objektfeldes ausgehenden Strahlenbündel ergibt in der Einstellebene die objektseitige Projektionsfigur, welche die Summe der von den Objektpunkten ausgehenden Projektionen der Eintrittspupille ist. Die objektseitige Projektionsfigur wird in die zugeordnete bildseitige Projektionsfigur abgebildet. Die letztere liegt in der Filmebene und ist die bei der fotografischen Aufnahme erhaltene perspektivische Darstellung.

- Der Betrachter projiziert auf Grund seiner Erfahrung die perspektivische Darstellung in den Raum und hat einen perspektivischen Eindruck. Dieser hängt vom Verhältnis des Sehwinkels beim Betrachten des Objekts w_s und beim Betrachten der perspektivischen Darstellung w'_s ab.

6.4 Fotografie

Nach Gl. (4.258) gilt

$$\gamma'_s = \frac{\tan w'_s}{\tan w_s} = \frac{vf'\left(1 - \frac{\beta'}{\beta'_p}\right) - v\beta'\Delta p}{p'_s}, \tag{6.217}$$

$\gamma'_s > 1$ tiefenverkürzter perspektivischer Eindruck,

$\gamma'_s = 1$ tiefenrichtiger perspektivischer Eindruck,

$\gamma'_s < 1$ tiefenverlängerter perspektivischer Eindruck;

v Nachvergrößerung der perspektivischen Darstellung,

f' und β'_p Konstanten des Aufnahmeobjektivs,

β' Abbildungsmaßstab der Aufnahme,

Δp Entfernung der Eintrittspupille des Aufnahmeobjektivs von der Eintrittspupille des Auges bei direkter Betrachtung des Aufnahmegegenstandes,

p'_s Betrachtungsentfernung der perspektivischen Darstellung.

Wir diskutieren die Gl. (6.217).

— Fernaufnahmen. Bei $\beta' = 0$ ist

$$\gamma'_s = \frac{vf'}{p'_s}. \tag{6.218}$$

Δp und β'_p haben keinen Einfluß auf den perspektivischen Eindruck. Die Proportionalität zwischen γ'_s und f' führt dazu, daß γ'_s bei Tele- und bei Fernobjektiven größer, bei Weitwinkelobjektiven kleiner als bei Normalobjektiven ist. Aufnahmen mit Fernobjektiven zeigen oft einen tiefenverkürzten perspektivischen Eindruck (z. B.: Fußballtor erscheint, seitlich aufgenommen, weniger breit als bei der Betrachtung mit unbewaffnetem Auge).

— Normalaufnahmen. Mit Gl. (6.217) läßt sich ausrechnen, aus welcher – längs der optischen Achse des Aufnahmeobjektivs gemessenen – Entfernung vom Aufnahmeort Δp der Gegenstand betrachtet werden müßte, damit er mit der gleichen Perspektive erscheint wie die (eventuell nachvergrößerte) Aufnahme. Eine andere Bedeutung hat Δp nicht. Wir setzen im weiteren $\Delta p = 0$.

Der Maßstab der Pupillenabbildung β'_p hat folgenden Einfluß: Wegen $\beta' < 0$, $\beta'_p > 0$ wird γ'_s

bei $\beta'_p < 1$ vergrößert (tiefenverlängernde Wirkung),

bei $\beta'_p > 1$ verkleinert (tiefenverkürzende Wirkung).

Bei Fernobjektiven mit $\beta'_p < 1$, wie es bei den Sonnaren vorkommt (z. B. $\beta'_p = 0{,}63$), wird also der tiefenverkürzende Eindruck nicht so stark sein wie bei Fernobjektiven mit $\beta'_p = 1$.

Da meistens $\beta'_p \approx 1$ ist, reicht im allgemeinen die Näherung

$$\gamma'_s = \frac{vf'(1 - \beta')}{p'_s} \tag{6.219}$$

aus. Bei Normalaufnahmen mit $0 < |\beta'| < 0{,}1$ gilt

$$\frac{vf'}{p'_s} < \gamma'_s = \frac{1{,}1 \cdot vf'}{p'_s}. \tag{6.220}$$

Der endliche Abbildungsmaßstab bewirkt also eine geringe Tiefenverkürzung gegenüber der Fernaufnahme.

Beispiel: Bei einer auf 60 mm × 90 mm vergrößerten Kleinbildaufnahme ist $v = -2,5$. Mit $f' = 50$ mm (Normalobjektiv), $\beta' = -0,1$ und $p'_s = -250$ mm erhalten wir $\gamma'_s = 0,55$. Die Aufnahme ist tiefenverlängert. Das stört besonders bei Porträtaufnahmen ("lange Nase"). Verwenden wir ein Fernobjektiv mit $f' = 100$ mm, dann wird $\gamma'_s = 1$, . Für Porträtaufnahmen sind also größere Brennweiten als beim Normalobjektiv vorteilhaft.

– Diaprojektion. Die Gl. (6.217) gilt auch bei der Diaprojektion. Ein Beispiel dafür möge genügen.
Eine Aufnahme mit einem Kleinbildobjektiv $f' = 58$ mm, $\beta'_p = 1,4$ soll auf 1800 mm Breite projiziert werden ($v = -50$). Für eine Fernaufnahme beträgt die Betrachtungsentfernung mit natürlichem perspektivischem Eindruck $p'_s = -2,9$ m; bei einer Normalaufnahme mit $\beta' = -0,05$ ist $p'_s = -3$ m.

Schärfentiefe. In Abb. 6.91 sind die Entfernungen der Grenzen des Schärfentiefenbereichs von der Einstellebene b_l und b_r eingetragen.

Nach Abb. 6.91 gilt

$$\frac{\rho}{\rho_p} = \frac{-a_l + a}{-a_l + a_p} = \frac{-a + a_r}{-a_r + a_p}. \tag{6.221}$$

In den Nennern von Gl. (6.221) kann bei Fotoobjektiven a_p gegenüber a_l und a_r vernachlässigt werden.

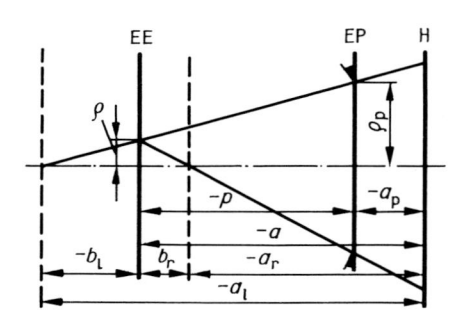

Abb. 6.91 Berechnung der Schärfentiefe

Aus Gl. (6.221) folgt nach entsprechender Umformung

$$\frac{1}{a} = \frac{1}{2}\left[\frac{1}{a_r} + \frac{1}{a_l}\right]. \tag{6.222}$$

Mittels

$$\frac{1}{a_0} = \frac{1}{2}\left[\frac{1}{a_r} - \frac{1}{a_l}\right] \tag{6.223}$$

führen wir die Bezugsentfernung a_0 ein und setzen

$$\frac{a_0}{a} = m. \tag{6.224}$$

6.4 Fotografie

Mit Gl. (6.224) erhalten wir aus Gl. (6.222) und (6.223) durch Addition bzw. Subtraktion

$$a_l = \frac{a_0}{m-1} \quad \text{und} \quad a_r = \frac{a_0}{m+1}. \tag{6.225a, b}$$

Für $m = 1$ ergibt sich

$$a_l = \infty, \quad a_r = \frac{a_0}{2} \quad \text{und} \quad a_0 = a. \tag{6.226}$$

Daraus folgt die Bedeutung der Bezugsentfernung a_0:

> Von der Objektentfernung $a = a_0$ ab reicht der linke Schärfentiefenbereich bis ins Unendliche. Die Einstellung auf die Objektweite a_0 wird deshalb "Naheinstellung auf Unendlich" oder "Fixfokuseinstellung" genannt.

Zur Berechnung von a_0 benötigen wir die Größen a_l und a_r. Nach Gl. (4.251) haben die Grenzen des Schärfentiefenbereichs die Entfernungen

$$b_l = \frac{p}{\frac{f'|\beta'|}{2k\rho'} - 1} \quad \text{bzw.} \quad b_r = -\frac{p}{\frac{f'|\beta'|}{2k\rho'} + 1} \tag{6.227a, b}$$

von der Einstellebene; ρ' ist der zulässige Zerstreuungskreisradius. Nach Abb. 6.91 ist

$$p = a - a_p, \quad b_l = a_l - a \quad \text{und} \quad b_r = a_r - a. \tag{6.228}$$

Mit den Gl. (6.228) gehen die Gl. (6.227) über in

$$a_l = \frac{\frac{af'|\beta'|}{2k\rho'} - a_p}{\frac{f'|\beta'|}{2k\rho'} - 1} \quad \text{und} \quad a_r = -\frac{\frac{af'|\beta'|}{2k\rho'} + a_p}{\frac{f'|\beta'|}{2k\rho'} + 1}. \tag{6.229a, b}$$

Es wird nach Gl. (6.223) und Gl. (6.229)

$$\frac{1}{a_0} = \frac{\frac{f'|\beta'|}{2k\rho'}(a - a_p)}{\left[\frac{af'|\beta'|}{2k\rho'}\right]^2 - a_p^2}.$$

Im Nenner kann a_p^2 vernachlässigt werden. Wir erhalten

$$a_0 = \frac{f'|\beta'|}{2k\rho'} \cdot \frac{a^2}{a - a_p}.$$

Unter Verwendung von Gl. (4.56b) läßt sich

$$\frac{a^2}{a - a_p} = \frac{\beta' f' \left(\frac{1}{\beta'} - 1\right)^2}{1 - \frac{\beta'}{\beta'_p}} \tag{6.230}$$

schreiben. Es gilt also

$$a_0 = -\frac{f'^2}{2k\rho'} \cdot \frac{(1-\beta')^2}{1-\frac{\beta'}{\beta'_p}}. \tag{6.231}$$

Wenn die Aufnahme um den Faktor v nachvergrößert wird, erscheint der Zerstreuungskreisdurchmesser bei der Betrachtung aus der Entfernung p'_s unter dem Winkel

$$\chi' = \frac{2v\rho'}{p'_s}. \tag{6.232}$$

Mit Hilfe von Gl. (6.232) eliminieren wir ρ' aus Gl. (6.231), so daß

$$a_0 = -\frac{vf'\left(1-\frac{\beta'}{\beta'_p}\right)}{p'_s}\left[\frac{1-\beta'}{1-\frac{\beta'}{\beta'_p}}\right]^2 \cdot \frac{f'}{k\chi'} \tag{6.233}$$

entsteht. Unter Berücksichtigung von $\Delta p = 0$ und Gl. (6.217) wird

$$a_0 = -\gamma'_s\left[\frac{1-\beta'}{1-\frac{\beta'}{\beta'_p}}\right]^2 \cdot \frac{f'}{k\chi'}. \tag{6.234}$$

Für praktische Zwecke genügt es, die Klammer durch 1 zu ersetzen. So erhalten wir schließlich

$$a_0 = -\gamma'_s\frac{f'}{k\chi'}. \tag{6.235}$$

Für die Konstanten γ'_s und χ' können unterschiedliche Forderungen gestellt werden. Wir geben zwei davon an.

Für χ' wird der physiologische Grenzwinkel (etwa $1'$) zu

$$\chi' = \frac{1}{3000}$$

angesetzt und natürlicher perspektivischer Eindruck gefordert ($\gamma'_s = 1$). Damit wird

$$a_0/\mathrm{m} = -\frac{3f'/\mathrm{mm}}{k}. \tag{6.236}$$

Es genügt im allgemeinen, die Ansprüche zu reduzieren und mit $\chi' = 1/1500$ sowie mit $\gamma'_s = 0{,}8$ zu rechnen. So wird oft bei Kleinbildobjektiven verfahren, wie z. B. beim Tessar 2,8/50. Dann gilt

$$a_0/\mathrm{m} = -\frac{1{,}2f'/\mathrm{mm}}{k}. \tag{6.237}$$

Mit $f' = 50$ mm und $k = 4$ ergibt sich z. B. aus Gl. (6.237) $a_0 = -15$ m.

Zur Berechnung einer Schärfentiefentabelle können wir auch von Gl. (6.231) ausgehen und

6.4 Fotografie

einen zulässigen Zerstreuungskreisdurchmesser vorgeben. Als Richtwert gilt

$$2\rho' = \frac{\text{Formatdiagonale}}{1500}.$$

Die Werte nach Tab. 6.20 weichen bei den kleinen Formaten vom Richtwert ab, weil die Forderungen sonst nur schwer realisierbar wären.

Tabelle 6.20 Durchmesser des zulässigen Zerstreuungskreises für Schärfentiefetabellen (1) bedeutet 16-mm-Schmalfilm, (2) bedeutet 8-mm-Schmalfilm

Format /mm²	$2\rho'$/mm
90 × 120	0,100
60 × 90	0,075
60 × 90	0,060
45 × 60	0,050
24 × 36	0,033
24 × 24	0,033
18 × 24	0,025
7,5 × 10,5 (1)	0,015
3,6 × 4,8 (2)	0,010

Wir müssen das Problem der Schärfentiefe, das wir bisher nur geometrisch-optisch betrachtet haben, durch einige wellenoptische Aspekte ergänzen. Die Intensitätsverteilung im Bildraum des Objektivs wird durch die Beugung an der Öffnungsblende bestimmt. In 4.4.2 wurde abgeleitet, daß bei der Abbildung von Achsenpunkten in den Entfernungen

$$b'_r \text{(wellenoptisch)} = b'_l \text{(wellenoptisch)} = 2\lambda k^2 \tag{6.238}$$

von der Gaußschen Bildebene noch 80% der Intensität vorhanden sind, die im geometrisch-optischen Bildpunkt vorliegt. Diese Intensität reicht zur Bilddefinition aus. Es ist demnach nicht notwendig, die Auffangebene in die Gaußsche Bildebene zu stellen. Es besteht wellenoptisch ein Bereich der bildseitigen Einstelltiefe, der auch wellenoptische Abbildungstiefe genannt wird.

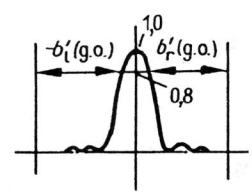

Abb. 6.92 Zur Kombination von geometrisch-optischer und wellenoptischer Abbildungstiefe

Die geometrisch-optische Abbildungstiefe ist von der um $\pm 2\lambda k^2$ aus der Gaußschen Bildebene verschobenen Auffangebene aus zu zählen (Abb. 6.92). Die geometrisch-optische Abbildungstiefe folgt aus

$$b'_r \text{(geom.-opt.)} = b'_l \text{(geom.-opt.)} = \frac{f'k\chi'}{\gamma'_s}. \tag{6.239}$$

Die gesamte Abbildungstiefe beträgt

$$b'_r = -b'_l = \frac{f' k \chi'}{\gamma'_s} + 2\lambda k^2. \tag{6.240}$$

Hieraus geht für $\gamma'_s = 0{,}8$, $\chi' = \dfrac{1}{1500}$ und $\lambda = 500\,\text{nm}$

$$b'_r/\text{mm} = -b'_l/\text{mm} = 0{,}83 \cdot 10^{-3} f'/\text{mm} \cdot k + 10^{-3} k^2 \tag{6.241}$$

hervor. Bei kleinen Blendenzahlen ist die wellenoptische Abbildungstiefe gegenüber der geometrisch-optischen zu vernachlässigen. Abb. 6.93 enthält die Funktion $b'_r = f(k)$ für ein Kleinbildobjektiv mit der Brennweite $f' = 50$ mm ($\gamma'_s = 0{,}8$, $\chi' = 1/1500$).

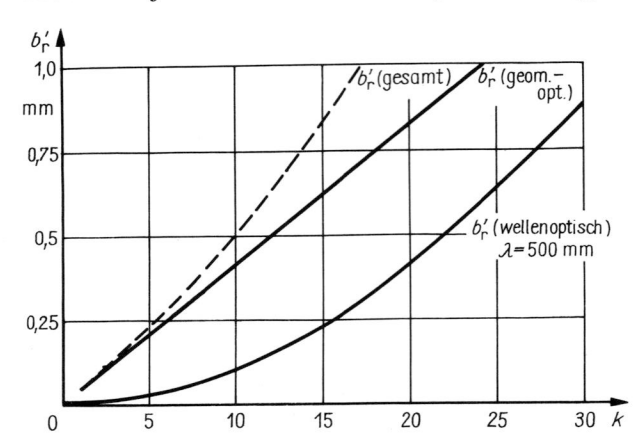

Abb. 6.93 Abbildungstiefe eines Kleinbildobjektivs

Die Gleichung (6.240) läßt sich nur bis zu einer bestimmten Blendenzahl anwenden. Der Radius des durch Beugung in der Gaußschen Bildebene erzeugten Zerstreuungskreises kann nach Gl. (4.339) mit

$$r' = 1{,}22 \lambda k \tag{6.242}$$

abgeschätzt werden (Radius des ersten dunklen Ringes der Beugungsfigur). Bei $\lambda = 500\,\text{nm}$ wird

$$r'/\text{mm} = 0{,}61 \cdot 10^{-3} k. \tag{6.243}$$

Nach Gl. (6.218) und Gl. (6.232) beträgt der Radius des geometrisch-optischen Zerstreuungskreises

$$\rho' = \frac{\chi' f'}{2\gamma'_s}, \tag{6.244}$$

woraus mit $\chi' = \dfrac{1}{1500}$ und $\gamma'_s = 0{,}8$

$$\rho' = 0{,}42 \cdot 10^{-3} f' \tag{6.245}$$

folgt.

Wenn r' nach Gl. (6.243) größer wird als ρ' nach Gl. (6.245), dann ist der beugungsbedingte Zerstreuungskreis größer als der geometrisch-optisch zulässige Zerstreuungskreis. Das

6.4 Fotografie

ist ab der Blendenzahl

$$k = 0{,}69 f'/\text{mm} \tag{6.246}$$

der Fall. Bei $f' = 50$ mm ist

$$\rho' = 0{,}02 \text{ mm} \quad \text{und} \quad k = 34{,}5.$$

Für größere Blendenzahlen, als sie durch Gl. (6.246) gegeben sind, hat es keinen Sinn, den geometrisch-optischen Zerstreuungskreis kleiner als den Radius des Beugungsscheibchens zu fordern. Aus

$$\frac{\rho'_p}{\rho'} = \frac{p'}{b'_r} \quad \text{sowie} \quad \rho' = r'$$

ergibt sich mit Gl. (6.242) und nach Addition von Gl. (6.238)

$$b'_r = -b'_1 = 2{,}44 \lambda k^2 + 2\lambda k^2 = 4{,}44 \lambda k^2 \tag{6.247}$$

bzw. bei $\lambda = 500$ nm

$$b'_r/\text{mm} = -b'_1/\text{mm} = 2{,}22 \cdot 10^{-3} k^2. \tag{6.248}$$

Allerdings ist dann nach Gl. (6.246) notwendig, daß für die Brennweite des Objektivs

$$f' \geq 1{,}45 k \tag{6.249}$$

gilt ($\lambda = 500$ nm). Sonst erscheint der Zerstreuungskreis bei der Betrachtung des – eventuell nachvergrößerten ($\gamma'_s = 0{,}8$) – Positivs unter einem Winkel $\chi' > 1/1500$.

Der Einfluß der Beugung ist bei großen Blendenzahlen zu berücksichtigen. Die Aberrationen der optischen Systeme sind dann praktisch zu vernachlässigen, so daß die angegebenen Formeln auch bei der Abbildung von Achsenpunkten mit konkreten Fotoobjektiven anwendbar sind.

Beispiel: Eine Kleinbildaufnahme mit der Objektivbrennweite $f' = 100$ mm wurde mit der extrem großen Blendenzahl $k = 60$ ausgeführt.

1. Wir berechnen unter obigen Annahmen die Nachvergrößerung für den Perspektivefaktor $\gamma'_s = 0{,}8$ und die Betrachtungsentfernung $p'_s = -250$ mm.
2. Wie groß sind der Radius des Zerstreuungskreises in der Gaußschen Bildebene und die Abbildungstiefe?
3. Wie groß ist a_r bei $\beta' = 0$?

Lösung:

1. Aus Gl. (6.218) folgt

$$v = \frac{p'_s \gamma'_s}{f'} = \frac{-250 \cdot 0{,}8}{100} = -2.$$

2. Aus Gl. (6.244) oder aus Gl. (6.243) ergibt sich $r' = \rho' \approx 0{,}04$ mm. Aus Gl. (6.248) erhalten wir wegen $k > 0{,}69 f'$

$$b'_r = -b'_1 = 8 \text{ mm}.$$

3. Die Abbildungsgleichung

$$z_r = -\frac{f'^2}{z'_r} = -\frac{f'^2}{b'_r}$$

ergibt $z_r = -1250$ mm. Also ist $a_r = z_r - f' = -1350$ mm.

6.4.4 Fotometrie

Bei Fotoobjektiven verwendet man statt der auf die relative Augenempfindlichkeit bezogenen ("V_λ-bewerteten") lichttechnischen Größen vorteilhafter die äquivalenten in physikalischen Einheiten gemessenen strahlungsphysikalischen Größen.

Die hier benötigten Beziehungen wurden in 4.2.5 abgeleitet.

Die Bestrahlungsstärke in Flächenelementen, die der optischen Achse benachbart sind, beträgt nach Gl. (4.285) ohne Berücksichtigung der Reflexions- und Absorptionsverluste

$$E_e = \pi \Omega_0 L_e \frac{1}{4k^2 \left[1 - \frac{\beta'}{\beta'_p}\right]^2}. \tag{6.250}$$

Die Schwärzung der fotografischen Schicht ist im linearen Teil der Schwärzungskurve proportional der Bestrahlungsstärke und der Belichtungszeit. Für gleiche Schwärzung gilt also

$$E_{e1} t_1 = E_{e2} t_2. \tag{6.251}$$

Bei gleichem Aufnahmezustand (L_e = konstant) und gleicher Einstellung (β' = konstant) ist nach Gl. (6.250)

$$\frac{t_1}{k_1^2} = \frac{t_2}{k_2^2}. \tag{6.252}$$

Für $t_1 = 2 t_2$ erhalten wir

$$k_1 = \sqrt{2}\, k_2. \tag{6.253}$$

Eine Vergrößerung der Blendenzahl auf das $\sqrt{2}$ fache erfordert bei gleicher Schwärzung eine Verdopplung der Belichtungszeit.

Die Blendenzahlreihe ist deshalb so aufgebaut, daß sich benachbarte Werte um den Faktor $\sqrt{2}$ unterscheiden. Sie lautet:

0,7; 1,0; 1,4; 2,0; 2,8; 4,0; 5,6; 8,0; 11,0; 16,0 usw.

Bei einer Fernaufnahme ist

$$E_e = \pi \Omega_0 L_e \frac{1}{4k^2}. \tag{6.254}$$

Eine Normal- und Nahaufnahme mit $\beta'_p \approx 1$, der gleichen Strahldichte und Blendenzahl gilt

$$E_e = \pi \Omega_0 L_e \frac{1}{4k^2 (1-\beta')^2}. \tag{6.255}$$

Gleiche Schwärzung erhalten wir für

$$t = t_\infty (1-\beta')^2. \tag{6.256}$$

Wegen $\beta' < 0$ erfordern Aufnahmen mit nichtverschwindendem Abbildungsmaßstab unter sonst gleichen Bedingungen eine längere Belichtungszeit als Fernaufnahmen.

Abb. 6.94 enthält die Auswertung der Gl. (6.256). Bei einer Lupenaufnahme mit $\beta' = -10$ ergibt sich $t/t_\infty = 12$.

6.4 Fotografie

Für die Bestrahlungsstärke in außeraxialen Flächenelementen gilt nach Gl. (4.294) unter der Annahme, daß keine Randabschattung, keine Reflexions- und Absorptionsverluste sowie keine Aberrationen auftreten,

$$E_{ew} = E_{eo} \cos^4 w. \tag{6.257}$$

E_{eo} ist die Bestrahlungsstärke in axialen Flächenelementen, w ist der Winkel, den der Hauptstrahl mit der optischen Achse einschließt.

> Die nach dem "$\cos^4 w$-Gesetz" vorhandene Abnahme der Bestrahlungsstärke im Bildfeld wird "natürliche Vignettierung" oder "natürliche Abnahme" der Bestrahlungsstärke genannt.

In Abb. 6.95 ist die Funktion $E_{ew}/E_{eo} = f(w)$ grafisch dargestellt. Die natürliche Vignettierung kann bei Weitwinkelobjektiven, besonders bei solchen mit sehr großem Objektwinkel, untragbare Werte annehmen. Es wurden deshalb verschiedene Maßnahmen getroffen, durch die die Bestrahlungsstärke bei Weitwinkelobjektiven nicht nach dem "$\cos^4 w$-Gesetz" abnimmt.

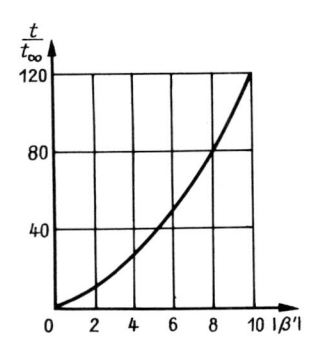

Abb. 6.94 Verlängerungsfaktor der Belichtungszeit ($\beta' \neq 0$)

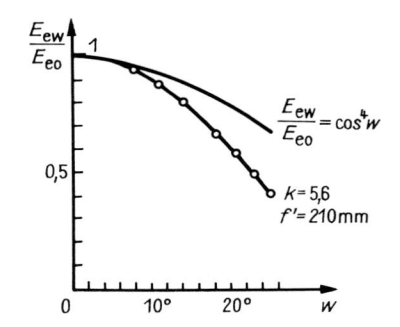

Abb. 6.95 Natürliche Vignettierung und Abnahme der Bestrahlungsstärke bei einem Objektiv (Kreise)

Die einfachste Möglichkeit besteht darin, die Bestrahlungsstärke in der Umgebung der optischen Achse durch eine rotierende Sternblende, durch Grauglasscheiben oder durch teildurchlässig verspiegelte Scheiben zu schwächen. Damit ist ein Verlust an Gesamtstrahlungsfluß verbunden.

Bei einem Objektiv mit tonnenförmiger Verzeichnung sinkt die Bestrahlungsstärke mit dem Objektwinkel langsamer als nach dem "$\cos^4 w$-Gesetz". Einen Beweis dafür findet sich bei Wandersleb. Die extremen Weitwinkelobjektive mit Objektwinkeln in der Nähe von $2w = 180°$ haben starke tonnenförmige Verzeichnung, da sonst entsprechend Abb. 6.95 kaum Licht in die Bildecken käme.

Bei Objektiven mit geeigneten Abweichungen von der idealen Pupillenabbildung, also mit günstigen Pupillenaberrationen, nimmt die Bestrahlungsstärke angenähert nach einem "$\cos^n$-Gesetz" mit $n < 4$ ab. Ein solches Objektiv ist z.B. das Flektogon. (Beim Flektogon mit $f' = 20$ mm beträgt bei $k = 2,8$ der Wert $n = 3,6$; beim Abblenden ändert er sich stetig bis auf $n = 1,2$.)

Weitere Einflüsse auf die Bestrahlungsstärke. Bei realen Fotoobjektiven ist die Bestrahlungsstärke in der Filmebene geringer, als wir sie mit Gl. (6.250) ausrechnen. Die Ursache dafür sind Absorptionsverluste in den Gläsern, Reflexionsverluste an den Oberflächen der Linsen und Reste von Abbildungsfehlern, die die Strahlenvereinigung in einem Punkt verhindern. Bei der Abbildung außeraxialer Flächenelemente wird im allgemeinen die nach Gl. (6.257) berechnete Bestrahlungsstärke zusätzlich durch Randabschattung herabgesetzt. Da diese Einflüsse quantitativ nur schwer voneinander zu trennen sind, berücksichtigen wir sie durch einen empirischen Transmissionsfaktor τ, indem wir

$$E_e \text{ (reales Objektiv)} = \tau E_e \text{ (idealisiertes Objektiv)} \tag{6.258}$$

setzen. Die Größe der Absorptionsverluste in den Linsen wird von den Glasarten und von der Länge des Glasweges bestimmt. Die Wellenlängenabhängigkeit der Absorption kann zu einer Verfärbung des Lichtes führen. Viele optische Gläser, z. B. sämtliche Schwerflinte, erscheinen in der Durchsicht gelb, absorbieren also blaues Licht am stärksten. Der "Farbort des Objektivs" (im Farbendreieck) läßt sich jedoch mittels Entspiegelung der Linsenoberflächen verändern, bei der die Reflexion der von den Gläsern bevorzugt absorbierten Farbe unterdrückt wird. Die Linsenoberfläche erscheint in dieser Farbe. Gelbstich durch Absorption wird also durch eine gelb (oder bräunlich) reflektierende dünne Interferenzschicht teilweise ausgeglichen.

Die Reflexionsverluste wachsen vor allem mit der Anzahl der Glas-Luft-Flächen in den Objektiven. Der Einsatz von hochbrechenden Gläsern erhöht die Reflexionsverluste. Durch die Entspiegelung lassen sie sich auf so kleine Beträge verringern, daß auch die Konstruktion von Objektiven mit relativ vielen Linsen ermöglicht wird. Bei älteren Objektiven ohne Entspiegelung liegen die Verluste durch Absorption und Reflexion je nach der Linsenzahl zwischen 30% und 60%.

Die Randabschattung oder künstliche Vignettierung wird bei Fotoobjektiven im allgemeinen absichtlich eingeführt, um die Abweichungen durch Koma in zulässigen Grenzen zu halten. Die Randabschattung bewirkt eine stärkere Abnahme der Bestrahlungsstärke mit dem Feldwinkel, als sie nach dem "$\cos^4 w$-Gesetz" zu erwarten ist. Abb. 6.95 enthält auch Werte für die Abnahme der Bestrahlungsstärke mit dem Feldwinkel, wie sie an einem realen Objektiv gemessen werden. Darin spiegelt sich der Einfluß sämtlicher behandelten Faktoren wider.

6.5 Optische Systeme

6.5.1 Beleuchtungssysteme

Optische Systeme zur Beleuchtung, also zur Bündelung des Lichtstroms in optischen Geräten und zur gleichmäßigen Ausleuchtung von Flächen oder abzubildenden Objekten, sind bei der Projektion, im Mikroskop sowie bei speziellen Aufgaben innerhalb optischer Geräte erforderlich.

Die Diaprojektion ist ein Beispiel für die gleichmäßige Ausleuchtung eines durchstrahlten Objekts. Die Grundaufgabe besteht zunächst in der einstufigen Abbildung des Objektfeldes mittels des Projektionsobjektivs. Innerhalb des Objektivs liegt dessen Eintrittspupille. Wir

6.5 Optische Systeme

symbolisieren das Objektiv durch zusammenfallende Hauptebenen, an deren Ort auch die Öffnungsblende angenommen werden soll.

Abb. 6.96a zeigt die direkte Beleuchtung mit einer punktförmigen Lichtquelle, dem Grenzfall der sehr kleinen Lichtquelle. Durch jeden Objektpunkt geht von der Lichtquelle aus nur ein Lichtstrahl. Eine sehr kleine Lichtquelle hat also den Nachteil, daß die Beleuchtungsapertur sehr klein ist. Dafür ist eine hohe Leuchtdichte möglich.

Abb. 6.96b zeigt die direkte Beleuchtung mit einer so großen Lichtquelle, daß für jeden Objektpunkt die Beleuchtungs- und die Abbildungsapertur gleich sind. Es wird eine so große Lichtquelle benötigt, daß im allgemeinen eine geringe Leuchtdichte erreicht wird.

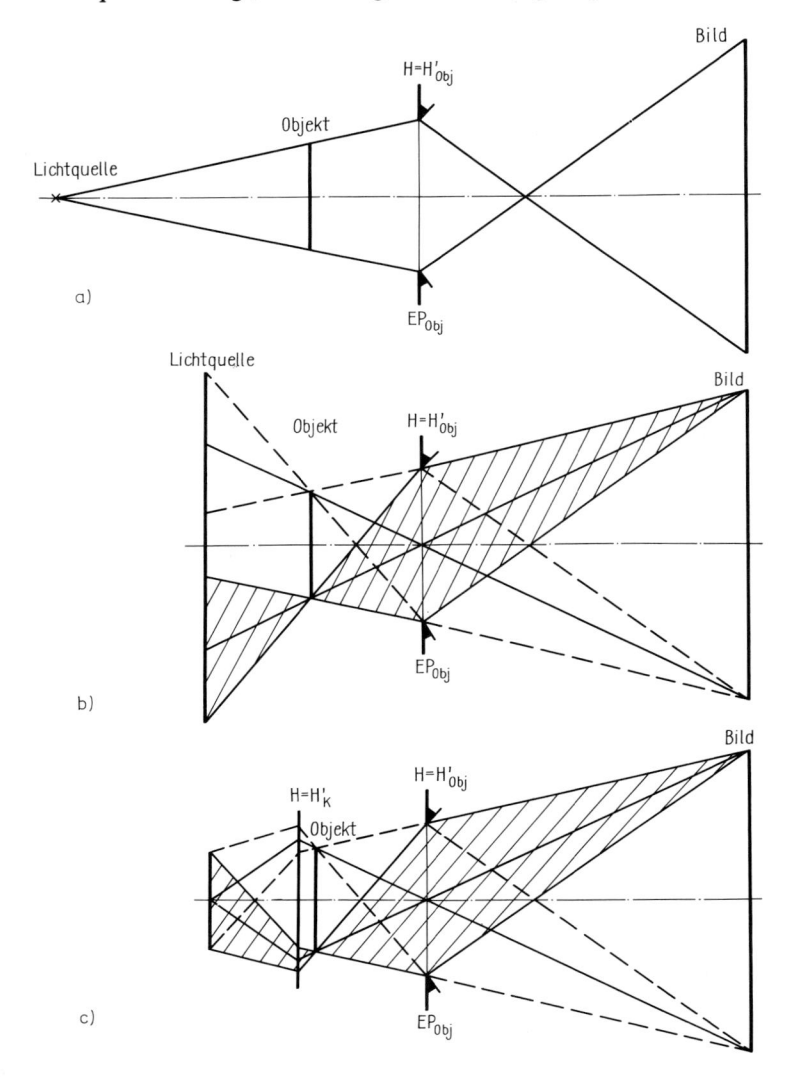

Abb. 6.96 Beleuchtung bei der Projektion
a) Punktförmige Lichtquelle, b) große Lichtquelle, c) mit Kondensor

Abb. 6.96c demonstriert, daß die Abbildung der Lichtquelle in die Eintrittspupille des Objektivs die maximal mögliche Beleuchtungsapertur bei nicht zu großer Lichtquelle ermöglicht. Das Beleuchtungssytem wird auch hier Kondensor genannt.

Nach Abb. 6.97 gilt bei erfüllter Sinusbedingung

$$\sin u_K = \frac{h}{a_K}, \tag{6.259}$$

$$\sin u'_K = \frac{h}{a'_K}, \tag{6.260}$$

$$\frac{\rho_P}{y_L} = \frac{a'_K}{a_K}. \tag{6.261}$$

Division von Gl. (6.259) durch Gl. (6.260) und Einsetzen von a'_K/a_K nach Gl. (6.261) ergibt mit den numerischen Aperturen $A_K = \sin u_K$, $A'_K = \sin u'_K$

$$\frac{A_K}{A'_K} = \frac{\rho_P}{y_L}. \tag{6.262}$$

Die Bildweite bei der Projektion ist groß, so daß das Objekt nahezu in der Brennebene des Objektivs steht. Es gilt angenähert

$$\sin u'_K \approx \frac{y}{f'_{Ob}}. \tag{6.263}$$

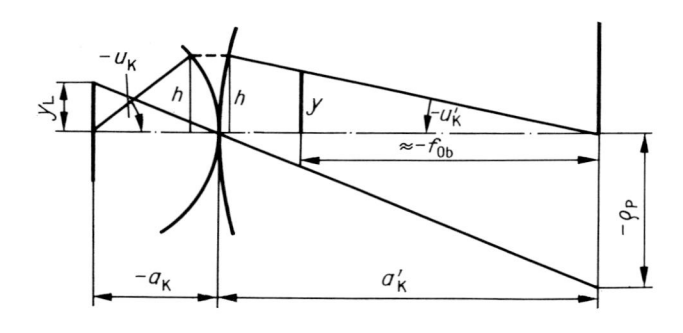

Abb. 6.97 Zur Ableitung der Gleichungen (6.259) bis (6.264)

Aus Gl. (6.262) und Gl. (6.263) folgt

$$2y_L A_K = \frac{y}{k} \tag{6.264}$$

worin $k = f'_{Ob}/2\rho_P$ die Blendenzahl des Objektivs ist.

| Das Produkt aus der Lichtquellengröße und der Kondensorapertur ist bei vorgegebenem Format und vorgegebenem Objektiv konstant.

Beim Kleinbildformat 24 mm × 36 mm ist z. B. $y \approx 21$ mm, so daß mit einem Objektiv $k = 3$

$$2y_L A_K \approx 7$$

sein muß (z. B. $A_K = 0,25$, $2y_L = 28$ mm und $A_K = 0,7$, $2y_L = 10$ mm).

6.5 Optische Systeme

Der Kondensor bildet ein relativ kleines Feld mit relativ großen Aperturen ab. Daraus ergibt sich, daß besonders

- der Öffnungsfehler klein gehalten und
- die Sinusbedingung beachtet

werden müssen. Da es sich nur um die Abbildung der Lichtquelle in die Eintrittspupille handelt, sind die Forderungen im allgemeinen nicht so streng zu erfüllen. Hinsichtlich des Öffnungsfehlers gilt die Korrektion als ausreichend, wenn die vom Achsenpunkt der Eintrittspupille aus zurückverfolgten Strahlen die Lichtquelle treffen (Abb. 6.98). Es ist im allgemeinen zweckmäßig, die Lichtquelle aus ihrem paraxialen Ort herauszurücken (Abb. 6.98). Ein vollständiger Überblick wird erzielt, wenn zusätzlich die Bündel, die vom Rand der Eintrittspupille ausgehen, zurückverfolgt werden. Es läßt sich eine Regel ablesen:

> Kleine Lichtquellen ermöglichen hohe Leuchtdichten, sie erfordern hohe Beleuchtungsaperturen und gut korrigierte Kondensoren. Die Gleichmäßigkeit der Ausleuchtung ist schwierig zu erreichen.

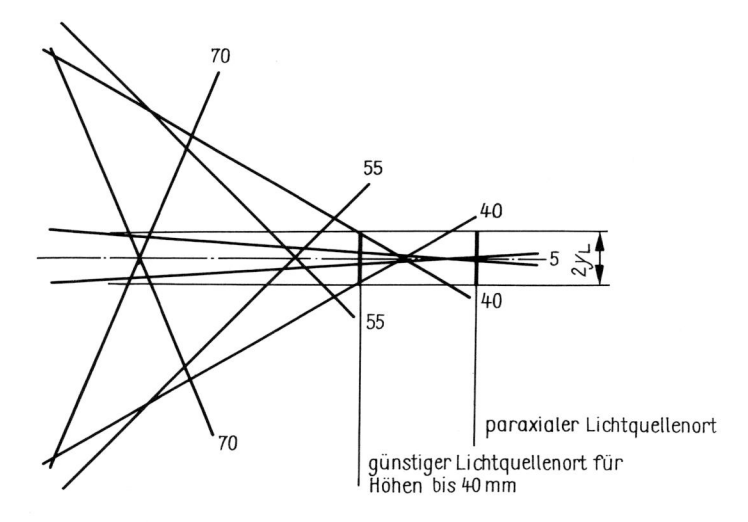

Abb. 6.98 Strahlenverlauf im Objektraum bei Rückwärtsrechnung

Große Lichtquellen stellen geringere Anforderungen an das Beleuchtungssystem. Es sind nicht so hohe Leuchtdichten, aber leichter eine gleichmäßige Ausleuchtung zu realisieren.

Einzellinse. Bei nicht zu großen Aperturen genügt eine Einzellinse als Kondensor. Sie kann als Linse mit kleinem Öffnungsfehler ausgebildet werden. Bei der dünnen Einzellinse ($d = 0$) muß die Durchbiegung

$$Q = \frac{n}{n+2}\left(\frac{2}{s} + F'\right) \tag{6.265}$$

betragen. Mit

$$s = a_K = f'_K\left(\frac{1}{\beta'_K} - 1\right) \tag{6.266}$$

und
$$s' = a'_K = f'_K(1-\beta'_K) \tag{6.267}$$
gilt
$$Q = \frac{nF'_K}{n+2} \cdot \frac{1+\beta'_K}{1-\beta'_K} \tag{6.268}$$
bzw.
$$Q = \frac{n}{n+2} \cdot \frac{1+\beta'_K}{a'_K}. \tag{6.269}$$

Oft läßt sich auch eine Plankonvexlinse verwenden, deren konvexe Fläche der größeren Schnittweite zugekehrt sein muß. Mit einer geeigneten Brechzahl stellt die Plankonvexlinse zugleich die Linse minimalen Öffnungsfehlers dar. Dabei kann es aber vorkommen, daß die erforderliche Brechzahl praktisch nicht zu realisieren ist.

Zwei Linsen. Höhere Anforderungen lassen sich mit zweilinsigen Kondensoren erfüllen. Werden zwei dünne Linsen bei verschwindendem Abstand mit dem kleinsten Öffnungsfehler verwendet, dann müssen beide gleiche Brechkraft haben:

$$F'_1 = F'_2 = \frac{1}{2}F'. \tag{6.270}$$

Hodam hat für dicke Linsen durch trigonometrische Rechnung festgestellt, daß sich mit wachsendem Betrag des Abbildungsmaßstabs das Brechkraftverhältnis F'_1/F'_2 geringfügig erhöht, und zwar bei $|\beta'|=\infty$ auf etwa 1,4, bei $|\beta'|=2$ auf etwa 1,2 (Abb. 6.99). Für die bei Kon-

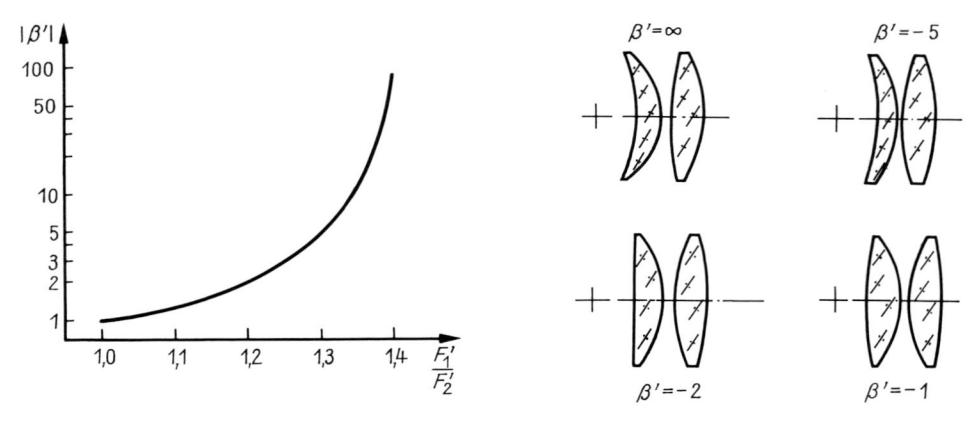

Abb. 6.99 Brechkraftverhältnis als Funktion des Abbildungsmaßstabs

Abb. 6.100 Kondensoren für verschiedene Abbildungsmaßstäbe

densoren im allgemeinen üblichen Abbildungsmaßstäbe und bei Berücksichtigung der durch die Dickeneinführung entstehenden Veränderungen ist das im Ansatz unwesentlich (Beispiele Abb. 6.100).

Zwei zusammenfallende dünne Plankonvexlinsen bilden mit dem kleinsten Öffnungsfehler ab, wenn ihre Brechkräfte so aufgeteilt werden, daß

$$\frac{F'_1}{F'} = \frac{1}{2} \frac{\frac{n+2}{n} - \frac{4f'}{s} \cdot \frac{n^2-1}{n}}{2n+1} \tag{6.271}$$

6.5 Optische Systeme

bzw.

$$\frac{F_1'}{F'} = \frac{1}{2} \frac{\dfrac{n+2}{n} - \dfrac{4\beta_K'}{1-\beta_K'} \cdot \dfrac{n^2-1}{n}}{2n+1} \tag{6.272}$$

und

$$\frac{F_2'}{F'} = 1 - \frac{F_1'}{F'} \tag{6.273}$$

ist (Abb. 6.101a). Es ist z. B.

für $-f'/s = 0,8$ und $n=1,6$: $F_1'/F' = 0,64$;
für $-f'/s = 0,5$ und $n=1,6$: $F_1'/F' = 0,5$.

Abb. 6.101b enthält den Fall der Abbildung ins Unendliche. Gl. (6.272) gilt auch für dicke Linsen, bei denen H_1' und H_2 zusammenfallen [20].

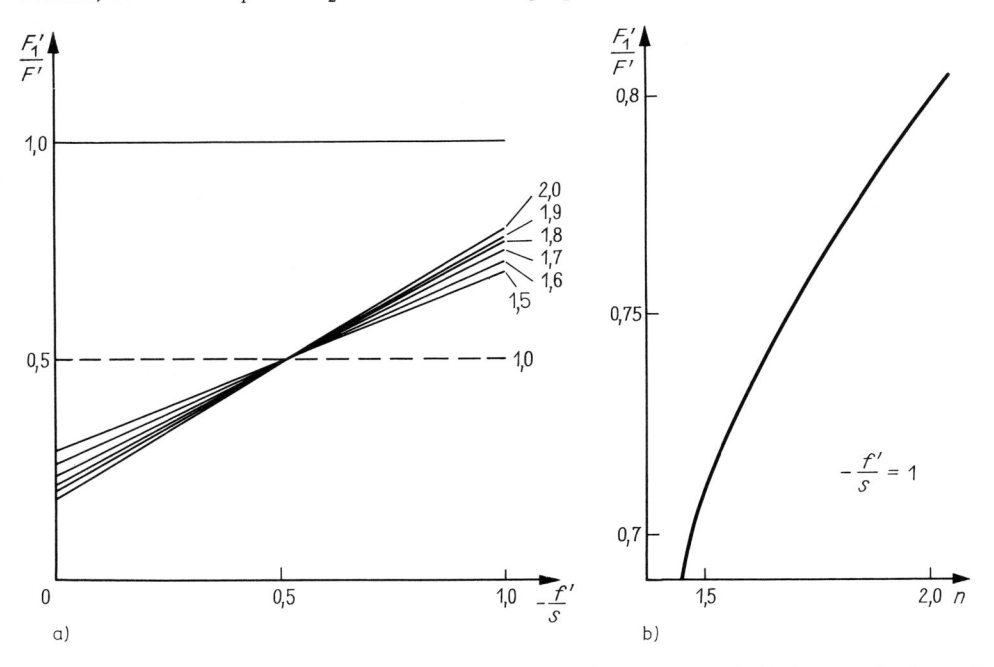

Abb. 6.101 Brechkraft der ersten Plankonvexlinse a) als Funktion des Abbildungsmaßstabs und der Brechzahl, b) als Funktion der Brechzahl bei Abbildung ins Unendliche

Drei Linsen. Die Apertur kann zunächst verringert werden, wenn vor die beiden Linsen eine dritte Linse gesetzt wird. Diese könnte plankonvex sein. Es läßt sich aber auch ein aplanatischer Meniskus verwenden. Dieser hat die Radien

$$r_1 = s, \quad r_2 = \frac{n(r_1-d)}{n+1}. \tag{6.274}, (6.275)$$

Anschließend sind zwei Plankonvexlinsen möglich, deren Brechkraftverhältnis wie beim zweilinsigen Kondensor berechnet ist (Abb. 6.102).

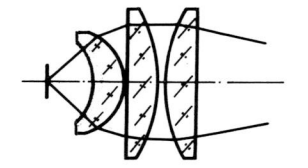

Abb. 6.102 Dreilinsiger Kondensor mit aplanatischem Meniskus

Asphärische Linsen. Der Einsatz von asphärischen Flächen ermöglicht es, Kondensoren ausreichender Bildgüte aus wenigen Linsen zu berechnen. Wegen des höheren Fertigungsaufwandes wird das Bestreben dahin gehen, mit einer asphärischen Fläche auszukommen. Bereits mit einem Paraboloid, dessen Koordinaten durch den Scheitelradius bestimmt sind, lassen sich oftmals gute Strahlenvereinigungen erzielen. Abb. 6.103 enthält ein Beispiel für die Strahlenvereinigung bei einem dreilinsigen Kondensor mit einer Plan-Paraboloid-Linse, das Hodam angegeben hat [10]. (Das Ausgangssystem mit sphärischen Flächen ergab den Strahlenverlauf nach Abb. 6.98.) Weitere Variationsmöglichkeiten bieten Ellipsoid- oder Hyperboloidflächen, bei denen zwei Parameter variiert werden können.

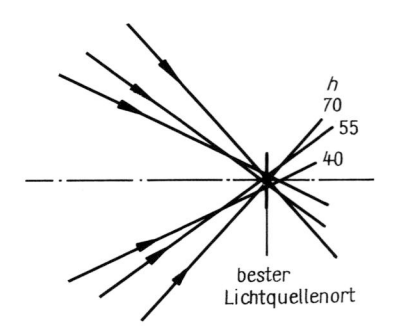

Abb. 6.103 Kondensor mit einer asphärischen Fläche (Rückwärtsrechnung durch einen Kondensor nach Abb. 6.102, bei dem die vierte Fläche ein Rotationsparaboloid ist)

Aus zwei asphärischen Linsen lassen sich ebenfalls Kondensoren aufbauen. Geht man vom Spezialfall achsparallelen Lichtes zwischen den Linsen aus, dann gilt für kleinen Öffnungsfehler:

Die Plan-Paraboloid-Linsen sollten aus Glas mit möglichst großer Brechzahl bestehen (theoretisch $n = 2$) (Abb. 6.104a).

Bei Ellipsoidflächen an Plankonvexlinsen mit der Brechzahl $n = 1,5$ ist die große Halbachse $1,2f'$, die kleine Halbachse $0,77f'$ zu wählen (Abb. 6.104b). (Die angegebenen Regeln wurden für das Seidelsche Gebiet dünner Linsen abgeleitet.) Die Korrektion von Öffnungsfehler und Koma erfordern den Einsatz von zwei geeignet berechneten asphärischen Flächen.

Wabenkondensor (Abb. 6.104c). Zur gleichmäßigen Ausleuchtung mit kleinen, stark strukturierten Lichtquellen kann die Kombination eines üblichen Kondensors mit einem Wabenkondensor verwendet werden. Der Kondensor bildet die Lichtquelle in die Eintrittspupille des Projektionsobjektivs ab. Hinter dem Kondensor steht eine Wabenlinse, die kleine kreisförmige Bereiche trägt. Eine daran angepaßte Platte trägt ebenfalls eine größere Anzahl von kleinen Linsen (es wird auch der Begriff der 'Fliegenaugenlinse' verwendet). Jede dieser Linsen bildet ein Element der ersten Wabenlinse in die gesamte Eintrittspupille des Objektivs ab. Damit wird erreicht, daß das Licht von jedem Lichtquellenelement auf die gesamte Eintrittspupille verteilt wird.

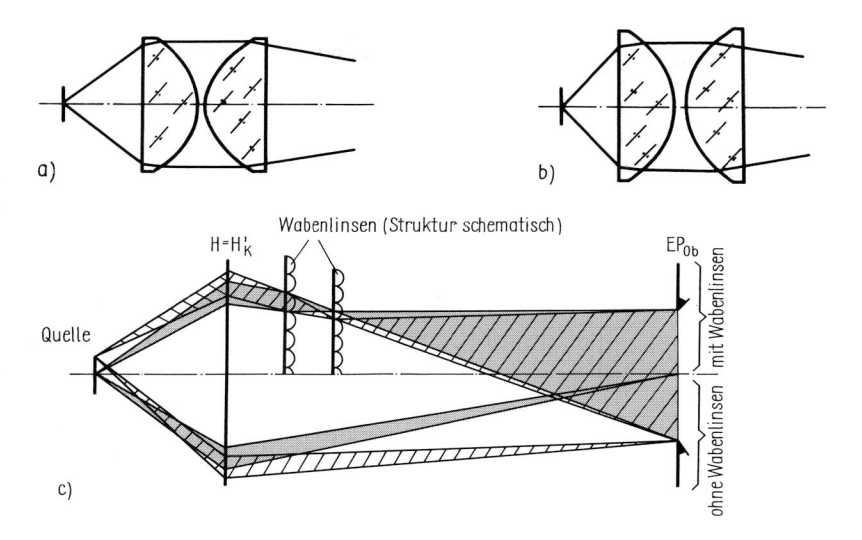

Abb. 6.104 Zweilinsiger Kondensor
a) Zwei Paraboloidflächen, b) zwei Ellipsoidflächen,
c) gleichmäßige Ausleuchtung bei einer kleinen Lichtquelle mit Wabenkondensor

Zur Ausleuchtung eines rechteckigen Feldes muß die erste Wabenlinse rechteckige Elemente tragen. Die Fliegenaugenlinsen können auch aus einer Struktur von gekreuzten Zylinderlinsen bestehen, die wie in der Abb. 4.77 in zwei senkrechten Schnitten dieselbe Bildweite haben. Damit wäre z. B. bei einem quadratischen Raster in der ersten Linse ein rechteckiges Feld auszuleuchten.

Beleuchtung in fotolithografischen Geräten. Bei der Erzeugung feiner Strukturen mittels Projektionsfotolithografie werden sehr hohe Anforderungen an das Beleuchtungssystem gestellt. Die wesentlichen sind [55]:
– Beleuchtung mit schmalbandigem Licht ($\Delta\lambda = 20$ nm) im kurzwelligen Spektralbereich (z. B. $\lambda = 436$ nm);
– Gleichmäßigkeit der Beleuchtungsstärke in Bildfeldern bis 150 mm Durchmesser $\pm 2,5\%$ genau;
– große Beleuchtungsstärke, damit trotz geringer Empfindlichkeit der lichtempfindlichen Fotolacke eine kleine Belichtungszeit möglich ist;
– Einstellbarkeit des Kohärenzparameters im Bereich $S = 0,65\ldots 0,8$.

Als günstigste Strahlungsquelle hat sich die Quecksilberhöchstdrucklampe in Verbindung mit dielektrischen Umlenkspiegeln erwiesen, die das gewünschte Wellenlängengebiet bevorzugt reflektieren. Die geometrischen und strahlungstechnischen Eigenschaften der Quecksilberhöchstdrucklampe (geringe zeitliche und räumliche Konstanz) legen es nahe, sie zur Beleuchtung mit einem Wabenkondensor abzubilden. Die grundlegende Anordnung enspricht derjenigen in der Abb. 6.104c.

Eine Variante zur besseren Ausnutzung des Lichtstroms der Lampe wird in [56] angegeben (Abb. 6.105). Sie ermöglicht die weitere Verringerung der Belichtungszeit. An die Stelle des einfachen Hohlspiegels, der die Quelle angenähert in sich abbildet, tritt eine Anordnung aus zwei elliptischen Spiegeln E_1 und E_2, einem Ringspiegel R sowie einem Kegelspiegel K. Der Spiegel E_1 bildet den Bogen der Lampe in die Ebene bei A'_1 ab, wobei kleine Öffnungswinkel

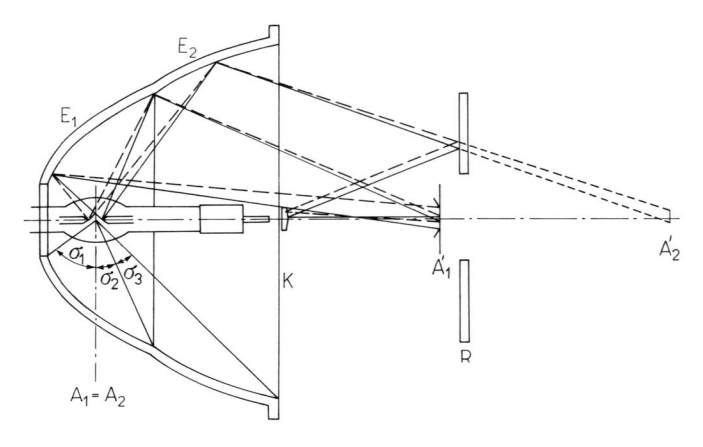

Abb. 6.105 Anordnung zur Erhöhung des nutzbaren Lichtstroms einer Quecksilber-höchstdrucklampe mit elliptischen Spiegeln (Erläuterung der Buchstaben im Text, nach [56])

nicht zum Tragen kommen, weil die Leuchtdichte-Indikatrix und die konstruktive Anordnung der Lampe dies verhindern. Dieser Mangel wird dadurch ausgeglichen, daß der Spiegel E_2 in A'_2 ein virtuelles Bild des Bogens erzeugt, das über den Ringspiegel R und den Kegelspiegel K in die Ebene von A'_1 abgebildet wird. Diese Ebene enthält damit die sekundäre Lichtquelle, die wie bei der Anordnung nach Abb. 6.104c mit Hilfe des Wabenkondensors in die Eintrittspupille des Objektivs transformiert wird. A_1, A_2, A'_1 und A'_2 sind die geometrischen Brennpunkte der Ellipsen. Die nutzbaren Winkelbereiche betragen $\sigma_1 = 45°$, $\sigma_2 = 25°$, $\sigma_3 = 20°$. In [56] wird angegeben, daß gegenüber der ursprünglichen Anordnung mit einfachem Hohlspiegel der Strahlungsfluß um den Faktor 1,5 bis 2 erhöht ist, je nach Alterung der Lampe.

Scheinwerfer. Zur Beleuchtung weit entfernter Gegenstände oder für Signalzwecke werden Scheinwerfer verwendet. Sie stellen eine Leuchte dar, bei der mit optischen Bauelementen der von der Lichtquelle ausgesendete Lichtstrom in einen begrenzten Raumwinkel konzentriert wird.

Ab der fotometrischen Grenzentfernung, die sich aus Gl. (5.22) zu

$$z' = \frac{\rho_p f'}{y_L}$$

ergibt, erscheint bei erfüllter Sinusbedingung die Öffnung des Scheinwerfers vollständig mit Licht ausgefüllt. Er stellt dann eine Leuchte dar, die die Größe der freien Öffnung des Scheinwerfers und die Leuchtdichte der Quelle hat. Auf der optischen Achse wird die Leuchtstärke

$$I = \rho \pi \rho_p^2 L \tag{6.276}$$

erzeugt (ρ Reflexionsgrad des Spiegels, bei Linsenoptik durch den Transmissionsgrad τ zu ersetzen).

6.5 Optische Systeme

Die Lichtquelle soll möglichst klein sein, damit die Koma gering bleibt. Trotzdem ergibt sich eine natürliche Streuung in den Winkel $2w$, der von der Lichtquellengröße y_L abhängt und aus $w = y_L/f'$ folgt. Das gilt aber nur bei erfüllter Sinusbedingung. Allgemein zeigt Scheinwerferoptik eine vom Winkel abhängige Zonenstreuung $\delta_z \approx 2y_L/f'_z$ (f'_z "Zonenbrennweite", Abb. 6.106).

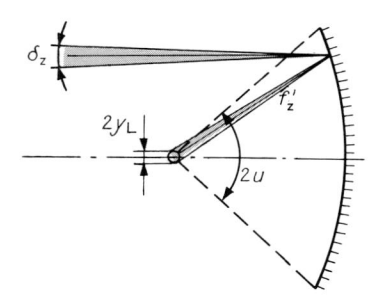

Abb. 6.106 Größen am Scheinwerferspiegel

Für große freie Öffnungen werden Spiegel als abbildende Elemente genutzt. Für nicht zu hohe Ansprüche, z. B. für Handleuchten und Fahrzeugleuchten, können Metallspiegel eingesetzt werden. Ihren Nachteilen, wie geringe Genauigkeit und geringer Reflexionsgrad, stehen die Vorteile des niedrigen Preises und das Fehlen von Nebenreflexen gegenüber.

Oberflächenspiegel eignen sich wegen des fehlenden Schutzes der reflektierenden Schicht weniger gut für Scheinwerfer. Deshalb sind Spiegellinsen bevorzugt (siehe 4.1.9). Dabei ist neben der Öffnungsfehler- und Komakorrektion auf das Zusammenfallen von Hauptreflex und Doppelreflex sowie evtl. noch höherer Nebenreflexe zu achten.

Der Manginspiegel (Abb. 4.66) hat keinen Vorderreflex, aber den Nachteil der großen Randdicke, die zu chromatischen Aberrationen, großem Gewicht und Temperaturspannungen führt. Es sind deshalb Spiegellinsen mit deformierten Kugel- und Paraboloidflächen entwickelt worden [58]. Beim Sphäroidspiegel ist die sphärische Vorderfläche so abgewandelt, daß die Randdicke verringert ist. Er ist relativ billig, hat aber störende Nebenreflexe. Der günstigste Scheinwerferspiegel (R-Spiegel von Zeiss), bei dem der Öffnungsfehler korrigiert ist und sämtliche Nebenreflexe mit dem Hauptreflex zusammenfallen, besteht aus einer parabolischen Vorderfläche und einer deformierten parabolischen Spiegelfläche.

Bei nicht zu großem Öffnungsverhältnis für Signalzwecke und Bühnenscheinwerfer eignen sich sphärisch und evtl. chromatisch korrigierte Linsensysteme. Der nutzbare Öffnungswinkel beträgt beim einfachen Achromaten $2u = 30°$ (Abb. 6.107a), beim Zusatz eines Meniskus $2u = 60°$ (Abb. 6.107b), bei der Kombination aus Meniskus und asphärischer Linse $2u = 90°$ (Abb. 6.107c).

a)   b)   c)

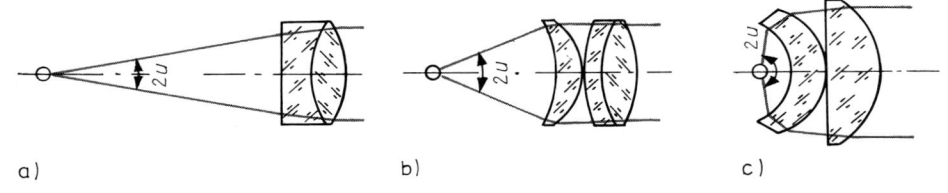

Abb. 6.107 Linsenobjektive für Scheinwerfer
a) Achromat, b) Achromat mit Meniskus, c) Meniskus mit asphärischer Linse

Für diffuse Bühnenbeleuchtung können Streuscheiben oder defokussierte Lampen verwendet werden. Die Beleuchtung einer kleinen Szene mit scharf begrenztem Rand entspricht der Projektion einer kreisförmigen Blende auf große Entfernungen. Dazu kann ein abgewandeltes Cassegrain-Objektiv aus einem Manginspiegel als Hauptspiegel und anstelle des hyperbolischen Fangspiegels einem "zerstreuenden Manginspiegel" dienen (Abb. 6.108).

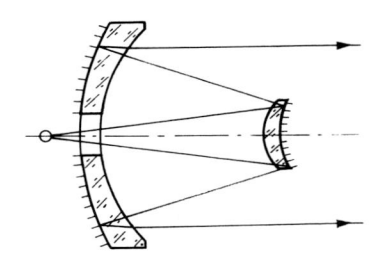

Abb. 6.108 Projektionsobjektiv aus zwei Manginspiegeln

6.5.2 Achromatische Fotoobjektive

Die dünne Einzellinse. Wir untersuchen die Eigenschaften der dünnen Einzellinse, weil das Bestreben stets darauf gerichtet ist, die gestellte Aufgabe mit einem möglichst geringen Aufwand zu lösen. Außerdem stellt die Einzellinse das Funktionselement für mehrlinsige Fotoobjektive dar, so daß die Kenntnis ihrer Eigenschaften auch für das Verständnis der Wirkung komplizierter Systeme nützlich ist. In Abb. 6.109 sind für eine dünne Einzellinse ($d = 0$) mit $s = -\infty$, $n = 1,5$ und $F' = 1\,\text{mm}^{-1}$ folgende für das Seidelsche Gebiet gültige Größen als Funktionen der normierten Durchbiegung $Q_0 = Q/F'$ dargestellt:

- Für die Gebiete $Q_0 \leq -3$ und $Q_0 \geq 6$ ist die Entfernung der Eintrittspupille von der Linse angegeben, bei der der Astigmatismus verschwindet. Im Intervall $-3 < Q_0 < 6$ gibt es keine "astigmatismusfreie Eintrittspupille". Für diesen Bereich ist die Entfernung der Eintrittspupille eingetragen, bei der der Astigmatismus ein Minimum hat.
- Für die Linse mit der astigmatismusfreien Eintrittspupille mit der kleineren Schnittweite s_{p0} sind der Astigmatismuskoeffizient C_0, der Komakoeffizient K_0 und der Verzeichnungskoeffizient E_0 dargestellt. Der Index "Null" deutet an, daß sämtliche Koeffizienten auf die Brechkraft 1 normiert sind. C_0, K_0 und E_0 sind ein Maß für die Größe der Abweichungen, die durch die einzelnen Abbildungsfehler im Seidelschen Gebiet hervorgerufen werden.
- Der Öffnungsfehlerkoeffizent B_0, der unabhängig von der Eintrittspupillenlage ist, ist ebenfalls in der Abb. 6.109 enthalten.

Der Abb. 6.109 ist zu entnehmen:

> Die dünne Einzellinse mit dem Öffnungsfehlerminimum hat starken Astigmatismus. Die Gleichmäßigkeit der Korrektion für das gesamte Bildfeld erfordert einen Kompromiß zwischen der Korrektion des Öffnungsfehlers und des Astigmatismus.

Es ist also notwendig, die Durchbiegung der Linse so zu wählen, daß der Öffnungsfehler nicht minimal ist. Das ist aber in der Umgebung des Minimums nicht so kritisch.

6.5 Optische Systeme

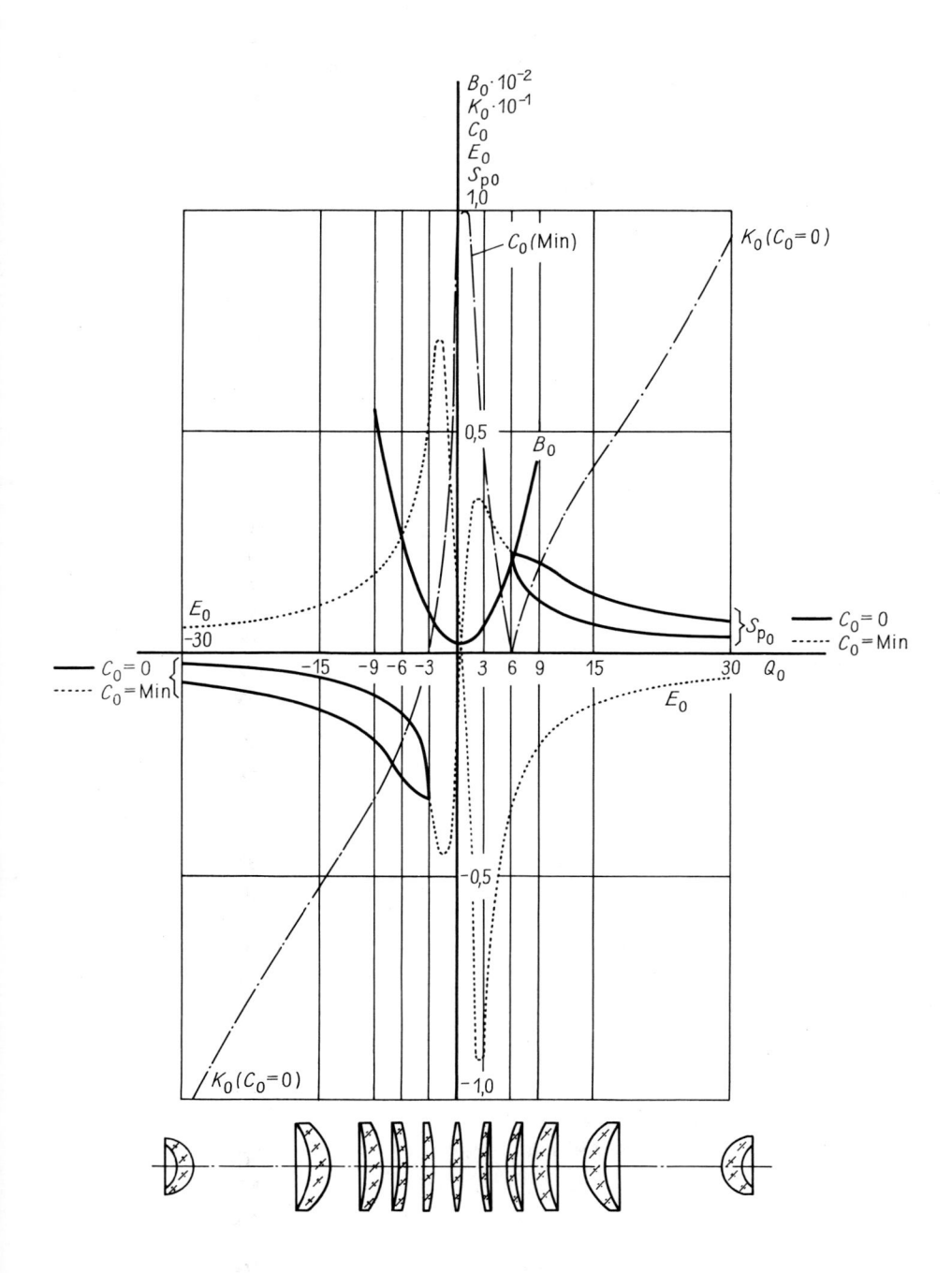

Abb. 6.109 Größen für die dünne Linse im Seidelschen Gebiet

Aus Abb. 6.109 folgen zwei Formen dünner Linsen, die für die fotografische Abbildung günstig sind.

> Astigmatismus- und komafrei bei nicht zu großem Öffnungsfehler sind die dünne Linse mit der Durchbiegung $Q_0 = -3$ und dem Abstand der Eintrittspupille $s_{p0} = -0,33$ sowie die dünne Linse mit der Durchbiegung $Q_0 = 6$ und dem Abstand der Eintrittspupille $s_{p0} = 0,22$.

Die zuerst genannte Linse ist plankonvex und hat eine Vorderblende, die zweite Linse ist ein nach der Bildseite konkaver Meniskus mit Hinterblende.

Wir untersuchen die Linse mit der Durchbiegung $Q_0 = -3$ und dem Abstand der Eintrittspupille $s_{p0} = -0,33$ genauer. Auf die Brennweite $f' = 100$ mm umgerechnet erhalten wir $Q = 3 \cdot 10^{-2}$ mm^{-1} und $s_p = -33$ mm. Der auf die Brechkraft 1 bezogene Öffnungsfehlerkoeffizient beträgt nach Abb. 6.109 $B_0 = 9$. Ohne Beweis geben wir an, daß die Querabweichung in der Gaußschen Bildebene bei Öffnungsfehler dritter Ordnung und $s = -\infty$ aus

$$\Delta y' = -\frac{1}{16} \frac{f'}{k^3} B_0 \qquad (6.277)$$

folgt. Daraus erhalten wir mit $f' = 100$ mm, $k = 12,5$ und $B_0 = 9$ die Querabweichung $\Delta y' = 0,0288$ mm. Der Zerstreuungskreis hat den Durchmesser $2|\Delta y'| = 0,0576$ mm. In der um $b' \approx -0,36$ mm vor der Gaußschen Bildebene liegenden Auffangebene beträgt der Zerstreuungskreisdurchmesser $2|(\Delta y')_{b'}| = 0,0144$ mm. Die außeraxialen Bildpunkte liegen wegen der Astigmatismusfreiheit auf der Petzval-Schale. Deren Krümmung beträgt

$$\frac{1}{r_p} = -\frac{F'}{n}, \qquad (6.278)$$

woraus $r_p = -150$ mm folgt. Ohne Beweis sei für diesen Fall die Formel für die Querabweichung in der Gaußschen Bildebene angeführt:

$$\Delta y' = -\frac{1}{4} \frac{y'^2 F'}{kn}. \qquad (6.279)$$

Daraus ergibt sich, daß der Zerstreuungskreis in den Ecken des Formats doppelt so groß wie auf der optischen Achse ist [$\Delta y'$ nach Gl. (6.279) gleich $\Delta y'$ nach Gl. (6.277), die Querabweichungen addieren sich im Seidelschen Gebiet], wenn wir $y' \leq 14,7$ mm wählen. Der ausnutzbare Objektwinkel ergibt sich daraus zu $2w \approx 17°$.

Die relative Querabweichung durch Verzeichnung dritter Ordnung ($s = -\infty$)

$$\frac{\Delta y'}{y'} = -\frac{1}{2} \frac{y'^2}{f'^2} E_0 \qquad (6.280)$$

hat bei $y' = 14,7$ mm den Wert $100 \cdot \Delta y'/y' = -1,08\%$, es liegt tonnenförmige Verzeichnung vor (der Abb. 6.109 entnehmen wir $E_0 = 0,56$).

Mit einem Kronglas der Abbeschen Zahl $v = 60$ führt der Farblängsfehler zu einer Schnittweitendifferenz zwischen C' und F' von $\Delta_\lambda s' = s'_{F'} - s'_{C'} = -1,7$ mm.

Mit einer Linse aus höherbrechendem Glas sind noch etwas günstigere Werte als in unserem Beispiel möglich. Die geringen Linsendicken, die bei den kleinen in Frage kommenden Öffnungsverhältnissen notwendig sind, ändern das Ergebnis nicht grundlegend ab. Wir fassen zusammen:

Mit einer dünnen Einzellinse geeigneter Durchbiegung und Blendenlage ist eine brauchbare Abbildung zu erzielen, wenn das Öffnungsverhältnis etwa auf 1:10 und der Objektwinkel etwa auf 25° begrenzt bleiben.

Dicke Einzellinsen. Linsen mit großer Dicke kommen als Einzellinsen zur fotografischen Abbildung im allgemeinen nicht vor. Sie sind aber oft wesentliche Grundelemente in mehrlinsigen Systemen. Zwei Formen sind besonders ausgezeichnet.

Der Hoeghsche Meniskus hat verschwindende Petzval-Summe. Er stellt eine dicke Linse dar, bei der beide Flächen gleichen Radius haben. In bestimmten Fällen läßt sich der Hoeghsche Meniskus mit einer geeigneten Lage der Öffnungsblende als anastigmatische Einzellinse ausbilden. Die übrigen Abbildungsfehler sind jedoch vorhanden, so daß der Hoeghsche Meniskus als Einzellinse nicht gut verwendbar ist.

Der konzentrische Meniskus. Eine Linse, deren Flächen konzentrisch zur Öffnungsblende liegen, ist koma-, astigmatismus- und verzeichnungsfrei. Die Petzval-Schale liegt ebenfalls konzentrisch zur Öffnungsblende. Die Brechkraft beträgt

$$F' = -\frac{(n-1)d}{nr_1(r_1-d)}. \tag{6.281}$$

Für $r_1 < 0$ und für $r_1 > 0$ bei $d < r_1$ erhalten wir eine Zerstreuungslinse, die wegen ihrer negativen Petzval-Summe in mehrlinsigen Systemen verwendet wird, wenn auch meistens in etwas abgeänderter Form.

Achromate. Der Farblängsfehler läßt sich mit zwei verkitteten Linsen korrigieren. Wenn die beiden Linsen gleiche Brechzahl haben, bleiben die übrigen Abbildungsfehler der Einzellinse in ihrer Größe erhalten. Die Maßstabsbedingung für zwei dünne zusammenfallende Linsen

$$F' = F'_1 + F'_2 \tag{6.282}$$

und die Dichromasiebedingung

$$0 = \frac{F'_1}{v_1} + \frac{F'_1}{v_2} \tag{6.283}$$

legen die Brechkräfte eindeutig fest. Aus Gl. (6.282) und Gl. (6.283) folgt

$$F'_1 = \frac{1}{1-\frac{v_2}{v_1}}F', \quad F'_2 = -\frac{\frac{v_2}{v_1}}{1-\frac{v_2}{v_1}}F', \tag{6.284a, b}$$

$$\frac{F'_2}{F'_1} = -\frac{v_2}{v_1} \quad \text{und} \quad \frac{|F'_1|+|F'_2|}{F'} = \frac{1+\frac{v_2}{v_1}}{1-\frac{v_2}{v_1}}. \tag{6.285a, b}$$

Für $v_2 > v_1$ ergibt sich die Anordnung Zerstreuungslinse – Sammellinse, für $v_2 < v_1$ die umgekehrte Anordnung. Es gilt:

Kleine Einzelbrechkräfte und damit kleine Krümmungen erfordern ein v_2/v_1-Verhältnis, das möglichst stark verschieden von 1 ist.

Die Erfüllung der Dichromasiebedingung gewährleistet, daß die paraxiale Schnittweite für jeweils zwei Farben gleich ist. Wegen der hohen Empfindlichkeit der Fotoschichten im kurzwelligen Spektralbereich legt man die Schnittweite für d und g zusammen. Diese Dichromatisierung reicht für Fotoobjektive im allgemeinen aus.

Die Auswahl von Gläsern mit gleicher Brechzahl und sehr verschiedener Abbeschen Zahl ist schwierig. Im allgemeinen haben die Gläser mit einer großen Abbeschen Zahl eine kleine Brechzahl und umgekehrt. Es ist deshalb in einem Dichromaten normalerweise notwendig, daß die Sammellinse eine niedrigere Brechzahl hat als die Zerstreuungslinse. Damit ist auch eine Änderung der geometrischen Abbildungsfehler gegenüber der Einzellinse verbunden. Der Meniskus mit Hinterblende enthält eine konkave Kittfläche. Wegen $n_1 < n_2$ wirkt diese zerstreuend. Sie verbessert damit die Öffnungsfehlerkorrektion. Wir können also auch absichtlich unterschiedliche Brechzahlen einführen und den Öffnungsfehler korrigieren. Dann darf v_2/v_1 nicht extrem stark von 1 abweichen, weil sonst die Zerstreuungslinse eine zu kleine Brechkraft erhält und den Öffnungsfehler der Sammellinse nicht ausgleichen kann.

Da es bereits vor der Eröffnung der Jenaer Glashütte Gläser gab, bei denen eine kleine Brechzahl mit einer großen Abbeschen Zahl und umgekehrt gekoppelt waren, nennt man einen hinsichtlich Öffnungsfehler und Koma korrigierten Dichromaten einen Altachromaten.

| Eine zerstreuende Kittfläche ist ein Mittel zur Öffnungsfehlerkorrektion. Ein Altachromat ist ein Dichromat, dessen Öffnungsfehler unter Zuhilfenahme einer zerstreuenden Kittfläche korrigiert wurde.

Die Kittfläche verschlechtert allerdings die Abweichungen, die durch die Feldfehler hervorgerufen werden.

Die Petzval-Summe für das System aus dünnen Linsen beträgt

$$P = \frac{F'_1}{n_1} + \frac{F'_2}{n_2}. \tag{6.286}$$

Mit Gl. (6.282) eliminieren wir F'_2:

$$P = \frac{F'}{n_2} + \frac{F'_1}{n_1 n_2}(n_2 - n_1). \tag{6.287}$$

Die Petzval-Summe ist also bei einem Dichromaten mit $n_2 > n_1$ größer als bei einer Einzellinse mit der Brechzahl n_2.

Ein achromatisches Objektiv, bei dem aber wegen des geringen Brechzahlunterschieds

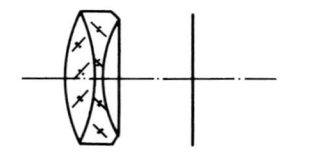

Abb. 6.110 Frontar

der Linsen der Öffnungsfehler nicht auskorrigiert war, stellte das Frontar dar. Es hatte ein Öffnungsverhältnis $K = 1:9$ und wurde mit dem Objektwinkel $2w = 34°$ benutzt (Abb. 6.110).

6.5.3 Aplanatische Fotoobjektive

Bereits den Ausführungen in 6.5.2 ist zu entnehmen, daß es mit alten Gläsern schwierig ist, die Petzval-Summe der Objektive klein zu halten. Die Bildfeldwölbung der Objektive kann also nicht durch eine geeignete Auswahl dieser Gläser behoben werden. Obwohl es andere Möglichkeiten gäbe, auch mit alten Gläsern eine kleine Petzval-Summe zu erreichen, wurden Objektive ohne Bildfeldwölbung viel verwendet.

> Ein System, dessen Öffnungsfehler und Koma korrigiert ist, das aber Bildfeldwölbung hat, nennen wir einen Aplanaten.

Wir behandeln drei Grundformen der Aplanate.

Simplet. Aplanatische Simplets, die gleichzeitig auch Achromate sind, haben wir im Prinzip bereits in 6.5.2 untersucht. Sie eignen sich wegen der starken Bildfeldwölbung und wegen des Astigmatismus schlecht als "Landschaftslinsen". Für Fernobjektive sehr langer Brennweite, bei denen der Objektwinkel klein ist, werden sie gelegentlich eingesetzt. Sie haben dann ein relativ kleines Öffnungsverhältnis.

Das Petzval-Objektiv ist ein Aplanat vom Dublettyp. Es besteht aus zwei Dichromaten, die einen größeren Abstand voneinander haben. Der objektseitige Dichromat hat eine Kittfläche, der bildseitige nicht (Abb. 6.111). Das Objektiv ist bemerkenswert, weil es bereits 1840 von

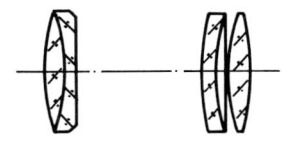

Abb. 6.111 Petzval-Objektiv

Petzval mit der Theorie der Abbildungsfehler dritter Ordnung berechnet wurde. Es hatte das bis dahin noch nicht erreichte Öffnungsverhältnis $K = 1:3,4$. Die beiden Glieder des Petzval-Objektivs sind sammelnd. Es ergibt sich eine Brechkraftaufteilung auf Vorder- und Hinterglied, so daß das Öffnungsverhältnis für das Vorderglied kleiner ist als für das gesamte System. Vorder- und Hinterglied sind einzeln im Öffnungsfehler korrigiert. Das Hinterglied kompensiert die Koma und den Astigmatismus des Vordergliedes. Beide Glieder bestehen aus Altdichromaten, deren Petzval-Summe nicht verschwindet. Die Petzval-Summen der Glieder addieren sich wegen deren positiver Brechkraft. Das Petzval-Objektiv hat deshalb eine stärkere Bildfeldwölbung als eine Einzellinse, so daß das ausnutzbare Bildfeld klein ist. Auch die große Baulänge schränkt den Bildwinkel ein, weil Randabschattung eintritt. Durch das kleine Bildfeld und das relativ große Öffnungsverhältnis bei sehr guter Korrektion des Öffnungsfehlers eignete sich das Petzval-Objektiv als "Porträtobjektiv". In Abwandlungen ist die Bildfeldwölbung etwas verbessert worden, so daß auch Ausführungsformen mit gegenüber dem Original vergrößertem Bildfeld existieren.

Doppelaplanate. Bei der Behandlung der Abbildungsfehler hatte sich folgendes ergeben:

> Ein System, das symmetrisch zur Öffnungsblende aufgebaut ist und mit dem Maßstab $\beta' = -1$ abbildet, ist frei von Koma, Verzeichnung und Farbfehler des Hauptstrahls. Der Astigmatismus läßt sich bei geeigneter Wahl der Systemhälften durch die Lage der Öffnungsblende beheben.

Bei der Benutzung des symmetrischen Systems für einen anderen Abbildungsmaßstab als $\beta' = -1$ (z.B. $\beta' = 0$) treten Koma, Verzeichnung und Farbfehler des Hauptstrahls in Erscheinung. Aber bei nicht zu großem Öffnungsverhältnis bleibt eine befriedigende Korrektion erhalten.

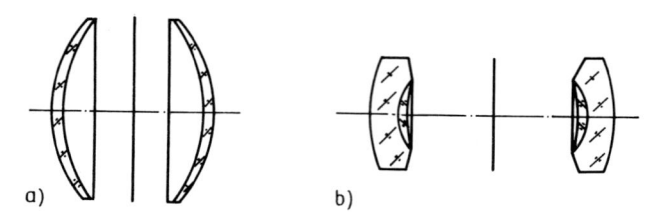

Abb. 6.112 a) Periskop von Steinheil, b) Landschaftsaplanat von Steinheil

Eines der ersten Fotoobjektive auf der Basis der symmetrischen Systeme stellte das Periskop von Steinheil dar (Abb. 6.112a). Es besteht aus zwei symmetrisch zur Blende stehenden Menisken. Öffnungsfehler und Farblängsfehler sind nicht korrigiert, es handelt sich also weder um einen Aplanaten noch um einen Dichromaten. Der Astigmatismus ist durch die Blendenlage so beeinflußt worden (überkorrigiert worden), daß die mittlere Bildschale nur schwach gewölbt ist.

Die Ebnung der mittleren Bildschale in einem System, das Astigmatismus besitzt, wird "Bildfeldebnung im übertragenen Sinne" genannt.

Das Periskop konnte zwar nur mit dem Öffnungsverhältnis 1:40, aber mit dem für die damalige Zeit (1865) großen Objektwinkel $2w = 90°$ benutzt werden.

In einem symmetrischen Dublet ist der Farblängsfehler korrigiert, wenn beide Glieder aus Dichromaten bestehen. Die Korrektion des Öffnungsfehlers in den Gliedern ermöglicht ein größeres Öffnungsverhältnis, auch bei Abbildungsmaßstäben $\beta' \neq -1$. Die dazu notwendige zerstreuende Kittfläche beeinflußt jedoch die Astigmatismuskorrektion ungünstig. Es ist deshalb üblich gewesen, Porträtobjektive mit verbesserter Öffnungsfehlerkorrektion und Landschaftsobjektive mit verbesserter Astigmatismuskorrektion bei nicht so großem Öffnungsverhältnis zu entwickeln.

Ein Beispiel ist der Landschaftsaplanat 1:10,5, $2w = 60°$ von Steinheil (Abb. 6.112b). Die Kittfläche wirkt nur schwach zerstreuend, weil an ihr die Brechzahldifferenz klein ist ($\Delta n = 0{,}0356$). Der wenig von 1 abweichende Quotient $v_2/v_1 = 0{,}87$ der beiden Gläser eines Gliedes bedingt große Brechkräfte.

Durch die Korrektion der Glieder eines symmetrischen Dublets können diese auch ganz gut für sich allein benutzt werden. Es besteht die Möglichkeit, verschiedene Brennweiten anzuwenden (Satzobjektive).

6.5.4 Anastigmatische Fotoobjektive

Die bisher behandelten optischen Systeme haben merkliche Bildfeldwölbung, weil bei ihnen die Petzval-Bedingung nicht erfüllt ist. Wir wollen nun die Bedingungen untersuchen, die im Ansatz eines Anastigmaten aus zwei dünnen zusammenfallenden Linsen zu verwenden sind.

6.5 Optische Systeme

Grundsätzlich gilt:

> Bei einem Anastigmaten, also bei einem System, bei dem Astigmatismus und Bildfeldwölbung korrigiert sind, muß bereits im Ansatz die Petzval-Bedingung berücksichtigt werden.

Für ein anastigmatisches Simplet aus zwei dünnen Linsen, das außerdem dichromatisiert ist, gelten die Ansatzbedingungen

$$F' = F_1' + F_2' \qquad \text{(Maßstabsbedingung)}, \qquad (6.288)$$

$$\frac{F'}{\nu} = \frac{F_1'}{\nu_1} + \frac{F_2'}{\nu_2} \qquad \text{(Dichromasiebedingung)}, \qquad (6.289)$$

$$\frac{F'}{n} = \frac{F_1'}{n_1} + \frac{F_2'}{n_2} \qquad \text{(Petzval-Bedingung)}. \qquad (6.290)$$

Die Äquivalentwerte n und ν müssen ausreichende Größe haben (beispielsweise $1/n = 0,3$, $1/\nu = 0,003$). Die drei Gleichungen für die Brechkräfte der beiden Linsen haben nur dann eine nichttriviale Lösung, wenn

$$\begin{vmatrix} F' & 1 & 1 \\ \dfrac{F'}{\nu} & \dfrac{1}{\nu_1} & \dfrac{1}{\nu_2} \\ \dfrac{F'}{n} & \dfrac{1}{n_1} & \dfrac{1}{n_2} \end{vmatrix} = 0 \qquad (6.291)$$

ist. Die Auflösung von Gl. (6.291) ergibt

$$\frac{1}{n} = \frac{\dfrac{1}{n_1} - \dfrac{1}{n_2}}{\dfrac{1}{\nu_1} - \dfrac{1}{\nu_2}} \frac{1}{\nu} + \frac{\dfrac{1}{n_2 \nu_1} - \dfrac{1}{n_1 \nu_2}}{\dfrac{1}{\nu_1} - \dfrac{1}{\nu_2}}. \qquad (6.292)$$

Aus Gl. (6.292) ist abzulesen:

> In einem $1/n$-$1/\nu$-Diagramm liegen die Punkte mit den Koordinaten $(1/n_1, 1/\nu_1)$, $(1/n_2, 1/\nu_2)$ und $(1/n, 1/\nu)$ auf einer Geraden (Abb. 6.113).

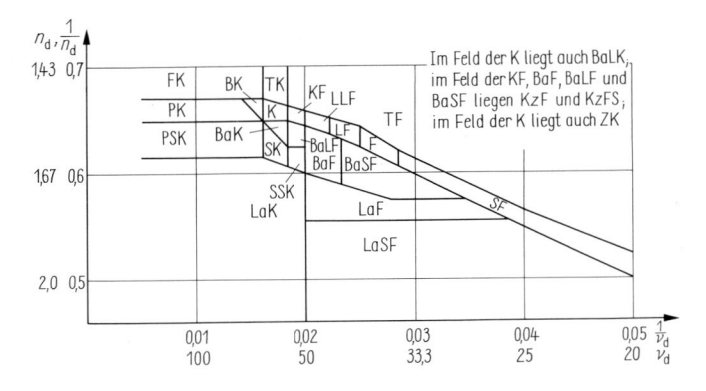

Abb. 6.113 $1/n$-$1/\nu$-Diagramm der optischen Gläser

Schwenkt man im $1/n$-$1/v$-Diagramm ein Lineal um den Punkt mit den vorgegebenen Koordinaten $(1/n, 1/v)$, dann ergeben sämtliche auf den dadurch festgelegten Geraden liegende Gläser diese Äquivalentwerte.

Für $1/n = 1/v = 0$ geht Gl. (6.292) in

$$\frac{n_1}{n_2} = \frac{v_1}{v_2} \tag{6.293}$$

über. In diesem Fall muß die Gerade im $1/n$-$1/v$-Diagramm, auf der die Gläser liegen, durch den Ursprung gehen.

Die Brechkräfte folgen, wenn Gl. (6.292) erfüllt ist, aus Gl. (6.288) und Gl. (6.289). Wir erhalten

$$F_1' = \frac{1}{1-\frac{v_2}{v_1}}\left(1-\frac{v_2}{v}\right)F', \quad F_2' = -\frac{\frac{v_2}{v_1}}{1-\frac{v_2}{v_1}}\left(1-\frac{v_1}{v}\right)F'. \tag{6.294a, b}$$

Ein Wert $v < \infty$ verringert die Brechkräfte gegenüber denjenigen für $v = \infty$. Solange $v \gg v_1$ und $v \gg v_2$ gilt, bleibt jedoch im wesentlichen der Quotient v_2/v_1 bestimmend für die Brechkräfte.

Es ist schwierig, kleine Brechkräfte zu erreichen, weil die durch Gl. (6.292) bestimmte Gerade sehr steil ist und quer zum schmalen Bereich der optischen Gläser im $1/n$-$1/v$-Diagramm verläuft. Im allgemeinen sind die realisierbaren Quotienten v_2/v_1 nicht sehr verschieden von 1. Es sind Gläser notwendig, die bei einer großen Brechzahl eine große Abbesche Zahl haben, und Gläser, die bei einer kleinen Brechzahl eine kleine Abbesche Zahl haben. Derartige Gläser wurden erstmalig von Schott auf Anregung von Abbe erschmolzen. Sie werden "neue Gläser" genannt, wobei sich dies auf die Situation Anfang unseres Jahrhunderts bezieht. Insbesondere eignen sich Schwerkrone und Leichtflinte. Heute sind die Lanthankrone, Lanthanflinte und Tiefflinte besonders geeignet.

Ein dichromatisches Simplet mit kleiner Petzval-Summe hat außer dem Nachteil relativ großer Brechkräfte noch den Nachteil einer sammelnden Kittfläche. Dadurch wird die Öffnungsfehler-Korrektion erschwert. Sie ist im Seidelschen Gebiet nur für bestimmte Parameter möglich.

> Ein Dichromat aus "neuen Gläsern", dessen Öffnungsfehler trotz der sammelnden Kittfläche korrigiert ist, ist ein Neuachromat.

Ein anastigmatisches Simplet entsteht, wenn der Astigmatismus mittels einer geeigneten Lage der Öffnungsblende beseitigt wird. Ein solches System läßt sich jedoch nicht gleichzeitig hinsichtlich Öffnungsfehler und Koma korrigieren. Es sind im allgemeinen alte und neue Gläser miteinander zu kombinieren.

Anastigmate vom symmetrischen Dublettyp. Es liegt nahe, die günstigen Eigenschaften, die ein Doppelplanat hat, für den Aufbau eines Anastigmaten zu nutzen. Dazu ist es notwendig, die Petzval-Summe der symmetrisch zur Öffnungsblende angeordneten Systemhälften klein zu halten. Damit ist das Prinzip der symmetrischen Anastigmaten gegeben:

> Im symmetrischen Anastigmaten sind die Koma, die Verzeichnung und der Farbfehler des Hauptstrahls für den Abbildungsmaßstab $\beta' = -1$ durch den symmetrischen Aufbau korrigiert.

Die Petzval-Summe der beiden Glieder ist klein, und der Astigmatismus ist mittels eines geeigneten Abstandes der Glieder von der Öffnungsblende korrigiert.

Beim Hoeghschen Meniskus ist die Petzval-Summe gleich 0. Zwei Hoeghsche Menisken, die mit ihren konkaven Flächen der Blende zugekehrt sind (wegen der Astigmatismuskorrektion), ergeben also einen symmetrischen Anastigmaten. Ein derartiges System stellt das im Jahre 1900 von Hoegh angegebene Hypergon dar (Abb. 6.114a). Öffnungsfehler und Farblängsfehler sind nicht korrigiert, so daß das Öffnungsverhältnis auf 1:40 beschränkt bleibt. Die gute Korrektion der "Feldfehler" erlaubt Objektwinkel $2w = 140°$; es handelt sich also um ein Weitwinkelobjektiv.

Zur Korrektion des Öffnungsfehlers und des Farblängsfehlers müssen die Hälften des symmetrischen Anastigmaten mindestens aus zwei Linsen bestehen. Der Einsatz zweier Neuachromate mit Kittfläche ist wegen der geschilderten Nachteile hinsichtlich der Öffnungsfehlerkorrektion schwierig. Unverkittete zweilinsige Glieder sind jedoch möglich. So entsteht z. B. der Doppelanastigmat von Hoegh (1898), der für $K = 1:7,6$ und $2w = 60°$ ausgelegt war (Abb. 6.114b).

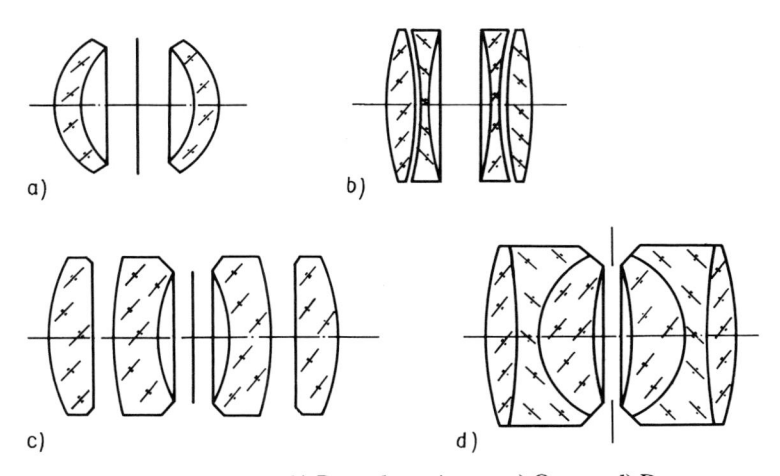

Abb. 6.114 a) Hypergon, b) Doppelanastigmat, c) Omnar, d) Dagor

Aber auch mit alten Gläsern ist ein Anastigmat aufzubauen, wenn die beiden Linsen jedes Gliedes einen merklichen Abstand voneinander haben. Strenggenommen liegt dann kein Dublettyp, sondern ein Quadruplettyp vor. Für ein Glied gelten (bei $n = v = \infty$) die Ansatzbedingungen

$$F_1' = F_{11}' + \omega_{12} F_{12}', \tag{6.295}$$

$$0 = \frac{F_{11}'}{v_{11}} + \omega_{12}^2 \frac{F_{12}'}{v_{12}}, \tag{6.296}$$

$$0 = \frac{F_{11}'}{n_{12}} + \frac{F_{12}'}{n_{12}}, \tag{6.297}$$

woraus

$$\frac{F_{11}'}{F_{12}'} = -\frac{v_{11}}{v_{12}} \omega_{12}^2 = -\frac{n_{11}}{n_{12}} \tag{6.298}$$

folgt. Statt Gl. (6.293) ist also die weniger strenge Forderung

$$\omega_{12}^2 \frac{v_{11}}{v_{12}} = \frac{n_{11}}{n_{12}} \tag{6.299}$$

mit Hilfe einer geeigneten Glasauswahl zu erfüllen.

Bei $v_{11} = 1{,}5 v_{12}$ ist mit $\omega_{12} = 1$ die Relation $n_{11} = 1{,}5 n_{12}$ notwendig, bei $\omega_{12} = 0{,}8$ dagegen nur $n_{11} = 0{,}96 n_{12}$, was mit alten Gläsern möglich ist.

Ein Beispiel für diese Ausführung des symmetrischen Anastigmaten ist das Omnar von Busch mit $K = 1:4{,}5$, bei dem $v_{11}/v_{12} = 1{,}76$, $n_{11}/n_{12} = 0{,}93$ ist (Abb. 6.114c).

In älteren Formen des symmetrischen Anastigmaten sind die Glieder dreilinsig mit einer sammelnden und einer zerstreuenden Kittfläche (Kopplung von Alt- und Neuachromaten). Die Kittflächen waren notwendig, weil die Entspiegelung noch nicht bekannt war und deshalb Glas-Luft-Flächen unerwünschte Reflexe mit sich bringen konnten. Die Abb. 6.114d zeigt als Beispiel das Dagor von Hoegh (1892), das für $K = 1:13$ und $2w = 70°$ verwendbar war. Die Vorrechnung eines zweilinsigen Simplets ergibt zwei Lösungen, deren prinzipielle Linsenanordnung in Abb. 6.115a und Abb. 6.115b enthalten sind. Abb. 6.115a stellt ein System dar, wie es von Fraunhofer als Fernrohrobjektiv eingesetzt wurde. Das System nach Abb. 6.115b ist von Gauß als Fernrohrobjektiv angegeben worden. Es hat den Vorteil eines kleinen Gauß-Fehlers. Wegen der starken Krümmungen ist es jedoch schwer zu fertigen, insbesondere zu zentrieren. Die Komakorrektion bereitet Schwierigkeiten.

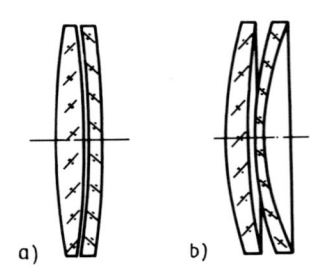

Abb. 6.115 a) Fraunhofer-Objektiv, b) Gauß-Objektiv

Zwei symmetrisch zur Öffnungsblende angeordnete Gaußsche Fernrohrobjektive ergeben das Grundsystem für die Anastigmate vom Gauß-Typ. Bei diesem ist allerdings die Dicke der Menisken, die der Blende benachbart sind, oft wesentlich größer als beim Fernrohrobjektiv. Dadurch ist die Beseitigung der Petzval-Wölbung in den Gliedern leichter möglich (es sind die günstigen Eigenschaften des konzentrischen Meniskus angenähert übertragen).

Ein Beispiel für das symmetrische Gauß-Objektiv ist das Omnar (Abb. 114c).

Anastigmate vom unsymmetrischen Dublettyp. Bei großen Öffnungsverhältnissen ist der symmetrische Aufbau ungünstig, wenn der Abbildungsmaßstab stark von $\beta' = -1$ abweicht. Deshalb sind unsymmetrische Dublets entwickelt worden, die in der Grundtendenz noch wesentliche Züge des symmetrischen Anastigmaten besitzen. Besonders deutlich zeigt sich dies beim Topogon von Zeiss (Abb. 6.116a), bei dem die erste und die letzte Linse geringfügig verschiedene Radien und Dicken haben. Es handelt sich um ein Weitwinkelobjektiv mit korrigiertem Öffnungs- und Farblängsfehler. Das Topogon wurde wegen seiner kleinen Verzeichnung auch als Luftbildobjektiv verwendet. Es gab z. B. eine Ausführungsform mit

$K = 1:6,3$ und $2w = 100°$ sowie eine Ausführung für Kleinbildaufnahmen mit $K = 1:4$, $2w = 82°$ und $f' = 25$ mm.

Auch das Orthometar von Merté (1926) hat etwas verschiedene dreilinsige Glieder mit einer Kittfläche ($K = 1:4,5$, $2w = 70°$).

Vom symmetrischen Gauß-Typ leitet sich das Planar $K = 1:3,3$, $2w = 50°$ ab (Abb. 6.116b), bei dem nur die letzte und die erste Fläche etwas verschiedene Radien haben. Das Planar kann als das Ausgangssystem der unsymmetrischen Anastigmate vom Gauß-Typ angesehen werden. Es besitzt die typischen dicken Menisken, die ihre konkave Fläche der Blende zukehren und im allgemeinen eine Kittfläche haben. Dazu kommen die beiden objekt- bzw. bildseitigen Sammellinsen, die oft wenig von der plankonvexen Form abweichen. Für große Öffnungsverhältnisse ist der Gauß-Typ besonders ausgezeichnet. Die abbildenden Strahlen werden an vielen Flächen gebrochen, wobei die Einfallswinkel an den meisten Flächen klein bleiben. Der Öffnungsfehler ist deshalb mit kleinem Zonenfehler korrigierbar. Auch der Hauptstrahl hat an den einzelnen Flächen kleine Einfallswinkel, was günstig für die Astigmatismuskorrektion ist. Die Symmetrie geht bei großen Öffnungsverhältnissen und $\beta' \neq -1$ völlig verloren, so daß die Voraussetzungen für die Komakorrektion ungünstiger als bei symmetrischen Systemen sind. Ein bekanntes Objektiv vom Gauß-Typ war das Biotar, z. B. mit $K = 1:1,4$, $2w = 35°$ von Zeiss, das allerdings nicht mehr gefertigt wird (Abb. 6.116c).

Eine Weiterentwicklung des Gauß-Typs in Richtung von Systemen mit extremem Öffnungsverhältnis ist z. B. das R-Biotar $K = 1:0,85$, $2w = 32°$ (Abb. 6.116d), das für Oszillografen- und Röntgenbildschirmaufnahmen verwendet wird. Die Bildfeldebnung wird durch eine Smyth-Linse unterstützt. Diese stellt eine Zerstreuungslinse dar, die direkt vor der Bildebene steht und deren Petzval-Summe etwa entgegengesetzt gleich der Petzval-Summe des übrigen Objektivs ist. Die Smyth-Linse wirkt sich nur in einer Verringerung der Petzval-Wölbung aus, weil bei ihr $\omega_k \approx 0$ ist und in sämtlichen Ansatz- und Vorrechnungsbedingungen, außer in der Petzval-Bedingung, der ihr zugeordnete Summand verschwindet. Da die Smyth-Linse mindestens den Durchmesser des Bildfeldes haben muß, ist sie schwer und konstruktiv ungünstig. Die Lage in der Bildebene bringt den Nachteil mit sich, daß Blasen in der Linse und Staub auf der Oberfläche im Bild zu sehen sind.

Bei den Flektogonen von Carl Zeiss Jena ist vor eine Gauß-Variante in größerem Abstand ein zerstreuender Meniskus gesetzt. Es entsteht ein Objektiv mit langer Schnittweite. Als Beispiel diene das Flektogon $K = 1:2,8$, $2w = 63°$, $f' = 35$ mm (Abb. 6.116e).

Auch das Petzval-Objektiv läßt sich zu einem unsymmetrischen Anastigmaten vom Dublettyp ausbauen. Es muß dann aus Gliedern mit kleiner Petzval-Summe zusammengesetzt werden, indem in diesen moderne Gläser oder auch mehr als zwei Linsen zur Anwendung kommen.

Ein weiteres Beispiel für die unsymmetrischen anastigmatischen Dublets ist das Teleobjektiv. Durch den Aufbau aus einem sammelnden und einem zerstreuenden Glied hat es günstige Voraussetzungen für die Erfüllung der Petzval-Summe, ohne deren Korrektion in den Gliedern zu erfordern. Eines der ersten Teleobjektive war das Bistelar von Busch ($K = 1:11$, $2w = 36°$), für das $a'_{2F'} = 0,625 f'$ gilt (Abb. 6.116f).

Heute werden Teleobjektive für fotografische Zwecke nur noch selten gefertigt, weil die Verkürzung der Schnittweite nicht so erheblich ist und sowohl die Öffnungsfehler- als auch die Verzeichnungskorrektur schwierig ist. Bei Öffnungsverhältnissen $K = 1:5$ reicht der einfache Aufbau aus zweilinsigen Gliedern nicht aus. Für Kleinbildaufnahmen mit Brennweiten $f' < 500$ mm sind Fernobjektive auf der Basis der noch zu behandelnden Sonnare geeignet. Etwa ab Brennweite $f' = 500$ mm sind Spiegelobjektive vorteilhafter.

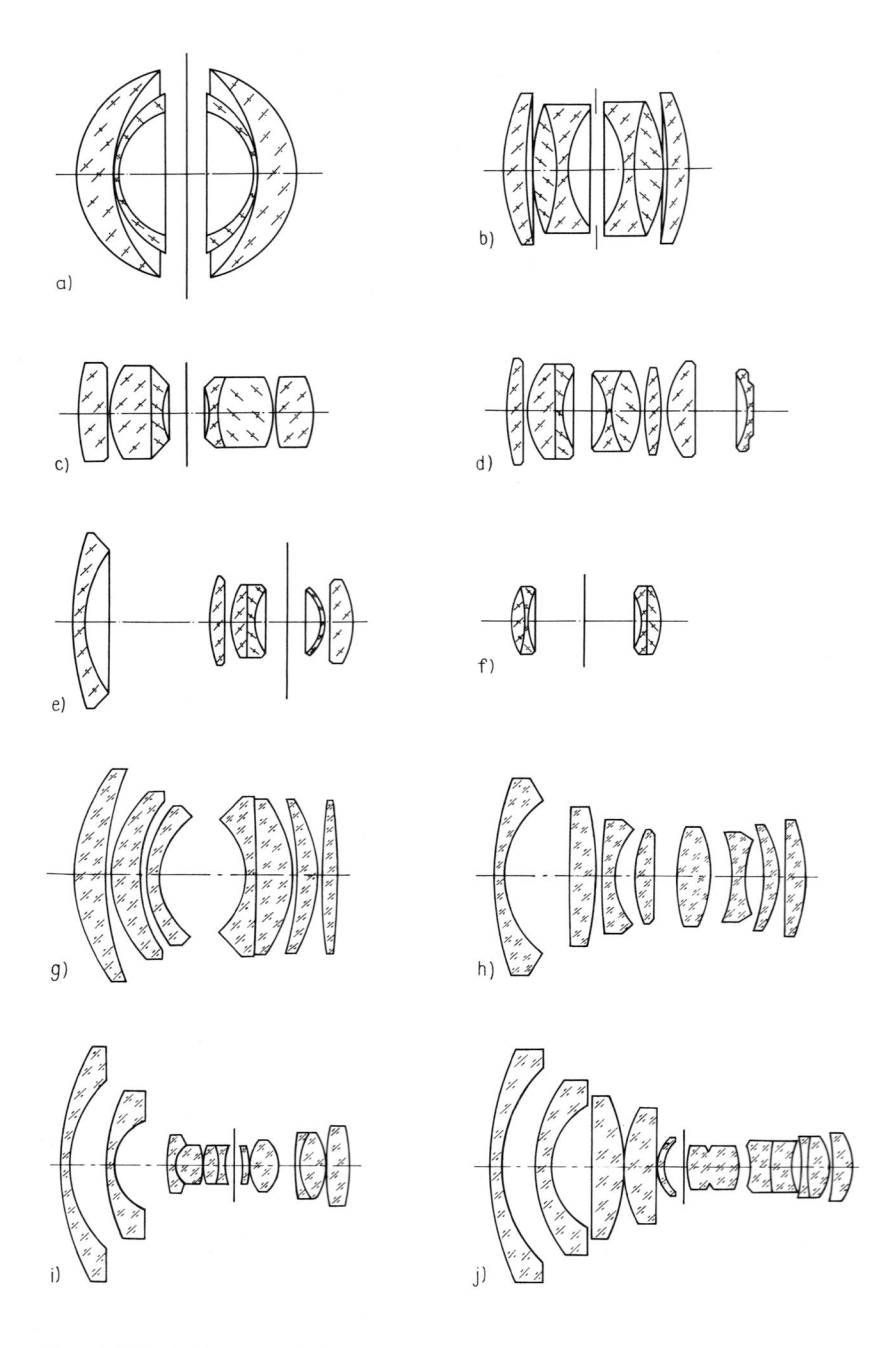

Abb. 6.116 a) Topogon, b) Planar, c) Biotor, d) R-Biotor, e) Flektogon, f) Bistelar, g) Prakticar 1,4/50, h) Prakticar 2,4/28, i) Canon-Fischaugenobjektiv 5,6/7,5, j) Canon-Superweitwinkelobjektiv 4/17

Die Anastigmate für die Kleinbildfotografie sind ständig weiterentwickelt worden. Teilweise sind neue hochbrechende Gläser eingesetzt worden, teilweise ermöglichen die rechnergestützten Methoden der Optik-Konstruktion bessere Parameter. Beispiele sind die Practicare von Carl Zeiss Jena, von denen Abb. 6.116g und 6.116h zwei Beispiele zeigen. Im Practicar 1,4/50 ist z. B. in der fünften und sechsten Linse hochbrechendes Kronglas, in der siebenten Linse Lanthanflint enthalten.

Für spezielle Fälle sind die Objektive mit Innenfokussierung (Einstellen auf endliche Entfernung durch Verschieben einer Linse oder Linsengruppe) oder mit der Einstellung der Bildgüte auf die Abbildung naher Objekte durch die Verschiebung von Linsengruppen ausgerüstet (Floatingobjektive).

Fischaugenobjektive (Fisheye-Objektive) bilden den gesamten Halbraum ab. Sie erfassen demnach den Objektwinkel $2w = 180°$. Damit stellen sie extreme Weitwinkelobjektive dar, die bei der Verwendung an Spiegelreflexkameras als Retrofokussysteme aufgebaut sein müssen. Der Bildwinkel muß naturgemäß wesentlich kleiner als 180° sein, denn das Bildformat ist begrenzt. Deshalb können Fischaugenobjektive nicht ähnlich abbilden. Es gibt zwei praktisch realisierbare Fälle:

– Das Bild wird in äquidistanter Projektion innerhalb einer Kreisfläche erzeugt. Ein Beispiel ist das Objektiv 5,6/7,5 von Canon, bei dem das Verhältnis aus Schnittweite und Brennweite 5,6 : 1 ist (Abb. 6.116i).
– Das Bild ist flächentreu, wobei die durch die Bildmitte verlaufenden Linien gerade bleiben, alle anderen Linien gekrümmt sind. Diese Eigenschaft hat das Canon-Fischaugenobjektiv 2,8/15.

Unverzeichnete Bilder bei großen Objektwinkeln sind mit Superweitwinkelobjektiven möglich (Canon-Objektiv 4/17, Abb. 6.116j). Spezielle Objektive sind diejenigen für sehr große Öffnungsverhältnisse, mit apochromatischer Korrektion und mit Ausgleich von perspektivischer Verzerrung.

Sehr große Öffnungsverhältnisse sind bei Objektiven mit einer asphärischen Fläche zu erzielen (z. B. Canon 1,4/24 und 1,2/55).

Apochromatische Korrektion ist besonders bei langbrennweitigen Objektiven von Vorteil. Sie ist mit Linsen aus Calciumfluorid möglich (z. B. Canon 2,8/300).

Objektive zum Ausgleich von perspektivischen Verzerrungen erfordern die parallele Verschiebung der optischen Achse (Shift-Objektiv) und die Kippung der optischen Achse (Tilt-Objektiv). Canon hat ein derartiges Objektiv auf den Markt gebracht (2,8/35).

Anastigmate vom Triplettyp. Das einfache Triplet ist ein System aus drei Einzellinsen, die nicht vernachlässigbare Abstände voneinander haben. Bei einer Anordnung Sammellinse-Zerstreuungslinse-Sammellinse läßt sich das einfache Triplet als Anastigmat ausbilden. Die Petzval-Summe wird durch eine geeignete Brechkraftaufteilung auf die Einzellinsen genügend klein, so daß auch ältere Gläser verwendbar sind. Die Öffnungsfehlerkorrektion ist mit den zur Zeit verfügbaren Gläsern bis zu dem Öffnungsverhältnis $K = 1:2,8$ gut möglich. Weil jedoch die dritte Fläche konkav und die zerstreuende Wirkung der Mittellinse, die eine relativ hohe Brechkraft besitzt, besonders für die Randstrahlen wirksam ist, haben Triplets eine große Zone des Öffnungsfehlers.

Zu den ersten Triplets gehört die "Cooke lens" $K = 1:5,6$, $2w = 68°$ der englischen Firma Taylor, Taylor and Hobson (Abb. 6.117a). Durch das Einführen von Kittflächen oder das Aufspalten der Einzellinsen leitet sich aus dem einfachen Triplet eine ganze Reihe weiterer unsymmetrischer Anastigmate ab, die also als Tripletvarianten aufgefaßt werden können.

Besonders bekannt sind die Tessare; sie stellen Tripletvarianten mit verkittetem Hinterglied dar (Abb. 6.117b). Im allgemeinen ist die Kittfläche sammelnd, so daß das Hinterglied mit einem Neuachromaten verwandt ist. Der Zonenfehler wird gegenüber demjenigen des einfachen Triplets verringert. Die Tessare zeichnen sich durch eine für den einfachen Aufbau sehr gute Bildschärfe aus, allerdings bei manchen Systemen erst nach einer gewissen Abblendung.

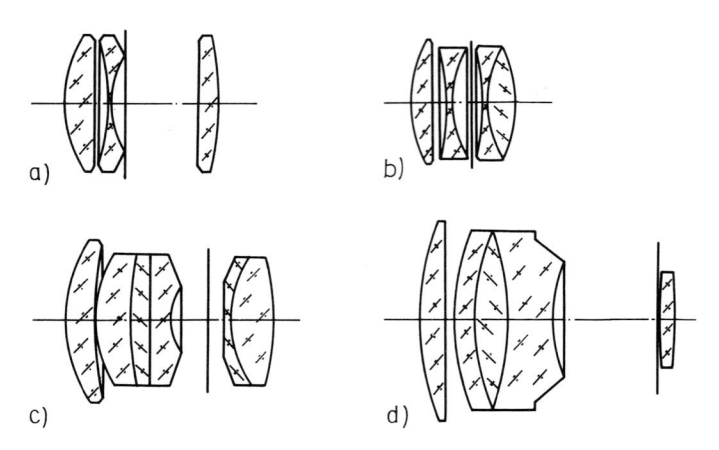

Abb. 6.117 a) Cooke lens, b) Tessar, c) Sonnar, d) Olympia-Sonnar

Auch die Gruppe der Sonnare geht aus dem einfachen Triplet hervor. Die Sonnare lassen sich als Tripletvarianten mit dreilinsigem Mittelglied und teilweise auch mit zweilinsigem Hinterglied auffassen. Als Beispiele seien das Sonnar $K = 1:2$, $2w = 45°$ (Abb. 6.117c), das Sonnar $K = 1:2,8$, $2w = 14°$, $f' = 108$ mm, das sogenannte "Olympia-Sonnar" (Abb. 6.117d) und das Sonnar $K = 1:4$, $2w = 8°$, $f' = 300$ mm genannt. Sonnare eignen sich wegen der guten Korrektion und der kleinen Baulänge als Fernobjektive. So hat z.B. das Sonnar $K = 1:4$, $f' = 135$ mm die Schnittweite $s' = 87,8$ mm, das Triotar (einfaches Triplet) mit sonst gleichen Daten die Schnittweite $s' = 134,2$ mm. Mit dem Sonnar lassen sich bei einfacherem Aufbau die gleichen Öffnungsverhältnisse erzielen wie mit Gauß-Varianten. Allerdings ist die Korrektion der Feldfehler nicht so gut wie bei diesen.

Weitere Tripletvarianten, bei denen jedes Glied mehrlinsig sein kann, gibt es in vielen Ausführungen. Wir können aber hier nicht weiter darauf eingehen.

6.5.5 Objektive mit veränderlicher Brennweite

In der Fotografie, besonders jedoch in der Kinematografie und Fernsehtechnik, besteht oft der Wunsch, den Objektwinkel an das Motiv anpassen zu können. Das ist mit einer Änderung der Brennweite des Aufnahmeobjektivs verbunden. Eine unstetige Brennweitenänderung ist bei den modernen Kameras mit Schlitzverschluß auf einfache Weise durch den Wechsel der Objektive möglich. Der hohe Aufwand (es werden im allgemeinen neben dem Normalobjektiv ein kurz- und ein langbrennweitiges Objektiv benötigt) erscheint dadurch gerechtfertigt, daß

6.5 Optische Systeme

jedes System optimal korrigiert werden kann. Gegenüber dem Austausch des vollständigen Objektivs ist die Verwendung von Satzobjektiven preisgünstiger. Verschiedene Brennweiten lassen sich dadurch erzielen, daß die Teilglieder getrennt benutzt werden können bzw. einzelne Glieder auswechselbar sind. Sie sind auch in Kameras zu verwenden, bei denen der Verschluß innerhalb des Objektivs liegt. Das Hinterglied mit dem Verschluß muß fest mit der Kamera verbunden bleiben. Die selbständige Benutzung der Teilglieder ist bei der Berechnung des Objektivs von vornherein zu berücksichtigen, um die Abbildungsfehler in Grenzen zu halten. Die Anforderungen an die Bildqualität sind aber durch die Kleinbildfotografie so gewachsen, daß der Korrektionszustand von Teilgliedern heute nicht mehr befriedigen kann. Eine weitere Möglichkeit, die Brennweite unstetig zu verändern, ist durch das Vorschalten ei-

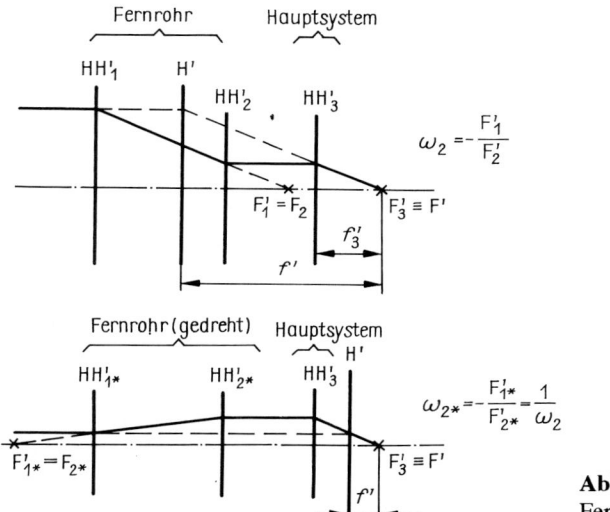

Abb. 6.118 Fotoobjektiv mit Fernrohrvorsatz

nes afokalen Vorsatzes, der im Prinzip ein holländisches Fernrohr darstellt, vor das eigentliche Aufnahmeobjektiv gegeben. Die Abb. 6.118 zeigt den Aufbau eines solchen Systems. Die Gesamtbrechkraft von Fernrohr und Hauptsystem erhalten wir aus

$$F' = F'_1 + \omega_2 F'_2 + \omega_3 F'_3. \tag{6.300}$$

Nach Abb. 6.118 ist

$$\omega_2 = \omega_3 = \frac{f_2}{f'_1} = -\frac{F'_1}{F'_2}. \tag{6.301}$$

Aus Gl. (6.300) folgt mit Gl. (6.301)

$$F' = \omega_2 F'_3. \tag{6.302}$$

Für die Gesamtbrennweite des Systems ist der Faktor ω_2 bestimmend, der je nach Stellung des Vorsatzes im Strahlengang größer als 1 werden kann. Für $\omega_2 > 1$ wird die Gesamtbrennweite gegenüber derjenigen des Hauptsystems vergrößert (Abb. 6.118 oben), für $\omega_{2^*} = 1/\omega_2 < 1$ dagegen verkleinert (Abb. 6.118 unten). Da das Hauptsystem auch ohne Vorsatz verwendet werden kann, stehen insgesamt drei Brennweiten zur Verfügung.

Größere praktische Bedeutung besitzen variofokale oder pankratische Systeme (auch Zoom-Objektive genannt), die eine stetige Brennweitenänderung erlauben. Sie werden besonders in Film- und Fernsehkameras zur Erzielung sogenannter "Fahreffekte" eingesetzt. Bei der Anwendung in der Fotografie müssen für pankratische Systeme beim Durchfahren des Brennweitenbereichs folgende Forderungen erfüllt sein:

− Die Auffangebene muß ihre Lage unverändert beibehalten.
− Das Öffnungsverhältnis darf sich im allgemeinen nicht ändern.
− Die Bildgüte des Objektivs muß innerhalb gewisser Grenzen erhalten bleiben.

Um bei einer Änderung der Brennweite die Lage der Bildebene konstant zu halten, muß das optische System aus mindestens zwei Gliedern bestehen, die sich in axialer Richtung verschieben lassen. Die Verhältnisse bei der Abbildung der unendlich fernen Objektebene durch ein pankratisches System zeigt Abb. 6.119.

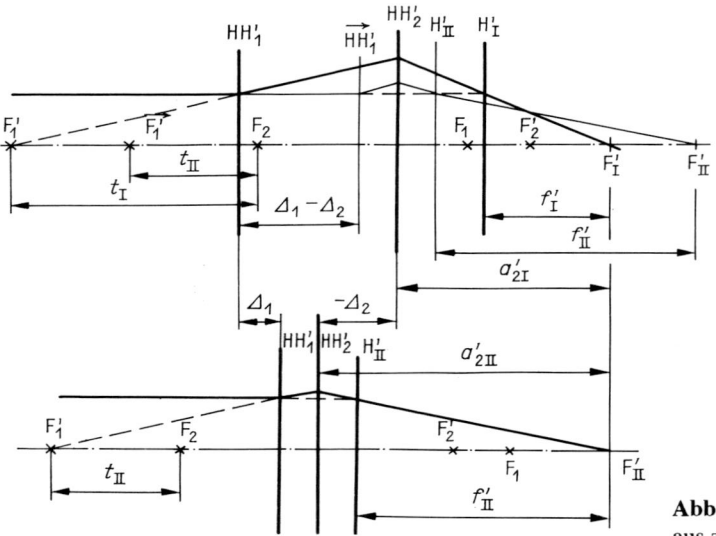

Abb. 6.119 Pankratisches System aus zwei Linsen

Für die Brennweite eines zweigliedrigen Systems gilt die Beziehung

$$f' = -\frac{f'_1 f'_2}{t}. \tag{6.303}$$

Bei konstanten Einzelbrennweiten kann die Gesamtbrennweite durch Änderung der optischen Tubuslänge stetig variiert werden. Wird die dazu notwendige Verschiebung nur von einem Teilglied, z. B. dem Vorderglied, ausgeführt, so verlagert sich auch die Bildebene. Das wird verhindert, wenn t in entsprechender Weise auf beide Glieder aufgeteilt wird. Aus Gl. (6.303) folgt

$$f'_I t_I = f'_{II} t_{II}. \tag{6.304}$$

Mit

$$t_{II} = t_I - \Delta t = t_I + \Delta_2 - \Delta_1$$

6.5 Optische Systeme

ergibt sich aus Gl. (6.304)

$$\Delta_1 - \Delta_2 = f_1' f_2' \left(\frac{1}{f_{II}'} - \frac{1}{f_I'} \right) = -f_1' f_2' \frac{\Delta f'}{f'(f' + \Delta f')}. \tag{6.305}$$

Die Bildebene bleibt an ihrem Ort, wenn (Abb. 6.119)

$$a'_{2II} = a'_{2I} - \Delta_2 \tag{6.306}$$

gilt. Über die Beziehungen

$$\beta'_2 = \frac{a'_2}{a_2} = -\frac{a'_2}{t + f'_2} = -\frac{f'_2}{t} \tag{6.307}$$

und Gl. (6.303) erhält man Δ_2 zu

$$\Delta_2 = \frac{f'_2}{f'_1}(f'_{II} - f'_I) = \frac{f'_2}{f'_1} \Delta f'. \tag{6.308}$$

Durch Einsetzen von Gl. (6.308) in Gl. (6.305) kann Δ_1 berechnet werden:

$$\Delta_1 = \frac{f'_2}{f'_1} \Delta f' \left[1 - \frac{f'^2_1}{f'(f' + \Delta f')} \right]. \tag{6.309}$$

Wie sich aus den Bestimmungsgleichungen für Δ_1 und Δ_2 ablesen läßt, ist bei einer Veränderung der Brennweite f' um $\Delta f'$ die Verschiebung Δ_2 des Hintergliedes linear, die Verschiebung Δ_1 des Vordergliedes nichtlinear. Beide Bewegungen müssen durch ein kompliziertes Getriebe gekoppelt werden. Derartige pankratische Systeme werden in der Literatur Systeme mit mechanischem Ausgleich genannt.

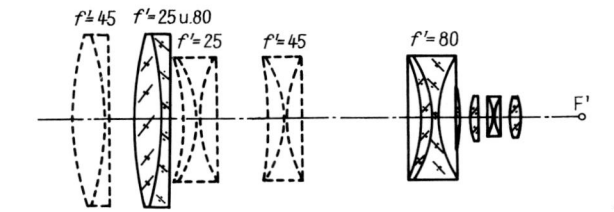

Abb. 6.120 Vario-Glaukar

Die Korrektion der pankratischen Systeme über den gesamten Brennweitenbereich ist mit Schwierigkeiten verbunden. Es wird deshalb der Varioteil so angelegt, daß er ein virtuelles Bild in großer Entfernung liefert und zusammen mit einem Grundobjektiv verwendet werden kann. Trotzdem läßt sich das Gesamtsystem nur für eine mittlere Brennweite korrigieren. Bei jeder anderen Einstellung treten Bildverschlechterungen auf. Als Beispiel für ein Variosystem mit mechanischem Ausgleich wird in Abb. 6.120 das Vario-Glaukar (1:2,8, $f' = 25$ mm... ...80 mm) gezeigt. Aus Abb. 6.120 ist zu erkennen, daß sich die Öffnungsblende hinter dem eigentlichen pankratischen System befindet. Das ist notwendig, um die Forderung nach einem konstanten Öffnungsverhältnis zu erfüllen.

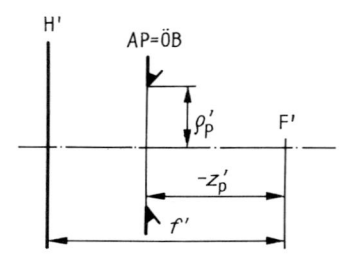

Abb. 6.121 Zur Ableitung der Konstanz des Öffnungsverhältnisses

Zum Beweis dieser Aussage dient Abb. 6.121. Die relative Öffnung ist definiert durch

$$K = \frac{2\rho_p}{f'}. \tag{6.310}$$

Daraus folgt mit $\beta'_p = \rho'_p/\rho_p = -z'_p/f'$ die Beziehung

$$K = -\frac{2\rho'_p}{z'_p}. \tag{6.311}$$

Für $a_1 = -\infty$ fällt die ortsfeste Bildebene des pankratischen Systems mit der Brennebene zusammen. Der Abstand $-z'_p$ zwischen Brennebene und Öffnungsblende (Austrittspupille) bleibt stets der gleiche, so daß das Öffnungsverhältnis unabhängig von der Brennweite einen konstanten Wert behält.

Bei den pankratischen Systemen mit mechanischem Ausgleich ist die Koppelung zwischen den ungleich bewegten Stellgliedern nur mit hohem konstruktivem Aufwand zu verwirklichen. Daher hat man nach Lösungen gesucht, die eine gemeinsame Verschiebung zweier fest miteinander verbundener Glieder gestatten.

Abb. 6.122a zeigt ein optisches System aus drei Gliedern. Seine Brennweite ergibt sich mit

$$\omega_2 = -\frac{t_{12} + f'_2}{f'_1}$$

und

$$\omega_3 = \frac{h_3}{h_2} \cdot \omega_2 = \frac{t_{12}(t_{23} + f'_3) - f'^2_2}{f'_1 f'_2}$$

zu

$$f' = \frac{f'_1 f'_2 f'_3}{t_{12} t_{23} - f'^2_2}. \tag{6.312}$$

Werden das erste und das dritte Glied gemeinsam in Lichtrichtung um $+v$ gegenüber dem zweiten Glied verschoben, so ändern sich in Gl. (6.312) die optischen Tubuslängen und damit die Gesamtbrennweite des Systems:

$$f'_v = \frac{f'_1 f'_2 f'_3}{(t_{12} - v)(t_{23} + v) - f'^2_2}. \tag{6.313}$$

Der Ort der Bildebene (Brennebene) bleibt konstant, wenn die Bedingung

$$\Delta l' = l'_v - l' = v - z'_3 + z'_{3v} = v + \Delta z'_3 = 0 \tag{6.314}$$

für alle Werte v erfüllt ist. Durch Anwendung der Newtonschen Abbildungsgleichung können

6.5 Optische Systeme

z_3' und z_{3v}' bestimmt werden, und man erhält

$$\Delta l' = v + \frac{(t_{12}-v)f_3'^2}{(t_{12}-v)(t_{23}+v)-f_2'^2} - \frac{t_{12}f_3'^2}{t_{12}t_{23}-f_2'^2} = 0. \tag{6.315}$$

Die Gl. (6.315) ist 3. Grades in v. Daraus folgt, daß sich der Ort der Bildebene mit der Verschiebung v ändert, aber dreimal gleich ist (für die drei Nullstellen der Gl. (6.315)).

Die Abb. 6.122b zeigt an einem Beispiel den Gang der Brennweitenänderung $\Delta f'$ und die Abweichungen von der Konstanz der Bildebenenlage $\Delta l'$ als Funktion der Verschiebung v.

Wird der Varioteil zusammen mit einem Grundsystem benutzt, dann lassen sich bei geeigneter Wahl seiner Parameter nach Gl. (6.315) Werte für $\Delta l'$ erzielen, die innerhalb der Schärfentiefe des Grundsystems liegen und dadurch zu vernachlässigen sind. Da die Auswanderung der Bildebene dieser Systeme durch optische Mittel ausgeglichen wird, hat sich für sie die Bezeichnung Systeme mit optischem Ausgleich eingebürgert.

Ein solches System war das Voigtländer-Zoomar (1:2,8, $f' = 36$ mm...82 mm).

Heute haben Variobjekte mit optischem Ausgleich weitgehend an Bedeutung verloren. Die Variobjekte mit mechanischem Ausgleich für die Kleinbildfotografie werden nach zwei grundlegenden Konstruktionsprinzipien aufgebaut.

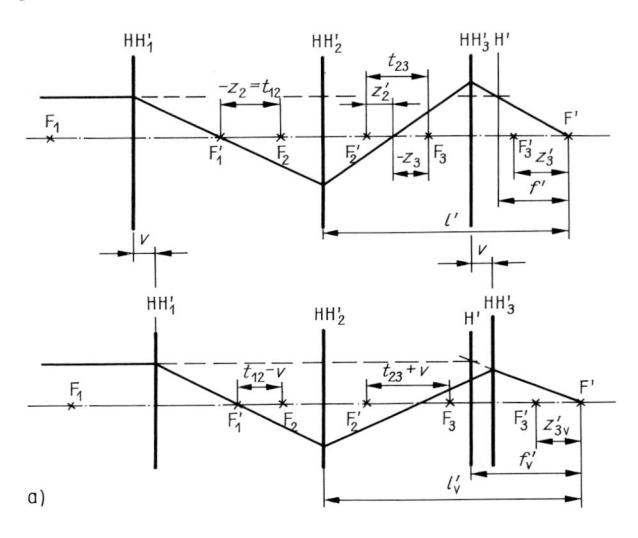

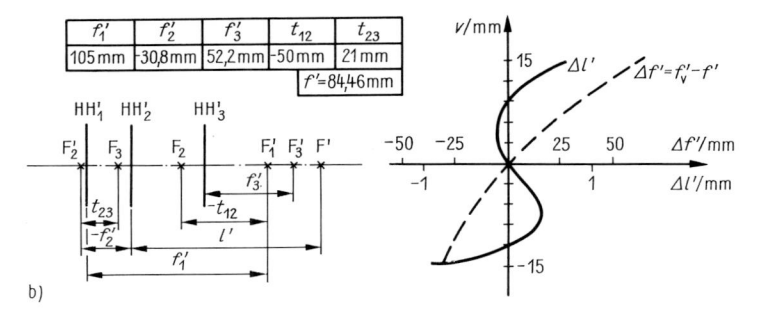

Abb. 6.122 a) Pankratisches System aus drei Gliedern, b) Brennweitenänderung im System nach a)

Viergruppenbauweise. Für Brennweiten $f' > 40$ mm und große Variofaktoren werden die Funktionen auf vier Linsengruppen verteilt. Das sammelnde Frontglied übernimmt die Entfernungseinstellung. Mit der Verschiebung des zerstreuenden Variators wird die Brennweite geändert. Der sammelnde oder der zerstreuende Kompensator sorgt dafür, daß die Bildebene erhalten bleibt. Das feststehende sammelnde Grundobjektiv enthält die Öffnungsblende, so daß das Öffnungsverhältnis bei der Brennweitenänderung konstant bleibt. Aus der Lage der Öffnungsblende leitet sich der Nachteil des relativ großen Frontgliedes ab. Außerdem neigen diese Varioobjektive zur unvollständigen Verzeichnungskorrektion (bei der kleinen Brennweite tonnenförmig, bei der großen Brennweite kissenförmig).

Ein Beispiel ist das Prakticar 4/80...200 von Carl Zeiss Jena, bei dem das Grundobjektiv als Teleobjektiv ausgebildet ist (Abb. 6.123). Zur besseren Korrektion sind in mehreren Linsen hochbrechende Krongläser eingesetzt (LaK und LaSK). Auch von der japanischen Firma Canon werden die langbrennweitigen Varioobjektive in Viergruppenbauweise hergestellt (z. B. 4,5/85...300).

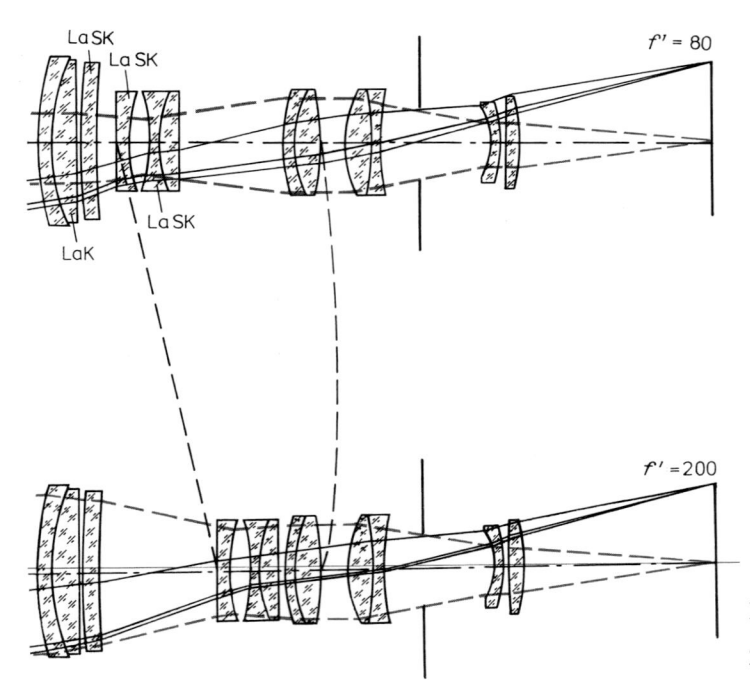

Abb. 6.123 Schnittbild und Verstellbereich für das Zeiss-Prakticar 4/80...200

Zweigruppenbauweise. Für kleine Brennweiten, also auch für den Bereich der Weitwinkelobjektive, hat sich die Zweigruppenbauweise durchgesetzt. Mit der Verstellung des Vordergliedes werden die Brennweite und die Entfernung eingestellt (Variator). Die Verschiebung des Hintergliedes (Kompensator) ermöglicht die Einhaltung der Bildebene. Daraus folgt, daß sich mit der Brennweite auch das Öffnungsverhältnis ändert. Es wird im allgemeinen mit wachsender Brennweite kleiner (größere Blendenzahl). Bei Kameras mit Messung der Belichtungszeit mittels des vom Objektiv erfaßten Lichtes (TTL-Messung, Abk. für "through the lens", d. h. "durch das Objektiv") ist das problemlos. Auch der Brennweitenbereich ist etwa auf 2 bis 2,5 begrenzt. Dafür ist das Frontglied klein, und die Verzeichnungskorrektion ist besser möglich.

Die Zweigruppenbauweise wurde zuerst von der Firma Canon eingeführt (z.B. Objektiv 2,8...3,5/35...70). Nach dem gleichen Prinzip ist das Zeiss-Practicar 2,7...3,5/35...70 konstruiert (Abb. 6.124). Die Abbildung enthält auch die Macrostellung, bei der die Bildgüte für nahe Objekte gut ist. Die planparallele Glasplatte begünstigt neben ihrer Schutzwirkung die

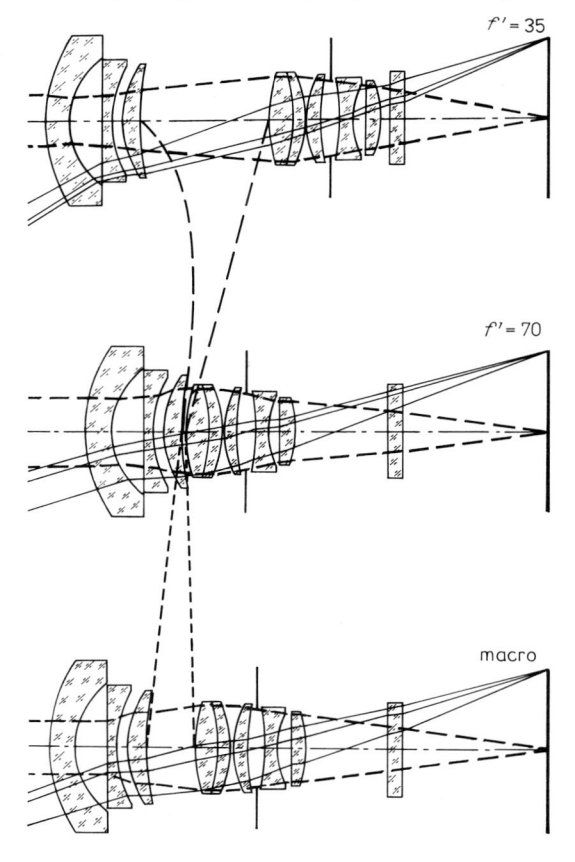

Abb. 6.124 Schnittbild und Verstellbereich für das Zeiss-Practicar 2,7...3,5/35...70

Bildfeldebnung. Die Korrektionsdarstellungen für den Öffnungsfehler und seine Variationen in Abb. 6.125 lassen erkennen, daß bei der oberen Brennweite ein stärkeres Abblenden vorteilhaft sein wird. Die aus dem unterschiedlichen Verlauf des Öffnungsfehlers resultierende Verlagerung der besten Auffangebene wurde bei den Steuerkurven berücksichtigt.

Für die Film- und Fernsehtechnik sowie für das technische Fernsehen sind Varioobjektive mit großen Variofaktoren realisiert worden. Bei Carl Zeiss Jena waren z.B. für das technische Fernsehen die Vario-Tevidone für den Brennweitenbereich $f' = 15$ mm...150 mm im Programm. Beim Schneider-TV-Variogon 2,1...6,3/20...600 ermöglicht das nacheinander ausgeführte Verschieben von Paaren an Linsengruppen den großen Variofaktor. Die Öffnungsblende ist zwischen dem ersten und dem zweiten Paar an Linsengruppen angeordnet, wodurch das Frontglied keinen zu großen Durchmesser annimmt. Damit ergibt sich das konstante Öffnungsverhältnis 1:2,1 beim Variieren der Brennweite von 20 mm auf 200 mm mit den ersten

Linsengruppen. Beim Verschieben der zweiten Linsengruppen nimmt die Blendenzahl linear auf $k = 6,3$ zu. Das Objektiv besteht aus 30 Linsen, so daß es vor der Einführung der reflexmindernden Schichten nicht realisierbar gewesen wäre.

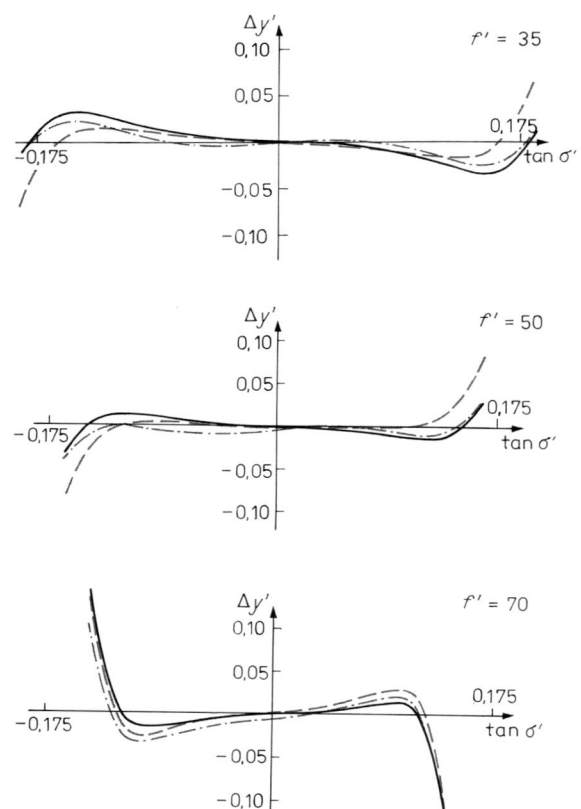

Abb. 6.125 Querabweichungen des Öffnungsfehlers und seiner farbigen Variation für das Objektiv aus Abb. 6.124 (——— Hauptfarbe, − − − − blau, − · − · − rot)

6.5.6 Spiegelobjektive

Um weit entfernte Objekte formatfüllend abbilden zu können, z. B. bei Sportaufnahmen, sind große Objektivbrennweiten erforderlich. Damit ist, selbst bei Teleobjektiven, eine große Baulänge verbunden. Durch den Einsatz von Spiegelflächen kann die Baulänge klein gehalten werden.

Spiegelsysteme haben gegenüber Linsensystemen drei weitere Vorteile:

– Bei der Reflexion treten keine chromatischen Abbildungsfehler auf. Daher bilden Spiegelsysteme völlig farbfehlerfrei ab.
– Die Querabweichung des Öffnungsfehlers eines sphärischen Hohlspiegels ist im Seidelschen Gebiet für $s = -\infty$ etwa 1/7 derjenigen einer Linse gleicher Brennweite, deren Durchbiegung so bestimmt worden ist, daß der Öffnungsfehler seinen kleinsten Wert hat.

6.5 Optische Systeme

- Deshalb lassen sich Spiegelobjektive im allgemeinen bei gleichem Öffnungsverhältnis mit kleinerem Zonenfehler korrigieren als Linsensysteme.
- Ein sphärischer Hohlspiegel ist frei von Astigmatismus und Koma, wenn er mit einer Öffnungsblende in der Ebene seines Krümmungsmittelpunktes benutzt wird ("natürliche Blende"). Außeraxiale Punkte werden dann nur mit Öffnungsfehler und anastigmatischer Bildfeldwölbung abgebildet.

Für die Korrektion des Öffnungsfehlers bestehen mehrere Möglichkeiten. Mit einer parabolischen Spiegelfläche wird der unendlich ferne Achspunkt öffnungsfehlerfrei abgebildet. Bei der Abbildung von Punkten, die sich außerhalb der optischen Achse befinden, wirken sich dann jedoch Koma und Astigmatismus sehr störend auf das Bild aus. Mit Hilfe einer Spiegellinse nach Mangin (Abb. 4.66) kann der Öffnungsfehler durch die zweimalige Brechung an der Vorderfläche der Linse korrigiert werden. Von Nachteil sind u. a. die dabei entstehenden außeraxialen Abbildungsfehler sowie der Farbfehler. Eine wesentliche Verbesserung der Spiegelsysteme hinsichtlich der Korrektion des Öffnungsfehlers wurde durch die Erfindungen von B. Schmidt (1931) und D. D. Maksutow (1941) erreicht. Schmidt beseitigte die sphärische Unterkorrektion durch eine Korrektionsplatte in der Ebene des Krümmungsmittelpunktes des

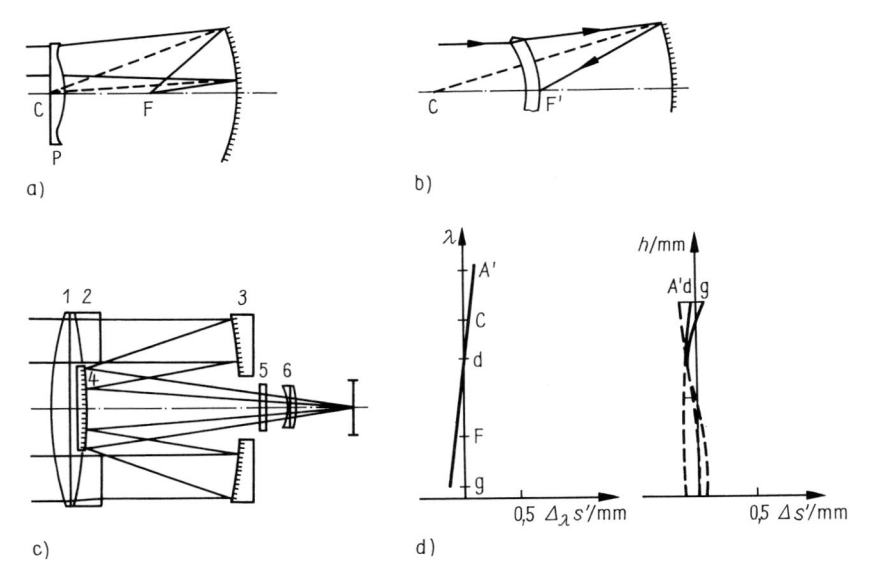

Abb. 6.126 a) Schmidt-Spiegel, b) Maksutow-System, c) Spiegelsystem von Zeiss, d) Korrektionsdarstellungen zu c)

Hohlspiegels, deren eine Fläche in der Mitte konvex und am Rande konkav ausgebildet ist (Abb. 6.126a). Dadurch werden nahezu alle Strahlen eines achsparallelen Bündels im Spiegelbrennpunkt einer mittleren Zone vereinigt. Schmidt-Systeme sind außerdem weitgehend frei von Koma, Astigmatismus und Farbfehler. Maksutow benutzte einen zum Krümmungsmittelpunkt des sphärischen Hohlspiegels konzentrischen Meniskus, der weder Koma noch Astigmatismus einführt (Abb. 6.126b). Der Öffnungsfehler des Hohlspiegels wird durch eine entsprechend gewählte Dicke des Meniskus korrigiert. Der Farbfehler kann durch Achromatisierung der Korrektionslinse beseitigt werden.

Eine ausreichende Korrektion des Öffnungsfehlers ist auch mit Linsensystemen möglich, die vor dem sphärischen Hohlspiegel angeordnet sind (Abb. 6.126c). Werden beide Linsen aus dem gleichen Glas hergestellt und besitzen sie entgegengesetzt gleiche Brechkräfte, dann bilden sie ein nahezu afokales und farbfehlerfreies System.

Die Korrektion der Bildfeldwölbung kann durch einen sammelnden Achromaten in der Nähe der Auffangebene erreicht werden (Smyth-Linse). Dadurch verlagert sich die "natürliche" Blende vom Krümmungsmittelpunkt in Richtung auf den Spiegel, was zu einer wesentlichen Verkürzung der Baulänge führt.

Neben Vorteilen besitzen Spiegelsysteme jedoch auch Nachteile. Durch die Umkehrung der Lichtrichtung am Spiegel muß sich die Auffangebene vor dem Spiegel befinden. Das ist nur bei speziellen Anwendungszwecken möglich. Meistens werden mit einem zweiten Spiegel (Hilfsspiegel) die Strahlen wieder in ihre ursprüngliche Richtung reflektiert. Der Hauptspiegel ist durchbohrt, um dem abbildenden Bündel den Durchtritt zu gestatten. In beiden Fällen wird der mittlere Teil des Bündels abgeschattet. Als Maß für die Abschattung kann das Verhältnis der abgeschatteten Pupillenfläche A_a zur Fläche der Eintrittspupille ohne Zentralabschattung A_0 benutzt werden; Spiegelsysteme mit Hilfsspiegel besitzen eine ringförmige Eintrittspupille, so daß

$$\tau = \left(\frac{\rho_a}{\rho_0}\right)^2 \tag{6.316}$$

gilt.

Die wirksame relative Öffnung K_w ist dann durch

$$K_w = \frac{2\rho_0}{f'}\sqrt{1-\tau} \tag{6.317}$$

gegeben.

Eine ringförmige Eintrittspupille verändert auch die Intensitätsverteilung im Beugungsbild. Abb. 4.201 zeigt die Intensitätsverteilung in der Bildebene bei der Abbildung eines leuchtenden Punktes mit voller und ringförmiger Eintrittspupille. Durch das Ausblenden des zentralen Bündelteils verlagert sich die Intensität vom Hauptmaximum auf die Nebenmaxima. Das ist mit einer Abnahme des Bildkontrastes verbunden. Das Auflösungsvermögen ist verbessert, weil die erste Nullstelle näher am Hauptmaximum liegt als bei voller Öffnung.

Für normale fotografische Zwecke ist jedoch die Steigerung des Kontrastes vorteilhafter als die des Auflösungsvermögens. Außerdem kann durch Fremdlicht, das seitlich am Hilfsspiegel vorbei unmittelbar in die zentrale Durchlaßöffnung des Hauptspiegels fällt, der Bildkontrast wesentlich verschlechtert werden. Deshalb müssen in das System Blenden eingebaut werden, die das schräg einfallende Fremdlicht abfangen.

Ein weiterer Nachteil der Spiegelsysteme ist die Empfindlichkeit der Spiegelflächen gegenüber Falschlagen. Die vorzusehenden Justierstellen und die Justierung selbst bedeuten einen hohen konstruktiven und fertigungstechnischen Aufwand. Abb. 6.126c zeigt als Beispiel das Zeiss-Spiegelobjektiv 4/500. Außer Haupt- und Hilfsspiegel, den beiden Frontlinsen zur Korrektion des Öffnungsfehlers und dem Achromaten vor der Auffangebene (Smyth-Linse) befindet sich im Strahlengang ein Filterrevolver. Hier können neben Farbfiltern auch Graufilter zur Schwächung des Lichtstroms eingesetzt werden, da das Objektiv keine veränderliche Öffnungsblende besitzt. Die ausgezeichnete Farb- und Öffnungsfehlerkorrektion ist in Abb. 6.126d zu erkennen.

6.5.7 Fernrohrobjektive

Bei Fernrohrobjektiven müssen wir zwischen Objektiven für den visuellen Gebrauch und Objektiven für die Astrofotografie unterscheiden. Letztere sind im eigentlichen Sinne keine Fernrohr-, sondern Fotoobjektive, so daß wir sie zunächst ausklammern wollen.

Fernrohrobjektive haben die Aufgabe, ein kleines Feld mit großer Öffnung und polychromatischem Licht abzubilden. Daraus folgt, daß

- der Öffnungsfehler,
- die Koma für kleine Flächen (Erfüllung der Sinusbedingung),
- der Farblängsfehler

korrigiert sein müssen. Großen Einfluß auf die Bildqualität hat die Korrektion der Farbfehler. Trichromatische Korrektion mit beseitigtem Gauß-Fehler ist deshalb bei Hochleistungsobjektiven anzustreben.

Zweilinsige Achromate. Es bereitet keine Schwierigkeiten, aus einer Sammel- und einer Zerstreuungslinse einen Achromaten herzustellen. Bei Geräteoptik und nicht zu großen Linsendurchmessern lassen sich beide Linsen verkitten oder ansprengen (Abb. 6.127a). Das Öffnungsverhältnis kann etwa bis zu 1:3,5 betragen.

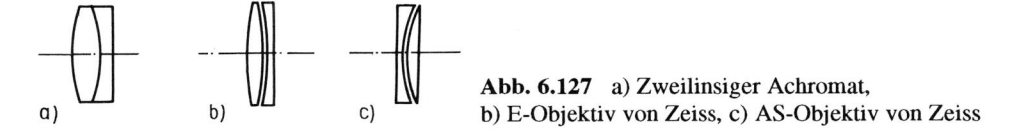

Abb. 6.127 a) Zweilinsiger Achromat, b) E-Objektiv von Zeiss, c) AS-Objektiv von Zeiss

Die für astronomische Zwecke verwendeten Objektive haben Öffnungsverhältnisse um 1:10 herum. Bei größeren Durchmessern (etwa ab 60 mm) wäre eine Verkittung nicht stabil. Außerdem ist bei nichtverkitteten Linsen ein weiterer Radius für Korrektionszwecke frei. Abb. 6.127b zeigt das E-Objektiv von Carl Zeiss Jena.

Zweilinsige Halbapochromate. Durch den Einsatz von Kurzflint in der Zerstreuungslinse kann das sekundäre Spektrum verringert werden. Das Öffnungsverhältnis muß auf etwa 1:11 begrenzt bleiben. Ein derartiger Halbapochromat ist das AS-Objektiv (Abb. 6.127c).

Zweilinsige Apochromate. Mit dem Einsatz von Calciumfluorid (CaF_2) in der Frontlinse ist es möglich, einen zweilinsigen Apochromaten herzustellen. Ein Beispiel, bei dem Calciumfluorid mit Borkron 7 kombiniert ist, wird in [53] und [54] beschrieben (APQ-Objektiv).
In Abb. 6.128 ist der Farblängsfehler des Apochromaten mit dem freien Durchmesser 100 mm (Öffnungsverhältnis 1:10) und der Brennweite 1000 mm dem Farblängsfehler des AS-Objektivs mit den gleichen Daten gegenübergestellt. Bei dem APQ-Objektiv liegt der Durchmesser des geometrisch-optischen Zerstreuungskreises für $\lambda = 546$ nm und $\lambda = 644$ nm weit unter dem beugungsbedingten Zerstreuungskreisdurchmesser. Für $\lambda = 480$ nm sind der geometrisch-optische und der beugungsbedingte Zerstreuungskreis gleich groß. Das bedeutet, daß das APQ-Objektiv beugungsbegrenzt abbildet (Definitionshelligkeit für alle Farben $V > 0,95$). Seine chromatische und sphärische Korrektion ist im gesamten sichtbaren Spektralbereich gegeben. Dadurch wird ein weißer Stern als weißer Stern abgebildet, und das Bild

ist kontrastreich. Der Einsatz von Calciumfluorid bringt eine hohe Transparenz im gesamten Spektrum mit sich.

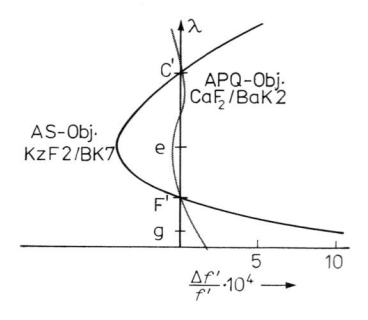

Abb. 6.128 Relative Brennweitenabweichung durch Farblängsfehler für das AS-Objektiv und das APQ-Objektiv

Das AS-Objektiv hat nur für die Hauptfarbe ($\lambda = 546$ nm) die Definitionshelligkeit $V = 0,95$, weil dafür der geometrisch-optische angenähert so groß wie der wellenoptische Zerstreuungskreisdurchmesser ist. Für $\lambda = 480$ nm ist er etwa viermal, für $\lambda = 644$ nm knapp zweimal so groß.

Dreilinsige Achromate. Für größere Öffnungsverhältnisse und höhere Ansprüche an die Bildqualität müssen die Fernrohrobjektive dreilinsig sein. Es sind sowohl Systeme mit verkitteten Linsen (Abb. 6.129a) wie auch mit einem Luftabstand in Gebrauch (Abb. 6.129b).

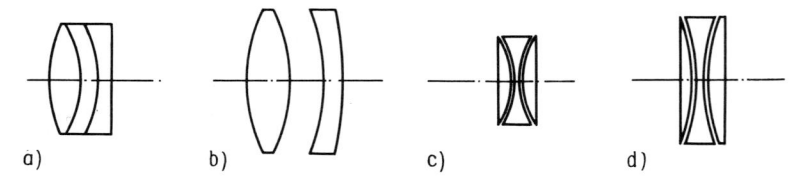

Abb. 6.129 a) Dreilinsiger Achromat, b) dreilinsiger Achromat mit Luftlinse, c) B-Objektiv von Zeiss, d) F-Objektiv von Zeiss

Dreilinsige Apochromate. Trichromate mit korrigiertem Gauß-Fehler beruhen vorwiegend auf dem Einsatz von Gläsern mit ungewöhnlichem Dispersionsverlauf. Zwei Glasarten sind ausgezeichnet, die Kurzflinte und die Schwerflinte. Entsprechend gibt es Kurzflint- und Schwerflintapochromate.

Die Kurzflintapochromate (Abb. 6.129c, B-Objektiv 1:15) enthalten Linsen stärkerer Krümmung; das erreichbare Öffnungsverhältnis ist eingeschränkt, und die Linsen sind empfindlich gegen Dezentrierung.

Schwerflintapochromate haben etwas günstigere Krümmungen. Sie werden verkittet (mit Öffnungsverhältnissen bis 1:3 bei Geräteoptik), unverkittet (als Fernrohrobjektive wie z. B. das F-Objektiv 1:11, Abb. 6.129d) und mit einem größeren Luftabstand zwischen zwei Linsen hergestellt.

Hemiplanare. Diese Objektive enthalten einen Meniskus auf der Objektseite (Abb. 6.130a) oder auf der Bildseite (Abb. 6.130b), mit dem der Astigmatismus und die Bildfeldwölbung günstig zu beeinflussen sind. Sie werden eingesetzt, wenn etwas größere Felder benötigt werden (bis etwa $2w = 20°$).

6.5 Optische Systeme

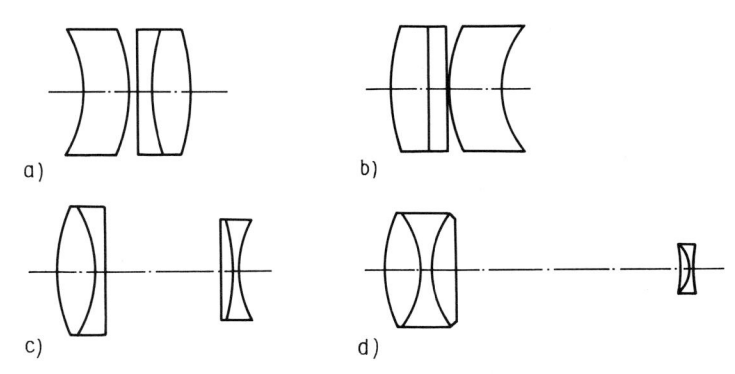

Abb. 6.130 a) und b) Hemiplanare, c) und d) Teleobjektive

Teleobjektive können auch als Fernrohrobjektive ausgebildet werden. Mit ihnen sind besonders Fernrohre in geodätischen Geräten ausgerüstet.

Die Einstellung eines Fernrohres mit Teleobjektiv auf eine endliche Objektweite wird oftmals nicht durch das Verschieben des Okulars, sondern durch das Verschieben des zerstreuenden Gliedes im Teleobjektiv vorgenommen (Innenfokussierung).

Normale Teleobjektive können bis zu einem Feldwinkel $2w = 38°$ und dem Öffnungsverhältnis 1:5,6 verwendet werden (Abb. 6.130c). Der Gauß-Fehler ist zu verringern, wenn das sammelnde Glied als Schwerflintapochromat ausgebildet wird (Abb. 6.130d).

Astrofotografie. Objektive für Astrokameras benötigen im allgemeinen bei guter Korrektion in der Umgebung der optischen Achse und für polychromatisches Licht auch die Korrektion für ein größeres Feld als die visuell benutzten Syteme. Sie sind deshalb aus den Grundtypen der Fotoobjektive abzuleiten.

Es gibt z. B. den Fernrohraplanaten (Grundtyp Petzval-Objektiv), Triplets, auf die auch der Astrovierlinser von Sonnefeld zurückzuführen ist (in Abb. 4.59 als Beispiel für ein System mit einer deformierten Fläche angegeben), Tessare, Sonnare und Planare.

Dabei ist zu beachten, daß alle diese Systeme bei großen Brennweiten nur für geringere Feldwinkel als bei den normalen Fotoobjektiven korrigierbar sind.

Spiegelobjektive. In der historischen Entwicklung der Fernrohre und bei Fernrohren mit sehr großer Eintrittspupille spielen die Spiegelobjektive eine hervorragende Rolle.

Die historische Bedeutung resultiert einmal daraus, daß Newton es als unmöglich ansah, den Farbfehler von Linsen zu beseitigen, zum anderen auch daraus, daß selbst nach dem Erkennen von Newtons Irrtum die praktische Realisierung von Achromaten nicht lösbar war.

Heute sprechen für die Spiegelobjektive die völlige Farbfehlerfreiheit der Oberflächenspiegel, die günstige Öffnungsfehlerkorrektion bei Parabolspiegeln oder bei Kugelspiegeln mit Hilfslinsen und das relativ geringe Gewicht bei großen Durchmessern. Der Nachteil der Spiegel sind die geringeren zulässigen Fertigungstoleranzen der Oberfläche.

Über 1 m Durchmesser sind Linsenobjektive praktisch nicht verwendbar. Die große Glasmasse und Linsendicke bringen es mit sich, daß Glasfehler schwierig zu vermeiden sind und das Glas als amorpher Stoff zeitlich instabil ist. Die Linse kann regelrecht fließen.

Ein Problem bei den Spiegelobjektiven stellt die Rückläufigkeit des Lichtes dar. Es sind Maßnahmen notwendig, mit denen das bildseitige Bündel aus dem objektseitigen ausgekoppelt wird. Dazu dienen vor allem Fangspiegel und Bohrungen im Hauptspiegel. Diese führen jedoch leicht zu Spannungen im Spiegelmaterial.

Die Spiegelfernrohre von Gregory, Cassegrain und Newton enthalten einen parabolischen Hauptspiegel.

Bei der Variante von Gregory ist der Hauptspiegel durchbohrt, der Fangspiegel ist elliptisch (Abb. 6.131a). Der bildseitige Brennpunkt des Objektivs und der objektseitige Brennpunkt des Okulars liegen in je einem geometrischen Brennpunkt des Ellipsoids. Das Bild ist aufrecht, die Baulänge groß.

Bei der Cassegrainschen Ausführung ist der Hauptspiegel ebenfalls durchbohrt. Der Fangspiegel ist hyperbolisch, das Bild höhen- und seitenvertauscht, die Baulänge gegenüber dem Gregoryschen System kleiner (Abb. 6.131b).

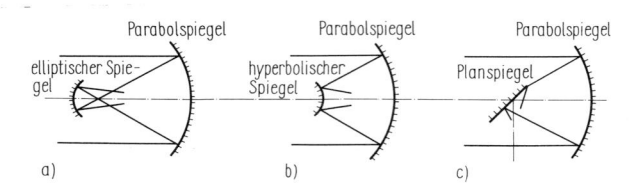

Abb. 6.131 a) Gregory-Spiegel, b) Cassegrainscher Spiegel, c) Newtonscher Spiegel

Newton vermeidet das Durchbohren des Hauptspiegels, indem er das Licht mittels eines Planspiegels seitlich herausführt (Abb. 6.131c).

Schmidt erfand 1930 in Hamburg-Bergedorf das nach ihm benannte Spiegelsystem. Seine Idee, die Koma, den Astigmatismus und die Verzeichnung durch die Anordnung der Öffnungsblende in der Ebene des Krümmungsmittelpunktes, den Öffnungsfehler mittels einer asphärischen Korrektionsplatte zu beseitigen, wurde bereits bei den Fotoobjektiven behandelt (Abb. 6.126a). Dort ist auch das Maksutow-System angegeben, bei dem die Schmidt-Platte durch einen sphärischen Meniskus ersetzt wird (Abb. 6.126b).

Moore hat vorgeschlagen, die konventionelle Schmidt-Platte durch eine Platte mit inhomogener Brechzahl zu ersetzen, die sphärisch gekrümmt ist (gradient-index corrector plate [41]). Es ist jedoch fraglich, ob der technologische Aufwand für eine Platte aus einem inhomogenen Stoff gerechtfertigt ist.

Auf die Bedeutung von segmentierten Spiegeln oder deformierbaren Spiegeln im Rahmen der aktiven und adaptiven Optik sind wir bereits in 6.3.2 eingegangen.

6.5.8 Mikroobjektive

Mikroobjektive (Mikroskopobjektive) sind im allgemeinen kurzbrennweitige optische Systeme, die ein kleines Feld mit großer objektseitiger numerischer Apertur abbilden. Ausnahmen davon stellen nur die schwachen Mikroobjektive für kleine Abbildungsmaßstäbe dar.

Nach 6.2.3 sind die Objektive für endliche Bildweite (z. B. für die mechanische Tubuslänge 160 mm bzw. für die Objekt-Bild-Entfernung 195 mm) und die Objektive mit unendlicher Bildweite zu unterscheiden. Letztere erfordern eine zusätzliche Tubuslinse. Sie werden aber in neuerer Zeit bevorzugt angewendet.

Die Öffnungsblende befindet sich in der bildseitigen Brennebene des Objektivs, so daß objektseitig telezentrischer Strahlenverlauf vorliegt.

Spezialausführungen gibt es für verschiedene Mikroskopierverfahren. In den Objektiven für die Polarisationsmikroskopie sind die Linsen besonders spannungsarm gefaßt. Objektive für das Phasenkontrastverfahren enthalten die Phasenplatte zur Ortsfrequenzfilterung im primären Bild.

Immersionsobjektive sind so korrigiert, daß die volle Bildleistung nur bei Anwendung der Ölimmersion erreicht wird. Da bereits das Deckglas, mit dem die mikroskopischen Präparate abgedeckt werden, Abbildungsfehler einführt, sind die stärkeren Objektive meistens für die standardisierte Deckglasdicke 0,17 mm korrigiert. Es gibt aber auch Objektive, die ohne abgedecktes Präparat zu benutzen sind. Objektive mit Korrektionsfassung lassen sich auf Deckglasdicken zwischen 0,12 und 0,20 mm einstellen.

Die Normalfeldobjektive sind für den Bildfelddurchmesser 20 mm, die Großfeldobjektive für den Bildfelddurchmesser 28 mm bzw. 32 mm berechnet.

Bei Mikroobjektiven sind

– der Öffnungsfehler und
– die Farbfehler zu korrigieren sowie
– die Sinusbedingung zu erfüllen.

Bei den Planobjektiven kommt die anastigmatische Korrektion hinzu.

Achromate sind Dichromate, deren Öffnungsfehler korrigiert ist und bei denen die Sinusbedingung erfüllt ist. Astigmatismus und Koma sind gering. Achromate haben Bildfeldwölbung und ein sekundäres Spektrum. Die Bildfeldwölbung ist bei visuellem Gebrauch wegen der Möglichkeit der Akkommodation nicht besonders störend.

Die Struktur der Achromate ist je nach der numerischen Apertur verschieden, weil naturgemäß der Aufwand mit der Apertur ansteigt. Abb. 6.132 enthält einige Beispiele. Bei den stärkeren Objektiven wird oftmals die Amicische Frontlinse verwendet. Diese stellt eine dicke Plankonvexlinse dar, die nahezu aplanatisch ist.

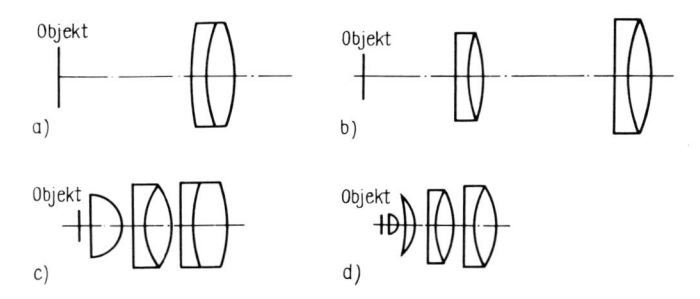

Abb. 6.132 Achromatische Mikroobjektive (numerische Apertur von a) bis d) wachsend)

Apochromate haben gegenüber den Achromaten ein wesentlich verringertes sekundäres Spektrum (trichromatische Korrektion), und der Gauß-Fehler ist korrigiert.

Unkorrigiert ist die Bildfeldwölbung. Der Farbfehler des Hauptstrahls läßt sich ebenfalls schwierig beseitigen. Deshalb verwendet man Apochromate zusammen mit Kompensationsokularen, die den Farbfehler des Hauptstrahls der Objektive kompensieren.

Bereits Abbe fand durch Rechnungen und Experimente, daß eine wesentliche Verbesserung der Achromate durch die Korrektion des Gauß-Fehlers möglich ist. Man mußte dazu eine Fläche einführen, die den Öffnungsfehler unterkorrigiert, den Farblängsfehler aber überkorrigiert. Das erforderte den Einsatz von Gläsern, die wir als neue Gläser im früher behandelten Sinne anzusehen haben. Abbe standen anfangs diese Gläser nicht zur Verfügung, deshalb verwendete er Flüssigkeitsmenisken zwischen Linsen. Die Zusammenarbeit mit Schott ermöglichte es, bereits 1884 die ersten Apochromate herauszubringen.

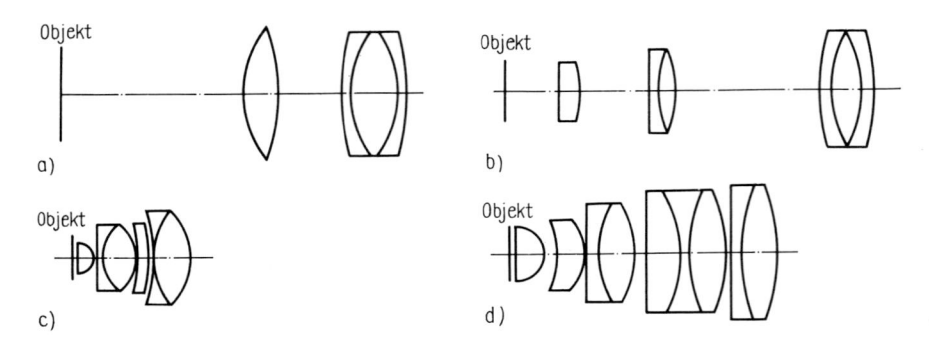

Abb. 6.133 Apochromatische Mikroobjektive (numerische Apertur von a) bis d) wachsend)

Zur apochromatischen Korrektion ist der Einsatz von Kristallen vorteilhaft (Flußspat, Lithiumfluorid, Thalliumfluorid). Heute stehen jedoch auch optische Gläser zur Verfügung, die die Kristalle ersetzen können (z. B. Berylliumgläser). In Abb. 6.133 sind einige Schnittbilder von Apochromaten angegeben.

Halbapochromate sind Achromate mit vermindertem Gauß-Fehler. Das wird durch den Einsatz von Flußspat erreicht (Fluoritobjektive). Das sekundäre Spektrum ist größer als bei den Apochromaten. Der einfachere Aufbau kann jedoch zu kontrastreicheren Bildern führen.

Planachromate und *Planapochromate* sind Objektive mit geebnetem Bildfeld. Bei den Achromaten und Apochromaten ist das Bildfeld nach der Objektseite zu gewölbt. Das gekrümmte Bildfeld ist besonders für die Mikrofotografie ungünstig, weil entweder nur die Mitte oder nur der Rand scharf abgebildet wird.

Die Ebnung des Bildfeldes erfordert die Erfüllung der Petzval-Bedingung. Das gelang erstmals Boegehold 1938 bei Carl Zeiss Jena.

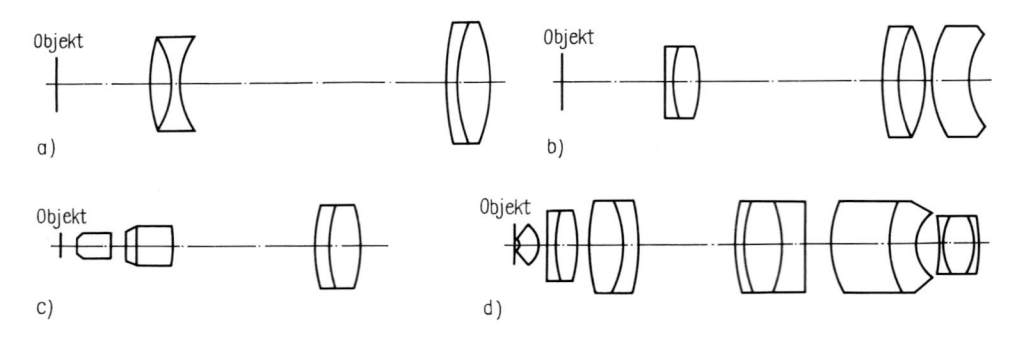

Abb. 6.134 Planobjektive (numerische Apertur von a) bis d) wachsend)

6.5 Optische Systeme

Für sehr kleinen Betrag des Abbildungsmaßstabes kann ein optisches System verwendet werden, das einem umgekehrten Teleobjektiv ähnelt. Sonst sind für die Planobjektive dicke Menisken charakteristisch. Diese können bei positiver Brennweite eine negative Petzval-Summe haben, so daß sie besonders zur Korrektion der Bildfeldwölbung geeignet sind.

Die meisten Planobjektive müssen mit Plan-Kompensationsokularen zusammen benutzt werden. Es gibt aber auch Planobjektive mit korrigiertem Farbfehler des Hauptstrahls. Abb. 6.134 enthält einige Beispiele für Planobjektive.

Monochromate sind Mikroobjektive, die nur für eine Wellenlänge korrigiert sind. Sie sind für das Arbeiten im Ultravioletten gedacht (z. B. Wellenlängen 275 nm oder 257 nm). Monochromate bestehen aus aplanatischen Menisken und einer Zerstreuungslinse. Als Werkstoff dient geschmolzener Quarz (Kieselglas).

In Tab. 6.21 sind für eine Auswahl an Mikroobjektiven die optischen Daten zusammengestellt.

Tabelle 6.21 Übersicht über eine Auswahl an Mikroobjektiven mit endlicher Bildweite

Objekttyp	$|\beta'|$	A	$f'/$mm	freier Objektabstand
Achromate	2,5	0,08	56,3	9,5
	8	0,20	18	9
	20	0,40	8,3	1,6
	40	0,65	4,4	0,55
	90	1,25	2	0,11
Apochromate	10	0,3	16,2	5
	20	0,65	8,3	0,7
	40	0,95	4,3	0,12
	60	1	2,9	0,22
	90	1,3	2	0,11
Planachromate	2,5	0,07	30,4	8,6
	10	0,25	14,7	5,1
	40	0,65	4,38	1
	100	1,25	1,72	0,03
Großfeldachromate	25	0,65		0,12
	40	0,65		0,22
	100	1,25		0,08
Großfeldapochromate	10	0,30		1,8
	25	0,65		0,25
	63	0,90		0,10
	100	1,32		0,09

Großfeldobjektive. Die Normalfeldobjektive sind für den Zwischenbilddurchmesser 20 mm, die Großfeldobjektive für den Zwischenbilddurchmesser 28 mm bzw. 32 mm berechnet.

Die weitere Entwicklung ist in Richtung der Großfeldplanobjektive mit korrigiertem Farbvergrößerungsfehler gegangen (CVD-frei ≙ Korrektion der chromatischen Vergrößerungsdifferenz). Dazu hat wesentlich der Einsatz von synthetisch gezüchteten Flußspat mit großer Homogenität beigetragen.

Die Verwendung der Planobjektive ohne CVD-Korrektion zusammen mit Kompensationsokularen führt noch zu Farbsäumen im Bild. Als CVD-Wert wird die Größe

$$\text{CVD} = \frac{\Delta y'_\lambda}{y'_e} \cdot 100 \quad (\text{in \%}) \qquad \text{mit } \Delta y'_\lambda = y'_{F'} - y'_{C'}$$

verwendet. Bei einem Mikroobjektiv und einer Tubuslinse ohne CVD-Korrektur ist die CVD nahezu konstant, $\Delta y'_\lambda$ also y'_e proportional. Bei Kompensationsokularen besteht dagegen zwischen $\Delta y'_\lambda$ und y'_e ein nichtlinearer Zusammenhang. Deshalb ist die Kompensation des Farbvergrößerungsfehlers nicht über das gesamte Bildfeld vollständig. Abb. 6.135 demonstriert den Sachverhalt am Beispiel zweier Objektiv-Okular-Kombinationen.

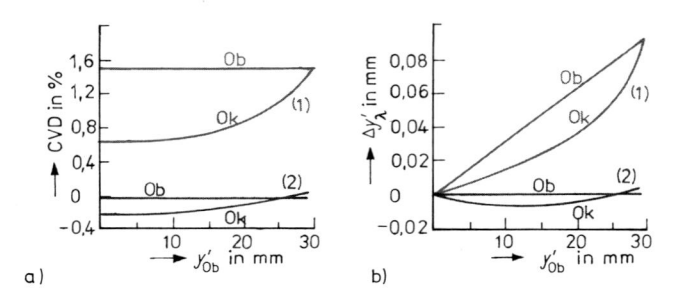

Abb. 6.135 a) Lateraler Farbfehler bei der Kombination von Objektiv und Okular, b) Farbquerfehler in der Zwischenbildebene, Farben wie bei a) (nach [52])
(1) CVD des Objektivs 1,5% und Kompensationsokular, (2) CVD-freies Objektiv und Okular

Tabelle 6.22 Großfeld-Planachromate, Bildweite unendlich, Abgleichlänge 45 mm, Korrektur der CVD

Vergrößerung	numerische Apertur	Brennweite in mm	freier Arbeitsabstand in mm	maximaler Objektfelddurchmesser in mm
3,2	0,06	78	4,7	10
6,3	0,12	39,5	15,7	5
12,5	0,25	20	8,0	2,6
25	0,50	10	1,95	1,3
40	0,65	6,3	0,53	0,80
50	0,80	5	0,40	0,64
100	0,90	2,5	0,25	0,32
100	1,30	2,5	0,20	0,32

Tab. 6.22 enthält eine Auswahl an Großfeldplanobjektiven für 32 mm Zwischenbilddurchmesser mit CVD-Korrektur. Die Bezeichnung dafür ist z. B. "GF-Planachromat 50x/0,80∞/0,17A", wobei das "A" die CVD-Korrektion kennzeichnet und 0,17 mm die Deckglasdicke ist. (Ohne CVD-Korrektion wird die Bezeichnung "C" verwendet.)

Für nicht so große Ansprüche an die Feldgröße sind auch Planachromate für die Zwischenbildgröße 20 mm und Apochromate für die Zwischenbildgröße 19 mm mit CVD-Korrektion entwickelt worden (bei biologischen Präparaten sind beide Objektivreihen noch bis 25 mm Zwischenbilddurchmesser verwendbar). In Tab. 6.23 und Tab. 6.24 sind Beispiele angegeben.

6.5 Optische Systeme

Abb. 6.136 zeigt das Schnittbild und die Definitionshelligkeit für ein Großfeldobjektiv.

Eine Besonderheit stellen die Mikroobjektive mit großem Arbeitsabstand dar, die wegen ihrer Anwendungsmöglichkeit in Kammern mit "K" gekennzeichnet sind. Sie können mit und ohne eine Planplatte aus Glas bzw. Kieselglas verwendet werden (Abb. 6.137).

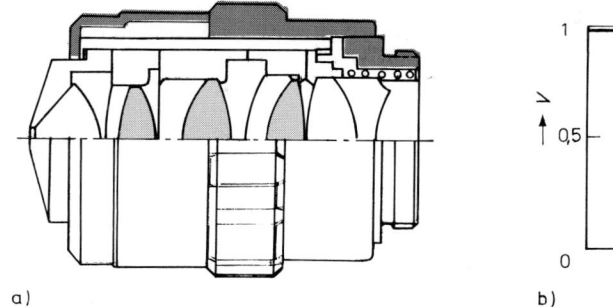

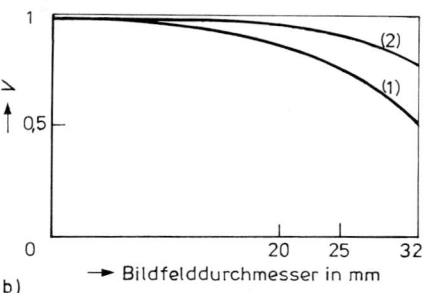

Abb. 6.136 a) GF-Planachromat 25x/0,65 ∞/0,17A (CVD-Korrektion, die grauen Linsen sind aus Flußspat),
b) Definitionshelligkeit als Funktion des Zwischenbilddurchmessers; (1) Scharfstellung auf die Bildmitte, (2) optimale Scharfstellung

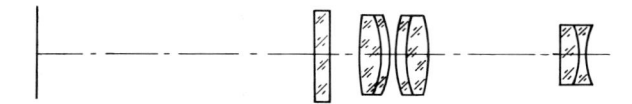

Abb. 6.137 Mikroobjektiv mit großem Arbeitsabstand K 8x/0,10
($f' = 31,3$ mm, freier Arbeitsabstand ohne Frontplatte 39,5 mm)

Tabelle 6.23 Planachromate, Bildweite unendlich, Korrektion der CVD

Vergrößerung	numerische Apertur	Brennweite in mm	freier Arbeitsabstand in mm	maximaler Objektfelddurchmesser in mm
5	0,10	50	12,8	4
10	0,20	25	14,1	2
20	0,40	12,5	2,6	1
50	0,80	5	0,38	0,4
100	1,30	2,5	0,17	0,2

Tabelle 6.24 Apochromate, Bildweite unendlich, Korrektion der CVD

Vergrößerung	numerische Apertur	Brennweite in mm	freier Arbeitsabstand in mm	maximaler Objektfelddurchmesser in mm
6,3	0,17	39,6	6,6	3
12,5	0,35	20	1,4	1,5
25	0,65	10	0,3	0,76
50	0,95	5	0,17	0,38
100	1,40	2,5	0,09	0,19

6.5.9 Okulare

Die Mikroskop- und die Fernrohrokulare bilden das Zwischenbild wie Lupen ab. Im Normalfall befindet sich das Zwischenbild in der objektseitigen Brennebene des Okulars, das Endbild entsteht demnach im Unendlichen.

Die Austrittspupille des Objektivs ist die Eintrittspupille des Okulars. Diese liegt damit im allgemeinen weit vor dem Okular, so daß der Hauptstrahlenverlauf wenig vom telezentrischen Strahlenverlauf abweicht.

Als Kennzahlen werden die Normalvergrößerung $\Gamma' = 250/(f'/\text{mm})$ und die Feldzahl $2y_{Ok}/\text{mm}$ angegeben. Der halbe Bildwinkel w' und die Feldzahl sind durch

$$2y = 2f'_{Ok} \tan w'$$

bzw.

$$2\Gamma'_{Ok} \cdot y/\text{mm} = 500 \tan w' \tag{6.318}$$

miteinander verknüpft. Bei einem Feldwinkel $2w' = 36°$ ist noch keine zu starke Augenbewegung notwendig. Legt man diesen als maximalen Bildwinkel fest, dann gilt wegen $\tan 18° = 0,32$

$$2\Gamma'_{Ok} \cdot y/\text{mm} = 160. \tag{6.319a}$$

Wegen des normalen Steckdurchmessers 23,2 mm muß die Feldzahl der schwachen Okulare (bis $\Gamma' \approx 8$) auf 20 mm begrenzt werden. Bei den stärkeren Okularen nimmt die Feldzahl mit der Vergrößerung ab. Bei Okularen mit erweitertem Feld beträgt der Steckdurchmesser 30 mm. Es wird

$$2\Gamma'_{Ok} \cdot y/\text{mm} = 200 \tag{6.319b}$$

gewählt, so daß $2w' \approx 46°$ ist.

Die objektseitige Feldzahl des Mikroskops folgt aus

$$2y_{Ob} = \frac{2y}{|\beta'_{Ob}|} = \frac{2y\Gamma'_{Ok}}{|\Gamma'|}. \tag{6.320}$$

Sie beträgt also

$$2y_{Ob}/\text{mm} = \frac{160}{|\Gamma'|} \quad \text{bzw.} \quad 2y_{Ob}/\text{mm} = \frac{200}{|\Gamma'|}. \tag{6.321a, b}$$

Bei Objektiven mit unendlicher Bildweite ist von Gl. (6.320) auszugehen. Für den Zwischenbilddurchmesser 32 mm und den Tubusfaktor 0,8 erhält man bei Okularen mit der Feldzahl 25

$$2y_{Ob} = \frac{250}{|\Gamma'|}. \tag{6.321c}$$

Im allgemeinen bilden also die Okulare ein großes Feld mit kleiner Öffnung ab. Daraus ergibt sich, daß vorrangig die Abbildungsfehler

- Farbfehler des Hauptstrahls
- Astigmatismus und
- Verzeichnung

zu korrigieren sind. Es kann aber auch notwendig sein, die Bildfeldwölbung zu berücksichtigen (Planokulare). Spezialfälle sind z. B. die Kompensationsokulare und die Feldstecherokulare, bei denen ein Anteil an Verzeichnung vorgegeben wird, weil dies für die Beobachtung bewegter Objekte günstig ist.

Plankonvexlinse. Eine Plankonvexlinse eignet sich als Okular mit kleiner Vergrößerung und nicht zu großem Feld. Die Planfläche ist dem Auge zuzukehren, damit der Astigmatismus und die Verzeichnung klein sind.

Monozentrisches Okular (Abb. 6.138a). Ein Fernrohrokular aus drei miteinander verkitteten Linsen ist das monozentrische Okular. Es hat wie die Einzellinse nur zwei Glas-Luft-Flächen, so daß es reflexarm ist. Der Aufbau aus zwei Zerstreuungslinsen (Flintglas) und einer Sammellinse (Kronglas) ermöglicht die Korrektion des Astigmatismus für eine nicht zu große Feldzahl.

Ramsden-Okular. Bei kleinen und mittleren Vergrößerungen haben die Okulare relativ große Brennweiten. Die Entfernung vom Zwischenbild bis zu der Augenlinse ist so groß, daß sich die divergenten Hauptstrahlen weit von der optischen Achse entfernen. Das gilt besonders für große Felder. Die Okulare werden dann zweckmäßig aus einer Feldlinse und einer Augenlinse zusammengesetzt. Dabei verkürzt sich allerdings die Schnittweite der Austrittspupille.

Beim Ramsden-Okular (Abb. 6.138b) steht die Feldlinse in der Zwischenbildebene. Feld- und Augenlinse haben dieselbe Brechzahl. Ihre Brennweiten sind gleich der Brennweite des Okulars. Es gilt

$$f'_F = f'_A = f' = e'. \tag{6.322}$$

Dadurch ist die Brennweite des Okulars für zwei Farben gleich und der Farbfehler des Hauptstrahls klein. Wegen der großen Entfernung der Eintrittspupille fällt die Austrittspupille fast mit der Augenlinse zusammen. Das ist ein wesentlicher Nachteil des Ramsden-Okulars.

Ein weiterer Nachteil ist das Zusammenfallen von Zwischenbild und Feldlinse, wodurch Schmutz und Blasen in der Feldlinse im Bild zu sehen sind. Das Ramsden-Okular ist bis zu einem Feldwinkel von 25° korrigierbar, wobei jedoch die Verzeichnung nicht klein ist.

Kellner-Okular (Abb. 6.138c). Die Nachteile des Ramsden-Okulars lassen sich vermeiden, wenn die Augenlinse aus Sammellinse (Kronglas) und Zerstreuungslinse (Flintglas) zusammengesetzt wird. Es entsteht ein Kellner-Okular, bei dem die Zwischenbildebene vor der Feldlinse liegt und die Austrittspupille bei nicht zu starken Vergrößerungen dem Auge gut zugänglich ist.

Huygens-Okular (Abb. 6.138d). Ramsden- und Kellner-Okular haben den Vorteil, daß die Zwischenbildebene vor dem Okular liegt. Strichmarken und Teilungen lassen sich im Tubus anbringen und bleiben bei einem Okularwechsel erhalten. Wenn dieser Vorteil nicht benötigt wird, dann lassen sich die Nachteile des Ramsden-Okulars auch mit einer einfachen Feld- und Augenlinse aus gleichen Gläsern vermeiden. Das Zwischenbild muß zwischen Feld- und Augenlinse liegen. Bei dem so entstehenden Huygensschen Okular ist die Brennweite für zwei Farben gleich, wenn für den Linsenabstand

$$e' = \frac{f'_F + f'_A}{2} \tag{6.323a}$$

gilt.

Für den Abstand der Austrittspupille von der als dünn angenommenen Augenlinse s'_{p2} gilt angenähert

$$\frac{s'_{p2}}{f'} = \frac{1}{2}\left(1 - \frac{F'_F}{F'_A}\right). \tag{6.323b}$$

Da $s'_{p2} > 0$ gelten muß, ist $F'_A > F'_F$ zu wählen (bzw. $f'_F > f'_A$). Das Verhältnis $f'_F/f'_A = 1,5$ ergibt z. B. $s'_{p2}/f' = 0,165$.

Das Zwischenbild liegt um

$$s_1 = -\frac{1}{2}\left(1 - \frac{F'_F}{F'_A}\right) \tag{6.323c}$$

von der als dünn angenommenen Feldlinse entfernt, also wegen $F'_A > F'_F$ zwischen Feld- und Augenlinse (bei $f'_F/f'_A = 1,5$ gilt $s_1/f' = 0,25$).

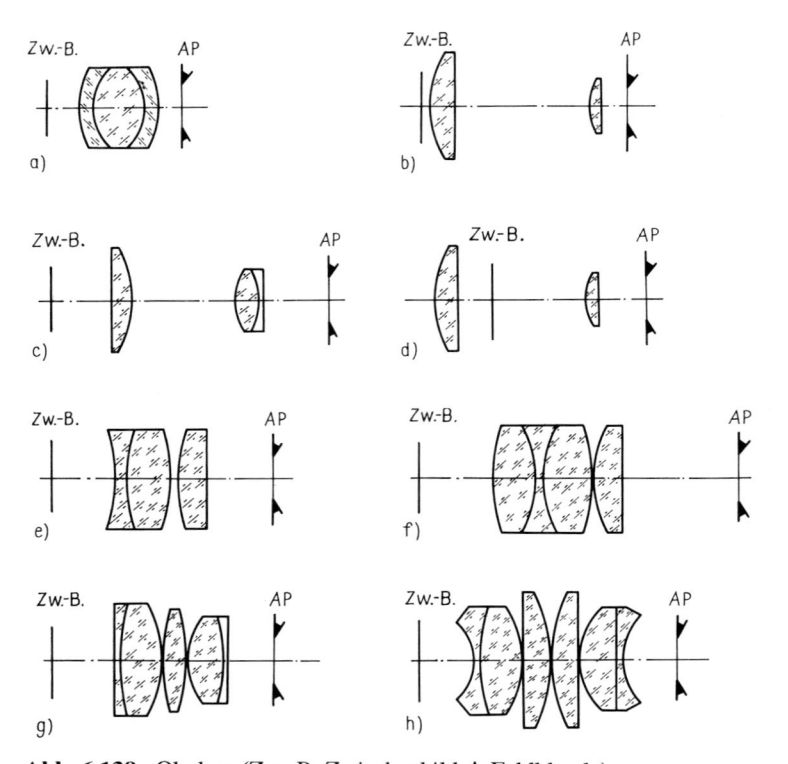

Abb. 6.138 Okulare (Zw.-B. Zwischenbild ≙ Feldblende)
a) Monozentrisches Okular, b) Ramsden-Okular, c) Kellner-Okular, d) Huygenssches Okular,
e) König-Okular, f) Orthoskopisches Okular, g) Erfle-Okular, h) Feldstecher-Okular

König-Okular und orthoskopisches Okular. Bei stärkerer Vergrößerung ist die Brennweite der Okulare so klein, daß eine Feldlinse nicht erforderlich ist. Andererseits ist eine kleinere Baulänge notwendig, damit das Zwischenbild vor dem Okular liegt. Ein Okular dieser Art aus drei Linsen stellt das König-Okular dar (Abb. 6.138e).

6.5 Optische Systeme

Eine bessere Verzeichnungskorrektur ist mit dem vierlinsigen orthoskopischen Okular möglich (Abb. 6.138f).

Großfeldokulare. Gelegentlich wird vom scheinbaren Bildfelddurchmesser ausgegangen. Dieser stellt die Bildgröße dar, wie sie dem Beobachter in 250 mm Entfernung von der Austrittspupille aus erscheint. Es gilt:

scheinbarer Bildfelddurchmesser = Feldzahl × Okularvergrößerung

(die Größe in den Gl. (6.319a, b) und (6.321c)). Okulare mit scheinbaren Bildfelddurchmessern über 175 mm werden Großfeldokulare genannt.

Die Objektive mit CVD-Korrektion sind naturgemäß auch mit Okularen zu benutzen, die CVD-Korrektion haben. Zu den Großfeldobjektiven passen Großfeldokulare, die entweder mit 23,2 mm (P-Okulare) oder mit 30 mm Steckdurchmesser (Pw-Okulare) angeboten werden (Tab. 6.25).

Tabelle 6.25 P-Okulare (23,2 mm Steckdurchmesser) und Pw-Okulare (30 mm Steckdurchmesser), Korrektion der CVD

Typ	Vergrößerung	Feldzahl	Bildfelddurchmesser in mm	Brennweite in mm	mittlere Pupillenhöhe in mm	Blendentyp
P	6,3	19	120	39,7	20 oder 10	Mittelblende
GF-P	10	20	200	25	20 oder 10	Mittelblende
GF-P	10	18	180	25	20 oder 10	Vorderblende
GF-P	12,5	16	200	20	10	Vorderblende
GF-P	16	12,5	200	15,6	10	Vorderblende
Pw	6,3	25	158	39,5	12	Mittelblende
GF-Pw	10	25	250	25,7	21	Mittelblende
GF-Pw	16	16	256	15,7	12	Mittelblende

Feldstecher-Okulare. Für Feldstecher werden Okulare mit großem Feldwinkel benötigt. Es ist dann günstig, bei der Korrektion auch die Bildfeldwölbung zu berücksichtigen. Zwei Beispiele sind das Erfle-Okular (Abb. 6.138g) und ein Feldstecher-Okular von Carl Zeiss Jena (Abb. 6.138h). Bei letzterem sind die dicken Menisken geeignet, die Bildfeldebnung zu erleichtern.

6.5.10 Spezielle optische Systeme

In diesem Abschnitt sollen Beispiele für optische Systeme mit speziellen Anwendungen zusammengestellt werden. Es handelt sich um die kurz gefaßte Übersicht über einige in der Literatur zu findende Angaben.

Fotolithografische Objektive. Die Mikrostrukturierung erfordert die Abbildung von Schablonen mit feinen Strukturelementen auf eine Fotolackschicht. Der Fotolack benötigt einen hohen Kontrast des Bildes ($\approx 0,5$). In der Mikroelektronik wurde außerdem der Durchmesser der zu strukturierenden Siliciumscheiben ständig vergrößert. Daraus ergibt sich, daß die Objektive für die Projektionsfotolithografie quasibeugungsbegrenzt für große Öffnungen und große Felder sein müssen und nur geringe Verzeichnung haben dürfen. Sie brauchen jedoch nur für schmale Wellenlängenbereiche korrigiert zu werden (ca. 10 nm). Die Vergrößerung des Auflösungsvermögens hat weiter die Tendenz mit sich gebracht, die Arbeitswellenlänge zu verkleinern.

Die Objektive sind ständig komplizierter und ihre Baulänge größer geworden. Der Preis ist entsprechend hoch, so daß ihre Nutzung außerhalb der lithografischen Geräte nicht vertretbar ist. Die Forderungen an die Werkstoffe und an die Zentrierung sind extrem groß, so daß neue Prüfverfahren, neue Fassungsmethoden und rechnergestützte Methoden der Montage eingeführt werden mußten [60]. Bei der Prüfung der Bildgüte ist zu beachten, daß in der Projektionsfotolithografie mit partiell-kohärentem Licht gearbeitet wird.

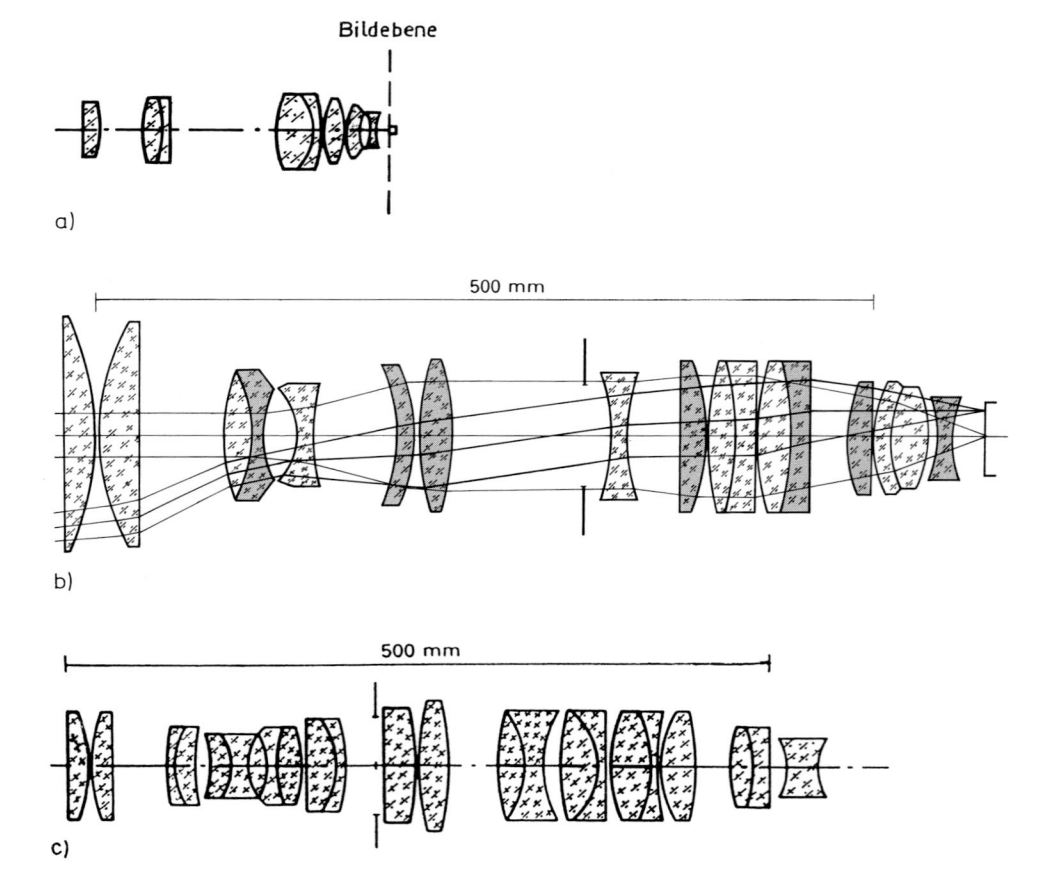

Abb. 6.139 Objektive für die Fotolithografie
a) UM 1:4/0,25, b) UM-AÜR 1:5/0,25...0,40 (grau: Lanthanflinte), c) für UV korrigiert

Abb. 6.139 demonstriert die Entwicklung der fotolithografischen Objektive an drei Beispielen. Abb. 6.139a zeigt ein Objektiv der Anfangsphase bei Carl Zeiss Jena (1967). Die

6.5 Optische Systeme

Ähnlichkeit mit einem Mikroobjektiv ist noch deutlich erkennbar. Es löst auf einem Feld von 2 mm × 2 mm Strukturen mit 3 µm Breite auf. Mit dem Objektiv nach Abb. 6.139b wurden unter praxisnahen Bedingungen bei definierten Parametern der Schicht mit der numerischen Apertur 0,25 bei 20 mm × 20 mm Feldgröße 1,44 µm und mit der numerischen Apertur 0,4 bei 8 mm × 8 mm Feldgröße 0,83 µm aufgelöst. Die Verzeichnung liegt unter 150 nm.

Der Vorstoß in den ultravioletten Bereich bringt neue Komplikationen mit sich, denn die kleinen Wellenlängen bis zu 200 nm herab engen die Toleranzen weiter ein. Außerdem ist die Werkstoffauswahl begrenzt auf Fluoride und Kieselglas. Abb. 6.139c zeigt das Schnittbild eines Versuchsobjektivs [59].

Lasersysteme. Die theoretischen Grundlagen für optische Systeme zur Laserfokussierung und zur Laserbündelaufweitung haben wir bereits in 4.1.12 behandelt. Kommerziell sind Aufweitungssysteme sowohl vom Galileityp (Abb. 6.140a) wie auch vom Keplertyp (Abb. 6.140b) verfügbar. Für die Interferometrie und die Holografie sind große Aufweitungsfaktoren bei geringen Wellenaberrationen anzustreben. Das System nach Abb. 6.140c enthält zur Sicherung der Kohärenz eine 20 µm große Modenblende.

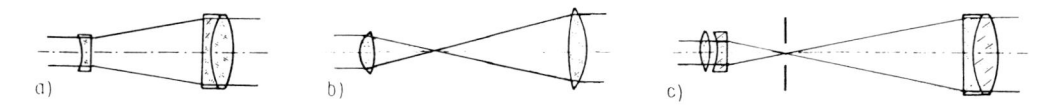

Abb. 6.140 Kommerzielle Laseraufweitungssysteme
a) Galilei-Typ 4x oder 7x, b) Kepler-Typ 15x, c) Kepler-Typ 50x mit Modenblende für die Interferometrie und Holografie (Wellenaberrationen bei $\lambda = 632,8$ nm kleiner als λ)

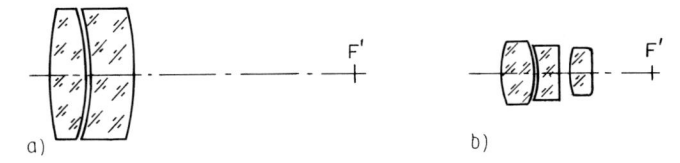

Abb. 6.141 Laserfokussiersysteme
a) Monochromat mit sphärischer Korrektion, z. B. mit $f'(780\,\text{nm}) = 20$ mm,
b) Monochromat $f' = 10$ mm, numerische Apertur $A' = 0,3$

Die Laserfokussierung ist mit Monochromaten möglich, die hinsichtlich Öffnungsfehler korrigiert oder aplanatisch sind. Für hohe Leistungsdichten sind Kittflächen zu vermeiden. Abb. 6.141 zeigt zwei Beispiele.

Abbildung auf CCD-Matrizen. Spezifische Forderungen werden an Objektive gestellt, die in Verbindung mit CCD-Matrizen verwendet werden. Nach [61] sind für hohe Meßgenauigkeiten folgende Bedingungen zu nennen:
- Sehr geringe Verzeichnung (unter 1 µm),
- konstante Kaustik im gesamten Bildfeld mit dem Punktbilddurchmesser von ungefähr 0,05 mm,
- keine Unsymmetrien des Punktbildes, also extreme Korrektion der Koma und der Farbkoma sowie des Farbfehlers des Hauptstrahls,

- keine Randabschattung,
- minimales Streulicht.

Ein Beispiel ist das in Abb. 6.142a enthaltene Intensar $1,4/100$. Dieses Objektiv ist für den Einsatz in Sternsensoren, evtl. auch im kosmischen Bereich, vorgesehen. Daraus ergeben sich zusätzlich die Forderungen nach geringer Masse und thermischer Stabilität (durch Titanfassung unterstützt) sowie der Lage der Eintrittspupille nahe der Frontlinse (Pupillenabbildungsmaßstab $\beta'_p = 0,78$). Berücksichtigt wurden außerdem eine planparallele Kieselglasplatte vor dem Objektiv und eine planparallele Abdeckplatte des Empfängers (2,5 mm...3 mm dick, bildseitige Schnittweite ohne Glasweg $s' = 10,7$ mm).

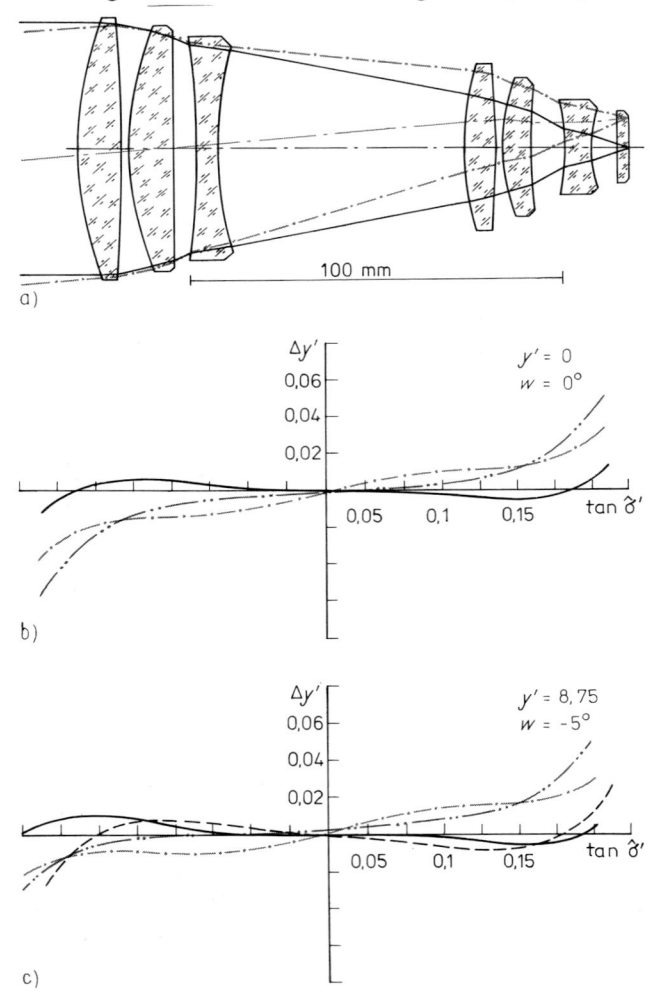

Abb. 6.142 a) Schnittbild des Intensars $1,4/100$, $2w = 10°$, für Sternsensoren (CCD-Matrizen), b) Korrektionsdarstellung für die Bildmitte, c) Korrektionsdarstellung für den Bildrand
(——— Schwerpunktwellenlänge, — ·· — untere Grenzwellenlänge, — · — obere Grenzwellenlänge)

6.5 Optische Systeme

Es wurde je eine Variante für die Wellenlängenbereiche 440 nm...650 nm und 540 nm... ...850 nm berechnet. Die Verzeichnung ist kleiner als 1 µm, der Farbquerfehler maximal 4 µm und die relative Abweichung der Isoplanasie unter 0,1 ‰. In der Bildmitte hat der geometrisch-optische Zerstreuungskreis 0,04 mm, am Feldrand 0,055 mm Durchmesser. Abb. 6.142b und c lassen die Gleichmäßigkeit des Korrektionszustands erkennen.

Laserscanner. Für die Lasergravur oder die zeilenweise Bestrahlung mit Laserbündeln (Scanningverfahren) sind optische Systeme erforderlich, die eine angepaßte Punktauflösung mit bestimmten Ähnlichkeitsforderungen im Feld verbinden. Die Situation ähnelt derjenigen für optische Systeme, die in Verbindung mit CCD-Matrizen benutzt werden. Die Laserbündel werden mit drehbaren Spiegeln oder mit Polygonspiegeln in zwei Richtungen abgelenkt. Wenn x' und y' die Bildpunktkoordinaten und σ der Winkel zwischen Parallelbündel vor dem Objektiv und der optischen Achse sind, so gibt es zwei Varianten für die Korrektion der Objektive. Bei Verzeichnungsfreiheit gilt [66]

$$x'^2 + y'^2 = (f' \tan \sigma)^2, \qquad (6.324\text{a})$$

bei der sogenannten Tangensentzerrung (auch "F-theta-Korrektion" genannt) gilt

$$x'^2 + y'^2 = (f' \sigma)^2. \qquad (6.324\text{b})$$

Die getrennte Ablenkung in x'- und in y'-Richtung durch je eine Spiegelverstellung um φ_1 bzw. φ_2 ergibt für Tangensentzerrung in der ersten Näherung (Glieder 3. Ordnung vernachlässigt)

$$x' = 2f' \varphi_1, \quad y' = 2f' \varphi_2. \qquad (6.325)$$

(Für Verzeichnungsfreiheit würde $x' = f' \tan 2\varphi_1$, $y' = f' \tan 2\varphi_2$ sein.) Deshalb werden Objektive für Laserscanner im allgemeinen mit Tangensentzerrung ausgeführt.

Abb. 6.143a enthält ein Beispiel für ein Laserscannersystem mit der Brennweite $f' = 100$ mm, bei dem der Feldwinkel 60° und das Öffnungsverhältnis 1:23,8 betragen. Die Tangensentzerrung wird über die gesamte Länge auf 0,2% genau eingehalten. Das System nach Abb. 6.143b arbeitet bei der Wellenlänge 4,416 µm und hat die Brennweite $f' \approx 48$ mm [33].

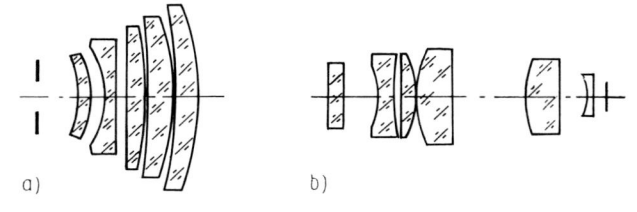

Abb. 6.143 a) Weitwinkel-Scannersystem mit "F-theta-Korrektion" und 3000 Punkten über die Scanlänge 106,6 mm, b) telezentrisches Scannersystem mit "F-theta-Korrektion" und 6667 Punkten über die Scanlänge

Beugungsbegrenzter Aplanat. Für den Einsatz in Interferometern, für weitere meßtechnische Aufgaben und als Abtastsystem ist bei Carl Zeiss Jena ein beugungsbegrenzter Aplanat hoher numerischer Apertur entwickelt worden, der Vorbild für weitere derartige Systeme sein könnte. Die Wellenaberrationen liegen unter $0{,}004\lambda$, so daß beim konkreten System

$V > 0{,}9995$, beim realen System $V > 0{,}985$ erreicht wird (V Definitionshelligkeit). Die äußere Meniskuslinse läßt sich um $4'$ kippen, womit z. B. Reflexlicht ausgekoppelt wird. Abb. 6.144 enthält das Schnittbild [62].

Für die Abtastung von compact disc (CD) und anderen optischen Speichern sind sehr leichte und damit miniaturisierte optische Systeme wünschenswert. Die Einführung von Gradientenlinsen und asphärischen Linsen erscheint aussichtsreich. Eine vierlinsige Variante ist in Abb. 6.145 enthalten.

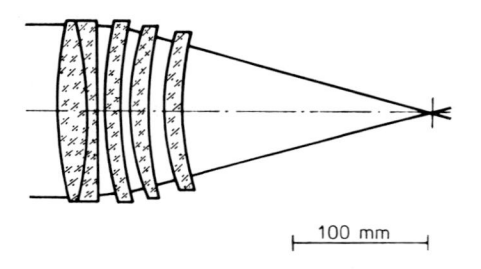

Abb. 6.144 Beugungsbegrenzter Aplanat hoher numerischer Apertur

Abb. 6.145 Miniaturisiertes Abtastobjektiv für Digitalschallplatten

Fouriertransformationsoptik. Für die optische Fouriertransformation, d. h. für Aufgaben der Ortsfrequenzfilterung und der Zeichenerkennung, werden Objektive benötigt, die aus zwei identischen Gliedern bestehen. Der bildseitige Brennpunkt des ersten Gliedes und der objektseitige Brennpunkt des zweiten Gliedes fallen zusammen. Das in der objektseitigen Brennebene des ersten Gliedes stehende Objekt wird mit im allgemeinen zeitlich und räumlich kohärenten Parallelbündeln beleuchtet und in die bildseitige Brennebene des zweiten Gliedes abgebildet (Abb. 6.146).

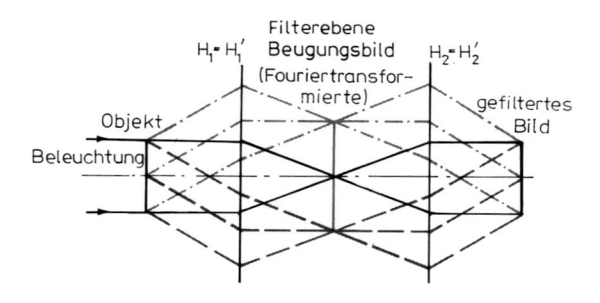

Abb. 6.146 Grundaufbau eines Fouriertransformationsobjektivs

Die Fouriertransformierte der Objektfunktion wird in der gemeinsamen Brennebene erzeugt (Beugungsfunktion, analog zum primären Bild der Abbeschen Mikroskoptheorie). An dieser Stelle können mit Ortsfrequenzfiltern Eingriffe vorgenommen werden. In der Ebene durch F_2' entsteht dann die Fouriertransformierte des Produkts aus Beugungs- und Eingriffsfunktion. Jedes der beiden Glieder muß für zwei Ebenen korrigiert sein, und zwar für die unendlich ferne und die objektseitige Brennebene. Bezüglich spezieller Fouriertransformationsobjektive, die in Verbindung mit CCD-Matrizen arbeiten, verweisen wir auf [63].

6.5 Optische Systeme

Objektive für die Infrarottechnik. Für die Infrarottechnik, besonders für die Thermografie und für Erkennungsaufgaben an Objekten, die durch die Erdatmosphäre hindurch zu beobachten sind, werden optische Systeme benötigt, die in den beiden optischen Fenstern (2 µm... ...5 µm und 8 µm...14 µm) transparent sind. Als Linsenwerkstoffe kommen entsprechend 2.3.3 vor allem Germanium, Silicium, GaAs, As_2S_3 und Chalkogenidgläser in Frage. Im allgemeinen sind die Objektive nur für ein optisches Fenster korrigiert. Beispiele stellen die Objektive aus Abb. 6.147 dar.

Triplets auf Germaniumbasis sind in Kiew (Ukraine) für den Wellenlängenbereich 8 µm... ...14 µm entwickelt worden. Das Objektiv Pion 1 hat die Brennweite $f' = 60$ mm und das Öffnungsverhältnis 1:1. Auf der Achse sinkt der Kontrast bei 34 Linien je Millimeter, im äußeren Feldpunkt bei 10 Linien je Millimeter auf 0,5 ab. Das Objektiv Pion 2 mit der Brennweite $f' = 120$ mm und dem Öffnungsverhältnis 1:0,85 löst beim gleichen Kontrast auf der Achse 24 Linien je Millimeter, am Feldrand 10 Linien je Millimeter auf. Der Transmissionsgrad liegt für beide Objektive bei 70%.

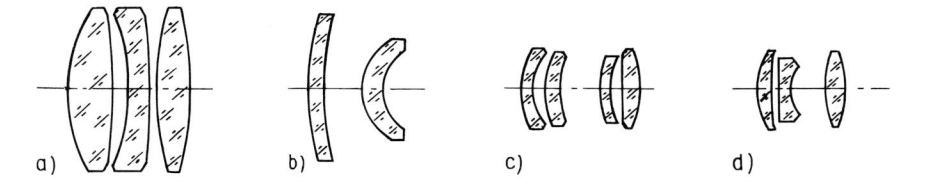

Abb. 6.147 Objektive für die Infrarottechnik
a) Servo-Corporation 2/50, $\lambda = 0,5$ µm...2,6 µm, optisches Glas und CaF_2,
b) Servo-Corporation 0,78/25, $\lambda = 8$ µm...13 µm, Ge,
c) Carl Zeiss Jena 1,4/18, Chalkogenidgläser und GaAs,
d) Carl Zeiss Jena 1,4/30

Bei Carl Zeiss Jena sind Objektive entstanden, die in beiden optischen Fenstern verwendbar sind. Die in Abb. 6.147 gezeigten Objektive sind außerdem thermisch stabilisiert [64]. Sie lösen bei 50% Kontrast 10 Linien je Millimeter auf.

Korrektion optischer Systeme. Wir wollen diesen Abschnitt mit einigen kurzgefaßten Bemerkungen zur Korrektion optischer Systeme abschließen. In 6.5 sind Hinweise für den Ansatz optischer Systeme gegeben worden. Mit Hilfe der Gleichungen für das paraxiale Gebiet und der Ansatzbedingungen lassen sich günstige Ausgangssysteme, d. h. Startsysteme für die weitere Optimierung bereitstellen. Häufig dienen dazu aber auch Vorbildsysteme, die in die Optimierungsprogramme integriert sind. Die Aufgabe, ein optisches System ausreichender Bildgüte zu entwickeln, obliegt dem Korrektionsprozeß.

Die Korrektion optischer Systeme beruht auf der gegenseitigen Kompensation der Abbildungsfehler der darin enthaltenen abbildenden Funktionselemente, indem die Strukturparameter (Radien, Dicken, Abstände, Werkstoffdaten) schrittweise abgewandelt werden. Zur Kontrolle der jeweils erreichten Bildgüte ist die wiederholte Bewertung des Systems notwendig.

Heute existieren betriebsinterne und kommerzielle Rechenprogramme zur sogenannten automatischen Korrektion optischer Systeme. Sie beruhen auf der Strahldurchrechnung, den daraus abgeleiteten Gütekriterien und den mathematischen Methoden der iterativen nichtlinearen Optimierung. Die automatische Korrektion (computer-aided lens design) ist eine spezielle Form der rechnergestützten Konstruktion (computer aided design, abgekürzt CAD).

Mit der automatischen Korrektion werden kürzere Entwicklungszeiten erreicht, und es ist die Entwicklung von komplexeren optischen Systemen möglich. Routineprozesse werden vorwiegend automatisiert, so daß die Produktivität des Optik-Konstrukteurs größer ist.

7 Weiterführende und aktuelle Ergänzungen

7.1 Einleitung

7.1.1 Vorbemerkungen

Um die Weiterentwicklung seit dem Erscheinen der 3. Auflage im Jahre 1994 bei vertretbarem ökonomischen Aufwand in der 4. Auflage berücksichtigen zu können, werden in diesem Kapitel einige Ergänzungen aufgenommen. Dabei ist aber die Beschränkung auf wesentliche Hinweise in knapper Form angemessen, weil die Vielfalt an neuen Aspekten für eine umfassende Behandlung zu groß ist.

Zunächst sei darauf hingewiesen, daß die Bereitstellung an kommerziellen Bauelementen, Verfahren und Geräten seitens der optischen Industrie einen so großen Umfang angenommen hat, daß selbst eine Auswahl an Beispielen den Rahmen des Buches sprengen würde. Es liegen von allen Herstellern umfangreiche Kataloge vor, die teilweise auch eine kurze Darstellung der Begriffe der Optik und der Eigenschaften von Bauelementen enthalten. Allein in der Zeitschrift der Physikalischen Gesellschaft [77] sind monatlich umfassende Angebote vorhanden, von denen ein großer Teil auf Grund der weiter wachsenden Bedeutung optischer Methoden optischer Natur ist. Auch den Fachorganen der Wissenschaftlichen Gesellschaft Lasertechnik „LaserOpto" und der Deutschen Gesellschaft für angewandte Optik „Photonik" [79] sind kommerzielle Angebote zu entnehmen. In diesem Zusammenhang sei auch auf die von einem Gremium aus Fachleuten erarbeitete Agenda „Optische Technologien für das 21. Jahrhundert" [78] verwiesen, in der auf die Erfordernisse bei der Weiterentwicklung optischer Methoden in Industrie und Forschung auf verschiedenen Gebieten eingegangen wird.

Die Entwicklung der Optik ist in den letzten Jahrzehnten stets eng mit der Entwicklung der Rechentechnik verbunden gewesen. Die Fortschritte hinsichtlich der Rechengeschwindigkeit, des Speicherumfangs, der Möglichkeiten, direkt mit dem Rechner zu kommunizieren, haben sich stets auch in einer neuen Qualität der Methoden zur Entwicklung optischer Systeme und Baugruppen sowie der digitalen optischen Bildverarbeitung niedergeschlagen. Die Nutzung großer Rechenanlagen wird im allgemeinen der Industrie vorbehalten bleiben, in der auch die umfassende Software existiert. Nur dadurch war die Entwicklung von Hochleistungsoptik für die verschiedenen Spektralbereiche möglich. Dagegen sind die PC durch ihre direkte Verfügbarkeit am Arbeitsplatz tägliches „Handwerkszeug" vieler Entwickler. Die dafür handelsübliche Software (z. B. in [33] und einigen Firmenkatalogen angegeben) ist oft so anwenderfreundlich, daß selbst bei geringen Optik-Vorkenntnissen bemerkenswerte Ergebnisse erzielt werden können. Diese Methode sollte allerdings nicht zur Regel werden.

Schließlich sei auf die Fortschritte in der Meßtechnik verwiesen, die eng mit der kommerziellen Verfügbarkeit der verschiedenen Lasertypen und der Einführung der verschiedenen Varianten der Laserspektroskopie verbunden sind. Mit der Festlegung der Lichtgeschwindigkeit auf den Wert $c = 299\,792\,458$ m $\cdot$ s^{-1} ist auch die Meterdefinition an eine Eigenschaft des Lichtes gebunden, und als Vergleichsnormal für mit Längenmessungen verbundene Meßaufgaben dient die Wellenlänge der optischen Strahlung.

Durch den Einsatz der Faseroptik mit geringer Dämpfung konnte die optische Nachrichtenübertragung einen regelrechten Siegeszug antreten. Dazu existiert umfangreiche Spezialliteratur, die auch den systemtechnischen und den informationstechnischen Aspekt berücksichtigt. Grundlegende Ausführungen dazu sind in [76] enthalten.

7.1.2 Aspekte der Entwicklung des Arbeitsgebietes

In der modernen Gerätetechnik ist die Integration von Präzisionsmechanik, Optik und Mikroelektronik, speziell der Mikrorechentechnik zu beobachten. Das gilt sowohl für die klassischen feinmechanisch-optischen Geräte wie auch für Geräte der Meß- und Automatisierungstechnik sowie zur Laborautomatisierung. Diese Tendenz ist auch in Gebieten vorhanden, die sich bisher ausschließlich elektrischer Prinzipien bedienten, wie z. B. die Messung von Spannung, Stromstärke oder magnetischen Größen und die Nachrichtenübertragung sowie die Rechentechnik. In der Automatisierungstechnik sind besonders die optoelektronischen Sensoren mit den daran angepaßten Beleuchtungs- und Abbildungssystemen sowie die Signalübertragung bestimmend für den wachsenden Anteil an optischen Prinzipien.

Es ist aber auch verstärkt das Eindringen von elektronischen Lösungen in Geräten zu beobachten, bei denen bisher nur feinmechanisch-optische Bauelemente verwendet wurden. Einige Entwicklungen, die zu dem genannten Trend beigetragen haben, sind:

– *Strahlungsquellen*, wie z. B. die Lumineszenzdioden und die Laser, vor allem die Halbleiterlaser wegen ihrer geringen Abmessungen und ihrer hohen Lebensdauer,

– *Strahlungsempfänger*, teilweise mit Informationsvorverarbeitung, wie z. B. die CCD-Zeilen und -Matrizen [101],

– *Signalübertragungsstrecken* auf der Basis der Lichtwellenleiter,

– *komplexe und schnelle Informationsverarbeitung* mit Mikrorechnern und die damit verbundenen Steuerfunktionen bei optischen Systemen,

– *optische Bauelemente*, wie z. B. die Variooptik, die Gradientenoptik, die asphärische Optik und die Fresnellinsen,

– *optische Verfahren*, wie z. B. die Holografie, die Bildverarbeitung, einschließlich der optischen Filterung, die Scannverfahren (Scanning, engl. Abtastung, Abrasterung des Objektes mit abgelenkten Lichtbündeln) und die integrierte Optik (Kopplung miniaturisierter Bauelemente in einem Wellenleiter).

Folgende Grundaufgaben für optoelektronische Geräte können unterschieden werden:

– Bewertung von Fremdstrahlung mittels optoelektronischer Empfänger (z. B. Belichtungsmesser, Dämmerungsschalter).

– Bewertung der vom Gerät ausgehenden Strahlung nach ihrer Veränderung während der Ausbreitung (z. B. Lichtschranken und -taster).

– Modulation, Übertragung und Empfang von Signalen (z. B. optische Nachrichtenübertragung, Fernsteuerung mittels Infrarotstrahlung).

– Fokussierung und Steuerung von optischen Systemen.
– Wandlung bildmäßiger Informationen in elektrische Signale (z. B. Aufnahmeröhren, optoelektronische Kameras, Bildverarbeitung, wofür auch neue Verfahren der Auflichtbeleuchtung entwickelt wurden [91]).

In einem optoelektronischen Gerät werden i. allgem. die optische Strahlung zur Informationsübertragung, ein optoelektronischer Empfänger zur Signalwandlung (gelegentlich auch andere optische Empfänger, wie z. B. thermische) und mikroelektronische Baugruppen zur Informationsverarbeitung eingesetzt.

Photonik. In Anlehnung an das Gebiet *„Elektronik"*, das ursprünglich die Wechselwirkung zwischen Elektronen und äußeren Feldern erfaßt hat, wobei nur in Ausnahmefällen Photonen beteiligt waren (z. B. beim Photoeffekt), wurde in den letzten Jahren der Begriff *„Photonik"* (engl. Photonics) eingeführt. Die inhaltliche Definition der Photonik wird aber wie bei jedem neuen Begriff sehr unterschiedlich gesehen. Im Vordergrund steht leider oftmals nur das Bestreben, sich modern darzustellen. Das kommt bereits darin zum Ausdruck, daß manche Autoren den Begriff Photonik als Ersatz für den Begriff Optik verwenden, indem sie darin sämtliche Teilgebiete der Optik einordnen. Auch die optische Industrie benutzt ihn zu Werbezwecken.

Im Grunde genommen beschreibt bereits die Optoelektronik die Wechselwirkung zwischen Photonen, Elektronen und äußeren Feldern. Eine neue Qualität der Verbindung von Elektronik und Optik ist dadurch entstanden, daß die Entwicklung der Halbleitertechnik und der integrierten Optik viele neue Effekte des aktiven Zusammenwirkens von Photonen und Elektronen oder Defektelektronen hervorgebracht hat. Deshalb sollte der eigentlich nicht erforderliche Begriff Photonik auf die Vorgänge beschränkt bleiben, bei denen der Photonencharakter der optischen Strahlung unmittelbar zur Erklärung der Funktion von optoelektronischen Bauelementen benötigt wird, oder optische und elektronische Funktionen in einem Halbleiter integriert sind.

Bezüglich der Entwicklung der Optik steht weiterhin die Erforschung der physikalischen Grundlagen auf der Tagesordnung. Die Erzeugung spezieller Photonen und ihrer Eigenschaften stehen im Vordergrund, vor allem ihr statistisches Verhalten ([84], [88], [97]). Die Erwartungen für die meßtechnische Umsetzung der Eigenschaften der „gequetschten" Photonen (squeezing states) sind bisher nur bedingt erfüllt worden.

Neue gerätetechnische Lösungen, bei denen wesentlich optische Prinzipien und Bauelemente genutzt werden, sind zu erwarten. Physik und Technik bedingen sich aber gegenseitig, so daß die Übergänge fließend sind und von der reinen Grundlagenforschung bis zur angewandten Forschung, bzw. der konstruktiven und technologischen Umsetzung reichen. Diese Tendenz zeigt sich besonders bei der Weiterentwicklung der Laser und der nichtlinearen Optik.

Die *analoge Fotografie* hat sich zunächst in Richtung der Automatisierung einzelner Funktionen entwickelt (Belichtungsmessung, automatische Fokussierung, automatische Anpassung der Belichtung an die Filmempfindlichkeit). Für die Amateurfotografie mit Kleinbildfilmen stehen Varioobjektive mit guter Bildqualität in vielfältiger Auswahl an Brennweitenbereichen zur Verfügung (siehe auch Abschn. 6.5.5 und 7.6.3). Für starke Nachvergrößerungen oder die professionelle Fotografie bleiben die festbrennweitigen Objektive hoher Bildgüte sowie die großformatigen Kameras unverzichtbar.

Im Vormarsch ist die *digitale Fotografie*, die in erster Linie durch den Ersatz des Films durch CCD-Matrizen und die digitale Speicherung der Bilddaten ausgezeichnet ist. Die Bilder lassen sich sofort betrachten und im Computer bearbeiten. Einzelheiten sollen hier nicht behandelt werden. Die optischen Zusammenhänge sind z. B. in [96] und [98] dargelegt worden.

Die *Nahfeld-Mikroskopie* hat eine große Vielfalt an Methoden und Gerätelösungen mit sich gebracht, die sich beträchtlich von der klassischen Mikroskopie unterscheiden. Deshalb wird im Abschn. 7.6.1 näher darauf eingegangen. Es existiert bereits eine große Anzahl an Veröffentlichungen über die Anwendungen. Das wird auch dadurch gefördert, daß inzwischen viele Firmen ausgereifte kommerzielle Geräte in ihren Katalogen sowie in Fachzeitschriften anbieten (z. B. in [77]).

Bei den astronomischen Fernrohren sind immer komplexere Lösungen mit hohem technischen und materiellen Aufwand in Angriff genommen worden, wobei zwischen der ersten Konzeption und der Inbetriebnahme lange Entwicklungszeiten liegen. Nähere Ausführungen enthalten die Abschnitte 6.3.2 und 7.6.2.

Für optische Experimentalaufbauten oder für die Kombination von Einzelelementen zu speziellen Meßgeräten stehen heute für fast alle optischen Funktionen industriell gefertigte Bauelemente und Baugruppen zur Verfügung, wobei häufig auch Kundenspezifikationen berücksichtigt werden können.

Die Mikrostrukturierung für die Mikroelektronik erlaubt immer feinere Strukturen durch den Übergang zu kleinen Wellenlängen. Davon profitiert auch die integrierte Optik (Abschn. 7.5.1), so daß von Mikro- und Nanooptik gesprochen wird [99], [100]. Dabei spielen die Mikrolinsenraster, die auf Brechung beruhen und Bezug zum Wabenkondensor haben (Abschn. 6.5.1, [93]) sowie die diffraktiven optischen Elemente (abgek. DOE), die auf Beugung beruhen, eine wichtige Rolle. Die vielfältigen Einsatzmöglichkeiten und die Grenzen der diffraktiven optischen Elemente werden in [94] aufgezeigt. Eine spezielle Anwendung zur Strahlformung wird in [92] dargestellt.

Bei den Strahlungsquellen sind besonders zwei Richtungen zu erwähnen. Das Bestreben, die hohe Lebensdauer der LED für Beleuchtungszwecke zu nutzen, führt zu den „weiß" strahlenden LED (Abschn. 7.5.3). Die Entwicklung von Strahlungsquellen hoher Leuchtdichte, u. a. für das Projektionsfernsehen, wurde durch die Kopplung einer Quecksilber-Höchstdruckentladung mit einem Halogen-Kreisprozeß eingeleitet (UHP-Lampe, [90]).

Wir wollen noch kurz auf den Dualismus zwischen Wellen- und Teilchencharakter eingehen, der grundsätzlich bei sämtlicher Materie vorhanden ist. Der Dualismus drückt sich offenbar in einer Wechselbeziehung von Kontinuität (Welle) und Diskretisierung (Teilchen) aus. Wir haben z. B. beim Photon bewußt die Formulierung gewählt, daß eine wesentliche Seite der Charakter als elektromagnetische Welle und eine wesentliche Seite der Charakter als Elementarteilchen in Form eines Quantes darstellt. Keineswegs kann davon gesprochen werden, daß das elektromagnetische Feld keine Materie ist.

Auch das Elektron zeigt je nach Versuchsanordnung die beiden wesentlichen Seiten Teilchen und Welle. Im Unterschied zum Photon hat es aber Ruhemasse, so daß es stoffliche Materie darstellt. Die Welle ist nicht elektromagnetisch. Die dem Elektron zugeordnete sogen. Materiewelle ist im eigentlichen Sinne eine „Stoffwelle".

Obwohl die mit diesen Problemen verbundenen Fragen stärker in die Philosophie einzuordnen sind, sollten sie hier noch kurz angesprochen werden.

Auf alle Fälle können die oft vorzufindenden Meinungen, das Photon sei weder Teilchen noch Welle oder die Photonen verhalten sich manchmal wie Teilchen, manchmal wie Wellen, den physikalischen Sachverhalt nicht befriedigend beschreiben. Schließlich ist der Dualismus kein theoretisches und schon gar kein subjektiv auslegbares Phänomen, sondern eine experimentell nachweisbare Realität. Bemerkenswerte Ausführungen dazu sind z. B. [88] und [97] zu entnehmen.

7.2 Physikalische Grundlagen

7.2.1 Dipolstrahlung

Wir wollen die Entstehung Hertzscher Wellen durch schwingende elektrische Dipole behandeln. Allgemein gilt, daß eine bewegte elektrische Ladung ein Magnetfeld erzeugt, dessen Stärke der Geschwindigkeit der Ladung proportional ist. Eine beschleunigte Ladung und damit auch eine auf einer geschlossenen Bahn umlaufende Ladung ist mit einem zeitlich veränderlichen Magnetfeld verbunden. Sie bewirkt die Abstrahlung einer elektromagnetischen Welle.

Der schwingende elektrische *Dipol* mit dem *Dipolmoment* $p = Q\,l$ (Q elektrische Ladung) erzeugt in größeren Entfernungen ($r \gg \lambda$) den Betrag der elektrischen Feldstärke

$$E = \frac{\omega^2\, p \sin\vartheta}{4\pi\,\varepsilon_0\, c_0^2\, r}\, e^{\frac{j\omega r}{c}} \tag{7.1a}$$

und den Betrag der magnetischen Feldstärke

$$H = \frac{c_0^2\, \varepsilon_0}{\omega^2}\, \ddot{E}. \tag{7.1b}$$

Die *Intensität*, also der Betrag des Zeitmittelwertes des Poyntingvektors **S**, beträgt für den sinusförmig schwingenden Dipol der Amplitude p_0

$$\langle S \rangle = \frac{\omega^4\, p_0^2 \sin^2\vartheta}{32\,\pi^2\,\varepsilon_0\, c_0^3\, r^2}. \tag{7.2}$$

In Abb. 7.1 ist $\langle S \rangle$ in einem Polardiagramm dargestellt. (Bei großen Ladungsgeschwindigkeiten entsteht als relativistischer Effekt eine Verlagerung des Maximums von $\vartheta = 90°$ weg nach kleineren Winkeln.)

Die gesamte je Zeit ausgestrahlte Energie, die *Strahlungsleistung*, ergibt sich zu

$$\phi_e = \frac{1}{3}\, \frac{\pi\, I_0^2}{\varepsilon_0\, c_0}\left(\frac{l}{\lambda_0}\right)^2 \tag{7.3}$$

(l ist die Länge des Dipols, I_0 die der schwingenden Ladung zugeordnete Amplitude der Stromstärke).

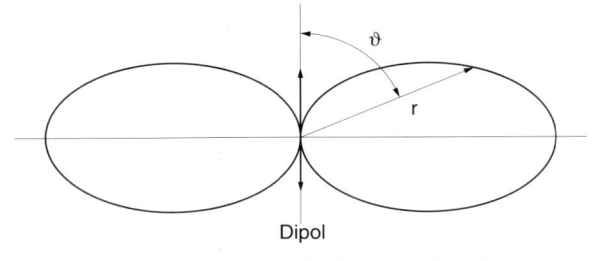

Abb. 7.1 Ausstrahlung des schwingenden Dipols

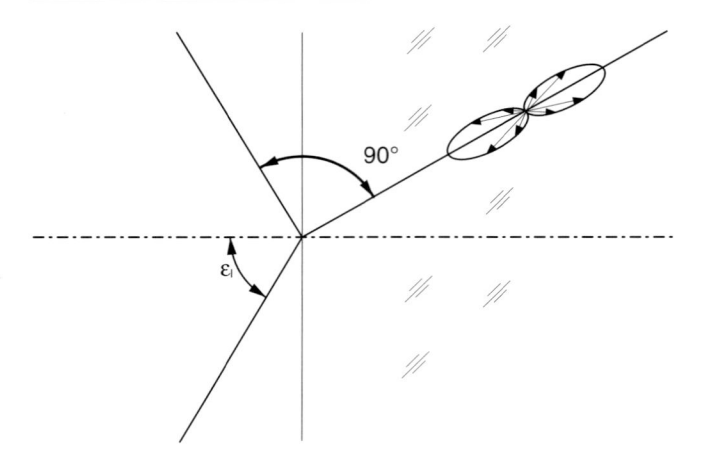

Abb. 7.2 Zur Polarisation des reflektierten Lichtes

Die *klassische Theorie der Lichtausstrahlung* geht von den gleichen Gesetzmäßigkeiten aus. Die ausgestrahlte Wellenlänge des schwingenden Dipols hängt mit seiner Länge zusammen (bei der Grundschwingung ist $l \approx \lambda_0/2$). Deshalb müssen infolge der kleinen Wellenlängen im optischen Bereich atomare Dipole angenommen werden.

Betrachtet man ein mit konstanter Winkelgeschwindigkeit ω auf einer Kreisbahn um den Kern umlaufendes Elektron, so ist diese Bewegung zwei senkrecht aufeinander stehenden Dipolschwingungen äquivalent. Die Winkelgeschwindigkeit entspricht der Kreisfrequenz der ausgestrahlten Lichtwelle, die wegen $\omega = v/r$ von dem Bahnradius abhängt.

Das Modell des schwingenden elektrischen Dipols erklärt qualitativ die lineare Polarisation des an einer Grenzfläche reflektierten Lichtes (Abschn. 2.2.3). Das elektrische Feld der Welle influenziert im Stoff Dipole, die in ihrer Schwingungsrichtung nicht strahlen. Deshalb fehlt der reflektierte Anteil der Welle, wenn der reflektierte Strahl mit dem gebrochenen einen rechten Winkel bildet (Abb. 7.2). Für die rechtwinklig zur Einfallsebene schwingende Komponente tritt diese Erscheinung nicht auf.

Die Annahme von schwingenden elektrischen Dipolen für die Lichtausstrahlung aus atomaren Systemen erklärt auch die natürliche spektrale Verbreiterung der Spektrallinien. Da die Anzahl an Dipolen je Volumen die elektrische Polarisation ergibt, gilt eine zu Gl. (2.90) analoge Gleichung auch für die Lichtausstrahlung. Die Dämpfung der Schwingung geht in Form einer fiktiven Strahlungsreibung ein. Die Lösung der Differentialgleichung ergibt für die Ausstrahlung des gedämpften Dipols den Strahlungsfluß

$$\phi_e = \frac{|p_0|^2 \, \omega_0^4}{12 \, \pi \, \varepsilon_0 \, c_0^3} \, e^{-\frac{t}{\tau}}. \tag{7.4}$$

Die spektrale Strahlungsleistung beträgt

$$\phi_{e,v} = \phi_{e,v_0} \frac{1}{1 + 16 \, \pi^2 \, \tau^2 \, (v - v_0)^2}. \tag{7.5}$$

Daraus ergibt sich die volle Halbwertsbreite zu

$$\Delta v_{0,5} = \frac{1}{2 \pi \tau}. \tag{7.6}$$

Mit $\tau = 4{,}0422274 \cdot 10^{21}$ ($1/v_0^2$) erhält man bei $\lambda_0 = 500$ nm
$\Delta\lambda_{0,5} = 1{,}1803752 \cdot 10^{-5}$ nm. Diese natürliche Linienbreite ist mit klassischen spektroskopischen Methoden kaum auflösbar; sie wird auch durch andere Effekte überdeckt.

Die spektrale Breite bestimmt die Kohärenzlänge, deren Größe für natürliche Dämpfung und für Doppler-Dämpfung in den Gln. (2.156) und (2.157), bzw. unter Einschluß weiterer Einflüsse in Gl. (2.158) angegeben ist.

Die Anwendung der klassischen Elektrodynamik auf die Lichtausstrahlung durch Atome und atomare Systeme muß unvollständig bleiben. Einmal ist sie abhängig von einem geeigneten Atommodell und zum anderen berücksichtigt sie nicht den Quantencharakter des Lichtes.

Als erfolgreich hat sich die Kombination der *Elektrodynamik* mit der *Quantentheorie* erwiesen. Damit lassen sich die experimentellen Ergebnisse bei der Lichtausstrahlung theoretisch deuten. Der unmittelbare Vorgang der Entstehung der Lichtquanten aus anderen Erscheinungsformen der Materie oder der „Vernichtung" von Lichtquanten ist allerdings auf diesem Wege nicht zu verstehen. Ansätze dazu werden in der Quantenfeldtheorie bereitgestellt.

7.2.2 Interferometer

In den Abschn. 2.4.3, 2.5.5 und 5.2.3 sind wir auf einige Beispiele von Interferometern eingegangen. Es handelte sich um:

- Interferometer mit zwei interferierenden Bündeln
    - Mach-Zehnder-Interferometer (Abb. 2.52, Abb. 2.89)
    - Jaminsches Interferometer (Abb. 2.88)
    - Dreieck-Interferometer (Abb. 2.90)
    - Youngsches Interferometer (Abb. 2.53) und
- Interferometer mit Mehrfachbündeln
    - Fabry-Perot-Interferometer (Abb. 5.31, Abb. 5.33)
    - Lummer-Gehrcke-Platte (Abb. 5.32).

Diese Beispiele waren in die theoretischen Grundlagen der Interferenz eingeordnet und nicht systematisch behandelt worden. Deshalb sollen hier einige Ergänzungen folgen.
Interferometer dienen bevorzugt zu:

- Längenmessungen (Interferenzkomparator)
- Brechzahlmessungen (Interferenz-Refraktometer)
- Winkelmessungen (Stern-Interferometer)
- Spektroskopischen Messungen (Interferenz-Spektroskope und -Spektrometer)
- Wellenflächenmessungen und Messungen von Gütefunktionen der Abbildung.

Drei Interferometer-Anordnungen, die bisher im Text zu wenig Beachtung fanden, sollen etwas detaillierter betrachtet werden:
Michelson-Interferometer, Fouriertransformations-Interferometer und Sagnac-Interferometer.

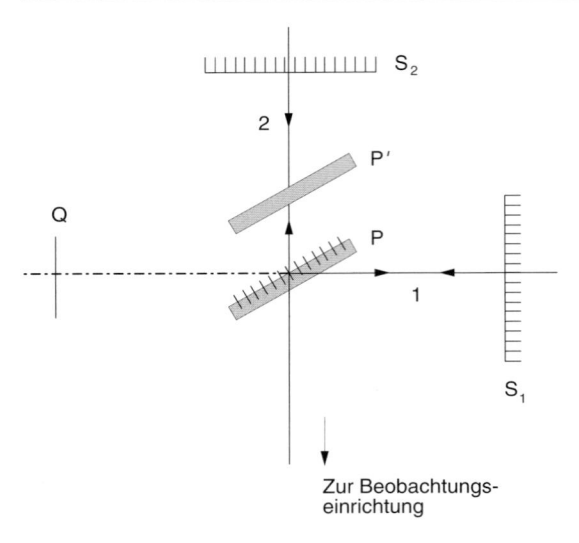

Abb. 7.3 Michelson-Interferometer

Michelson-Interferometer. Im klassischen Michelson-Interferometer interferieren zwei Teilbündel, die an einem Bündelteiler erzeugt und an zwei Spiegeln reflektiert wurden. Die Interferenz-Erscheinung kann mit einem Fernrohr betrachtet werden (Abb. 7.3). Es gelten die Gl. (2.111a), bzw. bei entsprechender Symmetrie der Anordnung Gl. (2.111b).

Sind die Abstände der beiden Spiegel von der Glasplatte einander gleich, so haben die beiden Lichtbündel 1 und 2 gleiche Wege zurückgelegt, da in den Weg des Bündels 2 eine Platte eingeschaltet wird, die die gleiche Dicke wie die Teilerplatte hat. Die sich überlagernden Bündel 1 und 2 haben also keine Phasendifferenz und verstärken sich. Eine Verstärkung tritt auch dann ein, wenn sich die Abstände der Spiegel von der Glasplatte um ein geradzahliges Vielfaches von $\lambda/4$, die optischen Wegunterschiede der Lichtwellen also um ein geradzahliges Vielfaches von $\lambda/2$ voneinander unterscheiden. Dagegen löschen sich die beiden Bündel aus, wenn der Unterschied der Abstände der beiden Spiegel von der Teilerplatte ein ungeradzahliges Vielfaches von $\lambda/4$ ist. Einem (nahezu) auf Unendlich eingestellten Auge, das von den Lichtbündeln 1 und 2 getroffen wird, erscheint demnach das Gesichtsfeld abwechselnd hell und dunkel, wenn einer der beiden Spiegel verschoben wird. Der Wechsel erfolgt bei der Verschiebung eines Spiegels um $\lambda/4$.

Das Gesichtsfeld erscheint nicht gleichmäßig hell oder dunkel, sondern zeigt bei genau zentrischer Aufstellung des Interferometers konzentrische Kreise. Da die Lichtquelle ausgedehnt ist, fallen viele parallele Strahlenbündel unter verschiedenen Neigungen auf die Teilerplatte. Es entstehen demnach Kreise gleicher Neigung.

Man kann sich die Wirkungsweise des Interferometers am besten so veranschaulichen, daß man sich den einen Arm in die Richtung des anderen gedreht denkt (in Abb. 7.4 S_1 nach S_1'). Stehen die beiden Spiegelebenen parallel, dann kann man die oben beschriebenen Interferenzerscheinungen ohne weiteres als die einer planparallelen Platte erkennen. Der Abstand zwischen den beiden parallelen Flächen S_1 und S_2 ist gleich d. Blickt man unter dem Winkel ε, so sind die beiden Spiegelbilder der Lichtquelle um $2d$ voneinander entfernt (Abb. 7.5). Verstärkung tritt ein, wenn die Beziehung $2\,d \cos \varepsilon = m\,\lambda$ gilt (m ganzzahlig).

7.2 Physikalische Grundlagen

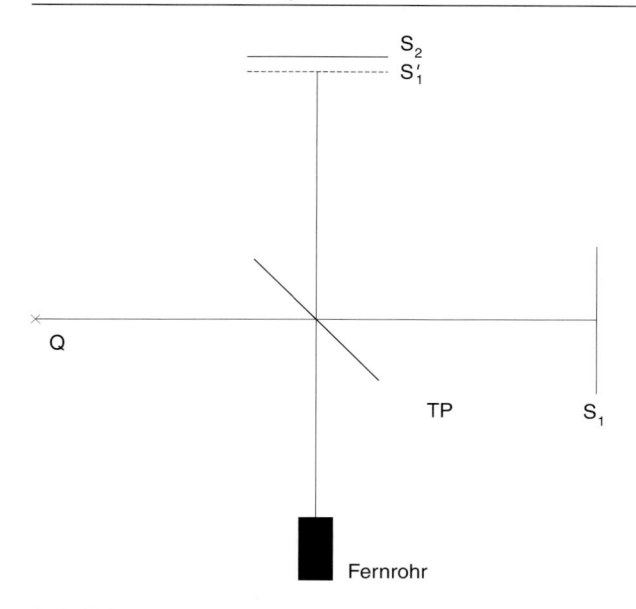

Abb. 7.4 Ersatzschema des Michelson-Interferometers

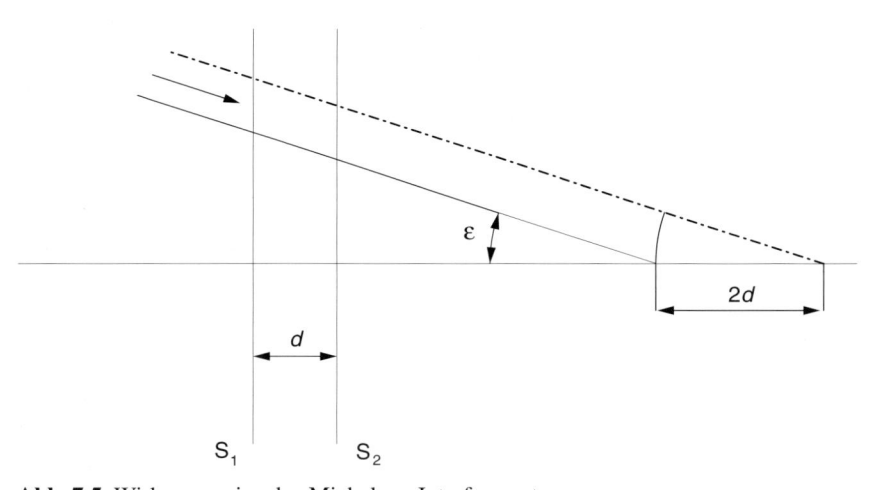

Abb. 7.5 Wirkungsweise des Michelson-Interferometers

Wird S_2 bewegt, während S_1 bei feststehender Lichtquelle unverändert bleibt, so erscheinen neue Interferenzstreifen für eine Verschiebung Δs von $\lambda/2$. Erscheinen somit N neue Streifen, dann gilt

$$\lambda = 2\frac{\Delta s}{N}.$$

Hieraus folgt, daß man mit dieser Versuchsanordnung die absolute Messung einer Wellenlänge vornehmen kann, indem man z. B. den Spiegel S_1 mittels einer Mikrometerschraube parallel zu sich selbst um einen meßbaren Betrag verschiebt und gleichzeitig die Anzahl der Helligkeitswechsel des Gesichtsfeldes beobachtet.

Gewöhnlich werden die verwandten Spiegel um einen geringen Winkel geneigt. Wiederum gilt dann die obige Beziehung für eine kleine Änderung der Neigung, nämlich $\lambda = 2\,\Delta s/N$. Schließt die eine Spiegelebene mit der anderen (wenn man sich die Arme zusammenfallend denkt) einen Winkel ein, so erscheinen die Interferenzen einer keilförmigen Platte. Ist z. B. die eine Platte gegen die andere um eine lotrechte Achse etwas verdreht (Abb. 7.6), so erhält man eine Schar von oben nach unten verlaufender gerader Interferenzstreifen, deren Abstand um so kleiner ist, je stärker die Platten gegeneinander geneigt sind. Ist hierbei z. B. der Abstand der Spiegelmitten von der Teilerplatte gleich, so herrscht dort der optische Wegunterschied Null, man sieht im weißen Licht den zentralen Interferenzstreifen, um den sich (nahezu) symmetrisch die Farbenerscheinungen gruppieren. Wird nun der eine Arm durch irgendeine Ursache etwas verlängert oder verkürzt, so ist die Stelle gleicher Armlänge nicht mehr in der Mitte der Spiegel, sondern rechts oder links davon. In der Abb. 7.6 ist die neue Stellung punktiert angegeben. Jetzt erscheint der zentrale Streifen an einer anderen Stelle des Spiegels. Ist die Neigung der beiden Spiegelebenen so, daß etwa je 3 Streifen auf beiden Seiten des zentralen Streifens zu sehen sind (daß also nach gedachtem Zurückdrehen des einen Armes in die Richtung des anderen das linke Ende des einen Spiegels um 6 Wellenlängen näher ist als das rechte), so bedeutet die Verschiebung des zentralen Streifens um eine Streifenbreite, daß der eine Arm seine Länge um eine Lichtwellenlänge geändert hat. Da es nicht schwierig ist, eine Streifenbreite von etwa 5 mm zu erzielen, so bedeutet dies eine vergrößerte Aufzeichnung der Längenänderung um das 10^4-fache. Durch Beobachtung mit einem Fernrohr, besonders aber durch fotografische Registrierung kann man noch Verschiebungen von Tausendstel Streifenbreiten, also Längenänderungen von 10^{-7} cm feststellen (und dies unter Umständen auf eine Länge von mehreren Metern entsprechend relativen Längenänderungen von 10^{-11}). Eine Anwendung dieser Methode stellt der zur Überprüfung der Konstanz der Lichtgeschwindigkeit in bewegten Koordinatensystemen verwendete Michelsonsche Interferenzversuch dar.

Ist bei der letzten Anordnung die Lichtquelle nicht monochromatisch, so fallen die Interferenzstreifen der einen Wellenlänge zwischen die der anderen. Nachdem der Wegunterschied um einen gewissen Betrag vergrößert worden ist, fallen sie jedoch wieder zusammen. Man erhält also, wenn man das Verhältnis der Unterschiede von maximaler und minimaler Intensität in Abhän-

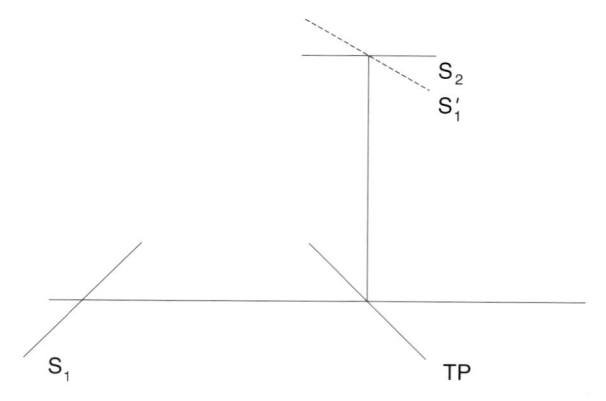

Abb. 7.6 Geneigte Spiegel beim Michelson-Interferometer

7.2 Physikalische Grundlagen

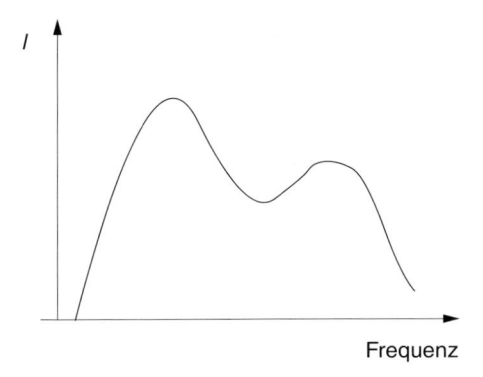

Abb. 7.7 Intensität der H_α-Linie nach MICHELSON

gigkeit von der Verschiebung der Platten aufträgt, z. B. Abb. 7.7. Diese stellt den Intensitätsverlauf der Linie H_α nach Messungen von MICHELSON dar. Aus dem Kurvenverlauf erkennt man, daß diese Linie zusammengesetzt ist, sie ist ein Dublett.

Twyman-Interferometer. Ein abgewandeltes Michelson-Interferometer zur Prüfung von optischen Bauelementen und Systemen stellt das Twyman-Interferometer dar. Beleuchtet wird mit Parallelbündeln, die mittels eines optischen Systems erzeugt werden (Kollimator). Das zu prüfende Element wird in den einen Interferometerarm gebracht. Der in diesem Arm befindliche Spiegel wird so ausgebildet und angeordnet, daß das auf dem Rückweg aus einem fehlerfreien Element austretende Lichtbündel über den gesamten Querschnitt konstante Phase hat. Das Feld im Beobachtungsfernrohr – oder in der Filmebene einer Kamera – ist gleichmäßig hell. Fehler des zu prüfenden Elements sind an dunklen Stellen im Interferenzbild zu erkennen.

Bei einem optischen System, das eine Kugelwelle erzeugen soll, die im Brennpunkt konvergiert, muß der Interferometerspiegel sphärisch sein. Sein Krümmungsmittelpunkt muß mit dem Brennpunkt des optischen Systems zusammenfallen (Abb. 7.8).

Interferenzspektroskopie mit Fourier-Transformation. Eine Methode zur Untersuchung des Spektrums einer Strahlungsquelle, die für größere Spektralbereiche anwendbar und besonders für Infrarot geeignet ist, stellt die Interferenzspektroskopie mittels Fourier-Transformation dar. Diese beruht auf der Interferenz zweier Bündel mit zeitlich langsam veränderlicher optischer Wegdifferenz ΔL. So kann z. B. der Strahlungsfluß $\Phi_e(\Delta L)$ am Ausgang eines Michelson-Interferometers fotometrisch registriert werden.

Aus Gl. (2.111b) ergibt sich mit der Kreiswellenzahl $k = (2\pi)/\lambda$ und damit $\delta_{12} = 2\pi \Delta L / \lambda = k\Delta L$, sowie $2 I_0 = \Phi_e(k)$, $i = \Phi_{e,\lambda} = \Phi_{e,k}$

$$\Phi_e(k, \Delta L) = \Phi_e(k) + \Phi_e(k) \cos(k\Delta L). \tag{7.7}$$

Integration über das gesamte Kreisfrequenz-Intervall führt auf

$$\Phi_e(\Delta L) = \int_0^\infty \Phi_e(k)\, dk + \int_0^\infty \Phi_e(k) \cos(k\Delta L)\, dk. \tag{7.8}$$

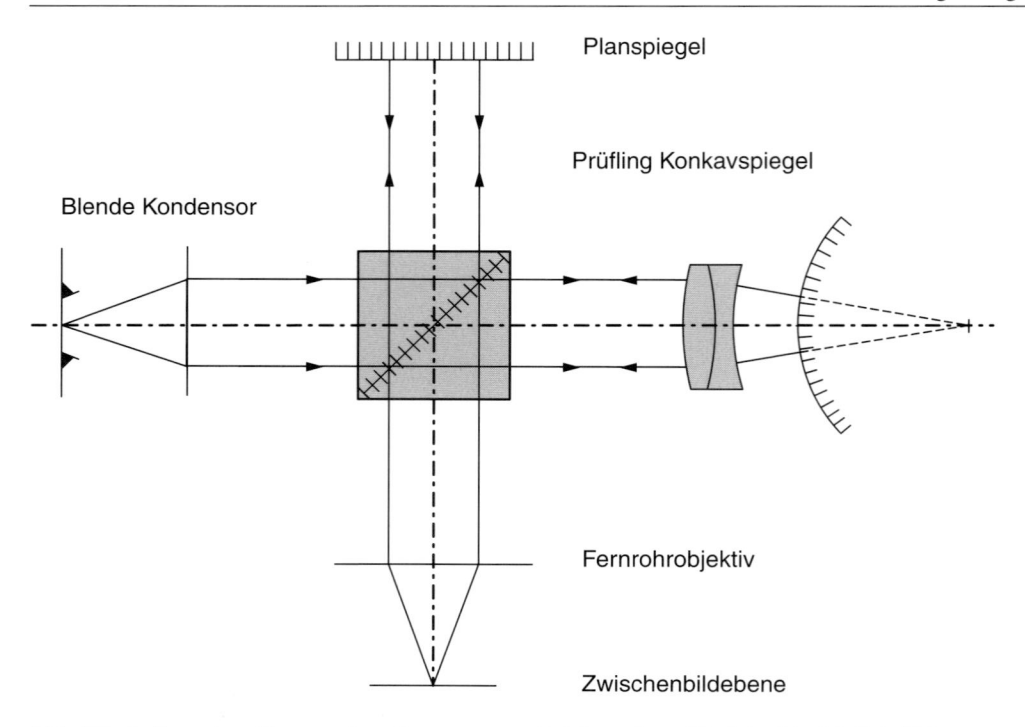

Abb. 7.8 Aufbau eines Twyman-Interferometers zur Prüfung eines Objektivs hinsichtlich Öffnungsfehler

Das erste Integral ist eine Konstante und damit ohne Belang für die Spektroskopie. Das zweite Intregral ist ein Fourier-Integral. Demnach ist der spektrale Strahlungsfluß $\Phi_e(\Delta L)$ in Abhängigkeit von der optischen Weglänge die Fourier-Transformierte des spektralen Strahlungsflusses $\Phi_e(k)$. Die Umkehr der Fourier-Transformation lautet

$$\Phi_e(k) = \int_0^\infty \Phi_e(\Delta L) \cos(k\Delta L)\, d(\Delta L)\,. \tag{7.9}$$

Mißt man bei langsam veränderlicher optischer Wegdifferenz ΔL den Strahlungsfluß $\Phi_e(\Delta L)$, dann erhält man durch die Fourier-Transformation den spektralen Strahlungsfluß $\Phi_e(k)$.

Interferometer von SAGNAC. Mit seiner Interferometer-Anordnung verfolgte SAGNAC das Ziel, den Einfluß auf die Zeit zu messen, die ein Lichtbündel zum Zurücklegen eines geschlossenen Weges benötigt. Die Drehung eines geschlossenen Polygons, in dem sich das Licht ausbreitet, müßte eine Geschwindigkeitsdifferenz zwischen dem in Drehrichtung und dem entgegen der Drehrichtung verlaufenden Lichtes bewirken.

In der Abb. 7.9 ist das Prinzip dargestellt. Das Licht der Lichtquelle L wird im Raum zwischen den beiden Glasplatten G_1 und G_2 an einer halbversilberten Fläche bei a in zwei Teile zerlegt. Ein Teil kehrt über die Spiegel S_1, S_2, S_3, S_4 zu diesem Punkt zurück, während der andere in der entgegengesetzten Richtung läuft. Die wieder vereinigten Strahlenbündel treffen auf die

7.2 Physikalische Grundlagen

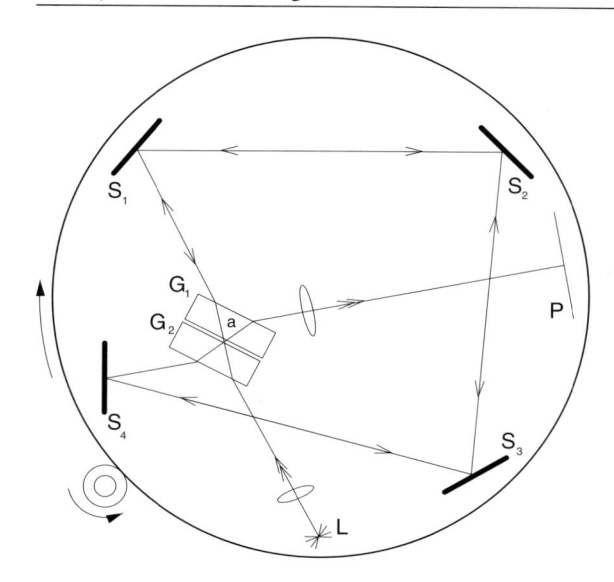

Abb. 7.9 Interferometer von SAGNAC

fotografische Platte P, auf der die Interferenzen aufgezeichnet werden. Es sei l ein in der Drehrichtung liegendes Strahlenstück in der Entfernung r vom Mittelpunkt, bei dem die Lineargeschwindigkeit der Drehung v ist. Dann wird für das in der Drehrichtung laufende Licht die Zeit zum Durchlaufen dieser Strecke $t_1 = l / (c - v)$, für das entgegengesetzt laufende Strahlenbündel aber $t_2 = l / (c + v)$. Der Zeitunterschied, der in Ruhe Null ist, wird also bei der Drehung

$$t_1 - t_2 = \Delta t = \frac{l}{c - v} - \frac{l}{c + v} \approx \frac{2\,l\,v}{c^2}. \tag{7.10}$$

(bei $v \ll c$). Die Zeitdifferenz Δt verursacht eine Verschiebung um $m = \delta/2\,\pi$ Interferenzstreifenbreiten (δ Phasendifferenz).

Beträgt die Wegdifferenz der Lichtbündel eine Wellenlänge, d. h., ist die Zeitdifferenz der Lichtbündel $\Delta t = T = \lambda/c$, so werden die Interferenzstreifen um eine Streifenbreite verschoben. In Streifenbreiten ausgedrückt ist die zu Δt gehörige Verschiebung $m = (2\,l\,v) / (\lambda\,c)$. Man erhält einen Effekt erster Ordnung. Nimmt man von jedem durchlaufenen Wegstück l_i die Komponente in Drehrichtung, also $l_i \cos \varphi_i$ (φ_i Winkel zwischen Radius und Strecke), so ergibt sich mit $v = r\,\omega$ $m = (2\,\omega) / (l\,c) \sum l_i\,r_i \cos \varphi$ (ω Winkelgeschwindigkeit). Es ist aber $\sum l_i\,r \cos\varphi_i = 2\,A$, worin A die umrandete Fläche bezeichnet. Damit wird $m = (4\,\omega\,A) / (\lambda\,c)$, mit der Drehzahl je Sekunde $p = \omega / (2\,\pi)$ ist $m = (8\,\pi\,p\,A) / (\lambda\,c)$.

SAGNAC führte diesen Versuch 1914 mit $p = (1\ldots2)\,\text{s}^{-1}$, $A = 865\,\text{cm}^2$, $\lambda = 436\,\text{nm}$ aus. Dadurch, daß man nicht die Streifenverschiebung mit dem Ruhestand vergleicht, sondern mit der Drehung in entgegengesetzter Richtung, wird die Wirkung verdoppelt und der formändernde Einfluß der Fliehkräfte unschädlich gemacht. Die Größenordnung der beobachteten Verschiebungen betrug 0,05 Streifenbreiten. Die Versuche sind später mit größter Genauigkeit von POGANY wiederholt worden. Die nach obiger Formel berechneten Werte stimmen sehr gut mit den Versuchsergebnissen überein.

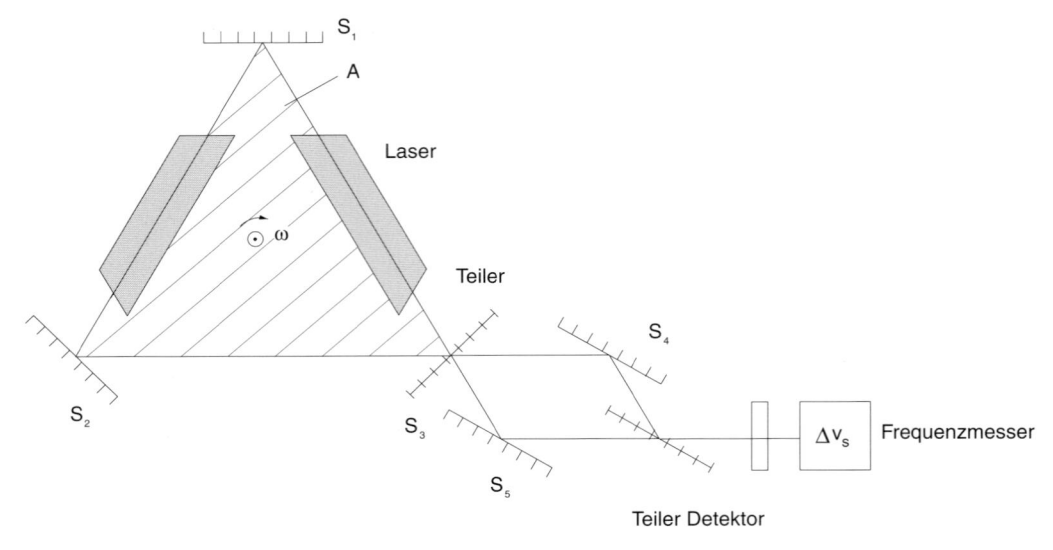

Abb. 7.10 Ringlaser zur Messung der Winkelgeschwindigkeit

Die Winkelgeschwindigkeit kann mit einem Ringlaser gemessen werden, der in seiner Wirkung dem Versuch von SAGNAC [14] entspricht (Abb. 7.10). Zwischen den beiden den Ringlaser entgegengesetzt durchlaufenden Wellen entsteht die Zeitdifferenz nach Gl. (7.10). Die daraus resultierende Phasendifferenz führt zu einer Streifenverschiebung des Interferenzbildes, die der Frequenzdifferenz

$$\Delta v = \frac{4 A \omega}{\lambda l}$$

zugeordnet ist (l Resonatorlänge, ω Winkelgeschwindigkeit, A Fläche des Ringlasers). Geeignet als Ringlaser ist z. B. ein Helium-Neon-Laser wegen der guten Frequenzstabilität.

7.2.3 Beugung an Raumgittern

Raumgitter. Im Beugungsgitter haben wir eine beugende Struktur – es soll dies eine allgemeine Bezeichnung für beugende Löcher, Schirme u. a. sein – kennengelernt, in der sich die komplexe Amplitude linear bzw. eindimensional ändert. Eine zweidimensionale Anordnung erhalten wir, wenn wir zwei Liniengitter gekreuzt aufeinander legen. Nach unseren bisherigen Überlegungen ist zu erwarten, daß eine regelmäßige räumliche Beugungsstruktur ähnlich zu behandeln ist. In der Lichtoptik spielen Raumgitter eine Rolle in der Holografie. Sie sind auch sowohl in der Erforschung der Röntgenstrahlung als auch in der Untersuchung von Kristallstrukturen von Bedeutung.

Für die Maxima der Beugungserscheinung gilt nach Gl. (2.329) bei schrägem Lichteinfall auf ein Liniengitter

$$g (\alpha_0 - \alpha) = m \lambda \quad m = 0, \pm 1, \pm 2, \pm 3, \dots .$$

7.2 Physikalische Grundlagen

Haben wir eine zweidimensionale Beugungsstruktur (*Kreuzgitter*), so kann man dieses im einfachsten Fall aus einer periodischen Wiederholung eines Punktgitters in der Ebene hergestellt denken. Wir lassen schräg auf das Flächengitter eine Welle auftreffen. Hinter der Gitterebene wird an denjenigen Punkten Verstärkung eintreten, an denen die Wegdifferenz von allen Öffnungen ein ganzzahliges Vielfaches einer Wellenlänge beträgt. Es gilt also, wenn α_0 und α die auf die Normalen zur Gitterspur der x-Achse bezogenen Richtungskosinus, β_0 und β die entsprechenden Richtungskosinus gegen die Normalen zur Spur der y-Achse bedeuten und bei gleicher Gitterkonstante g in der x- und y-Richtung

$$g(\alpha_0 - \alpha) = m_1 \lambda, \quad g(\beta_0 - \beta) = m_2 \lambda.$$

Die Kombination dieser beiden Gleichungen liefert eine zweifache Mannigfaltigkeit von Spektren. Ist $\lambda = $ const, das Licht also monochromatisch, so bekommt man im Beugungsbild Punkte.

Wir betrachten eine räumliche Anordnung von Streuzentren (Gitterpunkten, Abb. 7.11), wobei wir uns auf den Fall beschränken, daß der Gitterabstand in allen drei Dimensionen den gleichen Wert g hat. Wir erhalten für die Interferenzmaxima drei Gleichungen:

$$\begin{aligned} g(\alpha_0 - \alpha) &= m_1 \lambda, \\ g(\beta_0 - \beta) &= m_2 \lambda, \\ g(\gamma_0 - \gamma) &= m_3 \lambda. \end{aligned} \tag{7.11}$$

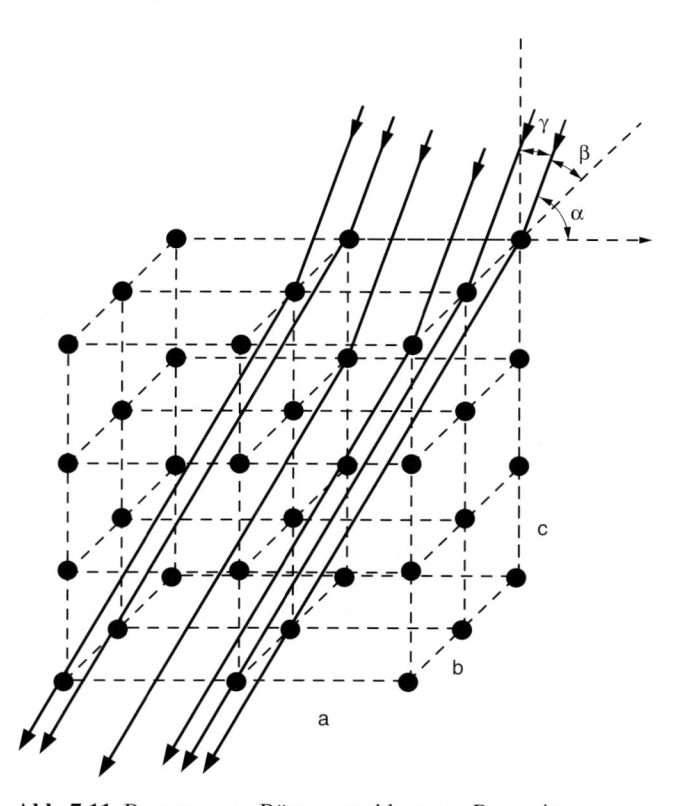

Abb. 7.11 Beugung von Röntgenstrahlung am Raumgitter

Quadriert man und berücksichtigt, daß $\alpha^2 + \beta^2 + \gamma^2 = 1$ und $\alpha_0^2 + \beta_0^2 + \gamma_0^2 = 1$ ist, ersetzt man ferner die Beugungswinkel durch die Eintrittswinkel (es gilt z. B. $\alpha = \alpha_0 - m_1 \lambda / g$), so ergibt die Addition

$$2(m_1 \alpha_0 + m_2 \beta_0 + m_3 \gamma_0)\frac{\lambda}{g} = (m_1^2 + m_2^2 + m_3^2)\frac{\lambda^2}{g^2}. \qquad (7.12\text{a})$$

Es ist also

$$\lambda = 2g\frac{m_1 \alpha_0 + m_2 \beta_0 + m_3 \gamma_0}{m_1^2 + m_2^2 + m_3^2}. \qquad (7.12\text{b})$$

Da m_1, m_2, m_3 kleine ganze Zahlen sind (denn die Spektren höherer Ordnung sind schwach), so sieht man, daß die Wellenlänge für einen gegebenen Einfallswinkel einen oder wenige bestimmte Werte haben muß, wenn ein Interferenzmaximum eintreten soll.

Das vom Raumgitter gebeugte Licht enthält also nicht alle Wellenlängen nebeneinander, sondern nur ganz bestimmte Wellenlängen. Das bei gegebenem Einfallswinkel in eine bestimmte Richtung gebeugte Licht hat eine ganz bestimmte Wellenlänge. Ist 2ϑ der Winkel zwischen einfallendem und gebeugten Bündel, so gilt (Skalarprodukt der Einheitsvektoren in Strahlrichtung)

$$\cos 2\vartheta = \alpha_0 \alpha + \beta_0 \beta + \gamma_0 \gamma,$$

und daraus folgt mit Hilfe der Gl. (7.12b) und $\cos 2\vartheta = 1 - 2\sin^2\vartheta$

$$\sin\vartheta = \frac{\lambda}{2g}\sqrt{m_1^2 + m_2^2 + m_3^2} \qquad (7.13)$$

> Die Richtungen ϑ der Interferenzmaxima bei der Beugung an einem Raumgitter hängen von den Kantenlängen a, b, c und den drei Richtungskosinus der Gitterachsen ab.

Die an bestimmten Stellen auftretenden Maxima entsprechen demnach im allgemeinen verschiedenen Wellenlängen. Benutzt man weißes Licht, so werden aus diesem ganz bestimmte schmale Wellenlängenbereiche im Beugungsbild ausgewählt. Die Abb. 7.12 zeigt ein Bild, das mit Röntgenstrahlung bei der Beugung an einem Kristallgitter erhalten wurde (*Laue-Diagramme*).

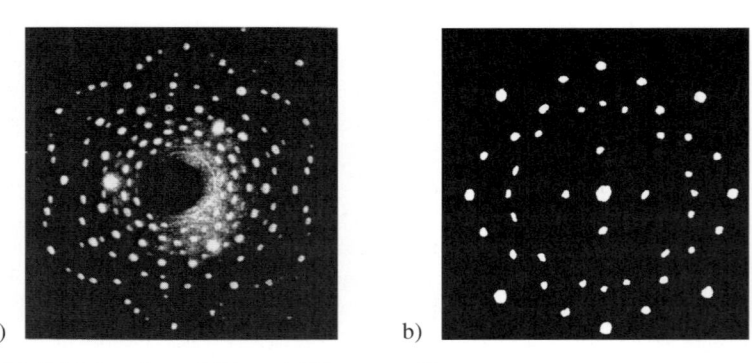

Abb. 7.12 Interferenzbilder mit Röntgenstrahlung
(a) Quarz, b) Sylvin; kubisches Gitter, Durchstrahlung in Richtung der Hauptachse)

7.2 Physikalische Grundlagen

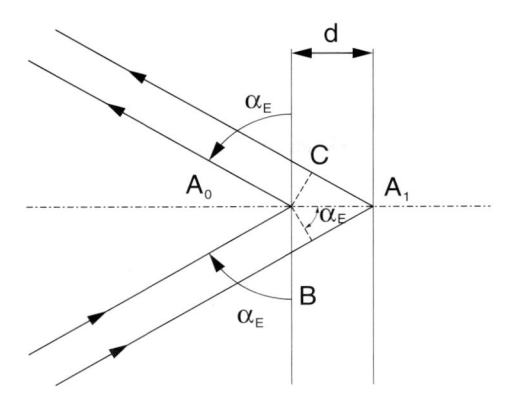

Abb. 7.13 Reflexion am Raumgitter

Die sogen. **Reflexion von Röntgenstrahlung.** Das Raumgitter kann auch als Aufeinanderfolge von Ebenen, die mit Gitterpunkten besetzt sind, aufgefaßt werden.

Auf eine Folge von Ebenen des Abstandes d (Abb. 7.13) fällt ein paralleles einfarbiges Lichtbündel unter dem Neigungswinkel α_E gegen die Ebenen auf. Dann wird es an den eingelagerten Punkten der Ebenen gebeugt. Die stärkste Lichtwirkung einer einzelnen Ebene liegt in der Richtung des nach dem Reflexionsgesetz abgelenkten Strahls. Fassen wir zwei aufeinander folgende Ebenen ins Auge, die von zwei Strahlen in den Endpunkten des Abstandes $A_0A_1 = d$ getroffen werden, so erleiden beide Strahlen diese Reflexion.

In dem gesamten Bündel, das aus den Ebenen austritt, hat (unter der Voraussetzung, daß die Brechzahl gleich Eins ist) der zweite Strahl gegen den ersten eine optische Wegdifferenz

$$BA_1 + A_1C = 2\,A_1C = 2\,A_0A_1 \sin \alpha_E = 2\,d \sin \alpha_E.$$

Die Wellen stören sich also durch Interferenz nur dann nicht, wenn diese Wegdifferenz ein ganzzahliges Vielfaches der Wellenlänge ist. Die Reflexion der Schichtenfolge muß somit bevorzugte Neigungswinkel aufweisen, unter denen mit besonderer Stärke ein einfallendes Bündel regelmäßig reflektiert wird. Für diese Winkel gilt die *Braggsche Reflexionsbedingung*

$$2\,d \sin \alpha_E = k\,\lambda, \quad k = 1, 2, 3, \ldots . \tag{7.14}$$

Je größer die Zahl der Schichten ist, desto „monochromatischer" ist das reflektierte Licht, indem bereits Wellen sehr benachbarter Wellenlängen durch Interferenz ausgelöscht werden, ähnlich wie auch ein ebenes Gitter umso schärfere Linien gibt, je mehr Striche es hat.

Beim Auftreffen weißen Lichtes auf ein Raumgitter (bzw. eine regelmäßige Folge paralleler Schichten) wird bei einem gegebenen Einfallswinkel nur eine bestimmte Farbe der nach Gl. (7.14) bestimmten Wellenlänge reflektiert. Läßt man einfarbiges Licht auffallen, so erhält man die Reflexion nur bei einem bestimmten Winkel, dem *Glanzwinkel*. Sie tritt bei Röntgenstrahlung infolge ihres Eindringvermögens in das Innere der Stoffe bei jeder Reflexion an Kristallflächen ein.

Es läßt sich nachweisen, daß die Bedingung dafür identisch ist mit der Braggschen Reflexionsbedingung. Es bildet nämlich immer eine Netzebene des Kristalls die Mittelebene zwischen dem einfallenden und dem möglichen gebeugten Bündel.

7.2.4 Streuung

Tyndall-Effekt. Geht Licht durch ein trübes Mittel (verdünnte Milch, eine mit Wasser verdünnte alkoholische Lösung von Mastix, feiner Rauch), so wird es seitlich gebeugt und gestreut. Dadurch wird der Weg des Lichtes sichtbar (Abb. 1.1, *Tyndall-Phänomen).*

Allgemein kann davon ausgegangen werden, daß in durchsichtigen Stoffen stets Inhomogenitäten vorhanden sind, an denen das Licht in kleinen Bereichen aus seiner ursprünglichen Richtung abgelenkt wird. Ursachen sind z. B. kleine Teilchen, geringe Brechzahlschwankungen oder die Molekularbewegung. Ein Teil des gerichtet einfallenden Lichtes wird dadurch gestreut. Bleiben Frequenz und Phase des Lichtes bei der Streuung unverändert, so spricht man von *elastischer Streuung* (auch von kohärenter Streuung). Bei der *inelastischen Streuung* (inkohärenten Streuung) ändern sich Frequenz und Phase des Lichtes wie z. B. beim Compton-Effekt oder beim Raman-Effekt. Sie sind nicht Gegenstand dieses Abschnitts (siehe z. B. [29]).

Die Richtungsverteilung der Streustrahlung wird im Streudiagramm veranschaulicht. Die Streuung in festen, flüssigen und gasförmigen Stoffen stellt eine Volumenstreuung dar. Die theoretische Behandlung und die daraus folgenden Eigenschaften der Streustrahlung hängen vom Durchmesser D der Streuzentren ab.

- Der Fall $D \ll \lambda$ wurde zuerst von RAYLEIGH auf der Grundlage der Maxwellschen Gleichungen behandelt (*Rayleigh-Streuung*).
- Der Fall $D \approx \lambda$ ist theoretisch komplizierter, wobei besonders die Beugung an den Streuzentren zu berücksichtigen ist. Die Theorie wurde erstmals von MIE 1908 aufgestellt, weshalb der Effekt als *Mie-Streuung* bezeichnet wird.
- Der Fall $D \gg \lambda$ muß nicht wellenoptisch, sondern er kann mit der skalaren Beugungstheorie behandelt werden. Es wird von *geometrischer Streuung* gesprochen.

Die Rayleigh-Streuung wurde zunächst auf die Streuung des Lichtes in der Luft angewendet. RAYLEIGH wollte auf der Basis des Tyndall-Effektes die blaue Farbe des Himmelslichtes erklären.

Die *Rayleighsche Streufunktion* $\sigma(\vartheta)$, der die Intensität des gestreuten Lichtes proportional ist, lautet für natürliches Licht (ϑ Streuwinkel, C Konstante, die von der Brechzahl der Luft und der Anzahl der Luftmoleküle je Volumeneinheit abhängt, λ Wellenlänge des Lichtes)

$$\sigma(\vartheta) = \frac{C}{\lambda^4}(1 + \cos^2 \vartheta). \tag{7.15}$$

(Da die Konstante C schwach von der Wellenlänge abhängt, ergibt sich praktisch angenähert der Faktor $\lambda^{-4,08}$.)

> Die Intensität des gestreuten Lichtes ist umgekehrt proportional der vierten Potenz der Wellenlänge λ, wenn die streuenden Teilchen klein gegen λ sind.

Gl. (7.15) gilt auch für kleine feste, flüssige und gasförmige Teilchen. Das gestreute Licht ist polarisiert. Befindet sich eine trübe Flüssigkeit in einem Trog, dann ist das Licht senkrecht zum einfallenden weißen Licht bläulich, in Lichtrichtung rötlich gefärbt. Beobachtet man das ge-

7.2 Physikalische Grundlagen

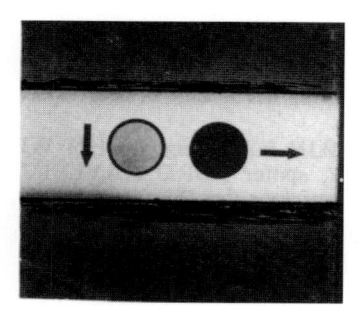

Abb. 7.14 Polarisation beim Tyndall-Effekt, seitlich durch einen Analysator betrachtet (mit Mastixteilchen getrübtes Wasser)

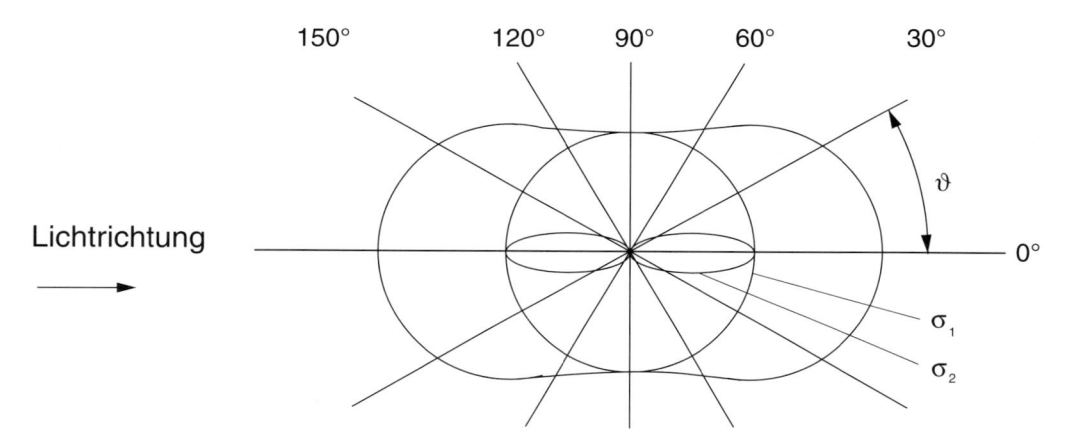

Abb. 7.15 Streudiagramm für die Rayleigh-Streuung

streute Licht mit einem Analysator, so ist es in der durch einen Strahl und die Beobachtungsrichtung gelegten Ebene fast vollständig polarisiert (Abb. 7.14). Bei trüben Stoffen mit eingebetteten isolierenden Teilchen liegt das Maximum der Polarisation bei 90° zur Strahlrichtung, bei trüben Stoffen mit metallischen Teilchen (Ag, Au, Pt) jedoch bei 110° bis 120°.

Unter Berücksichtigung der Polarisation gilt $\sigma(\vartheta) = \sigma_1(\vartheta) + \sigma_2(\vartheta)$, wobei σ_1 unabhängig von ϑ ist, während σ_2 proportional zu $\cos^2 \vartheta$ ist (Abb. 7.15).

Für $\vartheta = 0°$ und $\vartheta = 180°$ ist das Streulicht unpolarisiert, für $\vartheta = 90°$, also senkrecht zur Lichteinfallsrichtung, liegt vollständige lineare Polarisation vor.

Mie-Streuung. Die Streuung an kugelförmigen Teilchen, deren Durchmesser in der Größenordnung der Lichtwellenlänge liegt, folgt den von G. MIE abgeleiteten Gleichungen. Auch die theoretischen Untersuchungen von MIE basieren auf den Maxwellschen Gleichungen. Als fundamentaler Parameter geht der Miesche Streuparameter in die Intensitätsgleichungen ein. Er lautet (D Durchmesser, πD also Umfang der streuenden Kugeln):

$$a = \frac{\pi D}{\lambda}. \tag{7.16a}$$

Der Streukoeffizient der Mie-Streuung folgt aus

$$d_\mathrm{M} = \pi\, r^2\, K(a) \tag{7.16b}$$

$K(a)$ ist der Streuquerschnitt, der Abb. 7.16 entnommen werden kann. Bei der Mie-Streuung tritt eine mit wachsendem Teilchendurchmesser zunehmende Bevorzugung der Vorwärtsstreuung auf (Abb. 7.17). Allgemein gilt für die Mie-Streuung eine analoge Darstellung der Streustrahlung wie für die Rayleigh-Streuung, nach der sich die Gesamtstreuung aus zwei senkrecht zueinander polarisierten Anteilen zusammensetzen läßt.

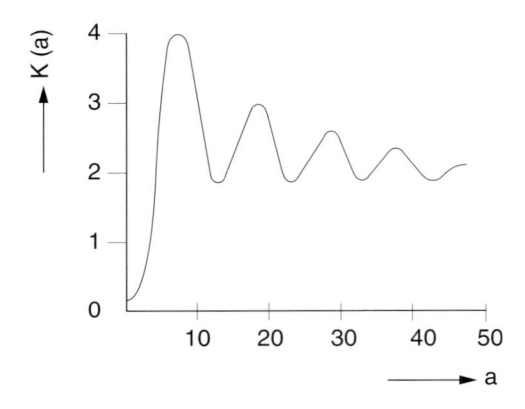

Abb. 7.16 Streuquerschnitt von Wassertröpfchen ($n = 1{,}33$) als Funktion des Streuparameters

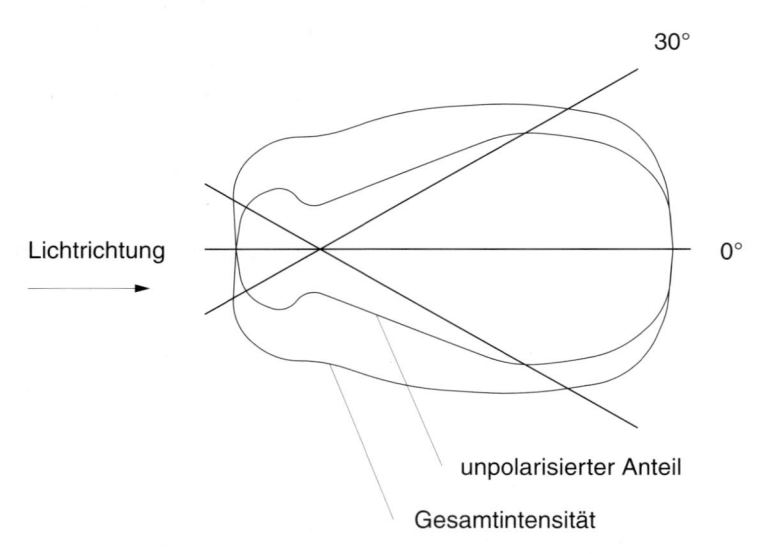

Abb. 7.17 Streudiagramm für Goldkügelchen bei $r = 0{,}08$ µm

7.2 Physikalische Grundlagen

Oberflächenstreuung. Für optische Bauelemente hat die Streuung des Lichtes an Oberflächen besondere Bedeutung. Gezielt eingesetzt wird sie z. B. bei Mattscheiben, die aus Glas oder Plaste mit aufgerauhter Oberfläche bestehen.

Im allgemeinen stört die Streuung jedoch den regulären Strahlenverlauf, bzw. die optische Abbildung. Bei der Reflexion an einer Oberfläche setzt sich das reflektierte Licht aus einem regulären (dem Reflexionsgesetz folgenden) und einem diffusen (gestreuten) Anteil zusammen. Das Verhältnis aus regulär und diffus reflektierter Intensität wird durch die Güte der Politur der Oberfläche bestimmt, d. h. durch ihre Rauhigkeit. Die analogen Aussagen gelten für das durch die Grenzfläche hindurchgehende, also das im allgemeinen gebrochene Licht. In optischen Systemen aus einer Folge von brechenden Flächen wird das Streulicht innerhalb der Bauelemente mehrfach hin- und herreflektiert, so daß es weitere Streulichtanteile erzeugen kann. Diese Aussage trifft naturgemäß auch für die dielektrischen Schichten zur Entspiegelung der Oberflächen zu, zumal oftmals Mehrfachschichten verwendet werden. Streulicht tritt auch an Wandungen, Fassungsteilen, Blendenrändern, Schlieren, Blasen und Staubteilchen auf. Zur Vermeidung dieser Anteile dienen eine sorgfältige Auswahl der Werkstoffe und geeignete konstruktive Maßnahmen (z. B. Schwärzung der Fassungen und Abfangkulissen).

Moderne Hochleistungssysteme erfordern extrem geringe Mikrorauhigkeiten der Linsenoberflächen, damit die Streulichtanteile weitgehend vermieden werden. Die Forderungen an die Fertigung hinsichtlich der Politur der Oberflächen sind entsprechend hoch.

Für die quantitative Erfassung der Oberflächenstreuung eignet sich die *über den gesamten Halbraum integrierte Streustrahlung*, die auch als TIS bezeichnet wird (engl. total integrated scatter). Es gilt:

> Das Verhältnis aus dem gestreuten Lichtstrom, der sich aus der Differenz zwischen dem insgesamt reflektierten und dem regulär reflektierten Lichtstrom ergibt, und dem insgesamt reflektierten Lichtstrom ist der Wert des TIS.

Bezeichnen wir den gestreuten Lichtstrom mit Φ_s, den insgesamt reflektierten Lichtstrom mit Φ_r und den regulär reflektierten Lichtstrom mit Φ_{rr}, dann erhalten wir

$$\text{TIS} = \frac{\Phi'_s}{\Phi'_r} = 1 - \frac{\Phi'_{rr}}{\Phi'_r}. \tag{7.17}$$

Ist δ der quadratische Mittelwert der Mikrorauhigkeit, so gilt angenähert für kleine δ und bis in das nahe Infrarot hinein

$$\text{TIS} \approx \left(\frac{4\pi\delta\cos\varepsilon}{\lambda}\right)^2. \tag{7.18}$$

Die kleinste erreichbare Mikrorauhigkeit hängt vom Werkstoff und vom Fertigungsverfahren ab. Das Problem bei der Fertigung optischer Oberflächen liegt darin, daß bei der Politur der Flächenradius im Rahmen der vorgeschriebenen Toleranz eingehalten werden muß. Bei asphärischen Flächen darf die Politur die vorgefräste Kurvenform nicht verändern.

Metalle und Kristalle erlauben mit vertretbarem Aufwand nur Mikrorauhigkeiten bis zu ca. $\delta = 6$ nm, Gläser bis zu $\delta = 2{,}5$ nm. Mit hohem Aufwand läßt sich bei Gläsern der Wert $\delta = 0{,}8$ nm erreichen. Abb. 7.18 enthält die Abhängigkeit des TIS von der Wellenlänge und der Mikrorauhigkeit δ (nach [22]).

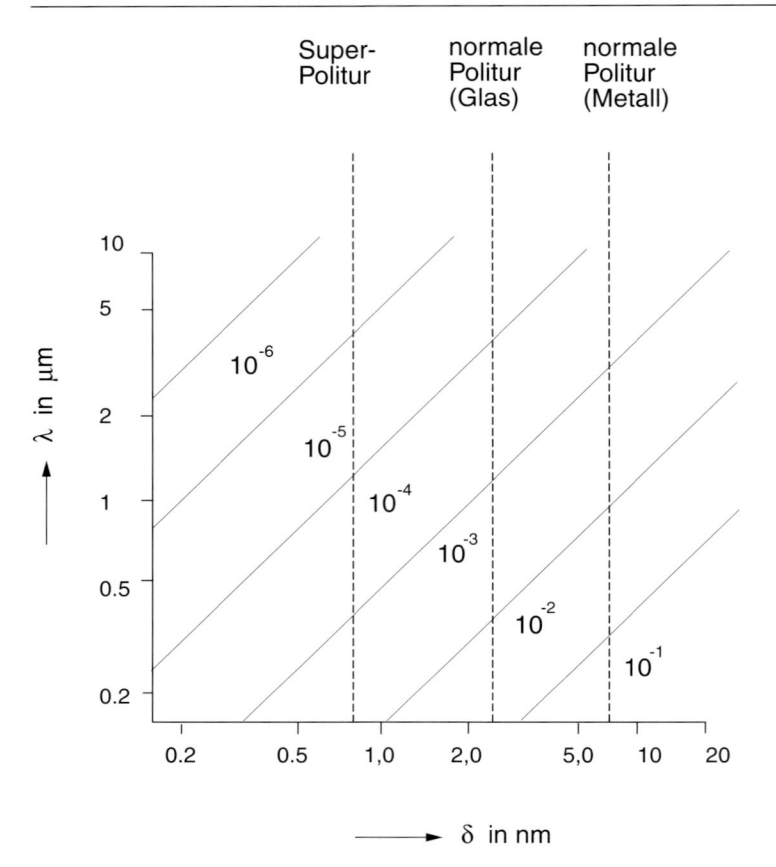

Abb. 7.18 Streuanteil TIS im Wellenlängen-Rauhigkeitsdiagramm

Für $\varepsilon = 0$, $\lambda = 500$ nm und $\delta = 2{,}5$ nm ergibt sich TIS $\approx 3{,}95 \cdot 10^{-3}$, der Streulichtanteil beträgt also ca. 4 ‰. Für $\varepsilon = 0$, $\lambda = 500$ nm und $\delta = 0{,}8$ nm ergibt sich TIS $\approx 4 \cdot 10^{-4}$, der Streulichtanteil beträgt ca. 0,4 ‰.

Allgemein bekannt ist die Bedeutung der Lichtstreuung in der Atmosphäre. Wegen der starken Abhängigkeit der Streuung von der Wellenlänge führt sie auf das blaue Himmelslicht und die oftmalige Rotfärbung der Sonne beim Auf- oder -Untergang.

Eine wichtige Rolle spielt die Streuung in der *Sichttheorie*, die sich mit der Sichtbarkeit von Objekten an der Erdoberfläche in Abhängigkeit vom Zustand der Atmosphäre befaßt. Sie ist damit auch eine Grundlage für den meteorologischen Dienst und für die Bewertung von Tarnmethoden im Gelände. Eine bestimmende Größe ist die *Sichtweite*, die die Entfernung eines Zieles angibt, in der es gerade noch visuell sichtbar ist.

Zur Untersuchung von Rauhigkeiten an optischen Oberflächen oder an Mikrorauhigkeiten bei Mikrostrukturen wurden in letzter Zeit vielfältige Meßgeräte entwickelt und die theoretischen Hilfsmittel zur Auswertung der Meßergebnisse weiter ausgearbeitet. Beispiele sind in [80] und [81] enthalten.

7.3 Strahlungsphysik und Lichttechnik

7.3.1 Licht- und Beleuchtungstechnik

Die Lichttechnik ist eine physikalisch-technische Disziplin, in der die abgeleiteten Beziehungen für die energetischen Größen der optischen Strahlung angewendet werden. Die Lichttechnik beschäftigt sich vorwiegend mit den Strahlungsquellen und ihren Eigenschaften, mit der Fotometrie, also der Licht- und Strahlungsmeßtechnik sowie der Anwendung optischer Strahlung für die Beleuchtung und für technologische Verfahren. Das Teilgebiet der Lichttechnik, das sich mit der Berechnung, Projektierung, dem Bau und dem Betrieb der Beleuchtungsanlagen befaßt, ist die *Beleuchtungstechnik*.

In diesem Abschnitt sollen noch einige Grundlagen zur Berechnung von lichttechnischen Größen behandelt werden, wobei Aufgaben der Beleuchtungstechnik im Vordergrund stehen.

Die Lichtverteilung der Lichtquellen ist nach Richtungen verschieden. Will man die Strahlung einer Lichtquelle vollständig beschreiben, so muß man ihre Lichtstärke nach den verschiedenen Richtungen gesondert untersuchen. Viele Lichtquellen sind Umdrehungskörper, und wir können uns mit der Untersuchung der Lichtverteilung in einem Meridian begnügen. Um eine anschauliche Übersicht über die Lichtverteilung zu erhalten, trägt man die in den verschiedenen Richtungen gemessenen Lichtstärken als Radien eines Polarkoordinatensystems ab und verbindet die Eckpunkte durch eine Kurve. Abb. 7.19 zeigt die Lichtverteilung einer Glühlampe.

Aus einer solchen Verteilungskurve kann der gesamte Lichtstrom einer Lichtquelle berechnet werden. Ist die Lichtquelle L der Mittelpunkt der Einheitskugel (Abb. 7.20), so kann man diese durch Meridiane und Breitenkreise in Flächenelemente zerlegen, die betragsmäßig dem zugehörigen räumlichen Winkel $d\Omega$ gleich sind. Der Lichtstrom auf dieses Flächenelement wird nach Gl. (3.33) durch das Produkt aus der Größe der Fläche mit der Lichtstärke I gefunden. Bildet man dieses Produkt $I\,d\Omega$ für alle Elemente des räumlichen Winkels, so erhält man den Gesamtlichtstrom Φ der Lichtquelle durch Addition aller einzelnen Lichtströme. Es ist demnach $\Phi = \int I\,d\Omega$. Dividiert man diesen Ausdruck durch 4π, so erhält man die mittlere räumliche oder mittlere sphärische Lichtstärke der Lichtquelle.

Man berechnet auch den Lichtstrom nur für die obere oder untere Hälfte des vollen räumlichen Winkels und findet dann nach Division durch 2π die mittlere obere oder untere hemisphärische Lichtstärke.

Die Kurve in der Abb. 7.19 heißt auch *Lichtstärke-Indikatrix*. Für einen Lambertstrahler ist sie ein Kreis, der die leuchtende Fläche tangiert. Entsprechend kann auch eine *Leuchtdichte-Indikatrix* angegeben werden, die beim Lambertstrahler einen Halbkreis darstellt, dessen Durchmesser in der leuchtenden Fläche liegt.

Die Berechnung des Lichtstroms ist mit Hilfe des *Rousseau-Diagramms* möglich. Das Raumwinkelelement beträgt in sphärischen Polarkoordinaten $d\Omega = \Omega_0 \sin \varepsilon_1 \, d\varepsilon_1 \, d\varphi$, der Lichtstrom also

$$\Phi = \Omega_0 \int_0^{2\pi} I_\varepsilon \sin \varepsilon_1 \, d\varepsilon_1 \, d\varphi \, .$$

Da wir I_ε als unabhängig von φ angenommen haben, führt die Integration über $d\varphi$ auf den Wert 2π. Damit ergibt sich

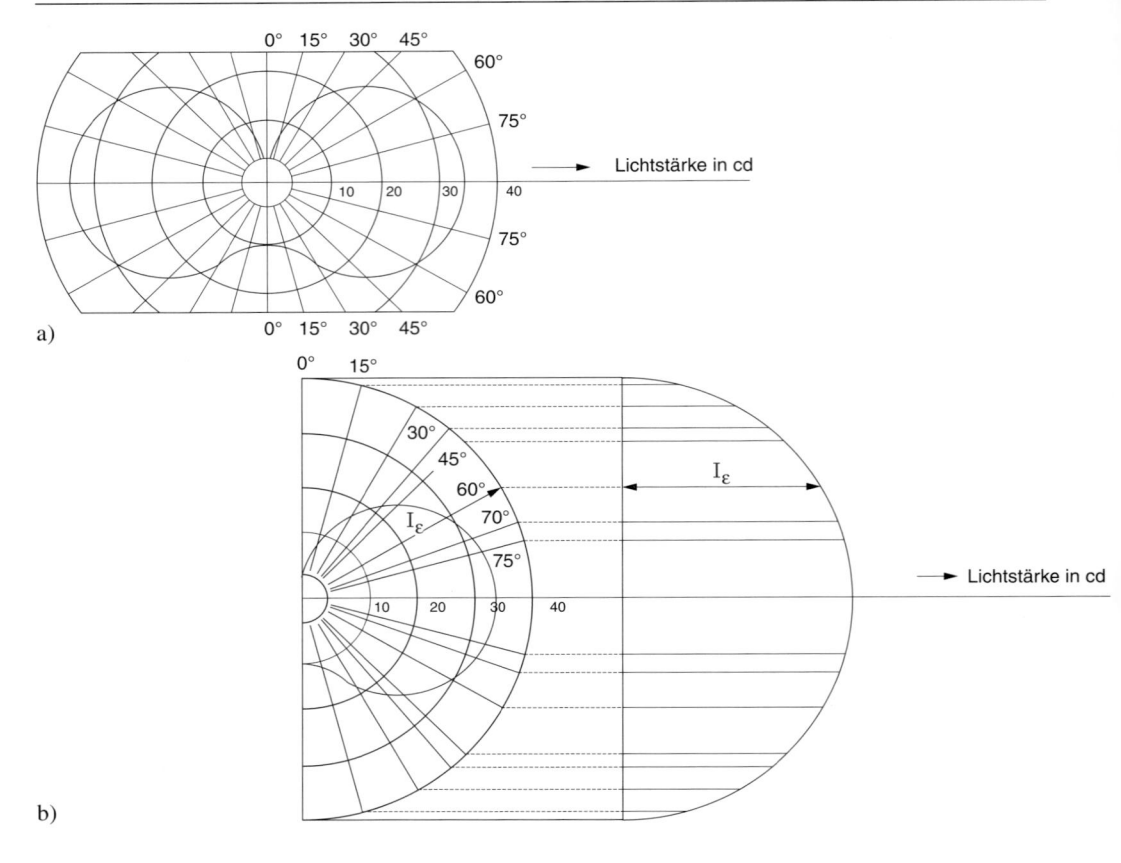

Abb. 7.19 a) Lichtstärkeverteilung einer Glühlampe, b) Rousseau-Diagramm

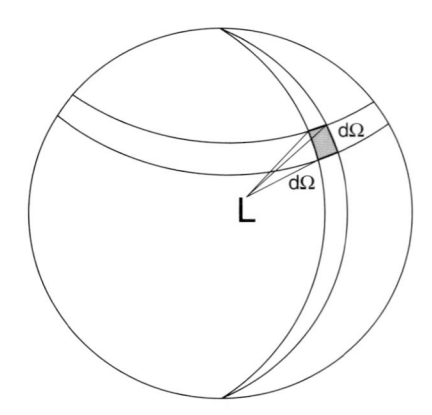

Abb. 7.20 Integraler Lichtstrom

$$\Phi = 2\pi\Omega_0 \int_0^\pi I_\varepsilon \sin\varepsilon_1 \, d\varepsilon_1 \, . \tag{7.19}$$

Um das Lichtstärke-Diagramm wird ein Hilfskreis mit dem Radius r gezogen. Man überträgt die Lichtstärke in Richtung des Winkels ε_1 vom Durchstoßpunkt des Radius mit dem Hilfskreis aus horizontal in das Rousseau-Diagramm (Abb. 7.21). Das Flächenelement in diesem Diagramm, das symmetrisch zu I_ε liegt, habe die Breite db, aus Abb. 7.21 ist abzulesen, daß $\sin\varepsilon_1 = db / (r \cdot d\varepsilon_1)$ und damit $db = r \cdot \sin\varepsilon_1$ ist. Der Flächeninhalt des Elementes beträgt $dA_R = I_\varepsilon \, db = I_\varepsilon \, r \cdot \sin\varepsilon_1 \, d\varepsilon_1$, der gesamte Flächeninhalt im Rousseau-Diagramm

$$A_R = \frac{r}{m} \int_0^\pi I_\varepsilon \sin\varepsilon_1 \, d\varepsilon_1 \, , \quad [A_R] = \text{cm}^2,$$

also (m ist ein Maßstabsfaktor für I_ε mit der Einheit $\text{cd} \cdot \text{cm}^{-1}$).

Der Vergleich mit Gl. (7.19) zeigt, daß

$$\Phi = \frac{2\pi\Omega_0 m}{r} A_R \, , \quad [\Phi] = \text{cd} \cdot \text{sr} = \text{lm} \tag{7.20}$$

ist. Im Beispiel der Abb. 7.21 erhalten wir $\Phi \approx 360$ lm.

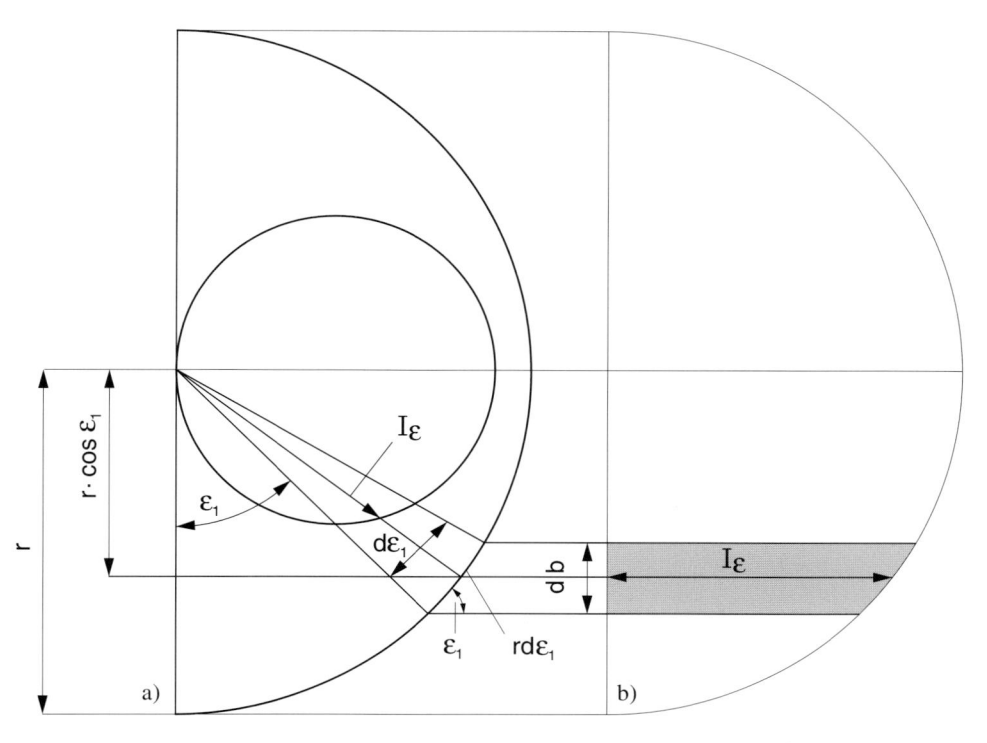

Abb. 7.21 a) Lichtstärke-Indikatrix, b) Berechnung des Lichtstroms mit dem Rousseau-Diagramm für eine Glühlampe mit der Lichtstärke-Indikatrix nach a)

Die Fläche läßt sich durch numerische Integration berechnen, z. B. mit der Rechteckregel oder der Trapezregel. Dazu ist es günstig, die Höhen db im Rousseau-Diagramm gleich zu wählen und für die dazu festgelegten Richtungen die Lichtstärke abzumessen.

Mit Hilfe des Rousseau-Diagramms sind für eine Reihe von völlig diffus strahlenden Lichtquellen (Lambert-Strahlern) mit praktischer Bedeutung die Zusammenhänge zwischen Lichtstrom und Lichtstärke analytisch zu berechnen. In der Abb. 7.22 ist für die Scheibe, die Kugelfläche, die Halbkugelfläche und die Zylinderfläche die Lichtstärke-Indikatrix dargestellt. Daraus leiten sich folgende Gleichungen ab:

Scheibe $\quad I_\varepsilon = I_0 \cos\varepsilon_1, \quad \Phi = \pi I_0,$ (7.21a, b)

Halbkugelfläche $\quad I_\varepsilon = I_0, \quad \Phi = 4\pi I_0,$ (7.22a, b)

Kugelfläche $\quad I_\varepsilon = I_0 \dfrac{1 + \cos\varepsilon_1}{2}, \quad \Phi = 2\pi I_0,$ (7.23a, b)

Zylinderfläche $\quad I_\varepsilon = I_0 \sin\varepsilon_1, \quad \Phi = \pi^2 I_0.$ (7.24a, b)

Viele Lichtquellen lassen sich näherungsweise durch die angegebenen Grundformen darstellen. Bei bekanntem Lichtstrom kann aus den Gleichungen (3.43) und (3.44) die Beleuchtungsstärke berechnet werden.

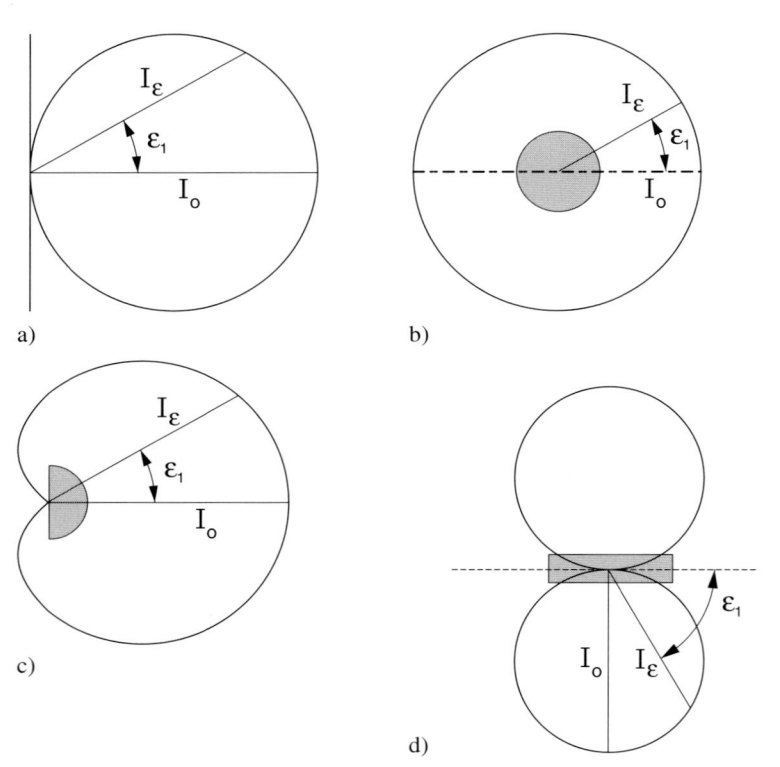

Abb. 7.22 Lichtstärke-Indikatrix für einige Lambert-Strahler, a) Scheibe, b) Kugelfläche, c) Halbkugelfläche, d) Zylinderfläche

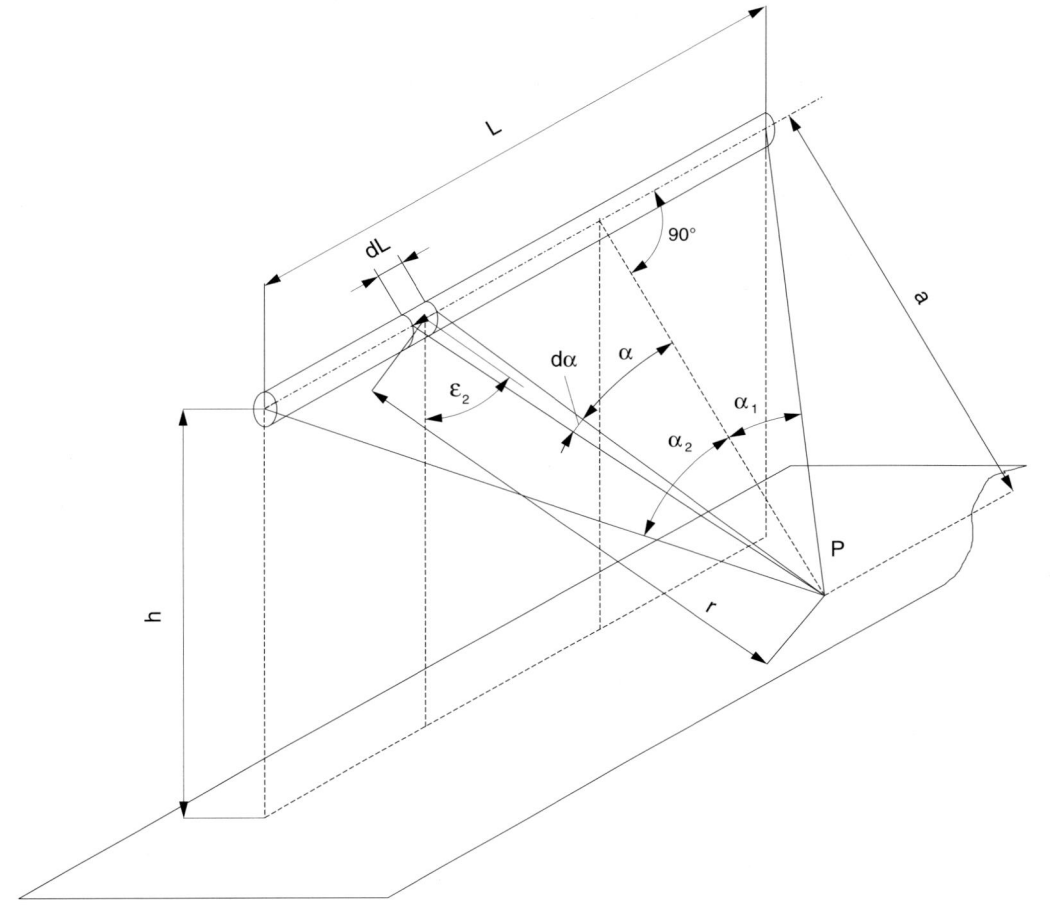

Abb. 7.23 Zur Ableitung der Beleuchtungsstärke auf einer Fläche, die durch eine linienförmige Lichtquelle beleuchtet wird

Eine Leuchtstofflampe in größerer Entfernung von der beleuchteten Fläche wird als zylinderförmiger Lambert-Strahler mit der Lichtstärke je Länge $I_L = \Phi / (\pi^2 L)$ betrachtet. Ein Längenelement der Lichtquelle erzeugt im Punkt P die Lichtstärke (Abb. 7.23)

$$dI = I_L \sin\varepsilon_1 \cdot dL = I_L \sin(90° - \alpha)\, dL = I_L \cos\alpha \cdot dL\,.$$

Für die Beleuchtungsstärke gilt nach Gl. (3.50)

$$dE = \frac{dI}{r^2} \cos\varepsilon_2 \cdot \Omega_0 = \frac{I_L}{r^2}\, dL \cdot \cos\varepsilon_2 \cdot \cos\alpha\,.$$

An Hand von Abb. 7.23 ist abzulesen, daß

$$r = \frac{a}{\cos\alpha}, \quad \cos\varepsilon_2 = \frac{h}{r} = \frac{h\cdot\cos\alpha}{a}, \quad dL = \frac{r}{\cos\alpha}\, d\alpha = \frac{a}{\cos^2\alpha}\, d\alpha$$

ist. Damit erhalten wir

$$E = I_L \frac{h}{a^2} \int_{-\alpha_1}^{a_2} \cos^2\alpha \cdot d\alpha ,\qquad (7.25)$$

bzw.

$$E = \frac{I_L h}{2\,a^2}\left[\alpha_1 + \alpha_2 + \frac{\sin 2\alpha_1}{2} + \frac{\sin 2\alpha_2}{2}\right].\qquad (7.26)$$

Für $L = 0{,}5$ m, $a = 0{,}5$ m, $h = 0{,}3$ m, $\Phi = 3400$ lm ergibt sich $\tan\alpha_1 = \tan\alpha_2 = L/(2a) = 0{,}5$, $\alpha_1 = \alpha_2 = 0{,}4636$ und $E = 714$ lx.

Die Berechnung der mittleren Lichtstärke auf dem angegebenen Weg ist zeitraubend. Der gesamte Lichtstrom kann aber auch gemessen werden. Das ist durch die Anwendung des *Kugelfotometers* von ULBRICHT möglich. Dieses besteht aus einer großen Hohlkugel von 1 bis 5 m Durchmesser, die innen matt und reinweiß angestrichen ist. Bringt man in eine solche Kugel die zu messende Lichtquelle, so wird das nach allen Seiten ausgestrahlte Licht vielfach zerstreut reflektiert, und jedes Flächenelement der inneren Kugelfläche wird gleich stark beleuchtet. Man braucht dann nur die Leuchtdichte eines kleinen Beobachtungsfensters, das gegen die direkte Beleuchtung durch den Schirm geschützt ist, zu messen und kann hieraus einen Schluß auf den gesamten Lichtstrom ziehen. Das Kugelfotometer integriert gewissermaßen alle einzelnen Lichtströme selbständig, daher ist es ein Integralfotometer.

Von großer praktischer Bedeutung ist die Messung der von einer Lichtquelle erzeugten Beleuchtung einer gegebenen Fläche. Man kann die Beleuchtungsstärke entweder unmittelbar mit einem Flächenfotometer messen oder aus der Lichtverteilung nach dem Lambertschen Gesetz berechnen, wenn man Höhe und Entfernung der Lichtquelle sowie den Winkel kennt, unter dem die Lichtstrahlen die Fläche treffen. Beleuchtungsmesser, die den auf eine bestimmte Fläche auffallenden Lichtstrom durch die von ihm erzeugte elektrische Stromstärke messen, sind heute allgemein üblich.

7.4 Abbildende Funktionselemente

7.4.1 Inhomogene Funktionselemente

Punkteikonal. Die Gleichung einer Wellenfläche laute in kartesischen Koordinaten $H(x,y,z) =$ const. Der Lichtweg zwischen zwei Punkten $P_1(x_1,y_1,z_1)$ und $P_2(x_2,y_2,z_2)$ auf verschiedenen Wellenflächen kann als Differenz der Lichtwege vom Ursprung bis zu diesen Punkten dargestellt werden (Abb. 7.24). Nach dem Fermatschen Prinzip gilt

$$H(P_2) - H(P_1) = \int_{P_1}^{P_2} n\,dl\,.\qquad (7.27)$$

7.4 Abbildende Funktionselemente

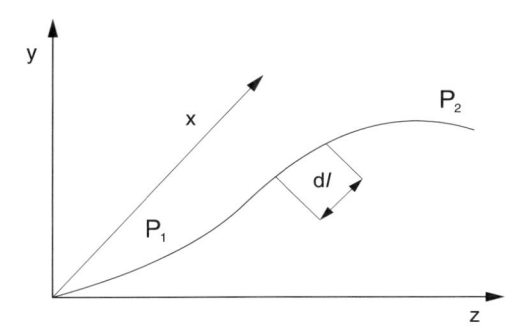

Abb. 7.24 Lichtweg als Funktion der Koordinaten $x(l)$, $y(l)$, $z(l)$ oder der Koordinaten $x(z), y(z)$

Da der Gradient von H einen Vektor darstellt, der senkrecht auf der Wellenfläche steht, gilt auch

$$\int_{P_1}^{P_2} n\, dl = \int_{P_1}^{P_2} |\text{grad } H|\, dl\ .$$

Daraus folgt

$$(\text{grad } H)^2 = n^2. \tag{7.28}$$

Das ist die Gleichung des *Punkteikonals H*, aus der die Gesetze der geometrischen Optik ebenfalls abgeleitet werden können. H wird auch *Hamiltonsche charakteristische Funktion* genannt.

Inhomogene Stoffe. Im Abschn. 4.1.11 wurde die Gleichung für den Verlauf von Lichtstrahlen in inhomogenen Stoffen aus dem Brechungsgesetz an dünnen Schichten abgeleitet. Konsequenter ist die Ableitung aus dem Fermatschen Prinzip Gl. (2.25). Wir führen einen Ortsvektor $\mathbf{r}(s)$ ein, dessen Komponenten die kartesischen Koordinaten des Strahls $x(s)$, $y(s)$, $z(s)$ darstellen.

Nach der Variationsrechnung ergibt sich aus dem Fermatschen Prinzip, daß

$$\frac{d}{ds}\left(n\frac{d\mathbf{r}}{ds}\right) = \text{grad } n \tag{7.29}$$

gelten muß. Diese Gleichung wird als *Strahlengleichung* bezeichnet. Mit Hilfe von

$$ds = dz\sqrt{1 + \left(\frac{dx}{dz}\right)^2 + \left(\frac{dy}{dz}\right)^2}$$

läßt sich die auf dem Strahl gemessene Koordinate (Bogenlänge) aus der Strahlengleichung so eliminieren, daß nur noch die Querkoordinaten $x(z)$, $y(z)$ vorkommen.

Die allgemeine Lösung brauchen wir für die zu behandelnden Beispiele nicht anzugeben. Wir können uns auf den Fall beschränken, daß die Strahlen fast parallel zur z-Richtung verlaufen, d. h. im sogen. *paraxialen Gebiet*. Es ist dann

$$\left(\frac{dx}{dz}\right)^2 \ll 1,\ \left(\frac{dy}{dz}\right)^2 \ll 1,\ \text{und } ds \approx dz.$$

Die *paraxiale Strahlengleichung* lautet in Komponenten

$$\frac{d}{dz}\left(n\frac{dx}{dz}\right) \approx \frac{dn}{dx}, \quad \frac{d}{dz}\left(n\frac{dy}{dz}\right) \approx \frac{dn}{dy}. \tag{7.30a, b}$$

Inhomogene Platte. Für eine Platte, bei der die Brechzahl nur von y abhängt, für die also $n = n(y)$ gilt, reduziert sich die paraxiale Strahlengleichung wegen $dn/dz = 0$ auf

$$\frac{d^2 y}{dz^2} = \frac{1}{n}\frac{dn}{dy}. \tag{7.31}$$

Diese Gleichung ist für $y = r$ identisch mit der Gl. (4.208). Aus Gl. (7.31) folgt die Bahngleichung $y(z)$, wenn $n(y)$ und dy/dz bei $z = 0$ gegeben sind.

Praktisch realisiert sind Platten mit [entsprechend Gl. (4.211) mit $n_A = n_0$ und $a = \alpha$]

$$n^2(y) = n_0^2 \left(1 - \alpha^2 y^2\right). \tag{7.32}$$

Im allgemeinen ist $\alpha^2 y^2 \ll 1$, so daß

$$n = n_0 \sqrt{1 - \alpha^2 y^2} \approx n_0 \left(1 - \frac{1}{2}\alpha^2 y^2\right) \tag{7.33}$$

gesetzt werden kann (parabolische Abhängigkeit der Brechzahl mit n_0 bei $y = 0$). Aus Gl. (7.31) folgt

$$\frac{d^2 y}{dz^2} = -\frac{\alpha^2 y}{1 - \frac{1}{2}\alpha^2 y^2} \approx -\alpha^2 y \left(1 + \frac{1}{2}\alpha^2 y^2\right) \approx -\alpha^2 y,$$

also wegen $\alpha^2 y^2 \ll 1$

$$\frac{d^2 y}{dz^2} = -\alpha^2 y. \tag{7.34}$$

Mit den Randbedingungen $y(0) = y_0$, $(dy/dz)_{z=0} = \sigma_0$ lautet die Lösung von Gl. (7.34)

$$y(z) = y_0 \cos\alpha z + \frac{\sigma_0}{\alpha}\sin\alpha z. \tag{7.35}$$

Daraus ergibt sich für den Schnittwinkel σ

$$\frac{dy}{dz} = \sigma(z) = -y_0\,\alpha\sin\alpha z + \sigma_0 \cos\alpha z. \tag{7.36}$$

Aus $\sigma(z) = 0$ folgt

$$\tan\alpha z = \frac{\sigma_0}{y_0\,\alpha}.$$

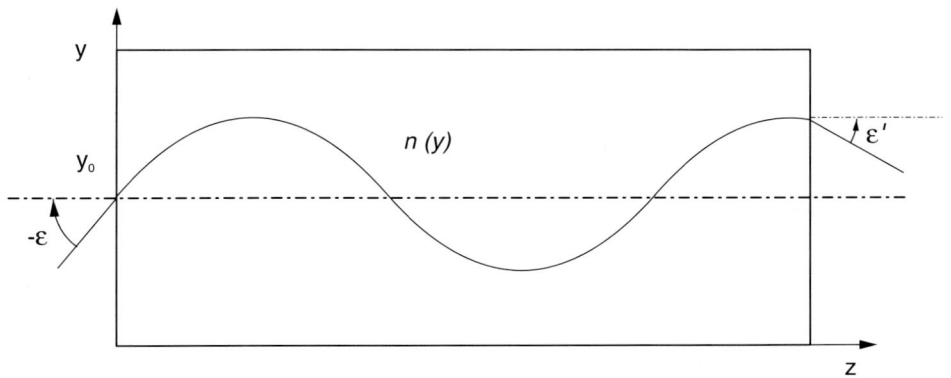

Abb. 7.25 Verlauf von Meridionalstrahlen im inhomogenen Stoff

Einsetzen in Gl. (7.35) ergibt nach Umformung

$$y_{\text{Max}} = y_0 \sqrt{1 + \left(\frac{\sigma_0}{y_0\,\alpha}\right)^2} \tag{7.37}$$

$d\sigma/dz = 0$ führt auf

$$\tan \alpha\, z = -\frac{y_0\,\alpha}{\sigma_0}.$$

Einsetzen in Gl. (7.35) und Umformen ergibt

$$\sigma_{\text{Max}} = \alpha\, y_{\text{Max}}. \tag{7.38}$$

Gilt für die Dicke d der Platte $d > 2\, y_{\text{Max}}$, dann bleibt das Licht innerhalb der Platte. Es beschreibt Bahnen, bei denen sich die Strahlen in Abständen π/α in einem Punkt schneiden (Abb. 7.25, analog zu Abb. 4.83).

7.4.2 Hologramm-Typen

Die *Holografie* stellt nach Abschn. 4.4.8 ein wellenoptisches Abbildungsverfahren dar. Fotografische Schichten, das Auge und andere Empfänger registrieren von optischen Wellenfeldern nur die Intensität. Weil diese vom Absolutquadrat der komplexen Amplitude abhängt, sind es sog. „quadratische" Empfänger. Die Information über die Phasenbeziehungen der Wellen geht dabei verloren. Der vollständige Rückschluß aus einem Bild auf das Objekt, die „*Rekonstruktion" des Objektes*, erfordert jedoch die Kenntnis der Amplituden- und Phasenverteilung. Die Lösung des Problems ist mit der *Holografie* möglich.

> Die *Holografie* ist ein Verfahren, mit dem Informationen, die ein Wellenfeld trägt, interferenzoptisch in einer Beugungsstruktur, dem *Hologramm*, gespeichert und durch Beugung am Hologramm rekonstruiert werden kann.

Das Hologramm kann auch berechnet und synthetisch hergestellt werden.

Die Grundaufgabe der Holografie läßt sich übersichtlich am Beispiel des holografischen Gitters erläutern, worauf wir bereits im Abschn. 4.4.8 ausführlich eingegegangen sind.

Trägerfrequenz-Holografie. Das holografische Sinusgitter entstand durch das Einstrahlen einer ebenen Welle konstanter Amplitude (leeres Objekt). Enthält die Signalwelle zusätzliche Amplituden- und Phaseninformationen, dann ist das Sinusgitter entsprechend moduliert. Deshalb wird von *Trägerfrequenz-Holografie* gesprochen. Die Signalwelle wird in diesem Fall auch *Objektwelle* genannt.

Durch die Interferenz einer Referenzwelle mit der an einem beliebigen Objekt reflektierten und gestreuten Signalwelle und der Aufzeichnung des Interferenzbildes läßt sich das Hologramm des Objektes erzeugen (Abb. 7.26). Nehmen wir eine sehr große Kohärenzlänge und stationäre Bedingungen an, dann können wir die Wellen mittels der komplexen Amplituden beschreiben. Es gilt für die Signalwelle, bzw. die Referenzwelle

$$a_S = A_S \, e^{j\delta_S}, \quad a_R = A_R \, e^{j\delta_R}, \tag{7.39a, b}$$

wobei A_S, A_R, δ_S und δ_R ortsabhängig sind. Die Wellen überlagern sich in der Aufzeichnungsebene und ergeben die komplexe Amplitude $a = a_R + a_S$. Ein quadratischer Empfänger registriert den zeitlichen Mittelwert der Energiestromdichte, der sich aus

$$a \, a^* = (a_R + a_S)(a_R^* + a_S^*) + a_S \, a_S^* + a_R \, a_S^* + a_R^* \, a_S \tag{7.40}$$

ergibt. Mit Gl. (7.39) folgt daraus

$$a \, a^* = A_R^2 + A_S^2 + 2 \, A_R \, A_S \cos(\delta_S - \delta_R). \tag{7.41}$$

Im linearen Bereich des Empfängers beträgt die Amplituden-Transparenz $\tau \sim a \, a^*$. Bei der Rekonstruktion kann die Referenzwelle eingestrahlt werden. Die komplexe Amplitude hinter dem Hologramm beträgt dann

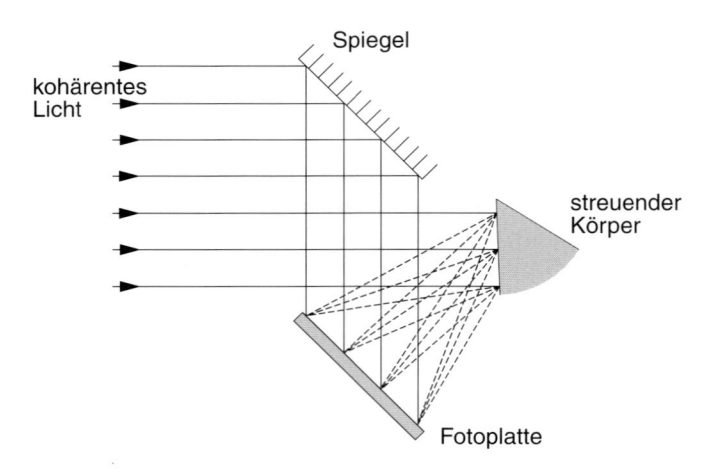

$$a_R \, \tau \sim a_R (a_R \, a_R^* + a_S \, a_S^*) + A_R^2 \, a_S^* + A_R^2 \, a_S \tag{7.42}$$

Abb. 7.26 Aufnahme eines Hologramms von einem beliebigen Objekt

7.4 Abbildende Funktionselemente

bzw.

$$a_R \, \tau \sim a_R \, (A_R^2 + A_S^2) + A_R^2 \, a_S^* + A_R^2 \, a_S. \tag{7.43}$$

Der erste Summand enthält keine Informationen über das Objekt, er stellt einen Störterm dar. Der dritte Summand enthält die komplexe Amplitude der Signalwelle, die also rekonstruiert wird. Der zweite Summand stellt die konjugiert Komplexe der Signalwelle dar, die also ebenfalls bei der Rekonstruktion mit der Referenzwelle auftritt. Analog entstehen bei der Einstrahlung der Signalwelle neben dem Störlicht die Referenzwelle und ihre konjugiert Komplexe.

Die Bildspeicherung im Hologramm wird als *redundant* bezeichnet. Die Information ist in der gesamten Hologrammfläche verteilt, so daß die Rekonstruktion auch mit Teilen des Hologramms möglich ist.

Hologrammtypen. Eine Einteilung der Beugungserscheinungen läßt sich mit Hilfe der *Fresnel-Zahl F* vornehmen. Ist ρ ein Maß für die Größe der Beugungsstruktur, l der Abstand der Lichtquelle und l' der Abstand des Aufpunktes von der Beugungsstruktur, dann beträgt die Fresnel-Zahl

$$F = \frac{\rho^2}{\lambda}\left(\frac{1}{l'} + \frac{1}{l}\right). \tag{7.44}$$

Für $F > 1$ liegt Fresnelsche Beugung, bei $F < 1$ liegt Fraunhofersche Beugung vor. Bei $l \to \infty$, $l' \to \infty$ gilt $F \to 0$, so daß Lichtquelle und Bild im Unendlichen liegen. Entsprechend unterscheidet man je nach Objektentfernung

– Fresnel- bzw. Nahfeld- oder Bildfeld-Hologramme bei $F > 1$,
– Fraunhofer- bzw. Fernfeld-Hologramme bei $F < 1$,
– Fourier-Hologramme bei $F = 0$.

Die Flächenhologramme sind oftmals *Transmissions-Hologramme*, die also bei der Rekonstruktion durchstrahlt werden. Sie stellen im allgem. *Amplituden-Hologramme* dar, die einen ortsabhängigen Transmissionsgrad zeigen. Durch Ausbleichen entstehen Strukturen, die durch Dickenschwankungen und örtliche Brechzahländerungen nur die Phase des Lichtes beeinflussen. Sie werden als *Phasen-Hologramme* bezeichnet. Es lassen sich aber auch *Reflexions-Hologramme* erzeugen, indem auf Metallflächen Fotoresist aufgetragen wird, der nach dem Entwickeln das Beugungsprofil enthält.

Beugungseffektivität (Beugungswirkungsgrad). Das Verhältnis aus der Intensität in einer Beugungsordnung und des einfallenden Lichtes wird als *Beugungseffektivität* bezeichnet. Beim Amplituden-Hologramm beträgt die maximale Beugungseffektivität 6,25 %. Mit Phasen-Hologrammen sind maximal 33,9 % erreichbar. Werte von 100 % sind mit den noch zu behandelnden Volumen-Hologrammen möglich.

Fouriertransformations-Holografie. Befindet sich eine beugende Struktur in der objektseitigen Brennebene einer Sammellinse (bzw. eines sammelnden Linsensystems), dann wird sie ins Unendliche abgebildet, während in der bildseitigen Brennebene das Beugungsbild entsteht. Bei Beleuchtung der beugenden Struktur mit einer ebenen Welle handelt es sich um Fraunhofersche

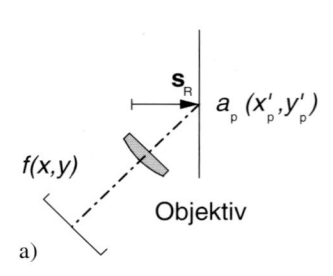

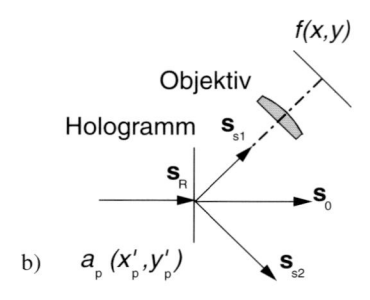

Abb. 7.27 Fouriertransformations-Hologramm, a) Aufnahme, b) Rekonstruktion (Einheitsvektoren: $\mathbf{s}_0$ ungebeugtes Licht, $\mathbf{s}_{s2}$ reelle, $\mathbf{s}_{s3}$ virtuelle Signalwelle)

Beugung. Die komplexen Amplituden $a_p(x'_p, y'_p)$ im Beugungsbild (x'_p, y'_p Koordinaten in der bildseitigen Brennebene der Linse) sind der Fourier-Transformierten der Objektfunktion $f(x,y)$ proportional:

$$a_p(x'_p, y'_p) = C \int_{-\infty}^{\infty} \int_{-\infty}^{\infty} f(x,y)\, e^{-2\pi j (x x'_p + y y'_p)}\, dx\, dy \,. \tag{7.45}$$

Die Beugungsfunktion $a_p(x'_p, y'_p)$ ist als komplexe Funktion nicht direkt aufzuzeichnen, weil die lichtempfindlichen Schichten das Absolutquadrat $|a_p(x'_p, y'_p)|^2$ registrieren. Es kann aber mit einer kohärenten Referenzwelle zur Interferenz gebracht werden. Die komplexe Amplitude beträgt in der Brennebene $a_p(x'_p, y'_p) + a_R(x'_p, y'_p)$ (Abb. 7.27a).

Bei der Rekonstruktion mit der Referenzwelle muß eine identische Sammellinse nachgeschaltet werden, in deren Brennebene die Objektfunktion entsteht. Zusätzlich ergibt sich noch die konjugierte Welle, die aber eine andere Richtung hat (Abb. 7.27b).

Synthetische Hologramme. Die experimentelle Aufnahme des Hologramms hat den Nachteil, daß Referenz- und Signalwelle kohärent zueinander sein müssen. Deshalb konnte sie erst nach der Entwicklung der Laser effektiv durchgeführt werden. Hologramme von relativ einfachen Strukturen lassen sich aber mit Rechenanlagen modellieren. Dazu werden die Amplituden- und Phasenverteilung in der Hologrammebene berechnet. Die Aufzeichnung erfolgt meistens in Form

7.4 Abbildende Funktionselemente

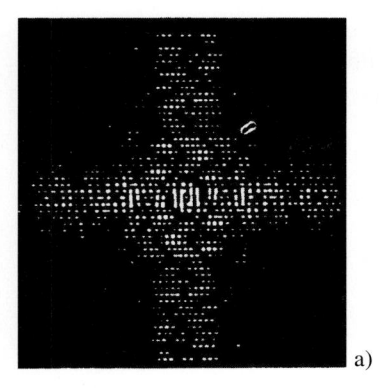

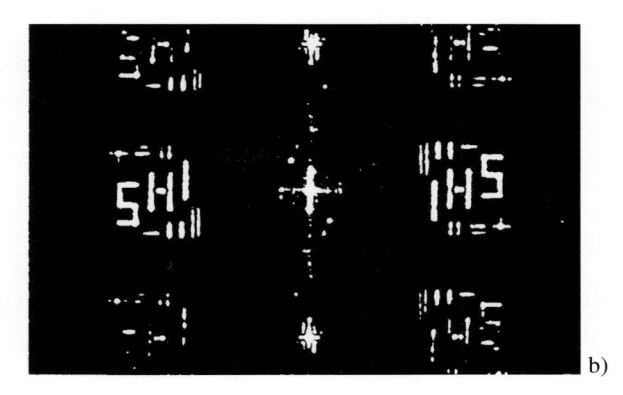

Abb. 7.28 a) binäres synthetisches Hologramm, b) Rekonstruktion mit dem Hologramm nach a)

der *binären Hologramme*, bei denen z. B. durch Plotter Schwarz-Weiß-Verteilungen in die fotoempfindliche Schicht eingeschrieben werden. Das Hologramm besteht aus einer Matrix aus Elementarzellen (Abb. 7.28a). Jede Zelle enthält eine Öffnung, deren Größe ein Maß für den Amplitudenbetrag und deren Lage ein Maß für die Phase ist. Bei der Rekonstruktion entstehen die nullte Ordnung und mehrere Beugungsordnungen (Abb. 7.28b). Auch synthetische Phasenhologramme sind möglich, womit z. B. die Intensität in den Ordnungen beeinflußbar ist, bzw. die Beugungseffektivität erhöht wird.

Volumen-Holografie. Bisher sind wir davon ausgegangen, daß das holografische Beugungsmuster in einer dünnen Schicht aufgezeichnet ist. Das Interferenzfeld von zwei Wellen hat jedoch eine räumliche Ausdehnung, so daß es auch in einer dicken lichtempfindlichen Schicht gespeichert werden kann. Die so entstehende räumliche Beugungsstruktur stellt ein *Volumen-Hologramm* dar.

Die Grundlagen der Volumen-Holografie lassen sich mit der Interferenz zweier ebener Wellen verstehen. Nach Gl. (2.6) gilt für die elektrischen Feldstärken zweier ebener Wellen mit den Normalen-Einheitsvektoren $\mathbf{s}_S$ (Signalwelle, bzw. Objektwelle) bzw. $\mathbf{s}_R$ (Referenzwelle)

$$\mathbf{E}_S = \mathbf{a}_S \, e^{\frac{2\pi j}{\lambda}(\mathbf{r}\,\mathbf{s}_S) - j\omega t}, \quad \mathbf{E}_R = \mathbf{a}_R \, e^{\frac{2\pi j}{\lambda}(\mathbf{r}\,\mathbf{s}_R) - j\omega t}. \tag{7.46a, b}$$

Die Addition ergibt für kohärente Wellen gleicher Schwingungsrichtung

$$\mathbf{E} = \mathbf{E}_S + \mathbf{E}_R = \left[\mathbf{a}_S \, e^{\frac{2\pi j}{\lambda}(\mathbf{r}\,\mathbf{s}_S)} + \mathbf{a}_R \, e^{\frac{2\pi j}{\lambda}(\mathbf{r}\,\mathbf{s}_R)} \right] e^{-j\omega t}. \tag{7.47}$$

Die Intensität ist dem Zeitmittelwert $\langle \mathbf{E}\mathbf{E}^* \rangle = \langle |\mathbf{E}|^2 \rangle$ proportional, wobei die Zeitabhängigkeit herausfällt. Es bleibt

$$\langle |\mathbf{E}|^2 \rangle = \left| \mathbf{a}_S \, e^{\frac{2\pi j}{\lambda}(\mathbf{r}\,\mathbf{s}_S)} + \mathbf{a}_R \, e^{\frac{2\pi j}{\lambda}(\mathbf{r}\,\mathbf{s}_R)} \right|^2. \tag{7.48}$$

Die Anfangsphasen der beiden Wellen können vernachlässigt werden, indem $\delta_S = \delta_R = 0$ gesetzt wird. Ausrechnen des Absolutquadrates ergibt, da der Proportionalitätsfaktor bei den Amplituden gleich ist und die Intensitäten den Amplitudenquadraten proportional sind,

$$I = I_S + I_R + 2\sqrt{I_S I_R} \cos\left(\frac{2\pi}{\lambda} \mathbf{r}\, \mathbf{n}\right) \tag{7.49}$$

mit dem Gittervektor $\mathbf{n} = \mathbf{s}_S - \mathbf{s}_R$.

Es entsteht ein räumliches sinusförmiges Interferenzmuster, bei dem die Maxima senkrecht zu dem Gittervektor n angeordnet sind. Für die Maxima gilt

$$\frac{2\pi}{\lambda} \mathbf{r}\, \mathbf{n} = 2k\pi, \quad k = 1, 2, 3, \ldots,$$

bzw.

$$|\mathbf{r}||\mathbf{n}|\cos(\mathbf{r},\mathbf{n}) = k\lambda. \tag{7.50}$$

Nach Abb. 7.29 ist $\cos(\mathbf{r},\mathbf{n}) = h/r$, also $h = k\lambda/|\mathbf{n}|$. Der Abstand zweier aufeinander folgender Maxima beträgt $g = h_{k+1} - h_k = \lambda/|\mathbf{n}|$. g ist die Gitterkonstante des Sinusgitters.

Mit dem Winkel 2α zwischen $\mathbf{s}_S$ und $\mathbf{s}_R$ ergibt sich $|\mathbf{n}| = 2\sin\alpha$, bzw.

$$g = \frac{\lambda}{2\sin\alpha}. \tag{7.51}$$

Bei der Rekonstruktion mit einer ebenen Welle, die die Richtung der Referenzwelle hat, wird die Signalwelle (Objektwelle) erzeugt, wenn die Braggsche Reflexionsbedingung (7.14) erfüllt ist. Der dort eingeführte Netzebenen-Abstand d ist hier mit der Gitterkonstanten g identisch, und es gilt $\alpha = \alpha_E$, so daß Gl. (7.51) mit der Braggschen Reflexionsbedingung (7.14) übereinstimmt.

Voraussetzung für die Rekonstruktion ist außerdem die Einstrahlung der korrekten Wellenlänge λ. Stellt die eingestrahlte Welle polychromatisches (weißes) Licht dar, dann wird nur die

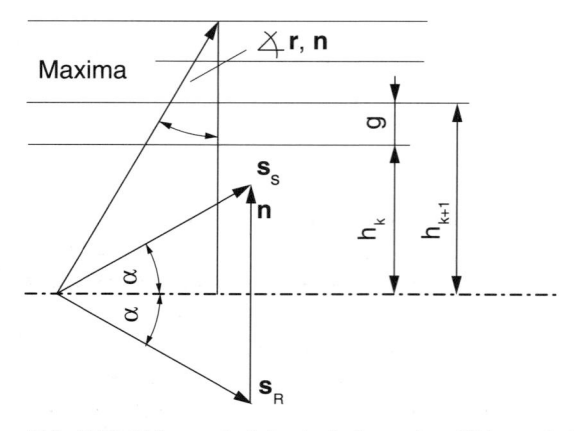

Abb. 7.29 Vektoren bei der Aufnahme eines Volumenhologramms

7.4 Abbildende Funktionselemente

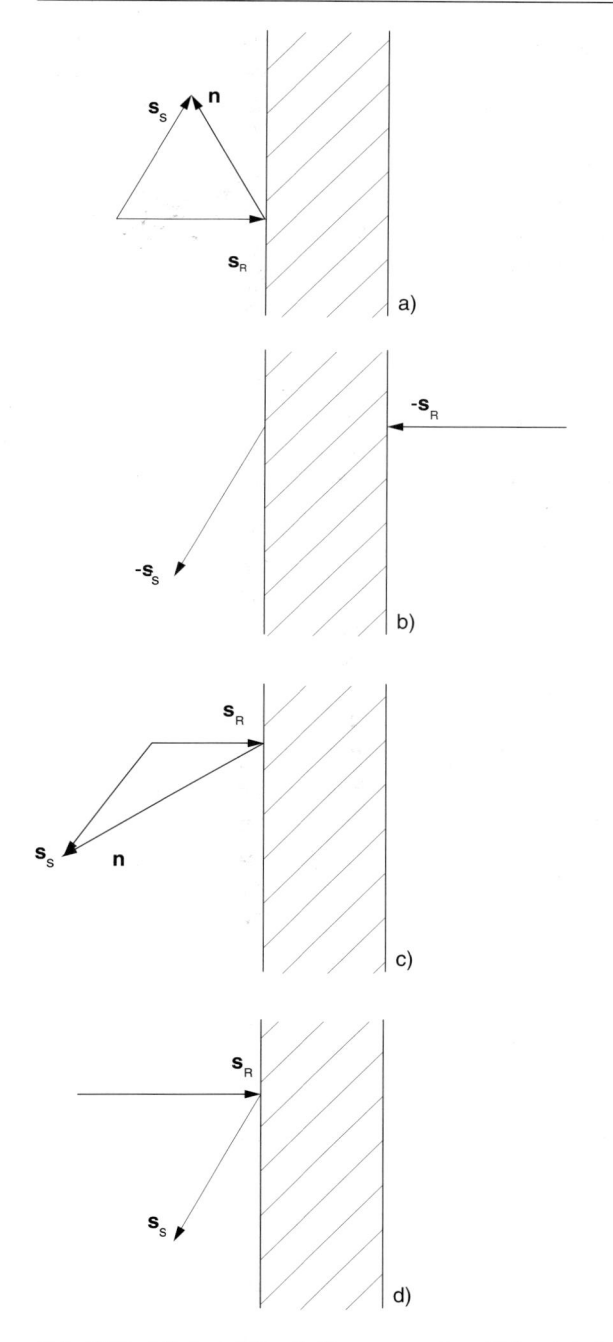

Abb. 7.30 a) Beispiel für die Erzeugung eines Volumenhologramms, b) Rekonstruktion des Hologramms nach a) mit der inversen Referenzwelle, wobei die konjugierte Welle entsteht, c) Beispiel für die Erzeugung des Volumenhologramms, d) Rekonstruktion des Hologramms nach c) mit der Referenzwelle, wobei die Signalwelle reflektiert wird

Welle mit der Wellenlänge rekonstruiert, die die Bragg-Bedingung erfüllt. Die Rekonstruktionswelle ist also einfarbig.

Abb. 7.30 demonstriert für zwei Beispiele die Aufnahme und die Rekonstruktion von Volumenhologrammen.

Holografie ist auch mit *nichtoptischen* Wellen möglich. Sie stellt sogar den Ausgangspunkt der Entwicklung der Holografie dar. Um 1948 herum hatte sich GABOR die Aufgabe gestellt, die Auflösung elektronenmikroskopischer Aufnahmen zu erhöhen. Er wollte ein Beugungsbild der Elektronenbündel, in dem die Amplituden und Phasen der Materiewellen gespeichert waren, als beugende Struktur für Lichtwellen verwenden und so das Objektwellenfeld mit einem veränderten Maßstab rekonstruieren. GABOR erhielt 1971 für seine Arbeiten zur Holografie den Nobelpreis.

Erst nach der Erfindung der Laser konnten 1962 LEITH und UPATNIEKS an der Universität Michigan die Ideen GABORS zu praktisch brauchbaren Ergebnissen führen.

Die Entwicklung der synthetischen Holografie setzt die Entwicklung leistungsfähiger Rechenanlagen und des Algorithmus zur schnellen Fouriertransformation voraus. Außerdem erfordert sie Plotter mit entsprechender Auflösung.

7.4.3 Anwendungen der Holografie

Holgrafisch-optische Bauelemente (*HOE*) stellen Hologramme dar, deren Rekonstruktion die Funktion von optischen Bauelementen nachbildet. Abbildende Hologramme sind wellenoptisch abbildende Bauelemente auf der Basis der Beugung des Lichtes an Interferenzstrukturen. Entscheidend ist die Rekonstruktion durch Beugung. Die Interferenzstrukturen können analog mittels der Interferenz kohärenter Wellen erzeugt oder digital berechnet und aufgezeichnet werden (Computer-Hologramm, synthetisches Hologramm).

Beugungsgitter. Die Erzeugung holografischer Beugungsgitter durch die Interferenz von zwei ebenen Wellen haben wir im Abschn. 4.4.8 behandelt.

Holografische Amplituden- und Phasengitter sind billiger als die geritzten Gitter. Bei einer ausreichend ebenen Gitterfläche (Abweichungen von der Ebene kleiner als $\lambda/20$) treten im Spektrometer keine falschen Linien („Gittergeister") auf. Gitterkonstanten bis zu 200 nm herab lassen sich bei großer Beugungseffektivität ($\leq 90\,\%$) und geringem Streulichtanteil (10^{-4} der Signalintensität) realisieren. Auch Konkavgitter sind auf holografischem Wege herstellbar.

Holografische Zonenplatten entstehen bei der Überlagerung zweier kohärenter Wellen innerhalb der Speicherschicht. Ist eine der beiden Wellen eben, dann erhalten wir eine *Fresnelsche Zonenplatte*. Dazu muß aber außerdem die ebene Welle senkrecht auf die Speicherfläche treffen und der Ausgangspunkt C_0 der Kugelwelle auf der Mittelsenkrechten liegen (*in-line Hologramm, Geradeaus-Hologramm*).

Nach Abb. 7.31a beträgt der Lichtweg vom Punkt C_0 bis zur Hologrammebene in der Entfernung ρ vom Mittelpunkt

$$l = \sqrt{r_0^2 + \rho^2} = r_0 \sqrt{1 + \left(\frac{\rho}{r_0}\right)^2}.$$

7.4 Abbildende Funktionselemente

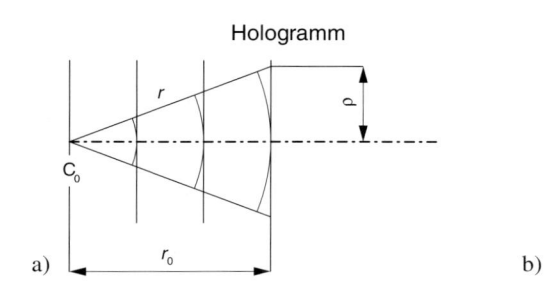

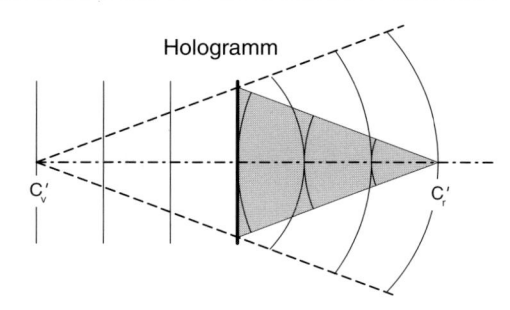

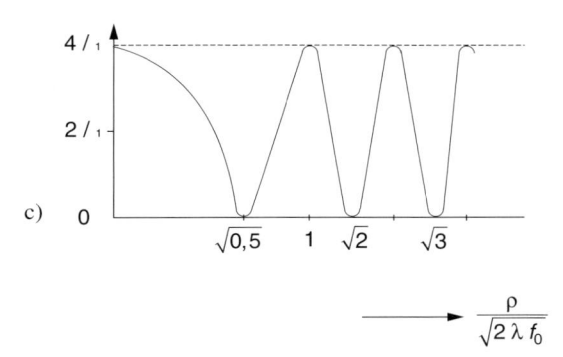

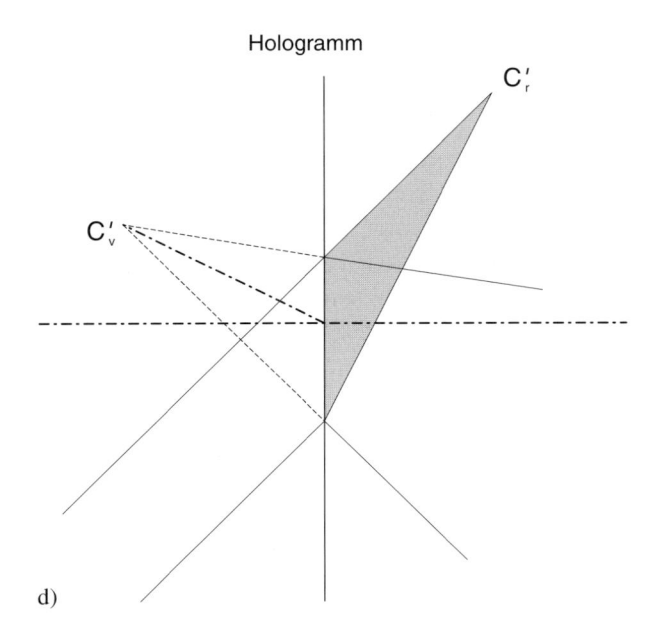

Abb. 7.31 a) Zur Aufnahme einer holografischen Zonenplatte, b) Rekonstruktion bei der Zonenplatte, c) Profil der nach a) aufgenommenen Zonenplatte, d) Rekonstruktion bei der off-axis Zonenplatte

Reihenentwicklung und Abbrechen mit dem quadratischen Glied ($\rho^2 \ll r_0^2$) ergibt für die Phasendifferenz zwischen der Kugelwelle und der ebenen Welle mit dem Lichtweg r_0

$$\delta = \frac{2\pi}{\lambda}(l - r_0) = \frac{\pi \rho^2}{\lambda\, r_0}. \tag{7.52}$$

Die Intensität beträgt nach Gl. (2.11b) bei $I_1 = I_2$

$$I = 2 I_1 \left[1 + \cos\left(\frac{\pi \rho^2}{\lambda\, r_0}\right)\right]. \tag{7.53}$$

Die Intensitätsverteilung ist kosinusförmig von ρ^2 abhängig. Es gilt (Abb. 7.31c):

$$\rho_{\text{Max}} = \sqrt{2 k \lambda r_0}, \quad I_{\text{Max}} = 4 I_1,$$
$$\rho_{\text{Min}} = \sqrt{2\left(k + \frac{1}{2}\right)\lambda r_0}, \quad I_{\text{Min}} = 0. \tag{7.54a–d}$$

Die Rekonstruktion mit einer ebenen Welle liefert ein reelles und ein virtuelles Bild des Punktes (Abb. 7.31b). Es lassen sich so auch Hologramme von räumlichen Strukturen mit mehreren Signalwellen erzeugen, deren Rekonstruktion ein echt räumliches Bild der Struktur ergibt.

Das reelle und das virtuelle Bild, die beim Geradeaus-Hologramm in gleicher Richtung liegen, lassen sich trennen, wenn die Referenzwelle schräg auf die Hologrammebene trifft (off-axis Hologramm, Abb. 7.31d).

Ein *Phasenhologramm* mit maximal 33,9 % Beugungseffektivität läßt sich durch Bleichverfahren herstellen. Bei der Rekonstruktion treten auch höhere Beugungsordnungen auf, die aber im allgem. lichtschwach sind.

Die Kinoformlinse ist ein synthetisches Phasenhologramm mit theoretisch 100 % Beugungseffektivität. Sie stellt eine rotationssymmetrische Fresnelsche Zonenplatte dar, bei der die Phasenänderung innerhalb von zwei Fresnelschen Zonen so berechnet ist, daß das gesamte gebeugte Licht im Bildpunkt zur maximalen Intensität interferiert. In einem Ring aus zwei Fresnelschen Zonen innerhalb des Radienbereichs

$$\sqrt{2\left(k - \frac{1}{2}\right)\lambda f'} \leq \rho \leq \sqrt{2 k \lambda f'}, \quad k = 1, 2, 3, \ldots$$

muß die Phasenänderung nach der Funktion

$$\delta_k = 2\pi k - \frac{\pi \rho^2}{\lambda f'}$$

verlaufen (Abb. 7.32). Dadurch ändert sich die Phase in jedem Ring von 2π bis 0. Das berechnete Profil ist experimentell schwer zu realisieren. Es wird deshalb als eine Struktur von Graustufen konstanter Breite angenähert, aus denen sich durch Ausbleichen die Phasenstruktur in Form eines Höhenprofils ergibt. Das Profil kann aber auch in Fotolack erzeugt und als Reflexionshologramm gestaltet werden.

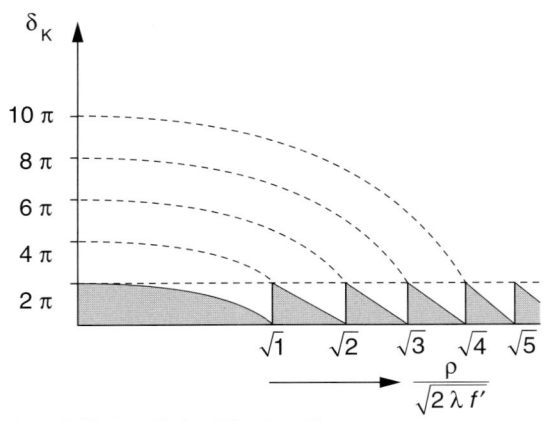

Abb. 7.32 Profil der Kinoformlinse

Unter *Weißlicht-Holografie* versteht man die Rekonstruktion eines Volumenhologramms mit polychromatischem Licht („weißem" Licht) ausreichender räumlicher Kohärenz. Als Lichtquelle können die Sonne, aber auch eine Glühlampe mit kleiner Wendel (z. B. Niedervoltlampe) dienen. Die vorgesehene Lage der Lichtquelle ist bereits bei der Hologrammaufnahme zu berücksichtigen.

Ein Volumenhologramm reflektiert nach Gl. (7.51) in die durch die Bragg-Bedingung festgelegte Richtung nur ein schmales Wellenlängenband mit der Aufnahmewellenlänge als Schwerpunkt. Es entsteht der Eindruck, als wäre das Hologramm mit einfarbigem Licht rekonstruiert worden. Die unterschiedlichen Farben liegen in verschiedenen Richtungen. Die Selektion eines schmalen Wellenlängenbandes bedingt trotz der Reflexion an dem rückseitig geschwärzten Hologramm eine schlechte Lichtausbeute. Deshalb hat die Weißlicht-Holografie vorwiegend methodisches Interesse.

Farbholografie. Zur Aufnahme von farbigen Volumenhologrammen wird das Aufzeichnungsmaterial mit den drei Grundfarben Rot, Grün und Blau unter dem gleichen Winkel belichtet.

Bei der *Rekonstruktion* sind ebenfalls die drei Grundfarben zu verwenden. Es kann aber auch mit weißem Licht rekonstruiert werden, wobei allerdings eine Farbverfälschung durch gegenüber der Aufnahme veränderte Intensitätsverhältnisse der Grundfarben eintritt.

Zur einwandfreien Realisierung der Farbholografie sind für die Aufnahme wie auch für die Rekonstruktion geeignete Laser erforderlich, wodurch das Verfahren aufwendig ist.

Regenbogen-Hologramme oder Benton-Hologramme (engl. Rainbow holograms) stellen Hologramme von farbigen Objekten dar, die mit weißem Licht rekonstruiert werden können. Bei ihnen wird die perspektivische Darstellung für eine Richtung zugunsten der Speicherung der Farbinformation geopfert. Regenbogen-Hologramme in Reflexion sind verbreitet in kommerziellen Anwendungen zu finden, weil sie lichtstark und farbenprächtig sind (Postkarten, Etiketts auf CD, Aufklebemarken).

Die *Aufnahme* der Hologramme ist ein *Zweischrittverfahren*:

- Drei normale Flächenhologramme werden in den drei Grundfarben Rot, Grün und Blau auf je einen schmalen Streifen des lichtempfindlichen Materials aufgenommen. Diese Hologramme stellen sogen. *Masterhologramme* dar.

- Die Master belichtet man mit den ihnen zugeordneten Farben. Die reellen Bilder der Master sind im Regenbogen-Hologramm aufgezeichnet. Zusätzlich zur Masterstrahlung muß eine Referenzwelle aufbelichtet werden, durch die im Hologramm ein Beugungsgitter entsteht. Dessen Linien liegen parallel zu den Masterstreifen. Die Gitterkonstante enthält die Farbinformation.

Die *Rekonstruktion* würde am besten gelingen, wenn mit den drei Aufnahmefarben abgebildet würde, wobei die drei Hologrammkopien übereinander liegen. Es kann aber auch mit weißem Licht rekonstruiert werden, was lediglich einen Licht- und Farbkontrastverlust mit sich bringt.

In einfachen Fällen ist sowohl die Aufnahme der Master wie auch ihre Kopie mit einer Wellenlänge möglich, wenn die Richtungsabhängigkeit der Farbinformation genutzt wird.

Eine Anwendung der Holografie in der Meßtechnik ist die *Hologramm-Interferometrie*. Beispiele sind:

- Vom Objekt wird ein Hologramm aufgenommen, aber zunächst nicht entwickelt. Nach einer kleinen Deformation oder Verlagerung des Objektes wird nochmals das Hologramm belichtet. Bei der Rekonstruktion erscheint das Objekt mit Interferenzstreifen bedeckt, aus denen auf die Veränderung des Objektes zwischen den beiden Aufnahmen geschlossen werden kann.

- Das Hologramm kann auch nach der ersten Belichtung entwickelt und wieder an die gleiche Stelle gebracht werden. Die Veränderungen des Objektes sind dann ständig durch die variable Verlagerung der Interferenzstreifen zu beobachten.

- Das Hologramm ist geeignet, als Vergleichsfläche für interferometrische Prüfverfahren eingesetzt zu werden. So ist es z. B. möglich, mit einer Abwandlung des Michelson-Interferometers eine asphärische Linsenfläche, die als ein Interferometerspiegel dient, mit einem anstelle des zweiten Spiegels wirkenden synthetischen Hologramm zu vergleichen, das also das berechnete Normal bildet.

Zwei-Wellenlängen-Holografie ist ein Verfahren, mit dem das Tiefenprofil von Hologrammen ausgemessen werden kann. Mittels zweier dicht beieinander liegender Wellenlängen werden in einer Schicht zwei Hologramme aufgenommen. Das rekonstruierte Bild ist von Interferenzstreifen durchzogen, deren Abstand ein Maß für die Tiefenstrukturierung des Objektes ist.

Nichtlineare Phasenkonjugation. Eine spezielle Anwendung der „real-time" Volumenholografie ergibt sich aus der Analogie zur *entarteten Vierwellenmischung*. Diese stellt einen Effekt der nichtlinearen Optik dar, bei dem in einem nichtlinearen Stoff vier Lichtwellen gleicher Frequenz miteinander gemischt werden. Ein nichtlinearer Kristall wird gleichzeitig senkrecht mit den Referenzwellen 3 und 4 sowie der Signalwelle 1 unter dem Bragg-Winkel belichtet (Abb. 7.33a). Dadurch wird die Phasenanpassung erreicht. An dem durch die Interferenz der Wellen entstehendem Volmenhologramm wird die Signalwelle in sich selbst unter Phasenumkehr reflektiert (konjugierte Welle 2).

Das Volumenhologramm wirkt wie ein Spiegel, an dem das Reflexionsgesetz der geometrischen Optik nicht gilt, weil jedes Lichtbündel in die Ausgangsrichtung reflektiert wird. Während bei der Reflexion an einem „linearen" Spiegel das Phasenprofil einer Wellenfläche umgekehrt wird, bleibt sie bei der Refexion an einem „nichtlinearen" phasenkonjugierenden Spiegel erhalten (Abb. 7.33b). Die nichtlineare Phasenkonjugation wird z. B. in der *nichtlinearen adaptiven Optik* zur Korrektion deformierter Wellenflächen angewendet (Abschn. 5.8.2).

7.4 Abbildende Funktionselemente

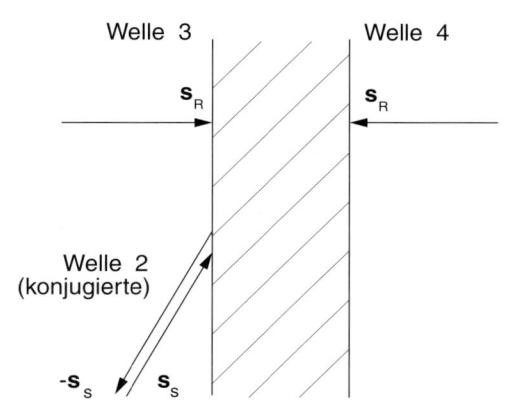

[Figure showing: a) Welle 3, Welle 4, s_R, s_R, Welle 2 (konjugierte), $-s_s$, s_s, Welle 1 (Signalwelle); b) linearer Spiegel, nichtlinearer Spiegel, Wellenflächen]

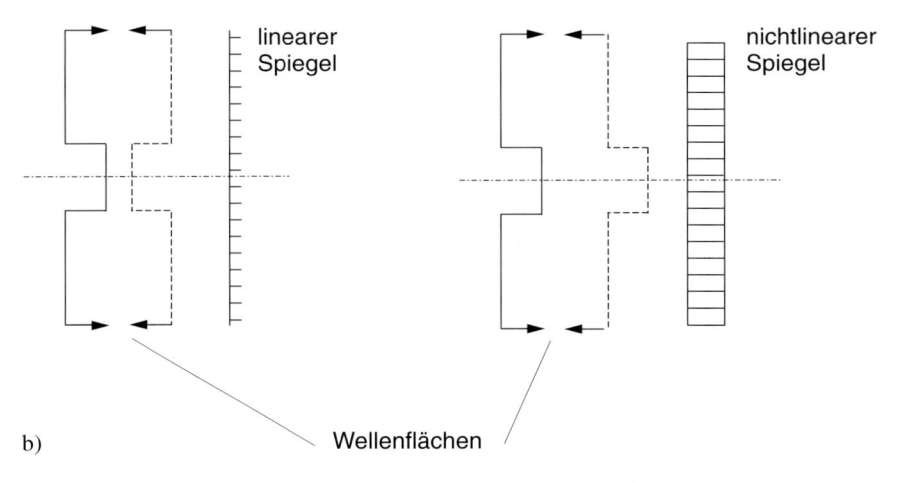

Abb. 7.33 a) entartete Vierwellenmischung an einem nichtlinearen phasenkonjugierenden Volumenhologramm (phasenkonjugierender Spiegel), b) Reflexion einer Wellenfläche am linearen und am nichtlinearen Spiegel

7.4.4 Kohärente Bildverarbeitung

Das von einem optischen System entworfene Bild von natürlichen Objekten enthält eine große Vielfalt an Informationen. Ein Teil davon ist für die Auswertung nicht erforderlich, sie ist *redundant*. Es ist dann manchmal wünschenswert, diesen Teil zu unterdrücken (*leere Redundanz*) oder zum Ausgleich von Bildstörungen zu nutzen (*förderliche Redundanz*). Ein Beispiel für die förderliche Redundanz haben wir beim Hologramm kennengelernt, bei dem eine Störung der Struktur keinen Einfluß auf das rekonstruierte Bild hat. Ein Beispiel für leere Redundanz ist der strukturierte Untergrund eines mikroskopischen Bildes, der die Erkennbarkeit der interessierenden Objekte verschlechtert. Da die optische Abbildung durch die Beugung und durch Reste an Abbildungsfehlern nicht objekttreu sein kann, ist es günstig, die wesentlichen Eigenschaften des Objektes hervorzuheben. Sind z. B. Kanten besonders wichtig, so wäre eine Differentiation des Bildes geeignet. Ein analoges Beispiel ist die Abbildung von Phasenobjekten, die nur durch spezielle Eingriffe in den Strahlengang sichtbar werden. Das Auge ist für Farbunterschiede viel empfindlicher als für Helligkeitsunterschiede. Deshalb kann es zur Bildauswertung zweckmäßig sein, Grautöne in Farbunterschiede zu verwandeln (*Pseudokolorierung*). In manchen Fällen stören Details mit hohen Ortsfrequenzen die Erkennbarkeit der wesentlichen Bildstruktur, so daß sie unterdrückt werden sollten (inkohärente *Ortsfrequenzfilterung*, Abschn. 4.4.6, Abb. 4.207).

Aufgaben der *Zeichenerkennung* (z. B. von bestimmten Zahlen im Text) erfordern einen Eingriff in den Abbildungsstrahlengang. Alle genannten Beispiele umfassen den Problemkreis der *Bildverarbeitung*. Wir unterscheiden:

- *Die optische Bildverarbeitung*, bzw. *Bildvorverarbeitung*, die in Eingriffen in den Strahlengang oder in das Ortsfrequenzspektrum besteht. Sie ist im allgem. analog, d. h. sie wirkt im gesamten Bildfeld.

- *Die elektronische Bildverarbeitung*, bei der die Bildinformation nach einer optoelektronischen Wandlung verändert wird. Sie ist im allgem. digital, d. h. die einzelnen Bildelemente (*Pixel*) werden getrennt bearbeitet, und danach werden die veränderten Bildeigenschaften entweder bildmäßig oder in Form von numerischen Tabellen ausgegeben.

Die digitale elektronische Bildverarbeitung ist im Grunde genommen kein optisches Verfahren, sondern ein rechentechnisches, das leistungsfähige Computer erfordert. Die Bildeingabe- und Bildausgabe-Geräte beruhen aber auf optischen Prinzipien. Im wesentlichen sind folgende Möglichkeiten gegeben:

- *Bildkorrektur*: Es werden zufällige und systematische Fehler der Abbildungskette beeinflußt. So kann das Bild entzerrt oder es können Rauscheinflüsse unterdrückt werden (z. B. die Körnigkeit von Filmen).

- *Bildverstärkung*: Die wichtigen Bildeigenschaften werden hervorgehoben. Dazu gehören auch die Pseudokolorierung, die Kontrastverstärkung und die Erhöhung der Kantensteilheit.

- *Bildreferenz*: Verschiedene Bildelemente werden verglichen oder einander zugeordnet.

- *Bildsegmentierung und -abstraktion*: Die Auswertung zielt auf das Erkennen bestimmter charakteristischer Details hin (z. B. charakteristische Merkmale einer Handschrift).

Die optische Bildverarbeitung wird in *kohärente* und *inkohärente* Verfahren eingeteilt. *Kohärente Verfahren* arbeiten mit kohärentem Licht und beruhen auf einer optischen Ortsfrequenzfilterung. Es werden Fouriertransformationsobjektive eingesetzt, die sowohl das Objekt wie auch das an ihm gebeugte Licht mit der notwendigen Güte abbilden. Beispiele zur inkohärenten Ortsfrequenzfilterung wurden bereits im Abschn. 4.4.6 behandelt.

Eine Anordnung zur kohärenten Ortsfrequenzfilterung zeigt die Abb. 6.146. Beleuchtet wird die Objektebene mit Hilfe eines Lasers, dessen Bündel aufgeweitet ist. Die Objektfunktion, die die Veränderung von Amplitude und Phase der Welle im Objekt als Funktion des Ortes beschreibt, sei $f(x,y)$. Am Objekt tritt Fraunhofersche Beugung auf. Das erste optische Teilsystem fokussiert das gebeugte Licht in seiner Brennebene. Die komplexe Amplitude, die den Betrag A und die Phase δ der Welle mittels $a = A\, e^{j\delta}$ zusammenfaßt, sei in der Brennebene $a_p(\nu,\mu)$, wobei für senkrecht auf das Objekt fallendes Licht

$$v = \frac{\alpha}{\lambda} = \frac{x'_p}{\lambda f'}, \quad \mu = \frac{\beta}{\lambda} = \frac{y'_p}{\lambda f'} \qquad (7.55)$$

ist (α, β Richtungskosinus des gebeugten Lichtes gegenüber der Objektebene, x'_p, y'_p Koordinaten in der Brennebene, wobei kleine Beugungswinkel vorausgesetzt sind). Die Größen v und μ sind Ortsfrequenzen, weshalb die Brennebene auch als *Frequenzebene* bezeichnet wird.

In der Frequenzebene wird ein Ortsfrequenzfilter angebracht, der ein synthetisches Hologramm sein kann. Er beeinflußt Amplitude und Phase des gebeugten Lichtes nach der *Filterfunktion (Pupillenfunktion)* $P(v,\mu)$, so daß die komplexe Amplitude $a_p(v,\mu) P(v,\mu)$ entsteht. Das zweite optische Teilsystem bildet davon die Fouriertransformierte. In seiner Brennebene beträgt die komplexe Bildamplitude bis auf einen Proportionalitätsfaktor

$$a'(x',y') = \int_{-\infty}^{\infty}\int a_p(v,\mu)\, P(v,\mu)\, e^{-2\pi j(v x' + \mu y')}\, dv\, d\mu \,. \qquad (7.56)$$

Die kohärente Ortsfrequenzfilterung ermöglicht also Eingriffe in die Amplitude und die Phase des Lichtes. Nachteile sind besonders das kohärente Rauschen (Interferenzen in Mikrobereichen) sowie die hohen Anforderungen an die optischen Systeme und die Positioniergenauigkeit der Filter. Sie lassen sich teilweise vermeiden, wenn inkohärentes Licht verwendet wird, wobei die Intensitäten transformiert werden.

7.5 Nichtabbildende Funktionselemente

7.5.1 Integrierte Optik

Die integrierte Optik beruht auf der Kopplung von optischen und optoelektronischen Bauelementen in einem Chip mit dem Ziel der Miniaturisierung. Die Kopplung innerhalb des Chips und eventuell verschiedener Chips wird i. allgem. durch optische Wellenleiter gewährleistet. Bei der integrierten Optik handelt es sich also um eine der Mikroelektronik äquivalente *Mikrooptik*.

Die auf dem Chip angeordneten Bauelemente dienen der Erzeugung von optischer Strahlung, der Fokussierung, Teilung, Kombination, Isolation, Polarisation, Kopplung, Schaltung, Modulation, der Ausführung logischer Operationen und dem Empfang optischer Strahlung. Entsprechend liegen die Anwendungen der integrierten Optik bei der optischen Nachrichtenübertragung, bei der Datenverarbeitung, einschließlich der optischen Computer, in der komplexen Realisierung von Meß- und Steuerfunktionen sowie bei der Messung von Grenzflächen-Eigenschaften.

Optische Wellenleiter. Allgemein besteht ein Wellenleiter aus einem *Substrat*, in das die *wellenleitende Schicht* eingebettet ist, und einem darüber liegenden *Superstrat*. Substrat und Superstrat müssen eine kleinere Brechzahl haben als die wellenleitende Schicht. Je nach Geometrie und Art der Einbettung sind verschiedene Anordnungen möglich. Abb. 7.34 zeigt einige Beispiele.

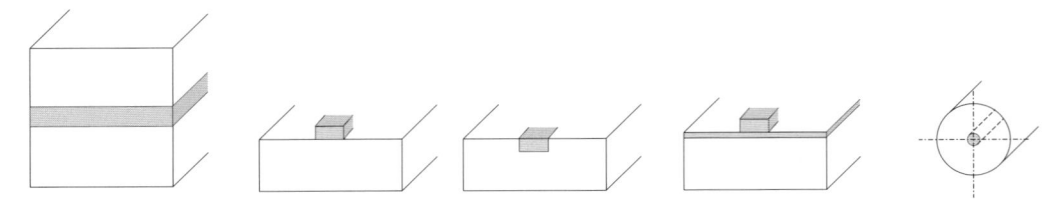

Abb. 7.34 Grundstrukturen von Wellenleitern, a) Planar, b) aufgesetzter gerader Streifen, c) eingebetteter gerader Streifen, d) Rippe, e) Faser

Ebener dielektrischer Wellenleiter (Abb. 7.35). Die grundlegenden Verhältnisse wollen wir am symmetrischen ebenen dielektrischen Wellenleiter erläutern, bei dem Substrat und Superstrat gleiche Brechzahl haben. Wir gehen von der geometrisch-optischen Behandlung aus. Totalreflexion ist gewährleistet, wenn

$$\varepsilon \geq \varepsilon_G = \arcsin \frac{n_s}{n}$$

gilt (ε Einfallswinkel, ε_G Grenzwinkel der Totalreflexion, n_s Brechzahl des Substrates, n Brechzahl der wellenleitenden Schicht). Zwischen dem zweimal reflektierten Anteil und dem einfallenden Licht besteht analog zur Ableitung von Gl. (2.217a) die Phasendifferenz aufgrund des optischen Wegunterschieds

$$\delta_w = 2 \cdot \frac{2\pi d}{\lambda} \cos\varepsilon \,. \tag{7.57}$$

Dazu kommt noch die Phasenänderung $2\,\delta_r$ bei zweimaliger Totalreflexion hinzu, so daß die Phasendifferenz

$$\delta = \frac{4\pi d}{\lambda} \cos\varepsilon - 2\,\delta_r \tag{7.58}$$

beträgt. Die Phasendifferenz δ_r folgt aus der wellenoptischen Behandlung der Totalreflexion und lautet nach Gl. (2.66a)

$$\tan\frac{\delta_{rs}}{2} = \frac{\sqrt{\sin^2\varepsilon - \sin^2\varepsilon_G}}{\cos\varepsilon} \tag{7.59}$$

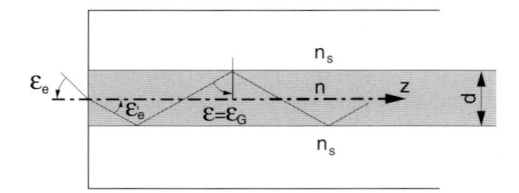

Abb. 7.35 Ebener Wellenleiter ($\varepsilon_e, \varepsilon_e'$ Einfalls- bzw. Brechungswinkel am Eingang)

7.5 Nichtabbildende Funktionselemente

für die TE-Mode (elektrische Feldstärke schwingt in *x*-Richtung), bzw. nach Gl. (2.66b)

$$\tan\frac{\delta_{rp}}{2} = \frac{\tan\frac{\delta_{rs}}{2}}{\sin^2\varepsilon_G} \tag{7.60}$$

für die TM-Mode (magnetische Feldstärke schwingt in *x*-Richtung).
  Eine stabile Wellenleitung ist nur möglich, wenn die Bedingung

$$\frac{4\pi d}{\lambda}\cos\varepsilon - 2\delta_r = 2m\pi, \quad m = 1, 2, 3, \ldots \tag{7.61}$$

erfüllt ist.
  Gl. (7.61) läßt sich mit Gl. (7.59) auch in die Form

$$\tan\left(\frac{\pi d \cos\varepsilon}{\lambda} - \frac{m\pi}{2}\right) = \frac{\sqrt{\sin^2\varepsilon - \sin^2\varepsilon_G}}{\cos\varepsilon} \tag{7.62}$$

bringen. Das ist die *Konsistenz-Bedingung für TE-Moden*.
  Gl. (7.62) ist als Bestimmungsgleichung für den einer Mode zugeordneten Einfallswinkel ε_m anzusehen. Die Lösung kann grafisch gewonnen werden (Abb. 7.36). Wesentlich ist, daß wegen $\varepsilon \geq \varepsilon_G$ der Maximalwert $m_{max} = M$ aus

$$M \doteq \frac{2d\cos\varepsilon_G}{\lambda} \tag{7.63}$$

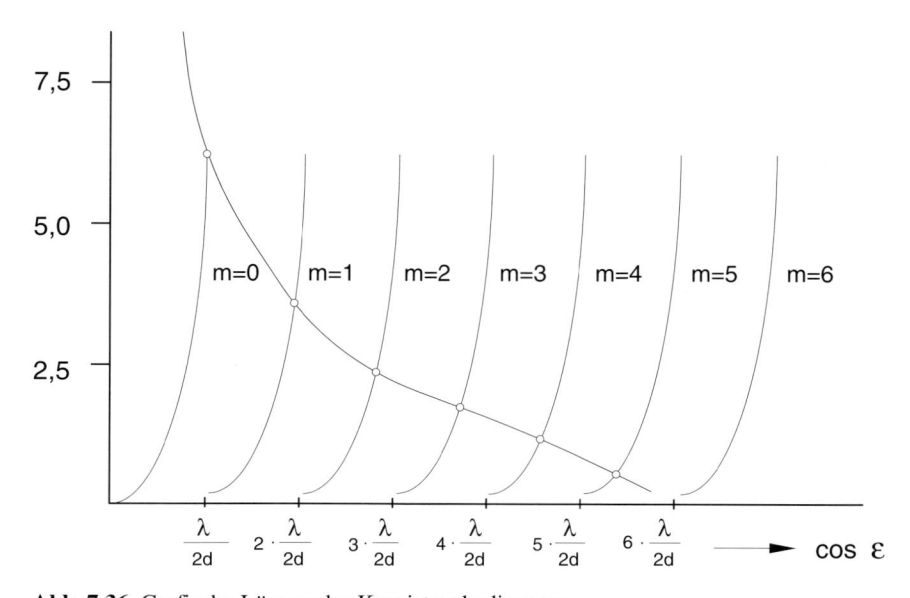

Abb. 7.36 Grafische Lösung der Konsistenzbedingung

folgt ($\doteq$ bedeutet, daß die nächstliegende ganze Zahl zu verwenden ist). Mittels $\lambda = c/v$ kann anstelle der Wellenlänge die Frequenz der Lichtwelle eingeführt werden ($c = c_0/n$). Wir erhalten

$$M \doteq \frac{2 d \cos\varepsilon_G}{c} v. \tag{7.64}$$

Wegen

$$\cos\varepsilon_G = \sqrt{1 - \sin^2\varepsilon_G} = \frac{\sqrt{n^2 - n_s^2}}{n} = \frac{A}{n}$$

hängt die Anzahl der Moden von der numerischen Apertur A des Wellenleiters ab.

Sie beträgt unter Berücksichtigung der nullten Mode bei $m = 0$ insgesamt $m_{max} + 1$.

Einmoden-Wellenleiter. Für

$$\frac{2 d \cos\varepsilon_G}{\lambda} < 1$$

kann sich nur die nullte Mode ausbilden, es liegt ein *Einmoden-Wellenleiter* vor (*Single-Mode-Wellenleiter*). Dieser Fall tritt entweder bei sehr geringer Dicke des Wellenleiters oder bei großer Wellenlänge ein. Für den Einfallswinkel müßte $\varepsilon_m = 90°$ gelten, das Strahlenbündel dürfte sich nur längs der Grenzflächen ausbreiten. Eine derartige Lichtausbreitung ist physikalisch nicht realistisch. Deshalb müssen Einmoden-Wellenleiter wellenoptisch behandelt werden, wobei eine elektromagnetische Welle anzusetzen ist. Das Ergebnis, das wir hier nicht ableiten können, führt auf eine innerhalb des Wellenleiters verlaufende Welle mit von der Mitte aus abnehmender Amplitude und eine sogen. evaneszente Welle im Substrat, bzw. Superstrat mit abnehmender Amplitude, die sich längs der Grenzflächen zwischen Wellenleiter und Substrat, bzw. Superstrat ausbreiten (Abb. 7.37).

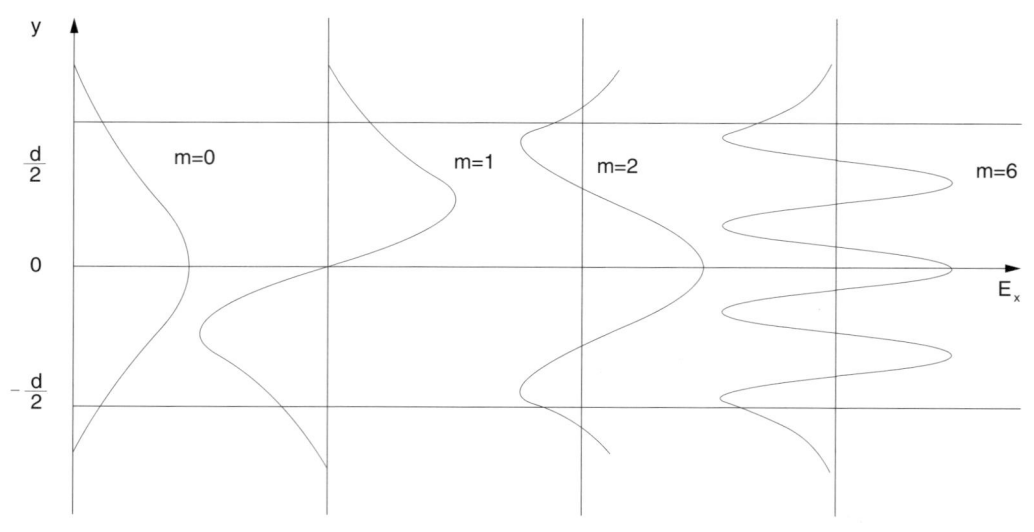

Abb. 7.37 Moden im Wellenleiter

7.5 Nichtabbildende Funktionselemente

Die wellenoptische Behandlung schließt selbstverständlich auch die Mehrmoden-Wellenleiter ein. Das Ergebnis ist, daß vor allem die Feldverteilung im Inneren des Wellenleiters für die einzelnen Moden verschieden ist, wobei die Welle mit wachsender Modenzahl stärker im Wellenleiter konzentriert ist (Abb. 7.37).

Realisierung. Der ebene dielektrische Wellenleiter ist ein Spezialfall, der theoretisch einfach zu behandeln ist. Auch die Erweiterung der Theorie auf zweidimensionale Wellenleiter birgt keine größeren Probleme in sich. Praktisch lassen sich vielfältige Strukturen realisieren. Bevorzugt werden dabei Methoden der Mikrostrukturierung, die auch bei der Herstellung von mikroelektronischen Bauelementen eingesetzt sind (z. B. Fotolithografie).

Als Werkstoffe können Gläser, Plaste und Halbleiter verwendet werden. Da bevorzugt im infraroten Spektralbereich gearbeitet wird ($\lambda = 0{,}85$ μm, $\lambda = 1{,}3$ μm, $\lambda = 1{,}55$ μm), sind Halbleiter geeignet. So kann z. B. das Substrat aus GaAs, der Wellenleiter aus GaAs oder GaAsP auf InP-Substrat bestehen. Streifen lassen sich im Substrat aus $LiNbO_3$ durch Diffusion von Ti herstellen (Wellenleiter aus $Ti:LiNbO_3$).

Einkopplung der Strahlung. Die optische Strahlung muß entweder durch Integration von Strahlungsquellen (LED, Halbleiterlaser) in die Anordnung aus Wellenleitern oder durch Einkoppeln von außen bereitgestellt werden. Letzteres ist z. B. durch Fokussierung auf die Eintrittsfläche des Wellenleiters, durch das direkte Vorsetzen der Strahlungsquelle oder analog zur Lummer-Gehrcke-Platte mit dem Prismen-Koppler (analog zu Abb. 5.32) möglich (Abb. 7.38).

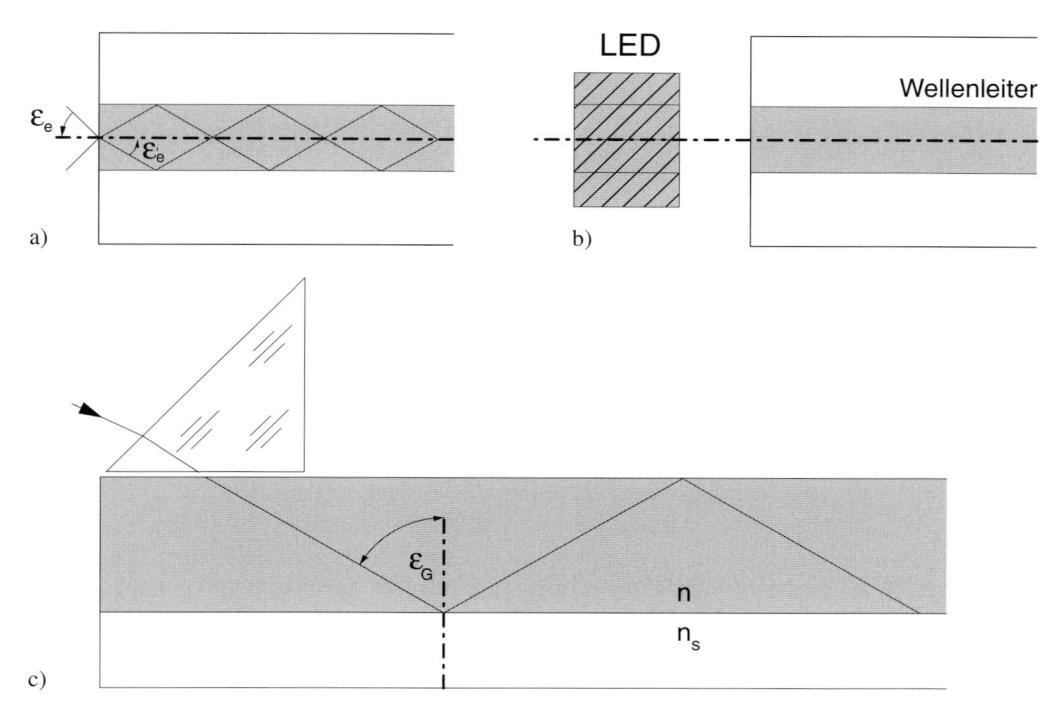

Abb. 7.38 Einkopplung von optischer Strahlung in Wellenleiter, a) Fokussierung in einen Multimode-Wellenleiter, b) direkte Einkopplung der Strahlungsquelle, c) Prismenkoppler

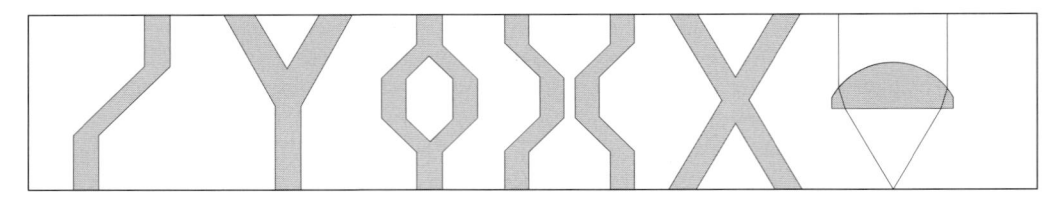

Abb. 7.39 Wellenleiterformen, a) S-Biegung, b) Y-Zweig, c) Mach-Zehnder-Anordnung, d) Richtkoppler, e) Überschneidung, f) Linsen

Grundformen von Wellenleitern. Mit der Ausgestaltung von Wellenleiter-Formen lassen sich verschiedene Grundeffekte erzielen. Die in der Abb. 7.39 gezeigten Konfigurationen ermöglichen folgende Funktionen: a) Versetzung der Ausbreitungsrichtung, b) Strahlungsteiler oder -vereiniger, c) Mach-Zehnder-Interferometer, f) Abbildung oder Fokussierung. Im Fall f) sind besonders Gradientenlinsen (Abschn. 4.1.11), Gradienten-Zonenplatten oder beugende Gitter variabler Gitterkonstanten geeignet. Auch die Luneburg-Linse hat günstige Eigenschaften. Dabei ist noch zu beachten, daß bei Wellenleitern die Lichtgeschwindigkeit mit abnehmender Schichtdicke anwächst, so daß die sogen. effektive Brechzahl $n_{\text{eff}} = c_0/c_{\text{Schicht}}$ abnimmt.

Kopplung von Wellenleitern. Für die Anwendung als optische Koppler und optische Schalter ist die Kopplung zwischen Wellenleitern erforderlich. Da gemäß Abb. 7.37 das Feld der Welle über den Wellenleiter hinausreicht, kann die Welle von einem Wellenleiter in einen benachbarten Wellenleiter übergehen. Abb. 7.40a veranschaulicht diesen Vorgang für zwei ebene dielektrische Wellenleiter. Bei größeren Strecken wechselt die Strahlungsleistung zwischen den Wellenleitern periodisch mit der Übergangsstrecke L_0, die dem Kopplungs-Koeffizienten umgekehrt proportional ist. Auf dieser Basis arbeiten optische Koppler, die entweder einen Austausch oder eine Aufteilung der Strahlungsleistung ermöglichen (Abb. 7.40b).

Innerhalb von Schichtsystemen lassen sich Halbleiterlaser und -empfänger, Lichtmodulatoren, Lichtkoppler, Schalter, nichtlineare Bauelemente u. a. integrieren. Damit sind eine Vielzahl von optoelektronischen und optischen Funktionen auf kleinstem Raum zu realisieren und z. B. auch logische Operationen möglich.

7.5.2 Modulatoren. Schalter. Speicher

Modulatoren. Schalter. Unter Modulation ist die zeitliche Beeinflussung von Intensität, Phase, Polarisationsebene oder Frequenz sowie der räumlichen Ablenkung zu verstehen.

Da ein Schalter dieselben Funktionen wie der Modulator haben kann, lediglich mit einer anderen zeitlichen Abhängigkeit, sind grundsätzlich die gleichen aktiven Bauelemente für beide geeignet. Auch die gerasterte Ablenkung und Abtastung ordnet sich in diesen Problemkreis ein. Sie wird mit *Scannern* ausgeführt.

Das Licht kann

- mechanisch, z. B. durch Chopper, Drehspiegel und Schwingspiegel;
- magnetooptisch, z. B. durch Anwenden des Faraday-Effekts;
- akustooptisch, z. B. durch Beugung an einem durch Ultraschall erzeugten Raumgitter;

7.5 Nichtabbildende Funktionselemente

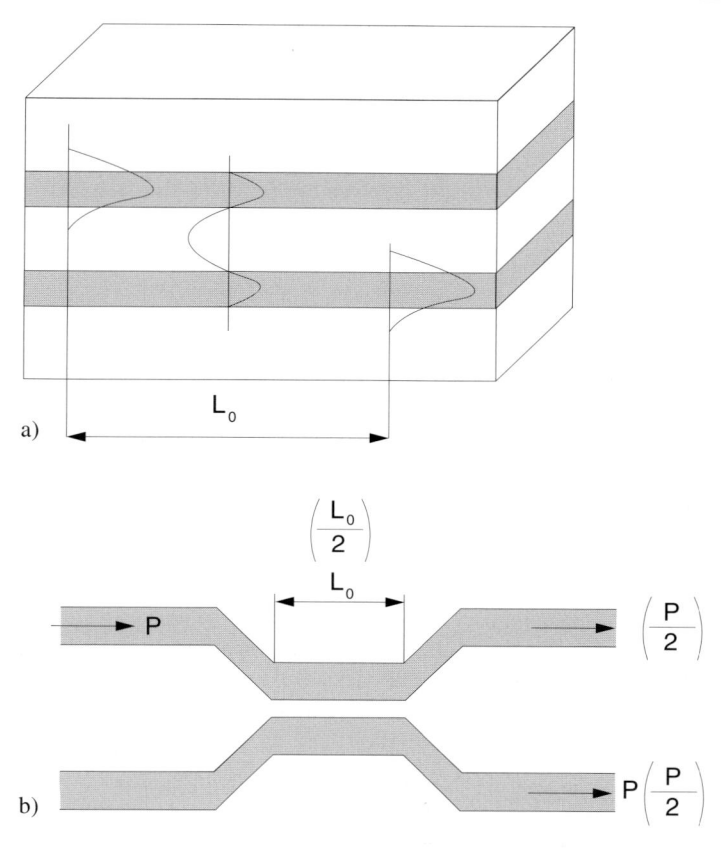

Abb. 7.40 a) Kopplung zwischen zwei parallelen Plan-Wellenleitern,
b) optischer Koppler, in Klammern: Größen bei Aufteilung der Strahlungsleistung

- elektrooptisch, z. B. durch Anwenden von Kerr- oder Pockels-Effekt;
- durch nichtlineare Effekte, z. B. mit sättigbaren Absorbern;
- durch selektiv fotoleitende Schichten, z. B. mit Wismut-Silcium-Oxid ($Bi_{12}SiO_{20}$, abgek.BSO = bismuth silicon oxide), moduliert und geschaltet werden.

Zu sättigbaren Absorbern folgen Ausführungen im Abschn. 7.5.3 im Zusammenhang mit den gütegesteuerten Lasern. Magnetooptische Modulatoren behandeln wir nicht. Zunächst wenden wir uns dem Kerr- und dem Pockels-Effekt zu, die sich auch günstig in integriert-optischen Bauelementen einsetzen lassen.

Elektrische Doppelbrechung (elektrooptischer Kerr-Effekt). Legt man an die Platten eines Plattenkondensators, der mit Nitrobenzen gefüllt ist, eine Spannung an, dann wird das Nitrobenzen doppelbrechend. Man erklärt diese elektrische Doppelbrechung so, daß durch das elektrische Feld eine elektrische Polarisation entsteht, indem entweder die bereits vorhandenen elektrischen Dipole des Stoffes ausgerichtet werden oder das elektrische Feld induzierend auf neutrale Moleküle wirkt.

Vor den Kondensator stellen wir einen Polarisator in Diagonalstellung zur Richtung der elektrischen Feldstärke. Im Kondensator wird die linear polarisierte Welle, die sich senkrecht zur elektrischen Feldstärke ausbreiten soll, in eine Komponente, die parallel zur Feldrichtung schwingt und eine Komponente, die senkrecht zur Feldrichtung schwingt, zerlegt. Beide Komponenten haben unterschiedliche Phasengeschwindigkeiten und Brechzahlen n_r, n_a, aber gleiche Amplitudenbeträge. Es entsteht nach Durchlaufen der Kondensatorlänge d die optische Wegdifferenz $\Delta L = (n_r - n_a)\, d = \Delta n \cdot d$, also die Phasendifferenz $\delta = (2\,\pi\,\Delta L)/\lambda_0$. Das austretende Licht ist i. allgem. elliptisch polarisiert. Die optische Wegdifferenz beträgt nach KERR

$$\Delta L = K\, d\, E^2\, \lambda_0. \tag{7.65}$$

(d Schichtdicke in m, E elektrische Feldstärke in $V \cdot m^{-1}$, und K in $m \cdot V^2$ ist eine für den betreffenden Stoff charakteristische Konstante. Bei der in der Literatur auch üblichen Schreibweise $\Delta n = B\, E^2\, \lambda_0$ ist zu beachten, daß $B = 2\,\pi\,K$ zu setzen ist.)

Der Kerr-Effekt ist ein *quadratischer Effekt*, bei dem die optische Wegdifferenz quadratisch von der an die Kondensatorplatten angelegten Spannung $U = El$ (l Plattenabstand) abhängt.

Die optische Wegdifferenz kann auch in der Form $\Delta L = m\, \lambda_0$ geschrieben werden, so daß

$$m\, \lambda_0 = K\, d\, E^2\, \lambda_0 \tag{7.66}$$

entsteht (m im allgemeinen nicht ganzzahlig).

Ordnen wir hinter dem Kondensator, der eigentlichen Kerr-Zelle, in gekreuzter Stellung zum Polarisator einen Analysator an (Abb. 7.41), so ist bei $U = 0$ Auslöschung vorhanden. Bei $m = 0{,}5$ wirkt die Kerr-Zelle wie ein $\lambda/2$-Plättchen. Die Schwingungsebene ist um 90° gedreht, und hinter dem Analysator herrscht maximale Helligkeit. Die dazu erforderliche Spannung $U_{0,5} = 1/\sqrt{2\,K\,d}$ heißt *Halbwellenspannung*. Allgemein beträgt der Transmissionsgrad der Kerr-Zelle mit gekreuztem Polarisator und Analysator

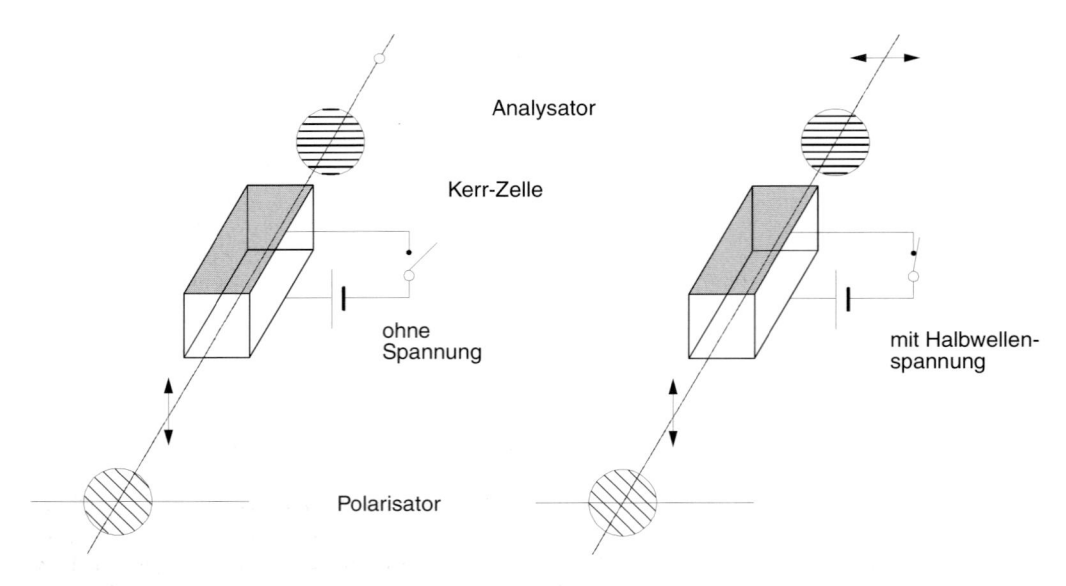

Abb. 7.41 Kerr-Zelle zwischen zwei gekreuzten Polarisatoren

$$\tau = \tau_0 \sin^2\left[\frac{\pi}{2}\left(\frac{U}{U_{0,5}}\right)^2\right]. \tag{7.67}$$

Da die Kerr-Zelle bis zu Frequenzen von etwa 10^8 Hz praktisch trägheitslos arbeitet, hat sie zur Untersuchung sehr schnell veränderlicher Vorgänge vielfach praktische Anwendung gefunden (z. B. zur Messung der Lichtgeschwindigkeit, Bestimmung der Abklingdauer leuchtender Atome oder lumineszierender Stoffe, bei Zeitschreibern für Messungen sehr hoher Geschwindigkeiten u. a.). Nach Gl. (7.67) ist der Transmissionsgrad von der Spannung abhängig. So bietet sich die Möglichkeit, Schwankungen des Feldes praktisch trägheitslos in Lichtschwankungen zu übersetzen (*elektrooptischer Modulator*). Es lassen sich Modulationsfrequenzen bis 100 MHz erreichen.

Kerr-Zellen haben bei der Entwicklung des Bildfunks und des Fernsehens technische Bedeutung erlangt (KAROLUS). In Kerr-Zellen findet besonders Nitrobenzen Verwendung, weil dieses eine große Kerr-Konstante hat ($K = 2{,}44 \cdot 10^{-12}$ m · V^2 für $\lambda_0 = 589{,}3$ nm bei 20 °C). Es eignet sich auch Nitrotoluol ($K = 1{,}37 \cdot 10^{-12}$ m · V^2).

Pockels-Effekt. Zum Pockels-Effekt haben wir bereits einiges im Abschn. 5.5.5 ausgeführt. Hier sollen dazu weitere Aspekte dargestellt werden. Der Pockels-Effekt ist ein elektrooptischer Effekt, der sowohl als *transversaler Effekt* (Feldlinien senkrecht zur Lichtausbreitung) wie auch als *longitudinaler Effekt* (Feldlinien parallel zur Lichtausbreitung) auftreten kann. Er beruht wie der Kerr-Effekt auf der Änderung der Doppelbrechung von Stoffen im elektrischen Feld. Im Gegensatz zum Kerr-Effekt ist er aber ein *linearer Effekt*, bei dem die optische Wegdifferenz proportional zur elektrischen Feldstärke ist (siehe auch Abschn. 5.5.5). Für den *transversalen Pockels-Effekt* sind die Erscheinungen völlig analog zum Kerr-Effekt, nur ist in Gl. (7.65) die *Pockels-Konstante* K_P einzusetzen, und statt E^2 ist E zu schreiben. Der transversale Pockels-Effekt ist vor allem für die integrierte Optik interessant.

Der longitudinale Pockels-Effekt wird in einachsigen optischen Kristallen ohne Inversionszentrum erzeugt, deren optische Achse parallel zur Feld- und Lichtrichtung steht. Die Endflächen der Kristalle müssen die Elektroden tragen, an die die Spannung angelegt wird. Es können ringförmige oder teildurchlässige Elektroden verwendet werden. Das Anlegen der Spannung bewirkt im Kristall das Auseinanderrücken der beiden Teile der Strahlenfläche (Kugel und Ellipsoid), die sich also nicht mehr im Durchstoßpunkt der optischen Achse berühren. Die Erscheinung ist ähnlich der optischen Aktivität, die bei der Lichtausbreitung in Richtung der optischen Achse zur Drehung der Schwingungsebene führt.

Beim Pockels-Effekt entstehen zwei senkrecht zueinander schwingende Wellen mit unterschiedlicher Phasengeschwindigkeit. Der Kristall wird beim Anlegen der Spannung optisch zweiachsig. Es gilt analog zu Gl. (7.66)

$$m \lambda_0 = K_P E \lambda_0 d. \tag{7.68}$$

Weil die Kondensatorlänge d gleich dem Plattenabstand l und $El = U$ ist, gilt auch

$$m \lambda_0 = K_P U \lambda_0. \tag{7.69}$$

Die *Halbwellenspannung* beträgt $U_{0,5} = 1/(2 K_P)$. Beim Anlegen der Spannung $U_{0,5}$ wirkt die Pockels-Zelle wie ein $\lambda/2$-Plättchen, oder auch wie zwei gleichgerichtete aufeinander folgende

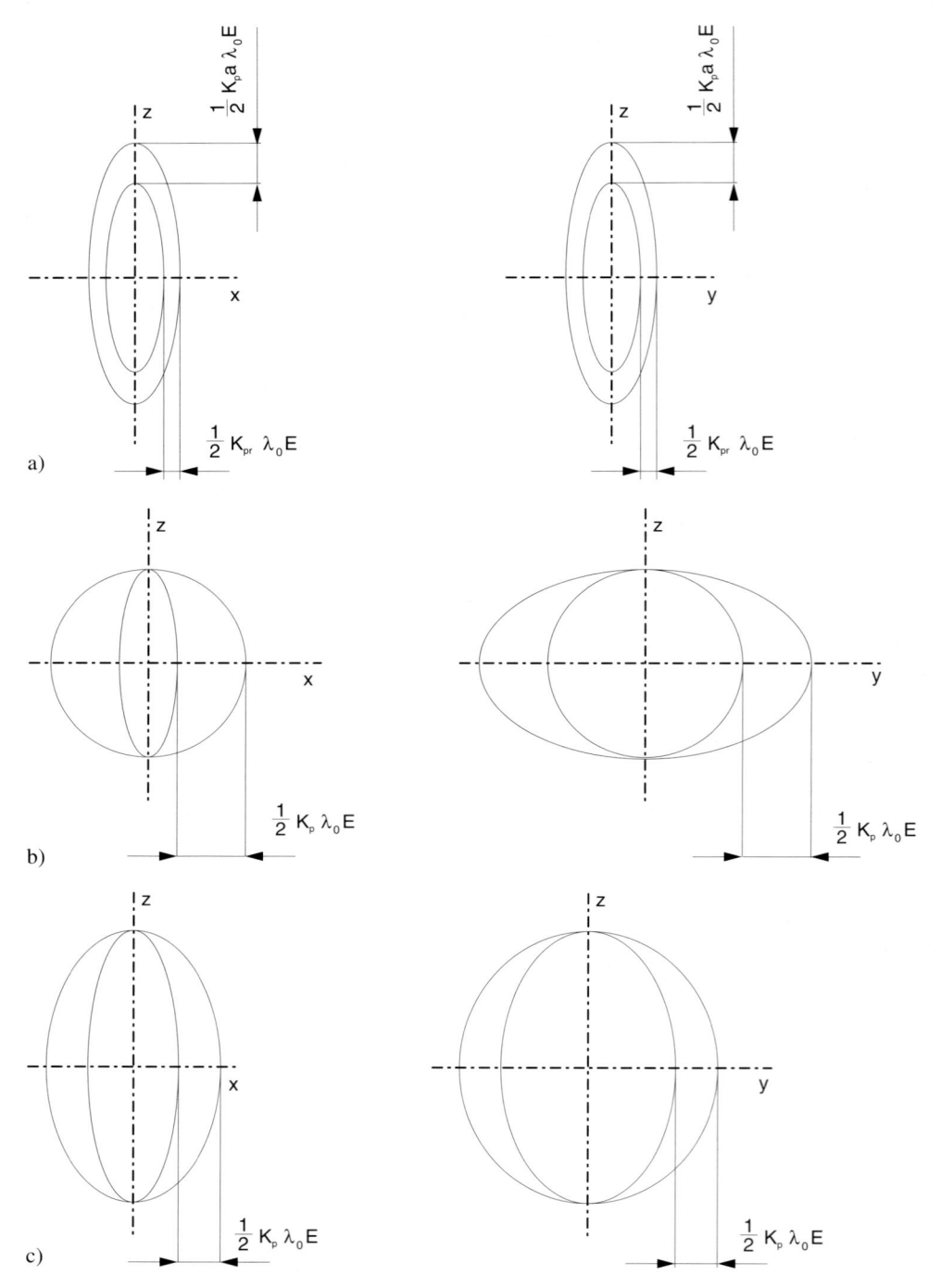

Abb. 7.42 Abwandlung des Indexellipsoids beim Pockels-Effekt in Kristallen, a) trigonale Kristalle, b) isotrope (kubische) Kristalle, c) tetragonale Kristalle

7.5 Nichtabbildende Funktionselemente

$\lambda/4$-Plättchen. Deshalb kann die Pockels-Zelle auch als $\lambda/4$-Plättchen ausgebildet ($U = 0,5\ U_{0,5}$, also geringere Spannung erforderlich) sowie davor oder danach ein festes $\lambda/4$-Plättchen angeordnet werden. Wird die Zelle zwischen Polarisator und Analysator in gekreuzter Stellung gebracht, dann führt Anlegen der Spannung $U_{0,5}$ auf $\tau = \tau_0$, Anlegen der Spannung $-U_{0,5}$ auf $\tau = 0$ (die Phasenänderungen der beiden $\lambda/4$-Plättchen $+\pi/2$ und $-\pi/2$ heben sich auf).

Pockels-Zellen eignen sich als trägheitsarme optische Schalter mit Anstiegszeiten in der Größenordnung von 10^{-9} s. Beim Einsatz zur Modulation des Lichtes erreicht man Frequenzen bis in den GHz-Bereich hinein (z. B. 30 GHz).

Als Kristalle für Pockels-Zellen verwendet man (siehe auch Tabelle 5.28) ADP ($K_P = 5,466 \cdot 10^{-5}\ \text{V}^{-1}$), KDP ($K_P = 6,683 \cdot 10^{-5}\ \text{V}^{-1}$) und besonders KD*P ($H_2$ in KDP durch D_2 ersetzt, $K_P = 14,984 \cdot 10^{-5}\ \text{V}^{-1}$). Im infraroten Bereich kommen Galliumarsenid und Cadmiumtellurid in Frage. Auch Lithiumniobat (LiNbO$_3$, $K_P = 6,775 \cdot 10^{-4}\ \text{V}^{-1}$) und Lithiumtantalat (LiTaO$_3$) haben günstige Pockels-Konstanten. (Sämtliche Konstanten gelten für die Wellenlänge $\lambda_0 = 546,1$ nm und 20 °C. Bei der in der Literatur auch verwendeten Schreibweise $\Delta n \cdot d = p\ U$ ist $p = \lambda_0\ K_P$ zu setzen.)

Die theoretische Behandlung des Pockels- und des Kerr-Effektes zeigt zunächst, daß isotrope Stoffe doppelbrechend werden. Bei kristallinen Stoffen wird das Indexellipsoid, dessen halbe Hauptachsen gleich den Hauptbrechzahlen sind, abgewandelt. Die Hauptbrechzahlen ändern sich in Abhängigkeit von Betrag und Richtung der elektrischen Feldstärke. Die Koeffizienten für den Zusammenhang zwischen den Hauptbrechzahlen und der elektrischen Feldstärke sind durch die Kristallsymmetrie bestimmt.

Beim Kerr-Effekt in isotropen Stoffen entsteht ein optisch einachsiger Stoff mit den Brechzahlen

$$n_r(E) = n - K_r\ E^2,$$
$$n_a(E) = n - K_a\ E^2. \tag{7.70}$$

Die optische Wegdifferenz zwischen den senkrecht zueinander schwingenden Wellen beträgt

$$\Delta L = [n_r(E) - n_a(E)]\ d = K\ E^2\ \lambda_0\ d$$

mit $K_a - K_r = K\ \lambda_0$. Nach Gl. (7.66) kann für ΔL auch $m\ \lambda_0$ gesetzt werden.

Der Pockels-Effekt in isotropen Stoffen führt ebenfalls zu optisch einachsigen Stoffen. Isotrope kubische Kristalle werden optisch einachsig (Beispiele sind GaAs, CdTe und InAs).

Die Brechzahlen betragen

$$n_1(E) = n - \frac{1}{2} K_p\ \lambda_0\ E,$$
$$n_2(E) = n + \frac{1}{2} K_p\ \lambda_0\ E, \tag{7.71}$$
$$n_3(E) = n.$$

Einachsige Kristalle bleiben entweder optisch einachsig oder werden durch das elektrische Feld zu optisch zweiachsigen Kristallen, wobei die Kristallsymmetrie eine Rolle spielt. Die trigonalen Kristalle von LiNbO$_3$ und LiTaO$_3$ bleiben einachsig, aber die Hauptbrechzahlen ändern sich in

$$n_1(E) = n_2(E) = n_r - \frac{1}{2} K_{pr} \lambda_0 E,$$

$$n_3(E) = n_a - \frac{1}{2} K_{pa} \lambda_0 E. \tag{7.72}$$

Die optisch einachsigen tetragonalen Kristalle (z. B. KDP, ADP, KD*P) werden optisch zweiachsig mit den Hauptbrechzahlen

$$n_1(E) = n_r - \frac{1}{2} K_p \lambda_0 E,$$

$$n_2(E) = n_r + \frac{1}{2} K_p \lambda_0 E, \tag{7.73}$$

$$n_3(E) = n_a.$$

Die z-Richtung ist die Ausbreitungsrichtung. Senkrecht dazu beträgt die Brechzahldifferenz $n_2 - n_1$, bzw. $n_3 - n_1$ entsprechend

$$n_2 - n_1 = \Delta n(E) = K_p \lambda_0 E$$

nach Gl. (7.71) oder Gl. (7.73),

$$n_3 - n_1 = \Delta n(E) = \Delta n - \frac{1}{2} K_p \lambda_0 E, \tag{7.74a–c}$$

bzw. nach Gl. (7.72)

mit $\Delta n = n_a - n_r$, $K_p = K_{pa} - K_{pr}$.

Die Abwandlung des Indexellipsoids für die drei dargestellten Fälle zeigt die Abb. (7.42).

Phasenmodulation (Abb. 7.43). Hinter einer transversalen Pockels-Zelle mit der Länge d, an die die elektrische Spannung $U = El$ (l Plattenabstand) angelegt ist, beträgt die Phase des in x-Richtung schwingenden Lichtes nach Gl. (7.71) oder mit $n = n_r$ nach Gl. (7.73) $\delta = 2\pi n(E) d/\lambda_0$. Einsetzen von $n(E)$ aus Gl. (7.74a) ergibt (mit $\delta_0 = 2\pi n d/\lambda_0$)

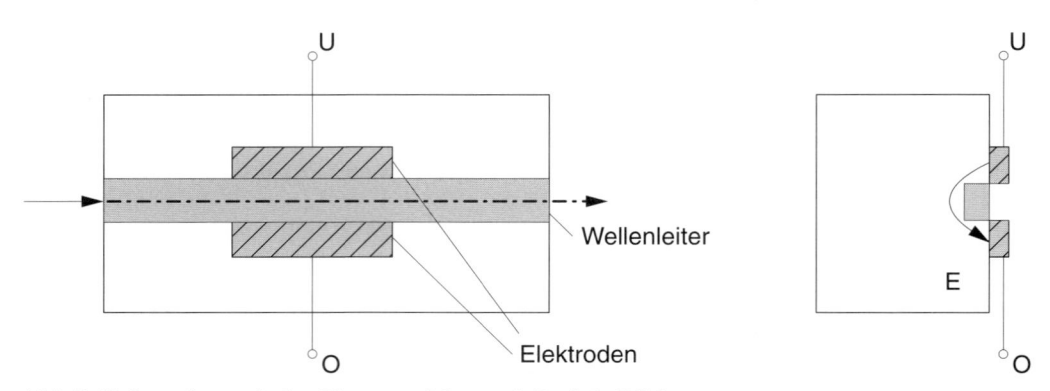

Abb. 7.43 Integriert-optischer Phasenmodulator mit Pockels-Effekt

$$\delta = \delta_0 - \pi \frac{U}{U'_{0,5}} \qquad (7.75)$$

mit der Halbwellenspannung

$$U'_{0,5} = \frac{l}{d}\frac{1}{K_p}. \qquad (7.76)$$

Amplitudenmodulation (Intensitätsmodulation). Zwischen den zwei senkrecht zueinander linear polarisierten Wellen wird innerhalb der transversalen Pockels-Zelle die Phasendifferenz $\Delta\delta = 2\pi\,\Delta n(E)\,d/\lambda_0$ eingeführt. Mit Gl. (7.74b,c) ergibt sich

$$\Delta\delta = \Delta\delta_0 - \pi \frac{U}{U_{0,5}} \qquad (7.77)$$

mit der Halbwellenspannung

$$U_{0,5} = \frac{l}{d}\frac{1}{K_p}. \qquad (7.78)$$

Pockels-Zelle zwischen gekreuzten Polarisatoren (Abb. 7.44a). Vor der Pockels-Zelle wird ein Polarisator angeordnet, dessen Durchlaßrichtung mit den beiden in der Zelle möglichen Schwingungsrichtungen den Winkel 45° bildet. In der Pockels-Zelle entstehen zwei Schwingungen mit gleichen Amplitudenbeträgen und der Phasendifferenz nach Gl. (7.77). Ohne elektrische Spannung beträgt die Phasendifferenz $\Delta\delta_0$, die gleich einem ganzzahligen Vielfachen von 2π sein soll, damit die Schwingungsrichtung erhalten bleibt. Dazu ist die Kristallänge $d = k\,\lambda_0/\Delta n_0$ ($k = 1, 2, 3 \ldots$) erforderlich.

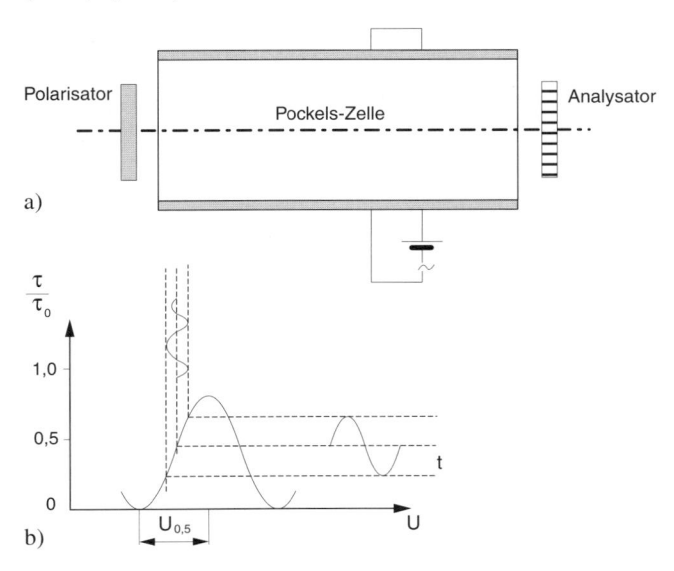

Abb. 7.44 a) Optischer Amplitudenmodulator mit einer Pockels-Zelle zwischen gekreuzten Polarisatoren, b) Kennlinie des Amplitudenmodulators

Hinter der Pockels-Zelle steht ein zum Polarisator gekreuzter Analysator, der das Licht sperrt. Beim Anlegen der Halbwellenspannung an die Pockels-Zelle wird die Schwingungsrichtung um 90° gedreht und der Analysator läßt das Licht ungehindert hindurch. Allgemein beträgt der Transmissionsgrad der Gesamtanordnung

$$\tau = \tau_0 \sin^2\left[\frac{\Delta\delta_0}{2} - \frac{\pi}{2}\frac{U}{U_{0,5}}\right]. \tag{7.79a}$$

Beim sprunghaften Ändern der Spannung von $U = 0$ in $U = U_{0,5}$ wirkt die Anordnung als Schalter. Der Transmissionsgrad ist über die angelegte Spannung moduliert, wenn sich die Spannung stetig verändert. In der Umgebung von $\tau = 0{,}5\,\tau_0$ kann bei $\Delta\delta_0 = \pi/2$ und $U \ll U_{0,5}$ die Transmissionskurve durch

$$\tau = \tau_0\left[\frac{1}{2} - \frac{\pi}{2}\frac{U}{U_{0,5}}\right] \tag{7.79b}$$

angenähert werden, so daß die Kennlinie in der Umgebung von $\tau = 0{,}5\,\tau_0$ linear ist (Abb. 7.44b).

Pockels-Zelle in einem Mach-Zehnder-Interferometer (Abb. 7.45). Die Pockels-Zelle kann in den einen Zweig des Mach-Zehnder-Interferometers eingesetzt werden. Wenn die beiden Bündel am ersten Strahlteiler gleiche Intensität haben, dann beträgt die Intensität am Ausgang

$$I = \frac{I_0}{2} + \frac{I_0}{2}\cos\delta = I_0 \cos^2\frac{\delta}{2}$$

bzw. der Transmissionsgrad

$$\tau = \tau_0 \cos^2\left[\frac{\delta_0}{2} - \frac{\pi}{2}\frac{U}{U_{0,5}}\right]. \tag{7.79c}$$

Für $\delta_0 = \pi/2$ kann in der Umgebung von $\tau/\tau_0 = 0{,}5$ (Abb. 7.44b), in der die Kennlinie angenähert linear ist, die Anordnung als Intensitäts- bzw. Amplitudenmodulator dienen. Wenn δ_0 ein Vielfa-

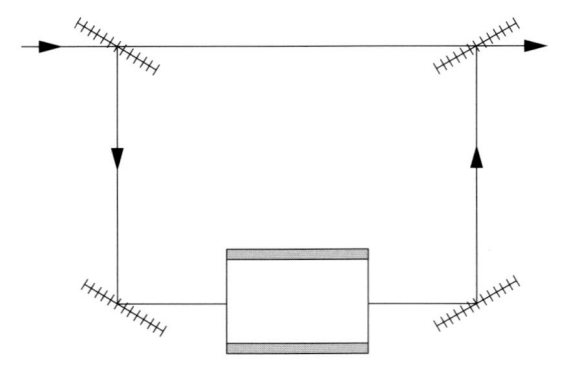

Abb. 7.45 Phasenmodulator in einem Zweig des Mach-Zehnder-Interferometers als Amplitudenmodulator oder optischer Schalter

7.5 Nichtabbildende Funktionselemente

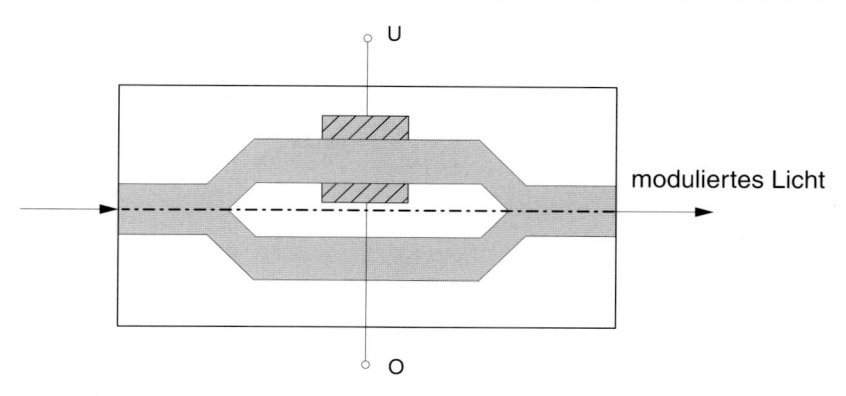

Abb. 7.46 Integriert-optischer Amplitudenmodulator oder optischer Schalter

ches von 2π ist und sich die Spannung sprunghaft von $U = 0$ auf $U = U_{0,5}$ ändert, schaltet die Pockels-Zelle von $\tau/\tau_0 = 1$ auf $\tau/\tau_0 = 0$. Sie dient als optischer Schalter.

Abb. 7.46 enthält eine integriert-optische Variante.

Ortsabhängige Lichtmodulation und -speicherung. Die optischen Informationen können ortsabhängig in einer dünnen Schicht gespeichert und ausgelesen werden. Dieser Vorgang läßt sich auch als räumliche Lichtmodulation auffassen. Allgemein wird die ortsabhängige Lichtintensität dazu genutzt, um den Transmissions- oder Reflexionsgrad eines ebenen Bauelements ortsabhängig zu verändern. Beim Bestrahlen mit Licht wird dieses intensitätsmäßig moduliert und so die Information ausgelesen. Wünschenswert sind löschbare Speicher, in die immer wieder erneut eingeschrieben werden kann.

Optischer Pockels-Auslesemodulator (auch PROM genannt, von engl. Pockels Readout Modulator, Abb. 7.47). Aus den Beispielen zur praktischen Realisierung greifen wir ein besonders

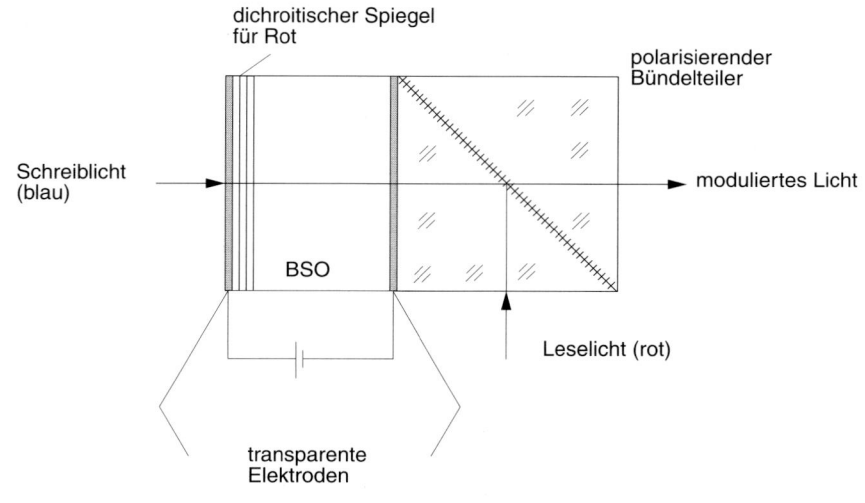

Abb. 7.47 Optischer Pockels-Schreib-Lese-Modulator mit BSO

bemerkenswertes heraus, den PROM. Kernstück ist eine Schicht aus Wismut-Silicium-Oxid ($Bi_{12}SiO_{20}$: BSO) zwischen zwei transparenten Elektroden. Außerdem befindet sich zwischen den Elektroden ein dichroitischer Spiegel, der rotes Licht reflektiert, aber blaues Licht hindurchläßt.

BSO hat außergewöhnliche Eigenschaften, weil es

– beim Anlegen einer Spannung den Pockels-Effekt annimmt,
– für blaues Licht fotoleitend ist, für rotes Licht aber nicht,
– im Dunklen einen guten Isolator darstellt.

Der Lichtweg ist Abb. 7.47 zu entnehmen. Der vorgeschaltete Bündelteiler hat zusätzlich die Funktion von gekreuzten Polarisatoren. Folgende Arbeitsphasen laufen ab:

– *Vorbereiten*: An die Elektroden wird eine Spannung von ca. 4 kV angelegt. Zwischen den Elektroden entsteht ein stabiles elektrisches Feld, weil der Kristall im Dunklen isoliert.

– *Schreiben*: Der Kristall wird mit blauem Licht der Intensität $I_S(x,y)$ bestrahlt. Es entsteht eine räumliche Verteilung der Leitfähigkeit, die der Intensität proportional ist. Quer zum Kristall nimmt ortsabhängig die Spannung ab, wodurch die elektrische Feldstärke an diesen Stellen herabgesetzt wird. Es gilt $E(x,y) \sim 1/I_S(x,y)$. Das Ergebnis ist die örtliche Brechzahländerung $\Delta n \sim 1/I_S(x,y)$, die durch den Pockels-Effekt entsteht und die im Kristall gespeichert ist.

– *Lesen*: Gleichmäßiges rotes Licht dient dem Auslesen der Brechzahldifferenz $\Delta n(x,y)$, wobei die Anordnung wie der optische Intensitätsmodulator nach Abb. 7.44 wirkt.

– *Löschen*: Gleichmäßiges blaues Licht löscht das Brechzahldifferenzmuster, und das Einschreiben kann nach Anlegen von 4 kV an die Elektroden von vorn begonnen werden.

Strahlablenkende Speicher. Die Fokussierung von Laserbündeln auf kleine Bereiche in der Größenordnung von 1 µm ermöglicht die Entwicklung von optischen Speichern mit großer Informationsdichte und geringer Zugriffszeit. Die linear polarisierte Laserstrahlung wird mittels einer Pockels-Zelle moduliert, bzw. so geschaltet, daß beim Anlegen der Spannung die Schwingungsebene um 90° gedreht wird (Wirkung als λ/2-Platte).

Die Speicherpositionen werden entweder über Systeme aus parallelversetzenden Planparallelplatten (Abb. 7.48) oder über winkelversetzende Wollastonprismen angesteuert (Abb. 7.49).

7.5.3 Strahlungsquellen

Lumineszenzdioden (LED). In der Tab. 5.32 ist das Beispiel einer blau strahlenden LED enthalten, die Licht der Wellenlänge λ = 480 nm ausstrahlt. Inzwischen sind Verbindungen der III-Nitride (z. B. GaN) für blau bis violett strahlende LED einsetzbar. Damit ist es möglich, weiß strahlende Quellen aus Kombinationen von verschieden farbigen LED oder auch Filterstoffen herzustellen. Damit erhofft man sich für bestimmte Anwendungen, die große Lebensdauer der Dioden nutzen zu können. Weiß strahlende LED sind bereits in Taschenlampen zu finden.

Drei Varianten sind in der Erprobung bzw. Fertigung.

– Eine blau strahlende LED enthält an der Oberfläche einen Leuchtstoff, der einen Teil des blauen Lichtes in gelbes Licht umwandelt. Die Mischung ergibt weißes Licht. Da aber grüne und rote Farbanteile fehlen, erscheinen angestrahlte Objekte nicht in der natürlichen Farbe.

7.5 Nichtabbildende Funktionselemente

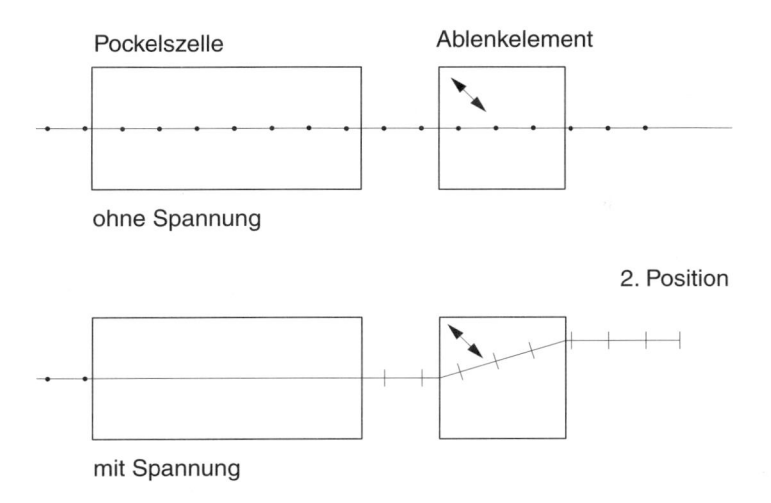

Abb. 7.48 Prinzip des optischen Speichers mit Parallelversetzung

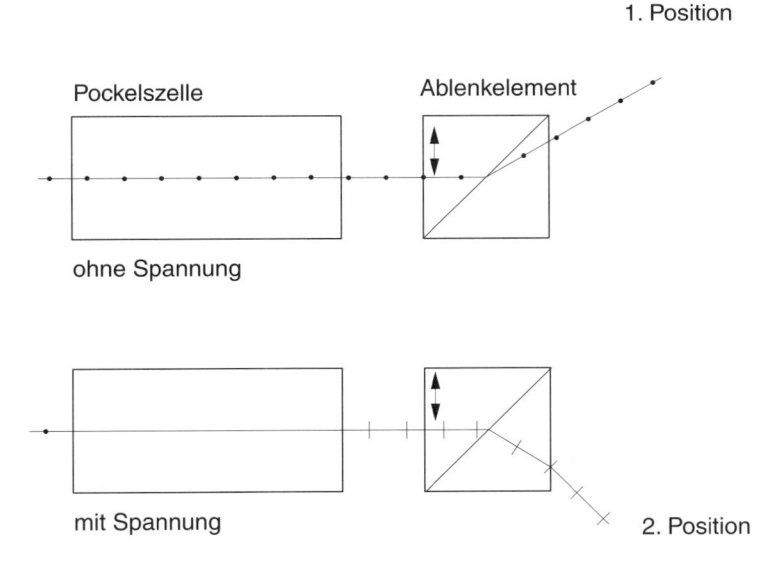

Abb. 7.49 Prinzip des optischen Speichers mit Winkelablenkung

— Die Strahlung einer violetten oder ultravioletten LED dient der Anregung von drei Farbstoffen. Die drei Farben überlagern sich zu Weiß. Dadurch ist die natürliche Farbgebung angestrahlter Objekte gewährleistet. Die Energieausbeute ist aber ungünstig, und Gehäuseteile werden durch die kurzwellige Strahlung in Mitleidenschaft gezogen. Damit wird der Hauptvorteil der weißen LED, die lange Lebensdauer, teilweise aufgehoben.

– Mit der Anordnung einer roten, einer grünen und einer blauen LED nebeneinander werden die hohe Lichtausbeute und die große Lebensdauer vollständig realisiert. Dieser Vorteil wird jedoch mit der getrennten Ansteuerung und Regelung der Einzeldioden erkauft, wodurch die Kosten höher als bei den anderen Varianten sind.

Insgesamt ist festzustellen, daß bis zu dem umfassenden Einsatz weißer Leuchtdioden noch weitere Entwicklungsarbeit erforderlich ist.

LASER sind Strahlungsquellen im Bereich der optischen Strahlung auf der Basis der induzierten Emission. Sie unterscheiden sich in mehreren Punkten von den auf spontaner Emission beruhenden Strahlungsquellen. Die besonderen Eigenschaften der Laserstrahlung wurden bereits in den Abschn. 2.4.5 und 5.7.1 erläutert.

Man unterscheidet nach dem aktiven Stoff, in dem die Besetzungsinversion erzeugt wird (siehe auch Abschn. 5.7.1), Festkörper-, Farbstoff-(Flüssigkeits-), Halbleiter- und Gaslaser.

Darüber hinaus gibt es spezielle Typen:

Bei *chemischen Lasern* werden die Besetzungsinversion und die Laserstrahlung durch eine chemische Reaktion hervorgerufen.

Der *„Freie-Elektronen-Laser"* (free-electron-laser) hat Ähnlichkeit mit einem Synchrotron. Die Strahlung wird von Elektronen hoher Geschwindigkeit erzeugt, die sich im periodischen Magnetfeld wellenförmig bewegen.

Mit dem *Plasma-Laser* soll bis in den Röntgenbereich vorgestoßen werden.

Laser, bei denen die Resonatorspiegel durch periodische Strukturen ersetzt werden, wie z. B. bezüglich der Brechzahl oder der Verstärkung, werden als *Laser mit verteilter Rückkopplung* (engl. distributed feetback, abgek. DFB) bezeichnet.

Bezüglich der Einzelheiten müssen wir auf die Spezialliteratur verweisen, z. B. auf [76] oder [29].

Laserresonatoren. Die Verstärkung der Laserstrahlung durch fortgesetzte induzierte Emission erfordert einen Resonator, durch den die Strahlung möglichst vielfach den aktiven Stoff durchsetzt (Abschn. 2.4.5 und Abschn. 5.1.1). Als Laserresonatoren eignen sich Spiegelanordnungen. Praktisch realisiert sind

– der Resonator aus zwei parallelen Planspiegeln,
– der Resonator aus zwei sphärischen Spiegeln mit gemeinsamer optischer Achse,
– der Resonator aus optischen Fasern und
– der Ringresonator.

Der *Planspiegel-Resonator* stellt ein Fabry-Perot-Etalon mit großem Reflexionsgrad der Planspiegel dar. Zwischen den Planspiegeln bildet sich eine stehende Welle aus, deren Schwingungsknoten bei $z = 0$ und $z = d$ liegen (Abb. 7.50a). Die Gleichung der Welle lautet mit der konstanten Amplitude A

$$E(z) = A \sin \frac{2 \pi z}{\lambda}.$$

Es ist $E = 0$ bei $z = 0$ und $z = d$, so daß

$$\frac{2 \pi d}{\lambda} = m \pi$$

7.5 Nichtabbildende Funktionselemente

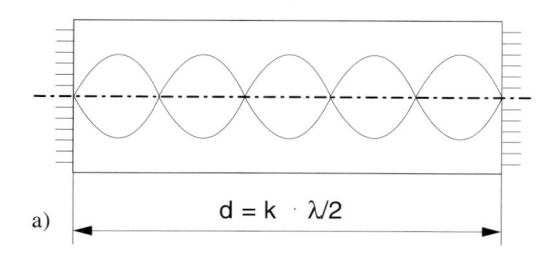

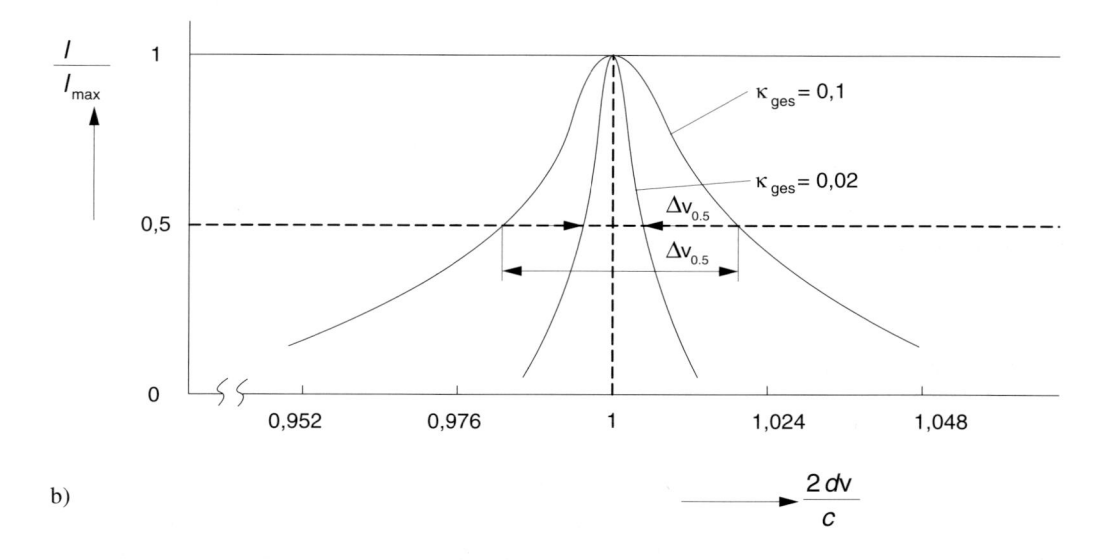

Abb. 7.50 a) Stehende Welle im Planspiegel-Resonator, b) Eigenschwingung im Resonator

sein muß. Daraus folgt für die Resonanz-Wellenlängen, bzw. Resonanz-Frequenzen (*c* Lichtgeschwindigkeit im Resonator)

$$\lambda_m = \frac{2d}{m}, \quad \text{bzw.} \quad v_m = \frac{mc}{2d} = m\,v_R.$$

Der Frequenzabstand der Maxima beträgt $v_R = c/(2d)$. Die Intensität im Resonator ergibt sich analog zur Ableitung der Gl. (2.229) zu

$$I = I_{\text{Max}} \frac{1}{1 + \left(\dfrac{2\pi}{F}\right)^2 \sin^2 \dfrac{\pi v}{v_R}} \tag{7.80a}$$

mit der Finesse [in Gl. (5.91) als effektive Bündelzahl bezeichnet, R Reflexionsgrad der Spiegel]

$$F = \frac{\pi\sqrt{R}}{1-R}. \tag{7.80b}$$

Die relative Halbwertsbreite der Linien beträgt gemäß Gl. (5.92) nach Umrechnung auf die Frequenz

$$\left|\frac{\Delta v_{0,5}}{v}\right| = \frac{1}{mF}. \tag{7.81a}$$

Die bisher beschriebenen Verhältnisse gelten für den *passiven Resonator*, der keinen aktiven Stoff enthält. Bei einem *aktiven Resonator* bleibt die Lage der Resonanz-Frequenzen erhalten, aber die relative Linienbreite wird durch die Güte $Q = 2\pi d v / (c\, \kappa_{Ges})$ des Resonators bestimmt. Es gilt

$$\left|\frac{\Delta\lambda_{0,5}}{\lambda}\right| = \left|\frac{\Delta v_{0,5}}{v}\right| = \frac{1}{Q}. \tag{7.81b}$$

Bei $\kappa_{Ges} = 0,1$ und $\lambda = 500$ nm ist $1/Q = 1,592 \cdot 10^{-8}$ und $\Delta\lambda_{0,5} = 7,96 \cdot 10^{-6}$ nm.
Bei $\kappa_{Ges} = 0,02$ und $\lambda = 500$ nm ist $1/Q = 3,185 \cdot 10^{-9}$ und $\Delta\lambda_{0,5} = 1,59 \cdot 10^{-6}$ nm (Abb. 7.50b).

Gehen wir von Gl. (2.156) für die Kohärenzlänge L_K aus, dann ergeben sich die Werte $L_K = 16$ m, bzw. $L_K = 81$ m.

Die Ausführungen bezogen sich auf Planspiegelresonatoren, bei denen die Spiegel unendlich ausgedehnt sind.

Bei kreisförmig begrenzten Spiegeln sind sowohl bei der Gleichung für die Resonanzfrequenzen wie auch bei der Gleichung für die Halbwertsbreite Korrekturen anzubringen, auf die wir aber nicht eingehen können. Wir verweisen auf die Literaturstelle [29].

Resonatoren aus zwei sphärischen Spiegeln mit gemeinsamer optischer Achse stellen ein Beispiel für ein optisches System aus periodisch angeordneten optischen Bauelementen dar, die deshalb im Abschn. 5.1.1 behandelt wurden.

Festkörperlaser enthalten mit Metallionen dotierte Kristalle oder Gläser. Der erste beschriebene Laser war ein *Rubinlaser* (Abschn. 2.4.5). Weitere praktisch wichtige Festkörperlaser enthalten Neodymglas (Borsilikatglas mit Ne^{3+}-Ionen) oder Yttrium-Aluminium-Granat ($Y_3Al_5O_{12}$) mit Neodym-Ionen (*YAG-LASER*) u. a.

Mit dem Rubinlaser können im Impulsbetrieb 10…40 kW, im cw-Betrieb einige 100 W Ausgangsleistung erzeugt werden. Die Linienbreite beträgt 10^{-2} nm bei der Wellenlänge $\lambda = 694,3$ nm, die Strahldivergenz liegt in der Größenordnung einiger mrad.

Der Neodym-Glaslaser und der Neodym-YAG-Laser strahlen bei der Wellenlänge $\lambda = 1,06$ μm. Sie können als Hochleistungslaser ausgebildet werden, insbesondere mit Gütesteuerung.

Gütegesteuerte Laser erzeugen sogen. Riesenimpulse. In ihnen wird die Aufenthaltsdauer der Photonen innerhalb des Resonators mittels Güteschalter (Q-switsh, entsprechend der im Abschn. 2.4.5 definierten Güte Q) erhöht. Das Prinzip besteht darin, während des Aufbaus der Besetzungsinversion den Resonator vollständig oder teilweise zu sperren, ihn also nicht anschwingen zu lassen, und erst nach der Sättigung der Besetzungsinversion die Rückkoppelung einzuleiten (Abb. 7.51a–c).

7.5 Nichtabbildende Funktionselemente

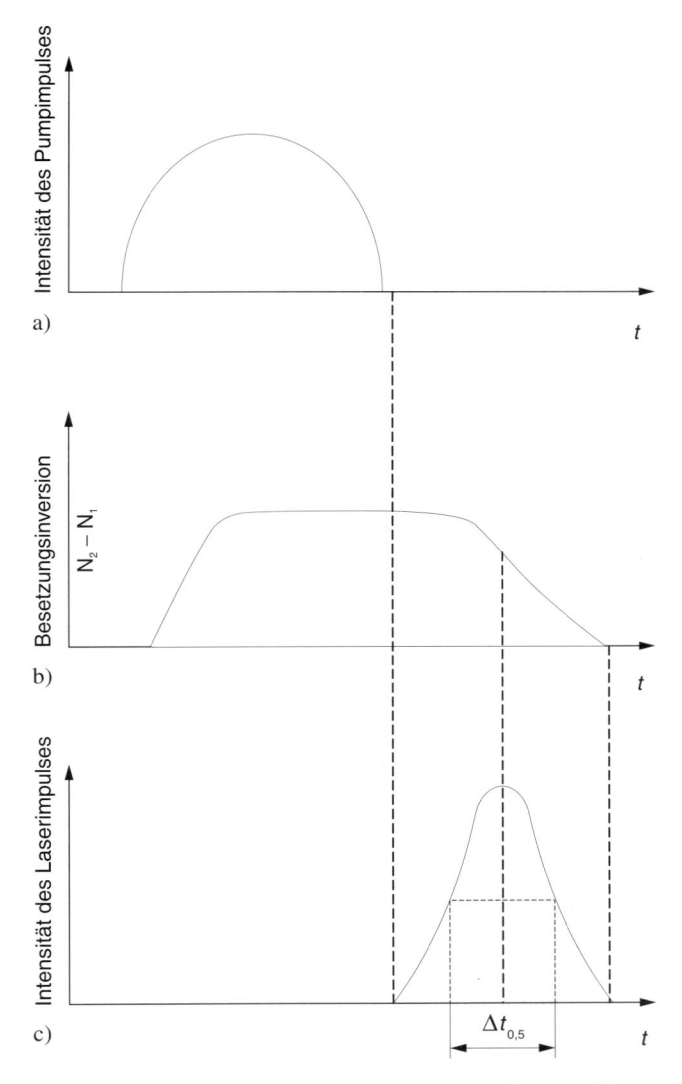

Abb. 7.51 a) zeitlicher Verlauf des Impulses der Pumpstrahlungsquelle,
b) zeitlicher Verlauf der Besetzungsinversion, c) zeitlicher Verlauf der Intensität im Riesenimpuls

Ein Beispiel ist z. B. in [102] modellmäßig durchgerechnet worden. Folgende Daten wurden angenommen:

- Aufenthaltsdauer der Photonen im Resonator $T = 50$ ns,
- Koeffizient für die induzierte Emission $B_{21} = 4 \cdot 10^{-17}$ m$^3 \cdot$ s^{-1},
- Besetzungsinversion zur Zeit $t = 0$ $N_2 - N_1 = 2 \cdot 10^{24}$ m^{-3},
- Frequenz $\nu = 4{,}32 \cdot 10^{14}$ Hz,
- Volumen des Laserkristalls $V = 10$ cm^3.

Durch den Riesenimpuls werden 98 % der Besetzungsinversion abgebaut. Es entsteht ein gaußförmig vorausgesetzter Impuls, der innerhalb der Halbwertsbreite von $\Delta t_{0,5} = 137$ ns die Strahlungsleistung $P = 29$ MW transportiert.

Rein *mechanische Güteschalter* haben sich nicht bewährt. Drehspiegel oder -prismen, die den einen Resonatorspiegel ersetzen, erlauben Schaltzeiten von ca. 1 µs.

Akustooptische Schalter beruhen auf dem fotoelastischen Effekt. In einem piezoelektrischen Kristall wird mittels einer Ultraschallwelle ein Phasengitter erzeugt, das einen Teil der Strahlung beugt und damit aus dem Resonator eliminiert. Erst beim Abschalten der Spannung wird die zum Anschwingen des Resonators erforderliche Güte erreicht. Die Schaltzeiten liegen bei 50 ns.

Elektrooptische Schalter lassen sich mittels Kerr- oder Pockelszellen realisieren. Im Resonator werden ein Polarisator und z. B. eine longitudinale Pockelszelle angeordnet (Abb. 7.52). Die Schwingungsebene der linear polarisierten Strahlung steht unter 45° gegenüber den in der Pockelszelle möglichen Schwingungsrichtungen (Diagonalstellung). Die Strahlung wird in zwei senkrecht zueinander schwingende Wellen mit gleicher Amplitude aufgespalten. Die Pockelszelle führt zwischen ihnen die Phasendifferenz $\pi/2$ ein, so daß zirkular polarisierte Strahlung entsteht. Die am Resonatorspiegel reflektierte Strahlung erfährt in der Pockelszelle erneut die Aufspaltung und die weitere Phasendifferenz $\pi/2$ zwischen den senkrecht schwingenden Wellen. Diese haben damit die Phasendifferenz π. Sie setzen sich zu linear polarisierter Strahlung mit um 90° umgeklappter Schwingungsebene zusammen. Die Pockelszelle wirkt beim zweimaligen Durchgang wie eine $\lambda/2$-Platte, und der Polarisator sperrt die Strahlung. Erst nach Abschalten der Spannung an der Pockelszelle kann der Resonator anschwingen. Die Schaltzeiten betragen ca. 10 ns.

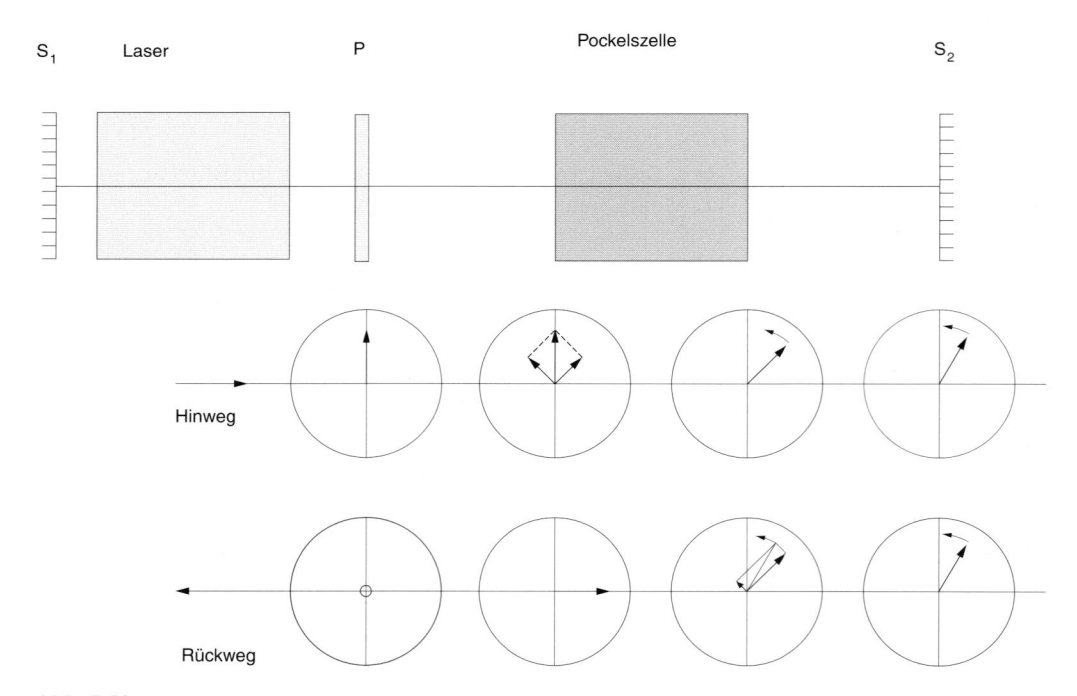

Abb. 7.52 Laser mit Güteschaltung

7.5 Nichtabbildende Funktionselemente

Schließlich eignen sich *sättigbare Absorber* als Güteschalter. Der sättigbare Absorber ist ein nichtlineares Bauelement, das als passiver optischer Schalter wirkt. Die Strahlung des Lasers übernimmt das Umschalten in den Resonatorzustand selbst. Es gibt Stoffe, z. B. Farbstofflösungen oder auch Gase, deren Absorptionsgrad intensitätsabhängig ist. Es gilt für zwei Niveaus mit homogener Linienverbreiterung

$$\alpha = \frac{\alpha_0}{1 + \frac{I}{I_s}}.$$

Bei der Intensität $I = I_s$ (Sättigungsintensität) beträgt der Absorptionsgrad die Hälfte derjenigen ohne Bestrahlung. Die Sättigungsintensität läßt sich aus

$$I_s = \frac{h\,\nu}{2\,\tau\,\sigma(\nu)}$$

berechnen (τ Lebensdauer des oberen Zustandes, σ Absorptionsquerschnitt).

Der sättigbare Absorber wird innerhalb des Resonators angeordnet. Durch die entsprechende Konzentration und Dicke der Farbstofflösung wird dafür gesorgt, daß der Transmissionsgrad während des Pumpens praktisch Null ist und mit wachsender Intensität über $\alpha = \alpha_0/2$ bei $I = I_s$ auf nahezu Eins für $I > I_s$ beim Vorliegen der maximalen Besetzungsinversion ansteigt. Nach der Relaxationszeit τ kann der Vorgang wiederholt werden.

Als Beispiel seien die Werte für einen Rubinlaser ($\lambda = 694{,}3$ nm) genannt, der einen sättigbaren Absorber mit Phthalocyanin enthält (nach [102]): $\sigma = 10^{-19}$ m^2, $\tau = 0{,}5$ µs, $I_s = 10^9$ W · m^{-2}.

Die Schaltzeiten der sättigbaren Absorber liegen in der Größenordnung 1 ns.

Durchstimmbare Festkörperlaser ermöglichen die kontinuierliche Änderung der Laserfrequenz durch die Variation der Frequenz der Pumpstrahlung. Geeignet sind z. B. der Alexandrit-Laser (Cr^{3+} : BeAl$_2$O$_4$), der im Bereich von 700…800 nm durchstimmbar ist und der Saphir-Laser (Ti^{3+} : Al$_2$O$_3$), der im Bereich 660…1180 nm durchstimmbar ist.

Während früher Festkörperlaser, die optisch gepumpt werden müssen, mit Blitzlampen angeregt wurden, haben sich in wachsendem Umfang die mit Halbleiterlasern gepumpten Festkörperlaser durchgesetzt [82], [85], [87].

Faser-Laser haben Bedeutung für die optische Nachrichtenübertragung, besonders für den Einsatz von Monomode-Fasern. Im einfachsten Fall ist der Faser-Laser wie eine Monomode-Faser aufgebaut, deren Endflächen stark reflektieren, so daß ein Resonator entsteht. Der Kern enthält den aktiven Stoff. Beim Doppelkern-Faser-Laser besteht der Kern aus dem aktiven Stoff. In einem den Kern umhüllenden Zylinder wird die Pumpstrahlung geführt. Damit Totalreflexion an den Grenzen des Mantels auftritt, ist die gesamte Faser noch mit einem optisch dünneren Mantel umgeben. Die Pumpstrahlung wird nach den Regeln der integrierten Optik in den Kern eingekoppelt (gekoppelte Wellenleiter).

Als optisch aktive Stoffe eignen sich Kieselgläser, die mit seltenen Erden dotiert sind (z. B. mit Nd, Er, Yb, Pr, Sm, Ho). Weil Faser-Laser in mehreren Wellenlängen schwingen können, kommen als Pumpquellen abstimmbare Laser zum Einsatz (Halbleiterlaser, Farbstofflaser, der Ar$^+$-Ionen-Laser und die oben genannten durchstimmbaren Festkörperlaser).

Der Er^{3+} : Kieselglas-Faser-Laser hat u. a. eine Ausstrahlung in der Nähe von $\lambda = 1{,}55$ µm. Bei dieser Wellenlänge hat die Kieselglas-Faser die geringste Dämpfung, so daß sich die Erbium-dotierte Faser gut für die optische Nachrichtenübertragung eignet.

Gaslaser werden i. allg. nicht optisch, sondern durch eine Gasentladung gepumpt. Das Prinzip des am häufigsten angewendeten und besonders gründlich untersuchten *Helium-Neon-Lasers* wurde im Abschn. 2.4.5 dargestellt.

Ein weiterer wichtiger Gaslaser ist der *Kohlendioxid-Laser*, der CO_2, N_2 und He enthält, im Infraroten arbeitet ($\lambda = 10{,}6$ µm), besonders hohe Leistungen im kontinuierlichen Betrieb ermöglicht (bis zum kW-Bereich) und den höchsten Wirkungsgrad hat (bis etwa 30 %).

Hohe Leistungen im sichtbaren Gebiet (etwa 1 W) auf mehreren Wellenlängen sind mit dem *Argon-Ionen-Laser* (Ar^+-Laser) zu erreichen. Die intensivste Linie liegt bei $\lambda = 488$ nm. Weiter gibt es Metalldampf-Laser, z. B. einen Cd-He-Laser.

Mit dem *Wasserstofflaser* (H_2-Laser) ist die Lichtwellenlänge $\lambda = 116$ nm erreicht worden. Die größte Laserwellenlänge $\lambda = 1{,}96534$ mm wurde mit dem CH_3Br-*Laser* erzeugt.

Excimer-Laser haben eine rasche Entwicklung genommen und werden in vielfältigen Varianten kommerziell angeboten. Excimere sind Moleküle, die elektronisch angeregt sind. Im Grundzustand können sie nicht existieren. Dazu gehören vor allem zweiatomige Verbindungen von Edelgasatomen (z. B. Ar_2^*, der Stern kennzeichnet den angeregten Zustand) und Edelgasatomen mit Halogenatomen (z. B. ArF^*). Praktische Bedeutung haben Excimer-Laser vor allem für den ultravioletten Spektralbereich, z. B. für die Anwendung in der Mikrostrukturierung. (Früher unterschied man *Excimer* (excited dimer) als Begriff für zwei identische Atome im angeregten Zustand und *Exciplex* (excited state complex) als Begriff für angeregte Moleküle aus unterschiedlichen Atomen.)

Halbleiter-Laser. In einem Festkörper bestehen die erlaubten Energieniveaus aus Energiebändern. Das sind Bereiche mit einer Vielzahl sehr dicht beieinander liegender Niveaus. Die verschiedenen Bänder sind durch verbotene Bereiche voneinander getrennt. Das obere Energieband ist das Leitungsband, das darunter liegende das Valenzband. Ist das Leitungsband nicht mit Elektronen, das Valenzband aber voll besetzt, dann liegt ein Isolator vor.

Durch Dotieren des Nichtleiters mit Störatomen läßt sich ein Halbleiter herstellen. Geben die Störatome Elektronen an das Leitungsband ab (*Donatoren*), dann erhalten wir einen n-Halbleiter; nehmen sie Elektronen aus dem Valenzband auf (*Akzeptoren*), dann entsteht ein p-Halbleiter (siehe auch Abschn. 5.7.1).

Die p-n-Diode besteht aus einem p- und einem n-Halbleiter, die sich an einer Fläche eng berühren. An dieser tritt ein Elektronenaustausch zwischen dem Leitungsband des n-Halbleiters und dem Valenzband des p-Halbleiters ein. Beim Stromfluß durch die Diode wächst die Austauschquote gegenüber dem thermischen Gleichgewicht entsprechend der Anzahl an zusätzlich vorhandenen Elektronen an. Die Energiedifferenz beim Übergang vom Leitungs- in das Valenzband kann in Form von Licht ausgestrahlt werden (*Lumineszenzdiode*).

Der *Injektionslaser* geht aus der Lumineszenzdiode hervor, wenn zwischen dem Leitungs- und dem Valenzband die Besetzungsinversion erzeugt wird. Dazu ist eine bestimmte Dotierung notwendig (Abb. 7.53). Der erste GaAs-Injektionslaser wurde 1962 hergestellt. Der GaAs-Laser besteht aus Gallium-Arsenit als Grundmaterial. Für die Donatoren wird Tellur, für die Akzeptoren Zink verwendet. Er strahlt bei $\lambda = 840$ nm. Der Injektionslaser wandelt unmittelbar elektrische Energie in Laser-Strahlung um, so daß sein Wirkungsgrad sehr gut ist.

Die Besetzungsinversion wächst linear mit der Stromdichte an. Deren Mindestwert, die Schwellenstromdichte, ist stark temperaturabhängig. Bei kontinuierlichem Betrieb ist Kühlung der Diode erforderlich. Mit Mehrfachschichten kann die Schwellenstromdichte herabgesetzt werden. Es gibt Einfachheterostrukturen, bei denen eine Schicht auf den p-Halbleiter aufge-

7.5 Nichtabbildende Funktionselemente

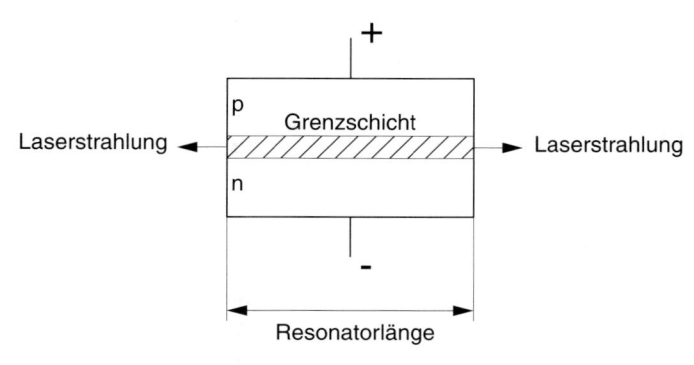

Abb. 7.53 Prinzip des Halbleiter-Lasers mit einer Grenzschicht

bracht ist, und Doppel- bzw. Mehrfachheterostrukturen, bei denen auch der n-Halbleiter beschichtet ist. Die Schichten haben Dicken zwischen 0,1 μm und 5 μm. Zugleich bewirken Heterostrukturen geringere Strahlungsverluste, wenn die Brechzahl der an die p-n-Grenzschicht angebrachten Schichten kleinere Brechzahlen haben und damit ein Wellenleitereffekt eintritt. Ein Beispiel für eine Heterostruktur enthält Tab. 7.1.

Halbleiterlaser sind mit einer Vielzahl an Halbleitermaterialien herstellbar und überstreichen dadurch etwa den Wellenlängenbereich 330 nm bis 34 μm. Der GaAs-Laser wurde bereits genannt. Für den infraroten Bereich bis 34 μm ist besonders der PbSnTe-Laser geeignet, dessen Wellenlänge in weiten Grenzen durch das Verhältnis Pb : Sn geändert werden kann.

Als Grundmaterialien kommen z. B. auch Verbindungen mit Aluminium ($Ga_xAl_{1-x}As$), Indium (InP), Phosphor, Antimon (InSb) und Tellur (PbTe) infrage. Die Dotierung wird mit Te, Cd, Sb, Zn ausgeführt und muß stark sein ($10^{14} \ldots 10^{19}$ cm^{-3}, siehe auch Tab. 5.36a,b). Wie bereits bei den LED erwähnt wurde, können durch den Einsatz von Stoffen der Gruppe III-Nitride auch Laser-Dioden realisiert werden, die im Blauen, Violetten und im Ultravioletten strahlen. Damit werden in Zukunft DVD (s. Abschn. 7.5.4), Laserdrucker u. a. mit wesentlich größerer Leistungsfähigkeit möglich sein.

Tabelle 7.1 Schichten eines Doppelheterostruktur-Halbleiterlasers, Querabmessungen 400 μm × 200 μm

Schicht	Dicke in μm	Halbleiter	Dotierung in cm^{-3}
Substrat (n-Halbleiter)		n-GaAs	
Heteroschicht	3	n-2$Al_{0,36}Ga_{0,64}$As	Te $(1\ldots3) \cdot 10^{17}$
Grenzschicht	0,2	p-$Al_{0,08}Ga_{0,92}$As	Ge $(1\ldots3) \cdot 10^{17}$
Heteroschicht	3	p-$Al_{0,36}Ga_{0,64}$As	Ge $(1\ldots3) \cdot 10^{17}$
p-Halbleiter	5	p-GaAs	Ge $(20\ldots40) \cdot 10^{17}$

Die Halbwertsbreite der Strahlung der Laserdioden ist relativ groß (3 nm bei GaAs), damit ist die Kohärenzlänge gering (im Millimeterbereich). Da die Querabmessung d der strahlenden Schicht klein ist, ist die Divergenz der Strahlung infolge der Beugungsauskopplung groß. Der Winkel beträgt $\Theta = \lambda/d$, woraus sich mit $\lambda = 840$ nm, $d = 1$ µm die Divergenz $\Theta = 0{,}84 \triangleq 48°$ ergibt. Die Leistung von Laserdioden kann bis zu 200 mW im kontinuierlichen, bis zu 100 W im Impulsbetrieb betragen.

Farbstofflaser haben Bedeutung als durchstimmbare Laser erlangt, d. h. als Laser mit in relativ weiten Grenzen einstellbarer Wellenlänge. Der aktive Stoff besteht aus organischen Farbstoffen, die Moleküle aus vielen Atomgruppen enthalten. Der erste 1966 von SOROKIN und LONKORD entwickelte Farbstofflaser enthält Chloraluminiumphthalocyanin.

Auf das Elektronenschema der Farbstoffmoleküle ist eine große Anzahl an Schwingungsniveaus aufgebaut. Durch optisches Pumpen tritt die Besetzungsinversion vor allem zwischen den unteren Schwingungsniveaus des oberen Elektronenniveaus und den oberen Schwingungszuständen des unteren Elektronenniveaus ein. Bei genügend starkem Pumpen sind aber auch die anderen Niveaus an dem Vorgang beteiligt (Abb. 7.54).

Als Pumplichtquellen werden oftmals Rubinlaser oder Halbleiterlaser verwendet. Ein kontinuierlich durchstimmbarer Resonator wurde von SOFFER und McFERLAND 1967 vorgeschlagen. Die Farbstoffküvette befindet sich in einem Resonator aus einem Planspiegel und einem schwenkbaren Reflexionsgitter. Dadurch wird die Wellenlänge der ersten Beugungsordnung verstärkt, die mit dem Beugungswinkel veränderlich ist.

Auch andere frequenzselektive Elemente können der Durchstimmung dienen. Mit einem Farbstoff sind etwa 170 nm überstreichbar. Die Farbstofflaser überdecken den Wellenlängenbereich zwischen 320 nm und 1,28 µm, wobei allerdings auch Pumplichtquellen wie Stickstoff-, Edelgasionen- Excimer-, Nd-YAG- und Edelgaslaser (Ar, Kr) und teilweise die zweite oder höhere Harmonische ihrer Strahlung zur Anwendung kommen. Beispiele dafür sind in der Tab. 5.35 enthalten.

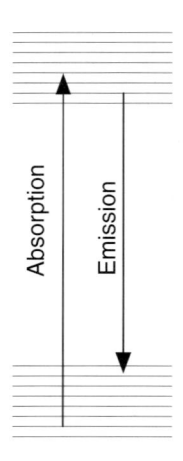

Abb. 7.54 Prinzip des Farbstofflasers (schematisch)

7.5 Nichtabbildende Funktionselemente

7.5.4 Anwendungen der Laser

Wir können hier nur eine Auswahl an Laser-Anwendungen in ihren Grundzügen behandeln. Es existiert bereits eine größere Anzahl an Spezialwerken über Laser; wir nennen z. B. [3] und [105] sowie die dort angegebene Literatur. Im allgemeinen wird bei den einzelnen Anwendungen eine der im Abschn. 2.4.5 genannten Eigenschaften der Laserstrahlung bevorzugt genutzt. Wir gehen in der Reihenfolge zeitliche Kohärenz, hohe Intensität, räumliche Kohärenz vor.

Die *zeitliche Kohärenz* ist eine Voraussetzung für die Holografie (Abschn. 4.4.8, 7.4.2, 7.4.3). Die Interferometrie ist mit großen Gangunterschieden möglich. In Verbindung mit der Holografie ist die Anwendung auf rauhe Oberflächen und auf bewegte Objekte zu realisieren.

Bemerkenswert sind die Experimente zur Interferenz von Lichtbündeln, die von zwei voneinander unabhängigen Lasern ausgehen. Die Interferenzfähigkeit von Bündeln, die von zwei Lichtquellen ausgestrahlt werden, hängt vom Entartungsgrad der Wellenfelder ab. Für $\delta \ll 1$ (thermische Quellen) sind die Wellen nicht interferenzfähig, aber für $\delta \gg 1$, also für Laserbündel. RADLOFF konnte 1971 zeigen, daß auch bei sehr geringen Intensitäten das vollständige Interferenzbild auftritt, also der Wellencharakter des Lichtes nachweisbar ist.

Die optische Nachrichtenübertragung gehört zu den praktisch bedeutungsvollsten Anwendungen des Lasers. Eine zeitlich kohärente Welle läßt sich besonders gut modulieren und so zur Übertragung von Informationen verwenden. Für die Übertragung eines Kanals, z. B. eines Fernseh- oder Fernsprechkanals, wird eine bestimmte Frequenz-Bandbreite benötigt. Bei den hohen Frequenzen im optischen Bereich sind sehr viele Kanäle auf einer Trägerwelle unterzubringen. So sind z. B. ohne weiteres in der Größenordnung von 10^5 Fernseh- oder 10^8 Fernsprechkanäle mit einem Laserbündel übertragbar.

Bei der Nachrichtenübertragung in der freien Atmosphäre wirkt die Streuung des Lichtes begrenzend auf die Reichweite ein. Die günstigsten Bedingungen sind im Infraroten gegeben. Vorteilhaft für die Ausbreitung ist die gute Bündelung der Laserstrahlung. Es wird angenommen, daß atmosphärische Laser-Übertragungssysteme für Entfernungen bis etwa 5 km einsatzfähig sind.

Für größere Entfernungen sind Übertragungsstrecken aus Lichtleitkabeln erforderlich. Bei *Multimode-Fasern* schätzt man die übertragbare Bandbreite auf 30 MHz. Sie haben die größten Aussichten, umfassend zum Einsatz zu kommen, besonders in Form der *Gradientenfasern*. Die *Monomode-Fasern* erlauben gegenüber der Mehrmoden-Faser 10^3 bis 10^4-fache Bandbreite. Die Gläser für Lichtleiter müssen sehr homogen sein und dürfen nur eine geringe Absorption aufweisen (geringe Dämpfung). Trotzdem ist es nicht zu vermeiden, daß in gewissen Entfernungen Zwischenverstärker eingesetzt werden.

Die Dämpfung wird in Dezibel je km ($dB \cdot km^{-1}$) angegeben. Das *Dezibel* ist der dekadische Logarithmus des Quotienten aus den Leistungen vor und nach der Übertragungsstrecke: $10 \lg (P_1/P_2)$ (das Dezibel ist keine eigentliche Maßeinheit). Die Dämpfung liegt bei guten Lichtwellenleitern unter $1 \, dB \cdot km^{-1}$. Mit ihnen sind hohe Informationsflüsse, bis in den $Gbit \cdot s^{-1}$-Bereich mit Monomode-Fasern, übertragbar. Die theoretische Grenze der Dämpfung für $SiO_2{:}GeO_2$-Gläser liegt bei $10^{-1} \, dB \cdot km^{-1}$, für Fluoridgläser bei $10^{-3} \, dB \cdot km^{-1}$.

Für die Nachrichtenübertragung können auch Lumineszenzdioden eingesetzt werden. Bevorzugt sind jedoch Halbleiter-Injektionslaser. Die Dämpfung der Lichtwellenleiter ist bei $\lambda = 1{,}3 \, \mu m$ und $\lambda = 1{,}55 \, \mu m$ niedrig. Deshalb wurden Halbleiter-Doppelheterostrukturlaser für diese Wellenlängen entwickelt, die aus GaAlAsSb/GaSb oder InGaAsP/InP bestehen.

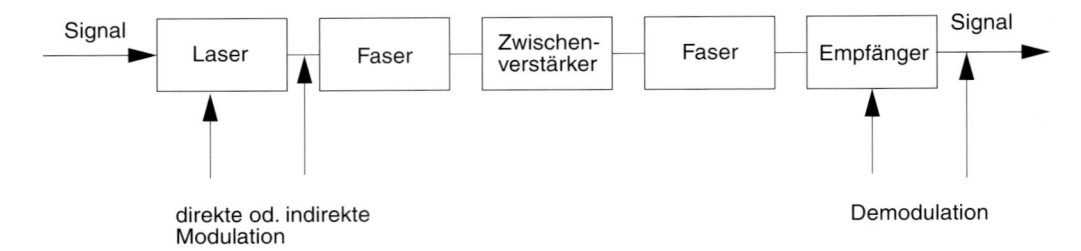

```
Signal                    Zwischen-                     Signal
───▶ Laser ─ Faser ─ verstärker ─ Faser ─ Empfänger ───▶
       ▲                                      ▲
       │                                      │
  direkte od. indirekte                  Demodulation
     Modulation
```

Abb. 7.55 Schema der optischen Nachrichtenübertragung

Die Modulation der optischen Strahlung wird entweder außerhalb des Resonators mittels elektrooptischer Bauelemente (Kerr-Zelle, Pockels-Zelle) oder direkt im Halbleiterlaser über die Veränderung des elektrischen Stroms vorgenommen.

Abb. 7.55 stellt das Prinzip einer Übertragungsstrecke schematisch dar. Es ist noch zu beachten, daß bei Laserübertragungsstrecken das stark frequenzabhängige Quantenrauschen begrenzend auf die Signalerkennung einwirkt und die erforderliche Empfängerempfindlichkeit bestimmt.

Inzwischen gibt es zahlreiche Versuchssysteme und auch kommerzielle Systeme zur optischen Nachrichtenübertragung mittels Lichtwellenleiter aus Glas- oder Kieselglas-Fasern. Zwischen den USA und Europa wurde z. B. ein 6684 km langes Kabel verlegt, auf dem 40 000 Ferngespräche gleichzeitig übermittelt werden können. Alle 57 km ist ein Verstärker erforderlich. Auch die nationalen Telefonnetze werden schrittweise auf Lichtleitfaser umgestellt. Weitere aktuelle Beispiele sowie die Systemanforderungen sind in [76] enthalten.

Die große Intensität der Laserstrahlung stellt die Basis für die nichtlineare Optik dar (Abschn. 5.8.1, 5.8.2). In der Biologie und in der Medizin wird sie in Verbindung mit einer guten Fokussierung zur eng begrenzten Erhitzung von Gewebeteilen genutzt (z. B. Anhaften von abgelösten Netzhautteilen, Schädigung von Geschwülsten u. a.). Dafür eignen sich z. B. der Argonlaser oder der Nd-YAG-Laser als Strahlungsquellen. Auch mit dem CO_2-Laser ist es möglich, chirurgische Eingriffe vorzunehmen („Laser-Skalpell").

An der Oberfläche von Werkstücken läßt sich mit einem Laserbündel eine kleine Stoffmenge verdampfen und für spektroskopische Untersuchungen bereitstellen.

Eine weitere Anwendung ist die Materialbearbeitung, bei der unter anderem fokussierte Bündel von CO_2-Lasern eingesetzt werden. Es lassen sich kleine Bohrungen einbrennen. Technisch bereits in starkem Maße genutzt wird das Trennen von Werkstücken wie z. B. aus Glas, Textilstoffen und Papier. Abb. 7.56 zeigt ein Werkstück aus Federstahl, das mit einem Laserbündel ausgeschnitten wurde.

Auch der Nd-YAG-Laser wird für die Materialbearbeitung verwendet, dazu noch einige weitere Typen wie z. B. der Nd-Glas-Laser. Neben dem erwähnten Bohren und Schneiden spielen das Laserschweißen, das Gravieren und die Oberflächenbehandlung eine große Rolle in der Industrie.

Die räumliche Kohärenz, verbunden mit der geringen Divergenz, ist die Grundlage für meßtechnische Anwendungen. Dazu gehört die Entfernungsmessung. Die Entfernung Erde – Mond konnte mit Hilfe von an Tripelspiegeln reflektierter Laserstrahlung bestimmt werden (auch mit dem sowjetischen Mondfahrzeug LUNOCHOD auf 1 m genau). Laserstrahlung dient als Hilfsmittel für Fluchtungsmessungen im Bauwesen und im Maschinenbau.

7.5 Nichtabbildende Funktionselemente

Abb. 7.56 Anwendung des Lasers zur Materialbearbeitung (Schneiden von Stahl)

Die Geschwindigkeit von Objekten kann berührungslos über den Doppler-Effekt bei der Reflexion oder Streuung von Laserstrahlung am Objekt gemessen werden. Für $v \ll c$ beträgt die Frequenzänderung

$$\Delta v = \frac{2 v \nu}{c} \cos \vartheta$$

(ϑ Winkel zwischen Lichtrichtung und Richtung der Geschwindigkeit v, c Lichtgeschwindigkeit im Stoff $c = c_0/n$).

Wird das reflektierte oder gestreute Licht mit einem Referenzbündel des gleichen Lasers überlagert, so entsteht eine Schwebung mit der Frequenz $v + \Delta v - v = \Delta v_S$, die gemessen wird. Sind ϑ und n bekannt, kann v berechnet werden (Abb. 7.57).

Die Messung der Winkelgeschwindigkeit mit einem Ringlaser wurde bereits im Abschn. 7.2.2 behandelt.

Zur Zeit wird in einem unterirdischen Labor im Bayerischen Wald der größte bisher realisierte Ringlaser erprobt. In einer 16 m langen Resonatorröhre eines Helium-Neon-Gaslasers laufen die Laserbündel in entgegengesetzter Richtung um. Durch die Erdrotation ist die optische Weglänge geringfügig verschieden, wodurch eine Frequenzdifferenz entsteht. Schwankungen der Erdrotation bedingen Frequenzunterschiede, die bei 300 Hz ein Millionstel Herz betragen können. Messungen dieser Genauigkeit sind erforderlich für die Positionsbestimmung, zur Navigation und für geodätische Messungen.

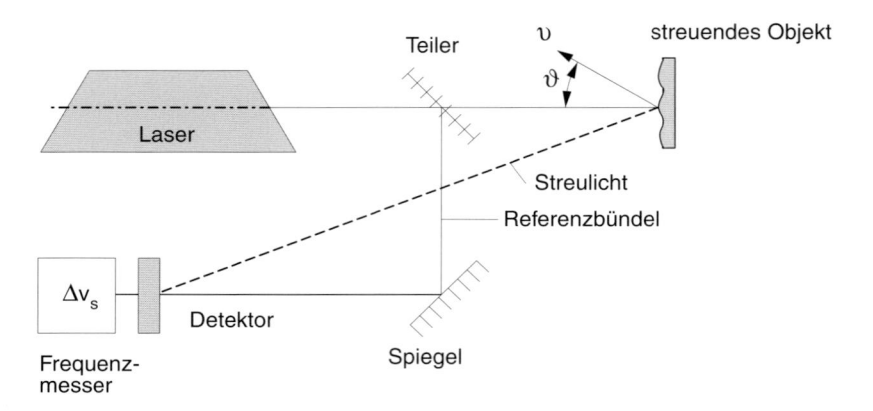

Abb. 7.57 Geschwindigkeitsmessung mit einem Laserbündel (schematisch)

Plattenspeicher. Zur optischen Speicherung von Ton- und Bildsignalen werden metallisierte Plastscheiben verwendet. Der Schallaufzeichnung dient die Digitalschallplatte, die Compact Disc (CD), in die mittels Laserdioden Vertiefungen (Pits) unterschiedlicher Länge (minimal 0,83 µm) eingebracht sind. Die Erhöhungen werden Lands genannt. Am Übergang zwischen Pits und Lands wird die Eins, dazwischen die Null registriert. Es gibt Ausführungsformen, bei denen die 0,4 µm breite Spur $\lambda/4$ Tiefe hat und der Abstand der spiralförmig aufgebrachten Spur 1,6 µm beträgt.

Abb. 7.58a enthält das optische System des Lesekopfes für eine Digitalschallplatte. Zur Trennung der Strahlengänge wird die Polarisationsänderung bei der Reflexion und Beugung an den Tonspuren genutzt. Deshalb ist der Teilerwürfel mit einer teildurchlässigen Schicht versehen, die für Lichtwellen mit senkrecht zueinander stehender Schwingungsebene unterschiedlich reflektiert. Antrieb und Signalverarbeitung erfordern hohe mechanische Stabilität und großen elektronischen Aufwand, einschließlich des Einsatzes eines Mikrorechners.

Das optische System zur Abbildung des Laserbündels muß nahezu beugungsbegrenzt, leicht und damit miniaturisiert sein (günstig ist die Fokussierung auf höchstens 1 μm^2 Fläche). Das Bestreben geht dahin, umfassend asphärische Linsen oder Linsen mit stetig veränderlicher Brechzahl (Gradientenlinsen) einzusetzen.

Inzwischen ist mit der DVD (digital versatile Disc, versatile: engl. vielseitig) eine Speicherplatte entwickelt worden, die bis zur 26-fachen Speicherkapazität der CD hat (17 Gbyte) [83]. Die DVD sind als Ton-, Bild- und Datenträger vielseitig anwendbar – daher der Name – und haben eine kleine Zugriffszeit.

„Single-Side-Single-Layer-DVD" enthalten wie die CD eine reflektierende Schicht aus Metall zwischen zwei Plastschichten (Sustrate). Das Laserbündel wird auf die metallische Aufzeichnungsschicht mit Pits und Lands fokussiert. Die Abmessungen sind jedoch gegenüber der CD verringert. Der Spurabstand beträgt 0,74 µm und die Pitlänge mindestens 0,4 µm. Dadurch müssen Laser im Wellenlängenbereich zwischen 635 nm und 650 nm verwendet werden.

Die „Single-Side-Dual-Layer-DVD" besteht aus einer reflektierenden und einer halbdurchlässigen Schicht (Abb. 7.58b). Der Laser läßt sich auf je eine der beiden Schichten fokussieren.

Früher wurde zur Aufzeichnung von Fernsehbildern z. B. die optische Bildplatte von Philips (1978) verwendet, die 300 mm Durchmesser, 1,5 µm Dicke und 2 × 30 Minuten Laufzeit hatte (auch VLP genannt, von Video Long Play). Durch die Entwicklung der DVD ist diese überflüssig

7.5 Nichtabbildende Funktionselemente

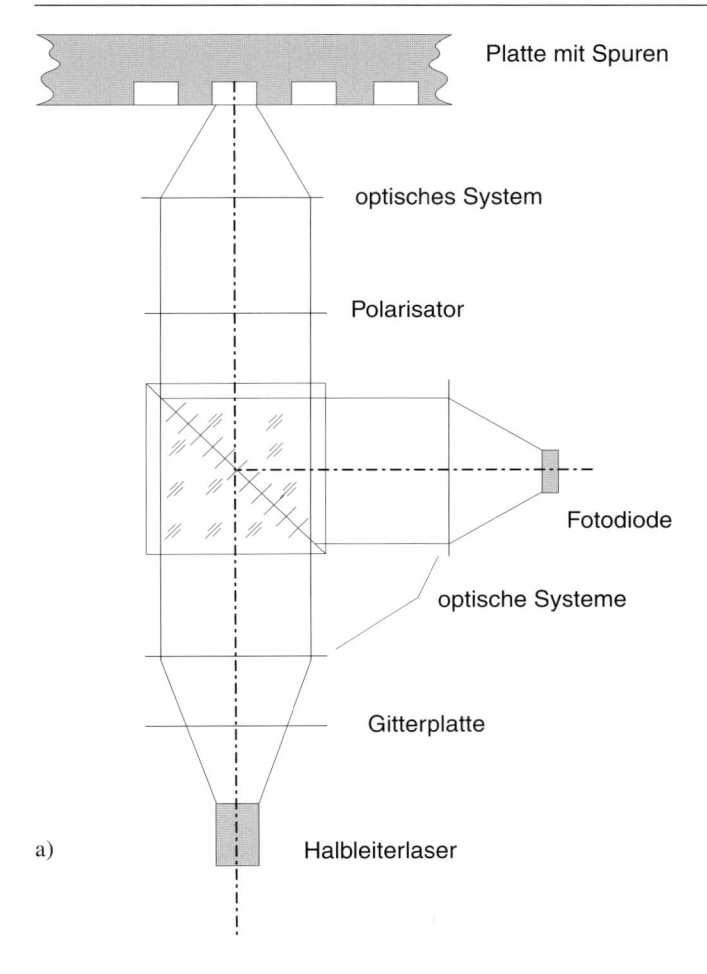

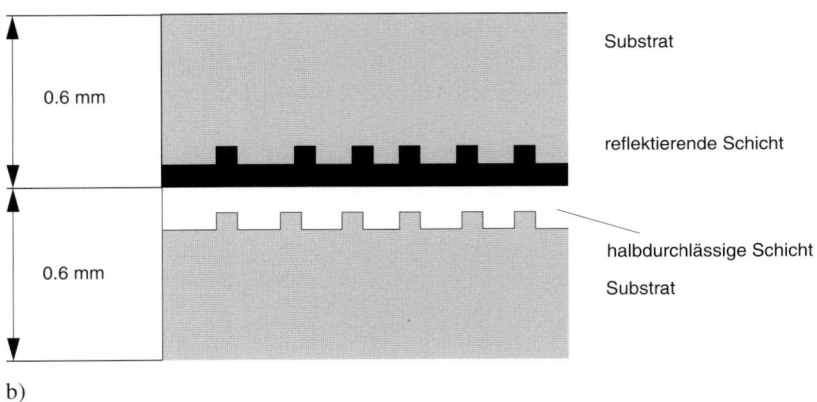

Abb. 7.58 a) Lesekopf für eine Digitalschallplatte (Compact disc), b) Struktur der Single-Side-Dual-Layer-DVD (schematisch)

geworden, zumal Fortschritte in der Speicherkapazität durch den Einsatz kurzwelliger Laser (blaue oder violette Dioden) erwartet werden.

Auch lösch- und wiederbeschreibbare DVD sind inzwischen möglich geworden.

Weitere optische Speicher wurden bereits im Abschn. 7.5.2 behandelt.

Kurze intensive Laserimpulse bis in den ps-Bereich hinein sind ein Mittel, um chemische Reaktionen im Einzelmolekül unmittelbar untersuchen oder beeinflussen zu können. Allgemein ist eine wesentliche Weiterentwicklung der Kurzzeitspektroskopie zu verzeichnen.

Eine Anwendung frequenzstabiler Laser ist die *hochauflösende Spektroskopie*. In einem molekularen Gas mit niedrigem Druck wird eine stehende Laserlichtwelle erzeugt. Bei Variation der Laserfrequenz über die Doppler-Breite einer molekularen Absorptionslinie hinweg erscheinen Intensitätsmaxima mit der natürlichen Linienbreite von weiteren Linien, die bei der herkömmlichen Spektroskopie nicht aufzulösen sind. Es können z. B. innerhalb der Doppler-Breite über 1000 weitere Linien mit einem Auflösungsvermögen von 10^9 getrennt werden.

Es kann festgestellt werden, daß die Entwicklung des Lasers in vielen Teilgebieten neue Möglichkeiten eröffnet hat und neue Gebiete entstehen ließ. An der Ausarbeitung der Einzelheiten wird weiterhin umfassend gearbeitet. Das gilt auch für die Versuche, eine gesteuerte Kernfusion in Plasmen einzuleiten, die mittels Hochleistungslasern auf höchste Temperaturen erhitzt werden. Eine Aufgabe von besonderer Tragweite für die ökologische Energieerzeugung [89].

7.6 Optische Instrumente und Systeme

7.6.1 Mikroskopierverfahren

Die Möglichkeiten, in Durchlicht, Auflicht, Hell- und Dunkelfeld zu beobachten, haben wir bereits behandelt. Da die mikroskopischen Objekte bezüglich der Beeinflussung des Lichtes eine große Vielfalt zeigen, sind auch daran angepaßte Mikroskopierverfahren zahlreich entwickelt worden.

Das Verständnis der wellenoptisch-mikroskopischen Abbildung wurde besonders durch die Arbeiten von ERNST ABBE gefördert, die später in der kohärent-optischen Übertragungstheorie ihre allgemeine Einordnung fanden (Abschn. 6.2.6 und 6.2.7).

Interferenzmikroskope stellen eine Kombination aus Interferometer und Mikroskop dar. So ist z. B. die Anordnung nach LINNIK (Abb. 7.59) ein MICHELSON-Interferometer mit zwei Mikroobjektiven.

Bei der Erzeugung von *Interferenzen gleicher Neigung* zeigen sich Höhenunterschiede im Objekt durch Hell-Dunkel- oder Farbkontrast an. Mit einer kleinen Neigung des Vergleichsspiegels sind *Interferenzen gleicher Dicke* möglich, die das Bild als Höhenlinien überdecken. Höhenunterschiede sind dadurch leicht auszumessen.

TOLANSKY konnte mit Hilfe von Interferenzen mit Mehrfachbündeln (ähnlich dem FABRY-PEROT-Interferometer) Höhenunterschiede von 2 nm abtasten.

Polarisationsmikroskope enthalten im Beleuchtungssystem und hinter dem Objektiv Polarisationsfilter. Die Interferenz der den Analysator verlassenden senkrecht zueinander polarisierten Lichtwellen im Bild zeigt die Änderung des Polarisationszustandes im Objekt an. In Auflicht werden vor allem Metalloberflächen, in Durchlicht biologische Objekte, Kristalle oder verspannte Gläser beobachtet.

7.6 Optische Instrumente und Systeme

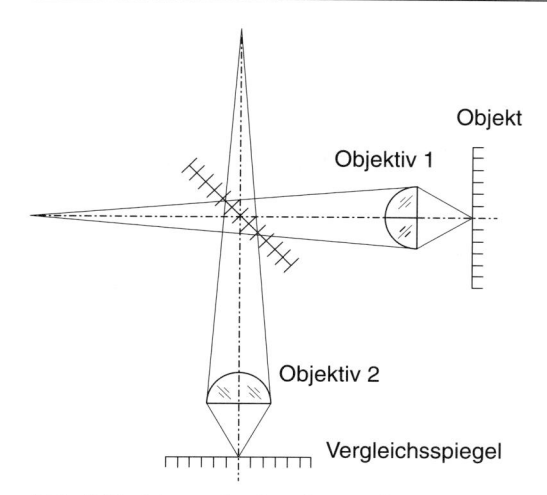

Abb. 7.59 Schema des Interferenzmikroskops nach LINNIK

Die *Holografie* hat auch in die mikroskopische Abbildung Einzug gehalten. Bei den rein holografischen Verfahren wird das Objekt bei der Aufnahme des Hologramms und bei der Rekonstruktion mit einer stark divergenten Welle beleuchtet. Durch Abbildungsfehler, die Eigenschaften des Laserlichtes und der Aufzeichnungsstoffe ist jedoch die Auflösung stärker begrenzt als bei der herkömmlichen Mikroskopie.

Erfolgreicher sind die Verfahren, bei denen ein Hologramm des Zwischenbildes aufgenommen wird (Fourier-Transformations-Holografie, Abschn. 7.4.2). Damit gelingt es, wesentlich größere Schärfentiefen als bei der konventionellen Mikroskopie zu erreichen, so daß die hochauflösende Abbildung mit ausreichender Tiefendarstellung möglich wird.

Fluoreszenzmikroskopie. Viele Stoffe und auch Lebewesen können durch Bestrahlung mit kurzwelliger, z. B. ultravioletter Strahlung, zu Fluoreszenzleuchten angeregt werden. Dadurch läßt sich oft ein Einblick in den Feinbau dieser Körper ohne Einfärbung gewinnen. Bei nicht fluoreszierenden Körpern kann dieses Verfahren allerdings nur nach Zugabe von fluoreszierender Lösung, z. B. von Rhodamin, angewandt werden, wodurch (in stark verdünnter Lösung) zuweilen auch die Feinuntersuchung äußerst kleiner Lebewesen möglich wird.

Schlierenverfahren. Gelegentlich wird in der Mikroskopie auch das Schlierenverfahren angewandt, das in seiner ursprünglichen Form von TOEPLER herrührt. In der Abb. 7.60 ist die Toeplersche Anordnung wiedergegeben. Der leuchtende Gegenstand PP wird durch das Objektiv O abgebildet, das reelle Bild wird jedoch durch eine Blende S vollkommen abgefangen. Ein inhomogener Stoff wird einen Teil der Strahlung an der Blende vorbeileiten. Daher wird die Mattscheibe M in der Beobachtungskammer B mehr oder weniger aufgehellt. Auf der Mattscheibe entsteht ein Schlierenbild, d. h. unregelmäßige Aufhellungen wechseln mit Stellen größerer Dunkelheit ab.

Die klassischen optischen Mikroskopierverfahren nutzen das *Fernfeld* des vom Objekt beeinflußten Lichtes. Dabei handelt es sich i. allgem. um partiell-kohärentes Licht, das an der Objektstruktur gebeugt wurde. Im einfachsten Fall liegt Fraunhofersche Beugung vor.

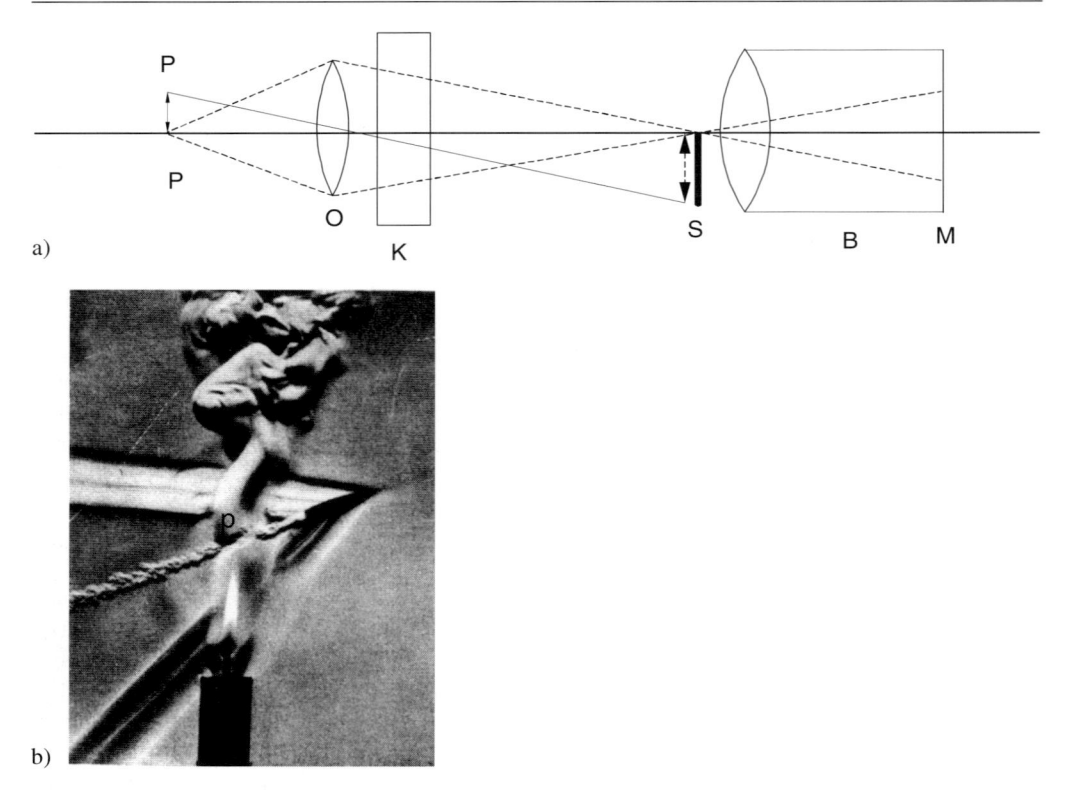

Abb. 7.60 Zum Schlierenverfahren, a) Toeplersche Anordnung, b) Schlierenbild einer Flamme

Die mikroskopische Abbildung im Fernfeld ist unabdingbar mit der Abbeschen Theorie verbunden, so daß das Auflösungsvermögen auf ca. eine halbe Wellenlänge des Lichtes begrenzt ist. Wie bereits die Abbesche Theorie zeigt, muß zwischen der Auflösbarkeit von Strukturen und der Ähnlichkeit zwischen Bild und Objekt unterschieden werden. Die Auflösung ist bereits bei geringeren numerischen Aperturen möglich als die ähnliche Abbildung, weil diese das Zusammenwirken vieler Beugungsordnungen erfordert.

Da das Auflösungsvermögen des Mikroskops nach Gl. (6.72) der Wellenlänge der Strahlung proportional und der numerischen Apertur umgekehrt proportional ist, war zunächst die Zielrichtung klar. Die numerische Apertur ist nicht zu erhöhen, also mußte mit kleineren Wellenlängen gearbeitet werden. Damit verbunden ist die Entwicklung der *Röntgenmikroskopie* und der *Elektronenmikroskopie*.

Abgesehen von Problemen bei der Wechselwirkung mit der Strahlung, vor allem bei biologischen Objekten, sind abbildende Systeme für Röntgenstrahlung schwierig zu realisieren und für Elektronenstrahlung die numerische Apertur der abbildenden Systeme viel kleiner als bei optischen Systemen. Außerdem erfordert die Elektronenmikroskopie einen großen gerätetechnischen Aufwand, der auch durch die Notwendigkeit des Arbeitens im Vakuum mitbedingt wird.

Im Zuge der technischen Realisierung und Anwendung von Mikrostrukturen in der Mikroelektronik, -optik und -mechanik wurde nach Verfahren gesucht, mit denen die Auflösungsgrenze der klassischen Mikroskopie unterschritten werden kann. Wesentliche Informationen über das Objekt sind bereits im *Nahfeld*, also direkt hinter dem Objekt enthalten, worauf bereits SYNGE 1928 hingewiesen hat. Daraus resultieren die Verfahren der *Nahfeldmikroskopie*.

Die *Nahfeldmikroskopie* erfordert das Beleuchten bzw. Abtasten kleinster Bereiche der Objektebene. Ein ausreichendes Objektfeld ist nur möglich, indem die Objektebene genügend fein und reproduzierbar abgerastert wird. Die Grundlagen wurden zunächst in der Elektronenmikroskopie realisiert.

Raster-Elektronenmikroskop (REM). Die Theorie des Raster-Elektronenmikroskops wurde 1937, die praktische Ausführung 1938 erstmalig von MANFRED von ARDENNE in Fachzeitschriften beschrieben. Im Hochvakuum wird ein Elektronenbündel mittels magnetischer Linsen (bis zu drei Linsen) auf einen kleinen Durchmesser fokussiert (Abb. 7.61a). Dieser kann bei einer thermischen Quelle minimal 5 nm...10 nm, bei einer Feldemissionsquelle 0,5 nm...2 nm betragen. Der Durchmesser der Elektronensonde bestimmt im wesentlichen das Auflösungsvermögen und wird den jeweiligen Anforderungen angepaßt.

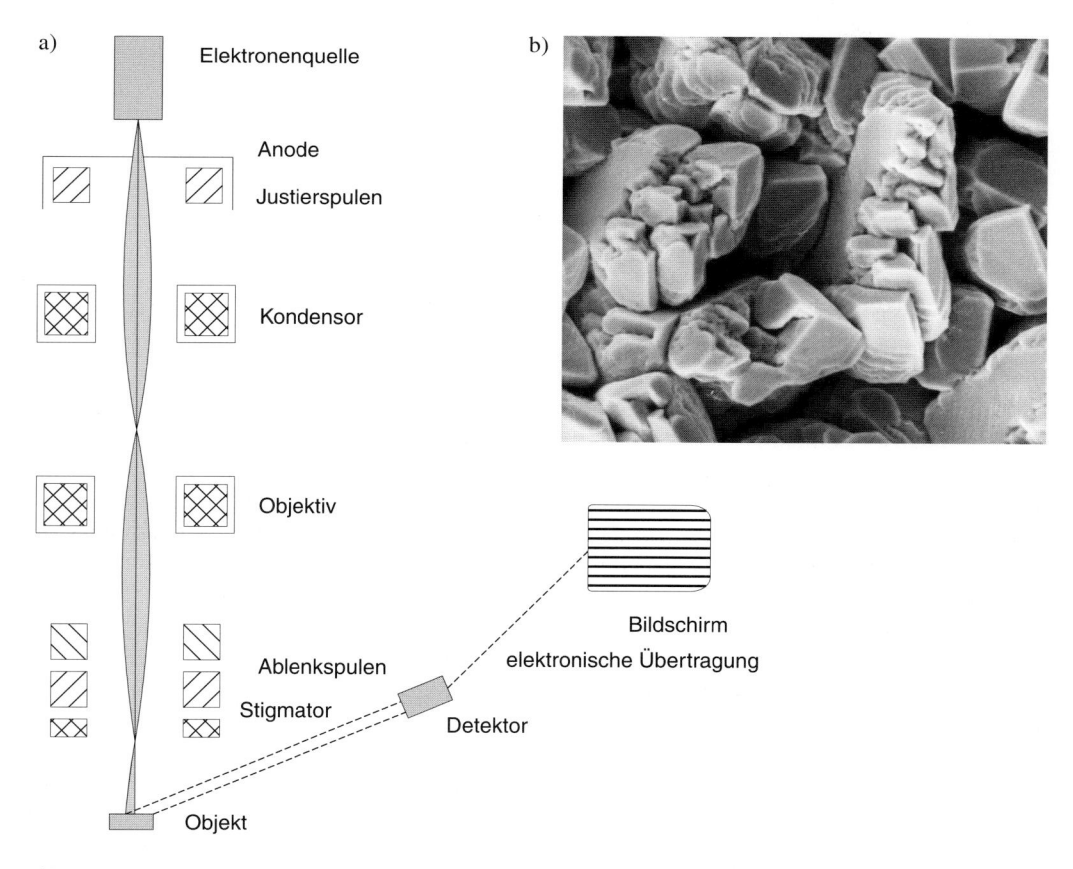

Abb. 7.61 Rasterelektronenmikroskop, a) prinzipieller Aufbau, b) Abbildung von Teststrukturen (Kupferfolie, galvanisch abgeschieden, 25 kV Beschleunigungsspannung, Vergößerung 3000; mit Tesla-Mikroskop BS 300)

Die Elektronensonde wird mit Ablenkspulen so in zwei Querrichtungen abgelenkt, daß das zu untersuchende Objekt rasterförmig bestrahlt, also „abgerastert" wird. Die auf das Objekt auftreffenden Elektronen lösen Sekundärelektronen aus, die mit einem speziellen Detektor registriert werden. Der heute übliche Detektor wurde 1960 von EVERHART und THORNLEY vorgestellt. Ein Netz, das gegenüber dem Objekt eine positive Spannung hat, nimmt die Sekundärelektronen auf. Dahinter ist ein Szintillatorkristall mit einer Spannung von +10 kV gegenüber dem Netz angebracht. Die Lichtblitze werden über Lichtleitkabel zu einem Sekundärelektronenvervielfacher übertragen und auf das 10^6-fache verstärkt.

Die im Detektor entstehenden Signale gelangen zu einer Bildröhre und werden dort synchron zur Abrasterung des Objektes und damit zur zeilenweisen Grauwertsteuerung genutzt. Es entsteht ein Bild mit dem Abbildungsmaßstab, der sich aus dem Verhältnis von Schirmbildgröße und Größe der abgerasterten Objektfläche ergibt und damit leicht variiert werden kann (zwischen 5 : 1 und 10^5 : 1). Aufgrund der äußerst minimalen numerischen Apertur des Elektronenbündels ergibt sich eine sehr große Schärfentiefe (z. B. ±50 µm beim Abbildungsmaßstab 1000).

Das Objekt wird nur sichtbar, weil die Anzahl der ausgelösten Sekundärelektronen vom Auftreffwinkel der Elektronenstrahlung abhängt. Sie ist bei senkrechtem Auftreffen am kleinsten. Daraus ergibt sich auch ein von der Stellung des Detektors abhängiger plastischer Eindruck (Abb. 7.61b).

Rastertunnel-Elektronenmikroskop. Ein Fortschritt bezüglich der Auflösung wurde mit dem Feldelektronen- und Feldionenmikroskop erreicht (MÜLLER 1937 bzw. 1951). Dazu sind feine Spitzen (Krümmungsradius ≤ 1 µm) und hohe Feldstärken erforderlich, so daß nicht beliebige Objekte untersucht werden können. Das Rasterelektronenmikroskop für die Abbildung von Oberflächen ist in seiner Auflösung vor allem durch die Streuung der auftreffenden Elektronen begrenzt (auf ca. 1 nm).

Eine Synthese aus dem Prinzip des Feldelektronen-, des Rasterelektronenmikroskops, einem Abtastprinzip für Oberflächen von YOUNG (1977) bei weiter erhöhter feinmechanischer Präzision und dem neu einbezogenen Tunneleffekt der Wellenmechanik gelang BINNIG und ROHRER mit dem *Rastertunnel-Elektronenmikroskop* (veröffentlicht 1983). (Der Tunneleffekt besagt, daß die Elektronen eine Potentialschwelle mit einer gewissen Wahrscheinlichkeit durchdringen können, deren Energie größer ist als ihre kinetische Energie, wenn die Schwelle genügend schmal ist.)

Dr. G. Binnig, geb. 20.7.1947 in Frankfurt/Main; Dr. H. Rohrer, geb. 6.6.1933 in Buchs (Schweiz), Promotion am Schweizerischen Bundesinstitut für Technologie, entwickelten das Rastertunnelmikroskop am IBM-Forschungslaboratorium in Zürich/Rüschlikon. Dafür erhielten sie 1986 den Nobelpreis für Physik, zu gleichen Teilen wie RUSKA.

Das *Rastertunnel-Elektronenmikroskop* enthält weder eine spezielle Elektronenquelle noch elektronenoptische Abbildungselemente. Eine feine Spitze (≤ 1 µm) wird über die Oberfläche des Objektes berührungslos rasterförmig geführt. Bei genügend kleinem Abstand zwischen Objekt und Spitze fließt aufgrund des Tunneleffektes auch bei niedriger Spannung im Vakuum ein elektrischer Strom. Der Tunnelstrom wird konstant gehalten und damit auch der Abstand der Spitze vom Objekt (wobei angenommen ist, daß die übrigen Parameter, die den Tunnelstrom bestimmen, konstant bleiben). Dadurch zeichnet die Spitze die Höhenunterschiede als Funktion des Ortes nach. Die Höhenunterschiede können über die für den konstanten Tunnelstrom erforderliche Spannung gemessen und z. B. auf einem Bildschirm aufgezeichnet werden.

Die Führung der Spitze stellt außergewöhnliche Forderungen an die mechanische Präzision und an die Steuerungstechnik. In die feinfühligen Verstellprozesse wurde der piezoelektrische

7.6 Optische Instrumente und Systeme

Effekt einbezogen. Die Auflösung beträgt in der Ebene ca. 0,2 nm, in der Tiefe ca. 0,02 nm, so daß atomare Strukturen „sichtbar" sind.

Scanning-Nahfeldmikroskopie. Bereits ein Jahr nach der ersten Veröffentlichung zur Rastertunnel-Elektronenmikroskopie erschien die Arbeit von POHL, DENK und LENZ (1984) zur Nahfeld-Mikroskopie mit sichtbarem Licht. In der Folge entwickelte sich eine Vielfalt von Abwandlungen, die sich vor allem in der Wechselwirkung einer Sonde mit dem Objekt unterscheiden. Nach amerikanischem Vorbild werden sie mit *SMX-Methoden* bezeichnet, wobei das S das Symbol für *„Scanning"*, das M für *„Microscopy"* und das X für die spezielle Methode ist. Beispiele sind:

SNOM: Near field Optical (optische Nahfeld-Mikroskopie),
STM: Tunneling (optische Raster-Tunnelmikroskopie),
SFM: Force (optische Raster-Kraftmikroskopie),
SNAM: Near field Acustical (optisch-akustische Raster-Mikroskopie),
STM: Thermal (optisch-thermische Raster-Mikroskopie) usw.

Grundsätzlich bestehen die Nahfeld-Raster-Mikroskope aus folgenden Hauptgruppen (Abb. 7.62):

- mechanisch hochstabiles Stativ,
- Strahlungsquelle, die i. allgem. aus einem Laser besteht,
- Sonde zur Abtastung und/oder Beleuchtung der „Rasterpunkte",
- Scanner, der entweder das Lichtbündel rasterförmig über die Probe ablenkt oder die Probe in zwei Dimensionen rasterförmig bewegt,
- optoelektronische Empfänger und nachgeschaltete Signalverarbeitung mittels Mikroprozessoren.

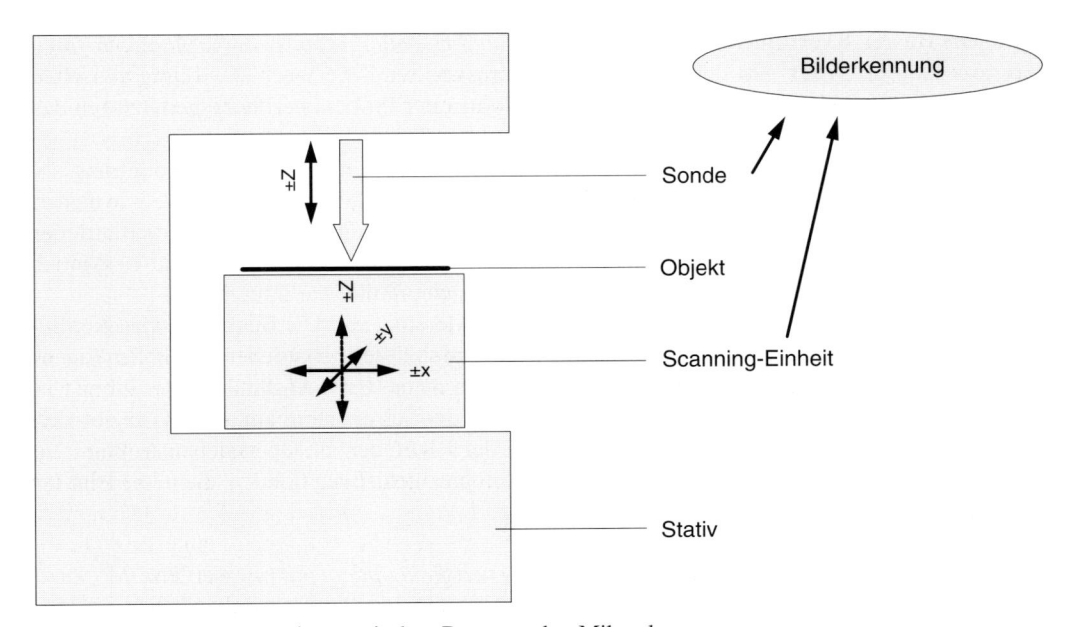

Abb. 7.62 Komponenten eines optischen Rastersonden-Mikroskops

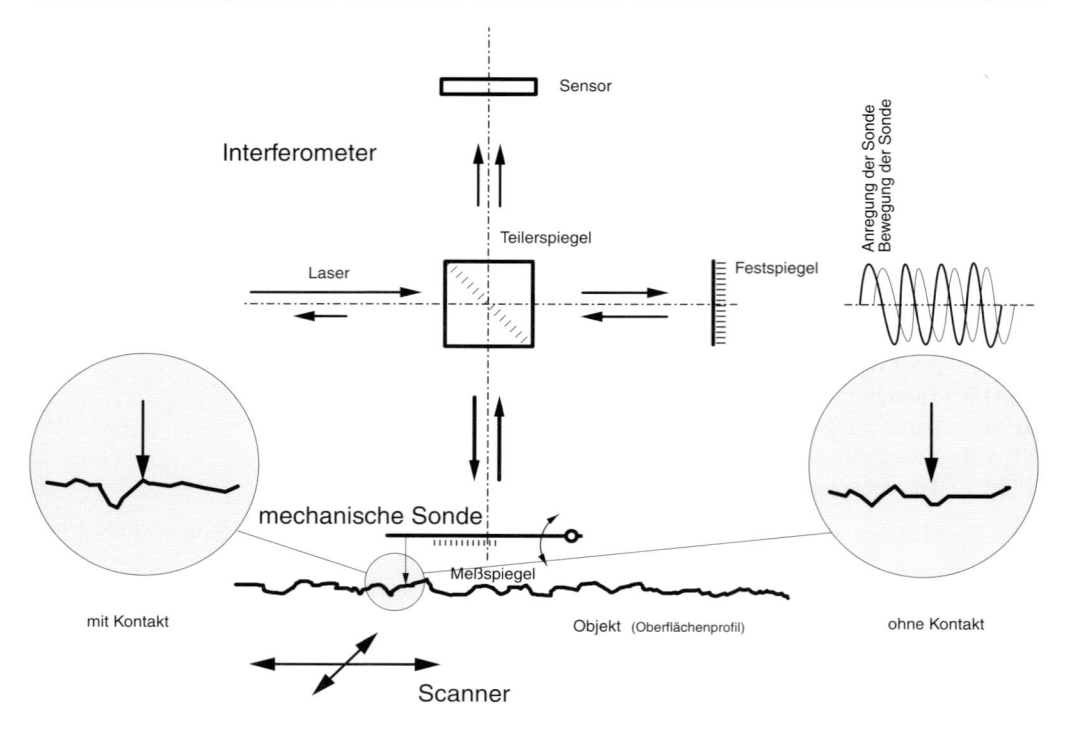

Abb. 7.63 Schema eines optischen Rasterkraft-Mikroskops (SFM, AFM)

Optische Raster-Kraftmikroskopie (SFM: *scanning force microscopy* oder AFM: *atomic force mikroscopy*, Abb. 7.63). Mit dem Raster-Kraftmikroskop wird die Wechselwirkung zwischen den vorderen Atomen einer Meßspitze und den Atomen der Probenoberfläche genutzt, um das Oberflächenprofil mechanisch abzutasten.

Beim *Kontaktverfahren* rastert die Meßspitze die Oberfläche unter ständiger Berührung ab, indem sie darüber hinweg gleitet. Die Kräfte werden über die Ablenkung einer sehr weichen Blattfeder gemessen, und zwar interferometrisch mit einer Genauigkeit von 5 nm. Die Blattfeder kann mittels Methoden der Mikrostrukturierung aus Si_3N_4 hergestellt werden. Die Tastspitze, z. B. eine Pyramide aus einkristallinem Silicium, läßt sich unmittelbar integrieren.

Beim *Nichtkontaktverfahren* liegt eine dynamische Messung vor. Die Blattfeder wird parallel zur Oberfläche zu Resonanzschwingungen angeregt. Dazu sind steife Blattfedern mit hohen Eigenfrequenzen geeignet. Bei Annäherung der Meßspitze auf unter 10 nm Abstand von der Probe tritt automatisch eine Dämpfung und Phasenverschiebung der Schwingung ein. Daraus ergibt sich über die interferometrisch gemessene Auslenkung der Blattfeder die Oberflächenstruktur. Die Auslenkung kann aber auch über Lichtzeiger oder mit piezoresistiven Sonden, die in die Blattfeder integriert sind, gemessen werden.

Optische Nahfeld-Raster-Mikroskopie (*scanning nearfield optical microscopy*, SNOM). Dem *Rastertunnel-Elektronenmikroskop* am nächsten steht das *optische Rastertunnel-Mikroskop* (STM: *Scanning-Tunneling-Mikroscopy*), das auch als *Photonen-Tunnel-Mikroskop* bezeichnet wird

7.6 Optische Instrumente und Systeme

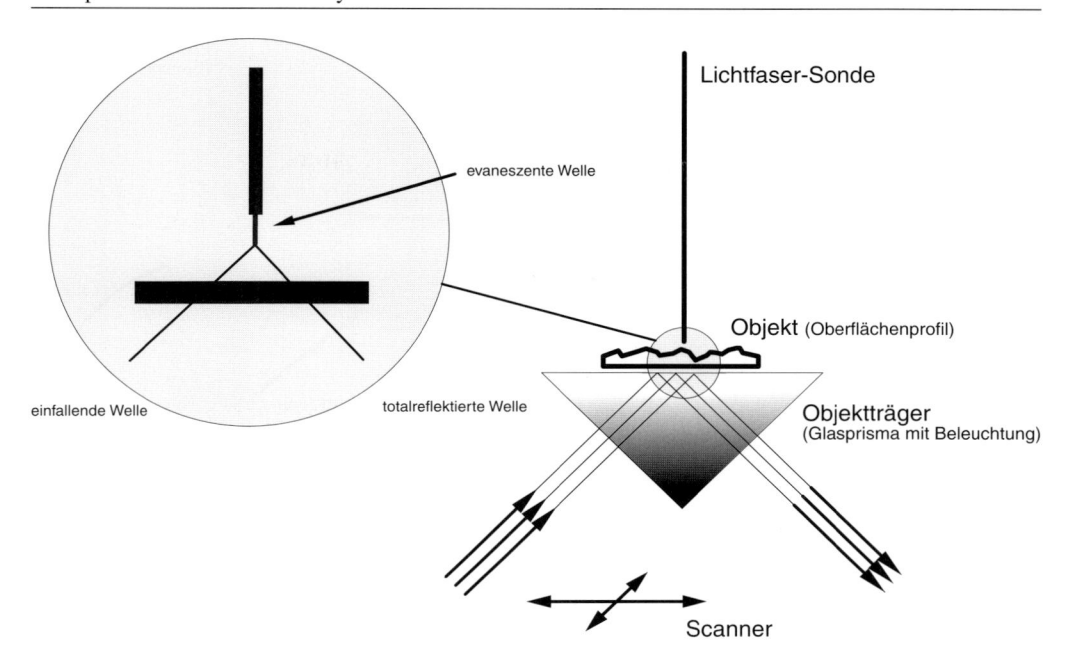

Abb. 7.64 Schema eines optischen Rastertunnel-Mikroskops (STM, PTM)

(PTM: *Photon-Tunneling-Microscopy,* Abb. 7.64). Ausgenutzt wird der Goos-Hänchen-Effekt, nach dem bei der Totalreflexion innerhalb des optisch dünnen Stoffes eine Welle längs der Grenzfläche verläuft (evaneszente Welle). Die Feldstärke der Welle wird senkrecht zur Grenzfläche exponentiell gedämpft und ist nur innerhalb einer Schicht nachweisbar, die dünner als die Wellenlänge des Lichtes ist. Eine Sonde, die in diese Schicht eintaucht, verhindert an ihrer Stelle die Totalreflexion. Sie zapft gewissermaßen die evaneszente Welle an und leitet Licht von der Probenoberfläche ab. Die abgeleitete Lichtleistung ist ein Maß für den Abstand Sonde – Oberflächenprofil. Durch das Scannen wird das Oberflächenprofil zeilenweise abgetastet.

Eine weitere Variante der optischen Nahfeld-Rastermikroskopie ist die *aperturbegrenzte optische Mikroskopie* (*aperture* SNOM, AOM: *aperture-limited optical microscopy,* Abb. 7.65). Sie zeichnet sich dadurch aus, daß mit einer sehr kleinen Austrittsfläche einer Sonde sowohl beleuchtet wie auch abgetastet werden kann. Der Abstand zwischen Sonde und Probe muß wesentlich kleiner als die Wellenlänge des Lichtes sein (einige nm).

Als *Sonde* besonders geeignet ist eine Glasfaser, die durch Ziehen in erhitztem Zustand zur Spitze geformt wird (Kerndurchmesser 100...150 nm). Die weitere Reduzierung des Durchmessers auf unter 50 nm wird durch das Aufdampfen von Metall erzielt. Im allgem. verwendet man Aluminium mit 100 nm Dicke, weil in Aluminium sichtbares Licht nur 6 nm tief eindringt.

Der konstante Abstand Sonde – Objekt von 5 bis 20 nm wird wie beim Nichtkontakt-Kraftmikroskop eingestellt. Die Faserspitze wird parallel zur Oberfläche zu Schwingungen angeregt, die durch die Wechselwirkung zwischen Sonde und Probe bei sehr kleinen Abständen gedämpft und phasenverschoben wird.

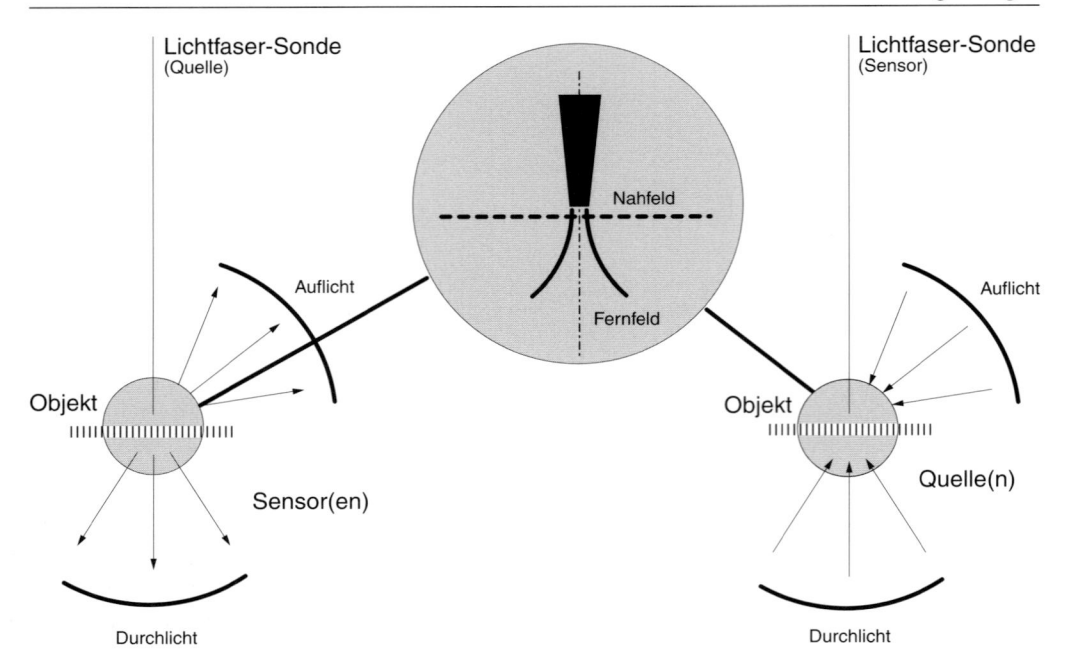

Abb. 7.65 Schema eines aperturbegrenzten optischen Rastersonden-Mikroskops (Apertur-SNOM, AOM)

Konfokales Laser-Scanning-Mikroskop (LSM, Abb. 7.66). Beim konfokalen Mikroskop befindet sich in der zur Objektebene konjugierten Ebene eine feine Lochblende (Pinhole). Dadurch wird nur die Information des jeweils fokussierten Einzelelements („Objektpunktes") registriert. Beim Abrastern („Scannen") der Objektebene erfaßt man nacheinander alle Objektelemente des Feldes. Dieses wird also digital abgebildet, wodurch die computergesteuerte Auswertung erleichtert wird. Kommerziell sind z. B. 512×512 Bildelemente (Pixel) mit einem Scanner aus zwei galvanisch angetriebenen Spiegeln realisiert.

In der Abb. 7.66 ist ein Auflichtmikroskop dargestellt, das für reflektierende und selbstleuchtende Objekte geeignet ist. Das konfokale Prinzip ermöglicht selbst bei einem unstrukturierten Objekt (Spiegel, Oberfläche einer polierten Glasplatte) eine genaue Lagebestimmung innerhalb der durch Gl. (6.87) gegebenen Schärfentiefe. Bei der Lage in der Fokusebene hat die Bildhelligkeit ihr Maximum.

Unter den selbstleuchtenden Objekten haben biologische Präparate, die selbst fluoreszieren oder durch gezielte Zusätze zur Fluoreszenz angeregt werden, eine besondere Bedeutung. In diesem inkohärenten Fall wird beim Einsatz eines Großflächensensors (Detektorarray) das gesamte beugungsbegrenzte Punktbild des Laserfokus mit den gescannten Punktbildern des Objektes gefaltet. Das hat nahezu eine Halbierung des Auflösungsvermögens, also eine Verdoppelung der Auflösung gegenüber dem klassischen Mikroskop, zur Folge (es stört lediglich noch das minimierte Signalrauschen).

Die konfokale Blende wirkt als Raumfilter, der die Informationen aus zur Objektebene parallelen Ebenen unterdrückt. Das ermöglicht die Mikroskopie in parallelen Schnitten des Objektes, wobei die Höhenverstellung motorisch erfolgt. Aus einem so gewonnenen Datensatz sind 3D-Bilder zu berechnen, deren zeitliche Veränderung ebenfalls ausgewertet werden kann.

7.6 Optische Instrumente und Systeme

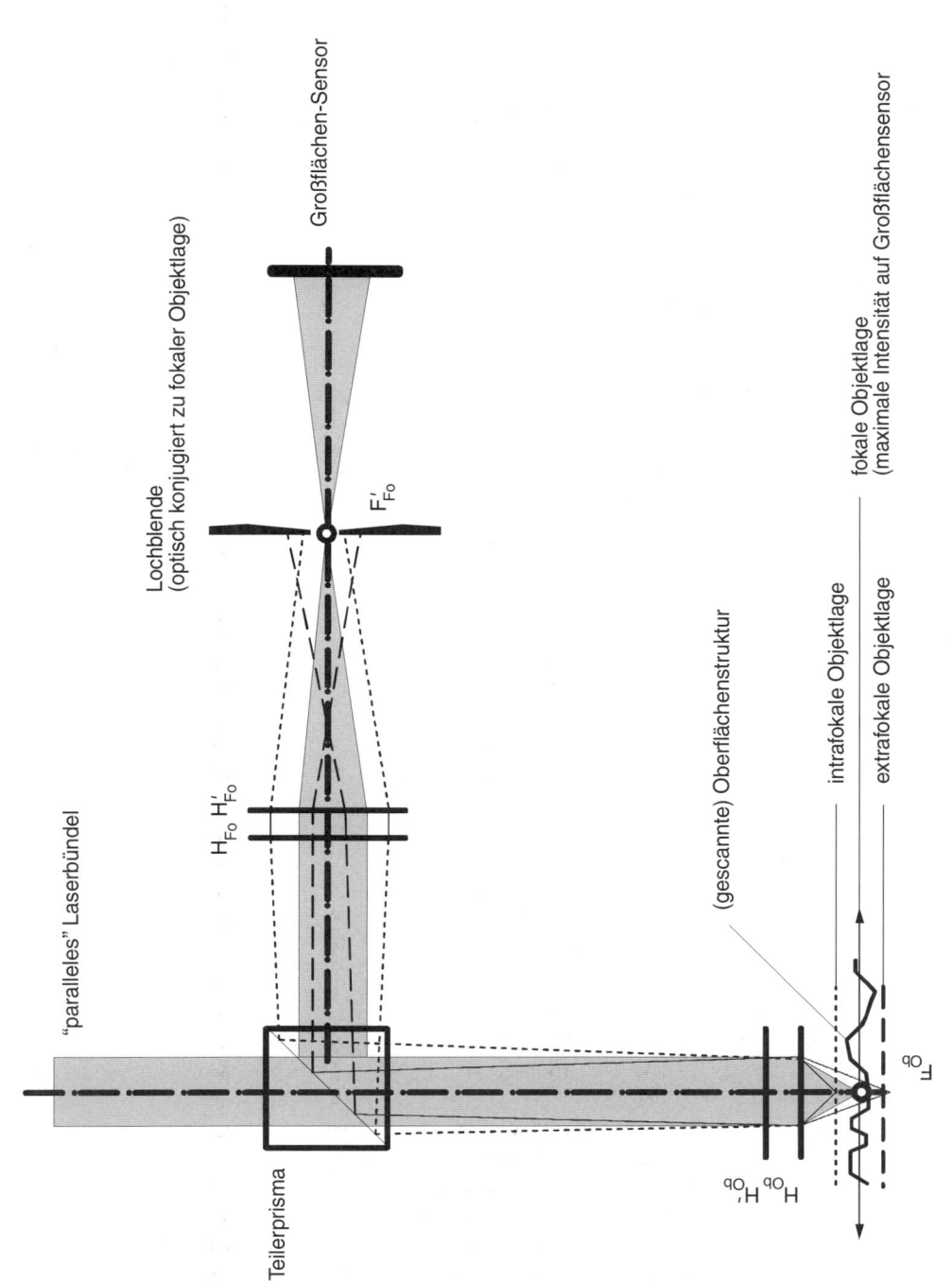

Abb. 7.66 Schema eines konfokalen Laser-Scanning-Mikroskops (LSM)

Beim konfokalen Durchlichtmikroskop sind sämtliche klassischen Verfahren anwendbar (Hellfeld-, Dunkelfeld-, Polarisations-, Phasenkontrast-Mikroskopie).

Röntgenmikroskopie. Direkt abbildende Elemente für die Röntgenoptik beruhen auf dem Prinzip der Fresnelschen Zonenplatte (Abschn. 4.4.7), der Braggschen Reflexion an Netzebenen (Abschn. 7.2.3) und der Totalreflexion an polierten sowie mit Metall überzogenen Oberflächen.

Zonenplatten sind deshalb schwierig zu realisieren, weil die Absorption der Röntgenstrahlung in den „dunklen" Ringen bei vertretbaren Dicken ungenügend ist. Trotzdem erscheinen abgewandelte Zonenplatten, die z. B. Phasenänderungen nutzen, für die Zukunft aussichtsreich.

Nach Gl. (7.14) gilt für die Beugung am Raumgitter die Braggsche Reflexionsbedingung $2d \cdot \sin\alpha = k\lambda$ ($k = 1, 2, 3, \ldots$). d ist der Netzebenenabstand, α der Glanzwinkel. Die Gleichung gilt zwar streng genommen nur, wenn die Röntgenstrahlung an der Oberfläche nicht gebrochen wird ($n_{rel} = 1$). Für $n_{rel} \neq 1$ ist in die Braggsche Bedingung ein geringfügig abgewandelter, von der Wellenlänge abhängiger wirksamer Netzebenenabstand einzusetzen.

Nach FANKUCHEN lassen sich mit einem geeignet angeschliffenen Kristall monochromatische Spaltbilder mit einer Intensitätssteigerung durch die Einschnürung des Bündels erreichen. Abb. 7.67 zeigt schematisch das Prinzip (α Glanzwinkel, η Anschliffwinkel, b und b' Bündelbreiten).

Die Abbildung eines Objektpunktes A in einen Bildpunkt A′ ist möglich, wenn ein „gebogener" Kristall verwendet wird, dessen Netzebenen den Radius r haben und an den die Radien $r/2$

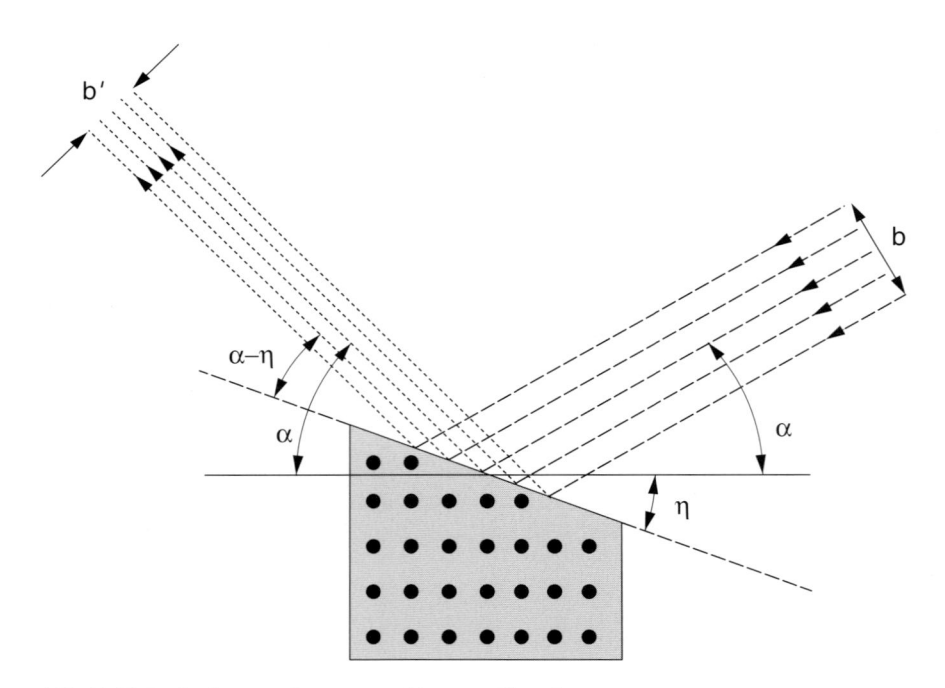

Abb. 7.67 Reflexion von Röntgenstrahlung an Netzebenen

7.6 Optische Instrumente und Systeme

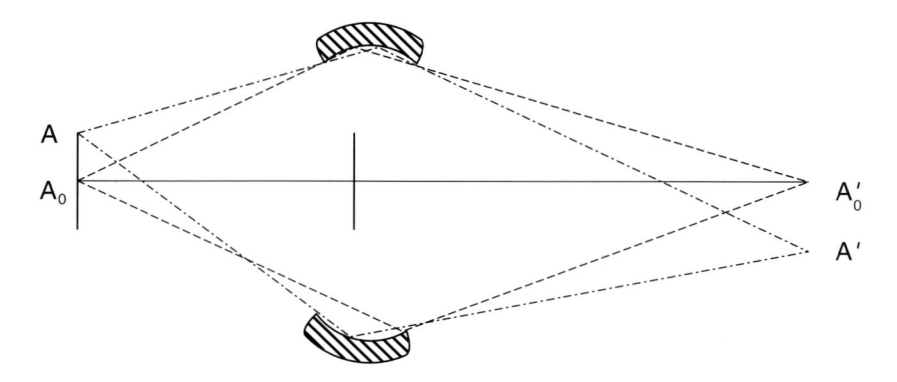

Abb. 7.68 Spiegelanordnung nach TRURNIT und HOPPE

und r_0 angeschliffen sind. Der Kristall schmiegt sich dann analog wie ein beugendes Konkavgitter dem Rowlandkreis an (Radius $r/2$). A und A' liegen auf dem Rowlandkreis ($\beta' = 1$). Abb. 7.68 enthält zwei Kristalle, die symmetrisch zur optischen Achse liegen. Die Röntgenstrahlung muß unter dem Glanzwinkel α auf die Netzebenen treffen. Die direkte Strahlung wird mittels einer Blende unterdrückt. Es bleiben dadurch nur enge, um einen Kegelmantel verteilte Bündel übrig. *Spiegelsysteme* von H. TRURNIT und W. HOPPE (Abb. 7.68), die ein ausgedehntes Objekt abbilden, sind deshalb intensitätsschwach.

Die Brechzahl für Röntgenstrahlung der meisten Stoffe gegenüber Luft oder Vakuum weicht sehr wenig von Eins ab. Man gibt im allgem. den Wert für $1 - n'$ an, der positiv ist und z. B. für Quarz bei $\lambda = 0{,}175$ nm den Betrag $11{,}189 \cdot 10^{-6}$ hat. Der Grenzwinkel der Totalreflexion ε_G liegt in der Nähe von 90°. Deshalb gilt folgende Näherungsgleichung:

$$\frac{\pi}{2} - \varepsilon_G = \sqrt{2(1 - n')}\,.$$

Im Beispiel von Quarz ist mit den obigen Daten $\varepsilon_G = 89{,}7°$. Das Nutzen der Totalreflexion für abbildende Spiegelanordnungen erfordert deshalb nahezu streifenden Einfall der Röntgenstrahlung.

KIRKPATRIK und BAER benutzten zwei gekreuzte Hohlspiegel, die mit Platin belegt waren. Derartige Spiegelanordnungen haben jedoch einen sehr starken Astigmatismus. Trotzdem erreichte man auf dieser Basis Vergrößerungen von 50- bis 100-fach.

Die mikroskopische Abbildung kleiner Flächen erfordert neben der Korrektion des Öffnungsfehlers die Erfüllung der Sinusbedingung. Theoretische Untersuchungen von SCHWARZSCHILD zeigten, daß diese Aufgabe mit nur einem Spiegel nicht zu lösen ist. H. WOLTER entwickelte deshalb 1951 in Kiel eine Anordnung aus zwei aneinandergesetzten Spiegeln, von denen der eine ein Paraboloid, der andere ein Hyperboloid darstellt (Abb. 7.69). Die Spiegeloberfläche ist mit Metall belegt. Mit Röntgenmikroskopen, die Wolter-Spiegelobjektive enthielten, konnte etwa 100-fache Vergrößerung erzielt werden. Später wurden die Spiegel besonders in der Röntgenastronomie angewendet.

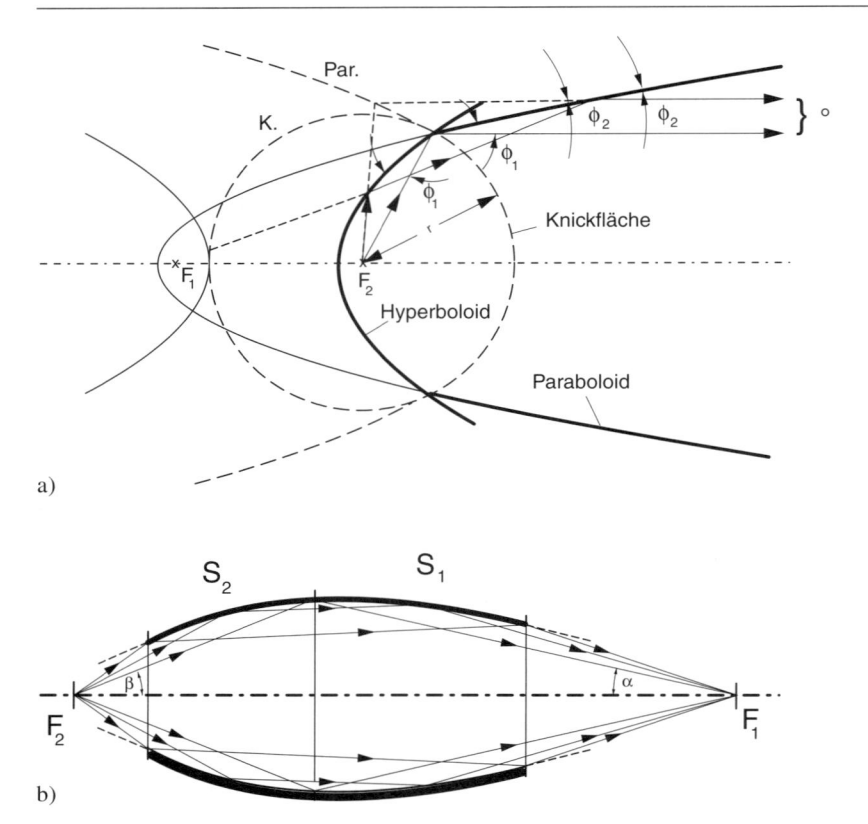

Abb. 7.69 Spiegelanordnungen für die Röntgenoptik

7.6.2 Astronomische Fernrohre

Die Entwicklung der astronomischen Fernrohre in den letzten Jahren ist vorwiegend durch drei Richtungen bestimmt, wobei die verbesserte Auflösung im Vordergrund stand.

– Bei erdgebundenen Spiegelteleskopen läßt sich die durch Störungen in der Atmosphäre verzerrte Wellenfläche mittels *adaptiver Optik* korrigieren. Darauf sind wir im Abschn. 6.3.2 eingegangen.

– Der atmosphärische Einfluß läßt sich ausschalten, wenn das Fernrohr auf einen Satelliten montiert ist (*extraterrestrische Astronomie*). Das Paradebeispiel ist das *„Space Telescope Hubble"*, das am 24.4.1990 in die Umlaufbahn in ca. 500 km Höhe um die Erde geschickt wurde (in Abschn. 6.3.2 beschrieben). Spektralgeräte und Astrokameras ergänzen das Teleskop.

Bis jetzt liegen bereits viele ausgezeichnete Aufnahmen vor, die inzwischen auch kommerziell verkauft werden. Der wissenschaftliche Nutzen ist beachtlich, zumal viele neuartige Erkenntnisse gewonnen wurden. Darauf gehen wir hier nicht ein.

Erst im Jahre 2002 konnte das Teleskop erfolgreich einer weiteren Wartung unter Austausch einzelner Baugruppen unterzogen werden. Daraus ist ersichtlich, daß extraterrestrische Teleskope für lange Zeit funktionsfähig gehalten werden können, allerdings mit beträchtlichem materiellen Aufwand.

– Eine spezielle Weiterentwicklung fand die *Röntgenastronomie* durch den Einsatz von abbildenden Spiegelsystemen im extraterrestrischen Raum. Einen Höhepunkt erreichte diese Technik mit dem Start des Röntgensatelliten ROSAT am 1.6.1990. Nach langjährigen Vorarbeiten gelang es im Betrieb Carl Zeiss asphärische Flächen mit einer Mikrorauhigkeit von 0,3 nm zu polieren. Damit war es möglich, ein Objektiv mit vier ineinander geschachtelten *Wolter-Spiegelsystemen* (Abschn. 7.6.1) aus Zerodur und mit Goldbedampfung herzustellen. Bei Röntgenteleskopen für 0,5–10 nm Wellenlänge wirkt nämlich nicht die Beugung, sondern die Mikrorauhigkeit begrenzend auf die Auflösung.

Der Röntgensatellit ROSAT enthält außerdem ein Wolter-Spiegelsystem mit 57 cm Öffnung für die Beobachtung im kurzwelligen Ultraviolett (XUV-Teleskop für $\lambda = 6$ nm – 30 nm). Inzwischen wurden mit ROSAT zahlreiche neue wissenschaftliche Erkenntnisse gewonnen. Er stellt auch die Grundlage für weiterentwickelte Röntgensatelliten dar, die teils in Vorbereitung, teils bereits realisiert sind.

Im Abschn. 6.3.2 wurde darauf hingewiesen, daß die ESO mit dem VLT (Very Large Telescope) ein weiteres Großteleskop in Vorbereitung hatte. Die Planungen dafür begannen bereits 1983. Inzwischen sind die Arbeiten beim Aufbau des Teleskops so weit fortgeschritten, daß die vollständige Inbetriebnahme aller Komponenten für das Jahr 2003 zu erwarten ist. Deshalb soll in diesem Abschnitt auf einige Aspekte umfassender eingegangen werden [86].

Der Teleskop-Komplex von 100 m × 200 m Fläche befindet sich in der chilenischen Atacama-Wüste auf dem 2635 m hohen Berg Paranal. Die 4 Spiegel aus Glaskeramik mit 8,2 m Durchmesser und 17,5 cm Dicke sind bereits montiert und teilweise getestet. 150 axiale und 78 radiale Aktuatoren auf der Rückseite der Spiegel ermöglichen die Anwendung der aktiven Optik, mit der die Flächenform zweimal je Minute so korrigiert werden kann, daß sie auf 10 nm genau eingehalten wird. Die Korrektion der durch atmosphärische Störungen beeinflußten Wellenflächen wird mittels der im Abschn. 6.3.2 beschriebenen adaptiven Optik vorgenommen.

Die Schienen, auf denen die für die interferometrische Bildauswertung notwendigen 3 Hilfsteleskope mit 1,8 m Durchmesser bewegt werden, sind ebenfalls bereits angelegt worden. Abb. 7.70a vermittelt einen Eindruck von der Anordnung, einschließlich des Interferometrie-Gebäudes, in dem sich der gemeinsame Fokus der Spiegel befindet.

Das Licht von den großen Teleskopen, die auch einzeln eingesetzt werden können, wird bei gemeinsamer Nutzung über Spiegel in den Fokus innerhalb des Interferometrie-Gebäudes gelenkt. Das Licht der Hilfsteleskope wird immer im gemeinsamen Fokus vereinigt. Sie können gemeinsam mit den großen Teleskopen oder ohne diese als Interferometersystem eingesetzt werden.

Das in allen Einzelheiten exzellent durchdachte Konzept des Teleskops ermöglicht die stark verbesserte Beobachtung lichtschwacher Objekte und eine beugungsbegrenzte hohe Winkelauflösung.

Die Fläche der Eintrittspupille ist bei punktförmigen Objekten gemäß Gl. (6.193) bestimmend für den erfaßten Lichtstrom. Bei ausgedehnten Objekten gilt diese Aussage ebenfalls. Bereits ein Spiegel mit 8,2 m Durchmesser hat mit 52 m^2 Fläche gegenüber dem (5 m)-Spiegel vom Mt. Palomar mit 19 m^2 Fläche das 2,65-fache an aufgenommenem Lichtstrom. Die vier großen Spie-

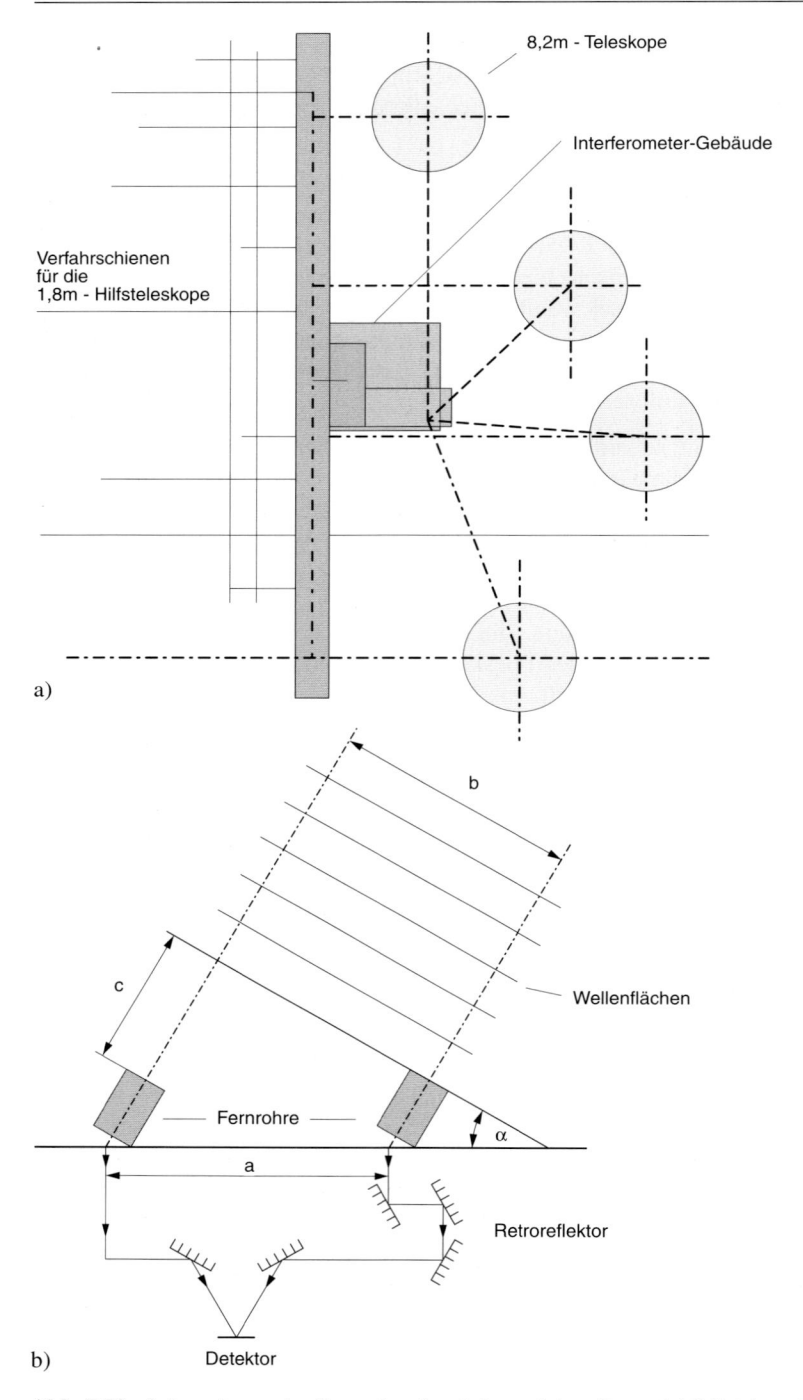

Abb. 7.70 a) Anordnung der Fernrohrspiegel des auf dem Paranal (Chile) installierten VLT-Teleskops, b) Prinzipskizze zur interferometrischen Abbildung

7.6 Optische Instrumente und Systeme

gel haben eine Fläche von über 200 m², so daß lichtschwache Objekte besser beobachtet werden können.

Die Winkelauflösung wächst nur linear mit dem Durchmesser der Eintrittspupille. Deshalb ist es für die Winkelauflösung günstig, daß die vier großen Teleskope zusammen mit den Hilfsteleskopen einen großen Abstand der Randpunkte der Gesamteintrittspupillle ermöglichen. Da die Fernrohre der relativen Himmelsbewegung nachgeführt werden müssen, ist es notwendig, die Hilfsteleskope ständig so zu verfahren, daß die günstigste Ausfüllung der gesamten möglichen Pupillenfläche gewährleistet ist.

Die höchste Winkelauflösung wird erreicht, wenn das Licht aller Teleskope in der gemeinsamen Fokusebene interferiert. Dazu muß das Licht auf dem Empfänger ausreichend kohärent sein. Die Anwendung der interferometrischen Abbildung und die Auswertung des Interferenzbildes ist eine besondere Leistung der Entwickler. Abb. 7.70b stellt das Schema für zwei Spiegel dar, mit dem die Funktion erklärt werden soll. Es läßt sich sinngemäß auf mehrere Spiegel übertragen.

Das Licht, das von den beiden Spiegeln in die Fokusebene gelangt, ist infolge der unterschiedlichen Weglängen ohne besondere Maßnahmen zeitlich inkohärent. Die optische Weglänge kann zwischen den verschiedenen Spiegeln bis zu ca. 100 m voneinander abweichen. Nach der Kohärenzbedingung (Gl. 2.158) gilt

$$\Delta L \ll \frac{\lambda_0^2}{\Delta\lambda_{0,5}}.$$

Um sie zu erfüllen muß mittels der Verzögerungsstrecken (Abb. 7.70b) die optische Weglänge angepaßt werden. Dabei ist eine hochpräzise Nachstellung der Verzögerungsstrecken notwendig, weil die Objekte am Himmel wandern, wodurch sich die Wegdifferenzen ständig ändern.

Bei einem punktförmigen Objekt entsteht durch die Überlagerung der Punktbildfunktionen ein einfaches Interferenzmuster. Bei einem ausgedehnten Objekt ergibt sich die Bildstrahldichte $B'_e(x', y')$ aus der Faltung der Objektstrahldichte $B_e(x'_0, y'_0)$ mit der Punktbildfunktion $G(x' - x'_0, y' - y'_0)$. (Analog zur Gl. (4.415), die für eindimensionale Objekte abgeleitet wurde.) Bei zweidimensionalen Objekten gilt

$$\tilde{B}'(R_x, R_y) = \tilde{B}(R_x, R_y)\,\tilde{G}(R_x, R_y).$$

R_x und R_y sind Ortsfrequenzen entsprechend der Definition in Abschn. 4.4.5. (Nähere Ausführungen dazu sind [19] zu entnehmen.) Anstelle der kartesischen Koordinaten können die Winkelkoordinaten an der Himmelssphäre verwendet werden.

Es ist also möglich, aus der Bildfunktion in der Fokalebene die Objektfunktion zu berechnen und damit die ausgedehnten Objekte abzubilden. Im optischen und im nahen Infrarotbereich ist innerhalb eines Feldes von 1 Bogensekunde eine Winkelauflösung von 10^{-3} Bogensekunden zu erreichen.

Ebenfalls nach dem Prinzip der interferometrischen Abbildung arbeiten zwei 10 m Teleskope auf dem Vulkanberg Mauna Kea in Hawaii. Dadurch entspricht die Winkelauflösung derjenigen eines 85 m Fernrohrs.

7.6.3 Optische Systeme

Varioobjektive. Die bei Innenbildmessung der Belichtung wegfallende Bedingung nach Erhalt der Blendenzahl bei der Variation der Brennweite brachte bessere Voraussetzungen für die Korrektion mit sich. Dadurch ist eine Vielfalt an Objektiven mit relativ großem Variofaktor und ausreichendem Öffnungsverhältnis entwickelt worden, die die erforderliche Bildgüte gewährleisten.

Zu den neueren Kleinbild-Objektiven gehört das von TAMRON entwickelte sogen. Mini-Megazoom mit dem Brennweitenbereich 28 mm – 200 mm und der minimalen Blendenzahl 3,8–5,6, das an einer bestimmten Kamera eine Masse von 354 g und die Länge 75,2 mm – 126,2 mm aufweist. Von den 15 darin angeordneten Linsen sind drei asphärisch und zwei aus speziellen Gläsern mit geringer Dispersion (großer Abbescher Zahl) und relativ geringer Brechzahl. Die asphärischen Linsen bestehen aus einem sphärischen Grundkörper aus Glas und einem dünnen asphärischen Plastauftrag aus Polykarbonaten. Es könnte den Vorgängertyp ablösen, der im wesentlichen dieselben optischen Daten, aber eine Masse von 465 g und die minimale Länge 82 mm hat. Die Firma Tamron und weitere Firmen bieten auch Varioobjektive mit dem Brennweitenbereich 28 mm – 300 mm und der minimalen Blendenzahl 3,5–6,3 an, die analog aufgebaut sind.

Allgemein ist festzustellen, daß eine breite Palette an Varioobjektiven mit unterschiedlichen Brennweitenbereichen existiert, die eine gute Bildqualität für die spezifischen Anwendungsfälle haben. Dazu muß auf die Firmenkataloge verwiesen werden.

Fotolithografische Objektive. Im Abschn. 6.5.10 wurde bereits darauf hingewiesen, daß die Entwicklung der Fotolithografie zu immer kleineren Strukturbreiten den Übergang zu kleineren Wellenlängen erfordert. Abb. 6.139c enthält das Schnittbild eines Versuchsobjektivs für den ultravioletten Bereich. Die darin gezeigte Linsenanordnung wird wohl auch in Zukunft grundsätzlich weiterverwendet werden. Die gegenwärtig gefertigten Objektive für die Wellenlänge $\lambda = 248$ nm haben eine Masse bis zu 250 kg und eine Länge von ca. 1 m. Das Auflösungsvermögen konnte von der ursprünglich angenommenen Grenze 500 nm auf 130 nm gesenkt werden. Zur Zeit wird die Fotolithografie mit der Wellenlänge $\lambda = 193$ nm vorbereitet. Diese Fortschritte sind eng verbunden mit der Weiterentwicklung der benötigten Einkristalle aus Calciumfluorid und synthetischem Quarz. Mit einem langsamen Wachstum der Kristalle (z. B. acht Wochen) ist es möglich, Einkristalle mit etwa 100 kg Masse, 350 mm Scheibendurchmesser und 150 mm Scheibendicke zu züchten. In Zukunft soll die EUV-Lithografie mit Excimer-Lasern bei $\lambda = 157$ nm zur Anwendung kommen.

7.6.4 Ansatz optischer Systeme

Ansatz optischer Systeme. Bei der Auswahl eines optischen Systems für eine vorgegebene Abbildung oder für die Weiter- und Neuentwicklung spielt eine Vielzahl an Gesichtspunkten eine Rolle. Deshalb lassen sich auch keine allgemeingültigen Regeln aufstellen.

Für den Anwender optischer Systeme wird es normalerweise darum gehen, aus einem kommerziellen Angebot ein System auszuwählen, das die Anforderungen erfüllt. Dabei kann es notwendig sein, zwei oder mehrere Systeme miteinander zu kombinieren. Genaue Angaben über die

Bildgüte sind den Katalogen der Hersteller im allgemeinen nicht zu entnehmen; sie wären aber auch für den Nichtspezialisten schwer zu interpretieren. Der Anwender muß sich darauf verlassen, daß bestimmte Grundtypen Mindestforderungen bezüglich der Bildgüte erfüllen. Außerdem ist die experimentelle Erprobung unerläßlich.

Bei der Auswahl eines optischen Systems sind zunächst unabhängig von der Bildgüte Kennzahlen von Bedeutung, die geometrische Verhältnisse und lichttechnische Eigenschaften bestimmen. Die Beleuchtungsstärke in der Bildebene hängt bei unendlicher Objektweite quadratisch vom Kehrwert der Blendenzahl k, bei endlicher Objektweite quadratisch von der bildseitigen (und damit auch von der objektseitigen) numerischen Apertur A' ab ($E' \sim 1/k^2$ bzw. $E' \sim A'^2$). Systeme mit großer Öffnung sind aber nur mit großem Aufwand zu korrigieren und bei hohen Forderungen an die Bildgüte aus vielen Linsen aufgebaut. Die obere Grenze der Öffnung liegt bei erfüllter Sinusbedingung bei der Blendenzahl $k = 0{,}5$, bzw. der objektseitigen numerischen Apertur $A = 1$ (mit Immersion $A \approx 1{,}6$). Da auch die Abbildungstiefe mit größerer Öffnung abnimmt, ist bei solchen Systemen eine sehr ebene Auffangebene erforderlich. Andererseits wird bei sehr kleinen Öffnungen die Bildgüte durch die Beugung begrenzt.

Die *Feldgröße* ist eine zweite Kennzahl der optischen Systeme, die für den Anwender wichtig ist. Sie wird durch den Objekt- bzw. Bildwinkel oder durch die Feldzahl quantifiziert. Oft interessiert jedoch einfach die mögliche Größe des Bildfeldes, die sich aus dem Bildwinkel, der Bildweite und der Brennweite ergibt. Auch bezüglich des Feldes gilt, daß extreme Werte hohen Aufwand erfordern. Vor allem sind dann keine verzeichnungsfreien Abbildungen möglich, und die Öffnung ist eingeschränkt. Weiter ist zu beachten, daß die Beleuchtungsstärke wegen der natürlichen und künstlichen Vignettierung (Randabschattung) im Feld nach außen abnimmt.

Die *Brennweite* ist eine Kennzahl, die neben dem Bildfelddurchmesser (bei gegebenen Bildwinkel) entscheidend für die paraxiale Bildgröße y' (bei unendlicher Objektweite) bzw. den Abbildungsmaßstab β' ist.

Häufig ist die optische Baulänge in gewissen Grenzen vorgegeben. Bei unendlicher Objektweite verstehen wir darunter den Abstand der Bildebene von der objektseitigen Hauptebene, bei endlicher Objektweite den Abstand der Bildebene von der Objektebene.

Ein wesentlich von Eins abweichendes Verhältnis aus bildseitiger Schnittweite und Brennweite (zum Platzgewinn hinter dem System bei $s' \gg f'$, zur Baulängenverkürzung bei $s' \ll f'$) läßt sich nur mit zwei- oder mehrgliedrigen Systemen erreichen. Hinweise dazu sind im Abschn. 6.4.2 enthalten.

Paraxialer Ansatz. Einige Beispiele sollen die Vorgehensweise beim paraxialen Ansatz optischer Systeme verdeutlichen. Wir beginnen mit der *eingliedrigen Abbildung*, die entweder mit einer Einzellinse oder einem als nichttrennbare Baugruppe gegebenen optischen System realisierbar ist (z. B. einem Objektiv). Die optische Baulänge beträgt (Abb. 7.71)

$$L_{opt} = f' + i \; (a = -\infty) \quad \text{bzw.} \quad L_{opt} = -a + a' + i \; (a \neq -\infty) \tag{7.82a, b}$$

Nach Gl. (4.56b, c, d) ist

$$\beta' = \frac{a'}{a}, \quad a = f'\left(\frac{1}{\beta'} - 1\right), \quad a' = f'(1 - \beta').$$

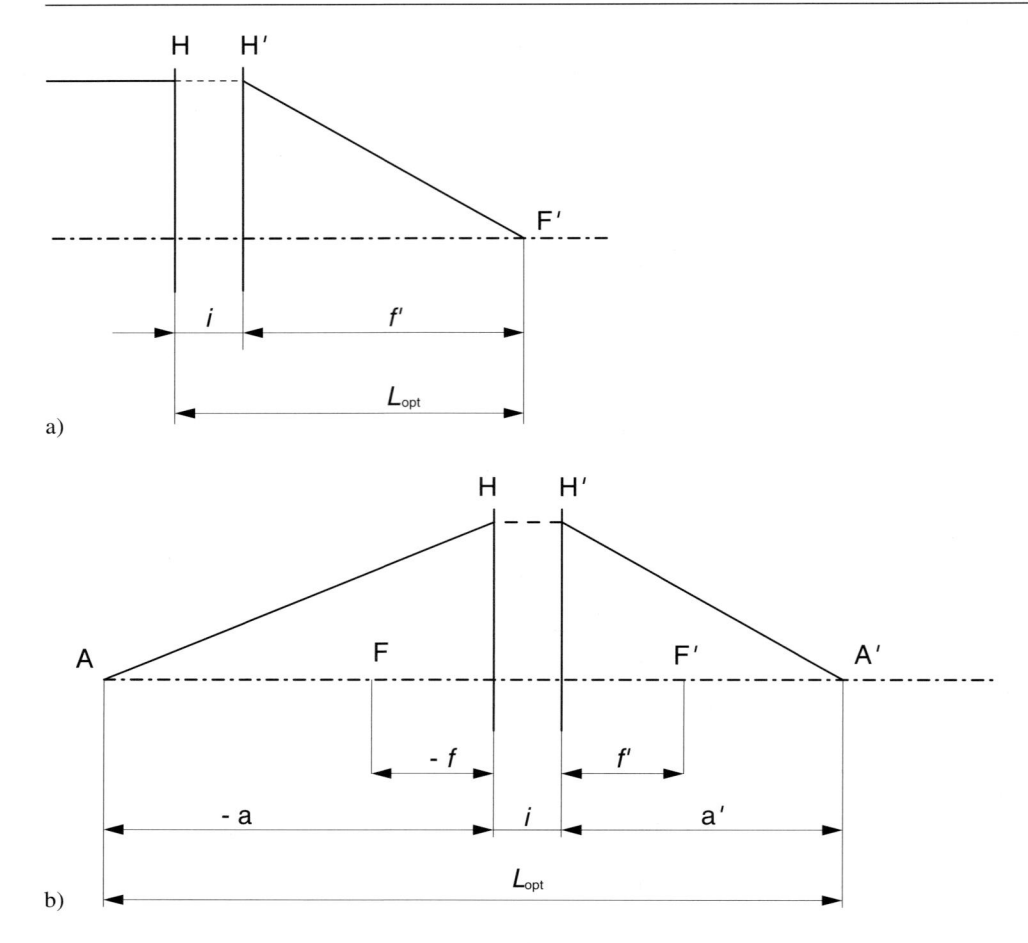

Abb. 7.71 Optische Baulänge bei der eingliedrigen optischen Abbildung, a) Objektweite unendlich, b) Objektweite endlich

Damit ergibt sich aus Gl. (7.82)

$$f' = \frac{L_{opt} - i}{2 - \beta' - \frac{1}{\beta'}}. \tag{7.83}$$

Ist die Hauptpunktspanne i bekannt (oft ist sie klein gegen L_{opt}), dann läßt sich aus Gl. (7.83) für ein vorgegebenes β' die Brennweite des optischen Systems berechnen. Abb. 7.72 zeigt, daß die minimale Baulänge bei $\beta' = \pm 1$ vorliegt und bei vorgegebenem β' eine größere Brennweite des Systems auch eine größere optische Baulänge mit sich bringt.

Eine Einzellinse kann verwendet werden, wenn der Farbfehler nicht stört. Außerdem ergibt sie je nach Form nur bei Abbildungen mit kleinem Bildfeld oder mit kleiner Öffnung ausreichende Bildgüte.

7.6 Optische Instrumente und Systeme

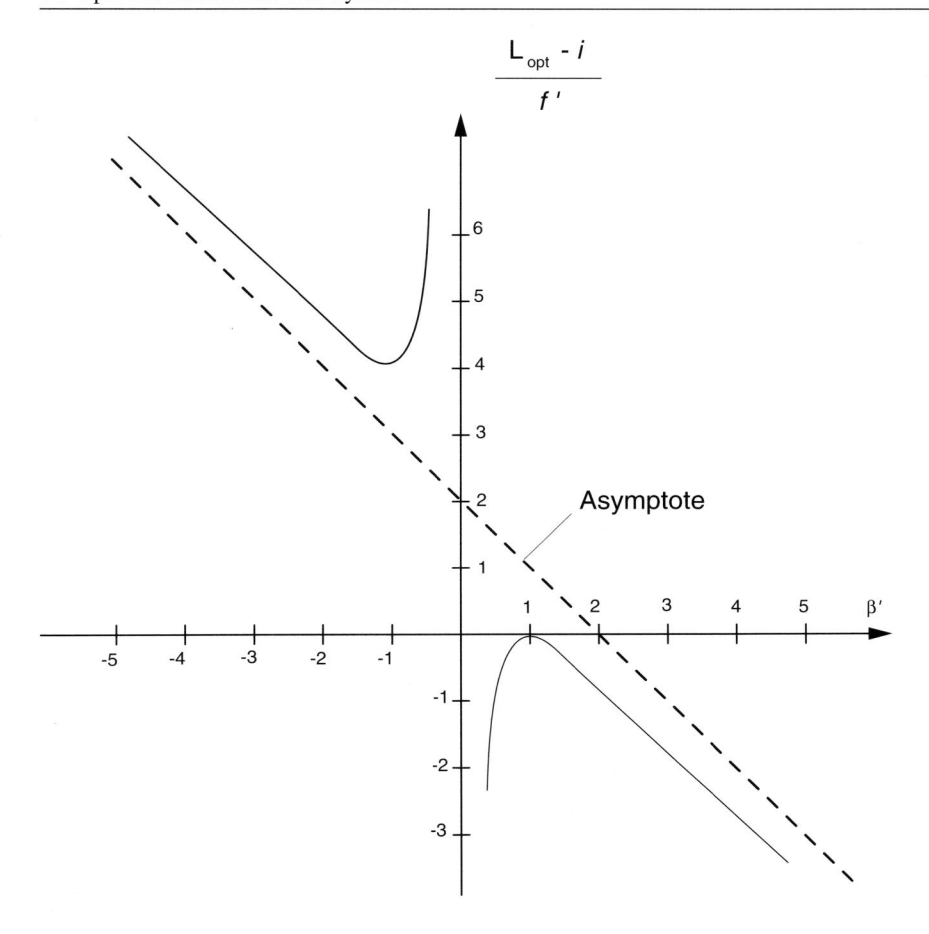

Abb. 7.72 Optische Baulänge L_{opt} als Funktion des Abbildungsmaßstabes β'

Kleine Felder. Bei kleinen Feldern ist stets die stärker gekrümmte Fläche einer Sammellinse der größeren Schnittweite zuzukehren (kleiner Öffnungsfehler und kleine Koma, Abschn. 6.5.2.). Das günstigste Radienverhältnis bei $n = 1,5$ und $n = 2$ ist in Abb. 7.73 als Funktion der reduzierten Dicke angegeben (bei $s = -\infty$). Eine Linse der Brennweite $f' = 100$ mm mit dem Öffnungsfehler-Minimum ist z. B. ab Blendenzahl $k = 5$ (also mit ca. 20 mm freiem Durchmesser) bereits gut verwendbar, ab Blendenzahl $k = 10$ stört fast ausschließlich die Beugung. Das Bildfeld muß auf einige Grad eingeschränkt sein.

Große Felder. Bei großen Feldern ist es erforderlich, eine zusätzliche Blende vorzusehen, die als Öffnungsblende wirkt und die Blendenzahl auf ca. $k = 10\ldots15$ festlegt. Bei großer Objektweite ($s = -\infty$) eignen sich eine Plankonvexlinse mit Vorderblende und ein Meniskus mit Hinterblende. Tab. 7.2 enthält je ein Beispiel.

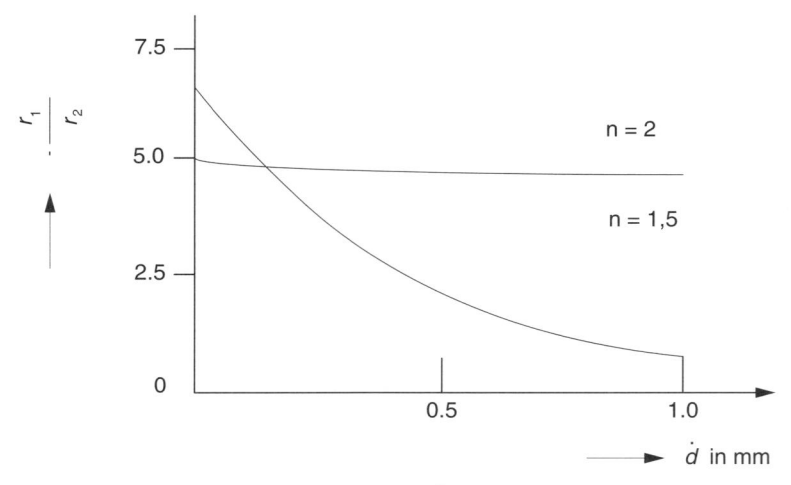

Abb. 7.73 Radienverhältnis für minimalen Öffnungsfehler als Funktion der reduzierten Dicke $\dot{d} = d/n$

Tabelle 7.2 Daten von zwei Einzellinsen, die sich für größere Felder eignen (alle Größen in mm)

Daten	Plankonvexlinse	Meniskus
f'	50	100
d	5	10,5
r_1	∞	22,22
r_2	25	33,7
a_{1H}	3,33	−10,39
$a'_{2H'}$	0	−15,75
s_{p1}	−13,33	22,22
s'_{p2}	−25	8,84

Achromate sind einzusetzen, wenn die Farblängsfehler-Korrektion benötigt wird. Häufig ist dann auch die Bildgüte für größere Öffnungen gesichert. Es eignen sich einfache Fotoobjektive und Fernrohrobjektive sowie die manchmal als lose Optik angebotenen optischen Systeme aus Geräten (Geräteoptik). Dabei ist zu beachten, daß die volle Bildgüte nur für die vorgesehene Objektweite erreicht wird. Fotoobjektive sind i. allgem. für große Objektfelder korrigiert, Fernrohr- und Mikroobjektive für kleine Objektfelder. Die Objektebene liegt bei Foto- und Fernrohrobjektiven im allgemeinen im Unendlichen, bei Mikroobjektiven in der Mehrzahl der Fälle 45 mm vor der Anschraubfläche.

Für den Gebrauch der optischen Systeme ist noch die Kenntnis nützlich, daß sie auch umgekehrt verwendet werden können, wenn z. B. eine unendliche Bildweite benötigt wird. So eignet sich ein Fotoobjektiv in umgekehrter Lage bei großer Bildweite als Projektionsobjektiv.

7.6 Optische Instrumente und Systeme

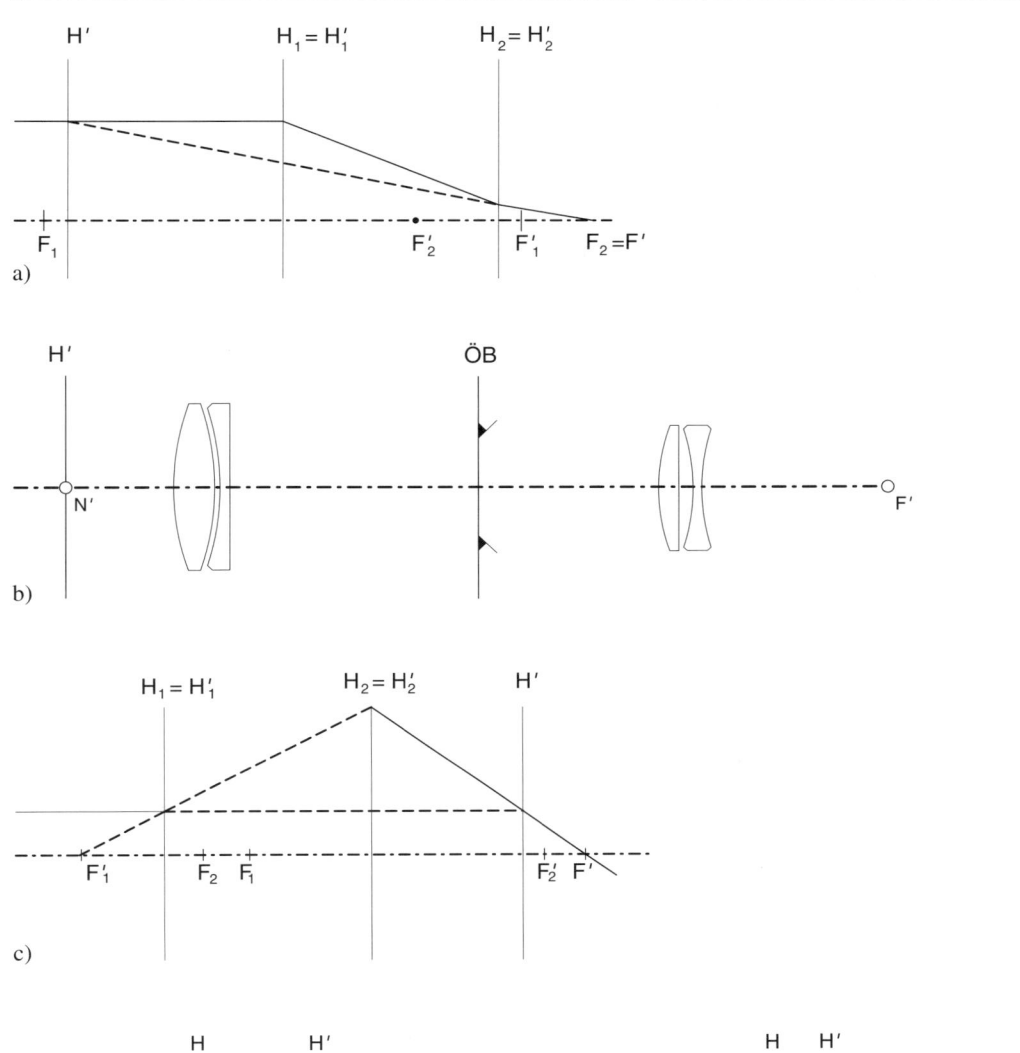

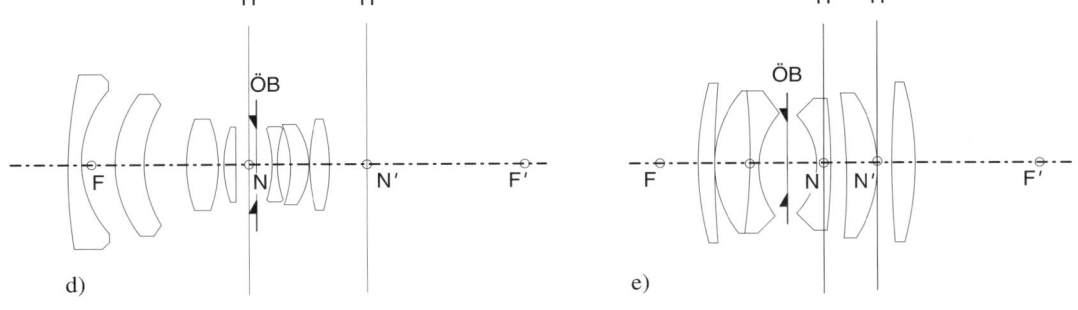

Abb. 7.74 Zweigliedriges optisches System, a) kurzer Baulänge, b) Ausführungsbeispiel (Teleobjektiv), c) großer Bildschnittweite, d) Ausführungsbeispiel (Weitwinkelobjektiv), e) Lage von Haupt- und Brennpunkten beim Standardobjektiv zum Vergleich

Zweigliedrige Abbildung. Eine zweigliedrige Abbildung mit zwei Einzellinsen oder korrigierten Linsensystemen ist anzuwenden, wenn entweder spezielle Lagen der Haupt- und Brennpunkte gefordert sind oder die Brennweite eines optischen Systems abgewandelt werden soll. Abb. 6.89 und Abb. 6.90 demonstrieren die beiden wichtigsten Beispiele der Verlagerung des bildseitigen Hauptpunktes nach der Objektseite hin (kurze Baulänge, trotz großer Brennweite, angewendet beim Teleobjektiv) und nach der Bildseite hin (große Bildschnittweite, trotz kleiner Brennweite, angewendet beim Retrofokusobjektiv, bzw. Weitwinkelobjektiv für Spiegelreflexkameras). Es ist auch möglich, durch Einsetzen eines zweigliedrigen optischen Systems in den Strahlengang eines Gerätes den Abbildungsmaßstab bei Erhalt der Bildebene zu ändern oder das Bild an eine andere Stelle zu verlagern [20].

Ein Beispiel für die Vergrößerung der Brennweite mittels Zusatzsystem ist der *Konverter*, der hinter das Fotoobjektiv gesetzt wird. Der Konverter ist ein zerstreuendes System, so daß die Kombination mit dem sammelnden Fotoobjektiv wie ein Teleobjektiv wirkt [20].

Ansatz für die Synthese. Der Ansatz eines optischen Systems wird auch als Voraussetzung für die Neu- und Weiterentwicklung benötigt. In diesem Fall geht es um die Bereitstellung eines *Startsystems* mit günstigen Voraussetzungen für die Korrektion, bei der die geforderte Bildgüte unter Einhaltung der konstruktiven und technologischen Randbedingungen zu erreichen ist. Der paraxiale Ansatz ist als Vorstufe zum eigentlichen Ansatz des Startsystems anzusehen. Es gibt drei Möglichkeiten des Ansatzes:

– die Auswahl eines Systems aus einem Speicher, in dem bereits bewährte analoge Systeme enthalten sind (z. B. innerbetriebliches Archiv, Patentschriften, Veröffentlichungen),
– den Ansatz aus dicken Linsen mit speziellen Eigenschaften, der jedoch nur begrenzt gangbar ist (z. B. Aufbau eines Kondensors aus aplanatischen Menisken und Plankonvexlinsen, spezielle asphärische Linsen),
– den Ansatz aus dünnen Linsen ($d = 0$), bei dem Gleichungen für das paraxiale Gebiet und Näherungsgleichungen für einzelne Abbildungsfehler genutzt werden (z. B. Brechkraftgleichungen, Dichromasiebedingung). Natürlich können außer Linsen auch Spiegel und andere abbildende Elemente einbezogen werden.

Der Einsatz eines Vorbildsystems ist der in der Industrie am meisten beschrittene Weg. Einfache Beispiele für den Ansatz aus dicken Linsen haben wir bereits mit den Angaben zu Einzellinsen für kleine und große Felder genannt.

7.6.5 Korrektion optischer Systeme

Im Abschn. 6.5.10 haben wir bereits einen kurzen Hinweis auf die Korrektion optischer Systeme gegeben, auf die wir noch etwas genauer eingehen wollen. Mit dem Ansatz eines optischen Systems wird eine Grundstruktur ausgewählt, die günstige Voraussetzungen für die weitere *Optimierung* bietet. Sie wird deshalb als *Startsystem* für den Korrektionsprozeß bezeichnet.

> Die Korrektion optischer Systeme stellt die schrittweise Abwandlung der *Strukturparameter* (Radien, Dicken, Abstände und eventuell der Werkstoffe) dar, mit der die ausreichende Annäherung an die Bildgüte gewährleistet wird (iterativer Prozeß).

7.6 Optische Instrumente und Systeme

Da kein geeigneter analytischer Zusammenhang zwischen den Bild- und Objektraumgrößen hergestellt werden kann und sich die Änderung der Strukturparameter ganz unterschiedlich auf die einzelnen Abbildungsfehler auswirkt, ist die Korrektion eines optischen Systems ein langwieriger iterativer Prozeß. Innerhalb dieses Prozesses sind nach jeder Abwandlung die erneute Bewertung des optischen Systems vorzunehmen und daraus die weiteren Korrektionsschritte abzuleiten. Bis zur Einführung leistungsfähiger elektronischer Rechenanlagen wurden die Korrektion und die Bewertung nebeneinander ausgeführt.

Für die Bewertung und Korrektion ist in jedem Fall die Durchrechnung von Lichtstrahlen erforderlich (auch „ray tracing" genannt), die von den Objektpunkten ausgehen. Bereits diese Aufgabe kann sehr aufwendig sein. Bei einem Fotoobjektiv könnten z. B. für eine Struktur Paraxialstrahlen für drei Farben, achsparallele Meridionalstrahlen für drei Einfallshöhen und drei Farben, Hauptstrahlen für drei Bildhöhen, dazu jeweils die hauptstrahlnahen Meridional- und Sagittalstrahlen und je vier parallel dazu verlaufende Meridionalstrahlen sowie eventuell noch je vier windschiefe Strahlen notwendig sein.

Für die Ableitung der nächsten Korrektionsschritte wird jedoch der Einfluß der Parameteränderungen auf den Strahlenverlauf benötigt. Deshalb müssen die Strahlen nach Abwandlung jeweils eines Strukturparameters erneut durchgerechnet werden. Das sind bei einem System aus sechs freistehenden Linsen 12 Radien, 6 Linsendicken, 5 Luftabstände und eventuell noch die Variation der Blendenlage. Insgesamt sind also für das Anlegen einer Variationstabelle, die den Einfluß der Parameteränderungen auf den Strahlenverlauf, bzw. die Längs- und Querabweichungen enthält, über 1000 Strahlen durchzurechnen.

Früher mußte der Optik-Konstrukteur aufgrund der Variationstabelle entscheiden, wie das optische System abzuwandeln ist. Eine erneute Strahldurchrechnung schloß sich an, um den Erfolg beurteilen zu können. Dieser Prozeß setzte sich fort, wobei nach einer Serie von Abwandlungen zunächst erneut eine Variationstabelle anzulegen war. Bewertet wurde vorwiegend nach den Längs- und Querabweichungen der Abbildungsfehler und nur ausnahmsweise nach wellenoptischen Gütekriterien. Es ist verständlich, daß bei der Anwendung von Logarithmentafeln oder auch noch von elektromechanischen oder elektronischen Tischrechnern viele Optik-Rechner eingesetzt waren und die Entwicklungszeit eines Objektivs Jahre betrug.

Die Optik-Entwicklung hat sich deshalb durch den Einsatz von elektronischen Rechenanlagen mit großer Rechengeschwindigkeit und hoher Speicherkapazität stark verändert. In vielen Fällen sind bereits Personalcomputer ausreichend, für die es kommerzielle Rechenprogramme zur Korrektion optischer Systeme gibt. Den Rechenanlagen kann innerhalb größerer Korrektionsschritte die Strahldurchrechnung und Bewertung des optischen Systems sowie die Entscheidung über die erforderliche Abwandlung übertragen werden. In den Programmen zu der sogen. *automatischen Korrektion* sind die mathematischen Methoden der *nichtlinearen Optimierung* angewendet worden [20]. Dadurch ist auch die Bewertung nach physikalisch begründeten wellenoptischen Gütekriterien innerhalb des Korrektionsprozesses möglich geworden. Es werden vorwiegend Näherungsgleichungen für die Definitionshelligkeit und die optische Übertragungsfunktion angesetzt [19]. Sie stellen eine Reihenentwicklung der Variation der Strukturparameter nach gewichteten Quadratsummen der Fehler dar.

Der Optik-Konstrukteur kann sich damit stärker auf die weitere Entwicklung von geeigneten Startsystemen und auf Eingriffe in die automatische Korrektion konzentrieren, wenn die Rechenanlage nicht weiterkommt. Seit einiger Zeit wird dieses Vorgehen noch gefördert durch die Anwendung des Terminal- und Dialogbetriebs mit Arbeitsplatzrechnern. Erst mit der automatischen Korrektion, die eine Form der rechnergestützten Konstruktion (*computer aided design*, abgekürzt CAD) darstellt, war die Entwicklung der modernen Hochleistungsoptik möglich (beugungsbegrenzte optische Systeme für größere Felder, z. B. für die Fotolithografie und die Mikroskopie, vielinsige Variosysteme, Luftbildobjektive hoher Auflösung u. a.).

Der Einsatz leistungsfähiger elektronischer Rechenanlagen zur automatischen Korrektion bewirkt im wesentlichen folgende Effekte:

- Die Entwicklungszeit wird verkürzt, es steigt die Produktivität der geistigen Arbeit.
- Die Korrektion der optischen Systeme ist physisch und psychisch weniger anstrengend. (bessere Arbeitsbedingungen).
- Der Automatisierungsgrad von Routineprozessen wird größer (Zeitgewinn für schöpferische Arbeit).
- Die Qualität der optischen Systeme kann gesteigert werden, und es sind neue Entwicklungen möglich. Dadurch ergeben sich neue Forderungen an die Werkstoffe, die Fertigung und an die feinmechanische Konstruktion (z. B. der Fassungen, der Justierung usw.).

Diese Probleme sind zwar teilweise Aufgaben der technischen Wissenschaften, sie stellen jedoch auch neue Ansprüche an die physikalische Forschung in Teilbereichen. Schließlich sei noch darauf hingewiesen, daß heute für die Entwicklung optischer Systeme der Begriff „Optik-Design" geprägt und der Optik-Konstrukteur als „Optik-Designer" bezeichnet wird, obwohl es sich bei der Optimierung optischer Systeme nicht nur um die Gestaltung der äußeren Form handelt.

7.6.6 Bewertung optischer Systeme

Die in den optischen Systemen und Geräten eingesetzten optischen Systeme müssen spezifische Forderungen bezüglich ihrer *Bildgüte* erfüllen. Diese ist bei der Synthese der optischen Systeme theoretisch zu erreichen und bei der Fertigung praktisch zu sichern. Die Synthese wird mittels der elektronischen Rechentechnik vorgenommen. In diesem Entwicklungsprozeß muß ständig der aktuelle Stand der Bildgüte bestimmt werden. Die gefertigten optischen Systeme werden hinsichtlich der Einhaltung der Bildgüte geprüft.

In beiden Fällen ist die Analyse der Abbildungseigenschaften und der Vergleich mit geforderten Abbildungseigenschaften erforderlich. Die Lösung dieser Aufgabe bezeichnen wir als *Bewertung optischer Systeme*, die also ein rechen- oder meßtechnischer Prozeß sein kann. Die geforderten Abbildungseigenschaften hängen von der Art der abzubildenden Objekte, vom Empfänger und der Strahlungsquelle ab.

Als Beispiel betrachten wir die Abbildung zweier dicht benachbarter Sterne gleicher scheinbarer Lichtstärke (z. B. einen Doppelstern aus zwei gleich hellen Sternen). Das Fernrohrobjektiv soll es ermöglichen, die beiden Sterne aufzulösen, also sollen im Zwischenbild (bei Betrachtung durch das Okular) zwei unterscheidbare Bilder der Sterne entstehen. Durch die Beugung an der freien Objektivöffnung ergeben sich aber im Zwischenbild zwei Beugungsfiguren, die sich inkohärent, also bezüglich ihrer Intensitäten, überlagern (Abb. 4.178). Im Abschn. 4.4.1. wurde bereits gezeigt, daß die Zentren der Beugungsbilder einen Mindestabstand nach Gl. (4.339) haben müssen, wenn die zugehörigen Objektpunkte aufgelöst werden sollen.

Gl. (4.339) gilt nur für beugungsbegrenzte Systeme. Bei Anwesenheit von Wellenaberrationen wird das Auflösungsvermögen verschlechtert (d. h. der auflösbare Abstand r' vergrößert), so daß es eine Möglichkeit für die Bewertung der Bildgüte darstellt. Das Auflösungsvermögen ist bestimmend für die Schärfe eines Bildes, es ist eine *Bildqualität*.

> Grundlage für die Bestimmung des Auflösungsvermögens ist die normierte beugungsbedingte und durch Wellenaberrationen beeinflußte Intensitätsverteilung im Bild eines Punktes (Abbn. 2.102, 2.103 für ein beugungsbegrenztes System, Abb. 4.186 für ein aberrationsbehaftetes optisches System), die sogen. *Punktbildfunktion*. Diese ist eine *Gütefunktion*.

Durch das Anwenden der Vorschrift „die Einsattelung zwischen zwei Punktbildfunktionen soll 73 % des Maximums betragen" erhalten wir den Zahlenwert für das Auflösungsvermögen (*Gütezahl*).

> Die Vorschrift, die auf die Gütefunktion angewendet wird, um Gütezahlen zu erhalten, nennen wir *Gütekriterium*.

Im allgemeinen sind nicht nur einzelne Objektpunkte abzubilden. Deshalb gibt es noch andere für die Bildgüte bestimmende Bildqualitäten. Die wesentlichen sind außer dem Auflösungsvermögen die *Kontrasttreue* und die *Abbildungstreue*. Die Kontrasttreue hängt mit der Übereinstimmung von Bild- und Objektkontrast, die Abbildungstreue von der Übereinstimmung der geometrischen und lichttechnischen Relationen in Bild und Objekt ab.

Bei der fotografischen Abbildung hat das Auflösungsvermögen Bezug zur allgemeinen Bildschärfe, die Kontrasttreue zur Brillanz bzw. Flauheit des Bildes sowie die Abbildungstreue zur Schärfe und Form von Kanten. Entsprechend sind zur Erfassung der Bildgüte verschiedene Gütefunktionen und -kriterien sowie mehrere Gütezahlen erforderlich.

Es sei noch vermerkt, daß bei der subjektiven Beurteilung eines Bildes an die Stelle der Bildgüte der *Bildeindruck* tritt. Statt der Gütezahlen sind *Eindruckszahlen* zu verwenden, die häufig einer Benotung des Bildeindrucks gleichzusetzen sind (Bildschärfe sehr gut, gut, mäßig usw.).

Der Bewertung optischer Systeme liegt stets ein Modell des Lichtes zugrunde. Praktisch ausgebaut sind die geometrisch-optische und die wellenoptische Bewertung. Die primären geometrisch-optischen Gütefunktionen sind die *Strahlaberrationen*, die in Form der Längs- und Querabweichungen bei der Strahldurchrechnung anfallen. Sie können in Korrektionsdarstellungen veranschaulicht werden.

Die primären wellenoptischen Gütefunktionen sind die *Wellenaberrationen*, die aber im allgemeinen in sekundäre Gütefunktionen eingehen, die in Beziehung zu Amplituden- oder Intensitätsverteilungen stehen.

Die Strahlaberrationen lassen sich nur für eine ausgewählte Menge an Strahlen berechnen, die jeweils von diskret gegebenen Objektpunkten ausgehen. Da die Wellenaberrationen auch über die Strahldurchrechnung (über die Strahlaberrationen) ermittelt werden, gilt diese Aussage prinzipiell auch für sie. Allerdings können mit geeigneten *orthogonalen Polynomdarstellungen* (ZERNIKE) auch analytische Ausdrücke für die Wellenaberrationen und damit für die Form der Wellenfläche abgeleitet werden.

Bei der Abbildung eines Objektpunktes erhalten wir unmittelbar aus der Beugung der bildseitigen Welle an der Austrittspupille die Intensität im Bildraum. Ihre Normierung auf die Intensität im Gaußschen Bildpunkt ergibt als Gütefunktion die im Abschn. 4.4.4 behandelte Punktbildfunktion. Ein darauf angewendetes Gütekriterium ist die Definitionshelligkeit (Gln. 4.386 und 4.388), bzw. ihre Näherung für kleine Wellenaberrationen (Gln. 4.392 und 4.393).

Bei der Abbildung ausgedehnter Objekte hängt die Intensität im Bildraum von der Kohärenzfunktion in der Objektebene ab.

Die *Kohärenzfunktion* $\Gamma(x_1,y_1,x_2,y_2)$ ist ein Maß für die Interferenzfähigkeit des Lichtes, das in den Punkten $A_1(x_1,y_1)$ und $A_2(x_2,y_2)$ der Objektebene vorhanden ist.

Für die Abbildung zweier Objektpunkte $A_1(x,y)$, $A_2(-x,-y)$, die einzeln die Intensitäten $I'_1 = I'_1(x'-x, y'-y)$ bzw. $I'_2 = I'_2(x'+x, y'+y)$ in der Bildebene erzeugen würden, ergibt sich die Intensität im Punkt $A'(x',y')$ der Bildebene aus

$$I'(x',y') = I'_1 + I'_2 + 2\sqrt{I'_1 I'_2}\ \Gamma(S,x,y).$$

Die Größe Γ ist die Kohärenzfunktion der Beleuchtung in der Objektebene. (Kohärenzparameter S = Verhältnis aus bildseitig des Kondensors vorhandener numerischer Apertur A'_{Bel} und objektseitiger Abbildungsapertur A).

Als Modellobjekte für die Bewertung eines optischen Systems werden bevorzugt Kanten, Linien und sinusförmige Gitter betrachtet. Die normierte Bildintensität bei inkohärenter Abbildung einer Linie ist die *Linienbildfunktion*. Darauf lassen sich verschiedene Gütekriterien aufbauen, die Bezug zum Auflösungsvermögen, zur Kontrasttreue sowie zur Ähnlichkeit zwischen Bild und Objekt haben (z. B. von HERTEL [19]).

Von den Hertelschen Gütekriterien, die primär auf die Linienbildfunktion angewendet werden, soll nur die *relative Gipfelhöhe* k_k genannt werden. Diese steht in Analogie zur Definitionshelligkeit und kann aus der OÜF durch

$$k_k = \int_{-\infty}^{\infty} D(\overline{R})\,d\overline{R}$$

ermittelt werden (Ursprung des Koordinatensystems so, daß $L(\overline{x}')_{\max} = L(0)$ ist). Bei reellen OÜF kann dafür

$$k_k = 2\int_0^2 T(\overline{R})\,d\overline{R}$$

geschrieben werden. Die relative Gipfelhöhe ist mit dem maximalen Kantengradienten identisch.

Der Kontrast im Bild bei der inkohärenten Abbildung eines Sinusgitters mit dem Kontrast Eins ist die *Modulationsübertragungsfunktion*. Auch für diese gibt es Näherungsgleichungen, die bei kleinen Wellenaberrationen gelten. Für Einzelheiten muß auf die Spezialliteratur verwiesen werden (z. B. [19]).

Eine übersichtliche Bewertung optischer Systeme auf der Grundlage der optischen Übertragungsfunktion erfordert die Ableitung weniger Gütezahlen mittels geeigneter Gütekriterien. Das können nur Kriterien sein, die im Zusammenhang mit vorgegebenen Ortsfrequenzen, Werten der MÜF oder der Fläche unter der MÜF stehen. Obwohl die MÜF nur dann direkt mit dem Kontrast identisch ist, wenn kosinusförmige Gitter abgebildet werden, wird sie auch in anderen Fällen als Aussage über den Kontrast angesehen. Abb. 7.75 enthält die MÜF für Achromate, deren Daten in Tab. 7.3 enthalten sind.

7.6 Optische Instrumente und Systeme

a)

b)

c)

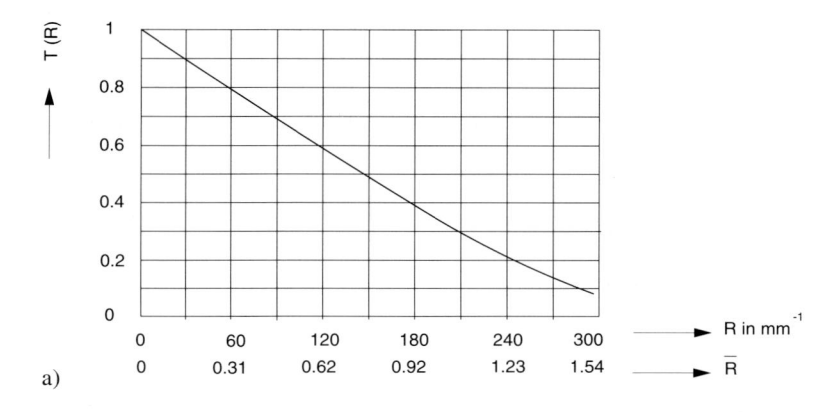

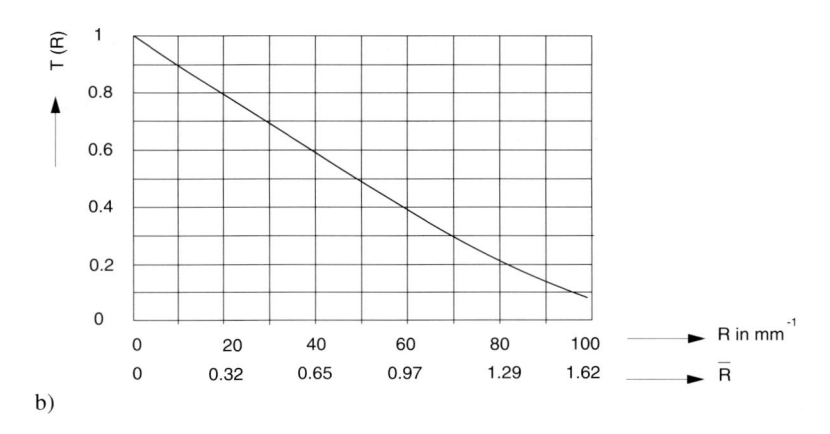

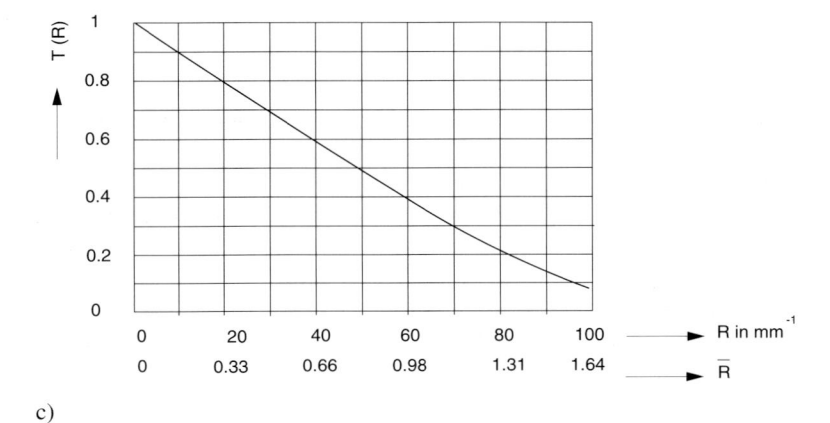

Abb. 7.75 MÜF für kommerzielle Achromate nach Tab. 7.3 bei $\lambda = 546$ nm, a) 120/4, b) 1185/14,8, c) 2250/15 (reduzierte Ortsfrequenz ($\bar{R} = 2 \lambda k R$)

Tabelle 7.3 Daten von verkitteten zweilinsigen Achromaten, deren Modulationsübertragungsfunktionen in Abb. 7.75 dargestellt sind (Scheitelbrennweite $s'_{F'}$ für $\lambda = 588$ nm)

f'/mm	$2\rho_p$/mm	k	d/mm	$s'_{F'}$/mm	a_{1H}/mm	$a'_{H'}$/mm	$1/R$ ($T = 0{,}1$)
120	25,4	4,7	7,2	115,13	0,24	4,90	0,0033
1185	80,0	14,8	16,0	1179,75	0,06	10,31	0,0105
2250	150,0	15,0	26,0	2240,62	3,33	13,20	0,0105

Grenzkontrast und Auflösung. Strahlungsempfänger erfordern einen bestimmten Grenzkontrast, um Strukturen auflösen zu können. Visuell kann etwa von $K' = 0{,}1$ ausgegangen werden. Fotolacke erfordern $K' = 0{,}5$, in neuerer Zeit auch noch darunter. Das Gütekriterium lautet:

▌ Bestimme die zum Grenzkontrast gehörige Ortsfrequenz. Deren Kehrwert ist das Auflösungsvermögen für Gitter.

Beim beugungsbegrenzten optischen System ist $T(\bar{R}_A) = 0{,}1$ für $\bar{R}_A = 1{,}6$. Die auflösbare Gitterkonstante beträgt

$$\frac{1}{R_A} = 0{,}625 \frac{\lambda}{u'}. \tag{7.84}$$

Die Umkehrung des Güterkriteriums lautet:

▌ Bestimme den für eine vorgegebene Ortsfrequenz vorhandenen Wert der MÜF.

Die vorzugebene Ortsfrequenz ist charakteristisch für den speziellen Anwendungszweck des optischen Systems. Bei Fotoobjektiven geht man oftmals von $R = 30$ mm^{-1} aus (Absch. 4.4.5, Abb. 4.196b).

Spezielle Kriterien. Anstelle des erforderlichen Wertes der MÜF läßt sich besser der *Übertragungsfaktor*

$$M(\bar{R}) = \frac{T(\bar{R})}{T_0(\bar{R})} \tag{7.85}$$

vorgeben, indem z. B. $M(R = 30 \text{ mm}^{-1}) \gg 0{,}8$ gefordert wird.

Verschiedene Autoren haben Gütekriterien auf die Fläche unter der MÜF angewendet. Vorzugeben sind die Grenzfrequenz, bis zu der integriert werden soll und die Wichtung. Genannt werden sollen:

Die Q-Zahl von HÄUSER, SCHILLING und ZÖLLNER

$$Q = \frac{1}{n} \sum_{i=1}^{n} \frac{1}{\bar{R}_g} \int_0^{\bar{R}_g} T_m(\bar{R}, \sigma_{pi}) \, d\bar{R}) \tag{7.86}$$

7.6 Optische Instrumente und Systeme

mit

$$T_{\mathrm{m}}(\overline{R},\sigma_{\mathrm{pi}}) = \frac{1}{2}\left[T_{\mathrm{r}}(\overline{R},\sigma_{\mathrm{pi}}) + T_{\mathrm{t}}(\overline{R},\sigma_{\mathrm{pi}})\right] \tag{7.87}$$

(T_{t} tangentiale, T_{r} radiale MÜF, $\hat{\sigma}_{\mathrm{pi}}$ Winkel des Hauptstrahls mit der Achse. Die Summation stellt die Mittelung über die Feldwinkel dar).

Die *Heynacher Zahl,* die der subjektiven Bewertung angepaßt ist. Sie lautet:

$$H = c \log \left[\frac{1}{R_{\mathrm{g}}} \int_{0}^{R_{\mathrm{g}}} D(R)\,\mathrm{d}R \right]. \tag{7.88}$$

HEYNACHER verwendet $R_{\mathrm{g}} = 40$ mm^{-1}. Die objektabhängige Konstante c liegt erfahrungsgemäß zwischen 10 und 20. (HEYNACHER nimmt $c = 14$ an). Für ein beugungsbegrenztes System mit $k = 1{,}8$, $\lambda = 548$ nm und $R_{\mathrm{g}} = 40$ mm^{-1} ergibt sich z. B. $H = -0{,}15$.

Eine stärkere Wichtung der höheren Ortsfrequenzen, also der Auflösung, wird erreicht, wenn vom Integral

$$V_{\mathrm{g}} = \overline{R}_{\mathrm{g}} \int_{0}^{\overline{R}_{\mathrm{g}}} T(\overline{R})\,\overline{R}\,\mathrm{d}\overline{R} \tag{7.89}$$

ausgegangen wird. Mit $\overline{R}_{\mathrm{g}} = 2$ erhält man die Definitionshelligkeit.

Literatur und Quellen

[1] Paul, H.: Lasertheorie. Teil I. – Berlin: Akademie-Verlag 1969 (Reihe „Wissenschaftliche Taschenbücher").
[2] Sommerfeld, A.: Vorlesungen über theoretische Physik. Bd. V: Thermodynamik und Statistik. 3. Aufl. – Leipzig: Akademische Verlagsgesellschaft Geest & Portig K.-G. 1965.
[3] Young, M.: Optics and Lasers. – Berlin, Heidelberg, New York: Springer-Verlag 1977 (Reihe „Springer Series in Optical Sciences". Hrsg.: D. L. Mac Adam).
[4] Anders, H.: Dünne Schichten für die Optik. – Stuttgart: Wissenschaftliche Verlagsgesellschaft mbH 1965 (Reihe „Optik und Feinmechanik in Einzeldarstellungen", Hrsg.: N. Günther).
[5] Handbuch der Physik. Hrsg.: S. Flügge. Gruppe 5, Bd. XXIV: Grundlagen der Optik. – Berlin, Göttingen, Heidelberg: Springer-Verlag 1956.
[6] Kogelnick, H.: Laser Beams and Resonators. – Appl. Optics 5 (1966), Heft 10.
[7] Jahnke, E.; Emde, F.: Tafeln höherer Funktionen. 5. Aufl. – Leipzig: BSB B. G. Teubner Verlagsgesellschaft 1960.
[8] Candler, C.: Modern Interferometers. – London: Hilger & Watt 1951.
[9] König, A.; Köhler, H.: Die Fernrohre und Entfernungsmesser. 3. Aufl. – Berlin, Göttingen, Heidelberg: Springer-Verlag 1959.
[10] Hodam, F.: Optische Anordnungen für Beleuchtungseinrichtungen. – X. Internat. Wiss. Kolloquium der TH Ilmenau 1965, Heft 6: Lichttechnik. – Ilmenau 1965, S. 111–118.
[11] Haferkorn, H.: Geometrische Optik. In: Lehrbriefe für das Fernstudium. Hrsg.: Technische Hochschule Ilmenau 1965–1967.
[12] Haferkorn, H.: Wellenoptik. In: Lehrbriefe für das Fernstudium. Hrsg.: Technische Hochschule Ilmenau 1965–1967.
[13] Haferkorn, H.; Eichler, W.: Optische Instrumente. In: Lehrbriefe für das Fernstudium. Hrsg.: Technische Hochschule Ilmenau 1969.
[14] Grimsehl, E.: Lehrbuch der Physik. Bd. 3: Optik. 19. Auflage. Leipzig: BSB B. G. Teubner Verlagsgesellschaft 1990.
[15] Françon, M.: Moderne Anwendungen der physikalischen Optik. Hrsg.: J. Klebe. – Berlin: Akademie-Verlag 1971 (Übers. aus d. Engl.).
[16] Born, M.; Wolf, E.: Principles of Optics. 4. Auflage. – Oxford: Pergamon Press 1970.
[17] Flügge, J.: Praxis der geometrischen Optik. – Göttingen: Vandenhoeck & Ruprecht 1962.
[18] Vinson, J. F.: Optische Kohärenz. – Berlin: Akademie-Verlag 1971 (Reihe „Wissenschaftliche Taschenbücher").
[19] Haferkorn, H.: Bewertung optischer Systeme. – Berlin: VEB Deutscher Verlag der Wissenschaften 1986 (Reihe „Physikalische Monographien". Hrsg.: Ch. Weißmantel und W. Ebeling).
[20] Haferkorn, H.; Richter, W.: Synthese optischer Systeme. – Berlin: VEB Deutscher Verlag der Wissenschaften 1984 (Reihe „Physikalische Monographien". Hrsg.: Ch. Weißmantel und W. Ebeling).
[21] Hecht, E.; Zajac, A.: Optics. 3. Aufl. – Reading, Menlo Park, London, Amsterdam, Don Mills, Sydney: Addison-Wesley Publishing Company 1976.

[22] Naumann, H.; Schröder, G.: Bauelemente der Optik, Taschenbuch der Technischen Optik. 6., neubearb. Aufl. – München, Wien: Carl Hanser Verlag 1992.
[23] Meyer-Arendt, J. R.: Introduction to Classical and Modern Optics. 3. Aufl. – New Jersey: Prentice-Hall, Inc., Englewood Cliffs 1989.
[24] Hofmann, Ch.: Die optische Abbildung. – Leipzig: Akademische Verlagsgesellschaft Geest & Portig K.-G. 1980.
[25] Schröder, G.: Technische Optik. In: Kamprath-Reihe Technik kurz und bündig. 6. Aufl. – Würzburg: Vogel-Verlag 1987.
[26] Schreier, D.: Synthetische Holografie. – Leipzig: VEB Fachbuchverlag 1984.
[27] Engelage, D.: Lichtwellenleiter in Energie- und Automatisierungsanlagen. – Berlin: VEB Verlag Technik 1986.
[28] Born, M.: Optik, Ein Lehrbuch der elektromagnetischen Lichttheorie. 2. Aufl. – Berlin, Heidelberg, New York: Springer-Verlag 1933, unveränderter Nachdruck 1965.
[29] Autorenkollektiv, Federführung: Brunner, W.; Junge, K.: Wissensspeicher Lasertechnik. – Leipzig: VEB Fachbuchverlag 1982.
[30] Autorenkollektiv: BI Lexikon Optik. 2. Aufl. – Leipzig: Bibliographisches Institut 1990 (Hrsg.: H. Haferkorn). Lexikon der Optik. 2. Aufl. – Hanau: Verlag Werner Dausien 1990.
[31] Bindmann, W.: Optik und optischer Gerätebau, Technik-Wörterbuch Englisch-Deutsch. – Berlin: VEB Verlag Technik 1974.
[32] Bindmann, W.: Optik und optischer Gerätebau, Technik-Wörterbuch Deutsch-Englisch. – Berlin: VEB Verlag Technik 1975.
[33] Geometrical and Instrumental Optics. Hrsg.: D. Malacara. – San Diego: Academic Press Inc., London: Academic Press Inc. Ltd. 1988.
[34] Walther, L.; Gerber, D.: Infrarotmeßtechnik. 2. Aufl. – Berlin: VEB Verlag Technik 1983 (Reihe „Meßtechnik". Hrsg.: H. Trumpold und E.-G. Woschni).
[35] Noffke, J.; Seifert, W.: Optische Medien für die Wärmebildtechnik. Lehrbrief. – TH Ilmenau 1986.
[36] Noffke, J.; Haferkorn, H.: Einige Aspekte des Einsatzes infrarottransparenter Medien im Wärmebildbereich. – Wiss. Z. TH Ilmenau **34** (1988), Heft 3, S. 115.
[37] Sommerfeld, A.: Optik (Vorlesungen über theoretische Physik. Bd. 4). 3. Aufl. – Leipzig: Akademische Verlagsgesellschaft Geest & Portig K.-G. 1964.
[38] Miesel, K.: Zur sphärischen Korrektion von Gradientenlinsen. – 25. Internat. Wiss. Kolloquium der TH Ilmenau, Vortragsreihe „Technische Optik" (1980), S. 29.
[39] Moore, D. T.: Design of single element gradient-index collimator. – J. Opt. Soc. Am. **67** (1977, S. 1137–1143.
[40] Moore, D. T.: design of singlets with continuously varying indices of refractions. – J. Opt. Soc. Am. **61** (1971), S. 886–894.
[41] Moore, D. T.: Catadioptric system with a gradient-index corrector plate. – J. Opt. Soc. Am. **67** (1977), S. 1143–1146.
[42] Schwider, J.: Holographisch-interferometrische Prüfverfahren für asphärische Flächen, Dissertation B, TH Ilmenau 1978.
[43] Böttcher, H.; Epperlein, J.: Moderne photographische Systeme. Wirkprinzipien, Prozesse, Materialien. 2. Aufl. – Leipzig: Deutscher Verlag für Grundstoffindustrie 1988.
[44] Paul, H.: Nichtlineare Optik. 2 Bde. – Berlin: Akademie-Verlag, Oxford: Pergamon Press, Braunschweig: Vieweg & Sohn 1969.
[45] Schubert, M.; Wilhelmi, B.: Einführung in die nichtlineare Optik. 2 Bde. – Leipzig: BSB B.G. Teubner Verlagsgesellschaft 1971 und 1978,
[46] Günter, P.; Huignard, J. P.: Photorefractive Materials and Applications. 2 Bde. – Berlin: Springer-Verlag 1988 u. 1989.
[47] Effekte der Physik und ihre Anwendungen. Hrsg.: M. v. Ardenne, G. Musiol, S. Reball. – Berlin: VEB Deutscher Verlag der Wissenschaften 1989.

[48] Weigelt, G.: Optisch-digitale Bildverarbeitung mit Anwendungen in Biologie und Astronomie. – 25. Internat. Wiss. Kolloquium der TH Ilmenau, Vortragsreihe „Technische Optik" (1980), S. 49.
[49] Merkle, F.: Adaptive optics for the ESO-VTL. – SPIE **1013** (1988), S. 224.
[50] Stiller, H.; Möhlmann, D.: Extraterrestrische Astronomie – eine aktuelle Herausforderung. – Jenaer Rundschau **27** (1982), Heft 3, S. 108.
[51] Riesenberg, H.; Besen, H.; Hofmann, R.: Einsatz optischer Medien in den Jena-Mikroskopen 250-CF. – Jenaer Rundschau **29** (1984), Heft 2, S. 75.
[52] Riesenberg, H.; Bruch, H.: Eine neue Generation von Mikroskopoptik aus Jena. – Jenaer Rundschau **27** (1982), Heft 1, S. 33.
[53] Steinbruch, U.; Kötitz, G.; Pudenz, J.: Kristalle als wichtige Ergänzung des Sortiments der Jenaer optischen Gläser. – Jenaer Rundschau **29** (1984), Heft 2, S. 71.
[54] Karnapp, A.; Pudenz, J.: Das APQ-Objektiv 100/1000 – eine neue Qualität in der astronomischen Optik. – Jenaer Rundschau **31** (1986), Heft 3, S. 140.
[55] Leipold, H.: Die Beleuchtungseinrichtungen in den fotolithografischen Geräten des VEB Carl Zeiss Jena. – Jenaer Rundschau **25** (1980), Heft 4, S. 154.
[56] Rieche, G.; Rich, G.: Neue optische Hochleistungssysteme des VEB Carl Zeiss Jena für die Mikrolithografie. – Jenaer Rundschau **27** (1982), Heft 2, S. 97.
[57] Tautz, V.: Optische Systeme für Fotoobjektive mit veränderlicher Brennweite. – Jenaer Rundschau **34** (1989), Heft 2, S. 75.
[58] Sonnefeld, A.: Die Hohlspiegel, 2. Aufl. – Berlin: VEB Verlag Technik; Stuttgart: Berliner Union 1957.
[59] Merkel, K.; Hofmann, Ch.: Tendenzen der Optikentwicklung unter besonderer Berücksichtigung des optischen Präzisionsgerätebaus. – Jenaer Rundschau **34** (1989), Heft 3, S. 147.
[60] Merkel, K.; Hofmann, Ch.: Zur Entwicklung fotolithografischer Hochleistungsoptik. – Jenaer Rundschau **35** (1990), Heft 2, S. 76.
[61] Dietzsch, E.: Das Intensar 1,4/100 – ein Objektiv für Sternsensoren. – Jenaer Rundschau **34** (1989), Heft 3, S. 144.
[62] Merkel, K.: Interferometrische Präzisionsprüfung optischer Funktionsflächen in Echtzeit. – Jenaer Rundschau **32** (1987), Heft 2, S. 60.
[63] Thorwirth, G.: Prinzip und Ergebnisse der optischen Ortsfrequenzanalyse. – Jenaer Rundschau **35** (1990), Heft 2, S. 95.
[64] Schlott, H.; Noffke, J.: Stand und Tendenzen der Infrarotentwicklung. – Jenaer Rundschau **35** (1990), Heft 2, S. 98.
[65] Cagnet, M.; Françon, M.; Thrierr, J. C.: Atlas optischer Erscheinungen. – Berlin, Göttingen, Heidelberg: Springer-Verlag 1962.
[66] Jahn, R.: Zur Dimensionierung von Laserfokussiersystemen. – Wiss. Z. TH Ilmenau **32** (1986), Heft 3, S. 133.
[67] Feder, D. P.: Optical calculations with automatic Computing maschinery. – JOSA **41** (1951), Heft 9, S. 630.
[68] Haferkorn, H.; Tautz, V.: Strahl- und Wellenflächendurchrechnung an dezentrierten optischen Systemen. – Wiss. Z. TH Ilmenau **25** (1979), Heft 3, S. 117.
[69] Bindmann, W.: Wörterbuch Englisch-Deutsch, Deutsch-Englisch; Optik und optischer Gerätebau. – Berlin, Paris: Verlag Alexandre Hatier 1992.
[70] Mitschunas, B.; Hahnemann. Th.: ILPADI Nutzerdokumentation. – TH Ilmenau 1991.
[71] User's Manual for the Kidger Optics Optical Design Program. – Kidger Optics 1983–1991.
[72] Ewert, T.; Richter, W.: Laserprofiltransformation – analytische Schreibweisen und Analogien zur geometrisch-optischen Abbildung (2 Teile). – Wiss. Z. TH Ilmenau **37** (1991), Heft 2, S. 111 (Teil 1); Heft 3, S. 165 (Teil 2).
[73] Richter, W.; Jahn, R.: Kogelnicksche Formeln – Verallgemeinerung und Programme. – TH Ilmenau 1991.

[74] Hellmuth, T.: Neuere Methoden in der konfokalen Mikroskopie. – Phys. Bl. **49** (1993), Heft 6, S. 489.
[75] Handbuch der Mikroskopie. Hrsg.: H. Beyer und H. Riesenberg. 3. Aufl. – Berlin: Verlag Technik 1988.
[76] Saleh, B. E. A.; Teich, M. C.: Fundamentals of Photonics. – New York u. a.: John Wiley & Sons, Inc. 1991.
[77] Physikalische Blätter: ΦDPG, WILEY-VCH (ab Jan. 2002 Physik Journal).
[78] Deutsche Agenda Optische Technologien für das 21. Jahrhundert, Potenziale, Trends und Erfordernisse: Lenkungskreis Optische Technologien des 21. Jahrhunderts, Düsseldorf, Mai 2000.
[79] Photonik, Fachorgan der Deutschen Gesellschaft für angewandte Optik e. V.; LaserOpto, Fachorgan der Wissenschaftlichen Gesellschaft Lasertechnik e. V.; seit Jan. 2002: Photonik, Fachzeitschrift für optische Technologien.
[80] Bischoff, J.; Baumgart, J.; Truckenbrodt, H.: Streulichtverfahren in der Mikromeßtechnik. – 1. Ilmenauer Symposium (1995).
[81] Truckenbrodt, H.; Bischoff, J.; Baumgart, J.: Die Charakterisierung der Mikrotopografie von technischen Oberflächen mit Streulicht. – IX. Int. Oberflächenkolloquium, Chemnitz (1996).
[82] Rupp, W.; Sakowski, H.: Diodengepumpte Festkörperlaser. – Zeiss Inform. **1** (1992), Heft 23, S. 39.
[83] Bammel, K.: DVD-Digital Versatile Disc. – Physik Journal **1** (2002), Heft 1, S. 56.
[84] Michler, P.; Becher, Ch.: Photonen auf Bestellung. – Phys. Blätter **57** (2001), Heft 9, S. 55.
[85] Huber, G.: Festkörperlaser – neue Entwicklungen. – Phys. Blätter **47** (1991), Heft 5, S. 365.
[86] Appenzeller, I.: Das Very Large Telescope. – Phys. Blätter 57 (2001), Heft 10, S. 35.
[87] Kück, S.; Huber, G.: Festkörperlaser. – Phys. Blätter **57** (2001), Heft 10, S. 43.
[88] Paul, H.: Photonen. – Stuttgart: B. G. Teubner Verlag 1995.
[89] Bosch, H.-S.; Bradshaw, A.: Kernfusion als Energiequelle der Zukunft. – Phys. Blätter **57** (2001), Heft 11, S. 55.
[90] Derra, G.; Fischer, E.; Mönch, H.: UHP-Lampen: Lichtquellen extrem hoher Leuchtdichte für das Projektionsfernsehen. – Phys. Blätter **54** (1998), Heft 9, S. 817.
[91] Fehr, J.: Techniken für die Auflichtbeleuchtung. – Photonik (1999), Heft 3, S. 34.
[92] Schäfer, D.; Marowsky, G.: Excimer Laserstrahlformung mit wellenfront-korrigierten diffraktiven Phasenelementen (DPE). – Photonik **34** (2002), Heft 1, S. 66.
[93] Hessler, T.; Daly, D.: Refraktive Mikrolinsenraster besitzen universelle Anwendungsmöglichkeiten. – Photonik (2001), Heft 2, S. 52.
[94] Schwider, J.; Dresel, T.; Beyerlein, M.; Harder, I.; Lindlein, N.; Collischon, M.; Leuchs, G.: Diffraktive optische Elemente zur Lichtmanipulation. – LaserOpto **33** (2001), Heft 5, S. 41.
[95] Budzinski, Ch.; Tiziani, H. J.: Transversale Einkopplung von Laserdiodenstrahlung in Fasern mit Beugungsgittern. – LaserOpto **33** (2001), Heft 1, S. 34.
[96] Schuster, N.: Geheimnisse der digitalen Fotografie. – Photonik (2000), Heft 4, S. 40.
[97] Tittel, W.; Martienssen, W.: Licht – ein Fenster in die Quantenwelt. – Phys. Blätter **57** (2001), Heft 7/8, S. 81.
[98] Schuster, N.: Optical systems for high-resolution digital still cameras. – Design and Engineering of Optical Systems II, Fritz Merkle, Editor, Proceedings of SPIE, Vol. 3737, S. 202.
[99] Dickmann, K.; Jersch, J.: Nanostrukturierung mit Laserstrahlung. – Phys. Blätter **52** (1996), Heft 4, S. 363.
[100] BAI-Podiumsdiskussion auf der 62. Physikertagung in Regensburg, Phys. Blätter **54** (1998), Heft 5, S. 432.
[101] Strüder, L.; von Zanthier, C.: Elektronische Bildwandlung. – Phys. Blätter **54** (1998), Heft 6, S. 519.
[102] Schilling, H.: Optik und Spektroskopie, Physik in Beispielen. – VEB Fachbuchverlag Leipzig 1980.
[103] Náray, Z.: Laser und ihre Anwendungen – Eine Einführung. – Leipzig: Akademische Verlagsgesellschaft Geest & Portig K.-G. 1976.

[104] Menzel, E.; Mirandé, W. Weingärtner, I.: Fourier-Optik und Holographie. – Wien, New York: Springer-Verlag 1973.
[105] Kneubühl, F. K.; Sigrist, M. W.: Laser (Teubner Studienbücher Physik). 2. Aufl. – Stuttgart 1989.
[106] Lipson, S. G.; Lipson, H. S.; Tannhauser, D. S.: Optik. – Berlin, Göttingen, Heidelberg: Springer-Verlag 1997.

Alphabetisches Verzeichnis der Autoren

Anders, H.	[4]	Haferkorn, H.	[11], [12], [13],
Appenzeller, I.	[86]		[19], [20], [30],
Ardenne, M. v.	[47]		[36], [68]
Bammel, K.	[81]	Hahnemann, Th.	[70]
Baumgart, J.	[80], [81]	Harder, I.	[94]
Becher, Ch.	[84]	Hecht, E.	[21]
Besen, H.	[51]	Hellmuth, T.	[74]
Beyer, H.	[75]	Hessler, T.	[93]
Beyerlein, M.	[94]	Hodam, F.	[10]
Bindmann, W.	[31], [32], [69]	Hofmann, Ch.	[24], [59], [60]
Bischoff, J.	[80], [81]	Hofmann, R.	[51]
Born, M.	[16], [28]	Huber, G.	[87]
Bosch, H.-S.	[89]	Huignard, J. P.	[46]
Böttcher, H.	[43]	Jahn, R.	[66], [73]
Bradshaw, A.	[89]	Jahnke, E.	[7]
Bruch, H.	[52]	Jersch, J.	[100]
Brunner, W.	[29]	Junge, K.	[29]
Budzinski, Ch.	[95]	Karnapp, A.	[54]
Cagnet, M.	[65]	Kidger Optics	[71]
Candler, C.	[8]	Kneubühl, F. K.	[105]
Collischon, M.	[94]	Kogelnick, H.	[6]
Daly, D.	[93]	Köhler, H.	[9]
Derra, G.	[90]	König, A.	[9]
Dickmann, K.	[99]	Kötitz, G.	[53]
Dietzsch, E.	[61]	Kück, S.	[87]
Dresel, T.	[94]	Leipold, H.	[55]
Eichler, W.	[13]	Leuchs, G.	[94]
Emde, F.	[7]	Lindlein, M.	[94]
Engelage, D.	[27]	Lipson, H. S.	[106]
Epperlein, J.	[43]	Lipson, S. G.	[106]
Ewert, T.	[72]	Malacara, D.	[33]
Feder, D. P.	[67]	Marowsky, G.	[92]
Fehr, J.	[91]	Martienssen, W.	[97]
Fischer, E.	[90]	Menzel, E.	[104]
Flügge, J.	[17]	Merkel, K.	[59], [60], [62]
Flügge, S.	[5]	Merkle, F.	[49]
Françon, M.	[15], [65]	Meyer-Arendt, J. R.	[23]
Gerber, D.	[34]	Michler, P.	[84]
Grimsehl, E.	[14]	Miesel, K.	[38]
Günter, P.	[46]	Mirandé, W.	[104]

Mitschunas, B.	[70]	Schwider, J.	[42], [94]
Möhlmann, D.	[50]	Seifert, W.	[35]
Mönch, H.	[90]	Sigrist, M. W.	[105]
Moore, K.	[39], [40], [41]	Sommerfeld, A.	[2], [37]
Musiol, S.	[47]	Sonnefeld, A.	[58]
Naumann, H.	[22]	Steinbruch, U.	[53]
Noffke, J.	[35], [36], [64]	Stiller, H.	[50]
Paul, H.	[1], [44], [88]	Strüder, L.	[101]
Pudenz, J.	[53], [54]	Tautz, V.	[57], [68]
Reball, S.	[47]	Teich, M. C.	[76]
Rich, G.	[56]	Thorwirth, G.	[63]
Richter, W.	[20], [72], [73]	Thrierr, J. C.	[65]
Rieche, G.	[56]	Tittel, W.	[97]
Riesenberg, H.	[51], [52], [75]	Tiziani, H. J.	[95]
Rupp, W.	[82]	Truckenbrodt, H.	[80], [81]
Sakowski, H.	[82]	Vinson, J. F.	[18]
Saleh, B. E. A.	[76]	Walther, L.	[34]
Schäfer, D.	[92]	Weigelt, G.	[48]
Schilling, H.	[102]	Weingärtner, I.	[104]
Schlott, H.	[64]	Wilhelmi, B.	[45]
Schreier, D.	[26]	Wolf, E.	[16]
Schröder, G.	[22], [25]	Young, M.	[3]
Schubert, M.	[45]	Zajac, A.	[21]
Schuster, N.	[96], [98]	Zanthier, C.	[101]

Bildquellen

2.64, 2.65 nach [1];
2.70 nach [3];
5.46, 5.47, 5.48, 5.49, 5.50, 5.151, 5.152 nach [4];
2.6, 5.40, 5.54 nach [5];
6.98, 6.99, 6.100, 6.103 nach [10];
1.1, 2.1, 5.162, 5.163, 6.1, 6.4, 6.7 nach [14];
4.206a, 4.207 nach [15];
4.180, 6.30 nach [16];
2.34a, 2.108, 2.109, 2.110, 4.87, 4.88, 6.60 nach [19];
5.42 nach [21];
5.158b, c, d nach [22];
4.215, 5.167, 5.168, 6.3, 6.5, 6.6, 6.8, 6.66 nach [30];
6.143 nach [33];
6.78g nach [49];
6.128, 6.136 nach [51];
6.135 nach [52];
6.105 nach [56];
6.123, 6.124, 6.125 nach [57];
6.139, 6.145 nach [59];
6.142 nach [61];

6.144 nach [62];
6.147c, d nach [64];
2.98, 2.103, 4.178b, c, 4.182 nach [65];
7.1, 7.4–7.7, 7.9, 7.10–7.14, 7.48, 7.49, 7.54–7.56, 7.59, 7.60, 7.67–7.69 nach [14];
7.18 nach [22];
7.28 IHS Dresden;
7.34–7.40 nach [76];
7.61b Aufnahme von TU Ilmenau;
7.75 nach Katalog Precisions Optics, SPINDLER & HOYER (1990), S. D9;
Abb. 7.62–7.66 wurden von Herrn Dr.Richter (TU Ilmenau) zur Verfügung gestellt.

Eine Reihe von Abbildungen sind den nicht mehr aufgelegten Lehrbriefen [11], [12] und [12] entnommen (siehe 2. Auflage).

Abb. 4.215 wurde von Herrn Dr. W. Schreiber (Institut für Angewandte Optik der Friedrich-Schiller-Universität Jena), Abb. 6.78a…f von Herrn Dr. F. Merkle (European Southern Observatory) freundlicherweise zur Verfügung gestellt.

Namen- und Sachverzeichnis

A

Abbe-Prisma   388, 485
Abbesche Invariante   185
– –, Spiegelfläche   220, 223
– Sinusbedingung   297, 318
– Theorie der Abbildung   566
– Zahl   77
– Zerlegung   549
Abbild   157
Abbildung   156
–, ähnliche   160
–, geometrisch-optische   161
–, – Theorie   159
–, ideale geometrisch-optische   161
–, kollineare   161
–, optische   157
–, periodische Objektstrukturen   570
–, punktförmige   159, 186
–, wellenoptische   162
Abbildungsfehler   301
– dritter Ordnung   304
Abbildungsgleichung   193, 204
–, Spiegelfläche   221, 224
Abbildungsmaßstab   187, 191, 193, 204
–, Flächenfolgen   195
–, Spiegelfläche   221
Abbildungsmatrix   236
–, Spiegelfläche   238
Abbildungstiefe   287
–, wellenoptische   335, 336
Abbildungstreue   773
Aberration   301
Abgleichlänge   546
Abkommen   601
Ablesefernrohr   599
–, Fokussierfehler   599
Abschattblende   277
Abschattluke   277
absolute spektrale Empfindlichkeit   174
Absorption   64
– eines Lichtquants   85
Absorptionsellipsoid   436
Absorptionsfilter   408

Absorptionskonstante   64
Achromasiebedingung   307
Achromat   631, 768
Achsenpunkte, Intensität   334
Adaptation   523
adaptive Optik   518, 593
– –, lineare   594
– –, nichtlineare   518
additive Farbmischung   525
Aderhaut   521
ADP-Einkristall   432
afokales System   583
Akkommodation   522
Akkommodationsbreite   523
aktive Optik   593
aktiver Resonator   736
akustooptischer Schalter   738
Alexandrit-Laser   739
Altachromat   632
Alterssichtigkeit   528
Amici-Prisma   390, 482
Amplitudenbedingung   425
Amplitudenfluktuation   116
Amplitudengitter, kastenförmiges   151
Amplituden-Hologramm   705
Amplitudenmodulation   729
Amplitudenmodulator   729
Amplitudenstabilität   117
Amplitudenstruktur   147
Amplituden-Transparenz   704
analoge Fotografie   675
Anamorphot   252
Anastigmat   323
Anfangsphase   25
angeregte Zustände   84
anisotrope Linse, Brechkraft   262, 263
anisotroper Stoff   57
anomale Dispersion   74
Ansatz für die Synthese   770
Ansatz optischer Systeme   764
aperturbegrenzte optische Mikroskopie   755
Aplanat, beugungsbegrenzter   669
aplanatische Lupe   543

– Punkte 318
aplanatischer Meniskus 319
aplanatisches System 318
Apochromat 315
Apodisation 361
Apostilb 175
äquivalente Abbesche Zahl 307
Äquivalentlinse 216
Äquivalentwert 635
Argon-Ionen-Laser 740
asphärische Fläche 239
– –, Darstellung 239
– Rotationsfläche, Abbesche Invariante 245
– –, paraxiales Gebiet 244
Astigmatismus 302, 321
– des Auges 528
astigmatismusfreie Eintrittspupille 628
astronomisches Fernrohr 584
– –, Hauptstrahlenverlauf 584
Astrovierlinser 239
Asymmetriefehler 302, 316
Auflichtbeleuchtung 564
Auflösungsvermögen 331, 582
–, Beugungsgitter 403
–, Dispersionsprisma 406
–, Interferometer 401
Augapfel 521
Augenlinse 521
ausgezeichnete Strahlen 189
Auskoppelung 113
äußerer lichtelektrischer Effekt 14
außerordentliche Welle 60
– –, Brechungsgesetz 62
Austrittsfeld 282
Austrittsluke 275
Austrittspupille 268
Autokollimationsfernrohr 601
Autokollimationsprisma 387
automatische Korrektion 771
Axialgradient 254, 261
Axiome der geometrischen Optik 37
Azimut 53, 71
Azimuteffekt 559

B

BAER 759
Basow 108
Bauelement 179
Bauernfeind-Prisma 475
Beleuchtungsapertur 560, 620

Beleuchtungsstärke 175, 297, 298
Beleuchtungstechnik 695
Belichtung 175
Benton-Hologramme 713
Besetzungsinversion 110
Besetzungszahlen, mittlere 110
beste Auffangebene 313
Bestrahlung 171
Bestrahlungsstärke 170
Beugung 135
– am Doppelspalt 152
– – Kreis 143
Beugung am Liniengitter 146
– – Rechteck 138
– Spalt 142
– an der Kante 153
beugungsbegrenztes optisches System 332
Beugungseffekt 710
Beugungseffektivität 369, 398, 705
Beugungsfunktion 567
Beugungsgitter 392
Beugungswirkungsgrad 705
Bewertung optischer Systeme 772
Bezeichnungsrichtlinien 18
Bikonkavlinse 213, 216
Bikonvexlinse 213, 216
Bildabstraktion 716
Bildeindruck 773
Bildfeld 274
Bildfeldblende 282
Bildfeldebnung im übertragenen Sinne 634
Bildfeld-Hologramm 705
Bildfeldwölbung 303, 320
Bildfunktion 568
Bildgüte 772
Bildkontrast 573, 576, 577
Bildkorrektur 716
Bildleitkabel 379, 381
Bildpunkt 160
Bildqualität 773
Bildraum 160
Bildreferenz 716
Bildschärfe 773
Bildschirm 497
Bildsegmentierung 716
Bildverstärkung 716
Bildvorverarbeitung 716
Bildwinkel 274
binäres Hologramm 707
BINNIG 752

blaze Wellenlänge 394
Blende 266
Blendenzahl 269
Blendenzahlreihe 616
blinder Fleck 521
Braggsche Reflexionsbedingung 689
Brechkraft 199, 201
Brechungsgesetz 40
–, vektorielles 43
Brechungswinkel 40
–, komplexer 54
Brechzahl, absolute 38, 41
–, intensitätsabhängige 517
–, komplexe 68, 69
–, relative 41
Brechzahl für Röntgenstrahlung 759
Brechzahlverteilung 256
Brennpunkte 188
Brennpunkt-Koordinatensystem 189
Brennweiten 189
–, Flächenfolgen 196
–, Spiegelfläche 221, 223
Brewstersches Gesetz 51
Brewstersche Streifen 133
Brillanz 773
Brillengläser 527
BSO 723, 732
Bündelbegrenzung 266
Bündelteilung 493
–, geometrische 496
–, physikalische 494

C

Candela 173
Cassegrain-Spiegel 656
Cavity 423
chemische Laser 734
Chopper 722
chromatische Einheiten 525
– Fehler 301
– Vergrößerungsdifferenz 309
Codierung 159
Compact Disc 746
computer aided design 771
Computer-Hologramm 710
Cooke lens 641
Cornusche Spirale 155
Cornusches Prisma 443
$\cos^4 w$-Gesetz 300
CVD 309

D

Dachkante 477
–, Doppelbildfehler 479
–, Winkelfehler 479
Dämmerungszahl 597
Dämpfungskonstante 69
Daubresse-Prisma 485
Deckglas 657
Definitionshelligkeit 343, 773
–, Berechnung 344
–, Reihenentwicklung 345
Detektivität 508
deutliche Sehweite 530
Dezibel 743
Diabatie 67
Dialytprisma 485
Diaprojektion 619
Dichroismus 436
Dichromasiebedingung 307
Dichromat 307
Dielektrizitätskonstante, relative 26
–, Tensor 58
Differenzfrequenz 513
digitale Fotografie 675
digital versatile Disc 746
Dioptrie 199
Dioptrieneinstellung 591
dioptrisches System 521
Dipolmoment 677
Dispersion 72
Dispersionsformel 75
Dispersionsgebiet 406
Dispersionsprisma 382
–, Hauptschnitt 383
–, Minimalablenkung 385
distributed feetback 789
Doppelanastigmat von Hoegh 637
Doppelaplanat 633
Doppelbelichtungstechnik 372
Doppelbrechung 61
Doppler-Breite 748
Doppelschichten 419
Doppler-Breite der Spektrallinien 96
Doppler-Dämpfung 96
Dove-Prisma 435
– mit Dachkante 483
Dovesches Umkehrprisma 475
Drehkeilpaar 488
Drehung der Schwingungsebene 444
Dreieckinterferometer 134

Dreieckpackung 380
Dreifarbentheorie 525
Dualismus 676
Duffieux-Integral 356
Dunkelfeldbeleuchtung 559, 566
Dunkelfeldverfahren 576
Durchbiegung 217
durchstimmbarer Festkörperlaser 739
DVD 746

E

ebener dielektrischer Wellenleiter 718
Ebene Welle, Intensität 27
– –, komplexe Darstellung 25
Echelettegitter 394
effektive Brechzahl 722
effektive Bündelanzahl 403
Eigenschwingungen, stabile 377
Eindruckszahlen 773
einfaches Fernrohr 534
– Mikroskop 532, 533
Einfachheterostrukturen 740
Einfallslot 40, 45
eingliedrige Abbildung 765
Eingriffsfunktion 569
Einkopplung 721
Einmodenbetrieb 114
Einmoden-Wellenleiter 720
Einprisma 387
Einstein 14
Einstellebene 285
Eintrittsfeld 282
Eintrittsluke 275
Eintrittspupille 269
–, ringförmige 652
elastische Streuung 690
elektrische Doppelbrechung 723
elektrische Feldstärke 23
elektrische Polarisation 678
elektromagnetische Feldenergie 23
– Welle 13, 23
– –, ebene 23
elektromagnetisches Spektrum 13
Elektronenmikroskopie 750
Elektronensonde 752
elektronische Bildverarbeitung 716
elektrooptischer Modulator 725
elektrooptischer Schalter 490, 738
Elementarfunktion 179
Elementarwelle 34

Elementarzelle 374
elliptisch polarisiertes Licht 33
Empfindlichkeit, absolute 506
–, spektrale 507
Energiestromdichte 28
Energiezustände 84
Entartungsparameter 115
Entfernungsmessung 744
entozentrische Perspektive 284
Entspiegelung, Einfachschicht 423
–, Mehrfachschicht 426
Erfle-Okular 665
Etalon 399
EUV-Lithografie 764
evaneszente Welle 755
EVERHART 752
Excimer-Laser 740
Exciplex 740
Extinktion 67
Extinktionsmodul 67
extraterrestrische Astronomie 595, 760

F

Fabry-Perot-Interferometer 399
fadenförmiger Raum 185
Faltung 349
Faltungsintegral 349, 569
Farbeindruck 525
Farbfehler 301
– des Hauptstrahls 304, 309
Farbfilter 407
Farbgläser 409
Farbholografie 713
Farblängsfehler 303, 306
–, Darstellung 306
–, überkorrigierter 307
–, unterkorrigierter 307
Farbsehen 524
Farbstofflaser 504, 742
Farbton 526
Farbvalenz 526
Farbvergrößerungsfehler 309
Farbwerte 525
Faser-Laser 739
Faseroptik 379
Feldbegrenzung, scharfe 276
Feldblende 274
–, Abschattung 278
–, Bestimmung 279
Feldlinse 375, 663

Feldstecher-Okular 665
Feldwinkel 274
Feldzahl 274
Fermatsches Prinzip 38
Fernfeld 749
Fernfeld-Hologramm 705
Fernobjektiv 607
Fernpunkt 523
Fernrohr, Auflösungsvermögen 592
–, Bündelbegrenzung 584, 587
–, Dioptrieneinstellung 591
–, förderliche Vergrößerung 592
–, Normalvergrößerung 593
–, Nutzungsgrad 597
–, Pupillenabbildungsmaßstab 590
–, terrestrisches 585
–, Vergrößerung 588, 590
Fernrohrleistung 596
Fernrohrlichtstärke 597
Fernrohrlupe 549
Fernrohrobjektiv, Achromat 653, 654
–, Apochromat 653, 654
Festkörperlaser 503, 736
Fiberoptik 379
Filmebene 285
Filterfunktion 717
Filter ohne Kopplung 413
Filterfunktion 358
–, gaußförmige 361
Finesse 736
Fisheye-Objektiv 608, 641
Fixfokuseinstellung 611
Flächenfolge, zentrierte 193
Flächenpolarisator 436
Flauheit 773
Flektogon 639
Fliegenaugenlinse 624
Fluchtungsmessung 601
Fluoreszenzmikroskopie 749
Flußspat 79, 658
förderliche Redundanz 715
förderliche Vergrößerung 554
Formelzeichen 18
Försterlingscher Dreiprismensatz 389
fotolithografisches Gerät, Beleuchtung 625
– Objektiv 665, 764
fotometrische Grenzentfernung 378
fotometrisches Entfernungsgesetz 177
– Grundgesetz 178
– Strahlungsäquivalent 172, 174

Fotoobjektiv, Achromat 631
–, Anastigmat 635
–, Bündelbegrenzung 603
–, Einzellinse 628
–, Feldbegrenzung 605
–, Fotometrie 616
–, Perspektive 608
–, Schärfentiefe 610
fotorefraktive Stoffe 520
Foucaultsches Prisma 433
Fourier-Hologramm 705
Fourier-Theorie der kohärenten Abbildung 568
Fourier-Transformation 93, 350, 569
Fouriertransformations-Holografie 705
Fouriertransformations-Interferometer 679
Fouriertransformationsoptik 670
Fraunhofer-Hologramm 705
Fraunhofer-Objektiv 638
Fraunhofersche Beugung 135, 138
free-electron-laser 734
Freie-Elektronen-Laser 734
Fresnel-Hologramm 705
Fresnel-Linse 247
Fresnelsche Beugung 138
– Formeln 49, 55
– –, Metallreflexion 70
– Integrale 154
– Zonen 364
Fresnelsches Ellipsoid 58
– Parallelepiped 435
Fresnelsche Zonenplatte 710
Fresnel-Zahl 115, 364
Frontar 632
F-theta-Korrektion 669
Füllfaktor 381
Funktionselement 180
–, wellenoptisch abbildendes 327

G

GaAs-Injektionslaser 740
GABOR 710
Galileisches Fernrohr 586
Gasentladungslampe 501
Gaslaser 503, 740
Gauß-Fehler 315
Gauß-Objektiv 638
Gaußsche Bildebene 187
– –, Intensität 328
–, Konstanten 236
Gaußscher Raum 185

Gaußsches Bündel   113
Gegenfarbentheorie   525
Geister   398
gelber Fleck   521
geometrische Abbildungsfehler, farbige Variationen   304
– Fehler   301
– Optik   16
geometrische Streuung   690
Geradeausholografie   370
Geradeaus-Hologramm   710
Geradsichtprisma   390
Gerät, optisches   538
Gips   442
Gitterkonstante   148
Glan-Thompsonsches Prisma   434
Glanzwinkel   689, 759
Glasarten   77
Glasdiagramm   79
Glaskörper   521
Glastypen   77
Gleichpolarisation   513
Glimmer   440
Globarstrahler   501
Glühlampe   500
Goldberg-Keil   492
Gordon   108
Gradientenfaser   254
–, Abbildungsgleichung   257
–, Abbildungsmaßstab   259
–, Brennweite   258
–, numerische Apertur   259
Gradientenlinse   254, 260
Gradienten-Zonenplatten   722
gradient index   254
grauer Strahler   168
Graufilter   492
Graukeil   492
Gravieren   744
Gregory-Spiegel   656
Grenzfrequenz   357, 776
GRIN-Stab   254, 261
Großfeldobjektiv   659
Großfeldokular   665
Grenzkontrast   776
große Felder   767
Grundzustand   84
Gürtellinse   247
Güte des Resonators   113, 736
Gütefunktion   355, 773

gütegesteuerter Laser   736
Gütekriterium   345, 349, 773, 774
Gütezahl   773, 774

H

HÄUSER   776
Haidingersche Ringe   127
Halbapochromat   653, 658
Halbleiterlaser   505, 740
Halbmuschelgläser   529
Halbschatten   442
– nach Lippich   443
Halbschattenpolarisator   442
Halbwellenspannung   491, 724 f.
Halbwertsbreite   95, 96, 679
Halbwertswinkel   497
Halbwürfel   473
– mit Dachkante   482
Hamiltonsche charakteristische Funktion   701
Hanbury-Brown   117
Hauptazimut   72
Hauptbrechzahl   59, 77
Hauptdispersion   77
Haupteinfallswinkel   71
Hauptkugeln   297, 318
Hauptpunkte   187
–, Spiegelfläche   221, 224
Hauptpunkt-Koordinatensystem   193
Hauptschnitt   383
Hauptstrahl   276
hauptstrahlnahe Bündel   303
Helium-Neon-Gaslaser   111
Hellfeldbeleuchtung   559
Helmholtz-Lagrangesche Invariante   187
– –, Spiegelfläche   220
Hemiplanar   654
hemisphärische Lichtstärke   695
Herapathit   437
Herotar   437
HERTEL   774
Hertelsche Gütekriterien   774
HEYNACHER   777
Heynacher Zahl   777
hochauflösende Spektroskopie   748
Hoeghscher Meniskus   215
Höhenverhältnis   200
höhere Harmonische   516
Hohlspiegel   218
holländisches Fernrohr   586
Holografie   703, 749

holografisches Gitter 398
– Liniengitter 366
holografische Zonenplatten 710
holografisch-optische Bauelemente (HOE) 710
Hologramm 366, 703
Hologramme, Klassifizierung 371
Hologramm-Interferometrie 372, 714
HOPPE 759
homzentrisch 159
Hornhaut 521
Hubble-Teleskop 596
Huet-Prisma 484
Huygens-Okular 663
Huygenssches Prinzip 34
– –, mathematische Fassung 137
Hypergon 637
hyperzentrische Perspektive 285

I

ILPADI 238
Immersionsobjektiv 657
Indexellipsoid 58
induzierte Emission 86
inelastische Streuung 690
Informationstechnik 17
Infrarot 16
Infrarot-Objektiv 670
infrarottransparente Stoffe 80
inhomogene Platte 702
inhomogene Schicht 428
– Stoffe 39, 254
Injektionslaser 740
inkohärente Ortsfrequenzfilterung 716
inkohärentes Licht 92
inkohärente Streuung 690
in-line Hologramm 710
Innenfokussierung 599, 655
integrierte Optik 18, 717
integrierte Streustrahlung 693
Intensar 667
Intensität 27, 29
Intensitätskorrelation 116
Intensitätsmodulation 729
Interferenz am Keil 129
Interferenzanteil der Intensität 89
Interferenzfarben 127
Interferenzfilter, Halbwertsbreite 411
– mit Absorption 410
– ohne Absorption 422
–, Zehntelwertsbreite 411

Interferenzkontrast 101
Interferenzlinienfilter 414, 422
Interferenzmikroskope 748
Interferenzpolarisator, Einfachschicht 447
–, Mehrfachschichten 446
Interferenzspektroskopie 683
Interferometer 679
Interferometer von SAGNAC 684
interferometrische Bildauswertung 761
Iris 521
Isoplanasiegebiet 346, 569
isoplanatische Abbildung 319

J

Jaminsches Interferometer 133
Jones-Matrix 449
Jones-Vektor 449

K

Kalkspat 431
Kaltlichtspiegel 429
Kameralänge, optische 602
Kantenfilter 407
Kantengradient 774
Kardinalelemente 187
–, zwei Flächen 198
Kardinalpunkte 187
Kardioidkondensor 566
kastenförmige Spektrallinie 99
Kaustik 311
KDP 432
Keil 487
–, dichromatischer 488
–, – reflexfreier 489
Kellner-Okular 663
Keplersches Fernrohr 584
Kerr-Effekt 723 f., 727
Kieselglas 79
Kinoformlinse 712
Kirchhoffsche Beugungsformel 137
KIRKPATRIK 759
kleine Felder 767
Knotenpunkte 187
–, Spiegelfläche 221, 224
Kogelnicksche Formeln 265
kohärente Abbildung, Amplitudengitter 571
– –, Auflösungsvermögen 573
– –, Phasengitter 575
kohärente Ortsfrequenzfilterung 717
kohärente Streuung 690

Kohärenzbedingung 106, 142, 763
Kohärenzfunktion 107, 116, 774
–, normierte 107
Kohärenzgrad 104, 107
–, komplexer 107
Kohärenzintervall 108
Kohärenzlänge 97, 101, 515, 679
Kohärenzparameter 552, 581, 774
Kohärenzvolumen 115
Kohlendioxid-Laser 740
Köhlersche Beleuchtung 516, 560
Kollektor 562
Kollimator 598
kollineare Abbildung 161
Koma 302
–, meridionale 316
–, sagittale 316
–, sphärischer Hohlspiegel 319
–, symmetrisches System 319
komplanare Spiegel 457
komplexe Amplitude 26
– Brechzahl für Leiter 68
komplexer Brechungswinkel 54
– Kohärenzgrad 107
Kondensor 561, 620
–, asphärischer 624
–, pankratischer 564
–, zweilinsiger 622
konfokale Brennweiten 264
konfokaler Resonator 113, 377
konfokales Laser-Scanning-Mikroskop 756
König-Okular 664
König-Prisma 485
konjugierte Punkte 160
Konkavgitter 395
Konkavkonvexlinse 215
Konkavspiegel 218
konkrete Struktur 179
Konsistenz-Bedingung 719
Kontrast 100, 123, 354
Kontrasttreue 773
Konverter 770
Konvexkonkavlinse 215
Konvexspiegel 218
konzentrischer Meniskus 631
Kopplung von Wellenleitern 722
Korrektionsfassung 657
Korrelationsfunktion 116
Kreiszweieck 277
Kreuzgitter 687

Kristallplatte 490
Krümmung der Spektrallinien 389
Kugelfotometer 700
Kurzflintapochromat 654
Kurzsichtigkeit 527
Kurzzeitspektroskopie 748

L

Lambert-Strahler 170, 176, 699
Laminargitter 393
Lands 746
Landschaftsaplanat 634
Längsabweichung 301
Laser 108, 110, 502, 734
Laserbündel, Divergenzänderung 265
–, Divergenzwinkel 264
–, Fokussierung 265
–, Transformationsgleichung 264
Laserbündel-Transformation 263
–, Tiefenmaßstab 264
–, Winkelverhältnis 264
Laser mit verteilter Rückkopplung 734
Laserresonator 376, 734
–, konfokaler 377
–, sphärischer 377
Laserscannersystem 669
Laserschweißen 744
Laser-Skalpell 744
Lasersysteme 667
Laue-Diagramme 688
Laurentsche Halbschattenplatte 443
LED 732
Lederhaut 521
leere Redundanz 715
Leiter, komplexe Brechzahl 68
–, Wellengleichung 68
Leman-Prisma 484
Leseglas 533
Leuchtdichte 175, 296
–, remittierte 498
Leuchtfeldblende 562
Licht 13, 16
–, elektromagnetische Theorie 15
Lichtausbeute 501
Lichtbündel 36
– konstanten Durchmessers 378
lichtelektrischer Effekt, äußerer 14
Lichterregung 135
Lichtleitkabel 379
Lichtleitung 374

Lichtleitwert 178
Lichtquant 14
Lichtstärke 173, 698
Lichtstärke-Indikatrix 695
Lichtstrahl 11, 36
–, Krümmung 255
Lichtstrom 172, 295, 698
lichttechnische Größen 172
Lichtverteilung 695
Lichtweg 38
linear polarisiertes Licht 33
Linienbildfunktion 347
Liniengitter, ebenes 147
Linse, Brechkraft 207, 208
–, Hauptebenen 208
–, sphärische 206
–, zentrierte 206
Linsenformen, Klassifikation 209
Lithiumfluorid 79
Littrow-Prisma 388
longitudinaler Effekt 725
longitudinaler Pockels-Effekt 725
Luftbild 285
Lumen 172
Lumineszenzdiode 501, 732, 740
Lummer-Gehrcke-Platte 399
Luneburg-Linse 261
Lupe 539
–, anastigmatische 543
–, aplanatische 543
–, Normalvergrößerung 539
–, Perspektive 539
Lupenaufnahme 603
Lux 175

M

Mach-Zehnder-Interferometer 97, 133, 722, 730
Maiman 108
Makroaufnahme 602
Maksutow-System 651
Malus, Satz von 37
Manginspiegel 247, 627
Masterhologramme 713
Materialbearbeitung 744
Mattscheibe 497
Mattscheibenebene 285
Maxwell-Kugellinse 261
Maxwellsche Gleichungen 26
mechanischer Ausgleich 647

Mehrfachheterostrukturen 741
Mehrfachschichtfilter mit Kopplung 413
Mehrmoden-Wellenleiter 721
Meridionalebene 21
meridionale Koma 316
– –, Querabweichung 301
meridionaler Bildort 303, 322
– Bildpunkt 321
meridionales Büschel 303
Meridionalstrahl 181
–, Spiegel 218, 220
mesoptischer Bereich 523
Meßmikroskop, Fokussierfehler 558
–, Meßunsicherheit 554
Messung der Winkelgeschwindigkeit 686
Metallreflexion 69
Metallspiegel, Reflexionserhöhung 429
metastabil 86
Michelson-Interferometer 679 f.
Miescher Streuparameter 691
Miesel 261
Mie-Streuung 690 f.
Mikroaufnahme 603
Mikrometer, optisches 463
Mikroobjektiv, Achromat 657
–, Apochromat 657
–, Monochromat 659
–, Planachromat 658
–, Planapochromat 658
Mikrooptik 717
Mikrorauhigkeiten 693
Mikroskop, Abbesche Zerlegung 547
–, Ablesevergrößerung 551
–, Auflösungsvermögen 552
–, Beleuchtung 559
–, Normalvergrößerung 550
–, Okular 662
–, Schärfentiefe 556
–, Vergrößerung 547
–, zusammengesetztes 543
Mikroskopierverfahren 748
Mikroskoptubus 545
Mikrostrukturierung 676
Mini-Megazoom 764
Mired-Kenngröße 408
Mode 113
Modulation 159, 722
Modulationsgrad 369
Modulationsübertragungsfunktion 352, 356, 774
modulation transfer function 352

Modulator 722
monochromatisches Licht 76
Monochromator 386
Monomode-Fasern 743
monozentrisches Okular 663
Moore 261
Müller-Matrix 452
Multimode-Fasern 743

N

Naheinstellung auf Unendlich 611
Nahfeld-Hologramm 705
Nahfeld-Mikroskopie 751, 753
Nahpunkt 523
natürliche Blende 319
– Breite der Spektrallinien 95
– Dämpfung 95
natürliches Licht 29
Nebenreflex 245
negative absolute Temperatur 111
negativ optisch einachsig 61
Neodym-Glaslaser 736
Nernststift 501
Netzhaut 521
Neuachromat 636
neue Gläser 636
Neutralfilter 492
New Technology Telescope 593
Newton 656
Newtonsche Abbildungsgleichung 191
– Ringe 131
Newtonscher Spiegel 656
nichtlineare Optik 510, 744
– Stoffe 520
nichtlineare Optimierung 771
nichtlineare Phasenkonjugation 714
Nichtselbstleuchter 566
Nicolsches Prisma 432
Noniussehschärfe 523
normale Dispersion 74
Normalengeschwindigkeit 60
Normalobjektiv 606
Normalschema 183
Normalspektrum 152
Normalvergrößerung 532
Normfarbtafel 527
Normspektralwertfunktion 526
numerische Apertur 267
– –, Faser 380
nützliche Vergrößerung 554

O

Oberflächenstreuung 693
Objektfeld 274
Objektfeldblende 282
Objektfunktion 567
Objektive mit langer Schnittweite 608
– mit unendlicher Bildweite 547, 656
– mit veränderlicher Brennweite 642
Objektpunkt 160
Objektraum 159
Objektstruktur 158
Objektwelle 707
Objektwinkel 274
off-axis Hologramm 712
Öffnungsblende 267
–, Bestimmung 270
Öffnungsfehler 302, 310
–, brechende Fläche 313
–, Hohlspiegel 313
–, Korrektionsdarstellung 311
–, Sammellinse 314
– schräger Bündel 316
–, überkorrigierter 311
–, unterkorrigierter 311
Öffnungsverhältnis 270
Öffnungswinkel 267
Öffnungszahl 269
Okular 662
Ölimmersion 663
Omnar 638
Optik-Design 772
Optik-Schema 538
optisch-akustische Raster-Mikroskopie 753
optisch einachsig 60
– zweiachsig 59
optische Abbildung, abstrakte 158
– –, konkrete 158
– –, reale 157
– Ablenkeinheit 492
– Achse 59, 193
– Aktivität 444
– Dichte 67
– Kristalle 79
– Kunststoffe 80
– Plaste 80
– Strahlung 16
– Tubuslänge 198
– Übertragungsfunktion 352,
– –, beugungsbedingte 357
– Weglänge 38

optische Baulänge 765
optische Bildverarbeitung 716
optische Nachrichtenübertragung 743
optische Nahfeld-Raster-Mikroskopie 754
optische Raster-Kraftmikroskopie 754
optischer Ausgleich 647
– Fluß 178, 300
– Wirkungsgrad 501
optische Schalter 722
optisches Gerät 538
– Glas 76
– Instrument 537
– –, objektives 537
– –, subjektives 537
– Intervall 198
– Pumpen 110
– Rauschen 159
– System 157
optische Wellenleiter 717
optisch-thermische Raster-Mikroskopie 753
ordentliche Welle 60
orthogonale Polynomdarstellungen 773
Orthometar 639
orthoskopisches Okular 664
orthotomes Lichtbündel 37
ortsabhängige Lichtmodulation 731
ortsabhängige Lichtspeicherung 731
Ortsfrequenz 350, 367
–, auflösbare 357
Ortsfrequenzfilter 717
Ortsfrequenzfilterung 358, 716
–, inkohärente 357
Ortsfrequenzspektrum 357
Ortskoordinaten, reduzierte 570

P

Packungsfaktor 381
pankratischer Kondensor 564
pankratisches System 644
Parabolspiegel 242
paraxialer Ansatz 765
paraxiales Gebiet 184, 185
– –, Strahldurchrechnung 236, 237
paraxiale Strahlengleichung 702
Paraxialstrahlen 185
partiell-kohärente Abbildung 580
partiell-kohärentes Licht 106
partiell linear polarisiert 29, 52
Passe 131
passiver Resonator 736

Pentaprisma 474
– mit Dachkante 483
Periskop 634
periskopische Gläser 528
Perspektive 283
–, natürliche 540
perspektivische Darstellung 288
perspektivischer Eindruck 283, 288
– –, natürlicher 288
– –, tiefenverkürzter 289
– –, tiefenverlängerter 289
Perspektivitätszentrum 283
Petzval-Bedingung 320
Petzval-Objektiv 633
Petzval-Schale 320
Petzval-Summe 320
Phasenanpassung 514, 516
Phasenbedingung 425
Phasengeschwindigkeit 25
Phasengitter 398
Phasenhologramm 369, 371, 705, 712
Phasenkonjugation, nichtlineare 518
Phasenkontrastverfahren 578
Phasenmodulation 728
Phasenmodulator 730
Phasenplatte 439
Phasenstruktur 147
Phasenübertragungsfunktion 352
phase transfer function 352
Photon 15
Photonenanzahl 117
Photonik 675
photopischer Bereich 523
physiologischer Grenzwinkel 523
Pits 746
Planar 639
Planachromat 658
Planapochromat 658
Planck-Konstante 84
Plancksche Strahlungsgleichung 165
Plangitter 392
Plankonkavlinse 215, 216
Plankonvexlinse 214, 216
planparallele Platte 460
– –, Amplituden 119
– –, Intensität 122
– –, Interferenz 132
– –, Phasendifferenz 120
Planplattenmikrometer 463
Planspiegel 453

–, aufgespalteter 454
–, komplanare 457, 458
Planspiegelplatte 464
Planspiegel-Resonator 734
Plasma-Laser 734
Platte „Rot I. Ordnung" 442
Plattenspeicher 746
Polarisationsgrad 438
Pockels-Auslesemodulator 731
Pockels-Effekt 490, 725, 727
Pockels-Konstante 727
Pockels-Zelle 491
Polarisation, dielektrische 57
Polarisationsebene 29
Polarisationsfilter 437
Polarisationsgrad 52
Polarisationsmatrizen 448
Polarisationsmikroskope 748
Polarisationsprisma 431
Polarisationswinkel 51
Polychromat 308
polychromatisches Licht 75
Porro-Prismen 1. Art 484
– 2. Art 485
positiv optisch einachsig 61
Poynting-Vektor 28, 677
Prakticar 640, 648
primäres Bild 567
Prisma, Baulänge 467
–, Mindestgröße 468
–, paraxiale Schnittweitenänderung 467
– von Rochon 434
Prismen-Anordnungen 386
Prismenfernrohr 585
Prismen-Koppler 721
Probeglas 131
Prochorow 108
Projektionsfigur 286
Projektionszentrum 283
PROM 731
Pseudokolorierung 716
Punktbildamplitudenfunktion 569
Punktbildfunktion 341, 343, 763, 773
punktuell abbildende Gläser 529
punkteikonal 700 f.
Pupillendistanz 523
Pupillenfunktion 342, 355, 358, 570
Pupillenkoordinaten, reduzierte 570

Q

Quadratpackung 380
Quantencharakter 15
Quantenelektrodynamik 15
Quantenfeldtheorie 15
Quantenmodell 15
Quantenoptik 16
quantentheoretisch kohärent 116
Quarz 431
quasimonochromatisches Licht 75, 95
Querabweichung 301
Querkoma 316
Q-Zahl 776

R

Radialgradient 254, 261
Ramsden-Okular 663
Randabschattung 277
Raster-Elektronenmikroskop 751
Raster-Kraftmikroskopie 753
Raster-Tunnelmikroskopie 753
Rastertunnel-Elektronenmikroskop 752
Rauchglas 492
Raumgitter 686
räumliche Kohärenz 106
rauschäquivalente Strahlungsleistung 508
Rayleighsche Streufunktion 690
Rayleigh-Streuung 690
ray tracing 771
R-Biotar 639
reale Struktur 179
redundant 715
redundante Speicherung 370
reduzierte Dicke 207
– Plattendicke 462
reduziertes Auge 522
reeller Punkt 160
Referenzwelle 368, 371, 704, 707
Reflex 52
Reflexionserhöhung 429
Reflexionsfaktor 67
Reflexionsgesetz 45
–, vektorielles 46
Reflexionsgitter, konkaves 395
–, planes 392
Reflexionsgrad 49
– von Metallen 71
Reflexionshologramm 705
Reflexionspolarisator 445
Reflexionsprisma 466

–, einfaches   473
Reflexion von Röntgenstrahlung   689
Refraktor   585
Regenbogenhaut   521
Regenbogen-Hologramme   713
Reintransmissionsgrad   65
–, spektraler   65
Rekonstruktion   368, 703
relative Brechzahl   41
– Gipfelhöhe   349, 355, 774
– Öffnung   270
– Permeabilität   26
– spektrale Empfindlichkeit   12
– Teildispersion   78
Remissionsgrad   498
remittierte Leuchtdichte   498
reproduzierendes Instrument   537
Resonator   112
Rhomboidprisma   474
Riccoscher Satz   598
Richtungsmessung   600
Richtungsvariable   569
ringförmige Pupille   358
Ringlaser   686, 745
Rinnenfehler   317
Rochon-Prisma   434
Röntgenastronomie   761
Röntgenmikroskopie   750, 758
ROHRER   752
ROSAT   595, 761
Rotationsdispersion   445
Rotationsellipsoid   242
Rotationsfläche, asphärische   239, 240
–, brechende   180
Rotationshyperboloid   242
Rousseau-Diagramm   695, 697
Rowland-Kreis   397
Rubinlaser   111
Rückkopplung   112

S

Sagittalebene   21
sagittale Koma   316
sagittaler Bildort   303, 321
– Bildpunkt   321
sagittales Büschel   303
Sagnac-Interferometer   679
Sammellinse   210
Saphir-Laser   739
sättigbare Absorber   723, 739

Sättigung   526
Savartsche Doppelplatte   134
Scanner   722
Scanning-Nahfeldmikroskopie   753
Schärfentiefe, geometrisch-optische   556
–, gesamte   557
–, wellenoptische   336
scheinbare Größe   283, 530
Scheinwerfer   626
Scheitelbrechkraft   209
Scheitelbrennweiten   209
schematisches Auge   522
Schichtsysteme, dielektrische   415
–, periodische   420
–, Reflexionsfaktor   418
schiefe Dicke   322
SCHILLING   776
Schlierenverfahren   749
Schmidt   651, 656
Schmidt-Platte   359, 651
Schmidt-Prisma   483, 486
Schnittweite   181
Schnittweitenabweichung   302
Schnittweitenänderung   462, 467
Schwankungsquadrat   117
–, mittleres   117
schwarze Temperatur   168
SCHWARZSCHILD   759
Schwerflintapochromat   654
Schwerstrahl   277
Schwingungsellipse   31
Sehschärfe   523
Sehstrahl   283
Sehweite   283, 529
Sehwinkel   283, 529
Seidelsches Gebiet   304
sekundäres Bild   568
– Spektrum   308
Selbstfokussierung   518
Sénarmont-Prisma   434
Shearinginterferometer   134
Shift-Objektiv   641
Sichttheorie   694
Sichtweite   694
Signal-Rausch-Verhältnis   508
Signalwelle   368, 371, 704, 707
Single-Mode-Wellenleiter   720
Single-Side-Single-Layer-DVD   746
skotopischer Bereich   523
SMX-Methoden   753

Smyth-Linse 639
Snellius 37
Soleilsche Doppelplatte 444
Sonnar 642
Space Telescope Hubble 595, 760
Speckle-Interferometrie 593
Spektraldichte 93
spektrale Bandbreite 94
– Energiedichte 85
spektraler Hellempfindlichkeitsgrad 12
– Strahlungsfluß 165, 684
spektrale Strahlungsleistung 678
spezifische Ausstrahlung 165
sphärische Aberration 310
– Längsabweichung 311
– Querabweichung 311
sphärischer Gradient 254, 261
Sphärometerwerte 207
Spiegel, dielektrische 421
Spiegelfläche, aufgespaltete 219
Spiegellinse, paraxiales Gebiet 245
–, zentrierte 245
Spiegelmetall 81
Spiegelobjektiv 650
spontane Emission 86
Stäbchen 521, 524
Stabilitätsbedingung 377
Startsystem 770
Stefan-Boltzmannsches Gesetz 166
stehende Welle 91
Stilb 175
Stokes-Vektor 451
Störflanke 248
Stoßdämpfung 96
Strahlaberration 301
strahlablenkende Speicher 732
Strahldichte 169
Strahldurchrechnung, asphärische Flächen 343
–, astigmatische 322
Strahlaberrationen 773
Strahlenbegrenzung 266
Strahlenbündel 37
–, homozentrisches 159
Strahlenbüschel 37
Strahlenfläche 61
Strahlenfluß 561
Strahlengleichung 701
Strahlenmodell 11, 35
Strahlkonstruktion, zeichnerische 189, 204
Strahlstärke 168

Strahlungsausbeute 168
Strahlungsempfänger, fotoelektrischer 509
–, thermischer 508
Strahlungsfluß 164, 678
–, spektraler 165
Strahlungsleistung 677
strahlungsphysikalische Größen 164
Strahlzahl 58, 60
Streifen gleicher Dicke 130
– – Neigung 128
Streukoeffizient 692
Streuquerschnitt 692
Streuwinkel 690
Streuzentren 687
Strukturfunktion 138, 147
Strukturparameter 770
Stufenlinse 247
Substrat 717
subtraktive Farbmischung 525
Summenfrequenz 513
Superstrat 717
Superweitwinkelobjektiv 608, 641
Suszeptibilität 57, 73
Sylvester, Theorem von 377
symmetrischer Anastigmat 636
synthetisches Hologramm 366, 706, 710

T

Taille 263
Taillen-Transformationsmaßstab 264
Tangensbedingung 326
technische Optik 17
Teilerplatte 494
Teilerwürfel 496
Teilung der Amplitude 97
– – Wellenfront 97
Teilungsfehler 398
Teleobjektiv 607, 639
telezentrische Perspektive 284
telezentrischer Strahlenverlauf 293
TE-Mode 719
Temperaturstrahler 500
terrestrisches Fernrohr 585
Tessar 311, 642
THORNLEY 752
Tiefenmaßstab 191
–, Spiegelfläche 222
Tiefenwirkung 286
Tiefpaßfilter 361
Tilt-Objektiv 641

TM-Mode 719
TOLANSKY 748
tonnenförmiger Torus 254
Topogon 638
torische Fläche 252
Totalreflexion 53
–, Fresnelsche Formeln 55
–, Grenzwinkel 53
–, Polarisation 56
Trägerfrequenz-Holografie 704
Transmissionsgitter 392
Transmissionsgrad 49, 66, 724
Transmissions-Hologramm 705
transversaler Effekt 725
transversale Welle 29
Trichroismus 436
Trichromat 307
Triotar 642
Tripelprisma 476
Tripelspiegel 459
Triplet 641
TRURNIT 759
Tubuslinse 549
Tunneleffekt 752
Turmalinzange 436
Twiss 117
Twyman-Interferometer 683
Tyndall-Effekt 690
Tyndall-Phänomen 690

U

Übergangsbeziehungen 194
Übergangsmatrix 234, 236
Übergangswahrscheinlichkeit 85
Übertragungsfaktor 776
Ultraviolett 16
Umkehrprisma 474
unwirksamer Schnitt 250
UV-Polarisationsfilter 437

V

Vario-Glaukar 646
Varioobjektive 764
vektorielle Strahldurchrechnung 226
– –, asphärische Flächen 229
– –, Spiegelflächen 231
Verantlupe 543
verdeutlichendes Element 537
Vergrößerung 530
Verweilzeit 86

Very Large Telescope 594, 761
Verzeichnung 303, 323
–, Darstellung 324
–, Einzellinse 326
–, kissenförmige 324
–, relative 324
–, symmetrisches System 326
–, tonnenförmige 324
Verzögerungsstrecken 763
Viergruppenbauweise 648
Vierwellenlängenmischung 514
Vierwellenmischung 714
Vignettierung, künstliche 277
–, natürliche 617
virtueller Punkt 160
VIS 16
VLT 761
Volumen-Hologramm 705, 707, 713
Vorderreflex 245, 465
Vordispersion 407
Vorzeichenregeln 20

W

Wabenkondensor 624
Wadsworth-Anordnung 387
Wandersleb 617
Wasserstofflaser 740
Weiß höherer Ordnung 127, 143
Weißlicht-Holografie 713
Weitsichtigkeit 527
Weitwinkelobjektiv 607
Wellenaberrationen 337, 773
–, Berechnung 340
–, Öffnungsfehler 339
Wellenaberrationsdifferenzfunktion 356
Wellenfläche 23, 35, 332
–, mittlere quadratische Deformation 345
Wellenfront 35
Wellengleichung 26
– für Leiter 68
Wellenlängenskale 75
Wellenleiter 379
Wellenmechanik 15
Wellenmodell 14
Wellenoptik 16
wellenoptisches Funktionselement 327
Wernicke-Prisma 391
Wiensches Verschiebungsgesetz 167
windschiefe Strahlen 181, 226
– –, Berechnung in Matrixdarstellung 232

Winkelauflösung   761
Winkelspiegel   458
Winkelverhältnis   158
Wirkflanke   248
wirksamer Schnitt   250
Wismut-Silicium-Oxid   723, 732
Wölbspiegel   218
Wollaston-Prisma   434, 490
WOLTER   759
Wolter-Spiegelobjektive   759
Wolter-Spiegelsystem   761
wurstförmiger Torus   254

Y
Young   115
Youngsches Interferometer   97

Z
Zapfen   521, 524
Zeichenerkennung   716
Zeiger   108
zeitliche Kohärenz   101
Zeit-Mittelungstechnik   373
Zentralabschattung   358
–, Punktbildfunktion   359
Zentrierung   206
ZERNIKE   773
Zernike-Polynome   340, 341, 773
Zerstreuungslinse   210
Zielfernrohr   601
Ziliarkörper   521
zirkular polarisiertes Licht   33
ZÖLLNER   776
Zonenbrennweite   627
Zonenfehler   312
Zonenplatte   362, 365, 369
Zonentheorie   525
Zoomar   647
Zoom-Objektiv   644
zweigliedrige Abbildung   770
Zweigruppenbauweise   648
Zweischalenfehler   302
zweistufige Abbildung   543
zweite Harmonische   514
Zwei-Wellenlängen-Holografie   714
Zwischenbildraum   270
–, bevorzugter   271
Zylinderlinsen   250
–, gekreuzte   625